VDE-Schriftenreihe **52**

VDE-Schriftenreihe Normen verständlich **52**

Lexikon der Installationstechnik

Die schnelle Hilfe für Ihren Erfolg bei Planung, Errichtung und Betrieb von Elektroinstallationen

Rolf Rüdiger Cichowski
Anjo Cichowski

4., aktualisierte und erweiterte Auflage

VDE VERLAG GMBH · Berlin · Offenbach

Bibliografische Information der Deutschen Nationalbibliothek
Die Deutsche Nationalbibliothek verzeichnet diese Publikation in der Deutschen Nationalbibliografie; detaillierte bibliografische Daten sind im Internet über http://dnb.dnb.de abrufbar.

ISBN 978-3-8007-3514-3
ISSN 0506-6719

Druck: GGP Media GmbH, Pößneck
Printed in Germany 2013-05

Vorwort

Die DIN-VDE-Normen sind in den vergangenen Jahren sehr viel umfangreicher geworden. Durch die notwendige Harmonisierung der Normen in Europa, die fortschreitende Technik, die wachsenden Anforderungen an die Sicherheit und Zuverlässigkeit und aus weiteren vielfältigen Gründen haben diese Normen einen Umfang angenommen, deren Inhalte für die Anwender meist nur mit einem zeitaufwendigen Studium für die praktische Ausführung benutzbar werden. Auch die Normenreihe „Errichten von Niederspannungsanlagen bis 1 000 V“ und die damit im Zusammenhang stehenden Bestimmungen machen hier keine Ausnahme und erfordern mit ihren vielen Teilen vom Planer, Errichter und Betreiber elektrischer Anlagen eine intensive Beschäftigung mit den dort enthaltenen Anforderungen. Um dem Praktiker diese Arbeit zu erleichtern, haben wir den Gedanken verfolgt, die aus unserer Sicht wesentlich erscheinenden Begriffe in einem Lexikon zusammenzufassen. Dabei sind wir so vorgegangen, dass bei jedem Stichwort:

1. Quellenhinweise zu den jeweiligen Normen	• zunächst die Normen angegeben sind, in denen der Leser Aussagen zum gewünschten Themenkreis finden kann
2. Begriffsdefinitionen	• eine allgemein verständliche Begriffsdefinition gegeben wird, die den technischen Zusammenhang erläutert und einen Bezug zur Praxis herstellt
3. Verweise	• Verweise auf weitere Begriffe ergänzende Informationen möglich machen
4. Anforderungen	• die Anforderungen aus den anerkannten Regeln der Technik aufgezeigt werden
5. Praktische Hinweise	• die Anforderungen durch Erläuterungen bzw. praktische Hinweise möglichst ergänzt werden
6. Literaturhinweise	• Hinweise entweder unmittelbar dem jeweiligen Stichwort zugeordnet oder dem Literaturverzeichnis entnommen werden können

In der vorliegenden **vierten Auflage des Lexikons** haben wir rund 1 000 Stichwörter bearbeitet. Zu fast allen Stichwörtern finden Sie Hinweise auf die damit im Zusammenhang stehenden Normen, die Sie vor allem in Zweifelsfällen heranziehen sollten. Bei der Bearbeitung des Manuskripts wurden die aktuellen Normen berücksichtigt. Allerdings weisen wir darauf hin, dass in Einzelfällen Änderungen aus der laufenden Normenbearbeitung entweder zeitlich nicht Eingang ins Lexikon finden konnten oder sie in Verbindung mit der bisher üblichen Normenpraxis dargestellt wurden. Die jeweils zu den Stichwörtern genannten Normenangaben sind im Text des Normentitels verkürzt angegeben worden, um das Lexikon insgesamt lesbarer zu gestalten. In einem zusätzlich angehängten Normenverzeichnis findet der Leser alle Angaben, einschließlich dem Langtext des Titels der Norm und deren Ausgabedatum.

Auch diesmal möchten wir Sie als Leser und Nutzer dieses Buchs zur Mitarbeit anregen, den Verfassern Ihre Wünsche und Hinweise mitzuteilen, sodass wir sie bei einer späteren Bearbeitung berücksichtigen können, so wie es bei den ersten drei Auflagen dieses Lexikons umgesetzt werden konnte. An dieser Stelle möchten wir uns für alle Anregungen und Hinweise aus den letzten Jahren bedanken, die wir gerne aufgenommen haben.

Hinweise zur Benutzung

Die Stichwörter sind alphabetisch sortiert, deshalb haben wir auf ein zusätzliches Stichwortverzeichnis verzichtet.

Im laufenden Text wird durch Pfeile (→) auf den folgenden Begriff als weiteres Stichwort aufmerksam gemacht. Dort finden Sie als Leser zusätzliche Erläuterungen und häufig vertiefende Informationen, die mit dem ersten Stichwort im Zusammenhang stehen.

Das vorliegende Buch soll den Praktiker schnell und umfassend informieren. Bei Auslegungsentscheidungen ist der jeweilige Normentext ergänzend heranzuziehen.

Aus den zahlreichen Literaturangaben möchten wir besonders auf das im VDE VERLAG herausgegebene Buch von *Gerhard Kiefer* und *Herbert Schmolke* „VDE 0100 und die Praxis" hinweisen, das inzwischen in der 14. Auflage im Zusammenhang über die Installationspraxis informiert. Weitere Details finden Sie u. a. auch in den weiteren Bänden der Schriftenreihe, die wir Ihnen hiermit sehr empfehlen können.

Mit dem Lexikon werden dem Leser zusätzlich zu den Informationen über die Anforderungen an elektrischen Anlagen und Betriebsmitteln aus den DIN-VDE-Normen praxisbezogene Erläuterungen geboten, schnelle Hilfe bei der Auslegung und Umsetzung der technischen Regeln und nicht zuletzt eine Verringerung des Suchaufwands durch die alphabetische Sortierung und die Gliederung des Textes der einzelnen Stichwörter.

Holzwickede im Frühjahr 2013

Rolf Rüdiger Cichowski | Anjo Cichowski

Abdeckung – Schutz gegen direktes Berühren

BGV A3	***Unfallverhütungsvorschrift*** *Elektrische Anlagen und Betriebsmittel*
DIN VDE 0100-410 (VDE 0100-410)	***Errichten von Niederspannungsanlagen*** *Schutz gegen elektrischen Schlag*

Abdeckungen sind Teile elektrischer Betriebsmittel oder Anlagen, durch die der Schutz gegen direktes Berühren in allen üblichen Zugangs- oder Zugriffsrichtungen gewährleistet wird. Abdeckungen müssen einen vollständigen Schutz gegen direktes Berühren (Basisschutz) aktiver Teile sicherstellen. Sie sind dafür bestimmt, das Berühren aktiver Teile zu verhindern.

Anforderungen an Abdeckungen:

- Abdeckungen vor aktiven Teilen müssen mindestens der Schutzart IP2X oder IPXXB entsprechen (Ausnahme: beim Auswechseln von Teilen, z. B. bei Lampenfassungen und Sicherungsunterteilen von Schraubsicherungen). Aber dann ist es erforderlich, dass geeignete Vorkehrungen getroffen werden, die unbeabsichtigtes Berühren der aktiven Teile verhindern, und die notwendige Öffnung muss möglichst nur so klein sein, wie es für das Auswechseln eines Teils erforderlich ist.
- Für obere horizontale Flächen wird IP4X oder IPXXD gefordert. (Anmerkung: Es soll verhindert werden, dass Gegenstände, die auf die horizontalen Abdeckflächen gelegt werden, durch Öffnungen, wie z. B. bei IP2X, in die Beriebsmittel fallen könnten.)
- Sichere Befestigung der Abdeckung, ausreichende Festigkeit und Haltbarkeit unter Berücksichtigung der zutreffenden äußeren Einflüsse.
- Die Abdeckung muss den betriebsüblichen mechanischen, elektrischen und chemischen Beanspruchungen standhalten, die Abdeckung darf aber auch andererseits den Betrieb der durch sie geschützten Betriebsmittel nicht nachteilig beeinflussen.
- Das vollständige oder teilweise Entfernen von Abdeckungen darf nur möglich sein:
  - mit Werkzeug oder einem Schlüssel
  - nach Abschalten der Stromversorgung; eine Wiederherstellung der Versorgung darf nur möglich sein, wenn die Abdeckung wieder angebracht worden ist
  - bei vorhandener Zwischenabdeckung, die wiederum allen Bedingungen der Abdeckungen entspricht

Befinden sich Betriebsmittel hinter einer Abdeckung, die nach ihrem Abschalten gefährliche elektrische Ladungen (Kapazitäten) behalten, muss ein Warnhinweis angebracht sein.

Befindet sich hinter der Abdeckung ein Betätigungselement in der Nähe berührungsgefährlicher Teile, so ist DIN EN 50274 (VDE 0660-514) „Niederspannungsschaltgerätekombination" zu beachten.

Bei der Abdeckung geht es um die Beseitigung der Gefahr des Berührens unter Spannung stehender Teile im Arbeitsbereich. Die Gefahr muss von den Praktikern sehr ernst genommen werden, da sehr häufig erst unmittelbar am Arbeitsplatz die örtlichen Gegebenheiten eingeschätzt und über den Umfang der Abdeckung unter Spannung stehender Teile entschieden werden muss. Trotz der Abdeckung ist eine umsichtige Arbeitsweise unumgänglich.

Die Bedingungen für Abdeckungen gelten gleicherweise für → *Umhüllungen*. Abdeckungen und Umhüllungen sind neben der Isolierung der am häufigsten verwendete Schutz gegen direktes Berühren an elektrischen Betriebsmitteln und Anlagen. In abgeschlossenen elektrischen Betriebsstätten wird die Abdeckung häufig auch als teilweiser Schutz gegen direktes Berühren verwendet.

→ *Umhüllungen*

Abdichtung

Die bei der Errichtung von elektrischen Anlagen erforderlichen Durchbrüche durch Gebäudekonstruktionsteile wie z. B. Fußböden, Wänden, Decken sind nach den Arbeiten so abzudichten, dass die gleiche Beständigkeit gegen Umgebungseinflüsse erreicht wird, wie sie die nicht durchbrochenen Bauteile aufweisen. Das gilt in besonderer Weise für die geforderte Feuerwiderstandsdauer (→ *Feuerwiderstandklasse*) und Wasserbeständigkeit.

Während der Bauzeit sind gegebenenfalls provisorische Abdichtungen erforderlich. Die Anforderungen an Abdichtungen von Gebäudeelementen gelten bei der Verlegung von Kabel- und Leitungsanlagen als erfüllt, wenn bei vorgegebenen Feuerwiderstandsdauern typgeprüfte → *Brandschottungen* verwendet werden bzw. wenn ihre Wasserbeständigkeit den gleichen Umfang dauerhaft aufweist wie die nicht durchdrungenen Konstruktionsteile.

Installationsrohre, -kanäle und -kanalsysteme müssen im Innern entsprechend der Feuerwiderstandsdauer verschlossen werden, wenn sie durch Gebäudeteile geführt werden, für die solche Feuerwiderstandsdauern festgelegt sind.

Installationsrohre und -kanäle mit einem inneren Querschnitt bis zu 710 mm^2 brauchen nicht verschlossen zu werden, wenn sie der →*IP-Schutzart* IP33 entsprechen und ihr Werkstoff die vorgesehene Entflammungsprüfung besteht.

Auf eine gute Abdichtung der Einführung von Hausanschlussleitungen ins Gebäude durch die Außenwand muss geachtet werden, dafür werden meist vorgefertigte Elemente genutzt.

Anforderungen an Bauwerksabdichtungen sind in der DIN 18195 geregelt.

Abgeschlossene elektrische Betriebsstätte

DIN VDE 0100-410 *(VDE 0100-410)*	***Errichten von Niederspannungsanlagen*** *Schutz gegen elektrischen Schlag*
DIN VDE 0100-729 *(VDE 0100-729)*	***Errichten von Niederspannungsanlagen*** *Bedienungsgänge und Wartungsgänge*
DIN VDE 0100-731 *(VDE 0100-731)*	***Errichten von Starkstromanlagen mit Nennspannungen bis 1 000 V*** *Elektrische Betriebsstätten und abgeschlossene elektrische Betriebsstätten*

Räume und Orte gelten dann als abgeschlossene elektrische Betriebsstätten, wenn ihr Zweck ausschließlich durch den Betrieb elektrischer Anlagen bestimmt ist, wie Schaltzellen, abgeschlossene Schalt- und Verteilungsanlagen, Ortsnetzstationen, Transformatorenzellen. Diese Räume müssen verschlossen gehalten werden. Nur beauftragte Personen dürfen die abgeschlossenen elektrischen Betriebsstätten öffnen. Der Zutritt ist nur Elektrofachkräften und unterwiesenen Personen gestattet, Laien nur in deren Begleitung. Also, nur wenn die Anlage unter Überwachung durch Fachkräfte steht und unbefugte Änderungen nicht vorgenommen werden können, dürfen die nachfolgenden Schutzvorkehrungen angewendet werden:

- Schutz durch nicht leitende Umgebung
- Schutz durch erdfreien örtlichen Schutzpotentialausgleich
- Schutz durch Schutztrennung für die Versorgung von mehr als einem Verbrauchsmittel

Diese Schutzvorkehrungen stellen Erleichterungen in abgeschlossenen elektrischen Betriebsstätten dar, jedoch ist die abgeschlossene elektrische Betriebsstätte nicht die Voraussetzung für die Anwendung dieser drei Schutzmaßnahmen.

Allgemeine Anforderungen:

- → *Personengefährdung* vermeiden, hohes Maß an Betriebssicherheit erreichen.
- Beim Tätigwerden an Betriebsmitteln, wie Steckdosen, Leuchten, NH-Sicherungen, muss eine Berührung → *aktiver Teile* der Anlage vermieden werden.
- Fremde Einrichtungen bzw. Teile von diesen, die nicht zur elektrischen Anlage gehören, müssen so ausgeführt sein, dass auf die elektrischen Anlagen und Betriebsmittel keine schädigenden Einwirkungen möglich sind.
- Übersichtlichkeit der Zuordnung der Anlagen und Anlagenteile durch eine Kennzeichnung und/oder Übersichtsschaltpläne.
- Abgrenzungen der elektrischen Anlagen und Betriebsmittel gegen fremde Einrichtungen:
  - Mindesthöhe der Abgrenzungen 1800 mm
  - höchstens 40 mm Gittermaschenweite
  - Zugänge: Damit Personen sicher zum Notausgang oder sicheren Bereich geleitet werden, ist eine Rettungswegkennzeichnung vorzusehen. Dieses Sicherheitszeichen für Rettungswege muss von allen Punkten entlang des Rettungswegs sichtbar sein. Alle Zeichen, die Ausgänge oder Rettungswege kennzeichnen, müssen in Farbe und Gestaltung einheitlich sein, und ihre Leuchtdichte muss DIN EN 1838 entsprechen.

Schutz gegen gefährliche Berührungsströme:
Hier gelten erleichternde Festlegungen (nach DIN VDE 0100-410) gegenüber den allgemeinen Anforderungen zum Schutz gegen gefährliche Ströme, da die abgeschlossenen elektrischen Betriebsstätten nur von mindestens unterwiesenen Personen betreten werden dürfen und Sachkenntnisse bei dieser Personengruppe vorausgesetzt werden.

Schutz gegen direktes Berühren (Basisschutz):

- Maßnahmen, gleich welcher Art, gegen direktes Berühren müssen erst bei Nennspannungen über 50 V Wechselspannung bzw. 120 V Gleichspannung ergriffen werden
- Schutzmaßnahmen durch → *Isolierung*, → *Umhüllung* oder → *Abdeckung* der aktiven Teile sind *nicht* notwendig
- Schutz durch → *Hindernisse* oder → *Abstand* ist ausreichend, wenn die Anforderungen nach **Tabelle 1** erfüllt werden.

Schutzmaßnahme	Anforderung
Hindernisse	• zuverlässige Befestigung • dürfen so gestaltet sein, dass sie ohne Werkzeug entfernt werden können • widerstandsfähig gegen Verformung • nicht leitfähige Werkstoffe *dürfen* ohne Schlüssel oder Werkzeug *nicht* entfernbar sein • ein bewusstes Umgehen von Hindernissen muss nicht berücksichtigt werden
Abstand	• Hindernisse mindestens mit Abstand von 200 mm zu aktiven Teilen • Schutzleisten, Geländer, Ketten, Seile; Mindesthöhe von der Zugangsebene aus: 1100 mm bis 1300 mm

Tabelle 1 Anforderungen beim Schutz durch Hindernisse oder Abstand

- Im → *Handbereich* dürfen keine gleichzeitig berührbaren Teile gefährlichen unterschiedlichen Potentials abgreifbar sein.
- → *Betätigungselemente* müssen so angeordnet sein, dass die Anforderungen in DIN EN 50274 (VDE 0660-514) erfüllt sind.
- Gleichzeitig berührbare Teile müssen mehr als 2,5 m voneinander entfernt sein
- Erleichterung:
  - Schutz gegen direktes Berühren kann entfallen, wenn er nach örtlichen Verhältnissen nicht notwendig ist (Beurteilung nur durch den Fachmann) oder
  - für den Bedarfsfall der Bedienung oder Beaufsichtigung hinderlich ist und somit für einen bestimmten Zeitraum entfernt werden muss.

Schutz bei indirektem Berühren (→ *Fehlerschutz*):

- Über 50 V Wechselspannung (AC) oder 120 V Gleichspannung (DC) sind Maßnahmen nach DIN VDE 0100-410 anzuwenden.
- Erleichterung:
  - Sind aus technischen Gründen diese Maßnahmen (aus DIN VDE 0100-410) nicht möglich, so müssen diese Betriebsmittel gesondert gekennzeichnet sein.
  - Sind Betriebsmittel nur im spannungsfreien Zustand zugänglich, so dürfen die Maßnahmen entfallen.

Sonstige Anforderungen:

- Zugang *nur* durch verschließbare Türen oder verschließbare Abdeckungen
- Anforderungen an Türen:
  - müssen nach außen aufschlagen

  - Türschlösser (Panikschloss):
    - Zutritt unbefugter Personen verhindern
    - in der Anlage befindliche Personen müssen jederzeit ungehindert den Raum verlassen können
- Anforderungen an Fenster:
  - müssen gegen Einstieg gesichert sein
    - Vergitterung oder
    - Unterkante des Fensters 1,8 m über Zugangsebene oder
    - Gebäude mit 1,8 m hohe Abgrenzung umgeben
  - Anforderungen entfallen, wenn sich abgeschlossene elektrische Betriebsstätten:
    - in einem umschlossenen Betriebsbereich oder
    - in einem gesicherten Gebäude befinden
- Anforderungen an Rettungswege:
  - Länge nicht mehr als 40 m empfohlen
  - Gänge mit eingeschränktem Zugang und einer Länge von über 20 m; müssen von beiden Seiten durch Türen zugänglich sein
  - Gänge mit einer Länge von länger als 10 m, müssen von beiden Seiten zugänglich sein
  - Gänge die länger als 6 m sind, wird die Zugänglichkeit von beiden Seiten empfohlen

		Abstände in mm				
		a* zu *b	***b* zu *b***	***c* zu *c***	***c* zu *a***	***d***
Schutzart	IP0X	700	900	1 300	900	2 500
	IP1X IP2X	700	900	–	–	2 500
Bezeichnung der Berührungsflächen bzw. der Höhe: *a* = Wand *b* = äußere Umhüllung der Schaltanlage *c* = aktive Teile *d* = Mindesthöhe						

Tabelle 2 Anforderungen und Abmessungen der Bedienungsgänge für Niederspannungs-Schaltanlagen in Räumen mit ungeschützten aktiven Teilen auf einer Seite

- Anforderung und Abmessungen der Bedienungsgänge für Niederspannungs-Schaltanlagen in Räumen mit ungeschützten aktiven Teilen auf einer Seite nach **Tabelle 2**.

In den Räumen, wo in Bedienungs- und Wartungsgängen ungeschützt aktive Teile auf beiden Seiten vorhanden sind, müssen eingehalten werden:
- Breite des Gangs zwischen aktiven Teilen: 1 300 mm
- Mindestabstand zwischen der Stirnfläche von Bedienelementen und den aktiven Teilen auf der gegenüberliegenden Seite des Gangs: 1 100 mm
- Mindestbreite eines freien Durchgangs an Stirnflächen von Steuerungen (Bedienelementen): 900 mm

Die Abmaße der Tabelle 2 machen deutlich, dass bei den Schutzarten IP0X bis IP2X für die Gangbreiten und Ganghöhen gleiche Abmessungen einzuhalten sind, lediglich das Maß „aktive Teile zu aktiven Teilen“ ist zusätzlich aufgenommen. Weitere Details zu den Bedienungsgängen sind in DIN VDE 0100-729 enthalten.

In der Regel werden als abgeschlossene elektrische Betriebsstätten unter anderem bezeichnet:
- abgeschlossene Schalt- und Verteilungsanlagen
- Transformatorenzellen, Schaltzellen, Batterieräume, elektrische Anlagen in Blech-, Beton- oder anderen Gehäusen, Maststationen

Der Übergabe des Schlüssels für eine abgeschlossene elektrische Betriebsstätte kommt einer besonderen Bedeutung zu. Der Besitzer des Schlüssels übernimmt für den Zeitraum der Verfügung nach BGV A3 auch die Verantwortung für diesen Raum, da eine unbefugte Person nicht in Bereiche gelangen darf, in denen unter Umständen nicht vollständig gegen Berührung geschützte, unter Spannung stehende aktive Teile vorhanden sind.

Abgrenzung von elektrischen Betriebsstätten

DIN EN 50191 *(VDE 0104)*	***Errichten und Betreiben elektrischer Prüfanlagen***
DIN VDE 0100-731 *(VDE 0100-731)*	***Errichten von Starkstromanlagen mit Nennspannungen bis 1 000 V*** *Elektrische Betriebsstätten und abgeschlossene elektrische Betriebsstätten*

In DIN VDE 0100 Gruppe 700 sind in Ergänzung zu den Gruppen 100 bis 600 der gleichen Norm weitere Anforderungen gestellt. So auch für elektrische Betriebsstätten und → *abgeschlossene elektrische Betriebsstätten* nach DIN VDE 0100-731. Es wird dort verlangt, dass diese elektrischen Betriebsstätten gegen andere Bereiche abzugrenzen sind.

Abgrenzungen von elektrischen Betriebsstätten gegen andere Bereiche:
- Abgrenzungen mindestens 180 mm hoch
- Gitter dürfen eine Maschenweite von höchstens 40 mm haben

Besondere Maßnahmen sind zur Abgrenzung elektrischer Prüfplätze, Prüf- und Versuchsfelder sowie nicht stationärer Prüfanlagen nach DIN VDE 0104 zu beachten.
- Prüfbereiche müssen von Arbeitsplätzen und Verkehrswegen abgegrenzt sein
- Zutritt dritter Personen (außer Prüfenden) muss verhindert sein
- Abgrenzungen aus leitfähigen Werkstoffen müssen geerdet oder in Maßnahmen zum Schutz bei indirektem Berühren einbezogen sein
- Für den Mindestabstand zwischen der Abgrenzung und den Prüfbereichen sind Abstände aus Tabellen (DIN VDE 0104) einzuhalten

Abkürzungen

Häufig verwendete Abkürzungen in der elektrischen Installationstechnik:

A, B, C,	Kennzeichnung der → *äußeren Einflüsse*
AC	Wechselstrom, Alternating Current
AVBEltV	Verordnung über Allgemeine Bedingungen für die Elektrizitätsversorgung von Tarifkunden (aus 1979, inzwischen durch die → *NAV* ersetzt)
→ *BDEW*	Bundesverband der Energie- und Wasserwirtschaft e. V.
BG	→ *Berufsgenossenschaft*
BGB	Bürgerliches Gesetzbuch
→ *BGV*	Berufsgenossenschaftliche Vorschrift für Sicherheit und Gesundheit bei der Arbeit (Unfallverhütungsvorschrift)
BMA	Brandmeldeanlage
→ *CEN*	Europäisches Komitee für Normung (Comité Européen de Normalisation)
→ *CENELEC*	Europäisches Komitee für elektrotechnische Normung (Comité Européen de Normalisation Electrotechnique)

CR	Chloropren-Kautschuk, Chloroprene-Rubber
DC	→ *Gleichstrom*, Direct Current
DI-Schalter	→ *Differenzstrom-Schutzeinrichtung*
→ *DIN*	Deutsches Institut für Normung e. V.
→ *DKE*	Deutsche Kommission Elektrotechnik Elektronik Informationstechnik im DIN und VDE
EDV	Elektronische Datenverarbeitung
EFK	→ *Elektrofachkraft*
EKG	Elektrokardiogramm
EltBauVO	→ *Verordnung über den Bau von Betriebsräumen für elektrische Anlagen*
ELV	→ *Kleinspannung*, Extra Low Voltage
EMV	→ *Elektromagnetische Verträglichkeit*
EN	Europäische Norm, European Standard
EnEV	Energieeinsparverordnung
EnWG	→ *Energiewirtschaftsgesetz*
EPR	Ethylen-Propylen-Kautschuk
EU	Europäische Union
EUP	Elektrotechnisch unterwiesene Person
EVG	Elektronisches Vorschaltgerät
EVU	→ *Elektrizitäts-Versorgungs-Unternehmen*
FELV	→ *Funktionskleinspannung* ohne sichere Trennung, Functional Extra Low Voltage
FI-Schalter	Fehlerstromschutzschalter
FU-Schalter	Fehlspannungsschutzschalter
G	Gummi
GDV	Gesamtverband der Deutschen Versicherungswirtschaft e. V.
GPSG	→ *Geräte- und Produktsicherheitsgesetz*
Gs	Gleichspannung
GS	Geräteschutzschalter
GSG	→ *Gerätesicherheitsgesetz*
HD	Harmonisierungsdokument, Harmonization Document
→ *HH-Sicherung*	Hochspannungs-Hochleistungssicherung
→ *NH-Sicherung*	Niederspannungs-Hochleistungssicherung
HV	Hochspannung
→ *IEC*	Internationale Elektrotechnische Kommission
IEV	Internationales Elektrotechnisches Wörterbuch
ISO	Internationale Organisation für Normung
K	Komitee

L	Außenleiter
L1, L2, L3	Wechselstrom
L+, L–	Gleichstrom
→ *LS-Schalter*	Leitungsschutzschalter
LV	Niederspannung
M	→ *Mittelleiter*
N	→ *Neutralleiter*
NAV	Verordnung über Allgemeine Bedingungen für den Netzanschluss und dessen Nutzung für die Elektrizitätsversorgung in Niederspannung von 2006
→ *NH-Sicherung*	Niederspannungs-Hochleistungssicherung
NR	Natur-Gummi, Natural-Rubber
PA	→ *Potentialausgleich*, Potentialausgleichsleiter
PAS	→ *Potentialausgleichsschiene*
PCB	Polychloriertes Biphenyl
PE	Polyethylen
PE	→ *Schutzleiter*
PELV	→ *Funktionskleinspannung* mit sicherer Trennung, Protection Extra Low Voltage
PEN	→ *PEN-Leiter* (früher Nullleiter)
PP	Polypropylen
prEN	Europäischer Normentwurf, Draft European Standard
PTSK	Partiell typgeprüfte Schaltgerätekombination
PVC	Polyvinylchlorid
→ *RCD*	Differenz-/Fehlerstromschutzeinrichtung, Residual Current Protective Device
RCM	Differenzstrom-Überwachungsgerät
SE	→ *Schutzeinrichtung*
SELV	→ *Schutzkleinspannung*, Safety Extra Low Voltage
SEMP	Schaltüberspannung, Switching Electromagnetic Pluse
SiR	Silikon-Kautschuk, Silicone-Rubber
TAB	→ *Technische Anschlussbedingungen* für den Anschluss an das Niederspannungsnetz
TBINK	Technischer Beirat Internationale und Nationale Koordinierung
TSK	Typgeprüfte Schaltgeräte-Kombination
TÜV	Technischer Überwachungsverein
UK	Unterkomitee
→ *USV*	Unterbrechungslose Stromversorgung

UVV	→ *Unfallverhütungsvorschriften*
→ *VBG*	alte Bezeichnung für die UVV (neu: BGV A3)
→ *VDE*	Verband der Elektrotechnik Elektronik Informationstechnik e. V.
→ *VDEW*	Verband der Elektrizitätswirtschaft e. V.; dieser Verband ist im Jahr 2007 im BDEW aufgegangen
VdS	Schadensverhütung – Institution in Fragen der Sicherheit
→ *VNB*	Verteilungsnetzbetreiber
VPE	Vernetztes Polyethylen
Ws	Wechselspannung
WVU	Wasser-Versorgungs-Unternehmen
→ *ZVEH*	Zentralverband der Deutschen Elektro- und Informationstechnischen Handwerke
→ *ZVEI*	Zentralverband der Elektrotechnik- und Elektronikindustrie e. V.

Ableiter

DIN EN 60099-1	***Überspannungsableiter***
(VDE 0675-1)	*Überspannungsableiter mit nicht linearen Widerständen für Wechselspannungsnetze*

Der Ableiter oder auch Überspannungsableiter ist ein Gerät zum Schutz elektrischer Betriebsmittel gegen zu hohe transiente Spannungen. Er begrenzt die Dauer und in den meisten Fällen auch die Höhe des Folgestroms. Überspannungsableiter werden zwischen den Außenleitern eines Netzes und der Erde angeschlossen.

In Freileitungsnetzen wird der Schutz gegen Überspannungen durch Blitzeinschlag mit Überspannungsableitern an den Abzweigungen, am Speisepunkt und an den Übergangsstellen vom Freileitungsnetz auf das Kabelnetz gewährleistet. In TN-Systemen sind Ableiter an den Außenleitern erforderlich. Der PEN-Leiter wird mit den Ableitungen der Überspannungsableiter verbunden und direkt geerdet. Im TT-System und im IT-System ist ein zusätzlicher Ableiter für den Neutralleiter erforderlich.

→ *Überspannungsschutzeinrichtungen*

Ableitstrom

DIN VDE 0100-540 *(VDE 0100-540)*	***Errichten von Niederspannungsanlagen*** *Erdungsanlagen und Schutzleiter*
DIN VDE 0100-557 *(VDE 0100-557)*	***Errichten von Niederspannungsanlagen*** *Hilfsstromkreise*
DIN EN 61140 *(VDE 0140-1)*	***Schutz gegen elektrischen Schlag*** *Gemeinsame Anforderungen für Anlagen und Betriebsmittel*

Der Ableitstrom ist ein Strom, der in einem fehlerfreien Stromkreis (es handelt sich um einen betriebsbedingten Strom) von aktiven Teilen der Betriebsmittel über die Isolation zur Erde, zum Körper und/oder zu fremden leitfähigen Teilen fließt. Er kann als reiner Wirkstrom, als Blindstrom oder auch als Scheinstrom mit Blind- und Wirkanteilen vorkommen. Der Strom kann eine kapazitive Komponente haben, z. B. bei Verwendung von Entstörkondensatoren.

Wenn der Ableitstrom, über den Schutzleiter (PE) fließt, wird er auch → *Schutzleiterstrom* (bei Geräten der Schutzklasse I) genannt.

Beispiele für zulässige Ableitströme:
- Trenn- und Schaltgeräte zwischen geöffneten Polen
  0,5 mA bis 6 mA (DIN VDE 0100-537)
- elektrische Geräte für den Hausgebrauch, unterschiedlich je nach Schutzklasse der Geräte
  0,25 mA bis 5 mA (DIN VDE 0700-1)
- elektronische Betriebsmittel in Starkstromanlagen
  3,5 mA, besondere Bedingungen bei größeren Werten (DIN VDE 0160)
- Datenverarbeitungs-Einrichtungen
  0,25 mA bis 3,5 mA bzw. 5 % des Aufnahmestroms (DIN VDE 0805)
- mit RCD geschützte Verbraucherstromkreise
  hier darf der Schutzleiterstrom maximal das 0,4-fache des Bemessungsdifferenzstroms der Fehlerstromschutzeinrichtung, RCD betragen
  (DIN VDE 0100-530)

Der Ableitstrom ist kein Fehlerstrom, wenn er den zulässigen Grenzwert nicht überschreitet.

Neben den Ableitströmen der Geräte sind die kapazitiven Ableitströme der Kabel- und Leitungen zu beachten. Sie sind abhängig von Querschnitt, Kabel- und Leitungsbauart und Länge.
Darüber hinaus werden die Ableitströme von einer Reihe weiterer Größen beeinflusst, wie z. B. dem Außendurchmesser des Kabels bzw. der Leitung, der Temperatur, der Feuchtigkeit, der Spannung.
Die rechnerisch ermittelten und in der **Tabelle 3** genannten Ableitströme für NYM-Leitungen beruhen auf Annahmen, die zu den ungünstigsten (größten) Werten führen. Dies ist dann der Fall, wenn die Oberfläche der Leitung als Äquipotentialfläche mit dem Nullpotential angenommen wird und die Isolierung gleichmäßig auf 70 °C aufgeheizt wird.
Als treibende Spannung wurde die maximal zulässige Nennspannung der Leitung 500 V gewählt.

Leitungsquerschnitt A in mm²	**1,5**	**2,5**	**4**	**6**	**10**
Ableitstrom in mA/km für NYY-Leitungen					
3 × A re	2,5	2,7	2,9	3,4	3,5
5 × A re	2,9	3,1	3,3	3,9	4,5

Tabelle 3 Größte Ableitströme für NYY-Leitungen

Für fest angeschlossene Betriebsmittel mit einem Ableitstrom von mehr als 10 mA müssen verstärkte Schutzleiter von mindestens 10 mm^2 Cu oder 16 mm^2 Al vorgesehen werden.

In Hilfsstromkreisen muss die Summe aus Ableitströmen und kapazitiven Strömen kleiner sein als der kleinste Rückfallwert elektronisch oder magnetisch betätigter Betriebsmittel.

Die Messung der Ableitströme ist in den o. g. Bestimmungen detailliert beschrieben. In Anlagen können die Ableitströme auch mit einem Zangenstrommesser durch Umfassen der aktiven Leiter gemessen werden.

Ableitungen

DIN EN 62305-1	***Blitzschutz***
(VDE 0185-305-1)	*Allgemeine Grundsätze*

Die Ableitung ist die elektrisch leitende Verbindung zwischen der Fangeinrichtung und der Erdungsanlage. Ableitungen sollen den eingefangenen Blitzstrom zur Erdungsanlage leiten, ohne dass am Gebäude unzulässig hohe Erwärmungen bzw. Schäden entstehen, also Ableitungen sind Bestandteil der → *Blitzschutzanlage*. Sie sind elektrisch leitende Verbindungen zwischen der → *Fangeinrichtung* und einem → *Erder*.

Anforderungen an Ableitungen:

- Möglichst kurze Verbindung zwischen → *Fangeinrichtung* und → *Erdungsanlage*.
- Auf je 20 m Umfang der Dachaußenkanten ist eine Ableitung vorzusehen, bei symmetrischen Gebäuden jedoch immer eine gerade Zahl von Ableitungen. Sie sind auf den Umfang gleichmäßig zu verteilen.
- Eine einzige Ableitung ist bei baulichen Anlagen mit einem Umfang und einer Höhe bis zu 20 m (z. B. bei frei stehenden Kirchtürmen oder Schornsteinen) zulässig. Bei Höhen über 20 m sind mindestens zwei Ableitungen erforderlich.
- Zusätzliche innere Ableitungen sind in Gebäuden mit einer Grundfläche von mehr als 40 m × 40 m zu verlegen.
- Verlegung auf Putz, aber auch unter Putz, in Beton, in Fugen, in Schächten ist zulässig.
- Abstand der Ableitungen zu Fenstern, Türen oder anderen Öffnungen sollte mindestens 0,5 m betragen.
- Durchgehende metallene Bauteile an den Außenwänden (Feuerleiter, Aufzugsschienen), Bewehrungsstähle bei Stahlbetonbauten, Stahlkonstruktionen, Metallfassaden, Regenfallrohre können als Ableitungen verwendet werden, wenn sie dauerhaft elektrisch leitend mit ausreichendem Querschnitt verbunden sind.
- Metallene Installationen gelten nicht als Abteilungen.
- Mindestquerschnitt:
  - verzinkter Stahl 8 mm Durchmesser, 20 × 2,5 mm^2
  - nicht rostender Stahl 10 mm Durchmesser, 30 × 3,5 mm^2
  - Kupfer 8 mm Durchmesser, 20 × 2,5 mm^2

In den Ableitungen müssen möglichst oberhalb der Erdeinführung Trennstellen zur messtechnischen Prüfung der Blitzschutzanlage vorgesehen werden, soweit dies möglich ist.

Abnahmeprüfung

DIN VDE 0100-600 *(VDE 0100-600)*	***Errichten von Niederspannungsanlagen*** *Prüfungen*
DIN VDE 0833-1 *(VDE 0833-1)*	***Gefahrenmeldeanlagen für Brand, Einbruch und Überfall*** *Allgemeine Festlegungen*

Der Begriff Abnahmeprüfung wird in der Norm DIN VDE 0833 „Gefahrenmeldeanlagen für Brand, Einbruch und Überfall" erläutert. Danach wird die elektrische Anlage durch die Elektrofachkraft und den Auftraggeber gemeinsam überprüft, und zwar in Form einer Sicht- und Funktionsprüfung sowie die Prüfung auf Vollständigkeit der schriftlichen Unterlagen. Diese Prüfung stellt die Voraussetzung zur anschließenden Übergabe an den Betreiber der elektrischen Anlage und die Inbetriebnahme dar. Die gemeinsame Prüfung wird anschließend dokumentiert.

Vor Inbetriebnahme der elektrischen Anlage ist durch eine → *Elektrofachkraft*, die über Erfahrungen beim Prüfen elektrischer Anlagen verfügt, eine Abnahmeprüfung durchzuführen.

Die → *Prüfung elektrischer Anlagen* umfasst das Besichtigen, Erproben und Messen. Dabei soll festgestellt werden, ob die Anlage in allen Teilen nach den Richtlinien und Normen errichtet wurde.

Vorgehensweise bei der Abnahmeprüfung, die je nach Baufortschritt auch in Teilabschnitten vorgenommen werden kann:

- Sicht- und Funktionsprüfung in allen Teilen
- Überprüfung auf Vollständigkeit der für den Betrieb erforderlichen Unterlage (Schaltpläne, Leistungsmerkmale, Betriebsanleitung)
- Abnahmeprotokoll mit Unterschrift der für die Abnahmeprüfung Verantwortlichen
- Bei Änderungen der elektrischen Anlage, z. B. Erweiterungen → *Instandhaltung*, ist vor Wiederinbetriebnahme eine Abnahmeprüfung der von der Änderung betroffenen bzw. beeinflussten Betriebsmittel sowie der neu hinzugekommenen Betriebsmittel durchzuführen.

Abschalten

DIN VDE 0100-410 ***Errichten von Niederspannungsanlagen***
(VDE 0100-410) *Schutz gegen elektrischen Schlag*

Abschalten bedeutet, einen Stromkreis zu unterbrechen oder ein → *Betriebsmittel* außer Betrieb zu nehmen. Dieser Vorgang erfordert → *Abschalteinrichtungen*, die je nach Bedarf von Hand betätigt (z. B. bei → *betriebsmäßigem Schalten*) oder automatisch angeregt werden (z. B. beim Schutz durch Abschalten).

Abschalten des Neutralleiters

DIN VDE 0100-430 ***Errichten von Niederspannungsanlagen***
(VDE 0100-430) *Schutz bei Überstrom*

In Netzen, in denen der → *Neutralleiter* nicht wirksam geerdet ist, müssen alle → *aktiven Leiter*, also auch der Neutralleiter, geschaltet, werden. Die dabei verwendete Schalteinrichtung muss so beschaffen sein, dass der Neutralleiter in keinem Fall vor den Außenleitern abgeschaltet und nicht nach den Außenleitern eingeschaltet wird.

Ein Neutralleiter gilt dann als wirksam geerdet, wenn er mit dem → *PEN-Leiter* des Netzes an möglichst vielen Stellen (z. B. an den Hausanschlüssen) verbunden ist und dabei sichergestellt wird, dass im Fehlerfall die → *Berührungsspannung* zwischen → *Neutralleiter* und → *Erde* 50 V AC nicht übersteigt.

Abschaltstrom

DIN VDE 0100-410 ***Errichten von Niederspannungsanlagen***
(VDE 0100-410) *Schutz gegen elektrischen Schlag*

Der Schutz gegen gefährliche Körperströme durch Abschaltung gewährleistet nach dem Auftreten eines Fehlers, dass gefährliche Berührungsspannungen rechtzeitig abgeschaltet werden. Die Ausschaltbedingungen erfordern bei Überstromschutzeinrichtungen einen ausreichend großen Abschaltstrom I_a, der die automatische Abschaltung der Schutzeinrichtung innerhalb von z. B. 0,4 s bzw. 5 s bewirkt (in den aktuellen Normen sind auch kürzere Abschaltzeiten gefordert). Der Abschaltstrom ist der Mindestkurzschlussstrom, der aus dem Zeit-Strom-Diagramm der Überstromschutzeinrichtung für die vorgegebenen Ausschaltzeiten ermittelt werden kann (**Bild 1** und **Bild 2**).

Der Abschaltstrom kann als Vielfaches des Nennstroms der Überstromschutzeinrichtung angegeben werden (**Tabelle 4**).

Beim Einsatz von → *Fehlerstromschutzeinrichtungen (RCD)* gilt der Bemessungsdifferenzstrom $I_{\Delta N}$ als Abschaltstrom I_a. Für selektive Fehlerstromschutzeinrichtung (RCD) gilt $I_a = 2 \cdot I_{\Delta N}$

→ *Schutz durch Abschaltung oder Meldung*

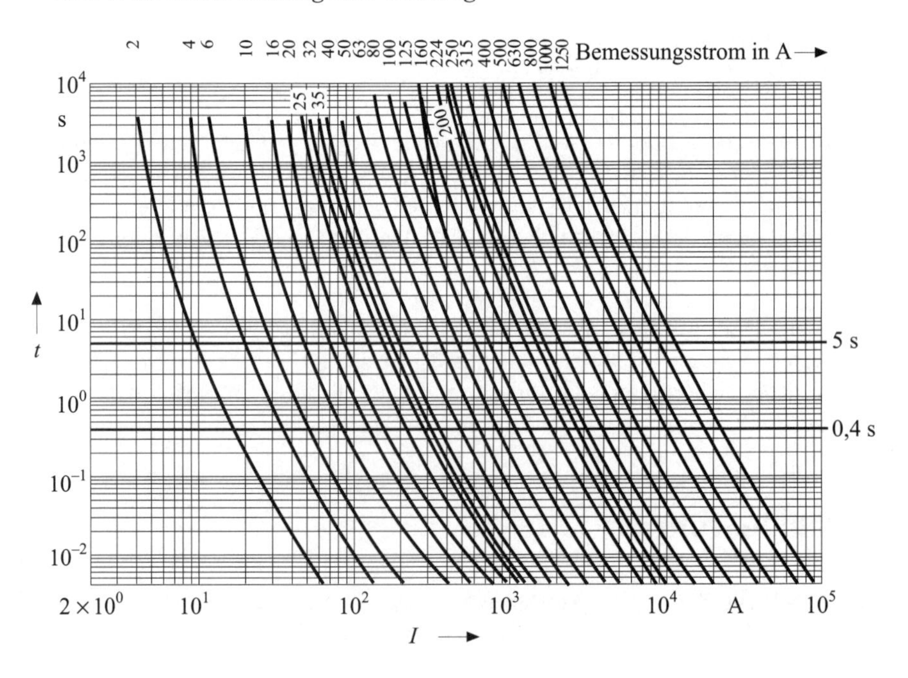

Bild 1 Ermittlung des Abschaltstroms für eine 16-A-Sicherung bei einer Ausschaltzeit von 0,4 s und 5 s

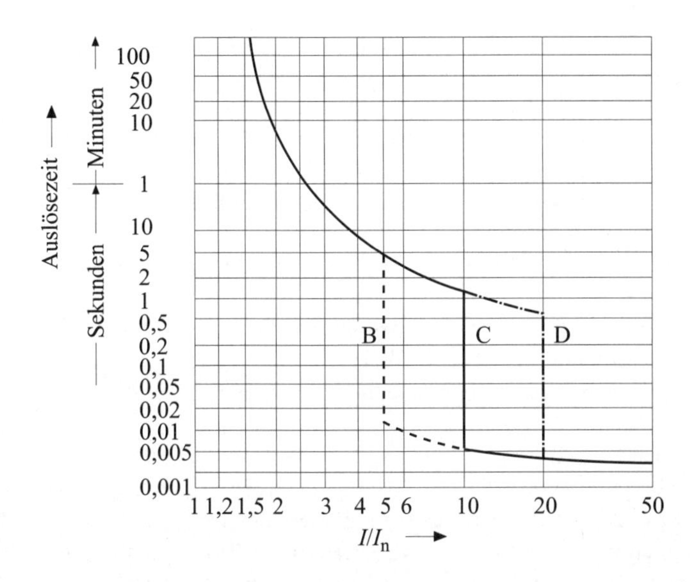

Bild 2 Ermittlung des Abschaltstroms für einen LS-Schalter 16 A bei einer Ausschaltzeit von 0,4 s und 5 s

Schutzeinrichtung	Abschaltstrom I_a als Vielfaches des Nennstroms bei Abschaltzeiten von z. B.	
	0,4 s	5 s
Sicherungen	$(10 \dots 16) \cdot I_N$	$(5 \dots 6) \cdot I_N$
LS-Schalter	$(5 \dots 10) \cdot I_N$	$5 \cdot I_N$

Tabelle 4 Abschaltstrom

Abschaltung

DIN VDE 0100-410 ***Errichten von Niederspannungsanlagen***
(VDE 0100-410) *Schutz gegen elektrischen Schlag*

Der → *Schutz gegen elektrischen Schlag* verlangt im Fehlerfall (→ *Fehlerart*) Maßnahmen zum Schutz bei indirektem Berühren (Fehlerschutz).

Im Allgemeinen werden deshalb in jeder elektrischen Anlage Schutzmaßnahmen durch automatische Abschaltung der Stromversorgung vorgesehen.
Der Schutz durch automatische Abschaltung der Stromversorgung gewährleistet nach dem Auftreten von Fehlern, dass gefährliche → *Berührungsspannungen* rechtzeitig abgeschaltet und dadurch Gefahren vermieden werden.
Um dieses Ziel zu erreichen, sind bei allen Schutzleiter-Schutzmaßnahmen nachstehende Bedingungen zu erfüllen:

- Die → *Körper* der Betriebs- und Verbrauchsmittel sind an einen → *Schutzleiter* anzuschließen.
- Die dauernd zulässige Berührungsspannung beträgt bei Wechselspannung U_L = 50 V und bei Gleichspannung U_L = 120 V. Werden diese Werte im Fehlerfall überschritten, muss die → *Schutzeinrichtung* den zu schützenden Teil der Anlage rechtzeitig ausschalten.
- Die Ausschaltzeit/Abschaltzeit darf 0,1 s; 0,2 s; 0,4 s bzw. 5 s nicht überschreiten; die Zeit ist abhängig von der Höhe der Spannung U_0 (Nennspannung gegen Erde), der Art der Stromkreise (Endstromkreis oder Verteilerstromkreis).
- Die Schutzmaßnahmen werden bestimmt durch die Art der Erdverbindung und durch eine Koordination der Art der Erdverbindung und der Eigenschaften von Schutzleiter und Schutzeinrichtung.
- In jedem Gebäude ist die Verbindung mit dem Hausanschluss oder mit vergleichbaren Versorgungseinrichtungen herzustellen, ein → *Schutzpotentialausgleich.*

→ *Schutz durch Abschaltung oder Meldung*
→ *Schutzleiter-Schutzmaßnahmen*

Abschaltzeiten

DIN VDE 0100-410	***Errichten von Niederspannungsanlagen***
(VDE 0100-410)	*Schutz gegen elektrischen Schlag*

Die Abschaltzeit ist die Zeit vom Auftreten des stromkreisunterbrechenden Ereignisses bis zur Unterbrechung. Sie wird bestimmt durch die Eigenschaften der Abschalteinrichtung und durch den Auslösestrom.
In der **Tabelle 5** sind die früheren Abschaltzeiten (vor Inkrafttreten der aktuellen DIN VDE 0100-410:2007-06) enthalten. Sie sind zum Vergleich bewusst aus der 3. Auflage des Lexikons der Installationstechnik übernommen worden.

Art der Erdverbindung	**Abschaltbedingungen**	**Maximale Abschaltzeit**	
		Verteilungsstromkreis, Endstromkreis mit nur ortsfesten Betriebsmitteln	**Endstromkreis mit Steckdosen ortsveränderlicher Betriebsmittel, Handgeräte mit festem Anschluss**
TN-System	$Z_s \cdot I_a \leq U_0$	5 s	Nennspannung U_0 nach BGV A3: 230 AC 0,4 s 400 AC 0,2 s > 400 AC 0,1 s
TT-System mit RCD	$R_A \cdot I_a \leq 50$ V	1 s	Auslösezeit der RCD
TT-System mit Überstromschutzeinrichtung		0,2 s / 0,07 s / 0,04 s	
IT-System beim ersten Fehler	$R_A \cdot I_d \leq 50$ V	Abschaltung nicht erforderlich	
IT-System mit zwei Fehlern, Körper in Gruppen oder einzeln geerdet	$R_A \cdot I_d \leq 50$ V	Abschaltzeit wie bei TT-System	
IT-System mit zwei Fehlern, Körper gemeinsam über einen Schutzleiter geerdet, Neutralleiter nicht verteilt	$Z_s \cdot 2\,I_a \leq U$	5 s nur, wenn die Zeiten für Endstromkreise nicht anwendbar sind	Abschaltung wie bei TN-System
IT-System mit zwei Fehlern, Körper gemeinsam über einen Schutzleiter geerdet, Neutralleiter verteilt	$Z'_s \cdot 2\,I_a$ Š U	5 s nur, wenn die Zeiten für Endstromkreise nicht anwendbar sind	
Können die Abschaltbedingungen bzw. die Abschaltzeiten nicht eingehalten werden, sind zusätzliche Maßnahmen gefordert.			

Tabelle 5 Abschaltzeiten beim Schutz gegen elektrischen Schlag durch automatische Abschaltung der Stromversorgung

Erläuterungen zu den Formelzeichen:

Z_s Impedanz der Fehlerschleife, bestehend aus Außenleiter und Schutzleiter

I_a Abschaltstrom, der die Schutzeinrichtung in vorgegebener Zeit abschalten lässt

U_0 Nennwechselspannung gegen Erde

R_A Summe der Widerstände des Erders und des Schutzleiters der Körper

I_d Fehlerstrom im Falle des ersten Fehlers

Z'_s Impedanz der Fehlerschleife, bestehend aus Neutralleiter und Schutzleiter

U Nennwechselspannungen zwischen Außenleitern

In der aktuellen Norm DIN VDE 0100-410:2007-06 haben sich bezüglich der Abschaltzeiten einige Veränderungen ergeben:

- Bei den Endstromkreisen wird nun nicht mehr unterschieden zwischen der Versorgung von Handgeräten und ortsveränderlichen Betriebsmitteln der Schutzklasse I über Steckdosen oder festen Anschluss oder der Versorgung von ortsfesten Verbrauchs- und Betriebsmitteln.
- Unterscheidung nur nach Endstromkreisen mit einem Nennstrom/Bemessungswert der Überstromschutzeinrichtung bis zu 32 A und einem Nennstrom der Endstromgröße größer 32 A.
- Zusätzliche Unterscheidung nach Endstromkreisen und Verteilerstromkreisen
- zusätzlich ist einen neuer Spannungsbereich hinzugekommen: (U_0 > 50 V bis 120 V)
- neue Abschaltzeiten für Gleichspannungsversorgungen
- Anforderungen an die Impedanz des Schutzleiters und den sog. zusätzlichen Hauptpotentialausgleich fallen weg.

Abschaltzeiten TN-System:

Abschaltzeiten im TN-System und Endstromkreise mit maximal 32 A:

- 0,8 s bei $50 \text{ V} < U_0 \leq 120 \text{ V}$ AC
- 0,4 s bei $120 \text{ V} < U_0 \leq 230 \text{ V}$ AC
- 0,2 s bei $230 \text{ V} < U_0 \leq 400 \text{ V}$ AC
- 0,1 s bei $U_0 > 400 \text{ V}$ AC

Bei Verteilerstromkreise und Endstromkreise mit Nennstrom $I_n > 32$ A:

- max. 5 s

Bei Verwendung einer Fehlerstromschutzeinrichtung (RCD) ist:

- der Bemessungsdifferenzstrom der Fehlerstromschutzeinrichtung (RCD) gleich dem Abschaltstrom bei normalen RCDs
- bei selektiven RCDs (zeitverzögerten) der Abschaltstrom gleich der zweifache Bemessungsdifferenzstrom

In öffentlichen Verteilungsnetzen (Freileitungen oder in Erde verlegte Kabel) und in schutzisolierten Hauptstromversorgungssystemen sind Abschaltzeiten von kleiner oder gleich 5 s (TN-System) zulässig, wenn am Anfang des zu schützenden Leitungsabschnitts eine Überstromschutzeinrichtung vorhanden ist und im Fehlerfall mindestens ein Strom zum Fließen kommt, der eine Auslösung der Schutzeinrichtung bewirkt. Im Fehlerfall muss also mindestens der 1,45-fache Bemessungsstrom als Kurzschlussstrom fließen.

Abschaltzeiten bei Gleichstromanlagen für Endstromkreise mit maximal 32 A Nennstrom:

- 5,0 s bei 50 V < $U_0 \leq$ 120 V DC
- 5,0 s bei 120 V < $U_0 \leq$ 230 V DC
- 0,4 s bei 230 V < $U_0 \leq$ 400 V DC
- 0,1 s bei $U_0 >$ 400 V DC

Abschaltzeiten TT-System:

Abschaltzeiten im TT-System und Endstromkreise mit maximal 32 A bei Wechselspannung:

- 0,3 s bei 50 V < $U_0 \leq$ 120 V AC
- 0,2 s bei 120 V < $U_0 \leq$ 230 V AC
- 0,07 s bei 230 V < $U_0 \leq$ 400 V AC
- 0,04 s bei $U_0 >$ 400 V AC

Abschaltzeiten im TT-System und Endstromkreise mit maximal 32 A bei Gleichspannung:

- 5,0 s bei 50 V < $U_0 \leq$ 120 V DC
- 0,4 s bei 120 V < $U_0 \leq$ 230 V DC
- 0,2 s bei 230 V < $U_0 \leq$ 400 V DC
- 0,1 s bei $U_0 >$ 400 V DC

Bei Verteilerstromkreise und Endstromkreise mit Nennstrom $I_n >$ 32 A:

- max. 1 s

Bei Verwendung einer Fehlerstromschutzeinrichtung (RCD) ist:

- der Bemessungsdifferenzstrom der Fehlerstromschutzeinrichtung (RCD) gleich dem Abschaltstrom bei normalen RCDs
- bei selektiven RCDs (zeitverzögerten) der Abschaltstrom gleich der zweifache Bemessungsdifferenzstrom, Typ S

Abschaltzeiten IT-System:

In TN- bzw. TT-Systemen sind die oben geforderten Abschaltzeiten im Fehlerfall durch eine automatische Abschaltung zu gewährleisten. Der Vorteil des IT-Systems ist, dass im Fehlerfall (Körperschluss oder Erdschluss) die Versorgung zunächst noch weiterbetrieben werden kann. Daher ist das IT-System besonders dort einzusetzen, wo eine hohe Zuverlässigkeit an die Stromversorgung gestellt ist. Eine automatische Abschaltung erfolgt erst, wenn während des Betriebs mit dem ersten Fehler ein zweiter Fehler eintritt. Daher ist es empfehlenswert, den ersten Fehler möglichst bald nach seinem Auftreten und nach der Meldung zu beseitigen. Die automatische Abschaltung der Stromversorgung beim zweiten Fehler muss entweder durch Überstromschutzeinrichtungen oder durch Fehlerstromschutzeinrichtungen (RCD) erfolgen.

Wenn dann abgeschaltet wird, sind auch im IT-System entsprechende Abschaltzeiten einzuhalten, und zwar entweder die o. g. Abschaltzeiten des TN-Systems oder der TT-Systems.

Es gelten die o. g. Abschaltzeiten des TN-Systems: wenn die Körper über einen Schutzleiter verbunden und gemeinsam geerdet sind (Ausnahme: Der Sternpunkt des Transformators muss betriebsmäßig nicht geerdet sein).

Es gelten die o. g. Abschaltzeiten des TT-Systems: wenn die Körper einzeln oder in Gruppen geerdet sind (Ausnahme: Der Sternpunkt des Transformators muss betriebsmäßig nicht geerdet sein).

Abschirmung

DIN VDE 0100-540 *(VDE 0100-540)*	***Errichten von Niederspannungsanlagen*** *Erdungsanlagen und Schutzleiter*
DIN EN 50178 *(VDE 0160)*	***Ausrüstung von Starkstromanlagen mit elektronischen Betriebsmitteln***

Abschirmungen sind ganz oder teilweise geschlossene elektrisch oder magnetisch leitfähige Ummantelungen, die Einstrahlungen oder Abstrahlungen von Störsignalen verhindern sollen. Die Abschirmung ist mit dem Bezugsleiter (System leitender Verbindungen mit gleichem Potential, auf das sich die Potentiale anderer Leiter beziehen), mit der Masse oder mit der Erdungsanlage galvanisch oder kapazitiv zu verbinden. Der Anschluss der Abschirmung an beiden Enden ist zweckmäßig, allerdings muss darauf geachtet werden, dass keine Netzausgleichsströme über die Abschirmung fließen, die unzulässige Störspannungen auf den Bezugsleitern verursachen.

Abschranken

DIN VDE 0105-100 — ***Betrieb von elektrischen Anlagen***
(VDE 0105-100) — *Allgemeine Festlegungen*

Durch Abschranken wird ein → *teilweiser Schutz* gegen elektrischen Schlag erreicht. Wenn Anlagenteile in der Nähe der Arbeitsstelle nicht → *freigeschaltet* werden können, müssen nach den fünf → *Sicherheitsregeln* vor Beginn der Arbeiten zusätzliche Sicherheitsmaßnahmen, wie z. B. beim Arbeiten in der Nähe unter Spannung stehender Teile, getroffen werden. Dazu zählt das Abdecken oder Abschranken der unter Spannung stehenden Teile, das immer dann erforderlich wird, wenn die benachbarten spannungsführenden Teile sich in der → *Annäherungszone* befinden.

Die Schutzmittel (Ketten, Gitter, Wände) müssen so ausgewählt und befestigt werden, dass ein ausreichender Schutz gegen zu erwartende elektrische und mechanische Beanspruchungen sichergestellt wird.

Abstand

DIN VDE 0100-410 — ***Errichten von Niederspannungsanlagen***
(VDE 0100-410) — *Schutz gegen elektrischen Schlag*

Durch Abstand wird ein teilweiser Schutz gegen direktes Berühren aktiver Teile sichergestellt. Im → *Handbereich* dürfen sich keine gleichzeitig berührbaren Teile unterschiedlichen Potentials befinden (als gleichzeitig berührbar gilt ein Abstand von weniger als 2,5 m). → *Anordnunung außerhalb des Handbereichs*

Der Schutzabstand ist definiert als die kürzeste Entfernung zwischen unter Spannung stehenden Teilen ohne Schutz gegen direktes Berühren, die bei bestimmten Arbeiten nicht unterschritten werden darf. Dabei sind unmittelbar Personen oder von Personen gehandhabte Werkzeuge, Geräte, Hilfsmittel und Materialien zu berücksichtigen.

Definierte Abstände zum Schutz gegen elektrischen Schlag werden u. a. verlangt:

- beim Arbeiten in der Nähe unter Spannung stehender Teile (DIN VDE 0105-100)
- für Schutzvorrichtungen in elektrischen und abgeschlossenen elektrischen Betriebsstätten (DIN VDE 0100-731)

- für Abgrenzung in Prüfanlagen (DIN VDE 0104)
- bei der Errichtung von Freileitungen (DIN VDE 0210-1, DIN VDE 0211)
- bei der Errichtung von Schaltanlagen (DIN EN 61936-1 (VDE 0101-1), DIN VDE 0660-500; Bbl. 2)

→ *Schutz durch Abstand*

Abtrennen

DIN VDE 0100-540	***Errichten von Niederspannungsanlagen***
(VDE 0100-540)	*Erdungsanlagen und Schutzleiter*

Der Begriff Abtrennen wird in Verbindung mit dem → *Erdungsleiter* in elektrischen Anlagen verwendet. Verlangt wird, dass an einer zugänglichen Stelle eine Vorrichtung zum Abtrennen des Erdungsleiters vorgesehen wird, um den → *Erdungswiderstand* der örtlichen → *Erdungsanlage* messen zu können. Die Trennvorrichtung darf nur mit Werkzeug lösbar sein. Sie muss eine dauerhafte elektrische Verbindung herstellen und ausreichend stabil sein.

In der Praxis wird die Trennvorrichtung häufig mit der → *Haupterdungsklemme* oder -schiene kombiniert.

Abweichungen

DIN VDE 0100-100	***Errichten von Niederspannungsanlagen***
(VDE 0100-100)	*Allgemeine Grundsätze, Bestimmungen allgemeiner Merkmale, Begriffe*

Abweichungen von den Normen für das Errichten von Niederspannungsanlagen sind zulässig für:
- elektromechanische Anlagen
- für Anlagen zur Versorgung spezieller Verbrauchsmittel mit Nennströmen über 1000 A je Einheit, wie z. B. Elektrowärmeanlagen, Stromrichteranlagen
- für Anlagen, deren Errichtung in besonderen Normen geregelt sind, z. B. für Niederspannungs-Schaltgerätekombinationen

Abweichungen dürfen nicht zur Beeinträchtigung der Sicherheit führen, die dann auf andere Weise gewährleistet werden muss.

Abzweigungen

DIN VDE 0100-520 ***Errichten von Niederspannungsanlagen***
(VDE 0100-520) *Kabel- und Leitungsanlagen*

Abzweigungen im Zuge von Kabel- und Leitungsanlagen, an Klemmen und Anschlussstellen von Betriebsmitteln müssen für eine dauerhafte Stromübertragung, angemessene mechanische Fertigkeit und den erforderlichen Schutz (Schutz gegen elektrischen Schlag, Überstromschutz) bemessen sein.

Die Abzweigungen müssen dieselben Anforderungen erfüllen, die für den durchgehenden Kabel- oder Leitungszug auch in Bezug auf alle Umgebungseinflüsse gelten.

Abzweigungen müssen für Besichtigungen, Prüfungen und Instandhaltung zugänglich sein, ausgenommen sind Abzweigungen bei erdverlegten Kabeln und für Anschlüsse an Heizelementen in Decken, Fußböden und Rohrheizsystemen.

Nach DIN VDE 0165-1 sind Abzweige und Verbindungen im Zuge der Kabel- und Leitungsführung in explosionsgefährdeten Bereichen (Bereich, in dem gefährliche explosionsfähige Atmosphären ständig oder langzeitig vorhanden sind) nicht zulässig.

Kabel und Leitungen sollten in explosionsgefährdeten Bereichen nach Möglichkeit ohne Unterbrechung verlegt werden. Wenn Unterbrechungen unvermeidbar sind, muss die Verbindung mechanisch, elektrisch und umgebungsbezogen für den Anwendungsfall geeignet sein und zusätzlich:

- in einem Gehäuse ausgeführt werden, dessen Zündschutzart der betreffenden Zone entspricht, oder
- vorausgesetzt, dass die Verbindung keiner mechanischen Beanspruchung ausgesetzt ist, nach den Anweisungen des Herstellers mit Epoxydharz oder Kabelmasse eingegossen sein oder als Schrumpfschlauchmuffe ausgeführt sein.

Leiterverbindungen dürfen nur durch Pressverbindungen, gesicherte Schraubverbindungen, Schweißen oder Hartlöten hergestellt werden. Weichlöten ist zulässig, wenn die zu verbindenden Leiter mechanisch zusammengehalten und außerdem gelötet werden.

Aderkennzeichnung

DIN VDE 0293-308 *(VDE 0293-308)* — ***Kennzeichnung der Adern von Kabeln/Leitungen und flexiblen Leitungen durch Farben***

Änderungen gegenüber älteren Normen:
- gleiche Farbzuordnung bei Leitungen für feste Verlegung und flexiblen Leitungen
- Aderfarbe Grau statt Schwarz bei einigen mehradrigen Kabeln/Leitungen, die bisher zwei schwarze Adern enthielten
- gleiche Farbzuordnung bei einadrigen Kabeln und Leitungen
- für einadrige Kabel und Leitungen, die Außenleiter sind, wird außer den Farben Braun und Schwarz nun auch Grau empfohlen
- als Neutralleiter dürfen nur einadrige Kabel und Leitungen mit blauer Ader verwendet werden

Die Aderkennzeichnung ist in DIN VDE 0293 in Übereinstimmung mit internationalen Normen festgelegt (**Tabelle 6** und **Tabelle 7**).

Anzahl der Adern	Farben der Adern[b]				
	Schutzleiter	Aktive Leiter			
3	Grün-Gelb	Blau	Braun		
4[a]	Grün-Gelb	–	Braun	Schwarz	Grau
4	Grün-Gelb	Blau	Braun	Schwarz	
5	Grün-Gelb	Blau	Braun	Schwarz	Grau

[a] Nur für bestimmte Anwendungen
[b] Blanke konzentrische Leiter, wie metallene Mäntel, Armierungen oder Schirme, werden in dieser Tabelle nicht als Leiter betrachtet. Ein konzentrischer Leiter ist durch seine Anordnung gekennzeichnet und braucht daher nicht durch Farben gekennzeichnet zu werden.

Tabelle 6 Kabel und Leitungen mit grün-gelber Ader (Quelle: DIN VDE 0293-308)

Anzahl der Adern	**Farben der Adern**[b]				
2	Blau		Schwarz		
3	–	Braun	Schwarz	Grau	
3[a]	Blau	Braun	Schwarz	Grau	
4	Blau	Braun	Schwarz	Grau	
5	Blau	Braun	Schwarz	Grau	Schwarz

[a] Nur für bestimmte Anwendungen
[b] Blanke konzentrische Leiter, wie metallene Mäntel, Armierungen oder Schirme, werden in dieser Tabelle nicht als Leiter betrachtet. Ein konzentrischer Leiter ist durch seine Anordnung gekennzeichnet und braucht daher nicht durch Farben gekennzeichnet zu werden.

Tabelle 7 Kabel und Leitungen ohne grün-gelbe Ader (Quelle: DIN VDE 0293-308)

Es sind zu verwenden:

- die Farben Schwarz und Braun
  werden in Wechselstrom-Systemen bevorzugt
- für Leiter mit Schutzfunktion (PE oder PEN)
  ausschließlich Grün-Gelb gekennzeichnete Ader – sie darf für keinen anderen Zweck benutzt werden
- für Neutralleiter
  die blaue Ader – wenn kein Neutralleiter vorhanden ist, kann sie beliebig eingesetzt werden, jedoch nicht als Schutz – PE- oder PEN-Leiter
- PEN-Leiter
  müssen, wenn sie isoliert sind, in ihrem ganzen Verlauf grün-gelb und an den Enden zusätzlich mit blauer Markierung gekennzeichnet sein; auf die Endenkennzeichnung darf in öffentlichen und anderen vergleichbaren Verteilungsnetzen, wie z. B. in der Industrie, verzichtet werden
- die einzelnen Farben Grün und Gelb sind nicht zulässig
- alle andern mehrfarbigen Kennzeichnungen sind nicht zulässig
- Kennzeichnung durch Farbe ist nicht gefordert für konzentrische Leiter, Adern von flexiblen Flachkabeln ohne Umhüllung oder Kabeln/Leitungen mit Isolierungen, die nicht durch Farben gekennzeichnet werden können, z. B. mineralisolierte Kabel/Leitungen

- **für die genannten Farben sind folgende Abkürzungen festgelegt:**
  - Grün-Gelb – gn-ge
  - Blau – bl
  - Braun – br
  - Schwarz – sw
  - Grau – gr
- für umhüllte einadrige Kabel/Leitungen und für isolierte Leiter müssen die folgenden Farben für die Isolierung verwendet werden:
  - die Zweifarben-Kombination Grün-Gelb für den Schutzleiter
  - die Farbe Blau für den Neutralleiter

Es wird empfohlen, für die Außenleiter die Farben Braun, Schwarz oder Grau zu verwenden. Andere Farben dürfen für bestimmte Anwendungen vorgesehen werden.
Auf die Endkennzeichnung darf in öffentlichen und andern vergleichbaren Verteilungsnetzen wie z. B. in der Industrie verzichtet werden.

Weitere Kennzeichnungen (auch auf dem Mantel):
- Hersteller und Herstellungsjahr
- Bauart
- Nennspannung
- VDE-Normenkonformitätszeichen
- Längenmarkierung

Installierte Kabel- und Leistungsanlagen müssen so übersichtlich angeordnet oder gekennzeichnet werden, dass sie im Betrieb, bei der Instandhaltung oder Änderung den Betriebsmitteln und Anlagen zugeordnet werden können.

→ *Leiter*

Aderleitungen

Aderleitungen werden vorwiegend in Elektro-Installationsrohren und Elektro-Installationskanälen eingezogen. Auch für die Verdrahtung von Geräten und Schaltanlagen können sie verwendet werden.

Unterschiedliche Isoliermaterialien ermöglichen unterschiedliche Eigenschaften und Einsatzmöglichkeiten, z. B. hinsichtlich ihrer Wärme- und Kältebeständigkeit, ihres Brandverhaltens und ihrer Belastbarkeit.

→ *Verlegen von Kabeln, Leitungen*

Akkreditiertes Prüflaboratorium

DIN EN ISO / IEC 17025	***Allgemeine Anforderungen an die Kompetenz von Prüf- und Kalibrierlaboratorien***

Ein qualifiziertes Prüflaboratorium, beispielsweise für die Untersuchung und Prüfung elektrotechnischer Erzeugnisse, kann sich von der Deutschen Akkreditierungsstelle Technik – Datech – nach der DIN EN ISO 17025 akkreditieren lassen.

Dabei müssen festgelegte Kriterien für die Organisation, die Ausstattung mit Personal und technischen Einrichtungen sowie die Arbeitsweise des Prüflabors erfüllt werden, um dessen Kompetenz, Leistungsfähigkeit und Unabhängigkeit nachzuweisen und zu bestätigen.

Ziel der Akkreditierung ist es, Vertrauen in die gegenseitige Anerkennung der Arbeitsergebnisse der Prüflaboratorien zu bilden. Ihre Prüfdokumente, die dem Hersteller und Anwender der Produkte Normenkonformität und Gebrauchstauglichkeit bestätigen, werden europaweit anerkannt.

Akkreditierte Prüfinstitute für elektrotechnische Erzeugnisse in Deutschland sind u. a. das VDE Prüf- und Zertifizierungsinstitut in Offenbach und das Prüfinstitut der RWE Eurotest GmbH in Dortmund.

Akkumulatoren, Akkumulatoren-Räume

DIN EN 50272-1 *(VDE 0510-1)*	***Sicherheitsanforderungen an Batterien und Batterieanlagen*** *Allgemeine Sicherheitsinformationen*

Akkumulatoren sind wiederaufladbare elektromechanische Energiespeicher, die die zugeführte Energie bei Bedarf wieder abgeben. Um für den Betrieb vertretbare

Spannungswerte zu erzielen, besteht der Akkumulator aus mehreren in Reihe geschalteten Zellen. Solche Zellenverbände werden als Sekundärbatterien bezeichnet, im Gegensatz zu den Primärbatterien, die nicht aufgeladen werden können.

Die Nennspannung einer Batterie ist das Produkt aus der Zahl der in Reihe geschalteten Zellen und der Nennspannung einer Zelle wie z. B.:

- Blei-Akkumulatoren 2,0 V
- Nickel-Cadmium-Akkumulatoren 1,2 V
- Nickel-Eisen-Akkumulatoren 1,2 V

Die Betriebsart wird durch das Zusammenwirken der Gleichstromquelle (Ladestromquelle), Batterie und Verbraucher bestimmt. Es wird unterschieden:

- Batteriebetrieb
  Der Verbraucher wird ausschließlich durch die Batterie versorgt. Zwischen Verbraucher und Ladestromquelle besteht keine Verbindung
- Parallelbetrieb
  Verbraucher, Ladestromquelle und Batterie sind ständig parallel geschaltet
- Umschaltbetrieb
  Bei Ausfall der Stromquelle wird der Verbraucher auf die Batterie geschaltet
- Unterbrechungslose Stromversorgung (USV-Anlage)
  Der Verbraucher wird über die Gleichstromquelle und einen Wechselrichter versorgt. Die Batterie wird ständig geladen. Bei Ausfall des Netzes übernimmt die Batterie über den Wechselrichter unterbrechungslos die Stromversorgung

Akkumulatoren-Räume

Ein Batterieraum ist ein Raum in Gebäuden oder Fahrzeugen, in dem Akkumulatoren für den Betrieb aufgestellt werden. Es kann sich auch um nicht begehbare Schränke oder Behälter handeln. Die Räume müssen trocken und gut belüftet sein. Es empfiehlt sich, die → *Verordnung über den Bau von Betriebsräumen für elektrische Anlagen (EltBauVO)* zu beachten.

Arbeiten an Akkumulatoren müssen häufig aus technischen Gründen unter Spannung durchgeführt werden. Dabei sind geeignete Vorsichtsmaßnahmen nach DIN EN 50110-1 (VDE 0105-1) zu beachten.

→ *Arbeiten unter Spannung*

Aktive Leiter

Aktive Leiter sind Leiter, die unter normalen Betriebsbedingungen (bei ungestörtem Betrieb) unter Spannung stehen. Auch der → *Neutralleiter* zählt zu den aktiven Leitern, nicht aber der → *PEN-Leiter* und alle Teile, die mit ihm in leitender Verbindung stehen.

Daraus ergeben sich in der Praxis für Wechselstromsysteme nach Art und Zahl der aktiven Leiter:

- Einphasen-2-Leiter-System + Schutzleiter
- Zweiphasen-2-Leiter-System + Schutzleiter
- Drehstrom-3-Leiter-System + Schutzleiter
- Drehstrom-4-Leiter-System + Schutzleiter

Aktive Teile

DIN VDE 0100-200 ***Errichten von Niederspannungsanlagen***
(VDE 0100-200) *Begriffe*

Aktive Teile sind Leiter und leitfähige Teile von Betriebsmitteln, die unter normalen Betriebsbedingungen (bei ungestörtem Betrieb) unter Spannung stehen. Auch der → *Neutralleiter* zählt zu den aktiven Teilen, nicht aber der → *PEN-Leiter* und alle Teile, die mit ihm in leitender Verbindung stehen.

Aktive Teile müssen gegen direktes Berühren geschützt sein. Sie sind entweder in ihrem ganzen Verlauf isoliert (Basisisolierung) oder durch ihre Anordnung bzw. durch besondere Vorrichtungen (Abdeckungen) dem Zugriff entzogen. Ausgenommen von dem vollständigen Schutz gegen direktes Berühren sind aktive Teile von Betriebsmitteln in elektrischen bzw. → *abgeschlossenen elektrischen Betriebsstätten*, zu denen nur → *Elektrofachkräfte* oder → *elektrotechnisch unterwiesene Personen* Zutritt haben.

Lacküberzug oder Faserstoffumhüllung aktiver Teile gelten nicht als → *Schutz gegen direktes Berühren.*

Da von aktiven Teilen nicht immer die Gefahr eines elektrischen Schlags ausgeht, wird zusätzlich der Begriff „gefährliches aktives Teil“ definiert. Gemeint sind aktive Teile, von denen unter bestimmten Bedingungen äußerer Einflüsse ein elektrischer Schlag ausgehen kann.

Alarmanlagen

DIN EN 50130-4 ***Alarmanlagen***
(VDE 0830-1-4)

Alarmanlagen sind elektrische Anlagen, die auf die manuell oder automatisch festgestellte Erkennung einer bestehenden Gefahr reagiert, das heißt, Alarm auslöst und damit vor einer Gefahr für Leben, Eigentum oder Umwelt warnt.

Die Warnung wird durch eine Alarm-Übertragungsanlage an eine Alarmempfangsstelle weitergeleitet.

Die Alarmanlage besteht aus der Zentrale, den Meldern, Signalgebern, Alarm-Übertragungsanlagen und den Einrichtungen der Energieversorgung. Ferner verfügt die Alarmanlage über einen Sabotageschutz, der den Zugang zu inneren Elementen verhindert, um das Risiko einer Sabotage herabzusetzen.

Beispiele für Alarmanlagen:
- Einbruchmeldeanlage
- Feuermeldeanlage
- Personenhilferufanlagen
- Überfallmeldeanlagen

Allgemein anerkannte Regeln der Technik

→ *Anerkannte Regeln der Technik*
→ *Deutsche Kommission Elektrotechnik Elektronik Informationstechnik im DIN und VDE (DKE)*

Allgemeine Anforderungen

Unter den Begriffen Allgemeine Anforderungen, Allgemeine Bedingungen oder Allgemeine Grundsätze werden am Anfang in den Errichtungs- und Gerätenormen häufig wichtige Eigenschaften von Anlagen und Betriebsmitteln zusammengefasst, die für ihre → *Sicherheit* und → *Zuverlässigkeit* von besonderer Bedeutung sind. In den weiteren Kapiteln der Normen wird dann detailliert ausgeführt, wie diese Anforderungen zu erfüllen sind und durch welche Prüfungen der Nachweis der → *Normenkonformität* zu erbringen ist. Eine solche Gliederung findet sich in nahezu allen elektrotechnischen Normen.

→ *Anerkannte Regeln der Technik*

Allgemeine Bedingungen für den Netzanschluss und dessen Nutzung für die Elektrizitätsversorgung in Niederspannung (NAV)

Nach dem Energiewirtschaftsgesetz (EnWG) ist das Elektrizitätsversorgungsunternehmen (EVU) verpflichtet, jedermann an das Versorgungsnetz anzuschließen und mit elektrischer Energie zu versorgen. Bestandteil des Versorgungsvertrags sind die Allgemeinen Bedingungen für die Elektrizitätsversorgung von Tarifkunden, die Rechte und Pflichten zwischen EVU und seinen Kunden regeln und in Verbindung mit den → *Technischen Anschlussbedingungen (TAB)* ein Höchstmaß an Sicherheit und Zuverlässigkeit der elektrischen Energieversorgung gewährleisten.

Die Festlegungen beziehen sich auf nachstehende Themengruppen:

- Vertragsabschluss
- Bedarfsdeckung, Art und Umfang der Versorgung, Eigenerzeugung
- Benachrichtigung bei Versorgungsunterbrechungen, Haftung bei Versorgungsstörungen
- Grundstückbenutzung
- Netz-, Transformatoren- und Kundenanlagen, Hausanschluss
- Baukostenzuschüsse, Hausanschlusskosten, Anschlussangebot, Auftragserteilung
- Überprüfung und Inbetriebsetzung der Kundenanlage, Zutrittsrecht
- Mitteilungspflicht bei Änderungen und Erweiterungen von Anlagen und Verbrauchsgeräten
- Mess- und Steuereinrichtungen, Ablesung
- Verwendung der Elektrizität
- Abrechnung, Zahlung, Sicherheitsleistung
- Kündigung, fristlose Kündigung, Einstellung der Versorgung

Allgemeine Grundsätze für den Betrieb von elektrischen Anlagen

DIN VDE 0105-100 *(VDE 0105-100)*	***Betrieb von elektrischen Anlagen*** *Allgemeine Festlegungen*
BGV A3	***Unfallverhütungsvorschrift*** *Elektrische Anlagen und Betriebsmittel*

Die allgemeinen Grundsätze für den Betrieb von elektrischen Anlagen sollen einen sicheren Umgang mit den Betriebsmitteln gewährleisten.
Bei ihrer konsequenten Anwendung sind Gefahren für Menschen und Sachen weitgehend ausgeschlossen.

Als Grundsätze sind zu beachten:

- Bei jeder Tätigkeit an, mit oder in der Nähe einer elektrischen Anlage ist vorher festzulegen, wie die Arbeiten sicher auszuführen sind.
- Elektrische Anlagen sind entsprechend den Normen in einen ordnungsgemäßen Zustand zu erhalten.
- Bei Änderung der Betriebsbedingungen sind die bestehenden Anlagen den jeweils gültigen Normen anzupassen.
- Auftretende Mängel in oder an Anlagen sind unverzüglich zu beseitigen, zumindest aber sind mögliche Gefahren weitgehend einzuschränken.
- Betriebsmittel, von denen Gefahren ausgehen können, sind außer Betrieb zu nehmen und gegen Wiederinbetriebnahme zu sichern (Sichern gegen Wiedereinschalten).
- Sicherheitseinrichtungen dürfen auch nicht kurzfristig außer Betrieb genommen werden.
- Der Schutz gegen elektrischen Schlag muss in allen Situationen wirksam erhalten bleiben.
- Es dürfen nur Verlängerungsleitungen benutzt werden, die die Schutzmaßnahmen des anzuschließenden Betriebsmittels sicherstellen und die in ihrem gesamten Verlauf keine Schäden aufweisen (Prüfung durch Inaugenscheinnahme).
- Keine Lagerung von anlagenfremden Gegenständen in der Nähe von teilweise oder nicht gegen elektrischen Schlag geschützten Betriebsmitteln und Anlagen.
- Bei Ausbruch eines Brands sind gefährdete Anlagenteile auszuschalten.
- Feuerlöscheinrichtungen sind in größeren Anlagen bereitzuhalten.
- Vorgehensweise bei Bränden nach DIN VDE 0132.

- Das Betriebspersonal muss über die einschlägigen Sicherheitsanforderungen und betrieblichen Anweisungen unterrichtet werden (→ *Arbeitsverantwortlicher*).
- Arbeitskräfte müssen geeignete Kleidung tragen.
- Arbeitskräfte müssen den Kriterien für die jeweilige fachliche Qualifikation entsprechen (Elektrofachkraft, fachlich geeignete Person).
- Voraussetzung für den sicheren Betrieb der Anlagen ist eine geeignete Organisation, die Verantwortlichkeiten und Weisungsbefugnisse eindeutig regelt (→ *Anlagenverantwortlicher*).
- Der Zutritt zu den Anlagen ist nur dazu bestimmten Personen gestattet.
- Arbeitsanweisungen und die Vorbereitung komplexer Arbeiten sind schriftlich festzulegen.
- Bestehen aus sicherheitstechnischen Gründen Bedenken, müssen diese vor Beginn der Arbeiten ausgeräumt werden.
- Sind mehrere Personen an den Arbeiten beteiligt, ist für eine zuverlässige Informationsübermittlung (mündlich, schriftlich, optisch) zu sorgen. Bei mündlichen Informationsübermittlungen (Telefon, Funk, direktes Gespräch) muss der Empfangende die Information gegenüber dem Absendenden wiederholen.
- Die Arbeitsstelle, ihr Zugang und die Fluchtwege müssen eindeutig festgelegt und gekennzeichnet sein.
- Es dürfen keine Gefahrenquellen u. a. durch hinderliche Gegenstände, leicht entzündliche Materialien, Drucksysteme, mechanische Beeinträchtigungen oder mögliche Abstürze auftreten.
- Werkzeuge, Ausrüstungen, Schutz- und Hilfsmittel müssen den einschlägigen Normen entsprechen, nach den mitgelieferten Betriebsanleitungen bestimmungsgemäß verwendet werden und in einem ordnungsgemäßen Zustand erhalten und gelagert werden.
- Aktuelle Schaltpläne und Unterlagen für den Betrieb von elektrischen Anlagen müssen verfügbar sein.
- Die den einschlägigen Normen entsprechenden Sicherheitsschilder müssen verwendet werden, um auf mögliche Gefahren aufmerksam zu machen.

Allpoliges Schalten

DIN EN 60335-1	***Sicherheit elektrischer Geräte für den Hausgebrauch und ähnliche Zwecke***
(VDE 0700-1)	*Allgemeine Anforderungen*

Unter allpoligem Schalten versteht man bei Einphasengeräten die Unterbrechung beider Netzleiter durch einen einzigen Schaltvorgang, bei Drehstromgeräten die Unterbrechung aller Netzleiter mit Ausnahme des geerdeten Leiters durch einen einzigen Schaltvorgang. Der Schutzleiter gilt nicht als Netzleiter.

Alphanumerische Kennzeichnung

Für die Kennzeichnung von Leitern und Anschlussklemmen an den Betriebsmitteln werden nachstehende alphanumerischen Kennzeichnungen verwendet:

	Leiter	Betriebsmittelanschluss
Wechselstromnetz:		
Außenleiter 1	U	L1
Außenleiter 2	V	L2
Außenleiter 3	W	L3
Neutralleiter	N	N
Gleichstromnetz:		
positiver Leiter	C	L+
negativer Leiter	D	L–
Mittelleiter	M	M
Schutzleiter	PE	PE
PEN-Leiter		PEN
Erde	E	E
fremdspannungsfreie Erde	TE	TE
Masse	MM	MM
Äquipotential	CC	CC

Ändern

→ *Elektrische Anlagen* und → *Betriebsmittel* dürfen nur von einer → *Elektrofachkraft* oder unter Leitung und Aufsicht einer Elektrofachkraft entsprechend den → *elektrotechnischen Regeln* geändert werden. Nach einer Änderung sind die Anlagen und Betriebsmittel auf ihren → *ordnungsgemäßen Zustand* vor ihrer Wiederinbetriebnahme zu prüfen.

→ *BGV A3*

Änderung

Nach einer Änderung oder Instandsetzung einer elektrischen Anlage ist vor der ersten Inbetriebnahme dafür zu sorgen, dass die elektrische Anlage und die Betriebsmittel auf ihren ordnungsgemäßen Zustand überprüft werden. Die Leitung und Aufsicht für diese Tätigkeit übernimmt eine Elektrofachkraft, die Verantwortung für die Durchführung trägt der Unternehmer.

Anerkannte Regeln der Technik

Das Bundesverfassungsgericht hat den Begriff „Anerkannte Regeln der Technik" definiert. Danach gelten als anerkannte Regeln der Technik Festlegungen, die von einer Mehrheit repräsentativer Fachleute als Wiedergabe des Stands der Technik angesehen werden, in Zusammenarbeit oder Konsensverfahren verabschiedet wurden und von den Praktikern allgemein angewendet werden.

Elektrotechnische Normen werden in der → *IEC* (weltweit), bei → *CENELEC* (Europa) und in der → *DKE* (national) bearbeitet. Nach ihrer Verabschiedung werden die Festlegungen in das deutsche Normenwerk und, wenn elektrotechnische Sicherheit betroffen ist, auch in das VDE-Vorschriftenwerk übernommen. Europäische Normen (EN) und DIN-Normen mit VDE-Klassifikation enthalten Sicherheitsfestlegungen über die Abwendung von Gefahren für Menschen, Tiere und Sachen. Bei diesen Normen mit sicherheitstechnischen Festlegungen besteht eine tatsächliche Vermutung, dass sie anerkannte Regeln der Technik sind. Sie bilden einen Maßstab für einwandfreies technisches Verhalten, der auch im Rahmen der Rechtsordnung von Bedeutung ist.

→ *Rechtliche Bedeutung der DIN-VDE-Normen*

Anforderungen an Personen im Tätigkeitsbereich der Elektrotechnik

DIN VDE 1000-10 *(VDE 1000-10)*	***Anforderungen an die im Bereich der Elektrotechnik tätigen Personen***

Die im Bereich der Elektrotechnik eingesetzten Personen übernehmen im Rahmen ihrer Aufgaben Tätigkeiten, die für die Sicherheit von Bedeutung sind.

Zu solchen Tätigkeiten zählen:
- Planen, Projektieren, Konstruieren
- Errichten
- Prüfen
- Betreiben, Instandhalten, Ändern
- Organisieren, Einsetzen von Arbeitskräften, Auswahl der Arbeitsverfahren, Schutzmaßnahmen, persönliche Schutzausrüstungen (PSA) und Sicherheitseinrichtungen
- Schulung

Für alle Tätigkeiten sind elektrotechnische Fachkenntnisse erforderlich, wobei den Tätigkeitsmerkmalen je nach Schwierigkeitsgrad abgestufte Eignungsmerkmale zuzuordnen sind.

Die Tätigkeiten dürfen nur von Elektrofachkräften oder unter deren Leitung und Aufsicht ausgeführt werden.

Als Elektrofachkraft gilt, wer eine fachliche Ausbildung für ein Arbeitsgebiet der Elektrotechnik erfolgreich abgeschlossen hat, wie z. B.:
- Geselle oder Facharbeiter
- Staatlich geprüfter Techniker
- Industrie- oder Handwerksmeister
- Diplomingenieur, Bachelor oder Master

Zur Beurteilung der fachlichen Ausbildung kann auch eine mehrjährige Tätigkeit in einem abgegrenzten Arbeitsgebiet herangezogen werden. Die vom Unternehmen mit der Fach- und Aufsichtsverantwortung betraute Elektrofachkraft gilt als „verantwortliche Elektrofachkraft". Für die verantwortliche fachliche Leitung eines elektrotechnischen Betriebs oder Betriebsteils ist die Ausbildung zum Meister oder Diplomingenieur, Bachelor oder Master erforderlich.

→ *Elektrofachkraft*
→ *Elektrotechnisch unterwiesene Personen*

Anlage

DIN VDE 0100-200 *(VDE 0100-200)*	***Errichten von Niederspannungsanlagen*** *Begriffe*
BGV A3	***Unfallverhütungsvorschrift*** *Elektrische Anlagen und Betriebsmittel*

Anlagen, elektrische Anlagen, Starkstromanlagen sind der Zusammenschluss von elektrischen Betriebsmitteln zum Erzeugen, Umwandeln, Speichern, Fortleiten, Verteilen und Verbrauchen von elektrischer Energie.

→ *Elektrische Anlage*

Anlagen auf Baustellen

DIN VDE 0100-200 *(VDE 0100-200)*	***Errichten von Niederspannungsanlagen*** *Begriffe*
DIN VDE 0100-704 *(VDE 0100-704)*	***Errichten von Niederspannungsanlagen*** *Baustellen*

Anlagen auf Baustellen sind elektrische Einrichtungen für die Durchführung von Arbeiten auf → *Baustellen.* Sie sind so zu errichten, dass bei bestimmungsgemäßer Verwendung Personen und Sachen nicht gefährdet werden.

Die Versorgung von elektrischen Verbrauchern und Betriebsmitteln muss von Baustellenverteilern (ACSs) erfolgen. Ein ACS enthält: Überstromschutzeinrichtungen; Einrichtungen für den Fehlerschutz (Schutz bei indirektem Berühren); Steckdosen.

Anforderungen für Anlagen auf Baustellen:

→ *Baustellen*

Anlagen im Freien

DIN VDE 0100-200 *(VDE 0100-200)*	***Errichten von Niederspannungsanlagen*** *Begriffe*
DIN VDE 0100-737 *(VDE 0100-737)*	***Errichten von Niederspannungsanlagen*** *Feuchte und nasse Bereiche und Räume und Anlagen im Freien*
DIN EN 61936-1 *(VDE 0101-1)*	***Starkstromanlagen mit Nennwechselspannungen über 1 kV***

Elektrische Anlagen und Betriebsmittel, die nicht in Gebäuden installiert oder aufgestellt sind, sondern sich außerhalb der Gebäude befinden.
Es kann sich auch um einen Teil bzw. Teile der elektrischen Anlage handeln. Für diesen Teil sind dann die erhöhten Anforderungen zu berücksichtigen.
Für solche Anlagen wird auch der Begriff → „*Freiluftanlagen*“ verwendet.

Zusätzliche Unterscheidung:

Geschützte **Anlagen im Freien**	***Ungeschützte*** **Anlagen im Freien**
Die Anlagen und Betriebsmittel sind *überdacht,* z. B. Toreinfahrten, Bahnsteige, Tankstellen	Die Anlagen und Betriebsmittel sind *nicht überdacht,* z. B. Rampen oder im freien Gelände

Allgemeine Anforderungen:
- Auswahl der elektrischen Betriebsmittel unter Berücksichtigung der äußeren Einflüsse, dabei ist die Wirksamkeit der → *Schutzarten* sicherzustellen, und anschließend muss ein ordnungsgemäßer Betrieb möglich sein.
- Betriebsmittel, die den erhöhten Anforderungen innerhalb feuchter und nasser Räume nicht entsprechen, dürfen dennoch verwendet werden, wenn sie durch geeignete zusätzliche Maßnahmen geschützt werden. Dieser Schutz darf dann allerdings die Betriebsmittel in ihrem einwandfreien Betrieb nicht beeinträchtigen.

→ Schutz bei direktem Berühren
Stromkreise mit Steckdosen bis 20 A (Einphasen-Wechselstromkreis), die für die Benutzung durch Laien und zur allgemeinen Verwendung bestimmt sind, müssen in Verbindung mit den Schutzmaßnahmen (TN-System oder TT-System) mit Feh-

lerstrom-Schutzeinrichtungen mit einem Bemessungsdifferenzstrom $I_{\Delta N} \leq 30$ mA geschützt sein.

Das gilt auch für Endstromkreise bis 32 A, wenn im Außenbereich tragbare Betriebsmittel angeschlossen werden.
In solchen Fällen wird der Einsatz von netzspannungsunabhängigen Fehlerstromschutzeinrichtungen (RCD) mit eingebautem Überstromschutz (FI/LS-Schalter) für jeden Endstromkreis empfohlen.

Sonstige Anforderungen:
Schutzarten für Betriebsmittel:

Arten der Anlage im Freien (Begriff)	Schutzart nach DIN VDE 0470-1	Erläuterung
geschützte Anlage	IPX1	mindestens tropfwassergeschützt
ungeschützte Anlage	IPX3	mindestens sprühwassergeschützt

Fehlerstromschutzeinrichtungen (RCDs) mit einem Bemessungsdifferenzstrom $I_{\Delta N} \leq 30$ mA ist gefordert, damit das Gefahrenpotenzial bei der Verwendung von z. B. Gartengeräten, wie Rasenmäher und Heckenschere, gesenkt wird.

Wesentlich ist die Einschränkung „für Stromkreise, die vorwiegend für Wohnzwecke genutzt werden". Die Anforderung gilt also für Steckdosen auf Terrassen oder Balkonen, sollte aber auch für innerhalb des Gebäudes installierte Steckdosen gelten, an denen Betriebsmittel für die Verwendung im Freien angeschlossen werden. Die Forderung gilt jedoch nicht für den gewerblichen Bereich, d. h. beispielsweise für Steckdosen in einer Netzstation eines EVU, auf Lagerplätzen oder in Industrie- und Gewerbeanlagen, die durch → *Elektrofachkräfte* betrieben bzw. nach → *BGV A3* in regelmäßigen Abständen überprüft werden.

Anlagen in gekapselter Ausführung

DIN EN 61936-1 ***Starkstromanlagen mit Nennwechselspannungen***
(VDE 0101-1) ***über 1 kV***

Anlagen in gekapselter Ausführung sind Anlagen mit einem vollständigen Schutz gegen direktes Berühren. Dieser Begriff wird üblicherweise für Anlagen mit einer

Nennspannung über 1 kV angewendet, obwohl er auch für Niederspannungsanlagen zutreffen kann. Gasisolierte Anlagen (GIS), deren innere Isolation anstelle von Luft aus einem Gas besteht, werden als metallgekapselte Anlagen bezeichnet.

→ *Gekapselte Anlagen*

Anlagenprüfung

DIN VDE 0100-600 *(VDE 0100-600)*	***Errichten von Niederspannungsanlagen*** *Prüfungen*
DIN VDE 0105-100 *(VDE 0105-100)*	***Betrieb von elektrischen Anlagen*** *Allgemeine Festlegungen*

Elektrische Anlagen bzw. Bestandteile dieser Anlagen sind auf ihren ordnungsgemäßen Zustand zu prüfen. Für Neuanlagen gilt DIN VDE 0100-600, d. h., nach der Errichtung und vor der Inbetriebnahme sind die Anlagen zu prüfen. Diese Erstprüfung schließt die Arbeiten der Errichtung der elektrischen Anlagen ab.
Die Prüfungen müssen von Elektrofachkräften durchgeführt werden, die über Erfahrungen beim Prüfen elektrischer Anlagen verfügen. Über die Prüfung muss ein Prüfprotokoll erstellt werden.

Für bestehende Anlagen müssen nach BGV A3 Unfallverhütungsvorschrift Wiederholungsprüfungen durchgeführt werden.

→ *Prüfung elektrischer Anlagen*

Anlagenschutz

Die vielfältigen Formen des Anlagenschutzes haben die Aufgaben, die Sicherheit und Zuverlässigkeit der Anlagen und Betriebsmittel zu gewährleisten, im Fehlerfall sie vor der Zerstörung zu schützen bzw. die Auswirkungen des Fehlers zu begrenzen.

Zu den wichtigsten Maßnahmen des Anlagenschutzes zählen:
- → *Schutz gegen zu hohe Erwärmung* (Überlast- und Kurzschlussschutz)
- → *Schutz gegen Brand*

- → *Schutz gegen Überspannungen*
- → *Schutz gegen Unterspannungen*
- → *Schutz gegen elektromagnetische Störungen*
- Schutz gegen → *äußere Einflüsse*
- Begrenzung der → *Ableitströme*

Maßnahmen des Anlagenschutzes in Verbindung mit → *Hilfsstromkreisen* werden in DIN VDE 0100-557; in der Normenreihe DIN VDE 0113 für elektrische Ausrüstung von Machinen; in der Normenreihe DIN VDE 0800 für Betriebsmittel der Informationsübertragung; in DIN VDE 0116-1 für elektrische Ausrüstung von Feuerungsanlagen; in der Normenreihe DIN VDE 0833 für Gefahrenmeldeanlagen für Brand, Einbruch und Überfall; in DIN VDE 0834-1 für Rufanlagen in Krankenhäusern, Pflegeheimen und ähnlichen Einrichtungen und unter → *NH-Sicherungen* der Betriebsklassen aM, gTr und gB in der Normenreihe DIN EN 60269 (VDE 0636) beschrieben.

Anlagenverantwortlicher

DIN VDE 0105-100	***Betrieb von elektrischen Anlagen***
(VDE 0105-100)	*Allgemeine Festlegungen*

Der Anlagenverantwortliche ist eine Person, die benannt ist, die unmittelbare Verantwortung für den Betrieb der elektrischen Anlage zu tragen. Erforderlichenfalls kann diese Verantwortung teilweise auf andere Personen übertragen werden. Die Unternehmensorganisation hat dafür zu sorgen, dass jede elektrische Anlage unter der Verantwortung einer Person, des Anlagenverantwortlichen, betrieben wird. Bei mehreren Anlagen, die miteinander in Verbindung stehen, müssen sich die Anlagenverantwortlichen untereinander abstimmen.

Der Anlagenverantwortliche mit Weisungsbefugnis für den Betrieb der Anlagen muss eine Elektrofachkraft sein. Er kann auch die Aufgaben des → *Arbeitsverantwortlichen* übernehmen, wenn an seiner Anlage zum Beispiel mit eigenem Personal Arbeiten durchgeführt werden.

Der Anlagenverantwortliche ist für den sicheren Betrieb der Anlage zuständig. Mit ihm sind Schalthandlungen und Maßnahmen zur Erhaltung des ordnungsgemäßen Betriebs abzustimmen. Er ist über auftretende Mängel unverzüglich zu informieren. Nur er darf die Erlaubnis für Arbeiten in, an und mit der Anlage erteilen.

Wenn an der Anlage oder Anlagenteilen gearbeitet werden soll, muss er den in der Vorbereitung festgelegten Zustand der Anlage herstellen und für die Dauer der Arbeiten sicherstellen. Je nach den Unternehmensregeln sind diese Tätigkeiten zu dokumentieren oder über vorgegebene Kommunikationsverbindungen den zuständigen Stellen zu melden. Dies gilt in gleicher Weise für die Wiederinbetriebnahme der Anlage nach Beendigung bzw. vorübergehender Unterbrechung der Arbeiten. Dem Anlagenverantwortlichen ist die Anlage unter Angabe des Anlagenzustands zu übergeben.

Durch eine deutliche Abgrenzung zwischen den Tätigkeiten des Anlagen- und des Arbeitsverantwortlichen lassen sich beim Einsatz von Dienstleistungsunternehmen klare Verantwortungsbereiche zwischen Auftraggeber und Auftragnehmer schaffen, die dazu beitragen können, die Sicherheit bei Arbeiten an elektrischen Anlagen zu verbessern.

Anlegeplätze

DIN VDE 0100-709 ***Errichten von Niederspannungsanlagen***
(VDE 0100-709) *Marinas und ähnliche Bereiche*

Anlegeplätze sind Marinas, Kais, feste Piers oder schwimmende Anlagen, die für mehrere Wassersportfahrzeuge zum Anlegen geeignet sind. Detaillierte Anforderungen an Anlegeplätze und Marinas:

→ *Marinas*

Anleitung zur Ersten Hilfe

Das Merkblatt BGI/GUV-I 503, herausgegeben von der Deutschen Unfallversicherung (DGUV), enthält Anleitungen zur Ersten Hilfe bei Unfällen durch Laien oder Betriebshelfer. Die lebensrettenden Hinweise sollten in allen Betriebsstätten leicht zugänglich ausgelegt oder als Plakate ausgehängt werden. Darüber hinaus sollte das Betriebspersonal in regelmäßigen Abständen mit den Maßnahmen der Ersten Hilfe vertraut gemacht werden.
Für die Erste Hilfe gilt als Grundsatz: Erste Hilfe durch Laien, auch durch besonders geschulte Betriebshelfer, ist kein Ersatz für ärztliche Hilfe, sondern nur Notbehelf, bis der Arzt eingreift.

Weiter gilt:

- Ruhe bewahren
- eigenen Schreck überwinden
- erst denken, dann handeln
- zusätzlichen Schaden verhindern
- Unfallstelle absichern
- Hilfe herbeiholen
- Notruf
- Verletzten grundsätzlich nichts zu essen oder zu trinken geben
- Verletzten möglichst nicht allein lassen

Annäherungszone

DIN VDE 0105-100	***Betrieb von elektrischen Anlagen***
(VDE 0105-100)	*Allgemeine Festlegungen*

→ *Arbeitsbereiche*

Anordnung

DIN VDE 0100-430	***Errichten von Niederspannungsanlagen***
(VDE 0100-430)	*Schutz bei Überstrom*

Anordnung der Schutzeinrichtungen gegen Überlast und Kurzschluss → *Schutz gegen zu hohe Erwärmung*.

Bei der Anordnung von Betätigungselementen in der Nähe von berührungsgefährlichen Teilen (Niederspannung) muss ein → *teilweiser Schutz gegen direktes Berühren* entsprechend den Anforderungen nach DIN EN 50274 (VDE 0660-514) sichergestellt werden. Ein teilweiser Schutz reicht aus, da die Bedienteile nur von → *Elektrofachkräften* oder → *elektrotechnisch unterwiesenen Personen* betätigt werden.

Verlangt wird für die Umgebung der Betätigungselemente: → *Fingersicherheit*, → *Handrückensicherheit* und ein Mindestabstand (Schutzraum) zu den berührungsgefährlichen Teilen.

Anordnung außerhalb des Handbereichs

Der Schutz durch Anordnung außerhalb des Handbereichs (Basisschutz; Schutz gegen direktes Berühren) ist dafür geeignet, unbeabsichtigtes Berühren aktiver Teile zu verhindern. Dabei gilt ein Abstand von gleich oder größer 2,5 m zwischen aktiven Teilen unterschiedlichen Potentials als ausreichend.

Anpassung

DIN 820-120	***Normungsarbeit Leitfaden für die Aufnahme von Sicherheitsaspekten in Normen***

In den national erarbeiteten DIN-VDE-Normen kann eine Anpassung bestehender Anlagen an neu herausgegebene Normen gefordert werden. Dies bedeutet, dass Anlagen, die zu Beginn der Gültigkeit der neuen Norm betriebsfertig errichtet oder in Betrieb waren, in einem vorgegebenen Zeitraum (Anpassungsfrist) so verändert werden müssen, dass sie der neuen Norm entsprechen. Eine solche Anpassung wird im Allgemeinen nur dann in die neue Norm aufgenommen, wenn aus sicherheitstechnischen Überlegungen oder aus vorliegenden Erfahrungen erkennbare Gefahren zu erwarten sind. Die Anpassungsforderung und Anpassungsfrist wird unter der Überschrift „Beginn der Gültigkeit“ auf der Titelseite der Norm angegeben. Ihre Verbindlichkeit und rechtliche Bedeutung sind in gleicher Weise wie alle anderen Festlegungen in den → *anerkannten Regeln der Technik* zu beurteilen.

Allerdings werden national erarbeitete Normen immer seltener veröffentlicht, und in den internationalen oder auf europäischer Ebene erarbeiteten Normen sind Anpassungen nicht vorgesehen. Dies veranlasste die Berufsgenossenschaft, Anpassungen in Verbindung mit den Unfallverhütungsvorschriften zu verlangen.

Beispiele:
- Störlichtbogensicherheit nach DIN EN 61936-1 (VDE 0101-1)
- Schutz gegen direktes Berühren in abgeschlossenen elektrischen Betriebsstätten nach DIN EN 50274 (VDE 0660-514)

Anpassung elektrischer Anlagen und Betriebsmittel an elektrotechnische Regeln

Eine Anpassung an neu erschienene elektrotechnische Regeln ist nicht allein schon deshalb erforderlich, weil in ihnen andere, weitergehende Anforderungen an neue elektrische Anlagen und Betriebsmittel erhoben werden.

Sie enthalten aber mitunter Bau- und Ausrüstungsbestimmungen, die wegen besonderer Unfallgefahren oder auch eingetretener Unfälle neu in die DIN-VDE-Bestimmungen aufgenommen wurden.

Eine Anpassung bestehender elektrischer Anlagen an solche elektrotechnischen Regeln kann dann wegen vermeidbarer besonderer Unfallgefahren gefordert werden.

Anschließen von Schaltanlagen

DIN VDE 0100-729	***Errichten von Niederspannungsanlagen***
(VDE 0100-729)	*Bedienungsgänge und Wartungsgänge*

Die aktuelle Norm DIN VDE 0100-729:2010-02 macht keine Angaben mehr zu den Anschlussanforderungen, sondern beinhaltet Angaben zu den Bedienungs- und Wartungsgängen, wie notwende Maßangaben, Mindestabstände zu aktiven Teilen. Dennoch sind die Anforderungen aus der 3. Auflage des Lexikons als Empfehlung aufgenommen.
Beim Anschluss von außen eingeführter Kabel und Leitungen ist zu empfehlen:
- Die Anschlussstellen müssen zug- und druckentlastet sein.
- Die Leiter müssen entsprechend den Schaltungsunterlagen angeschlossen werden.
- Bei Nichtvorhandensein von Schaltungsunterlagen muss die funktionelle Zuordnung der Leitungen berücksichtigt werden.
- Die Einführungsöffnungen müssen nach den Anschlussarbeiten so verschlossen werden, dass der vorgesehene Schutz erfüllt wird.

→ *Schaltanlagen und Verteiler*

Anschluss

Der Anschluss besteht aus leitfähigen Teilen, die zur elektrischen Verbindung mit äußeren Stromkreisen vorgesehen sind und die einen sicheren Kontakt gewährleisten.
Zu unterscheiden sind Betriebsmittel mit Steckvorrichtungen, die von → *elektrotechnischen Laien* verbunden werden können, und fest anzuschließende Betriebsmittel, die nur durch die → *Elektrofachkraft* bzw. durch die → *elektrotechnisch unterwiesene Person* in Betrieb genommen werden dürfen.

Anforderungen:

- Der Anschluss muss allen auftretenden Beanspruchungen standhalten:
  - elektrisch:
    Nennspannungen, Nennstrom, Nennleistung
  - thermisch:
    innere und äußere Erwärmung
  - mechanisch:
    Zug, Druck, Verdrehung
- An besonders gefährdeten Stellen sind besondere Maßnahmen durch entsprechende Anordnung, Gestaltung oder zusätzliche Einrichtungen erforderlich.
- Anschlüsse müssen so ausgeführt werden, dass bei betriebsmäßiger Belastung keine Gefahr bringenden Veränderungen (Erwärmen, Lockern) eintreten können.

Anschlussklemme

→ *Klemmen*

Anschlussleitung

DIN VDE 0100-200 *(VDE 0100-200)*	***Errichten von Niederspannungsanlagen*** *Begriffe*
DIN VDE 0100-704 *(VDE 0100-704)*	***Errichten von Niederspannungsanlagen*** *Baustellen*
DIN VDE 0100-705 *(VDE 0100-705)*	***Errichten von Niederspannungsanlagen*** *Elektrische Anlagen von landwirtschaftlichen und gartenbaulichen Betriebsstätten*

DIN VDE 0100-708 *(VDE 0100-708)*	***Errichten von Niederspannungsanlagen*** *Caravanplätze, Campingplätze und ähnliche Bereiche*
DIN VDE 0100-709 *(VDE 0100-709)*	***Errichten von Niederspannungsanlagen*** *Marinas und ähnliche Bereiche*
DIN EN 60204-32 *(VDE 0113-32)*	***Sicherheit von Maschinen – Elektrische Ausrüstung von Maschinen*** *Anforderungen für Hebezeuge*
DIN EN 60799 *(VDE 0626)*	***Geräteanschlussleitungen und Weiterverbindungs-Geräteanschlussleitungen***

Anschlussleitungen sind bestimmt für den Anschluss von elektrischen Betriebsmitteln, Anlagen und Verbrauchsgeräten an das Netz. Je nach Verwendungszweck werden unterschiedliche Leitungstypen verwendet.

Geräteanschlussleitungen für den Hausgebrauch und für ähnliche Zwecke nach DIN VDE 0626 werden als Baueinheit, bestehend aus einer beweglichen Leitung und einem nicht wieder anschließbaren Gerätstecker, hergestellt. In Abhängigkeit vom Nennstrom des Betriebsmittels, der Geräteklasse, der Anschlussstelle und der Leitungslänge werden Leitungen der Bauart H03VV-F, H05VV-F oder H05RR-F verwendet.

In industriellen Bereichen und auf Baustellen sind Gummischlauchleitungen der Bauart H07RN-F oder mindestens gleichwertige Leitungen oder Kabel einzusetzen (DIN VDE 0100-704). Dieselben Anforderungen werden für Hebezeuge sowie für den Anschluss von Booten, Jachten und Caravans verlangt.

Bei schweren mechanischen Beanspruchungen sind Leitungen der Bauart NSSHÖU (DIN VDE 0250-812) zu verwenden.
Die Unfallverhütungsvorschriften BGV A3 der Durchführungsanweisungen verlangen eine regelmäßige Überprüfung der Leitungen durch Inaugenscheinnahme vor der Benutzung und z. B. alle sechs Monate durch eine elektrische Messung.

Anschlusswert

Der Anschlusswert ist die Addition aller Leistungen (kW) der vorhandenen bzw. später anzuschließenden Elektrogeräte einer → *Verbraucheranlage*. Um aus dem Anschlusswert den resultierenden → *Leistungsbedarf* zu ermitteln, muss der → *Gleichzeitigkeitsfaktor* berücksichtigt werden.

Anschnittsteuerung

DIN VDE 0838-1	***Rückwirkungen in Stromversorgungsnetzen, die durch Haushaltgeräte und durch ähnliche elektrische Einrichtungen verursacht werden***
(VDE 0838-1)	*Begriffe*

Die Anschnittsteuerung ist ein Mittel zur Veränderung der elektrischen Energie, die einem Gerät zugeführt oder von einer Maschine oder einem System geliefert wird. Erreicht wird die Steuerung innerhalb einer Periode oder Halbperiode der Versorgungsspannung durch Veränderung der Zeitintervalle, in denen Strom fließt. **Bild 3** zeigt Beispiele des idealisierten Stromverlaufs bei Widerstandslast.

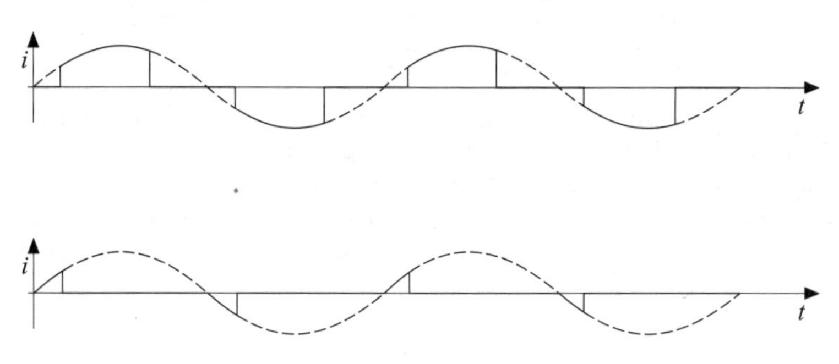

Bild 3 Beispiele einer Ausschnittsteuerung

Geräte mit Anschnittsteuerungen können Rückwirkungen, insbesondere Oberschwingungen im Netz, hervorrufen, an das sie angeschlossen sind. Solche Rückwirkungen dürfen andere aus dem Netz versorgte Einrichtungen nicht nachteilig beeinflussen. Sie müssen deshalb im Interesse der elektromagnetischen Verträglichkeit soweit begrenzt werden, dass störende Rückwirkungen auf andere Betriebsmittel vermieden, mindestens aber begrenzt werden.

Ansprechstrom

DIN VDE 0100-200	***Errichten von Niederspannungsanlagen***
(VDE 0100-200)	*Begriffe*

Der vereinbarte Ansprechstrom ist ein festgelegter Strom, der die Schutzeinrichtung vor Ablauf einer vereinbarten Zeit zum Abschalten bringt.

In den Normen gibt es für den Ansprechstrom unterschiedliche Begriffe:

- → *Sicherungen* nach DIN EN 60269-1 (VDE 0636-1) – Niederspannungssicherungen
  - Großer Prüfstrom $I_f = 1{,}6\ I_n$, der die Sicherung unter festgelegten Prüfbedingungen (frei in Luft) während einer bestimmten Prüfdauer (konventionelle Prüfdauer) ausschaltet.
  - Unter Praxisbedingungen $I = 1{,}45\ I_n$, der die Sicherung (in einer gekapselten Verteilung) vor Ablauf einer vereinbarten Zeit ausschaltet.
- → *LS-Schalter* nach DIN VDE 0641-11 – Leitungsschutzschalter
  - Auslösestrom $I_t = 1{,}45\ I_n$, der den LS-Schalter unter festgelegten Prüfbedingungen, die denen in der Praxis entsprechen, ausschaltet.
- Schaltgeräte nach DIN VDE 0660 – Niederspannungsschaltgeräte – sowie Schaltgeräte über 1 kV nach DIN VDE 0670
  - Ansprechstrom (Auslösestrom), bei dem oder über dem der Auslöser innerhalb einer bestimmten Dauer auslöst.
- → *Fehlerstromschutzschalter* nach DIN VDE 0664 – Fehlerstromschutzeinrichtungen (RCD)
  - Auslösestrom ist der Fehlerstrom (der Bemessungsdifferenzstrom, bei dem die Fehlerstromschutzeinrichtung unter festgelegten Bedingungen anspricht.
  - Der Auslösestrom ist kleiner als der Nennfehlerstrom $I_{\Delta N}$, der den FI-Schutzschalter kennzeichnet.
- → *Überlastschutz* nach DIN VDE 0100-430 – Schutz bei Überstrom
  - Auslösestrom, der eine Auslösung der Schutzeinrichtung unter den in den Gerätebestimmungen festgelegten Bedingungen bewirkt.

Antennenanlage

DIN EN 60728-11 *(VDE 0855-1)*	***Kabelnetze für Fernsehsignale, Tonsignale und interaktive Dienste*** *Sicherheitsanforderungen*
DIN VDE 0100-200 *(VDE 0100-200)*	***Errichten von Niederspannungsanlagen*** *Begriffe*

Antennenanlagen bestehen aus der Antenne zur Aufnahme oder Abstrahlung elektromagnetischer Wellen, dem Antennenträger zur Befestigung der Antenne in ihrer Umgebung (außen oder innen), der Antennenzuleitung zum Empfängereingang oder Senderausgang, den aktiven oder passiven elektronischen Baueinheiten und der Erdungsanlage als Gesamtheit der für die Erdung der Antennenanlage erforderlichen Mittel und Maßnahmen.

Für die Errichtung und den Betrieb von Antennenanlagen können ferner erforderlich werden:

- Blitz- und Überspannungsschutz
- Antennenverstärker
- Frequenzumsetzer
- Antennenrotoren
- Potentialausgleich zwischen den Betriebsmitteln der Antennenanlage
- Antennenverteilungsnetz
- Schutz gegen direktes Berühren im Handbereich bei unter Spannung stehenden Teilen von Sendeanlagen
- besondere Schutzmaßnahmen und Mindestabstände bei Kreuzungen und Näherungen mit Starkstromfreileitungen
- Schutzmaßnahmen gegen Gefährdung durch Hochfrequenzenergie im Bereich von Sendeantennen

Antriebe und Antriebsgruppe

DIN VDE 0100-200 *(VDE 0100-200)*	***Errichten von Niederspannungsanlagen*** *Begriffe*
DIN EN 61936-1 *(VDE 0101-1)*	***Starkstromanlagen mit Nennwechselspannungen über 1 kV***
DIN EN 60204-1 *(VDE 0113-1)*	***Sicherheit von Maschinen*** *Allgemeine Anforderungen*

Unter Antrieben und Antriebsgruppen werden alle mechanischen und elektrischen Einrichtungen von elektrischen Maschinen verstanden. Die räumliche Anordnung einzelner Teile ist davon unabhängig, d. h., auch räumlich getrennt angeordnete Teile können eine Gesamtheit bilden.

Antriebe werden praktisch in allen Bereichen der Elektrotechnik eingesetzt. Die wichtigsten werden in den Normen u. a. für elektrische Geräte für den Hausgebrauch, für Industriemaschinen, für Starkstromanlagen aller Spannungsebenen und für Förderanlagen beschrieben. Die Festlegungen beziehen sich auf die Sicherheit und Zuverlässigkeit der Antriebe:

- Abstände und Kriechstrecken → *Schaltanlagen* und Verteiler
- Zugang zu elektrischen Betriebsmitteln ohne Schutz gegen direktes Berühren nur mit Schlüssel oder Werkzeug

- Einrichtungen zum Freischalten
- Schutz gegen unbeabsichtigtes Betätigen von Befehlsgeräten, Farbkennzeichnung und Kennzeichnung für den Betätigungssinn
- Festlegen von Mindestquerschnitten aus mechanischen Gründen
- Schutz von beweglichen Leitungen, Abstand der Leitungen von beweglichen Teilen
- unbeabsichtigte Betriebszustände, die eine Gefährdung von Menschen hervorrufen können, sind zu vermeiden
- Notschaltungen

Literatur:

- *Heyder, P.; Lenzkes, D.; Rudnik, S.: Elektrische Ausrüstung von Maschinen und maschinelle Anlagen. VDE-Schriftenreihe, Band 26. Berlin · Offenbach: VDE VERLAG, 2009*

Anwendungsbereich

Der Anwendungsbereich oder auch Geltungsbereich ist ein am Anfang der Normen und technischen Spezifikationen immer wieder verwendeter Begriff des Inhaltsverzeichnisses, unter dem der Bereich der technischen Regel beschrieben wird, für den sie anzuwenden ist. Zur deutlichen Abgrenzung werden häufig auch artverwandte Beispiele genannt, für die die Norm nicht gilt.

Arbeiten an elektrischen Anlagen

DIN VDE 0105-100 *(VDE 0105-100)*	***Betrieb von elektrischen Anlagen*** *Allgemeine Festlegungen*
BGV A3	***Unfallverhütungsvorschrift*** *Elektrische Anlagen und Betriebsmittel*

Das Arbeiten an elektrischen Anlagen und Betriebsmitteln umfasst das → *Ändern*, → *Erweitern*, → *Instandhalten*, → *Prüfen* und → *Inbetriebnehmen*. Alle Arbeiten haben nach den einschlägigen Normen (z. B. DIN VDE, EN) und Vorschriften (z. B. BGV A1, BGV A3) zu erfolgen. Sie sind ausschließlich von Elektrofachkräften oder unter ihrer Leitung und Aufsicht auszuführen. Die Einhaltung dieser Grundsätze liegt in der Führungsverantwortung des Unternehmens oder seiner

Beauftragten. Die Elektrofachkraft übernimmt die Fachverantwortung, die neben der elektrotechnischen Grundausbildung besondere Kenntnisse erfordert, um die ihr übertragenen Arbeiten beurteilen und mögliche Gefahren erkennen zu können. Dazu zählen ausreichende Orts- und Anlagenkenntnisse, einschlägige Betriebserfahrung und in besonderer Weise Kenntnisse der Vorschriften und technischen Regeln.

Die elektrotechnischen Arbeiten lassen sich wie folgt gliedern:
- Arbeiten an elektrischen Anlagen und Betriebsmitteln
- Arbeiten an aktiven Teilen
- Arbeiten in der Nähe aktiver Teile
- gelegentliche Stell- oder Bedientätigkeit in der Nähe berührungsgefährlicher Teile
- → *Arbeiten an unter Spannung stehenden Teilen*

Arbeiten an aktiven Teilen
An aktiven Teilen elektrischer Anlagen und Betriebsmitteln (leitfähige Teile, die unter normalen Betriebsbedingungen unter Spannung stehen, einschließlich Neutralleiter) darf nur gearbeitet werden, wenn deren spannungsfreier Zustand hergestellt und für die Dauer der Arbeiten sichergestellt ist. Das gilt gleichermaßen auch für benachbarte, unter Spannung stehende Teile, sofern nicht die Regeln für das Arbeiten in der Nähe aktiver Teile (siehe nächster Abschnitt) eingehalten werden. Vor Beginn der Arbeiten ist der spannungsfreie Zustand herzustellen.

Dies geschieht unter Beachtung der nachfolgenden → *fünf Sicherheitsregeln*:
- Freischalten
- gegen Wiedereinschalten sichern
- Spannungsfreiheit feststellen
- Erden und Kurzschließen
- benachbarte, unter Spannung stehende Teile abdecken und abschranken

Freischalten ist das allseitige Ausschalten oder Abtrennen einer Anlage, eines Anlagenteils oder eines Betriebsmittels von allen nicht geerdeten Leitern.

Als geeignete Maßnahmen gegen **Wiedereinschalten** werden Verbotsschilder an allen Ausschaltstellen verwendet. Zusätzlich ist bei kraftbetriebenen Schaltern die Antriebsenergie (Steuerspannung, Druckluft, Kraftspeicher) zu sperren. Bei handbetriebenen Schaltern kann auf das Verbotsschild verzichtet werden, wenn andere Maßnahmen (z. B. Abschließen des Schaltschranks oder des Schalters) das Wiedereinschalten sicher verhindern.

Die **Spannungsfreiheit** ist vor Arbeitsbeginn an allen Ausschalt- und Arbeitsstellen zu prüfen. Es dürfen nur nach den DIN-VDE-Normen zugelassene Geräte (z. B. nach den Normenreihen DIN VDE 0680/0681) verwendet werden.

Das **Feststellen der Spannungsfreiheit** ist bei handgeführten Prüfgeräten häufig ein Arbeiten an unter Spannung stehenden Teilen, das nur unter Einhaltung der dazu erforderlichen Sicherheitsmaßnahmen ausgeführt werden darf.

Zugelassene Geräte zum Feststellen der Spannungsfreiheit:
- Spannungsprüfer
- fest eingebaute Mess-, Anzeige- oder Meldegeräte
- kapazitiv angekoppelte Anzeigesysteme
- ortsveränderliche Messgeräte
- einschaltfeste Erdungsschalter
- Kabelschneide- und Kabelbeschussgeräte

Benachbarte, unter Spannung stehende Teile, die nicht freigeschaltet werden können, sind für die Dauer der Arbeiten so abzudecken bzw. abzuschranken, dass ein wirksamer Schutz gegen zufälliges Berühren gewährleistet wird.
Dabei sind die Sicherheitsregeln wie beim Arbeiten in der Nähe aktiver Teile zu beachten.

Arbeiten in der Nähe aktiver Teile
Das Arbeiten in der Nähe aktiver Teile ist nur erlaubt, wenn eine der nachstehenden Maßnahmen erfüllt ist:
- Die aktiven Teile sind gegen direktes Berühren geschützt.
- Es wird der spannungsfreie Zustand hergestellt und für die Dauer der Arbeiten sichergestellt (→ *Arbeiten an aktiven Teilen*).
- Die spannungsführenden Teile werden abgedeckt oder abgeschrankt.
- Es wird der geforderte Sicherheitsabstand eingehalten.

Ein ausreichender Schutz durch Abdeckung gilt bei Niederspannungsanlagen als erfüllt, wenn unmittelbar an aktiven Teilen anliegende isolierende Abdeckungen oder Umhüllungen verwendet werden. Bei Nennspannungen über 1 kV ist in Abhängigkeit von der Spannung zwischen aktiven Teilen und der Abdeckung ein ausreichend großer Sicherheitsabstand einzuhalten, sodass der Schutz gegen direktes Berühren unter Berücksichtigung der Luftabstände und der elektrischen Festigkeit der Trennwände sichergestellt wird. Bei Arbeiten unter Einhaltung des Sicherheitsabstands dürfen die zulässigen Annäherungen, wie **Bild 4** dargestellt, nicht unterschritten werden. Zu unterscheiden sind elektrotechnische Arbeiten durch Elektrofachkräfte oder elektrotechnisch unterwiesene Personen und nicht elektrotechnische Arbeiten (Hoch- und Tiefbauarbeiten, Arbeiten mit Hebezeugen, Baumaschinen, Gerüstbau- und Transportarbeiten, Anstrich- und Gärtnerarbeiten) durch elektrotechnische Laien.

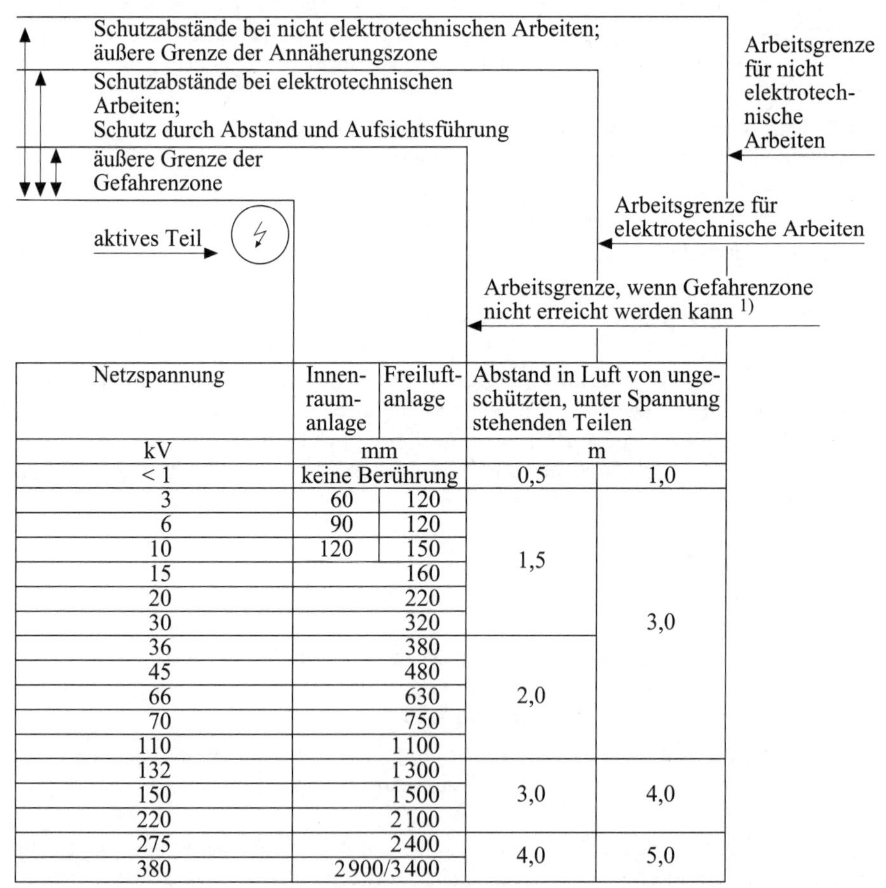

Netzspannung	Innenraumanlage	Freiluftanlage	Abstand in Luft von ungeschützten, unter Spannung stehenden Teilen	
kV	mm		m	
< 1	keine Berührung		0,5	1,0
3	60	120		
6	90	120		
10	120	150		
15	160		1,5	
20	220			
30	320			3,0
36	380			
45	480			
66	630		2,0	
70	750			
110	1100			
132	1300			
150	1500		3,0	4,0
220	2100			
275	2400		4,0	5,0
380	2900/3400			

[1] durch Schutzvorrichtungen und Isolierung kann die Gefahrzone weiter eingeengt werden

Bild 4 Arbeiten an elektrischen Anlagen

Gelegentliche Stell- oder Bedientätigkeiten in der Nähe berührungsgefährlicher Teile:

Solche Stell- oder Bedientätigkeiten werden durch Elektrofachkräfte oder elektrotechnisch unterwiesene Personen zum Herstellen oder Verändern von Sollfunktionen ausgeführt. Soweit auf den Schutz gegen direktes Berühren verzichtet wurde, gelten diese Tätigkeiten als Arbeiten in der Nähe unter Spannung stehender Teile, und es sind die Sicherheitsregeln des vorausgegangenen Abschnitts zu beachten.

→ *Anordnung*
→ *Anlagenverantwortlicher*
→ *Arbeiten an unter Spannung stehenden Teilen*
→ *Arbeitsverantwortlicher*

Arbeiten mit Leitern

Zum Arbeiten von hochgelegenen Arbeitsplätzen ist der Einsatz von Leitern unumgänglich. Es dürfen nur einwandfreie Leitern benutzt werden. Vor jedem Arbeitsbeginn muss sich der jeweilige Monteur von dem ordnungsgemäßen Zustand der zu benutzenden Leiter überzeugen, z. B. sollten die Holme und Sprossen unbeschädigt sein und Spreizsicherungen und Sicherheitsbrücken an Stehleitern überprüft werden. Beschädigte Leitern dürfen nicht benutzt werden und müssen vom Fachmann instand gesetzt werden.

- **Anlegeleiter:**
  Es dürfen nur Arbeiten geringen Umfangs und kurzer Dauer ausgeführt werden. Sie dürfen nur an sichere Stützpunkte angelegt und sollten gegen seitliches Wegrutschen und Abrutschen gesichert werden. Über Austrittsstellen müssen Anlegeleitern mindestens einen Meter hinausragen.
- **Stehleiter:**
  Die oberste Sprosse oder Stufe darf nur bestiegen werden, wenn sie dafür (z. B. durch eine Sicherheitsbrücke) gesichert ist. Die Verwendung einer Stehleiter als Anlegeleiter ist verboten.

→ *Hochgelegene Arbeitsplätze*

Arbeiten unter Spannung (AuS)

DIN VDE 0105-100 *(VDE 0105-100)*	***Betrieb von elektrischen Anlagen*** *Allgemeine Festlegungen*
BGV A3	***Unfallverhütungsvorschrift*** *Elektrische Anlagen und Betriebsmittel*

Arbeiten an unter Spannung stehenden Teilen sind mit erhöhten Gefahren für das ausführende Personal, für die elektrischen Anlagen und ihre Umgebung verbunden. Sie sollten deshalb, gemessen am Gesamtumfang der Arbeiten, die Ausnahme bleiben.

Die Voraussetzungen und Regeln für das Arbeiten an unter Spannung stehenden Teilen sind in den Unfallverhütungsvorschriften BGV A3 „Elektrische Anlagen und Betriebsmittel“ sowie in der Norm DIN VDE 0105-100 festgelegt. Ihre Einhaltung ist durch die Unternehmens- bzw. Betriebsleitung sicherzustellen. Dies geschieht beispielsweise durch geeignete Betriebsanweisungen und Kontrollen im Rahmen der Führungsverantwortung.

Tätigkeiten, die als Arbeiten unter Spannung gelten können: montieren, verbinden, reinigen, warten, abdecken, ein- und ausbauen.
Beispiele für Tätigkeiten im Niederspannungsbereich: Montagen von einzelnen Teilen in Kabelverteilerschränken; Auswechseln von Zählern und Schaltuhren; Wartungsarbeiten in Anlagen; Überbrücken von Teilstromkreisen; Montage einer Abzweigmuffe für einen Hausanschluss.

Geeignetes Personal:
Für Arbeiten an unter Spannung stehenden Teilen darf nur geeignetes, durch spezielle Schulung ausgebildetes Personal eingesetzt werden. Verlangt wird ein hohes Maß an Kenntnissen, Erfahrungen und Verantwortungsbewusstsein sowohl von den Arbeitenden als auch von den verantwortlichen Vorgesetzten.

Als geeignete Personen gelten Elektrofachkräfte und für bestimmte, in den Normen genannte Arbeitsvorgänge auch elektrotechnisch unterwiesene Personen. Ihre Eignung zur Ausübung der Tätigkeiten ergibt sich aus der Vorbildung, den Kenntnissen, der Berufserfahrung und den persönlichen Eigenschaften wie Tauglichkeit und Verhaltensweisen. Die geeigneten Personen müssen in der handwerklichen Ausführung der Arbeitsvorgänge geübt sein und dabei mögliche Gefahren erkennen können. Dabei kann die spezielle Ausbildung durchaus auf eine einzelne Tätigkeit (z. B. An- und Abklemmen von Zählern unter Spannung) beschränkt sein, wenn nur solche Arbeiten unter Spannung ausgeführt werden.

Nach DIN VDE 0105-100 gilt als Elektrofachkraft, wer aufgrund seiner fachlichen Ausbildung, Kenntnisse und Erfahrungen sowie Kenntnisse der einschlägigen Normen die ihm übertragenen Arbeiten beurteilen und mögliche Gefahren erkennen kann. Zur Beurteilung der fachlichen Ausbildung kann auch eine mehrjährige Tätigkeit auf dem betreffenden Arbeitsgebiet herangezogen werden.

Elektrotechnisch unterwiesene Person ist, wer durch eine Elektrofachkraft über die ihr übertragenen Aufgaben und die möglichen Gefahren bei unsachgemäßem Verhalten unterrichtet und erforderlichenfalls angelernt sowie über die notwendigen Schutzeinrichtungen und Schutzmaßnahmen belehrt wurde.

Einrichtungen zur Unfallverhütung:
Um das beim Arbeiten an unter Spannung stehenden Teilen eingesetzte Personal gegen Körperdurchströmung und gegen Gefahren durch den elektrischen Lichtbogen zu schützen, sind Einrichtungen zur Unfallverhütung bereitzustellen und zu benutzen.

Dazu zählen:
- Isolierende Körperschutzmittel, z. B. im Lichtbogen getestete Schutzanzüge, Gesichtsschutz, Handschuhe, Augenschutzgeräte. Sie müssen DIN VDE 0680 entsprechen.
- Isolierende Schutzvorrichtungen zum Abdecken und Abschrauben unter Spannung stehender Teile, wie z. B. Platten, Matten, Tücher.
- Isolierende Werkzeuge nach DIN VDE 0680.
- Betätigungs- und Isolierstangen, z. B. zur Betätigung von Schaltgeräten, Werkzeugen, Prüfgeräten.
- Erdungsstangen zum Heranführen von Erdungs- und Kurzschließgeräten an nicht unter Spannung stehenden Teilen.
- Schutzvorrichtungen und Geräte zur Abgrenzung des Arbeitsbereichs, z. B. Platten, Gitter, Ketten, Seile, die immer außerhalb der Gefahrenzone angebracht werden.
- Geräte und Vorrichtungen zum Sichern gegen Wiedereinschalten, z. B. Verriegelungseinrichtungen, Schlüsselschalter, Vorhängeschloss zum Verschließen von Antrieben.
- Geräte zum Feststellen der Spannungsfreiheit und zur Kabelauslese, z. B. Spannungsprüfer, Kabelschneidegerät.
- Werkzeuge und Geräte zum Herausnehmen von Sicherungseinsätzen, z. B. NH-Sicherungsaufsteckgriff mit Unterarmstulpe.
- Hilfsmittel zum Vermeiden von Schaltfeldverwechslung, z. B. Warnkreuze, Warnbänder.

Die Einrichtungen zur Unfallverhütung müssen der Art der Arbeiten, der Spannungshöhe, den Gefahren durch mögliche Störlichtbögen und den Umgebungsbedingungen an der Arbeitsstelle, z. B. Nässe oder beengte Raumverhältnisse, angepasst sein.

Zulässige Arbeiten:
Unterschieden wird zwischen den in den Normen beschriebenen Tätigkeiten, die als Arbeiten an unter Spannung stehenden Teilen ohne besondere Einschränkung ausgeführt werden dürfen, und Arbeiten, die aus zwingenden Gründen nach Anweisung durch eine verantwortliche Person ausgeführt werden können.

Bei **Wechsel- und Gleichspannung bis 1 000 V** sind nachstehende Arbeiten erlaubt, wenn sie durch Elektrofachkräfte bzw. elektrotechnisch unterwiesenen Personen ausgeführt werden:
- Das Heranführen von geeigneten Prüf-, Mess- und Justiereinrichtungen, Spannungsprüfern, Betätigungsstangen und von geeigneten Werkzeugen zum Bewegen leichtgängiger Teile.
- Das Heranführen von geeigneten Werkzeugen und Hilfsmitteln zum Reinigen sowie das Anbringen von geeigneten Abdeckungen und Abschrankungen.
- Das Herausnehmen oder Einsetzen von nicht gegen direktes Berühren geschützten Sicherungseinsätzen unter Beachtung besonderer Festlegungen.
- Das Anspritzen unter Spannung stehender Teile bei der Brandbekämpfung. Hierbei ist DIN VDE 0132 zu beachten.
- Arbeiten an Akkumulatoren unter Beachtung geeigneter Vorsichtsmaßnahmen.
- Arbeiten in Prüffeldern und Laboratorien unter Beachten geeigneter Vorsichtsmaßnahmen, wenn es die Arbeitsbedingungen erfordern.
- Das Abklopfen von Raureif mithilfe von geeigneten isolierenden Stangen.

Ferner dürfen Arbeiten zur Fehlereingrenzung in Hilfsstromkreisen sowie zur Funktionsprüfung bei Geräten und Schaltungen ausgeführt werden, allerdings nur durch geeignete Elektrofachkräfte.

Darüber hinausgehende Arbeiten dürfen nur ausgeführt werden, wenn ein zwingender Grund vorliegt.

Als **zwingende Gründe** werden in der Regel beispielhaft genannt:
- wenn durch Ausfall der Spannung eine Gefährdung von Leben und Gesundheit von Personen zu befürchten ist
- in Betrieben ein erheblicher wirtschaftlicher Schaden entstehen würde
- bei Arbeiten in Netzen der öffentlichen Stromversorgung, besonders beim Herstellen von Anschlüssen, beim Umschalten von Leitungen usw., oder beim Auswechseln von Zählern, Rundsteuerempfängern und Schaltuhren, wenn die Stromversorgung einer größeren Anzahl von Verbrauchern unterbrochen würde

Bei Nennspannungen über 1 kV sind erlaubt:

- das Heranführen von Spannungsprüfern und Phasenvergleichern
- das Heranführen von geeigneten Werkzeugen, ausgenommen Reinigungswerkzeuge, zum Bewegen leichtgängiger Teile usw. mithilfe von Isolierstangen sowie das Anbringen von geeigneten Isolierplatten und Abschrankungen
- das Herausnehmen oder Einsetzen von nicht gegen direktes Berühren geschützten Sicherungseinsätzen mit Sicherungszangen oder gleichwertigen anlagenspezifischen Hilfsmitteln, wenn dies gefahrlos möglich ist
- das Anspritzen unter Spannung stehender Teile bei der Brandbekämpfung
- das Abspritzen von Isolatoren in Freiluftanlagen; hierbei ist VDE 0143 zu beachten
- Arbeiten an Akkumulatoren unter Beachtung geeigneter Vorsichtsmaßnahmen, hierbei muss eine Elektrofachkraft oder elektrotechnisch unterwiesene Person als zweite Person anwesend sein
- das Abklopfen von Raureif mithilfe von geeigneten Isolierstangen

Ähnlich wie bei Arbeiten an unter Spannung stehenden Teilen bis 1 000 V sind auch im Hochspannungsbereich Arbeiten aus **zwingenden Gründen** denkbar. Sie sind aber eher die Ausnahme. Wenn solche Arbeiten ausgeführt werden, hat der Betreiber der Anlagen durch betriebsinterne Festlegungen das Erfüllen der festgelegten Schutzziele sicherzustellen.

Technische, organisatorische und persönliche Sicherheitsmaßnahmen:
Die Unternehmensleitung hat die für das Arbeiten unter Spannung erforderlichen technischen, organisatorischen und persönlichen Sicherheitsmaßnahmen festzulegen. Dies sollte durch klare, eindeutige und dem beteiligten Personenkreis zugängliche Betriebsanweisungen erfolgen. Darin sollten u. a. Aussagen zu nachstehenden Punkten bzw. Fragen enthalten sein:

- Welche Arbeiten dürfen ausgeführt werden?
- Welche Hilfsmittel und persönliche Schutzausrüstungen müssen verwendet werden?
- Spezialausbildung des Personals, Schulung in Erster Hilfe
- Welche Personen dürfen welche Arbeiten ausführen? Personalauswahl
- Schriftliche Anweisung zu Arbeitsmethoden und Arbeitsablauf
- Festlegung der Verantwortlichkeiten und Weisungsbefugnis
- Berücksichtigung von Wettereinflüssen
- Sicherstellen direkter Nachrichtenwege
- Anwesenheit einer zweiten Person
- Festlegungen zu regelmäßig wiederkehrenden Arbeiten

- Überprüfung der Arbeiten und des Personals auf Einhaltung der Betriebsanweisungen

→ *Anlagenverantwortlicher*
→ *Arbeitsverantwortlicher*

Literatur:
- *Hoffmann, R.; Bergmann, A. (Hrsg.): Betrieb von elektrischen Anlagen. VDE-Schriftenreihe, Band 13. Berlin · Offenbach: VDE VERLAG, 2010*

Arbeitsbereich

Als Arbeitsbereich wird der Bereich oder Ort einer Baustelle bezeichnet, an dem Arbeiten ausgeführt werden. Er muss frei sein von unter Spannung stehenden Teilen.

In der Umgebung unter Spannung stehender Teile wird eine Gefahrenzone definiert (**Bild 4**). Dabei handelt es sich um einen Bereich um spannungsführende Teile in dem beim Eindringen ohne Schutzmaßnahmen der zur Vermeidung einer elektrischen Gefahr erforderliche Isolationspegel nicht sichergestellt ist. Deshalb ist das Eindringen in die Gefahrenzone mit dem Berühren aktiver Teile gleichzusetzen. Die in der Tabelle innerhalb des **Bilds 4** angegebenen Abstände in Abhängigkeit von der Nennspannung geben die äußere Grenze der Gefahrenzone an. Bei Nennspannungen bis 1 000 V wird die Gefahrenzone durch die Oberfläche des unter Spannung stehenden Teils begrenzt. Die Gefahrenzone kann durch großflächige, geerdete Metallabdeckungen oder durch isolierende Abdeckungen mit ausreichender elektrischer Festigkeit eingegrenzt werden.

Um die Gefahrenzone wird ein weiterer begrenzter Bereich, die Annäherungszone, definiert, deren äußere Maße ebenfalls in der Tabelle des Bilds 4 in Abhängigkeit von der Nennspannung angegeben werden.

Arbeiten in der Annäherungszone gelten als → *Arbeiten in der Nähe unter Spannung stehender Teile*, die nur ausgeführt werden dürfen mit den dabei erforderlichen Sicherheitsmaßnahmen:
→ *Schutz durch Abdeckung oder Abschrankung*
→ *Schutz durch Abstand*

Arbeitskräfte

DIN VDE 0105-100 *(VDE 0105-100)*	***Betrieb von elektrischen Anlagen*** *Allgemeine Festlegungen*
BGV A3	***Unfallverhütungsvorschrift*** *Elektrische Anlagen und Betriebsmittel*

Für das Durchführen von Arbeiten, die in den Geltungsbereich der Unfallverhütungsvorschrift „Elektrische Anlagen und Betriebsmittel“ (BGV A3) und der DIN VDE 0105-100 fallen, sind unterschiedliche Arbeitskräfte im Einsatz.

Dies sind:
- Elektrofachkräfte
- Elektrotechnisch unterwiesene Personen
- Elektrotechnische Laien

Der Aufgabenumfang an diese Personengruppe ist entsprechend ihrer Qualifikation im elektrotechnischen Sinne unterschiedlich.

Elektrofachkraft:
Der Begriff der Elektrofachkraft ist sowohl in der Unfallverhütungsvorschrift (BGV A3) als auch in DIN VDE 0105-100 gleichlautend definiert. Danach gilt sinngemäß derjenige als Elektrofachkraft, der aufgrund einer entsprechenden Fachausbildung auf dem Gebiet der Elektrotechnik einschlägige Betriebs-, Orts- und Anlagenkenntnisse sowie Kenntnisse der für das betreffende Tätigkeitsgebiet einschlägigen Bestimmungen hat, geeignet für bestimmte Arbeiten ist und sowohl die übertragenen Aufgaben beurteilen als auch die Gefahren erkennen kann.

Entsprechend dieser Definition sind an die Elektrofachkraft folgende Anforderungen gestellt:
- fachliche Ausbildung
- Kenntnisse und Erfahrungen
- Kenntnisse der einschlägigen Bestimmungen
- Fähigkeit, die übertragenen Arbeiten zu beurteilen
- Fähigkeit zum Erkennen von Gefahren

Fachliche Ausbildung bedeutet sowohl eine Berufsbildung auf dem Gebiet der Elektrotechnik als auch eine innerbetriebliche Ausbildung für eine bestimmte Aufgabenstellung.

Als Berufsausbildung zählt die Ausbildung zum Facharbeiter (Geselle), Meister (Industrie- oder Handwerksmeister), Techniker, Ingenieur, Bachelor, Master (Universität, Technische Hochschule, Fachhochschule). Diese Ausbildung bildet die Basis und ist ein Teil der Qualifikation zur Elektrofachkraft. Die Ausbildung muss dem Aufgabengebiet entsprechend innerbetrieblich ergänzt werden. So ist ein Mitarbeiter, der als Hauselektriker in der Verwaltung eingesetzt ist, nicht automatisch Elektrofachkraft für Hochspannungsanlagen. Hier wäre bei einer Umsetzung in den Hochspannungsbereich eine Einarbeitung in das neue Aufgabengebiet erforderlich. Die Länge und der Umfang der Einarbeitung werden vom Vorgesetzten festgelegt. Erst wenn der Vorgesetzte, der ebenfalls Elektrofachkraft sein muss, der Meinung ist, dass die Einarbeitung ausreichend ist, darf der Mitarbeiter selbstständig und eigenverantwortlich tätig werden.

Eine Möglichkeit der fachlichen Ausbildung ist auch die innerbetriebliche Tätigkeit in einem bestimmten Arbeitsbereich unter Betreuung einer Elektrofachkraft. Diese Betreuung hat auch eine Unterweisung über die einschlägigen Bestimmungen zu beinhalten. Liegen so gewonnene mehrjährige Erfahrungen vor, kann eine Bestellung zur Elektrofachkraft für eine bestimmte Arbeit erfolgen. So kann z. B. ein Zählerableser durch mehrjährige Tätigkeit für das Sperren von Verbrauchsanlagen zur Elektrofachkraft ausgebildet werden.

Kenntnisse und Erfahrungen aus dem Aufgabengebiet haben die Fachausbildung zu ergänzen. Entsprechend der BGV A3 hat der Unternehmer dafür zu sorgen, dass elektrische Anlagen nur durch Elektrofachkräfte oder unter deren Leitung und Aufsicht errichtet, geändert und instand gehalten werden. Hierzu zählt auch das Planen und Projektieren. Zur Erfüllung dieser Aufgaben sind neben den in der Ausbildung erworbenen Fähigkeiten einschlägige Betriebs-, Orts- und Anlagenkenntnisse erforderlich. Damit wird die Verantwortung der Elektrofachkraft verdeutlicht.

Sie muss sich in ihrem Zuständigkeitsbereich auskennen, um die Aufsicht über andere zu führen und für deren Sicherheit zu sorgen. Hier unterscheidet sich die Elektrofachkraft von allen anderen Fachkräften. Wird allgemein von Fachkräften gesprochen, so ist hier der Personenkreis gemeint, der Anlagen, Maschinen usw. technisch einwandfrei erstellt. Elektrofachkräfte sind in der Lage, die vom elektrischen Strom ausgehenden Gefahren zu erkennen und somit Sicherheitsmaßnahmen festzulegen. Daher sind Elektrofachkräfte auch in der Anwendung der Fachkunde weisungsfrei. Sie dürfen Anweisungen, z. B. über die Anwendung der fünf Sicherheitsregeln, von einem Vorgesetzten nur erhalten, wenn dieser ebenfalls Elektrofachkraft ist.

Kenntnisse der einschlägigen Bestimmungen, wie Unfallverhütungsvorschriften, VDE-Vorschriften usw., runden das Fachwissen weiter ab. Diese Kenntnisse müssen durch regelmäßige Unterweisungen auf den aktuellen Stand gebracht werden. Es werden allgemein vier Unterweisungen im Jahr als ausreichend angesehen. Darüber hinaus ist eine jährliche Schulung in Herz-Lungen-Wiederbelebung (HLW) erforderlich. Hierzu bieten sich eintägige Erste-Hilfe-Trainings an, die aus Sofortmaßnahmen am Unfallort und HLW-Übungen bestehen.

Ingenieure und Meister sind in der Regel nicht fachlich zu unterweisen. Bei diesen Führungskräften kann unterstellt werden, dass sie sich selber kundig machen bzw. in entsprechende Vorschriften einarbeiten können.

Allen Elektrofachkräften müssen die ihren Arbeitsbereich betreffenden Vorschriften jederzeit frei zugänglich sein.

Die Fähigkeit, die übertragenen Arbeiten zu beurteilen, gilt nicht nur der eigenen Sicherheit, sondern besonders auch der Sicherheit derer, die unter Leitung und Aufsicht einer Elektrofachkraft arbeiten. Die Elektrofachkraft prüft den gesamten Arbeitsablauf und legt danach die erforderlichen Schutzmaßnahmen, wie Freischaltungen, fest. Wird im Verlauf der Arbeiten ein teilweises Aufheben der Schutzmaßnahmen erforderlich, hat die Elektrofachkraft rechtzeitig für geeignete Ersatzmaßnahmen zu sorgen.

Fähigkeiten zum Erkennen von Gefahren sind im Bereich der Elektrotechnik nur möglich, wenn ein eindeutiges Wissen um die vom elektrischen Strom ausgehenden Gefahren vorhanden ist. Elektrofachkräfte verfügen über dieses Wissen. Deshalb kann ihnen die Leitung und Aufsicht über Dritte übertragen werden. Sie wägen die möglichen Gefahren ab und entscheiden danach, ob Laien bei der Arbeit gelegentlich oder ständig zu beaufsichtigen sind. Diese Aufsicht bezieht sich nur auf die Gefahren durch den elektrischen Strom. Sie ersetzt in keinem Fall die allgemeine Aufsichtspflicht gemäß BGV A3 innerhalb einer Arbeitsgruppe. Die Elektrofachkraft legt ferner fest, wie weit sich Personen bei Arbeiten unter Spannung stehender Teile nähern dürfen. Wichtig ist hierbei, dass sich alle Personen diesen Vorgaben entsprechend zu verhalten haben.

Elektrotechnisch unterwiesene Person:
Als elektrotechnisch unterwiesene Person gilt, wer durch eine Elektrofachkraft über die ihr übertragenen Aufgaben und die möglichen Gefahren bei unsachgemäßem Verhalten unterrichtet und erforderlichenfalls angelernt sowie über die notwendigen Schutzeinrichtungen und Schutzmaßnahmen belehrt wurde.

Die elektrotechnisch unterwiesene Person unterscheidet sich deutlich von der Elektrofachkraft. Während die Elektrofachkraft mögliche Gefahren erkennen und die übertragenen Arbeiten eigenverantwortlich beurteilen muss – und damit die Fachverantwortung trägt –, hat die elektrotechnisch unterwiesene Person nur Arbeiten auszuführen, wenn sie hierzu durch eine Elektrofachkraft qualifiziert wurde.

Nach dieser Definition werden an die elektrotechnisch unterwiesene Person folgende Anforderungen gestellt:

- Unterweisung durch die Elektrofachkraft
- Unterweisung in den übertragenen Aufgaben
- Unterrichtung über mögliche Gefahren bei unsachgemäßem Verhalten
- erforderlichenfalls Anlernen
- Belehren über notwendige Schutzeinrichtungen und Schutzmaßnahmen

Eine in diesem Umfang qualifizierte Person hat weitgehende Befugnisse, z. B. bei Arbeiten in der Nähe unter Spannung stehender Teile. Sie kann die übertragenen Arbeiten nicht nur selber ausführen, sondern auch über weitere Personen die Aufsicht führen. So darf z. B. der Aufsichtsführende einer Anstreicherfirma, wenn er als elektrotechnisch unterwiesene Person gilt, nach erfolgter Einweisung durch die Elektrofachkraft eine Arbeitsgruppe eigenverantwortlich führen.

Als elektrotechnisch unterwiesene Person gilt demnach nicht derjenige, der unmittelbar vor der Arbeit örtlich eingewiesen wurde. Diese Person gilt lediglich als eingewiesene Person und muss wie ein elektrotechnischer Laie betrachtet werden. Beispielhaft ist für folgende Tätigkeiten mindestens die Qualifikation einer elektrotechnisch unterwiesenen Person erforderlich:

- Reinigen elektrischer Anlagen
- Arbeiten in der Nähe unter Spannung stehender Teile
- Feststellen der Spannungsfreiheit
- Betätigen von Stellgliedern in der Nähe aktiver Teile
- Prüfen ortsveränderlicher elektrischer Betriebsmittel mit geeigneten Prüfgeräten

Zur Erfüllung der vorgenannten Aufgaben reicht vielfach eine Unterweisung nicht aus. In den Fällen ist es erforderlich, die elektrotechnisch unterwiesene Person für solche Tätigkeiten anzulernen.

Elektrotechnischer Laie:

Wer weder als Elektrofachkraft noch als elektrotechnisch unterwiesene Person gilt, ist immer als elektrotechnischer Laie zu betrachten.

Von diesen auch Laien genannten Personen werden keine irgendwie gearteten Beziehungen zur Elektrotechnik erwartet. Sie dürfen daher z. B. innerhalb elektrischer Anlagen nie selbstständig und eigenverantwortlich Arbeiten ausführen. Selbst eine langjährige Tätigkeit im Bereich der Elektrotechnik allein reicht nicht aus, sie als unterwiesene Person oder gar Elektrofachkraft gelten zu lassen.

Laien bedürfen immer einer besonderen Aufsicht und Einweisung. So muss ein Anstreicher auch nach 20 Jahren Berufserfahrung im Anstreichen von Freiluftanlagen immer noch als Laie betrachtet werden und muss bei der Ausführung von Arbeiten durch eine Elektrofachkraft oder elektrotechnisch unterwiesene Person beaufsichtigt werden.

Beispiel:
Für das Ausführen nicht elektrotechnischer Arbeiten in der Nähe unter Spannung stehender Teile haben Laien grundsätzlich den Schutzabstand für nicht elektrotechnische Arbeiten einzuhalten und dürfen diesen nicht unterschreiten. Ist eine Einweisung an der Arbeitsstelle vollzogen worden und werden die Arbeiten unter Leitung und Aufsicht einer Elektrofachkraft oder elektrotechnisch unterwiesenen Person durchgeführt, so ist eine Annäherung bis an die Schutzabstände statthaft.

Aus Vorstehendem wird die besondere Fürsorgepflicht gegenüber Laien deutlich. Diese Fürsorgepflicht gilt auch gegenüber weiteren Personen (Laien), wie Besuchern oder Aufsichtsbeamten, wenn sie z. B. durch elektrische Anlagen geführt werden. Hier gilt es, der allgemeinen Verkehrssicherungspflicht folgend, eine besondere Sorgfalt bei der Einweisung und Betreuung vorzunehmen.

→ *Anlagenverantwortlicher*
→ *Arbeitsverantwortlicher*

Literatur:

- *Hoffmann, R.; Bergmann, A. (Hrsg.): Betrieb von elektrischen Anlagen. VDE-Schriftenreihe, Band 13. Berlin · Offenbach: VDE VERLAG, 2010*

Arbeitsmaschinen

→ *Maschinen*

Arbeitsmittel

Arbeitsmittel sind Hilfsmittel, Werkzeuge, Geräte, Ausrüstungen, die zur Erfüllung bestimmter Tätigkeiten erforderlich werden.

→ *Technische Arbeitsmittel*

Arbeitsplatzbeleuchtung

→ *Arbeitsplatzbeleuchtung an Maschinen und Zubehör*

Arbeitsplatzbeleuchtung an Maschinen und Zubehör

DIN EN 60204-1 *(VDE 0113-1)*	***Sicherheit von Maschinen*** *Allgemeine Anforderungen*
DIN 5035-8	***Beleuchtung mit künstlichem Licht*** *Arbeitsplatzleuchten – Anforderungen, Empfehlungen und Prüfung*

Zur elektrischen Ausrüstung von Maschinen gehört häufig eine auf die Arbeitsbedingungen abgestimmte Arbeitsplatzbeleuchtung. Wenn sie Bestandteil der Maschine ist, sind nachstehende Bedingungen zu erfüllen:

- Schutzleiterkennzeichnung grün-gelb
- der Ein/Aus-Schalter darf weder in die Lampenfassung noch in die flexible Anschlussleitung eingebaut werden
- Vermeidung von stroboskopischen Effekten des Lichts
- Nachweis der elektromagnetischen Verträglichkeit
- Nennspannung der Beleuchtung ≤ 50 V wird empfohlen; Werte über 250 V sind unzulässig
- Versorgung des Lichtstromkreises:
  - über einen eigenen Trenntransformator mit Überstromschutz
  - über einen Stromkreis der Maschinenausrüstung mit eigenem Überstromschutz
- verstellbare Leuchten müssen den jeweiligen Umgebungsbedingungen entsprechen

- Lampenfassungen aus Kunststoff und → *Schutz gegen zufälliges Berühren*
- Reflektoren dürfen nicht von der Fassung gehalten werden

In der Normenreihe DIN 5035 „Beleuchtung mit künstlichem Licht" werden Richtwerte für die Beleuchtungsstärke, Farbwiedergabe und Beleuchtungsbegrenzung in Abhängigkeit von der Art des Arbeitsplatzes angegeben. Unterschieden werden die Beleuchtungsstärke im Arbeitsbereich und die in dem sich anschließenden Umgebungsbereich. Das Verhältnis der Beleuchtungsstärken im Umgebungsbereich zu den Werten im Arbeitsbereich wird als Gleichmäßigkeit definiert. Sie darf nicht geringer sein als 0,5. Niedrige Werte sind bei Arbeitsplätzen im Freien möglich.

Arbeitsschutz

BGV A3 — ***Unfallverhütungsvorschrift***
Elektrische Anlagen und Betriebsmittel

Der Arbeitsschutz dient dem Arbeitnehmer, der in einem Arbeitsverhältnis steht. Er soll Gefahren für Leib und Leben abwenden und vor berufsbedingten Krankheiten schützen. Um den Schutz zu gewährleisten und die Arbeitssicherheit zu garantieren, werden Maßnahmen ergriffen, die Arbeitsunfälle und Berufskrankheiten verhüten, arbeitsbedingte Erkrankungen verhindern und Verschleißschäden vermeiden sollen und eine menschengerechte Gestaltung der Arbeit ermöglichen können.

→ *Arbeitsschutzvorschriften*

Arbeitsschutzvorschriften

BGV A3 — ***Unfallverhütungsvorschrift***
Elektrische Anlagen und Betriebsmittel

Staatliche Bestimmungen, wie Gesetze und Verordnungen, und die von den Berufsgenossenschaften erlassenen → *Unfallverhütungsvorschriften* zählen zu den Arbeitsschutzvorschriften, d. h., alle staatlichen Bestimmungen, die Maßnahmen des Arbeitsschutzes beinhalten und dem Schutz der Arbeitnehmer dienen.

→ *Arbeitsschutz*

Literatur:

- Arbeitssicherheitsgesetz – Gesetz über Betriebsärzte, Sicherheitsingenieure und andere Fachkräfte für Arbeitssicherheit (ASiG)
- Gesetz über die Bereitstellung von Produkten auf dem Markt (ProdSG)
- Allgemeine Verwaltungsvorschrift zum Gesetz über technische Arbeitsmittel
- Erste Verordnung zum Gesetz über technische Arbeitsmittel
- Arbeitsstättenverordnung – Verordnung über Arbeitsstätten (ArbStättVO)
- Baustellenverordnung
- Arbeitsstättenrichtlinien zur ArbStättVO
- Bürgerliches Gesetzbuch (BGB)
- Strafgesetzbuch (StGB)
- Haftpflichtgesetz (HpflG)
- Sozialgesetzbuch VII (SGB)
- Gefahrstoffverordnung (GefStoffV)
- Gewerbeordnung (GewO)
- Handelsgesetzbuch (HGB)
- Handwerksordnung – Gesetz zur Ordnung des Handwerks (HwO)
- Betriebsverfassungsgesetz (BetrVG)
- Unfallverhütungsvorschriften
- EG-Niederspannungsrichtlinie
- Energiewirtschaftsgesetz
- Durchführungsverordnung zum Energiewirtschaftsgesetz
- Verordnung über Allgemeine Bedingungen für den Netzanschluss und dessen Nutzung für die Elektrizitätsversorgung in Niederspannung (NAV)
- Verordnung über elektrische Anlagen in explosionsgefährdeten Räumen (ElexV)
- Verordnung der Länder über den Bau von Betriebsräumen für elektrische Anlagen
- DIN-Normen
- VDE-Bestimmungen
- *Hasse, P.; Kathrein, W.; Kehne, H.: Arbeitsschutz in elektrischen Anlagen. VDE-Schriftenreihe, Band 48. Berlin · Offenbach: VDE VERLAG, 2003*

Bezugsquellen:

- Gesetze/Verordnungen:
  Buchhandel oder Carl Heymanns Verlag KG,
  Luxemburger Straße 449, 50939 Köln

- Unfallverhütungsvorschriften:
  Berufsgenossenschaft der Feinmechanik und Elektrotechnik
  Gustav-Heinemann-Ufer 130, 50968 Köln
  Carl Heymanns Verlag KG, Luxemburger Straße 449, 50939 Köln
- DIN-Normen:
  Beuth Verlag GmbH, Burggrafenstraße 6, 10787 Berlin
- VDE-Bestimmungen:
  VDE VERLAG GmbH, Bismarckstraße 33, 10625 Berlin

Arbeitsstätten

Nach der Definition der Verordnung sind Arbeitsstätten:

- Arbeitsräume in Gebäuden
- Ausbildungsstätten
- Arbeitsplätze auf dem Betriebsgelände im Freien
- Baustellen
- Verkaufsstände im Freien, die im Zusammenhang mit Ladengeschäften stehen
- Wasserfahrzeuge und schwimmende Anlagen auf Binnengewässern
- Einrichtungen in Zusammenhang mit den Arbeitsstätten

Die Anforderungen an Arbeitsstätten und ihre Einrichtungen werden in der Arbeitsstättenverordnung und in den Unfallverhütungsvorschriften beschrieben.

→ *Arbeitsschutzvorschriften*

Arbeitsverantwortlicher

DIN EN 50191 *(VDE 0104)*	***Errichten und Betreiben elektrischer Prüfanlagen***
DIN VDE 0105-100 *(VDE 0105-100)*	***Betrieb von elektrischen Anlagen*** *Allgemeine Festlegungen*

In der DIN VDE 0105 werden neben den bisher bekannten Personengruppen (Elektrofachkräfte, elektrotechnisch unterwiesene Personen und elektrotechnische Laien) der Arbeits- und → *Anlagenverantwortliche* beschrieben. Diese Begriffe wurden im Rahmen der europäischen Harmonisierung der Normen aus dem englischen Sprachraum übernommen. Sie sollen dazu beitragen, durch klare Zuweisungen und Abgrenzungen der Verantwortung die Arbeitssicherheit zu verbessern.

Als Arbeitsverantwortliche gelten Personen, die benannt sind und die unmittelbare Verantwortung für die Durchführung der Arbeiten tragen. Erforderlichenfalls kann diese Verantwortung teilweise auf andere Personen übertragen werden.

Für jede Arbeit muss ein Arbeitsverantwortlicher benannt werden. Bei umfangreichen Arbeiten, die von mehreren Gruppen ausgeführt werden, muss für jede Gruppe ein Arbeitsverantwortlicher eingesetzt werden, die dann von einer beauftragten Person koordiniert werden. Die Aufgaben der Arbeitsverantwortlichen können, wenn die Organisation dies sinnvoll erscheinen lässt, auch von Anlagenverantwortlichen wahrgenommen werden.

Der Arbeitsverantwortliche ist im Sinne der Arbeitssicherheit unmittelbar an der Arbeitsstelle tätig. Er wird, soweit ihm die Anlage, an der gearbeitet werden soll, fremd ist, vom Anlagenverantwortlichen an Ort und Stelle eingewiesen. Dabei wird besonders auf mögliche Gefahren hingewiesen und die für die Arbeiten erforderlichen Schutzmaßnahme festgelegt.

Für Arbeiten an, in oder mit elektrischen Anlagen wird der Arbeitsverantwortliche im Allgemeinen eine Elektrofachkraft sein. Er hat sich vor Beginn der Arbeiten mit der Örtlichkeit, dem Aufbau und den Besonderheiten der Anlage sowie mit den auszuführenden Arbeiten anhand des Arbeitsplans vertraut zu machen.

Im Einzelnen hat der Arbeitsverantwortliche folgende Tätigkeiten wahrzunehmen:

- Er wird die für die Arbeiten zusätzlich erforderlichen Schutzmaßnahmen durchführen und dafür sorgen, dass sie für die Dauer der Montagearbeiten wirksam bleiben.
- Vor Beginn und während der Arbeiten muss er sicherstellen, dass alle Anforderungen, Vorschriften und Anweisungen eingehalten werden.
- Er muss alle an der Arbeit beteiligten Personen über mögliche Gefahren, vor allem über solche, die nicht ohne Weiteres erkennbar sind, unterrichten.
- Er muss Art und Umfang der Arbeiten sowie ihre Auswirkungen auf die Anlage dem Anlagenverantwortlichen erläutern und mit ihm die erforderlichen Vorbereitungen und Schaltungen abstimmen. Bei komplexen Anlagen sollte dies dokumentiert werden.

- Er muss sicherstellen, dass das ausführende Personal vor Beginn der Arbeiten aufgabenbezogen unterwiesen wird. Die Informationen müssen sich beziehen auf Art und Umfang der Arbeiten, Sicherheitsmaßnahmen, Verteilung der Aufgaben, Anwendung von Werkzeugen und Geräten und auf die Umgebungsbedingungen an der Arbeitsstelle.
- Er muss den Umfang der Aufsichtsführung, sowohl entsprechend der Art und dem Umfang der Arbeiten als auch nach der Höhe der Spannung, angemessen festlegen.
- Wenn er die nach den Regeln erforderlichen Sicherheitsmaßnahmen nicht selbst durchführt, muss er sich ihre Einhaltung vom Anlagenverantwortlichen bestätigen lassen.
- Für Arbeiten im spannungsfreien Zustand darf er die Freigabe zur Arbeit erst dann erteilen, wenn für den festgelegten Arbeitsbereich alle Anforderungen nach den fünf Sicherheitsregeln erfüllt wurden.
- Für Arbeiten in der Nähe unter Spannung stehender Teile bzw. an unter Spannung stehenden Teilen gelten besondere Sicherheitsmaßnahmen, Anforderungen und Unterweisungen des Personals, auf deren genaue Einhaltung der Arbeitsverantwortliche zu achten hat.
- Die Freigabe der Arbeit darf den an der Arbeit beteiligten Personen nur vom Arbeitsverantwortlichen erteilt werden.
- Am Ende der Arbeiten hat er sich von der Einschaltbereitschaft der Anlage oder von Teilen der Anlage zu überzeugen, bevor er dem Anlagenverantwortlichen die Beendigung der Arbeiten und die Einschaltbereitschaft der Anlage meldet.

Die Beschreibung des Arbeitsverantwortlichen in der DIN VDE 0105-100 kann dazu beitragen, die Verantwortung zwischen Auftraggeber und Dienstleistungsunternehmen an den Baustellen abzugrenzen.

Art der Erdverbindung

DIN VDE 0100-100 *(VDE 0100-100)*	***Errichten von Niederspannungsanlagen*** *Allgemeine Grundsätze, Bestimmungen allgemeiner Merkmale, Begriffe*
DIN VDE 0100-410 *(VDE 0100-410)*	***Errichten von Niederspannungsanlagen*** *Schutz gegen elektrischen Schlag*

Die Art der Erdung (Schutzsysteme) beschreibt:

- die Erdungsverhältnisse der Stromquelle
- die Erdungsverhältnisse der → *Körper*, der Betriebs- und Verbrauchsmittel
- die Ausführung des → *Neutralleiters* und des → *Schutzleiters* in Anlagen, in denen der Schutzleiter mit dem Betriebserder des Netzes verbunden ist

Aus der Kombination der Art der Erdung und der → *Schutzeinrichtung* entsteht die Kennzeichnung der Schutzmaßnahmen gegen gefährliche Körperströme sowie des → *Schutzes durch Abschaltung oder Meldung* bzw. → *Schutz durch automatische Abschaltung der Stomversorgung oder Meldung.*

Entsprechend internationaler Festlegungen werden die Erdungsverhältnisse durch Kurzzeichen gekennzeichnet.

Der erste Buchstabe nennt die Erdungsverhältnisse der Stromquelle:

- T direkte Erdung eines Netzpunkts mit der Erde
- I Isolierung aller aktiven Teile von Erde oder Verbindung eines Punkts mit Erde über eine hochohmige Impedanz (z. B. Isolationsüberwachungseinrichtung)

Der zweite Buchstabe bezeichnet die Erdungsverhältnisse der Körper der Betriebs- und Verbrauchsmittel zur Erde:

- T direkte Erdung, unabhängig von der möglicherweise bestehenden Erdung eines Punkts der Stromquelle (des Versorgungssystems)
- N Verbindung mit dem Betriebserder des Netzes; in Wechsel- und Drehstromnetzen ist das üblicherweise der geerdete Neutralpunkt (Sternpunkt)

In der Praxis kommen nachstehende Systeme zur Anwendung:

- TN-System, wenn der einspeisende Transformator direkt geerdet ist und die Körper über den Schutzleiter (PE) bzw. PEN-Leiter mit dem Betriebserder verbunden sind.

  Je nach Anordnung des Neutralleiters und des Schutzleiters unterscheidet man drei Arten von TN-Systemen:

TN-S-System – Neutralleiter und Schutzleiter werden im gesamten System getrennt verlegt.

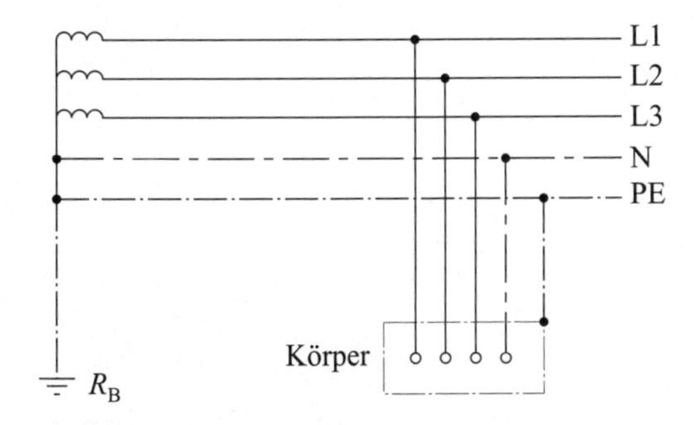

Bild 5 TN-S-System (fünf Leiter)

TN-C-System – Neutralleiter und Schutzleiter werden in einem Leiter (PEN-Leiter) im gesamten System zusammengefasst (nur bei Querschnitten ab 10 mm^2 Cu zulässig).

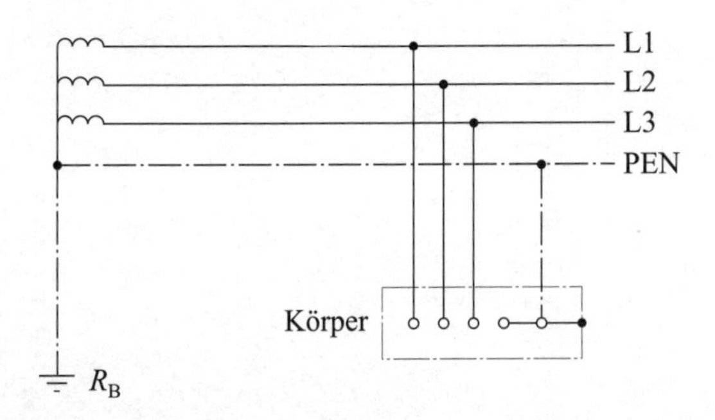

Bild 6 TN-C-System (vier Leiter)

TN-C-S-System – Neutralleiter und Schutzleiter werden in einem Teil der Anlage/des Systems kombiniert in einem Leiter (PEN), in dem anderen Teil der Anlage/des Systems getrennt (PE + N) geführt.

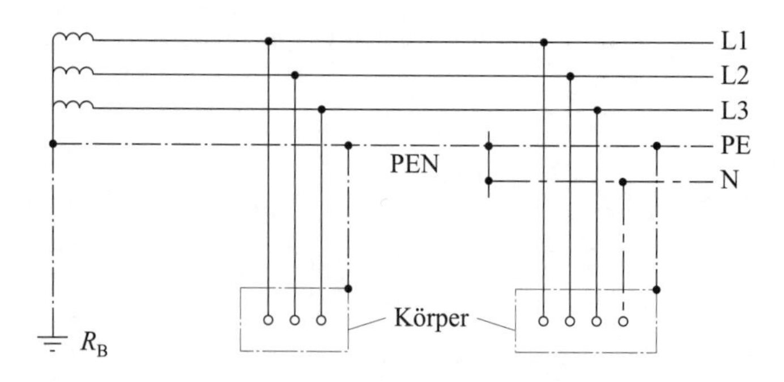

Bild 7 TN-C-S-System

TT-System, wenn die Stromquelle und die Körper direkt mit der Erde verbunden sind. Vorausgesetzt wird allerdings, dass es sich um zwei voneinander unabhängige Erdungsanlagen handelt. Eine Verbindung zwischen den Erdern würde aus dem TT-System wieder ein TN-System machen.

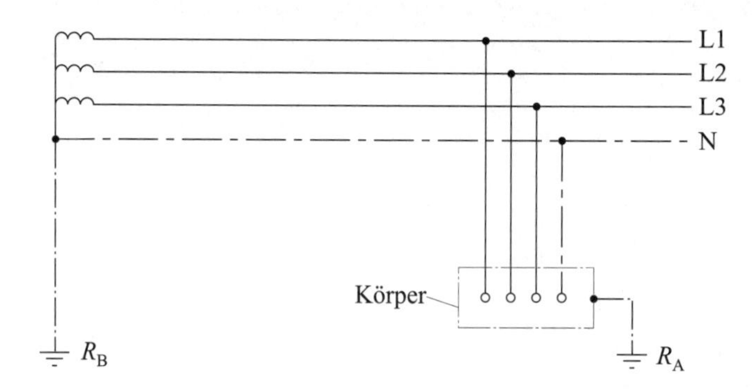

Bild 8 TT-System

Der hier als „N“ dargestellte Neutralleiter ist im Niederspannungsnetz vom Speisepunkt bis zum Hausanschlusskasten ein PEN-Leiter. Er ist an mehreren Stellen im Netz mit Erde verbunden.

IT-System (**Bild 9**), wenn die Stromquelle gegen Erde isoliert ist (alle aktiven Teile sind von Erde getrennt) und die Körper über einen Schutzleiter mit dem Erder in der Installationsanlage verbunden werden (entweder einzeln oder gemeinsam mit der Erdung des Systems).

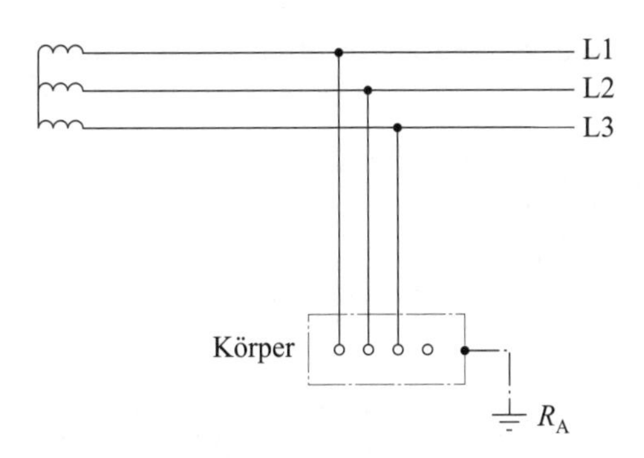

Bild 9 IT-System

Entsprechend ihrer Definition beschreiben die Kurzzeichen die Erdverbindung der Stromquelle (*1. Buchstabe*) und die Erdverbindung der Körper der Betriebs- und Verbrauchsmittel (*2. Buchstabe*). Es werden sowohl Aussagen über das Netz gemacht als auch über die Verbraucheranlage. Besonders zu beachten ist, dass die in der Installationspraxis am häufigsten angewendeten TN- und TT-Systeme sich aufgrund derselben Erdverbindung der Stromquellen im Netz nicht unterscheiden. Der erste Buchstabe weist in beiden Fällen auf die direkte Erdung der Stromquelle hin. Die Systeme unterscheiden sich lediglich in der Verbraucheranlage. Beim TN-System wird der Schutzleiter der Verbraucheranlage mit dem Betriebserder des Netzes verbunden. Dies geschieht üblicherweise durch den Potentialausgleichsleiter zwischen der Potentialausgleichsschiene und dem PEN-Leiter des Netzes am Hausanschlusskasten oder am Eingang der Verbraucheranlage. Beim TT-System entfällt diese Verbindung. Der Schutzleiter der Verbraucheranlage wird direkt geerdet, ohne Verbindung zum Betriebserder des Netzes. Da es im Netz also keine Unterschiede zwischen dem TN- und dem TT-System gibt, ist es folglich auch nicht richtig, zumindest aber irreführend, vom TN-Netz oder TT-Netz zu sprechen.

Nicht der Netzaufbau wird durch die Art der Erdung beschrieben, sondern das TN-, TT- und IT-System kennzeichnet die Schutzmaßnahmen durch Abschaltung oder Meldung bzw. den Schutz durch automatische Abschaltung der Stromversorgung oder Meldung (aktuelle Bezeichnung in DIN VDE 0100-410).

Die frühere Bezeichnung „Netzformen“ anstelle von „Art der Erdverbindung“ wurde aufgegeben, weil der Begriff irreführend missverstanden werden konnte.

Zur genauen Bezeichnung der Schutzmaßnahmen sind die Schutzeinrichtungen (Ausschalteinrichtungen) noch zu ergänzen.

Tabelle 8 stellt die in der Vergangenheit verwendeten Begriffe den jetzt angewendeten gegenüber.

Kennzeichnung der Schutzleiter-Schutzmaßnahmen Schutzmaßnahmen durch Abschaltung oder Meldung		
VDE 0100:1973-05	**DIN VDE 0100-410**	**Fehlerschutz (bei indirektem Berühren)***
Nullung	TN-System	mit • Überstromschutzeinrichtung • Fehlerstromschutzeinrichtung
Klassische Nullung	TN-C-System	darf keine RCD verwendet werden
Moderne Nullung	TN-S-System + TN-C-S-System	RCD im TN-C-S • auf der Lastseite kein PEN • Verbindung PEN zum Schutzleiter; auf der RCD-Seite
Fehlerstrom(FI)-Schutzschaltung Schutzerdung	TT-System	mit • Überstromschutzeinrichtung • Fehlerstromschutzeinrichtung
Schutzleitungssystem	IT-System	mit • Überstromschutzeinrichtung • Fehlerstromschutzeinrichtung • Isolationsüberwachung • Isolationsfehler-Sucheinrichtung

Tabelle 8 Vergleich Schutzleiter-Schutzmaßnahmen nach alter und neuer Bezeichnung

*weitere Details:
→ TN-System
→ TT-System
→ IT-System

Kriterien für die Auswahl der Art der Erdung:

TT-System

- nur möglich in Gebieten ohne geschlossene Bebauung
- es muss möglich sein, in der Verbraucheranlage einen vom Betriebserder unabhängigen Erder zu errichten
- bei zu hoher Berührungsspannung in der Verbraucheranlage, die durch Spannungsverschleppung bei Fehlern im Netz hervorgerufen werden kann

TN-System

- in → *Gebieten mit geschlossener Bebauung* (→ *Globales Erdungssystem*)

- nach DIN VDE 0141 sind das Gebiete, in denen durch die dichte Bebauung Erder und Versorgungseinrichtungen mit Erderwirkung in ihrer Gesamtheit wie ein Maschenerder wirken
- in Gebieten ohne geschlossene Bebauung mit ausreichend geringer Netzimpedanz am Hausanschlusskasten, die die Einhaltung der Ausschaltbedingung für alle Endstromkreise ermöglicht
- keine unzulässig hohe Berührungsspannung, z. B. als Folge möglicher Spannungsverschleppung

IT-System

- in Anlagen, bei denen eine besonders hohe Verfügbarkeit der elektrischen Energie verlangt wird (keine Unterbrechung der Versorgung im Fehlerfall) und Elektrofachkräfte für den Betrieb von Anlagen im Normalfall dauernd zur Verfügung stehen

Atmosphärische Überspannungen

Zwei Arten der Einwirkung auf Netze sind möglich:

- Gerät eine Leitung in den Bereich einer Gewitterwolke, so nimmt sie durch die Influenz einen Teil der Gegenladung auf. Entlädt sich nun diese Wolke durch Blitzeinschlag (nicht in die o. g. Leitung), so wird die Ladung auf der Leitung frei. Sie sucht ihren Ausgleich in Form einer Wanderwelle mit hoher Spannung und steiler Stirn, die an Stellen schwacher Isolation Überschläge verursachen kann.
- Gefährlich sind Blitzeinschläge unmittelbar in die Leitung. Wahrscheinlich sind maximale Scheitelwerte des Blitzstroms von bis zu 200 kA. Auch Blitzeinschläge ins Erdseil oder in den Mast können zu Überschlägen zum Betriebsstromkreis führen.

Über das Gebiet der Bundesrepublik Deutschland entladen sich durchschnittlich pro Jahr 1,5 Mio Blitze, d. h., bei der Geamtfläche von rd. 360.000 km^2 ergeben sich 4,2 Blitzentladungen pro Quadratkilmeter und Jahr, wobei allerdings eine starke Abhängigkeit von den regionalen Verhältnissen zu beobachten ist.

Aufbauelemente von Starkstromleitungen und -kabeln

DIN VDE 0298-3	***Verwendung von Kabeln und isolierten Leitungen für Starkstromanlagen***
(VDE 0298-3)	*Leitfaden für die Verwendung nicht harmonisierter Starkstromleitungen*

Die Leiter der Starkstromleitungen bestehen in der Regel aus Kupfer. Bei Starkstromkabeln wird für den Leiter auch Aluminium eingesetzt. Als Leiterquerschnitt wird grundsätzlich der elektrisch wirksame Querschnitt (durch Widerstandsmessung ermittelt) und nicht der geometrische Querschnitt nach Abmessungen angegeben. Bei den Leiterarten werden zwei Anwendungsfälle unterschieden und danach die Leiter in ihrer Bauform angepasst.

- **Für feste Verlegung:**
  Bei diesen Leitungen treten nur während des Verlegens mechanische Beanspruchungen durch Biegen auf. Deshalb werden bis zu einem Querschnitt von 10 mm^2 vorzugsweise eindrähtige, bei Querschnitten über 10 mm^2 auch mehrdrähtige Leiter eingesetzt.

- **Zum Anschluss ortsveränderlicher Stromverbraucher:**
  Diese Leitungen müssen flexibel sein, daher bestehen sie bei allen Querschnitten aus feindrähtigen Leitern.

Zur Isolierung von Leitungen und Kabeln werden synthetische Werkstoffe und Naturkautschuk, für Kabel auch getränktes Papier, verwendet. Infolge der technologischen Entwicklung können in den letzten Jahren diese Isolierstoffe mit unterschiedlichen, für den jeweiligen Zweck erforderlichen elektrischen, thermischen und mechanischen Eigenschaften hergestellt werden. Dadurch ist es möglich, Kabel und Leitungen für spezielle Anforderungen und Anwendungsbereiche zu fertigen und diese dann entsprechend den Anforderungen (z. B. → *Betriebsstätten*, Räume und Anlagen besondere Art) einzusetzen.

Für Schutzmäntel wird in den DIN-VDE-Normen zwischen Mänteln, Schutzhüllen oder äußeren Umhüllungen aus Kunststoff oder Gummi unterschieden. Schutzhüllen und äußere Umhüllungen dienen als Korrosionsschutz über einen Metallmantel oder als leichter mechanischer Schutz für Leitungen, dagegen sind Mäntel für stärkere mechanische Beanspruchung bemessen.
Weitere Aufbauelemente für Starkstromkabel sind der Korrosionsschutz, die Bewehrung, die elektrische Schirmung.

Literatur:
- *Heinold, L; Stubbe, R. (Hrsg.): Kabel und Leitungen für Starkstrom. 5. Aufl., Erlangen: Publicis-Verlag, 1999*
- *Kliesch, M.; Merschel, F.; Starlstromkabelanlagen, 2. Auflage; Anlagentechnik für elektrische Verteilungsnetze, Hrsg. Cichowski, R. R. Berlin · Offenbach VDE VERLAG GmbH, 2010*
- *Cichowski, R. R. (Hrsg.): Kabelhandbuch, Frankfurt am Main: EW-Verlag, 2011*

Aufgeständerte Fußböden

Diese Böden bilden eine Abkapselung der brennbaren Baustoffe (Kabel und Leitungen) vom Flucht- und Rettungsweg oder sonstigen Arbeitsräumen mit brandschutztechnischen Anforderungen. Kabel und Leitungen im Bereich von aufgeständerten Fußböden erfordern keine zusätzlichen brandschutztechnischen Maßnahmen, wenn die Böden mindestens der Feuerwiderstandsklasse F30-AB entsprechen. Kabel und Leitungen, die aus dem Bereich des Zwischenbodens in andere Bereiche geführt werden und dabei die Decken und Wände durchdringen, müssen im Durchführungsbereich entsprechend den Anforderungen an diese Bauteile geschottet werden.
Kabel und Leitungen, die aus dem Fußbodenbereich durch den klassifizierten Unterboden in den Raum geführt werden, müssen im Durchführungsbereich des klassifizierten Fußbodens entsprechend den Anforderungen an den aufgeständerten Boden geschottet werden.

→ *Brandschottung in elektrotechnischen Anlagen*

Aufhängevorrichtung für Leuchten

DIN VDE 0100-559	***Errichten von Niederspannungsanlagen***
(VDE 0100-559)	*Leuchten und Beleuchtungsanlagen*

Die Aufhängevorrichtung für Leuchten muss das fünffache Gewicht der daran zu befestigenden Leuchte, mindestens jedoch 10 kg, ohne Formveränderungen tragen können. Ein Verdrehen der Leitungen zwischen Leuchte und Aufhängevorrichtung bei der Montage ist zu vermeiden. Für alle Leuchten gilt, dass sie nach den Herstelleranleitungen zu verdrahten sind. Dabei sind ihre thermischen Wirkungen auf die Umgebung zu beachten.

Aufputz-Installation

DIN VDE 0100-520	***Errichten von Niederspannungsanlagen***
(VDE 0100-520)	*Kabel- und Leitungsanlagen*

Auf der Oberfläche von Wänden und Decken können ein- oder mehradrige Kabel oder Mantelleitungen mit Schellen offen verlegt werden.
An der Oberfläche können auch Installationsrohre mit isolierten Leitern (Aderleitungen) oder mit Kabeln oder Leitungen befestigt werden.

→ ***Stegleitungen*** sind für die Aufputzverlegung nicht zugelassen.

Aufschriften

Elektrische Betriebsmittel müssen mit dauerhaft angebrachten Aufschriften und Kennzeichnungen versehen werden, aus denen alle Merkmale ersichtlich sind, die für eine gefahrlose Verwendung und sichere Funktion von Bedeutung sind.

Dazu zählen:
- Nenndaten, Typ, Herkunft
- Betriebsart und → *Betriebsbedingungen*
- Angaben über den ordnungsgemäßen → *Anschluss*
- Hinweise zur → *bestimmungsgemäßen Verwendung*
- Kennzeichnung nicht vermeidbarer funktionsbedingter → *Gefahren*, soweit sie nicht ohne Weiteres auch für elektrotechnische Laien erkennbar oder offensichtlich voraussehbar sind

Wenn die erforderlichen Hinweise nicht auf den Betriebsmitteln angebracht werden können, sind sie in der → *Bedienungsanleitung* aufzuführen, die dann als Bestandteil des elektrischen Betriebsmittels gilt.

Aufsichtsperson

BGV A3	***Unfallverhütungsvorschrift***
	Elektrische Anlagen und Betriebsmittel

Die Aufgabe einer Aufsichtsperson ist es, die Durchführung von Arbeiten zu überwachen. Die Aufsichtsperson wird meist für einen beschränkten Zeitraum mit der Führung der Aufsicht für eine bestimmte Arbeit beauftragt. Der Unternehmer oder ein entsprechender Vorgesetzter bestimmt diese Person. Die Aufsichtsperson muss eine geeignete Person sein, d. h., sie muss durch ihre Vorbildung, Kenntnisse, Berufserfahrung zur Ausübung dieser Tätigkeit befähigt sein, da sie verpflichtet ist, für die Sicherheit der ihr anvertrauten Mitarbeiter aktiv zu sorgen.

Die mit der Aufsichtsführung beauftragte Person, z. B. → *Elektrofachkraft*, kann jederzeit selbst mitarbeiten, jedoch nur in solchem Umfang und in solchem Bereich, dass es ihr ständig möglich ist, die Arbeiten der ihr anvertrauten Person zu überblicken und zu beurteilen. Aufsichtspersonen können Anweisungen zur Arbeitssicherheit erteilen.

→ *Arbeitsverantwortlicher*

Aufstellen von Schaltanlagen

DIN VDE 0100-729	***Errichten von Niederspannungsanlagen***
(VDE 0100-729)	*Bedienungsgänge und Wartungsgänge*

Beim Aufstellen von Schaltanlagen und Verteilern ist zu beachten:

- verwindungsfreie Aufstellung, Zusammenbau und Befestigung
- keine nachteilige Veränderung der Eigenschaften, z. B. durch Staub- bzw. Feuchtigkeitseinfluss während der Lagerung bzw. der Aufstellung
- allgemeine Forderungen: In Bereichen mit eingeschränktem Zugang dürfen unberechtigte Personen keinen Zutritt haben; Türen müssen eine leichte Flucht ermöglichen (Panikschloss); Warnhinweise vor Bereichen mit eingeschränktem Zugang; in den Gängen und den Zugangsbereichen müssen Arbeiten, Bedienungsbetätigungen, Zugang in Notfällen und der Transport von Betriebsmitteln möglich sein.
- Für die Aufstellung von Schaltanlagen ist die Berücksichtigung der Mindestabstände zwischen aktiven Teilen innerhalb der Bedienungs- und Wartungsgänge von besonderer Bedeutung. In DIN VDE 0100-729 sind folgende Mindestabstände gefordert:

- Fall 1: Bedienungs- und Wartungsgänge mit ungeschützten aktiven Teilen auf einer Seite:
  Breite des Gangs: 90 cm
  freier Durchgang zu den Bedienelementen: 70 cm
- Fall 2: Bedienungs- und Wartungsgänge mit ungeschützten Teilen auf beiden Seiten:
  Breite des Gangs: 130 cm
  Mindestabstand zwischen den Bedienelementen und aktiven Teilen der anderen Seite: 110 cm
  Mindestbreite eines freien Durchgangs: 90 cm
- Fall 3: der Zugang ist eingeschränkt mit Abdeckungen und Umhüllungen (als Schutzmaßnahme):
  Breite zwischen Abdeckungen oder Umhüllungen zwischen Schaltbedienelementen und Wand: 60 cm
  Breite zwischen Abdeckungen oder Umhüllungen und Wand: 70 cm
  Höhe der Deckenverkleidungen über dem Fußboden: 200 cm
- Fall 4: Zugang ist eingeschränkt durch Hindernisse (als Schutzmaßnahme):
  Breite zwischen Hindernissen und Schaltbedienelementen: 70 cm
  Höhe der Deckenverkleidung über dem Fußboden: 200 cm

Für alle vier Fälle gilt: Höhe der aktiven Teile über dem Fußboden: 250 cm

Anforderungen an Zugänge zu den Bedienungs- und Wartungsgängen:
- Gänge: länger als 10 m müssen von beiden Seiten zugänglich sein
- Gänge: länger als 20 m müssen von beiden Seiten durch Türen zugänglich sein
- Gänge: länger als 6 m wird die Zugänglichkeit von beiden Seiten empfohlen.

→ *Schaltanlagen und Verteiler*

Aufteilungsstelle des PEN-Leiters

DIN VDE 0100-520 ***Errichten von Niederspannungsanlagen***
(VDE 0100-520) *Kabel- und Leitungsanlagen*

Der PEN-Leiter erfüllt gleichzeitig die Funktion des Neutralleiters und des Schutzleiters. Er wird in seinem gesamten Verlauf grün-gelb gekennzeichnet.

Wichtig ist, dass hinter der Aufteilung des PEN-Leiters in Neutral- und Schutzleiter:

- diese nicht mehr miteinander verbunden werden
- der Neutralleiter nicht mehr geerdet werden darf
- an der Aufteilungsstelle getrennte Klemmen oder Schienen für die Schutz und Neutralleiter vorgesehen werden
- der ankommende PEN-Leiter auf die PE-Schiene bzw. PE-Klemme geführt werden muss
- von der PE-Schiene eine Verbindung zur N-Schiene hergestellt wird (**Bild 10**)

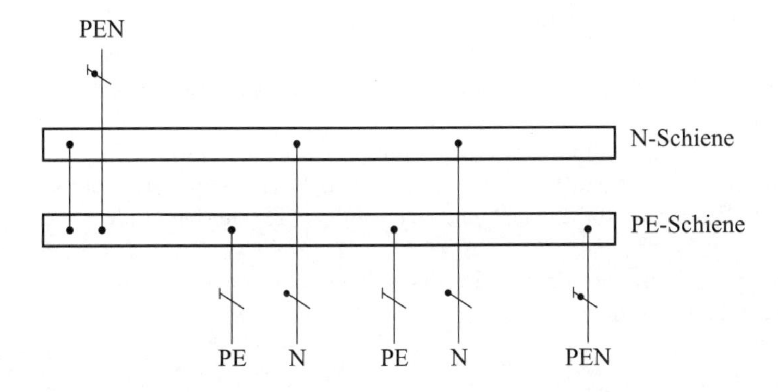

Bild 10 Aufteilung des PEN-Leiters in Schutzleiter und Neutralleiter

Ausbreitungswiderstand eines Erders

DIN VDE 0100-200 *(VDE 0100-200)*	***Errichten von Niederspannungsanlagen*** *Begriffe*
DIN EN 50522 *(VDE 0101-2)*	***Erdung von Starkstromanlagen mit Nennwechselspannungen über 1 kV***
DIN VDE 0100-600 *(VDE 0100-600)*	***Errichten von Niederspannungsanlagen*** *Prüfungen*
DIN VDE 0141 *(VDE 0141)*	***Erdungen für spezielle Starkstromanlagen mit Nennspannungen über 1 kV***

Der Erdungswiderstand einer elektrischen Anlage: Widerstand zwischen Haupterdungsschiene des Erders und der Erde; zusammengesetzt aus dem Ausbreitungswiderstand des Erders/der Erdungsanlage und und dem Widerstand des Erdungsleiters zum Anschluss des Erders.

Der Ausbreitungswiderstand eines Erders ist der Wirkwiderstand der Erde zwischen dem Erder und der Bezugserde, also der dazwischenliegenden Erde (nach DIN EN 50522 (VDE 0101-2); der Realteil der Erdungsimpedanz). Er ist also abhängig von Widerstand des Erdreichs zwischen dem Erder und der Bezugserde, von den Abmessungen, dem geometrischen Aufbau, der Lage und der Anordnung des Erders.

Das Wort Erde bezeichnet im allgemeinen Sprachgebrauch:

- die Erde als Ort
- die Erde als Stoff, z. B. Bodenarten wie Humus, Lehm, Sand, Kies, Gestein.

Bei der oben genannten Definition des Ausbreitungswiderstands ist mit Erde die Bezeichnung für die Erde als Stoff gemeint. Der Begriff Bezugserde setzt voraus, dass die leitfähige Erde sich an diesem Punkt im stromlosen Zustand befindet.

Für die Ermittlung des Ausbreitungswiderstands kann eine der drei folgenden Möglichkeiten gewählt werden:

- genaue Berechnung
- überschlägige Berechnung
- Abschätzung

Genaue Berechnung:

Oberflächenerder: $R_{\mathrm{O}} \frac{\rho_{\mathrm{E}}}{\pi \cdot l} \ln \frac{2l}{d}$

Darin bedeuten:

R_{O} Ausbreitungswiderstand eines Oberflächenerders in Ω

ρ_{E} spezifischer Erdwiderstand in Ωm

l Erderlänge in m

d Seildurchmesser eines Erders aus Rundmaterial in m bzw. halbe Breite eines Banderders in m ($d = b/2$)

ln natürlicher Logarithmus (Basis e = 2,7182818)

Tiefenerder: $$R_{\mathrm{O}} \frac{\rho_{\mathrm{E}}}{2\pi \cdot l} \ln \frac{4t}{d}$$

Darin bedeuten:

R_{T} Ausbreitungswiderstand eines Tiefenerders in Ω
ρ_{E} spezifischer Erdwiderstand in Ωm
t Stablänge in m
d Stabdurchmesser in m
ln natürlicher Logarithmus (Basis e = 2,7182818)

Überschlägige Berechnung:

Oberflächenerder: $R_{\mathrm{O}} \approx \frac{2\rho_{\mathrm{E}}}{l}$ für $l \leq 10\,\mathrm{m}$ $R_{\mathrm{O}} \approx \frac{3\rho_{\mathrm{E}}}{l}$ für $l \leq 10\,\mathrm{m}$

Fundamenterder: $R_{\mathrm{F}} \approx \frac{2\rho_{\mathrm{E}}}{\pi \cdot D}$

Darin bedeuten:
D = Durchmesser eines Ersatzerders in Ringform in m, mit

$$D = \sqrt{\frac{4 \cdot l \cdot B}{\pi}}$$

wobei:

l Länge des Fundamenterders in m
B Breite des Fundamenterders in m

Tiefenerder: $R_{\mathrm{T}} \approx \frac{\rho_{\mathrm{E}}}{l}$

Messverfahren zur Bestimmung des Ausbreitungswiderstands:

- Strom-Spannungs-Messverfahren
- mit der Erdungsmessbrücke nach dem Kompensationsverfahren
- Winkelmethode

→ *Messung des Erdwiderstands*

Literatur:

- *Kiefer, G.; Schmolke, H.: VDE 0100 und die Praxis. Berlin · Offenbach VDE VERLAG, 2011*

Ausgänge

DIN VDE 0100-729	***Errichten von Niederspannungsanlagen***
(VDE 0100-729)	*Bedienungsgänge und Wartungsgänge*
DIN VDE 0100-731	***Errichten von Starkstromanlagen mit Nennspannungen bis 1 000 V***
(VDE 0100-731)	*Elektrische Betriebsstätten und abgeschlossene elektrische Betriebsstätten*

Bei dem Aufstellen von Schaltanlagen und Verteilern müssen Maßnahmen getroffen werden, damit in Notfällen die Ausgänge gut erreicht werden können. Dabei dürfen auch offene Schrank- und Gehäusetüren den Fluchtweg nicht versperren, d. h., es muss in jedem Fall dafür gesorgt sein, dass ein Mindestdurchgang gewährleistet wird. Dieser Mindestdurchgang darf 60 cm (siehe Erläuterung verschiedener, angenommener Fälle aus DIN VDE 0100-729: → *Aufstellen von Schaltanlagen)* nicht unterschreiten:

- Bei Gängen > 20 m Länge muss von beiden Seiten durch Türen zugänglich sein.
- Gänge von > 10 m Länge müssen von beiden Seiten zugänglich sein.
- Bei Gängen > 6 m Länge sollte ein beiderseitiger Zugang vorhanden sein (Empfehlung).

Anforderungen an Ausgänge in elektrischen Betriebsstätten und abgeschlossenen elektrischen Betriebsstätten:

- Türen:
  - Türen müssen nach außen aufschlagen
  - Zutritt unbefugter Personen muss verhindert werden
  - Personen müssen jederzeit ungehindert den Ausgang benutzen können
  - zwischen verschiedenen Räumen müssen in den Türen keine Schlösser eingebaut sein
- Ausgänge müssen so angeordnet sein, dass die Fluchtwege innerhalb des Raums nicht länger als 40 m sind

Ausgangsfläche

DIN EN 50274	***Niederspannungs-Schaltgerätekombinationen***
(VDE 0660-514)	*Schutz gegen unabsichtliches direktes Berühren gefährlicher aktiver Teile*

Die Ausgangsfläche ist die der Person zugewandte Fläche eines von berührungsgefährlichen Teilen frei zu haltenden Schutzraums, in den hineingefasst werden muss, um Betätigungselemente in der Nähe unter Spannung stehender Teile zu erreichen.

Ein solcher Schutzraum dient dem Schutz von → *Elektrofachkräften* oder → *elektrotechnisch unterwiesenen Personen* gegen zufälliges Berühren in → *abgeschlossenen elektrischen Betriebsstätten* in Verbindung mit der geforderten → *Handrücken-* und → *Fingersicherheit.*

→ *Basisfläche*

Auslöser

Auslöser ist der Bestandteil eines Leistungsschalters, der die Verklinkung löst und damit das Ein- oder Ausschalten des Schalters freigibt. Je nach Verwendungsart und Funktion wird unterschieden:
- unverzögerter, verzögerter Auslöser
- Überstrom-, Überlastauslöser
- Arbeitsstromauslöser
- Einschaltstromauslöser
- Arbeitsstromauslöser
- Primär-, Sekundärauslöser
- Hilfsauslöser
- Unterspannungsauslöser

Auslösestrom

Der Auslösestrom ist der Strom, der eine Auslösung der Schutzeinrichtung unter den in den Gerätebestimmungen festgelegten Bedingungen bewirkt.

→ *Ansprechstrom*
→ *Schutz gegen zu hohe Erwärmung*

Ausschaltvermögen

DIN VDE 0100-430 *(VDE 0100-430)*	***Errichten von Niederspannungsanlagen*** *Schutz bei Überstrom*
DIN EN 60269-1 *(VDE 0636-1)*	***Niederspannungssicherungen*** *Allgemeine Anforderungen*
DIN EN 60947-1 *(VDE 0660-100)*	***Niederspannungsschaltgeräte*** *Allgemeine Festlegungen*
DIN VDE 0670-803 *(VDE 0670-803)*	***Wechselstromschaltgeräte für Spannungen über 1 kV*** *Kapselungen aus Aluminium und Aluminium-Knetlegierungen für gasgefüllte Hochspannungs-Schaltgeräte und -Schaltanlagen*

Das Anschaltvermögen ist der höchste Wert des Stroms, der von Schaltern, Schützen, Kontakten, Sicherungen oder auch an deren Schutzeinrichtungen bei der angegebenen Spannung und unter festgelegten Bedingungen ausgeschaltet werden kann.

Das Ausschaltvermögen des Schaltgeräts muss mindestens dem größten Strom bei vollkommenem Kurzschluss am Einbauort entsprechen. Wenn das Ausschaltvermögen nicht ausreicht, muss eine andere Schutzeinrichtung mit dem erforderlichen Ausschaltvermögen vorgeschaltet werden.

Dabei müssen die nachgeschalteten Geräte so aufeinander abgestimmt sein, dass unter Berücksichtigung der Durchlassenergie, der Verschweißfestigkeit der Kontakte und der dynamischen Festigkeit der Strombahnen die nachgeschaltete Schutzeinrichtung und die zu schützenden Betriebsmittel und Anlagen keinen Schaden erleiden.

Ausschaltzeit

DIN VDE 0100-410 *(VDE 0100-410)*	***Errichten von Niederspannungsanlagen*** *Schutz gegen elektrischen Schlag*
DIN VDE 0100-430 *(VDE 0100-430)*	***Errichten von Niederspannungsanlagen*** *Schutz bei Überstrom*

Die Ausschaltzeit ist die Zeit vom Beginn des Fehlers bis zur Abschaltung des fehlerbehafteten Stromkreises.

Die Ausschaltzeit beim Schutz gegen elektrischen Schlag siehe → *Abschaltzeiten.*

In Verbindung mit Schaltgeräten wird die Ausschaltzeit als eine Zeitspanne zwischen dem Beginn der Öffnungszeit eines Schalters und dem Ende der Lichtbogendauer definiert.

Außenleiter

Ein Außenleiter ist ein Leiter, der die Stromquelle mit den Verbrauchern verbindet, aber nicht vom Mittel- oder Sternpunkt ausgeht.

Kurzzeichen:
- L1, L2, L3

Farbkennzeichen: jede Farbe, **außer** grün-gelb, grün, gelb oder mehrfarbig

Außerbetriebsetzung

DIN VDE 0105-100 *(VDE 0105-100)*	***Betrieb von elektrischen Anlagen*** *Allgemeine Festlegungen*
BGV A3	***Unfallverhütungsvorschrift*** *Elektrische Anlagen und Betriebsmittel*

Schadhafte elektrische Betriebsmittel dürfen nicht benutzt werden, wenn mit ihrem Umgang unmittelbare → *Gefahren* verbunden sind. Sie sind bis zu ihrer → *Instandsetzung* außer Betrieb zu setzen.
Ist dies aus betrieblichen Gründen nicht möglich, ist die Gefahr durch geeignete Maßnahmen (z. B. Absperren, Hinweisschilder) einzuschränken. Der → *Anlagenverantwortliche* ist unverzüglich zu benachrichtigen.

Äußere Einflüsse

DIN VDE 0100-510	***Errichten von Niederspannungsanlagen***
(VDE 0100-510)	*Allgemeine Bestimmungen*

Die unterschiedlichen äußeren Einflüsse auf elektrische Anlagen und Betriebsmittel werden durch Kurzzeichen dargestellt.
Die **Tabelle 9** nennt die Einflüsse, ihre charakteristischen Merkmale, andere gebräuchliche Kennzeichen und was von den Einflüssen als „normal" gilt, unter denen übliche Betriebsmittel sicher betrieben werden können. Bei abweichenden Bedingungen, die nicht als „normal" gelten, müssen zusätzliche Maßnahmen oder Vorkehrungen hinsichtlich geeigneter Anordnungen oder Ausführungen der Betriebsmittel getroffen werden.

Häufig ist mit mehreren äußeren Einflüssen gleichzeitig zu rechnen, die sich unter Umständen auch gegenseitig beeinflussen können. In solchen Fällen ist eine besonders sorgfältige Auswahl der Betriebsmittel und Anlagen erforderlich.

Die Eignung der Betriebsmittel und Anlagen ist entsprechend den genormten Anforderungen bzw. den schriftlichen Herstellererklärungen durch geeignete Konformitätsprüfungen nachzuweisen. Konsequenzen für elektrische Anlagen und Betriebsmittel bei Einflüssen, die nicht als normal gelten, sind in der Gruppe 700 der Normenreihe DIN VDE 0100 → *Betriebsstätten, Räume und Anlagen besonderer Art* beschrieben.

- **Niederfrequente elektromagnetische Störgrößen**
  AM 1 Oberschwingungen
  AM 2 Signalspannungen
  AM 3 Spannungsschwankungen
  AM 4 Spannungssymmetrie
  AM 5 Schwankungen der Netzfrequenz
  AM 6 induzierte niederfrequente Spannung
  AM 7 Gleichstromanteil in Wechselstromnetzen
  AM 8 gestrahlte Magnetfelder
  AM 9 elektrische Felder

Kurzzeichen	Äußerer Einfluss	Charakteristische Merkmale anderer Kennzeichen	Als normal gilt
AA	Umgebungstemperatur		AA4 –5 °C bis +40 °C AA5 +5 °C bis +40 °C
AB	Klima, Temperatur und Feuchte und		AB4 –5 °C bis +40 °C 5 % bis 95 % relative Feuchte 1 g/m³ bis 29 g/m³ absolute Feuchte
AC	Seehöhe		AC1 bis zu 2000 m
AD	Wasser → Schutzarten	IPX0 IPX1 oder IPX2 IPX3 IPX4 IPX5 IPX6 IPX7 IPX8	AD1 vernachlässigbar AD2 Tropfwasser AD3 Sprühwasser AD4 Spritzwasser AD5 Strahlwasser AD6 Schwallwasser AD7 Eintauchen AD8 Untertauchen
AE	Fremdkörper → Schutzarten	IP0X IP3X IP4X IP5X IP6X IP6X	AE1 vernachlässigbar AE2 Fremdkörper 2,5 mm AE3 Fremdkörper 1 mm AE4 wenig Staub AE5 mittlere Staubmenge AE6 viel Staub
AF	korrosiver Staub		AF1 vernachlässigbar
AG	mechanische Beanspruchung	z. B. Haushaltsgeräte	AG1 niedrig
AH	Schwingungen		AH1 niedrig
AK	Pflanzen, Schimmel		AK1 vernachlässigbar
AL	Anwesenheit von Tieren		AL1 vernachlässigbar
AM	EMV*)		AM1 vernachlässigbar
AN	Sonnenstrahlung		AN1 niedrig
AP	Erdbeben		AP1 niedrig
AQ	Blitz	25 Gewittertage/Jahr	AQ1 vernachlässigbar
AR	Luftbewegung		AR1 niedrig
AS	Wind		AS1 niedrig

*) Die elektromagnetischen, elektrostatischen und ionisierenden Einflüsse werden unterteilt wie nachfolgend angeführt.

Tabelle 9 Bezeichnung der äußeren Einflüsse

- **Hochfrequente elektromagnetische Störgrößen**

AM 21	induzierte schwingende Spannungen oder Ströme
AM 22	leistungsgebundene transiente Vorgänge im Nanosekunden-Bereich, einseitig gerichtet
AM 23	leitungsgebundene transiente Vorgänge zwischen einer Milli- und einer Mikrosekunde, einseitig gerichtet
AM 24	leitungsgebundene schwingende transiente Vorgänge

Äußerer Blitzschutz

Als äußerer Blitzschutz wird die Gesamtheit aller außerhalb der zu schützenden Anlage verlegten und bestehenden Einrichtungen zum Auffangen und Ableiten des Blitzstroms in die Erdungsanlage bezeichnet.

→ *Blitzschutzanlage*

Aussetzbetrieb

Aussetzbetrieb ist eine Betriebsart, bei der Betriebszeiten und Pausen abwechseln. Die Belastungszeit ist im Allgemeinen so kurz, dass die Beharrungstemperatur nicht erreicht wird. Auch die Pausenzeiten genügen nicht, um Abkühlung auf die Umgebungstemperatur oder die Kühlmitteltemperatur zu ermöglichen.

Der Aussetzbetrieb wird gekennzeichnet durch den Wert des Stroms, die Belastungsdauer und durch die relative Einschaltdauer. Die relative Einschaltdauer ist das Verhältnis der Belastungsdauer zur Gesamtzeit, bestehend aus Belastungsdauer und Pausenzeit.

Ausstellungen

DIN VDE 0100-711	***Errichten von Niederspannungsanlagen***
(VDE 0100-711)	*Ausstellungen, Shows und Stände*

DIN VDE 0100-740
(VDE 0100-740)

Errichten von Niederspannungsanlagen
Vorübergehend errichtete elektrische Anlagen für Aufbauten, Vergnügungseinrichtungen und Buden auf Kirmesplätzen, Vergnügungsparks und für Zirkusse

Stromversorgung:
- Versorgung aus Stromkreisverteiler, der
  - als fester Anschlusspunkt zur Verfügung steht oder
  - vorübergehend für den Anschluss errichtet wird.
- Die Nennversorgungsspannung darf AC 230/400 V oder DC 500 V nicht überschreiten.

Schutzmaßnahmen/Anforderungen:
- TN-Systeme müssen als TN-S-Systeme errichtet werden.
- Zusätzlicher Potentialausgleich:
  Fremde leitfähige Teile eines Fahrzeugs, Wagens, Caravans, Containers müssen mit dem Schutzleiter der Anlage verbunden werden. Ist die Verbindung nicht dauerhaft sichergestellt, muss die Verbindung an mehr als einer Stelle erfolgen. Querschnitt der Leiter für die Verbindung $\geq 4\ mm^2$ Cu.

- Bei SELV oder PELV muss der Schutz durch Isolierung vorgesehen werden, Abdeckungen oder Umhüllungen von Schutzart mindestens IP4X oder IPXXD.
- Jeder eigenständige, vorübergehend errichtete Aufbau, wie z. B. ein Fahrzeug, ein Stand oder eine Einheit, vorgesehen zur Inanspruchnahme eines speziellen Nutzers, und jeder Verteilungsstromkreis zur Versorgung von Außenanlagen muss mit einer eigenen, schnell erreichbaren und leicht erkennbaren Trenneinrichtung versehen sein. Die Trenneinrichtung muss in Übereinstimmung mit DIN VDE 0100-537 ausgewählt werden.
- **Es dürfen nicht angewendet werden:**
  - Schutzmaßnahmen gegen direktes Berühren durch Hindernisse
  - Schutz durch Anordnung außerhalb des Handbereichs
  - Schutzmaßnahmen bei direktem Berühren durch nicht leitende Räume / Umgebung
  - Schutzmaßnahmen bei indirektem Berühren durch erdfreien örtlichen Potentialausgleich.
- Kabel/Leitungen, die zur Versorgung von vorübergehenden Aufbauten vorgesehen sind, sollten in ihrem Speisepunkt durch Fehlerstromschutzeinrichtungen (RCDs) mit einem Bemessungsdifferenzstrom $I_{\Delta N} \leq 300$ mA geschützt werden. Diese müssen verzögert (S-Typ) sein.

- Alle Steckdosenstromkreise bis 32 A und alle Endstromkreise, außer für Notbeleuchtung, müssen mit einer Fehlerstromschutzeinrichtung (RCD) mit einem Bemessungsdifferenzstrom $I_{\Delta N} \leq 30$ mA geschützt sein.
- Ein Motor, der automatisch oder ferngesteuert und nicht dauernd überwacht wird, muss mit einer manuell rückstellbaren Schutzeinrichtung gegen hohe Temperaturen geschützt sein.
- Beleuchtungsgeräte, wie Glühlampen, Leuchten, Scheinwerfer, kleine Projektoren, und andere elektrische Betriebsmittel oder Apparate mit hoher Oberflächentemperatur müssen angemessen überwacht, montiert und platziert sein. All diese Betriebsmittel müssen ausreichend von brennbarem Material entfernt sein, um eine Berührung mit diesen zu vermeiden.
- Schaukästen und Leuchtschriften müssen aus Werkstoffen hergestellt sein, die eine ausreichende Wärmebeständigkeit, mechanische Festigkeit, elektrische Isolation und Belüftung haben, unter Berücksichtigung der Brennbarkeit von Ausstellungsgegenständen in Bezug auf die erzeugte Wärme.
- Standeinrichtungen mit einer Ansammlung von elektrischen Geräten, Beleuchtungseinrichtungen oder Lampen, die in der Lage sind, übermäßige Wärme zu entwickeln, dürfen nicht eingebaut werden, es sei denn, es ist Vorsorge für eine ausreichende Be- und Entlüftung getroffen, z. B. gut belüftete Decken aus unbrennbarem Material.
- Steuer- und Schutzeinrichtungen in geschlossenen Gehäusen unterbringen (mit Schlüssel oder Werkzeug zu öffnen).
- Wenn die Gefahr einer mechanischen Beschädigung besteht, bewehrte Kabel und Leitungen verwenden.
- Kabel und Leitungen aus mindestens Querschnitt 1,5 mm² Cu.
- Keine flexiblen Kabel und Leitungen in Bereichen, die der Öffentlichkeit zugänglich sind.
- Wenn in einem Gebäude, das für Ausstellungen usw. genutzt wird, kein Feueralarmsystem installiert ist, müssen Kabel- und Leitungssysteme
  - entweder flammwidrig sein
  - oder aus ein- oder mehradrigen unbewehrten Kabeln/Leitungen in metallenen oder nicht metallenen Rohren oder Kanälen bestehen.
- Wenn Verbindungen in Kabel- und Leitungsanlagen notwendig sind
  - entweder: Steckverbinder
  - oder: Verbindung in Gehäuse Schutzart mindestens IP4X oder IPXXD
  - Zugentlastung der Klemmen.
- Leuchten, die unterhalb 2,5 m (Handbereich) über Fußbodenniveau angebracht oder sonst wie zufälligem Berühren zugänglich sind, müssen sicher und ausreichend befestigt sein und so platziert oder geschützt werden, dass

dem Verletzungsrisiko für Personen oder einer Entzündung von Werkstoffen vorgebeugt wird.

- Lampenfassungen für Durchdringungs-Anschlusstechnik dürfen nicht verwendet werden, es sei denn, Leitungen und Lampenhalter passen zueinander und die Lampenfassungen sind nicht mehr entfernbar, sobald sie an der Leitung befestigt sind.
- Anlagen mit jeglicher Art von Leuchtröhrenschriften oder Leuchten als Illuminationseinheit auf einem Stand oder als Ausstellungsgegenstand mit Nennversorgungsspannung höher als AC 230/400 V müssen:
  - als Leuchten außerhalb des Handbereichs errichtet sein
  - Abdeckung hinter der Leuchte darf nicht entzündbar sein
  - Steuereinrichtungen mit Ausgangsspannungen höher als AC 230/400 V müssen auf nicht entzündbarem Material befestigt sein.
- Zur Versorgung derartiger Leuchtschriften, Leuchten oder Ausstellungsgegenständen ist ein separater Stromkreis zu verwenden, der durch einen Not-Aus-Schalter geschaltet werden muss.
- Der Schalter muss leicht erkennbar, zugänglich und in Übereinstimmung mit den Anforderungen der örtlichen Behörde gekennzeichnet sein.
- Wo ein Elektromotor zu einer Gefahr führen könnte, muss der Motor mit einer wirksamen allpoligen Trenneinrichtung versehen sein. Diese Einrichtung muss in der Nähe des Motors angeordnet sein, für den sie vorgesehen ist.
- Eine manuell rückstellbare Schutzeinrichtung muss den Sekundärstromkreis von jedem Transformator oder Konverter schützen.
- Besondere Sorgfalt ist erforderlich, wenn Transformatoren für Kleinspannung (ELV) eingebaut werden. Diese müssen für die Allgemeinheit außerhalb des Handbereichs angeordnet sein und eine ausreichende Belüftung haben. Die Zugänglichkeit durch Elektrofachkräfte oder unterwiesene Personen für Prüfung und Wartung muss möglich sein.
- Eine angemessene Anzahl von Steckdosen muss montiert sein, um den Anforderungen der Benutzer gefahrlos gerecht zu werden.
- Wo eine Fußboden-Steckdose eingebaut ist, muss diese ausreichend gegen zufälliges Eindringen von Wasser geschützt sein.
- Die vorübergehend errichteten elektrischen Anlagen von Ausstellungen, Shows und Ständen müssen nach jeder Montage vor Ort in Übereinstimmung mit DIN VDE 0100-600 geprüft werden.

Auswahl elektrischer Betriebsmittel

DIN VDE 0100-510	***Errichten von Niederspannungsanlagen***
(VDE 0100-510)	*Allgemeine Bestimmungen*

→ ***Elektrische Betriebsmittel*** müssen so ausgewählt werden, dass gewährleistet sind:
- die Wirksamkeit der Schutzmaßnahmen
- die Einhaltung der entsprechenden Bestimmungen
- ein zufriedenstellender Betrieb
- eine bestimmungsgemäße Verwendung

Die → *äußeren Einflüsse*, die auf die Betriebsmittel am jeweiligen Einsatzort einwirken, müssen rechtzeitig, also bereits bei der Auswahl der Betriebsmittel, berücksichtigt werden. Es ist weiterhin darauf zu achten, dass die Betriebsmittel ein Ursprungszeichen tragen und mit den Nenngrößen gekennzeichnet sind. Es müssen die Betriebsbedingungen, denen die Betriebsmittel ausgesetzt sind, beachtet werden, und zwar bezüglich:

- Spannung
- Strom
- Frequenz
- Leistung
- Verträglichkeit
- Zugänglichkeit

Auswechseln von Betriebsmitteln

DIN VDE 0105-100	***Betrieb von elektrischen Anlagen***
(VDE 0105-100)	*Allgemeine Festlegungen*

Das Auswechseln von Sicherungseinsätzen und Lampen kann bei unsachgemäßer Durchführung unter Umständen zu Gefahren führen.

In DIN VDE 0105-100 sind Anforderungen an diese Tätigkeiten festgelegt:
- keine Verwendung von geflickten oder überbrückbaren Sicherungseinsätzen
- Sicherungseinsätze bis 1 000 V:
  - bei fehlendem Schutz gegen direktes Berühren, Einsetzen und Herausnehmen nur durch → *Elektrofachkräfte* oder → *elektrotechnisch unterwiesene Personen*

- Einsetzen und Herausnehmen von Sicherungseinsätzen nur bei freigeschaltetem Stromkreis
- NH-Sicherungseinsätze nur mit Aufsteckgriff oder in Verbindung mit Sicherungstrennschaltern oder Einschüben
- Strom führende Sicherungseinsätze dürfen nur ausgewechselt werden, wenn dies gefahrlos möglich ist

Beispiele:
- Stromkreise mit geringer Leistung
- Betriebsmittel und Lastschaltvermögen
- NH-Sicherungen mit geeigneten Hilfsmitteln und nur durch besonders geschulte Personen
- D0- und D-Sicherungen nach **Tabelle 10**

Sicherungssystem **Typ**	**Nennspannung** **V**	**Nenn-strom** **A[*)]**	**Laien**	**Elektrofach-kräfte, elektrotechnisch unterwiesene Personen**
DO, D	bis AC 400	bis 63 über 63	ja nein	ja nein
D	über AC 400	bis 16 über 16	nein nein	ja nein
DO, D	bis DC 25	über 0	ja	ja
DO	über DC 25 bis 60 über DC 60 bis 120 über DC 120	bis 6 bis 2 über 0	nein nein nein	ja ja nein
D	über DC 25 bis 60 über DC 60 bis 120 über DC 120 bis 750 über DC 750 =	bis 16 bis 5 bis 1 über 0	nein nein nein nein	ja ja ja nein

*) Bei den genannten Stromstärken handelt es sich nicht um den eventuellen Kurzschlussstrom beim Einsetzen

Tabelle 10 Stromgrenzen für das gefahrlose Austauschen von stromführenden D- und D0-Sicherungseinsätzen bei Nennspannungen bis 1 000 V (in Anlehnung an BGV A3)

Für das Auswechseln von Sicherungen sind bestimmte Einflussgrößen zu beachten:

- Art und Höhe der Betriebsspannung
- Höhe der Stromstärke
- Art der elektrischen Anlagen:
  Wohnungen, Industrie, Gewerbe, Landwirtschaft, Netze der öffentlichen Stromversorgung

- Art des Schutzes gegen direktes Berühren
- Art des Schutzes gegen Lichtbogeneinwirkung
- Art des Sicherungssystems
- Qualifikation der handelnden Person

In Tabelle 10 sind die Anforderungen an das Auswechseln der Sicherungseinsätze bis 1 000 V aufgezeigt.
Vor Herausnehmen oder Einsetzen von Sicherungseinsätzen bei Nennspannungen über 1 kV ist der spannungsfreie Zustand herzustellen und sicherzustellen (weitere Bestimmungen DIN VDE 0105-100).

Das Auswechseln von Lampen:

- Auswechseln von Lampen bis 250 V über 200 W bis 1000 W nur von → *elektrotechnisch unterwiesenen Personen*
- bei höheren Spannungen oder Leistungen nur im spannungsfreien Zustand

Auswirkungen TN- oder TT-System

DIN VDE 0100-410	***Errichten von Niederspannungsanlagen***
(VDE 0100-410)	*Schutz gegen elektrischen Schlag*

Theoretische Überlegungen und praktische Messungen haben bewiesen, dass:

- in der Regel die Fehlerspannungen und damit auch die Berührungsspannungen beim TT-System etwa doppelt so hoch liegen wie beim TN-System,
- mit rund der halben Berührungsspannung im TN-System die Körperimpedanz meist auf das Zwei- bis Dreifache steigt und damit der Körperstrom so niedrig bleibt, dass das Auftreten von Herzkammerflimmern sehr unwahrscheinlich wird.
- Außerdem kommt noch positiv hinzu, dass für die Ausschaltung der Endstromkreise beim TN-System meistens Leitungsschutzschalter installiert sind und da-

mit bei Einhaltung der Ausschaltbedingungen die elektromagnetische Schnellauslösung wirksam wird, d. h., die Ausschaltung wird in wenigen Millisekunden durchgeführt, während die Ausschaltzeit bei Fehlerstromschutzschaltern (RCDs) der üblichen Bauart bei einigen zehn Millisekunden liegt: Außerdem wurde bei umfangreichen Anlagenüberprüfungen nachgewiesen, dass LS-Schalter eine deutlich höhere Zuverlässigkeit der Ausschaltung aufweisen als Fehlerstromschutzschalter (RCDs).

- Gleichgültig, ob zum Schutz gegen gefährliche Körperströme im Fehlerfall TN- oder TT-Systeme angewendet werden, die Bedingungen im Netz sind immer die gleichen, denn in der Praxis wird selbst beim TT-System der Neutralleiter an möglichst vielen Stellen im Netz (er wird dadurch zum PEN-Leiter) geerdet. Die Sicherheit in der Verbraucheranlage könnte dann noch erhöht werden, wenn die Erdverbindung zwischen dem Schutzleiter des Gebäudes und dem Betriebserder des Netzes hergestellt wird.

→ *TN-System*
→ *TT-System*

Automatische Abschaltung der Stromversorgung

DIN VDE 0100-200	***Errichten von Niederspannungsanlagen***
(VDE 0100-200)	*Begriffe*
DIN VDE 0100-410	***Errichten von Niederspannungsanlagen***
(VDE 0100-410)	*Schutz gegen elektrischen Schlag*

Eine Unterbrechung eines oder mehrerer Außenleiter durch selbsttätiges Ansprechen einer Schutzeinrichtung im Falle eines Fehlers.

Autoskooter

DIN VDE 0100-740	***Errichten von Niederspannungsanlagen***
(VDE 0100-740)	*Vorübergehend errichtete elektrische Anlagen für Aufbauten, Vergnügungseinrichtungen und Buden auf Kirmesplätzen, Vergnügungsparks und für Zirkusse*

Für den Bau und Betrieb von elektrisch betriebenen Autoskootern gelten nachstehende Anforderungen:

- bei nicht regengeschützter Aufstellung elektrischer Anlagen und Transformatoren mindestens die Schutzart IP23
- Betriebsspannung ≤ 50 V AC oder ≤ 120 V
- Isolierung aktiver Teile der Fahrbahn durch trockenes Holz zulässig, das gegen die Aufnahme von Feuchtigkeit geschützt ist
- Fahrbahnplatte aus leitend miteinander verbundener Blechtafeln, Einspeisung an zwei gegenüberliegenden Stellen, bei Gleichspannung Verbindung mit dem Minuspol der Stromquelle
- Potentialausgleich zwischen Fahrbahnplatte und allen sie umgebenden Konstruktionsteilen
- Fahrdrahtnetz aus verzinktem Stahldraht von mindestens 1,2 mm Durchmesser, maximale Maschenweite 38 mm, bis 300 m^2 zwei über den Umfang gleichmäßig verteilte Anschlussklemmen, bei größeren Fahrdrahtnetzen drei Anschlussstellen
- Abstand zwischen Bodenplatte und Fahrdrahtnetz mindestens 2,5 m
- Stromabnehmerbügel muss das Netz mindestens an zwei Stellen berühren. Kontaktdruck zwischen 10 N und 16 N
- Bodenkontakt durch Kontaktrollenbürsten aus Stahl- oder Bronzedraht, die durch Federn mit einem Kontaktdruck von mindestens 15 N auf die Fahrbahn gedrückt werden. Die Kontaktrolle ist über einen Schleifenkontakt anzuschließen.

Anmerkung: Die Anforderungen für Auto-/Elektro-Skooter waren früher in der DIN VDE 0100 geregelt, aktuell sind die elektromechanischen Anforderungen durch DIN EN 13814 abgedeckt.

Back-up-Schutz

Der Back-up-Schutz übernimmt den Teil des Schutzes, den die nachgeschaltete Schutzeinrichtung entsprechend ihrer Eigenschaften nicht sicherstellen kann. Beispielsweise kann eine → *Sicherung* der → *Betriebsklasse* gL in Anlagen mit hohen Kurzschlussströmen den Back-up-Schutz für → *LS-Schalter* im Kurzschlussbereich übernehmen, nämlich dann, wenn der Kurzschlussstrom an der Einbaustelle größer ist als das → *Ausschaltvermögen* des LS-Schalters. Die Auswahl der Schutzeinrichtungen erfolgt nach ihren Kenngrößen und durch Vergleich ihrer Ausschaltcharakteristiken (Zeit-Strom-Kennlinien). Beim Einsatz des Back-up-Schutzes ist zu beachten, dass die sonst üblicherweise geforderte → *Selektivität* nicht mehr sichergestellt ist.

Literatur:

- *Kiefer, G.; Schmolke, H.: VDE 0100 und die Praxis. Berlin · Offenbach: VDE VERLAG, 2011*

Baderaum

DIN VDE 0100-701	***Errichten von Niederspannungsanlagen***
(VDE 0100-701)	*Räume mit Badewanne oder Dusche*

Das Badezimmer gehört zu den Räumen besonderer Art. In den Badezimmern ist aufgrund der Verringerung des elektrischen Widerstands des menschlichen Körpers und seiner Verbindung mit Erdpotential mit erhöhter Wahrscheinlichkeit mit dem Auftreten eines gefährlichen Körperstroms zu rechnen. Daher gelten für elektrische Anlagen in Badezimmern besondere Anforderungen.

→ *Räume mit Badewannen oder Duschen*
→ *Raumart*

Balkon

DIN VDE 0100-737	***Errichten von Niederspannungsanlagen***
(VDE 0100-737)	*Feuchte und nasse Bereiche und Räume und Anlagen im Freien*

Steckdosen, die sich im Freien, wie Balkone und Terrassen, befinden, müssen mit einer Fehlerstromschutzeinrichtung (RCD) $I_{\Delta N} \leq 30$ mA geschützt werden.
Die Begründung dieser Forderung liegt in der Häufung von Stromunfällen im Freien von Haushalten (z. B. Unfälle mit Rasenmähern).

Als Anforderung gilt:

- Einphasen-Wechselstromkreise in Gebäuden, die vorwiegend zu Wohnzwecken genutzt werden, mit Steckdosen bis 20 A von Anlagen im Freien, an die gelegentlich tragbare Betriebsmittel und/oder Verlängerungsleitungen für Betriebsmittel angeschlossen werden, müssen bei Anwendung des TN- oder TT-Systems mit einer Fehlerstromschutzeinrichtung (RCD) $I_{\Delta N} \leq 30$ mA geschützt werden.
- In geschützten Anlagen im Freien müssen Betriebsmittel mindestens tropfwassergeschützt sein (IPX1).
- In ungeschützten Anlagen im Freien müssen Betriebsmittel mindestens sprühwassergeschützt sein (IPX3).

Ballwurfsichere Leuchten

DIN 57710-13	***Leuchten mit Betriebsspannungen unter 1 000 V***
(VDE 0710-13)	*Ballwurfsichere Leuchten*

Ballwurfsichere Leuchten müssen den Bedingungen für Leuchten nach der Normenreihe DIN VDE 0710 entsprechen.

Zusätzlich wird eine ausreichende mechanische Festigkeit verlangt, damit die Leuchten entsprechende Beanspruchungen, wie sie in Sporthallen auftreten, standhalten.

Durch festgelegte Prüfungen ist nachzuweisen, dass am Prüfling keine Beschädigungen auftreten. Leuchten- und Lampenteile dürfen bei der Prüfung nicht herabfallen, insbesondere

- dürfen keine unter Spannung stehenden Teile nach der Prüfung berührbar sein
- die Wirksamkeit von Isolierungen nicht verringert und
- die Abdeckungen sich leicht ersetzen lassen.

Der Schutz gegen direktes Berühren und die geforderte Schutzart gegen das Eindringen von Feuchtigkeit und Staub muss erhalten bleiben.

Banderder

DIN VDE 0100-540 *(VDE 0100-540)*	***Errichten von Niederspannungsanlagen*** *Erdungsanlagen und Schutzleiter*
DIN VDE 0141 *(VDE 0141)*	***Erdungen für spezielle Starkstromanlagen mit Nennspannungen über 1 kV***

Der Banderder zählt zu der Gruppe der Oberflächenerder. Diese Oberflächenerder sollen im Allgemeinen 0,5 m bis 1 m tief verlegt werden. Steine und grober Kies vergrößern unmittelbar den → *Ausbreitungswiderstand.* Es wird empfohlen, die Banderder mit bindigem Erdreich zu umgeben und dieses zu verfestigen.

Materialien für Banderder:
- 100 mm² Fe: feuerverzinkt, 3 mm dick
- 50 mm² Cu: 2 mm dick

→ *Erder*

Basisfläche

DIN EN 50274 *(VDE 0660-514)*	***Niederspannungs-Schaltgerätekombinationen*** *Schutz gegen unabsichtliches direktes Berühren gefährlicher aktiver Teile*

Die Basisfläche ist die um ein Betätigungselement gelegene Fläche eines von berührungsgefährlichen Teilen frei zu haltenden Schutzraums, in den hineingefasst werden muss, um Betriebsmittel in der Nähe unter Spannung stehender Teile zu erreichen. Ein solcher Schutzraum dient dem Schutz von → *Elektrofachkräften* und → *elektrotechnisch unterwiesenen Personen* gegen zufälliges Berühren in → *abgeschlossenen elektrischen Betriebsstätten* in Verbindung mit der geforderten Handrücken- und Fingersicherheit.

→ *Ausgangsfläche*

Basisisolierung

DIN VDE 0100-200	***Errichten von Niederspannungsanlagen***
(VDE 0100-200)	*Begriffe*
DIN VDE 0100-410	***Errichten von Niederspannungsanlagen***
(VDE 0100-410)	*Schutz gegen elektrischen Schlag*

Die Basisisolierung ist die Isolierung unter Spannung stehender Teile (→ *aktive Teile*) zum grundlegenden Schutz gegen gefährliche Körperströme.
Sie kann erreicht werden durch:

- eine Umhüllung bzw. ein Gehäuse; Schutz des Betriebsmittels gegen äußere Einflüsse und gegen direktes Berühren durch Mensch und Tier
- eine Abdeckung; Schutz gegen direktes Berühren
- ein Hindernis; schützt das Betriebsmittel zwar gegen unbeabsichtigtes Berühren, jedoch kann nicht vor einer absichtlichen Berührung schützen
- den Handbereich; ein Schutzbereich, der von einer normalerweise üblichen Standfläche aus von einer Person mit der Hand erreicht werden kann, d. h. die Anordnung von Betriebsmitteln muss außerhalb dieses Handbereichs angeordnet sein. In DIN VDE 0100-410 ist die Reichweite nach oben: 2,5 m, zur Seite: 1,25 m und nach unten: 0,75 m.

Die Basisisolierung muss:

- einen vollständigen Schutz der aktiven Teile herstellen
- den Beanspruchungen (elektrisch, mechanisch, thermisch, chemisch) auf Dauer standhalten und darf nur durch Zerstörung entfernbar sein

Die Basisisolierung ist nicht ohne Weiteres mit der Betriebsisolierung gleichzusetzen, kann aber identisch sein.

→ *Schutz gegen elektrischen Schlag*
→ *Schutz gegen direktes Berühren*
→ *Luftstrecken*
→ *Kriechstrecken*

Basisschutz

DIN VDE 0100-410	***Errichten von Niederspannungsanlagen***
(VDE 0100-410)	*Schutz gegen elektrischen Schlag*

Als Schutz gegen direktes Berühren, der auch als Basisschutz bezeichnet wird, gelten alle Maßnahmen zum Schutz von Personen und Nutztieren vor Gefahren, die sich aus einer Berührung mit → *aktiven Teilen*, also mit den während des Betriebs dauernd unter Spannung stehenden Teilen elektrischer Betriebsmittel, ergeben. Dabei handelt es sich um einen vollständigen Schutz, wenn absichtliches oder unabsichtliches Berühren spannungsführender Teile ausgeschlossen ist. Ein teilweiser Schutz ist lediglich ein Schutz gegen unabsichtliches und damit zufälliges Berühren aktiver Teile. Er ist nur da zulässig, wo → *elektrotechnische Laien* keinen Zugang haben, wie z. B. in abgeschlossenen elektrischen → *Betriebsstätten.*

Der Basisschutz kann hergestellt werden durch:

→ *Schutz durch Hindernisse*

→ *Schutz durch Anordnung außerhalb des Handbereichs*

→ *Schutz durch Abdeckungen oder Umhüllungen*

→ *Schutz durch Isolierung*

Batterieanlagen und -räume

DIN EN 50272-1	***Sicherheitsanforderungen an Batterien und Batterieanlagen***
(VDE 0510-1)	*Allgemeine Sicherheitsinformationen*

Die Batterieanlage besteht aus der Batterie sowie der unmittelbar hiermit verbundenen Schalt- und Ladeeinrichtung. Für die Aufstellung der Batterie wird häufig ein Batterieraum gewählt, der innerhalb von Gebäuden oder Betriebsstätten gegenüber anderen Gebäudeteilen abgetrennt wird.

→ *Akkumulatoren, Akkumulatorenräume*

Bau- und Montagestellen

Bereiche, in denen Bauarbeiten durchgeführt und erhöhte Anforderungen wegen der Beanspruchung der elektrischen Betriebsmittel gestellt werden.

Bauarbeiten

BGI/GUV-I 608 ***Auswahl und Betrieb elektrischer Anlagen und Betriebsmittel auf Bau- und Montagestellen***

Arbeiten zur Herstellung, Instandhaltung, Änderung und Beseitigung von baulichen Anlagen einschließlich der hierfür vorbereiteten und abschließenden Arbeiten.

Bauarbeiten geringen Umfangs

Arbeiten, deren Ausführung etwa zehn Arbeitsschichten nicht überschreiten.

Bauart

Installationsgeräte werden z. B. nach der Art ihrer Installation oder auch ihrer Funktion klassifiziert.
Installationsgeräte (u. a. Schalter, Steckdosen) entsprechen der Bauart A, wenn die Abdeckungen oder Teile davon ohne Lösen der Leiter entfernt werden können. Installationsgeräte entsprechen der Bauart B, wenn die Abdeckungen oder Teile davon ohne Lösen der Leiter nicht entfernt werden können.

Der Begriff Bauart wird als Klassifizierung für eine Vielzahl von elektrischen Betriebsmitteln verwendet, wobei verschiedene Bauarten ähnlicher Geräte sich durch definierte Bau-, Betriebs- oder Funktionseigenschaften unterscheiden. Als Beispiel wird auf unterschiedliche Bauarten der Fehlerstromschutzschalter (RCDs) nach DIN VDE 0664 hingewiesen.

Bauarten von Kabeln und Leitungen sowie Verlegearten

DIN VDE 0100-410	***Errichten von Niederspannungsanlagen***
(VDE 0100-410)	*Schutz gegen elektrischen Schlag*

Blanke, Leiter, isolierte Leiter oder Kabel- und Mantelleitungen sind z. B. verschiedene Bauarten von Leitern. Je nach Bauart der Leiter muss der Fachmann die Verlegeart, die auch wieder vom Verlegort abhängig ist, anpassen. Nach DIN VDE 0100 sind folgende Parameter zu berücksichtigen:

- Spannung
- elektromechanische Beanspruchungen, bei Kurzschlüssen und Fehlerströmen
- Beschaffenheit der Verlegeorte
- Beschaffenheit der Befestigungen
- Zugänglichkeit durch Personen und Nutztiere
- elektromagnetische Beeinflussungen

Weitere Beanspruchungen, die während der Errichtung, z. B. auf Baustellen oder im Betrieb auftreten können.

Bauchkennmelder

Er wird auch Mittelkennmelder genannt und ist eine Anzeigevorrichtung (Anzeiger) bei NH-Sicherungen, die den Schaltzustand (unterbrochen bzw. betriebsfähig) anzeigt. Bei Bauchkennmeldern erfolgt die Anzeige vorn in der Mitte der Sicherung, bei Stirnkennmeldern erscheint an der Stirnseite der Sicherung die Anzeige.

Bauelement

Ein Bauelement ist eine nicht weiter teilbar oder zerlegbare Einheit als Bestandteil einer elektrischen Ausrüstung (→ *Betriebsmittel*, → *Anlage*), das durch seine Eigenschaften definiert ist und in unterschiedlichen Anwendungen genutzt wird.

Beispiele:
Widerstände, Kondensatoren, Transistoren, Leiterplatten, integrierte Schaltungen.

Als betriebsbewährte Bauelemente werden solche bezeichnet, die mindestens 100 000 Betriebsstunden mit einer annehmbaren Fehlerrate betrieben wurden, ohne dass sich ihre technischen Daten veränderten.

Baugruppen

DIN VDE 0100-600	***Errichten von Niederspannungsanlagen***
(VDE 0100-600)	*Prüfungen*

In Baugruppen werden gleichartige Geräte, wie z. B. Schaltgerätekombinationen, Antriebe, Stelleinrichtungen, Verriegelungen, zusammengefasst, die jeweils einer Funktionsprüfung unterzogen werden, um ihre → *Normenkonformität* und → *Gebrauchstauglichkeit* hinsichtlich der Normenreihe DIN VDE 0100 nachzuweisen. Geprüft wird, ob die Installationsgeräte ordnungsgemäß befestigt, angeschlossen und eingestellt sind.

Als Baugruppe wird häufig auch eine konstruktive Zusammenfassung mehrerer Bauelemente bezeichnet, die als selbstständiges Geräteteil betrachtet werden kann.

Bauliche Anlagen für Menschenansammlungen

DIN EN 50172	***Sicherheitsbeleuchtungsanlagen***
(VDE 0108-100)	
DIN VDE 0100-718	***Errichten von Niederspannungsanlagen***
(VDE 0100-718)	*Bauliche Anlagen für Menschenansammlungen*

Bauliche Anlagen für Menschenansammlungen sind Versammlungsstätten, die für die gleichzeitige Anwesenheit vieler Menschen bei Veranstaltungen bestimmt sind.

Dazu zählen:

- Versammlungsstätten
- Ausstellungshallen
- Theater, Kinos
- Sportarenen
- Verkaufsstätten

- Restaurants
- Beherbergungsstätten, Heime
- Schulen
- Parkhäuser, Tiefgaragen
- Schwimmbäder
- Flughäfen
- Bahnhöfe
- Hochhäuser
- Arbeitsstätten

Die DIN VDE 0100-718 findet Anwendung für die Errichtung von elektrischen Anlagen einschließlich den Einrichtungen für Sicherheitszwecke in baulichen Anlagen für Menschenansammlungen. Diese Norm gilt nicht für Einrichtungen für Sicherheitszwecke, für die bereits eigene Normen existieren. Die Norm DIN VDE 0100-718 enthält eine ausführliche Liste der Dokumente, die für die Anwendung der Norm und darüber hinaus für bestimmte Zwecke erforderlich sind.

Begriffe:

- Umschaltzeit:
  Zeit zwischen dem Erkennen des Ausfalls der allgemeinen Stromversorgung und dem Zeitpunkt des Wirksamwerdens der Stromquelle für Sicherheitszwecke.
- Bemessungsbetriebsdauer der Stromquelle für Sicherheitszwecke:
  Dauer, für die eine Stromquelle für Sicherheitszwecke unter Bemessungsbetriebsbedingungen ausgelegt ist.

Mögliche Stromquellen für Sicherheitszwecke:

- Die Umschaltung auf die Stromquelle für Sicherheitszwecke aus dem Normalbetrieb heraus muss bei der 0,85-fachen Bemessungsspannung (die länger als 0,5 s ansteht) erfolgen.
- Zurückschaltung bei > 0,85-facher Bemessungsspannung (mit Rückschaltverzögerung von 1 min).

Schutzmaßnahmen:

- Abschaltung durch Überstromschutzeinrichtungen muss innerhalb von 5 s in allen Stromkreisen der elektrischen Anlage für Sicherheitszwecke sichergestellt sein
- selektive Auslösung der dem Fehlerort vorgeschalteten Schutzeinrichtungen
- in DC-Stromkreisen muss ein zweipoliger Schutz bei Überstrom vorhanden sein

Brandschutz:

- Verteiler:
  Eine einfache Messung des Isolationswiderstands aller Leiter gegen Erde jedes einzelnen abgehenden Stromkreises muss möglich sein (z. B.: Neutralleiterklemme).
- Motoren:
  Diese müssen mit Einrichtungen zum Schutz bei Überlast geschützt werden, wenn sie automatisch gesteuert, fernbedient oder nicht dauernd beaufsichtigt werden.
- Motoren mit Stern-Dreieck-Anlauf:
  auch in der Sternschaltung gegen unzulässig hohe Temperaturen schützen, außer Motoren < 500 W, ausschließlich in Arbeitsstätten.
- Für folgende Räume:
  - Sozialräume
  - Kantinen
  - Werkstätten, Umkleiden für Darsteller
  - Lagerräume
  - Verkaufsräume
  - Ausstellungsräume

  müssen die elektrischen Anlagen, die auch außerhalb der Betriebszeit benötigt werden, und die Stromkreise für Sicherheitszwecke bereichsweise geschaltet werden können (außer in baulichen Anlagen für Menschenansammlungen, die ausschließlich Arbeitsstätten sind).
  Diese Schalteinrichtungen müssen besonders gekennzeichnet sein und dürfen nur von autorisierten Personen bedient werden.
- Schutz der Verteiler vor mechanischen Schäden:
  Unterbringung in separaten Räumen, die nicht von unbefugten Personen betreten werden dürfen.

Betriebsbedingungen und äußere Einflüsse:

- Umschaltzeit der Einrichtungen für Sicherheitszwecke: nach **Tabelle 11**
- Bemessungsbetriebsdauer der Stromquelle für Sicherheitszwecke:
  nach Tabelle 11

Zugänglichkeit:

- Anordnung und Installation der Schalt- und Steuereinrichtungen der elektrischen Anlagen für Sicherheitszwecke:
  - so, dass nur autorisierte Personen Zugang erhalten; dies kann auch für die allgemeine Beleuchtung gelten, wenn durch unbefugte Betätigung Gefahr entstehen kann.

Weitere Einrichtungen für Sicherheitszwecke	Anforderungen									
	Bemessungsbetriebsdauer der Stromquelle für Sicherheitszwecke, in h	Maximale Umschaltzeit, in s	Zentrales Stromversorgungssystem – CPS	Stromversorgungssystem mit Leistungsbegrenzung – LPS	Einzelbatteriesysteme	Stromversorgungsaggregat ohne Unterbrechung (0 s)	Stromerzeugungsaggregat kurze Unterbrechung (< 0,5 s)	Stromerzeugungsaggregat mittlere Unterbrechung (< 15 s)	Besonders gesichertes Netz	Netzüberwachung und Umschaltung bei Netzausfall am Hauptverteiler der elektrischen Anlage für Sicherheitszwecke
Feuerlösch- und Druckerhöhungsanlagen zur Löschwasserversorgung	12	15	–	–	–	×	×	×	×	×
Feuerwehraufzüge	8	15	–	–	–	×	×	×	×	×
Personenaufzüge mit Brandfallsteuerung	3	15	–	–	–	×	×	×	×	×
CO-, CO_2- und CH-Warnanlagen	1	15	×	×	×	×	×	×	×	×*)
*) Soweit für diese Einrichtungen für Sicherheitszwecke eine eigene Stromquelle für Sicherheitszwecke vorhanden ist.										
× zulässig, – nicht relevant										

Tabelle 11 Anforderungen an die Stromquelle für Sicherheitseinrichtungen – Einrichtungen für Sicherheitszwecke (Quelle: DIN VDE 0100-718)

Kennzeichnung:

- Eindeutige Erkennbarkeit der Funktion von Schalt- und Steuereinrichtungen.
- Der Zustand der elektrischen Anlagen für Sicherheitszwecke ist durch Meldeeinrichtungen anzuzeigen.

Dokumentation:

- Ein Übersichtsschaltplan mit detaillierten Informationen zu den Stromquellen für Sicherheitszwecke muss an den Hauptverteilern verfügbar sein.

- Der Schaltplan (einpolige Darstellung genügt) muss enthalten:
  - Stromkreise für Sicherheitszwecke einschließlich der Einspeisung
  - Anzahl und Art der elektrischen Verbrauchsmittel je Stromkreis
  - die Belastungen der einzelnen Stromkreise und die Gesamtbelastung
- Installationspläne mit der genauen Lage der elektrischen Verbrauchsmittel für Sicherheitszwecke (Trassen/Kennzeichnung der Stromkreise)
- Aufstellung über Verbrauchsmittel, einschließlich aller betriebsrelevanten Daten, wie Bemessungsströme, Anlaufströme
- Betriebsanleitungen für die Anlagen müssen verfügbar sein

Kabel- und Leitungsanlagen:

- Keine blanken spannungsführenden Leiter (Ausnahmen: in abgeschlossenen elektrischen Betriebsstätten).
- Verbindung Stromquelle – Niederspannungshauptverteilung, Ausführung erd- und kurzschlusssicher oder gegen Erd- und Kurzschluss geschützt.
- Gefordert werden separate Stromkreise von der Hauptverteilung für Feuerlöschanlagen, Anlagen zur Rauchfreiheit von Rettungswegen, Feuerwehraufzüge und Personenaufzüge mit Brandfallsteuerung.
- Bei der Versorgung mehrerer Gebäude von einer Anlage für Sicherheitszwecke sind mindestens zwei Kabel in getrennten Trassen (Abstand mindestens 2 m) zu verlegen. Ein Kabel reicht aus, wenn folgende Bedingungen erfüllt sind:
  - Die elektrische Anlage für Sicherheitszwecke wird im versorgten Gebäude von der allgemeinen Stromversorgung eingespeist, die Zuleitungskabel für die allgemeine Versorgung und für die Versorgung der Anlage für Sicherheitszwecke sind in getrennten Trassen verlegt, und bei Ausfall der allgemeinen Versorgung wird automatisch auf die Anlage für Sicherheitszwecke umgeschaltet.
  - Bei mehr- oder vieladrigen Kabel- und Leitungssystemen der Anlagen für Sicherheitszwecke dürfen Haupt- und Hilfsstromkreise in einem Kabel oder einer Leitung geführt werden. Nicht erlaubt ist das Führen von mehreren Stromkreisen in einem Kabel oder einer Leitung, z. B. von Endstromkreisen der Sicherheitsbeleuchtung mit einem gemeinsamen Neutralleiter.
  - Fest verlegte Kabel und Leitungen im Bühnenhaus müssen auf Putz mit mechanischem Schutz und so verlegt werden, dass ihr Betriebszustand beobachtet werden kann.
  - Bei der Verlegung vieladriger Kabel oder Leitungen auf Bühnen mit brandschutztechnischer Trennung zum Zuschauerhaus sind besondere Bedingungen zu beachten.

- Ausreichende Wärmeverteilung, Abstand parallel geführter Kabel und Leitungen, Verlegung auf nicht brennbarer Oberfläche (Stein, Beton, Stahlgitter), durchgehende Verbindungen, gemeinsamer Schalter für mehrere Stromkreise in einem Kabel oder einer Leitung.
- Es wird eine brandgeschützte Verlegung von Beleuchtungskabeln für Leuchten im Zuschauerhaus verlangt, die durch das Bühnenhaus mit brandgeschützter Trennung verlegt werden.
- Für nicht dauerhaft verlegte Kabel oder Leitungen müssen gummiisolierte Leitungen Typ 05RR und für den Anschluss von beweglich aufgehängten Leuchten dürfen nur Gummischlauchleitungen Typ 07RN oder jeweils mindestens gleichwertige Bauarten verlegt werden.
- Mindestquerschnitt für Endstromkreise für Sicherheitszwecke 1,5 mm^2.

Gebäudeleittechnik:
Die Gebäudeleittechnik muss unabhängig von Steuerung und Bustechnik der elektrischen Anlage für Sicherheitszwecke sein. Kupplungen sind nur zulässig, wenn beide Systeme rückwirkungsfrei arbeiten, das heißt, dass im Fehlerfall der übergeordneten Gebäudeleittechnik die Anlage für Sicherheitszwecke nicht außer Kraft gesetzt werden.

Betriebsmittel und Einrichtungen:
- Frei hängende Betriebsmittel in Räumen für Besucher und auf Bühnen mit über 5 kg Masse müssen durch zwei voneinander unabhängige Aufhängevorrichtungen, die jede das fünffache Gewicht tragen können, gesichert werden.
- Verwendete Steckvorrichtungen müssen den jeweiligen Umgebungsbedingungen entsprechen. Es dürfen nur standardisierte Betriebsmittel verwendet werden. Ihre Anzahl muss den Anforderungen der Benutzer entsprechen. Mehrfachsteckdosen dürfen nicht hintereinander geschaltet werden.
- Zeitweilig installierte Betriebsmittel müssen für ihre übliche Nutzung sicher errichtet werden.

Elektrische Anlagen für Sicherheitszwecke:
- Stromkreise für Sicherheitszwecke dürfen nur bei Ausfall der allgemeinen Stromversorgung wirksam werden.
- Kabel und Leitungen für die Steuerung bzw. für Bussysteme müssen dieselben Anforderungen bezüglich Verlegung und Funktionalität wie alle Betriebsmittel der Anlagen für Sicherheitszwecke erfüllen.

Stromquellen:
Mögliche Stromquellen für die Sicherheitsversorgung:
- unabhängige Einspeisung aus der allgemeinen Stromversorgung (besonders gesichertes Netz)
- zentrales Stromversorgungssystem ohne Leistungsbegrenzung
- Stromversorgungssystem mit Leistungsbegrenzung (z. B. USV-Anlagen)
- Blockheizkraftwerke, Kraftmaschinen, Generatoren, die alle Bedingungen für die Sicherheitsstromversorgung erfüllen

Leuchten und Beleuchtungsanlagen:
- Wenn die allgemeine Beleuchtung eines Raums für betriebliche Verdunklung (wie z. B. im Kino) vorgesehen ist, ist eine besondere Beleuchtung für Hilfs- und Ordnungsmaßnahmen erforderlich, die mindestens den lichttechnischen Anforderungen der Sicherheitsbeleuchtung entspricht und zentral ein- und ausschaltbar sein muss. Die Schaltstelle dieser Sonderbeleuchtung muss gegen unbeabsichtigtes Schalten geschützt, beleuchtet und entsprechend beschriftet sein.
- Die Sonderbeleuchtung kann Teil der allgemeinen Beleuchtung oder auch der Sicherheitsbeleuchtung sein, wenn diese nicht beeinträchtigt und die Stromquelle für Sicherheitszwecke nicht belastet wird.
- Leuchten im Handbereich müssen gegen mechanische Beschädigungen geschützt werden.
- Befestigungsvorrichtungen für Leuchten müssen die fünffache Masse der zu befestigenden Leuchten tragen. Frei hängende Leuchten über 5 kg Masse müssen an zwei voneinander unabhängigen Aufhängevorrichtungen gesichert werden, die jede für sich das fünffache Gesamtgewicht tragen kann (Seile und Ketten gelten als zweite Aufhängung).

Prüfungen:
Prüfungen nach DIN VDE 0100-600
Die Ergebnisse der Erstprüfungen und der laufenden Wiederholungsprüfungen sind zu dokumentieren und dem Betreiber auszuhändigen. Ergebnisse sind mindestens vier Jahre aufzubewahren. Es wird empfohlen, elektronische Prüfbücher in Verbindung mit einem automatischen Testsystem anzulegen.

Zusätzliche Erstprüfungen durch Besichtigen entsprechen den jeweiligen Anforderungen:
- Stromquelle
- Be- und Entlüftung der Aufstellungsräume für Batterien, Verbrennungsmaschinen und zugehörigen Einrichtungen

- Abgasführung hinsichtlich Montage und Brandschutz
- Stromerzeugungsaggregate hinsichtlich Kapazität und Kraftstoffvorrat
- Selektivität der elektrischen Anlage für Sicherheitszwecke

Zusätzliche Erstprüfungen durch Erproben und Messen entsprechend den jeweiligen Anforderungen:

- Lastaufnahmeverhalten des Stromerzeugungsaggregats durch Zuschalten spezifizierter Laststufen bei Bemessungsleistungsfaktor, Entlasten der Stromquelle von 100 % Nennlast auf Leerlauf; Zuschalten des größten Einzelverbrauchsmittels im Leerlauf der → *Stromquelle*, jeweils unter Einhaltung der Betriebsgrenzwerte.
- Funktionsprüfungen der Schalt-, Steuer- und Überwachungsfunktionen.
- Funktionsprüfung der elektrischen Anlage für Sicherheitszwecke bei Unterbrechung der Netzzuleitung, Startverhalten, Umschaltzeit, Nebenschutzeinrichtungen beim Parallelbetrieb von Netz und Stromquelle der Sicherheitsstromversorgung.
- Lichttechnische Werte der Sicherheitsbeleuchtung.

Zusätzliche wiederkehrende Prüfungen:

Elektrische Anlagen müssen regelmäßig überprüft werden nach Angaben der Betriebsanleitung, die der Hersteller bzw. der Errichter dem Betreiber zur Verfügung zu stellen hat.

Wiederkehrende Prüfungen durch Besichtigen:

- Einstellwerte der Schutzgeräte: *jährlich*
- An die Stromquelle angeschlossene Leistung hinsichtlich der Kapazität der Stromquelle: *jährlich*

Wiederkehrende Prüfungen durch Erproben und Messen:

- Funktion der Sicherheitsbeleuchtung einschließlich Sicherheitszeichen, Zuschaltung der Stromquelle für Sicherheitszwecke: *mindestens wöchentlich*
- Funktion der Umschalteinrichtung: *jährlich*
- Funktion der Verbrennungsmaschinen bis zur Nennbetriebstemperatur, mindestens jedoch 1 h mit 50 % Leistung der Stromquelle für Sicherheitszwecke: *monatlich*
- Kapazität der Batterieanlagen: *jährlich*
- Funktion der Isolationsüberwachungssysteme: *halbjährlich*
- Beleuchtungsstärke der Sicherheitsbeleuchtung: alle *zwei Jahre*

Baulicher Hohlraum

Ein Zwischenraum in Gebäudeteilen, der nur an bestimmten Stellen zugänglich ist (abgehängte Decken, aufgestelzter Fußboden).

Baumaschinen

DIN EN 60204-1	***Sicherheit von Maschinen***
(VDE 0113-1)	*Allgemeine Anforderungen*

Bau- und Baustoffmaschinen werden auf Baustellen und zur Herstellung von Baustoffen eingesetzt. Ihre elektrische Ausrüstung muss der Normenreihe DIN VDE 0113 entsprechen.

Beispiele für Baumaschinen:
Tunnelbaumaschinen, Betondosiermaschinen, Ziegel-, Stein-, Keramik-, Glasherstellmaschinen, Baukräne, Förderbänder, Steinbruchmaschinen.
Die Maschinen können sowohl stationär als auch als fahrbare Anlagen eingesetzt werden.

Baustellen

DIN VDE 0100-704	***Errichten von Niederspannungsanlagen***
(VDE 0100-704)	*Baustellen*
BGI/GUV-I 608	***Auswahl und Betrieb elektrischer Anlagen und Betriebsmittel auf Bau- und Montagestellen***

Elektrische Anlagen auf Baustellen sind zeitlich begrenzt bestehende Einrichtungen für die Durchführung von Arbeiten auf Hoch- und Tiefbaustellen sowie Metallbaumontagen. Zu den Baustellen gehören auch Bauwerke und Teile von solchen, die aus- und umgebaut, abgebrochen oder instand gesetzt werden.

Die Festlegungen gelten nicht für Verwaltungsräume von Baustellen und den Einsatz von jeweils einzeln genutzten Geräten, wie z. B. handgeführte Elektrowerkzeuge, Schweißgeräte oder schutzisolierte Betonmischer. Sie gelten ebenfalls

nicht für Verwaltungs- oder ähnliche Räume auf Baustellen sowie für elektrische Einrichtungen in Bergbau- und Steinbruchbetrieben.
Elektrische Anlagen auf Baustellen sind so auszuwählen, dass bei bestimmungsgemäßer Verwendung Personen und Sachen nicht gefährdet werden.

Auch auf Baustellen gilt grundsätzlich, dass die allgemeinen Anforderungen der Normen der Reihe DIN VDE 0100 (VDE 0100) einzuhalten sind. Insbesondere gilt dies für den Schutz gegen elektrischen Schlag, d. h., es müssen insbesondere die Anforderungen von DIN VDE 0100-410 und DIN VDE 0100-540 eingehalten werden.

Die in diesen Normen enthaltenen Forderungen haben für Baustellen besondere Bedeutung, da auf Baustellen durch die Umgebungseinflüsse (insbesondere durch Feuchtigkeit) und durch den guten Hautkontakt des menschlichen Körpers – der meist durch Schweißbildung durchfeuchtet ist – zur Erde oder leitfähigen, mit Erde in Verbindung stehender leitfähiger Teile sehr leicht eine gefährliche Körperdurchströmung auftreten kann.

Einspeisung, Speisepunkt, Anschlusspunkt:
Die Baustelle darf von einem oder mehreren Speisepunkten aus versorgt werden. Als Speisepunkt gelten z. B. der Baustelle zugeordnete Abzweige ortsfester Verteilungen, Transformatoren, Baustellenverteiler oder Niederspannungs-Stromerzeugungsanlagen. Auch Steckdosen in Hausinstallationen können als Speisepunkt verwendet werden, wenn sie die geforderten Schutzmaßnahmen erfüllen.
Anschlusspunkte sind die Punkte, von denen elektrische Energie zum Betreiben von elektrischen Anlagen und Betriebsmitteln entnommen wird.

Schutzmaßnahmen gegen elektrischen Schlag:
- Für Stromkreise mit den Schutzmaßnahmen SELV oder PELV ist unabhängig von der Höhe der Nennspannung Schutz gegen direktes Berühren (z. B. Isolierung) vorzusehen.
- Als Netzsysteme sind nach dem Übergabepunkt TN-C-System, TN-S-System, TT-System und IT-System zulässig.
- TN-C-System: nur, wenn Leitungsquerschnitte von mindestens 10 mm^2 verwendet werden. Leitungen dürfen während des Betriebs nicht bewegt werden und müssen mechanisch geschützt sein.
- TN-System: Zur Sicherstellung einer guten Erdverbindung sollten möglichst alle Baustromverteiler geerdet werden.
- TT-System: Zur Einhaltung der Abschaltbedingungen muss die Erdverbindung ausreichend niederohmig sein; jeden Baustromverteiler separat erden.

- Zusätzliche Schutzmaßnahmen für Stromkreise mit Steckdosen und fest angeschlossene, in der Hand gehaltene elektrische Verbrauchsmittel mit jeweils einem Bemessungsstrom ≤ 32 A:
  - Fehlerstromschutzeinrichtungen (RCD) mit $I_{\Delta N} \leq 30$ mA oder
  - SELV oder
  - Schutztrennung mit separatem Transformator für jede Steckdose oder für jedes Verbrauchsmittel.
- Für Stromkreise zur Versorgung von Steckdosen mit Bemessungsströmen über 32 A müssen RCDs mit $I_{\Delta N} \leq 500$ mA verwendet werden.

Schalt- und Steuergeräte:
Schaltgerätekombinationen müssen den Anforderungen nach DIN VDE 0600-501 entsprechen:
- Jede Verteilung muss Betriebsmittel zum Schalten und Trennen enthalten.
- Es müssen Einrichtungen zum Ausschalten im Notfall vorgesehen werden, die alle aktiven Leiter ausschalten, um Gefahren zu beseitigen.
- Schaltgeräte zum Trennen müssen in der Aus-Stellung gesichert werden können, z. B. durch Abschließen.
- Das Zusammenschalten verschiedener Einspeisungen muss durch geeignete Einrichtungen verhindert werden, z. B. bei Netzeinspeisungen mit Versorgungseinrichtungen für Sicherheitszwecke oder mit Ersatzstrom-Versorgungsanlagen.

Schutzeinrichtungen in Verteilungen:
Im Verteilerschrank sind vorzusehen:
- Überstromschutzeinrichtungen
- Einrichtungen zum Schutz bei indirektem Berühren
- Steckdosen, falls gefordert

Steckvorrichtungen:
- Stecker, Steckdosen und Kupplungen sollten vorzugsweise der Norm DIN EN 60309-2 (VDE 0623-2) für industrielle Anwendung entsprechen.

Kabel- und Leitungsanlagen:
- Kabel und Leitungen sollten Baustraßen und Gehwege nicht kreuzen, oder es muss ein besonderer mechanischer Schutz vorgesehen werden, der Beschädigungen durch Baufahrzeuge und Maschinen verhindert.
- Bei frei hängenden Leitungen sind die Verbindungsstellen von Zug zu entlasten.

- Flexible Leitungen zum Anschluss der Betriebsmittel oder als Verlängerungsleitungen müssen mindestens der Bauart H07RN-F oder einer gleichwertigen Bauart entsprechen.

Schutzarten:
Die Schutzarten der zu verwendenden Betriebsmittel:

Betriebsmittel	Mindestschutzart
Verteiler	IP44
Installationsschalter, Steckvorrichtungen, Abzweigdosen	IPX4
Schalt- und Steuergeräte, Anlass- und Regelwiderstände, elektrische Maschinen außerhalb von Schaltanlagen und Verteiler	IP44
Schweißstromquellen	IP23
Handgeführte Elektrowerkzeuge	IP2X
Stromerzeugungsanlagen	IP23
Leuchten	IP23
Handleuchten	IP55
Wärmegeräte	IPX4
Leitungsroller	IP44

Tabelle 12 Mindestschutzart von Betriebsmitteln (nach BGI/GUV-I 608:2012-05)

Baustromanschlussschrank

DIN VDE 0100-704	***Errichten von Niederspannungsanlagen***
(VDE 0100-704)	*Baustellen*
DIN EN 60439-4	***Niederspannungs-Schaltgerätekombinationen***
(VDE 0660-501)	*Besondere Anforderungen an Baustromverteiler*

Für die Versorgung einer Baustelle mit elektrischer Energie sind Anschlussschränke erforderlich. Unter dem Netzanschluss wird der Anschluss der Baustelle an das → *Verteilungsnetz* der öffentlichen Stromversorgung verstanden.

Die Stromübergabe kann z. B. in einer Netzstation, einem Niederspannungsschaltschrank oder in einem Hausanschlusskasten installiert werden. Von dem Netzanschluss wird über eine Leitung (flexible Leitungen/Kabel müssen vom Typ HO7RN-F sein; Mindestquerschnitt 16 mm^2 bei bei einer Hauptsicherung bis zu 63 A und 25 mm^2 bei > 63 A) ein Anschlussschrank auf der Baustelle versorgt. Diese kundeneigene Anschlussleitung vor der Messeinrichtung soll nach den → *Technischen Anschlussbedingungen (TAB)* so kurz wie möglich, darf jedoch nicht länger als 30 m sein und keine lösbaren Zwischenverbindungen enthalten. In Energierichtung gesehen, wird zunächst die Leitung zu einem sogenannten A-Schrank geführt. Wird die Anschlussleitung mechanisch besonders beansprucht, so müssen Vorkehrungen getroffen werden:

- Verlegung im Erdreich
- hochgelegte Leitung
- Verlegung in einer Kabelbrücke, Schutzrohr oder einer anderen tragfähigen Abdeckung.

Dieser Anschlussschrank enthält im Wesentlichen plombierbare Anschlusssicherungen, einen Platz für den Einbau der Messeinrichtung (Zähler), Hauptsicherungen und einen oder mehrere Fehlerstromschutzschalter. Danach (Energierichtung vom Netz zum Verbraucher) wird über eine weitere Leitung ein sogenannter V-Schrank angeschlossen.

Dieser Verteilerschrank ist meist der Baustromverteilerschrank nach DIN VDE 0612 und enthält Überstromschutzeinrichtungen, Steckdosen, Fehlerstromschutzschalter und Anschlussklemmen. Er ist der Speisepunkt der Baustelle nach DIN VDE 0100-704. A- und V-Schrank werden häufig als Einheit eingesetzt.

→ *Baustellen*
→ *Baustromverteiler*

Baustromverteiler

DIN VDE 0100-704 *(VDE 0100-704)*	***Errichten von Niederspannungsanlagen*** *Baustellen*
DIN EN 60439-4 *(VDE 0660-501)*	***Niederspannungs-Schaltgerätekombinationen*** *Besondere Anforderungen an Baustromverteiler*

Für die elektrischen Anlagen und die Betriebsmittel auf Baustellen ist ein Speisepunkt erforderlich. Dieser Speisepunkt bildet sozusagen die Stromquelle für die Baustelle. Es muss auf jeden Fall von dem Speisepunkt aus die gesamte Anlage versorgt werden, sodass alle in Energierichtung nachgeschalteten Betriebsmittel als eine Einheit betrachtet werden können.

Dieser Baustromverteiler umfasst üblicherweise:

- ein umschlossenes Abteil für die Aufnahme der Betriebsmittel, der Leitungseinführung und der Messeinrichtung.
  Das vorgenannte umschlossene Abteil muss eine eigene Zugangsmöglichkeit (Abschlussplatte, Verschlussschieber, Tür usw.) haben.
  Die Einrichtung für Messung und Zählung wird vom Stromversorgungsunternehmen vorgegeben oder im Einvernehmen mit ihm festgelegt.
  Die Betriebsmittel für den Anschluss der Einspeise-Kabel/Leitungen müssen Klemmen sein und sind nach dem Bemessungsstrom der Einheit zu bemessen.
  Ein Schaltgerät mit Trennfunktion und ein Betriebsmittel als Überstromschutzeinrichtung dürfen vorgesehen werden, vor allem, wenn das Stromversorgungsunternehmen dies verlangt.
- Einrichtungen für das Schalten und für Einrichtungen zum Schutz der abgehenden Leitungen bei Überlast und Kurzschluss.

  Hierfür gilt:

  – Die Betriebsmittel zum Trennen oder Schalten – unter Last und für den Schutz bei Überstrom ebenso wie für den Schutz bei indirektem Berühren – müssen vorgesehen werden. Diese Funktionen dürfen in einem oder mehreren Geräten vereinigt sein, z. B. in einem Sicherungstrennlastschalter. Das Schaltgerät mit Trennfunktion muss in der „Aus“-Stellung abschließbar sein, z. B. durch ein Vorhängeschloss oder durch Unterbringung innerhalb eines verschließbaren Gehäuses.
  – Das Schaltgerät muss ohne Verwendung eines Schlüssels oder Werkzeugs leicht zugänglich sein. Wenn dieses Schaltgerät auch gleichzeitig für das Trennen verwendet wird, kann die leichte Zugänglichkeit nur für den eingeschalteten Zustand erfüllt werden, da es im ausgeschalteten Zustand gegen Wiedereinschalten gesichert werden muss, z. B. absperrbarer Baustromverteiler.

→ *Baustellen*

BDEW Bundesverband der Energie- und Wasserwirtschaft e. V.

Der BDEW wurde im Herbst 2007 aus den damaligen Verbänden VDEW, BGW, VDN und VRE gegründet. Der BDEW ist zentraler Ansprechpartner für alle Fragen rund um Erdgas, Strom und Fernwärme sowie Wasser und Abwasser. Die Energiewirtschaft hat damit ihre Kräfte gebündelt und entwickelt energieträgerübergreifende Konzepte. Die Wasserwirtschaft mit ihrem eigenen ordnungspolitischen Rahmen nutzt die erheblichen Synergien, die ein großer Verband bietet.

Die deutsche Energie- und Wasserwirtschaft stellt sich den Herausforderungen der Zukunft, um eine sichere, wirtschaftliche und umweltfreundliche Energie- und Wasserver- sowie Abwasserentsorgung zu gewährleisten. Der BDEW vertritt die Anliegen seiner Mitglieder gegenüber Politik, Fachwelt, Medien und Öffentlichkeit und orientiert sich dabei an einer nachhaltigen Energieversorgung sowie an einer Wasser- und Abwasserwirtschaft, die den Aspekten Umwelt- und Klimaschutz, Qualität und Sicherheit sowie Wirtschaftlichkeit gleiches Gewicht beimisst.

Der BDEW mit seinen Landesorganisationen berät und unterstützt seine Mitgliedsunternehmen – die rund 90 % des Stromabsatzes, gut 60 % des Nah- und Fernwärmeabsatzes, 90 % des Erdgasabsatzes, 80 % der Trinkwasser-Förderung sowie rund ein Drittel der Abwasserentsorgung in Deutschland repräsentieren – in allen branchenrelevanten politischen, rechtlichen, wirtschaftlich-technischen und kommunikativen Fragen. Die sachliche Arbeit, getragen vom fachlichen Know-how sowohl der ehrenamtlichen Gremienmitglieder als auch der Mitarbeiter des BDEW, ist dabei die eigentliche Stärke des Verbands.
(Anmerkung: Selbstdarstellung des Verbands)

Bedienen

DIN VDE 0105-100 *(VDE 0105-100)*	***Betrieb von elektrischen Anlagen*** *Allgemeine Festlegungen*
BGV A3	***Unfallverhütungsvorschrift*** *Elektrische Anlagen und Betriebsmittel*

Das Bedienen ist eine Tätigkeit, die im Umfang mit elektrotechnischen Anlagen und Betriebsmitteln nach den Normen und Vorschriften eine definierte Bedeutung hat. Bedienen elektrischer Anlagen und Betriebsmittel ist danach das Beobachten sowie das Schalten, Einstellen und Steuern.

Es handelt sich dabei um Tätigkeiten, die bei der bestimmungsgemäßen Verwendung der Betriebsmittel und Anlagen bzw. ihrer betrieblichen Prozessführung erforderlich sind.

Zum gefahrlosen Bedienen von Anlagen müssen eventuell Hilfsmittel, z. B. Betätigungsstangen, verwendet werden.

Beispiele von Bedienungsvorgängen nach BGV A3:
- Schalten eines Leistungsschalters
- Einschalten eines Lichtschalters
- Einstellen von Schaltzeiten an Schaltuhren

Die Beispiele machen deutlich, dass das Bedienen nicht nur von elektrotechnischen Fachkräften bzw. elektrotechnisch unterwiesenen Personen durchgeführt wird, sondern auch von elektrotechnischen Laien.

In diesen Fällen (Bedienen durch Laien) darf das Bedienen nur bei vollständigem → *Schutz gegen direktes Berühren* möglich sein. Nach DIN VDE 0105-100 wird das Bedienen ohne vollständigen Schutz gegen direktes Berühren als → *Arbeiten* definiert.

→ *Betrieb elektrischer Anlagen*

Bedienteil

DIN EN 50274 *(VDE 0660-514)*	***Niederspannungs-Schaltgerätekombinationen*** *Schutz gegen unabsichtliches direktes Berühren gefährlicher aktiver Teile*
DIN EN 60073 *(VDE 0199)*	***Grund- und Sicherheitsregeln für die Mensch-Maschine-Schnittstelle, Kennzeichnung*** *Codierungsgrundsätze für Anzeigengeräte und Bedienteile*

Das Bedienteil ist Teil des Betätigungssystems eines elektrischen Betriebsmittels oder einer Anlage, auf das von außen eine Betätigungskraft aufgebracht wird.

Beispiele:
- Handgriff
- Druckknopf
- Taster
- Rolle
- Stößel
- Hebel

Bedienungsanleitung

DIN EN 60204-1 *(VDE 0113-1)* — ***Sicherheit von Maschinen*** *Allgemeine Anforderungen*

Die Bedienungsanleitung ist ein Teil der technischen Dokumentation des Herstellers und gibt wichtige Hinweise zum Einsatz und zur Anwendung der elektrischen Betriebmittel vor. Die allgemeinen Leitsätze für sicherheitsgerechtes Gestalten technischer Erzeugnisse verlangen für elektrische Betriebsmittel Aufschriften und Kennzeichnungen, aus denen alle Merkmale ersichtlich sind, die für eine gefahrlose Verwendung und sichere Funktion wichtig sind.

Dazu zählen u. a.:
- Nenndaten
- Angaben über den ordnungsgemäßen → *Anschluss*
- Hinweise zur → *bestimmungsgemäßen Verwendung* zu besonderen → *Betriebsarten* und → *Betriebsbedingungen*
- Kennzeichnung unvermeidbarer, funktionsbedingter → *Gefahren,* soweit sie nicht ohne Weiteres auch durch den → *Laien* erkennbar sind

Soweit die erforderlichen Angaben nicht auf den Betriebsmitteln selbst angebracht werden können, müssen sie dem Benutzer durch Begleitpapiere (Bedienungs-, Montageanleitungen) eindeutig und wirksam bekannt gegeben werden.

Bedienungsgänge

DIN VDE 0100-200 *(VDE 0100-200)* — ***Errichten von Niederspannungsanlagen*** *Begriffe*

DIN VDE 0100-729 *(VDE 0100-729)* — ***Errichten von Niederspannungsanlagen*** *Bedienungsgänge und Wartungsgänge*

DIN IEC 60204-32 *(VDE 0113-32)* — ***Sicherheit von Maschinen – Elektrische Ausrüstung von Maschinen*** *Anforderungen für Hebezeuge*

DIN EN 61936-1 *(VDE 0101-1)* — ***Starkstromanlagen mit Nennwechselspannungen über 1 kV***

Bedienungsgänge sind Räume oder Orte, die zum betriebsmäßigen → *Bedienen* elektrischer Einrichtungen betreten werden müssen. Zum Bedienen zählen Tätigkeiten wie das Beobachten, das Schalten, das Einstellen, das Überwachen und das Steuern der Betriebsmittel.

Die Bedienungsgänge müssen in Schaltanlagen entsprechende Mindestbreiten und -höhen erhalten, d. h., wenn Schaltanlagen und Verteiler aufgestellt werden, müssen diese Mindestmaße eingehalten und dürfen nicht unterschritten werden.
Außerdem ist weiterhin zu beachten, dass diese Mindestmaße auch dann noch eingehalten werden können, wenn die Schranktüren und Schwenkrahmen vollständig geöffnet und Einschübe vollständig herausgezogen sind.
Mindestmaße für Bedienungs- und Wartungsgänge:

- Die Zugänglichkeit für alle Betriebsmittel, einschließlich der Kabel und Leitungen muss nach DIN VDE 0100-510 gewährleistet sein. Die Bedienung, Instandhaltung, Inspektion, Wartung und der Zugang zu den Verbindungen muss leicht möglich sein.
- Die Mindestmaße für Breiten, Höhen und freie Duchgänge müssen das Bedienen, den Zugang in Notfällen, den Notausgang, den Transport der Betriebsmittel ermöglichen.

Situation in Bedienungs- und Wartungsgängen	Breite des Gangs (mm)	freier Durchgang vor Bedienelementen (mm)	Mindestabstand von Bedienelementen und den aktiven Teilen auf der gegenüberliegenden Seite des Gangs (mm)	Höhe von aktiven Teilen über dem Fußboden (mm)
ungeschützte aktive Teile auf einer Seite	900	700	–	2500
ungeschützte aktive Teile auf beiden Seiten	1300	900	1100	2500

Schutzmaßnahmen für Bereiche mit eingeschränktem Zugang	Breite der Gänge	Höhe der Deckenverkleidung über dem Fußboden (mm)	Höhe der aktiven Teile über dem Fußboden (mm)
zwischen Abdeckungen oder Umhüllungen und Schaltbedienelementen / und anderen Abdeckungen	600 / 700	2000	2500
zwischen Hindernisse und Schaltbedienelementen	700	2000	2500

Allgemeine Anforderungen:

- Bereiche mit eingeschränktem Zugang müssen eindeutig (Warnhinweise) gekennzeichnet sein
- unberechtigte Personen dürfen in Bereichen mit eingeschränktem Zugang keinen Zutritt haben
- Türen für den Zugang zu geschlossenen elektrischen Betriebsstätten müssen eine leichte Flucht nach außen (ohne Schlüssel, also Panikschloss) ermöglichen
- Gänge, die länger als 10 m sind, müssen von beiden Seiten zugänglich sein; bereits bei Bedienungs- und Wartungsgängen von >6 m in Bereichen mit eingeschränktem Zugang wird die Zugänglichkeit von beiden Seiten empfohlen.

→ *Bedienungsräume*

Bedienungsräume

DIN VDE 0105-100 ***Betrieb von elektrischen Anlagen***
(VDE 0105-100) *Allgemeine Festlegungen*

Die zum Bedienen, Überwachen und Instandhalten der Schalt- und Verteilungsanlagen erforderlichen Räume sowie die Zugänge zu den Betriebsmitteln mit → *Bedienteilen* und Anzeigevorrichtungen sind frei zu halten.

In den Bedienungsräumen dürfen keine Gegenstände wie z. B. Montagematerial, Werkzeuge aufbewahrt werden.

→ *Bedienungsgänge*

Beeinflussung

DIN VDE 0100-510	***Errichten von Niederspannungsanlagen***
(VDE 0100-510)	*Allgemeine Bestimmungen*
DIN VDE 0100-540	***Errichten von Niederspannungsanlagen***
(VDE 0100-540)	*Erdungsanlagen und Schutzleiter*

Die elektrischen Betriebsmittel sind so auszuwählen und zu errichten, dass jede schädigende Beeinflussung zwischen den elektrischen Anlagen untereinander und zwischen der elektrischen Anlage und den nicht elektrotechnischen Einrichtungen ausgeschlossen ist.

Dies gilt in besonderer Weise zwischen Anlagen mit unterschiedlicher Stromart und Spannung und zwischen Starkstromanlagen und Kommunikationseinrichtungen, deren Betriebsmittel voneinander wirksam getrennt werden müssen, soweit dies zur Vermeidung gegenseitiger nachteiliger Beeinflussungen erforderlich ist.

Bei der Auswahl der Betriebsmittel und bei ihrer Anordnung sind die elektromagnetischen Einflüsse zu betrachten. Es sind Betriebsmittel mit ausreichendem Störfestigkeitspegel und mit möglichst niedrigem Aussendepegel einzusetzen, sodass gegenseitige elektromagnetische Beeinflussung innerhalb oder außerhalb des Gebäudes mit möglicher Beeinträchtigung der Zuverlässigkeit der Betriebsmittel sicher vermieden wird.

→ *Fremdspannungsarmer Potentialausgleich*
→ *Äußere Einflüsse*

Befehlsgerät

Befehlsgerät ist ein Gerät, durch das die Funktion einer Maschine, Anlage oder eines Betriebsmittels von Hand gesteuert wird, wie z. B. Drucktaster, Wahlschalter oder ein selbstständig arbeitender Signalgeber, der in Abhängigkeit von Betriebs- oder Stellgrößen arbeitet.

Befestigungsmittel

DIN VDE 0100-550	***Errichten von Starkstromanlagen mit Nennspannungen bis 1 000 V***
(VDE 0100-550)	*Steckvorrichtungen, Schalter und Installationsgeräte*

Es ist darauf zu achten, dass Befestigungsmittel für Schalter- und Steckdoseneinsätze für Unterputzinstallation die Aderisolierung der Anschlussleitungen nicht beschädigen. Ferner muss die Befestigung der Steckdoseneinsätze so stabil sein, dass die Steckdosen beim Ziehen des Steckers nicht aus ihrer Verankerung gerissen werden können. Dies kann durch Schraubbefestigung erreicht werden.

Befestigungsschrauben als Schutzleiterverbindung

DIN VDE 0100-410	***Errichten von Niederspannungsanlagen***
(VDE 0100-410)	*Schutz gegen elektrischen Schlag*

Schutzleiterverbindungen dürfen ohne Weiteres durch die Verschraubung leitfähiger Teile untereinander hergestellt werden. Das Ziel ist der Schutz gegen elektrischen Schlag. Dazu können auch Körper elektrischer Betriebsmittel durch die Befestigung an leitfähigen Konstruktionsteilen einbezogen werden. Dabei wird jedoch vorausgesetzt, dass diese Teile kontaktblank sind oder entsprechende Verbindungselemente verwendet werden. Allerdings ist das Unterklemmen eines Schutzleiters an Verschraubungs- oder Befestigungsstellen nicht zulässig.

→ *Schutzleiter*

Begehbarer Kabelkanal

DIN VDE 0100-200	***Errichten von Niederspannungsanlagen***
(VDE 0100-200)	*Begriffe*

Ein begehbarer Kabelkanal ist ein Gang, dessen Abmessungen den Zutritt von Personen auf der ganzen Länge gestattet und der mit Haltekonstruktionen für die Befestigung von Kabeln und Leitungen sowie deren Verbindungselementen und anderen Teilen des Kabel- und Leitungssystems ausgerüstet ist.

Begehbarer Springbrunnen

Als begehbare Springbrunnen gelten solche, die entsprechend ihrer Bauart oder durch bauliche Maßnahmen das Betreten von Becken und Behälter nicht verhindern. Es muss sichergestellt werden, dass elektrische Anlagen für Springbrunnen so ausgewählt und errichtet werden, dass Personen keiner Gefährdung ausgesetzt werden.

→ *Springbrunnen*

Begrenzt leitfähige Bereiche (Räume)

DIN VDE 0100-706	***Errichten von Niederspannungsanlagen***
(VDE 0100-706)	*Leitfähige Bereiche mit begrenzter Bewegungsfreiheit*
BGV D1	***Unfallverhütungsvorschrift***
	Schweißen, Schneiden und verwandte Verfahren

Ein begrenzt leitfähiger Bereich (Raum/Umgebung) besteht hauptsächlich aus metallischen und elektrisch leitenden Teilen. Der Bereich (Raum) ist so eng, dass eine Person, die sich darin aufhält, zwangsläufig großflächig mit den umgebenden Teilen in Kontakt kommt.

Ein weiteres Kriterium dieses besonderen Raums ist die Schwierigkeit der Kontaktunterbrechung zwischen der Person und der sie umgebenden leitfähigen Umgebung.

Allgemeine Anforderungen:
In der Umgebung auf leitfähigen Stoffen, wie z. B. in oder an Kesseln, Behältern, Rohrleitungen, Stahlgerüsten, müssen elektrische Betriebsmittel (ortsveränderliche Leuchten und Elektrowerkzeuge) so ausgewählt werden, dass von ihnen für Personen keine Gefahren ausgehen.

→ ***Schutz gegen direktes Berühren*** **(Basisschutz):**
Auch bei Schutzkleinspannung, unabhängig von der Nennspannung, durch Isolierung oder Abdeckung mit mindestens IP2X.

→ ***Schutz bei indirektem Berühren*** **(Fehlerschutz):**
- Schutzkleinspannung
- Schutztrennung

Entsprechende Stromquellen müssen außerhalb der begrenzten, leitfähigen Räume/Umgebung betrieben werden.
Andere Schutzmaßnahmen sind nicht erlaubt.

Sonstige Anforderungen:
- Bewegliche Leitungen:
  mindestens H07RN-F
- Stecker und Kupplungsdosen aus Isolierstoff, Verlängerungsleitungen ohne Schalter
- Elektrowerkzeuge mit Ausschalter am Arbeitsort

Begrenzung der Berührungsspannung bei Erdschluss

→ *Spannungsbegrenzung bei Erdschluss*

Begrenzung der Kabel- und Leitungslängen

DIN EN 60909-0 *(VDE 0102)*	***Kurzschlussströme in Drehstromnetzen*** *Berechnung der Ströme*
DIN VDE 0100-410 *(VDE 0100-410)*	***Errichten von Niederspannungsanlagen*** *Schutz gegen elektrischen Schlag*
DIN VDE 0100-430 *(VDE 0100-430)*	***Errichten von Niederspannungsanlagen*** *Schutz bei Überstrom*

Beim Errichten von Niederspannungsanlagen ist zu beachten, dass die Impedanz des Stromkreises und damit die Leitungs- bzw. Kabellänge begrenzt wird durch die Bedingungen:

- Schutz bei indirektem Berühren (Fehlerschutz) nach DIN VDE 0100-410
- Schutz bei Kurzschluss nach DIN VDE 0100-430
- Begrenzung des Spannungsfalls z. B. nach DIN VDE 0100-520

Unter Berücksichtigung der Anforderungen bei der Auswahl der Schutzeinrichtungen und Betriebsmittel ist die maximal zulässige Leitungs- bzw. Kabellänge im Allgemeinen für alle drei Kriterien getrennt zu bestimmen. Der jeweils kleinste Wert muss vom Stromkreis eingehalten werden.

Die Grenzlängen lassen sich in Abhängigkeit der Einflussgrößen nach dem beschriebenen Rechenverfahren ermitteln oder für bestimmte, in der Praxis übliche Anwendungsfälle aus den Tabellen in DIN VDE 0100, Beiblatt 5 entnehmen.

Die Grenzlängen gelten für Stromkreise, in denen der Schutz bei indirektem Berühren und der Schutz bei Kurzschluss durch Überstromschutzeinrichtungen sichergestellt werden. Für die Berechnung ist jeweils der kleinste einpolige Fehler bzw. Kurzschlussstrom nach DIN EN 60909-0 (VDE 0102) zu berücksichtigen. Die Grenzlängen für den Spannungsfall sind unabhängig von den zu verwendenden Schutzeinrichtungen.

Schutz bei indirektem Berühren:
Nach DIN VDE 0100-410 muss die Schutzeinrichtung den zu schützenden Endstromkreis bei 230/400 V und mit einem Nennstrom nicht größer als 32 A im Fehlerfall innerhalb von 0,2 s (TN-System) bzw. 0,07 s (TT-System) abschalten,

wenn die Berührungsspannung den zulässigen Grenzwert, z. B. $U = 50\,V$ bei Wechselspannung, überschreitet. Für Verteilungsstromkreise gelten maximal 5 s im TN-System und 1 s im TT-System. Aus der Auslösecharakteristik (Zeit-Strom-Diagramm) der Schutzeinrichtung lässt sich der dazu notwendige Mindestkurzschlussstrom ermitteln, aus dem schließlich die maximal zulässige Impedanz der Fehlerschleife und damit die maximal zulässige Leitungs- bzw. Kabellänge des zu schützenden Stromkreises errechnet wird.

Der nachstehend beschriebene Rechengang zur Ermittlung der Grenzlängen bezieht sich auf die häufige Anwendung des TN-Systems mit Überstromschutzeinrichtung und mit Schutz- und Neutralleiter oder PEN-Leiter. Nicht erfasst wurde die erforderliche Grenzlängenbestimmung im IT-System für die Abschaltung im Doppelfehlerfall, wenn alle Körper durch Schutzleiter miteinander verbunden sind, und bei der Schutztrennung mit mehreren Verbrauchern.

Wenn der Schutz bei indirektem Berühren durch eine Fehlerstromschutzeinrichtung sichergestellt wird, ist eine Überprüfung der Leitungs- und Kabellängen nicht erforderlich. Ihre Werte sind immer größer, als es die anderen Kriterien (Schutz bei Kurzschluss und Spannungsfall) zulassen.

Schutz bei Kurzschluss:
Nach DIN VDE 0100-430 muss die Schutzeinrichtung so abschalten, dass der Kurzschlussstrom die Leiter nicht über die maximal zulässige Kurzschlusstemperatur erwärmt. Spätestens jedoch nach 5 s muss der Stromkreis im Kurzschlussfall unterbrochen werden. Wie bei den vorausgegangenen Überlegungen ist auch dazu ein Mindestkurzschlussstrom erforderlich, der die Leitung bzw. das Kabel des zu schützenden Stromkreises auf maximal zulässige Längen begrenzt.

Eine Überprüfung der Leitungs- und Kabellängen ist nicht erforderlich, wenn für den Schutz bei Kurzschluss eine Überstromschutzeinrichtung verwendet wird, die gleichzeitig auch den Schutz bei Überlast (z. B. durch eine Vollbereichssicherung der Betriebsklasse gL) sicherstellt.

Der nachstehend dargelegte Rechengang sowie die Tabellen zur Ermittlung der Grenzlängen gelten für die Anwendung:

- des TN-Systems mit Schutz- und Neutralleiter oder PEN-Leiter
- des TT-Systems mit Neutralleiter
- des IT-Systems mit Neutralleiter

Begrenzung des Spannungsfalls:
Nach DIN VDE 0100-520 sind Kabel und Leitungen so zu bemessen, dass der für die Betriebsmittel zulässige Spannungsfall nicht überschritten wird. Damit ein ordnungsgemäßer Betrieb gewährleitet werden kann, sind Grenzwerte der Spannung einzuhalten (nicht unter- oder überschreiten). Bei den Verbrauchsgeräten ist in der Regel ±10 % (bezogen auf die Bemessungsspannungen der Geräte) zugelassen. Nach DIN VDE 0100-520 muss bei einem Spannungsfall von 4 % der einwandfreie Betrieb einer Anlage gewährleistet sein. Nach den TAB darf die Leitung zwischen Übergabestelle des Netzbetreibers (z. B. Hausanschlusskasten) und den Messeinrichtungen (z. B. Zähler) folgende zulässige Spannungsfall-Werte verursachen:

bis 100 kVA:	0,5 %
bis 250 kVA:	1,0 %
bis 400 kVA:	1,25 %
über 400 kVA:	1,5 %

In Verbraucheranlagen nach DIN 18015-1 für einzelne Stromkreise maximal zulässiger Spannungsfall:
Für Beleuchtungs- und/oder Steckdosen-Stromkreise: vom Zähler bis zu den Leuchten/Steckdosen: aktuell 3 %; früher 1,5 %.
Für alle anderen Verbrauchsmittel mit separaten Stromkreisen: vom Zähler bis zum Gerät, wie Elektro-Herd, Warmwasserspeicher: 3 %.

In Abhängigkeit des zu erwartenden Betriebsstroms wird der Spannungsfall bzw. die maximal zulässige Leitungs- und Kabellänge ermittelt. Bei Querschnitten bis zu 16 mm² kann der Reaktanzbelag des Leiters vernachlässigt werden. Bei größeren Querschnitten ergibt sich die jeweils kürzeste, auf der sicheren Seite liegende Leitungslänge unter der Annahme, dass der Phasenwinkel des Betriebsstroms gleich dem des Kabels ist. Der Berechnung liegt eine Leitertemperatur von 20 °C zugrunde. Mit steigender Betriebstemperatur reduziert sich die Leitungslänge, z. B. bei der zulässigen Leitertemperatur von 70 °C für PVC um etwa 20 %. Bei der Berechnung sollte deshalb der Widerstand bei Betriebstemperatur eingesetzt werden.

Berechnung der maximalen Leitungslängen:
Ermittlung des Mindestkurzschlussstroms für den Berührungs- und Kurzschlussschutz:
Der mindesterforderliche Abschaltstrom I_a wird entweder durch die maximale Abschaltzeit t_a wie beim Berührungsschutz oder durch die Begrenzung der zulässigen Kurzschlusstemperatur der Leitung oder des Kabels bestimmt. Durch Vergleich der Grenztemperaturkurve der Leitung oder des Kabels mit der Abschalt-

charakteristik der Schutzeinrichtung (**Bild 11**) lässt sich der jeweils richtige Wert für den erforderlichen Kurzschlussstrom ermitteln.

Nach DIN VDE 0100-430 kann die Grenztemperaturkurve, bei der die zulässige Kurzschlusstemperatur erreicht wird, bis zu einer Dauer von maximal 5 s nach folgender Gleichung ermittelt werden:

$$I_{\text{th}} = \frac{k \cdot S}{\sqrt{t_{\text{a}}}}$$

wobei

I_{th} Strom bei vollkommenem Kurzschluss in A
t_{a} zulässige Abschaltzeit im Kurzschlussfall in s
S Leiterquerschnitt in mm²
k Materialbeiwert in $\text{A} \cdot \sqrt{\text{s}} / \text{mm}^2$, k-Werte in Abhängigkeit des Leitermaterials und des Isolierstoffs werden in DIN VDE 0100-540 genannt

Bei Leitungen und Kabeln mit reduziertem Neutral- bzw. PEN-Leiterquerschnitt ist der reduzierte Querschnitt in die Gleichung einzusetzen.

Im doppeltlogarithmischen Maßstab ist die grafische Darstellung der Grenztemperaturkurve eine Gerade.

Ist der Strom I_{th} gleich oder größer als der erforderliche Abschaltstrom beim Berührungsschutz unter Berücksichtigung der vorgegebenen Abschaltzeiten t_{a}, so ist der Schutz bei Kurzschluss durch die gewählte Zuordnung von Schutzeinrichtung und Leitungen bzw. Kabel sichergestellt. Für die nachfolgende Berechnung der Grenzlänge der Leitung bzw. des Kabels ist I_{a} als Mindestkurzschlussstrom I_{k} einzusetzen. Ist der Strom I_{th} dagegen kleiner als I_{a}, so muss bei Leitungsschutzsicherungen als Mindestkurzschlussstrom für die Berechnung der Grenzlängen als I_{k} der Strom eingesetzt werden, der sich aus dem Schnittpunkt der oberen Grenzkurve des Zeit-Strom-Bereichs der Sicherung und der Grenztemperaturkurve ergibt.

Bei Leitungsschutzschaltern und Leistungsschaltern ist bei $I_{\text{th}} \leq I_{\text{a}}$ die gewählte Zuordnung vom Nennstrom der Schutzeinrichtung zum Leiterquerschnitt nicht zulässig. Bei gleichem Querschnitt ist eine Schutzeinrichtung mit kleinerem Nennstrom zu wählen und die Rechnung zu wiederholen.

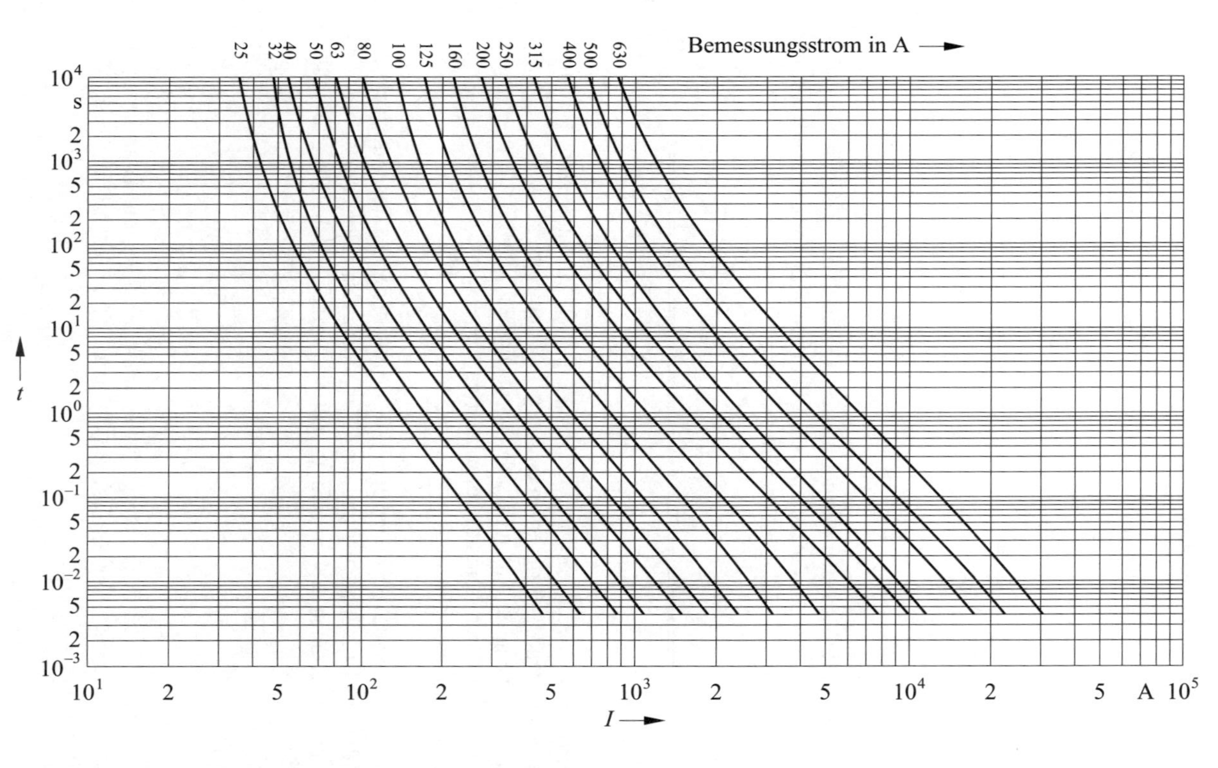

Bild 11 Strom-Zeit-Bereiche für NH-Sicherungen der Betriebsklasse gG und gL
(Quelle: Kennlinien eines Herstellers)

Berechnung der maximalen Leitungslänge:

Nach DIN EN 60909-0 (VDE 0102) gilt für den kleinsten einpoligen Kurzschlussstrom:

$$I''_{\mathrm{klpol}} = \frac{\sqrt{3} \cdot c \cdot U_{\mathrm{NT}}}{\sqrt{\left(2R_{\mathrm{Q}} + 2R_{\mathrm{T}} + 2R_{\mathrm{L}} + R_{0\mathrm{T}} + R_{0\mathrm{L}}\right)^2 + \left(2X_{\mathrm{Q}} + 2X_{\mathrm{T}} + 2X_{\mathrm{L}} + X_{0\mathrm{T}} + X_{0\mathrm{L}}\right)^2}} \quad (1)$$

mit $c = 0{,}95$ und R_{L}, $R_{0\mathrm{L}}$ bei der Leitertemperatur 80 °C.

Es werden nun die Impedanzen mit den Indizes Q und T und Teile der Impedanzen mit dem Index L zu den Impedanzen mit dem Index N vor der Schutzeinrichtung für die betrachtete Leitung zusammengefasst:

$$I''_{\mathrm{klpol}} = \frac{\sqrt{3} \cdot c \cdot U_{\mathrm{NT}}}{\sqrt{\left(2R_{\mathrm{L}} + R_{0\mathrm{L}} + 2R_{\mathrm{N}} + R_{0\mathrm{N}}\right)^2 + \left(2X_{\mathrm{L}} + X_{0\mathrm{L}} + 2X_{\mathrm{N}} + X_{0\mathrm{N}}\right)^2}} \quad (2)$$

Bezeichnungen der Größen, die nicht in DIN VDE 0102 enthalten sind:
R_{N} Wirkwiderstand im Mitsystem des vorgelagerten Netzes
$R_{0\mathrm{N}}$ Wirkwiderstand im Nullsystem des vorgelagerten Netzes
X_{N} Reaktanz im Mitsystem des vorgelagerten Netzes
$X_{0\mathrm{N}}$ Reaktanz im Nullsystem des vorgelagerten Netzes

Für Kabel und Leitungen, bei denen Neutral-, PEN- oder Schutzleiter querschnittsgleich mit den Außenleitern sind und die Rückleitung des Kurzschluss- oder Fehlerstroms nur über einen Leiter erfolgt, gilt vereinfacht nach DIN EN 60909-0 (VDE 0102):

$R_{0\mathrm{L}} = 4\ R_{\mathrm{L}}$
$\mathrm{X}_{0\mathrm{L}} \approx 4\ \mathrm{X}_{\mathrm{L}}$

Für alle anderen Fälle, z. B. dreiadrige Kabel und Leitungen mit konzentrischem Leiter, sind abweichende Verhältnisse $R_{0\mathrm{L}}/R_{\mathrm{L}}$ bzw. $X_{0\mathrm{L}}/X_{\mathrm{L}}$ nach DIN EN 60909-0 (VDE 0102) zu berücksichtigen.

Damit ist:

$$I''_{\text{k1pol}} = \frac{\sqrt{3} \cdot c \cdot U_{\text{NT}}}{\sqrt{q\left[\left(2R_{\text{L}} + \dfrac{2R_{\text{N}} + 2R_{0\text{N}}}{3}\right)^2 + \left(2X_{\text{L}} + \dfrac{2X_{\text{N}} + 2X_{0\text{N}}}{3}\right)^2\right]}} \tag{3}$$

$$I''_{\text{k1pol}} = \frac{\sqrt{3} \cdot c \cdot U_{\text{NT}}}{\sqrt{\left(2R_{\text{L}} + 4R_{\text{L}} + 2R_{\text{N}} + R_{0\text{N}}\right)^2 + \left(2X_{\text{L}} + 4X_{\text{L}} + 2X_{\text{N}} + X_{0\text{N}}\right)^2}} \tag{4}$$

Die Schleifenimpedanz des vorgelagerten Netzes von der Stromquelle bis zur Schutzeinrichtung $Z_{\text{v}} = R_{\text{v}} + \text{j}X_{\text{v}}$ ist definiert zu

$$Z_{\text{V}} = \frac{2R_{\text{N}} + 2R_{0\text{N}}}{3} + \text{j}\frac{2X_{\text{N}} + 2X_{0\text{N}}}{3} \tag{5}$$

$$R_{\text{V}} = \frac{2R_{\text{N}} + R_{0\text{N}}}{3}, \quad X_{\text{V}} = \frac{2X_{\text{N}} + X_{0\text{N}}}{3}$$

Diese Vorimpedanz kann aufgrund von Tabellen aus DIN EN 60909-0 (VDE 0102) berechnet oder gemessen oder am Netzmodell ermittelt werden. Somit gilt:

$$I''_{\text{k1pol}} = \frac{\sqrt{3} \cdot c \cdot U_{\text{NT}}}{3\sqrt{\left(2R_{\text{L}} + R_{\text{V}}\right)^2 + \left(2X_{\text{L}} + X_{\text{V}}\right)^2}} \tag{6}$$

Mit $R_{\text{L}} = l \cdot R'_{\text{L}}$ und $X_{\text{L}} = l \cdot X'_{\text{L}}$ folgt:

$$I''_{\text{k1pol}} = \frac{\sqrt{3} \cdot c \cdot U_{\text{NT}}}{3\sqrt{\left(2 \cdot l \cdot R'_{\text{L}} + R_{\text{V}}\right)^2 + \left(2 \cdot l \cdot X'_{\text{L}} + X_{\text{V}}\right)^2}} \tag{7}$$

wobei:

R_{L} Wirkwiderstand in Ω/km

X_{L} Reaktanzbelag in Ω/km

l Leitungslänge (halbe Schleifenlänge) in km

Der kleinste für das Abschalten erforderliche Kurzschlussstrom begrenzt die Länge der Leitung auf l_{max}. Setzt man für I''_{klpol} in Gl. (7) den ermittelten Mindestkurzschlussstrom I_k ein, ergibt sich l_{max} zu:

$$l_{max} = -\frac{K_2}{2K_3} + \sqrt{\frac{K_4}{K_3} + \left(\frac{K_2}{2K_3}\right)^2} \qquad (8)$$

wobei:

$$K_2 = 4\left(R_V \cdot R'_L + X_V \cdot X'_L\right)$$

$$K_3 = 4\left(R'^2_L + X'^2_L\right)$$

$$K_4 = \left(\frac{U_{NT} \cdot c}{\sqrt{3} \cdot I_K}\right)^2 - Z_V{}^2$$

In den nachstehenden Tabellen ist mit einem Phasenwinkel von 28° gerechnet worden:

$R_V = Z_V \cdot \cos 28°$ (9)

$X_V = Z_V \cdot \sin 28°$ (10)

Für Kabel und Leitungen mit reduziertem Neutralleiterquerschnitt ist Gl. (10) anwendbar, wenn gesetzt wird

$$R'_L = \frac{R'_{L1} + R'_{L2}}{2}$$

wobei:

R'_{L1} Wirkwiderstandsbelag des Außenleiters

R'_{L2} Wirkwiderstandsbelag des Neutralleiters

Berechnung der maximal zulässigen Kabel- bzw. Leitungslängen unter Berücksichtigung des Spannungsfalls:

Zur Ermittlung des Spannungsfalls braucht man bei Kabeln und Leitungen bis zu einem Querschnitt von $16\,mm^2$ in Wechsel- und Drehstromsystemen nur mit dem Wirkwiderstand zu rechnen. Bei größeren Querschnitten ist der induktive Widerstand zu berücksichtigen. Es sind der zu erwartende Betriebsstrom und der Widerstand bei Betriebstemperatur einzusetzen.

Wechselstrom

$$\Delta U = 2 \cdot l \cdot I_{\mathrm{B}} \cdot \left(R_{\mathrm{L}}' \cdot \cos\varphi + X_{\mathrm{L}}' \cdot \sin\varphi \right)$$

$$l = \frac{\Delta U}{2 \cdot l_{\mathrm{B}} \cdot \left(R_{\mathrm{L}}' \cdot \cos\varphi + X_{\mathrm{L}}' \cdot \sin\varphi \right)}$$

Drehstrom

$$\Delta U = \sqrt{3} \cdot l \cdot I_{\mathrm{B}} \cdot \left(R_{\mathrm{L}}' \cdot \cos\varphi + X_{\mathrm{L}}' \cdot \sin\varphi \right)$$

$$l = \frac{\Delta U}{\sqrt{3} \cdot l_{\mathrm{B}} \cdot \left(R_{\mathrm{L}}' \cdot \cos\varphi + X_{\mathrm{L}}' \cdot \sin\varphi \right)}$$

ΔU Spannungsfall

I_{B} zu erwartender Betriebsstrom

l Stromkreislänge (einfache Leitungslänge)

R_{L}' Wirkwiderstandsbelag des Leiters bei Betriebstemperatur

X_{L}' Reaktanzbelag des Leiters

Anmerkung: In dem Buch „VDE 0100 und die Praxis“, 14. Auflage von *Gerhard Kiefer* und *Herbert Schmolke* sind in dem Anhang A unter entsprechender Berücksichtigung der Querschnitte, der Bemessungsströme der Sicherungen, der Kurzschlussströme und verschiedener Schleifenimpedanzen, Angaben zu den höchstzulässigen Leitungslängen enthalten. Im Anhang B sind auch in Abhängigkeit der Querschnitte, der Bemessungsströme, bei verschiedenen Spannungsfällen in % maximal zulässige Leitungslängen angegeben.

Begriffe

In den Normen ist es üblich, am Anfang wichtige, in den nachfolgenden Abschnitten verwendete Begriffe zu definieren. Dies soll das Verständnis der Normensprache erleichtern und gleichzeitig dafür sorgen, dass die Begriffe normenübergreifend mit derselben Bedeutung verwendet werden.

In den Europäischen Normen (EN) und weltweiten IEC-Standards werden die Begriffe mehrsprachig dargestellt.

Behandlungsräume

→ *Medizinisch genutzte Räume*

Beherbergungsstätten

→ *Bauliche Anlagen für Menschenansammlungen*

Belastbarkeit

DIN VDE 0298-4 *(VDE 0298-4)*	***Verwendung von Kabeln und isolierten Leitungen für Starkstromanlagen*** *Empfohlene Werte für die Strombelastbarkeit von Kabeln und Leitungen für feste Verlegung in und an Gebäuden und von flexiblen Leitungen*
DIN VDE 0276-603 *(VDE 0276-603)*	***Starkstromkabel*** *Energieverteilungskabel mit Nennspannung 0,6/1 kV*
DIN VDE 0276-1000 *(VDE 0276-1000)*	***Starkstromkabel*** *Strombelastbarkeit, Allgemeines; Umrechnungsfaktoren*

Die Belastbarkeit, die Strombelastbarkeit bzw. die Dauerstrombelastbarkeit sind Begriffe, die den Maximalwert eines Stroms beschreiben, den ein Leiter, ein Gerät oder eine Einrichtung dauernd führen kann, ohne durch zu hohe Temperaturen die Geräte bzw. Leitungen zu beschädigen. Um zu vermeiden, dass Betriebsmittel, z. B. Kabel oder Freileitungsseile, an keiner Stelle durch den Strom unzulässig hoch erwärmt werden, sind in den Normen zulässige Belastbarkeiten festgelegt, die bei der Bemessung der Betriebsmittel zu beachten sind.

So wird der erforderliche Leiterquerschnitt in der Installation durch die Strombelastbarkeit weitestgehend vorgegeben.

Die Belastbarkeit I_b darf unter ungünstigen Bedingungen an keiner Stelle und zu keinem Zeitpunkt die zulässige Belastbarkeit überschreiten:

$I_b < I_z$

Leiterquerschnitt und Strombelastbarkeit können aus Tabellen der DIN VDE 0276-603 und/oder DIN VDE 0298-4 ermittelt werden. Zusätzlich können Umrechnungsfaktoren aus DIN VDE 0276-1000 entnommen werden, die die Werte der Strombelastbarkeit bezüglich der Umgebungstemperaturen und die Häufung der z. B. im Erdreich verlegten Kabel berücksichtigen. Werden die dort ermittelten Werte bei der Auslegung verwendet, befindet man sich auf der sicheren Seite.

Die Erwärmung/Strombelastbarkeit eines Kabels oder einer Leitung ist abhängig von:

- Nennquerschnitt und Leitermaterial
- Kabel- und Leitungsbauart
- Verlegungsbedingungen
- Umgebungsbedingungen
- Bauart

Belastung

DIN VDE 0276-1000	***Starkstromkabel***
(VDE 0276-1000)	*Strombelastbarkeit, Allgemeines; Umrechnungsfaktoren*

Belastungen sind die Ursachen von Beanspruchungen (z. B. Spannungs- oder Strombelastungen). Last ist die Kurzbezeichnung für Strombelastung.
Die den Kabeln und Leitungen durch eine bestimmte Betriebsart oder im Fehlerfall aufgebürdeten Ströme werden als Belastung bezeichnet.

Im ungestörten Betrieb ist die Belastung häufig identisch mit dem Betriebsstrom. Sie sollte kleiner sein als die Belastbarkeit. Im Fehlerfall ist die Belastung gleichzusetzen mit dem → *Fehlerstrom.*

→ *Betriebsstrom*
→ *Belastbarkeit*
→ *Strombelastbarkeit*

Belastungsgrad

DIN VDE 0276-1000	***Starkstromkabel***
(VDE 0276-1000)	*Strombelastbarkeit, Allgemeines; Umrechnungsfaktoren*

Der Belastungsgrad oder Benutzungsgrad (auch als Ausnutzungsgrad bezeichnet) stellt das Verhältnis der tatsächlich erzeugten Energie zur maximal möglichen Energie während eines bestimmten Zeitraums dar. Der Belastungsgrad ist der Quotient, gebildet aus der Durchschnittslast und dividiert durch die Größtlast, die während eines Tageslastspiels auftritt.

Durch die Betriebsart wird der zeitliche Verlauf des Stroms (Viertelstundenwerte) während eines Tags beschrieben.

Die Belastungskurve (**Bild 12**) stellt das Tageslastspiel während 24 Stunden dar mit einer Höchstlast, die mit 100 % angegeben wird.

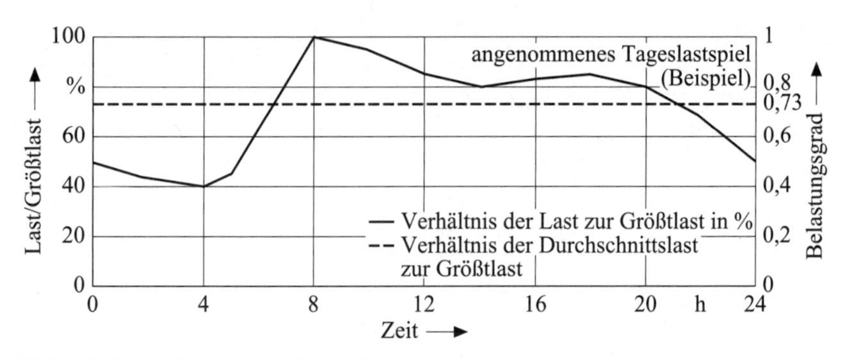

Bild 12 Belastungskurve während eines Tags

$$\text{Belastungsgrad} = \frac{\text{Durchschnittslast}}{\text{Größtlast}}$$

Aus dem Quotienten der Fläche unter der Kurve und der Gesamtfläche des Rechtecks (Größtlast × 24 h) lässt sich der Belastungsgrad ermitteln, der als gestrichelte Linie angegeben wird. Die Fläche unter der Lastkurve und die Rechteckfläche unter der gestrichelten Linie sind gleich groß.

Charakteristische Werte des Belastungsgrads:

- 1 Dauerlast
- 0,85 häufige Industrielast

- 0,7 EVU-Last
- 0,6 übliche Belastung von Kabeln in Erde
- 0,5 Belastung von Verbraucheranlagen mit Speicherheizung

Beleuchtungsanlagen

DIN VDE 0100-559	***Errichten von Niederspannungsanlagen***
(VDE 0100-559)	*Leuchten und Beleuchtungsanlagen*
DIN EN 60598-1	***Leuchten***
(VDE 0711-1)	*Allgemeine Anforderungen und Prüfungen*

Beleuchtungsanlagen sind so zu errichten, dass keine Gefährdung auftreten kann:
- durch Berührungsströme
- durch zu hohe Temperaturen

Zum → *Schutz gegen elektrischen Schlag* sind die Schutzmaßnahmen nach DIN VDE 0100-410 zu beachten. Eine Gefährdung durch zu hohe Temperaturen ist durch die richtige Auswahl der Leuchten und durch ihre normgerechte Anbringung auf Bauteilen und Einrichtungsgegenständen sowie durch ausreichenden Abstand zur thermisch beeinflussten (angestrahlten) Fläche auszuschließen.

→ *Leuchten und Beleuchtungsanlagen*

Beleuchtungsanlagen im Freien

DIN VDE 0100-714	***Errichten von Niederspannungsanlagen***
(VDE 0100-714)	*Beleuchtungsanlagen im Freien*

Es handelt sich um ortfeste Beleuchtungsanlagen, die im Freien aufgestellt sind.

Beispiele:
- Beleuchtungsanlagen für Straßen, Parks, Plätze, Sportstätten, Denkmäler
- Flutlichtanlagen
- Telefonzellen, Haltestellenunterkünfte, Hinweistafeln, Verkehrszeichen, Stadtpläne (Einrichtungen mit integrierter Beleuchtung)

Nicht erfasst sind:

- vorübergehende Girlandenbeleuchtung
- Straßenverkehrs-Signalanlagen
- außen am Gebäude angebrachte Leuchte, die direkt vom Leitungssystem dieses Gebäudes versorgt wird
- Teile von Beleuchtungsanlagen, die der öffentlichen Stromversorgung zuzurechnen sind.

Speisepunkt (Anschlusspunkt) einer Beleuchtungsanlage im Freien ist der Übergabepunkt der elektrischen Energie vom Stromversorger oder von dem Punkt des Stromkreises, von dem ausschließlich die Beleuchtungsanlage versorgt wird.

Die Verbraucheranlage (Endstromkreis) beginnt hinter der Überstromschutzeinrichtung zwischen Netz und Leuchte (z. B. im Mastfuß der Leuchte). Für diesen Teil der Anlage gelten dann die beschriebenen Anforderungen.

Für Leuchten in Schwimmbädern oder Springbrunnen gilt DIN VDE 0100-702.

Schutzarten:

Mindestschutzart für Beleuchtungsanlagen IP33. Eine höhere Schutzart kann den Instandhaltungsaufwand (Reinigung) verringern. In den Fällen, in denen die Verschmutzung nicht so groß ist, kann auch IP23 ausreichend sein.

Schutz gegen elektrischen Schlag:

- Alle aktiven Teile müssen gegen Berühren durch Isolierung, Abdeckung oder Umhüllung geschützt sein.
- Gehäuse, in denen sich aktive Teile befinden, dürfen nur mit Werkzeug oder Schlüssel zu öffnen sein. Bis zu einer Höhe von 2,5 m über der Grundfläche müssen die aktiven Teile hinter der Tür mindestens nach IP2X oder IPXXB abdeckt werden.
- Bei Leuchten mit einer Höhe von weniger als 2,8 m über der Grundfläche darf der Zugang zur Lichtquelle nur mit einem Werkzeug möglich sein.
- Schutz bei indirektem Berühren durch nicht leitende Räume oder durch erdfreien örtlichen Potentialausgleich ist nicht zulässig.
- In der Nähe von Beleuchtungsanlagen befindliche Metallteile (Zäune, Gitter usw.) brauchen nicht mit der Erdungsklemme verbunden werden.
- Es wird empfohlen, Beleuchtungsanlagen durch Fehlerstromschutzeinrichtungen (RCDs) mit einem Bemessungsdifferenzstrom $I_{\Delta N} \leq 30$ mA zu schützen, da die Sicherheit von Personen im Allgemeinen wichtiger ist als die Beleuchtung der jeweiligen Einrichtungen.

- Bei dem Schutz durch automatische Abschaltung der Stromversorgung müssen die Anforderungen nach DIN VDE 0100-410 eingehalten werden.
- In TT-Systemen mit einem Erder mit niedrigem Widerstand kann auch der Schutz durch automatische Abschaltung mit einer Überstromschutzeinrichtung angewendet werden.
- Bei Leuchten der Schutzklasse II dürfen die leitfähigen Teile des Lichtmasts nicht absichtlich mit der Erdungsanlage verbunden werden, es sei denn, der Lichtmast ist nicht Bestandteil der schutzisolierten Außenleuchte.
- Elektrische Anlagen für die Beleuchtung müssen zur Unterscheidung von anderen Versorgungssystemen in geeigneter Weise gekennzeichnet sein.
- Der Spannungsfall des Einschaltstroms sollte berücksichtigt werden.

Beleuchtungsstromkreise

DIN VDE 0100-430 *(VDE 0100-430)*	***Errichten von Niederspannungsanlagen*** *Schutz bei Überstrom*
DIN VDE 0100-559 *(VDE 0100-559)*	***Errichten von Niederspannungsanlagen*** *Leuchten und Beleuchtungsanlagen*
DIN VDE 0100-705 *(VDE 0100-705)*	***Errichten von Niederspannungsanlagen*** *Elektrische Anlagen von landwirtschaftlichen und gartenbaulichen Betriebsstätten*

Beleuchtungsstromkreise verbinden eine oder mehrere Leuchten mit den Schutzeinrichtungen im Stromkreisverteiler.

Begrenzung der Überstromschutzeinrichtungen auf die Bemessungsströme:
- 16 A für Beleuchtungsstromkreise in der Hausinstallation
- 25 A für Beleuchtungsstromkreise, die nicht zur Hausinstallation zählen
- >25 A für Beleuchtungsstromkreise mit Leuchtstofflampen und Leuchtstoffröhren bzw. mit Lampenfassungen E40

In allen Fällen ist zusätzlich die Überstromschutzeinrichtung mit der → *Belastbarkeit* der Leitungen und des Installationsmaterials abzustimmen:
- In → *landwirtschaftlichen Betriebsstätten* dürfen als Überstromschutzeinrichtungen in Beleuchtungsstromkreisen nur Leitungsschutzschalter verwendet werden (keine Sicherungen).

- Das Durchführen von Leitungen durch Leuchten ist dann erlaubt, wenn die Leuchten dafür vorgesehen sind.
- Leuchtengruppen dürfen über Drehstromkreise mit einem gemeinsamen Neutralleiter angeschlossen werden, wenn:
  - sie wie ein Drehstromverbraucher behandelt werden
  - die Leuchten auf die drei Außenleiter gleichmäßig aufgeteilt werden
  - alle nicht geerdeten Leiter durch einen Schalter freigeschaltet werden können
  - die Verlegebedingungen für Drehstromkreise beachtet werden (→ *Verlegen von Kabeln und Leitungen*).

Zusätzliche Forderungen an Beleuchtungsstromkreise:

- → *Medizinisch genutzte Räume*
- → *Bauliche Anlagen für Menschenansammlungen*

Bemessungsspannung

Die Bemessungsspannung ist die Spannung, für die ein Betriebsmittel, ein Gerät oder ein Bauteil durch den Hersteller festgelegt wird.

Bemessungswert

DIN EN 61010-1 *(VDE 0411-1)*	***Sicherheitsbestimmungen für elektrische Mess-, Steuer-, Regel- und Laborgeräte*** *Allgemeine Anforderungen*

Der Bemessungswert ist ein für eine vorgegebene Betriebsbedingung geltender Wert einer Größe, der im Allgemeinen vom Hersteller für ein Element, eine Gruppe oder eine Einrichtung festgelegt wird. Die kennzeichnenden Eigenschaften von elektrischen Betriebsmitteln stützen sich stets auf den Bemessungswert und nicht (mehr) auf den → *Nennwert.*

(Beispiele: → *Bemessungsspannung*, Bemessungsstrom)

→ *Elektrische Größen*

Benachbarte, unter Spannung stehende Teile abdecken oder abschranken

DIN VDE 0105-100	***Betrieb von elektrischen Anlagen***
(VDE 0105-100)	*Allgemeine Festlegungen*

Im Rahmen des Herstellens und Sicherstellens des spannungsfreien Zustands von elektrischen Anlagen vor Arbeitsbeginn und Freigabe zur Arbeit sind Sicherheitsmaßnahmen nach den „Fünf Sicherheitsregeln" durchzuführen. Eine der Regeln ist das Abdecken benachbarter, unter Spannung stehender Teile als → *Schutz gegen direktes Berühren*, durch das eine Gefahr bringende Annäherung an → *aktive Teile* und damit die Gefahr der Körperdurchströmung verhindert werden soll.

Solche Abdeckungen werden entweder im spannungsfreien Zustand der Anlagen angebracht, oder es müssen geeignete Hilfsmittel oder Werkzeuge (z. B. Isolierplatten mit Führungsschienen) vorhanden sein, die ein gefahrloses Anbringen der Abdeckungen erlauben.

Die Abdeckungen müssen für den jeweiligen Zweck geeignet, ausreichend fest und zuverlässig sein. Bei Nennspannungen über 1 000 V sind in Abhängigkeit von Material und Ausrüstung Sicherheitsabstände nach DIN EN 61936-1 (VDE 0101-1) zu beachten. Der Schutz ist je nach Art, Umfang und Dauer der durchzuführenden Arbeiten und nach Qualifikation der Arbeitskräfte auszuführen. Die Abschrankungen müssen geeignet sein, und es müssen Sicherheitsschilder aufgestellt werden.

Für elektrotechnische Laien ist ein vollständiger → *Schutz gegen direktes Berühren* erforderlich. Bei Elektrofachkräften oder elektrotechnisch unterwiesenen Personen reicht ein teilweiser → *Schutz gegen direktes Berühren* aus.

→ *Betrieb elektrischer Anlagen*
→ *Fünf Sicherheitsregeln*

Benutzen von Betriebsmitteln

Elektrische Betriebsmittel können bei unsachgemäßem Gebrauch Gefahren auslösen.

Für das Benutzen von Betriebsmitteln gilt:

- Die örtlichen Anforderungen (besondere Räume/Umgebungen) sind bei der Installation zu beachten.
- Betriebsmittel, insbesondere Wärmegeräte, dürfen keinen Brand verursachen.
- Bewegliche Anschluss- und Verlängerungsleitungen müssen auf erkennbare Schäden hin überprüft werden.
- Schadhafte elektrische Betriebsmittel dürfen nicht verwendet werden: Instandsetzung unverzüglich!
- Erdungs- und Kurzschlussgeräte müssen den Anforderungen entsprechen.
- Beim Einsatz von Einrichtungen der Unfallverhütung sind Anwendungshinweise zu beachten.
- Bei Schutztrennung mit mehreren Verbrauchsgeräten muss ein Potentialausgleich der → *Körper* hergestellt werden.

→ *Sicherer Betrieb*

Bereiche

DIN VDE 0100-701 *(VDE 0100-701)*	***Errichten von Niederspannungsanlagen*** *Räume mit Badewanne oder Dusche*
DIN VDE 0100-702 *(VDE 0100-702)*	***Errichten von Niederspannungsanlagen*** *Becken von Schwimmbädern, begehbare Wasserbecken und Springbrunnen*

An die Errichtung elektrischer Anlagen in der Nähe von Badewannen, Duschen, Schwimmbecken und Springbrunnen werden wegen der dort vorherrschenden Umgebungsbedingungen besondere Anforderungen gestellt.
Sie sollen sicherstellen, dass Personen nicht durch Berührungsströme gefährdet werden. Je nach dem Grad der Gefährdung sind Bereiche in Verbindung mit den Wasserbecken festgelegt, die von elektrischen Anlagen frei zu halten sind bzw. wo elektrische Anlagen nur unter besonderen Bedingungen eingesetzt werden dürfen.

→ *Räume mit Badewanne oder Dusche*
→ *Schwimmbecken*
→ *Springbrunnen*

Bereich mit eingeschränkter Zugangsberechtigung

Bereich zu dessen Zugang nur Elektrofachkräfte und elektrotechnisch unterwiesene Personen berechtigt sind.

→ *Abgeschlossene elektrische Betriebsstätte*

Berufsgenossenschaften

Die Berufsgenossenschaften sind Träger der gesetzlichen Unfallversicherung und haben die Aufgabe, Arbeitsunfälle zu verhüten bzw. nach Eintritt eines Arbeitsunfalls den Verletzten, dessen Angehörige oder Hinterbliebene zu unterstützen durch Wiederherstellung der Erwerbsfähigkeit (Rehabilitation), durch Arbeits- und Berufsförderung und durch Erleichterung der Verletzungsfolgen oder durch Rentengewährung. Die Berufsgenossenschaften sind aufgrund der unterschiedlichen Risiken nach Gewerbezweigen teilweise auch regional aufgegliedert. In den vergangenen Jahren haben mehrere Fusionen stattgefunden. Mitglieder der Berufsgenossenschaften sind alle Unternehmer unmittelbar kraft Gesetzes. Diese sind auch allein beitragspflichtig. Die Berufsgenossenschaften sind Körperschaften des öffentlichen Rechts mit dem Recht der Selbstverwaltung. Ihre Organe sind die Vertreterversammlung und der Vorstand, sie sind paritätisch mit Versicherten und Arbeitgebern besetzt.

Zuständig für die Elektrotechnik ist die Berufsgenossenschaft Energie, Textil, Elektro, Medienerzeugnisse (BG ETEM); seit 01. 01. 2010 in Köln. Sie gibt die BGV A3, die → *Unfallverhütungsvorschrift Elektrische Anlagen und Betriebsmittel,* heraus.

Berührbare Teile

Für berührbare Teile von Oberflächen elektrischer Betriebsmittel im Handbereich werden Temperaturgrenzen festgelegt, um bei bestimmungsgemäßem Betrieb vor Verbrennungen zu schützen.

→ *Schutz gegen Verbrennungen*

Berührungsgefährliche Spannung

Als berührungsgefährliche Spannungen gelten Spannungen, die die dauernd zulässigen Berührungsspannungen von 50 V AC und 120 V DC überschreiten. Als Berührungsspannungen während der Fehlerdauer, z. B. während eines Erdschlusses im Hochspannungsnetz, können in Abhängigkeit von der Fehlerdauer höhere Grenzwerte zugelassen werden, z. B. 75 V bei Zeiten > 5 s.

→ *Berührungsspannung*

Berührungsgefährliche Teile

Berührungsgefährliche Teile sind → *aktive Teile* elektrischer Betriebsmittel, die betriebsmäßig unter Spannung stehen (evt. auch induzierte oder kapazitiv übertragene Spannung) und bei einer Berührung zu Gefahren für Personen führen können. Nicht berührungsgefährlich sind aktive Teile von elektrischen Anlagen und Betriebsmitteln, die mit SELV oder PELV betrieben werden.

Berührungsschutz

DIN VDE 0100-410 *(VDE 0100-410)*	***Errichten von Niederspannungsanlagen*** *Schutz gegen elektrischen Schlag*
DIN EN 60529 *(VDE 0470-1)*	***Schutzarten durch Gehäuse (IP-Code)***

Der Berührungsschutz soll den Schutz von Personen gegen Berühren unter Spannung stehender oder sich bewegender Teile gewährleisten. Elektrische Anlagen und Betriebsmittel sind in Abhängigkeit der Art des Berührungsschutzes gekennzeichnet. Die → *Schutzart* macht den Grad der Anforderungen an den Berührungsschutz deutlich.

Das Kurzzeichen, das den Grad des Schutzes erkennen lässt, besteht aus den Kennbuchstaben IP und den daran angefügten Kennziffern (z. B. IP23). Die erste Kennziffer stellt den Grad des Berührungsschutzes dar (im Beispiel die 2).

Die Bedeutung der Schutzgrade für den Berührungsschutz:

- 0 – kein besonderer Schutz
- 1 – kein Schutz gegen absichtlichen Zugang; Fernhalten großer Körperflächen
- 2 – Fernhalten von Fingern oder vergleichbaren Gegenständen
- 3 – Fernhalten von Werkzeugen, Drähten mit einer Dicke > 2,5 mm
- 4 – Fernhalten von Werkzeugen, Drähten mit einer Dicke > 1 mm
- 5 – vollständiger Berührungsschutz

Die erste Kennziffer kennzeichnet neben dem Berührungsschutz gleichzeitig den → *Fremdkörperschutz.*

Steht für die erste Kennziffer eine „0“, dann ist kein besonderer Schutz gefordert, steht dort aber ein „X“, dann ist der Schutzgrad für den Berührungsschutz freigestellt.

→ *Schutzart*

Berührungsspannung

DIN VDE 0100-200 *(VDE 0100-200)*	***Errichten von Niederspannungsanlagen*** *Begriffe*
DIN VDE 0141 *(VDE 0141)*	***Erdungen für spezielle Starkstromanlagen mit Nennspannungen über 1 kV***
DIN EN 61936-1 *(VDE 0101-1)*	***Starkstromanlagen mit Nennwechselspannungen über 1 kV***

Berührungsspannung (aktuelle Bezeichnung U_T/früher U_L) ist die Spannung, die am menschlichen Körper oder am Körper des Nutztiers auftritt, wenn dieser vom Strom durchflossen wird. Im Allgemeinen wird dieser Begriff im Zusammenhang mit → *Schutzmaßnahmen* bei indirektem Berühren angewendet, das heißt, es handelt sich um die Spannung, die zwischen zwei gleichzeitig berührbaren Teilen während eines Isolationsfehlers auftreten kann.
Die höchstzulässige Berührungsspannung, die zeitlich unbegrenzt bestehen bleiben darf, beträgt:

- bei Wechselspannung $U_T = 50$ V
- bei Gleichspannung $U_T = 120$ V

- bei Wechselspannung $U_T = 25\,V$ (bei besonderen Betriebsbedingungen;
- bei Gleichspannung $U_T = 60\,V$ z. B. SELV-Stromkreise ohne **Basisisolierung**)

Diese Grenze der dauernd zulässigen Berührungsspannung wurde international vereinbart.

Bei dem Wert der Berührungspannung ist in der Praxis zu unterscheiden, ob

- die Berührungsspannung U_T infolge eines Fehlers auftritt und durch die Berührung durch eine Person eine Körperimedanz in den Stromkreis geschaltet wird oder
- die Berührungsspannung infolge eines Fehlers auftritt, aber ohne dass durch eine Person die Spannung überbrückt wird, dann handelt es sich um die sog. prospektive Berührungsspannung, U_{PT}.

Die Berührungsspannung U_T ist das Produkt aus Berührungsstrom I_T und der gesamten Körperimpedanz Z_T zwischen der Stromeintritts- und Stromaustrittsstelle $U_T = I_T \cdot Z_T$.

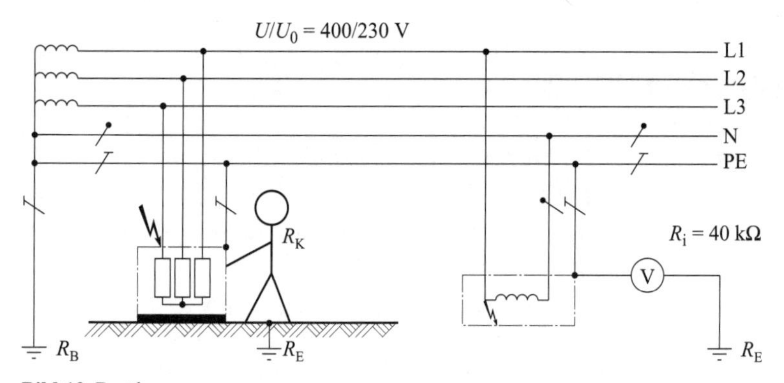

Bild 13 Berührungsspannung

Die Berührungsspannungen lassen sich näherungsweise wie folgt ermitteln:

- wenn der Körperwiderstand einer Person die Berührungsspannung überbrückt

$$U_T \cong \frac{R_K \cdot \frac{1}{2} U_0}{R_B + R_E + R_K}$$

- ohne Beeinflussung durch den Körperwiderstand

$$U_T \approx \frac{1}{2} U_0$$

Die vom menschlichen Körper unbeeinflusste Berührungsspannung ist mit einem hochohmigen Messgerät (R_i = 40 kΩ) zu messen. Soll die tatsächliche Berührungsspannung, die vom Menschen überbrückt wird, ermittelt werden, ist ein Spannungsmesser mit einem Innenwiderstand zu benutzen, der dem des menschlichen Körpers (etwa 1000 Ω) entspricht.

Die zu erwartende Berührungsspannung ist die höchste Berührungsspannung, die im Fall eines Fehlers mit vernachlässigbarer Impedanz in einer Anlage auftreten kann. Sie ist abhängig von der Betriebsspannung und der vom Fehlerort beeinflussten Impedanzverteilung von Außenleiter und Schutzleiter.

Nach DIN EN 50522 (VDE 0101-2) „Erdung von Starkstromanlagen mit Nennwechselspannungen über 1 kV" ist die Berührungsspannung U_{Tp} der Teil der → *Erdungsspannung*, der vom Menschen überbrückt werden kann.

Grenzwerte für die Berührungsspannungen sind im **Bild 14** angegeben.
Die Kurve enthält Spannungswerte, die am menschlichen Körper zwischen bloßen Händen und Füßen auftreten können.

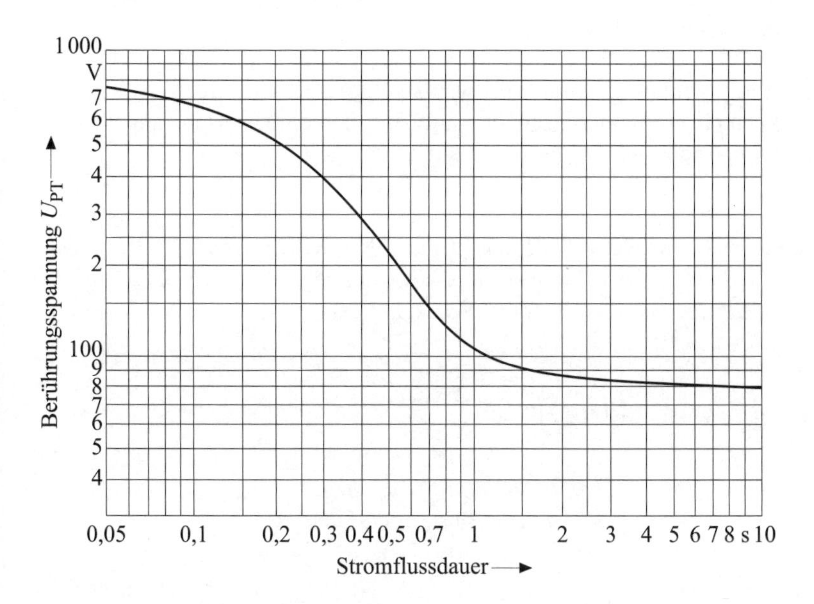

Bild 14 Zulässige Berührungsspannung U_{Tp}
(Quelle: DIN EN 50522 (VDE 0101-2): 2011-11, Bild 4)

Berechnungsbeispiele zur Berührungsspannung und detaillierte Erläuterungen zu Messungen können der Literatur „VDE 0100 und die Praxis“ von *Gerhard Kiefer* und *Herbert Schmolke* entnommen werden.

Berührungsstrom

Berührt ein Mensch oder ein Tier leitfähige Teile mit unterschiedlichem Potential, so bezeichnet man den Strom, der infolge der Berührung durch den Körper von Menschen und Tieren zum Fließen kommt, als Berührungsstrom. Gebräuchlich ist auch noch die ältere Bezeichnung Körperstrom, die im Zuge der Internationalisierung der Normen durch den Begriff Berührungsstrom ersetzt wurde. Da man als Körper auch berührbare, leitfähige Teile eines elektrischen Betriebsmittels bezeichnet, ist die neue Bezeichnung Berührungsstrom eindeutiger.

Der Berührungsstrom kann auf drei Arten gemessen werden:
- das direkte Messverfahren
- das Differenzstrommessverfahren
- das Ersatz-Ableitstrommessverfahren

Als Beharrungsberührungsstrom wird der Berührungsstrom bezeichnet, der sich einstellt, wenn ein konstanter Strom erreicht ist, d. h. die Einspeisung aufgrund der angelegten Impedanz sich nicht mehr ändert.

Literatur:

- *Biegelmeier, G.; Kieback, D.; Kiefer, G.; Krefter, K.-H.: Schutz in elektrischen Anlagen – Band 1: Gefahren durch den elektrischen Strom. VDE-Schriftenreihe Band 80. Berlin · Offenbach: VDE VERLAG, 2003*

Beseitigen von Mängeln

BGV A3	***Unfallverhütungsvorschrift*** *Elektrische Anlagen und Betriebsmittel*

In den Unfallverhütungsvorschriften ist die Beseitigung von Mängeln an technischen Einrichtungen zur Pflicht erklärt. Wird ein Mangel festgestellt, so ist dieser unverzüglich zu beseitigen, d. h., der einzelne Mitarbeiter wird verpflichtet, selbst aktiv zu werden. Ist er aus fachlicher Sicht dazu nicht in der Lage, so muss er den

Mangel sofort dem zuständigen Vorgesetzten melden. Verstößt er dagegen, kann dieses Fehlverhalten für den Mitarbeiter unter Umständen haftungs- und strafrechtliche Konsequenzen haben.

→ *Mängel*

Besichtigen

DIN VDE 0100-600	***Errichten von Niederspannungsanlagen***
(VDE 0100-600)	*Prüfungen*
DIN VDE 0105-100	***Betrieb von elektrischen Anlagen***
(VDE 0105-100)	*Allgemeine Festlegungen*

Besichtigen ist die Untersuchung der elektrischen Anlage mit allen Sinnen, um die richtige Auswahl der Betriebsmittel und die ordnungsgemäße Errichtung der Anlage nachzuweisen.
Das Besichtigen ist also ein Bestandteil der Prüfungen, die bei der Errichtung und vor der Inbetriebnahme elektrischer Anlagen durchgeführt werden müssen.
Das Besichtigen ist das bewusste Ansehen einer elektrischen Anlage, um den ordnungsgemäßen Zustand festzustellen bzw. eine Inaugenscheinnahme und ein Vergleich des Zustands der jeweiligen Anlage mit den Anforderungen aus den Normen. Es ist Voraussetzung für das → *Erproben* und → *Messen.*
Die Prüfungen müssen von Elektrofachkräften durchgeführt werden, die über Erfahrungen beim Prüfen elektrischer Anlagen verfügen.

Das Besichtigen muss mindestens, sofern zutreffend, folgende Überprüfungen enthalten:

- Art des Schutzes gegen elektrischen Schlag, einschließlich der Maße, z. B. beim Schutz durch Abdeckungen oder Umhüllungen, durch Hindernisse oder durch Anordnen außerhalb des Handbereichs
- Vorhandensein von Brandabschottungen und anderen Vorsorgemaßnahmen gegen die Ausbreitung von Feuer sowie Schutz gegen thermische Einflüsse
- Auswahl der Leiter hinsichtlich Strombelastbarkeit und Spannungsfall
- Auswahl und Einstellung von Schutz- und Überwachungseinrichtungen
- Vorhandensein und richtige Anordnung von geeigneten Trenn- und Schaltgeräten
- Auswahl der Betriebsmittel und Schutzmaßnahmen unter Berücksichtigung der äußeren Einflüsse

- Kennzeichnung der Neutralleiter und der Schutzleiter
- Vorhandensein von Schaltungsunterlagen, Warnhinweisen und andern ähnlichen Informationen
- Kennzeichnung der Stromkreise, Sicherungen, Schalter, Klemmen usw.
- ordnungsgemäße Leiterverbindungen
- Zugänglichkeit zur leichten Bedienung, Identifizierung und Wartung

→ *Prüfungen elektrischer Anlagen*

Bestimmungsgemäße Verwendung

Verwendung eines Betriebsmittels nach der vom Hersteller vorgegebenen → *Bedienungsanleitung* und den → *allgemein anerkannten Regeln der Technik*. Die bestimmungsgemäße Verwendung gewährleistet ein Höchstmaß an → *Sicherheit für den Menschen* und → *Zuverlässigkeit der Betriebsmittel*.

Betauung

Als physikalische Kondensation bezeichnet man den Übergang eines Stoffs vom gasförmigen in den flüssigen Aggregatzustand. Die Wasserbildung (Kondensation) auf Flächen im Freiraum wird als Tau bezeichnet, die Kondensation auf technischen Gegenständen als Betauung.

Betätigungseinrichtung

DIN EN 50274 ***Niederspannungs-Schaltgerätekombinationen***
(VDE 0660-514) *Schutz gegen unabsichtliches direktes Berühren gefährlicher aktiver Teile*

DIN VDE 0100-537 ***Elektrische Anlagen von Gebäuden***
(VDE 0100-537) *Geräte zum Trennen und Schalten*

DIN EN 50191 ***Errichten und Betreiben elektrischer Prüfanlagen***
(VDE 0104)

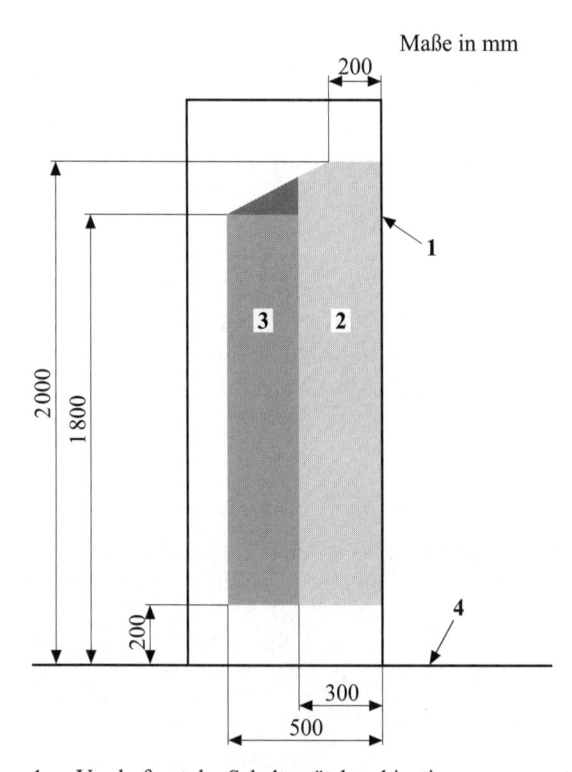

1 Vorderfront der Schaltgerätekombination
2 Grenze des zulässigen Bereichs für Betätigungseinrichtungen, die seitlich befestigt sind
2, 3 Grenze des zulässigen Bereichs für Betätigungseinrichtungen, die hinten befestigt sind
4 Standflächen des Betätigenden

Bild 15 Zulässiger Bereich für die Anordnung von Betätigungseinrichtungen (Quelle: DIN EN 50274 (VDE 0660-514): 2002-11)

Die Betätigungseinrichtungen sind ein Stellteil (z. B. Druckknopf, Kipphebel) und auswechselbare Melde- und Schutzeinrichtungen (z. B. Schraubsicherungen, Meldelampen), die dazu dienen, Betriebsmittel einer elektrischen Anlage zu bedienen, zu schützen oder deren Betriebszustand anzuzeigen. Die Betätigungseinrichtungen müssen so ausgeführt und eingebaut sein, dass sie ohne unabsichtliches Berühren berührungsgefährlicher aktiver Teile erreicht und betätigt werden können.

Anordnung der Betätigungseinrichtungen:
Die Anordnung von Betätigungseinrichtungen muss eine Betätigung in stehender oder kniender Körperhaltung erlauben.

Der zulässige Bereich für den Einbau von Betätigungseinrichtungen wird in **Bild 15** gezeigt.

Der zulässige Bereich für den Einbau darf in Ausnahmefällen vergrößert werden, wenn eine entsprechend sichere Standfläche vorausgesetzt werden kann.
Unter der Voraussetzung einer Vereinbarung zwischen Hersteller und Betreiber darf eine andere Anordnung für den Einbau der Betätigungseinrichtung festgelegt werden, wenn eine entsprechend sichere Standfläche vorhanden ist.

Betätigungselemente

Betätigungselemente sind Stellteile wie Drucktaster und Kipphebel oder Wechselelemente wie Schraubsicherung und Meldelampen, die dazu dienen, die Sollfunktion einer Anlage oder eines Betriebsmittels herzustellen oder zu verändern.
Die Anordnung solcher Betätigungselemente in der Nähe → *berührungsgefährlicher Teile* wird in DIN EN 50274 (VDE 0660-514) beschrieben.

→ *Anordnung*

Betrieb

Der Betrieb umfasst alle technischen und organisatorischen Tätigkeiten für eine ordnungsgemäße Funktion der Betriebsmittel und Anlagen. Dazu gehören das → *Bedienen* (Beobachten, Schalten, Steuern, Regeln) und das → *Arbeiten* (Instandhalten, Ändern, Erweitern, Inbetriebnehmen).

Betrieb elektrischer Anlagen

Der Betrieb von elektrischen Anlagen umfasst das Bedienen und das Arbeiten.
Das Bedienen elektrischer Anlagen und Betriebsmittel sind das Beobachten sowie das Schalten, Einstellen und Steuern. Das Beobachten kann vor, während oder nach dem Tätigwerden notwendig sein. Es dient sowohl dem Verhindern mögli-

cher Unfälle (Personenschutz) als auch zur Feststellung des ordnungsgemäßen Funktionierens der elektrischen Anlagen und Betriebsmittel (→ *Sicherheit*, → *Zuverlässigkeit*).

Zum gefahrlosen Bedienen (Stellen) von Anlagen müssen eventuell Hilfsmittel, wie z. B. Betätigungsstangen (aktuell: Isolierstangen, wie Spannungsprüfer, Arbeitsstangen), verwendet werden. Die Benutzung solcher Hilfsmittel hat ebenfalls unter dem Gesichtspunkt der Sicherheit des Bedienenden zu erfolgen.

Das Bedienen elektrischer Anlagen und Betriebsmittel durch → *elektrotechnische Laien* darf nur bei vollständigem → *Schutz gegen direktes Berühren* erfolgen.

Der Begriff Arbeiten an und in elektrischen Anlagen sowie an elektrischen Betriebsmitteln umfasst das Instandhalten, das Ändern und das Inbetriebnehmen. Die Tätigkeit des Inbetriebnehmens kann sich auf die gesamte Elektroinstallation oder nur auf Teile, z. B. auf ein Betriebsmittel, beziehen.

Zum Ändern zählen Maßnahmen, bei denen Teile einer Anlage durch andere Teile ersetzt oder Anlagen erweitert bzw. verkleinert werden. Zur → *Instandhaltung* werden nach DIN 31051 alle Maßnahmen gezählt, die zur Bewahrung und Wiederherstellung des Sollzustands sowie zur Feststellung des Istzustands notwendig sind, also die Inspektion, die Wartung und die Instandsetzung.

Bei der Tätigkeit „Arbeit“ ist zu unterscheiden, ob an Anlagen im spannungsfreien Zustand in der Nähe oder unmittelbar an unter Spannung stehenden Teilen gearbeitet wird.

- **Arbeiten an aktiven Teilen im spannungsfreien Zustand:**
  Für das Arbeiten an aktiven Teilen ist der spannungsfreie Zustand der Anlage herzustellen und für die Dauer der Arbeiten zu sichern. Dabei sind die fünf Sicherheitsregeln zu beachten:
  - → *Freischalten*
  - → *gegen Wiedereinschalten sichern*
  - → *Spannungsfreiheit feststellen*
  - → *Erden und Kurzschließen*
  - → *benachbarte, unter Spannung stehende Teile abdecken oder abschranken*

Anstelle des Abdeckens oder Abschrankens benachbarter, unter Spannung stehender Teile kann ebenfalls ihr spannungsfreier Zustand hergestellt werden.

Dies kann auch vorübergehend erforderlich werden, um die Arbeiten zum Abdecken oder Abschranken auszuführen.

- **Arbeiten in der Nähe aktiver Teile:**
  Das Arbeiten in der Nähe unter Spannung stehender Teile ist nur erlaubt, wenn:
  - die aktiven Teile gegen direktes Berühren geschützt sind
  - der spannungsfreie Zustand hergestellt und sichergestellt ist
  - spannungsführende Teile entsprechend abgedeckt sind
  - zulässige Annäherungen nicht unterschritten werden (**Bild 16**)

  Zu unterscheiden sind elektrotechnische Arbeiten durch Elektrofachkräfte oder elektrotechnisch unterwiesene Personen und nicht elektrotechnische Arbeiten (Hoch- und Tiefbauarbeiten, Arbeiten mit Hebezeugen, Baumaschinen) durch elektrotechnische Laien.

- **Arbeiten an unter Spannung stehenden Teilen:**
  Von den Bedingungen beim Arbeiten an aktiven Teilen oder in der Nähe aktiver Teile darf abgewichen werden, wenn aus betrieblich zwingenden Gründen der spannungsfreie Zustand nicht hergestellt und gesichert werden kann oder andere Schutzmaßnahmen ebenfalls nicht angewendet werden können.

  Erlaubt sind:
  - Heranführen von geeigneten Prüf-, Mess- und Betätigungseinrichtungen
  - Verwenden geeigneter Werkzeuge und Hilfsmittel zum Reinigen und Abdecken
  - Herausnehmen und Einsetzen von nicht gegen direktes Berühren geschützten Sicherungen
  - Anspritzen von elektrischen Anlagen bei der Brandbekämpfung
  - Arbeiten an Akkumulatoren
  - Arbeiten in Prüffeldern und Laboratorien
  - Abklopfen von Raureif mit Isolierstangen
  - Funktionsprüfung und Fehlereingrenzung in Hilfs- und Steuerkreisen an Betriebsmitteln und Anlagen
  - Arbeiten an Netzen der öffentlichen Stromversorgung, wenn eine größere Zahl von Verbrauchern abgeschaltet werden müsste
  - Arbeiten aus zwingenden Gründen, wenn z. B. durch die Abschaltung eine Gefahr für Leben und Gesundheit oder ein erheblicher wirtschaftlicher Schaden entsteht, wenn Fahrbetrieb, Verkehrsanlagen oder Informationsverarbeitungsanlagen unterbrochen werden müssten

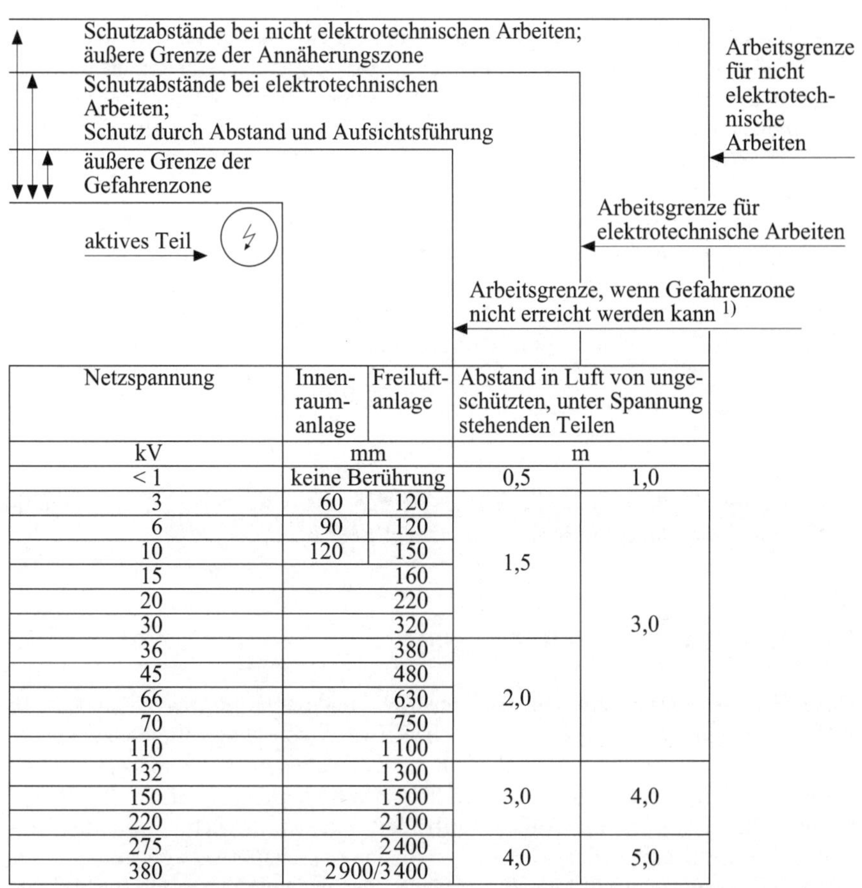

<table>
<tr><th>Netzspannung</th><th>Innenraumanlage</th><th>Freiluftanlage</th><th colspan="2">Abstand in Luft von ungeschützten, unter Spannung stehenden Teilen</th></tr>
<tr><td>kV</td><td colspan="2">mm</td><td colspan="2">m</td></tr>
<tr><td>< 1</td><td colspan="2">keine Berührung</td><td>0,5</td><td>1,0</td></tr>
<tr><td>3</td><td>60</td><td>120</td><td rowspan="6">1,5</td><td rowspan="11">3,0</td></tr>
<tr><td>6</td><td>90</td><td>120</td></tr>
<tr><td>10</td><td>120</td><td>150</td></tr>
<tr><td>15</td><td colspan="2">160</td></tr>
<tr><td>20</td><td colspan="2">220</td></tr>
<tr><td>30</td><td colspan="2">320</td></tr>
<tr><td>36</td><td colspan="2">380</td><td rowspan="5">2,0</td></tr>
<tr><td>45</td><td colspan="2">480</td></tr>
<tr><td>66</td><td colspan="2">630</td></tr>
<tr><td>70</td><td colspan="2">750</td></tr>
<tr><td>110</td><td colspan="2">1 100</td></tr>
<tr><td>132</td><td colspan="2">1 300</td><td rowspan="3">3,0</td><td rowspan="3">4,0</td></tr>
<tr><td>150</td><td colspan="2">1 500</td></tr>
<tr><td>220</td><td colspan="2">2 100</td></tr>
<tr><td>275</td><td colspan="2">2 400</td><td rowspan="2">4,0</td><td rowspan="2">5,0</td></tr>
<tr><td>380</td><td colspan="2">2 900/3 400</td></tr>
</table>

[1] durch Schutzvorrichtungen und Isolierung kann die Gefahrenzone weiter eingeengt werden

Bild 16 Zulässige Annäherungen bei Arbeiten in der Nähe aktiver Teile

- **Voraussetzungen für das Arbeiten an unter Spannung stehenden Teilen:**
  - Verwendung spezieller Werkzeuge und Hilfsmittel:
    isolierende Werkzeuge, Abdeckungen, persönliche Körperschutzmittel (DIN VDE 0680)
  - Fachlich geeignete Personen:
    Elektrofachkräfte mit zusätzlicher Spezialausbildung für das Arbeiten an unter Spannung stehenden Teilen

- Technische, organisatorische und persönliche Sicherheitsmaßnahmen: Aufstellen eines Katalogs, in dem alle auszuführenden Arbeiten erfasst werden, Festlegen der Arbeitsmethoden und der -abläufe, Klärung der Verantwortlichkeiten, Sicherstellen direkter Nachrichtenwege, Berücksichtigung von Witterungseinflüssen

Arbeiten an unter Spannung stehenden Teilen sind mit erhöhten Gefahren für das Montagepersonal verbunden. Deshalb wird von den Arbeitenden und Vorgesetzten ein hohes Maß an Kenntnissen, Erfahrungen und Verantwortungsbewusstsein verlangt. An unter Spannung stehenden Teilen darf nur gearbeitet werden, wenn alle erforderlichen Voraussetzungen erfüllt sind.

→ *Arbeiten unter Spannung (AuS)*

Literatur:

• *Hoffmann, R.; Bergmann, A. (Hrsg.): Betrieb von elektrischen Anlagen. VDE-Schriftenreihe Band 13. Berlin · Offenbach: VDE VERLAG, 2010*

Betrieb mit NH-Sicherungen

Das NH-Sicherungssystem wird für industrielle und ähnliche Anwendungen, z. B. in Niederspannungsnetzen der öffentlichen Stromversorgung, eingesetzt. Es besteht aus dem Sicherungsunterteil, dem auswechselbaren Sicherungseinsatz und dem Bedienungselement zum Auswechseln des Sicherungseinsatzes. Als Bedienungselemente werden der Aufsteckgriff, eine mit dem Sicherungsunterteil verbundene Einschwenkvorrichtung oder ein Sicherungsschalter verwendet.
In das Sicherungsunterteil können Einsätze verschiedener Nennstromstärken eingesetzt werden. Eine Unverwechselbarkeit hinsichtlich des Nennstroms ist nicht gegeben. Abgesehen von besonders aufwendigen Sicherungsschaltern werden NH-Sicherungen ohne vollständigen Berührungsschutz hergestellt. Wegen der fehlenden Unverwechselbarkeit und des nicht vorhandenen Berührungsschutzes ist das NH-System für die Betätigung durch elektrotechnische Laien nicht geeignet.

In den Betriebsbestimmungen DIN VDE 0105 heißt es deshalb, dass beim Einsetzen oder Herausnehmen von NH-Sicherungseinsätzen in Anlagen ohne vollständigen Schutz gegen direktes Berühren nur Elektrofachkräfte oder elektrotechnisch unterwiesene Personen tätig werden dürfen.

Das Einsetzen und Herausnehmen von NH-Sicherungen wird, sofern der spannungsfreie Zustand der Anlage vor Arbeitsbeginn nicht hergestellt werden kann, als Arbeiten an unter Spannung stehenden Teilen definiert, die mit erhöhten Gefahren für den Arbeitenden, die elektrische Anlage und die Umgebung verbunden und nur unter Beachtung besonderer Maßnahmen erlaubt sind. Sie erfordern ein hohes Maß an Kenntnissen, Erfahrungen und Verantwortungsbewusstsein sowohl von den Arbeitenden als auch vom verantwortlichen Vorgesetzten.

Beim Einsetzen und Herausnehmen von NH-Sicherungseinsätzen ist zu beachten:

- NH-Sicherungseinsätze dürfen nur mit NH-Sicherungsaufsteckgriffen eingesetzt oder herausgenommen werden, wenn nicht Sicherungstrennschalter, Einschwenkvorrichtung, Einschübe oder dergleichen verwendet werden.
- Strom führende Sicherungseinsätze dürfen nur ausgewechselt werden, wenn dies gefahrlos möglich ist. Als gefahrlos gelten unter üblichen Betriebsbedingungen z. B. im EVU-Betrieb Belastungsströme bis 400 A bei Nenn-Wechselspannungen bis 400 V.
- Ein gefahrloser Umgang mit NH-Sicherungen setzt entsprechende Erfahrung und Kenntnisse für eine sachgerechte Handhabung voraus. Deshalb dürfen nur speziell geschulte, elektrotechnisch unterwiesene Personen bzw. Elektrofachkräfte solche Arbeiten ausführen.
- In der Praxis hat sich die Benutzung von NH-Sicherungsaufsteckgriffen mit lichtbogenbeständiger Unterarmstulpe sowie Gesichtsschutz bewährt, um Gefährdungen durch Körperdurchströmung oder durch Lichtbogenbildung auszuschließen.

Im EVU-Betrieb ist das NH-Sicherungssystem als dreipolige Sicherungsleiste ohne vollständigen Schutz gegen direktes Berühren weit verbreitet. Es wird nicht nur als Schutzeinrichtung, sondern auch zum Freischalten bzw. zur Wiederinbetriebnahme einer Anlage oder eines Stromkreises, z. B. in Verbindung mit Errichtungs-, Änderungs- oder Instandhaltungsmaßnahmen, verwendet.

Das Herausnehmen Strom führender Sicherungseinsätze und ihr Einsetzen unter Last ist in EVU-Netzen ein üblicher Vorgang, der nach den Betriebsbestimmungen DIN VDE 0105 als Arbeiten an unter Spannung stehenden Teilen betrachtet wird. Folglich sind die in den Unfallverhütungsvorschriften und VDE-Bestimmungen, für solche Fälle geforderten Maßnahmen zu beachten.

Dazu zählen:

- Die Verwendung isolierender Werkzeuge und Hilfsmittel:
  - NH-Sicherungsaufsteckgriff mit lichtbogenbeständiger Unterarmstulpe
  - im Lichtbogen geprüfte Arbeitsschutzkleidung, Helm und Gesichtsschutz
- Fachlich geeignetes Personal:
  - Elektrofachkräfte oder elektrotechnisch unterwiesene Personen mit zusätzlicher Ausbildung für Arbeiten an unter Spannung stehenden Teilen und mit Kenntnissen und Erfahrungen im Einsetzen und Herausnehmen von NH-Sicherungseinsätzen
  - verantwortliche Person, die den Arbeitseinsatz anweist
- Technische, organisatorische und persönliche Sicherheitsmaßnahmen:
  - klare und eindeutige Arbeitsanweisungen unter Beachtung der Netz- und Versorgungsbedingungen und der Umgebungsverhältnisse
  - Ermittlung, ggf. Messung des Belastungsstroms des Sicherungseinsatzes
  - stabile Körperhaltung (stehend oder kniend) beim Betätigen des Sicherungseinsatzes
  - benachbarte, unter Spannung stehende Teile beachten, abdecken oder Schutzabstände einhalten
  - regelmäßige Sicherheits- und Erste-Hilfe-Schulung

Der tägliche Umgang mit NH-Sicherungen durch eine große Zahl von Elektrofachkräften und elektrotechnisch unterwiesenen Personen beweist, dass unter Beachtung der Sicherheitsvorschriften und der anerkannten Regeln der Technik sich das NH-Sicherungssystem in der offenen Bauweise im EVU-Betrieb bewährt hat.

Betriebsanleitung

→ *Bedienungsanleitung*

Betriebsart

Die Betriebsart eines Betriebsmittels sagt etwas aus über die zeitliche Folge eines oder mehrerer Betriebszustände, die durch das Betriebsmittel oder dessen Einsatz vorgegeben werden. Die Betriebsarten werden unter Berücksichtigung von Leistung, Verlust, Erwärmung und Einschaltdauer unterschieden. So gilt beispielsweise für **elektrische Maschinen nach DIN VDE 0530 (Bild 17)**:

S 1 Dauerbetrieb
S 2 Kurzzeitbetrieb
S 3 Aussetzbetrieb
S 4 Aussetzbetrieb mit Anlaufvorgang
S 5 Aussetzbetrieb mit Anlaufvorgang nach elektrischer Bremsung
S 6 Durchlaufbetrieb mit Aussetzbelastung
S 7 ununterbrochener Betrieb mit Anlauf und elektrischer Bremsung
S 8 ununterbrochener periodischer Betrieb mit Drehzahländerung
S 9 ununterbrochener Betrieb mit nichtperiodischer Last und Drehzahländerung

oder für **Transformatoren nach DIN VDE 0550**:
DB Dauerbetrieb
KB Kurzzeitbetrieb
AB Aussetzbetrieb
DKB Durchlaufbetrieb mit Kurzzeitbelastung
DAB Durchlaufbetrieb mit Aussetzbelastung

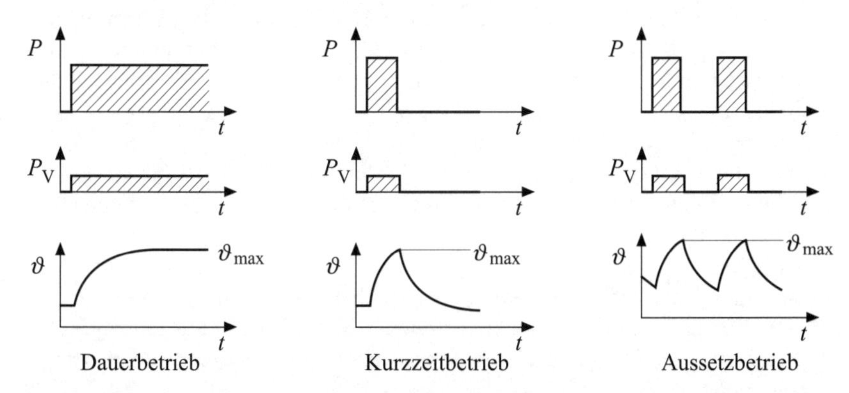

Bild 17 Häufige Betriebsarten elektrischer Betriebsmittel

Betriebsbedingungen

DIN VDE 0100-510 ***Errichten von Niederspannungsanlagen***
(VDE 0100-510) *Allgemeine Bestimmungen*

Die Betriebsbedingungen nennen die Voraussetzungen, unter denen elektrische Betriebsmittel eingesetzt werden können. Dazu zählen neben den einschlägigen

Normen für die Herstellung, Errichtung und Betrieb vor allem gerätespezifische Eigenschaften und Kenngrößen wie z. B.:

- Nennspannung, höchste und niedrigste Spannung bei normalem Betrieb
- Betriebsstrom, Anlaufstrom
- Frequenz
- Leistung
- Verträglichkeit

Erläuterungen

- **Spannung:**
  Die Betriebsmittel müssen für die Nennspannung (Effektivwert bei Wechselspannung) der Anlage ausgelegt sein. Ist in einem IT-System der Neutralleiter mitverteilt, so müssen die zwischen einem Außenleiter und dem Neutralleiter angeschlossenen Betriebsmittel für die verkettete Spannung isoliert sein. Bei bestimmten Betriebsmitteln kann es erforderlich sein, die höchste und/oder niedrigste bei normalem Betrieb auftretende Spannung zu berücksichtigen.
- **Strom:**
  Bei der Auswahl der Betriebsmittel ist der Betriebsstrom (bei Wechselstrom der Effektivwert) zu berücksichtigen, den sie bei Normalbetrieb führen. Außerdem müssen die Betriebsmittel den Strom führen können, der im Fehlerfall auftreten kann.
- **Frequenz:**
  Werden die Kennwerte des Betriebsmittels durch die Frequenz beeinflusst, so muss seine Bemessungsfrequenz der Frequenz des Stroms in dem entsprechenden Stromkreis entsprechen.
- **Leistung:**
  Betriebsmittel, die aufgrund ihrer Leistungscharakteristik ausgewählt werden, müssen für die im Anwendungsfall üblichen Betriebsbedingungen unter Berücksichtigung des Nutzungsfaktors/→ *Gleichzeitigkeitsfaktors* geeignet sein.
- **Verträglichkeit:**
  Falls nicht bei der Errichtung andere geeignete Maßnahmen getroffen werden, sind die Betriebsmittel so auszuwählen, dass die von ihnen ausgehenden störenden Einflüsse einschließlich der Schaltvorgänge bei normalem Betrieb andere Betriebsmittel oder das Versorgungsnetz nicht unzulässig beeinträchtigen.

Betriebserdung

DIN VDE 0100-540 *(VDE 0100-540)*	***Errichten von Niederspannungsanlagen*** *Erdungsanlagen und Schutzleiter*

Die Betriebserdung ist die Erdung eines Punkts des Betriebsstromkreises, die für den ordnungsgemäßen Betrieb von Geräten oder Anlagen notwendig ist. Betriebserdung eines Netzes: Schutzerdung und Funktionserdung eines oder mehrerer Punkte in einem Elektrizitätsversorgungsnetzes. Sie wird entweder als unmittelbar oder als mittelbar bezeichnet.

- **Unmittelbare Betriebserdung:**
  Eine Erdung, die außer dem Erdungswiderstand keine weiteren Widerstände enthält.
- **Mittelbare Betriebserdung:**
  Eine Erdung, die über zusätzliche ohmsche, induktive oder kapazitive Widerstände hergestellt ist.
  Für die Betriebserdung (wie für die Schutzerdung und Funktionserdung) werden Erder benötigt. Die Betriebserder erden im TN-System den PEN-Leiter, im TT-System den Sternpunkt des Transformators.

Betriebsisolierung

DIN VDE 0100-100 *(VDE 0100-100)*	***Errichten von Niederspannungsanlagen*** *Allgemeine Grundsätze, Bestimmungen allgemeiner Merkmale, Begriffe*
DIN VDE 0100-200 *(VDE 0100-200)*	***Errichten von Niederspannungsanlagen*** *Begriffe*
DIN VDE 0100-410 *(VDE 0100-410)*	***Errichten von Niederspannungsanlagen*** *Schutz gegen elektrischen Schlag*

Die Betriebsisolierung ist die für die Reihenspannung der Betriebsmittel bemessene Isolierung aktiver Teile gegeneinander und gegen Körper. Die Betriebsisolierung muss nicht den Anforderungen der Basisisolierung entsprechen.

Beispiele:
Lacke, Faserstoffumhüllungen reichen möglicherweise als Betriebsisolierung aus, sind aber als Basisisolierung ungeeignet.

→ *Isolierung*

Betriebsklasse

DIN EN 60269-1	***Niederspannungssicherungen***
(VDE 0636-1)	*Allgemeine Anforderungen*

Betriebsklasse eines Sicherungseinsatzes:
Kombination von festgestellten Anforderungen im Hinblick auf die Bedingungen, unter denen der Sicherungseinsatz seinen Zweck erfüllt, und die so ausgewählt sind, dass sie stellvertretend für eine bestimmte Gruppe von Anwendungsfällen sind.

Ausschaltbereich und Betriebsklasse:
Der erste Buchstabe bezeichnet den Ausschaltbereich:
- „g"-Sicherungseinsatz (Ganzbereichs-Sicherungseinsatz)
- „a"-Sicherungseinsatz (Teilbereichs-Sicherungseinsatz)

Der zweite Buchstabe bezeichnet die Anwendung; dieser Buchstabe bestimmt genau die Zeit-Strom-Kennlinien, konventionelle Zeiten und Ströme, Tore.

Zum Beispiel:
- „gG" kennzeichnet Ganzbereichs-Sicherungseinsatz für allgemeine Anwendung
- „gM" kennzeichnet Ganzbereichs-Sicherungseinsatz für den Schutz von Motorstromkreisen
- „aM" kennzeichnet Teilbereichs-Sicherungseinsatz für den Schutz von Motorstromkreisen
- „gD" kennzeichnet verzögerte Sicherungseinsätze mit Ganzbereichs-Ausschaltvermögen
- „gN" kennzeichnet nicht verzögerte Sicherungseinsätze mit Ganzbereichs-Ausschaltvermögen

→ *NH-Sicherungssystem*

Betriebsmäßiges Schalten

Eine Betätigung zum Ein- oder Ausschalten der Stromversorgung im normalen Betrieb.

Betriebsmittel

Betriebsmittel sind technische Erzeugnisse oder deren Bestandteile, die als fertige Gegenstände, Geräte, Maschinen oder Einrichtungen verwendet werden.

→ *Elektrische Betriebsmittel*

Betriebsmittel für den Schutz

DIN VDE 0100-100	***Errichten von Niederspannungsanlagen***
(VDE 0100-100)	*Allgemeine Grundsätze, Bestimmungen allgemeiner Merkmale, Begriffe*

Die Schutzeinrichtungen müssen sich entsprechend der Kenngrößen der jeweiligen Stromkreise und den möglichen Gefahren anpassen, d. h. auch die Betriebsmittel für den Schutz müssen entsprechend ihrer Funktion festgelegt werden.

Betriebssicherheitsverordnung, BetriebSichV

Verordnung über Sicherheit und Gesundheitsschutz bei der Bereitstellung von Arbeitsmitteln und deren Benutzung bei der Arbeit, über Sicherheit beim Betrieb überwachungsbedürftiger Anlagen und über die Organisation des betrieblichen Arbeitsschutzes. Die Basis bildet eine einheitliche Gefährdungsbeurteilung für die Bereitstellung und Benutzung von Arbeitsmitteln und eine einheitliche sicherheitstechnische Bewertung für den Betrieb überwachungsbedürftiger Anlagen.

Betriebsspannung

DIN VDE 0100-200	***Errichten von Niederspannungsanlagen***
(VDE 0100-200)	*Begriffe*

Betriebsspannung ist die örtlich zwischen den Leitern herrschende Spannung an einem Betriebsmittel, einer Anlage oder einem Anlagenteil. Bei dem angegebenen Spannungswert handelt es sich bei Wechselspannung um den Effektivwert, bei Gleichspannung um arithmetische Mittelwerte.

→ *Nennspannung*

Betriebsstätte

→ *Raumarten*
→ *Feuergefährdete Betriebsstätte*
→ *Landwirtschaftliche Betriebsstätte*

Betriebsstätten – Räume und Anlagen besonderer Art

Die Normenreihe DIN VDE 0100 ist aktuell in sechs Gruppen gegliedert:

- Gruppe 100: Anwendungsbereich/allgemeine Anforderungen
- Gruppe 200: Begriffe
- Gruppe 400: Schutzmaßnahmen
- Gruppe 500: Auswahl und Errichtung elektrischer Betriebsmittel
- Gruppe 600: Prüfungen
- Gruppe 700: Bestimmungen für Betriebsstätten, Räume und Anlagen besonderer Art

Anmerkung: Gruppe 300; Teil 300 von DIN VDE 0100 ist zurückgezogen

In den Teilen der Gruppen 100 bis 600 wird das Errichten der elektrischen Anlagen unter normalen Bedingungen beschrieben, die üblicherweise für den Betrieb der Anlagen gelten und für die die einzelnen Betriebsmittel entsprechend ihren Bestimmungen ausgelegt sind.

DIN VDE 0100 Teil…	
701	Räume mit Badewanne oder Dusche
702	Schwimmbäder und andere Becken
703	Sauna-Anlagen
704	Baustellen
705	Landwirtschaftliche und gartenbauliche Anwesen
706	Leitfähige Bereiche mit begrenzter Bewegungsfreiheit
708	Caravanplätze,→ *Campingplätze und ähnliche Bereiche*
709	→ *Marinas und ähnliche Bereiche*
710	Medizinisch genutzte Bereiche
711	Ausstellungen, Shows, Stände
712	Fotovoltaik-Anlagen
714	Beleuchtungsanlagen im Freien
715	Kleinspannungs-Beleuchtungsanlagen
717	Ortsveränderliche oder transportable Baueinheiten
718	Bauliche Anlagen für Menschenansammlungen
721	Caravans und Motorcaravans
722	Stromversorgung von Elektrofahrzeugen
723	Unterrichtsräume mit Experimentierständen
724	Möbel und ähnliche Einrichtungsgegenstände
729	Aufstellen und Anschließen von → *Schaltanlagen und Verteilern*
731	Elektrische Betriebsstätten und → *abgeschlossene elektrische Betriebsstätten*
732	Hausanschlüsse in öffentlichen Kabelnetzen
736	Niederspannungsstromkreise in Hochspannungsschaltfeldern
737	Feuchte und nasse Bereiche und Räume, → *Anlagen im Freien*
739	Zusätzlicher Schutz bei direktem Berühren in Wohnungen
740	Bauwerke, Vergnügungseinrichtungen und Buden auf Kirmesplätzen, Vergnügungsparks und Zirkusse
753	Fußboden- und Deckenflächenheizungen → *Fußbodenheizungen*

Tabelle 13 VDE-Bestimmungen der Gruppe 700 von DIN VDE 0100

In der Gruppe 700 werden nun in Anpassung an die Besonderheiten für bestimmte Betriebsstätten, Räume und Anlagen die Grundbestimmungen entweder verschärft, erweitert oder in Einzelfällen aufgehoben. Dies setzt voraus, dass die zusätzlichen Festlegungen sich an den sicherheitstechnischen Voraussetzungen für Starkstromanlagen in ihrer jeweiligen Umgebung mit den dort anzutreffenden Umwelteinflüssen und Betriebsverhältnissen orientieren.

Die unterschiedlichen Einflüsse lassen sich unterteilen in:

- Einwirkungen der Umgebung auf die Betriebsmittel (mögliche Schädigung der Betriebsmittel) durch Staub, Feuchtigkeit, Korrosion, mechanische Beanspruchung und durch die Netzverhältnisse.
- Auswirkungen der Betriebsmittel auf die Umgebung (mögliche Gefährdung der Umgebung) durch die Funktion der Betriebsmittel, durch verminderten Körperwiderstand, erhöhte Brandgefahr, besondere menschliche Verhaltensweisen, leitfähige Umgebung bei begrenzter Bewegungsfreiheit, fehlenden Schutz gegen direktes Berühren.

In der Praxis treten solche von den normalen Bedingungen abweichenden Einflüsse selten einzeln unabhängig voneinander auf, sondern meistens in Kombination.

In der **Tabelle 13** werden die VDE-Bestimmungen der Gruppe 700 von DIN VDE 0100 aufgelistet.

→ *Äußere Einflüsse*

Betriebsstrom

DIN VDE 0100-200 *(VDE 0100-200)*	***Errichten von Niederspannungsanlagen*** *Begriffe*
DIN VDE 0100-430 *(VDE 0100-430)*	***Errichten von Niederspannungsanlagen*** *Schutz bei Überstrom*

Der Betriebsstrom I_b ist der Strom, den ein Stromkreis oder ein elektrisches Betriebsmittel im ungestörten Betrieb unter Einhaltung normaler bzw. festgelegter Betriebsbedingungen führt. Er sollte kleiner sein als die → *Strombelastbarkeit* bzw. der Nenn- oder Einstellstrom der Betriebsmittel (→ *Schutz gegen zu hohe Erwärmung*). Für den Betriebsstrom werden auch die Begriffe Strombelastung oder die Kurzform Belastung verwendet. Gemeint ist immer der bei ungestörtem Betrieb auftretende Strom.
Der zulässige Betriebsstrom ist der höchste Strom, mit dem ein Betriebsmittel belastet werden darf. Er ist identisch mit der Strombelastbarkeit und häufig auch mit dem Nennstrom. Ein Betriebsstrom, der größer ist als die zulässige Strombelastbarkeit, wird als Überstrom oder Überlaststrom bezeichnet.

Betriebszustände in elektrischen Prüfanlagen

DIN EN 50191 (VDE 0104)	***Errichten und Betreiben elektrischer Prüfanlagen***

Außer Betrieb:
- Alle Stromversorgungen sind ausgeschaltet und gegen Wiedereinschalten gesichert
- Alle Sicherheitsmaßnahmen sind getroffen, z. B. Erden und Kurzschließen

Betriebsbereit:
- Die Stromversorgung/Signal- und Steuerstromkreise eingeschaltet
- Spannungszuführungen der Prüfspannung ausgeschaltet, gegen unbeabsichtigtes Einschalten gesichert
- Sicherheitsmaßnahmen (nach außer Betrieb) bestehen

Einschaltbereit:
- Spannungsführungen ausgeschaltet
- Alle Zugänge zum Prüfbereich geschlossen
- Signalleuten eingeschaltet
- Sicherheitsmaßnahmen (nach außer Betrieb) sind aufgehoben

in Betrieb:
- Alle Zugänge zum Prüfbereich geschlossen
- Rote Signalleuchten sind eingeschaltet
- Spannungszuführung der Prüfspannung eingeschaltet

Bewegliche Leitung

Eine bewegliche Leitung ist eine an den Enden abgeschlossene Leitung, die zwischen den Anschlussstellen bewegt werden kann (→ *flexible Leitungen*). Sie können über einen festen Anschluss oder über Stecker bzw. Gerätestecker mit den Betriebsmitteln bzw. mit der Installationsanlage verbunden sein.

Bezugserde

DIN VDE 0100-540	***Errichten von Niederspannungsanlagen***
(VDE 0100-540)	*Erdungsanlagen und Schutzleiter*

Die Bezugserde wird auch als neutrales Erdreich bezeichnet, d. h., das elektrische Potential ist null. Anders ausgedrückt gilt als Bezugserde der Bereich der Erde außerhalb des Einflussbereichs eines Erders, in dem zwischen zwei beliebigen Punkten keine merklichen Spannungsunterschiede vorhanden sind.
Das elektrische Potential der Bezugserde wird vereinbarungsgemäß gleich null gesetzt.

BG ETEM

Berufsgenossenschaft Energie, Textil, Elektro, Medienerzeugnisse

BGFE

BGFE ist die Abkürzung, die für die Berufsgenossenschaft, BG der Feinmechanik und Elektrotechnik früher gebraucht wurde. Nach mehreren Fusionen der Berufsgenossenschaften ist aktuell die BG ETEM (Energie, Textil, Elektro, Medienerzeugnisse) für die Elektrotechnik zuständig.

BGV A3

Bei der BGV A3 (früher: VBG 4) handelt es sich um eine Unfallverhütungsvorschrift der Berufsgenossenschaft ETEM mit dem Titel Elektrische Anlagen und Betriebsmittel.

Diese Unfallverhütungsvorschrift gilt für elektrische Anlagen und Betriebsmittel, sie gilt aber auch für nicht elektrische Arbeiten in der Nähe von elektrischen Anlagen und Betriebsmitteln. Zu den nicht elektrischen Arbeiten zählen z. B. das Errichten von Bauwerken in der Nähe von Freileitungen und Kabelanlagen sowie bei anderen Arbeiten, wie Bau-, Montage-, Transport-, Anstrich- und Ausbesserungsarbeiten.

Biegeradien

Bei der Verlegung von Kabeln und Leitungen können in Kümmungen und Kurven durch das Biegen dieser Leitungen Schäden entstehen, weil der äußere Bereich des z. B. Kabels gestreckt und der innere gestaucht werden könnte. Diese Schäden an den Aufbauelementen der Kabel und Leitungen können u. U. zu einer Verkürzung der Lebensdauer führen. Daher sind für die Verlegung zulässige Biegeradien vorgeschrieben.

Die nachfolgenden Tabellen geben Werte der Mindestradien in Abhängigkeit vom Leitungs- bzw. Kabeldurchmesser an.

Kleinste zulässige Biegeradien für Starkstromleitungen mit einer Nennspannung ≤ 0,6/1 kV				
Leitungen für feste Verlegung Durchmesser d in mm der Leitung	≤ 10	$10 < d \leq 25$		> 25
bei fester Verlegung	$4\,d$	$4\,d$		$4\,d$
bei Ausformen (einmaliges Biegen)	$1\,d$	$2\,d$		$3\,d$
flexible Leitungen Durchmesser d in mm der Leitungen	$d \leq 8$	$8 < d \leq 12$	$12 < d \leq 20$	$d > 20$
bei fester Verlegung	$3\,d$	$3\,d$	$4\,d$	$4\,d$
bei freier Bewegung* und bei Einführungen	$3\,d$	$4\,d$	$5\,d$	$5\,d$

* Bei zwangsweiser Führung wie Trommelbetrieb, Leitungswagenbetrieb, Schleppkettenbetrieb oder Rollenumlenkung müssen auch bei dafür geeigneten Kabeln u. U. größere Mindestbiegeradien eingehalten werden.

Tabelle 14 Kleinste zulässige Biegeradien für Starkstromleitungen

Kabeltyp	Biegeradius des Kabels	
	Mehradrige Kabel	Einadrige Kabel
Papier-Massekabel		
• mit Bleimantel oder gewelltem Aluminium-Mantel	15 *d*	25 *d*
• mit glattem Aluminium-Mantel	25 *d*	30 *d*
Kunststoffisolierte Kabel		
• ohne Bleimantel und Bewehrung		
≤ 0,6/1 kV	12 *d*	15 *d*
> 0,6/1 kV	15 *d*	15 *d*
• mit Bleimantel und/oder Bewehrung		
≤ 0,6/1 kV	18 *d*	25 *d*
> 0,6/1 kV	20 *d*	25 *d*
d Duchmesser des Kabels Bei einmaligem Biegen sind bei fachgemäßer Bearbeitung bis zu 50 % der genannten Werte zulässig, wenn: einmaliges Biegen / fachgerechte Verlegung / Erwärmung des Kabels auf 30 °C / Biegen des Kabels über Schablone, eingehalten ist.		

Tabelle 15 Kleinste zulässige Biegeradien von Nieder- und Mittelspannungskabeln

Literatur:

- *Heinold, L.; Stubbe, R. (Hrsg.): Kabel und Leitungen für Starkstrom. Erlangen: Publicis-Verlag, 1999*

Blitzschutzanlagen

Die Blitzschutzanlage ist die Gesamtheit aller Einrichtungen für den äußeren und inneren Blitzschutz der zu schützenden Anlage. Sie besteht aus Fangeinrichtungen, Ableitungen und Erdung (äußerer Blitzschutz) sowie aus allen erforderlichen Maßnahmen des inneren Blitzschutzes gegen die Auswirkungen des Blitzstroms und seiner elektrischen und magnetischen Felder auf metallenen Gebäudeteilen, leitende Installationen und Einrichtungen der elektrischen Energie- und Informationstechnik. Schutzziel des Blitzschutzes ist es, bauliche Anlagen, Sachwerte und Personen gegen Blitzschutzeinwirkungen möglichst dauerhaft zu schützen. Das Ziel gilt als erreicht, wenn die Anforderungen der Normenreihe DIN EN 62305-*x* (VDE 0185-305-*x*) erfüllt werden. Voraussetzung dazu ist eine ordnungsgemäße Errichtung der Anlagen, ihre → *Erstprüfung* sowie → *Wiederholungsprüfungen* im Rahmen einer regelmäßigen → *Instandhaltung.*

Tipp:
In DIN EN 62305-2 (VDE 0185-305-2) sind Checklisten enthalten, die eine Risikoanalyse und die Auswahl der am besten geeigneten Schutzmaßnahmen erleichtern helfen.

Blitzüberspannungen

DIN VDE 0100-534 *(VDE 0100-534)*	***Errichten von Niederspannungsanlagen*** *Überspannungs-Schutzeinrichtungen*
DIN EN 62305-1 *(VDE 0185-305-1)*	***Blitzschutz*** *Allgemeine Grundsätze*
DIN EN 62305-2 *(VDE 0185-305-2)*	***Blitzschutz*** *Risiko-Management*
DIN EN 62305-3 *(VDE 0185-305-3)*	***Blitzschutz*** *Schutz von baulichen Anlagen und Personen*
DIN EN 62305-4 *(VDE 0185-305-4)*	***Blitzschutz*** *Elektrische und elektronische Systeme in baulichen Anlagen*

Blitzüberspannungen können durch menschliche Kontrollsysteme nur schwer beeinflusst werden. Die Stärke der Blitzüberspannung hängt von der Einschlagstelle eines Blitzeinschlags und von der Struktur des Energieversorgungssystems ab. Die Blitzüberspannungen werden nach ihrer Einschlagstelle eingeteilt in:

- **Direkte Blitzeinschläge:**
  Überspannungen resultieren aus dem Stromfluss des Blitzstroms innerhalb der betreffenden baulichen Anlage und den damit verbundenen Erdungssystemen.
- **Nahe Blitzeinschläge:**
  Überspannungen resultieren aus Induktionsspannungen in Leiterschleifen und aus dem Anstieg des Erdpotentials.
- **Blitzeinschläge, die sich in einiger Entfernung ereignen:**
  Überspannungen resultieren aus Induktionen in Leiterschleifen.

→ *Blitzschutzanlagen*

Boote

DIN 57100-709	***Errichten von Niederspannungsanlagen***
(VDE 0100-709)	*Marinas und ähnliche Bereiche*

Für die Errichtung der elektrischen Anlagen von Booten und → *Yachten* und ihre Stromversorgung und für Marinas gelten zusätzlich Anforderungen nach DIN VDE 0100-709. Boote sind Wassersportfahrzeuge oder Hausboote. Für die Stromkreise, die Boote mit elektrischer Energie versorgen, gelten besondere Anforderungen:

- Schutz durch Hindernisse, Abstand, nicht leitende Räume oder durch erdfreien örtlichen Potentialausgleich nach DIN VDE 0100-410 sind nicht erlaubt
- Schutzmaßnahme Schutztrennung: durch einen fest errichteten Trenntransformator, wobei nur ein Boot mit der Sekundärwicklung des Transformators verbunden sein darf
- die Körper der getrennten Stromkreise dürfen nicht mit Schutzleitern oder Körpern anderer Stromkreise verbunden sein, auch nicht mit dem Schutzleiter der Landversorgung
- Schutz bei indirektem Berühren durch automatische Abschaltung der Stromversorgung mit Fehlerstromschutzeinrichtung (RCD): Es darf nur eine einzelne Steckdose durch einen RCD mit einem Bemessungsdifferenzstrom bis 30 mA geschützt werden. Außerdem muss jeder Endstromkreis zur Versogung von Hausbooten über Festanschluss durch einen RCD bis 30 mA geschätzt sein. Diese RCDs müssen alle aktiven Leiter von der Einspeisung trennen können.

Weitere Details: → *Marinas*

Brandbekämpfung in elektrischen Anlagen

DIN VDE 0132	***Brandbekämpfung und technische Hilfeleistungen im***
(VDE 0132)	***Bereich elektrischer Anlagen***

Die Norm DIN VDE 0132 dient der Information von Personen, die für die Bekämpfung von Bränden in elektrischen Anlagen oder in deren Nähe zuständig sind.

Im Falle eines Brands wird eine enge Zusammenarbeit mit der Feuerwehr erwartet.

Der Betreiber der Anlage hat die Feuerwehr auf besondere Gefahren und Schwierigkeiten (Isolierflüssigkeiten, Gase, unter Spannung stehende Teile), aber auch auf die Folgen der Unterbrechung der Stromversorgung (Gefährdung von Menschen, Stillstand von Aufzügen, Stilllegung der Wasserversorgung) hinzuweisen. Von unter Spannung stehenden Teilen ist ein Mindestabstand von 3 m bei Anlagen mit einer Nennspannung bis 110 kV einzuhalten, bis 220 kV sind 4 m, bis 400 kV sind es 5 m.

Zwischen dem Löschgerät und den unter Spannung stehenden Anlagenteilen müssen ebenfalls Mindestabstände eingehalten werden.

Als Richtwerte gelten:

Stahlrohr nach DIN 14365 – CM	**Niederspannung**	**Hochspannung**
Sprühstrahl Vollstrahl	1 m 5 m	5 m 10 m

Für Niederspannungsanlagen gelten diese Abstände auch für Feuerlöscher. Dabei sind die Verwendungshinweise auf den Löschgeräten zu beachten.

Brandschottungen in elektrotechnischen Anlagen

DIN 4102-9 — ***Brandverhalten von Baustoffen und Bauteilen***
Kabelabschottungen
Begriffe, Anforderungen und Prüfungen

Brandschottungen dienen der Begrenzung eines entstandenen Brands, bezogen auf einen Bauabschnitt oder ein bestimmtes Material.

Kabelschottungen sind Verschlüsse von Öffnungen in raumabschließenden Bauteilen, die aufgrund ihrer Bauart in eine Feuerwiderstandsklasse eingeordnet sind. Sie sind Vorkehrungen gegen eine Übertragung von Feuer und Rauch in andere Brandabschnitte, Flucht- und Rettungswege, Treppenräume, Laborräume usw.

→ *Brandschutz*

Brandschutz

DIN VDE 0100-420 *(VDE 0100-420)*	***Errichten von Niederspannungsanlagen*** *Schutz gegen thermische Auswirkungen*
DIN VDE 0100-430 *(VDE 0100-430)*	***Errichten von Niederspannungsanlagen*** *Schutz bei Überstrom*
DIN VDE 0100-442 *(VDE 0100-442)*	***Elektrische Anlagen von Gebäuden*** *Schutz bei Überspannungen – Schutz von Niederspannungsanlagen bei Erdschlüssen in Netzen mit höherer Spannung*
DIN VDE 0100-510 *(VDE 0100-510)*	***Errichten von Niederspannungsanlagen*** *Allgemeine Bestimmungen*
DIN VDE 0100-520 *(VDE 0100-520)*	***Errichten von Niederspannungsanlagen*** *Kabel- und Leitungsanlagen*
DIN VDE 0100-540 *(VDE 0100-540)*	***Errichten von Niederspannungsanlagen*** *Erdungsanlagen und Schutzleiter*
DIN VDE 0100-559 *(VDE 0100-559)*	***Errichten von Niederspannungsanlagen*** *Leuchten und Beleuchtungsanlagen*
DIN VDE 0100-705 *(VDE 0100-705)*	***Errichten von Niederspannungsanlagen*** *Elektrische Anlagen von landwirtschaftlichen und gartenbaulichen Betriebsstätten*
DIN 57100-724 *(VDE 0100-724)*	***Errichten von Starkstromanlagen mit Nennspannungen bis 1 000 V*** *Elektrische Anlagen in Möbeln und ähnlichen Einrichtungsgegenständen*
DIN VDE 0105-100 *(VDE 0105-100)*	***Betrieb von elektrischen Anlagen*** *Allgemeine Festlegungen*
DIN EN 60079-14 *(VDE 0165-1)*	***Explosionsfähige Atmosphäre*** *Projektierung, Auswahl und Errichtung elektrischer Anlagen*

Bei der Errichtung elektrischer Anlagen müssen den Umgebungsbedingungen angemessene Brandschutzmaßnahmen ergriffen werden. Hierbei ist zu beachten, dass elektrische Betriebsmittel sowohl durch Entzündung als auch durch aktive Brandverursacher und, wegen der räumlichen Ausdehnung elektrischer Anlagen, durch passive Brandfortleiter Gefahren mit sich bringen können.

Physikalische Grundlagen

Für die richtige Beurteilung der Gefahrensituation bezüglich der Verursachung oder Begünstigung von Bränden durch elektrische Betriebsmittel müssen dem Errichter die physikalischen Grundlagen zumindest im Ansatz bekannt sein. Eine Verbrennung (Brand) ist im engeren Sinne die Reaktion von Stoffen mit Sauerstoff unter Wärme- und Lichtentwicklung (Feuer), die nach dem Erreichen einer bestimmten Entzündungstemperatur (Feuersprung) sehr rasch verlaufen kann.

Einen typischen Verlauf der Brandtemperatur über der Zeit zeigt **Bild 18**. Meistens werden im Verlauf eines Brands Temperaturen über 800 °C erreicht, aber auch Höchstwerte von bis zu 1 650 °C können teilweise nachgewiesen werden. Die Dauer der eigentlichen Brandphase hängt stark von der Menge des zur Verfügung stehenden Brandmaterials ab.

Die eigentliche Verbrennung spielt sich hauptsächlich in der Gasphase ab, wobei flüssige Brennstoffe vorher verdampfen und feste Brennstoffe entgasen. Das entzündete Gas-Luft-Gemisch brennt dann bei Normaldruck oberhalb des flüssigen oder festen Brennstoffs oftmals mit heller Flamme, sodass sich Brände hauptsächlich nach oben ausbreiten.

Brennbare Stoffe können nach DIN 4102 in folgende Stoffklassen eingeteilt werden:
- leicht entflammbar (leicht entzündlich)
- normal entflammbar
- schwer entflammbar

Ein leicht entflammbarer Stoff liegt vor, wenn dieser durch ein Streichholz innerhalb von 10 s entzündet werden kann und dann nach Entfernen der Zündquelle von sich aus weiterbrennt. Zur Entzündung genügt hier ein Energieinhalt der Zündquelle von wenigen Wattsekunden (Ws).

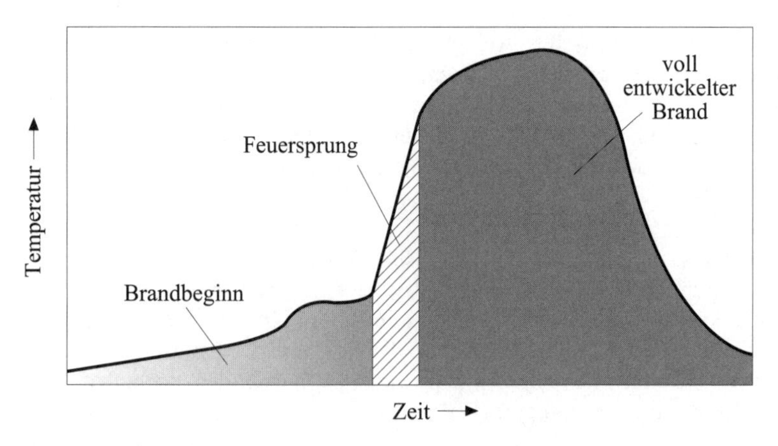

Bild 18 Brandentstehung

Dabei ist zu beachten, dass die Entflammbarkeit eines Stoffs nicht nur von seiner chemischen Zusammensetzung, sondern auch von weiteren Faktoren, wie Oberfläche, Formgebung, Temperatur, Dichte, Druck und Verteilung, abhängig ist. So ist zum Beispiel Holz als ein und derselbe Stoff in Balkenform schwer entflammbar, als Holzwolle leicht entflammbar und als Holzstaub unter Umständen sogar explosiv.

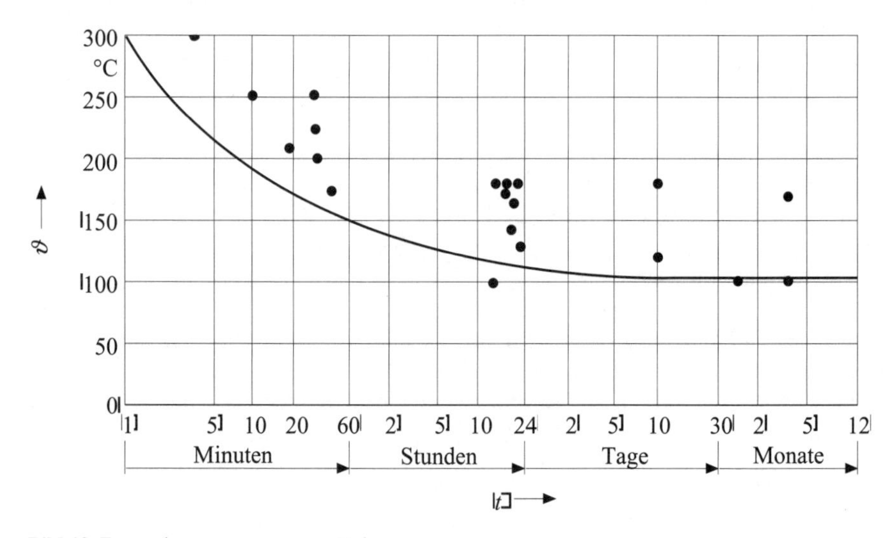

Bild 19 Entzündungstemperatur von Holz

Auch die Einwirkungsdauer der Wärmequelle ist von großer Bedeutung für die Brandentstehung, was wiederum am Beispiel des Werkstoffs Holz gezeigt werden kann.

Holz verändert, wenn es längere Zeit auf über 100 °C erhitzt wird, seinen Zellzustand. Dabei reißen die Zellwände auf, und das Holz wird in einen pyrophoren Zustand gebracht. Danach genügen dann Temperaturen von 120 °C bis 180 °C zur Entzündung, obwohl die normale Zündtemperatur von Hölzern bei etwa 250 °C liegt. Den Zusammenhang zwischen Entzündungstemperatur und Einwirkungsdauer bei Holz zeigt **Bild 19**. Die gezeigte Kurve kann als Grenzkurve zur Entzündung von Holz angesehen werden, wodurch sich bei Berücksichtigung einer Sicherheitsspanne für Holz eine zulässige Höchsttemperatur von 80 °C ergibt.

Schutz gegen Brandverursachung durch elektrische Betriebsmittel

Für die Entstehung eines Brands müssen folgende Bedingungen erfüllt sein:

- größere Mengen Sauerstoff (meistens Luftsauerstoff) stehen zur Verfügung
- eine ausreichende Menge brennbarer Stoffe ist vorhanden
- eine Wärmequelle überträgt die nötige Zündenergie auf einen brennbaren Stoff

Nur wenn alle diese Voraussetzungen erfüllt sind, kommt es zu einem Brand. Allerdings wird die erste Voraussetzung fast immer erfüllt und auch der zweiten ist in vielen Fällen Genüge geleistet. Es besteht also die Gefahr, dass elektrische Betriebsmittel als Wärmequellen die dritte Bedingung erfüllen und so ein Brandgeschehen auslösen.

Hierzu kann es entweder durch einen Isolationsfehler oder durch die thermische Wirkung der Betriebsmittel kommen. Diese unterschiedlichen Gefahrenpotenziale, ihre Ursachen und mögliche Schutzmaßnahmen sollen im Folgenden aufgezeigt werden.

Zu einem Isolationsfehler kommt es entweder durch Überspannungen (Blitzeinschlag, Schaltstoßspannung usw.) oder durch mechanische Einwirkungen. Durch ausreichende Blitzschutzmaßnahmen kann das Übergreifen eines Blitzes auf elektrische Betriebsmittel meist unterbunden werden. Außerdem kann durch Überspannungsableiter verhindert werden, dass die Überschlagsenergie an einer für die Brandentstehung gefährlichen Stelle zum Ausbruch kommt. Der Einbauort und die Dimensionierung der Überspannungsableiter ist den spezifischen Bedingungen der jeweiligen Anlage anzupassen (DIN VDE 0100-443, Schutzmaßnahmen, Schutz gegen Überspannungen infolge atmosphärischer Einflüsse). Gegen eine Brandgefährdung durch Spannungsverschleppung über den Schutzleiter sind die leitfähigen Teile eines Gebäudes (z. B. Wasser- und Abwasserrohre, Antennenanlagen,

Gebäudekonstruktionsteile) an der Potentialausgleichsschiene mit dem Schutzleiter zu verbinden. Gegen die mechanische Beschädigung der Isolation müssen beim Errichten der Anlage entsprechende Schutzmaßnahmen getroffen werden. So kann zum Beispiel durch die Verwendung von Schutzschränken und Kabelkanälen mechanischer Schutz gewährleistet werden. Aber auch die Auswahl geschützt gelegener Montageorte ist hier zu nennen.

Weiterhin ist beim Betrieb die zulässige mechanische Belastbarkeit der jeweiligen Betriebsmittel zu beachten. Schutzmaßnahmen gegen mechanische Beschädigungen können in allgemeingültigen Normen nur wenig konkret beschrieben werden. Der Anlagenplaner ist hier besonders gefordert, den individuell zu erwartenden Beanspruchungen angepasste Schutzmaßnahmen zu ergreifen.
In den meisten Fällen, in denen elektrische Betriebsmittel als Brandverursacher ermittelt wurden, lag jedoch eine rein thermische Brandentzündung vor. Die Ursache für derartige Fehler kann sowohl bei der Auswahl als auch beim Errichten wie auch dem Betrieb der Anlagen zu suchen sein.

- **Auswahl der elektrischen Betriebsmittel**
  Um eine thermische Überlastung der verschiedenen Betriebsmittel auszuschließen, müssen diese sowohl nach den zu erwartenden Belastungen als auch nach den jeweiligen Umgebungsbedingungen ausgewählt werden. So ist zum Beispiel bei der Auswahl der Leitungsquerschnitte von Niederspannungsleitungen nicht nur der höchste Belastungsstrom, sondern auch die Verlegeart, die Häufung von Leitungen, die Anzahl der belasteten Adern und die maximale Umgebungstemperatur zu berücksichtigen (DIN VDE 0298, Verwendung von Kabeln und isolierten Leitungen für Starkstromanlagen). Weiterhin ist beispielsweise bei der Planung zu beachten, dass bei der Installation elektrischer Anlagen in Isolierstoffwänden (z. B. Fertighauswände) der Einsatz entsprechender Kapselungen (Hohlwandverbinderdosen, Installationsrohre usw.) vorgeschrieben ist. Sollen elektrische Betriebsmittel auf brennbaren Bauteilen angebracht werden, so ist darauf zu achten, dass entsprechend geschützte Betriebsmittel verwendet werden oder eine mindestens 1,5 mm dicke Isolierstoffunterlage zur Anwendung kommt.

- **Errichten der elektrischen Anlagen**
  Beim Errichten elektrischer Anlagen ist darauf zu achten, dass Betriebsmittel, die sich während des Betriebs erwärmen, zum einen ausreichend mit zirkulierender Luft zur Kühlung versorgt werden, zum anderen aber brennbare Stoffe sich diesen Betriebsmitteln nicht Gefahr bringend nähern können.
  So ist bei der Installation elektrischer Leuchten die vorgeschriebene Einbaulage und die maximal zulässige Lampenleistung zu beachten. Weiterhin ist auf die

richtige Ausführung der Kontaktstellen zu achten. Mit Verbindungselementen, die eine dauerhafte Verbindung garantieren, ist eine ausreichende Kontaktkraft aufzubringen.
Eine zu kleine Kontaktkraft führt zu erhöhten Kontaktwiderständen und damit zu einer Erwärmung der Kontakte. Die Erwärmung bewirkt eine beschleunigte Korrosion der Kontakte (Zersetzung des Isoliermaterials), die eine weitere Erhöhung des Kontaktwiderstands mit sich bringt. Diese Erwärmungsspirale zerstört durch stetig steigende Temperaturen die Umgebung des Kontakts und führt letztlich häufig zu einer Brandentzündung. Dieser Effekt ist besonders gefährlich, da er durch die Betriebsströme verursacht wird und deshalb nicht durch Leitungs- oder Fehlerstromschutzschalter erkannt werden kann.

- **Betrieb elektrischer Anlagen**
  Besonders beim Betrieb von Wärme produzierenden Betriebsmitteln sind Belange des Brandschutzes zu beachten. So müssen die Wege für die zirkulierende Kühlluft freigehalten werden, und es sind leicht entzündliche Stoffe von den Geräten fernzuhalten. Zu solchen leicht entzündlichen Stoffen gehören zum Beispiel auch Staubschichten, die sich teilweise schon ab 150 °C entzünden können. Eventuell kann auch eine ständige Überwachung (z. B. Brandmelder) solcher Betriebsmittel nötig sein.

Als besondere Gefahrenquelle sind Geräte anzusehen, bei deren regulärem Betrieb Wärmestrahlung auftritt. Hier sind sowohl Heizgeräte (z. B. Heizlüfter, Ölradiatoren, Toaster, Bügeleisen) als auch Beleuchtungseinrichtungen (z. B. Glühlampen, Strahler, Gasentladungslampen) zu nennen. Auch Kleinspannungsleuchten, wie sie in letzter Zeit häufig zum Einsatz kommen, bergen durch ihre heißen Lampen und die hohen Betriebsströme ein Gefahrenpotenzial in Bezug auf die Brandverursachung in sich.

Da Leuchten in der Brandursachenstatistik eine herausragende Rolle einnehmen, soll hier auf spezielle Anforderungen bei der Auswahl und Errichtung eingegangen werden. Glühlampen (und damit auch die Leuchten) haben je nach Leistung und Einbaulage sehr unterschiedliche Oberflächentemperaturen (**Bild 20**). Dementsprechend müssen Leuchten mit Aufschriften oder Piktogrammen gekennzeichnet sein, die sowohl die möglichen Einbaulagen (nur bei Leuchten für den Einbau in Einrichtungsgegenständen und für feuergefährdete Bereiche) als auch die höchstens zulässige Lampenleistung angeben. Der Errichter muss darüber hinaus beachten, dass sich keine Wärmestauräume um die Leuchte herum bilden können (z. B. Einbau in Möbeln oder Überdeckung mit Erntegut). Die Befestigungsflächen sind gemäß DIN VDE 0100-559 (Leuchten und Beleuchtungsanlagen) auf die Leuchtenbauart abzustimmen.

Folgende Kennzeichen sollten bei der Auswahl der Leuchten beachtet werden:

▽F	Dieses Kennzeichen gilt für Leuchten mit Entladungslampen. Es besagt, dass diese Leuchten unmittelbar auf nicht brennbaren, schwer oder normal entflammbaren Baustoffen nach DIN 4102 angebracht werden dürfen.
▽F ▽F	Dieses Kennzeichen gilt für Leuchten mit begrenzter Oberflächentemperatur. Es besagt, dass diese Leuchten sowohl mit Glühlampen als auch mit Entladungslampen bestückt sein können. Sie sind so gebaut, dass sie keine Temperaturen annehmen können, die zur Entzündung von brennbaren Stäuben und Fasern führen.
▽M	Dieses Kennzeichen gilt für Leuchten mit Entladungslampen zum Einbau in und an Einrichtungsgegenständen. Es besagt, dass diese Leuchten in der angegebenen Montageart auf Einrichtungsgegenständen aus Werkstoffen – die in ihrem Brandverhalten nicht brennbaren, schwer und normal entflammbaren Baustoffen (nach DIN 4102) entsprechen, auch wenn sie beschichtet, lackiert oder furniert sind – angebracht werden dürfen.
▽M ▽M	Dieses Kennzeichen gilt für Leuchten mit begrenzter Oberflächentemperatur. Es besagt, dass diese Leuchten sowohl mit Glühlampen als auch mit Entladungslampen bestückt sein können und in der angegebenen Montageart auf Einrichtungsgegenständen aus Werkstoffen, deren Brandverhalten nicht bekannt ist, auch wenn sie beschichtet, lackiert oder furniert sind, angebracht werden dürfen. Sie sind so gebaut, dass sie keine Temperaturen annehmen können, die zur Entzündung von brennbaren Stoffen führen.
▽M	Die mit M-Symbol gekennzeichneten Leuchten erfüllen alle nur dann, wenn ihre Leuchtstofflampen durch eine Anforderungen zusätzliche Abdeckung mit der Schutzart IP5X umschlossen werden, z. B. mit einer Leuchtenwanne.

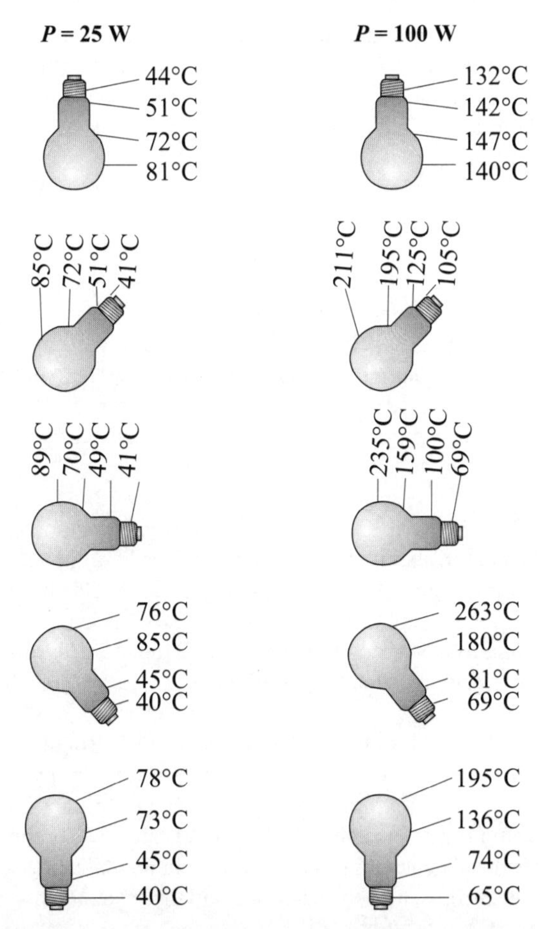

Bild 20 Oberflächentemperaturen in °C von Glühlampen

Auch wenn alle genannten Maßnahmen des vorbeugenden Brandschutzes getroffen wurden, sollten doch die Schutzmaßnahmen für den Fehlerfall nicht vernachlässigt werden. Die schnelle Abschaltung eines Fehlers ist für die Beseitigung der Brandgefahr entscheidend. Richtig bemessene und einwandfrei ausgeführte Schutzleiter-Schutzmaßnahmen gegen gefährliche Berührungsströme und der Überstromschutz von Kabeln und Leitungen gegen zu hohe Erwärmung sorgen unter Beachtung aller Umgebungs- und Verlegebedingungen für einen ausreichenden Brandschutz. Je empfindlicher und schneller die Schutzeinrichtung anspricht, desto wirksamer übernimmt sie auch den Brandschutz. Es muss jedoch nochmals darauf hingewiesen werden, dass die genannten Schutzeinrichtungen einen Brandschutz bei mangelhafter Anlagenausführung (z. B. Nichtbeachtung der Reduktionsfaktoren bei Leitungsbündelung oder schlechte Kontaktausführung) nicht übernehmen können, da in diesen Fällen weder Über- noch Fehlerströme für die Brandentstehung notwendig sind.

Tabelle 16 und **Tabelle 22** enthalten Hinweise für den Brandschutz in der Installationspraxis.

Schutz gegen Brandfortleitung durch elektrische Betriebsmittel
Wenn die elektrische Anlage den bereits genannten Sicherheitsanforderungen in Dimensionierung und Ausführung entspricht, so ist die Wahrscheinlichkeit der Brandverursachung durch die elektrische Anlage sehr gering. Aber durch ihre weiträumige Ausdehnung kann die elektrische Anlage erheblich zur Ausweitung des Brandgeschehens beitragen.

Als häufigste Brandfortleiter sind hier die Kabel- und Leitungsbahnen zu nennen, bei denen nicht nur die brennenden Kabel und Leitungen, sondern häufig auch der auf den Bahnen liegende Schmutz zur Brandverschleppung führt. Daher muss zunächst der Errichter bemüht sein, schmutzanfällige Zonen im Bereich der Leitungstrasse zu umgehen, während später der Betreiber aus Gründen des Brandschutzes für die Reinhaltung der Kabelbahnen sorgen muss.

Da derartige Kabelbahnen auch feuerbeständige Trennwände und Brandwände durchbrechen müssen, sind an diesen Durchbrüchen besondere Schottungsmaßnahmen gefordert. Während bei der Durchführung einer einzelnen Leitung durch eine solche Wand die Abdichtung der verbleibenden Öffnung mit nicht brennbaren Baustoffen (Mörtel, Beton o. Ä.) ausreicht, werden für gebündelte elektrische Kabel und Leitungen sowie für Stromschienen- und Rohrleitungssysteme entsprechende Durchführungsschottsysteme gefordert (**Bild 21**).

Diese Kabel- und Rohrschotte gelten im Sinne der Landesbauordnung als „neue Bauart“, die noch nicht allgemein gebräuchlich und bewährt ist. Die Schott-Typen stellen also Bauteile dar, deren Brauchbarkeit geprüft werden muss und die somit einer Zulassung bedürfen. Diese Zulassung wird zeitlich befristet höchstens für fünf Jahre ausgestellt.

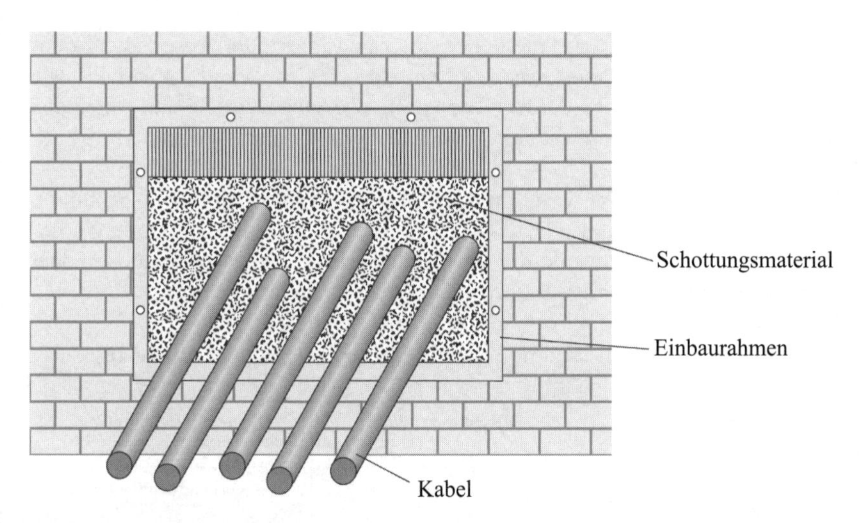

Bild 21 Kabel-Schottungs-System

Der entsprechende Zulassungsbescheid der Schottung gibt über folgende Punkte Auskunft:

- Bauart von Decken und Wänden, in denen die Abschottung eingebaut werden darf
- Mindeststärke der Decken und Wände sowie die Mindestdicke der Abschottung
- Art der durchzuführenden Kabel bzw. Leitungen hinsichtlich Leitermaterial, Querschnitt und Mantelwerkstoff
- Größe der Öffnung in der Decke oder der Wand, die mit der Abschottung verschlossen werden soll
- Festlegung, ob Kabelpritschen hindurchgeführt werden dürfen oder ob diese unterbrochen werden müssen
- Bauart der Abschottung mit Beschreibung der zu verwendenden Materialien, gegebenenfalls durch Zeichnungen erläutert
- Beschreibung des sachgerechten Einbaus
- notwendige Kennzeichnung durch dauerhafte Schilder, die neben der Abschottung an der Wand zu befestigen sind und folgende Angaben enthalten müssen:
  - Name des Herstellers
  - Zulassungsnummer
  - Herstellungsjahr

Weiterhin ist zu beachten, dass die Feuerwiderstandsklasse der Abschottung mindestens der Feuerwiderstandsklasse der durchbrochenen Wand entspricht. Die Feuerwiderstandsklasse gibt darüber Auskunft, wie lange ein Bauteil unter den Verhältnissen des Vollbrands die ihm zugedachte Funktion erfüllen kann.

Die Feuerwiderstandsklasse wird von der Zeit (Feuerwiderstandsdauer) bestimmt, in der das Versagekriterium eintritt. Versagekriterien sind, je nach Aufgabe des jeweiligen Bauteils im Bauwerk, der Verlust der Tragfähigkeit von Bauteilen oder der Verlust des Raumabschlusses zur Feuer- oder Raucheindämmung.

Die Feuerwiderstandsdauer wird in folgende Klassen eingeteilt (**Tabelle 16**):

Feuerwiderstandsklasse	Feuerwiderstandszeit	Brandschutztechnische Forderung*)
F 30 F 60	> 30 min > 60 min	feuerhemmend
F 90 F 120	> 90 min > 120 min	feuerbeständig
F 180	> 180 min	hochfeuerbeständig
*) Im Sprachgebrauch üblich und auch in verschiedenen Landesbauordnungen sowie in DIN 4102 gebräuchlich.		

Tabelle 16 Feuerwiderstandsklasse F

Vor der Einführung in die Abschottung sind die Kabelbahnen sicher zu befestigen, damit im Brandfall die Abschottung nicht durch die Zugkräfte herunterhängender Kabel zerstört wird.

Schutz gegen Ausfall der elektrischen Betriebsmittel

Die genannten Maßnahmen verhindern selbstverständlich nicht, dass Anlagen in vom Brand erfassten Räumen durch Unterbrechung oder Kurzschluss außer Betrieb gehen. Ein derartiger, eventuell sehr schnell eintretender Ausfall kann aber bei einigen Einrichtungen nicht hingenommen werden.

Als Beispiele seien hier genannt:

- Netzersatz- und Notstromanlagen
- Sicherheitsbeleuchtungen
- Feuerwehraufzüge
- Löschwasserpumpen
- Sprinkleranlagen

Von derartigen Anlagen wird eine hohe Verfügbarkeit auch oder gerade im Brandfall gefordert. Dies kann nur durch Brandschutzmaßnahmen über die gesamte Kabellänge gewährleistet werden. Man spricht daher auch vom Längsschutz.

Ein derartiger Längsschutz kann durch diverse Maßnahmen gewährleistet werden, von denen hier einige beispielhaft genannt werden:

- Verlegung halogenfreier Leitungen und Kabel (eingeschränkte Funktion im Brandfall, da dann die Isolation nur noch durch ein loses Pulver gewährleistet wird, aber nur geringe Rauchentwicklung)
- Verlegung mineralisolierter Leitungen und Kabel; diese Isolierung ist bis etwa 1000 °C (Kupfermantel) bzw. 2000 °C (Magnesiumoxid als Leiterisolierung) temperaturbeständig und verursacht im Brandfall weder Rauch- noch gefährliche Brandgase
- Auftragen von Dämmschichtbildnern
- Ummantelung der Leitungen und Kabel mit Streckmetall, das mit Dämmschichtbildnern gestrichen ist
- Verlegung in Schächten und Kanälen aus nicht brennbaren Baustoffen
- besondere Wahl der Kabel- und Leitungstrassen mit räumlich getrennter Verlegung (z. B. in Zwischenböden oder anderen Hohlräumen aus nicht brennbaren Baustoffen)
- Verlegung im Erdreich
- Verlegung in Beton, in oder unter Putz

Die Anwendung dieser Längsschutzmaßnahmen gewährt im Brandfall den Erhalt der Funktionstüchtigkeit für einen begrenzten Zeitraum und hat gegenüber der üblichen Verlegung von PVC-isolierten Kabeln und Leitungen außerdem folgende Vorteile:

- keine Abspaltung von giftigen und korrosiven Gasen
- keine Rauchentwicklung
- kein Weiterbrennen nach Entzug der Zündquelle

Allgemeine Anforderungen zum Brandschutz (Tabelle 17):

- Personen, Nutztiere und Sachen sind gegen zu hohe Erwärmung, die durch elektrische Anlagen verursacht werden kann, zu schützen
- Es müssen verhindert werden:
  - Entzündung, Verbrennung oder andere Schädigungen als Folge zu hoher Erwärmung
  - Gefahr von Brandwunden
  - Beeinträchtigung der Funktion elektrischer Anlagen

Tabelle 17 Allgemeine Anforderungen zum Brandschutz

Brandursachen (Tabelle 18):

- Überlastung der Betriebsmittel, z. B. Kabel, Leitungen, Motoren, Transformatoren
- Isolationsfehler
- mangelhafter Kontakt
- Störlichtbogen
- unzulässig hohe Temperatur an der Oberfläche elektrischer Betriebsmittel
- Überspannungen
- Anhäufung von brennbarem Material bzw. Staub, brennbare Baustoffe

Tabelle 18 Brandursachen

Brandschutz (Tabelle 19):

Ein zuverlässiger Brandschutz in elektrischen Anlagen wird erreicht durch:

- sorgfältige Auswahl und Errichtung elektrischer Betriebsmittel und Anlagen nach den anerkannten Regeln der Technik und des handwerklichen Könnens
- Schutz gegen gefährliche Körperströme
- Überstromschutz
- Schutz bei Überspannungen, Erdung und Potentialausgleich
- zusätzliche Schutzmaßnahmen unter Berücksichtigung besonderer Einflüsse, die zu einer erhöhten Brandgefährdung führen können
- Beachtung der Montage- und Betriebsanweisung des Herstellers
- bestimmungsgemäße Verwendung
- Prüfungen

Tabelle 19 Brandschutz

Maßnahmen zum Brandschutz (Tabelle 20):

Brandgefahr durch zu hohe Oberflächentemperatur:
- Montage der Betriebsmittel auf oder innerhalb von Werkstoffen, die der auftretenden Erwärmung widerstehen können
- Abschirmung durch Werkstoffe, die der auftretenden Erwärmung widerstehen können
- ausreichender Abstand zu Werkstoffen, deren Beständigkeit durch zu hohe Erwärmung gefährdet wäre

Brandgefahr durch Lichtbogen oder Funken:
- Abschirmung durch lichtbogenbeständige Werkstoffe mit ausreichender mechanischer Festigkeit
- ausreichender Abstand zu gefährdeten Einrichtungen und Gebäudeteilen

Brandgefahr durch Wärmestau:
- ausreichender Abstand zu gefährdeten Einrichtungen und Gebäudeteilen
- Wärmestau kann z. B. durch Behinderung der Wärmeabfuhr oder durch Hängung von Betriebsmitteln entstehen

Brandgefahr durch entflammbare Flüssigkeiten:
- keine Ausbreitung der brennenden Flüssigkeiten oder ihrer Verbrennungsprodukte (Auffanggrube, Türschwellen); feuerbeständige oder feuerhemmende Abtrennung zu anderen Räumen, Belüftung ins Freie

Brandgefahr durch Verkleidungen:
- Verkleidungen sollten aus nicht brennbaren Werkstoffen sein; sie müssen jedoch mindestens schwer entflammbar sein und den zu erwartenden höchsten Temperaturen standhalten

Brandgefahr durch Überhitzung:
- bei Gebläseheizsystemen müssen die Heizelemente bei Ausfall der Gebläse abschalten; es sind zwei voneinander unabhängige Temperatur begrenzende Einrichtungen vorzusehen
- Tragekonstruktion und Verkleidungen aus nicht brennbaren Werkstoffen
- bei Heißwasser- oder Dampferzeugern sind ein Überhitzungsschutz unabhängig von der Temperaturregelung und eine Vorrichtung zur Begrenzung des Überdrucks vorzusehen

Tabelle 20 Maßnahmen zum Brandschutz

Maßnahmen gegen Verbrennungen (Brandwunden) (Tabelle 21):

- Begrenzung der Oberflächentemperatur der im Handbereich zugänglichen Teile elektrischer Betriebsmittel auf Werte, die bei Personen keine Verbrennungen verursachen können
- Wenn in den Gerätenormen keine maximalen Oberflächentemperaturen angegeben sind, dürfen nachstehende Werte nicht überschritten werden:

zugängliche Teile im Handbereich bei bestimmungsgemäßer Verwendung	maximale Temperatur in °C an der Oberfläche	
	metallisch	nicht metallisch
Teile, die beim Betrieb in der Hand gehalten werden	55	65
Teile, die berührt werden müssen, jedoch nicht in der Hand gehalten werden	70	80
Teile, die nicht berührt zu werden brauchen	80	90

- Wird die maximale Temperatur an der Oberfläche überschritten, ist ein Schutz gegen zufälliges Berühren erforderlich

Tabelle 21 Maßnahmen gegen Verbrennungen (Brandwunden)

Ergänzende Maßnahmen bei erhöhter Brandgefährdung (Tabelle 22):

- Getrennte Verlegung von Neutral- (N) und Schutzleitern (PE); PEN-Leiter sind nicht zulässig (Ausnahme: Leitungen durchqueren nur die feuergefährdeten Betriebsstätten, und sie sind kurz- und erdschlusssicher verlegt)
- Schutz durch Freischalten
- Jeder Neutralleiter muss eine Trennvorrichtung erhalten
- Verwendung von Neutralleiter-Trennklemmen zur Messung des Isolationswiderstands ohne Abklemmen des Neutralleiters
- Vermeidung von Isolationsfehlern durch Abstand der Leiter (z. B. einadrige Mantelleitungen oder Kabel)
- Schutzleiter innerhalb der Umhüllung von Kabeln und Leitungen als Überwachungsleiter
- Blanke Leiter dürfen nicht verwendet werden
- Bei Isolationsfehlern müssen Kabel und Leitungssysteme geschützt werden; in TN- und TT-Systemen durch Fehlerstromschutzeinrichtungen (RCDs) mit Bemessungsdifferenzstrom von bis zu 300 mA; wenn widerstandsbehaftete Fehler einen Brand auslösen können, durch RCDs mit einem Bemessungsdifferenzstrom bis 30 mA, bei IT-Systemen mit Isolationsüberwachungseinrichtungen; bei gleichzeitigem Auftreten eines zweiten Fehlers muss innerhalb von 5 s abgeschaltet werden
- Verwendung beweglicher Leitungen mit ausreichender mechanischer Festigkeit (z. B. Gummischlauchleitungen H07RN-F)
- Verwendung von Überstromschutzeinrichtungen für Motoren, Transformatoren und Kleinspannungsanlagen
- Verwendung von Leuchten mit begrenzter Oberflächentemperatur

---

- Kennzeichnung: ▽F oder ▽M
- Mindestabstand von z. B. Leuchten: bis 100 W – 0,5 m; bis 300 W – 0,8 m; bis 500 W – 1 m

---

- Auswahl der Betriebsmittel nach ihrer Schutzart (z. B. IP4X oder IP5X)

Diese zusätzlichen Maßnahmen werden bei besonderer Brandgefährdung in Teilen von DIN VDE 0100, Gruppe 700, ganz oder teilweise gefordert.

Tabelle 22 Zusätzliche Maßnahmen bei erhöhter Brandgefährdung

Literatur:

- *Kiefer, G.; Schmolke, H.: VDE 0100 und die Praxis. Berlin · Offenbach: VDE VERLAG, 2011*
- *Druckschriften des Verbands der Sachversicherer e. V. (VdS) zum Thema „Vorbeugender Brandschutz in elektrischen Geräten und Anlagen“*

Brandschutztechnische Anforderungen an Leitungsanlagen

Die Richtlinien über brandschutztechnische Anforderungen an Leitungsanlagen enthalten Festlegungen unter anderem für Kabel und Leitungen in Treppenräumen und Fluren von Gebäuden (Rettungswege), die der Entstehung und Ausbreitung von Feuer und Rauch vorbeugen und bei einem Brand wirksame Löscharbeiten und die Rettung von Menschen ermöglichen.

Die Richtlinien gelten für elektrische Leitungen und Kabel:
- in Räumen, die als Rettungswege genutzt werden
- die durch Wände und Decken geführt werden
- an die notwendige Sicherheitseinrichtungen angeschlossen werden

Zu den Leitungsanlagen zählen auch die dazugehörigen Verbindungs- und Befestigungselemente, Verteilungen, Hausanschlusseinrichtungen sowie Einrichtungen der Mess-, Steuer- und Regelungstechnik.

Anforderungen:
- Durch die Verlegung von Leitungsanlagen in Decken und Wänden der Rettungswege darf die Feuerwiderstandsdauer durch Schwächung der Wandquerschnitte nicht beeinträchtigt werden.
- In Sicherheitsräumen (Rettungswege) dürfen nur Kabel und Leitungen verlegt werden, die den unmittelbaren Betrieb dieser Räume oder der Brandbekämpfung dienen.
- Elektrische Einrichtungen sind gegenüber den Rettungswegen durch nicht brennbare Baustoffe abzutrennen.
- Elektrische Leitungen müssen im oder unter Putz auf nicht brennbaren Putzträgern oder über Unterdecken verlegt werden.
- Installationsschächte, -kanäle und Unterdecken müssen eine Feuerwiderstandsdauer von mindestens 90 min haben und aus nicht brennbaren Baustoffen bestehen. Werden keine Geschossdecken durchbrochen, reichen auch 30 min.
- Halogenfreie Leitungen mit verbessertem Verhalten im Brandfall dürfen in Rettungswegen, ausgenommen in Hochhäusern, auch offen verlegt werden. Leitungsführungskanäle müssen aus nicht brennbaren Baustoffen bestehen.
- Schächte, Kanäle, Rohre und Unterdecken dürfen in Rettungswegen, an denen nur Wohnungen und andere Nutzungseinheiten mit jeweils höchstens 100 m^2 Grundfläche liegen, aus Stahlblech mit geschlossener Oberfläche bestehen, wenn sie nicht durch Geschossdecken geführt werden.

- Offene Verlegung ist auch für Fernmeldeleitungen bis 40 Doppeladern und für Fernsehkabel erlaubt.
- Leitungen und Kabel dürfen nur durch Brandwände, Treppenraumwände und durch feuerbeständige Trennwände und Decken geführt werden, wenn eine Übertragung von Feuer und Rauch durch geeignete Maßnahmen verhindert wird. Solche Maßnahmen können sein:
  - Leitungen werden durch nicht brennbare Installationsschächte oder -kanäle mit einer Feuerwiderstandsdauer von mindestens 90 min geführt
  - Durchführungen werden durch Abschottungen gesichert. Bei einzelnen Leitungen reicht es aus, wenn der Raum zwischen der Leitung und den umgebenden Bauteilen mit nicht brennbaren, formbeständigen Baustoffen (z. B. Mörtel, Beton) ausgefüllt wird; bei mehreren Leitungen (Bündel) sind wegen der Zwickelbildung geprüfte und bauaufsichtlich zugelassene Abschottungen (Feuerwiderstandsdauer mindestens 90 min) erforderlich.
- Elektrische Leitungen für Sicherheitsanlagen müssen so verlegt werden bzw. beschaffen sein, dass die Sicherheitseinrichtungen nicht vorzeitig ausfallen. Dies setzt voraus, dass sie bei äußerer Brandeinwirkung für eine ausreichende Zeitdauer funktionsfähig bleiben,
  - mindestens 30 min unter anderem für Melde- und Alarmierungseinrichtungen, Sicherheitsbeleuchtung
  - mindestens 90 min z. B. für Lüftungsanlagen und Einrichtungen der Löschwasserversorgung, Rauch- und Wärmeabzugsanlagen.

→ *Bauliche Anlagen für Menschenansammlungen*
→ *Brandverhalten von Baustoffen und Bauteilen*

Brandverhalten von Baustoffen und Bauteilen

Das Brandverhalten von Baustoffen wird beeinflusst durch:
- die Art des Stoffs
- seine Gestalt
- die Oberfläche und Masse
- den Verbund mit anderen Stoffen und die Verbindungsmittel
- die Verarbeitungstechnik

Das Brandverhalten der Baustoffe wird durch **Baustoffklassen** gekennzeichnet:

Baustoffklasse	**A**	**nicht brennbare Baustoffe**
	A1	nicht brennbare Baustoffe, deren Anforderungen durch Prüfungen im Ofen nachgewiesen werden müssen und die die Bedingungen der Klasse A2 erfüllen
	A2	nicht brennbare Baustoffe, die entsprechende Prüfungen bestehen: • im Brandschacht • der Rauchdichte • der Toxizität • der Heizwert- und Wärmeentwicklung • oder die Ofenprüfung
Baustoffklasse	**B**	**brennbare Baustoffe**
	B1	schwer entflammbare Baustoffe
	B2	normal entflammbare Baustoffe
	B3	leicht entflammbare Baustoffe

Tabelle 23 Baustoffklassen

Das Brandverhalten von Bauteilen wird wesentlich durch die Feuerwiderstandsdauer gekennzeichnet, die als Mindestdauer definiert wird, bei der die durch Prüfung nachzuweisenden Anforderungen erfüllt werden. Dazu zählt unter anderem, dass bei Raum abschließenden Bauteilen der Durchgang des Feuers verhindert wird, die Temperatur auf der dem Feuer abgekehrten Seite begrenzt und die Festigkeit der Bauelemente in ausreichender Weise erhalten bleibt.

Feuerwiderstandsklassen	**Feuerwiderstandsdauer in min**
F 30	≥ 30
F 60	≥ 60
F 90	≥ 90
F 120	≥ 120
F 180	≥ 180

Tabelle 24 Feuerwiderstandsklassen F

Wände zur Trennung oder Abgrenzung von Brandabschnitten werden als Brandwände bezeichnet. Sie sind dazu bestimmt, die Ausbreitung von Feuer auf andere

Gebäude oder Gebäudeabschnitte zu verhindern. Sie müssen nachstehenden Anforderungen genügen:

- Baustoffe der Klasse A
- mindestens Feuerwiderstandsklasse F 90, in besonderen Fällen auch F 120 oder F 180
- Raumabschluss und Standsicherheit müssen bei definierter Stoßbeanspruchung erhalten bleiben
- die Temperaturerhöhungen über die Anfangstemperatur darf auf der dem Feuer abgekehrten Seite während und nach der Stoßbeanspruchung im Mittel 140 K und maximal 180 K nicht überschreiten
- für nicht tragende Außenwände (Raum abschließende Bauteile als Außenwandelemente, Ausfachungen usw.) gelten Werte der Feuerwiderstandsklassen W

Feuerwiderstandsklassen	Feuerwiderstandsdauer in min
W 30	≥ 30
W 60	≥ 60
W 90	≥ 90
W 120	≥ 120
W 180	≥ 180

Tabelle 25 Feuerwiderstandsklassen W

Bühnensteckvorrichtungen

DIN VDE 0100-550 *(VDE 0100-550)* — ***Errichten von Starkstromanlagen mit Nennspannungen bis 1 000 V*** *Steckvorrichtungen, Schalter und Installationsgeräte*

DIN VDE 0100-718 *(VDE 0100-718)* — ***Errichten von Niederspannungsanlagen*** *Bauliche Anlagen für Menschenansammlungen*

Bühnensteckvorrichtungen sind auszuwählen:

- bis 10 A nach DIN 49440 und DIN 49442
- über 10 A bis 63 A nach DIN 56903 und DIN 56906

Bündelung von Kabeln und Leitungen

→ *Verlegen von Kabeln und Leitungen*

Campingplätze

DIN VDE 0100-708	***Errichten von Niederspannungsanlagen***
(VDE 0100-708)	*Caravanplätze, Campingplätze und ähnliche Bereiche*
DIN VDE 0100-721	***Errichten von Niederspannungsanlagen***
(VDE 0100-721)	*Elektrische Anlagen von Caravans und Motorcaravans*

Campingplatz:
Teil eines Geländes, das zwei oder mehrere Caravanstellplätze enthält.
(Anmerkung: DIN VDE 0100-708 gilt ab 2006-02 nur für Campingplätze)

Caravanstellplatz:
Teil eines Geländes, das vorgesehen ist zur Belegung durch ein bewohnbares Freizeitfahrzeug oder durch ein Zelt.
(Anmerkung: Caravan in DIN VDE 0100-721)

Bewohnbares Freizeitfahrzeug:
Eine Wohneinheit, die vorübergehend oder jahreszeitlich genutzt wird und die für den Einsatz im Straßenverkehr geeignet sein kann.

Elektrische Einrichtungen für die Versorgung von Caravanplätzen (Campingplätzen) und ähnlichen Bereichen mit einer maximalen Nennspannung einphasig von AC 230 V und dreiphasig von AC 400 V.

Für die Einrichtung elektrischer Anlagen auf Campingplätzen sind zusätzliche Anforderungen zu berücksichtigen:

- In Fällen, in denen die Anlage aus einem TN-System versorgt wird, darf nur ein TN-S-System angewendet werden.
- Es dürfen nicht angewendet werden:
  - Schutz durch Hindernisse und Schutz durch Anordnen außerhalb des Handbereichs
  - Schutz durch leitende Räume (Verwendung von Betriebsmitteln der Schutzklasse 0 ist ausgeschlossen)
  - Schutz durch erdfreien örtlichen Potentialausgleich.
- Elektrische Betriebsmittel, die im Freien auf Campingplätzen errichtet werden, müssen mindestens mit folgenden äußeren Einflüssen übereinstimmen:
  - Auftreten von Wasser: AD4 (Spritzen), IPX 4
  - Auftreten von festen Fremdkörpern: AE2 (kleine Fremdkörper), IPX3
  - mechanische Beanspruchungen: AG3 (große Stöße), IK08.

- Kabel- und Leitungsanlagen, bevorzugt unterirdisch verlegte Verteilungsstromkreise:
  - Unterirdisch verlegte Kabel/Leitungen müssen mindestens in einer Tiefe von 0,6 m verlegt werden, ausgenommen sie sind zusätzlich mit einem mechanischen Schutz versehen und außerhalb jedes Caravanstellplatzes oder jeder Oberfläche verlegt, wo keine Zeltpflöcke oder Heringe zu erwarten sind.
  - Alle oberirdisch verlegten Leiter müssen isoliert sein.
  - Masten oder Aufhängungen für oberirdisch verlegte Kabel- und Leitungsanlagen müssen so angeordnet oder so geschützt sein, dass es unwahrscheinlich ist, dass sie durch vorhersehbare Fahrzeugbewegungen beschädigt werden.
  - Oberirdisch verlegte Kabel und Leitungen müssen mindestens 6 m über dem Boden jedes Bereichs, in dem Fahrzeuge bewegt werden, und mindestens 3,5 m über dem Boden in allen anderen Bereichen angeordnet werden.
  - Elektrische Versorgungseinrichtungen an Caravaneinstellplätzen müssen neben dem Stellplatz angeordnet werden und dürfen nicht mehr als 20 m von der Anschlusseinrichtung des bewohnbaren Freizeitfahrzeugs oder des Zelts angeordnet sein, wenn diese abgestellt sind.
  - Empfehlung: In einem Verteiler sollten nicht mehr als vier Steckdosen gruppiert werden.
  - Jede Steckdose und ihr Gehäuse muss mindestens Schutzgrad IP44 entsprechen.
  - Der unterste Teil von Steckdosen muss in einer Höhe zwischen 0,5 m und 1,5 m vom Boden angeordnet sein. In besonderen Fällen, abhängig von den Umgebungsbedingungen, wie dem Risiko der Überflutung oder des schweren Schneefalls, darf die maximale Höhe von 1,5 m überschritten werden.
  - Der Bemessungsstrom von Steckdosen darf nicht weniger als 16 A betragen. Steckdosen mit höherem Bemessungsstrom müssen vorgesehen werden, wenn höherer Leistungsbedarf zu erwarten ist.
  - Mindestens eine Steckdose muss für jedes bewohnbare Freizeitfahrzeug vorgesehen werden.
  - Jede Steckdose muss mit einem eigenen Schutz bei Überstrom versehen werden.
  - Jede Steckdose muss einzeln durch eigene Fehlerstromschutzeinrichtungen (RCD) mit einem Bemessungsdifferenzstrom ≤ 30 mA, die den Neutralleiter mit abschaltet, geschützt sein.
- Verlängerungsleitungen:
  - Stecker und Kupplung in Übereinstimmung mit DIN VDE 0623-20
  - flexible Leitung der Bauart H07RN-F oder gleichwertig
  - Länge maximal 25 m

- Mindestquerschnitt 2,5 mm²
- Leiterkennzeichnung in Übereinstimmung mit DIN VDE 0293-308.

→ *Caravans*

Caravans

DIN VDE 0100-721 *(VDE 0100-721)*	***Errichten von Niederspannungsanlagen*** *Elektrische Anlagen von Caravans und Motorcaravans*
DIN VDE 0100-708 *(VDE 0100-708)*	***Errichten von Niederspannungsanlagen*** *Caravanplätze, Campingplätze und ähnliche Bereiche*

Caravan:
Ist ein bewohnbares Freizeitfahrzeug in Anhängerbauweise, das für Ferienfahrten benutzt wird und das für den Einsatz im Straßenverkehr geeignet ist.

Motorcaravan:
Ist ein bewohnbares Freizeitfahrzeug mit eigenem Antrieb.

Mobilheim:
Ist ein transportables bewohnbares Freizeitfahrzeug mit Einrichtungen zum Fortbewegen, das aber weder den Konstruktions- noch den Anwendungsvorschriften von Straßenverkehrsmitteln entspricht.

Elektrische Anlagen in Caravans sind Einrichtungen zur Versorgung bewohnbarer Freizeitfahrzeuge mit elektrischer Energie mit Nennspannung bis 230/400 V.
Die Nennversorgungsspannung der Anlage für die Versorgung von bewohnbaren Freizeitfahrzeugen darf bei Einphasen-Wechselstrom 230 V oder bei Dreiphasen-Wechselstrom (Drehstrom) 400 V nicht überschreiten.

Anforderungen an Anschlussvorrichtungen

- Die Anschlussvorrichtungen bestehen aus einem Stecker mit Schutzkontakt nach DIN VDE 0623-20, beweglichen Leitungen, Bauart H07RN oder gleichwertig mit Schutzleiter, Länge 25 m, Mindestquerschnitt 2,5 mm² mit Adernkennzeichnung PE grün-gelb, N hellblau und einer Kupplungssteckdose nach DIN VDE 0623-1.

Anforderungen an elektrische Anlagen von Caravans

- Als Schutz gegen elektrischen Schlag dürfen der Schutz durch Hindernisse und Abstand sowie der Schutz durch nicht leitende Räume nicht angewendet werden.
- Beim Schutz durch automatische Abschaltung müssen alle Kabel- und Leitungsanlagen einen Schutzleiter enthalten, der mit dem Schutzkontakt der Anschlussdose (Gerätestecker), mit allen Körpern der elektrischen Betriebsmittel und mit den Schutzkontakten der Steckdosen im Caravan verbunden ist.
- Bei Anwendungen des TN-Systems darf kein PEN-Leiter vorgesehen werden.
- Berührbare leitfähige Teile des Caravans müssen möglichst an mehreren Stellen, damit eine durchgehende Verbindung sichergestellt ist, mit dem Schutzleiter verbunden werden. Querschnitt des Potentialausgleichsleiters: 4 mm² Cu.
- Zu verwendende Leitungsbauarten für elektrische Anlagen in Caravans: Aderleitungen mit feindrähtigen Leitern (H05RN-F oder gleichwertig) in Isolierrohren, mehrdrähtige Leiter (H07V-R) in Isolierrohren, Gummischlauchleitung mit Polychloropren-Mantel (H05RN-F oder gleichwertig).

Bemessungsstrom in A	**Querschnitt in mm²**
16	2,5
25	4
32	6
63	16
100	35

Tabelle 26 Querschnitte von flexiblen Kabeln und Leitungen für die Caravanverbindung

- Querschnitt: Entsprechend der Leistung, jedoch mindestens 1,5 mm² Cu, evtl. Wärmestau berücksichtigen.
- Einadrige Schutzleiter müssen isoliert sein.
- Wegen der Erschütterung sind Kabel- und Leitungsanlagen gegen mechanische Beschädigungen zu schützen.
- Leitungen der Kleinspannungsstromkreise sind von anderen Stromkreisen getrennt zu verlegen.
- Alle Leitungen, die nicht in Rohren oder Kanälen verlegt sind, müssen mit Isolierschellen befestigt sein: senkrechte Leitungsführung mit einem Abstand von höchstens 40 cm, waagrecht höchstens 25 cm. In unzugänglichen Bereichen müssen Leitungen aus einem Stück bestehen.

- Anschlüsse und Verbindungen in geeigneten Dosen, durch die ein mechanischer Schutz sichergestellt ist. Anschlüsse müssen isoliert sein, wenn die Abdeckung ohne Werkzeug entfernt werden kann.
- Leitungsrohre, -kanäle und Verbindungsdosen müssen aus nicht brennbaren Werkstoffen bestehen.
- In Behältern (Schrank oder abgeteilter Raum) zur Aufnahme von Gasflaschen dürfen Kabel und Leitungen weder vorhanden sein noch hindurchgeleitet werden.

Caravan-Anschluss

- Für den Anschluss wird eine Gerätesteckvorrichtung nach DIN VDE 0623-20 mit Schutzleiter verwendet. Sie muss an zugänglicher Stelle, außen in einer Nische so hoch wie möglich, jedoch nicht höher als 1,80 m, untergebracht und mit einem Deckel verschlossen sein.
- Es sind in unmittelbarer Nähe des Anschlusses folgende Daten anzugeben: Bemessungsspannung, Bemessungsstrom, Bemessungsfrequenz.
- Im Caravan an einer leicht zugänglichen Stelle muss ein Hauptschalter vorhanden sein, mit dem die gesamte Anlage (alle aktiven Leiter einschließlich Neutralleiter) abgeschaltet werden kann.
- Ein Hinweisschild in der Nähe des Hauptschalters mit folgenden Angaben:
  - Beschreibung des Anschluss- bzw. Abtrennvorgangs
  - Maßnahmen für den Fehlerfall
  - Anweisung für das Wechseln der Sicherungen
  - Empfehlung einer regelmäßigen Prüfung.
- Alle Stromkreise müssen gegen Überlast geschützt sein.
- Installationsgeräte (Lampenfassungen, Schalter) dürfen keine berührbaren Metallteile enthalten.
- Steckdosen nur mit Schutzkontakt.
- Kleinspannungsdosen müssen gegenüber anderen Steckverbindungen unverwechselbar sein.
- Steckdosen und andere Installationsgeräte im Freien müssen Schutzart IP55 entsprechen.
- Alle Verbrauchsmittel müssen mit einem Schalter am Gerät oder in der Nähe des Betriebsmittels von Netz trennbar sein.
- Leuchten sollten vorzugsweise als Einbauleuchten mit der Konstruktion oder Auskleidung des Caravans verbunden sein.

- Besondere Anforderungen für Leuchten, die für Lampen mit unterschiedlichen Bemessungsspannungen vorgesehen sind:
  - besondere unverwechselbare Lampenfassungen für jede Spannung, Kennzeichnung der Lampenspannung und -leistung
  - bei gleichzeitigem Betrieb der Lampen darf kein Schaden eintreten
  - sichere Trennung der Stromkreise und Anschlussklemmen
- Bemessungsspannungen für Kleinspannungsstromkreise:

DC	AC
12 V	12 V
24 V	24 V
48 V	42 V
	48 V

- Für Kleinspannungsstromkreise sind unverwechselbare Steckvorrichtungen zu verwenden.
- Elektrische Anlagen in Räumen mit Dusche: → *Orte mit Badewanne oder Dusche.*
- Verlängerungsleitungen:
  - Stecker und Kupplung in Übereinstimmung mit DIN VDE 0623-20
  - flexible Leitung der Bauart H07RN-F oder gleichwertig
  - Länge maximal 25 m
  - Mindestquerschnitt 2,5 mm²
  - Leiterkennzeichnung in Übereinstimmung mit DIN VDE 0293-308.

→ *Campingplätze*

Caravan-Stellplatz

Der Caravan-Stellplatz ist ein Bereich auf einem Campingplatz, der von einem Caravan bzw. einem Motorcaravan belegt wird.

→ *Campingplätze*
→ *Caravan*

Ceanderkabel

Starkstromkabel mit einem besonderen Leiter, dem Ceanderleiter, dieser ist ein konzentrischer Leiter, bei dem die einzelnen Kupferdrähte wellenförmig (mäanderförmig) in Richtung der Kabelachse angeordnet sind.

Kabelkurzzeichen: NYCWY (C Ceander / W wellenförmig)

Vorteil Ceanderkabel:
Nach dem Entfernen des Kabelmantels können die Einzeldrähte des konzentrischen Leiters im Zuge von Kabelarbeiten in axialer Richtung verlängert werden, d. h., die Montagen von Kabelabzweigen oder Muffen sind bei Ceanderkabeln ohne Unterbrechung des konzentrischen Leiters und der Hauptleiter möglich.

CE-Kennzeichnung

Kennzeichnung von Erzeugnissen mit dem CE-Zeichen in Verantwortung des Herstellers.

Die CE-Kennzeichnung besagt, dass das Produkt, an dem es angebracht ist, die Anforderungen aller einschlägigen europäischen Richtlinien einschließlich der zulässigen Konformitätsbewertungsverfahren erfüllt. Demnach ist die CE-Kennzeichnung für die Vollzugsbehörden eines jeden Mitgliedstaats der Nachweis dafür, dass das Inverkehrbringen oder die Einfuhr nicht unterbunden werden darf, es sei denn, offensichtliche Beweise für eine missbräuchliche Verwendung der CE-Kennzeichnung liegen vor. Vorschriftsmäßig verwendet ist die CE-Kennzeichnung für ein Produkt eine Art Freifahrtzeichen für den gesamten EU-Binnenmarkt.

Mit der CE-Kennzeichnung wird die Konformität mit allen Verpflichtungen bestätigt, die der Hersteller in Bezug auf das Erzeugnis aufgrund der EU-Richtlinien hat, in denen ihre Anbringung vorgesehen ist. Fallen Industrieerzeugnisse in den Geltungsbereich mehrerer Richtlinien, die andere Aspekte behandeln und in denen die CE-Kennzeichnung vorgesehen ist, wird mit dieser Kennzeichnung angegeben, dass die Erzeugnisse auch den Bestimmungen dieser anderen Richtlinien entsprechen, einschließlich deren Konformitätsverfahren. Steht aufgrund einer oder mehrerer EU-Richtlinien dem Hersteller während einer Übergangszeit die Wahl der anzuwendenden Regelung frei, wird durch die CE-Kennzeichnung lediglich die Konformität mit den Bestimmungen der vom Hersteller angewandten Richtlinien angezeigt.

Mit der EU-Richtlinie 93/68/EWG wurden Anbringung und Verwendung der CE-Kennzeichnung harmonisiert. Die für den Hersteller wohl wichtigste Änderung ist das Verbot, Kennzeichnungen anzubringen, durch die Dritte hinsichtlich der Bedeutung und des Schriftbilds der CE-Kennzeichnung irregeführt werden könnten.

Die Richtlinie enthält nur grundlegende sicherheitstechnische Anforderungen. Diese Grundanforderungen gelten als erfüllt, wenn die Erzeugnisse nach harmonisierten Normen hergestellt sind. Bei Abweichung von bzw. Nichtanwendung einer harmonisierten Norm muss jedoch die Übereinstimmung mit den Grundanforderungen (Richtlinienkonformität) auf andere Weise gewährleistet sein und vom Hersteller im Schadensfall bewiesen werden. Solange keine harmonisierten Normen vorhanden sind, sind auch nationale Normen oder technische Spezifikationen des Herstellers oder des Anwenders anwendbar.

Zur Bestätigung der Konformität mit der Richtlinie kann der Hersteller neben der Anbringung der CE-Kennzeichnung eine EU-Konformitätserklärung für das Produkt ausstellen, z. B. in Form der eigenverantwortlichen Herstellererklärung.
Die Konformitätsbestätigung kann auch durch „neutrale Dritte", z. B. durch ein akkreditiertes Prüfinstitut und eine Zertifizierungsstelle, erfolgen.

Die CE-Kennzeichnung ist ein Verwaltungszeichen, das sich an die Überwachungsbehörden und nicht an die Abnehmer und Verbraucher richtet. Es unterrichtet die Behörden darüber, dass das gekennzeichnete Produkt die betreffende Richtlinie erfüllt. Die CE-Kennzeichnung ist somit kein Qualitätszeichen.

Grafische Darstellung des CE-Zeichens:

Literatur:

- *Krefter, K.-H. (Hrsg): Europäisches Konzept für das Prüf- und Zertifizierungswesen. Frankfurt am Main: VWEW-Verlag*

CEN

Das Europäische Komitee für Normung (CEN) ist eine nicht staatliche Vereinigung mit Sitz in Brüssel. Gegründet wurde das CEN 1961. Seine Arbeit umfasst alle Fachgebiete mit Ausnahme der Elektrotechnik, für die das Europäische Komitee für elektrotechnische Normung (→ *CENELEC*) zuständig ist.
CEN und CENELEC haben eine gemeinsame Geschäftsordnung und unterscheiden sich lediglich in Ausführungsdetails aufgrund der unterschiedlichen internationalen Orientierung der bearbeiteten Technikgebiete.

Ziel des CEN:
Entwicklung des Handels und der Austausch von Dienstleistungen in Europa.

Maßnahmen, die dieses Ziel fördern sollen:
- Zusammenarbeit mit politischen und wissenschaftlichen Organisationen auf dem Gebiet der Normung
- Erarbeitung von Europäischen Normen (EN)
- Harmonisierung der nationalen Normen
- Unterstützung der weltweiten Normung

→ *Normung*
→ *CENELEC*

CENELEC

Das Europäische Komitee für Elektrotechnische Normung (Comité Européen de Normalisation Electrotechnique) ist als Nachfolgeorganisation von CENEL und CENELCON mit der Rechtsform eines internationalen Vereins nach belgischem Recht 1959 gegründet worden. Ihr Sitz ist in Brüssel.

Aufgabe der CENELEC:
Ausarbeitung von Normenentwürfen in Arbeitsgruppen, Übernahme von IEC-Empfehlungen, Verabschiedung von Europäischen Normen (EN) oder Harmonisierungsdokumenten mit qualifizierten Mehrheitsverhältnissen.

Normungskonzept der EU:
- grundlegende Anforderungen werden in Rechtsvorschriften festgelegt, z. B. Niederspannungsrichtlinie, Schutzziele

- Harmonisierung der Rechtsvorschriften
- Ausfüllung der Rechtsvorschriften durch Normen (Gesetzeskonformität im Detail)
- Erarbeitung der Normen durch fachbezogene Normenorganisationen (z. B. CENELEC)
- Mitgestaltung durch die Fachöffentlichkeit

Vorschläge der EU für die europäische Normungsarbeit:
- einheitliche Verfahrensregeln für die Normungsarbeit
- fachbezogene, zentral gelenkte Normenorganisation
- schnelle Bearbeitung der Normungsprojekte (Verkürzung der Anhörungs- und Prüfungsfristen bei Normenentwürfen)
- Wegfall der Umsetzungsprozedur in nationale Bestimmungen (Folge: Europäische Normen)
- gefordert werden finanzielle und personelle Ressourcen der interessierten Fachkreise

→ *Normung*
→ *CEN*

Chirurgische Ambulanz

DIN VDE 0100-710	***Errichten von Niederspannungsanlagen***
(VDE 0100-710)	*Medizinisch genutzte Räume*

Chirurgische Ambulanzen sind Räume, in denen kleinere operative Eingriffe ambulant vorgenommen werden. Sie sind der Raumart Anwendungsgruppe 1 zuzuordnen.

→ *Medizinisch genutzte Räume*

Christbaumketten

DIN EN 60598-2-20	***Leuchten***
(VDE 0711-2-20)	*Lichtketten*

DIN EN 61549 ***Sonderlampen***
(VDE 0715-12)

→ *Lichtketten*

Crimpen

DIN EN 60352-2 ***Lötfreie Verbindungen***
Crimpverbindungen – Allgemeine Anforderungen, Prüfverfahren und Anwendungshinweise

Crimpen ist ein international eingeführter und genormter Begriff, er steht für Pressen, Quetschen oder Ankerben. Das Crimpen stellt eine Alternative zum Löten bzw. Schweißen dar und wird hauptsächlich in der Telekommunikation verwendet.

Das Herstellen einer nicht lösbaren elektrischen und mechanischen Verbindung. Es wird ein Draht (Leiter) in eine Hülse eingelegt und von einem Presswerkzeug unter hohem Druck zu einer dauerhaften Verbindung verformt. Dadurch entsteht eine hohe elektrische und mechanische Verbindungsqualität.

D0-Sicherungen

DIN EN 60269-1 *(VDE 0636-1)*	***Niederspannungssicherungen*** *Allgemeine Anforderungen*
DIN VDE 0636-3 *(VDE 0636-3)*	***Niederspannungssicherungen*** *Zusätzliche Anforderungen an Sicherungen zum Gebrauch durch Laien*

→ *Sicherungen* sind Schutzeinrichtungen, die den Stromkreis unterbrechen, wenn der Strom vorgegebene Werte während einer bestimmten Zeit überschreitet, um zu hohe Erwärmungen, z. B. bei Kabeln oder Leitungen, zu vermeiden. Die Sicherung umfasst alle Teile der vollständigen und funktionsfähigen Schutzeinrichtung.

D0-Sicherungen gehören zu einem System, das gekennzeichnet ist durch die Unverwechselbarkeit des Sicherungseinsatzes hinsichtlich des Nennstroms und durch den vollständigen Berührungsschutz. D0-Sicherungen werden sowohl in der industriellen Anwendung als auch in der Hausinstallation eingesetzt. Sie sind durch elektrotechnische Laien bedienbar. Sie bestehen aus Sicherungssockel, Sicherungseinsatz, Schraubkappe und Passeinsatz. Sie unterscheiden sich von anderen Systemen durch ihre Abmessungen und durch die Nennspannung.

Die D0-Sicherungen (Neozed-System) bieten gegenüber normalen D-Sicherungen erhebliche Platzeinsparungen (Raumeinsparung 48 % bis 54 %, Flächeneinsparung 36 % bis 45 % – je nach Bemessungsstrom).
Die Sicherungen des Neozed-Systems entsprechen in ihrem Aufbau den D-Sicherungen, jedoch sind die Sicherungseinsätze kürzer, und sie weisen einen kleineren Durchmesser auf.

Für D0-Sicherungen sind folgende Größen genormt:

Bezeichnung	Bemessungsstrom	Gewinde
D01	02 A bis 016 A	E 14
D02	20 A bis 063 A	E 18
D03	80 A bis 100 A	M 30 × 2

Dachständer

DIN VDE 0211 *(VDE 0211)*	***Bau von Starkstrom-Freileitungen mit Nennspannungen bis 1 000 V***
DIN VDE 0250-213 *(VDE 0250-213)*	***Isolierte Starkstromleitungen*** *Dachständer-Einführungsleitungen*

Der Dachständer ist ein auf dem Dach montiertes Stahlrohr, das zur Abspannung der Netz- bzw. Hausanschluss-Freileitung und als Einführung der Hauseinführungsleitung zum Hausanschlusskasten dient.
Der metallene Dachständer darf nicht geerdet werden. Deshalb darf er auch nicht mit der Blitzschutzanlage verbunden werden. Zwischen Dachständer und Blitzschutzanlage muss ein Mindestabstand von 0,5 m eingehalten werden.
Dazwischen ist der Einbau einer Trennfunkstrecke gestattet.

Anforderungen für den Einbau des Dachständers:

- Die vom Dachständer durchdrungene Dachkante muss aus harter Bedachung (Ziegel, Beton, Dachpappe) bestehen.
- Das Dachständerrohr darf unter der Dachkante oberhalb des Hausanschlusskastens nur etwa auf Balkenbreite auf Holz aufliegen.
- Die Einführung darf nur in trockenen Räumen enden, nicht aber in feuergefährdeten Räumen oder durch feuergefährdete Räume geführt werden.
- Gegen Kondenswasserbildung müssen geeignete Maßnahmen vorgesehen werden. Wenn die genannten Bedingungen nicht erfüllt werden können (z. B. bei Getreidemühlen, Holzbearbeitungsbetriebe oder Gebäude mit Heu- und Strohlagern) ist eine Sonderausführung der Dachständer zu wählen, bei der das Einführungsrohr und der Hausanschlusskasten eine Einheit bilden.
- Wird der Dachständer auf Dächern aus leitenden Materialien (Stahlkonstruktion, metallene Dachhaut, Metallfolie als Wasserdampfsperre) eingebaut, sind Rohr, Anker und Strebe gegenüber den Metallteilen des Dachs zu isolieren.

Dachständer-Einführungsleitungen:

Bauartkurzzeichen:

- Einführungsleitung mit PVC-isolierten Adern und gemeinsamer Umhüllung aus PVC (NYDY)
- Einführungsleitung mit grün-gelb gekennzeichneter Ader (j), vieradrig mit Leiternennquerschnitt 16 mm² (4 × 16 mm²) (NYDY-J)
- wie vor, jedoch ohne grün-gelb gekennzeichnete Ader (NYDY-O)

Anforderungen:
- Aderanzahl mit Leiterquerschnitt:
  vieradrig, 10 mm² bis 35 mm²
- Leiter: Kupfer, blank, mehradrig (DIN VDE 0235)
- Aderanordnung: vier Adern flach nebeneinanderliegend

Dauerkurzschlussstrom

DIN EN 60909-0 ***Kurzschlussströme in Drehstromnetzen***
(VDE 0102) *Berechnung der Ströme*

Der Dauerkurzschlussstrom ist der Effektivwert des Kurzschlussstroms, der nach dem Abklingen aller Ausgleichvorgänge bestehen bleibt.

Dauernd zulässige Berührungsspannung

DIN VDE 0100-410 ***Errichten von Niederspannungsanlagen***
(VDE 0100-410) *Schutz gegen elektrischen Schlag*

Die dauernd zulässige Berührungsspannung wird definiert als Höchstwert der Berührungsspannung, der zeitlich unbegrenzt bestehen bleiben darf. Der zulässige Wert ist abhängig von den Bedingungen der → *äußeren Einflüsse*. Unter normalen Bedingungen sind bei Wechselstrom $U_L = 50$ V effektiv und bei Gleichstrom $U_L = 120$ V oberschwingungsfrei zugrunde gelegt.

Dauerstrombelastbarkeit

DIN VDE 0100-200 ***Errichten von Niederspannungsanlagen***
(VDE 0100-200) *Begriffe*

Die zulässige Dauerstrombelastbarkeit (früher: zulässige Strombelastbarkeit) ist der höchste Strom eines Leiters, der von ihm unter festgelegten Bedingungen (Art der → *Leiter*, → *Verlegeart*, → *Umgebungstemperatur*) dauernd geführt werden kann, ohne dass seine zulässige Temperatur (Beharrungstemperatur des Leiters) einen festgelegten Wert überschreitet, z. B. bei PVC-isolierten Leitern 70 °C oder bei VPE-isolierten Leitern 90 °C.

→ *zulässige Strombelastbarkeit*

Deckenauslass

Deckenauslass nennt man den herausgeführten Teil einer in einer Decke verlegten Leitung oder eines Kabels, z. B. am Aufhängepunkt einer Leuchte oder eines anderen elektrischen Betriebsmittels (z. B. Ventilator).

Deckenheizung

Die Anforderungen gelten für das Errichten von Decken-Flächenheizungen. Sie gelten nicht für Wand-Flächenheizungen.

Die Dachschrägen zählen bis herunter zu einer senkrechten Höhe von 1,50 m über fertigem Fußboden als Decken.

Zu unterscheiden sind Fußboden-Speicherheizung, Direktheizung als Fußboden- oder Decken-Flächenheizung und Fußboden-Ergänzungsheizungen (Direktheizung, z. B. an den Außenwänden oder unterhalb von Fenstern).

Die Heizelemente müssen der Norm DIN VDE 0700-96/A30 und DIN 0700-241 entsprechen.

Schutz gegen elektrischen Schlag

- Die Schutzmaßnahmen Schutz durch Hindernisse, durch Abstand, nicht leitende Räume und durch erdfreien örtlichen Potentialausgleich dürfen nicht angewendet werden.
- Schutz bei indirektem Berühren durch automatische Abschaltung der Stromversorgung:
  - TN-System, empfohlen wird der Einsatz von RCDs
  - TT-System mit RCD
  - IT-System mit RCD.
- Wenn elektrisch leitfähige Abdeckungen der Heizelemente vorhanden sind, müssen sie über Potentialausgleichsleiter mit dem Schutzleiter der elektrischen Anlage verbunden sein.

- Als Schutz beim indirektem Berühren sind Heizsysteme der Schutzklasse II (Schutzisolierung) zugelassen, wenn deren Stromkreise mit Fehlerstromschutzeinrichtung (RCD) mit einem Bemessungsdifferenzstrom $I_{\Delta N} \leq 30$ mA zusätzlich geschützt werden und deren Einbau nach Angaben der Hersteller zu erfolgen hat. Ferner kann die Schutztrennung angewendet werden, wenn für jeden Heizstromkreis ein getrennter Transformator vorgesehen wird.

Schutz gegen Überhitzung
- Zur Vermeidung von Überhitzungen muss eine Temperaturbegrenzung in den beheizten Bereichen von maximal 80 °C vorgesehen werden.
  Es darf eine festgelegte Temperatur, die auf das umgebende Material und seine Brandeigenschaften abgestimmt sein muss, nicht überschritten werden.
- Es ist eine der folgenden Maßnahmen anzuwenden:
  - geeignete Auslegung des Heizsystems
  - geeignete Errichtung des Heizkörpersystems nach Angaben des Herstellers
  - Verwendung von Schutzeinrichtung.
- Heizelemente müssen über Kaltleitungen (Versorgungsleitungen) mit der elektrischen Anlage unlösbar verbunden werden.
- Heizelemente dürfen Ausdehnungsfugen nicht kreuzen.

Weitere Anforderungen
- Schutzarten:
  - Heizelemente in Decken: IPX1
  - Heizelemente im Fußboden aus Beton oder ähnlichem Material: IPX7.
- Heizungsfreie Flächen müssen dort berücksichtigt werden, wo Zubehörteile des Raums die Wärmeabgabe an der Oberfläche behindern.
- Bei der Auswahl der Kaltleitungen und Steuerleistungen in Bezug auf Querschnitt und Isolationsmaterial ist eine erhöhte Umgebungstemperatur, z. B. von 60 °C, anzunehmen.
- In den Heizflächen dürfen keine eindringenden Befestigungsteile (z. B. Dübel oder Schrauben) verwendet werden. Darauf sind andere Handwerker hinzuweisen.

Informationen für den Eigentümer und Benutzer der Flächenheizungsanlagen
Der Errichter muss dem Gebäudeeigentümer eine Beschreibung (Plan) des Heizungssystems mit den nachstehenden Angaben liefern:
- Beschreibung des Aufbaus des Heizsystems
- Verlegeplan

- Heizstromkreise und ihre Nennleistung
- Anordnung der Heizeinheiten in jedem Raum
- beheizte Fläche
- Lage und Tiefe der Heizeinheiten
- Lage der Verbindungsdosen
- Leiter, Abschirmung
- Bemessungsspannung
- Bemessungswiderstand (kalt) der Heizeinheit
- Bemessungsstrom der Überstromschutzeinrichtung
- Bemessungsdifferenzstrom der Fehlerstromschutzeinrichtung
- heizungsfreie Flächen, Ergänzungsheizung, Aussparungen für eindringende Befestigungsmittel
- Lage der Temperaturfühler
- Schaltpläne, Regel- und Steuergeräte, Bodentemperatur- und Witterungsfühler
- Bauart der Heizelemente und ihre maximale Betriebstemperatur
- Angaben für die Instandhaltung und Reparatur
- Gebrauchsanweisung in Anlehnung an die Angaben des Herstellers des Heizsystems

Dehnungsbänder

DIN VDE 0100-520 *(VDE 0100-520)*	***Errichten von Niederspannungsanlagen*** *Kabel- und Leitungsanlagen*
DIN 46276-2	***Elastische Bänder für Stromschienen und Flachanschlüsse*** *Lamelliert-Hochflexibel*

Dehnungsbänder sind bandförmige, elastische Leiterstücke aus dünnen Folien oder flexiblen Seilen zum Anschluss an starre Schienen.

Dehnungsbänder für Stromschienen und Flachanschlüsse können in flexibler bzw. hochflexibler Ausführung eingesetzt werden. Sie dienen der Verbindung von zwei starren Systemen (z. B. Stromschiene) oder dem Anschluss von Leitungen, wobei mechanische Längs- und Querbeanspruchungen durch die Dehnungsbänder verhindert werden sollen.

DGUV

Deutsche Gesetzliche Unfallversicherung

DKE Deutsche Kommission Elektrotechnik Elektronik Informationstechnik im DIN und VDE

1883 wurden in Deutschland die ersten Sicherheitsvorschriften für elektrische Betriebsmittel veröffentlicht. Es handelte sich um die „Sicherheitsvorschrift für elektrische Beleuchtung“ des Verbands Deutscher Privat-Feuerversicherung-Gesellschaften, nachdem ein Jahr zuvor das Phoenix Fire Office in London die damals sehr bekannte Vorschrift über das „Electric-Lighting“ herausgebracht hatte.

Die Erfahrungen der Versicherungsgesellschaften führten schon wenige Jahre später zu einer Überarbeitung der Sicherheitsvorschriften und zu Bestimmungen über die laufende Überwachung von elektrischen Anlagen. 1893 mussten die „Vorsichtsbedingungen für elektrische Licht- und Kraftanlagen“ in Zusammenarbeit mit maßgeblichen deutschen Elektrofirmen wie Siemens, Halske, AEG, Schuckert + Co. überarbeitet und dem Stand der Technik angepasst werden. Im selben Jahr, nämlich am 22. Januar 1893, gründeten führende Männer der deutschen Elektrotechnik in Berlin den VDE. Ziel des Verbands sollte sein, den Fortschritt in der Elektrotechnik zu fördern und die gewonnenen Erkenntnisse zu vertiefen und zu verbreiten. Die wichtigste Arbeit des VDE besteht seit seiner Gründung in der Aufstellung der VDE-Bestimmungen und in der Mitarbeit an der elektrotechnischen Normung. Dabei standen neben vielfältigen technischen und wirtschaftlichen Gesichtspunkten vor allem sicherheitstechnische Belange im Vordergrund.

Am 1. Januar 1896 setzte der VDE die erste Fassung der VDE-Bestimmungen in Kraft, die Vorschriften für das Errichten und den Betrieb elektrischer Anlagen enthielten.

1917 wurde der „Normenausschuss der Deutschen Industrie“ gegründet, in dessen Rahmen die ersten Normen in Zusammenarbeit mit dem 1918 gegründeten Zentralverband der Elektrotechnischen Industrie ausgearbeitet wurden. Der VDE war Träger der elektrotechnischen Normung, bis im Jahre 1941 die Normungsarbeit auf den Fachnormenausschuss Elektrotechnik (FNE) im Deutschen Normenausschuss (DAN) überging. Seit dieser Zeit wurden die Arbeiten für das VDE-Vorschriftenwerk und für die Normen in der Elektrotechnik trotz gegenseitiger Beeinflussung in verschiedener Verantwortlichkeit durchgeführt.

Durch Vertrag vom 13. Oktober 1970 zwischen dem Deutschen Normenausschuss (DNA), Berlin, und dem Verband Deutscher Elektrotechniker (VDE), Frankfurt am Main, entstand die „Deutsche Elektrotechnische Kommission“, mit der Abkürzung DKE.

Nach der Geschäftsordnung der DKE hat sie die Aufgabe wahrzunehmen, die elektrotechnische Normungs- und Vorschriftenarbeit für den Bereich der gesamten Elektrotechnik durchzuführen. Hierunter wird die Normungs- und Vorschriftenarbeit verstanden, die bis dahin im Fachnormenausschuss Elektrotechnik und dem Vorschriftenausschuss des VDE erledigt wurde. Dazu gehört, die elektrotechnischen Normen und VDE-Bestimmungen zu erarbeiten, zu überarbeiten oder zu ergänzen, für ihre Veröffentlichung zu sorgen, ihre Einführung in die Praxis zu fördern und zu Fragen Stellung zu nehmen, die sich bei ihrer Anwendung und Auslegung ergeben. Die elektrotechnischen Normen und VDE-Bestimmungen werden unter der Bezeichnung „elektrotechnische Normen“ zusammengefasst.

Die Kommission hat ferner die Interessen der Elektrotechnik auf dem Gebiet der internationalen elektrotechnischen Normungsarbeit wahrzunehmen. Sie hat die sachliche Übereinstimmung der deutschen elektrotechnischen Normen mit den einschlägigen internationalen Empfehlungen und Festlegungen zu verwirklichen. Am Beispiel der Normenreihe DIN VDE 0100 soll die Arbeitsweise der DKE erläutert werden:

Für DIN VDE 0100 liegen mehrere CENELEC-Harmonisierungsdokumente unter der Nr. HD 384 vor, die weitgehend der IEC-Publikation 364 „Elektrische Anlagen von Gebäuden“ entsprechen. Es handelt sich deshalb nicht nur um eine europäische (regionale) Harmonisierung, sondern um eine Angleichung an internationale, weltweit erarbeitete Normen. Für die Gliederung der DIN VDE 0100 ist die Ordnung der IEC-Publikation 364 von wesentlicher Bedeutung. Mitte der 1970er-Jahre wurde dort ein neues Einteilungsschema eingeführt, das weitgehend die Hauptgliederung der alten VDE 0100:1973-05 berücksichtigt:

100 Geltungsbereich/Anwendungsbereich
200 Begriffserklärungen
300 Allgemeine Angaben
400 Schutzmaßnahmen
500 Auswahl und Errichtung elektrischer Betriebsmittel

600 Prüfungen
700 Zusatzbestimmungen für Betriebsstätten, Räume und Anlagen besonderer Art

Die Reihenfolge in dieser neuen Ordnung entspricht dem Vorgehen bei der Planung und Ausführung elektrischer Anlagen. Drei wichtige Gesichtspunkte sprachen für die Übernahme dieser Einteilung:

- Harmonisierungsdokumente können nach redaktioneller Überarbeitung unmittelbar in die entsprechenden Teile oder Abschnitte der DIN VDE 0100 übernommen werden.
- Es ist ein unmittelbarer Vergleich zwischen den internationalen Bestimmungen (IEC oder CENELEC) und den VDE-Bestimmungen (DIN VDE 0100) möglich.
- Weiterhin ist ein unmittelbarer Vergleich mit den nationalen Bestimmungen/Normen anderer Länder möglich, wenn diese, was z. B. in Großbritannien, in Frankreich und in den Niederlanden schon geschehen ist, das IEC-Schema übernehmen.

Seit dem Jahr 1980 wird DIN VDE 0100 „Elektrische Anlagen von Gebäuden" in einer neuen Gliederung veröffentlicht. Dies ist erforderlich, da neben einer Reihe neuer deutscher Bestimmungen mehrere Harmonisierungsdokumente (HD) von CENELEC in VDE 0100 eingearbeitet werden mussten. Zugleich wird eine dezimale Benummerung der Teile und Abschnitte eingeführt. Die Bestimmung wird in einzelnen Teilen veröffentlicht. Der Vorteil besteht darin, dass in Zukunft eine schnellere Anpassung an den jeweiligen Stand der Technik möglich ist.

Die internationale (IEC), die regionale (CENELEC) und die rein nationale Normungsarbeit beginnt in der Regel mit einem Normungsantrag aus der Öffentlichkeit, den Fachkreisen oder den Komitees bzw. Unterkomitees. Nach Bestätigung der Normungswürdigkeit wird ein Vorschlag für eine zu schaffende Norm ausgearbeitet. Dieser Vorschlag wird als Norm-Entwurf zur Stellungnahme der Öffentlichkeit vorgelegt und an die internationalen oder regionalen Fachgremien zur weiteren Beratung gegeben. Die nach positiver Entscheidung daraus entstehende Norm wird in das Deutsche Normenwerk und – wenn elektrotechnische Sicherheitsnormen betroffen sind – auch in das VDE-Vorschriftenwerk übernommen.

DIN-Normen mit VDE-Klassifikation enthalten Sicherheitsfestlegungen über die Abwendung von Gefahren für Menschen, Tiere und Sachen. Bei diesen Normen mit sicherheitstechnischen Festlegungen besteht eine tatsächliche Vermutung, dass sie → *anerkannte Regeln der Technik* sind. Diese Normen bilden einen Maßstab für einwandfreies technisches Verhalten; dabei ist dieser Maßstab auch im Rahmen der Rechtsordnung von Bedeutung.

Die Regeln für die Normungsarbeit der DKE sind in der Normenreihe DIN 820 „Normungsarbeit“ und in den Grundlagen für die Normungsarbeit der DKE-Sammlung DKE-GN (Blaue Mappe) sowie in den CENELEC- und IEC-Regularien festgelegt.

→ *Normung*

Differenzstrom

DIN VDE 0100-200	***Errichten von Niederspannungsanlagen***
(VDE 0100-200)	*Begriffe*

Der im Fehlerfall zur Erde abfließende Strom, der die Auslösung einer Differenzstromschutzeinrichtung (z. B. einer Fehlerstromschutzeinrichtung) bewirkt.

Der Differenzstrom ist die Summe der Momentanwerte von Strömen, die an einer Stelle der elektrischen Anlage durch alle → *aktiven Teile* eines → *Stromkreises* fließen. Die Ströme werden nach Betrag und Phasenlage vektoriell addiert.

In fehlerfreien Anlagen ist die Summe der Ströme null. Erst im Fehlerfall treten in der Summe von null abweichende „Differenzströme“ auf, die nach DIN VDE 0664 als „Fehlerströme“ bezeichnet werden.

→ *Fehlerstrom* → *Fehlerstromschutzschalter*

Differenzstromschutzeinrichtung

DIN EN 62020	***Elektrisches Installationsmaterial***
(VDE 0663)	*Differenzstrom-Überwachungsgeräte für Hausinstallationen und ähnliche Verwendungen (RCMs)*

Differenzstromschutzeinrichtungen, die auch als Oberbegriff RCD (residual current device) oder Fehlerstromschutzeinrichtung genannt werden, sind Schutzschalter, die ausschalten, wenn ein → *Differenzstrom* (Fehlerstrom) einen als Kenngröße der Schutzeinrichtung festgelegten Wert überschreitet. Die häufigste Bauform ist der FI-Schutzschalter, der im einfachsten Fall aus den Schaltkontakten mit Schaltschloss und Fehlerstromauslöser, dem Summenstromwandler und der Prüfeinrichtung besteht.

Funktionsprinzip:
Alle aktiven Leiter des betreffenden Stromkreises werden zum Zweck der Überwachung durch einen Summenstromwandler mit Sekundärwicklung geführt. Ist der Betrieb fehlerfrei, so ist der Differenzstrom gleich null. In der Sekundärwicklung wird keine Spannung induziert. Tritt jedoch ein Fehler ein und fließt ein Fehlerstrom zur Erde ab, so wird die Stromdifferenz dahingehend wirksam, dass im Summenstromwandler bei RCMs in Verbindung mit Melderelais und Signaleinrichtungen eine Alarmierung und bei RCDs eine Abschaltung des betreffenden Stromkreises erfolgt.

Der FI-Schutzschalter wird zur automatischen Abschaltung des fehlerbehafteten Stromkreises zum → *Schutz bei indirektem Berühren* im → *TT-System* fast ausschließlich eingesetzt. Im → *TN-System* übernimmt er in der Ausführung des hochempfindlichen Schalters ($I_{\Delta N} \leq 30$ mA) die Funktion des → *Zusatzschutzes*. Er kann aber auch im → *TN-System* als Ausschalteinrichtung beim Schutz bei indirektem Berühren verwendet werden.

Dimmer

Der Dimmer ist ein elektronischer Stellschalter, der als Installationsschalter zur direkten oder indirekten Änderung der Leistungsaufnahme von Lampen (Helligkeitsregelung) sowie von Motoren zur Drehzahlveränderung eingesetzt wird.

Dem zu steuernden elektrischen Verbrauchsmittel oder Schaltkreis ist, in Abhängigkeit von der Lastcharakteristik, der jeweils richtige Dimmer zuzuordnen. Bei einer überwiegend ohmschen, induktiven oder kapazitiven Last sind die Dimmer mit den jeweiligen Lasttyp (Kennzeichen *R*, *L* oder *C*) zu verwenden.

DIN

Das DIN Deutsches Institut für Normung e. V. ist ein privater eingetragener Verein. Er ist ein Selbstverwaltungsorgan der gesamten Wirtschaft. Das DIN verfolgt ausschließlich und unmittelbar gemeinnützige Zwecke, indem es durch Gemeinschaftsarbeit der interessierten Kreise zum Nutzen der Allgemeinheit deutsche Normen oder andere Arbeitsergebnisse erstellt, die der Rationalisierung, der Qualitätssicherung, der Sicherheit, des Umweltschutzes und der Verständigung in Wirtschaft, Technik, Wissenschaft, Verwaltung und Öffentlichkeit dienen. Das DIN vertritt Deutschland in den internationalen Normungsgremien.

→ *Normung*

DIN VDE 0100

DIN VDE 0100 – Das Kürzel steht für die Normenreihe „Errichten von Niederspannungsanlagen“. Diese Normenreihe enthält alle Anforderungen, die bei der Errichtung von elektrischen Anlagen mit Nennspannungen bis 1 000 V zu berücksichtigen sind.

→ *Gliederung DIN VDE 0100*

Direktes Berühren

DIN VDE 0100-200 *(VDE 0100-200)*	***Errichten von Niederspannungsanlagen*** *Begriffe*
DIN VDE 0100-410 *(VDE 0100-410)*	***Errichten von Niederspannungsanlagen*** *Schutz gegen elektrischen Schlag*
DIN VDE 0100-739 *(VDE 0100-739)*	***Errichten von Starkstromanlagen mit Nennspannungen bis 1 000 V*** *Zusätzlicher Schutz bei direktem Berühren in Wohnungen durch Schutzeinrichtungen in TN- und TT-Systemen*

DIN VDE 0105-100 *(VDE 0105-100)*	***Betrieb von elektrischen Anlagen*** *Allgemeine Festlegungen*
DIN EN 50274 *(VDE 0660-514)*	***Niederspannungs-Schaltgerätekombinationen*** *Schutz gegen unabsichtliches direktes Berühren gefährlicher aktiver Teile*

Das Berühren → *aktiver Teile* durch Personen oder Nutztiere (Haustiere) wird per Definition als direktes Berühren verstanden. Dabei muss unmittelbarer elektrischer Kontakt eines Menschen oder Nutztiers mit einem betriebsmäßig unter Spannung stehenden Teil bestehen.

Vor den dadurch entstehenden Gefahren sind Personen und Nutztiere zu schützen. Die Schutzmaßnahme wird als → *Schutz gegen direktes Berühren* bezeichnet (Basisschutz). Wird dieser Basisschutz – aus welchen Gründen auch immer – unwirksam, so bietet der → *Schutz bei direktem Berühren* (Zusatzschutz), als Ergänzung der Schutzmaßnahmen gegen direktes Berühren, der Person einen weiteren Schutz.

→ *Schutzmaßnahmen gegen elektrischen Schlag*

Direktheizung

DIN VDE 0100-520 *(VDE 0100-520)*	***Errichten von Niederspannungsanlagen*** *Kabel- und Leitungsanlagen*

Die Direktheizung erzeugt Wärme aus elektrischer Energie, die ohne Verzögerung an den zu beheizenden Raum abgegeben wird. Die Aufnahme der elektrischen Energie unterliegt keiner zeitlichen Einschränkung (im Gegensatz zur Speicherheizung).

Beispiele elektrischer Direktheizung:
Elektrisch beheizte Radiatoren, Konvektoren, aber auch Decken- oder Fußbodenheizungen.

→ *Speicherheizung*
→ *Raumheizgeräte*

DKE

→ *DKE Deutsche Kommission Elektrotechnik Elektronik Informationstechnik im DIN und VDE*

DKE-Komitee

Die Arbeitsgremien innerhalb der DKE sind die Komitees (K), Unterkomitees (UK) und Arbeitskreise (AK), die, je nach Aufgabe, einem entsprechenden Fachbereich zugeordnet sind und so gestaltet wurden, dass sie dem entsprechenden IEC-Komitee als deutsches Spiegelgremium entsprechen und somit nur jeweils ein deutsches Gremium für die nationale und internationale Arbeit zuständig ist.

Beispiel:
Fachbereich 2:
Allgemeine Sicherheit; Planen, Errichten und Betreiben von elektrischen Energieversorgungsanlagen:
2.1 Allgemeine Sicherheitsfragen
2.2 Errichten und Betrieb
2.3 Errichten und Betrieb von elektrischen Anlagen zum Einsatz unter Sonderbedingungen
2.4 Explosions- und schlagwettergeschützte Betriebsmittel
2.5 Blitzschutzanlagen
2.6 Liberalisierung des elektrischen Energiemarkts
2.7 Instandhaltung

In den Komitees und Unterkomitees arbeiten ehrenamtliche Mitglieder aus den betroffenen Fachkreisen (Elektroindustrie, Elektrizitätswirtschaft, Elektrohandwerk, Behörden, Verbraucher) mit, die jeweils in einem ausgewogenen Verhältnis beteiligt werden.

Die Komitees und Unterkomitees wählen aus ihrer Mitte einen Obmann, der die Verantwortung für die fachliche Arbeit trägt. Sie bestimmen des Weiteren je einen deutschen Sprecher, der die Interessen des nationalen Komitees (DKE) in den internationalen und den europäischen Fachgremien von IEC und CENELEC verantwortlich vertritt.

Komitees und Unterkomitees mit ihren ehrenamtlichen Mitarbeitern werden von hauptamtlichen Referenten der DKE-Geschäftsstelle betreut. Eine ihrer wesentlichen Aufgaben ist die reibungslose Durchführung der Normungsarbeit, die sich an der internationalen und regionalen Arbeit orientiert. Dazu gehören insbesondere die Vorbereitung von Sitzungen, Berichterstattung, Koordinierung mit anderen Sachgebieten, Unterstützung bei der internationalen und regionalen Arbeit und die redaktionelle Erarbeitung der Normentwürfe und Normen.

→ *DKE Deutsche Kommission Elektrotechnik Elektronik Informationstechnik im DIN und VDE*

Doppelerdschluss

DIN EN 50522 *(VDE 0101-2)*	***Erdung von Starkstromanlagen mit Nennwechselspannungen über 1 kV***
DIN VDE 0141 *(VDE 0141)*	***Erdungen für spezielle Starkstromanlagen mit Nennspannungen über 1 kV***

Als Doppelerdschluss wird ein Zustand bezeichnet, bei dem an zwei Leitern desselben Netzes an örtlich getrennten Stellen durch einen Fehler leitende Verbindungen zur Erde oder zu geerdeten Teilen entstanden sind.

Oder anders ausgedrückt: zwei gleichzeitig bestehende Erdschlüsse von aktiven Teilen mit unterschiedlichen Teilen und mit unterschiedlichem Potential in ein und demselben Netz. Der dabei fließende Strom wird in isolierten Netzen Doppelerdschlussstrom und in Netzen mit starrer, teilstarrer oder niederohmiger Sternpunkterdung Doppelerdkurzschlussstrom genannt. Tritt der → *Erdschluss* an mehr als zwei Stellen gleichzeitig auf, spricht man von Mehrfacherdschlüssen.

Die leitende Verbindung zur Erde kann auch über einen Lichtbogen entstehen.

Doppelfehler

DIN VDE 0100-410 *(VDE 0100-410)*	***Errichten von Niederspannungsanlagen*** *Schutz gegen elektrischen Schlag*

Als Doppelfehler wird ein Zustand bezeichnet, bei dem an derselben Anlage (Stromkreis) zeitgleich zwei Fehler eintreten. Im Allgemeinen wird eine solche Situation beispielsweise bei der Auswahl der Schutzmaßnahmen nicht betrachtet, weil die Wahrscheinlichkeit, dass sich zwei die Sicherheit beeinträchtigenden Fehler gleichzeitig ereignen, sehr gering ist.

Ausnahmen gelten bei der → *Schutztrennung* und beim → *IT-System*, bei denen im ersten Fehlerfall die Stromversorgung fortgesetzt werden kann und bei denen zusätzliche Schutzeinrichtungen vorzusehen sind, die den Stromkreis beim Doppelfehler unterbrechen müssen, um gefährliche Berührungsströme zu vermeiden.

Doppelte Isolierung

Die doppelte Isolierung ist die Isolierung, die aus → *Basisisolierung* und → *zusätzlicher Isolierung* besteht. Sie muss so bemessen sein, dass bei Ausfall eines Teils der Isolierung (Basisisolierung oder zusätzliche Isolierung) der verbleibende Teil der Isolierung die volle Isolierfähigkeit zur Folge hat.

Weitere Arten der Isolierung siehe → *Isolierung.*

Drehfeld

DIN VDE 0100-600 *(VDE 0100-600)*	***Errichten von Niederspannungsanlagen*** *Prüfungen*
DIN EN 61557-7 *(VDE 0413-7)*	***Geräte zum Prüfen, Messen oder Überwachen von Schutzmaßnahmen*** *Drehfeld*

Mit Drehfeld wird die Phasenfolge des Drehstroms bezeichnet, die zeitliche Reihenfolge, in der das Spannungsmaximum der Außenleiter eines Drehstromsystems auftritt. Die Norm enthält die Forderung eines einheitlichen Rechtsdrehfelds (im Uhrzeigersinn). Die Drehfeldrichtung kann geändert werden, wenn zwei der drei Außenleiter vertauscht werden.

Zur Prüfung der Drehfeldeinrichtung oder der Phasenfolge in Drehstromnetzen können Messeinrichtungen mit mechanischer, optischer und/oder akustischer Anzeige verwendet werden.

Die in einer elektrischen Anlage festgelegte Drehfeldrichtung muss in allen Anlageteilen eingehalten werden.

Drehstromkreis

DIN VDE 0100-559	***Errichten von Niederspannungsanlagen***
(VDE 0100-559)	*Leuchten und Beleuchtungsanlagen*

Der Drehstromkreis besteht aus drei Außenleitern und ggf. dem Neutralleiter. Es ist zulässig, Wechselstromverbraucher, z. B. Leuchtengruppen, aus einem Drehstromkreis mit gemeinsamem Neutralleiter zu versorgen, wenn folgende Bedingungen erfüllt sind:

- Die Leuchtengruppen sind wie Drehstromverbraucher zu behandeln.
- Der Drehstromkreis muss durch einen Schalter freigeschaltet werden können, der alle nicht geerdeten Leiter gleichzeitig schaltet.
- Die zu einem Drehstromkreis gehörenden Leitungen müssen gemeinsam verlegt werden (mehradrige Leitung, in einem Rohr).

Drehstrom-Steckvorrichtungen

DIN EN 60309-1	***Stecker, Steckdosen und Kupplungen für industrielle Anwendungen***
(VDE 0623-1)	*Allgemeine Anforderungen*
DIN VDE 0100-550	***Errichten von Starkstromanlagen mit Nennspannungen bis 1 000 V***
(VDE 0100-550)	*Steckvorrichtungen, Schalter und Installationsgeräte*

Steckvorrichtungen für Drehstrom, dreipolig mit Neutralleiter- und Schutzleiterkontakt (Perilex-Steckvorrichtung) für 16 A und 25 A Bemessungsstrom und 400/230 V Bemessungsspannung sind in den Normen DIN 49446 bis DIN 49449 beschrieben. Außerdem gilt DIN VDE 0623.

Die Norm DIN VDE 0620-101 enthält die als Eurostecker bezeichneten Flachstecker mit 2,5 A Bemessungsstrom und 250 V Bemessungsspannung.

Steckvorrichtungen für Sondereinsätze, wie unter erschwerten Bedingungen auf Baustellen, sind nach DIN 49440 und DIN 49441 entsprechend zu verwenden und nach DIN VDE 0620 zu prüfen.

Ausnahmen: Hausinstallation, Geschäftshäuser, Hotels und ähnliche Anwendungsfälle. In älteren Anlagen (vor 1988 errichtet), in denen Steckvorrichtungen nach DIN 49445 und DIN 49447 vorhanden waren, dürfen diese Systeme auch bei Erweiterungen weiter angewendet werden.

An Stromabnahmestellen zum Anschluss nicht arealgebundener Verbrauchsmittel (z. B. Verladeplätze, Abfüllstellen, Bauplätze) bis 32 A bei 400 V und 50 Hz sind fünfpolige Steckvorrichtungen nach DIN VDE 0623 in der Bauart nach DIN 49462-1 bis -3 zu verwenden.

Für alle Drehstrom-Steckvorrichtungen gilt: Sie müssen so angeschlossen werden, dass sich ein Rechtsdrehfeld ergibt, wenn man die Steckbuchsen von vorn im Uhrzeigersinn betrachtet.

→ *Drehfeld*

Literatur:

• *Kiefer, G.; Schmolke, H.: VDE 0100 und die Praxis. Berlin · Offenbach: VDE VERLAG, 2011*

Dreieckschaltung

Bei einem Dreieckphasen-Wechselstromsystem werden die Kondensatoren, Widerstände und Wicklungen oder andere Bauteile im Dreieck hintereinander geschaltet. Die Leiterströme teilen sich bei der Dreieckschaltung mit $1/\sqrt{3}$ auf die einzelnen Wicklungsstränge auf. Von Vorteil ist diese Schaltung bei hohen Strömen und kleinen Spannungen.

Der Anschluss elektrischer Verbraucher erfolgt bei der Dreieckschaltung zwischen den Außenleitern des Drehstromsystems.

Verwendet werden ein Drehstrom-3-Leiter-System + PEN (z. B. 3/PEN AC 50 Hz 400 V).

Einen Neutralleiter gibt es im Gegensatz zur Sternschaltung nicht.

→ *Sternschaltung*

Drosselspulen

DIN EN 6076-6	***Leistungstransformatoren***
(VDE 0532-76-6)	*Drosselspulen*

Drosselspulen werden zur Herabsetzung des Kurzschluss- oder Erdschlussstroms im Fehlerfall verwendet.

- **Strombegrenzungsdrosselspule:**
  Zur Begrenzung des Kurzzeitstroms während des Normalbetriebs fließt ein Dauerstrom durch die Strombegrenzungsdrosselspule.
- **Sternpunkterdungsdrosselspule:**
  Zur Begrenzung des Stroms zwischen Leiter und Erde bei Netzfehlern sind Einphasen-Drosselspulen für Drehstromnetze zwischen Netzsternpunkt und Erde geschaltet. Sie führen im Allgemeinen keinen (oder nur geringen) Dauerstrom.
- **Weitere Drosselspulenarten:**
  Lastenverteilungsdrosselspulen zur Aufteilung des Stroms auf parallele Zweige und Anlassdrosselspulen zur Begrenzung des Anlaufstroms (in Reihe mit einem Wechselstrommotor).
- **Kompensationsdrosselspule:**
  Zur Begrenzung von kapazitiven Strömen, sind parallel zu einem Netz geschaltet.
- **Dämpfungsdrosselspule:**
  Zur Begrenzung des Einschaltstromstoßes, Drosselspule wird mit Kondensatoren in Reihe geschaltet.
- **Erdungstransformator:**
  Zur Bildung eines Sternpunkts, Drosselspule wird parallel zu einem Netz geschaltet.
- **Erdschlusslöschspule:**
  Zur Kompensation des kapazitiven Stroms zwischen Leiter und Erde bei einem einpoligen Erdschluss.

- **Glättungsdrosselspule:**
  Zur Verringerung von Oberschwingungsströmen und kurzzeitigen Überströmen in Gleichstromnetzen.

Für ihre Aufstellung gilt:
- Überwachungs- und Stelleinrichtungen müssen gefahrlos zugänglich sein
- keine Beeinträchtigung der Umgebung durch das Magnetfeld (z. B. Erwärmung von Metallteilen)
- bei Verwendung von Isolierflüssigkeiten sind Auffangwannen vorzusehen
- bei Aufstellung im Freien: IP44
- ausreichende Kühlung ist sicherzustellen
- im Falle eines Brands darf der freie Verkehr in Ausgängen und Treppen nicht behindert werden

Druckluftanlagen

DIN EN 61936-1	***Starkstromanlagen mit Nennwechselspannungen***
(VDE 0101-1)	***über 1 kV***

In Hochspannungsschaltanlagen werden Druckluftanlagen zum Betätigen von Antrieben verwendet. Druckluftanlagen müssen den Anforderungen der Schaltanlage genügen. Druckbereich, Speichervolumen, Verdichterleistung und Rohrquerschnitte sind den Erfordernissen der Schaltanlage anzupassen.

Zu beachten sind:
- Alle leitfähigen Teile sind mit der Erdungsanlage der Schaltanlage zu verbinden.
- Rohrleitungen sind gegen Lichtbogeneinwirkung zu schützen.
- Rohre und Behälter sind von innen und außen gegen Korrosion zu schützen.
- Verdichterräume müssen ausreichend belüftet werden (Sicherstellung des Luftbedarfs für Verdichterbetrieb und Kühlung).
- Geräuscharme Ausführung der Druckentlastungseinrichtungen.
- Entwässerung des Rohrleitungsnetzes ist vorzusehen. Ölhaltiges Kondensat auffangen und entsorgen.
- Betriebsdruckluft muss ausreichend trocken sein. Eventuell Lufttrocknung vorsehen.

- Betriebsleitungen müssen absperrbar sein und gefahrlos entlüftet werden können.
- Gefahrlose Betätigung aller Bedienteile.
- Für die Druckluftanlage muss ein Übersichtsplan vorhanden sein.

D-Sicherungen

DIN EN 60269-1 *(VDE 0636-1)*	***Niederspannungssicherungen*** *Allgemeine Anforderungen*
DIN VDE 0636-3 *(VDE 0636-3)*	***Niederspannungssicherungen*** *Zusätzliche Anforderungen an Sicherungen zum Gebrauch durch Laien*

Das D-Sicherungssystem ist wie die → *D0-Sicherungen* gekennzeichnet durch die Unverwechselbarkeit des Sicherungseinsatzes hinsichtlich des Nennstroms und durch den vollständigen Berührungsschutz.

Es ist für Hausinstallationen und industrielle Anwendungen geeignet und durch Laien bedienbar.

D-Sicherungen bestehen aus Sicherungssockel, Sicherungseinsatz, Schraubkappe und Passeinsatz. Es unterscheidet sich vom D0-System durch die Abmessungen und die Nennspannung.
Das D-System ist die ältere Bauart und wurde vom D0-System bei Neuanlagen weitgehend verdrängt.

→ *D0-Sicherungen*

Durchführungen

DIN EN 60137 *(VDE 0674-5)*	***Isolierte Durchführungen für Wechselspannungen über 1 000 V***

Die Durchführung ermöglicht es, einen oder mehrere Leiter isoliert durch eine Trennwand hindurchzuführen.
Hilfsmittel zur Befestigung (Flansch) sind Bestandteil der Durchführung.

Der Leiter kann in die Durchführung eingezogen werden, er kann aber auch fest mit der Durchführung verbunden sein.

Als Isolierung können unterschiedliche Isolierstoffe auch in Kombination verwendet werden: Isolierflüssigkeiten, Isoliergase, Papier, Harze, Keramik, Luft. Einsatz von Durchführungen z. B. in Schaltanlagen, bei Transformatoren, Wandlern.

Durchführungsanweisungen

Die Durchführungsanweisungen zu den Unfallverhütungsvorschriften geben Anhaltspunkte für die Auslegung des Vorschriftentexts. Sie nennen Beispiele zur Errichtung der Schutzziele.

Die in den Unfallverhütungsvorschriften genannten Schutzziele sind Mindestanforderungen und haben Gesetzescharakter. Sie sind unbedingt einzuhalten.

Die Durchführungsanweisungen dienen dem Praktiker zur Erläuterung des eigentlichen Texts und sollten berücksichtigt werden.

Sie sind von der Berufsgenossenschaft erarbeitet und werden regelmäßig dem Stand der Technik und dem Sicherheitsbedürfnis angepasst.

Durchgangsverdrahtung

DIN VDE 0100-559	***Errichten von Niederspannungsanlagen***
(VDE 0100-559)	*Leuchten und Beleuchtungsanlagen*

Von einer Durchgangsverdrahtung bei Leuchten wird dann gesprochen, wenn Leitungen durch die Leuchte geführt werden. In solchen Fällen sind besondere Festlegungen zu beachten:

- Es dürfen nur Leuchten verwendet werden, die für die Durchgangsverdrahtung vorgesehen sind.
- Kabel und Leitungen für die Durchgangsverdrahtung müssen in Übereinstimmung mit der Temperaturangabe auf der Leuchte oder in der Montageanweisung der Hersteller ausgewählt werden (falls vorhanden):

- Wenn nichts anderes in der Montageanweisung angegeben, werden für Leuchten nach DIN EN 60598 (VDE 0711) ohne Temperaturkennzeichnung wärmebeständige Kabel/Leitungen nicht gefordert.
- Für Leuchten nach DIN EN 60598 (VDE 0711) mit Temperaturkennzeichnung müssen Kabel/Leitungen entsprechend den angegebenen Temperaturen verwendet werden.

- Leiter eines Drehstromkreises müssen im selben Hohlraum, der für Durchgangsverdrahtung vorgesehen ist, verlegt werden.
- Es ist zulässig, in Leuchten die Leitungen mehrerer Leuchtenstromkreise gemeinsam zu verlegen, wenn die Leuchten dafür vorgesehen sind.
- Falls Klemmen vorgesehen sind, müssen sie als Verbindungsklemmen nach DIN EN 60998 (VDE 0613-1) ausgebildet und an der Leuchte befestigt sein. Die → *aktiven Teile* müssen gegen → *direktes Berühren* geschützt sein.

Durchschlagfestigkeit

DIN EN 60664-1	***Isolationskoordination für elektrische Betriebsmittel in Niederspannungsanlagen***
(VDE 0110-1)	*Grundsätze, Anforderungen und Prüfungen*

Die Durchschlagfestigkeit wird definiert als Quotient aus der → *Durchschlagspannung* und dem Abstand der Elektroden, zwischen denen die Spannung unter festgelegten Bedingungen angelegt wird. Vorausgesetzt wird, dass zwischen den Elektroden ein gleichförmiges Feld vorhanden ist.

Durchschlagspannung

DIN VDE 0303-5	***Prüfung von Isolierstoffen***
(VDE 0303-5)	*Niederspannungs-Hochstrom-Lichtbogenprüfung*

Durchschlagspannung ist der Wert einer sich ständig steigernden sinusförmigen Wechselspannung, bei dem die Spannung zwischen den Elektroden bzw. an einem Probekörper zusammenbricht. Dabei wird der Isolierstoff zerstört. Bei einem Stufentest wird die höchste Spannung, der ein Probekörper ohne Durchschlag über die vorgegebene Zeit standhält, als Durchschlagspannung bezeichnet.

Die Durchschlagspannung ist keine spezifische Stoffeigenschaft, weil sie von mehreren Einflüssen abhängig ist, wie z. B. von der Dicke der Probe, der Kurvenform der Prüfspannung, der Geschwindigkeit der Spannungssteigerung, der Zeitdauer der Spannungsbeanspruchung, der Umgebungstemperatur, dem Luftdruck, der Luftfeuchtigkeit, dem Zustand der Probe.

Duschräume

→ *Orte mit Badewanne oder Dusche*

Eigenerzeugungsanlagen

DIN VDE 0100-410 *(VDE 0100-410)*	***Errichten von Niederspannungsanlagen*** *Schutz gegen elektrischen Schlag*
DIN VDE 0100-100 *(VDE 0100-100)*	***Errichten von Niederspannungsanlagen*** *Allgemeine Grundsätze, Bestimmungen allgemeiner Merkmale, Begriffe*
(NAV)	***Allgemeine Bedingungen für den Netzanschluss und dessen Nutzung für die Elektrizitätsversorgung in Niederspannung***

Eigenerzeugungsanlagen können im Inselbetrieb oder parallel zum öffentlichen Netz des jeweiligen Elektrizitätsversorgungsunternehmens (EVU) betrieben werden. Wenn ein Parallelbetrieb mit dem öffentlichen Netz vorgesehen ist, muss dringend eine Absprache mit dem zuständigen Energieversorgungsunternehmen (EVU/→ *Verteilungsnetzbetreiber* (VNB) erfolgen (NAV § 19)). Der Einsatz dieser Art der Anlagen nimmt zu. Sie dienen meist der Nutzung regenerativer Energiequellen. So werden beispielsweise stromerzeugende Windkraftanlagen überwiegend parallel mit dem öffentlichen Stromversorgungsnetz betrieben. Aber auch Solaranlagen unterschiedlichster Leistungsgrößen können an das öffentliche Netz angeschlossen werden. Die Eigenerzeugungsanlage muss an das öffentliche Netz an einem geeigneten Punkt im Netz angeschlossen werden, den das EVU festlegt. Das EVU hat dafür Sorge zu tragen, dass andere Kunden durch den Betrieb dieser Anlagen nicht gestört werden. Daher legt das EVU die technischen Randbedingungen fest, die unbedingt bei einem Parallelbetrieb der Eigenerzeugungsanlagen mit dem Verteilungsnetz einzuhalten sind.

Diese Eigenerzeugungsanlagen sind mit folgenden technischen Unterlagen beim EVU anzumelden:

- Lageplan
- Übersichtsschaltplan
- Nenndaten der geplanten Betriebsmittel
- Stromlaufpläne
- Schaltung und Funktion des Schutzes
- Betriebsweise der Antriebsmaschinen
- Angaben über die Kurzschlussfestigkeit der Schalteinrichtungen

Für die Planung der Eigenerzeugungsanlagen gilt, wie für die Planung der öffentlichen Verteilungsnetze, dass folgende charakteristische Merkmale zugrunde gelegt werden müssen:

- → *Nennspannung*
- Stromart, Frequenz
- → *Leistungsbedarf*
- zu erwartende Kurzschlussströme

Bei Eigenerzeugungsanlagen, die parallel mit dem öffentlichen Netz betrieben werden sollen, ist der Anschluss im Einzelnen mit dem EVU abzustimmen. Dazu sind nachstehende Informationen notwendig:

- Leistung der Eigenerzeugungsanlage
- Netzanschlusspunkt (legt EVU fest)
- Berücksichtigung der gegebenen Netzverhältnisse
- Anschluss über eine jederzeit zugängliche Schaltstelle

Die technischen Daten der Eigenerzeugungsanlagen sind mit den technischen Daten des jeweiligen Netzes abzustimmen.
Besonders ist auf die Schalteinrichtungen in den Kundenanlagen und auf die Schutzeinrichtungen zu achten.
Die VDEW-Richtlinien empfehlen folgende Schutzfunktionen:

- Spannungsrückgangsschutz ⇒ Einstellbereich bis 70 % der Nennspannung
- Spannungssteigerungsschutz ⇒ Einstellbereich bis 115 % der Nennspannung
- Frequenzrückgangsschutz ⇒ Einstellbereich bis 48 Hz
- Frequenzsteigerungsschutz ⇒ Einstellbereich bis 52 Hz
- Kurzschlussschutz
- Überlastschutz
- Maßnahmen zum Schutz bei indirektem Berühren

Für die Eigenerzeugungsanlage ist für das EVU eine jederzeit zugängliche Schaltstelle mit Trennerfunktion zu installieren. Darauf kann jedoch verzichtet werden, wenn eine Einrichtung zur Netzüberwachung mit jeweils zugeordnetem Schaltorgan in Reihe als Sicherheitseinrichtung eingebaut ist.

→ *Netzrückwirkungen* müssen auf jeden Fall vermieden werden.

Beim Inselbetrieb ist die VDEW-Richtlinie „Planung, Errichtung und Betrieb von Notstromaggregaten“ zu berücksichtigen.

→ *Ersatzstromversorgungsanlagen*

Einbauhöhe

DIN EN 50274 ***Niederspannungs-Schaltgerätekombinationen***
(VDE 0660-514) *Schutz gegen unabsichtliches direktes Berühren gefährlicher aktiver Teile*

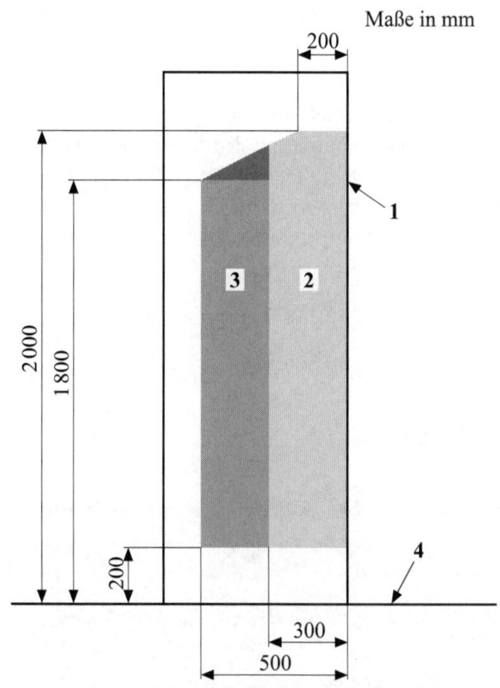

1 Vorderfront der Schaltgerätekombination
2 Grenze des zulässigen Bereichs für Betätigungseinrichtungen, die seitlich befestigt sind
2, 3 Grenze des zulässigen Bereichs für Betätigungseinrichtungen, die hinten befestigt sind
4 Standflächen des Betätigenden

Bild 22 Zulässiger Bereich für die Anordnung von Betätigungselementen (Quelle: DIN EN 50274 (VDE 0660-514): 2002-11)

Die Norm DIN EN 50274 (VDE 0660-514) legt eine maximale Einbauhöhe oberhalb der Standfläche des Bedienenden für Betätigungselemente von 2,0 m fest bei einer maximalen Tiefe von 200 mm, gemessen von der Vorderfront des Betriebsmittels oder Schaltschranks. Bei einer Tiefe von 500 mm beträgt die maximale Einbauhöhe nur 1,8 m, wie **Bild 22** zeigt.

Einbettung von Erdern

DIN VDE 0100-540 *(VDE 0100-540)*	***Errichten von Niederspannungsanlagen*** *Erdungsanlagen und Schutzleiter*
DIN VDE 0151 *(VDE 0151)*	***Werkstoffe und Mindestmaße von Erdern bezüglich der Korrosion***

Je nach Erderart muss darauf geachtet werden, dass der Erder richtig eingebettet wird. Dabei spielt die Einbautiefe eine ebenso wichtige Rolle wie das Einbettungsmaterial. Um Korrosion zu vermeiden, muss z. B. nach DIN VDE 0151 beim Verfüllen von Gräben und Gruben, in denen Erder verlegt sind, ein Kontakt der Erder mit Schlacke, Kohleteilen oder Bauschutt vermieden werden.

→ *Erderwerkstoffe*
→ *Erder*

Einbruchmeldeanlage (EMA)

DIN EN 50131-1 *(VDE 0830-2-1)*	***Alarmanlagen – Einbruch- und Überfallmeldeanlagen*** *Systemanforderungen*
DIN VDE 0833-1 *(VDE 0833-1)*	***Gefahrenmeldeanlagen für Brand, Einbruch und Überfall*** *Allgemeine Festlegungen*

Die Einbruchmeldeanlage ist eine Alarmanlage zum Anzeigen und Erkennen der Anwesenheit, des Eindringens oder des versuchten Eindringens von Personen in überwachte Bereiche.

Für das Errichten von Einbruchmeldeanlagen sollte beachtet werden:

- Zur Projektierung und Montage nur geschulte Elektro-Handwerksbetriebe heranziehen.
- Alle Teile einer Einbruchmeldeanlage ortsfest montieren.
- Nur vom VdS (Verband der Sachversicherer/Gesamtverband der Deutschen Versicherungswirtschaft) anerkannte Geräte eines Herstellers einsetzen.
- Neben der örtlichen Alarmierung über Sirenen und/oder Blitzleuchte auch eine stille Alarmierung mit einem Übertragungsgerät vorsehen.
- Bei teilweiser Installation eines Objekts schon an später denken und Leitungen bzw. Leerrohre für die Gesamtanlage berücksichtigen.

Einfache Trennung

Die Trennung zwischen Stromkreisen oder zwischen einem Stromkreis und Erde durch Basisisolierung.

Einflüsse

→ *Äußere Einflüsse*

Einführungsstellen für Kabel und Leitungen

DIN VDE 0100-520	***Errichten von Niederspannungsanlagen***
(VDE 0100-520)	*Kabel- und Leitungsanlagen*

Die Kabel und Leitungen müssen gegen Beschädigungen an Einführungsstellen von Geräten geschützt werden. Entsprechende Maßnahmen sind entweder durch den Gerätehersteller vorgegeben, oder die Elektrofachkraft muss als Fachmann diese Maßnahmen schaffen, wie Abrunden der Einführungsstellen, Verwendung von Einführungstüllen.

→ *Verlegen von Kabeln, Leitungen und Stromschienen*

Eingeschränkter Zugangsbereich

Der Bereich einer Anlage oder Betriebsstätte, der nur Elektrofachkräften oder elektrotechnisch unterwiesenen Personen mit entsprechender Berechtigung zugänglich ist

Eingewiesene Person

DIN VDE 0833-1	***Gefahrenmeldeanlagen für Brand, Einbruch und Überfall***
(VDE 0833-1)	*Allgemeine Festlegungen*

Person, die in die für den Betrieb einer Gefahrenmeldeanlage (GMA) erforderlichen Aufgaben eingewiesen wurde und in der Lage ist, selbstständig die Bedienung der GMA vorzunehmen. Einflüsse auf die Überwachungsaufgaben, z. B. durch die Raumnutzung, die Raumgestaltung oder die Umgebungsbedingungen, bzw. Unregelmäßigkeiten erkennen und bei Beeinträchtigungen eigenverantwortlich Inspektionen und Störbeseitigung veranlassen.

Einrichtungen zur Unfallverhütung

DIN VDE 0105-100	***Betrieb von elektrischen Anlagen***
(VDE 0105-100)	*Allgemeine Festlegungen*

Einrichtungen, die der Unfallverhütung dienen, müssen den einschlägigen europäischen, nationalen oder internationalen Normen entsprechen. Sie müssen nach den von den Herstellern mitgelieferten Betriebsanleitungen verwendet werden und für ihren jeweiligen Einsatz, z. B. für das Arbeiten in Nähe unter Spannung stehender Teile, geeignet sein, sich in einem ordnungsgemäßen Zustand befinden und bestimmungsgemäß angewendet werden.
Der ordnungsgemäße Zustand erfordert eine sachgerechte Lagerung und regelmäßige Überprüfung.

Unter Einrichtungen, die der Unfallverhütung dienen, fallen u. a. Werkzeuge, Ausrüstungen, Schutz- und Hilfsmittel, persönliche Schutzausrüstungen.

Beispiele:

- isolierende Schuhe, Handschuhe
- Kopf-, Augen- und Gesichtsschutz
- geeignete und geprüfte Schutzkleidung
- Isoliermatten, isolierende Plattformen und Arbeitsbühnen
- isolierende Abdeckungen
- isolierende Werkzeuge, Betätigungsstangen, Isolierstangen
- Schilder, Aushänge, Schlösser
- Spannungsprüfer, -prüfsysteme
- Erdungs-, Kurzschließvorrichtungen
- Markierungshilfsmittel (Flaggen, Warnbänder)
- Kabelsuch- und Auslesegeräte
- Kabelschneidgeräte

Einrichtungsgegenstände

DIN 57100-724	***Errichten von Starkstromanlagen mit Nennspannungen bis 1 000 V***
(VDE 0100-724)	*Elektrische Anlagen in Möbeln und ähnlichen Einrichtungsgegenständen*

Für die Errichtung elektrischer Anlagen in Einrichtungsgegenständen, wie Dekorationsverkleidungen, Einbauschränke, Gardinenleisten, sind zusätzliche Anforderungen zu berücksichtigen.

Es wird gefordert:

- Einphasige Versorgung mit einer Bemessungsspannung ≤ 240 V.
- Anschluss über Steckvorrichtungen, die ohne Schwierigkeiten zugänglich sind.
- Feste Verlegung von Leitungen: NYM, H07V-U in nicht metallischem Installationsrohr oder mindestens H05RR-F oder H05VV-F.
- Für ortsveränderliche Betriebsmittel: mindestens H05RR-F oder H05VV-F.
- Mindestquerschnitt 0,75 mm² Cu bis 10 m Leitungslänge ohne Steckvorrichtung, sonst 1,5 mm² Cu.
- Feste Leitungsverlegung oder durch geeignete Hohlräume, Zugentlastung an Einführungsstellen, keine Beschädigung der Leitung durch Quetschen, scharfe Kanten, bewegliche Teile.
- Installationsmaterial muss für den Einbau in Hohlwände geeignet sein.

- → *Leuchten* nach DIN VDE 0710-14, Montageanweisung des Herstellers beachten, höchstzulässige Lampenleistung gut sichtbar angeben.
- Bei unzulässiger Erwärmung zwangsläufige Abschaltung beim Schließen von Türen und Klappen vorsehen.
- Beim Einsetzen von Lampen ist ihre jeweils angegebene höchstzulässige elektrische Leistung zu beachten.

Einschaltbereit

DIN VDE 0100-600 *(VDE 0100-600)*	***Errichten von Niederspannungsanlagen*** *Prüfungen*
DIN EN 50191 *(VDE 0104)*	***Errichten und Betreiben elektrischer Prüfanlagen***
DIN VDE 0105-100 *(VDE 0105-100)*	***Betrieb von elektrischen Anlagen*** *Allgemeine Festlegungen*

Einschaltbereit ist eine elektrische Anlage nach ihrer Fertigstellung, nach Änderung oder vor einer Wiederinbetriebnahme, nachdem an der Anlage gearbeitet wurde, erst dann, wenn alle in den einschlägigen VDE-Bestimmungen geforderten Prüfungen erfolgreich beendet wurden und alle weiteren Maßnahmen für die → *Inbetriebnahme* einer Anlage nach DIN VDE 0100 und DIN EN 61936-1 (VDE 0101-1) und der BGV A3 erfüllt sind.

Für die Einschaltbereitschaft von Prüfeinrichtungen gelten nachstehende Anforderungen:

- Sämtliche Zugänge zum Gefahrenbereich sind geschlossen.
- Die roten Signallampen sind eingeschaltet.
- Alle Sicherheitsmaßnahmen, die vor Betreten des Gefahrenbereichs erforderlich sind (z. B. Erden und Kurzschließen), wurden aufgehoben.

Einschaltdauer

Allgemein gilt:
Die Einschaltdauer ist die Zeit zwischen dem Einschalten und dem Ausschalten der Spannung.

Für die Bemessung des Leiterquerschnitts von Kabeln und Leitungen ist unter anderen Einflussgrößen auch die Strombelastbarkeit zu berücksichtigen. Ist zu erwarten, dass in Sonderfällen, wie bei Mehrmotorenantrieben, der Nennstrom der Motoren durch längere Anlaufzeiten, Anlasshäufigkeiten oder Belastungsstößen überschritten wird, so muss der Nennstrom des Antriebs als quadratischer Mittelwert für die Bemessung des Querschnitts ermittelt werden.

Liegt die Einschaltdauer des Spitzenstroms innerhalb der Grenzen der nachfolgend angegebenen Werte, so kann der quadratische Mittelwert den Werten der Strombelastbarkeit gleichgesetzt und die Querschnitte aus **Tabelle 27** ermittelt werden.

Ist die Einschaltdauer größer als in **Tabelle 27** genannt, so sind die Leitungsquerschnitte von Fall zu Fall zu berechnen oder unter Berücksichtigung der Höchstlast nach DIN VDE 0298 auszulegen.

Nennquerschnitt in mm^2	Zulässige Einschaltdauer in s
bis 6	4
von 10 bis 25	8
von 35 bis 50	15
von 70 bis 150	30
von 185 und mehr	60

Tabelle 27 Zulässige Einschaltdauer für die Strombelastbarkeit nach dem quadratischen Mittelwert

→ *Belastbarkeit*

Einschaltzeit

Die Zeit von der Einleitung des Schließvorgangs bis zu dem Zeitpunkt, ab dem der elektrische Strom zum Fließen kommt (einschließlich der Zeit, die für den Zeitverzug durch das Einschalten von Hilfseinrichtungen benötigt wird).

Einspeisung

DIN VDE 0603-1	***Installationskleinverteiler und Zählerplätze AC 400 V***
(VDE 0603-1)	*Installationskleinverteiler und Zählerplätze*
DIN EN 61439-3	***Niederspannungs-Schaltgerätekombinationen***
(VDE 0660-600-3)	*Installationsverteiler für die Bedienung durch Laien (DBO)*

Die Zuführung von elektrischem Strom zu einem Betriebsmittel, einem Verbrauchsmittel, einem Verteiler oder einem Netz wird Einspeisung oder „Stromversorgung" genannt. Zu der Funktion „Einspeisung" gehören alle Betriebsmittel, die der Zufuhr elektrischer Energie dienen. Sie werden zusammengefasst als eine Funktionseinheit, die als → *Speisepunkt* der elektrischen Anlage beschrieben wird.

Die Einspeisung eines Netzes oder einer Anlage kann erfolgen von einem → *Speisepunkt* über:

- eine Einfachleitung
- zwei oder mehr voneinander unabhängige Leitungen
- ein Ring- oder ein Maschennetz

Der → *Hausanschluss* ist die Einspeisung des elektrischen Stroms in ein Gebäude. Die Art der Versorgung des Hausanschlusses ist abhängig von dem vorgeschalteten Netz des EVU, es kann ein Niederspannungs-Kabelnetz oder ein Freileitungsnetz sein. Die Einspeisung ist zugleich Trennstelle, an der das einspeisende Netz bzw. der einspeisende Stromkreis von der zu versorgenden Anlage getrennt (→ *freigeschaltet*) werden kann.

→ *Speisepunkt*
→ *Hausanschlusskasten*
→ *Hausanschluss*

Einzelfehlerbedingungen

DIN EN 61140	***Schutz gegen elektrischen Schlag***
(VDE 0140-1)	*Gemeinsame Anforderungen für Anlagen und Betriebsmittel*

DIN EN 61140 (VDE 0140-1) — ***Schutz gegen elektrischen Schlag***
Gemeinsame Anforderungen für Anlagen und Betriebsmittel

Ist eine Schutzvorkehrung defekt oder ist ein Fehler aufgetreten, der evtl. Gefahr hervorrufen kann, so sind Bedingungen zu erfüllen. Einzelfehler müssen dann berücksichtigt werden, wenn ein berührbares, nicht gefährliches aktives Teil zu einem gefährlichen Teil wird oder ein berührbares leitfähiges Teil, das unter normalen Bedingungen nicht aktiv ist, gefährlich aktiv wird. Außerdem, wenn ein gefährliches aktives Teil berührbar wird durch z. B. einen mechanischen Fehler einer Umhüllung.

Elektrische Anlage

BGV A3 — ***Unfallverhütungsvorschrift***
Elektrische Anlagen und Betriebsmittel

Elektrische Anlage ist der Zusammenschluss von elektrischen → *Betriebsmitteln* zum Erzeugen, Umwandeln, Speichern, Fortleiten, Verteilen und Verbrauchen von elektrischer Energie. Elektrische Betriebsmittel mit koordinierten Kenngrößen werden einander zugeordnet, um Arbeit zu verrichten, z. B. in Form von mechanischer Arbeit, zur Wärme- oder Lichterzeugung, bei elektrochemischen Vorgängen oder beim Übertragen, Verteilen und Verarbeiten von Informationen. Eine elektrische Anlage ist jeweils die Gesamtheit der an einer Stelle zusammengeschlossenen Betriebsmittel.

Als elektrische Anlagen gelten Starkstromanlagen und Anlagen der Fernmelde- und Informationstechnik einschließlich MSR-Anlagen, die mit Mess-, Steuer- und Regeleinrichtungen Messwerte erfassen und verarbeiten und Prozessabläufe steuern und regeln. Die Anlagen sind untereinander nicht immer eindeutig abzugrenzen. Weder Spannung, Strom noch Leistung sind dabei ausreichende Unterscheidungsmerkmale.

Beispiele elektrischer Anlagen:

- → *Verbraucheranlage*
- → *Schaltanlage*
- → *Anlage im Freien*
- → *Elektrische Anlagen für Sicherheitszwecke*
- Anlagen auf Baustellen (→ *Baustellen*)

Zu elektrischen Anlagen zählen auch die Betriebsmittel, die nur vorübergehend mit der Anlage verbunden sind. Zum Beispiel wird ein Spannungsprüfer während des Anlegens an einen Leiter zum Feststellen der Spannungsfreiheit Teil der elektrischen Anlage.

Elektrische Anlagen auf Fahrzeugen und transportablen Baueinheiten

DIN VDE 0100-717	***Errichten von Niederspannungsanlagen***
(VDE 0100-717)	*Ortsveränderliche oder transportable Baueinheiten*

Anwendung der Norm für:

trifft zu bei:
- Einrichtungen für Rundfunk- und Fernsehübertragungen
- medizinische Einsätze
- Feuerwehr
- Anwendung für spezielle Informationstechnik
- Baueinheiten für Katastrophenhilfe
- Partyservice
- Werbung
- transportable Werkstätten

gilt nicht für:
- Generatorsätze
- Marinas und Wassersportfahrzeuge
- Caravans, Motorcaravans und Mobilheime
- Baueinheiten, die durch andere Teile der Gruppe 7 abgedeckt sind
- Elektrofahrzeuge
- Verkaufsfahrzeuge, Anhänger und ähnliche Einheiten
- bewegliche Maschinen, die in Übereinstimmung mit DIN EN 60204-1 (VDE 0113-1) gebaut werden

Möglichkeiten der Stromversorgung der Baueinheit:
- Anschluss an feste elektrische Anlage
- Anschluss an feste elektrische Anlage über einen Transformator mit einfacher Trennung und Betrieb als IT-System
- Anschluss an eine elektrische Anlage über einen Transformator als Schutztrennung
- Versorgung durch eine Niederspannungs-Stromerzeugungsanlage (Ersatzstromerzeuger) gemäß DIN VDE 0100-551

Schutzmaßnahmen:

- Die Anwendung eines TN-C-Systems innerhalb der Baueinheiten ist nicht zulässig.
- Für alle Steckdosen, die der Versorgung von Verbrauchsmitteln außerhalb der Baueinheiten dienen: zusätzlicher Schutz gegen direktes Berühren durch Fehlerstrom-Schutzeinrichtungen (RCDs) mit einem Bemessungs-Differenzstrom $I_{\Delta N} \leq 30$ mA erforderlich.
  Ausnahmen davon:
  Nur Steckdosen, die über Schutzkleinspannung (SELV bzw. PELV) versorgt oder über Trenntransformator betrieben werden.
- Bei direktem Anschluss der Stromversorgung an das Festnetz: Nur TN- oder TT-System zugelassen – für die automatische Abschaltung im Fehlerfall sind RCDs $I_{\Delta N} \leq 30$ mA einzusetzen.
- Bei einer Stromversorgung mittels Niederspannungs-Stromerzeugungsanlage: für den Schutz durch automatische Abschaltung nur TN- oder IT-System zugelassen.
- Schutzpotentialausgleich: Alle zugänglichen leitfähigen Teile der Baueinheiten, wie Rahmen, Konstruktionsteile, Rohrsysteme oder Ähnliches, müssen durch den Schutzverbindungsleiter mit der Haupterdungsschiene in der Baueinheit verbunden werden.
- Anschluss der Baueinheiten über Leitungen vom Typ H07RN-F oder gleichwertig mit mindestens 1,5 mm² Cu.
  Verdrahtung innerhalb der Baueinheiten vorzugsweise mit flexiblen Kabeln oder Leitungen vom Typ H05VV-F oder H05RN-F.
- Schutzarten:
  - Stecker und Steckdosen der Stromversorgung:
    mindestens IP44
  - Steckdosen außerhalb der Einheiten:
    mindestens IP55
  - Geräteeinlässe und ihre Gehäuse:
    mindestens IP55.

Elektrische Anlagen für Sicherheitszwecke

DIN VDE 0100-560 *(VDE 0100-560)*	***Errichten von Starkstromanlagen mit Nennspannungen bis 1 000 V*** *Einrichtungen für Sicherheitszwecke*

Die elektrische Anlage für Sicherheitszwecke wird zum Schutz von Personen zur Verfügung gehalten, wenn die allgemeine Stromversorgung ausfällt. Es handelt sich also um Anlagen von der Stromquelle bis zu den Verbrauchsmitteln, die unabhängig von der allgemeinen Versorgung sein müssen.
Die Notwendigkeit solcher Anlagen wird entweder durch behördliche Auflagen oder durch besondere Bestimmungen begründet, wie z. B.:

- *DIN VDE 0100-710* Anlagen in medizinisch genutzten Räumen
- *DIN V VDE V 0108-100* Sicherheitsbeleuchtungsanlagen

Zum Schutz von Personen müssen bei Ausfall der allgemeinen Stromversorgung die elektrischen Anlagen für Sicherheitszwecke kurzfristig eingeschaltet werden. So wird z. B. verlangt, dass die Sicherheitsbeleuchtung der Rettungswege für Versammlungsstätten, Warenhäuser innerhalb von 1 s wirksam sein muss, um eine Panik zu vermeiden. In anderen Gebäuden (Hochhäuser, Krankenhäuser, Hotels) werden Unterbrechungszeiten bis 15 s für vertretbar gehalten.

Daraus folgt, dass bei Ausfall der allgemeinen Stromversorgung die Sicherheitsversorgung selbsttätig anlaufen bzw. einschalten muss. Es sind aber auch Anwendungsfälle denkbar, bei denen eine Einschaltung von Hand möglich ist, wenn eine längere Unterbrechungszeit zugestanden werden kann.

Neben der Unterbrechungszeit ist die Versorgungsdauer eine Kenngröße für die Auslegung der Sicherheitsversorgung.

Die Versorgungsdauer ist abhängig von der Zahl der Menschen, den Rettungswegen und der Räumungszeit. Während der Versorgungsdauer müssen die elektrischen Anlagen für Sicherheitszwecke einem Brand widerstehen können.

Es ist konkret sicherzustellen, dass:

- bei Ausfall der allgemeinen Stromversorgung die Beleuchtung unverzüglich, automatisch und für eine vorgegebene Zeit in einem festgelegten Bereich zur Verfügung gestellt wird.
- Die Sicherheitsbeleuchtung erfüllt folgende Funktionen:
  - Beleuchtung der Rettungswege
  - Beleuchtung der Wege zu den Ausgängen, um sicher in den sichereren Bereich zu gelangen.
  - ausreichende Beleuchtung der Brandbekämpfungseinrichtungen oder Meldeeinrichtungen entlang der Rettungswege
  - erlaubt das Arbeiten in Verbindung mit Sicherheitsmaßnahmen
  - wird nicht nur bei vollständigem Ausfall der allgemeinen Stromversorgung wirksam, sondern auch bei Ausfall eines Endstromkreises

- muss nicht zur Fortsetzung der normalen Tätigkeit bei Ausfall der allgemeinen Stromversorgung ausgelegt sein.

Für die Sicherheitsstromversorgung sind → *Schutzmaßnahmen bei indirektem Berühren* (Fehlerschutz) ohne selbsttätige Abschaltung beim ersten Fehler (IT-System mit Isolationsüberwachung) zu bevorzugen. Der Fehlerschutz ist allerdings nur bei Betriebsspannungen erforderlich, die größer sind als 50 V Wechselspannung bzw. 120 V Gleichspannung.

Anforderungen an die Stromquelle:

- Unabhängigkeit von der allgemeinen Stromversorgung, z. B. Akkumulatoren-Batterien, vom Netz unabhängige Generatoren (→ *Ersatzstromversorgungsanlagen*)
- Unterbrechungszeit bei selbsttätig einschaltenden oder anlaufenden Stromquellen:

Unterbrechung	Unterbrechungszeit in s
unterbrechungslos	0
sehr kurz	bis 0,15
kurz	von 0,15 bis 0,5
mittlere	von 0,5 bis 15
lang	über 15

- die erforderliche Versorgungsdauer muss gewährleistet sein
- ortsfeste Aufstellung in belüfteten Räumen, die für → *Elektrofachkräfte* und → *elektrotechnisch unterwiesene Personen* zugänglich sein müssen
- keine Beeinträchtigung durch Fehler in der allgemeinen Stromversorgung
- bei nur einer Stromquelle für die Sicherheitsversorgung darf diese nicht für andere Zwecke verwendet werden
- es sind geeignete Maßnahmen (z. B. mechanische Verriegelung) vorzusehen, die den Parallelbetrieb der Sicherheitsstromquelle mit der allgemeinen Versorgung ausschließt
- ist ein Parallelbetrieb mit Zustimmung des EVU vorgesehen, sind besondere Schutz- und Betriebseinrichtungen erforderlich
- der → *Schutz bei Kurzschluss* und der → *Schutz bei indirektem Berühren* müssen bei Einzelbetrieb unabhängig von der Stromversorgung sein, aber auch bei Parallelbetrieb voll arbeiten

Wenn nur eine Stromquelle für Sicherheitszwecke vorhanden ist, darf diese nicht für andere Zwecke verwendet werden. Falls jedoch mehrere Stromquellen vorhanden sind, dürfen diese auch für andere Ersatzstromanwendungen eingesetzt werden, wenn bei Ausfall einer Stromquelle die verbleibende Leistung für das Anfahren und den Betrieb der Sicherheitseinrichtungen ausreicht. Das erfordert im Allgemeinen die automatische Abschaltung von Verbrauchsmitteln, die keinen Sicherheitszwecken dienen.

Anforderungen an Stromkreise und Leitungen:

- Anordnung und Verlegung der Stromkreise für Sicherheitszwecke getrennt von denen der allgemeinen Versorgung.
- Eine gegenseitige Beeinflussung der Betriebssicherheit bei Fehlern, Eingriffen oder Änderungen muss vermieden werden.
- Räumlich getrennte Verlegung der Leitungen und Kabel oder in getrennter Umhüllung.
- Kabel und Leitungen dürfen nicht durch → *feuergefährdete Betriebsstätten* geführt werden, es sei denn, sie sind durch ihre Eigenschaften oder Anordnung schwer entflammbar.
- Das Durchführen von Kabeln und Leitungen durch explosionsgefährdete Bereiche ist verboten.
- Der → *Schutz bei Überlast* darf entfallen.
- Schalt- und Steuergeräte müssen eindeutig gekennzeichnet sein und dürfen nur Elektrofachkräften bzw. elektrotechnisch unterwiesenen Personen zugänglich sein.
- Alarmeinrichtungen müssen eindeutig gekennzeichnet sein.

Anforderungen an Verbrauchsmittel:

- Lampen in Beleuchtungsanlagen für Sicherheitszwecke müssen auf die Einschaltverzögerung der Stromquelle (Unterbrechungszeit) und auf die vorgesehene Beleuchtungsstärke abgestimmt sein.
- Festgelegte Mindestwerte der Beleuchtungsstärken für Treppen und Flure sind einzuhalten.
- Keine betriebliche Beeinträchtigung im Fehlerfall, wenn Verbrauchsmittel an zwei verschiedene Stromkreise angeschlossen werden.

Elektrische Anlagen für Wohngebäude

DIN 18015-1	***Elektrische Anlagen in Wohngebäuden*** *Planungsgrundlagen*

Die elektrische Anlage ist die Gesamtheit der zugeordneten elektrischen Betriebsmittel mit abgestimmten Kenngrößen zur Erfüllung bestimmter Zwecke.

Zu den elektrischen Anlagen für Wohngebäude zählen:

- Starkstromanlage (→ *Verbraucheranlage*)
- Fernmelde- und Informationsverarbeitungsanlagen
- Empfangsantennenanlage für Rundfunk und Fernsehen
- Blitzschutzanlage

Starkstromanlage:
Die Verbraucheranlage für Wohngebäude (Hausinstallation) beginnt hinter dem Hausanschlusskasten, dessen Ausgangsklemmen die Übergabestelle (→ *Speisepunkt*) des Energieversorgungsunternehmens/Verteilungsnetzbetreiber (VNB) darstellt. Die Hauptleitung verbindet den Hausanschlusskasten mit der Zähleranlage. Alle Hauptleitungen und Betriebsmittel (Mess- und Schutzeinrichtungen, Steuergeräte) hinter der Übergabestelle, die nicht gemessene Energie führen, werden in ihrer Gesamtheit als Hauptstromversorgungssystem bezeichnet.

Für die Planung, Errichtung und Instandhaltung der elektrischen Anlagen sind Installationspläne erforderlich, die unter Berücksichtigung der Schaltzeichen zu erstellen sind. Wenn sie rechtzeitig vorliegen, können bereits bei der Gebäudeerstellung erforderliche Schlitze, Aussparungen, Öffnungen und der Einbau von Leerrohren vorgesehen werden.

Hinweise für die Installationspraxis:

- **Hausanschluss:**
  Bei unterirdischer Einführung ist ein geeigneter Raum nach DIN 18012 vorzusehen, bei oberirdischer Einführung ist der Platz für den Freileitungsanschluss mit dem VNB abzustimmen.

  Nach den NAV gehören die Hausanschlüsse zu den Betriebsanlagen des VNB und sind dessen Eigentum. Sie werden ausschließlich vom VNB oder von beauftragten Unternehmern hergestellt, unterhalten, erneuert, geändert, abgetrennt und beseitigt. Sie müssen zugänglich und vor Beschädigungen geschützt sein.

- **Hauptstromversorgungssystem:**
  Unterbringung in leicht zugänglichen Räumen. Verlegung der Hauptleitungen (Drehstromleitungen) im Keller auch auf der Wand, ab Kellerdecke in Schächten, Rohren, Kanälen oder unter Putz. Beim Freileitungsanschluss sind Leerrohre mit einem Innendurchmesser von 36 mm vorzusehen, dabei ist eine spätere Umstellung auf Kabelanschluss zu berücksichtigen. Die Querschnitte der Hauptleitungen und der Hauptverteiler sind dem → *Leistungsbedarf* anzupas-

sen. Ihre Zuordnung ist dauerhaft zu kennzeichnen. Hauptleitungsabzweigklemmen und -abzweigkästen müssen DIN VDE 0606 entsprechen. Die Schutzeinrichtungen für Hauptleitungsabzweige sind in von den Zählerplätzen getrennten Gehäuseteilen mit gesonderten Abdeckungen unterzubringen.

- **Messeinrichtungen und Steuergeräte:**
  Unterbringung an leicht zugänglichen Stellen, vorzugsweise in Nischen, nach DIN 18013 in Treppenräumen, jedoch nicht über Treppen. Möglichkeiten für den Einbau von Steuergeräten (Schaltuhren, Rundsteuerempfänger) z. B. in Verbindung mit der Messeinrichtung für die Gemeinschaftsanlagen. Zwischen Steuergerät und Zählplatz ist eine Steuerleitung von mindestens $7 \times 1{,}5\ mm^2$ oder ein Leerrohr von 29 mm lichte Weite vorzusehen. Abzweige, Enden, Steuerelemente und die dafür notwendigen Schutzeinrichtungen sind unter plombierbarem Verschluss anzuordnen. Es sind Zählerschränke nach DIN 43870 zu verwenden. Der Abstand des Zählers vom Fußboden soll zwischen 1,10 m und 1,85 m betragen. Messeinrichtungen müssen gegen Feuchtigkeit, Verschmutzung, Erschütterung und mechanische Beschädigungen geschützt werden.

- **Stromkreisverteiler:**
  Bemessung nach DIN 18015-2 mit dreipoligen Trennvorrichtungen für mindestens $10\ mm^2$ Cu. Selektiver Schutz gegenüber nachgeschalteten Überstromschutzeinrichtungen. LS-Schalter für Licht- und Steckdosenstromkreise. Plombierte Schutzeinrichtungen dürfen nicht zum Schutz von Verbraucherstromkreisen verwendet werden.
  - Zahl der Stromkreise (Mindestausstattung):

Wohnfläche in m^2	Stromkreise für Steckdosen und Beleuchtung
bis 50	3
über 50 bis 75	4
über 75 bis 100	5
über 100 bis 125	6
über 125	7

  - Weitere Stromkreise sind für Verbrauchsmittel, für die eine hohe Verfügbarkeit gefordert wird, und für Verbrauchsmittel mit Anschlusswerten von 2 kW und mehr erforderlich.

Beispiele:

- Herd
- Kühl- und Gefriergeräte
- Geschirrspülmaschine
- Warmwassergeräte
- Waschmaschine
- Wäschetrockner
- Bügelmaschine

Die Anzahl der Stromkreise in der o. g. Tabelle stellen Mindestausstattungen dar. Für moderne Installationsanlagen kann eine höhere Zahl von Stromkreisen sinnvoll sein. Die Stromkreise werden gleichmäßig auf die Außenleiter aufgeteilt. Stromkreise verschiedener Tarife sind voneinander zu trennen.

- **Steckdosen und Auslässe** (Mindestausstattung)

Raum	Anzahl der Steckdosen	Anzahl der Auslässe
Wohn- oder Schlafraum	bis 5	2
Küche	5	3
Bad	2	3
WC	1	1
Hausarbeitsraum	3	2
Flur	1	1
Terrasse	1	1
Abstellraum	1	1
Hobbyraum	3	1
Keller- und Bodenraum	1	1
Kellergang	1	1

- Zur Steigerung der Energieeffizienz werden zukünftig besondere Maßnahmen in der technischen Gebäudeausrüstung erforderlich.

- **Spannungsfall** (TAB, DIN VDE 0100-520)

Leistungsbedarf	Maximal zulässiger Spannungsfall	
	HAK-Messeinrichtung in %	Verbraucherstromkreis in %
bis 100 kVA	0,50	3,50
über 100 kVA bis 250 kVA	1,00	3,00
über 250 kVA bis 400 kVA	1,25	2,75
über 400 kVA	1,50	2,50

- **Kurzschlussfestigkeit**
  Die elektrischen Anlagen müssen mindestens für folgende Kurzschlussströme ausgelegt sein:
  - Hauptstromversorgungssystem, von der Übergabestelle bis einschließlich der letzten Überstromschutzeinrichtung vor der Zählung: 25 kA
  - Betriebsmittel zwischen der letzten Überstromschutzeinrichtung vor der Messung bis zum Stromkreisverteiler: 10 kA
  - Leitungsschutzschalter im Stromkreisverteiler: 6 kA
- → *Schutzmaßnahmen*
- → *Verlegen von Kabeln und Leitungen*
- → *Räume mit Badewanne oder Dusche*
- → *Anlagen im Freien*
- → *Fundamenterder*
- → *Potentialausgleich*
- → *Brandschutz*

Fernmeldeanlagen:
Für die Errichtung der Fernmeldeanlage gelten nachstehende Festlegungen:
- Leitungen sind auswechselbar in Rohren oder Kanälen zu führen.
- Ausnahme: Gebäude bis zu zwei Wohnungen und innerhalb von Wohnungen von größeren Gebäuden können Installationskabel (z. B. I-YY oder I-Y(St)Y) in bzw. unter Putz verlegt werden.
- Verlegung von Rohren, Kanälen und Leitungen senkrecht bzw. waagrecht in den Installationszonen nach DIN 18015-3.
- Leerrohrsysteme sind in alle Wohnungen zu führen, auch wenn zunächst keine Fernsprechanschlüsse vorgesehen sind.

- Das Hausanschlusskabel ist in den Anschlussraum einzuführen, Endeinrichtung etwa 1 600 mm über Fußboden.
- Die Rohrzuführungen zu den Wohnungen sind in allgemein zugänglichen Räumen vorzusehen, maximale Länge 15 m und im Verlauf nicht mehr als zwei Bögen.

Zu den weiteren Kommunikations-, Fernmelde- und Informationsverarbeitungsanlagen gehören:
- Klingel-, Türöffner- und Türsprechanlagen
- Gefahrenmeldeanlagen zur Sicherung von Leben und Sachwerten

Empfangsantennenanlagen für Rundfunk und Fernsehen:
Empfangsantennenanlagen sind nach DIN VDE 0855-1 zu planen und zu errichten. Für Gemeinschaftsantennenanlagen mit aktiven elektronischen Bauelementen sowie für ihren Anschluss an ein Breitband-Kommunikationsnetz ist die Genehmigung des Betreibers einzuholen.

Bei der Montage ist zu beachten:
- sichere Montagemöglichkeit mit leichtem Zugang
- Befestigung an Schornsteinen ist nicht zulässig
- Sicherheitsabstand zu Starkstromfreileitungen ist einzuhalten
- über Dach angeordnete Antennen sind zu erden (→ *Erdung von Antennenträgern*)
- Verstärkeranlagen in der Nähe der Antenne anordnen, Netzanschluss mit eigenem Stromkreis
- Verlegung der Antennenkabel im Rohr
- Leerrohre sind für den Anschluss an ein Breitband-Kommunikationssystem vorzusehen

→ *Blitzschutzanlagen*

Elektrische Betriebsmittel

DIN VDE 0100-200 *(VDE 0100-200)*	***Errichten von Niederspannungsanlagen*** *Begriffe*
DIN 31000 *(VDE 1000)*	***Allgemeine Leitsätze für das sicherheitsgerechte Gestalten von Produkten***

Als elektrische Betriebsmittel werden alle Gegenstände bezeichnet, die zum Erzeugen, Umwandeln, Übertragen, Verteilen und Anwenden von elektrischer Energie auch im Bereich der Fernmelde- und Informationstechnik benutzt werden.
Dazu zählen z. B. Maschinen, Transformatoren, Schaltgeräte, Messinstrumente, Schutzeinrichtungen, Kabel, Leitungen, Stromverbrauchsgeräte.
Nach der Unfallverhütungsvorschrift BGV A3 gehören auch alle Schutz- und Hilfsmittel (z. B. persönliche Schutzausrüstungen, isolierte Werkzeuge) dazu, soweit an sie Anforderungen hinsichtlich der elektrischen Sicherheit gestellt werden.

Als elektrische Verbrauchsmittel werden die Betriebsmittel bezeichnet, die die Aufgabe haben, die elektrische Energie in nicht elektrischen Energiearten nutzbar zu machen:
- mechanische Energie: elektromotorische Antriebe
- Wärmeenergie: Heizgeräte, Kochen, Prozesswärme
- Licht: Lampen, Leuchten
- Schall: Radio, Fernsehen, Elektroakustik
- chemische Energie: Elektrolyse

Die Betriebsmittel lassen sich nach ihrer Aufstellung, Beschaffenheit und mechanischen Befestigung unterscheiden in:
- Ortsfeste Betriebsmittel, die während des Betriebs an ihren Aufstellungsort gebunden sind. Dazu zählen auch Betriebsmittel, die beispielsweise zum Herstellen des Anschlusses oder zum Reinigen begrenzt bewegbar sind. Sie haben keine Tragevorrichtung, und ihre Masse ist so groß, dass sie nicht ohne Weiteres bewegt werden können. Für Haushaltsgeräte wird eine Masse von 18 kg festgelegt.
- Fest angebrachte Betriebsmittel sind ortsfeste Betriebsmittel, die durch Haltevorrichtungen mit ihrer Umgebung fest verbunden oder auf andere Weise an einer bestimmten Stelle fest montiert sind.
- Ortsveränderliche Betriebsmittel, die während des Betriebs bewegt werden oder von einem Platz zu einem anderen gebracht werden können und die dabei an einen Versorgungsstromkreis angeschlossen sind.
- Handgeräte, die als ortsveränderliche Betriebsmittel gelten, aber während des üblichen Gebrauchs in der Hand gehalten werden.

Der Anschluss der Betriebsmittel erfolgt über ortsfeste oder bewegliche Leitungen.
- Eine ortsfeste Leitung wird so auf ihrer Unterlage angebracht, dass sich ihre Lage nicht verändern kann. Dies entspricht der üblichen Verlegetechnik: auf, in oder unter Putz (→ *Verlegearten*, → *Belastbarkeit*).
- Sie hat an beiden Enden einen festen Anschluss.

- Eine bewegliche Leitung ist eine an den Enden angeschlossene Leitung, die zwischen den Anschlussstellen bewegt werden kann (→ *flexible Leitungen*). Sie kann über einen festen Anschluss oder über Stecker bzw. Gerätestecker mit den Betriebsmitteln bzw. mit der Installationsanlage verbunden sein.
- Ein fester Anschluss ist eine Verbindung durch Schrauben, Löten, Pressen oder Ähnliches mit den Betriebsmitteln bzw. mit der Installationsanlage.

Elektrische Betriebsräume

Elektrische Betriebsräume sind abgegrenzte Räume, Bereiche und Schränke für elektrische Anlagen.

Sie dienen der Unterbringung von Einrichtungen und Betriebsmitteln, die der Erzeugung, Übertragung und Verteilung elektrischer Energie dienen.

→ *Elektrische Betriebsstätten*
→ *Abgeschlossene elektrische Betriebsstätten*
→ *Betriebsstätten, Räume und Anlagen besonderer Art*
→ *Verordnung über den Bau von Betriebsräumen für elektrische Anlagen (EltBauVO)*

Elektrische Betriebsstätten

DIN VDE 0100-200 *(VDE 0100-200)*	***Errichten von Niederspannungsanlagen*** *Begriffe*
DIN VDE 0100-731 *(VDE 0100-731)*	***Errichten von Starkstromanlagen mit Nennspannungen bis 1 000 V*** *Elektrische Betriebsstätten und abgeschlossene elektrische Betriebsstätten*

Räume und Orte gelten dann als elektrische Betriebsstätten, wenn ihr Zweck im Wesentlichen durch den Betrieb elektrischer Anlagen bestimmt ist. Das bedeutet, dass diese Räume in der Regel nur von Personen nach der Klassifizierung „elektrotechnisch unterwiesene Person" betreten werden dürfen.
Der Grund dafür ist, dass die betriebsmäßig unter Spannung stehenden, aktiven Teile evtl. nicht vollständig isoliert oder berührungssicher abgedeckt sind.

Deshalb ist der Zutritt zu diesen Räumen grundsätzlich nur den dazu befugten Elektrofachkräften gestattet. Laien dürfen elektrische Betriebsstätten wegen der erhöhten elektrotechnischen Gefährdung nicht betreten.

In der Regel werden als elektrische Betriebsstätten u. a. bezeichnet:

- Schalträume
- Schaltwarten
- Verteilungsanlagen in abgetrennten Räumen
- abgetrennte elektrische Prüffelder und Laboratorien
- Maschinenräume von Kraftwerken

→ *Abgeschlossene elektrische Betriebsstätten*

Elektrische Flächenheizung

→ *Fußbodenheizung*

Elektrische Geräte

DIN EN 60335-1 *(VDE 0700-1)*	***Sicherheit elektrischer Geräte für den Hausgebrauch und ähnliche Zwecke*** *Allgemeine Anforderungen*
DIN VDE 0701-0702 *(VDE 0701-0702)*	***Prüfung nach Instandsetzung, Änderung elektrischer Geräte*** *Allgemeine Anforderungen*

In den Normenreihen DIN VDE 0700 und DIN VDE 0701 sind Sicherheitsanforderungen festgelegt, die sich auf den Schutz gegen elektrischen Schlag, Schutz gegen Brandgefahr und auf den Schutz gegen mechanische Gefahren beziehen.

Die Geräte müssen so gebaut sein, dass sie im sachgemäßen Gebrauch sicher arbeiten. Sie dürfen keine Gefahren für den Benutzer und die Umgebung verursachen. Dieses Ziel wird durch die Einhaltung der in den Normenreihen DIN VDE 0700 und DIN VDE 0701 gestellten Anforderungen und Prüfungen erreicht.

Gleichzeitig werden dadurch die Sicherheitsanforderungen der europäischen Richtlinien, die auf Geräte für den Hausgebrauch anwendbar sind, erfüllt.

Es sind die:

- Niederspannungs-Richtlinie 2006/95EG
- Maschinen-Richtlinie 2006/42/EG
- Bauprodukten-Richtlinie Bauproduktverordnung, BauPVO 305/2011

Die Anforderungen aus DIN VDE 0701 gelten z. B. für:

- Laborgeräte
- Mess-, Steuer- und Regelgeräte
- Geräte zur Spannungserzeugung
- Elektrowerkzeuge
- Elektrowärmegeräte
- Elektromotorgeräte
- Leuchten
- Geräte der Unterhaltungs-, Informations- und Kommunikationselektronik
- Leitungsroller, Verlängerung- und Geräteanschlussleitungen

Es werden allgemeine Anforderungen (Teil 1) und besondere Bestimmungen (Teil 2) unterschieden.

Allgemeine Anforderungen:

- Instandsetzungen/Änderungen/Prüfungen an elektrischen Geräten müssen von Elektrofachkräften durchgeführt bzw. verantwortet werden.
- Nach der Instandsetzung dürfen für den Benutzer der Geräte keine Gefahren entstehen, die Schutzmaßnahmen dürfen nicht außer Kraft gesetzt sein.
- Die Sicherheit maßgeblicher Einzelteile, Bauelemente, Baugruppen und Software muss entsprechend ihren Bemessungsdaten und sonstigen Sicherheitsmerkmalen gewährleistet sein. Dies sind z. B. zulässige Temperatur, geforderte Schutzart, mechanische Bauart und Funktionsablauf der Software für das Gerät. Das Gerät muss nach dessen Einbau der für das Gerät geltenden Norm entsprechen. Sofern von Hersteller oder Importeur verlangt, sind die von diesen angegebenen Ersatzteile entsprechend den Instandhaltungs- bzw. Instandsetzungsanleitungen zu verwenden.
- Zur Sicherheit beitragende Teile des Geräts, die bei der Durchführung der Instandsetzung, Änderung oder Prüfung sichtbar werden, dürfen weder beschädigt noch für das Gerät offensichtlich ungeeignet sein.

Die Anforderungen an Prüfungen der elektrischen Geräte:

- Die Prüfungen sind in der vorgegebenen Reihenfolge durchzuführen; die jeweils nächste Prüfung darf erst dann durchgeführt werden, wenn die vorherige Prüfung bestanden ist.
  Sichtprüfungen / Prüfung des Schutzleiters / Messung des Isolationswiderstands (sofern technisch möglich)
- Gegenstand der Sichtprüfungen sind z. B.:
  - Gehäuse
  - Schutzabdeckungen
  - Anschluss- und andere äußere Leitungen
  - Zustand der Isolierungen
  - Zugentlastungsvorrichtungen
  - Knickschutz und Leitungsführung
  - dem Betreiber zugängliche Gerätesicherungshalter und Sicherungseinsätze
  - Kühlöffnungen und Luftfilter
  - Überdruckventile
  - Befestigungen der Leitungen und aller anderen Teile
  - Kennzeichnungen, die der Sicherheit dienen

Elektrische Größen

Die Unterscheidung der elektrischen Größen ist DIN 40200 zu entnehmen:

Bezeichnung	**Nennwert**	**Bemessungswert**	**Grenzwert**
Definition	Ein geeigneter gerundeter Wert einer Größe zur Bezeichnung oder Identifizierung eines Elements, einer Gruppe oder einer Einrichtung	Ein für eine vorgegebene Betriebsbedingung geltender Wert einer Größe, der im Allgemeinen vom Hersteller für ein Element, eine Gruppe oder eine Einrichtung festgelegt wird	Der in einer Festlegung enthaltene größte oder kleinste zulässige Wert einer Größe
Beispiele	Nennstrom, → *Nennspannung*, Nennleistung, Nennfrequenz	Bemessungsspannung, Bemessungsstrom	Oberer und unterer Grenzwert der Spannung
Internationale Normen	IEV 151-16-09	IEV 151-16-08	IEV 151-16-10

Bemessungsdaten: Die Zusammenstellung von Bemessungswerten und Betriebsbedingen (IEV 151-16-11).

→ *Nennspannung*

Elektrische Handgeräte

Es sind elektrische Betriebsmittel, die dazu bestimmt sind, während des üblichen Gebrauchs in der Hand gehalten zu werden.

Elektrische Maschinen

DIN EN 60204-1	***Sicherheit von Maschinen***
(VDE 0113-1)	*Allgemeine Anforderungen*

Die elektrische Maschine ist:

- Gesamtheit von miteinander verbundenen Teilen oder Vorrichtungen, von denen mindestens eines beweglich ist, sowie gegebenenfalls von Maschinen-Antriebselementen, Steuer- und Energiekreisen usw., die zusammen für eine bestimmte Anwendung, wie die Verarbeitung, die Behandlung, die Fortbewegung oder die Aufbereitung eines Werkstoffs, zusammengefügt sind.
- Gesamtheit von Maschinen zur Erreichung ein und desselben Ziels, die so angeordnet und gesteuert werden, dass sie als einheitliches Ganzes zusammenarbeiten.
- Auswechselbare Ausrüstungen zur Änderung der Funktion einer Maschine, die in den Verkehr gebracht (geliefert) werden, um vom Bedienungspersonal selbst an einer Maschine oder einer Reihe verschiedener Maschinen bzw. an einer Zugmaschine angebracht zu werden, soweit diese Ausrüstungen keine Ersatzteile oder Werkzeuge sind.

Allgemeine Hinweise für das Aufstellen und Anschließen elektrischer Maschinen:

- Die → *Schutzart* der Maschinen (Fremdkörper- und Berührungsschutz, Wasserschutz) muss entsprechend den Beanspruchungen am Aufstellungsort gewählt werden.

- Die Aufstellung hat so zu erfolgen, dass die betriebsmäßige Bedienung und Instandhaltung möglich ist.
- Eine ausreichende Kühlung ist zu gewährleisten.
- Antriebe, Stell- und Überwachungseinrichtungen und das Leistungsschild müssen auch im Betrieb gut und gefahrlos zugänglich sein.
- Anschlussleitungen sind unter Berücksichtigung möglicher Schwingungsbeanspruchungen auszuwählen. Metallschläuche als Schutz von Aderleitungen oder Gummischlauchleitungen sind nicht zulässig.
- Auf die Zweckmäßigkeit zusätzlicher Schutzeinrichtungen wird hingewiesen, z. B. Motorschutzschalter.

Elektrische Prüffelder/Prüfanlagen

DIN EN 61936-1 *(VDE 0101-1)* — ***Starkstromanlagen mit Nennwechselspannungen über 1 kV***

DIN EN 50191 *(VDE 0104)* — ***Errichten und Betreiben elektrischer Prüfanlagen***

DIN VDE 0105-100 *(VDE 0105-100)* — ***Betrieb von elektrischen Anlagen*** *Allgemeine Festlegungen*

Elektrische Prüffelder bestehen aus stationären und nicht stationären Prüfanlagen. Die Prüfanlage umfasst alle, für den jeweiligen Prüfzweck zusammenwirkende Geräte, Einrichtungen und Messsysteme, die für elektrische Prüfungen an Prüfobjekten erforderlich sind.

Prüfanlagen können ausgeführt und errichtet werden als:
- Prüfplatz
- Prüffeld oder Versuchsfeld
- nicht stationäre Prüfanlage

Prüfplatz: räumlich begrenzte und gekennzeichnete Prüfanlage für in der Regel nur eine oder zwei Personen, z. B. im Fertigungsfluss einer Serienfabrikation oder in Elektrowerkstätten, Reparatur- und Servicebetrieben.

Prüfplatz mit zwangsläufigem Berührungsschutz	**Prüfplatz ohne zwangsläufigem Berührungsschutz**
⇩	⇩
das Prüffeld und alle aktiven Teile der Prüfeinrichtung weisen zwangsläufig einen vollen Schutz gegen direktes Berühren auf • ist in der Regel nur eine Person beschäftigt • nur bei wirksamer Schutzeinrichtung kann Spannung anstehen, z. B. Abdeckung / Tür des Prüfplatzes	das Prüffeld und/oder aktive Teile sind während der Prüfung nicht vollständig gegen direktes Berühren geschützt

Prüffeld: Prüfanlage in einem fest umschlossenen Raum oder innerhalb eines von benachbarten Arbeitsplätzen abgegrenzten Bereichs, in der in der Regel mehrere Personen mit der Prüfung größerer Prüfobjekte mit längerer Verweildauer beschäftigt sind.

Ein Prüffeld kann in Teilbereiche aufgeteilt sein, in denen voneinander unabhängige Prüfungen durchgeführt werden.

Versuchsfeld: Prüfanlage zum Durchführen von Versuchen im Rahmen von Forschungs- und Entwicklungsaufgaben. In Versuchsfeldern werden in der Regel keine Routineprüfungen durchgeführt. Es ist daher mit örtlich und zeitlich wechselnden Gefährdungsmöglichkeiten und Versuchsanordnungen zu rechnen.
Ein Versuchsfeld kann in Teilbereiche aufgeteilt sein, in denen voreinander unabhängige Versuche durchgeführt werden.

Die **Prüfungen** lassen sich entsprechend ihrer Aufgabenstellung unterscheiden z. B. in:

- Serienprüfungen im Zuge des Fertigungsprozesses
- Abnahmeprüfungen am Ende des Fertigungs- oder Errichtungsprozesses
- Prüfungen zur Ermittlung von Störungs- und Schadensursachen
- Prüfungen zum Nachweis der Normenkonformität und Gebrauchstauglichkeit
- Prüfungen im Rahmen der Instandhaltung (Inspektion)
- Wareneingangsprüfungen
- qualitätsvergleichende Untersuchungen

- Prüfungen im Rahmen von Forschungs- und Entwicklungsaufgaben

Anforderungen:

- Der Prüfaufbau ist so auszuführen, dass der Schutz gegen direktes Berühren durch Isolierung aktiver Teile, Abdeckungen, Gehäuse, Hindernisse oder sichere Abstände sichergestellt ist. Ein sicherer Abstand ist dann gewährleistet, wenn der Prüfende weder mit Körperteilen noch mit Gegenständen die Verbotszone erreichen kann.
- Sicherheitsprüfspitzen müssen für die verwendeten Prüfspannungen geeignet sein. Feststellvorrichtungen sind hierfür nicht erlaubt.
- Bei Mess- und Hilfsgeräten der Schutzklasse I, bei denen prüfbedingt der Schutzleiter unterbrochen wird, z. B. weil das Gehäuse vom Erdpotential getrennt werden soll, muss der Netzanschluss des Geräts über einen Trenntransformator nach EN 61558 erfolgen.
- Ist ein Stromkreis und/oder das Gehäuse eines Mess- oder Hilfsgeräts für Netzanschluss mit aktiven Teilen des Prüfaufbaus verbunden, die Spannung gegen die Erde führen könnte, so muss die innere Isolierung des vorgeschalteten Trenntransformators mindestens für diese Spannung berechnet sein.
- Eine effektive Sicherheitsmaßnahme zum Schutz im Fehlerfall (Schutz bei indirektem Berühren) muss vorhanden sein.
- Der Prüfaufbau muss so erfolgen, dass eine Spannungsverschleppung auf fremde leitfähige Teile verhindert ist.
- Die Grenze der Verbotszone ist in Abhängigkeit von der Prüfspannung nach DIN VDE 0104, Anhang A.2 festzulegen.
- Bei Spannungen bis 1 000 V gilt die Oberfläche des unter Spannung stehenden Teils als Grenze der Verbotszone. Bei Spannungen über 1 kV wird das Erreichen der Verbotszone dem Berühren unter Spannung stehender Teile gleichgesetzt.
- Prüfbereiche müssen von Arbeitsplätzen und Verkehrswegen abgegrenzt sein.
- Befehlseinrichtungen der Prüfanlagen müssen deutlich gekennzeichnet sein.
- Prüfanlagen müssen so ausgerüstet sein, dass der jeweilige Schaltzustand eindeutig erkennbar ist.
- Prüfanlagen müssen mit Not-Aus-Einrichtungen versehen werden.

Grundlage des europäischen Prüf- und Zertifizierungswesens ist das von der Europäischen Union erlassene „Globale Konzept für Zertifizierung und Prüfwesen“. Danach können sich Prüffelder nach der europäischen Norm EN 45001 akkreditieren lassen, um damit sicherzustellen, dass ihre Prüfergebnisse und Prüfdokumente europaweit anerkannt werden.

Beispiele akkreditierter Prüfinstitute in Deutschland sind u. a. das VDE Prüf- und Zertifizierungsinstitut in Offenbach oder das Prüfinstitut der RWE Eurotest GmbH in Dortmund.

Elektrische Schutzabdeckung

Ist der aktuelle Begriff (IEV 826-12-13) für die → *Abdeckung* und bietet Schutz gegen direktes Berühren aus allen üblichen Zugriffsrichtungen.
→ *Abdeckung*
→ *Schutz durch Abdeckung oder Umhüllung, Abschrankung oder Hindernisse*

Elektrische Schutztrennung

Eine Schutzmaßnahme, bei der gefährliche aktive Teile eines Stromkreises gegenüber allen anderen Stromkreisen und Teilen gegen örtliche Erde und gegen Berührung isoliert sind.

→ *Schutztrennung*

Elektrischer Schutzschirm

Leitfähiger Schirm zur Trennung von Stromkreisen bzw. Leitern von anderen gefährlichen aktiven Teilen

Elektrische Trennung

DIN EN 60947-1	***Niederspannungsschaltgeräte***
(VDE 0660-100)	*Allgemeine Festlegungen*

Sichere Trennung verhindert den Übertritt der Spannung eines Stromkreises mit hinreichender Sicherheit in einen anderen.

Maßnahmen, durch die eine sichere Trennung erreicht wird:
- doppelte oder → *verstärkte Isolierung*

- Einbau eines leitenden Schutzschirms, der mit dem Schutzleiter verbunden ist und von den → *aktiven Teilen* der zu trennenden Stromkreise mindestens durch die Basisisolierung getrennt ist
- Verwendung besonders alterungsbeständiger Werkstoffe
- besondere konstruktive Maßnahmen bei Betriebsmitteln mit mehreren Stromkreisen (z. B. bei Fernschaltern mit Haupt- und Steuerstromkreis)

Elektrische Verbrauchsmittel

Als elektrische Verbrauchsmittel werden die Betriebsmittel bezeichnet, die die Aufgabe haben, die elektrische Energie in anderen Energiearten nutzbar zu machen, z. B.:

- mechanische Energie: → elektromotorische Antriebe
- Wärmeenergie: → Heizgeräte, Kochen, Prozesswärme
- Licht: → Lampen, Leuchten
- Schall: → Radio, Fernsehen, Elektroakustik
- chemische Energie: → Elektrolyse

→ *Elektrische Betriebsmittel*

Elektrische, magnetische und elektromagnetische Felder

DIN VDE 0100-444 ***Errichten von Niederspannungsanlagen***
(VDE 0100-444) *Schutz bei Störspannungen und elektromagnetischen Störgrößen*

DIN EN 50413 ***Grundnorm zu Mess- und Berechnungsverfahren der***
(VDE 0848-1) ***Exposition von Personen in elektrischen, magnetischen und elektromagnetischen Feldern (0 Hz bis 300 GHz)***

Elektrische, magnetische und elektromagnetische Felder treten in unserer Umwelt in unterschiedlicher Größenordnung auf. Sie können erzeugt werden von elektrischen Betriebsmitteln, Anlagen der Energieerzeugung und -verteilung, Telekommunikationsanlagen und Anlagen, die elektromagnetische Felder im Arbeitsprozess oder zu medizinischen Zwecken anwenden.

Definitionen der Begrifflichkeiten und Angaben zu Mess- und Berechnungsverfahren zur Beurteilung der Sicherheit in elektrischen, magnetischen und elektromagnetischen Feldern im Frequenzbereich von 0 Hz bis 300 GHz sind detailliert in der Normenreihe VDE 0848 enthalten.

Das übergeordnete Ziel von dort enthaltenen Grenzwerten ist es, Sicherheit und Gesundheitsschutz von exponierten Personen an Arbeitsplätzen sowie den Schutz der Allgemeinheit und der Nachbarschaft vor schädlichen Umwelteinwirkungen durch elektromagnetische Felder zu gewährleisten. Es werden messtechnische und rechnerische Bestimmungen physikalischer Größen angegeben zum Vergleich mit zulässigen Grenzwerten, z. B. für Feldstärken, zum Schutz von Personen.

Elektrischer Schlag

Durchfließt ein → *gefährlicher Berührungsstrom* den menschlichen Körper, so kann ein Anteil dieses Stroms über das Herz fließen.

Fällt der elektrische Schlag zeitgleich mit der vulnerablen Herzphase zusammen (der Bereich des Bewegungsablaufs eines Herzschlags, in der sich der Herzmuskel entspannt; etwa 0,15 s von der Gesamtzeit eines Herzschlags von rund 0,75 s), so führen bereits geringe Wechselströme zu Herzrhythmusstörungen oder Herzkammerflimmern, d. h., die Herzkammern arbeiten nicht mehr koordiniert, und die Pumptätigkeit des Herzens bricht zusammen.

Dadurch fehlt dem Gehirn der nötige Sauerstoff, und der Mensch stirbt innerhalb weniger Minuten durch Sauerstoffmangel im Gehirn.

Der Tod kann in einem solchen Fall nur durch sofortige, qualifizierte → *Unfallhilfe* (künstliche Beatmung/Herzdruckmassage) und anschließend gezielte ärztliche Maßnahmen verhindert werden.

→ *Wirkungen des Stroms auf den Menschen*
→ *Gefährlicher Berührungsstrom*
→ *Körperwiderstand*

Literatur:

- *Biegelmeier, G.; Kiefer, G.; Krefter, K.-H.: Schutz in elektrischen Anlagen – Band 4: Schutz gegen Überströme und Überspannungen. VDE-Schriftenreihe Band 83. Berlin · Offenbach: VDE VERLAG, 2001*

Elektrischer Verteiler

Betriebsmittelkombination mit
- verschiedenen Arten von Schalt- und Steuergeräten
- ein oder mehrere abgehende Stromkreise
- von ein oder mehreren ankommenden Stromkreisen gespeist

Anschlussstellen für Neutralleiter und Schutzleiter

Elektrisches Schutzhindernis

Ein Teil, welches unabsichtliches direktes Berühren zwar verhindert, nicht aber direktes Berühren durch eine absichtliche Handlung.

Elektrofachkraft

DIN VDE 0105-100 *(VDE 0105-100)*	***Betrieb von elektrischen Anlagen*** *Allgemeine Festlegungen*
BGV A3	***Unfallverhütungsvorschrift*** *Elektrische Anlagen und Betriebsmittel*

Elektrofachkraft ist, wer die fachliche Qualifikation für das Errichten und den Betrieb elektrischer Anlagen und Betriebsmittel besitzt. Grundlagen der Qualifikation sind die fachliche Ausbildung, Kenntnisse und Erfahrungen. Für die ihr übertragenen Arbeiten muss sie über die Kenntnis der einschlägigen Normen verfügen und aufgrund ihrer Erfahrungen mögliche Gefahren, die von der Elektrizität ausgehen können, erkennen.

Zusammenfassend sind an die Elektrofachkraft verschiedene Anforderungen gestellt:
- fachliche Ausbildung
- Kenntnisse und Erfahrungen
- Kenntnis der einschlägigen Normen
- Fähigkeit, übertragene Arbeiten zu beurteilen
- Fähigkeit zum Erkennen von Gefahren
- Fähigkeit zum Vermeiden von Gefahren

Die Qualifikation wird durch eine fachliche Ausbildung in einem elektrotechnischen Beruf (Facharbeiter, Meister, Techniker, Ingenieur) erworben.

Elektrofachkraft kann in Ausnahmefällen auch jemand sein, der die fachliche Ausbildung in anderer Weise erhalten hat, z. B. durch mehrjährige Mithilfe bei bestimmten Tätigkeiten einer Elektrofachkraft.
Die Qualifikation gilt dann allerdings nur für den engen Bereich seiner Tätigkeit und setzt neben der betrieblichen Erfahrung theoretische Kenntnisse und einen Qualifikationsnachweis voraus.

Beispiele für Arbeiten durch Elektrofachkräfte:
- Auswechseln von Betriebsmitteln in elektrischen Anlagen
- Messungen in Starkstromanlagen
- Instandsetzen von fehlerhaften Anlagen und Betriebsmitteln
- Arbeiten in Prüfanlagen bzw. Prüffeldern

→ *Elektrotechnisch unterwiesene Person*
→ *Elektrotechnischer Laie*
→ *Arbeitsverantwortlicher*
→ *Anlagenverantwortlicher*
→ *Arbeitskräfte*

Elektrogeräte

→ *Elektrische Geräte*

Elektrohandwerkzeuge

DIN EN 60745-1 *(VDE 0740-1)*	***Handgeführte motorbetriebene Elektrowerkzeuge – Sicherheit*** *Allgemeine Anforderungen*

Handgeführte Elektrowerkzeuge sind elektromotorisch oder elektromagnetisch angetriebene Maschinen für mechanische Arbeiten, die so gebaut sind, dass Motor und Maschine eine Baueinheit bilden. Sie können handgeführt an dem jeweiligen Montageort leicht eingesetzt werden. Sie müssen so gebaut und bemessen sein, dass sie bei bestimmungsgemäßem Gebrauch und selbst bei unachtsamem Umgang für den Benutzer und seine Umgebung keine Gefahren verursachen durch elektrischen Schlag, mechanische Einwirkungen, zu hohe Erwärmung, zu großen Lärm oder Vibration.

Voraussetzung ist, dass sich die Werkzeuge in einem ordnungsgemäßen Zustand befinden (Nachweis durch regelmäßige Prüfung) und die Sicherheitsbestimmungen für den Betrieb der Anlagen eingehalten werden. Auf → *Baustellen* ist besonders auf die erschwerenden Bedingungen zu achten. Geräte der → *Schutzklasse* II (→ *Schutzisolierung*) sind zu bevorzugen.

Elektroinstallation

Elektroinstallationen sind elektrotechnische Anlagen der Spannungsebene Niederspannung (230/400 V) in und an Bauwerken (Wohn-, Gewerbe- und Industriebauten) sowie im Freien. Die eigenständige, handwerkliche Ausführung von Elektroinstallationen ist nur von dazu berechtigten Personen gestattet, den → *Elektrofachkräften* bzw. dem Berufsbild Elektroinstallateur/Elektrotechniker.

Es werden folgende Arten der Elektroinstallation unterschieden:

Unterputzinstallation:
Kabel, Leitungen und auch Elektroinstallationsrohre werden direkt auf den Rohbaukörper oder in das Mauerwerk verlegt und danach mit Putz bedeckt:
- in die Rohre werden Aderleitungen eingezogen
- es ist auf eine senkrechte bzw. waagrechte sowie parallele Leitungsführung zu Baufluchten, wie Treppen, Schrägen, zu achten
- schräge Leitungsführungen sind nur in Decken, unter Treppen, in Fußböden und Dachschrägen zulässig
- an Schornsteinen und Abgasschächten ist eine Unterputzinstallation nicht zulässig

Imputzinstallation:
Flache Leitungen, wie Stegleitungen (NYIF), werden unmittelbar in den Putz verlegt und danach mit Putz bzw. Gips auf der gesamten Länge bedeckt.
- die Dicke der Bedeckung soll mindestens 4 mm betragen
- die Leitungen sind senkrecht bzw. waagrecht, wie bei der Unterputzinstallation, zu verlegen

Aufputzinstallation:
Kabel, Leitungen und Elektroinstallationsrohre werden direkt auf den Putz und damit sichtbar installiert oder mit Abstandsschellen über den oberflächenfertigen Baukörper verlegt.

- Diese Art der Installation kommt nur noch dort zur Anwendung, wo keine besonders hohen Ansprüche an die Optik des Raums gestellt sind (Lagerräume/Keller/Arbeitsräume).

Feuchtrauminstallation:
Eine Aufputzinstallation in feuchten oder nassen Räumen oder im Freien.

Unterflurinstallation:
Kabel, Leitungen, Rohre oder Kanäle werden unmittelbar auf Rohdecken verlegt und danach durch Fußbodenschichten (z. B. Estrich) bedeckt.

Pritscheninstallation:
Kabel, Leitungen und Rohre werden auf Pritschen, Rosten oder Tragbügeln verlegt. Anwendung vorrangig in Industriebauten, Kellern, Versorgungsschächten.

Schachtinstallation:
Kabel, Leitungen und Rohre werden in senkrecht verlaufenden Schächten verlegt. In Schornsteinen und Abgasschächten ist das Verlegen nicht erlaubt.

→ *Elektrische Anlagen für Wohngebäude*

Elektroinstallations-Baustein

Als Baustein wird die Gesamtheit aller Leitungen und Installationselemente eines Raums ab dem Wohnungs-Stromkreisverteiler bezeichnet. Die Hauptberatungsstelle für Elektrizitätsanwendung e. V. (HEA) bzw. nach RAL-RG 678 geben für Verbraucheranlagen (Haushalt) Beispiele für den Aufbau der Installations-Bausteine heraus.
Es sind Ausstattungswerte für Beurteilungsmerkmale von Elektroinstallationen festgelegt. Um die Beurteilungskriterien noch einprägsamer zu machen, sind Sternekennzeichnungen eingeführt:

*   = Ausstattungswert1 (ein Stern, Mindestausstattung nach DIN 18015-2)
** = Ausstattungswert 2 (zwei Sterne, gehobene Ausstattung, die es erlaubt, die heute üblichen Verbrauchsmittel ohne zeitliche und räumliche Einschränkung anzuschließen und zu nutzen)

*** = Ausstattungswert 3 (drei Sterne, Komfortinstallationen)

Wird über die normale Elektroinstallation hinaus eine Gebäudesystemtechnik geplant und errichtet, so ist diese zusätzliche Qualität in der DIN 18015-4 und der RAL-RG 678:2010 festgelegt; man hat dort drei weitere Ausstattungswerte definiert:
**Plus* = Ausstattungswert 1 *Plus*
***Plus* = Ausstattungswert 2 *Plus*
****Plus* = Ausstattungswert 3 *Plus*

Der Ausstattungswert 1 *Plus* beschreibt eine Mindestausstattung nach DIN 18015-2 und eine Vorbereitung der Installation für die Anwendung der Gebäudesystemtechnik für alle Funktionsbereiche nach DIN 18015-4; als Vorbereitung wird verstanden:

- die Installation eines Stromkreises mit einer Reserve für die Nachrüstung von entsprechenden Gebäudesystemkomponenten
- die Installation von Busleitungen
- die Installation von Installationsrohren für die Nachinstallation.

Als Funktionsbereiche sind in DIN 18015-4 definiert:

- schalten/dimmen von Beleuchtung
- schaltbare Steckdosen, geschaltete Geräte, Energiemanagement
- Sonnenschutz
- Heizung, Lüftung, Kühlung
- Sicherheit

Die Planung einer Elektroinstallation bedeutet mehr als nur das gleichmäßige Verteilen von Steckdosen und Auslässen für einen entsprechenden Raum. Der Planer sollte die Funktionen der Räume und möglichst die voraussichtliche Verwendung von elektrischen Geräten bedenken, damit die Erwartungen der späteren Nutzer der Elektroinstallation weitestgehend erfüllt werden können.

→ *Elektrische Anlagen für Wohngebäude*
→ *Verbraucheranlage*

Elektroinstallationskanäle

DIN VDE 0100-520 *(VDE 0100-520)*	***Errichten von Niederspannungsanlagen*** *Kabel- und Leitungsanlagen*
DIN EN 50085-1 *(VDE 0604-1)*	***Elektroinstallationskanalsysteme für elektrische Installationen*** *Allgemeine Anforderungen*

Zu unterscheiden sind zu öffnende und geschlossene Kanalsysteme zum Einlegen und zur Aufnahme von Kabeln und Leitungen und möglicherweise weiterer elektrischer Einrichtungen mit dem erforderlichen Systemzubehör (Befestigungen, Formteile, Trennwände, Montagemittel).

Kanalsysteme müssen den erforderlichen mechanischen und elektrischen Schutz entsprechend den aus den Umgebungsbedingungen sich ergebenden Anforderungen gewährleisten.

Sie werden klassifiziert nach:

- Material: metallische, nicht metallische oder in Gemischtbauweise
- mechanischen Eigenschaften: geringe, mittlere, hohe und sehr hohe mechanische Belastung
- Betriebstemperaturen: von –45 °C bis 120 °C
- Widerstand gegen Flammenausbreitung: möglich, nicht möglich
- Isoliereigenschaften
- → *Schutzarten*
- Schutz gegen korrosive oder verunreinigende Stoffe
- Schutzabdeckung: mit und ohne Werkzeug entfernbar

Der Hersteller des Kanalsystems muss seine Produkte kennzeichnen. Er muss in seinen Unterlagen alle notwendigen Informationen für die richtige und sichere Installation und den Gebrauch (Bestandteile des Systems, Verwendungszweck, Montageanleitung, Klassifizierung wie oben angeführt) zur Verfügung stellen.

Elektroinstallationsplan

Ein Elektroinstallationsplan enthält Angaben zu den elektrischen Betriebsmitteln, die in einer Elektroinstallation verwendet werden. Dabei handelt es sich um eine annähernd lagerichtige Darstellung von Schaltzeichen in einem Gebäudegrundriss.

Die Lage der Betriebsmittel innerhalb des Plans muss nicht maßstäblich erfolgen.
- die Kabel- und Leitungswege werden in den Plan nicht eingetragen
- Verlegeart der Leitungen
- Schutzmaßnahmen bei indirektem Berühren und Schutzart
- Raumhöhe der Schalter und Steckdosen
- elektrische Verbrauchsmittel, z. B. Haartrockner
- Bauart und Leuchten
- Umgebungsbedingungen

→ *Schaltzeichen*

Elektroinstallationsrohre

DIN VDE 0100-520 *(VDE 0100-520)*	***Errichten von Niederspannungsanlagen*** *Kabel- und Leitungsanlagen*
DIN EN 61386-1 *(VDE 0605-1)*	***Elektroinstallationsrohrsysteme für elektrische Energie und für Informationen*** *Allgemeine Anforderungen*

Elektroinstallationsrohrsysteme sind geschlossene Verlegesysteme zum Führen und zum Schutz von Kabeln und Leitungen. Solche Systeme bestehen aus den Installationsrohren und Zubehörteilen zum Verbinden, zum Begrenzen und zum Ändern der Richtung der Rohre.

Je nach Verwendung werden unterschiedliche Ausführungen verwendet, wie z. B. metallische und nicht metallische Rohre, gewellte und glatte, starre und biegsame Rohre mit unterschiedlicher Wanddicke und Widerstand gegen äußere Einflüsse.

Rohre und Zubehör müssen nach ordnungsgemäßer Montage nach Herstellerangaben ihre Aufgabe zuverlässig und ohne Gefahren für den Benutzer und seiner Umgebung erfüllen und dabei den mechanischen und, soweit gefordert, auch den elektrischen Schutz von Kabeln und Leitungen sicherstellen.

Nach Angaben des Herstellers sind die Rohrsysteme mit einem 13-ziffrigen Code zu klassifizieren nach:
- mechanischen Eigenschaften (Druck, 1. Ziffer)
- Schlagbeanspruchung (Schlagfestigkeit, 2. Ziffer)
- Temperaturbeständigkeit (niedrige Werte: 3. Ziffer; hohe Werte: 4. Ziffer)

- Biegefestigkeit (5. Ziffer)
- elektrischen Eigenschaften (6. Ziffer)
- Widerstand gegen Umwelteinflüsse (Eindringen von Festkörpern (7. Ziffer), Eindringen von Wasser (8. Ziffer), Korrosionsbeständigkeit von Metallteilen (9. Ziffer))
- Zugfestigkeit (10. Ziffer)
- Widerstand gegen Flammausbreitung (11. Ziffer)
- Hängelastaufnahmefähigkeit (12. Ziffer)
- Brandfolgeerscheinungen (13. Ziffer)

Die Bedeutung der Ziffern ist in DIN VDE 0605-1, Anhang A festgelegt.

Elektromagnetische Störung

DIN VDE 0100-444 *(VDE 0100-444)*
Errichten von Niederspannungsanlagen
Schutz bei Störspannungen und elektromagnetischen Störgrößen

DIN VDE 0800-1 *(VDE 0800-1)*
Fernmeldetechnik
Anforderungen und Prüfungen für die Sicherheit der Anlagen und Geräte

DIN EN 61000-3-11 *(VDE 0838-11)*
Elektromagnetische Verträglichkeit (EMV)
Grenzwerte-Begrenzung von Spannungsänderungen, Spannungsschwankungen und Flicker in öffentlichen Niederspannungs-Versorgungsnetzen

DIN EN 61000-2-10 *(VDE 0839-2-10)*
Elektromagnetische Verträglichkeit (EMV)
Leitungsgeführte Störgrößen

Die elektromagnetische Störung kann die Funktion eines Geräts bzw. eines Systems negativ beeinflussen, sodass die eigentliche Funktion des Geräts gefährdet wird. Die Störungen können z. B. durch Gewitter oder aber auch durch Starkstromanlagen verursacht werden, oder durch Schwingungsvorgänge beim Ein- und Ausschalten induktiver Lasten. In den Normen sind detaillierte Festlegungen von Schutzeinrichtungen gegen leitungsgeführte und gestrahlte Störgrößen zur Sicherung der → *elektromagnetischen Verträglichkeit* enthalten sowie Grenzwerte zur elektromagnetischen Störfestigkeit von Betriebsmitteln und Systemen.

Elektromagnetische Verträglichkeit

DIN VDE 0100-444	***Errichten von Niederspannungsanlagen***
(VDE 0100-444)	*Schutz bei Störspannungen und elektromagnetischen Störgrößen*
EMVG	***Gesetz über die elektromagnetische Verträglichkeit von Betriebsmitteln***

Elektromagnetische Verträglichkeit ist die Fähigkeit eines Geräts, in der elektromagnetischen Umgebung zufriedenstellend zu arbeiten, ohne dabei selbst elektromagnetische Störungen zu verursachen, die für andere in dieser Umwelt vorhandenen Geräte unannehmbar wären.

Im EMV-Gesetz ist die technische Beschaffenheit eines Produkts durch die sogenannten Schutzanforderungen vorgegeben, die sich auf die Begrenzung der Aussendung elektromagnetischer Störsignale beziehen, sodass andere Geräte nicht gestört werden, und auf die Sicherstellung einer ausreichenden Störfestigkeit gegenüber elektromagnetischen Störsignalen, sodass ein bestimmungsgemäßer Betrieb in der vorgesehenen Umgebung sichergestellt ist.

Das Einhalten der Schutzanforderungen wird im Regelfall für Geräte vermutet, die mit europäisch harmonisierten Normen übereinstimmen.

→ *Elektromagnetische Störung*

Elektromedizinisches Gerät

DIN VDE 0100-710	***Errichten von Niederspannungsanlagen***
(VDE 0100-710)	*Medizinisch genutzte Räume*

Das elektromedizinische Gerät ist ein elektrisches Betriebsmittel mit Netzanschluss, das zur Diagnose, Behandlung oder Beobachtung des Patienten unter medizinischer Aufsicht verwendet wird. Es steht im körperlichen oder elektrischen Kontakt mit dem Patienten, um Energieströme vom oder zum Patienten zu übertragen oder anzuzeigen. Dazu kann vom Hersteller bestimmtes Zubehör erforderlich werden.

Ein Teil des elektromedizinischen Geräts, das bei bestimmungsgemäßer Anwendung in Kontakt mit dem Patienten kommt, wird als Anwendungsteil bezeichnet.

→ *Medizinisch genutzte Bereiche*

Elektromotoren

Drehende elektrische Maschinen müssen den Anforderungen nach der Normenreihe DIN VDE 0530 entsprechen. Dies gilt für alle Generatoren, Motoren und Umformer mit Ausnahme der Maschinen für Bahn- und Luftfahrzeuge sowie für Maschinen für Sonderzwecke.
Elektromotoren sind Maschinen, die die elektrische Energie in mechanische Energie umwandeln. Entweder wird der Motor durch Gleichstrom, Wechselstrom oder Drehstrom gespeist und erzeugt rotierende, translatorische oder schwingende Bewegungen.

Motoren: Energieflussrichtung von der elektrischen Seite (Primärseite) zur mechanischen Seite (Sekundärseite)

Generatoren: Energiefließrichtung von der mechanischen Seite (Primärseite) zur elektrischen Seite (Sekundärseite)

Bei der Auswahl, der Aufstellung und dem Anschluss elektrischer Maschinen ist zu beachten:

- DIN VDE 0100-510 und DIN VDE 0100-520 für elektrische Maschinen mit einer Nennspannung bis 1 000 V AC und 1500 V DC; bei höheren Spannungen DIN EN 61936-1 (VDE 0101-1)
- gegebenenfalls ist bei der Aufstellung in Gebäuden zusätzlich die → *Verordnung über den Bau von Betriebsräumen für elektrische Anlagen EltBauV* einzuhalten.
- → *Schutzart* der Maschine unter Berücksichtigung der Umgebungsbedingungen
- Betriebsbedingungen (Temperatur, elektrische und mechanische Beanspruchung, Schwingungen, schädliche Umwelteinflüsse, Stäube, Feuchtigkeit, Chemikalien, Strahlung)
- thermisches Verhalten der Isolierung, Auswahl der thermischen Klasse (90 °C bis 250 °C)
- Brandgefahr durch Überlastung, Einbau eines Schutzes gegen zu hohe thermische Belastung (z. B. Motorstarter mit Bimetallauslöser, Entfernen von leicht entzündlichen Stoffen aus der Umgebung der Maschinen)

- Anschluss der Maschinen:
  - Anschluss der Maschinen bei Schwingungsbeanspruchungen mit feindrähtigen Anschlussleitungen
  - keine Anschlussleitungen in Metallschläuchen bei Maschinen, die betriebsmäßig bewegt werden
- Umgebungstemperaturen bis 40 °C gelten als normal. Darüber hinaus sind besondere Maßnahmen erforderlich. Das gilt in besonderer Weise, wenn der Aufstellungsort eine Höhenlage über 1 000 m erreicht.

Die Normen verlangen, dass die Maschinen so aufgestellt werden müssen, dass sie während des Betriebs gefahrlos bedient werden können und Stell- und Überwachungseinrichtungen sowie das Leistungsschild leicht zugänglich sind.

Elektroskooter

→ *Autoskooter*

Elektrostatische Aufladung

DIN 31000 *(VDE 1000)* — ***Allgemeine Leitsätze für das sicherheitsgerechte Gestalten von Produkten***

Beim Berühren von zwei Gegenständen mit unterschiedlicher Oberflächenbeschaffenheit erfolgt an der Grenzfläche eine Ladungstrennung. Ladungsträger gehen von der Oberfläche des einen Gegenstands auf die Oberfläche des anderen Gegenstands über.
Unter elektrostatischer Aufladung versteht man den Betrag der elektrischen Feldstärke im Abstand von 10 mm von der Oberfläche eines ebenen Probekörpers.

Die allgemeine Sicherheit erfordert, gefährliche elektrostatische Aufladungen zu verhindern. Wenn dies bei ihrer Entstehung nicht möglich ist, müssen nach DIN 31000 besondere sicherheitstechnische Mittel zum Unschädlichmachen bzw. Ableiten der Aufladung vorgesehen werden.
Elektromagnetische Entladungen können elektronische Bauelemente zerstören, daher müssen zum Schutz gegen elektrostatische Auf- bzw. Entladung Maßnahmen ergriffen werden:

- Einbeziehen der leitfähigen Teile in den Potentialausgleich

- Verwendung von leitfähigen Schuhen mit antistatischen Sohlen
- Verwendung von leitfähigen Handschuhen
- Verwendung von leitfähigen, antistatischen Werkzeugen
- in → *medizinisch genutzten Bereichen* werden elektrostatische Aufladungen über den Fußboden abgeleitet

Elektrotechnisch unterwiesene Person

DIN VDE 0105-100 ***Betrieb von elektrischen Anlagen***
(VDE 0105-100) *Allgemeine Festlegungen*

Die elektrotechnisch unterwiesene Person gilt als ausreichend qualifiziert, wenn sie unterwiesen, eingewiesen bzw. angelernt worden ist:

- über die ihr übertragenen Aufgaben und die möglichen Gefahren bei unsachgemäßem Handeln
- über die notwendigen Schutzeinrichtungen und Schutzmaßnahmen

Das bedeutet, die Anforderungen an die elektrotechnisch unterwiesene Person sind nicht so hoch wie bei der → *Elektrofachkraft*. Es werden nur Kenntnisse für die ihr übertragenen Aufgaben vorausgesetzt. Die Unterweisung durch die Elektrofachkraft darf sich auf diesen begrenzten Bereich der übertragenen Aufgaben beschränken, muss sich allerdings andererseits nach den jeweiligen örtlichen Verhältnissen richten.

Bei der Durchführung folgender Tätigkeiten muss die Person mindestens die Qualifikation einer unterwiesenen Person haben:

- Reinigung elektrischer Anlagen
- Betätigen von Stellgliedern
- Feststellen der Spannungsfreiheit
- Arbeiten in der Nähe unter Spannung stehender aktiver Teile

Beispiele für Arbeiten durch elektrotechnisch unterwiesene Person:

- Auswechseln von Sicherungseinsätzen in Verteilungen ohne vollständigen Schutz gegen direktes Berühren
- Erneuern eines Kabelendverschlusses

→ *Elektrofachkraft*
→ *Elektrotechnischer Laie*

→ *Arbeitskräfte*

Elektrotechnische Arbeiten

DIN VDE 0105-100	***Betrieb von elektrischen Anlagen***
(VDE 0105-100)	*Allgemeine Festlegungen*

Elektrotechnische Arbeiten sind Tätigkeiten an oder mit elektrischen Anlagen oder Betriebsmitteln oder in deren Nähe, z. B. Arbeiten zum Errichten und Inbetriebnehmen, Instandhalten, Prüfen, Messen, Erproben, Auswechseln, Ändern, Erweitern.

→ *Nicht elektrotechnische Arbeiten*
→ *Arbeiten unter Spannung*
→ *Arbeiten an elektrischen Anlagen*

Elektrotechnische Regeln

Elektrotechnische Regeln sind „Allgemein anerkannte Regeln der Technik", die in den VDE-Bestimmungen enthalten sind und auf die die → *Berufsgenossenschaft* verweist.

Solche im Anhang der Durchführungsanweisungen zur BGV A3 bezeichneten DIN-VDE-Normen werden Bestandteile der Unfallverhütungsvorschriften und damit rechtsverbindliche elektrotechnische Regeln, die wie die Unfallverhütungsvorschriften selbst zwingend eingehalten werden müssen. Ihre Nichtbeachtung kann durch Verhängung eines Bußgelds geahndet werden.

→ *Rechtliche Bedeutung der DIN-VDE-Normen*

Elektrotechnischer Laie

DIN VDE 0105-100	***Betrieb von elektrischen Anlagen***
(VDE 0105-100)	*Allgemeine Festlegungen*

Der elektrotechnische Laie ist eine Person, die weder als Elektrofachkraft noch als elektrotechnisch unterwiesene Person qualifiziert ist.

Nach BGV A3 dürfen elektrotechnische Laien nur folgende Tätigkeiten in elektrischen Anlagen bzw. an Betriebsmitteln durchführen:

- Mitwirkung bei dem Errichten und Betreiben unter Leitung und Aufsicht einer Elektrofachkraft
- Durchführen von Tätigkeiten in der Nähe unter Spannung stehender aktiver Teile, z. B. an einer Freileitung, nur unter ständiger Aufsicht einer Elektrofachkraft

Beispiele für Arbeiten durch den elektrotechnischen Laien:

- Auswechseln von Sicherungseinsätzen des D- oder D0-Systems bei vollständigem Schutz gegen direktes Berühren
- Auswechseln von Lampen

→ *Elektrofachkraft*
→ *Elektrotechnisch unterwiesene Person*
→ *Arbeitskräfte*

Elektrowerkzeuge

DIN VDE 0100-704 *(VDE 0100-704)*	***Errichten von Niederspannungsanlagen*** *Baustellen*
DIN VDE 0100-706 *(VDE 0100-706)*	***Errichten von Niederspannungsanlagen*** *Leitfähige Bereiche mit begrenzter Bewegungsfreiheit*
DIN VDE 0701-0702 *(VDE 0701-0702)*	***Prüfung und Instandsetzung, Änderung elektrischer Geräte*** *Wiederholungsprüfungen an elektrischen Geräten*
DIN EN 60745-1 *(VDE 0740-1)*	***Handgeführte motorbetriebene Elektrowerkzeuge – Sicherheit*** *Allgemeine Anforderungen*

Elektrowerkzeuge müssen so gebaut sein, dass sie bei bestimmungsgemäßem Gebrauch sicher arbeiten und keine Gefahr für Personen oder die Umgebung hervorrufen.

Der Einsatz von handgeführten Elektrowerkzeugen auf Baustellen erfordert Geräte, die mindestens der → *Schutzart* IP2X entsprechen und mit einer Anschlussleitung H07RN-F oder einer mindestens gleichwertigen Bauart ausgestattet sind.

Es sind auch Anschlussleitungen H05RN-F bis zu 4 m Länge zugelassen, soweit die Gerätebestimmungen der Werkzeuge nicht eine höherwertige Anschlussleitung verlangen. Schweißstromquellen müssen, wenn sie im Freien eingesetzt werden, mindestens der Schutzart IP23 entsprechen.
Bei Elektrowerkzeugen für den Einsatz in engen leitfähigen Räumen oder Bereichen ist zu beachten:

Bei der Stromversorgung handgeführter Elektrowerkzeuge:
- SELV
- Schutztrennung mit nur einem einzigen Verbrauchsmittel hinter dem Trenntransformator

→ *Leitfähige Bereiche mit begrenzter Bewegungsfreiheit*

Elektrozaunanlage

DIN 57131 ***Errichtung und Betrieb von Elektrozaunanlagen***
(VDE 0131)

Die Elektrozaunanlage ist eine vorwiegend im Freien aufgestellte Drahtschranke für Tiere. Sie dient zur Abgrenzung von Futterflächen, wie Weiden, Ausläufen und Treibwegen, für Rinder, Pferde, Schafe und andere weidefähige Nutztiere. Sie kann auch als Absperrung von Schonungen, Feldern, Gärten und anderen Freiflächen genutzt werden.

Die Elektrozaunanlage besteht aus:
- einem Elektrozaungerät, das Zaundrähte periodisch mit Spannungsimpulsen versorgt
- einer Zaunzuleitung, Verbindung zwischen Elektrozaungerät und Zaundraht oder mehreren auf Isolatoren verlegten Zaundrähten, die nicht isoliert sind, elektrische Impulse führen und einen Bereich abgrenzen
- einer Betriebserde
- einer Blitzschutzeinrichtung

Elektrozaunanlagen müssen so errichtet und betrieben werden, dass sie keine Gefahren für Menschen, Tiere und Sachen verursachen.

Wenn sich Elektrozaunanlagen in der Nähe von Freileitungen befinden, ist wegen möglicher Induktionsströme ein ausreichender Abstand einzuhalten.

EltBauVO – Verordnung über den Bau von Betriebsräumen für elektrische Anlagen

Die Musterverordnung enthält baurechtliche Regelungen, die von den Bundesländern erlassen werden. Betriebsräume für elektrische Anlagen (elektrische Betriebsräume) sind Räume, die ausschließlich zur Unterbringung von Einrichtungen zur Erzeugung oder Verteilung elektrischer Energie oder zur Aufstellung von Batterien dienen. Dies sind:

- Transformatoren und Schaltanlagen für Nennspannungen über 1 kV
- ortsfeste Stromerzeugungsaggregate
- Batterieanlagen für die Sicherheitsstromversorgung

Die Verordnung ist anzuwenden in Verbindung mit Starkstromanlagen und Einrichtungen der Sicherheitsbeleuchtungsanlagen in baulichen Anlagen für Menschenansammlungen (DIN V VDE V 0108-100).

Die Anforderungen gelten nicht, wenn Betriebsräume als frei stehende Gebäude errichtet werden oder durch Brandwände von anderen Gebäudeteilen abgetrennt werden.

Anforderungen:

- freier Zugang
- leicht, sicher und ungehindert erreichbar
- Rettungswege bis zum Ausgang < 40 m
- Be- und Entlüftung
- keine Einrichtungen, die nicht für die elektrischen Anlagen erforderlich sind

Für Betriebsräume mit Schaltanlagen und Transformatoren über 1 kV gelten zusätzliche Anforderungen:

- feuerbeständige Wände
- bei Verwendung von Isolierflüssigkeiten mit einem Brennpunkt ≤ 300 °C sind Brandwände erforderlich

- Kabeldurchführungen mit nicht brennbaren Baustoffen verschließen
- Türen mit Sicherheitsschloss mindestens feuerhemmend aus nicht brennbaren Baustoffen, selbstschließend und außen mit Hochspannungswarnschild; sie müssen nach außen aufschlagen und das ungehinderte Verlassen des Betriebsraums ermöglichen
- Räume für Transformatoren mit Isolierflüssigkeiten mit einem Brennpunkt ≤ 300 °C dürfen nicht in Geschossen liegen, deren Fußboden mehr als 4 m unter der Gebäudeoberfläche liegt oder in Geschossen über dem Erdgeschoss
- Zuluft von außen, Abluft nach außen
- Fußboden aus nicht brennbaren Baustoffen (das gilt nicht für den Fußbodenbelag)
- auslaufende Isolierflüssigkeiten müssen aufgefangen werden; bei bis zu drei Transformatoren mit jeweils höchstens 1 000 l Isolierflüssigkeit genügen undurchlässige Fußböden und Schwellen
- kein Eindringen durch erreichbare Fenster
- Zugang von Transformatorenräumen nur von Fluren oder über Schleusen. Bei Isolierflüssigkeiten mit einem Brennpunkt ≤ 300 °C muss mindestens ein Ausgang ins Freie führen. Sicherheitsschleusen mit mehr als 20 m² Luftraum müssen einen Rauchabzug haben.

Zusätzliche Anforderungen an Betriebsräume für ortsfeste Stromerzeugungsaggregate:

- Die Bedingungen für Räume mit Schaltanlagen und Transformatoren über 1 kV gelten sinngemäß.
- Abgase von Verbrennungsmaschinen sind ins Freie zu führen. Abgasrohre müssen einen ausreichend großen Abstand (10 m) zu brennbaren Baustoffen haben.
- Räume müssen frostfrei sein und beheizt werden können.

Zusätzliche Anforderungen an Batterieräume:

- Feuerbeständige Abtrennung von Räumen mit erhöhter Brandgefahr, von anderen Räumen feuerhemmende Abtrennung; das gilt auch für Batterieschränke.
- Zuluft von außen, Abluft nach außen
- Räume frostfrei und beheizbar
- Kabeldurchführungen mit nicht brennbaren Baustoffen verschließen
- Türen müssen nach außen aufschlagen und selbsttätig schließen; in feuerbeständigen Wänden müssen sie mindestens feuerhemmend sein, sonst aus nicht brennbaren Baustoffen bestehen
- Fußboden muss elektrostatische Ladungen einheitlich und ausreichend ableiten

- Fußboden, Sockel, Lüftungsanlagen müssen gegen Einwirkungen der Elektrolyten widerstandsfähig sein

Hinweis an der Außenseite der Türen: „Rauchen und offenes Feuer verboten“
Bauvorlagen, z. B. für Bauanträge, müssen Angaben über die Lage der Betriebsräume, über die Art der elektrischen Anlage sowie über notwendige Schallschutzmaßnahmen enthalten.

ELV

DIN VDE 0100-410 ***Errichten von Niederspannungsanlagen***
(VDE 0100-410) *Schutz gegen elektrischen Schlag*

ELV ist die internationale Abkürzung (nach IEC 60449) für Kleinspannung $U \leq 50$ V AC oder 120 V DC.
Es gilt weitere Unterteilung:

- PELV-System (Kürzel für Funktionskleinspannung mit elektrisch sicherer Trennung): elektrisches System, in dem die Spannung Grenzwerte für o. g. Kleinspannung nicht überschreitet: unter üblichen Bedingungen; unter Einzelfehlerbedingungen, ausgenommen bei Erdschlüssen in anderen Stromkreisen.
- SELV-System (Kürzel für Sicherheitskleinspannung in einem nicht geerdeten System): elektrisches System, in dem die Spannung die Grenzwerte für o. g. Kleinspannung nicht überschreitet: unter üblichen Bedingungen; unter Einzelfehlerbedingungen, auch bei Erdschlüssen in anderen Stromkreisen.

EMA

→ *Einbruchmeldeanlagen*

EMV

→ *Elektromagnetische Verträglichkeit*

Endstromkreis

→ *Verbraucheranlage*

Enge leitfähige Räume

→ *Leitfähige Bereiche mit begrenzter Bewegungsfreiheit*

Erde

DIN VDE 0100-200	***Errichten von Niederspannungsanlagen***
(VDE 0100-200)	*Begriffe*

Der Elektrotechniker versteht unter dem Begriff „Erde“ zunächst dasselbe wie ein elektrotechnischer Laie, nämlich die Bezeichnung sowohl für die Erde als Ort (also die räumliche Zuordnung) als auch für die Erde als Stoff, d. h. die unterschiedlich möglichen Bodenarten wie Gestein, Lehm, Sand, Kies.

Eine zusätzliche Bedeutung erhält das Wort im elektrotechnischen Sinne.

Die örtliche Erde ist der Teil der Erde, der sich in elektrischem Kontakt mit einem → *Erder* befindet, dessen elektrisches Potential nicht notwendigerweise null ist.

Außerdem ist die Erde ist ein leitender Stoff, dessen elektrisches Potential außerhalb des Einflussbereichs von Erdern null ist. Dies wird als Bezugserde bezeichnet. Wird über den Erder einer Erdungsanlage oder andere leitfähige Teile ein Strom in die Erde geleitet, erhält die Erde in diesem Bereich ein von null abweichendes Potential. An der Erdoberfläche entsteht dann gegenüber der Bezugserde das Erdoberflächenpotential. Die dabei auftretende Spannung zwischen Erder und Bezugserde wird als Erdungsspannung bezeichnet.

→ *Erder*, → *Erdung*,
→ *Erdungsspannung*, → *Bezugserde*

Erden

DIN VDE 0100-200 *(VDE 0100-200)*	***Errichten von Niederspannungsanlagen*** *Begriffe*
DIN VDE 0141 *(VDE 0141)*	***Erdungen für spezielle Starkstromanlagen mit Nennspannungen über 1 kV***
DIN EN 50522 *(VDE 0101-2)*	***Erdung von Starkstromanlagen mit Nennwechselspannungen über 1 kV***

Erden ist als Tätigkeitsbezeichnung zu verstehen. Ein Punkt der elektrischen Anlage wird mittels elektrisch leitfähigen Materials mit der → *Erde* verbunden.
Erden ist also das Herstellen einer elektrischen Verbindung zwischen einem gegebenen Punkt in einem Netz, in einer Anlage oder einem Betriebsmittel und der örtlichen Erde.

Nach Abschluss dieser Arbeit „Erden" sind die mit Erde verbundenen leitfähigen Teile geerdet.

Dadurch kann erreicht werden, dass im Fehlerfall, z. B. bei einem Körperschluss, die Berührungsspannung bei richtiger Auslegung der Erdungsanlage auf ungefährliche Werte begrenzt bleibt.

Erden und Kurzschließen

DIN VDE 0105-100 *(VDE 0105-100)*	***Betrieb von elektrischen Anlagen*** *Allgemeine Festlegungen*

Im Rahmen des → *Herstellens und Sicherstellens des spannungsfreien Zustands* vor Arbeitsbeginn und Freigabe zur Arbeit sind entsprechende Sicherheitsmaßnahmen durchzuführen.

Eine dieser → *Fünf Sicherheitsregeln* ist das Erden und Kurzschließen:
Alle Teile, an denen gearbeitet werden soll, müssen geerdet und dann kurzgeschlossen werden. Von dieser allgemeinen, für alle Spannungsebenen gültigen Aussage kann bei Anlagen mit Nennspannungen bis 1000 V abgewichen werden, da DIN VDE 0105-100 ausdrücklich feststellt, dass in diesen Anlagen auf das

Erden und das Kurzschließen verzichtet werden darf. Außer es besteht das Risiko, dass die Anlage unter Spannung gesetzt wird, z. B.:

- bei Freileitungen, die von anderen Leitungen gekreuzt oder elektrisch beeinflusst werden
- durch Ersatzstromversorgungsanlagen

Erder

DIN VDE 0100-200 *(VDE 0100-200)*	***Errichten von Niederspannungsanlagen*** *Begriffe*
DIN VDE 0100-540 *(VDE 0100-540)*	***Errichten von Niederspannungsanlagen*** *Erdungsanlagen und Schutzleiter*
DIN VDE 0141 *(VDE 0141)*	***Erdungen für spezielle Starkstromanlagen mit Nennspannungen über 1 kV***
DIN EN 50522 *(VDE 0101-2)*	***Erdung von Starkstromanlagen mit Nennwechselspannungen über 1 kV***
DIN VDE 0151 *(VDE 0151)*	***Werkstoffe und Mindestmaße von Erdern bezüglich der Korrosion***

Ein Erder besteht aus leitfähigem Material und ist unmittelbar in → *Erde* oder in ein mit Erde verbundenes Fundament eingebracht. Kennzeichnend für den Erder ist eine gute elektrische Verbindung mit der Erde.

Elektrisch unabhängige Erder sind in bestimmten Abständen voneinander anzubringen. Die Abstände sind dabei so groß, dass der höchste Strom, der durch einen Erder fließen kann, das Potential der weiteren Erder nicht beeinflusst.

Unterteilung der Erder nach der Funktion:

- Betriebserder — für Erdungen, die aus betrieblichen Gründen notwendig sind (Punkt des Betriebsstromkreises geerdet).
- Schutzerder — für Erdungen, die zu Schutzzwecken errichtet werden (Körper, nicht aktive leitfähige Teile von Betriebsmitteln und Anlagen geerdet).

Wirkungen der Erder:
- Verringerung der Spannungsbeanspruchung von elektrischen Betriebsmitteln
  - atmosphärische Überspannungen
  - Spannungsbegrenzung der Außenleiter bei Erdschluss
- TN-System:
  - Begrenzung der Fehlerspannung am PEN-Leiter auf möglichst niedrige Werte im Fehlerfall
- TT-System:
  - Vergrößerung des Erdschlussstroms zur Erleichterung der Abschaltung der Schutzeinrichtungen in Verbraucheranlagen

Unterteilung der Erder nach der Ausführungsform:

Oberflächenerder: • Banderder • Erder aus Rundmaterial • Seilerder	• 0,5 m bis 1 m tief verlegen • Erder mit Erdreich umgeben und verfestigen • Strahlenerder: Winkel zwischen den • Strahlen nicht kleiner als 60°, damit gegenseitige Beeinflussung verhindert wird
Tiefenerder: • Staberder • Rohrerder	• bei Verwendung mehrerer Tiefenerder: • gegenseitiger Mindestabstand: • doppelte wirksame Länge des einzelnen Erders
Natürliche Erder: • Metallbewehrung von Beton im Erdreich • Bleimäntel und andere metallene Umhüllungen • metallene Wasserleitungen	• Verbindung der Bewehrungseisen durch Rödelverbindung ausreichend • Verbindung der Stahlkonstruktion des Gebäudes mit der Erdungsanlage • Verwendung der Wasserrohrnetze als Erder nur mit Einverständnis des Eigentümers • metallene Rohrleitungen für brennbare Flüssigkeiten oder Gase dürfen nicht als Erder verwendet werden (siehe auch DIN VDE 0190) • metallene Umhüllungen als Erder nur mit Einverständnis der Betreiber
→ ***Fundamenterder***	• nach DIN 18014 Fundamenterder

Tabelle 28 Unterteilung der Erder nach der Ausführungsform

Werkstoff	Erderform	Mindestquerschnitt in mm²	Mindestdicke in mm	Sonstige Mindestabmessungen bzw. einzuhaltende Bedingungen
Stahl bei Verlegung im Erdreich, feuerverzinkt mit einer Mindest-Zinkauflage von 70 µm	Band	100	3	
	Rundstahl	78 (entspricht einem Durchmesser von 10 mm)		Bei zusammengesetzten Tiefenerdern: Mindestdurchmesser des Stabs: 20 mm
	Rohr			Mindestdurchmesser: 25 mm Mindestwandstärke: 2 mm
	Profilstäbe	100	3	
Stahl mit Kupferauflage	Rundstahl	für Stahlseele: 50 % für Kupferauflage 20 % des Stahlquerschnitts, mindestens jedoch 35 %		Bei zusammengesetzten Tiefenerdern: Mindestdurchmesser des Stabs: 15 mm. Die Verbindungsstellen müssen so ausgeführt sein, dass sie in ihrer Korrosionsbeständigkeit der Kupferauflage gleichwertig sind.
Kupfer	Band	50	2	
	Seil	35		Mindestdrahtdurchmesser: 1,8 mm; bei Bleiummantelung Mindestdicke des Mantels: 1 mm
	Rundkupfer	35		
	Rohr			Mindestdurchmesser: 20 mm, Mindestwandstärke: 2 mm

Tabelle 29 Mindestabmessungen für Erder

Erderwerkstoffe nach DIN VDE 0151:

- feuerverzinkter Stahl
- Stahl-Runddraht mit Bleimantel
- Stahl mit Kupfermantel und Stahl elektrolytisch verkupfert
- Kupfer
- Kupfer mit Zink- oder Zinnauflage
- Kupfer mit Bleimantel
- nicht rostende Stähle
- sonstige Werkstoffe

Bei der kombinierten Anwendung von Oberflächen- und Tiefenerdern ist eine enge Anordnung der Einzelerder wegen der gegenseitigen Beeinflussung nicht sinnvoll, die Verbindungsleitungen sollten dennoch möglichst kurz sein.
Die Berechnung des Gesamtwiderstands:

- Parallelschaltung der Werte der Einzelerder unter Berücksichtigung von Zuschlägen zu den Widerständen

Verwendung des **Tiefenerders** günstig, wenn:

- Erdboden homogen, d. h., der spezifische → *Erdwiderstand* an der Erdoberfläche und in der Tiefe sind etwa gleich (oder der in der Tiefe ist noch besser)
- geringer Platzbedarf erforderlich ist

Verwendung des **Oberflächenerders** günstig, wenn:

- die oberen Schichten des Erdbodens bessere elektrische Leitfähigkeit haben als der Untergrund
- die → *Erde* aus einer felsigen oder steinigen Bodenart besteht
- bei ausgedehnten → *Erdungsanlagen* sind zusätzlich Tiefenerder ohne nennenswerte Wirkung
- → *Erdungsanlagen* können durch das Einbeziehen von Kabeln mit Erderwirkung und/oder Metallmuffen verbessert werden
- Wasserrohrsysteme in Erde sollten nicht mehr für Erdungszwecke in Planungen einbezogen werden (das Einbeziehen metallener Rohrsysteme von Verbraucheranlagen in den → *Potentialausgleich* ist dagegen unbedingt erforderlich)
- natürliche Erder (Stahl- und Stahlbetonteile, Mast- und Gerüstfüße, Spundwände, Fundamente) sollten möglichst als Erder mitverwendet werden, um eine erwünschte Verringerung des → *Ausbreitungswiderstands* der Erdungsanlage zu erreichen. Innerhalb eines Gebäudes müssen diese leitfähigen Teile, soweit sie vorhanden sind, ohnehin in den Potentialausgleich einbezogen werden

- beim Zusammenschluss verschiedenartiger Erder muss beachtet werden, dass die Gefahr der Korrosion durch Elementbildung besteht
- der gebräuchlichste Werkstoff für Erder in Niederspannungsanlagen ist feuerverzinkter Stahl (Bandstahl St 33 nach DIN 17100 in gewalzter Form oder geschnitten mit gerundeten Kanten).

→ *Erder und Schutzleiter, Darstellung von*

Erdernetz

Der Teil einer Erdungsanlage, der die Erder und ihre Verbindungen untereinander umfasst

Erder und Schutzleiter, Darstellung von

DIN VDE 0100-540 ***Errichten von Niederspannungsanlagen***
(VDE 0100-540) *Erdungsanlagen und Schutzleiter*

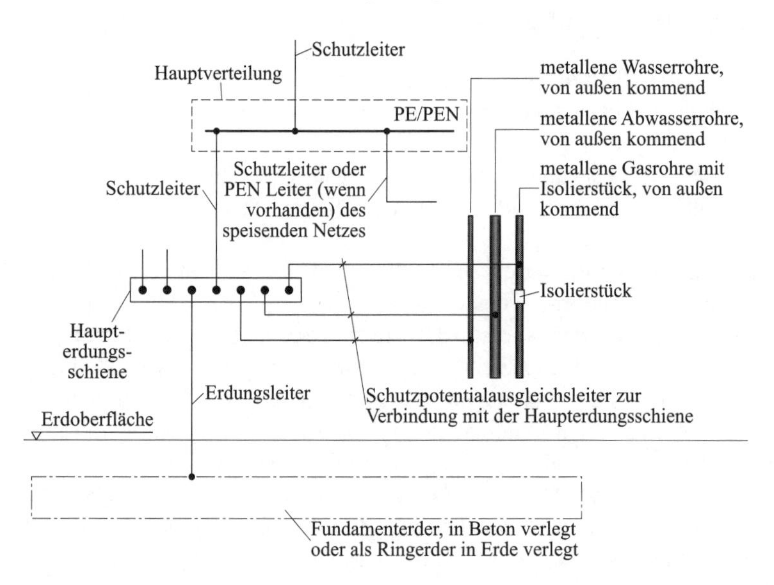

Bild 23 Darstellung von Erder, Schutzleiter und Schutzpotentialausgleichsleiter

Erderwerkstoffe

DIN VDE 0151	***Werkstoffe und Mindestmaße von Erdern bezüglich***
(VDE 0151)	***der Korrosion***

Werkstoffe für Erder unter Berücksichtigung:
- der Korrosion
- der mechanischen Festigkeit
- der thermischen Belastung

DIN VDE 0151 gilt für den Korrosionsschutz beim Errichten und Erweitern von → *Erdern* und → *Erdungsanlagen* und soll dem Errichter Hinweise zur Vermeidung bzw. Verringerung der Korrosionsgefahr geben.

Werkstoffe und ihre Mindestmaße bezüglich Korrosion und mechanischer Festigkeit sind in der **Tabelle 30** und **Tabelle 31** enthalten.

Hinweise zu Korrosionsschutzmaßnahmen:
- Übergangsbereich Erdboden/Luft:
  verzinkter Stahl ist korrosionsanfällig und sollte durch Umhüllungen zusätzlich geschützt werden
- Verbindungen:
  - Schrauben
  - Schweißen
  - Löten
  - Kerb-, Press- und Keilverbinder
  - Verbindungsstellen müssen dem Erderwerkstoff gleichwertig sein
  - Verbindungsstellen Stahlbewehrung/Kupferleiter:
    - mit Umhüllungen versehen
- Erderwerkstoff darf nicht in Berührung kommen mit Schlacke, Kohleteilen und Bauschutt, z. B. beim Verfüllen der Gräben und Gruben

Lfd. Nr.	Erderwerkstoff	Eigenschaften/Einsatzgebiete
1	feuerverzinkter Stahl	• in fast allen Bodenarten beständig • Einsatz überwiegend in Mittel- und Niederspannungsnetzen • Voraussetzung für angemessene Lebensdauer: ausreichend dicke poren- und rissfreie Zinkauflage • zur Einbettung in Beton gut geeignet • (→ *Fundamenterder*)
2	Stahl-Runddraht mit Bleimantel	• Blei ist in vielen Bodenarten beständig • nicht unmittelbar in Beton einsatzfähig • Gefahr: Verletzung des Bleimantels im Erdboden – dadurch Korrosion
3	Stahl mit Kupfermantel und Stahl elektrolytisch verkupfert	• für Mantel- und Beschichtungswerkstoff ist Kupfer im Erdboden sehr beständig • Verletzung des Kupfermaterials im Erdboden – Korrosionsgefahr • Kupplungsstellen lückenlos verbinden
4	Kupfer verzinntes Kupfer verzinktes Kupfer	• Körper im Erdboden sehr beständig • bessere Leitfähigkeit als Stahl • Einsatz als Erderwerkstoff in Starkstromanlagen mit hohen → *Fehlerströmen* • in Seilform (Seilerder) • in Bandform (Banderder)
5	Kupfer mit Bleimantel	• für Mantel- und Beschichtungswerkstoff ist Kupfer im Erdboden sehr beständig • Verletzung des Kupfermaterials im Erdboden – Korrosionsgefahr • Kupplungsstellen lückenlos verbinden • Körper im Erdboden sehr beständig • bessere Leitfähigkeit als Stahl • Einsatz als Erderwerkstoff in Starkstromanlagen mit hohen → *Fehlerströmen* • in Seilform (Seilerder) • in Bandform (Banderder)
6	nicht rostende Stähle	• nicht rostender Stahl ist wie Kupfer zu beurteilen • bei der Querschnittsbemessung die niedrigere elektrische Leitfähigkeit berücksichtigen

Tabelle 30 Eigenschaften und Einsatzgebiete der Erderwerkstoffe

Werkstoff		Form	Mindestmaße				
			Kern			Beschichtung/ Mantel	
			Durchmesser in mm	Querschnitt in mm²	Dicke in mm	Einzelwerte in µm	Mittelwerte in µm
Stahl	feuerverzinkt[1]	Band [3]		100	3	63	70
		Profil		100	3	63	70
		Rohr	25,0		2	47	55
		rund für Tiefenerder	20,0			63	70
		Runddraht für Oberflächenerder	10,0[7]				50[5]
	mit Bleimantel[2]	Runddraht für Oberflächenerder	8,0			1000	
	mit Kupfermantel	Rundstab für Tiefenerder	15,0			2000	
	elektrolytisch verkupfert	Rundstab für Tiefenerder [6]	17,3			254	300
Kupfer	blank	Band		50	2		
		Runddraht für Oberflächenerder					
		Seil	1,8 Einzeldraht	35			
		Rohr	20,0		2		
	verzinnt	Seil	1,8 Einzeldraht	35		1	5
	Kupfer verzinkt	Band [4]		50	2	20	40
	Kupfer mit Bleimantel [2]	Seil	1,8 Einzeldraht	35		1000	
		Runddraht		35		1000	

1) Verwendbar auch für Einbettung in Beton.
2) Nicht für unmittelbare Einbettung in Beton geeignet.
3) Band in gewalzter Form oder geschnitten mit gerundeten Kanten.
4) Band mit gerundeten Kanten.
5) Bei Verzinkung im Durchlaufbad zz. fertigungstechnisch nur 50 µm herstellbar.
6) Entsprechend UL 467 „Standard for Satety-Grounding and Bonding Equipment“, ANSI C 33. 8-1072.
7) Bei Fernmeldeanlagen der Deutschen Telekom 8 mm Durchmesser.

Tabelle 31 Werkstoffe für Erder und ihre Mindestmaße bezüglich Korrosion und mechanischer Festigkeit (Quelle: DIN VDE 0151)

Erdfehlerstrom

DIN VDE 0141 *(VDE 0141)*	***Erdungen für spezielle Starkstromanlagen mit Nennspannungen über 1 kV***
DIN EN 50522 *(VDE 0101-2)*	***Erdung von Starkstromanlagen mit Nennwechselspannungen über 1 kV***

Der Erdfehlerstrom ist in Hochspannungsanlagen der Strom, der bei einem Erdschluss vom Betriebsstromkreis zur Erde oder zu geerdeten Teilen übertritt bzw. fließt.

Es sind zu unterscheiden bei verschiedener Sternpunktbehandlung des Netzes:

Art der Sternpunktbehandlung:	**Erdfehlerstrom:**
• isolierter Sternpunkt	• kapazitiver Erdschlussstrom
• Erdschlusskompensation	• Erdschlussreststrom
• niederohmige Sternpunkterdung	• einpoliger Erdkurzschlussstrom

→ *Fehlerart*
→ *Fehlerstrom*

Erdkurzschluss

→ *Erdschluss*

Erdoberflächenpotential

DIN VDE 0141 *(VDE 0141)*	***Erdungen für spezielle Starkstromanlagen mit Nennspannungen über 1 kV***
DIN EN 50522 *(VDE 0101-2)*	***Erdung von Starkstromanlagen mit Nennwechselspannungen über 1 kV***

Wird über den Erder einer Erdungsanlage oder andere leitfähige Teile ein Strom in die Erde geleitet, erhält die Erde in diesem Bereich ein von null abweichendes Potential.

An der Erdoberfläche entsteht dann gegenüber der → *Bezugserde* das Erdoberflächenpotential.

Die dabei auftretende Spannung zwischen Erder und Bezugserde wird als → *Erdungsspannung* bezeichnet.

Erdpotentialfreier Raum

→ *Schutz durch erdfreien, örtlichen Potentialausgleich*

Erdreich

Unter dem Begriff Erdreich wird die Erde als Stoff verstanden, d. h. die unterschiedlichen möglichen Bodenarten wie Gestein, Lehm, Sand, Kies.

→ *Erde*

Erdrückleitung

Strompfad zwischen Erdungsanlagen, die durch die Erde selbst gebildet wird.

Erdschluss

DIN EN 60909-0	***Kurzschlussströme in Drehstromnetzen***
(VDE 0102)	*Berechnung der Ströme*

Der Erdschluss ist eine durch einen Fehler entstandene leitende Verbindung eines → *aktiven Teiles* mit Erde oder geerdeten Teilen. Bei zwei oder mehreren Verbindungen mit der Erde entstehen Doppelerdschlüsse, Mehrfacherdschlüsse oder Erdkurzschlüsse.

Erdschlusssicher

DIN VDE 0100-200	***Errichten von Niederspannungsanlagen***
(VDE 0100-200)	*Begriffe*
DIN VDE 0100-520	***Errichten von Niederspannungsanlagen***
(VDE 0100-520)	*Kabel- und Leitungsanlagen*

Strombahnen und Betriebsmittel sind erdschlusssicher, wenn unter bestimmungsgemäßen Betriebsbedingungen kein Erdschluss auftreten kann.

Dies wird durch geeignete Maßnahmen und Mittel erreicht, z. B. durch:

- Leiteranordnung aus starren Leitern mit ausreichenden Abständen
- Aderleitungen in getrennten Installationskanälen oder -rohren
- einadrige Kabel oder einadrige Mantelleitungen (NYY/NYM)

Erdschluss- und kurzschlusssichere Verlegung von Kabeln und Leitungen wird verlangt, wenn kein Kurzschlussschutz vorgesehen ist (DIN VDE 0100-430) oder anders ausgedrückt, auf eine Einrichtung zum Schutz bei Kurzschluss kann verzichtet werden, wenn das Risiko eines Kurzschlusses auf ein Minimum reduziert ist durch eine erdschluss- und kurzschlusssichere Verlegung und die Leitung/das Kabel nicht in der Nähe von brennbaren Materialien verlegt ist.

Kabel und Leitungen, die ohne Gefährdung für die Umgebung ausbrennen können (z. B. Kabel in Erde) gelten im Hinblick auf die Sicherheit als gleichwertig zum erdschlusssicheren Verlegen.

→ *Verlegen von Kabeln und Leitungen*
→ *Kurzschluss- und erdschlusssicheres Verlegen von Kabeln und Leitungen*

Erdschlussstrom

Strom, der infolge eines → *Erdschlusses* zum Fließen kommt.

Erdung

DIN VDE 0100-200	***Errichten von Niederspannungsanlagen***
(VDE 0100-200)	*Begriffe*
DIN VDE 0100-540	***Errichten von Niederspannungsanlagen***
(VDE 0100-540)	*Erdungsanlagen und Schutzleiter*

Alle Maßnahmen, die zum Erden getroffen werden, und alle dazu erforderlichen Betriebsmittel werden in der Gesamtheit als Erdung bezeichnet. Eine „offene Erdung“ entsteht, wenn in die Verbindung aktiver Teile der elektrischen Anlage mit dem Erder Überspannungs-Schutzeinrichtungen eingebaut werden.

Zu unterscheiden sind die → ***Betriebserdung*** und die → ***Schutzerdung***.

Die **Betriebserdung** in Niederspannungsanlagen ist die Erdung eines Punkts des Betriebsstromkreises, die für den ordnungsgemäßen Betrieb von Geräten oder Anlagen notwendig ist. Sie wird bezeichnet als:
- unmittelbar, wenn sie außer den Erdungswiderstand keine weiteren Widerstände enthält
- mittelbar, wenn sie über zusätzliche ohmsche, induktive oder kapazitive Widerstände hergestellt ist

Bei der **Schutzerdung** sind die Körper der Hochspannungs-Betriebsmittel zum → *Schutz gegen gefährliche Körperströme* mit der → *Erde* verbunden.
Im **Bild 24** sind die Erdungsarten dargestellt.

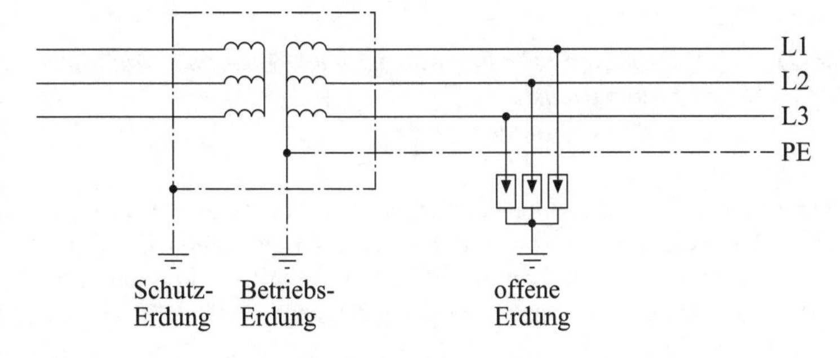

Bild 24 Erdungen

- Gasrohrnetze und auch Gasinnenleitungen (Leitungen in der Verbraucheranlage) dürfen nicht als → *Schutzleiter*, → *Erdungsleiter*, → *Schutzpotentialausgleichsleiter* oder → *Erder* verwendet werden.
- Wasserrohrnetze (in neu errichteten Anlagen) dürfen nicht als Erder, Erdungsleiter oder Schutzleiter verwendet werden (Ausnahmen sind mit dem Eigentümer des Wasserrohrnetzes abzustimmen).
- Wasserverbrauchsleitungen dürfen als Erder, Erdungsleiter oder Schutzleiter nur verwendet werden, wenn sie die Festlegungen erfüllen:
  - → *Erder*
  - → *Erdungsleiter*
  - → *Schutzleiter*
- Auch in bestehenden Anlagen müssen die Schutzmaßnahmen gegen gefährliche Berührungsströme ohne Erderwirkung der Wasserrohrnetze wirksam sein.

Nach dem Internationalen Elektrotechnischen Wörterbuch (IEV) wird bezüglich ihrer Funktion zwischen folgenden Erdungen unterschieden:

- Schutzerdung: Erdung zum Zweck der elektrischen Sicherheit
- Funktionserdung: Erdung dient der Funktion eines Betriebsmittels, eines Netzes oder einer Anlage
- Netzbetriebserdung: Schutzerdung und Funktionserdung in einem Elektrizitätsversorgungsnetz
- Arbeitserdung: Erdung an freigeschalteten aktiven Teilen zur gefahrlosen Durchführung von Arbeiten

Erdung von Antennenträgern

DIN EN 60728-11	***Kabelnetze für Fernsehsignale, Tonsignale und interaktive Dienste***
(VDE 0855-1)	*Sicherheitsanforderungen*

Zum Schutz gegen atmosphärische Überspannungen, zur Ableitung von Blitzeinwirkungen und zur Vermeidung von Potentialunterschieden gegenüber leitfähigen Teilen sind Antennenträger außerhalb von Gebäuden auf möglichst kurzem Wege mit Erde zu verbinden. Das gilt gleichermaßen auch für vom Gebäude abgesetzte Antennen und Antennenträger.

Für die → *Erdung* bzw. den → *Potentialausgleich* dürfen ein- oder mehrdrähtige, jedoch keine feindrähtigen Leitungen verwendet werden:

- Kupfer; mindestens 16 mm^2, blank oder isoliert mit Grün-gelb-Kennzeichnung, z. B. H07V-U, H07V-R, NYY, NYM
- Aluminium, mindestens 25 mm^2, blank nur für Verlegung in Innenräumen oder isoliert mit Grün-gelb-Kennzeichnung, z. B. NAYY, Leiter aus Aluminium-Knetlegierung RD 8 mit mindestens 50 mm^2
- Stahl verzinkt, mindestens 50 mm^2, z. B. Rundstahl RD 8-St, Zinkauflage Mittelwert 50 µm, Bandstahl FL 20-St, Zinkauflage Mittelwert 70 µm

Als Erdungsleitungen können auch andere geeignete, elektrisch leitfähige Teile verwendet werden, z. B.:

- durchgehende metallene Wasserverbrauchsleitungen
- Heizungsrohrleitungen oder ähnliche Metallverbindungen mit ausreichender Leitfähigkeit
- Stahlbauteile
- durchverbundene Stahlarmierung in Beton
- metallene Verkleidungen und Blenden
- Feuerleiter, Eisentreppen, Aufzugsschienen und dergleichen

Die Erdungsleitungen sind mit einem Erder zu verbinden.

Als Erder können genutzt werden:

- → *Staberder* aus verzinktem Stahl von mindestens 1,5 m Länge
- → *Banderder* aus verzinktem Stahl von mindestens 3 m Länge, der mindestens 0,5 m tief verlegt sein muss
- → *Fundamenterder*
- Blitzschutzerder (→ *Blitzschutz*)
- → *natürliche Erder* (z. B. Stahlbaukonstruktion)

Weitere Anforderungen in Verbindung mit der Erdung von Antennenträgern:

- → *Schutzleiter*, → *PEN-Leiter* und → *Neutralleiter* dürfen weder als Erdungsleitung noch als Erder benutzt werden. Dasselbe gilt für andere Funktionserdungsleitungen und Funktionserder.
- Dies bedeutet, dass in Gebäuden ohne einen örtlichen Erder, wie dies in Verbindung mit der Schutzmaßnahme des → *TN-Systems* häufig der Fall ist, für die Antennenanlage ein eigener Erder hergestellt werden muss.

- Die Schirme von Koaxialkabeln sind wegen des geringen Querschnitts als Erdungsleitungen ebenfalls ungeeignet.
- Der Erder der Antennenanlage ist in den Potentialausgleich einzubeziehen.
- Die außerhalb am oder auf dem Gebäude angebrachten Antennenträger müssen auf kurzem Wege mit einer eventuell vorhandenen Blitzschutzanlage über ausreichend dimensionierte Erdungsleitungen (siehe oben) verbunden werden.
- Auf die Erdung und den Potentialausgleich darf verzichtet werden bei:
  - Zimmerantennen und Antennen, die in Geräten eingebaut sind
  - Antennen unter der Dachkante
  - Fensterantennen, deren höchster Punkt mindestens 2 m unter der Dachkante bleibt und deren äußerster Punkt höchstens 1,5 m von der Außenfront des Gebäudes abliegt.

Erdungs- und Kurzschließgeräte

DIN VDE 0105-100	***Betrieb von elektrischen Anlagen***
(VDE 0105-100)	*Allgemeine Festlegungen*

Um elektrische Hochspannungsanlagen erden und kurzschließen zu können, werden besondere Vorrichtungen verwendet, die je nach Anlagenbauweise freigeführt von Hand an die freigeschalteten Anlagenteile angelegt werden oder als Bestandteil der Anlage zwangsgeführt verwendet werden.

Erdungsanforderungen für Einrichtungen der Informationstechnik

DIN VDE 0100-540	***Errichten von Niederspannungsanlagen***
(VDE 0100-540)	*Erdungsanlagen und Schutzleiter*

Einrichtungen der Informationstechnik sind elektrisch betriebene Einheiten, die getrennt oder zu Systemen zusammengesetzt Daten sammeln, verarbeiten oder speichern.

- Einrichtungen der Informationstechnik müssen ortsfest betrieben werden und entweder fest oder über eine industrielle Steckvorrichtung an die elektrischen Anlagen des Gebäudes angeschlossen sein.

- **Hochwertige Schutzverbindungen sind zu schaffen:**
  - mechanische und chemische Einflüsse ausschließen
  - vor elektrodynamischer Beanspruchung schützen
  - Prüfung (Besichtigung) – Zugänglichkeit ermöglichen
  - keine Schalteinrichtung einbauen
  - Verbindungen gegen Selbstlockern sichern
  - bei elektrischer Überwachung der durchgehenden Verbindung keine Spulen einbauen
  - Körper der elektrischen Betriebsmittel nicht als Schutzleiter für andere Betriebsmittel verwenden

- Die Durchgängigkeit des Schutzleiters muss überwacht werden.

- **Zusätzliche Anforderungen für TT-Systeme:**
  - Zwischen den gesamten Ableitstrom I_1 (A), dem Widerstand des Erders R_A (Ω) und dem Nennauslösestrom der Schutzeinrichtung $I_{\Delta n}$ (A) gilt die folgende Beziehung:

    $$I_1 \leq \frac{I_{\Delta n}}{2} \leq \frac{U_L}{2R_A}$$

- **Zusätzliche Anforderungen für IT-Systeme:**
  - Einrichtungen der Informationstechnik mit hohem Ableitstrom sollten nicht unmittelbar an Netze mit der Schutzmaßnahme IT-System angeschlossen werden, weil es schwierig ist, die Anforderungen zum Schutz gegen gefährliche Körperströme beim ersten Fehler zu erfüllen. Wenn es möglich ist, sollten daher die Einrichtungen der Informationstechnik aus einem Netz mit der Schutzmaßnahme TN-System gespeist werden, das mittels Transformator mit getrennten Wicklungen von einem Netz mit IT-System abgeleitet ist.
- Körper von Einrichtungen der Informationstechnik müssen direkt mit der Haupterdungsklemme (Potentialausgleichsschiene für den Hauptpotentialausgleich) verbunden werden.

Erdungsanlagen

DIN VDE 0100-200	***Errichten von Niederspannungsanlagen***
(VDE 0100-200)	*Begriffe*
DIN VDE 0100-540	***Errichten von Niederspannungsanlagen***
(VDE 0100-540)	*Erdungsanlagen und Schutzleiter*

DIN EN 50522 *(VDE 0101-2)*	***Erdung von Starkstromanlagen mit Nennwechselspannungen über 1 kV***
DIN VDE 0141 *(VDE 0141)*	***Erdungen für spezielle Starkstromanlagen mit Nennspannungen über 1 kV***

Miteinander leitend verbundene Erder und/oder Metallteile, die wie → *Erder* wirken, und ihre zugehörige Erdungsleiter werden insgesamt als Erdungsanlage bezeichnet.

Die Anlage ist örtlich in der Regel so abgegrenzt, wie die elektrische Anlage selbst.

Beim Errichten der Erdungsanlage ist sicherzustellen:

- Der → *Ausbreitungswiderstand* muss den Erfordernissen des Schutzes und der Funktion der Anlage entsprechen.
- Richtige Auswahl der Werkstoffe, ausreichende Bemessung, zusätzlicher mechanischer Schutz gegen äußere Einflüsse, Schutz gegen Korrosion.
- Fehler- und Erdableiterströme dürfen keine Gefahr für die Umgebung verursachen, Einflüsse durch thermische, elektrodynamische oder elektrolytische Beanspruchungen sind zu vermeiden.
- Elektrisch gut leitende Verbindungen sind durch korrosionsgeschützte Schweiß-, Schraub- oder Klemmverbindungen sicherzustellen.

→ *Erder*

Erdungsimpedanz

Die Erdungsimpedanz ist die Impedanz zwischen einer → *Erdungsanlage* und der → *Bezugserde*. Sie wird bestimmt durch alle mit der Erdungsanlage verbundenen Erder und Metallteile mit Erderwirkung, wie z. B. angeschlossene Erdseile, Kabelmäntel und -schirme, PEN-Leiter, Stahlkonstruktionen.

Erdungsleiter

DIN VDE 0100-540 *(VDE 0100-540)*	***Errichten von Niederspannungsanlagen*** *Erdungsanlagen, Schutzleiter und Schutzpotentialausgleichsleiter*

Der Erdungsleiter (auch oft als „Erdungsleitung" bezeichnet) ist ein → *Schutzleiter*, der die Haupterdungsklemme oder -schiene (→ *Schutzpotentialausgleichsschiene*) mit dem Erder verbindet.

Erdungsleiter werden durch ihren Bestimmungszweck unterteilt:

- Schutzerdungsleiter – Leiter dienen der Erdung eines Netzpunkts, eines Betriebsmittels oder einer Anlage zum Zweck der elektrischen Sicherheit
- Funktionserdungsleiter – Leiter dienen ausschließlich der Funktionserdung
- Haupterdungsleiter – Leiter, die die Hauptpotential-Ausgleichsschiene (Haupterdungsschiene) in Verbraucheranlagen mit dem Erder (z. B. Fundamenterder) verbinden

Anforderungen an Erdungsleiter:

- Anschluss der Erdungsleitung an einen Erder muss zuverlässig und elektrotechnisch einwandfrei ausgeführt sein:
  - Erdungsschelle, Schraubverbindung mindestens M10, an Seilen auch Kerb-, Press- oder Schraubverbindungen
- Trennstelle in der Erdungsleitung zur Messung des Ausbreitungswiderstands
- Erdungsleitungen außerhalb der Erde:
  - sichtbar, leicht zugänglich, Schutz gegen mechanische und korrosive Einflüsse, keine Schalter oder leicht lösbare Verbindungen
- Mindestquerschnitte für Erdungsleiter (6 mm^2 Cu oder 50 mm^2 Stahl) in Erde:
  - Erdungsleiter müssen den Festlegungen bzw. Querschnitten der → *Schutzleiter* entsprechen. Bei der Verlegung in Erde sind weitere Anforderungen zu berücksichtigen:

Verlegung	**mechanisch geschützt**	**mechanisch ungeschützt**
isoliert	• Al, Cu, Fe wie für Schutzleiter gefordert	• Cu 16 mm^2 • Fe 16 mm^2, feuerverzinkt
blank	• Al unzulässig • Cu 25 mm^2 • Fe 50 mm^2, feuerverzinkt	

Tabelle 32 Mindestquerschnitte für Erdungsleiter in Erde

Erdungsplan

DIN EN 50522 *(VDE 0101-2)*	***Erdung von Starkstromanlagen mit Nennwechselspannungen über 1 kV***
DIN VDE 0141 *(VDE 0141)*	***Erdungen für spezielle Starkstromanlagen mit Nennspannungen über 1 kV***

Erdungsanlagen in Hochspannungsnetzen sollen nach DIN EN 50522 (VDE 0101-2) in regelmäßigen Abständen, z. B. alle fünf Jahre, an ausgewählten Punkten (z. B. Verbindungsstellen, Erdübergangsbereiche) durch Besichtigen kontrolliert werden. Dazu ist es notwendig, die Lage der Erdungsanlage zu kennen. Es wird deshalb empfohlen, beim Errichten der Erdungsanlage in einem Plan das Erdungsnetz (Material, Lage der Erder, Verbindungsstellen und Verlegungstiefe, Ausbreitungswiderstand) zu dokumentieren.

Erdungssammelleitung

DIN VDE 0100-540 *(VDE 0100-540)*	***Errichten von Niederspannungsanlagen*** *Erdungsanlagen, Schutzleiter und Schutzpotentialausgleichsleiter*

Die Erdungssammelleitung ist eine Leitung, an die mehrere Erdungsleitungen angeschlossen sind.

Erdungsspannung

DIN EN 50522 *(VDE 0101-2)*	***Erdung von Starkstromanlagen mit Nennwechselspannungen über 1 kV***
DIN VDE 0141 *(VDE 0141)*	***Erdungen für spezielle Starkstromanlagen mit Nennspannungen über 1 kV***
DIN VDE 0228-2 *(VDE 0228-2)*	***Maßnahmen bei Beeinflussung von Fernmeldeanlagen durch Starkstromanlagen*** *Beeinflussung durch Drehstromanlagen*

Werden Fernmeldekabel z. B. in Umspannwerken eingeführt, die zu Hochspannungsnetzen mit niederohmiger oder vorübergehender niederohmiger Sternpunkterdung gehören, können durch die eingeführten Kabel durch Potentialanstieg infolge des Erdkurzschlusses Erdungsspannungen eingekoppelt werden.

Falls diese Erdungsspannungen kleiner oder gleich 500 V, sind keine Maßnahmen erforderlich. Falls die Erdungsspannung größer ist als 500 V, sind die metallenen Kabelmäntel in der Hochspannungsanlage und am nächsten Schaltpunkt außerhalb des Spannungstrichters zu erden.

Sämtliche Adern des Verbindungskabels sind beidseitig mit Überspannungsableitern zu beschalten. Erdungsspannungen größer als 1 200 V in Hochspannungsanlagen sind wegen der vergleichsweise günstigen spezifischen Erdwiderstände in Deutschland sehr selten.

Erdungsstangen

DIN VDE 0105-100 — ***Betrieb von elektrischen Anlagen***
(VDE 0105-100) — *Allgemeine Festlegungen*

DIN EN 61230 — ***Arbeiten unter Spannung***
(VDE 0683-100) — *Ortsveränderliche Geräte zum Erden oder Erden und Kurzschließen*

Isolierstangen, die von Hand benutzt werden, um Anschließteile von Erdungs- und Kurzschließgeräten an freigeschaltete Teile elektrischer Anlagen heranzuführen. Isolierstangen gehören zu den Vorrichtungen zum Erden und Kurzschließen.

Erdungsstrom

DIN VDE 0141 — ***Erdungen für spezielle Starkstromanlagen mit Nennspannungen über 1 kV***
(VDE 0141)

Der Erdungsstrom ist der gesamte über die Erdungsimpedanz in die Erde fließende Strom. Er ist ein Teil des → *Erdfehlerstroms* und beeinflusst die Potentialanhebung der Erdungsanlage gegenüber der → *Bezugserde.*

→ *Fehlerstrom*
→ *Fehlerart*

Erdungswiderstand

Der Erdungswiderstand besteht aus dem Widerstand der Erdungsleitung und dem Erdausbreitungswiderstand, also der Widerstand zwischen → *Schutzpotentialausgleichsschiene* und der → *Bezugserde*. Darin ist der → *Ausbreitungswiderstand* enthalten.

Ergänzende Isolierung

→ *Zusätzliche Isolierung*

Erhalten des ordnungsgemäßen Zustands

DIN VDE 0105-100 *(VDE 0105-100)*	***Betrieb von elektrischen Anlagen*** *Allgemeine Festlegungen*
BGV A3	***Unfallverhütungsvorschrift*** *Elektrische Anlagen und Betriebsmittel*

Der ordnungsgemäße Zustand der elektrischen Anlagen und Betriebsmittel ist eine der wichtigsten Voraussetzungen für einen sicheren Betrieb. Um Gefahren für Personen und Sachen zu vermeiden, müssen sich die elektrischen Einrichtungen in einem ordnungsgemäßen Zustand befinden. Ein solcher Zustand ist sichergestellt, wenn die Anlagen und Betriebsmittel den jeweiligen Anforderungen der Errichtungs- bzw. Gerätenormen entsprechen. Abweichungen von den Normen rufen Mängel hervor, die so bald wie möglich und, wenn sie eine unmittelbare Gefahr für Personen und Sachen darstellen, unverzüglich zu beseitigen sind.

Mangel ist jeder die Sicherheit beeinträchtigende Zustand. Der Mangel kann dadurch hervorgerufen werden, dass die Anlage oder das Betriebsmittel nicht oder nicht mehr den elektrotechnischen Normen entspricht. Für Ausnahmefälle kann auch dann ein Mangel festgestellt werden, wenn die Normen die besonderen Erfordernisse des Anwendungsfalls nicht abdecken.

Für die Beurteilung des ordnungsgemäßen Zustands sind im Allgemeinen die Normen heranzuziehen, die zum Zeitpunkt der Errichtung der Anlage oder der Herstellung des Betriebsmittels gültig waren. Abweichend von dieser Regelung müssen Anlagen an die später herausgegebenen Normen angepasst werden, wenn dies ausdrücklich in den Nachfolgeausgaben verlangt wird. Auch eine sachverständige Aussage des zuständigen Normungsgremiums kann eine Anpassung der Anlagen ratsam erscheinen lassen, wenn aus dem bisherigen Zustand erkannt wird, dass eine Gefahr für Personen oder Sachen entstehen kann.

Erhalten des ordnungsgemäßen Zustands von Anlagen und Betriebsmitteln:
Die für das Erhalten des ordnungsgemäßen Zustands erforderlichen Arbeiten werden je nach Art und Umfang von Elektrofachkräften oder unter ihrer Leitung und Aufsicht durchgeführt.

Die Anlagen sind in angemessenen Zeiträumen auf ihren Zustand zu überprüfen:
- bei Änderung der Betriebs- und Umgebungsbedingungen (z. B. trocken, feucht, Feuergefährdung) müssen die Anlagen den entsprechenden Normen angepasst werden
- Erhaltung des Isolationswiderstands in Niederspannungsanlagen
- Wirksamkeit der Schutzmaßnahmen gegen direktes und bei indirektem Berühren
- Reinigen im spannungsfreien Zustand
- Erhaltung von Isoliermitteln und Lichtbogen-Löschmitteln
- Sicherheits-, Schutz- und Überwachungseinrichtungen dürfen weder unwirksam gemacht noch unzulässig verstellt oder geändert werden beim Prüfen, Suchen von Fehlern oder bei kurzzeitigen Umschaltungen

Erhalten des ordnungsgemäßen Zustands von Schutz- und Hilfsmitteln:
Zu den Schutz- und Hilfsmitteln zählen isolierende Körperschutzmittel, Schutzvorrichtungen, Werkzeuge, Geräte zum Betätigen, Prüfen, Abschranken, Erdungs- und Kurzschließvorrichtungen. Sie sind in einem einwandfreien Zustand zu erhalten. Sie sind vom Benutzer vor Gebrauch auf offensichtliche Beschädigungen zu prüfen.

Maßnahmen zur Erhaltung des ordnungsgemäßen Zustands:
- isolierende Körperschutzmittel und sonstige Hilfsmittel sind trocken und sauber aufzubewahren
- Überprüfung der Spannungsfestigkeit in angemessenen Zeitabständen und nach der Instandsetzung

- Schutzhandschuhe dürfen nicht instand gesetzt werden, beschädigte Handschuhe müssen unverzüglich beseitigt werden
- Hilfsmittel müssen regelmäßig gereinigt werden
- für Einrichtungen der Unfallverhütung müssen die Gebrauchsanweisungen vorhanden sein
- Sicherheitsschilder müssen auf ihren ordnungsgemäßen Zustand überprüft werden
- Schaltpläne müssen den jeweils aktuellen Stand der Anlagen wiedergeben; Änderungen sind unverzüglich einzutragen

Erhaltung des ordnungsgemäßen Zustands durch Prüfen:
Prüfungen durch Besichtigen, Erproben und Messen sollen Mängel aufdecken, die nach der Inbetriebnahme auftreten. Der Umfang der Prüfungen und die Prüffristen sind so zu wählen, dass die jeweiligen Maßnahmen eine Beurteilung des Zustands möglich machen und Mängel rechtzeitig erkannt werden. Die Prüfungen sind mit geeigneten Mitteln durchzuführen, sodass dabei keine Unfallgefahren oder Beschädigungen der Betriebsmittel entstehen. Auf Wiederholungsprüfungen kann z. B. in stationären Anlagen der öffentlichen Stromversorgung verzichtet werden, wenn die Anlagen durch den laufenden Betrieb von Elektrofachkräften regelmäßig überwacht werden.

Beispiele für wichtige Prüfungen:

- Durch **Besichtigen** werden ermittelt:
  - äußerlich erkennbare Schäden und Mängel
  - ob die Betriebsmittel den Einflüssen am Verwendungsort entsprechen
  - die Wirksamkeit der Schutzmaßnahmen gegen direktes Berühren und bei indirektem Berühren
  - die richtige Einstellung der Überstromschutzeinrichtungen
  - ob Überspannungsschutzeinrichtungen angesprochen haben
  - der ordnungsgemäße Zustand aller Schutz- und Hilfseinrichtungen
  - der Zustand der Erdungsanlagen

- Durch **Erproben** werden ermittelt:
  - die Wirksamkeit der Schutz- und Not-Aus-Einrichtungen, Verriegelungen
  - die Wirksamkeit der Sicherheitsstromkreise
  - die Funktionsfähigkeit der Melde- und Anzeigeeinrichtungen. Schalterstellungsanzeige

- Durch **Messen** werden ermittelt:
  - Isolationswiderstände/Fehlerströme

- Erdungswiderstände
- Erdungsspannungen, Berührungsspannungen
- Abschaltzeiten

Erproben

DIN VDE 0100-600 *(VDE 0100-600)*	***Errichten von Niederspannungsanlagen*** *Prüfungen*
DIN VDE 0105-100 *(VDE 0105-100)*	***Betrieb von elektrischen Anlagen*** *Allgemeine Festlegungen*

Das Erproben ist ein Bestandteil der Prüfungen, die bei der Errichtung und vor der Inbetriebnahme elektrischer Anlagen durchgeführt werden müssen. Das Erproben umfasst die Durchführung von Maßnahmen in elektrischen Anlagen, durch die die Wirksamkeit von Schutz- und Meldeeinrichtungen nachgewiesen werden soll (Überprüfen, z. B. Betätigen von Prüftasten).

→ *Prüfung elektrischer Anlagen*

Errichtung elektrischer Anlagen

Für den Bau (Errichtung) der elektrischen Anlagen und Betriebsmittel sind Anforderungen in den DIN-VDE-Normen festgelegt, die vom Errichter dieser Anlagen einzuhalten sind. Dabei ist zu beachten, dass sie den Regeln des in der Europäischen Gemeinschaft gegebenen Stands der Sicherheitstechnik entsprechen und für den vorgesehenen Verwendungszweck geeignet sind. Alle Anforderungen werden erfüllt, wenn beim Errichten von Niederspannungsanlagen die Bestimmungen der Normenreihe DIN VDE 0100 eingehalten werden und ein ordnungsgemäßer Betrieb nach DIN VDE 0105 möglich ist. Die Prüfung der Anlagen erfolgt nach DIN VDE 0100-600.

- **Angaben zur Planung elektrischer Anlagen:**
  - *Leistungsbedarf*, → *Gleichzeitigkeitsfaktor*
  - → *Einspeisung*, → *Anschluss*, → *Speisepunkt*
  - Art, Umfang, → *Mindestausstattung*
  - → *äußere Einflüsse*, Verträglichkeit
  - → *Instandhaltung*

- **Schutzmaßnahmen**
  - → *Schutz gegen elektrischen Schlag*
  - → *Schutz gegen thermische Einflüsse*
  - → *Schutz bei Überstrom*
  - → *Schutz gegen Überspannungen*
  - → *Schutz gegen Unterspannungen*
  - → *Schutz durch Trennen und Schalten*
- **Auswahl und Errichtung**
  - Kabel, Leitungen, Stromschienen (→ *Verlegen von Kabeln, Leitungen*)
  - → *Trenn-, Schalt- und Steuergeräte*
  - → *Erdung*, → *Schutzleiter*, → *Potentialausgleich*
  - → *Leuchten und Beleuchtungsanlagen*
  - → *Elektrische Anlagen für Sicherheitszwecke*
- → ***Prüfungen***
  Erstprüfungen und Wiederholungsprüfungen durch Besichtigen, Erproben und Messen
  - Schutzmaßnahmen
  - Potentialausgleich
  - Isolationswiderstand
  - Erdungswiderstand
  - Impedanz der Fehlerschleife
  - Drehfeld
  - fachgerechte Ausführung
- **Ergänzende** → ***Bestimmungen für Betriebsstätten, Räume und Anlagen besonderer Art***

Ersatzstromversorgungsanlagen

DIN VDE 0100-410 *(VDE 0100-410)*	***Errichten von Niederspannungsanlagen*** *Schutz gegen elektrischen Schlag*
DIN VDE 0100-560 *(VDE 0100-560)*	***Errichten von Starkstromanlagen mit Nennspannungen bis 1 000 V*** *Elektrische Anlagen für Sicherheitszwecke*
DIN VDE 0100-710 *(VDE 0100-710)*	***Errichten von Niederspannungsanlagen*** *Medizinisch genutzte Bereiche*

DIN VDE 0100-718 *(VDE 0100-718)*	***Errichten von Niederspannungsanlagen*** *Bauliche Anlagen für Menschenansammlungen*
DIN EN 50172 *(VDE 0108-100)*	***Sicherheitsbeleuchtungsanlagen***
DIN EN 50342-1 *(VDE 0510-101)*	***Blei-Akkumulatoren-Starterbatterien*** *Allgemeine Anforderungen und Prüfungen*

Ersatzstromversorgungsanlagen sind netzunabhängige Stromversorgungsanlagen. Sie übernehmen die elektrische Energieversorgung von Netzteilen, Verbraucheranlagen oder einzelnen Verbrauchsmitteln nach dem Ausfall oder der Abschaltung der normalen Stromversorgung. Auch bei Nichtvorhandensein einer netzabhängigen Stromversorgung kann die Ersatzstromversorgungsanlage eingesetzt werden. Sie besteht aus dem Ersatzstromerzeuger (z. B. durch Kraftmaschinen angetriebene Generatoren, Batterien) und den zugehörigen Schaltanlagen und Hilfseinrichtungen. Anwendung dort, wo elektrische Anlagen und Betriebsmittel in Verbraucheranlagen bei Ausfall der Stromversorgung aus dem öffentlichen Netz aus wichtigen Gründen weiterbetrieben werden müssen.

Schutz bei indirektem Berühren (→ *Fehlerschutz*):

- Vollständige Trennung zwischen der Ersatzstromversorgungsanlage und dem öffentlichen Netz ist anzustreben
- Im TN-S-System muss der Neutralleiter der Verbraucheranlage mit umgeschaltet werden
- Bleiben nach Umschaltung die Schutzmaßnahmen der normalen/öffentlichen Stromversorgung nicht wirksam, dann sind anzuwenden:
  - Schutzkleinspannung
  - abgehende Stromkreise sind als TN-S-System auszuführen, oder im TT-System muss der Neutralleiter mit umgeschaltet werden.
  - Für den Schutz durch automatische Abschaltung der Stromversorgung sind Fehlerstromschutzeinrichtungen (RCDs) einzusetzen.
  - beim IT-System ist ein Neutralleiter der Verbraucheranlage mit umzuschalten; wenn die Schutzmaßnahme Schutz durch Abschaltung beim zweiten Fehler im IT-System nicht wirkt, ist zusätzlich ein Potentialausgleich oder der Schutz durch eine Fehlerstromschutzeinrichtung (RCD) für jedes elektrische Betriebsmittel zu verwenden.
  - bei stationären Ersatzstromversorgungsanlagen wird der Schutz gegen elektrischen Schlag in der Regel so wie der Schutz in der öffentlichen Stromversorgung gewählt, also meist als Schutz beim indirektem Berühren

das TN- oder TT-System mit Überstrom- oder Fehlerstromschutzeinrichtungen (RCDs)
- Schutzisolierung
- Schutztrennung (beim Anschluss mehrerer Verbrauchsgeräte gelten besondere Bedingungen)

Sonstige Anforderungen:
- für bewegliche Leitungen mindestens H07RN-F
- Aufstellungsräume: trocken, mindestens 5 °C, ausreichend belüftet, in abgegrenztem Bereich, wenn die Ersatzstromversorgungsanlagen nicht nur von ihrem Aufstellungsraum aus gestartet werden können
- auf Baustellen können Ersatzstromversorgungsanlagen als Speisepunkt verwendet werden
- ein Parallelbetrieb der Ersatzstromversorgungsanlage mit dem öffentlichen Netz ist grundsätzlich nicht zulässig, es sein denn → *Kurzzeitparallelbetrieb*

Erste Hilfe

Erste Hilfe nach einem elektrischen Schlag ist die medizinische Erstversorgung von Personen, die infolge eines elektrischen Schlags der dringenden Hilfe direkt am Unfallort bedürfen.

→ *Anleitung zur Ersten Hilfe*

Erstprüfung

DIN VDE 0100-600 ***Errichten von Niederspannungsanlagen***
(VDE 0100-600) *Prüfungen*

Ein wichtiger Bestandteil bei der Errichtung und vor der Inbetriebnahme elektrischer Anlagen ist die Erstprüfung. Sie begleitet alle Arbeiten der Errichtung und Teile dieser Prüfungen beenden die Arbeiten der Errichtung. Bei einer Erweiterung bestehender Anlagen ist bei dem neuen Teil eine Erstprüfung durchzuführen.

→ *Prüfung elektrischer Anlagen*

Erwärmung von Leitungen und Kabeln

Leitungen und Kabel erwärmen sich durch die Stromverluste in den Leitern.
Die zugeführte Wärme ist abhängig vom Strom, der durch den Leiter fließt, von der Betriebszeit und vom Widerstand des Leiters, der auch durch seinen Querschnitt, der Leitungslänge und dem spezifischen Widerstand des Leitermaterials ausgedrückt werden kann:

$$Q = I^2 \cdot t \cdot R = I^2 \cdot t \frac{\rho \cdot l}{S}$$

Q zugeführte Wärme/Verlustwärme in Ws (1 Ws = 1 J)
I Strom in A
t Zeit in s
R Leiterwiderstand in Ω
ρ spezifischer Widerstand in Ω mm^2/m
l Länge in m
S Querschnitt in mm^2

Die Verlustwärme im Leiter wird über die Leitungs- bzw. Kabeloberfläche bei Anordnung in Luft durch Konvektion und Strahlung, bei Anordnung in Bettungsmaterial (z. B. unter Putz oder Kabel in Erde) durch Wärmeleitung an die Umgebung abgegeben. Nach dem Gesetz der Wärmeströmung ist die Abgabe der Verlustwärme von der Wärmespannung, das ist der Unterschied zwischen Leiter- und Umgebungstemperatur $\vartheta_L - \vartheta_U$, und dem Wärmewiderstand R_{th} abhängig:

$$Q = \frac{\vartheta_L - \vartheta_U}{R_{th}}$$

ϑ_L Leitertemperatur in °C
ϑ_U Umgebungstemperatur in °C
R_{th} Wärmewiderstand in °C/W

Wobei sich der Wärmewiderstand aus mehreren Teilwiderständen, wie z. B. dem Wärmewiderstand der Leitung bzw. des Kabels und dem Wärmewiderstand der Umgebung, zusammensetzt.

Bei einer verlegten Leitung mit gegebenem Wärmewiderstand erhöht sich die Verlustleistung mit steigendem Strom. Die größte Verlustwärme kann nur mithilfe einer erhöhten Wärmespannung, das heißt einer höheren Temperaturdifferenz, abgeführt werden.

Da die Außentemperatur der weiteren Umgebung wegen des großen Volumens nahezu konstant bleibt, wird sich bei höherer Temperaturdifferenz zwangsweise eine Erhöhung der Leitertemperatur einstellen. Die Leitung erwärmt sich, bis ein Beharrungszustand erreicht wird, bei dem die abgeführte Wärme gleich der Verlustwärme ist.

Die zeitliche Entwicklung der Erwärmung einer Leitung bzw. eines Kabels verläuft bei gleichmäßiger Strombelastung annähernd nach einer e-Funktion (**Bild 25**).

Die Erwärmung einer Leitung bzw. eines Kabels ist abhängig vom Aufbau, von den Werkstoffeigenschaften, den Verlegearten und den Belastungsarten. Zusätzlich sind Erwärmungen durch äußere Einflüsse, wie z. B. bei Häufung mit anderen Leitungen bzw. Kabeln, durch erhöhte Umgebungstemperaturen oder durch Sonneneinstrahlung zu beachten.

Bei richtiger Auswahl und Dimensionierung von Leitungen bzw. Kabeln, jeweils unter Berücksichtigung der zulässigen → *Belastbarkeit,* kann davon ausgegangen werden, dass Leitungen bzw. Kabel nicht unzulässig erwärmt werden, Als oberer Grenzwert gilt die vom Isoliermaterial abhängige zulässige Betriebstemperatur.

Im Kurzschlussfall bleibt die Erwärmung der Leitung bzw. des Kabels auf die Kurzschlussdauer beschränkt. Wegen der kurzen Zeit (maximal 5 s) kann angenommen werden, dass die gesamte erzeugte Wärmemenge im Leiter gespeichert wird. Der Leiter darf hierbei nicht über die zulässige Kurzschlusstemperatur erwärmt werden.

Die Leitertemperatur am Ende des Kurzschlusses lässt sich bei Vernachlässigung der an die Umgebung abgegebenen Wärmemenge nach folgender Gleichung berechnen:

$$\vartheta_{\mathrm{e}} = \vartheta_{\mathrm{a}} + \frac{I^2}{S} \cdot t \cdot \frac{\rho}{c}$$

ϑ_e Leitertemperatur in °C

ϑ_e Leitertemperatur zu Beginn des Kurzschlusses (Anfangstemperatur) in °C

I Kurzschlussstrom in A

S Querschnitt in mm^2

t Zeit in s

ρ spezifischer Widerstand in $\Omega\ mm^2/m$

c spezifische Wärmekapazität von Kupfer = $3,86\,kJ/(kg\,K)$

Näherungsweise lassen sich nach dieser Gleichung auch Leitertemperaturen ermitteln, deren Belastungszeiten im Sekundenbereich (Kurzzeitbetrieb) auftreten (z. B. bei Anlaufströmen elektrischer Maschinen).

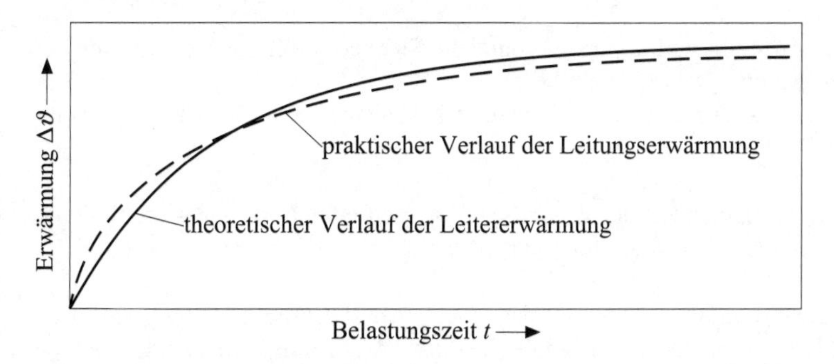

Bild 25 Temperaturverlauf am Leiter eines Kabels bzw. einer Leitung bei gleichmäßiger Strombelastung

Die tatsächliche Leitererwärmung steigt gegenüber den errechneten Werten zunächst stärker an, erreicht dann aber erst zu einem späteren Zeitpunkt die Endtemperatur.

→ *Belastbarkeit*
→ *Belastung*
→ *Belastungsgrad*
→ *Schutz gegen zu hohe Erwärmung*
→ *Überstrom*
→ *Überstromschutzeinrichtung*

Eurostecker

DIN VDE 0620-1 *(VDE 0620-1)*	***Stecker und Steckdosen für den Hausgebrauch und ähnliche Anwendungen*** *Allgemeine Anforderungen*
DIN VDE 0620-101 *(VDE 0620-101)*	***Steckvorrichtungen bis 400 V 25 A*** *Flache, nichtwiederanschließbare zweipolige Stecker, 2,5 A 250 V, mit Leitung, für die Verbindung von Klasse-II-Geräten für Haushalt und ähnliche Zwecke*

Unter der Bezeichnung Eurostecker und Eurosteckdosen wurde mit der Norm DIN VDE 0620-101 ein flacher, nichtwiederanschließbarer Stecker 25 A und 250 V für die Verbindung von Betriebsmittel der → *Schutzklasse* II genormt, der in den meisten Ländern Europas verwendet wird.

Der mit der Anschlussleitung fest verbundene Stecker ist für die Verwendung von Innenräumen vorgesehen, da kein besonderer Schutz für das Eindringen von Wasser vorgesehen ist. Er wird vor allem für Haushaltsgeräte oder ähnliche Anwendungsfälle eingesetzt.

Der Stecker hat keinen Schutzkontakt, da er ausschließlich für den Anschluss von Schutzklasse-II-Geräten verwendet wird.

Nicht wiederanschließbar bedeutet, dass Stecker und Anschlussleitung eine Baueinheit bilden, die nach der Fertigung nur durch Zerstörung voneinander getrennt werden können.

Durch die in der Norm festgelegten Prüfungen wird nachgewiesen, dass die Stecker im bestimmungsgemäßen Gebrauch zuverlässig sind und keine Gefahr für Benutzer und ihre Umgebung darstellt.

→ *Drehstrom-Steckvorrichtung*

EVU-Last

→ *Belastungsgrad*

Experimentiereinrichtungen

DIN VDE 0100-723 ***Errichten von Niederspannungsanlagen***
(VDE 0100-723) *Unterrichtsräume mit Experimentiereinrichtungen*

Experimentiereinrichtungen:
Plätze zum Experimentieren mit elektrischen Betriebsmitteln oder Einrichtungen, sind geeignet
- zum Vorführen und Üben (Vorführstände mit Not-Aus-Einrichtung)
- zum Üben
- z. B. in Schulen, Ausbildungsstätten, Vorlesungs- und Praktikumsräumen von Hochschulen

Experimentiereinrichtungen dürfen:
- einzeln
- in Gruppen
- zentral

eingeschaltet werden
- Für einpolige Anschlussstellen sind berührungssichere Steckbuchsen (Laborsteckbuchsen, Sicherheitsbuchsen) mit vollständigem Berührungsschutz zu errichten.
- Soweit es der Zweck der Experimentierungseinrichtungen möglich macht, sollte SELV oder PELV eingesetzt werden.
- Bei Wechselspannung größer 50 V ist der Schutz durch automatische Abschaltung für Experimentiereinrichtungen im TN- oder im TT-System anzuwenden; es müssen in diesen Stromkreisen eine oder mehrere Fehlerstromschutzeinrichtungen (RCDs) mit einem Bemessungsdifferenzstrom $I_{\Delta N} < 30$ mA vorgesehen werden.
- Bei der Versorgung durch IT-Systeme muss die Isolationsüberwachungseinrichtung beim ersten Fehler abschalten (bei Unterschreitung des zulässigen Isolationswerts von mindestens 50 Ω/V), auf eine Fehlerstromschutzeinrichtung (RCD) darf dann verzichtet werden.
- Der Ansprechwert der Isolationsüberwachungssysteme muss auf ≥ 50 kΩ eingestellt werden.
- Wenn für die Art der Versuche, z. B. Schleifenwiderstandsmessung, eine Stromversorgung ohne Fehlerstromschutzeinrichtung (RCD) notwendig ist, dann muss dieser Stromkreis so ausgeführt sein, dass das Zuschalten der

Stromversorgung nur über eine Trenneinrichtung möglich ist, die gegen unbefugtes Einschalten gesichert werden kann.

- Es müssen Schaltgeräte zum Trennen vorhanden sein, die alle nicht geerdeten Leiter gleichzeitig schalten; sie müssen gegen unbefugtes Schalten gesichert sein.
- Abweichend von den Festlegungen müssen in Unterrichtsräumen mit Experimentiereinrichtungen alle berührbaren fremden leitfähigen Teile mit Potentialausgleichsleitern untereinander und mit dem Schutzleiter der Stromversorgung verbunden werden. Der Querschnitt muss mindestens 4 mm² Cu betragen.
- Experimentiereinrichtungen müssen durch eine Trenneinrichtung von allen aktiven Leitern (einschließlich des Neutralleiters) von der Stromversorgung getrennt werden können, z. B. mit einer Fehlerstromschutzeinrichtung (RCD).
- Jede Experimentiereinrichtung muss mit einer Einrichtung für das Ausschalten im Notfall ausgerüstet werden, die alle Experimentiereinrichtungen von der Stromversorgung trennt. Zusätzlich ist mindestens an jedem Ausgang eine Ausschalteinrichtung vorzusehen.
- Wenn zum Ausschalten im Notfall ein Befehlsgerät Not-Aus (z. B. Pilztaster) zur Anwendung kommt, muss dieses Befehlsgerät auf eine oder mehrere Trenneinrichtungen wirken.
- Alle Stromversorgungen außerhalb der Experimentiereinrichtungen, die für Experimente geeignet sind (Fehlerstromschutzeinrichtung RCD, Einrichtungen zum Ausschalten im Notfall), müssen z. B. wie folgt gekennzeichnet sein: „Für Experimentierzwecke geeignet!“

→ *Unterrichtsräume*

Explosionsgefährdete Bereiche

DIN EN 60079-14	***Explosionsfähige Atmosphäre***
(VDE 0165-1)	*Projektierung, Auswahl und Errichtung elektrischer Anlagen*

Explosionsgefährdete Bereiche sind dann vorhanden, wenn eine explosionsfähige Atmosphäre in gefahrdrohender Menge auftreten kann. Als explosionsfähige Atmosphäre bezeichnet man ein Gemisch von brennbaren Gasen, Dämpfen, Nebeln oder Stäuben mit Luft und weiteren Beimengungen wie z. B. Feuchte unter atmosphärischen Bedingungen, das sich entzünden kann und dabei eine Reaktion auftritt, die sich selbstständig fortpflanzt.

Für das Errichten und die Auswahl elektrischer Anlagen in explosionsgefährdeten Bereichen gelten die Normenreihe DIN VDE 0165 sowie eine Reihe weiterer Regeln:

- Verordnung über elektrische Anlagen in explosionsgefährdeten Räumen (ElexV)
- Verordnung über brennbare Flüssigkeiten (VbF)
- Richtlinie für die Vermeidung von Gefahren durch explosionsfähige Atmosphäre mit Beispielsammlung-Explosionsschutz-Richtlinien (Ex-RL) für die Beurteilung der Explosionsgefahr
- DIN VDE 0100-710 für medizinische Bereiche
- DIN V VDE V 0166 Elektrische Anlagen in Bereichen, die durch Stoffe mit explosiven Eigenschaften gefährdet sind

Fabrikfertige Schaltgerätekombinationen

DIN EN 61439-3	***Niederspannungs-Schaltgerätekombinationen***
(VDE 0660-600-3)	*Installationsverteiler für die Bedienung durch Laien (DBO)*

Die Niederspannungs-Schaltgerätekombination ist eine Zusammenfassung von Schaltgeräten mit den zugehörigen Betriebsmitteln zum Schalten, Steuern, Messen, Melden sowie den Schutz- und Regeleinrichtungen und Anschlüssen in der Verantwortung des Herstellers (typgeprüfte Schaltgerätekombination) oder als partiell typgeprüfte Schaltgerätekombination, die aus typgeprüften Bauelementen und aus nicht typgeprüften Baugruppen zusammengefügt wird, mit allen inneren elektrischen und mechanischen Verbindungen und Konstruktionsteilen.

Schaltgerätekombinationen werden verwendet bei der Erzeugung, Übertragung, Verteilung und Umformung elektrischer Energie sowie für die Steuerung von Betriebsmitteln.

Die Normenreihe beschreibt die Schaltgerätekombinationen, ihre elektrischen Merkmale, Umgebungs- und Betriebsbedingungen und legt je nach Anwendung die Bauanforderungen fest, deren Einhaltung durch entsprechende Prüfungen nachzuweisen sind.

Fachkraft

DIN VDE 0100-100	***Errichten von Niederspannungsanlagen***
(VDE 0100-100)	*Allgemeine Grundsätze, Bestimmungen allgemeiner Merkmale, Begriffe*
DIN VDE 0100-510	***Errichten von Niederspannungsanlagen***
(VDE 0100-510)	*Allgemeine Bestimmungen*

Als Fachkraft gilt, wer aufgrund seiner fachlichen Ausbildung, Kenntnisse und Erfahrungen sowie Kenntnisse der einschlägigen Bestimmungen die ihm übertragenen Arbeiten beurteilen und mögliche Gefahren erkennen kann.

Fachkraft in der Elektrotechnik ist die → ***Elektrofachkraft.***

→ *Arbeitskräfte*

Fachlich geeignete Person

Die fachlich geeignete Person ist in aller Regel eine → *Fachkraft*, die die persönlichen, z. B. führungsmäßigen Voraussetzungen für die auszuführenden Tätigkeiten erfüllt. Dazu gehört auch, dass die geeignete Person selbstständig arbeiten kann.

Fachverantwortung

Fachverantwortung haben die Unternehmer, aber auch Vorgesetzte und Mitarbeiter, soweit ihnen Fachaufgaben zur Erledigung in eigener Verantwortung vom Unternehmer zugewiesen sind. Wer Fachaufgaben zu erledigen hat, trägt auch Fachverantwortung.

Hierzu gehört auch die Pflicht, sicher zu arbeiten. Er muss also für sein richtiges Handeln im eigenen Fachbereich einstehen, damit auch für die Sicherheit im eigenen Bereich.

Inwieweit eine fahrlässige Unterlassung im Fachbereich haftungs- und auch strafrechtliche Konsequenzen haben kann, richtet sich danach, welche Stellung und Aufgaben der betreffende Mitarbeiter (nach Gesetz, Verordnung, Unfallverhütungsvorschrift oder aufgrund besonderer Zuweisung, z. B. Pflichtenübertragung) hat.

Eine solche besondere Fachverantwortung hat z. B. die → ***Elektrofachkraft***.

Fangeinrichtung

DIN EN 62305-1	***Blitzschutz***
(VDE 0185-305-1)	*Allgemeine Grundsätze*

Fangeinrichtungen werden in Verbindung mit Blitzschutzanlagen errichtet. Sie dienen als Einschlagpunkte für den Blitz. Als Fangeinrichtung gilt die Gesamtheit der metallenen Bauteile auf, oberhalb, seitlich oder neben der baulichen Anlage.

Bevorzugte Einschlagstellen auf Gebäuden sind Schornsteine, Giebel, Firste, Traufkanten und Turmspitzen, die mit Fangeinrichtungen, z. B. als in Maschen verlegte Fangleitungen oder Fangstangen, versehen werden.

→ *Blitzschutz*

Farbkennzeichnung der Leiter

DIN VDE 0293-308 *(VDE 0293-308)*	***Kennzeichnung der Adern von Kabeln/Leitungen und flexiblen Leitungen durch Farben***

→ *Leiter*
→ *Kennzeichnung elektrischer Anlagen*

Fehlerart

DIN VDE 0100-200 *(VDE 0100-200)*	***Errichten von Niederspannungsanlagen*** *Begriffe*
DIN EN 60909-0 *(VDE 0102)*	***Kurzschlussströme in Drehstromnetzen*** *Berechnung der Ströme*

Kurzschluss (Bild 26)
Durch einen Fehler entstandene leitende Verbindung zwischen → *aktiven Teilen*, die betriebsmäßig gegeneinander unter Spannung stehen. Die Berührung kann zufällig oder beabsichtigt sein. In Abhängigkeit von der Zahl der beteiligten Außenleiter wird nach drei-, zwei- oder einpoligen Kurzschlüssen unterschieden.

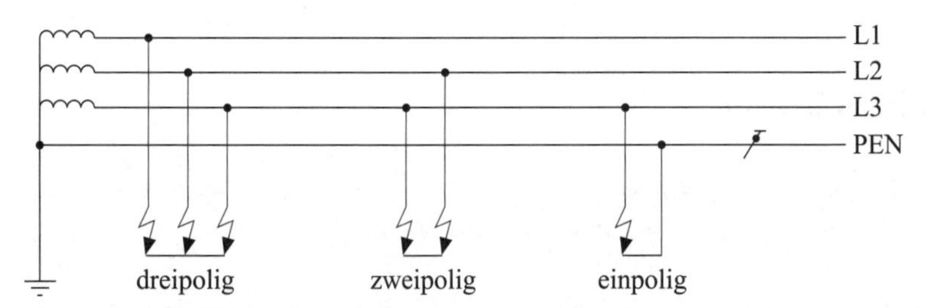

Bild 26 Kurzschluss

Erdschluss (Bild 27)
Durch einen Fehler entstandene leitende Verbindung eines → *aktiven Teils* mit der Erde oder geerdeten Teilen. Bei zwei oder mehreren Verbindungen mit der Erde entstehen Doppelerdschlüsse, Mehrfacherdschlüsse oder Erdkurzschlüsse.

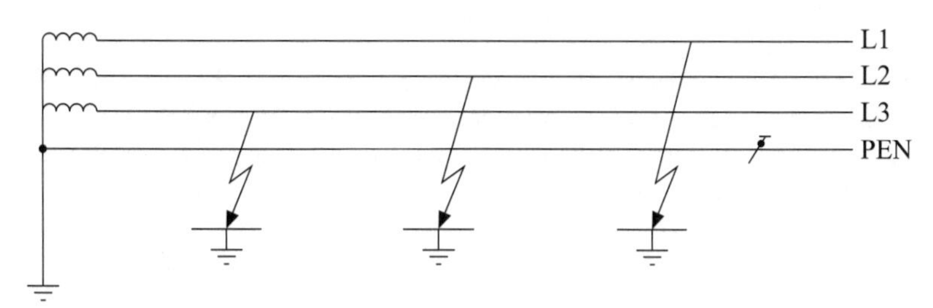

Bild 27 Erdschluss

Körperschluss (Bild 28)
Durch einen Fehler entstandene leitende Verbindung eines → *aktiven Teils* mit dem → *Körper* eines elektrischen Betriebsmittels.

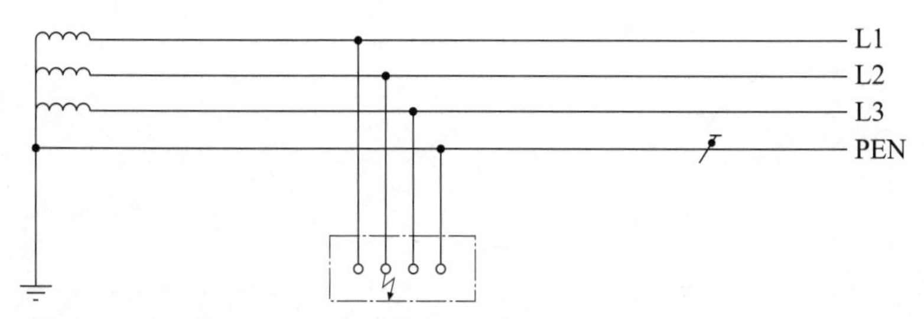

Bild 28 Körperschluss

Der Kurz-, Erd- oder Körperschluss wird als vollkommen bezeichnet, wenn die leitende Verbindung an der Fehlerstelle nahezu widerstandslos ist.

Mit einem Widerstand an der Fehlerstelle (Lichtbogen, Kriechweg) entsteht ein unvollkommener Kurz-, Erd- oder Körperschluss.

Isolationsfehler
Fehlerhafter Zustand der Isolierung, der zu einem Kurz-, Erd- oder Körperschluss führen kann.

Ein Isolationsfehler kann durch mechanische Einwirkungen, Alterung, Wärme, Feuchtigkeit, Überspannungen oder durch eine Kombination dieser Einflüsse eingeleitet werden.

Aus einer zunächst gelegentlich auftretenden Glimmentladung kann sich über einen Lichtbogen ein Kurzschluss entwickeln.

Leiterschluss (Bild 29)
Durch einen Fehler entstandene leitende Verbindung zwischen Leitern, die betriebsmäßig gegeneinander unter Spannung stehen, wenn im Fehlerstromkreis ein Widerstand eines Verbrauchsgeräts liegt. Der Fehlerstrom ist auf die Strombelastung des Betriebsstromkreises begrenzt.

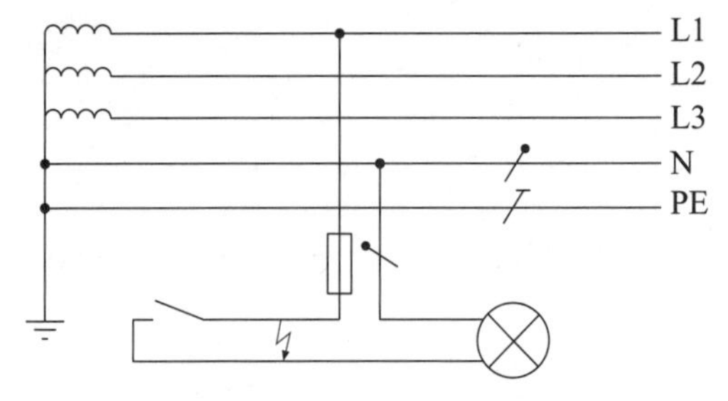

Bild 29 Leiterschluss

Betriebsmittel sind:

- kurzschlussfest
  - wenn durch die thermischen und dynamischen Wirkungen des Kurzschlussstroms keine Schäden entstehen können
- kurzschlusssicher/erdschlusssicher
  - wenn durch Anordnung, Bauart o. Ä. mit dem Auftreten von Kurz- oder Erdschlüssen nicht zu rechnen ist

→ *Fehlerstrom*

Fehler gegen Erde

Das zufällige Auftreten eines Strompfads zwischen aktiven Leitern und Erde, wie fehlerhafte Isolierung oder Leiter oder Bäume in aktiven Leitern.

Fehlermeldung

DIN VDE 0100-410	***Errichten von Niederspannungsanlagen***
(VDE 0100-410)	*Schutz gegen elektrischen Schlag*

Wenn Fehler in elektrischen Anlagen nicht zu einer Abschaltung führen, müssen Maßnahmen ergriffen werden, die den vorhandenen Fehler anzeigen. Beispielsweise beim → *Schutz bei indirektem Berühren* im IT-System muss im Erdschlussfall die Stromversorgung nicht unterbrochen werden. Der Fehler sollte aber so schnell wie möglich erkannt und beseitigt werden, um gleichzeitig einen zweiten Fehler im selben Stromkreis, der dann wegen des → *Doppelerdschlusses* zur Abschaltung führen würde, zu vermeiden. Verwendet werden im IT-System z. B. → *Isolationsüberwachungseinrichtungen*, die den ersten Fehler signalisieren.

Fehlerschutz

DIN VDE 0100-410	***Errichten von Niederspannungsanlagen***
(VDE 0100-410)	*Schutz gegen elektrischen Schlag*

Der Schutz bei indirektem Berühren ist der Schutz von Personen und Nutztieren vor Gefahren, die sich im Fehlerfall aus einer Berührung mit Körpern der Betriebsmittel oder fremden leitfähigen Teilen ergeben können.

Alterungserscheinungen oder mechanische und thermische Beanspruchungen führen zum Versagen des Basisschutzes und verursachen → *Isolationsfehler*, die die → *Körper elektrischer Betriebsmittel*, also die leitfähigen Gehäuseteile oder andere → *fremde leitfähige Teile*, unter Spannung setzen können.

Fehlerspannung

DIN VDE 0100-410	***Errichten von Niederspannungsanlagen***
(VDE 0100-410)	*Schutz gegen elektrischen Schlag*

Die Fehlerspannung ist die Spannung zwischen einer vorhandenen Fehlerstelle und der Bezugserde bei einem Isolationsfehler oder die Spannung, die im Fehlerfall (Körperschluss) auftritt zwischen:

- → *Körpern*
- Körpern und → *fremden leitfähigen Teilen*
- Körpern und der → *Bezugserde*

Sie kann mit einem hochohmigen Spannungsmesser, z. B. mit einem inneren Widerstand von etwa 40 kΩ, gemessen werden.

Die zwischen Körpern und der Bezugserde auftretende Fehlerspannung, z. B. beim Betrieb defekter Elektrogeräte im Außenbereich, ist identisch mit der → *Erdungsspannung.*

Fehlerspannungen zwischen Körpern oder Körpern und fremden leitfähigen Teilen sind bei mehreren, gleichzeitig auftretenden, widerstandsbehafteten Fehlern oder bei mangelhaftem oder fehlendem Potentialausgleich zu erwarten.

Fehlerspannungs-Schutzeinrichtungen

DIN VDE 0100-410 *(VDE 0100-410)*	***Errichten von Niederspannungsanlagen*** *Schutz gegen elektrischen Schlag*

Fehlerspannungs-Schutzeinrichtungen (FU-Schutzschalter) sind nicht mehr genormt.

FU-Schutzschalter sind Schalter, die ansprechen, wenn die Spannung gegen Erde an einem berührbaren Metallteil bestimmte Grenzen überschreitet.

Der FU-Schutzschalter kommt nur noch für Sonderfälle dann zur Anwendung, wenn andere Schutzmaßnahmen nicht möglich oder nicht anwendbar sind. Der FU-Schutzschalter wird deshalb allmählich verschwinden, da in nahezu allen Anwendungsfällen andere, meist bessere Möglichkeiten bestehen, um die Anlage zu schützen.

Fehlerstrom

DIN VDE 0141 *(VDE 0141)*	***Erdungen für spezielle Starkstromanlagen mit Nennspannungen über 1 kV***
DIN EN 50522 *(VDE 0101-2)*	***Erdung von Starkstromanlagen mit Nennwechselspannungen über 1 kV***

Der Fehlerstrom ist ein Strom, der infolge eines → *Isolationsfehlers* zwischen zwei bestimmungsgemäß voneinander isolierten Teilen zum Fließen kommt. Es handelt sich dabei je nach → *Fehlerart* um einen Kurzschluss- oder Erdschlussstrom.

Als Fehlerstrom wird auch der zur Erde abfließende Strom bezeichnet, der die Auslösung, z. B. einer Fehlerstromschutzeinrichtung, bewirkt.

Die Größe des Fehlerstroms wird von der Impedanz des Fehlerstromkreises bestimmt. Dazu zählen die Netzimpedanzen, die Widerstände der Installations- und Erdungsanlagen, soweit vorhanden der Widerstand an der Fehlerstelle und der Körperwiderstand in Verbindung mit seiner Umgebung.

In Hochspannungsanlagen wird als Fehlerstrom neben dem mehrpoligen Kurzschlussstrom der Erdfehlerstrom definiert. Das ist der Strom, der bei einem Erdschluss vom Betriebsstromkreis zur Erde oder zu geerdeten Teilen übertritt.

In Abhängigkeit von der Sternpunktbehandlung ist zu unterscheiden:
- in Netzen mit isoliertem Sternpunkt der kapazitive Erdschlussstrom
- in Netzen mit Erdschlusskompensation der Erdschlussreststrom
- in Netzen mit niederohmiger Sternpunkterdung der einpolige Erdkurzschlussstrom

Als Erdungsstrom wird der gesamte, über die Erdungsimpedanz in die Erde fließende Strom bezeichnet. Als Teil des Erdfehlerstroms beeinflusst er die Potentialanhebung der Erdungsanlage gegenüber der Bezugserde (→ *Erde*).

Fehlerstromschutzeinrichtung (RCD)

DIN VDE 0100-410	***Errichten von Niederspannungsanlagen***
(VDE 0100-410)	*Schutz gegen elektrischen Schlag*
DIN VDE 0100-530	***Errichten von Niederspannungsanlagen***
(VDE 0100-530)	*Schalt- und Steuergeräte*

Die Fehlerstromschutzeinrichtung (RCD) ist die einheitliche Bezeichnung für verschiedene Arten von Fehlerschutzschaltern, Fehlerschutzgeräten und Fehlerschutzeinrichtungen. (Bedeutung von RCD: **R**esidual **C**urrent protective **D**evice; als internationale Bezeichnung in den aktuellen Normen enthalten; die frühere gebräuchliche Bezeichnung FI darf in Deutschland weiter genutzt werden).

Für den Auslösefehlerstrom einer Fehlerstromschutzeinrichtung (RCD) wird aktuell in DIN VDE 0100 der Begriff Bemessungsdifferenzstrom verwendet (früher: Bemessungsfehlerstrom).
Vorteile der Fehlerstromschutzeinrichtung (RCD):

- niedrige Bemessungsauslöseströme
- extrem kurze Abschaltzeiten
- Strom-Zeitwerte liegen so niedrig (z. B. 30 mA; 1 s), sodass Körperströme für Mensch und Tier ungefährlich sind
- Erdschlüsse werden unverzüglich abgeschaltet (Brandschutz)
- Schutz bei Schutzleiterunterbrechungen
- Schutz bei Schutzleiterverwechselungen
- Schutz bei Isolationsfehlern in Betriebsmitteln der Schutzklasse II mit doppelter oder verstärkter Isolierung

Durch die Vorteile der Fehlerstromschutzeinrichtung (RCD) ist der Einsatz in besonders gefährdeten Anlagen zu empfehlen. Fehlerstromschutzeinrichtungen (RCDs) im TT- oder TN-System, mit einem Bemessungsfehlerstrom von $I_{\Delta N} \leq 30$ mA sind in einigen Normen der Gruppe 700 von DIN VDE 0100 sogar zwingend vorgeschrieben.

Fehlerstromschutzschaltung (FI)

DIN VDE 0100-410	***Errichten von Niederspannungsanlagen***
(VDE 0100-410)	*Schutz gegen elektrischen Schlag*

Bis 1983 gebräuchliche Bezeichnung für eine Schutzmaßnahme bei indirektem Berühren, bei der ein FI-Schutzschalter selbsttätig auslöst, wenn gegen Erde oder über Körper, z. B. im Falle eines Isolationsfehlers, ein Fehlerstrom fließt, der den Nennfehlerstrom des Schalters überschreitet.

Kurz: FI-Schutzschalter ist ein Schalter, der den Betriebsstromkreis sofort oder kurz verzögert allpolig unterbricht, sobald ein Erdfehler- oder Erdableitungsstrom eintritt, der identisch mit dem Bemessungsdifferenzstrom ist, oder diesen sogar überschreitet. In der Regel lösen FI-Schutzschalter bei etwa (0,7 … 0,8) $I_{\Delta N}$ aus.

Anstelle der Bezeichnung Fehlerstrom-(FI-)Schutzschaltung wird heute die international einheitliche Bezeichnung Fehlerstromschutzeinrichtung (RCD) (→ *Schutz gegen elektrischen Schlag*, → *Schutz durch automatische Abschaltung der Stromversorgung*) verwendet.

FELV

DIN VDE 0100-410 ***Errichten von Niederspannungsanlagen***
(VDE 0100-410) *Schutz gegen elektrischen Schlag*

FELV (Kleinspannung) – **F**unctional **E**xtra-**L**ow **V**oltage –
Früher: Schutz durch Funktionskleinspannung ohne sichere Trennung

Bei einer Kleinspannung aus Funktionsgründen mit den Werten 50 V AC oder 120V DC: Wenn nicht alle Bedingungen der Schutzmaßnahmen SELV oder PELV erfüllt sind, kann FELV angewendet werden. Wichtig ist, dass FELV-Stromquellen und FELV-Betriebsmittel keine direkte Verbindung zum einspeisenden System haben dürfen und mindestens eine Basisisolierung zu Systemen höherer Spannung hat.
Aufbau des FELV-Systems: Beim ersten Fehler tritt noch keine Berührungsspannung auf, es fließt kein Berührungsstrom. Nachteilig: Der erste Fehler kann evtl. nicht erkannt werden; erst wenn ein zweiter Isolationsfehler oder ein Erdschluss auftritt, ist mit einem Berührungsstrom zu rechnen, das bedeutet, spätestens beim zweiten Fehler muss die Abschaltung durch ein Schutzorgan erfolgen.
Voraussetzungen für ein sicheres FELV-System:
Basisschutz (Schutz gegen direktes Berühren): Abdeckungen oder Umhüllungen, Schutzart IP2X/IPXXB; Isolierung aktiver Teile.
Fehlerschutz (Schutz bei indirektem Berühren): Einbeziehen der Betriebsmittel in die Schutzmaßnahme des vorgelagerten Netzes, also bei Maßnahmen mit Schutzleitern sind die Betriebsmittel an den Schutzleiter des Primärstromkreises anzuschließen; bei Verwendung der Schutzmaßnahme Schutztrennung: Stromquelle des FELV-Systems über einen ungeerdeten Potentialausgleichsleiter die Körper der Betriebsmittel der FELV-Stromkreise mit den Körpern, die in Schutztrennung einbezogen sind, zu verbinden.
Stromquelle: das FELV-System muss über einen Transformator mit mindestens einer einfachen Trennung zwischen den Wicklungen ausgerüstet sein.
Steckvorrichtungen: Steckdosen müssen einen Schutzkontakt haben; Stecker und Steckdosen dürfen in andere Spannungssysteme nicht passen, da Steckvorrichtungen von FELV-Stromkreisen nicht in Systeme höherer Spannung verwendet werden dürfen, auch nicht in SELV- oder PELV-Systemen.

→ *SELV*
→ *PELV*

Fertigbau – Verlegen von Leitungen

DIN VDE 0100-420	***Errichten von Niederspannungsanlagen***
(VDE 0100-420)	*Schutz gegen thermische Auswirkungen*

Im Fertigbau werden besondere Anforderungen an das Verlegen von Leitungen gestellt, da die Wände dieser Bauten häufig aus Rahmenkonstruktionen bestehen, die mit Span-, Gips- oder Holzplatten abgedeckt sind. Daher gelten die zusätzlichen Forderungen aus DIN VDE 0100-420.

Einige beispielhafte Anforderungen:

- Verwendung von Hohlwanddosen nach DIN VDE 0606-1 mit entsprechender Kennzeichnung
- ein PEN-Leiter darf nicht eingesetzt werden (Schutzleiter und Neutralleiter getrennt im gesamten Fertigbau)
- Stegleitungen dürfen nicht verwendet werden; Anwendung von NYY- und NYM-Leitungen
- eine Befestigung der Dosen mit Krallen ist nicht zulässig, sondern die Befestigung der Hohlraumdosen von vorn
- als Isolationsfehlerschutz in feuergefährdeten Betriebsstätten: Einbau einer Fehlerstromschutzeinrichtung (RCD) mit einem Bemessungsdifferenzstrom von max. 300 mA für alle Kabel – und Leitungen; dort, wo widerstandsbehaftete Fehler (z. B. bei Fußbodenheizungen) wahrscheinlich sind, sogar Fehlerstromschutzeinrichtungen mit einem Bemessungsdifferenzstrom nicht höher als 30 mA.

→ *Hohlwände*

Fest verlegte Leitung

Eine Leitung gilt dann als fest verlegt, wenn aufgrund ihrer Verlegung keine Änderung in ihrer Lage möglich ist, z. B. in oder unter Putz verlegt oder mit Schellen an der Wand befestigt.

Als fester Anschluss einer Leitung oder eines Kabels gilt die Befestigung durch Schrauben, Löten, Schweißen, Nieten, Kerben, Quetschen, Crimpen.

Fest angebrachte Betriebsmittel

Fest angebrachte Betriebsmittel sind ortsfeste Betriebsmittel, die durch Haltevorrichtungen mit ihrer Umgebung fest verbunden oder auf andere Weise an einer bestimmten Stelle fest montiert sind.

→ *Elektrische Betriebsmittel*

Fester Anschluss

Ein fester Anschluss ist eine Verbindung durch Schrauben, Löten, Pressen oder Ähnliches mit dem Betriebsmittel bzw. mit der Installationsanlage.

→ *Elektrische Betriebsmittel*

Feststellen der Spannungsfreiheit

DIN VDE 0105-100	***Betrieb von elektrischen Anlagen***
(VDE 0105-100)	*Allgemeine Festlegungen*

Es genügt nicht, die Spannungsfreiheit an den Ausschaltstellen zu überprüfen. Es muss auch die Spannungsfreiheit an den Arbeitsstellen direkt festgestellt werden. Nur so können Missverständnisse, Versäumnisse, Verwechslungen und die sich daraus ergebenden Gefahren sicher vermieden werden. Im Einzelnen lässt sich dabei feststellen, ob

- beim Freischalten Schalter bzw. Stromkreise verwechselt wurden
- Rückspannungen übersehen wurden
- Beeinflussungsspannungen parallel geführter Leitungen vorhanden sind
- Spannung aus einer durch das Abschalten angelaufenen Ersatzstromversorgung ansteht
- der Arbeitende sich am falschen Arbeitsplatz befindet
- Neutral- und Schutzleiter durch einen gleichzeitig auftretenden Fehler (z. B. bei Unterbrechung) oder bei nicht wirksam geerdetem Neutralleiter Potentialdifferenzen aufweisen

Für die Feststellung der Spannungsfreiheit stehen unterschiedliche Prüfgeräte und Verfahren zur Verfügung, die ein sicheres Handhaben gewährleisten:

Spannungsprüfer

Im Bereich bis 1 000 V Wechselspannung und 1 500 V Gleichspannung stehen zweipolige Spannungsprüfer zur Verfügung, die vorhandene Spannungen optisch und akustisch anzeigen. Die Prüfgeräte sind unter Berücksichtigung der Umgebungsbedingungen (Sonnenlicht, Lärm) so auszuwählen, dass eine verlässliche Anzeige möglich wird.

Die Funktionstüchtigkeit der Geräte kann unmittelbar vor ihrer Benutzung mit Betriebsspannung überprüft werden. Beim Heranführen des Spannungsprüfers an aktive Teile ist die konstruktiv vorgesehene Handhabe zu benutzen und der notwendige Abstand zu benachbarten, unter Spannung stehenden Teilen einzuhalten. Für Wechselspannungen über 1 kV werden einpolige Spannungsprüfer verwendet, die an aktive Teile herangeführt werden (Erreichen der Gefahrenzone) oder die als Abstand-Spannungsprüfer (Fernprüfer) verwendet werden. Alle Geräte sind unmittelbar vor ihrem Einsatz auf einwandfreie Funktion zu prüfen. Dies erfolgt an einem unter Spannung stehenden Anlagenteil oder bei Geräten mit Eigenprüfvorrichtung durch Einschalten der Funktionskontrolle. Dabei ist die Gebrauchsanleitung des Herstellers zu beachten.

Der Spannungsprüfer ist zum Prüfen nur an der Handhabe anzufassen, weil sonst der Sicherheitsabstand unzulässig verringert werden könnte. Der Prüfende hat ferner darauf zu achten, dass er den Sicherheitsabstand mit seinem Körper nicht unterschreitet.

Der Spannungsprüfer ist in regelmäßigen Abständen auf seinen ordnungsgemäßen Zustand, z. B. in einem geeigneten Prüflaboratorium, zu überprüfen.

Ortsveränderliche Messgeräte

Ortsveränderliche Messgeräte sind zur Überprüfung der Spannungsfreiheit im Niederspannungsbereich ebenfalls geeignet. Vorsicht ist allerdings bei Vielfachmessgeräten geboten, bei denen Funktions- und Messbereiche möglicherweise falsch eingestellt sein können. Außerdem ist bei solchen Geräten darauf zu achten, dass Messleitungen mit isolierten Prüfspitzen zu verwenden sind und die Benutzer mit der Handhabung vertraut sein müssen. Messinstrumente, Signallampen und vergleichbare Vorrichtungen dürfen nur benutzt werden, wenn sie zuerst die vorhandene Spannung anzeigen und das Ausschalten zuverlässig beobachtet wird.

Ortsveränderliche Messgeräte sind für den Einsatz in Anlagen mit Nennspannungen über 1 kV ungeeignet.

Fest eingebaute Anzeigevorrichtungen
Fest eingebaute Anzeigevorrichtungen werden im Niederspannungsbereich direkt angeschlossen, bei Spannungen über 1 kV über Wandler oder kapazitive Ankopplungen versorgt. Solche Systeme haben sich besonders in gekapselten Schaltanlagen bewährt, weil die geschlossene Bauform auch beim Feststellen der Spannungsfreiheit erhalten bleibt. Die sicherste Form der Überprüfung der Spannungsfreiheit ist die Beobachtung der Anzeigegeräte während der Ausschaltung.

Einlegen fest eingebauter bzw. zwangsgeführter Erdungseinrichtungen
Die Spannungsfreiheit der freigeschalteten Anlagenteile kann durch Einlegen fest eingebauter Erdungseinrichtungen, wie z. B. durch einschaltfeste Erdungsschalter, durch Einfahren von Erdungswagen oder durch Heranführen von geeigneten, zwangsgeführten ortsveränderlichen Geräten zum Erden und Kurzschließen festgestellt werden. Bei ferngesteuerten Erdungsschaltern ist seine Schalterstellungsanzeige in die Fernsteuerstelle zuverlässig zu übertragen. In Anlagen mit Nennspannungen über 1 kV können zur Ermittlung der Spannungsfreiheit an der Arbeitsstelle Erdungsseile (Mindestquerschnitt 25 mm² Cu) mithilfe von Isolierstangen an die freigeschalteten Anlagenteile herangeführt werden. Bei Mittelspannungsfreileitungen mit nur einem Stromkreis können auch Wurferder verwendet werden. Der Umgang mit den Erdungseinrichtungen muss jeweils so erfolgen, dass die ausführenden Personen dabei nicht gefährdet werden.

Feuchte und nasse Bereiche und Räume und Anlagen im Freien

DIN VDE 0100-737	***Errichten von Niederspannungsanlagen***
(VDE 0100-737)	*Feuchte und nasse Bereiche und Räume und Anlagen im Freien*

Feuchte und nasse Bereiche und Räume sind Orte, in denen die Sicherheit der elektrischen Anlagen und Betriebsmittel durch Feuchtigkeit beeinträchtigt werden kann.

Beispiele:
Großküchen, Spül- und Waschküchen, Räume mit Kondenswasserbildung, Nasswerkstätte, Bade- und Waschanstalten, galvanische Betriebe und Räume, die zu Reinigungszwecken abgespritzt werden.

Auch Anlagen im Freien sind vergleichbaren Umgebungseinflüssen ausgesetzt. Dazu zählen Anlagen und Betriebsmittel u. a. auf Straßen, Plätzen, Baustellen, Dächern und an Außenwänden von Gebäuden.

Man unterscheidet:

geschützte Anlagen im Freien	ungeschützte Anlagen im Freien
die Anlagen und Betriebsmittel sind überdacht, z. B. Toreinfahrten, Bahnsteige, Tankstellen	die Anlagen und Betriebsmittel sind nicht überdacht, z. B. Rampen oder im freien Gelände

Allgemeine Anforderungen für Niederspannungsanlagen:

- Auswahl der elektrischen Betriebsmittel unter Berücksichtigung der äußeren Einflüsse, dabei ist die Wirksamkeit der Schutzarten sicherzustellen, und anschließend muss ein ordnungsgemäßer Betrieb möglich sein.
- Betriebsmittel, die den erhöhten Anforderungen innerhalb feuchter und nasser Räume nicht entsprechen, dürfen dennoch verwendet werden, wenn sie durch geeignete zusätzliche Maßnahmen geschützt werden. Dieser Schutz darf dann allerdings die Betriebsmittel in ihrem einwandfreien Betrieb nicht beeinträchtigen.

Schutzarten für Betriebsmittel:

Art der Anlage	Schutzart nach DIN VDE 0470	Erläuterung
Anlage in feuchten und nassen Räumen	IPX1	mindestens tropfwassergeschützt
geschützte Anlage im Freien	IPX1	mindestens tropfwassergeschützt
ungeschützte Anlage im Freien	IPX3	mindestens sprühwassergeschützt
Anlagen in Bereichen mit Strahlwasser	IPX4/IPX5	strahlwassergeschützt, ggf. mit zusätzlichem Schutz
Anlagen in Bereichen mit ätzenden Dämpfen		geeigneter Schutz gegen Korrosion

Schutz gegen elektrischen Schlag:
Neben den in elektrischen Anlagen üblichen Schutzmaßnahmen gegen direktes Berühren (Basisschutz) und bei indirektem Berühren (Fehlerschutz) wird in Stromkreisen mit Bemessungsspannungen über 50 V Wechselspannung und mit Steckdosen bis 20 A Bemessungsstrom der Zusatzschutz mit Fehlerstromschutzeinrichtung (RCD) mit einem Bemessungsfehlerstrom $I_{\Delta N} \leq 30$ mA gefordert, wenn die Steckdosen für die Benutzung durch Laien bzw. zur allgemeinen Verwendung bestimmt sind.

Der Zusatzschutz kann im gewerblichen Bereich entfallen, wenn die Steckdosen ausschließlich für Elektrofachkräfte oder elektrotechnisch unterwiesene Personen zugänglich sind oder die elektrischen Anlagen regelmäßig überprüft werden, wie dies z. B. in den Unfallverhütungsvorschriften BGV A3 gefordert wird.

Der Zusatzschutz wird vor allem in Verbindung mit Wohngebäuden für Einphasen-Wechselstromkreise mit 16-A-Steckdosen zum Anschluss von elektrischen Betriebsmitteln verlangt, die im Freien betrieben werden. Dadurch sollen mögliche Gefahrenpotenziale bei der Verwendung elektrischer Betriebsmittel im Freien (z. B. Rasenmäher, Heckenschere) gemindert werden.

Ferner wird der Zusatzschutz für Endstromkreise im Außenbereich mit einem Bemessungsstrom bis 32 A verlangt, wenn tragbare Betriebsmittel angeschlossen werden.

Feuerbeständigkeit

→ *Brandverhalten von Baustoffen und Bauteile*

Feuergefährdete Betriebsstätten

DIN VDE 0100-420	***Errichten von Niederspannungsanlagen***
(VDE 0100-420)	*Schutz gegen thermische Auswirkungen*

Feuergefährdete Räume sind besondere Betriebsstätten, in denen zusätzliche Anforderungen gelten. In diesen Räumen unterschiedlicher Nutzung besteht die Gefahr, dass sich → *leicht entzündliche Stoffe* den elektrischen Betriebsmitteln nähern können und durch höhere Temperaturen Brände entstehen. Zwischen den

Begriffen „Brand“ und „elektrische Anlagen“ besteht eine Wechselwirkung, und zwar kann:

- Brand durch elektrische Anlagen ausgelöst werden
- Brand elektrische Anlagen zerstören und sie als Zündschnur benutzen und ggf. lebenserhaltende Funktionen außer Betrieb setzen

Daher sind Schutzmaßnahmen zur Verhütung von Bränden erforderlich:

- Maßnahmen, die zur Abschaltung der elektrischen Anlagen führen
- Auswahl der Betriebs- und Verbrauchsmittel nach Art der Feuergefährdung
- zusätzliche Maßnahmen beim Errichten der elektrischen Anlage

Beispiele für feuergefährdete Betriebsstätten:
Trocken- und Lagerräume, z. B. in den Papier-, Textil- oder Holzverarbeitungsbetrieben, aber auch Teile dieser Räume oder derartiger Stätten im Freien, z. B. Lagerräume in landwirtschaftlichen Betrieben (Heu-, Stroh-, Jute-, Flachslager) und Arbeitsräume der unterschiedlichsten Nutzungsart.

Bei der Einordnung der Räume als feuergefährdete Betriebsstätten müssen die behördlichen Verordnungen beachtet werden.
Vermeidung von Bränden durch Isolationsfehler, Lichtbögen oder erhöhte Temperaturen an Betriebsmitteln, in deren Nähe leicht entzündliche Stoffe in gefahrdrohender Menge gelangen können.

- Schutz bei indirektem Berühren (→ *Fehlerschutz*)
  - zur Verhütung von Bränden durch Isolationsfehler
  - Fehlerstromschutzeinrichtung (RCD) $I_{\Delta N} \leq 300$ mA; Schutzleiter
  - (Überwachung innerhalb der Umhüllung von Kabeln und Leitungen)
  - wenn widerstandsbehaftete Fehler (z. B. bei Flächenheizelementen) einen Brand entzünden können, Fehlerstromschutzeinrichtung (RCD) $I_{\Delta N} \leq 30$ mA
  - im IT-System darf beim Auftreten eines zweiten Fehlers die Abschaltzeit 5 s nicht überschreiten
  - beim TN-System immer getrennte Verlegung von N- und PE-Leiter (TN-S-System)
- Schutzabstand, z. B. durch einadrige Mantelleitungen
- Ausschaltungen bei Kurzschluss durch Überstromschutzeinrichtungen innerhalb von 5 s
- Trennklemmen in der Verteilung für Isolationsmessung
- bei beweglichen Leitungen mindestens H07RN-F
- Schutzarten der Betriebsmittel nach Art der Feuergefährdung

Anmerkung zur Tabelle 33: Die angegebenen Schutzarten gelten weiterhin als Empfehlung, obwohl durch die Harmonisierung der Normen in Europa sich teilweise Schutzarten geändert haben, jedoch gelten häufig noch Übergangsfristen.

- **Betriebsmittel**
  - Auswahl der Betriebsmittel nach Art der Feuergefährdung (**Tabelle 33**)
  - Motoren mit Motorschutzschalter und Wiedereinschaltsperre
  - Leuchten für Betriebsstätten, die durch Staub oder Fasern feuergefährdet sind, müssen das Zeichen ▽F ▽F tragen.
    Leuchten mit dem Symbol ▽D erfüllen die Anforderungen nur, wenn Leuchtstofflampen durch eine zusätzliche Abdeckung mit der Schutzart IP5X umschlossen werden, z. B. Leuchtenwanne.

Betriebsmittel	IP-Schutzart	
	feuergefährdete Betriebsmittel	
	Feuergefährdung durch Staub oder/und Fasern	**Feuergefährdung durch andere leicht entzündliche feste Stoffe als Staub oder/und Fasern**
Installationsschalter	IP5X	IP4X
Steckvorrichtungen	IP5X	IP4X
Schaltanlagen[3]	IP5X	IP4X
Verteiler[3]	IP5X	IP4X
Anlasser	IP5X	IP4X
Transformatoren	IP5X	IP4X
Maschinen[1] (Motoren, Generatoren)	IP5X	IP4X
Maschinen[1] mit Käfigläufer	IP4X, zugehöriger Klemmkasten IP5X	IP4X
Schaltgeräte (Ausschalter, Motorschutzschalter)	IP5X	IP4X
Stromschienensystem	IP5X	IP4X
Handleuchten	IP5X	IP2X
Leuchten	IP5X	IP4X
Elektrowärmegeräte[2) 4)]	IP5X	IP5X

1) Ausgenommen handgeführte Elektrowerkzeuge nach der Normenreihe DIN VDE 0740.
2) Vom Hersteller angegebene einzuhaltende Abstände zu brennbaren Stoffen sind zu beachten.
3) Schaltanlagen und Verteiler, die nicht der geforderten IP-Schutzart entsprechen, müssen außerhalb feuergefährdeter Betriebsstätten angeordnet werden.
4) Auch IPX2 zulässig.

Tabelle 33 Schutzarten der Betriebsmittel nach der Art der Feuergefährdung

- Für Leuchten der Schutzart IP4X gilt:
  - heiße Einbauteile dürfen nicht herausfallen können
  - Schutzgitter oder Schutzkörbe sind erforderlich bei Gefahr durch mechanische Beschädigung
- Die Oberflächentemperatur der Leuchten ist auf folgende Werte begrenzt:
  - bei üblichen Bedingungen 90 °C
  - bei Fehlerbedingungen 115 °C
- Wenn der Hersteller keine Angaben gemacht hat, müssen kleine Scheinwerfer und Projektoren von brennbaren Materialien folgenden Abstand halten:
  - bis 100 W: 0,5 m
  - > 100 W bis 300 W: 0,8 m
  - > 300 W bis 500 W: 1 m

  Es wird empfohlen, die vorgenannten Sicherheitsabstände nicht nur für kleine Scheinwerfer, sondern für alle Strahlerleuchten einzuhalten, wenn dafür entsprechende Herstellerangaben fehlen. Die Abstände in Abhängigkeit von der Leistung sind Mindestabstände.
- PEN-Leiter sind nicht zulässig, ausgenommen in Kabel- und Leitungsanlagen, die feuergefährdete Betriebsstätten nur durchqueren und wenn sie kurz- und erdschlusssicher verlegt worden sind.

• **Trocknungsanlagen**
- selbsttätiges Ausschalten der Heizregister (Elektrizität, Gas, Öl) und Gebläse bei Unterbrechung oder Überhitzung des Luftstroms
- Wiedereinschaltung nur von Hand
- die Höhe der maximalen Temperatur richtet sich nach dem zu trocknenden Stoff und den Bauteilen, mit denen der Luftstrom in Berührung kommt
  - Beispiel: maximal 115 °C bei Holz, Heu, Stroh

• **Wärmegeräte**
- Vorrichtungen zum Fernhalten entzündlicher Stoffe von den Heizleitern
- keine Raumheizgeräte mit Wärmespeicher, bei denen die Raumluft mit dem Speicherkern in Berührung kommen kann, in feuergefährdeten Räumen durch Staub oder Fasern
- Befestigung auf nicht brennbarer Unterlage
- Schutz gegen zufälliges Berühren
- Temperaturen des Gehäuses <115 °C oder niedrigere Werte, wenn die Bauverordnungen das verlangen

- **Kabel und Leitungen**
  - keine blanken Leitungen
    - Ausnahme: Schleifleitungen
      Dabei muss sichergestellt sein, dass sich keine leicht entzündlichen Stoffe in gefahrdrohender Menge ansammeln können.
  - Durchquerende Kabel und Leitungen dürfen einen PEN-Leiter mitführen, wenn es sich um mineralisolierte Kabel oder Leitungen handelt oder wenn sie kurzschluss- und erdschlusssicher verlegt sind.
  - Jeder Neutralleiter muss mit einer Einrichtung zum Trennen versehen sein.
  - Für die Verlegung flexibler Leitungen sollten Leitungen für schwere Einsatzverhältnisse verwendet werden, z. B. Bauart H07RN-F oder andere gleichwertige Bauarten.

→ *Brandschutz*

Feuermeldeeinrichtungen

Im Erdgeschoss eines Krankenhauses sowie im Pförtnerraum muss ein Lageplan der Grundrisse aller Geschossebenen vorhanden sein, in dem die Feuermeldeeinrichtungen eingetragen sind.

→ *Brandmeldeanlagen*

Feuerwiderstandsklassen

→ *Brandverhalten von Baustoffen und Bauteilen*

Fingersicher

DIN EN 60529 ***Schutzarten durch Gehäuse (IP-Code)***
(VDE 0470-1)

Als fingersicher gilt ein elektrisches Betriebsmittel, dessen berührungsgefährliche Teile mit dem geraden Prüffinger unter festgelegten Bedingungen nicht berührt werden können. Dies entspricht der → *Schutzart* IP2X.
Feste Körper mit einem Durchmesser ≥ 12,5 mm können die Abdeckung (Gehäuse) nicht durchdringen.

FI-Schutzeinrichtungen

→ *Differenzstrom-Schutzeinrichtungen*
→ *RCD*
→ *Fehlerstromschutzeinrichtungen (RCD)*

Flexible Leitungen

Für flexible Leitungen wird Kupfer als Leitermaterial verwendet. Je nach Querschnitt und Verwendungszweck werden feindrähtige und feinstdrähtige Leiter eingesetzt, damit die Leitungen beweglich bleiben.

Sie dienen zum Anschluss von → *ortsveränderlichen Betriebsmitteln.*

Als Mantelmaterial werden Kunststoffe und Gummi verwendet.

→ *Verlegen von Kabeln und Leitungen*

Fliegende Bauten

DIN VDE 0100-740	***Errichten von Niederspannungsanlagen***
(VDE 0100-740)	*Vorübergehend errichtete elektrische Anlagen für Aufbauten, Vergnügungseinrichtungen und Buden auf Kirmesplätzen, Vergnügungsparks und für Zirkusse*

Das Merkmal der vorübergehend errichteten elektrischen Anlagen ist die Möglichkeit des wiederholten Aufstellens, d. h., diese Anlagen müssen geeignet und dazu bestimmt sein, zerlegt und wieder errichtet zu werden.

Beispiele: Karusselle, Luftschaukeln, Riesenräder, Rollen-, Gleit- und Rutschbahnen, Tribünen, Buden, Zelte, Bauten für Wanderausstellungen, bauliche Anlagen für artistische Vorführungen in der Luft und ähnliche Anlagen.

Weiterhin gelten als fliegende Bauten auch Wagen, die durch Zu- und Anbauten in ihrer Form wesentlich verändert und betriebsmäßig ortsfest genutzt werden (z. B. Wagen nach Schaustellerart).

Anforderungen:

- **Versorgung über verschiedene Speisepunkte:**
  - HAK oder Verteiler mit Überstromschutzeinrichtung
  - die Versorgungsspannung darf AC 230/400 V oder DC 440 V nicht überschreiten
  - ist für die errichtete Anlage der Schutz durch automatische Abschaltung der Stromversorgung vorgesehen, muss in der Einspeisung der Anlage eine Fehlerstromschutzeinrichtung (RCD), Typ S mit einem Bemessungsfehlerstrom nicht größer als 300 mA installiert werden
  - verschiedene Stromquellen: Außenleiter und Neutralleiter der verschiedenen Stromquellen dürfen nicht miteinander verbunden werden
  - CEE-Steckdosen, dreipolig 16 A mit Fehlerstromschutzeinrichtung
  - zweipolig Schutzkontakt-Steckdose in Hausinstallation für nur eine Anlage mit einem Stromkreis (nur als Ausnahme zulässig)
  - Speisepunkte als ständige Einrichtung an Standorten, die für das Aufstellen von fliegenden Bauten vorgesehen sind
- **Schutz gegen direktes Berühren (→ *Basisschutz*)**
  - bei elektrisch angetriebenen Fahrgastwagen:
    - Schutzkleinspannung ≤ 25 V AC oder ≤ 60 V DC
    - Isolierung aktiver Teile durch trockenes, gegen Feuchtigkeitsaufnahme isoliertes Holz
- **Schutz bei indirektem Berühren (→ *Fehlerschutz*)**
  - Steckdosenstromkreise bis 32 A und alle Endstromkreise müssen mit Fehlerstromschutzeinrichtungen (RCDs) $I_{\Delta N} \leq 30$ mA geschützt werden; gilt nicht für Beleuchtungsstromkreise, die außerhalb des Handbereichs liegen.
  - im TN-System ist nur TN-S zulässig
  - SELV- und PELV-Stromkreise: RCDs $I_{\Delta N} \leq 30$ mA nicht erforderlich; Leiter müssen isoliert werden oder durch Abdeckungen oder Umhüllungen (Schutzart mindestens IP4X oder IPXXD); die Isolierung muss eine Prüfwechselspannung von 500 V eine Minute standhalten.
  - Schutz durch Hindernisse, Abstand, erdfreien Potentialausgleich oder nicht leitende Räume nicht erlaubt
  - für Fahrzeuge und Wohnwagen nach Schaustellerart:
    Gerätestecker mit Schutzkontakt und Isolierstoffgehäuse mit Schutz gegen mechanische Beschädigung, Potentialausgleich für berührbare leitfähige Konstruktionsteile und Verbindungen zum Schutzleiter
  - Anlagen mit Großtieren:
    Nur TT-System mit $U_L < 25$ V AC bzw. 60 V DC und separatem Erder, gegebenenfalls zusätzlicher örtlicher Potentialausgleich, wenn Einfluss anderer Erder nicht ausgeschlossen werden kann.

- **Stromkreisverteiler:**
  schutzisoliert, gekennzeichneter Schalter zum Freischalten, Schutzart IP54, vollständige Schaltpläne; Stromkreise für die Versorgung eigenständiger, vorübergehender Einrichtungen müssen mit einer schnell erreichbaren und leicht erkennbaren Trenneinrichtung abgeschaltet werden können.
- **Kabel und Leitungen:**
  NYY, NYCY, NYM, bei Gummischlauchleitungen mindestens H07RN-F, auf der Erde mit mechanischem Schutz; Mindestquerschnitt der Leiter 1,5 mm^2 Cu; flexible Kabel und Leitungen nicht im öffentlichen Bereich, es sei denn, sie werden mechanisch geschützt; Verbindungen dürfen nur für den Anschluss eines Stromkreises ausgeführt werden.
- Leuchten im Handbereich unterhalb 2,5 m über Fußbodenniveau müssen so installiert und geschützt sein, dass weder Personen gefährdet noch sich Werkstoffe entzünden können.
- Lampen im Verkehrsbereich bis 2 m Höhe mit mechanischem Schutz, Fassungen in Lichtleisten und Lichtketten aus Isolierstoff.
- Entladungslampen mit einer einer Nennspannung höher als AC 230/400 V: außerhalb des Handbereichs errichten.
- Lichtketten mit Illuminationsflachleitung NIFLÖU (nur als fabrikfertige Einheiten), außerhalb des Handbereichs, zugentlastet, maximal 15 Fassungen zwischen zwei benachbarten Aufhängepunkten, mindestens IP4X, Anschluss mit Kontaktsteckdose und Gummischlauchleitung mindestens H07RN-F, montierte Fassungen dürfen nicht verändert werden.

Frei gespannte Leitung

DIN VDE 0100-708	***Errichten von Niederspannungsanlagen***
(VDE 0100-708)	*Caravanplätze, Campingplätze und ähnliche Bereiche*

Frei gespannte Leitungen müssen isoliert sein. Maste und Stützen müssen so aufgestellt werden, dass eine Beschädigung, z. B. durch Fahrzeugbewegungen, nicht möglich ist.

Mindesthöhe über Fahrwegen 6 m, in allen anderen Bereichen 3,5 m.

Freigabe zur Arbeit

DIN VDE 0105-100	***Betrieb von elektrischen Anlagen***
(VDE 0105-100)	*Allgemeine Festlegungen*

Mit den Arbeiten in oder an elektrischen Anlagen darf erst begonnen werden, wenn alle notwendigen Sicherheitsmaßnahmen, z. B. nach den → *fünf Sicherheitsregeln*, durchgeführt sind.
Die Aufsicht führende Person darf erst dann mit den Arbeiten beginnen, wenn sie sich davon überzeugt hat, dass die Sicherheitsmaßnahmen eingehalten werden.

→ *Betrieb elektrischer Anlagen*
→ *Fünf Sicherheitsregeln*

Freileitung

DIN EN 50423-1	***Freileitungen über AC 1 kV bis einschließlich AC 45 kV***
(VDE 0210-10)	*Gemeinsame Festlegungen*
DIN VDE 0211	***Bau von Starkstrom-Freileitungen mit Nenn-spannungen bis 1 000 V***
(VDE 0211)	

Unter Freileitung versteht man die Gesamtheit einer Anlage zur oberirdischen Fortleitung elektrischer Energie. Sie besteht aus:

- Stützpunkten (Maste, Gründungen, Fundamente, Erdungen)
- Leitungsseile (verlegte Leiter, Isolatoren, Zubehör)

Im Niederspannungsbereich werden die Leiterseile häufig isoliert, verdrillt und mit einem Tragseil verlegt.
Freileitungen müssen den jeweiligen Beanspruchungen durch Betriebsspannung, Belastungs- und Kurzschlussstrom, atmosphärische und Schaltüberspannungen, zu erwartende klimatische und mechanische Bedingungen entsprechen.
Sie müssen so gebaut werden, dass sie nach DIN VDE 0105-100 sicher betrieben und instand gehalten werden können.

Diese Anforderungen werden erfüllt, wenn die Freileitungen im Niederspannungsbereich nach DIN VDE 0211 errichtet werden.

Literatur:

- *Niemeyer, P.; Grohs, A.: Freileitung, Reihe Anlagentechnik für elektrische Vereteilungsnetze; Hrsg. Cichowski, R. R. Berlin · Offenbach: VDE VERLAG, 2008*

Freileitungs-Hausanschluss

DIN VDE 0211 *(VDE 0211)*	***Bau von Starkstrom-Freileitungen mit Nennspannungen bis 1 000 V***

Die Freileitung des Netzes wird bis an die Hauswand (Wandgestänge) oder bis zum Dachständer geführt und mit der Hauseinführung verbunden. Die Hauseinführung besteht aus dem Hauseinführungskabel und dem Hausanschlusskasten.

Für die Errichtung des Freileitungs-Hausanschlusses gelten folgende Anforderungen:

- Der Querschnitt der Hauseinführungsleitung muss dem Nennstrom der Überstromschutzeinrichtung im Hausanschlusskasten entsprechen.
- Die Leitungen müssen so verlegt werden, dass bei einem Lichtbogenkurzschluss die Leitung ausbrennen kann, ohne dass die Gefahr der Ausweitung des Brands entsteht.
- Hauseinführungen dürfen nicht durch explosionsgefährdete Bereiche geführt werden oder dort enden.
- Zugelassene Leitungen oder Kabel für die Hauseinführungsleitung: NFA2X, NYM, NYY und außerhalb des Handbereichs auch H07V.
- Bei nicht feuerbeständigen Wänden Verlegung der Leitung auf mindestens 300 mm breiter lichtbogenfester Unterlage oder mit mindestens 150 mm Luftabstand.
- Abstand zu leicht entzündlichen Stoffen mindestens 600 mm.
- Bei Fachwerkwänden müssen die Leitungen durch eine nicht brennbare Füllung (mindestens 20 mm allseitiger Abstand) geführt werden.

Anschlüsse mit → *Dachständer*

Freiluftanlage

DIN EN 61936-1	***Starkstromanlagen mit Nennwechselspannungen***
(VDE 0101-01)	***über 1 kV***

Freiluftanlagen sind elektrische Anlagen im Freien. Man unterscheidet Anlagen in offener Bauweise, die üblicherweise über keinen vollständigen Berührungsschutz verfügen und die den Witterungseinflüssen unmittelbar ausgesetzt sind, und solchen in gekapselter Bauform mit vollständigem Berührungsschutz, deren Umhüllung den Schutz gegen Witterungseinflüsse sicherstellt.

Freischalten

DIN VDE 0100-200	***Errichten von Niederspannungsanlagen***
(VDE 0100-200)	*Begriffe*
DIN VDE 0100-704	***Errichten von Niederspannungsanlagen***
(VDE 0100-704)	*Baustellen*
DIN VDE 0105-100	***Betrieb von elektrischen Anlagen***
(VDE 0105-100)	*Allgemeine Festlegungen*
DIN VDE 0105-115	***Betrieb von elektrischen Anlagen***
(VDE 0105-115)	*Besondere Festlegungen für landwirtschaftliche Betriebsstätten*

Das Freischalten gehört zu den → *fünf Sicherheitsregeln.*
Es ist das allseitige Ausschalten oder Abtrennen einer Anlage, eines Teils einer Anlage oder eines Betriebsmittels von allen nicht geerdeten Leitern.

Für den → *Betrieb von elektrischen Anlagen* sind in DIN VDE 0105 folgende Anforderungen im Zusammenhang mit Freischaltungen gestellt:

- Teile einer Anlage, an denen gearbeitet werden soll, müssen freigeschaltet werden.
- Hat die allein arbeitende oder die Aufsicht führende Person nicht selbst freigeschaltet, so muss dafür gesorgt sein, dass Missverständnisse der Übermittlung dieser Nachricht ausgeschlossen sind (durch mündliche, fernmündliche oder schriftliche Meldung der Freischaltung).

- Die Meldung der Freischaltung muss den Namen der Person oder der Dienststelle beinhalten, die für das Freischalten verantwortlich ist.
- Zur Vermeidung von Hörfehlern bei der mündlichen/fernmündlichen Meldung ist eine Wiederholung bzw. eine Gegenbestätigung erforderlich.

Wichtig im Zusammenhang mit dem Freischalten ist die Forderung, dass gegen Wiedereinschalten zu sichern ist:
- Betriebsmittel, z. B. Schalter, sind zu sichern
- an den Antrieben ist ein Verbotsschild anzubringen (oder eindeutig zugeordnetes Verbotsschild in der Nähe)
- Sicherungseinsätze müssen herausgenommen und sicher verwahrt werden

Fremde leitfähige Teile

DIN VDE 0100-200	***Errichten von Niederspannungsanlagen***
(VDE 0100-200)	*Begriffe*

Fremde leitfähige Teile sind leitfähige Teile, die nicht Teil der elektrischen Anlage sind, aber ein Potential einschließlich des Erdpotentials übertragen können. Innerhalb und außerhalb von Gebäuden können diese sein:
- Gas-, Wasser- und Heizungsrohre aus Metall und mit diesen verbundene, nicht elektrische Einrichtungen (Heizkörper, Heizkessel, Klimaanlagen, metallene Ausgüsse usw.)
- Metallkonstruktionen von Gebäuden
- leitende Fußböden und Wände, wenn Erdpotential übertragen werden kann

Fremde leitfähige Teile sind in den → *Schutzpotentialausgleich* einzubeziehen, um mögliche Potentialunterschiede zwischen ihnen und den → *Körpern*, gegebenenfalls auch untereinander, zu beseitigen.

Auch beim → *Schutz gegen direktes Berühren* durch Abstand sind fremde leitfähige Teile zu beachten. Es wird gefordert, dass sich im → *Handbereich* keine gleichzeitig berührbaren Teile unterschiedlichen Potentials befinden dürfen.

Fremdkörperschutz

DIN VDE 0100-410 *(VDE 0100-410)*	***Errichten von Niederspannungsanlagen*** *Schutz gegen elektrischen Schlag*
DIN EN 60529 *(VDE 0470-1)*	***Schutzarten durch Gehäuse (IP-Code)***

Der Fremdkörperschutz soll den Schutz gegen das Eindringen fester Fremdkörper in elektrische Anlagen und Betriebsmittel gewährleisten. Elektrische Anlagen und Betriebsmittel sind in Abhängigkeit von der Art des Fremdkörperschutzes gekennzeichnet. Die → *Schutzart* macht den Grad der Anforderungen an den Fremdkörperschutz deutlich. Das Kurzzeichen, das den Grad des Schutzes erkennen lässt, besteht aus den Kennbuchstaben IP und den daran angefügten Kennziffern (z. B. IP34). Die erste Kennziffer stellt den Grad des Fremdkörperschutzes dar (im Beispiel die 3). Die zweite Ziffer sagt etwas aus über den → *Wasserschutz.*

Die Bedeutung der Schutzgrade für den Fremdkörperschutz (1. Ziffer):
- 0 kein besonderer Schutz
- 1 Schutz gegen Fremdkörper, ∅ 50 mm
- 2 Schutz gegen mittelgroße Fremdkörper, ∅ 12 mm
- 3 Schutz gegen kleine Fremdkörper, ∅ 2,5 mm
- 4 Schutz gegen kornförmige Fremdkörper, ∅ 1 mm
- 5 Schutz gegen schädliche Staubablagerungen, staubgeschützt
- 6 Schutz gegen Eindringen von Staub, staubdicht

Die 1. Kennziffer kennzeichnet neben dem Fremdkörperschutz gleichzeitig den → *Berührungsschutz.*

Steht für die 1. Kennziffer eine „0“, dann ist kein besonderer Schutz gefordert. Ein „X“ bedeutet, dass der Schutzgrad für den Fremdkörperschutz freigestellt ist.

→ *Schutzart*

Fremdspannungsarmer Potentialausgleich

DIN VDE 0100-540 *(VDE 0100-540)*	***Errichten von Niederspannungsanlagen*** *Erdungsanlagen und Schutzleiter*

Verbindung von Einrichtungen der Informationstechnik mit Erde, bei der durch externe Einflüsse, die beispielsweise von Starkstromanlagen ausgehen, keine unzulässigen Funktionsstörungen an Betriebsmitteln der Informationstechnik verursacht werden.

Der fremdspannungsarme Potentialausgleich wird empfohlen für Gebäude, in denen informations- und fernmeldetechnische Anlagen eingebaut, vorgesehen oder zu erwarten sind. Dabei ist zu beachten:

- im ganzen Gebäude keine PEN-Leiter verwenden
- von der Einspeisung an sind der Schutzleiter und Neutralleiter getrennt (TN-S-System) zu verlegen; bei den Schutzmaßnahmen TT-System und IT-System ist diese Bedingung immer erfüllt
- in jedem Stockwerk oder Gebäudeabschnitt einen zusätzlichen Potentialausgleich herstellen, in den alle Schutzleiter, Körper und fremde leitfähige Teile einzubeziehen sind

Die Gegenüberstellung von **Bild 30** und **Bild 31** erläutert die unterschiedliche Stromverteilung bei asymmetrischer Belastung im Vierleitersystem (TN-C-System) und im Fünfleitersystem (TN-S-System). Potentialunterschiede als Folge der Fremdströme (externe Einflüsse) auf den Schirmverbindungen der Datenleitungen verursachen die zu vermeidenden Funktionsstörungen.

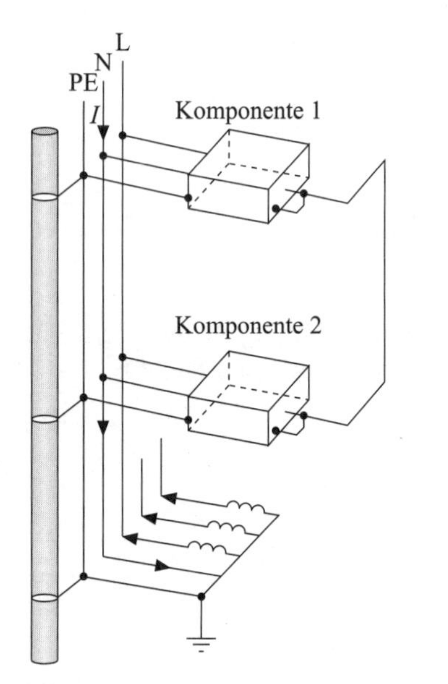

Bild 30 TN-S-System

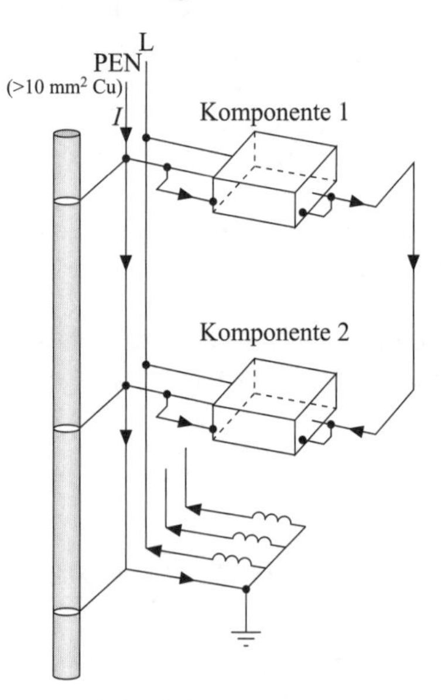

Bild 31 TN-C-System

Anstelle des Begriffs fremdspannungsarmer Potentialausgleich werden auch die Begriffe fremdspannungsarme Erde oder in ähnlicher Bedeutung fremdspannungsarme Schutzleiterverbindung verwendet.

Führungsverantwortung

Führungsverantwortung hat der Unternehmer, aber auch jeder Vorgesetzte, also auch der Vorarbeiter oder Obermonteur.
Die Führungsverantwortung folgt aus der Führungs- und Fürsorgepflicht gegenüber unterstellten Mitarbeitern.
Sie schließt die Verantwortung ein, für deren Tun oder Unterlassen einzustehen.

Die Führungsverantwortung hängt an der Weisungsbefugnis und damit an der Stellung im Unternehmen. Die Führungsverantwortung schließt auch die Verantwortung für die Sicherheit der Mitarbeiter ein.

Die typischen Führungsaufgaben, die aus der Führungsverantwortung folgen, sind in jeder Stufe der Hierarchie – je nach Stellung und Kompetenzbereich – mit unterschiedlicher Gewichtung:

- **Organisationsverantwortung**
  z. B. Regeln, Anordnen, Anweisen, Unterweisen, Informieren, Schulen
- **Auswahlverantwortung**
  z. B. Einstellen, Testen, Einsetzen, Einweisen, Zusammenstellen
- **Aufsichtsverantwortung**
  z. B. Kontrollieren durch Stichproben und Erfolgskontrolle

Kommen Unternehmer und Vorgesetzte ihrer Führungsverantwortung nicht nach, können sie wegen fahrlässiger Unterlassung haften und sich strafbar machen.

Fundamenterder

DIN VDE 0100-200 *(VDE 0100-200)*	***Errichten von Niederspannungsanlagen*** *Begriffe*
DIN VDE 0100-410 *(VDE 0100-410)*	***Errichten von Niederspannungsanlagen*** *Schutz gegen elektrischen Schlag*

DIN VDE 0100-540 ***Errichten von Niederspannungsanlagen***
(VDE 0100-540) *Erdungsanlagen und Schutzleiter*

Ein Fundamenterder ist eine besondere Ausführungsform eines → *Erders*. Er ist ein Leiter, der entweder in Beton eingebettet oder in Erde verlegt ist (aktuell in DIN VDE 0100-540 sind der Fundamenterder in Beton bzw. der Fundamenterder in Erde verlegt gesondert genannt) und somit über das Betonfundament oder mit der → *Erde* großflächig in Berührung steht. Die wesentliche Aufgabe des Fundamenterders besteht darin, einen erhöhten → *Schutz gegen gefährliche Berührungsströme* bieten zu können. Nach DIN VDE 0100-410 ist ein/eine → *Hauptpotentialausgleich/Haupterdungsschiene* durchzuführen, in den der Fundamenterder mit einbezogen wird.

- TT-System: Fundamenterder übernimmt die Erdungsaufgabe; vom Betriebserder unabhängige Erdung der Verbraucheranlage
- TN-System: Unterstützung des PEN-Leiters, der vom Verteilungsnetz bis in die Verbraucheranlage wirkt, und Verringerung des Gesamterdungs-Widerstands durch den Fundamenterder
- Ausführung: Bandstahl mindestens 30 mm × 3,5 mm oder 25 mm × 4 mm oder Rundstahl mindestens 10 mm Durchmesser, Werkstoff: verzinkt oder unverzinkter Stahl
- Anordnung im Fundament: Der Erder muss allseitig von Beton bzw. Erde umschlossen werden, damit sein wesentlicher Vorteil des hochwertigen Korrosionsschutzes in der Praxis auch zum Tragen kommt. Daher: mindestens 5 cm über Fundamentsohle; Verwendung von Abstandhaltern, in die der Bandstahl eingelegt wird und dadurch gegen Verschieben und Absacken gesichert wird, Abstandhalter in gegenseitigem Abstand von etwa 2 m bis 3 m anordnen.
- Verbindungsstellen: Möglich sind Schweiß-, Schraub- oder Klemmverbindungen; in der Praxis hat sich der Keilverbinder bewährt, der für Verbindungen unterschiedlicher Art geeignet und mit dessen Hilfe eine ausreichend dauerhafte Verbindung schnell auch von elektrotechnischen Laien durchzuführen ist.
- Anschlussfahnen: etwa 30 cm über dem Kellerfußboden herausführen und ein freies Ende von etwa 1,5 m zum Anschluss an die Hauptpotentialausgleichsschiene
- ein bestimmter Wert ist für den Fundamenterder nicht gefordert. Praxiswerte: etwa 1 Ω bis 10 Ω je nach Bodenart.

→ *Ausbreitungswiderstand*

Fünf Sicherheitsregeln

DIN VDE 0105-100	***Betrieb von elektrischen Anlagen***
(VDE 0105-100)	*Allgemeine Festlegungen*

Sicherheitsmaßnahmen:

„Fünf Sicherheitsregeln":
- → ***Freischalten***
- → ***Gegen Wiedereinschalten sichern***
- → ***Spannungsfreiheit feststellen***
- → ***Erden und Kurzschließen***
- Benachbarte, unter Spannung stehende Teile abdecken oder abschranken (→ Schutz *durch Abdeckung oder Abschrankung*)

Die Sicherheitsmaßnahmen dienen dem Personenschutz und müssen unbedingt eingehalten werden. Die „fünf Sicherheitsregeln" sind ein Teil eines Maßnahmenkatalogs für das → *Herstellen des spannungsfreien Zustands.*

Funktionserdung

Die Erdung eines oder mehrerer Punkte in einem Netz, in einer Anlage oder in einem Betriebsmittel zu Zwecken, die nicht der elektrischen Sicherheit dienen

Funktionsklasse

→ *NH-Sicherung, NH-Sicherungssystem*

Funktionskleinspannung

DIN VDE 0100-410	***Errichten von Niederspannungsanlagen***
(VDE 0100-410)	*Schutz gegen elektrischen Schlag*

Die Funktionskleinspannung ist eine Schutzmaßnahme, bei der die Stromkreise mit Nennspannung bis 50 V Wechselspannung bzw. 120 V Gleichspannung betrieben werden. Insoweit entspricht sie der → *Schutzkleinspannung*, ohne allerdings alle an die Schutzkleinspannung gestellten Forderungen zu erfüllen. Deshalb unterliegt die Funktionskleinspannung zusätzlichen Bedingungen.
Die Funktionskleinspannung ist anzuwenden, wenn Kleinspannungsstromkreise gefordert werden und aus Funktionsgründen, wie z. B. bei Mess- und Steuerstromkreisen, oder im Fernmeldebereich auf die Erdung aktiver Teile oder auf die Erdung der Körper nicht verzichtet werden kann. Je nach Art der Betriebsmittel hinsichtlich ihrer Trennung zu den Stromkreisen höherer Spannung ist zu unterscheiden zwischen:

- Funktionskleinspannung mit sicherer Trennung: PELV
- Funktionskleinspannung ohne sichere Trennung: FELV

Für die Funktionskleinspannung mit sicherer Trennung (PELV) sind mit Ausnahme der Erdungsverhältnisse die Bedingungen der Schutzkleinspannung zu erfüllen. Der Schutz gegen direktes Berühren ist unabhängig von der Höhe der Nennspannung in allen Fällen vorzusehen.

Für die Funktionskleinspannung ohne sichere Trennung (FELV) gelten zusätzliche Bedingungen:

- Der Schutz gegen direktes Berühren ist wie bei den Stromkreisen der höheren Spannung auszuführen.
- Der Schutz bei indirektem Berühren orientiert sich an den Maßnahmen der Stromkreise der höheren Spannung. Sind dort z. B. Schutzmaßnahmen mit automatischer Abschaltung vorgesehen, sind die Körper der Funktionskleinspannungsstromkreise mit dem Schutzleiter der Stromkreise höherer Spannung zu verbinden, damit im Fehlerfall eine Abschaltung erfolgt.

Die Funktionskleinspannung ohne sichere Trennung ist, wie die Anwendungsbedingungen zeigen, nicht als eigenständige Schutzmaßnahme einzuordnen. Deshalb sollte der Schutzkleinspannung bzw. der Funktionskleinspannung mit sicherer Trennung der Vorzug gegeben werden, wann immer dies möglich ist.
→ *PELV*
→ *FELV*
→ *SELV*

Funktionsprüfungen

An Baugruppen, wie Kombinationen von Schalt- und Steuergeräten, Antrieben, Steuerungen, Verriegelungen und Schutzeinrichtungen müssen Funktionsprüfungen durchgeführt werden, um festzustellen, ob sie entsprechend den Anforderungen richtig eingebaut, eingestellt und errichtet sind.

An folgende Funktionsprüfungen sollte dabei gedacht werden:
- die Wirksamkeit von Sicherheitseinrichtungen, z. B. Not-Aus-Einrichtungen, Verriegelungen, Druckwächter
- die Funktion von Fehlerstromschutzeinrichtungen (RCDs) und Isolationsüberwachungseinrichtungen und Differenzstrom-Überwachungseinrichtungen durch Betätigen der Prüftaste
- Funktionsfähigkeit von Melde- und Anzeigeeinrichtungen, z. B. die Rückmeldung der Schaltstellungsanzeige an ferngesteuerten Schaltern, Meldeleuchten

Fußboden, isolierender

→ *Isolierender Fußboden*

Fußbodenheizung

DIN VDE 0100-753	***Errichten von Niederspannungsanlagen***
(VDE 0100-753)	*Fußboden- und Decken-Flächenheizungen*

Fußbodenheizung ist eine Flächenheizung, die elektrische Energie in Wärme umwandelt, die über die Oberfläche des Fußbodens an den zu beheizenden Raum abgegeben wird. Dabei kann es sich sowohl um eine → *Speicherheizung* als auch um eine → *Direktheizung* handeln.

Die technischen Anforderungen entsprechen denen der → *Deckenheizungen.*

Gänge

→ *Bedienungsgänge*

Ganzbereichsschutz

DIN EN 60269-1	***Niederspannungssicherungen***
(VDE 0636-1)	*Allgemeine Anforderungen*

→ *Niederspannungssicherungen* erfüllen den Ganzbereichsschutz (Vollbereichsschutz), wenn sie die Fähigkeit aufweisen, sowohl im Überlastfall als auch im Kurzschlussfall, also vom kleinsten Überlaststrom bis zum größten Kurzschlussstrom, den Stromkreis entsprechend den Abschaltbedingungen zu unterbrechen. Eine solche Sicherung entspricht der Betriebsklasse gL (g = Ganzbereichsschutz, L = Leitungsschutz).

Gartenbau

DIN VDE 0100-705	***Errichten von Niederspannungsanlagen***
(VDE 0100-705)	*Elektrische Anlagen von landwirtschaftlichen und gartenbaulichen Betriebsstätten*

→ *Landwirtschaftliche Betriebsstätte*

Gasinnenleitungen

DIN VDE 0100-410	***Errichten von Niederspannungsanlagen***
(VDE 0100-410)	*Schutz gegen elektrischen Schlag*

Gasinnenleitungen sind Gasleitungen hinter der Messeinrichtung innerhalb eines Gebäudes. Sie sind in den Potentialausgleich einzubeziehen.

Gasisolierte Anlagen

DIN EN 61936-1 *(VDE 0101-1)* — ***Starkstromanlagen mit Nennwechselspannungen über 1 kV***

Gasisolierte Schaltanlagen (GIS) sind metallgekapselte Anlagen – Rohranlagen, deren innere Isolation aus einem Isoliergas bei atmosphärischem Druck besteht.

Gasrohrnetze

DIN VDE 0100-410 *(VDE 0100-410)* — ***Errichten von Niederspannungsanlagen*** *Schutz gegen elektrischen Schlag*

DIN VDE 0100-540 *(VDE 0100-540)* — ***Errichten von Niederspannungsanlagen*** *Erdungsanlagen und Schutzleiter*

Das Gasrohrnetz ist ein vorwiegend unterirdisch verlegtes Leitungssystem, das aus verzweigten und vermaschten Versorgungs- und Hausanschlussleitungen besteht. Zum Gasrohrnetz gehört die Hauptabsperreinrichtung dazu, allerdings nicht die Gasinnenleitungen.

→ *Gasinnenleitungen* sind Rohrleitungen innerhalb des Gebäudes, in Gasströmungsrichtungen gesehen hinter der jeweiligen Hauptabsperreinrichtung.

Gasrohrnetze und Gasinnenleitungen dürfen nicht als Schutzleiter, Erdungsleiter, Potentialausgleichsleiter oder Erder verwendet werden.

Gebäude aus überwiegend brennbaren Baustoffen – Verlegen von Leitungen –

DIN VDE 0100-420 *(VDE 0100-420)* — ***Errichten von Niederspannungsanlagen*** *Schutz gegen thermische Auswirkungen*

Gebäude aus überwiegend brennbaren Baustoffen sind z. B. fabrikfertige Bauteile, die aus einer Rahmenkonstruktion bestehen, die mit Span-, Gipskarton-, Holzplatten abgedeckt sind.

Für das Verlegen von Leitungen gelten in diesen Gebäuden oder an Teilen dieser Gebäude besondere Anforderungen.

→ *Feuergefährdete Betriebsstätte*

Gebiet mit geschlossener Bebauung

DIN VDE 0141 *(VDE 0141)*	***Erdungen für spezielle Starkstromanlagen mit Nennspannungen über 1 kV***
DIN EN 50522 *(VDE 0101-2)*	***Erdung von Starkstromanlagen mit Nennwechselspannungen über 1 kV***

Gebiete mit dichter Bebauung, in denen Fundamenterder und Versorgungseinrichtungen mit Erderwirkung in ihrer Gesamtheit wie Maschenerder wirken.
Alle Erder sind netzförmig angeordnet und tragen zur Verringerung des Erdungswiderstands bei. Schritt- und Berührungsspannungen werden dadurch soweit herabgesetzt, dass keine unzulässig hohen Werte auftreten können.
Industriewerke werden Gebieten mit geschlossener Bebauung gleichgesetzt.

→ *Globales Erdungssystem*

Gebläseheizsysteme

DIN VDE 0100-420 *(VDE 0100-420)*	***Errichten von Starkstromanlagen mit Nennspannungen bis 1 000 V*** *Schutz gegen thermische Einflüsse*

Für Gebläseheizsysteme müssen Schutzmaßnahmen gegen Überhitzung vorgesehen werden, die das Einschalten der Heizelemente erst gestatten, wenn ein ausreichender Luftdurchsatz erreicht wird bzw. die Heizelemente sicher abschalten, wenn das Gebläse reduziert wird oder ausfällt. Ferner müssen zwei voneinander unabhängige Temperaturregler wirksam sein, einer, der die Betriebstemperatur einstellt, und ein zweiter, der die Überschreitung der maximalen Temperatur im Luftstrom verhindert.

Gebrauchsanleitung

→ *Bedienungsanleitung*

Gebrauchstauglichkeit

Die Gebrauchstauglichkeit wird definiert als die Eignung eines Guts für seinen Verwendungszweck. Sie wird bestimmt durch objektiv feststellbare (nachprüfbare) Eigenschaften und durch subjektive Beurteilungen, die durch individuelle Bedürfnisse des Anwenders beeinflusst sind. Unter den Eigenschaften gibt es unbedingt erforderliche und solche, die für den Gebrauch nützlich, aber nicht unbedingt erforderlich sind. Der Begriff Gebrauchstauglichkeit ist an den technischen Anwendungsbereich gebunden, und das bedeutet, dass mit ihm stets bestimmte Bedingungen und Anforderungen (wie z. B. in den technischen Normen) verbunden sind.

Gefahr

Gefahr ist eine Sachlage, bei der das → *Risiko* größer ist als das → *Grenzrisiko.*

→ *Sicherheitstechnik*

Gefahren des elektrischen Stroms

Zunächst muss deutlich festgestellt werden, dass von elektrischen Anlagen und Betriebsmitteln, die sich in einem ordnungsgemäßen Zustand befinden und die verantwortungsvoll und bestimmungsgemäß verwendet werden, keine Gefahren ausgehen. Dies wird ganz besonders deutlich, wenn man die Statistik der Unfallzahlen mit anderen Gefahrenbereichen des gesellschaftlichen Zusammenlebens betrachtet. Der elektrische Strom hat in diesem Vergleich nur etwa 0,5 % Anteil an dem Gesamtunfallgeschehen. Zu diesem hohen Sicherheitsniveau im Bereich der Elektrotechnik haben sicherlich die immer wieder an den technischen Stand angepassten Normen und eine intensive Aufklärung der elektrotechnischen Laien beigetragen.

Gefahren durch den Strom können auf verschiedene Weise hervorgerufen werden, wie durch:

- die direkte Berührung → *aktiver Teile*, z. B. bei defekter → *Basisisolierung*
- die Berührung von Teilen, die nur im → *Fehlerfall* unter Spannung gesetzt sind
- den zufälligen Aufenthalt eines Menschen neben einer vom Strom durchflossenen Erdschlussstelle
- den Kontakt mit elektrischem Strom niedriger Spannungswerte, der durch seine Stärke und Einwirkdauer zwar keine unmittelbare Gefahr darstellt, häufig jedoch durch die Schreckreaktion des Menschen zu Sekundärunfällen führt (z. B. Sturz von der Leiter)

Als Ursachen für die Entstehung von Gefahren durch den elektrischen Strom sind zu nennen:

- zu hohe Beanspruchung der Betriebsmittel
- Verwendung defekter Betriebsmittel
- Beschädigung der Isolation
- Montagefehler
- unsachgemäße betriebliche Einwirkung
- mangelnde → *Instandhaltung* oder Instandhaltungsfehler
- Schutzleiterunterbrechung oder -vertauschungen
- mangelndes Sicherheitsbewusstsein
- Unkenntnis
- mangelnde Kenntnis der Sicherheitsvorschriften und -normen
- Do-it-yourself-Reparaturen durch elektrotechnische Laien

Um Gefahren möglichst abzuwenden, werden vorbeugend zuverlässige → *Schutzmaßnahmen* ergriffen, die die Risiken im Umgang mit elektrischen Betriebsmitteln und Anlagen soweit herabsetzen, dass ihre Nutzung mit hinreichender Sicherheit möglich wird.

Gefahrenbereich in Prüfanlagen

DIN EN 50191 ***Errichten und Betreiben elektrischer Prüfanlagen***
(VDE 0104)

Der Gefahrenbereich in einem Prüffeld ist der Bereich, der gegenüber der Umgebung abgegrenzt ist. Der Betriebszustand im Gefahrenbereich wird durch deutlich sichtbare rote und grüne Signallampen angezeigt. Die Prüfanlage ist einschaltbe-

reit, wenn u. a. alle Zugänge zum Gefahrenbereich geschlossen sind und die roten Signallampen aufleuchten.
Wenn bei hohen elektrischen Feldstärken mit kapazitiven Aufladungen außerhalb des Gefahrenbereichs zu rechnen ist, muss der Gefahrenbereich für die Dauer der Prüfung entsprechend erweitert werden.
Die Abstände sind abhängig von der Spannungshöhe nach DIN VDE 0104 und in Bezug auf die Gefahrenzone (→ *Arbeitsbereiche*) DIN VDE 0105 zu entnehmen.

→ *Verbotszone*

Gefahrenmeldeanlagen (GMA)

DIN VDE 0833-1	***Gefahrenmeldeanlagen für Brand, Einbruch und***
(VDE 0833-1)	***Überfall***
	Allgemeine Festlegungen

Gefahrenmeldeanlagen sind Fernmeldeeinrichtungen zum zuverlässigen Melden von Gefahren für Personen und Sachen. Sie melden selbsttätig erfasste Informationen (z. B. bei Störungen) oder durch Personen veranlasste Informationen an vorher festgelegte und definierte Stellen. Dies kann leitungsgebunden oder nicht leitungsgeführt erfolgen.

→ *Einbruchmeldeanlagen*

Gefahrenschaltungen

Gefahrenschaltungen sind bei kraftbetriebenen technischen Erzeugnissen erforderlich, um im Gefahrenfall Gefahr bringende Bewegungen zu stoppen oder das Entstehen anderer Gefährdungen zu verhindern.
Gefahrenschalter müssen in ausreichender Zahl vorhanden und schnell und gefahrlos erreichbar sein. Gefahrenschaltungen dürfen erst nach mechanischer oder elektrischer Verriegelung, die von Hand erfolgen muss, wieder zugeschaltet werden können.

→ *Notabschaltung*
→ *Not-Aus-Einrichtungen*

Gefahrenzone

DIN VDE 0105-100 *(VDE 0105-100)*	***Betrieb von elektrischen Anlagen*** *Allgemeine Festlegungen*
BGV A3	***Unfallverhütungsvorschrift*** *Elektrische Anlagen und Betriebsmittel*

Die Gefahrenzone ist im Allgemeinen der durch bestimmte Maße begrenzte Bereich um unter Spannung stehende Teile herum, gegen deren direktes Berühren kein vollständiger Schutz besteht.

Das Eindringen in die Gefahrenzone ist mit dem Berühren → *aktiver Teile* gleichzusetzen.

→ *Arbeitsbereiche*

Gefährliches aktives Teil

Ein aktives Teil, von dem unter bestimmten Bedingungen ein schädlicher, elektrischer Schlag ausgehen kann.

Gefährlicher Berührungsstrom

Ein gefährlicher Berührungsstrom ist ein Strom, der den Körper des Menschen durchfließt und dabei einen schädigenden (pathophysiologischen) Effekt auslöst. Die Wirkungen des Stroms sind abhängig von seiner Höhe und von der Zeit, in der der Strom durch den Körper fließt.

Wirkungsbereiche des Stroms sind in Zeit-Strom-Diagrammen dargestellt.

→ *Wirkungen des Stroms auf den Menschen*

Literatur:

- *Biegelmeier, G.; Kieback, D.; Kiefer, G.; Krefter, K.-H.: Schutz in elektrischen Anlagen Band 1: Gefahren durch den elektrischen Strom; VDE-Schriftenreihe Band 80. Berlin · Offenbach: VDE VERLAG, 2003*

Gegen Wiedereinschalten sichern

DIN VDE 0105-100 ***Betrieb von elektrischen Anlagen***
(VDE 0105-100) *Allgemeine Festlegungen*

Im Rahmen des Herstellens und Sicherstellens des spannungsfreien Zustands von elektrischen Anlagen vor Arbeitsbeginn und Freigabe zur Arbeit sind Sicherheitsmaßnahmen nach den → *fünf Sicherheitsregeln* durchzuführen. Eine der Regeln ist das Sichern gegen Wiedereinschalten, durch die das unbeabsichtigte Wiedereinschalten verhindert werden soll. Dies geschieht am häufigsten durch das Anbringen von Verbots- oder Sicherheitsschildern mit den Aufschriften:

- Nicht schalten
- Es wird gearbeitet
- Ort: ....
- Entfernen des Schilds nur durch ....

Die Sicherheitsschilder sind an den Schaltgriffen, Antrieben, mit denen die Anlage oder ein Anlagenteil freigeschaltet worden ist oder wieder unter Spannung gesetzt werden kann, zuverlässig anzubringen. Soweit möglich, sind Antriebskräfte (Federkraft, Druckluft, elektrische Energie) und Steuerungen nah- oder fernbetätigter Schalter unwirksam zu machen. Bei handbetätigten Schaltern müssen vorhandene Verriegelungseinrichtungen verwendet werden. Das Sichern gegen Wiedereinschalten durch die Fernsteuerung setzt eine zuverlässige Übertragung der Steuerbefehle voraus. Auf Sicherheitsmaßnahmen vor Ort kann dann verzichtet werden, wenn zusätzliche Bedingungen erfüllt werden:
- zuverlässige Rückmeldung der Schalterstellungsanzeige an der Fernsteuerstelle
- Verbotsschilder oder gleichwertige Maßnahmen an der Fernsteuerstelle
- in der ferngesteuerten Anlage ist an auffälliger Stelle nachstehende Anweisung ausgehängt: „Schalthandlungen in dieser Anlage dürfen nur durchgeführt werden auf Anweisung oder mit Zustimmung der . . . " (Bezeichnung der Fernsteuerstelle)
- die eingeschränkte Schaltbefugnis ist dem Betriebspersonal durch Betriebsanweisung bekannt

→ *Betrieb elektrischer Anlagen*
→ *Fünf Sicherheitsregeln*

Gekapselte Anlagen

DIN EN 61936-1 *(VDE 0101-1)*	***Starkstromanlagen mit Nennwechselspannungen über 1 kV***

Anlagen in gekapselter Bauform sind Anlagen mit vollständigem Berührungsschutz, die, wenn sie mit Sicherheitsschlössern versehen sind, im Laienbereich aufgestellt werden können, z. B. Ortsnetzstationen im Bereich öffentlicher Wegeflächen.

Gemeinsame Verlegung von Stromkreisen mit unterschiedlichen Spannungen

DIN VDE 0100-410 *(VDE 0100-410)*	***Errichten von Niederspannungsanlagen*** *Schutz gegen elektrischen Schlag*
DIN VDE 0100-520 *(VDE 0100-520)*	***Errichten von Niederspannungsanlagen*** *Kabel- und Leitungsanlagen*

Die sichere Trennung zwischen Leitern eines SELV- und PELV-Systems und Leitern jedes anderen Stromkreises müssen durch eine der folgenden Maßnahmen erfüllt sein:

- räumlich getrennte Anordnung der Leiter
- Leiter von SELV- und PELV-Stromkreisen müssen in einem Mantel aus Isolierstoff zusätzlich zu ihrer Basisisolierung umhüllt sein
- Leiter von Stromkreisen verschiedener Spannungen müssen durch einen geerdeten Metallschirm oder eine geerdete metallene Umhüllung getrennt sein

Praktische Tipps:

- für FELV ist in der DIN VDE 0100-470 ausgesagt, dass alle Betriebsmittel (auch Kabel und Leitungen) in solchen Stromkreisen für die Spannung der Primärseite zu bemessen sind; daher brauchen FELV-Stromkreise nicht getrennt verlegt zu werden
- für FELV-Stromkreise dürfen IY(St)Y-Leitungen wegen ihrer geringeren Spannungsbemessung normalerweise nicht angewendet werden (abhängig von der Höhe der Spannung)

- das Einziehen von Aderleitungen in ein Schutzrohr, in dem Spannungen des Spannungsbands II vorhanden sind, wäre zulässig, wenn die Isolierung der Aderleitung der höchsten vorkommenden Spannung entsprechen würde; dabei muss allerdings der Schutz gegen elektrischen Schlag erfüllt sein
- bei einer Erdverlegung ist jedoch die o. g. Verlegung unzulässig, da in Erde nur NYY-Kabel und in Schutzrohren unter gewissen Bedingungen auch Mantelleitungen NYM verlegt werden. Auch das Einziehen der Steuerleitung IY(St)Y ist unzulässig, da diese Type auch mit Schutzrohr nicht in Erde verlegt werden darf

→ *Kabel in Schutzrohren*

Geräte- und Produktsicherheitsgesetz (GPSG)

Das Geräte- und Produktsicherheitsgesetz (GPSG) ist aufgehoben worden; es gilt nun das Produktsicherheitsgesetz (ProdSG). Zum Verständnis über die technische Entwicklung wird trotz der Aufhebung kurz der Zweck des GPSG erläutert.
Das GPSG gilt für

- Verbraucherprodukte und Arbeitsmittel, z. B. Hausgeräte, Arbeitsgeräte, Werkzeuge, Elektroartikel, Hebe- und Fördereinrichtungen, Geräte zur Beleuchtung, zur Heizung und Klimatisierung, zum Be- und Entlüften
- das Umsetzen der Forderungen der verschiedenen Richtlinien der Europäischen Union in nationale Richtlinien
- Elektrohandwerksbetriebe, die z. B. elektrische Verteiler herstellen oder andere elektrische Ausrüstungen installieren

Sicherheitsgrundsätze:

- Die wesentlichen Merkmale für eine gefahrlose Handhabung/Verwendung der elektrischen Betriebsmittel muss auf den Geräten oder Beipackzetteln für den Verbraucher erkennbar sein
- Die elektrischen Betriebsmittel müssen so beschaffen sein, dass sie ordnungsgemäß angeschlossen oder verbunden werden können
- Menschen und Nutztiere müssen vor Gefahren, die von elektrischen Betriebsmitteln ausgehen können, geschützt werden
- Äußere Einwirkungen auf elektrische Betriebsmittel können diese Betriebsmittel schädigen, davor müssen sie durch technische Maßnahmen geschützt werden

→ *Produktsicherheitsgesetz (ProdSG)*
→ *Gerätesicherheitsgesetz*

Gerätedosen

Die Gerätedose ist ein Installationselement, das zur Aufnahme der Schalter und Steckdosen dient. Sie ist je nach Verwendungszweck und Einsatzort unterschiedlich ausgeführt.

- Geräteabzweigdose:
  dient neben der Aufnahme der Schalter und Steckdosen auch zum Verdrahten
- Geräteanschlussdose:
  Verbindungselement für Übergang von fest verlegter Leitung zum Anschluss von Großgeräten
- Gerätedose in Hohlwandausführung:
  für die Elektroinstallation in Hohlwänden und Gebäuden aus vorwiegend brennbaren Stoffen

Gerätesicherheitsgesetz (GSG)

Das Gerätesicherheitsgesetz (GSG) ist aufgehoben worden; es gilt nun das Geräte- und Produktsicherheitsgesetz (GPSG). Zum Verständnis über die technische Entwicklung wird trotz der Aufhebung kurz der Zweck des GSG erläutert.
Das Gesetz über technische Arbeitsmittel (Gerätesicherheitsgesetz: GSG) vom 24. Juni 1968 legt fest: VDE-Bestimmungen gelten als „allgemein anerkannte Regeln der Technik“ und stellen die ordnungsgemäße Beschaffenheit eines technischen Arbeitsmittels sicher.
In der Ersten Verordnung zum GSG vom 11. Juni 1979 steht hierzu: Der Hersteller oder Einführer von elektrischen Betriebsmitteln, die technische Arbeitsmittel oder Teile von solchen sind, darf diese gewerbsmäßig oder selbstständig im Rahmen einer wirtschaftlichen Unternehmung nur in den Verkehr bringen oder ausstellen, wenn:

- die elektrischen Betriebsmittel entsprechend dem in der Europäischen Gemeinschaft gegebenen Stand der Sicherheitstechnik hergestellt sind
- die elektrischen Betriebsmittel bei ordnungsgemäßer Installation und Wartung sowie bestimmungsgemäßer Verwendung die Sicherheit von Menschen, Nutztieren und die Erhaltung von Sachwerten nicht gefährden

→ *Technische Arbeitsmittel*
→ *Produktsicherheitsgesetz (ProdSG)*
→ *Geräte- und Produktsicherheitsgesetz (GPSG)*

Gerüste

Gerüste sind Hilfskonstruktionen, die am Einsatzort aus Einzelteilen zusammengebaut werden. Entsprechend ihrem Verwendungszweck werden Gerüste grundsätzlich unterteilt in:

- Arbeitsgerüste, von denen aus Arbeiten durchgeführt werden können
- Schutzgerüste, z. B. Fanggerüste oder Schutzgerüste, die die Personen gegen tiefen Absturz sichern
- Traggerüste, dienen der Unterstützung von Bauteilen

Anforderungen an Gerüste:

- Gerüste müssen ausreichend nach Herstellerangaben ausgesteift werden
- Gerüste sind so aufzustellen, dass sie die einwirkenden Lasten sicher aufnehmen können
- Gerüstständer sind immer auf Fußplatten oder Fußspindeln zu stellen
- frei stehende Gerüste sind zu verankern
- Belagteile sind dicht so zu verlegen, dass sie weder wippen noch ausweichen können
- ab einer Belaghöhe von 2 m müssen alle genutzten Gerüstlagen mit einem vollständigen Seitenschutz, bestehend aus Bordbrett, Zwischenholm und Geländeholm, versehen sein
- der Seitenschutz muss auch an Bauwerksecken vollständig vorhanden sein
- Arbeitsplätze auf Gerüsten müssen über Treppen, sicher begehbare Leitern oder Laufstege erreichbar sein
- für Arbeitsgerüste ist grundsätzlich die Standsicherheit nachzuweisen
- Gerüste dürfen nur unter sachkundiger Aufsicht auf-, um- oder abgebaut werden

→ *hochgelegene Arbeitsplätze*
→ *Arbeiten mit Leitern*

Gesamterdungswiderstand

DIN VDE 0100-200	***Errichten von Niederspannungsanlagen***
(VDE 0100-200)	*Begriffe*

Widerstand zwischen der Haupterdungsklemme und der Bezugserde.

Haupterdungsklemme entspricht der Potentialausgleichsschiene (früherer Begriff/ aktuell: Haupterdungsschiene). Die Klemme oder Schiene, die dafür vorgesehen ist, die Schutzleiter, die Potentialausgleichsleiter und die Leiter für die Funktionserdung mit der Erdungsanlage zu verbinden.

→ *Ausbreitungswiderstand eines Erders*

Geschützte Anlagen im Freien

→ *Anlagen im Freien*

Gipspflaster

DIN VDE 0100-520 ***Errichten von Niederspannungsanlagen***
(VDE 0100-520) *Kabel- und Leitungsanlagen*

Gipspflaster ist ein bevorzugtes Befestigungsmittel für Stegleitungen, das eine Formänderung oder Beschädigung der Isolierung ausschließt.

Gleichzeitig berührbare Teile

DIN VDE 0100-200 ***Errichten von Niederspannungsanlagen***
(VDE 0100-200) *Begriffe*

Gleichzeitig berührbare Teile sind Leiter und leitfähige Teile, die von Personen und Nutztieren gleichzeitig berührt werden können.
Dazu zählen u. a.:
- → *aktive Teile*
- → *Körper elektrischer Betriebsmittel*
- → *fremde leitfähige Teile*
- → *Schutzleiter*
- → *Erder*
- Gebäudekonstruktionsteile

Aktive Teile erhalten einen vollständigen → *Schutz gegen direktes Berühren* (z. B. Isolierung, Abdeckung, Umhüllung), alle anderen, gleichzeitig berührbaren Teile eines Gebäudes werden leitend miteinander verbunden, um gefährliche Potentialunterschiede durch den → *Potentialausgleich* zu vermeiden.

Gleichzeitigkeitsfaktor

DIN VDE 0100-100	***Errichten von Starkstromanlagen mit Nennspannungen bis 1 000 V***
(VDE 0100-100)	*Bestimmungen allgemeiner Merkmale*

Der Gleichzeitigkeitsfaktor g ist das Verhältnis der an einer Stelle des Netzes bzw. der Installationsanlage gleichzeitig in Anspruch genommenen Leistung zu der hinter dieser Stelle installierten Leistung.

$$g = \frac{P_{max}}{P_{inst}}$$

P_{max} gleichzeitig in Anspruch genommene Leistung, Leistungsbedarf
$P_{inst.}$ installierte Leistung (Anschlusswert)
g Gleichzeitigkeitsfaktor ($0 < g < 1$)

Der Gleichzeitigkeitsfaktor wird häufig als Planungsgröße verwendet, um für definierte, sich wiederholende Versorgungsaufgaben den gleichzeitig zu erwartenden Leistungsbedarf zu ermitteln.

Werte für g → *Leistungsbedarf*

Globales Erdungssystem

DIN EN 50522	***Erdung von Starkstromanlagen mit Nennwechselspannungen über 1 kV***
(VDE 0101-1)	

Ein globales Erdungssystem sind untereinander verbundene lokale Erder, Fundamenterder, Kabel und andere Metallteile mit Erderwirkung sowie die damit verbundenen Niederspannungs- und Hochspannungs-, Betriebs- und Schutzerdungen. Ein entsprechendes Gebiet mit einem solchen globalen Erdungssystem wird als „Bereich eines globalen Erdungssystems“ bezeichnet. Charakteristisch ist, dass in einem solchen Bereich wegen der Verursachung der Erdungsanlagen keine gefährlichen Potentialunterschiede zwischen Anlagenteile auftreten können. Dies wird im Regelfall im Gebiet geschlossener Bebauung und in Industriegebieten erreicht.

→ *Gebiet mit geschlossener Bebauung*

Grenzlängen für Kabel und Leitungen

→ *Begrenzung der Kabel- und Leitungslängen*

Grenzrisiko

Grenzrisiko ist das größte noch vertretbare anlagenspezifische Risiko eines bestimmten Vorgangs oder Zustands.

Im Allgemeinen lässt sich das Grenzrisiko nicht direkt als Wahrscheinlichkeitsaussage angeben. Es wird in der Regel durch sicherheitstechnische Festlegungen abgegrenzt, die den Schutzzielen des Gesetzgebers folgend nach der unter Sachverständigen vorherrschenden Auffassung getroffen werden.

→ *Risiko*
→ *Sicherheitstechnik*

Grenzwert

Der Grenzwert ist der in einer Festlegung enthaltene größte oder kleinste zuverlässige Wert einer Größe.

→ *Elektrische Größen*

Grenzwert der Fehlerspannung

Grenzwert der Fehlerspannung ist der höchstzulässige Wert einer dauernd auftretenden Fehlerspannung, für den unter vereinbarten Bedingungen das Risiko eines schädlichen elektrischen Schlags vereinbart ist.

→ *Fehlerspannung*
→ *Berührungsspannung*

Großer Prüfstrom

DIN EN 60269-1 *(VDE 0636-1)*	***Niederspannungssicherungen*** *Allgemeine Anforderungen*
DIN EN 60898-1 *(VDE 0641-11)*	***Elektrisches Installationsmaterial*** *Leitungsschutzschalter für Wechselstrom (AC)*
DIN VDE 0100-410 *(VDE 0100-410)*	***Errichten von Niederspannungsanlagen*** *Schutz gegen elektrischen Schlag*

Als Auslösestrom bzw. der große Prüfstrom I_f (früher I_2) wird der Stromwert bezeichnet, der unter festgelegten Bedingungen die Schutzeinrichtung vor Ablauf einer vereinbarten Prüfdauer auslöst.

Für in Verteilungen eingebaute Leitungsschutzsicherungen und -schalter ist $I_f = 1{,}45 \cdot I_N$.

→ *Ansprechstrom*

Grundisolierung

→ *Basisisolierung*

Grundschutz

→ *Basisschutz*

Grün-gelbe Farbkennzeichnung

DIN VDE 0100-510 *(VDE 0100-510)*	***Errichten von Niederspannungsanlagen*** *Allgemeine Bestimmungen*

Die grün-gelbe Farbkennzeichnung von Leitern ist ausschließlich dem Schutzleiter (PE) und dem PEN-Leiter vorbehalten. Grün-gelbe Leiter dürfen für andere Zwecke nicht verwendet werden.

Schutzleiter und PEN-Leiter (wenn er isoliert ist) müssen grün-gelb gekennzeichnet sein.

G-Sicherungssystem

Veraltetes Schraubsicherungssystem mit vollständigem Berührungsschutz, das in neuen Anlagen nicht mehr verwendet wird, für alte Anlagen aber als Ersatz noch zur Verfügung steht.

GS-Zeichen

GS steht für „Geprüfte Sicherheit".

Grundlage für das GS-Zeichen ist das Produktsicherheitsgesetz. An einem Gerät kann das GS-Zeichen angebracht werden, wenn es entsprechend durch eine Prüfstelle z. B. VDE, TÜV, BG oder andere Institute, die als GS-Prüfstelle zertifiziert/akkreditiert sind, einer Sicherheitsprüfung/Bauartprüfung unterzogen worden ist.

Der Anwender kann dann davon ausgehen, dass die Geräte dem in der Europäischen Gemeinschaft gegebenen Stand der Sicherheitstechnik entsprechen.

→ *Technische Arbeitsmittel*

(bis 20 mm Höhe)

(über 20 mm Höhe)

Bild 32 Vom VDE Prüf- und Zertifizierungsinstitut vergebene GS-Zeichen

Halbleiter

DIN VDE 0100-537	***Elektrische Anlagen von Gebäuden***
(VDE 0100-537)	*Geräte zum Trennen und Schalten*

Halbleiter dürfen nicht als Geräte zum Trennen eingesetzt werden.
Unter Trennen versteht man das Unterbrechen der Stromversorgung, um an Anlagen oder Betriebsmittel sicher arbeiten zu können.

→ *Trennen*

Halbleiterschutz

Für den Überstromschutz von Halbleitern werden → *Sicherungen* der Betriebsklasse aR oder gR verwendet.

Handbereich

DIN VDE 0100-100	***Errichten von Niederspannungsanlagen***
(VDE 0100-100)	*Allgemeine Grundsätze, Bestimmungen allgemeiner Merkmale, Begriffe*
DIN VDE 0100-200	***Errichten von Niederspannungsanlagen***
(VDE 0100-200)	*Begriffe*
DIN VDE 0100-410	***Errichten von Niederspannungsanlagen***
(VDE 0100-410)	*Schutz gegen elektrischen Schlag*

Der Handbereich wird durch einen Raum bzw. einen Abstand beschrieben, der sich von einer Standfläche aus erstreckt, die z. B. für den Betrieb einer Anlage üblicherweise betreten wird. Es wird davon ausgegangen, dass die Grenzen dieses Raums in allen Richtungen von einer Person ohne Hilfsmittel mit der Hand erreicht werden können.

Ausgehend von der Standfläche wird der Raum in der Höhe von 2,50 m, zur Seite von 1,25 m und nach unten von 0,75 m begrenzt. Die Übergangsflächen werden entsprechend abgerundet.

Die Grenzen des Handbereichs werden in **Bild 33** dargestellt.

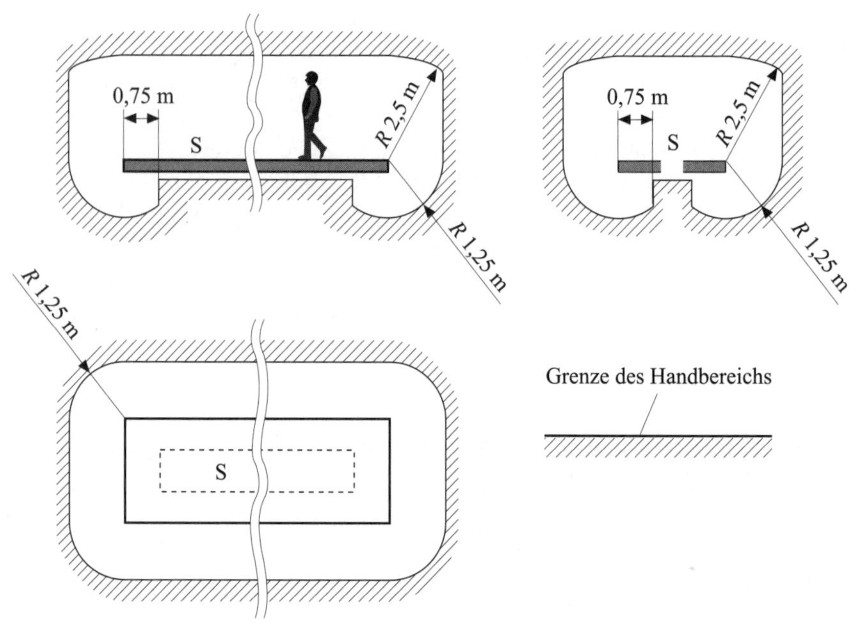

Bild 33 Maße des Handbereichs (Quelle: in Anlehnung an DIN VDE 0100-410:2007-06 und DIN VDE 0100-100: 2009-06; Anhang B)

Die Grenzen des Handbereichs sind zu beachten, wenn der Schutz gegen → *gefährliche Berührungsströme* durch Abstand sichergestellt werden soll. Dabei handelt es sich immer nur um einen teilweisen Schutz gegen direktes Berühren aktiver Teile, den Basisschutz nach DIN VDE 0100-410, Anhang B, der deshalb nur ausschließlich in → *elektrischen Betriebsstätten* bzw. in → *abgeschlossenen elektrischen Betriebsstätten* angewendet werden darf.

Der Schutz durch Anordnen außerhalb des Handbereichs ist nur dafür vorgesehen, ein unbeabsichtigtes Berühren aktiver Teile zu verhindern.

Es wird gefordert, dass im Handbereich sich keine gleichzeitig berührbaren Teile unterschiedlichen Potentials befinden dürfen. Als gleichzeitig berührbar gelten Teile dann, wenn sie weniger als 2,50 m voneinander entfernt sind. Wenn die Standfläche durch ein Hindernis, z. B. durch Gebäude oder Gitterwände, begrenzt wird, beginnt der Handbereich an diesem Hindernis. Wird in solchen Bereichen mit langen oder sperrigen leitfähigen Gegenständen gearbeitet, sind die Abstände entsprechend zu vergrößern.

Handgeräte

DIN VDE 0100-200	***Errichten von Niederspannungsanlagen***
(VDE 0100-200)	*Begriffe*

Ortsveränderliche Betriebsmittel, die während des üblichen Gebrauchs in der Hand gehalten werden bzw. deren Funktion eine ständige Unterstützung oder Führung durch die Hand erfordert.
Dabei kann es sich um elektromotorische, Wärme-, Licht- oder sonstige Anwendungen der elektrischen Energie handeln.
Der Schutz bei indirektem Berühren (Fehlerschutz) wird häufig und vor allem bei Hausgeräten durch Schutzisolierung (Schutzklasse-II-Geräte) gewährleistet.
Werden Schutzklasse-I-Geräte verwendet, muss im Fehlerfall der Steckdosenstromkreis innerhalb von 0,4 s abschalten (→ *Ausschaltzeit*).

→ *Elektrische Betriebsmittel*
→ *Schutzklasse*
→ *Abschaltzeiten*

Handleuchten

DIN VDE 0100-706	***Errichten von Niederspannungsanlagen***
(VDE 0100-706)	*Leitfähige Bereiche mit begrenzter Bewegungsfreiheit*

Ortsveränderliche Leuchten mit einer flexiblen Anschlussleitung und einem Handgriff aus Isolierstoff werden als Handleuchten bezeichnet.
Anforderungen:

- Lampe muss durch ein Schutzgitter gegen zufällige Beschädigung geschützt sein
- nur in Schutzklasse II und Schutzklasse III ausgeführt
- Leitungsbauarten für den Anschluss: H05RR-F oder H05VV-F; für Handleuchten, die starken Umwelteinflüssen ausgesetzt sind, z. B. Spritzwasser Gummischlauchleitungen H05RN-F
- Leiterquerschnitt: 0,75 mm^2 bis 1,0 mm^2

In leitfähigen Bereichen mit begrenzter Bewegungsfreiheit (z. B. in Kesseln, Behältern, Stahlgerüsten) dürfen Handleuchten nur nach DIN VDE 0100-706 mit Schutzkleinspannung → *SELV* betrieben werden.

Handlung im Notfall

DIN VDE 0100-537	***Elektrische Anlagen von Gebäuden***
(VDE 0100-537)	*Geräte zum Trennen und Schalten*

Eine Handlung im Notfall schließt einzeln oder in Kombination ein:

- **Stillsetzen im Notfall**
  Eine Handlung im Notfall, die dazu bestimmt ist, einen Prozess oder eine Bewegung anzuhalten, der (die) Gefahr bringend wurde.
- **Ingangsetzen im Notfall**
  Eine Handlung im Notfall, die dazu bestimmt ist, einen Prozess oder eine Bewegung zu starten, um eine Gefahr bringende Situation zu beseitigen oder zu verhindern.
- **Ausschalten im Notfall**
  Eine Handlung im Notfall, die dazu bestimmt ist, die Versorgung mit elektrischer Energie zu einer ganzen oder zu einem Teil einer Installation abzuschalten, falls ein Risiko für elektrischen Schlag oder ein anderes Risiko elektrischen Ursprungs besteht.
- **Einschalten im Notfall**
  Eine Handlung im Notfall, die dazu bestimmt ist, die Versorgung mit elektrischer Energie zu einem Teil einer Anlage einzuschalten, der für Notsituationen benötigt wird.

Handrückensicher

DIN EN 60529	***Schutzarten durch Gehäuse (IP-Code)***
(VDE 0470-1)	

Als handrückensicher gilt ein elektrisches Betriebsmittel, dessen berührungsgefährliche Teile mit einer Kugel von einem Durchmesser von 50 mm unter festgelegten Bedingungen nicht berührt werden können. Dies entspricht der → *Schutzart*

IP1X. Feste Körper mit einem Durchmesser ≥ 50 mm können aktive Teile nicht erreichen.

Handwerkzeuge

DIN EN 60900	***Arbeiten unter Spannung***
(VDE 0682-201)	*Handwerkzeuge zum Gebrauch bis AC 1 000 V und DC 1 500 V*

Unterschieden werden Werkzeuge, die durch fremde Energiequellen gespeist werden, und isolierende Rohre und Stäbe, die zum Arbeiten auf Abstand benutzt werden. Unter isolierten Handwerkzeugen versteht man solche, die mit Isolierstoff überzogen sind, um den Benutzer vor einer elektrischen Körperdurchströmung zu schützen und die Gefahr von Kurzschlüssen möglichst gering zu halten. Isolierende Handwerkzeuge bestehen aus isolierenden Werkstoffen, um in jedem Fall Körperdurchströmungen und Kurzschlüsse zwischen Teilen unterschiedlichen Potentials zu vermeiden.

Die hier beschriebenen Werkzeuge müssen so hergestellt und hinsichtlich ihrer Isolierfähigkeit so bemessen sein, dass sie bei bestimmungsgemäßer Verwendung keine Gefahr für den Benutzer und die Anlagen bilden. Die mechanischen Anforderungen müssen denen von nicht isolierten Werkzeugen entsprechen. Handgriffe müssen Griffbegrenzungen haben, um ein Abgleiten in Richtung nicht isolierter Metallteile zu verhindern.

Zusammengesetzte Werkzeuge müssen geeignete Haltevorrichtungen gegen unbeabsichtigtes Lösen der Einzelteile haben. Der Widerstand gegen unbeabsichtigtes Lösen muss geprüft werden.

Aufschrift: Doppeldreieck mit „1 000 V“ als Spannungsgrenze für Wechselspannung (**Bild 34**).

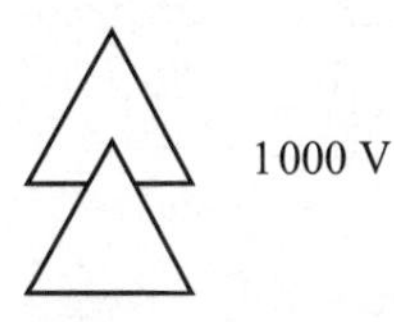

Bild 34 Bildzeichen, geeignet zum Arbeiten unter Spannung

Angaben zum Gebrauch und zur Pflege:

- ordnungsgemäße Lagerung, möglichst nicht in der Nähe von Wärmequellen
- vor jedem Gebrauch Prüfung durch Besichtigung (Inaugenscheinnahme) auf den ordnungsgemäßen Zustand
- Einsatz nur unter Umgebungstemperaturen von –20 °C bis +70 °C
- (mit „C“ gekennzeichnete Werkzeuge von –40 °C bis +70 °C)
- einmal im Jahr: Sichtprüfung durch besonders geschulte Fachleute und ggf. eine elektrische Wiederholungsprüfung

Haupterdungsklemme, Haupterdungsschiene

An der Haupterdungsklemme oder auch Haupterdungsschiene werden die → *Schutzleiter*, Potentialausgleichsleiter, die Leiter für die Betriebserdung und die Erdungsleiter (Verbindung zur → *Erdungsanlage*) zusammengeführt. An dieser Stelle kann auch unter Auftrennen der Erdungsleitung der Ausbreitungswiderstand des örtlichen Erders gemessen werden.

→ *Hauptleitung*

Haupterdungsschiene (Potentialausgleichsschiene)

DIN VDE 0100-200 *(VDE 0100-200)*	***Errichten von Niederspannungsanlagen*** *Begriffe*
DIN VDE 0100-540 *(VDE 0100-540)*	***Errichten von Niederspannungsanlagen*** *Erdungsanlagen und Schutzleiter*

Anmerkung: Haupterdungsschiene ist die Bezeichnung nach der aktuellen Norm, früher nannte man sie Potentialausgleichsschiene.

Die Haupterdungssschiene dient zur Verbindung der Schutzleiter, der Schutzpotentialausgleichsleiter und gegebenenfalls der Leiter für die Funktionserdung mit der Erdungsleitung und den Erdern.

- Anschluss an die Haupterdungsschiene:
  - Fundamenterder (in Erde oder Beton verlegt)
  - Schutzleiter oder PEN-Leiter der elektrischen Anlage

- Metallene Wasserverbrauchsleitung
- Metallene Abwasserleitung
- Metallteile der Gebäudekonstruktion, wie Aufzugsschienen oder Stahlskelette
- Metallene Schirme von elektrischen Leitungen
- Leiter der Blitzschutzanlage
- Erdungsleiter der informationstechnischen Anlagen
- Zentralheizung (Vor- und Rücklauf)
- Gasinnenleitung (Isolierstück)
- Erdungsleiter der Antennenanlage

- Jedem Hausanschluss oder jeder gleichwertigen Versorgungseinrichtung ist eine Haupterdungsschiene (Haupterdungsklemme/Haupterdungsanschlusspunkt) zuzuordnen.
- An die Verbindung mit der Haupterdungsschiene durch die Schutzpotentialausgleichsleiter sind folgende Anforderungen gestellt:
  Die Querschnitte des Schutzpotentialausgleichsleiters für die Verbindung **zur** Haupterdungsschiene: nicht weniger als 6 mm^2 Kupfer oder 16 mm^2 Aluminium oder 50 mm^2 Stahl. Der Querschnitt von Schutzpotentialausgleichsleitern **für die** Verbindung mit der Haupterdungsschiene braucht nicht größer als 25 mm^2 Kupfer oder als vergleichbare Querschnette anderer Materialien sein.
  - Verbindung der Erdungsanlagen mit anderen Systemen, Anlagen mit höherer Spannung (nach DIN VDE 0141) und Blitzschutzanlagen (nach DIN EN 62305-*x* (VDE 0185-305-*x*)

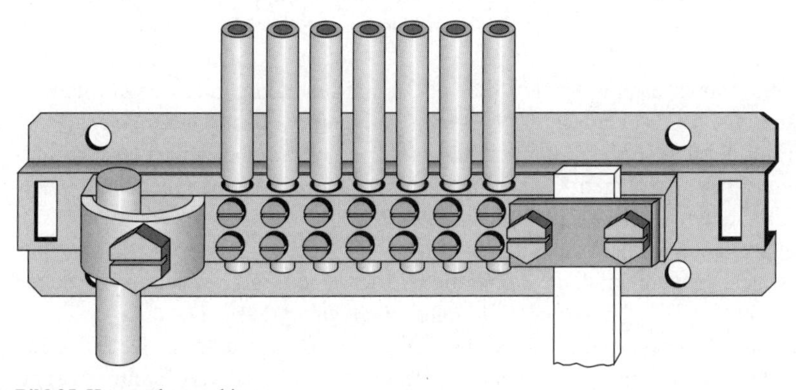

Bild 35 Haupterdungsschiene

- Jeder Leiter an der Haupterdungsschiene muss einzeln getrennt werden können; der Anschluss muss zuverlässig ausgeführt und darf nur mit Werkzeug lösbar sein, also ausreichende mechanische Festigkeit und dauerhafte elektrische Verbindung
- Die Haupterdungsschiene muss im Hausanschlussraum (nach DIN VDE 0618-1), möglichst oberhalb der Anschlussfahne des Fundamenterders angeordnet werden

→ *Schutzpotentialausgleich*

Hauptleitung

DIN VDE 0606-1 *(VDE 0606-1)*	***Verbindungsmaterial bis 690 V*** *Installationsdosen zur Aufnahme von Geräten und/oder Verbindungsklemmen*
DIN 18015-1	***Elektrische Anlagen in Wohngebäuden*** *Planungsgrundlagen*

Verbindungsleitung zwischen Hausanschlusskasten des Verteilungsnetzbetreibers und Zähleranlage. Sie führt ungezählte Energie.

Anforderungen:
- Verlegung in bzw. durch leicht zugängliche Räume (z. B. Flure, Treppenräume)
- Verlegung im Keller auch auf der Wand, sonst in Schächten, Rohren, Kanälen, unter Putz
- bei Freileitungsanschluss Leerrohre von 36 mm Innendurchmesser vorsehen
- Umstellung auf Kabelanschluss muss mit geringem Aufwand möglich sein
- die Hauptleitung (früher: Steigleitung) ist für eine Strombelastbarkeit von mindestens 63 A auszulegen, Querschnitt: 16 mm² Cu; ansonsten Querschnitte entsprechend dem → *Leistungsbedarf*
- Ausführung als Drehstromleitung
- zulässiger Spannungsfall in Abhängigkeit der Übertragungsleistung zwischen 0,5 % und 1,5 % (→ *Elektrische Anlagen für Wohnungen*)
- Mindestabmessungen für den Mauerschlitz zur Unterbringung der Hauptleitung: 60 mm × 60 mm; bei mehreren Hauptleitungen ist die Breite entsprechend zu vergrößern

Hauptpotentialausgleich

DIN VDE 0100-410 *(VDE 0100-410)*	***Errichten von Niederspannungsanlagen*** *Schutz gegen elektrischen Schlag*
DIN VDE 0100-540 *(VDE 0100-540)*	***Errichten von Niederspannungsanlagen*** *Erdungsanlagen und Schutzleiter*

Der Hauptpotentialausgleich ist der frühere Begriff für den Schutzpotentialausgleich über die Haupterdungsschiene und muss in jeder Anlage durchgeführt werden. Der Zusammenschluss der Schutzpotentialausgleichsleiter erfolgt mittels der Haupterdungsschiene, die beim Hausanschlusskasten (oder in seiner Nähe) zu installieren ist. Zu verbinden sind miteinander alle Schutzleiter, Erdungsleiter, Blitzschutzerder, Wasserrohre, Gasrohre, alle anderen metallenen Rohrsysteme und Metallteile.

→ *Potentialausgleich*
→ *Potentialausgleichsleiter*
→ *Potentialausgleichsschiene*

Hauptschalter

Als Hauptschalter werden Schalteinrichtungen bezeichnet, mit denen man dahinter liegende, abgegrenzte Versorgungseinheiten zentral abschalten kann. Dies bedeutet, dass alle nicht geerdeten Leiter von der einspeisenden Stromquelle (Netz) abgeschaltet werden. Solche Hauptschalter sind u. a. erforderlich für:

- → *Baustellen*
- → *landwirtschaftliche und gartenbauliche Betriebsstätten*
- Leuchtröhrenanlagen
- Feuerungsanlagen
- Industriemaschinen
- → *Caravans*
- → *Marinas*

Die Hauptschalter werden in den aktuellen Normen als Netz-Trenneinrichtungen bezeichnet; sie müssen als Trennschalter, Lasttrennschalter, Leistungsschalter oder genormte Schaltgeräte ausgeführt sein.

Hauptschutzleiter

DIN VDE 0100-540 ***Errichten von Niederspannungsanlagen***
(VDE 0100-540) *Erdungsanlagen und Schutzleiter*

Der Hauptschutzleiter ist der von der Stromquelle kommende oder vom Hausanschlusskasten oder dem Hauptverteiler abgehende Schutzleiter. Er ist Bestandteil der → *Hauptleitung.*

→ *Schutzleiter*

Hauptstromkreis

DIN VDE 0100-200 ***Errichten von Niederspannungsanlagen***
(VDE 0100-200) *Begriffe*

Als Hauptstromkreis werden Stromkreise bezeichnet, die Betriebsmittel zum Erzeugen, Umformen, Verteilen, Schalten und zum Verbrauch der elektrischen Energie enthalten.

→ *Stromkreis*
→ *Hilfsstromkreis*

Hauptstromversorgungssystem

Zusammenfassung aller Hauptleitungen und Betriebsmittel hinter der Übergabestelle (→ *Hausanschlusskasten*) des Verteilungsnetzbetreibers, die nicht gemessene Energie führen.

Das Hauptstromversorgungssystem wird im Allgemeinen schutzisoliert (→ *Schutz bei indirektem Berühren*) ausgeführt (→ *Schutzisolierung*).

→ *Elektrische Anlagen für Wohngebäude*

Hausanschluss

Der Hausanschluss ist ein Teil des Verteilungsnetzes. Er verbindet das Kabel- bzw. Freileitungsnetz mit der Verbraucheranlage und setzt sich aus folgenden Komponenten zusammen:

- Netzanschluss, z. B. Hausanschluss-Abzweigmuffe
- Hausanschlussleitung
- Hauseinführung (Wanddurchführung)
- Hauseinführungsleitung, eventuell mit Abdeckung, Schutzrohr oder Ähnliches
- Hausanschlusskasten mit Sicherungen

Die Grenze zwischen → *Verteilungsnetz* und der → *Verbraucheranlage* sind die Ausgangsklemmen am Hausanschlusskasten. Dieser Punkt wird auch als Übergabestelle der elektrischen Leistung vom Verteilungsnetz zur Verbraucheranlage bezeichnet.

Die Überstromschutzeinrichtung im Hausanschlusskasten gewährleistet den Schutz bei Überlast der Hausanschluss- und Einführungsleitung sowie den Schutz bei Überlast und Kurzschluss des Hauptstromversorgungssystems. Der Schutz gegen gefährliche Körperströme wird weitgehend durch die Verwendung schutzisolierter Betriebsmittel sichergestellt.

→ *Hauseinführungen*
→ *Elektrische Anlagen für Wohngebäude*

Hausanschlusskabel, Hausanschlussleitung

DIN VDE 0100-200	***Errichten von Niederspannungsanlagen***
(VDE 0100-200)	*Begriffe*

Verbindung zwischen Verteilungsnetz und Hauseinführung.

→ *Hauseinführung*

Hausanschlusskasten

DIN VDE 0100-732 *(VDE 0100-732)*	***Errichten von Starkstromanlagen mit Nennspannungen bis 1 000 V*** *Hausanschlüsse in öffentlichen Kabelnetzen*
DIN VDE 0660-505 *(VDE 0660-505)*	***Niederspannung-Schaltgerätekombinationen*** *Bestimmung für Hausanschlußkästen und Sicherungskästen*

Übergabestelle vom Verteilungsnetz zur Verbraucheranlage. Der Hausanschlusskasten ist Bestandteil des Stromversorgungsnetzes. Die Abgangsklemmen hinter der Schutzeinrichtung sind die Grenze zur Verbraucheranlage.

Die Überstromschutzeinrichtung im Hausanschlusskasten gewährleistet den Schutz bei Überlast der Hausanschluss- und Einführungsleitungen sowie den Schutz bei Überlast und Kurzschluss des Hauptstromversorgungssystems. Der Schutz gegen gefährliche Berührungsströme wird durch die Verwendung schutzisolierter Betriebsmittel sichergestellt.

Anforderungen:

- Beim Kabelanschluss ist ein geeigneter Raum vorzusehen, der DIN 18012 entsprechen muss.
- Beim Freileitungsanschluss ist der Anschlussplatz (Hauswand, Dachständer) in Abstimmung mit dem Netzbetreiber festzulegen.
- Der Anschluss muss an leicht zugänglicher Stelle angebracht werden.
- Die Schutzart muss der Art des Raums bzw. des Anbringungsplatzes entsprechen.
- Der Hausanschlusskasten muss den Normen DIN VDE 0660-505 und DIN 43627 entsprechen.
- Unterbringung auf nicht brennbaren Baustoffen, sonst lichtbogenfeste Unterlage, die allseitig mindestens 150 mm übersteht.
- Beispiel: 20 mm dicke Fiber-Silikatplatte.
- Keine Unterbringung in feuer- oder explosionsgefährdeten Bereichen.
- Gebräuchlicher Überstromschutz: NH-Sicherungen Größe 00 bis 100 A und Größe 1 bis 250 A.
- Zuordnung der Überstromschutzeinrichtungen zu den Kabel- und Leitungsquerschnitten → *Schutz gegen zu hohe Erwärmung*.
- Der Hausanschlusskasten ist verplombt und nur für Elektrofachkräfte bzw. elektrotechnisch unterwiesene Personen des Netzbetreibers oder seiner beauftragten Unternehmen zugänglich.

→ *Verteilungsnetz*
→ *Speisepunkt*
→ *Verbraucheranlage*
→ *Hausanschluss*

Hauseinführung

DIN VDE 0100-732 *(VDE 0100-732)*	***Errichten von Starkstromanlagen mit Nennspannungen bis 1 000 V*** *Hausanschlüsse in öffentlichen Kabelnetzen*

Hausanschlussleitungen oder -kabel:
Verbindung zwischen Verteilungsnetz und Hauseinführung

Hauseinführung:
Hauseinführungsleitung oder -kabel und der dazugehörige Hausanschlusskasten.

Räumliche Festlegung zur Hauseinführungsleitung:

- Kabelnetz:
  Anschlusskabel von der Eintrittsstelle ins Gebäude bis zum Hausanschlusskasten
- Freileitungsnetz:
  Verbindung von der Freileitung am Gebäude bis zum Hausanschlusskasten

Hausanschlusskasten (HAK):
Übergabestelle vom Verteilungsnetz zur Verbraucheranlage; enthält die Überstromschutzeinrichtungen.

Anforderungen:

- Keine Gefährdung von Personen und Nutztieren durch gefährliche Berührungsströme, keine Gefährdung von Sachen durch zu hohe Temperaturen, Bemessung der Überstromschutzeinrichtungen entsprechend der zu schützenden Leitungen und Kabel.
- Beim Lichtbogenkurzschluss kann das Kabel ausbrennen, ohne dass Gefahr der Ausbreitung des Brands besteht.
- Hauseinführungen nicht durch explosionsgefährdete Bereiche.
- HAK an leicht zugänglichen Stellen, nicht in feuergefährdeten Räumen oder an feuergefährdeten Stellen, Schutzart nach Art der Umgebung.

- HAK auf brennbaren Baustoffen (z. B. Holz) nur mit lichtbogenfester Unterlage.
- Festlegungen zur Auswahl und Errichtung von Kabeln und Leitungen für Wandanschlüsse, Wanddurchführungen und Dachständeranschlüsse.

Hauseinführungskabel, -leitung

Verbindung vom Eintritt ins Gebäude bis zum Hausanschlusskasten.

→ *Verteilungsnetz*
→ *Speisepunkt*
→ *Hausanschluss*
→ *Verbraucheranlage*

Hausinstallation

DIN VDE 0100-200	***Errichten von Niederspannungsanlagen***
(VDE 0100-200)	*Begriffe*

Starkstromanlagen mit Nennspannungen bis 250 V gegen Erde für Wohnungen und für ähnliche Anwendungen, die nach Art und Umfang elektrischen Anlagen für Wohnungen entsprechen.

Besonderheit:
Hausinstallationen werden nicht regelmäßig überwacht und geprüft. Dies setzt voraus, dass die Anlagen so errichtet werden, dass → *Sicherheit* und → *Zuverlässigkeit* der Hausinstallation über lange Zeit ohne → *Instandhaltung* erhalten bleibt.

→ *Verbraucheranlage*, → *Elektrische Anlagen für Wohnungen*

Hebezeuge

DIN VDE 0100-200	***Errichten von Niederspannungsanlagen***
(VDE 0100-200)	*Begriffe*
DIN IEC 60204-32	***Sicherheit von Maschinen – Elektrische Ausrüstung von Maschinen***
(VDE 0113-32)	*Anforderungen für Hebezeuge*

Hebezeuge (oder auch Krane) sind Winden zum Heben von Lasten, d. h., Lasten werden mit einem Tragmittel gehoben und können zusätzlich in eine oder mehrere Richtungen bewegt werden.

Die Tragmittel gehören als Hubeinrichtungen zum Hebezeug und dienen zum Aufnehmen der Last, einschließlich der Seil- oder Kettentriebe, z. B. Lasthaken, Unterflaschen, Klemmen, Hebelzangen, Lastaufnahmemittel sind Einrichtungen zum Aufnehmen der Nutzlast. Die Errichtung der elektrischen Anlagen ist unter Berücksichtigung der zusätzlichen Anforderungen durchzuführen.

Literatur:

- *Lenzkes, D.; Kunze, H.-J.: Elektrische Ausrüstung von Hebezeugen. VDE-Schriftenreihe Band 60. Berlin · Offenbach: VDE VERLAG, 2006*

Heißluftsauna

→ *Sauna*

Heizelemente

Im Fußboden von → *Schwimmbädern* oder von → *Fußbodenheizungen*.

Hellblau-Farbkennzeichnung

Hellblau gekennzeichnete Leiter wurden früher als → *Neutralleiter* verwendet, wenn

- ein Neutralleiter in der Leitung geführt wird und
- eine hellblaue Ader in der Leitung vorhanden ist.

Wenn eine der beiden Bedingungen nicht erfüllt ist, kann die hellblaue Ader auch für andere Zwecke (Außenleiter, Schaltdraht, Steuerader) verwendet werden, nicht aber als Schutz- oder PEN-Leiter; aber auch jeder andere nicht hellblaue Leiter (Ausnahme grün-gelb) kann als Neutralleiter geschaltet werden, wenn keine blaue Ader vorhanden ist.

Aktuell wird für den Neutralleiter die Farbkennzeichnung blau verwendet, der o. g. Textinhalt ist bewusst in der 4. Auflage des Installationslexikons belassen worden, weil in der Praxis noch viele Kabel und Leitungen die hellblaue Kennzeichnung haben.

Herstellen des spannungsfreien Zustands

DIN VDE 0105-100	***Betrieb von elektrischen Anlagen***
(VDE 0105-100)	*Allgemeine Festlegungen*

Das Herstellen und das Sicherstellen des spannungsfreien Zustands elektrischer Anlagen vor Arbeitsbeginn und Freigabe zur Arbeit ist in DIN VDE 0105-100 geregelt.

- Verständigung:
  Vor Beginn der Arbeiten ist das zuständige Bedienpersonal zu verständigen.
- Unterrichtung über den Schaltzustand:
  Der Verantwortliche oder die allein arbeitende Person muss zuverlässig den Schaltzustand kennen.
- Sicherheitsmaßnahmen:
  „Fünf Sicherheitsregeln“:
  - → *Freischalten*
  - → *gegen Wiedereinschalten sichern*
  - → *Spannungsfreiheit feststellen*
  - → *Erden und Kurzschließen*
  - Benachbarte, unter Spannung stehende Teile abdecken oder abschranken (→ *Schutz durch Abdeckung oder Abschrankung*)
- Freigabe zur Arbeit

Herstellerangaben

→ *Bedienungsanleitung*

Herzstromfaktor

DIN IEC/TS 60479-1	***Wirkungen des elektrischen Stroms auf Menschen und Nutztiere***
(VDE V 0140-479-1)	*Allgemeine Aspekte*

Die Wirkung des elektrischen Stroms, der bei einem elektrischen Schlag durch den Körper des Menschen fließt, ist abhängig von der Höhe des Stroms und der Dauer des Stromflusses. Maßgebend für die Stromstärke sind die Berührungsspannung und der Körperwiderstand, der wiederum abhängig ist:

- vom Körperbau (schwache oder starke Gelenke)
- von der Hautbeschaffenheit (dünne, dicke, hornige, feuchte, trockene Haut)
- vom Stromweg durch den Körper
- von der Höhe der Berührungsspannung

Bei 230 V Wechselspannung ergeben sich in Abhängigkeit vom Stromweg nachstehende Körperwiderstände als Mittelwerte:

Stromweg	Körperwiderstand in Ω
Hand zu Hand	1000
Hand zu Fuß	1000
Hand zu Füße	750
Hände zu Füße	500
Hand zu Brust	500
Hände zu Brust	250
Fuß zu Fuß	1000

Die verschiedenen Stromwege im menschlichen Körper beeinflussen folglich auch die Stromstärke. Die Stromstärke erlaubt aber noch keine Aussage über die Gefahr des Herzkammerflimmerns, da bei den verschiedenen Stromwegen auch unterschiedliche Teilströme über das Herz fließen.

Mithilfe des Herzstromfaktors kann die Gefahr des Herzkammerflimmerns (häufigste Ursache für tödliche Unfälle) bei unterschiedlichen Stromwegen durch den menschlichen Körper abgeschätzt werden.

Diese Faktoren beziehen sich auf den Herzstromfaktor 1,0 für den häufigsten Stromweg von der linken Hand zu den beiden Füßen. Einige wichtige Herzstromfaktoren sind in der **Tabelle 34** dargestellt:

Stromweg	**Herzstromfaktor *F***
linke Hand zum linken Fuß, rechten Fuß oder beiden Füßen	1,0
beide Hände zu beiden Füßen	1,0
linke Hand zur rechten Hand	0,4
rechte Hand zum linken Fuß, rechten Fuß oder zu beiden Füßen	0,8
Rücken zur rechten Hand	0,3
Rücken zur linken Hand	0,7
Brust zur rechten Hand	1,3
Brust zur linken Hand	1,5
Gesäß zur linken Hand, rechten Hand oder zu beiden Händen	0,7
linker Fuß zum rechten Fuß	0,04

Tabelle 34 Herzstromfaktoren für verschiedene Stromwege (Quelle: DIN IEC/TS 60479-1 (VDE 0140-479-1):2007-05

Es gilt für die verschiedenen Stromwege durch den menschlichen Körper die Beziehung:

$$I_h = \frac{I_{ref}}{f}$$

Dabei bedeuten:

I_{ref} Strom in mA, der über den menschlichen Körper zum Fließen kommt, bei dem Stromweg linke Hand zu beiden Füßen (Herzstromfaktor $f = 1{,}0$)

I_h Strom in mA, der bei einem Stromweg durch den menschlichen Körper zum Fließen kommen muss, um die gleiche Gefährdung hinsichtlich Herzkammerflimmern darzustellen

f Herzstromfaktor

Bei einem Stromweg von der linken Hand zu beiden Füßen ist bei einem ausreichend großen Körperstrom die Gefahr des Herzkammerflimmerns gegeben.

Bei anderen Stromwegen ist der Herzstromfaktor ein Maß für die mögliche Gefährdung im Vergleich mit dem Faktor 1. Beispielsweise würde bei einem Stromweg Brust – linke Hand bereits ein Strom

$$I_h = \frac{I_{ref}}{1,5} = 0,67 \cdot I_{ref}$$

fließen, der ein Drittel kleiner ist als der Referenzstrom, und dieselbe Gefährdung hervorrufen. Andere Stromwege ($f < 1$) führen zu einer geringen Gefährdung.

Literatur:

- *Biegelmeier, G.; Kieback, D.; Kiefer, G.; Krefter, K.-H.: Schutz in elektrischen Anlagen, Band 1: Gefahren durch den elektrischen Strom. VDE-Schriftenreihe Band 80. Berlin · Offenbach: VDE VERLAG, 2003*

HH-Sicherungen

DIN EN 60282-1	***Hochspannungssicherungen***
(VDE 0670-4)	*Strombegrenzende Sicherungen*

HH-Sicherungen sind Geräte, die einen Stromkreis unterbrechen, wenn ein Strom eine ausreichend lange Zeit einen bestimmten Wert überschreitet. Die Sicherung besteht aus dem Sicherungsunterteil mit den Anschlüssen und Einsatzträger zur Aufnahme des Sicherungseinsatzes.

Die HH-Sicherung wird vorwiegend als Teilbereichssicherung zum Schutz von Betriebsmitteln (z. B. von Ortsnetztransformatoren) bei Kurzschluss eingesetzt. Für die Auswahl der Sicherung und des Sicherungseinsatzes entsprechend ihrem/seinem Verwendungszweck sind die Angaben des Herstellers unbedingt zu beachten. Von besonderer Bedeutung ist dabei der Mindestausschaltstrom, der im Fehlerfall fließen muss, damit die Sicherung ordnungsgemäß abschalten kann.

Der Sicherungseinsatz sollte nur im stromlosen Zustand und mit dafür geeigneten Isolierzangen eingesetzt bzw. herausgenommen werden.

Der sichere Weg ist es, den Anlagenteil vor Beginn der Arbeiten → *freizuschalten*. Mit den Sicherungseinsätzen sollte besonders pfleglich umgegangen werden. Sie sind vor mechanischen Erschütterungen, Stößen oder ähnlichen Beanspruchungen sicher zu schützen.

Wenn in einem Stromkreis zwei Sicherungen angesprochen haben, ist es ratsam, alle drei Sicherungen auszutauschen. Der Hersteller ist verpflichtet, Informationen für die umweltverträgliche Entsorgung der Sicherungseinsätze zur Verfügung zu stellen.

Hilfserder

Hilfserder sind unabhängige Erder von vorhandenen Erdungsanlagen. Sie müssen deshalb mit ausreichendem Abstand im Bereich der → *Bezugserde* errichtet werden. Als ausreichender Abstand gilt mehr als 20 m Enternung von der äußeren Grenze der mit der Betriebserdung verbundenen Metallteile. Der Hilfserder ist erforderlich bei der Messung des Ausbreitungswiderstands und bei dem aktuell nicht mehr üblichen Einsatz von → *Fehlerspannungs-Schutzeinrichtungen*.

Hilfsstromkreis

DIN VDE 0100-200 *(VDE 0100-200)*	***Errichten von Niederspannungsanlagen*** *Begriffe*
DIN VDE 0100-430 *(VDE 0100-430)*	***Errichten von Niederspannungsanlagen*** *Schutz bei Überstrom*
DIN VDE 0100-460 *(VDE 0100-460)*	***Errichten von Niederspannungsanlagen*** *Trennen und Schalten*
DIN VDE 0100-557 *(VDE 0100-557)*	***Errichten von Niederspannungsanlagen*** *Hilfsstromkreise*
DIN EN 50178 *(VDE 0160)*	***Ausrüstung von Starkstromanlagen mit elektronischen Betriebsmitteln***

Als Hilfsstromkreise werden Stromkreise bezeichnet, die nicht nur Energie übertragen, sondern zusätzliche Funktionen erfüllen, beispielsweise in Steuerstromkreisen, Melde- und Messstromkreisen.

Hilfsstromkreise erfüllen einen Zweck bzw. haben eine bestimmte Funktion, wie Signalbildung, -eingabe, -verarbeitung und Signalausgabe beim Messen, Steuern oder Regeln von elektrischen Betriebsmitteln bzw. von Personen.

Möglichkeiten der Stromversorgung der Hilfsstromkreise:

- mit dem → *Hauptstromkreis* direkt verbunden
- vom Hauptstromkreis über Transformatoren mit getrennten Wicklungen
- unabhängig vom Hauptstromkreis

Beginn	des Hilfsstrom-kreises	Ende
an der ersten Überstrom-schutzeinrichtung, die vom Hauptstromkreis abzweigt		am Verbrauchsmittel, z. B. Steuerschalter oder Meldeleuchte

Betriebsspannungen:

- grundsätzlich Nennspannungen nach DIN IEC 60038 (VDE 0175-1)
- vorzugsweise Spannungen bis maximal 230 V Nennspannung für Betriebsmittel, die während des Betriebs in der Hand gehalten werden
- Toleranz: –15% bis +10 % der Betriebsspannung
  ± 2% Frequenzabweichung

Schutzmaßnahmen:

- Schutz bei Überlast: nicht erforderlich
- Schutz bei Kurzschluss:
  - Schaltglieder nach Angaben der Hersteller schützen
  - Kabel und Leitungen gegen Kurzschlussströme nach DIN VDE 0100-430 schützen oder kurz- und erdschlusssicher verlegen
- bei erhöhtem Schutzbedarf zusätzliche Anforderungen:
  - Ableitströme durch Isolationsminderung, oder/und kapazitive Verschiebeströme müssen kleiner sein als der kleinste Rückfallwert elektronisch oder magnetisch betätigter Betriebsmittel
  - durch einen Körper-, Erd- oder Kurzschluss oder durch einen Leiterbruch darf keine Sicherheits-Funktion unwirksam werden
    - geerdete Hilfsstromkreise:
      Alle Körper an den Leiter anschließen, mit dem der Hilfsstromkreis geerdet ist
    - ungeerdete Hilfsstromkreise:
      Isolationsüberwachung vorsehen
  - Hilfsstromkreise ohne direkte Verbindung mit dem Hauptstromkreis:
    - geerdete Hilfsstromkreise:
      Verbindung der elektrischen Wirkglieder mit geerdetem Leiter
    - ungeerdete Hilfsstromkreise:
    - ungeschaltete Leiter

– Hilfsstromkreise mit direkter Verbindung zum Hauptstromkreis:

Hilfs-Stromkreis	zwischen zwei ungeerdeten Außenleitern	alle Schaltglieder zweipolig ausführen
	auf einer Seite mit geerdetem Neutralleiter verbunden	Anforderungen: wie bei Hilfsstromkreisen ohne direkte Verbindung zum Hauptstromkreis
Hilfsstromkreis in TN- und TT-Systemen	zwischen einem Außenleiter und dem Neutralleiter	diese Hilfsstromkreise dürfen nicht zusätzlich geerdet werden

– Hilfsstromkreise mit strombegrenzenden Signalausgängen oder elektronischem Schutz bei Kurzschluss:
  - bei Ansprechen dieser Einrichtung:
    Abschalten des Signalkreises innerhalb von 5 s
  - bei besonderer Gefährdung:
    sicheres Abschalten gewährleisten

Mindestquerschnitte für Kabel und Leitungen:
- einadrig 1,0 mm²
- zweiadrig und mehradrig mit Schirm oder Koaxialkabel 0,5 mm²
- innerhalb von Gehäusen 0,2 mm²
- Schutzleiter 0,5 mm²
- für die Datenübertragung 0,08 mm²

Kennzeichnung: Leiter für Hilfsstromkreise farblich nach DIN VDE 0113-1: schwarz, braun, rot, orange, gelb, grün, blau, violett, grau, weiß, rosa, türkis, aber nicht grün-gelb

→ *Stromkreis*, → *Hauptstromkreis*

Hindernis

DIN VDE 0100-200	***Errichten von Niederspannungsanlagen***
(VDE 0100-200)	*Begriffe*

DIN VDE 0100-410	***Errichten von Niederspannungsanlagen***
(VDE 0100-410)	*Schutz gegen elektrischen Schlag*
DIN VDE 0105-100	***Betrieb von elektrischen Anlagen***
(VDE 0105-100)	*Allgemeine Festlegungen*

Ein Hindernis ist ein Teil, das ein unbeabsichtigtes, direktes Berühren verhindert, nicht aber eine beabsichtigte Handlung, d. h. ein Hindernis stellt einen zumindest teilweisen Schutz gegen direktes Berühren dar. Zulässig nur in → *abgeschlossenen elektrischen Betriebsstätten.*

Anforderungen an Hindernisse:

- Sie bieten einen teilweisen Schutz gegen direktes Berühren, müssen aber nicht das absichtliche Berühren durch bewusstes Umgehen des Hindernisses ausschließen.
- Sie müssen verhindern:
  - zufällige Annäherung an → *aktive Teile*
  - das zufällige Berühren aktiver Teile bei bestimmungsgemäßem Gebrauch von Betriebsmitteln.
- Sie dürfen ohne Werkzeug oder Schlüssel abnehmbar sein, jedoch muss die Befestigung ein unbeabsichtigtes Entfernen verhindern.
- Sie sollten auffällig gelb-schwarz oder rot-weiß gekennzeichnet sein
- in einem Midestabstand von 20 cm von den aktiven Teilen
- in einer Höhe über der Zugangsebene von 110 cm bis 130 cm.

→ *Schutz durch Abdeckung oder Abschrankung*

Hinweisschilder

Hinweisschilder für die Elektrotechnik:

- Verbotsschilder nach DIN 40008-2
- Hinweisschilder nach DIN 40008-6

Hochgelegene Arbeitsplätze

BGV C22	***Unfallverhütungsvorschrift*** *Bauarbeiten*

Bei der Installation von elektrotechnischen Betriebsmitteln sind immer wieder Arbeiten in größerer Höhe zu erledigen. Bei diesen Arbeiten sind generell in Abhängigkeit von der möglichen Absturzhöhe ständige Sicherungsmaßnahmen erforderlich. Dazu zählen Absturzsicherungen durch z. B. Seitenschutz, Geländer, Brüstungen, Schutzwände, feste Absperrungen. Lassen sich an Arbeitsplätzen oder Verkehrswegen aus arbeitstechnischen Gründen (z. B. notwendige Arbeiten an der Absturzkante) Absturzsicherungen nicht verwenden, so müssen Auffangeinrichtungen vorhanden sein, die abstürzende Personen sicher auffangen (BGV C 22 § 12 Abs. 2). Falls im Einzelfall der Einsatz von Auffangeinrichtungen unzweckmäßig ist, so muss der ausführende Monteur eine persönliche Schutzausrüstung benutzen.

Hochhäuser

DIN VDE 0100-718 *(VDE 0100-718)*	***Errichten von Niederspannungsanlagen*** *Bauliche Anlagen für Menschenansammlungen*
DIN EN 50172 *(VDE 0108-100)*	***Sicherheitsbeleuchtungsanlagen***

Hochhäuser sind Gebäude, bei denen der Fußboden mindestens eines Aufenthaltsraums mehr als 22 m über der festgelegten Gebäudefläche liegt.
Für die elektrischen Anlagen gelten die Festlegungen nach DIN VDE 0108 und DIN VDE 0100-718. Zusätzlich gilt, dass für den Betrieb der Sicherheitsstromversorgung als örtliche Schaltgeräte Leuchttaster vorzusehen und so anzubringen sind, dass von allen Standorten mindestens ein Taster erkennbar ist. Die Sicherheitsstromversorgung muss nach einer einstellbaren Zeit selbstständig wieder ausschalten.

→ *Bauliche Anlagen mit Menschenansammlungen*

Hochspannungsschutzerdung

DIN VDE 0141 *(VDE 0141)*	***Erdungen für spezielle Starkstromanlagen mit Nennspannungen über 1 kV***
DIN EN 50522 *(VDE 0101-2)*	***Erdung von Starkstromanlagen mit Nennwechselspannungen über 1 kV***

→ *Schutzerdung* ist die Erdung eines nicht zum Betriebsstromkreis gehörenden leitfähigen Teils, um Personen gegen zu hohe Berührungsströme zu schützen. Die Schutzerdung wird in Hochspannungsanlagen als → *Schutz bei indirektem Berühren* angewendet.

→ *Erdung*

Hohlwände, Verlegen von Leitungen Hohlwandinstallation

DIN VDE 0100-420 *(VDE 0100-420)*	***Errichten von Niederspannungsanlagen*** *Brandschutz bei besonderen Risiken oder Gefahren*

Besondere Anforderungen gelten für das Verlegen von Leitungen und Kabeln in Hohlwänden. Diese können einmal aus einer Rahmenkonstruktion bestehen, die mit Span-, Gipskarton, Holzplatten oder Blechen abgedeckt sind, und zum anderen können sie aus fabrikfertigen Bauteilen aus ähnlichen wie den oben angegebenen Materialien hergestellt sein. Üblich ist die Art der Trennwände im Fertigbau, bei Mobilheimen oder in Wohnwagen.

Allgemeine Anforderungen:
Betriebsmittel und Zubehör müssen so ausgewählt werden, dass sie den besonderen Anforderungen in Bezug auf mechanische Festigkeit, Schutzart und Brandschutz entsprechen (z. B. im Fertigbau, bei Mobilheimen, Wohnwagen).

Sonstige Anforderungen:
- Verbindungs- und Gerätedosen mit der Kennzeichnung „H“
- Installationsgeräte für UP-Montage nur in Hohlwanddosen (keine Krallenbefestigung)

- Kleinverteiler ohne „H“ müssen in der Nähe leicht entzündlicher Stoffe (z. B. aufgeschäumte Kunststoffe) mit 12 mm dickem Fibersilikat umgeben oder in 100 mm dicke Glas- oder Steinwolle eingebettet werden
- die äußere Umhüllung von Kabel und Leitungen aus flammwidrigen Kunststoffen
- Installationsrohre mit der Kennzeichnung ACF
- keine Stegleitungen
- Zug- und Schubentlastung an Anschlussstellen bei nicht fest verlegten Kabeln und Leitungen in Hohlwänden

→ *Feuergefährdete Betriebsstätten*

IEC

Die „International Electrotechnical Commission, IEC" ist eine der ältesten internationalen Organisationen. Sie wurde bereits im Jahr 1904 gegründet. Das damalige Ziel war die Sicherstellung der Zusammenarbeit der technischen Verbände der Welt durch den Einsatz einer repräsentativen Kommission. Diese Zielsetzung hat heute noch Gültigkeit.

Die Aufgaben der IEC umfassen die gesamte Elektrotechnik, und dabei werden Fragen der Vereinheitlichung, der Begriffsbestimmungen und der Bewertung elektrischer Geräte und Maschinen behandelt.

IEC-Empfehlungen werden von den Fachleuten der Mitgliedsländer ehrenamtlich erarbeitet. Die Mitgliedschaft bezieht sich immer auf ein nationales Komitee des jeweiligen Lands. Deutsches Mitglied in der IEC ist die → *DKE Deutsche Kommission Elektrotechnik Elektronik Informationstechnik im DIN und VDE*.

Die Facharbeit wird von technischen Komitees (TC), Unterkomitees (SC) und Arbeitsgruppen (WG) durchgeführt. Jedes TC behandelt ein bestimmtes abgegrenztes Fachgebiet.

Wird eine neue Aufgabe von einem TC oder SC begonnen, werden zunächst alle Unterlagen über einschlägige nationale und internationale Arbeiten zu dieser Thematik gesammelt. Die aus diesen Dokumenten gewonnenen Informationen werden zu einem ersten Entwurf aufbereitet und den nationalen Komitees als Sekretariatsschriftstücke über das Generalsekretariat zur Stellungnahme vorgelegt. Die Stellungnahmen erhalten dann wiederum alle nationalen Komitees zur Kenntnis. Soll der Entwurf als IEC-Norm herausgegeben werden, so wird die Zustimmung zur Freigabe des Entwurfs nach der Sechsmonatsregelung (d. h., innerhalb von sechs Monaten nach Absenden des Entwurfs müssen die nationalen Komitees Stellung nehmen und ihre Stimme abgeben) eingeholt.

Nach der Zustimmung verteilt dann das Generalsekretariat dieses Dokument als Central-Office-(CO-)Schriftstück wiederum an die nationalen Komitees. Lehnen weniger als ein Fünftel der Mitgliedsländer den Entwurf ab, so gilt dieses Dokument als angenommen und wird in eine IEC-Norm überführt. Ergeben sich jedoch aufgrund der Stellungnahmen gravierende Änderungen, so erfolgt eine zweite Abstimmung unter der Zweimonatsregelung.

Die IEC-Publikationen werden in Deutschland der Öffentlichkeit so früh wie möglich im Einspruchverfahren bekanntgegeben, damit eventuelle Einsprüche rechtzeitig geltend gemacht werden können.

Im Freien

Elektrische Anlagen im Freien sind Anlagen, die nach den Regeln für →*feuchte und nasse Bereiche und Räume* errichtet werden müssen.

Impedanz einer Fehlerschleife

Die Summe der Impedanzen in einer Stromschleife, bestehend aus der Impedanz der Stromquelle des Außenleiters bis zur Fehlerstelle und der Rückleitung bis zum andern Pol der Stromquelle.

Impedanz gegen Bezugserde

Impedanz zwischen einem Punkt in einem Netz, in einer Anlage oder in einem Betriebsmittel und der Bezugserde.

Inbetriebnahme

DIN VDE 0105-100 *(VDE 0105-100)*	***Betrieb von elektrischen Anlagen*** *Allgemeine Festlegungen*
BGV A3	***Unfallverhütungsvorschrift*** *Elektrische Anlagen und Betriebsmittel*

Das Inbetriebnehmen einer Anlage ist den Tätigkeiten, die unter dem Begriff →*Arbeiten an elektrischen Anlagen* fallen, zuzuordnen. Vor der Inbetriebnahme oder Wiederinbetriebnahme ist die Anlage zu prüfen, ob sie → *einschaltbereit* ist.

Indirektes Berühren

DIN VDE 0100-410	***Errichten von Niederspannungsanlagen***
(VDE 0100-410)	*Schutz gegen elektrischen Schlag*

Der Schutz vor gefährlichen Berührungsströmen im Fehlerfall. Als indirektes Berühren wird also das Berühren von Körpern elektrischer Betriebsmittel verstanden, die im Fehlerfall unter Spannung stehen, dies gilt für Menschen oder Tier. Der Schutz gegen das Berühren wird als Fehlerschutz (Schutz bei indirektem Berühren) bezeichnet.

→ *Schutz gegen elektrischen Schlag*

Industriesteckvorrichtungen

DIN EN 60309-2	***Stecker, Steckdosen und Kupplungen für industrielle Anwendungen***
(VDE 0623-2)	*Anforderungen und Hauptmaße für die Austauschbarkeit von Stift- und Buchsensteckvorrichtungen*

Industriesteckvorrichtungen (→ *CEE-Steckvorrichtungen*) sind international genormt und für die unterschiedlichsten Spannungsarten und Betriebsspannungen verwendbar. Diese Art der Steckvorrichtung hat ein gegen Nässe und mechanische Beschädigung vorteilhaftes rundes Gehäuse, dessen unterschiedliche Farbgebung zusätzlich kennzeichnend für die Spannung ist.

Die in DIN VDE 0100 gestellte Forderung, dass ein Stecker nicht in eine Dose für höhere Spannung eingeführt werden kann, wird durch bestimmte Stellungen des Einsatzes im Gehäuse erreicht. Diese Stellungen sind je nach Spannung oder Frequenz verschieden und nach Uhrzeigerstellungen festgelegt, die sich aus der Lage der Schutzkontaktbuchse des Doseneinsatzes zur Unverwechselbarkeitsnut im Dosenkragen ergeben.

Stift und Buchse des Schutzkontakts haben einen größeren Durchmesser als die der Außenleiterkante. Damit ist sichergestellt, dass selbst bei einer Beschädigung des Schutzkragens (Nut oder Nase) ein Gefahr bringendes Stecken unmöglich ist.
Bei den Steckvorrichtungen 63 A und 25 A ist in der Mitte des Einsatzes ein Pilotkontakt angeordnet, der eine elektrische Verriegelung ermöglicht. Dieser Kon-

takt schließt beim Steckvorgang zeitlich nach den übrigen Kontakten. Beim Ziehen des Steckers öffnet er zuerst.

Nach den Vorschriften kann die Stellung des Einsatzes im Gehäuse, also die Uhrzeigerstellung, nachträglich nicht verändert werden, deshalb müssen Steckvorrichtungen für die jeweilige Spannung besonders ausgewählt werden.

→ *Steckvorrichtungen*

Informationstechnische Anlagen

DIN VDE 0800-1	***Fernmeldetechnik***
(VDE 0800-1)	*Anforderungen und Prüfungen für die Sicherheit der Anlagen und Geräte*

Zu den informationstechnischen Anlagen gehören Einrichtungen zur Übermittlung und Verarbeitung von Nachrichten und Informationen.

Um Störungen beim Betrieb der informationstechnischen Anlagen zu vermeiden, ist ein → *fremdspannungsarmer Potentialausgleich* herzustellen.

Ingangsetzen im Notfall

Eine Handlung im Notfall, die einen Prozess oder eine Bewegung startet, um eine gefährliche Situation zu beseitigen.

Innenraumanlagen

DIN EN 61936-1	***Starkstromanlagen mit Nennwechselspannungen über 1 kV***
(VDE 0101-1)	*Allgemeine Bestimmungen*

Innenraumanlagen sind Anlagen in einem Gebäude oder einem Raum, in dem die Betriebsmittel gegen Witterungseinflüsse geschützt sind. Es können sowohl offene als auch gekapselte Anlagen im Innenraum aufgestellt werden. Die Anlagen sind für die im Innenraum zu erwartenden Umgebungsbedingungen (→ *äußere Einflüsse*) ausgelegt.

Innenraumklima

Als Innenraumklima gilt:

- Umgebungstemperatur: –5 °C bis 40 °C
- relative Feuchte: 5 % bis 95 %
- Fremdkörper: vernachlässigbar

Innerer Blitzschutz

DIN EN 62305-1 *(VDE 0185-305-1)*	***Blitzschutz*** *Allgemeine Grundsätze*

Als innerer Blitzschutz (Teil des Blitzschutzsystems) werden alle über den → *äußeren Blitzschutz* hinausgehenden Maßnahmen bezeichnet, die die elektromagnetischen Auswirkungen des Blitzstroms innerhalb des zu schützenden Volumens vermindern.
Der innere Blitzschutz soll eine Funkenbildung vermeiden, die durch den in den Leitern des äußeren Blitzschutzes fließenden Blitzstrom verursacht wird.
Dies kann erreicht werden durch zusätzliche Potentialausgleichsverbindungen zwischen den Leitern des äußeren Blitzschutzes, dem Metallgerüst der baulichen Anlagen, den Installationen aus Metall, den äußeren leitfähigen Teilen und den Einrichtungen der elektrischen Energie- und Informationstechnik entweder durch direkte Verbindungen oder über entsprechend dimensionierte Ableiter.

Inspektion

Maßnahmen zur Feststellung und Beurteilung des Istzustands einer Betrachtungseinheit (Bauelemente, Betriebsmittel, Anlagen).
Tätigkeiten, wie Besichtigen, Hören, Fühlen, Messen, Erproben, Beurteilen.

→ *Instandhaltung elektrischer Anlagen und Betriebsmittel*

Installationsdosen

DIN EN 60670-1 *(VDE 0606-1)*	***Dosen und Gehäuse für Installationsgeräte für Haushalt und ähnliche ortsfeste elektrische Installationen*** *Allgemeine Anforderungen*

Installationsdosen sind Gehäuse aus Metall oder aus Kunststoff in runder oder eckiger Form mit Einführungsöffnungen für Rohre und/oder Leitungen. Sie dienen zur Aufnahme der Leitungen, zum Verbinden von Leitungen mit Verbindungsklemmen und/oder zum Einsetzen von Geräten wie Schalter, Dimmer, Steckvorrichtungen und dergleichen, zum Anschließen und/oder Befestigen von Leuchten, zum mechanischen Schutz dieser eingebauten Betriebsmittel und als Schutz gegen direktes Berühren aktiver Teile.

Die Dosen werden in verschiedenster Ausführung hergestellt, je nach Installationsart und ihrem Verwendungszweck:

Installationsart:
- Aufputzdosen
- Unterputzdosen
- Imputzdosen
- Hohlwanddosen
- Betonbaudosen
- Installationskanaldosen

Verwendungszweck:
- Verbindungsdosen
- Gerätedosen
- Geräte- und Verbindungsdosen
- Anschlussdosen

Es gibt Dosen mit den verschiedensten Anforderungen an die Schutzart:
- IP20 kein Wasserschutz, nur für trockene Räume
- IP30 Einsatz in Hohlwänden
- IPX1 Feuchtraumdosen
- IP54 Einsatz in staubigen oder nassen Räumen und im Freien

Installationskanäle

DIN VDE 0100-520	***Errichten von Niederspannungsanlagen***
(VDE 0100-520)	*Kabel- und Leitungsanlagen*

Installationskanäle ist der Begriff innerhalb der Elektroinstallation für Hohlräume in Wänden oder Metall- bzw. Kunststoffkanälen, in denen Leitungen unbefestigt liegen.

→ *Verlegen von Kabeln und Leitungen*
→ *Elektroinstallationskanäle*

Installationsmaterial

DIN VDE 0606-1 **Verbindungsmaterial bis 690 V**
(VDE 0606-1) *Installationsdosen zur Aufnahme von Geräten und/oder Verbindungsklemmen*

Das Installationsmaterial wird zur Herstellung/Installation einer elektrischen Anlage benötigt. Die dazu notwendigen Geräte, Kabel, Leitungen und Bauteile sind nach der Installation fest mit dem Bauwerk verbunden. Dazu gehören z. B. Taster, Schalter, Steckdosen, Sicherungen, Kabel, Leitungen, Installationsrohre und -kanäle und das gesamte Verbindungs- und Montagematerial.

Elektrische Eigenschaften:
- Schaltvermögen
- Elektrische Lebensdauer
- Berührungsschutz
- Isolationswiderstand
- Spannungsfestigkeit
- Isolation durch Luft- und Kriechstrecken
- Kriechstromfestigkeit

Thermische Eigenschaften:
- Erwärmung
- Wärmebeständigkeit
- Feuerbeständigkeit

Mechanische Eigenschaften:
- Passsicherheit
- Anschlusssicherheit
- Schraubenfestigkeit
- Gehäusefestigkeit

Sonstige Eigenschaften:
- Wasserschutz
- Rostschutz
- Schutz durch sachgerechte Ausstattung
- Betriebssicherheit durch Beachten von Aufschriften

Installationspläne

DIN VDE 0100-510 ***Errichten von Niederspannungsanlagen***
(VDE 0100-510) *Allgemeine Bestimmungen*

Anforderungen für die Kennzeichnung der Anlagen:

- Zweck der Schalt- und Steuerpläne angeben, um Verwechslungen zu vermeiden.
- Zuordnung von Kabeln und Leitungen. Art ihrer Verlegung ist zu dokumentieren.
- Es sind je nach Umfang der Anlage Schaltpläne, Diagramme oder Tabellen anzulegen, die Auskunft geben über Art und Aufbau der Stromkreise, Verbrauchsstellen, Anzahl und Querschnitt der Leiter und eine Identifizierung der Schutz-, Trenn- und Schalteinrichtung möglich machen.
- In den Planunterlagen sind genormte Schaltzeichen zu verwenden.
- Schaltpläne und Dokumentationen sollten Angaben für jeden Stromkreis enthalten:
  - Länge der Stromkreise
  - Typen und Querschnitte von Leitern
  - Schutzeinrichtungen; Art und Typen
  - Bemessungströme und Einstellwerte
  - zu erwartende Kurzschlussströme

Die Dokumentationen sollten aktualisiert werden.

Installationstechnik

→ *Elektroinstallationen*

Instandhaltbarkeit

Die Instandhaltbarkeit für elektrische Anlagen und Betriebsmittel ist ein wichtiges Kriterium für die Beurteilung der Qualität und der Lebensdauer. Voraussetzung und Merkmale für die Beurteilung sind:

- Es muss sichergestellt sein, dass während der gesamten Lebensdauer der Anlagen die Wirksamkeit der Schutzmaßnahmen gegeben ist.
- Die Zuverlässigkeit der Betriebsmittel über die Lebensdauer angemessen ist.
- Während der gesamten Lebensdauer die Besichtigung, Prüfung, Wartung und Instandsetzung bequem und sicher ausgeführt werden können.

Instandhaltung elektrischer Anlagen und Betriebsmittel

DIN V VDE V 0109-1 *(VDE V 0109-1)*	***Instandhaltung von Anlagen und Betriebsmitteln in elektrischen Versorgungsnetzen*** *Systemaspekte und Verfahren*
DIN V VDE V 0109-2 *(VDE V 0109-2)*	***Instandhaltung von Anlagen und Betriebsmitteln in elektrischen Versorgungsnetzen*** *Zustandsfeststellung von Betriebsmitteln/Anlagen*

Die Instandhaltung ist nach DIN 31051 der Oberbegriff für die Inspektion, die Wartung und die Instandsetzung. Die Instandhaltung der elektrischen Anlagen und Betriebsmittel gewinnt zunehmend aus folgenden Gründen an Bedeutung:

- zunehmende Automatisierung
- erhöhte Anforderungen an die Verfügbarkeit der Elektrizität und damit an alle Betriebsmittel
- steigende Verkettung der Anlagen zur integrierten Anlagentechnik
- Verbesserung des Personen- und Sachschutzes
- Anforderungen an die Arbeitssicherheit
- verschärfter Umweltschutz

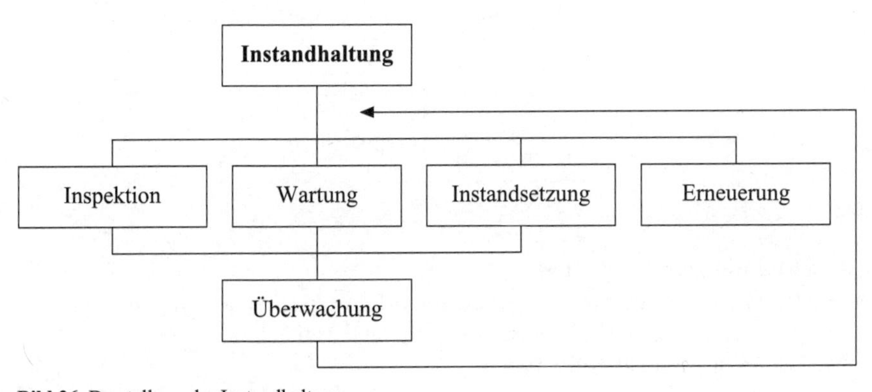

Bild 36 Darstellung der Instandhaltung

Ziele der Instandhaltung sind daher:

- mehr Verfügbarkeit
- mehr Sicherheit

- weniger Ausfälle
- weniger Umweltbelastungen
- weniger Gesamtkosten
- längere Lebensdauer

Die Definition bezieht sich auf alle Objekte (Zustand der Betrachtungseinheit), deren Verwendbarkeit durch geeignete Maßnahmen verlängert werden kann. Instandhaltung setzt Aktivität voraus mit dem Ziel, die Anlagen während geplanter Betriebszeiten in einem Zustand zu erhalten, die ihre volle Nutzung ermöglicht.

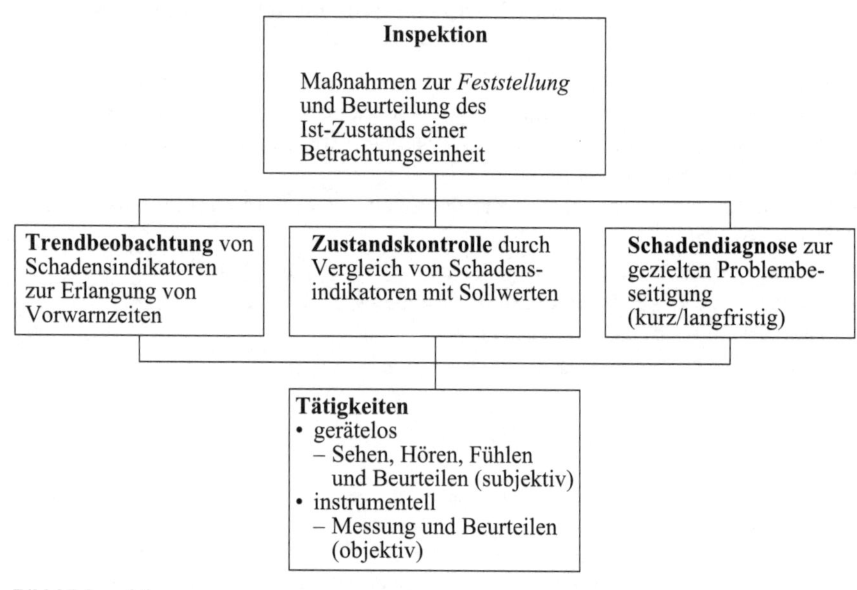

Bild 37 Inspektion

Diese Maßnahmen beinhalten:

- Erstellen eines Plans zur Feststellung des Ist-Zustands der jeweiligen Anlage
- Angaben über Ort, Termin, Methode, Gerät und Maßnahmen
- Vorbereitung und Durchführung
- Durchführung, vorwiegend die quantitative Ermittlung bestimmter Größen
- Vorlage des Ergebnisses der Ist-Zustandfeststellung
- Auswertung der Ergebnisse zur Beurteilung des Ist-Zustands
- Ableitung der notwendigen Konsequenzen aufgrund der Beurteilung

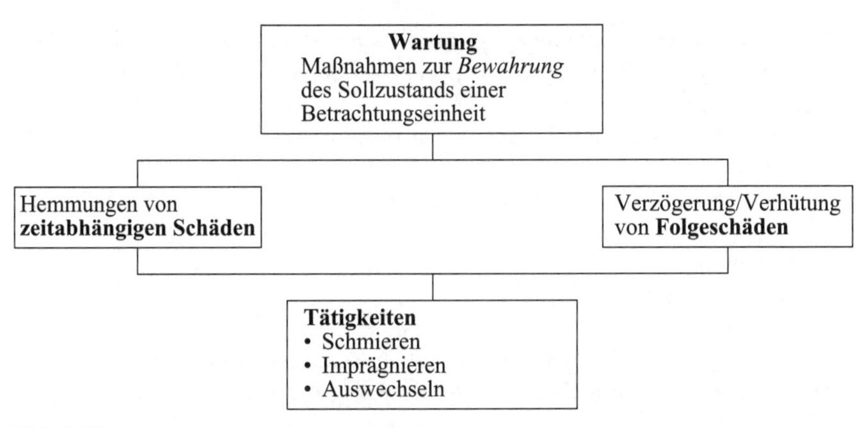

Bild 38 Wartung

Diese Maßnahmen beinhalten:

- Erstellen eines Wartungsplans der jeweiligen Anlage
- Vorbereitung der Durchführung
- Durchführung
- Rückmeldung

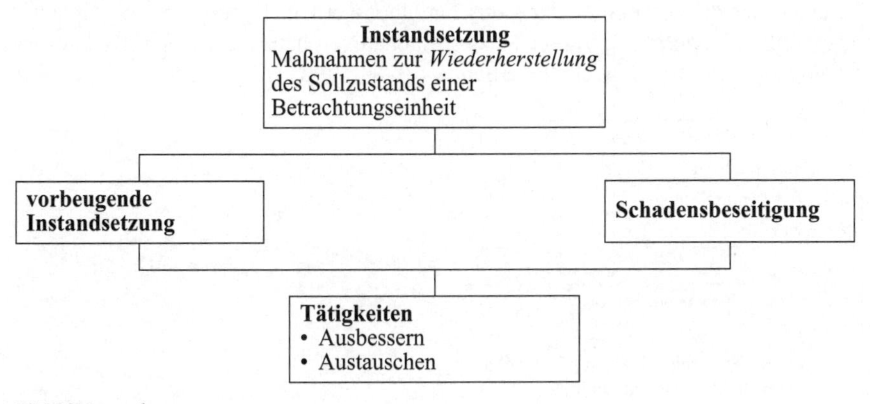

Bild 39 Instandsetzung

Diese Maßnahmen beinhalten:

- Auftrag, Auftragsdokumentation und Analyse des Auftragsinhalts
- Planung im Sinne des Aufzeigens und Bewertens alternativer Lösungen unter Berücksichtigung betrieblicher Forderungen
- Entscheidung für eine Lösung

- Vorbereitung der Durchführung, beinhaltend Kalkulation, Terminplanung, Abstimmung, Bereitstellung von Personal, Mitteln und Material, Erstellung von Arbeitsplänen
- Vorwegmaßnahmen wie Arbeitsplatzausrüstung, Schutz- und Sicherheitseinrichtungen usw.
- Überprüfen der Vorbereitung und der Vorwegmaßnahmen einschließlich der Freigabe zur Durchführung
- Durchführung
- Funktionsprüfung und Abnahme
- Fertigmeldung
- Auswertung einschließlich Dokumentation, Kostenaufschreibung, Aufzeigen und gegebenenfalls Einführen von Verbesserungen

Die Instandhaltung ist als übergeordneter Begriff die Gesamtheit aller Maßnahmen zur Bewahrung und Wiederherstellung des Sollzustands sowie zur Feststellung und Beurteilung des Ist-Zustands. Sie wird unterteilt in Inspektion, Wartung und Instandsetzung. Die geplante, vorbereitete bzw. die zustandsbezogene Instandhaltung ist selbstverständlich unvorhergesehenen Maßnahmen vorzuziehen. Sie kann, basierend auf Erkenntnissen der Inspektion, der Wartung, der Instandsetzung und den Überwachungsmaßnahmen, mithilfe von Auswertungen der Schäden und weiterer Statistiken durchgeführt werden. Da es sich um geplante, also zeitlich längerfristig vorhersehbare Maßnahmen handelt, können dazu vorher Strategien (**Bild 40**) entwickelt werden.

Strategieplanung

- störungsbedingte Strategie
- vorbeugende Strategie
- Inspektionsstrategie

▼

Bereitstellungplan

- Personalplanung
- Planung der Bereitstellung von Instandhaltungsmaterial und Betriebsmitteln
- Reservematerial

Arbeitsablaufplanung

- Arbeitsplanerstellung
- Zeitermittlung

Bild 40 Instandhaltungsplanung

Zusätzlich sind bei der Planung der Instandhaltung weitere Einflüsse aus unterschiedlichen Informationsbereichen zu berücksichtigen:

- Unternehmensziele und -entscheidungen
- Anordnungen, Weisungen, Werknormen
- technische Entwicklung
- Regeln der Technik
- wissenschaftliche Untersuchungsergebnisse
- Gesetzgebung und Rechtsprechung
- Anforderungen der Arbeitsicherheit
- Störungs- und Schadenstatistik
- Erfahrungen der Hersteller und Lieferanten
- Ergebnisse der Inspektion

Erneuerung

- Austausch des Betriebsmittels durch ein neues

Bild 41 Erneuerung

Mehrere Einflüsse müssen bei der Entscheidung, Instandsetzung oder Erneuerung der Betrachtungseinheit, berücksichtigt, werden, z. B.:

- technische Gründe
- Verschleiß, Abnutzung, sich wiederholende Störungen, Schäden je nach Größe der Betrachtungseinheit
- wirtschaftliche Kriterien
- Kostenvergleich mehrerer Alternativen, Steuergesetzgebung, wirtschaftliche/ technische Lebensdauer
- städteplanerische Kriterien
- Einfluss Dritter
- Gesetzgebung
- umweltbedingte Gründe
- technische Entwicklung

Unter Beachtung aller Einflussfaktoren kann es, je nach Betrachtungseinheit, sinnvoll sein, noch instandzusetzen, Teile zu erneuern oder die jeweiligen Betriebsmittel ganz zu erneuern.

Wird beispielsweise die Löschkammer eines Lasttrennschalters erneuert, so ist es für die Betrachtungseinheit Lasttrennschalter eine Instandsetzung, für die Betrachtungseinheit Löschkammer eine Erneuerung.

Anforderungen aus den anerkannten Regeln der Technik:
- Forderung DIN VDE 0105/BGV A3: ordnungsgemäßer Zustand muss erhalten bleiben
- Mängel sobald als möglich, bei Gefahr unverzüglich beseitigen
- ordnungsgemäßer Zustand muss durch Elektrofachkraft überprüft werden
- Umfang der Prüfung: Stichproben, es ist kein fester Turnus verlangt

Aus der DIN VDE 0105 einige wichtige Positionen, die für die Instandhaltung maßgebend sind:
- Kurzfassung
- Erhalten des ordnungsgemäßen Zustands
- Mängelbeseitigung
- Zustandsprüfung in angemessenen Zeiträumen
- Änderung der Betriebsbedingung
- Isolationszustand
- Prüfung von Auslösestrom, Auslösezeit
- Reinigung elektrischer Geräte und Betriebsmittel
- Isoliermittel, Löschmittelprüfung
- Wirksamkeit von Schutz und Überwachungseinrichtung

Erhalten des ordnungsgemäßen Zustands von Schutz- und Hilfsmitteln (Werkzeuge, Körperschutzmittel, Schutzvorrichtungen):
- wiederkehrende Prüfungen
- Prüffristen, Prüfungen, Prüfungsumfang
- Besichtigen
- Erproben
- Messen
- sonstige Prüfungen
- Nachprüfung der Schutzbekleidung
- Nachprüfung der Einrichtungen zur Unfallverhütung

Internationales Elektrotechnisches Wörterbuch (IEV)

Das Internationale Elektrotechnische Wörterbuch (International Electrotechnical Vocabulary – IEV) wird seit 1938 von der → *IEC* herausgegeben. Es beinhaltet derzeit rund 17 000 in der Elektrotechnik verwendete Begriffe und ihre Definitionen, die nach Kapiteln geordnet sind. Unter Beteiligung der interessierten Länder werden in technischen Komitees die Begriffe festgelegt und ihre Bedeutung in den Sprachen Englisch und Französisch erläutert. Die Begriffe selbst werden in weiteren elf Sprachen, unter anderem auch in Deutsch, angezeigt.

Es wird angestrebt, dass die Begriffe in den regionalen (europäischen) und nationalen Normen in der jeweils festgelegten Bedeutung verwendet werden.

Die DKE Deutsche Kommission Elektrotechnik Elektronik Informationstechnik im DIN und VDE macht dieses grundlegende Werk der Elektrotechnik auch den deutschen Fachleuten zugänglich, indem sie deutsche Übersetzungen der einzelnen IEV-Kapitel zur Verfügung stellt. Zusätzlich sind die englischen und französischen Originaltexte enthalten. Die „Deutsche Ausgabe des IEV" ist als Online-Ausgabe mit der Möglichkeit der elektronischen IEV-Recherche auf der Internetseite der DKE unter www.dke.de/dke-iev verfügbar.

IP-Code

DIN EN 60529 ***Schutzarten durch Gehäuse (IP-Code)***
(VDE 0470-1)

Ein Bezeichnungssystem, das den Umfang und die Anforderungen des Schutzes an ein Gehäuse eines elektrischen Betriebsmittels klassifiziert. Zu dem Code sind Angaben enthalten zum:

- Berührungsschutz
- Fremdkörperschutz
- Wasserschutz

→ *IP-Schutzarten*

IP-Schutzarten

DIN EN 60529 ***Schutzarten durch Gehäuse (IP-Code)***
(VDE 0470-1)

Die IP-Schutzarten geben den Umfang des Schutzes eines elektronischen Betriebsmittels durch ein Gehäuse an. Der Umfang des Schutzes bzw. die Anforderungen an den Schutz werden durch ein Bezeichnungssystem, den → *IP-Code*, klassifiziert.

Das Kurzzeichen, das den Grad des Schutzes erkennen lässt, besteht aus den Kennbuchstaben IP (International Protection) und den daran angefügten Kennziffern. Während die Kennbuchstaben stets gleichbleibend sind, ändern sich die Kennziffern in Abhängigkeit von den jeweiligen Anforderungen an den Schutz.

Die Schutzarten legen Anforderungen fest für den:

- Berührungsschutz
- Schutz von Personen gegen Zugang zu gefährlichen Teilen
- Fremdkörperschutz
- Schutz des Betriebsmittels gegen Eindringen von festen Fremdkörpern
- Wasserschutz
- Schutz der Betriebsmittel gegen schädliche Einwirkungen durch das Eindringen von Wasser

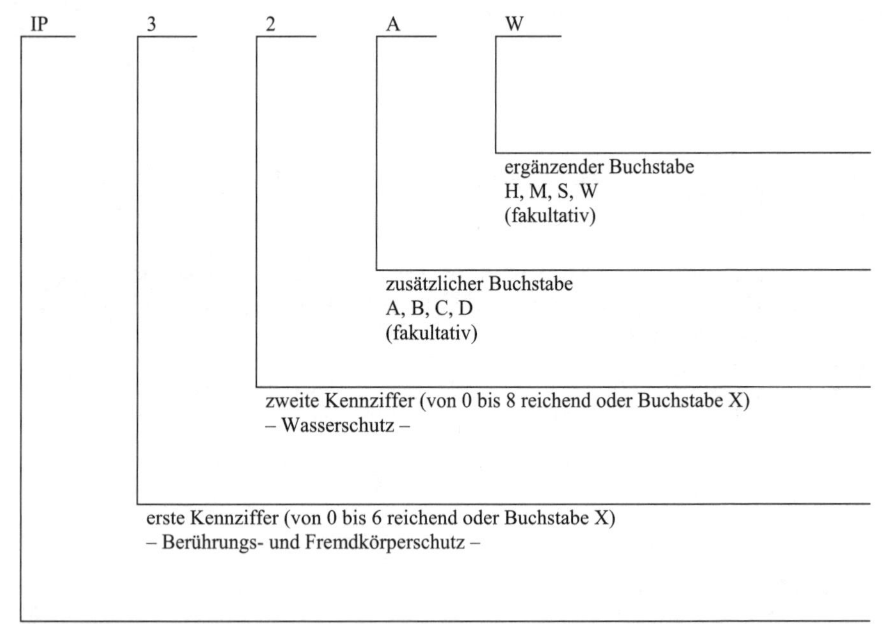

Bild 42 Beispiel zum IP-Code

Die Bedeutung der Kennziffern kann der **Tabelle 35** entnommen werden. Die erste Kennziffer stellt die Anforderungen an den Schutz des Gehäuses dar, und zwar in welcher Weise Personen Schutz gegen den Zugang zu gefährlichen Teilen geboten wird. Der Schutz muss sicherstellen, dass Teile des menschlichen Körpers weder direkt noch indirekt mit einem Gegenstand Zugang zu gefährlichen Stellen des jeweiligen elektrischen Betriebsmittels erhalten.

Kennziffer (Schutzgrad)	Erste Ziffer		Zweite Ziffer
	Berührungsschutz	***Fremdkörperschutz***	***Wasserschutz***
0	kein besonderer Schutz	kein besonderer Schutz	kein besonderer Schutz
1	geschützt gegen den Zugang zu gefährlichen Teilen mit dem Handrücken	geschützt gegen feste Fremdkörper 50 mm Durchmesser und größerer	geschützt gegen Tropfwasser
2	geschützt gegen den Zugang zu gefährlichen Teilen mit einem Finger	geschützt gegen feste Fremdkörper 12,5 mm Durchmesser und größerer	geschützt gegen Tropfwasser, wenn das Gehäuse bis zu 15° geneigt ist
3	geschützt gegen den Zugang zu gefährlichen Teilen mit einem Werkzeug	geschützt gegen feste Fremdkörper 2,5 mm Durchmesser und größerer	geschützt gegen Sprühwasser
4	geschützt gegen den Zugang zu gefährlichen Teilen mit einem Draht	geschützt gegen feste Fremdkörper 1,0 mm Durchmesser und größerer	geschützt gegen Spritzwasser
5	geschützt gegen den Zugang zu gefährlichen Teilen mit einem Draht	staubgeschützt	geschützt gegen Strahlwasser
6	geschützt gegen den Zugang zu gefährlichen Teilen mit einem Draht	staubgeschützt	geschützt gegen starkes Strahlwasser
7			geschützt gegen die Wirkungen beim zeitweiligen Untertauchen in Wasser
8			geschützt gegen die Wirkungen beim dauernden Untertauchen in Wasser

Tabelle 35 IP-Schutzarten

Gleichzeitig gibt die erste Ziffer den Grad der Anforderung wieder, inwieweit das Gehäuse dem Betriebsmittel Schutz gegen das Eindringen von festen Fremdkörpern gewährt. Zusammenfassend bezeichnet die erste Kennziffer den Schutzgrad gegen den Zugang zu gefährlichen Teilen und gegen feste Fremdkörper (frühere Bezeichnung aus der DIN 40050: Berührungs- und Fremdkörperschutz).

Die zweite Kennziffer bezeichnet den Schutzgrad gegen Wasser (Tabelle 35). Schädliche Einwirkungen durch das Eindringen von Wasser sollen verhindert werden.

Die Kennziffern können nach DIN VDE 0470-1 „Schutzarten durch Gehäuse (IP-Code)“ noch durch die Verwendung weiterer Buchstaben ergänzt werden.
Der zusätzliche Buchstabe hat eine Bedeutung für den Schutz von Personen und macht eine Aussage über den Schutz gegen den Zugang zu gefährlichen Teilen.

- Buchstabe A Handrücken
- Buchstabe B Finger
- Buchstabe C Werkzeug
- Buchstabe D Draht

Der ergänzende Buchstabe hat eine Bedeutung für den Schutz des Betriebsmittels und gibt ergänzende Informationen.

- Buchstabe H Hochspannungsgeräte
- Buchstabe M Wasserprüfung während des Betriebs
- Buchstabe S Wasserprüfung bei Stillstand
- Buchstabe W Wetterbedingungen

Für die Anwendung des IP-Kurzzeichens weitere Hinweise:
Unterschied der Kennziffer „O“ bzw. „X“:
- O bedeutet kein besonderer Schutzgrad gefordert
- X bedeutet der Schutzgrad ist freigestellt

Beispiel:

- IPX3 bedeutet: Berührungs- und Fremdkörperschutz ist freigestellt Wasserschutz: geschützt gegen Sprühwasser
- IP5X bedeutet: Berührungs- und Fremdkörperschutz; geschützt gegen den Zugang mit einem Draht/staubgeschützt; Wasserschutz ist freigestellt

Staubgeschützt (Kennziffer 5) bedeutet:
Staub darf nur in so begrenztem Umfang eindringen, dass ein zufriedenstellender Betrieb des Geräts gewährleistet ist und die Sicherheit nicht beeinträchtigt wird.

Wasserschutz:
Bis zur Kennziffer 6 bedeutet, dass auch die Anforderungen für alle niedrigen Kennziffern erfüllt sind, z. B. IPX6 erfüllt gleichzeitig IPX1/IPX2/IPX3/IPX4/IPX5.

Dies gilt aber nicht bei IPX7 oder IPX8, d. h. IPX8 erfüllt nicht gleichzeitig die Forderung nach IPX4 oder IPX6. Soll beides bei dem jeweiligen Gerät erreicht werden, so müssen auch beide Bezeichnungen verwendet werden, also eine Doppel-Kennzeichnung: z. B. IPX6/IPX8.

Zusätzliche und/oder ergänzende Buchstaben dürfen ersatzlos entfallen.

Werden mehrere zusätzliche bzw. ergänzende Buchstaben verwendet, so gilt die alphabetische Reihenfolge.

Die genannten Schutzarten gelten für Betriebsmittel und auch für elektrische Anlagen.

Je nach Notwendigkeit variieren die Forderungen an die jeweiligen Schutzgrade. → *Abdeckungen* und → *Umhüllungen* in der Elektroinstallation sind grundsätzlich nach der Schutzart IP2X auszulegen. Horizontale Oberflächen, die eine Anlage nach oben hin abdecken, müssen jedoch mindestens der Schutzart IP4X genügen. Das bedeutet, Einführungen von Leitungen dürfen nach Fertigstellung der Anlage ebenfalls keine größeren Spalten bzw. Löcher als 1 mm aufweisen.

Abdeckungen und Umhüllungen dürfen nur mit entsprechendem Werkzeug (oder Schlüsseln) entfernt werden können, oder es muss sichergestellt sein, dass vor dem Entfernen das Abschalten der Spannung an allen aktiven Teilen zwangsweise erfolgt.

Eine weitere Ausnahme von der „Werkzeug-Forderung“ ist dann zulässig, wenn nach Entfernen der Abdeckung sich dort eine weitere „Zwischen-Abdeckung“ wenigstens der Schutzart IP2X befindet.

Für Betriebsmittel und für elektrische Anlagen in Betriebsstätten und Räumen besonderer Art sind Schutzarten teilweise für den speziellen Fall gesondert festgelegt. **Tabelle 36** soll einen schnellen Überblick zu den verschiedenen Schutzarten in Abhängigkeit der unterschiedlichen Anwendungsfälle geben.

Es sind nur die Teile der Gruppe 700 gesondert hervorgehoben, in denen zusätzliche Anforderungen zur Schutzart enthalten sind. Die in der Tabelle aufgelisteten IP-Schutzarten sind entweder in den aktuellen Normen als Anforderungen enthalten oder können als Empfehlungen verstanden werden, da sie in dieser Bezeichnung in den aktuellen Normen nicht mehr gefordert sind.

DIN VDE 0100	IP-Schutzarten		
Teil 701	Bereich	Öffentliche Bäder	Bäder im Wohnbereich
Räume mit Badewannen oder Dusche	0	IPX7	IPX7
	1	IPX5	IPX4, IPX5 [1)]
	2	IPX5	IPX4, IPX5 [1)]
	3	IPX5	IPX1 [2)]
	[1)] bei Strahlwasser		
	[2)] für Leuchten genügt IPX0		
Teil 702	Bereich	überdachte Schwimmbecken	Schwimmbecken im Freien
Schwimmbäder	0		
	1		
	2 [2)]		
	[1)] auch IPX4 – ohne Anwendung von Strahlwasser zur Reinigung		
	[2)] IPX5 – dort, wo Strahlwasser zur Reinigung eingesetzt wird		
Teil 703	• Abdeckungen und Umhüllungen mindestens IP2X		
Sauna	• Betriebsmittel IP24		
	• IP24 gilt auch für Betriebsmittel mit Schutzkleinspannung		
Teil 704	***Betriebsmittel***	***Schutzart***	***Anmerkung***
Baustellen	Anlasswiderstände[*)]	IP44	außerhalb von Schaltanlagen und Verteilern
	Abzweigdosen	IPX4	
	Baustromverteiler	IPX43	
	AV-Schrank		Messeinrichtung im AV-Schrank
	Ersatzstromversorgungsanlagen	IP23	Anwendung im Freien
	handgeführte Elektrowerkzeuge	IP2X	

Tabelle 36 IP-Schutzarten für unterschiedliche Anwendungsfälle der Betriebsmittel und Forderung der IP-Schutzarten für Betriebsstätten und Räume besonderer Art

DIN VDE 0100	IP-Schutzarten		
Teil 704 Baustellen	***Betriebsmittel***	***Schutzart***	***Anmerkung***
	Handleuchten	IPX5	
	Hebezeuge	IP23	
	Installationsmaterial	IPX4	
	Kleinstbaustromverteiler	IP43	
	Kräne	IP23	
	Leitungsroller	IPX4	
	Leuchten	IPX3	
	Maschinen*)	IP44	außerhalb von Schaltanlagen und Verteilern
	Regelwiderstände*)	IP44	
	Schalt- und Steuergeräte*)	IP44	
	Schaltanlagen	IP43	
	Schweißstromquellen	IP23	Anwendung im Freien
	Steckvorrichtungen	IPX4	
	steckbare Verteilungseinrichtung als Speisepunkt	IP43	
	Verteiler	IP43	
	Wärmegeräte	IPX4	
	*) auf Kranen IP23		
Teil 705 Landwirtschaftliche und gartenbauliche Anwesen	• Abdeckungen und Umhüllungen mindestens IP2X • Schaltgeräte für Schutzmaßnahmen außerhalb feuergefährdeter Betriebsstätten oder Umhüllung mit IP4X (mindestens) oder bei Staubanfall IP5X • elektrische Betriebsmittel mindestens IP44 (höhere Schutzarten: entsprechend den äußeren Einflüssen)		
Teil 706 Leitfähige Bereiche mit begrenzter Bewegungsfreiheit	Schutz gegen direktes Berühren (auch bei Schutzkleinspannung) durch Abdeckung oder Umhüllungen von mindestens der Schutzart IP2X		

Tabelle 36 IP-Schutzarten für unterschiedliche Anwendungsfälle der Betriebsmittel und Forderung der IP-Schutzarten für Betriebsstätten und Räume besonderer Art (Fortsetzung)

DIN VDE 0100	IP-Schutzarten
Teil 708 Campingplätze/ Caravanplätze	Steckdosen: IP44; Steckdosen und andere Installationsgeräte, die dem Wetter ausgesetzt sind: IP55 elektrische Anlagen in Räumen mit Badewanne oder Dusche müssen der Schutzart nach DIN VDE 0100-701 entsprechen
Teil 729 Aufstellen und Anschließen von Schaltanlagen und Verteilern	Schaltanlagen und Verteiler müssen nach dem Aufstellen die angegebene Schutzart für feste Fremdkörper und Eindringen von Wasser aufweisen. Geringere Schutzarten als IP2X sind nach DIN VDE 0100-731 nur in elektrischen Betriebsstätten oder abgeschlossenen elektrischen Betriebsstätten zulässig
Teil 732 Hausanschlüsse in öffentlichen Kabelnetzen	Hausanschlusskasten – Schutzart nach Art der Umgebung
Teil 737 Feuchte und nasse Bereiche und Räume, Anlagen im Freien	• feuchte, nasse Bereiche und Räume IPX1 • bei Umgang mit Strahlwasser IPX4 sind die Betriebsmittel unmittelbar dem Wasserstrahl ausgesetzt; eine entsprechend höhere Schutzart ist zu wählen • geschützte Anlagen im Freien IPX1 • ungeschützte Anlagen im Freien IPX3
Teil 740 Vorübergehend errichtete elektrischen Anlagen, wie für Aufbauten, Kirmesplätze, Zirkusse, Vergnügungsparks	• elektrische Betriebsmittel müssen mindestens der Schutzart IP 44 entsprechen • elektrische Verbindungen müssen in einem Gehäuse mit mindestens der Schutzart IP4X oder IPXXD hergestellt werden • Leuchten und Lichterketten müssen einer geeigneten Schutzart nach DIN VDE 0100-510 (abhängig von den äußeren Einflüssen) entsprechen; sie müssen so errichtet sein, dass Fremdkörper und/oder Wasser nicht eindringen können

Tabelle 36 IP-Schutzarten für unterschiedliche Anwendungsfälle der Betriebsmittel und Forderung der IP-Schutzarten für Betriebsstätten und Räume besonderer Art (Fortsetzung)

ISO

„International Organization for Standardization, ISO“ ist seit 1947 als Nachfolgeorganisation der bereits seit 1926 bestehenden Vereinigung der Normenorganisation, ISO, gegründet worden. Sie ist die größte nicht staatliche Organisation für industrielle und technisch-wissenschaftliche Zusammenarbeit. Ihr Arbeitsgebiet erstreckt sich auf alle Fachbereiche mit Ausnahme der Elektrotechnik, für die die → *IEC* zuständig ist.

Gründe für eine gezielte Förderung der internationalen Normung sind:
- Beseitigen von Handelshemmnissen, freier Warenverkehr
- zunehmende gesellschaftspolitische Verantwortung in den Bereichen Arbeits-, Umwelt- und Verbraucherschutz
- Unterstützung der Entwicklungsländer, die für ihre nationale Normung eine internationale Basis benötigen und dadurch Know-how übernehmen können
- zunehmendes Interesse staatlicher Stellen

Isolation

DIN VDE 0100-410 *(VDE 0100-410)*	***Errichten von Niederspannungsanlagen*** *Schutz gegen elektrischen Schlag*
DIN VDE 0100-600 *(VDE 0100-600)*	***Errichten von Niederspannungsanlagen*** *Prüfungen*

Der Widerstand von isolierenden Fußböden darf an keiner Stelle, an der gemessen wird, die folgenden Werte unterschreiten:
- 50 kΩ (Nennspannung der Anlage bis 500 V)
- 100 kΩ (Nennspannung der Anlage über bis 500 V)

Liegt der Messwert an einer Stelle des isolierenden Fußbodens unter den festgelegten Werten, so gilt der Fußboden nicht mehr als isolierender Fußboden, sondern im Sinne des Schutzes gegen elektrischen Schlag als fremdes leitfähiges Teil. Diese Anforderungen gelten für den → *Schutz durch nicht leitende Räume.*

Es ist sicherzustellen, dass die Isolierung von Fußböden nicht durch Feuchtigkeit beeinträchtigt werden kann.

Für die genaue Beurteilung, ob Fußböden isolierend oder nicht isolierend sind, kann DIN VDE 0100-600 herangezogen werden. Danach müssen mindestens drei Messungen am selben Ort durchgeführt werden. Eine dieser Messungen muss ungefähr in 1 m Abstand von jedem berührbaren fremden leitfähigen Teil an diesem Ort durchgeführt werden. Die vorgenannten Messungen müssen für jede zu prüfende Oberfläche wiederholt werden. Vor dem Messen sollte durch Besichtigen festgestellt werden, ob die Körper so angeordnet sind, dass ein gleichzeitiges Berühren von zwei Körpern und einem leitfähigen Teil nicht möglich ist. Es sollte mit der im Betrieb vorkommenden Spannungsart und -höhe gemessen werden.

Weitere Details können DIN VDE 0100-600 entnommen werden. Dort ist detailliert die Vorgehensweise der Messung isolierender Fußböden erläutert.

Ein Beispiel für nicht isolierende Fußböden sind Betonböden mit Baustahlmatten. In diesem Fall muss die Stahlarmierung in den zusätzlichen Potentialausgleich einbezogen werden. Für isolierende Fußböden wird keine Potentialsteuerung gefordert. Auch Fußböden, die beispielsweise aus vorgefertigten einzelnen Betonplatten mit Stahlarmierung bestehen, brauchen dann nicht in den zusätzlichen Potentialausgleich einbezogen zu werden, wenn die Armierung nicht ohne Beschränkung des Bodens zugänglich ist.
Das gilt auch für Plattenbeläge ohne Armierung und für Mutterboden oder Rasenflächen.

→ *Isolierung*

Isolationsfehler

DIN VDE 0100-200 *(VDE 0100-200)*	***Errichten von Niederspannungsanlagen*** *Begriffe*
DIN VDE 0100-420 *(VDE 0100-420)*	***Errichten von Niederspannungsanlagen*** *Schutz gegen thermische Auswirkungen*
DIN EN 61557-1 *(VDE 0413-1)*	***Elektrische Sicherheit in Niederspannungsnetzen bis AC 1 000 V und DC 1 500 V – Geräte zum Prüfen, Messen oder Überwachen von Schutzmaßnahmen*** *Allgemeine Anforderungen*

Fehlerhafter Zustand der Isolierung, der zu einem Kurz-, Erd- oder Körperschluss führen kann. Ein Isolationsfehler kann durch mechanische Einwirkungen, Alterung, Wärme, Feuchtigkeit, Überspannungen oder durch eine Kombination dieser Einflüsse eingeleitet werden. Aus einer zunächst gelegentlich auftretenden Glimmentladung kann sich über einen Lichtbogen ein Kurzschluss entwickeln.

Isolationskoordination

DIN EN 60664-1 *(VDE 0110-1)*	***Isolationskoordination für elektrische Betriebsmittel in Niederspannungsanlagen*** *Grundsätze, Anforderungen und Prüfungen*

Ziel der Isolationskoordination ist es, die Isolationsfestigkeit durch geeignete Bemessung an die auftretenden Spannungsbeanspruchungen anzupassen. Die Isolationskoordination ist die Zuordnung der Kenngrößen der Isolation eines Betriebsmittels zu den kurz- und langzeitig anliegenden Spannungen, den zu erwartenden Umgebungsbedingungen sowie den Schutzmaßnahmen gegen Überspannung und Verschmutzung.

Diesen Beanspruchungen muss eine ausreichende Isolationsfestigkeit gegenüberstehen. Sie ist abhängig vom Isoliermaterial, den Luft- und Kriechstrecken.

Einflussgrößen der Isolationsbemessung:

- Arbeitsspannung, der höchste Wert (Effektivwert) der Wechsel- oder Gleichspannung, der an der Isolierung langzeitig auftreten kann und dem die Isolierung standhalten muss.
- Transiente Überspannungen (Schalt- oder Blitzüberspannungen) sind kurzzeitige Überspannungen von einigen Millisekunden Dauer oder weniger, schwingend oder nicht schwingend, in der Regel aber stark gedämpft. Sie können aus dem Verteilungsnetz in die Verbraucheranlagen übertragen werden. In freileitungsversorgten Verbraucheranlagen ist mit höheren Überspannungswerten zu rechnen als in Anlagen, die aus dem Kabelnetz versorgt werden.

  Die zu erwartenden transienten Überspannungen werden nach den aktuellen Normen in vier Überspannungskategorien eingeteilt, die ein elektrisches Betriebsmittel der zu erwartenden Überspannung zuordnet.

  Kategorie I:
  Gegen transiente Überspannungen geschützte Betriebsmittel. Isolierung und Schutzpegel der verwendeten Schutzeinrichtung müssen aufeinander abgestimmt sein. Der Praktiker sollte davon ausgehen können, dass das gegen Überspannungen empfindliche Betriebsmittel mit einem geeigneten Überspannungsschutz ausgestattet ist.

  Kategorie II:
  Äußere Überspannungen sind nicht zu erwarten, wie z. B. in Anlagen, die über Kabel versorgt werden. Die Isolierung wird für kurzzeitige Spannungen bis zu 2,5 kV ausgelegt.

  Kategorie III:
  Wie Kategorie II, jedoch mit einer Isolationsfestigkeit für kurzzeitige Spannungen bis 4 kV, um bei geringer Versagenswahrscheinlichkeit eine höhere Zuverlässigkeit zu erreichen.

Kategorie IV:
Anlagen, bei denen äußere Überspannungen erwartet werden, wie z. B. bei einer Versorgung aus Freileitungsnetzen, Isolierungen für kurzzeitige Spannungen bis 6 kV.

- Umgebungsbedingungen
  Einfluss der unmittelbaren Umgebungsbedingungen (Mikro-Umgebung) durch Verschmutzung, Feuchtigkeit, Korrosion, Staub, Fremdschichten, Luftdruck.
  Die unmittelbaren Umgebungsbedingungen können gegenüber den allgemeinen Umgebungsbedingungen (Makro-Umgebung) z. B. durch Kapselung, Heizung, Lüftung verbessert werden.

→ *Luftstrecken*
→ *Verschmutzungsgrad*

Isolationsmessung

DIN EN 61557-1 ***(VDE 0413-1)***	***Elektrische Sicherheit in Niederspannungsnetzen bis AC 1 000 V und DC 1 500 V – Geräte zum Prüfen, Messen oder Überwachen von Schutzmaßnahmen Allgemeine Anforderungen***
DIN VDE 0105-100 *(VDE 0105-100)*	***Betrieb von elektrischen Anlagen*** *Allgemeine Festlegungen*
DIN VDE 0100-600 *(VDE 0100-600)*	***Errichten von Niederspannungsanlagen*** *Prüfungen*

Niederspannungsanlagen mit Nennspannung bis 1 000 V müssen in einem Isolationszustand erhalten bleiben, der den jeweils geforderten Mindestwerten gemäß DIN VDE 0100 für die einzelnen Arten von Anlagen entspricht.

Der Isolationswiderstand muss durch den Errichter bei jeder neuen Anlage überprüft werden.

Isolationswiderstand messen:
Zwischen jedem aktiven Leiter und Erde. Als Erde gilt: der geerdete Schutzleiter einer Anlage oder im TN-C-System der PEN-Leiter.

Prüfen:
Alle nicht geerdeten Leiter gegen Erde bzw. gegen den Schutzleiter oder den PEN-Leiter.
- L1 – Erde bzw. L1 – PE/PEN
- L2 – Erde bzw. L2 – PE/PEN
- L3 – Erde bzw. L3 – PE/PEN

Empfehlung:
- elektronische Betriebsmittel und solche Bauelemente, die bei der Prüfung Schaden nehmen könnten, vor der Prüfung vom Netz trennen
- Prüfung zunächst einschließlich der Verbrauchsmittel durchführen (alle Schalter in der Anlage schließen); reicht der gemessene Wert nicht aus – Abtrennung der Verbrauchsmittel – Messung ohne Verbrauchsmittel wiederholen
- gewerbliche Anlagen und feuergefährdete Betriebsstätten: ständige Nachprüfungen durch Forderungen der Versicherungen erforderlich
- landwirtschaftliche Anlagen: Überprüfung aufgrund gesetzlicher Vorschriften

Mindestwerte für den Isolationswiderstand:

Anlage bzw. Stromkreis	Messgleichspannung in V	Mindestwerte des Isolationswiderstands*	
		Erstprüfung	Wiederkehrende Prüfungen **
Kleinspannung SELV und PELV	250	≥ 500 kΩ	0,25 MΩ
Nennspannung $U \leq 500$ V	500	≥ 1 000 kΩ	500 Ω/V
Nennspannung $U > 500$ V	1 000	≥ 1 000 kΩ	500 Ω/V 500 Ω/V

*ohne angeschlossene Verbrauchsmittel ** im Freien oder in nassen Räumen

Die Messspannung muss eine Gleichspannung sein, um den Einfluss der Kapazität zwischen den Leitern und Erde auszuschließen.
Bei wiederkehrenden Prüfungen gelten bei angeschlossenen Verbrauchsmitteln und trockenen Räumen Werte von 300 Ω/V bzw. bei nicht angeschlossenen Verbrauchern Werte von 1 000 Ω/V.

Mit der Isolationsmessung wird keine Schutzmaßnahme überprüft, sondern sie soll Aufschluss über den sicherheitstechnischen Zustand der Isolation geben.

Ursachen für unzulässige hohe Isolationswiderstände können sein:
- hohe mechanische Beanspruchung der Isolierhüllen der Leiter
- Unterschreitung der zulässigen Biegeradien
- punktuell zu hohe Druckbeanspruchung durch ungeeignete Befestigungsmittel und Verlegemethoden

Die wichtigsten Anforderungen an Isolations-Messgeräte zusammenfassend:
- Die Ausgangsspannung muss eine Gleichspannung sein.
- Die Leerlaufspannung darf die Ausgangsspannung um nicht mehr als 50 % überschreiten.
- Der Messstrom darf 12 mA nicht überschreiten.
- Der Gebrauchsfehler zwischen 25 % und 35 % der Skalenlänge darf ±30 % nicht überschreiten.

→ *Isolationswiderstand*

Isolationsüberwachungseinrichtung

DIN VDE 0100-410 *(VDE 0100-410)*	***Errichten von Niederspannungsanlagen*** *Schutz gegen elektrischen Schlag*
DIN EN 61557-8 *(VDE 0413-8)*	***Elektrische Sicherheit in Niederspannungsnetzen bis AC 1 000 V und DC 1 500 V*** *Isolationsüberwachungsgeräte für IT-Systeme*

Die Isolationsüberwachung ist eine dauerhafte Einrichtung, d. h., es wird ständig der Isolationswiderstand der Anlage gegen Erde gemessen. Tritt ein Unterschreiten eines eingestellten Mindestwerts auf, so wird der Fehler in der Anlage optisch und akustisch angezeigt. Das akustische Signal darf durch eine Taste gelöscht werden, das optische Signal muss solange sichtbar bleiben, bis der Fehler behoben ist.

Isolationsüberwachungseinrichtungen arbeiten normalerweise mit 24 V Gleichspannung, die der Wechselspannung des Netzes überlagert wird. Der Ansprechwert (eingestellter Mindestwert) lässt sich von 2 kΩ bis 60 kΩ einstellen. In → *medizinisch genutzten Räumen* sind minimal 50 kΩ als Grenzwert zulässig. Die

Isolationsüberwachungseinrichtung kann entweder eine Meldung auslösen oder aber auch eine automatische Abschaltung herbeiführen.

Bei einem IT-System wird üblicherweise die Isolationsüberwachungseinrichtung eingesetzt und dadurch der Vorteil des IT-Systems genutzt, dass beim ersten Körperschluss nicht abgeschaltet werden muss. Weil Außenleiter und eventuell auch der Neutralleiter eines IT-Systems im ungestörten Betriebsfall gegen Erde isoliert sind, ist im Falle eines Körperschlusses noch keine Gefahr gegeben. Daher muss der Fehlerzustand von einer Isolationsüberwachungseinrichtung nur signalisiert werden, sodass der fehlerhafte Teil der Anlage kontrolliert abgeschaltet werden kann.

Bei IT-Systemen muss also eine Isolationsüberwachungseinrichtung vorgesehen werden, mit der der Fehler zwischen einem aktiven Teil und einem Körper oder gegen Erde durch ein hörbares und/oder ein optisches Signal angezeigt wird.

Empfehlung:
- den ersten Fehler so schnell wie möglich beseitigen
- eine Isolationsüberwachungseinrichtung darf auch dann eingesetzt werden, wenn sie nicht dem Schutz bei indirektem Berühren dient

Wichtig:
Wo Isolationsüberwachungseinrichtungen angewendet werden, müssen sie auch beim Vorhandensein jeglicher Gleichstromanteile im Fehlerstrom wirksam sein.

Hinweis:
Isolationsüberwachungsgeräte haben mit ihrem Innenwiderstand eine dämpfende Wirkung auf die Überspannungen. Kriterien für die Auswahl dieser Geräte sind neben dem Innenwiderstand auch hochohmige netzseitige Ankopplung.

Isolationswiderstand

DIN VDE 0100-600 *(VDE 0100-600)*	***Errichten von Niederspannungsanlagen*** *Prüfungen*
DIN VDE 0105-100 *(VDE 0105-100)*	***Betrieb von elektrischen Anlagen*** *Allgemeine Festlegungen*

Der Isolationswiderstand ist der Widerstand einer Isolierung. Er setzt sich aus Durchgangs- und Oberflächenwiderstand zusammen. Der Durchgangswiderstand

(Volumenwiderstand) berücksichtigt die Stromleitung im Isolierstoffinnern, der Oberflächenwiderstand die Stromleitung auf der Isolierstoffoberfläche. Die Isolationswiderstände der Isolierstoffe und Isolierungen sind sehr hochohmig. In Verbraucheranlagen sind Mindestwerte für den Isolationswiderstand nach **Tabelle 37** einzuhalten.

Anlage bzw. Stromkreis	Messgleichspannung in V	Mindestwerte des Isolationswiderstands*	
		Erstprüfung	Wiederkehrende Prüfungen**
Kleinspannung SELV und PELV	250	≥ 500 kΩ	0,25 MΩ
Nennspannung $U \leq 500$ V	500	≥ 1 000 kΩ	500 Ω/V
Nennspannung $U > 500$ V	1 000	≥ 1 000 kΩ	500 Ω/V 500 Ω/V

*ohne angeschlossene Verbrauchsmittel **im Freien oder in nassen Räumen

Tabelle 37 Mindestwerte der Isolationswiderstände bei der Isolationsmessung

Für Schleifleitungen oder Schleifringkörper, die unter ungünstigen Umgebungsbedingungen (z. B. auf der Baustelle) betrieben werden müssen, kann auf die Einhaltung der oben genannten Werte verzichtet werden, wenn durch andere Maßnahmen, z. B. Erdung der fremden leitfähigen Befestigungsteile der Schleifleitung, dafür gesorgt wird, dass der Ableitungsstrom nicht zu gefährlichen Körperströmen oder Bränden führt.

Starkstromanlagen mit Nennspannungen bis 1 000 V müssen in einem Isolationszustand erhalten bleiben, der den geforderten Mindestwerten entspricht.

Dazu sind:

- vor Inbetriebnahme einer elektrischen Anlage alle Stromkreise einer Messung des Isolationswiderstands zu unterziehen (→ *Erstprüfung*)
- bestehende Anlagen von Zeit zu Zeit zu überprüfen (→ *Wiederholungsprüfung*)
  - in gewerblichen Anlagen und feuergefährdeten Betriebsstätten – Forderung der Prüfung in vertraglichen Vereinbarungen (z. B. in Versicherungsverträgen)
  - in landwirtschaftlichen Betrieben – gesetzliche Forderung der Prüfung

Das Prüfen des Isolationswiderstands ist ein Schwerpunkt bei der Sicherheitsprüfung elektrischer Anlagen. Das Prüfen umfasst dabei die beiden Tätigkeiten Besichtigen und Messen.

Ein Teil der Isolationsfehler kann durch Besichtigen ermittelt werden. Dazu gehören fast alle Schäden durch mechanische Beschädigung.

Für die Messung des Isolationswiderstands werden Messgeräte nach DIN VDE 0413 verwendet.

Forderungen an Isolations-Messgeräte:

- die Ausgangsspannung muss eine Gleichspannung sein
- die Leerlaufspannung darf 50 % der Nennspannung nicht überschreiten
- der Nennstrom muss mindestens 1 mA betragen
- der Kurzstrom darf 12 mA nicht überschreiten
- der Gebrauchsfehler zwischen 25 % und 75 % der Skalenlänge darf ±30 % nicht überschreiten

Isolator

DIN VDE 0100-520	***Errichten von Niederspannungsanlagen***
(VDE 0100-520)	*Kabel- und Leitungsanlagen*

Isolatoren haben die Aufgabe, die spannungsführenden Leiter in einer Anlage elektrisch von den leitenden Trage- und Befestigungsteilen zu trennen. Zugleich übernehmen sie hohe mechanische Beanspruchungen und halten die elektrischen Leiter in ihrer definierten Lage. Isolatoren müssen in ihrer Ausführung und ihrem Werkstoff so beschaffen sein, dass sie den mechanischen, elektrischen und atmosphärischen Belastungen auch unter ungünstigen Betriebsbedingungen infolge klimatischer Einflüsse standhalten.

Verlegearten von Leitungen:

- blanke Leiter sind nur für die Verlegung auf Isolatoren erlaubt
- isolierte Aderleitungen dürfen grundsätzlich auf Isolatoren verlegt werden; diese Verlegeart ist in Deutschland in der Praxis jedoch nahezu vollständig verschwunden

Isolierende Körperschutzmittel, Schutzbekleidung

DIN VDE 0680-1 **(VDE 0680-1)** — ***Persönliche Schutzausrüstungen, Schutzvorrichtungen und Geräte zum Arbeiten an unter Spannung stehenden Teilen bis 1 000 V***
Teil 1: Isolierende Schutzvorrichtungen

Körperschutzmittel zählen zu den Maßnahmen der Arbeitssicherheit. Diese sind in drei Prioritätsstufen unterteilt:

- technische Sicherheit
- organisatorische Maßnahmen
- Körperschutz

Der Körperschutz steht deshalb in der Rangfolge an dritter Stelle, weil er lediglich erst dann zu benutzen ist, wenn die Sicherheit durch technische und organisatorische Maßnahmen nicht erlangt werden kann, d. h., der Körperschutz muss die Sicherheit gewährleisten, die durch organisatorische und technische Maßnahmen nicht erreicht wird. Das bedeutet, dass der Körperschutz keine Ersatzlösung ist, sondern eine vollwertige Schutzmaßnahme, die Leben und Gesundheit der Menschen schützt.

Nach der Unfallverhütungsvorschrift „Allgemeine Vorschriften, BGV A1" ist ein Unternehmer verpflichtet, den Mitarbeitern den erforderlichen Körperschutz kostenlos zur Verfügung zu stellen. Dazu zählt:

- Kopfschutz, wenn mit Kopfverletzungen durch Anstoßen, durch pendelnde, herabfallende, umfallende oder wegfliegende Gegenstände oder durch lose hängende Haare zu rechnen ist.
- Fußschutz, wenn mit Fußverletzungen durch Stoßen, Einklemmen, umfallende, herabfallende oder abrollende Gegenstände, durch Hineintreten in spitze und scharfe Gegenstände oder durch heiße Stoffe, heiße oder ätzende Flüssigkeiten zu rechnen ist.
- Augen- oder Gesichtsschutz, wenn mit Augen- oder Gesichtsverletzungen durch wegfliegende Teile, Verspritzen von Flüssigkeiten oder durch gefährliche Strahlung zu rechnen ist.
- Atemschutz, wenn Versicherte gesundheitsschädlichen, insbesondere giftigen, ätzenden oder reizenden Gasen, Dämpfen, Nebeln oder Stäuben ausgesetzt sein können oder wenn Sauerstoffmangel auftreten kann.

Stromkreise in einem gemeinsamen Kasten – gewahrt, so kann auf die Trennung mit isolierenden Zwischenwänden verzichtet werden.
Die Überprüfung der Anforderungen erfolgt durch drei Messungen für jede zu prüfende Oberfläche des jeweiligen Orts. Der Isolationswiderstand wird zwischen der Messelektrode und dem Schutzleiter oder der Erde gemessen. Als Gleichspannungsquelle kann ein Kurbelinduktor oder ein batteriebetriebenes Isolationsmessgerät verwendet werden.

Im Anhang A von DIN VDE 0100-600 ist als Beispiel ein Verfahren zur Messung der Wandwiderstände angegeben. Isolierende Trennwände, Abstandhalter bzw. Trennstege werden in der Praxis u. a. zur Trennung von Starkstrom- und Fernmeldeanlagen verwendet, die elektrisch sicher voneinander getrennt sein müssen.

→ *Näherungen zwischen Starkstrom- und Fernmeldeleitungen*

Isolierender Fußboden

DIN VDE 0100-410 *(VDE 0100-410)*	***Errichten von Niederspannungsanlagen*** *Schutz gegen elektrischen Schlag*
DIN VDE 0100-600 *(VDE 0100-600)*	***Errichten von Niederspannungsanlagen*** *Prüfungen*

Der Widerstand von isolierenden Fußböden darf an keiner Stelle, an der gemessen wird, die folgenden Werte unterschreiten:

- 50 kΩ (Nennspannung der Anlage bis 500 V)
- 100 kΩ (Nennspannung der Anlage über 500 V)

Liegt der Messwert an einer Stelle des isolierenden Fußbodens unter den festgelegten Werten, so gilt der Fußboden nicht mehr als isolierender Fußboden, sondern im Sinne des Schutzes gegen elektrischen Schlag als fremdes leitfähiges Teil. Diese Anforderungen gelten für den → *Schutz durch nicht leitende Räume.*

Es ist sicherzustellen, dass die Isolierung von Fußböden nicht durch Feuchtigkeit beeinträchtigt werden kann.

Für die genaue Beurteilung, ob Fußböden isolierend oder nicht isolierend sind, kann DIN VDE 0100-600 herangezogen werden. Dort ist detailliert die Vorgehensweise der Messung isolierender Fußböden erläutert.

Ein Beispiel für nicht isolierende Fußböden sind Betonböden mit Baustahlmatten. In diesem Fall muss die Stahlarmierung in den zusätzlichen Potentialausgleich einbezogen werden.

Für isolierende Fußböden wird keine Potentialsteuerung gefordert. Auch Fußböden, die beispielsweise aus vorgefertigten einzelnen Betonplatten mit Stahlarmierung bestehen, brauchen dann nicht in den zusätzlichen Potentialausgleich einbezogen zu werden, wenn die Armierung nicht ohne Beschränkung des Bodens zugänglich ist.

Das gilt auch für Plattenbeläge ohne Armierung und für Mutterboden oder Rasenflächen.

Isolierstoffabdeckungen, -umhüllungen

DIN VDE 0100-410	***Errichten von Niederspannungsanlagen***
(VDE 0100-410)	*Schutz gegen elektrischen Schlag*

Alle leitfähigen Teile eines betriebsfertigen elektrischen Betriebsmittels, die von aktiven Teilen nur durch Basisisolierung getrennt sind, müssen von einer Umhüllung mindestens in Schutzart IP2X oder IPXXB umschlossen sein.

- Die isolierende Umhüllung muss den mechanischen, elektrischen thermischen Beanspruchungen standhalten, die üblicherweise auftreten können.
- Wenn die isolierende Umhüllung nicht vorher geprüft wurde und Zweifel an ihrer Wirksamkeit bestehen, ist eine geeignete elektrische Festigkeitsprüfung (nach DIN VDE 0100-600) durchzuführen.
- Durch die isolierende Umhüllung dürfen keine leitfähigen Teile geführt werden, durch die Spannungen verschleppt werden können.
- Wenn Deckel oder Türen in der isolierenden Umhüllung ohne Werkzeug oder Schlüssel geöffnet werden können, müssen alle leitfähigen Teile, die bei geöffnetem Deckel oder geöffneter Tür berührbar sind, hinter einer isolierenden Abdeckung mindestens der Schutzart IP2X oder IPXXB angeordnet sein, die verhindert, dass Personen mit diesen Teilen unbeabsichtigt in Berührung kommen. Diese isolierende Abdeckung darf nur mithilfe eines Schlüssels oder Werkzeugs abnehmbar sein.
- Leitfähige Teile innerhalb der isolierenden Umhüllung dürfen nicht mit Schutzleitern verbunden sein.

→ *Isolierstoffe*
→ *Schutz durch Abdeckung oder Umhüllung*

Isolierstoffe

DIN VDE 0303-13 *(VDE 0303-13)*	***Prüfung von Isolierstoffen*** *Dielektrische Eigenschaften fester Isolierstoffe im Frequenzbereich von 8,2 GHz bis 12,5 GHz*
DIN EN 60464-1 *(VDE 0360-1)*	***Elektroisolierlacke*** *Begriffe und allgemeine Anforderungen*
DIN EN 60664-1 *(VDE 0110-1)*	***Isolationskoordination für elektrische Betriebsmittel in Niederspannungsanlagen*** *Grundsätze, Anforderungen und Prüfungen*

Isolierstoffe sind Stoffe, die einen so hohen elektrischen Widerstand haben, dass durch sie bei Nennspannung kein nennenswerter Strom fließen kann. Sie werden zur Isolierung von elektrischen Betriebsmitteln eingesetzt. Zur Beurteilung eines Isolierstoffs werden nachfolgende Eigenschaften herangezogen:

- spezifischer Widerstand
- Oberflächenwiderstand
- Durchschlagfestigkeit
- Kriechstromfestigkeit
- Lichtbogenfestigkeit
- Dielektrizitätskonstante
- dielektrischer Verlustfaktor

Als flüssige Isolierstoffe werden hauptsächlich Isolieröle verwendet. Neben der Isolierung spannungsführender Bauteile haben sie teilweise auch die Aufgabe eines Kühlmittels zur Ableitung der Stromwärme (z. B. Transformator) oder eines Löschmittels in Schaltgeräten.

Feste Isolierstoffe müssen überall dort verwendet werden, wo die Isolation zusätzlich mechanische Aufgaben zu erfüllen hat. Hierbei sind anorganische Isolierstoffe (Porzellan, Glas, Glimmer) und organische (Kunststoff, Gummi, Papier) zu unterscheiden.

Die organischen Isolierstoffe sind dort von Vorteil, wo auf Biegsamkeit, besonders dünne Isolation, nachträgliche Bearbeitbarkeit und spezielle elektrische oder mechanische Eigenschaften zu achten ist. Aus der Vielfalt von Kunststoffen sind die Thermoplaste PVC und PE in der Kabeltechnik am bekanntesten. Duroplaste sind temperaturfest und werden insbesondere zur Herstellung von Isolierungen für Innenraum-Schaltanlagen sowie im Wandler- und Transformatorbau benutzt.

Schichtpressstoffe, wie Vulkanfiber, Pressspan, Hartgewebe und Hartpapier, werden ebenfalls als Isolierstoff verwendet.

- Brandschutz durch Isolierstoffunterlage:
  Elektrische Anlagen dürfen für die Umgebung keine Brandgefahr darstellen, d. h., die Betriebsmittel müssen so angebracht sein, dass weder die im Betrieb noch die im Überlast- und Kurzschlussfall auftretenden Temperaturen die Anlagen und die Umgebung gefährden. Von geschlossenen Betriebsmitteln, z. B. Schalter, Steckdosen und Verbindungsdosen, wird diese Bedingung ohne zusätzliche Maßnahmen erfüllt; zur Befestigungsfläche hin offene Betriebsmittel sind dagegen beim Anbringen durch eine geeignete Zwischenlage (Isolierstoffunterlage) von den übrigen Bau- und Werkstoffen zu trennen. Als ausreichende Trennung gilt für Betriebsmittel mit Nennströmen ≤ 63 A in aller Regel das Zwischenfügen einer Unterlage von mindestens 1,5 mm Dicke aus Hartpapier, Hartglasgewebe oder Glashartmatte.
- Leiterverbindungen:
  Das Verbinden und Anschließen von Leitern darf immer nur auf isolierender Unterlage oder mit → *isolierender Umhüllung* vorgenommen werden.
- Befestigung von Stegleitungen:
  Stegleitungen dürfen nur mit solchen Mitteln befestigt werden, dass eine Beschädigung oder auch nur eine Formveränderung der Isolierung ausgeschlossen ist. Die häufigsten Befestigungsverfahren sind:
  - Kleben von Gipspflastern oder Nageln mit geeigneten Nägeln mit Isolierstoffunterlegscheibe.

Isolierung

DIN VDE 0100-200 *(VDE 0100-200)*	***Errichten von Niederspannungsanlagen*** *Begriffe*
DIN EN 61140 *(VDE 0140-1)*	***Schutz gegen elektrischen Schlag*** *Gemeinsame Anforderungen für Anlagen und Betriebsmittel*

Arten der Isolierung:

- Basisisolierung:
  Die Basisisolierung ist die Isolierung unter Spannung stehender Teile (→ *aktive Teile*) zum grundlegenden → *Schutz gegen direktes Berühren* (→ *Luftstrecken*, → *Kriechstrecken*, Isolierstrecken in festen Isolierungen). Die Basisisolierung ist nicht ohne Weiteres mit der Betriebsisolierung gleichzusetzen.
- Betriebsisolierung:
  Die Betriebsisolierung ist die für die Reihenspannung der Betriebsmittel bemessene Isolierung aktiver Teile gegeneinander und gegen Körper. Die Betriebsisolierung muss nicht, aber kann den Anforderungen der Basisisolierung entsprechen. Beispiel: Lacke, Faserstoffumhüllungen reichen möglicherweise als Betriebsisolierung aus, sind aber als Basisisolierung ungeeignet.
- Zusätzliche Isolierung:
  Die zusätzliche Isolierung ist eine unabhängige Isolierung zusätzlich zur Basisisolierung, die den → *Schutz bei indirektem Berühren* (Fehlerschutz) im Falle eines Versagens der Basisisolierung sicherstellt. Für sie gelten dieselben Anforderungen wie für die Basisisolierung.
- Doppelte Isolierung:
  Die doppelte Isolierung ist die Isolierung, die aus Basisisolierung und zusätzlicher Isolierung besteht. Sie muss so bemessen sein, dass bei Ausfall eines Teils der Isolierung (Basisisolierung oder zusätzliche Isolierung) der verbleibende Teil der Isolierung die volle Isolierfähigkeit zur Folge hat.
- Verstärkte Isolierung:
  Die verstärkte Isolierung ist eine einzige Isolierung aktiver Teile, die unter vorgegebenen Bedingungen denselben → *Schutz gegen elektrischen Schlag* bietet wie eine doppelte Isolierung. Das heißt nicht, dass sie aus einlagigem (homogenem) Material bestehen muss. Auch mehrere Lagen sind möglich, die aber nicht einzeln als zusätzliche Isolierung oder Basisisolierung geprüft werden können.
- Schutzisolierung:
  Die Schutzisolierung ist eine Schutzmaßnahme zum → *Schutz gegen elektrischen Schlag*, die durch eine zusätzliche Isolierung zur → *Basisisolierung* oder durch eine verstärkte → *Isolierung* das Auftreten gefährlicher Spannungen an den berührbaren Teilen elektrischer Betriebsmittel infolge eines Fehlers in der einfachen Basisisolierung verhindert. Die Schutzisolierung wird unmittelbar und ausschließlich durch die Ausführung der Betriebsmittel sichergestellt.

IT-System

DIN VDE 0100-410	***Errichten von Niederspannungsanlagen***
(VDE 0100-410)	*Schutz gegen elektrischen Schlag*

Das IT-System ist dadurch gekennzeichnet, dass der einspeisende Transformator gegen Erde isoliert oder über eine ausreichend hohe Impedanz geerdet ist und die Körper der Betriebs- und Verbrauchsmittel mit einem geerdeten Schutzleiter verbunden sind. Das IT-System hat also keine direkte Verbindung zwischen aktiven Leitern und geerdeten Teilen. Die Körper der elektrischen Anlage sind geerdet.

→ *Schutz durch automatische Abschaltung*
→ *Jachten*
→ *Art der Erdung*

Jachten

DIN VDE 0100-709 *(VDE 0100-709)* — ***Errichten von Niederspannungsanlagen*** *Marinas und ähnliche Bereiche*

DIN EN 60092-507 *(VDE 0129-507)* — ***Elektrische Anlagen auf Schiffen*** *Yachten*

Unter dem Begriff „Jachten“ sind alle Wassersportfahrzeuge, wie Boote, Motor-Barkassen, Hausboote oder andere Wasserfahrzeuge, zu verstehen, die ausschließlich für Sport und Freizeit genutzt werden.

Netzsysteme:

- Versorgungsspannung nicht größer als 400/230 V
- Endstromkreise für die Versorgung von Jachten: im TN-System kein PEN-leiter

Schutz gegen elektrischen Schlag:

Es dürfen nicht angewendet werden: Schutz durch Hindernisse, Schutz durch Anordnung außerhalb des Handbereichs, Schutz durch nicht leitende Umgebung und Schutz durch erdfreien örtlichen Schutzpotentialausgleich. Bei der Anwendung der Schutzmaßnahme Schutztrennung muss die Versorgung durch einen fest errichteten Trenntransformator erfolgen, jeweils nur eine Jacht darf mit der Sekundärwicklung dieses Transformators verbunden sein. Der Schutzleiter der Stromversorgung zum Trenntransformator darf nicht mit dem Schutzleiteranschluss in der Steckdose, die die Jacht versorgt, verbunden sein.
Schutz bei indirektem Berühren durch automatische Abschaltung: Es darf nur eine einzelne Steckdose mit einer Fehlerstromschutzeinrichtung (RCD) mit einem Bemessungsdifferenzstrom nicht größer als 30 mA geschützt sein. Die ausgewählte Fehlerstromschutzeinrichtung (RCD) muss alle aktiven Leiter, auch den Neutralleiter, abschalten. Außerdem muss jeder Endstromkreis, der für den festen Anschluss zur Versorgung der Jachten vorgesehen ist, durch eine eigene Fehlerstromschutzeinrichtung (RCD) mit einem Bemessungsdifferenzstrom nicht größer als 30 mA geschützt werden.

Äußere Einflüsse:

- mechanische Beanspruchung: Schutz durch geeignete Standortwahl der Betriebsmittel, sodass Beschädigungen durch Beanspruchung vermieden werden; ein örtlicher und geeigneter mechanischer Schutz muss die elektrischen Betriebsmittel schützen

- Wasserschutz: Spritzwasser (AD4), IPX4; Strahlwasser (AD5), IPX5; Wellen (AD6), IPX6
- Fremdkörperschutz: mindestens IP4X
- Auftreten von schädigenden Stoffen: Betriebsmittel müssen geeignet sein gegen korrosiver Atmosphäre, verschmutzte Stoffe

Kabel- und Leitungsanlagen:
Zu verwenden sind: unterirdisch verlegte Kabel und Leitungen; oberirdisch verlegte Kabel und Leitungen oder isolierte Leiter; Kabel und Leitungen mit thermoplastischer oder Elastomer-Isolierung in Umhüllungen aus schweren nicht metallischen Rohren oder schweren oder strapazierfähigen galvanischen Rohren; mineralisolierte Kabel und Leitungen mit PVC-Schutzabdeckung; Kabel mit Armierung und verfüllt mit thermoplastischem oder elestomerischem Material.
Zu berücksichtigen sind Bewegungen, mechanische Beanspruchungen, Korrosion und Umgebungstemperatur.
Nicht zu verwenden an Anlagestellen, einem Landeplatz, Pier oder Ponton: oberirdisch verlegte Kabel und Leitungen frei in Luft, an einem Seil hängend oder mit integriertem Tragseil (siehe dazu DIN VDE 0100-520, Tabelle A52-3, Nr. 35/36); isolierte Leiter in Elektroinstallationsrohren bzw. -kanälen (sie dazu DIN VDE 0100-520, Tabelle A52-3, Nr. 4/6); Kabel und Leitungen mit Aluminiumleiter; mineralisolierte Kabel.
Unterirdische Verlegung: Verlegetiefe von mindestens 0,5 m.
Oberirdische Verlegung: Mindesthöhe 6 m über dem Grund in allen Bereichen, in denen Fahrzeuge bewegt werden; 3,5 m über sonstige Bereiche.

Schutz bei Überstrom:
Jede Steckdose muss durch eine eigene Überstromschutzeinrichtung geschützt werden; der Bemessungsstrom darf nicht größer sein, als der der Steckdose.

Trennen:
In jedem Verteiler muss eine Einrichtung zum Trennen vorhanden sein, dieses Schaltgerät muss alle aktiven Leiter, auch den Neutralleiter, trennen.

Steckdosen:
- Mindeststens IP44, bei Strahlwasser bzw. Wasserwellen IP45 bzw. IP46
- Maximal vier Steckdosen in einem Gehäuse
- Jede Steckdose darf nur jeweils eine Einheit versorgen
- Um lange Verbindungsleitungen möglichst zu vermeiden, müssen Steckdosen so nah wir möglich am Anlegeplatz der Jacht installiert sein

- Für Steckdosen auf Marinas gilt eine Höhe von 1 m über dem höchsten Wasserspiegel, für schwimmende Pontons 0,3 m, aber mit Spritzwasserschutz

Anforderungen auf den Jachten:
- Schutzleiter in den Stromkreisen mitführen
- Verwendung von schutzisolierten Geräten erlaubt
- Steckdosen nur mit Schutzkontakt
- berührbare leitfähige Teile müssen miteinander und mit dem Schutzleiter verbunden werden
- Potentialausgleichsleiter muss feindrähtig sein und mindestens 4 mm^2 Cu Querschnitt aufweisen
- Metallteile, die von Isolierstoff umgeben sind, müssen nicht in den Potentialausgleich einbezogen werden
- zum Schutz gegen kapazitive Entladungen (nicht metallische Werkstoffe) Potentialausgleichsleitung zwischen Metallteilen der Jacht über und im Wasser
- Fahrtbewegungen der Jacht dürfen verlegte Leitungen nicht beschädigen
- getrennte Verlegung der Leitungen für Kleinspannung und Nennspannung 220 V bis 240 V
- Mindestquerschnitt der Leitungen: 1,5 mm^2
- Leitungstypen:
  - PVC Aderleitung H07V-K 1,5
  - Gummischlauchleitung H07RN-F3G 1,5
  - Anschlüsse und Verbindungen der Leitungen in mechanisch geschützten Dosen (aus flammwidrigem Werkstoff)
  - Rohre mit Kennzeichnung ACF

Anforderungen an Verbrauchsmittel auf den Jachten:
- möglichst schutzisolierte Verbrauchsmittel
- Unverwechselbarkeit der Lampen verschiedener Spannungen muss durch unterschiedliche Fassungen in den Leuchten sichergestellt sein

Anforderungen an Bade- und Duscheinrichtungen auf den Jachten:
- Es gelten die Anforderungen nach DIN VDE 0100-701

Anforderungen an die Stromversorgung auf Liegeplätzen für Jachten:
- Vorkehrungen für den Schutz der Steckdosen gegen Gezeiten und Wellengang
- für die weiteren elektrischen Anlagen von feuchten und nassen Bereichen oder im Freien der Liegeplätze sind die Anforderungen nach DIN VDE 0100-737 zu berücksichtigen

Jahrmärkte

DIN VDE 0100-740 *(VDE 0100-740)*	***Errichten von Niederspannungsanlagen*** *Vorübergehend errichtete elektrische Anlagen für Aufbauten, Vergnügungseinrichtungen und Buden auf Kirmesplätzen, Vergnügungsparks und für Zirkusse*
DIN VDE 0100-711 *(VDE 0100-711)*	***Errichten von Niederspannungsanlagen*** *Ausstellungen, Shows und Stände*

Auf Jahrmärkten werden fliegende Bauten errichtet. Dies sind bauliche Anlagen, die wiederholt aufgestellt und zerlegt werden, wie Karusselle, Luftschaukeln, Riesenräder und weitere ähnliche Anlagen, aber auch Buden, Zelte, Bauten für Wanderausstellungen und Wagen, die durch Zu- und Anbauten in ihrer Form wesentlich verändert werden.

Schutz gegen direktes Berühren (Basisschutz):
Bei elektrisch angetriebenen Fahrgastwagen: Schutzkleinspannung $\leq$ 25 V AC oder 60 V DC Isolierung aktiver Teile durch trockenes, gegen Feuchtigkeitsaufnahme isoliertes Holz.

Schutz bei indirektem Berühren (Fehlerschutz):
- Im TN-System ist nur TN-S-System zulässig.
- Steckdosenstromkreise bis 32 A und alle Endstromkreise (außer Notbeleuchtung) müssen mit RCDs $I_{\Delta N} < 30$ mA geschützt sein; auch Beleuchtungsstromkreise und Stromkreise für batteriegetriebene Leuchten; gilt nicht für SELV- und PELV-Stromkreise und für Beleuchtungsstromkreise, die außerhalb des Handbereichs installiert sind.
- Für Fahrzeuge und Wohnwagen nach Schaustellerart: → *CEE-Gerätestecker* mit Schutzkontakt und Isolierstoffgehäuse mit Schutz gegen mechanische Beschädigung, Potentialausgleich für berührbare leitfähige Konstruktionsteile und Verbindung zum Schutzleiter.
- Schutz durch Hindernisse, Abstand, erdfreien Potentialausgleich oder nicht leitende Umgebung ist nicht erlaubt.
- SELV- und PELV-Stromkreise:
  – Leiter isoliert oder
  – mit Abdeckungen oder Umhüllungen (IPX4 oder IPXXD) geschützt.

Sonstige Anforderungen:

- Stromkreisverteiler: schutzisoliert, gekennzeichneter Schalter zum Freischalten, Schutzart IP54, vollständige Schaltpläne
- Ist für die vorübergehend errichtete Anlage der Schutz durch automatische Abschaltung vorgesehen, so muss in der Einspeisung eine Fehlerstromschutzeinrichung (RCD), S-Typ mit einem Bemessungsdifferenzstrom nicht größer als 300 mA vorgesehen werden
- Kabel und Leitungen: NYY, NYCY, NYM, bei Gummischlauchleitungen mindestens H07RN-F, auf der Erde mit mechanischem Schutz
- Lampen im Verkehrsbereich: bis 2 m Höhe mit mechanischem Schutz, Fassungen in Lichtleisten und Lichterketten aus Isolierstoff
- Lichterketten mit Illuminationsflachleitung, außerhalb des Handbereichs, zugentlastet, maximal 15 Fassungen, zwischen zwei benachbarten Aufhängepunkten, mindestens IPX4, Anschluss mit Kontaktsteckdose und Gummischlauchleitung, montierte Fassungen dürfen nicht verändert werden
- Der Einbau von Transformatoren für Keinspannung: außerhalb des Handbereichs
- Alle vorübergehend errichtete Anlagen: nach jeder Montage vor Ort neu überprüfen

Jalousie

→ *Rollläden*

Kabel

Kabel und Leitungen dienen zur Übertragung elektrischer Energie oder als Steuerkabel oder -leitungen für Mess-, Steuer-, Regel- und Überwachungsaufgaben in elektrischen Anlagen. Es wird zwischen Kabeln und Leitungen unterschieden. Während Kabel vor allem zur Stromverteilung in Netzen der Energieversorgungsunternehmen, der Industrie und im Bergbau eingesetzt werden, finden Leitungen im Allgemeinen für Verdrahtungen in Geräten, für Installationszwecke oder zum Anschluss beweglicher und ortsveränderlicher Geräte und Betriebsmittel Verwendung. In vielen Fällen sind durch die Verwendung moderner Isolier- und Mantelwerkstoffe konstruktive Unterscheidungsmerkmale nicht mehr erkennbar.
Als grobes Unterscheidungsmerkmal dient der Verwendungszweck. Leitungen dürfen nicht in Erde verlegt werden, und flexible Bauarten zählen zu den Leitungen. Darüber hinaus sind die Gerätebestimmungen (z. B. DIN VDE 0700), die Errichtungsbestimmungen (z. B. DIN VDE 0100) oder die zu erwartenden Betriebsbeanspruchungen maßgebend, ob Kabel oder Leitungen zu verwenden sind.

→ *Verlegen von Kabeln, Leitungen und Stromschienen*

Kabel in Schutzrohren

Sollten Kabel in ein Schutzrohr eingezogen werden, in dem sich bereits weitere Kabel befinden, so besteht beim nachträglichen Einziehen die Gefahr der Beschädigung der Kabel. Daher wird empfohlen, nachträglich nur bei entsprechend großen Rohren und auf kurzen Strecken Kabel einzuziehen.

→ *Verlegen von Kabeln, Leitungen und Stromschienen*

Kabel und Leitungen, Kennzeichnung von

DIN 57250-1	***Isolierte Starkstromleitungen***
(VDE 0250-1)	*Allgemeine Festlegungen*

DIN VDE 0289-1 *(VDE 0289-1)*	***Begriffe für Starkstromkabel und isolierte Starkstromleitungen*** *Allgemeine Begriffe*
DIN VDE 0293-1 *(VDE 0293-1)*	***Kennzeichnung der Adern von Starkstromkabeln und isolierten Starkstromleitungen mit Nennspannungen bis 1 000 V*** *Ergänzende nationale Festlegungen*
DIN EN 60228 *(VDE 0295)*	***Leiter für Kabel und isolierte Leitungen***
DIN VDE 0298-3 *(VDE 0298-3)*	***Verwendung von Kabeln und isolierten Leitungen für Starkstromanlagen*** *Leitfaden für die Verwendung nicht harmonisierter Starkstromleitungen*
DIN VDE 0276-604 *(VDE 0276-604)*	***Starkstromkabel*** *Starkstromkabel mit Nennspannungen 0,6/1 kV mit verbessertem Verhalten im Brandfall für Kraftwerke*

Kabel und Leitungen müssen den zu erwartenden Montage- und Betriebsbeanspruchungen genügen. Dies ist nur dann gewährleistet, wenn die Leitungen hinsichtlich ihres Aufbaus und der Prüfungen den jeweiligen nationalen und internationalen Normen entsprechen und so gekennzeichnet sind, dass die Verwendungsbereiche eingehalten werden können.

Die harmonisierten Bestimmungen betreffen die gebräuchlichsten flexiblen Leitungen sowie die Verdrahtungs- und Aderleitungen. Als besonderes Kennzeichen wurde für harmonisierte Leitungen die Buchstabenfolge < HAR > oder ein Kennfaden mit der Farbfolge schwarz – rot – gelb festgelegt.

Das Kennzeichen wird gemeinsam mit dem Prüfstellen- und Ursprungszeichen auf der Ader oder auf dem Mantel aufgebracht, z. B.:

HERSTELLER X < VDE > < HAR >

Wird ein Kennfaden verwendet, ist die Nationalität der Prüfstelle aus der unterschiedlichen Länge der Farben zu erkennen.

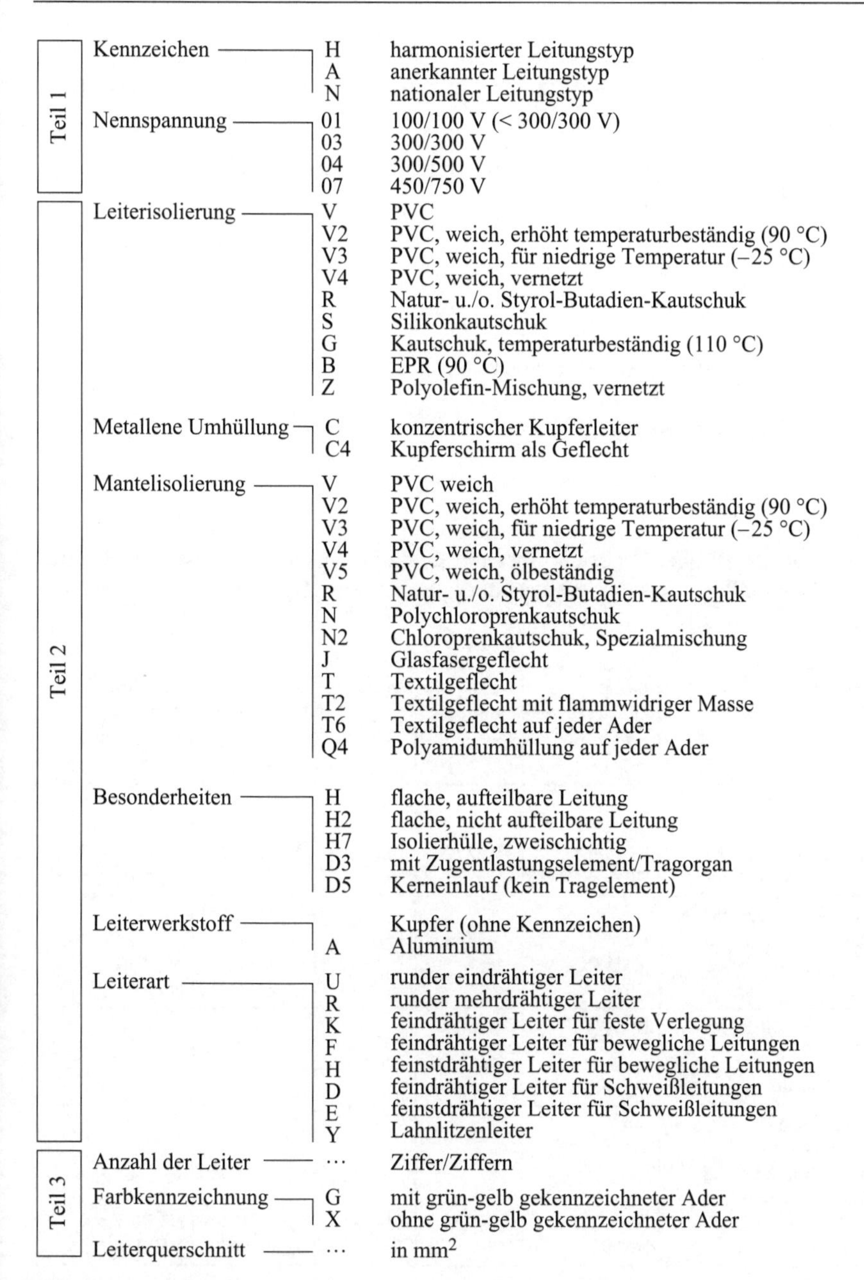

Bild 43 Kurzzeichenschlüssel für Leitungen nach harmonisierten Bestimmungen

- Körperschutz, wenn mit oder in der Nähe von Stoffen gearbeitet wird, die zu Hautverletzungen führen oder durch die Haut in den menschlichen Körper eindringen können sowie bei Gefahr von Verbrennungen, Verätzungen, Verbrühungen, Unterkühlungen, elektrischen Durchströmungen, Stich- oder Schnittverletzungen.

Schutzbekleidung gehört zu den Körperschutzmitteln. Die Schutzbekleidung muss für den jeweiligen Einsatz und den damit in Zusammenhang stehenden Anforderungen geeignet sein. Der Unternehmer hat die Verantwortung für die Auswahl der Schutzbekleidung. Außerdem muss die Schutzbekleidung nach BGV A3 durch eine Elektrofachkraft geprüft werden:

- Prüfen durch Besichtigen
- elektrische Spannungsprüfung dann bestanden: 1,5 kV über eine Zeit von einer Minute – ohne Durchschlag

Isolierende Trennwände

DIN VDE 0100-410	***Errichten von Niederspannungsanlagen***
(VDE 0100-410)	*Schutz gegen elektrischen Schlag*
DIN VDE 0100-600	***Errichten von Niederspannungsanlagen***
(VDE 0100-600)	*Prüfungen*

Der Widerstand von isolierenden Trennwänden darf an keiner Stelle, an der gemessen wird, die folgenden Werte unterschreiten:

- 50 kΩ (Nennspannung der Anlage bis 500 V)
- 100 kΩ (Nennspannung der Anlage über 500 V)

Liegt der Messwert an einer Stelle der isolierenden Wand unter den festgelegten Werten, so gilt die Wand nicht mehr als isolierende Trennwand, sondern im Sinne des Schutzes gegen elektrischen Schlag als fremdes leitfähiges Teil. Diese Anforderungen gelten für den → *Schutz durch nicht leitende Räume*.

Es ist weiter darauf zu achten, dass die Isolierung durch Wände nicht durch Feuchtigkeit beeinträchtigt wird.

Werden Verbindungen oder Abzweigungen in einem gemeinsamen Kasten mit Klemmen für verschiedene Stromkreise installiert, so müssen sie durch isolierende Zwischenwände getrennt werden. Werden jedoch Reihenklemmen nach DIN VDE 0611 verwendet und ist die Übersicht – auch beim Zusammenfassen mehrerer

Weiterhin ist ein Bauartkurzzeichen ebenfalls harmonisiert in die Normen aufgenommen worden, um Verständigungsschwierigkeiten zu vermeiden. Diese Bauartkurzzeichen bestehen aus drei Teilen:

1. Teil	• Angaben über die Bestimmungen, nach der die Leitung gefertigt worden ist • Nennspannung
2. Teil	• Kurzzeichen für die Aufbauelemente
3. Teil	• Aderzahl • Nennquerschnitt • Angabe über den Schutzleiter

Details können **Bild 43** entnommen werden.

→ *Kurzzeichen*

In **Tabelle 38** ist eine Übersicht über die Leitungen nach harmonisierten Bestimmungen enthalten – zusätzlich gegenübergestellt den Bezeichnungen der abgelösten Typen nach DIN VDE 0250-1.

Leitungen nach DIN VDE 0281	**Bauart-kurzzeichen**	**Nenn-spannung U_0/U in V**	**Aderzahl**	**Nenn-querschnitt in mm²**	**Abgelöste Typen nach VDE 0250**
PVC-Verdrahtungs-leitungen mit: • eindrähtigem Leiter • feindrähtigem Leiter	 H05V-U H05V-K	 *300/500*	 1	 0,5 bis 1,00	 NYFA, NYA NYFAF, NYAF
PVC-Aderleitungen mit: • eindrähtigem Leiter • mehrdrähtigem Leiter • feindrähtigem Leiter	 H07V-U H07V-R H07V-K	 *450/750*	 1 1 1	 1,5 bis 10 6,0 bis 400 1,5 bis 240	 NYA NYA NYAF
leichte Zwillings-leitungen	H03VH-Y	*300/300*	2	≈ 0,1	NLYZ
Zwillingsleitungen	H03VH-Y	*300/300*	2	0,5 und 0,75	NYZ
PVC-Schlauch-leitungen 03VV für geringe mechanische Beanspruchungen: • runde Ausführung • flache Ausführung	 H03VV-F H03VVH2-F	 *300/300*	 2 bis 4 2	 0,5 und 0,75 0,5 und 0,75	 NYLHY rd NYLHY fl

Tabelle 38 Übersicht über die Leitungen nach harmonisierten Bestimmungen

Leitungen nach DIN VDE 0281	**Bauart-kurzzeichen**	**Nenn-spannung** U_0/U **in V**	**Aderzahl**	**Nenn-querschnitt in mm²**	**Abgelöste Typen nach VDE 0250**
PVC-Schlauch-leitungen 05VV für mittlere mechanische Beanspruchungen: • runde Ausführung • flache Ausführung	 H05VV-F H05VVH2-F	 *300/500* *300/500*	 2 bis 5 7 2	 0,75 bis 2,5 1,00 bis 2,5 0,75	 NYMHY rd NYMHY rd NYMHY fl
PVC-Flach-leitungen 05VVH2	H05VVH2-F	*300/500*	3 bis 24	0,75 und 1	NYFLY
PVC-Flach-leitungen 07VVH2	H07VVH2-F	*450/750*	3 bis 24	1,5 bis 16	NYFLY
wärmebeständige Silikon-Gummiader-leitungen	H05SJ-K	*300/500*	1	0,5 bis 16	N2GAFU
Gummiaderschnüre	H03RT-F	*300/300*	2 und 3	0,75 bis 1,5	NSA
Gummischlauch-leitungen 05RR Gummischlauch-leitungen 05RN für geringe mechanische Beanspruchungen	H05RR-F H05RN-F	*300/500* *300/500*	2 bis 5 1 2 und 3 4 und 5	0,75 bis 2,5 0,75 und 1 0,75 und 1 0,75	NI, H, NMH NMHöu NMHöu NMHöü
Gummischlauch-leitungen 07RN für mittlere mechanische Beanspruchungen	H07RN-F	*450/750*	1 2 und 5 3 und 4	1,5 bis 500 1 bis 25 1 bis 300	NHM, NMHöu und NSHöu
Gummi-isolierte Aufzugsteuer-leitungen 05RT2D5 und 05RND5	H05RT2D5-F H05RND5-F	*300/500*	4 bis 24	0,75	NFLG NFLGC
Gummi-isolierte Aufzugsteuer-leitungen 07RT2D5 und 07RT2D5	H07RT2D5-F H07RND5-F	*450/750*	4 bis 24	1	NFLG NFLGC

Tabelle 38 Übersicht über die Leitungen nach harmonisierten Bestimmungen (Fortsetzung)

Kabel- und Leitungsschutz

→ *Schutz von Kabeln und Leitungen*

Kabelanlage

DIN VDE 0100-200	***Errichten von Niederspannungsanlagen***
(VDE 0100-200)	*Begriffe*

Eine Kabelanlage ist die Gesamtheit einer oder mehrerer Kabel und deren Befestigungsmittel sowie ggf. deren mechanischer Schutz, einschließlich der Kabelgarnituren.

Kabelbinder

Zur Bündelung von Kabeln und Leitungen bei waagrechter Führung werden Kabelbinder verwendet. Bei der Installation ist darauf zu achten, dass die Kabelbinder so auszuwählen und anzubringen sind, dass keine übermäßigen Kräfte auf die Kabelumhüllungen wirken können.
Tipp:
Um Beschädigungen zu vermeiden, wird empfohlen, für die Befestigung senkrecht verlaufender Kabel und Leitungen geeignete Kabelschellen anzubringen und auf Kabelbinder zu verzichten.

Kabeldurchbrüche (Kabeldurchführungen)

DIN VDE 0100-520	***Errichten von Niederspannungsanlagen***
(VDE 0100-520)	*Kabel- und Leitungsanlagen*

Wand- und Deckendurchführungen müssen zum Zwecke des Brandschutzes durch geeignete Schutzvorrichtungen geschlossen werden. Die Musterbauordnung (MBO) definiert: „Es dürfen Leitungen durch Brandwände, durch bestimmte feuerbeständige und anstelle von Brandwänden zulässige Wände, durch notwendige Treppenraumwände sowie durch Trennwände und Decken, die ansonsten feuerbeständig sein müssen, nur hindurchgeführt werden, wenn eine Übertragung von Feuer und Rauch nicht zu befürchten ist oder Vorkehrungen hiergegen getroffen sind."

Tipp:
Es empfiehlt sich nicht nur, Durchbrüche zu verschließen, für die eine gesetzliche bzw. behördliche Forderung besteht, sondern es sollten grundsätzlich alle Kabeldurchführungen durch Wände in Decken verschlossen werden.

→ *Kabelschottungen*

Kabeleinführung

Bei der Kabeleinführung in die Betriebsmittel muss auf die entsprechende Zugentlastung geachtet werden.

Bei der Einführung des Hausanschlusskabels in das Haus der Verbraucheranlagen ist die Dichtigkeit der Bohrungen zu überprüfen, damit Baumängel ausgeschlossen bleiben.

→ *Verbraucheranlagen*

Kabelgarnituren

DIN VDE 0289-1 *(VDE 0289-1)*	***Begriffe für Starkstromkabel und isolierte Starkstromleitungen*** *Allgemeine Begriffe*

Kabelgarnituren sind die für den Betrieb von Kabeln notwendigen Bauteile und Geräte. Mit den Garnituren werden Abschlüsse, Verbindungen und Abzweige an Kabeln hergestellt. Die moderne Garniturentechnik ist weitestgehend auf Kunststoffkabel ausgerichtet.

Entsprechend der Kabel- und Garniturentechnik gibt es die unterschiedlichen Anwendungsfälle für Leiterverbindungen:

- Verbindung gleicher Leiter
- Verbindung ungleicher Leiter bzgl. Querschnitt und Material
- Abzweige

Zur Herstellung dieser Verbindungen stehen thermisch oder mechanisch ausgeführte Verbindungsarten zur Verfügung, wobei die thermisch hergestellten Verbindungen immer mehr von den mechanisch hergestellten Verbindungen abgelöst werden.

Thermisch hergestellte Verbindungen sind Weichlöt-, Hartlöt- und Schweißverbindungen. Mechanisch hergestellte Verbindungen sind Schraub-, Klemm-, Press- und Steckverbindungen.

Literatur:

- *Kliesch, M.; Merschel, F.: Starkstromkabelanlagen, Reihe Anlagentechnik für elektrische Verteilungsnetze. Hrsg. Cichowski R. R., Berlin · Offenbach: VDE VERLAG, 2010*

Kabelkanal

DIN VDE 0100-200	***Errichten von Niederspannungsanlagen***
(VDE 0100-200)	*Begriffe*

Der Kabelkanal kann im Erdbereich oder oberhalb des Erdreichs angeordnet sein. Der Kanal kann geschlossen, belüftet oder offen sein. Die Abmessungen lassen den Zutritt von Personen nicht zu.

Kabellängenbegrenzung

DIN VDE 0100 Beiblatt 5	***Errichten von Starkstromanlagen mit Nennspannungen bis 1 000 V***
(VDE 0100 Beiblatt 5)	*Maximal zulässige Längen von Kabeln und Leitungen unter Berücksichtigung des Schutzes bei indirektem Berühren, des Schutzes bei Kurzschluss und des Spannungsfalls*

Die maximal zulässigen Längen der Kabel unter Berücksichtigung des Schutzes bei indirektem Berühren, des Schutzes bei Kurzschluss und des Spannungsfalls sind bei der Errichtung von Starkstromanlagen bis 1 000 V zu beachten.

→ *Begrenzung der Kabel- und Leitungslängen*

Kabelnetz

DIN VDE 0100-732 *(VDE 0100-732)*	***Errichten von Starkstromanlagen mit Nennspannungen bis 1 000 V*** *Hausanschlüsse in öffentlichen Kabelnetzen*
DIN VDE 0100-430 *(VDE 0100-430)*	***Errichten von Niederspannungsanlagen*** *Schutz bei Überstrom*

Kabelnetze werden zum Zwecke der Verteilung elektrischer Energie errichtet. Die Anforderungen an die öffentlichen Kabelanlagen sind in DIN VDE 0100 geregelt. Es bleibt im Ermessen des Errichters von Hausanschlüssen in nicht öffentlichen Kabelnetzen (Industrieanlagen), inwieweit er diese Hausanschlüsse an den Festlegungen der Norm orientiert.

Begriffe im Kabelnetz:

- Hausanschluss:
  Hausanschlusskabel und Hausanschlusskasten
- Hausanschlusskasten:
  Übergabestelle vom Verteilungsnetz zur Verbraucheranlage, enthält Überstromschutzvorrichtungen, Trennmesser, Schalter oder sonstige Geräte zum Trennen und Schalten
- Hausanschlusskabel:
  verbindet das Verteilungsnetz mit dem Hausanschlusskasten
- Hauptleitung:
  verbindet den Hausanschlusskasten mit der Zähleranlage (führt nicht gemessene Energie)
  - empfohlene Nennströme der Überstromschutzeinrichtungen für den Schutz bei Überlast für Hausanschlusskabel
    Beispiel: VPE-(NA2XY-)Kabel/35 mm^2 Nennquerschnitt/Al-Leiter: 125 A

Anforderungen:

- Hausanschlusskabel innerhalb der Gebäude möglichst kurz
  - auf nicht brennbaren Baustoffen verlegen
  - nicht durch feuer- oder explosionsgefährdete Bereiche führen
- Hausanschlusskästen an leicht zugänglichen Stellen
  - Schutzart entsprechend der Art des Raums auswählen
  - auf nicht brennbaren Baustoffen anbringen

Kabelschelle

Die Kabelschelle ist ein in Abständen angebrachtes Tragteil, die ein Kabel mechanisch hält.

Kabelschottungen

DIN VDE 0100-520	***Errichten von Niederspannungsanlagen***
(VDE 0100-520)	*Kabel- und Leitungsanlagen*

Sind einzelne Kabel und Leitungen durch Wände und Decken hindurchzuführen, so müssen diese mit nicht brennbaren, formbeständigen Baustoffen umschlossen werden, z. B. mit Zementmörtel, Beton. Mineralfasern müssen eine Schmelztemperatur von mindestens 1 000 °C aufweisen. Zwischen den einzelnen Kabeln und Leitungen dürfen bei Leitungsmassierungen (Bündel) keine Lufthohlräume entstehen. Sind die Lufthohlräume aufgrund einer Vielzahl von Leitungen nicht zu umgehen, sind geprüfte Kabelschottungen zu verwenden.

Man unterscheidet:
- Mörtelschott
- Mineralfaserplattenschott
- Kabelschottung mit speziellen Schottmassen
- Kabelschottung mit kissenförmigen Elementen
- Kabelschottung mit Stopfen oder Blöcken
- Kabelschottung mit Formteilen
- Kabelschottung in Sonderbauart
- Kabelschottung für Stromschienen-Durchgang

→ *Kabeldurchbrüche*
→ *Brandschottungen in elektrotechnischen Anlagen*

Literatur:
- *Hochbaum, A.; Hof, B.: Kabel- und Leitungsanlagen. VDE-Schriftenreihe Band 68. Berlin · Offenbach: VDE VERLAG, 2003*

Kabelwanne

DIN VDE 0100-200	***Errichten von Niederspannungsanlagen***
(VDE 0100-200)	*Begriffe*

Eine Kabelhalterung, die aus einer fortlaufenden Tragplatte mit hochgezogenen Kanten besteht. Die Kabelwanne hat üblicherweise keine Abdeckung.

Kapazität

Ein Kondensator besteht aus zwei elektrisch leitenden Platten, z. B. Metallfolien, mit einem Isolierstoff dazwischen, dem Dielektrikum. Ein Kondensator kann als Speicher von Ladungen verwendet werden. Diese Speicherfähigkeit wird als Kapazität bezeichnet. Die elektrische Kapazität hat die Einheit *Farad (F).*

Ungeladener Kondensator:
Auf den Platten des Kondensators gleich viele Elektronen wie positive Ladungen – elektrisch neutral – es besteht ein elektrisches Feld.

Aufladevorgang:
Unterschiedlich viele positive und negative Ladungen; Elektronenaustausch zwischen den Platten – elektrisches Feld baut sich auf – es fließt ein elektrischer Strom.

Geladener Kondensator:
Ladungsunterschied zwischen den Platten ist aufgebaut – elektrisches Feld.

Ladungsmenge:
Hängt von der Größe der Spannung ab.

Ein Kondensator hat die Kapazität 1 Farad (1 F), wenn er von der Ladung 1 As um 1 V aufgeladen wird. Die Kapazität eines Kondensators ist umso größer, je größer die Plattenfläche, je größer die Dielektrizitätszahl und je kleiner der Plattenabstand ist.

Bei einer Batterie (Bleiakkumulator) versteht man unter Kapazität die Ladung (Strommenge) in Ah, die eine voll geladene Batterie bis zum Erreichen der Entladeschlussspannung abgeben kann.

Kapazitive Spannungsmessung

Eine Kapazitätsbestimmung ist durch einen Strom- oder Spannungsvergleich möglich. Der unbekannten Kapazität C_x wird eine bekannte Kapazität C_1 in Reihe geschaltet. Da sich die Spannungen umgekehrt verhalten wie die Kapazitäten.

$$\frac{U_x}{U_1} = \frac{C_1}{C_x}$$

ergibt sich:

$$C_x = \frac{C_1 \cdot U_1}{U_x}$$

Mit der vorgegebenen Größe C_1 und den gemessenen Werten U_x und U_1 kann die unbekannte Kapazität C_x errechnet werden.

Auch mit einer Messbrücke (Brückenabgleich) kann die Kapazität ermittelt werden.

Kapselung

Die Kapselung zählt zu den Schutzmaßnahmen durch Schutzvorrichtungen. Die Schutzmittel für diese Schutzmaßnahme müssen so ausgewählt und angebracht sein, dass ausreichender Schutz gegen zu erwartende elektrische und mechanische Beanspruchung gegeben ist.

→ *Schutz durch Umhüllung*

Kennfarben für Leuchtmelder und Drucktaster

DIN EN 60073 *(VDE 0199)*	***Grund- und Sicherheitsregeln für die Mensch-Maschine-Schnittstelle, Kennzeichnung*** *Codierungsgrundsätze für Anzeigengeräte und Bedienteile*

Leuchtmelder:

- Rot:
  „Gefahr oder Alarm!“ Warnung vor möglicher Gefahr oder vor Zuständen, die ein sofortiges Eingreifen erfordern.
- Gelb:
  „Vorsicht!“ Anzeige sicherer Betriebsverhältnisse oder Freigabe des weiteren Betriebsablaufs.
- Grün:
  „Sicherheit!“ Anzeige sicherer Betriebsverhältnisse oder Freigabe des weiteren Betriebsablaufs.
- Blau:
  „Spezielle Information!“ Blau kann jede beliebige Bedeutung haben, jedoch nicht die von Rot, Gelb oder Grün.
- Weiß:
  „Allgemeine Information!“ Weiß kann jede Bedeutung haben; es darf angewandt werden, wenn bezüglich Rot, Gelb und Grün Zweifel bestehen, z. B. als Bestätigung.

Drucktaster:

- Rot:
  „Stopp (Halt) oder Aus!“ Ausschalten eines Hauptstromkreises, Stoppen oder Ausschalten einer Einrichtung, Einleiten eines Feueralarms.
- Gelb:
  Eingriff, um abnormale Bedingungen zu unterdrücken oder unerwünschte Änderungen zu vermeiden.
- Grün:
  „Start oder Ein!“ Einschalten eines Schaltgeräts.
- Blau:
  Jede beliebige Bedeutung, jedoch nicht die von Rot, Gelb und Grün.
- Schwarz, Grau oder Weiß:
  Jede beliebige Bedeutung, ausgenommen Stopp- oder Aus-Druck-Knöpfe.

Kenngrößen der Anlagen

- → *Elektrische Anlagen*:
  Alle einander zugeordneten elektrischen Betriebsmittel für einen bestimmten Zweck und mit koordinierten Kenngrößen.

- → *Speisepunkt* einer elektrischen Anlage: (Anfang einer elektrischen Anlage) Punkt, an dem elektrische Energie in eine Anlage eingespeist wird.

- → *Neutralleiter* (Symbol N):
Mit dem Mittelpunkt bzw. Sternpunkt des Netzes verbundener Leiter, der geeignet ist, zur Übertragung elektrischer Energie beizutragen.

- → *Umgebungstemperatur*:
Temperatur der Luft oder eines anderen Mediums, in dem das jeweilige Betriebsmittel verwendet wird.
- → *Versorgungseinrichtung für Sicherheitszwecke*:
Stromversorgungsanlage, die dazu bestimmt ist, die Funktion von Betriebsmitteln, die für die Sicherheit von Personen unerlässlich sind, aufrechtzuerhalten (Stromversorgungsanlage: die Stromquelle mit den Stromkreisen bis zu den Anschlussklemmen der elektrischen Verbrauchsmittel).

- → *Ersatzstromversorgungsanlage*:
Stromversorgungsanlage, die dazu bestimmt ist, die Funktion einer Anlage oder von Teilen einer Anlage für den Fall einer Unterbrechung der normalen Stromversorgung aus anderen Gründen als für die Sicherheit von Personen aufrechtzuerhalten.

- → *Nennspannung* (einer Anlage):
Spannung, durch die eine Anlage oder ein Teil einer Anlage gekennzeichnet ist.

- → *Berührungsspannung*:
Spannung, die zwischen gleichzeitig berührbaren Teilen während eines Isolationsfehlers auftreten kann.

Kennzeichnung durch Symbole

Die Symbol-Kennzeichnung (Tropfenkennzeichnung), die bisher im Hausgerätebereich und bei Installationsmaterial Anwendung gefunden hat, wird zunehmend durch den → *IP-Code* (→ *IP-Schutzarten*) abgelöst. Es sollen zukünftig alle Arten von elektrischen Betriebsmitteln ein einheitliches Kennzeichnungssystem für die Schutzarten erhalten. Der IP-Code hat durch IEC-Pilotfunktion, d. h., zurzeit werden alle Produktnormen auf die Klassifizierung nach dem IP-Code umgestellt. Da jedoch durch die Umstellung der Normen, der Umstellung der Konstruktion der Betriebsmittel und der damit im Zusammenhang stehenden Dokumentation noch ein längerer Zeitraum vergehen wird, ist die Kennzeichnung durch Symbole schwerpunktmäßig in der **Tabelle 39** erläutert.

Symbol / Bildzeichen	Beschreibung	Bedeutung	IP- Code
	1 Tropfen	tropfwassergeschützt	IPX1
	1 Tropfen in 1 Quadrat	sprühwasser- und regengeschützt	IPX3
	1 Tropfen in 1 Dreieck	spritzwassergeschützt	IPX4
	2 Tropfen in 2 Dreiecken	strahlwassergeschützt	IPX5
	2 Tropfen	wasserdicht	IPX7
... bar ... m	2 Tropfen mit Angabe der zulässigen Eintauchtiefe	druckwasserdicht	IPX8
	Gitter	staubgeschützt	IP5X
	Gitter mit Umrandung	staubdicht	IP6X

Tabelle 39 Kennzeichnung elektrischer Betriebsmittel durch Symbole (nach DIN VDE 0710-1) und jeweiliger IP-Code

Kennzeichnung elektrischer Anlagen

DIN VDE 0100-510 ***Errichten von Niederspannungsanlagen***
(VDE 0100-510) *Allgemeine Bestimmungen*

Elektrische Anlagen und Betriebsmittel sind so zu kennzeichnen, dass ihr Zweck, ihre Funktion und für den Bedienenden der Betriebszustand angezeigt werden.

Leiter	Farbkennzeichnung	Anforderungen
Schutzleiter (PE)	grün-gelb	• im ganzen Verlauf • bei einadrigen Mantelleitungen bzw. Kabeln genügt grün-gelbe Kennzeichnung an den Enden • die grün-gelbe Kennzeichnung darf entfallen: – bei konzentrischen Leitern und Metallmänteln – in Schalt- und Verteileranlagen, bei Kranschleifleitungen, wenn die Anschlüsse entsprechend beschriftetet werden – bei nicht isolierten Schutzleitern, wenn eine dauerhafte Kennzeichnung nicht möglich ist – wenn der Schutzleiter aus → *Körpern* oder → *fremden leitfähigen Teilen* besteht – bei Freileitungen (siehe DIN VDE 0211) • die grün-gelbe Ader darf nur als Schutzleiter und als Potentialausgleichsleiter und Erdungsleiter mit Schutzfunktion, nicht aber für andere Funktionen verwendet werden
Potentialausgleichsleiter	grün-gelb, auch andere Kennzeichnung	Potentialausgleichsleiter mit Schutzfunktion darf grün-gelb sein
Erdungsleiter	grün-gelb, auch andere Kennzeichnung	Erdungsleiter mit Schutzfunktion darf grün-gelb sein
Neutralleiter (N)	blau, auch andere Kennzeichnung	• im ganzen Verlauf • bei einadrigen Mantelleitungen und Kabeln genügt blaue Kennzeichnung an den Enden • bei Kabeln und Leitungen ohne blaue Ader kann eine beliebige Ader verwendet werden, nicht aber die grün-gelbe Ader • ist kein Neutralleiter erforderlich, kann die blaue Ader auch für andere Funktionen verwendet werden, nicht aber als Schutzleiter
PEN-Leiter	Grün-gelb	• im ganzen Verlauf, zusätzlich blaue Markierung an den Enden • bei einadrigen Mantelleitungen und Kabeln genügt grün-gelbe Kennzeichnung (und zusätzlich blaue Markierung) an den Enden • die grün-gelbe Kennzeichnung darf entfallen – bei konzentrischen Leitern und Metallmänteln – bei Freileitungen
Sonstige Leiter		• für Aderleitungen sind grüne, gelbe und mehrfarbige Kennzeichnungen nicht zugelassen • Kennzeichnung blanker Leitungen nach DIN 40705 • für Freileitungen gilt DIN VDE 0211

Tabelle 40 Farbkennzeichnung isolierter Kabel und Leitungen

Durch die Beobachtung des Betriebes oder wenn der Schaltzustand der Anlage nicht sicher zu erkennen ist, muss durch eindeutige Anzeige jede Gefahr für das Betriebs- oder Bedienungspersonal ausgeschlossen werden. Für die Anzeigen sollten DIN VDE 0199 und DIN 43602 beachtet werden.

- Die Kennzeichnungen der elektrischen Anlagen müssen mit den entsprechenden Angaben in den Schaltungsunterlagen übereinstimmen.

- Sie sollten (bei größeren Anlagen) folgende Angaben enthalten:
  - Art und Aufbau der Schaltanlage
  - Zahl der Stromkreise und ihrer Verbrauchsstellen sowie ihre Zuordnung zu Kabeln und Leitungen, Querschnitte und Nennströme
  - Schutzmaßnahmen, Schutzeinrichtungen und ihre Kenndaten
  - Art der Kabel- und Leitungsverlegung
  - Art, Umfang und Leistung der Verbrauchsmittel
  - Anordnung und Identifizierung der Schutz-, Trenn- und Schalteinrichtungen

- Schaltungsunterlagen nach DIN 40719
- Schaltzeichen nach den Normen der Reihe DIN 40700 und folgende
- Kabel und Leitungen, ggf. auch einzelne Leiter, müssen so gekennzeichnet werden, dass sie beim Arbeiten an den Anlagen, den Betriebsmitteln (z. B. Schalt- und Schutzeinrichtungen, Verbrauchsgeräte) zugeordnet werden können.

Kennzeichnung von Schutzleitern, PEN-Leitern, isolierte Schutzerdungsleiter und Potentialausgleichsleiter

DIN VDE 0100-510 ***Errichten von Niederspannungsanlagen***
(VDE 0100-510) *Allgemeine Bestimmungen*

DIN VDE 0100-540 ***Errichten von Niederspannungsanlagen***
(VDE 0100-540) *Erdungsanlagen und Schutzleiter*

- Schutzleiter, PEN-Leiter, isolierte Schutzerdungsleiter und isolierte Schutzpotentialausgleichsleiter sind im gesamten Verlauf durchgehend grün-gelb zu kennzeichnen

- für der PEN-Leiter ist zusätzlich an den Anschlussstellen eine blauen Markierung vorzusehen
- bei einadrigen Kabeln und Leitungen darf auch auf die durchgehende Aderkennzeichnung verzichtet werden. Dafür dauerhafte Grün-gelb-Kennzeichnung (und bei PEN-Leiter zusätzlich blaue Markierung) an den Enden
- die Grün-gelb-Kennzeichnung darf entfallen:
  - bei konzentrischen Leitern und Metallmänteln
  - in Schalt- und Verteilungsanlagen, bei Kranschleifleitungen, andere Kennzeichnung durch Form oder Aufschrift
  - bei extrem schmutzigen Umgebungsbedingungen, wenn also eine Markierung schlecht möglich ist
  - bei blanken Schutzleitern, wenn eine dauerhafte Kennzeichnung nicht möglich ist
  - bei blanken Leitern von Freileitungen
- Erdungsleiter und Potentialausgleichsleiter brauchen nicht gekennzeichnet werden. Eine Kennzeichnung grün-gelb ist jedoch zulässig
- die blaue Markierung an den Leiterenden (PEN-Leiter) darf in öffentlichen Stromverteilungsnetzen und denen der Industrie entfallen

Keraunischer Pegel

Der keraunische Pegel gibt die Anzahl der Gewittertage pro Jahr in einem bestimmten Gebiet oder an einem bestimmten Ort an. Der keraunische Pegel unterliegt starken regionalen Schwankungen und liegt zwischen unter 1 in Arktis und Antarktis sowie bis zu 180 in Äquatornähe. Trägt man die örtlichen der keraunische Pegel auf einer Landkarte auf, lassen sich um Gebiete konstanter Pegel Linien gleicher Häufigkeit, sogenannte Isokeraunen, eintragen (ähnlich Isobaren auf einer Wetterkarte oder Höhenlinien auf topografischen Karten).

- In Deutschland beträgt die Anzahl der Gewittertage etwa 20 bis 35 Tage pro Jahr
- Starke lokale Unterschiede in der Gewitterhäufikeit
- Im Mittel für jede Region eine konstante Gewitterhäufigkeit

k-Faktor

→ *Materialbeiwert*

Klassische Nullung

Aktuell: TN-C-System: frühere Bezeichnung „klassische Nullung“; im gesamten System sind die Funktionen des Neutralleiters und des Schutzleiters in einem einzigen Leiter kombiniert (PEN-Leiter).

→ *Nullung*
→ *Schutz durch Abschaltung oder Meldung*

Kleine Baustellen

Bereiche, in denen:

- elektrische Betriebsmittel nur einzeln benutzt werden
- die durchgeführten Bauarbeiten geringen Umfangs sind

Kleiner Prüfstrom

DIN EN 60269-1 *(VDE 0636-1)*	***Niederspannungssicherungen*** *Allgemeine Anforderungen*
DIN EN 60898-1 *(VDE 0641-11)*	***Elektrisches Installationsmaterial*** *Leitungsschutzschalter für Wechselstrom (AC)*

Ist ein festgelegter Strom I_{nf}, unter dessen Wirkung die Niederspannungssicherung innerhalb einer festgelegten Zeit nicht abschmelzen darf, oder anders ausgedrückt, unter festgelegten Bedingungen während eines vereinbarten Zeitraums darf der kleine Prüfstrom wirken, ohne abzuschalten $I_{nf} = 1{,}3\ I_N$.

Kleinspannung

DIN VDE 0100-410 *(VDE 0100-410)*	***Errichten von Niederspannungsanlagen*** *Schutz gegen elektrischen Schlag*

Kleinspannung SELV (Safety Extra-Low Voltage; Kürzel für Sicherheitskleinspannung in nicht geerdetem System; früher Schutzkleinspannung):

- Schutz bei indirektem Berühren wird erreicht durch kleine Spannungen, 50 V Wechselspannung/120 V Gleichspannung und durch eine sichere elektrische Trennung vom Primärnetz
- auf den Schutz gegen direktes Berühren kann verzichtet werden bei: bis 25 V Wechselspannung/bis 60 V Gleichspannung

Kleinspannung PELV (Protection Extra-Low Voltage; Kürzel für Funktionskleinspannung mit elektrisch sicherer Trennung; früher Funktionskleinspannung mit sicherer Trennung):
- bei gleichen Spannungsgrenzen wie bei SELV wird der Sekundärstromkreis entweder geerdet und/oder die Betriebsmittel werden geerdet
- der Schutz gegen direktes Berühren ist notwendig

Die Funktionskleinspannung ohne sichere Trennung, FELV (Functional Extra-Low Voltage):
- kann angewendet werden, wenn aus Funktionsgründen die Nennspannung auf maximal 50 V AC oder 120 V DC begrenzt bleibt und nicht alle Anforderungen an SELV oder PELV zu erfüllen sind. Als Beispiele gelten Steuerstromkreise mit Betriebsmitteln wie Transformatoren, Relais, Schütze, deren Isolierung nicht den Stromkreisen mit höherer Spannung entspricht.

In solchen Fällen müssen für FELV-Stromkreise folgende Bedingungen erfüllt werden:
- Für den Basisschutz (Schutz gegen direktes Berühren):
  Basisisolierung in Übereinstimmung mit der Nennspannung des Primärstromkreises oder durch Abdeckung bzw. Umhüllung in der Schutzart IP2X bzw. IPXXB.
- Für den Fehlerschutz (Schutz bei indirektem Berühren):
  Die Körper der Betriebsmittel des FELV-Stromkreises müssen mit dem Schutzleiter des Primärstromkreises verbunden werden, bei dem der Fehlerschutz durch automatische Abschaltung der Stromversorgung sichergestellt wird.
  Der FELV-Stromkreis muss mindestens die Bedingungen der einfachen Trennung vom Primärstromkreis (z. B. zwischen den Wicklungen des Transformators) oder die Bedingungen der SELV- bzw. PELV-Stromkreise erfüllen.
  Bei nicht sicherer Trennung (z. B. Spartransformatoren, Halbleitereinrichtungen) sind die Betriebsmittel der Funktionskleinspannung in den Fehlerschutz des vorgelagerten Netzes einzubeziehen.
- Stecker und Steckdosen:
  Für FELV-Stromkreise sind unverwechselbare Stecksysteme vorzusehen. Steckdosen müssen einen Schutzkontakt haben.

Klemmen

DIN EN 60670-1 *(VDE 0606-1)*	***Dosen und Gehäuse für Installationsgeräte für Haushalt und ähnliche ortsfeste elektrische Installationen*** *Allgemeine Anforderungen*
DIN EN 60670-22 *(VDE 0606-22)*	***Dosen für Installationsgeräte für Haushalt und ähnliche ortsfeste elektrische Installationen*** *Besondere Anforderungen für Verbindungsdosen*
DIN VDE 0606-200 *(VDE 0606-200)*	***Installationssteckverbinder für dauernde Verbindung in festen Installationen***

Klemmen werden in der Installations-Praxis für das Herstellen verschiedenartiger Verbindungen genutzt. Als vorteilhaft haben sich für die Praxis Klemmen mit Spannband erwiesen, die eine rationelle Lagerhaltung gestatten, weil sie für viele Querschnitte passen und universell auf verschiedenen Materialien verwendbar sind.

Klima

→ *Äußere Einflüsse*

Klirrfaktor

DIN EN 50156-1 *(VDE 0116-1)*	***Elektrische Ausrüstung von Feuerungsanlagen*** *Bestimmungen für die Anwendungsplanung und Errichtung*

Klirrfaktor – Oberschwingungsgehalt:
Weicht die Kurvenform einer Wechselgröße von der Sinusform ab, so stellt sich eine sog. Verzerrung ein. Der Grad der Verzerrung wird duch den Klirrfaktor ausgedrückt. Das Verhältnis des Effektivwerts aller Oberschwingungen zum Effektivwert der Gesamtschwingungen.

Der Klirrfaktor k (Oberschwingungsgehalt) wird in % angegeben. Er ist Maß für die Abweichung einer Wechselgröße (z. B. Spannungsklirrfaktor) vom Sinusverlauf. Überschreitet der Klirrfaktor nicht 5 %, dann werden Schwingungen als sinusförmig bezeichnet.

Kochnische

DIN VDE 0100-540 — ***Errichten von Niederspannungsanlagen***
(VDE 0100-540) — *Erdungsanlagen und Schutzleiter*

Die Anforderungen an die Elektro-Installation einer Kochnische sind gegenüber denen in einer „normalen Küche“ ein wenig vermindert.

Anforderungen:
- 1 Deckenauslass; 1 Wandauslass für die Allgemeinbeleuchtung
- 4 bis 7 Steckdosen für Kleingeräte
- 1 eigener Stromkreis für Geschirrspülmaschine (als Steckdose installiert)
- Anschluss für Warmwassergerät: Durchlauferhitzer: Drehstromleitung mit einer Belastbarkeit von 35 A (bis 24 kW Leistung), d. h. Leiterquerschnitt von mindestens 4 mm^2 Cu
- Anschluss für Elektroherd: Drehstromleitung mit einer Belastbarkeit von 16 A, bei Wechselstromanschluss mindestens 25 A (Leiterquerschnitte: 1,5 mm^2 Cu bzw. 2,5 mm^2 Cu)

Kombinierte Potentialausgleichsanlage

DIN VDE 0100-410 — ***Errichten von Niederspannungsanlagen***
(VDE 0100-410) — *Schutz gegen elektrischen Schlag*

DIN VDE 0100-444 — ***Errichten von Niederspannungsanlagen***
(VDE 0100-444) — *Schutz bei Störspannungen und elektromagnetischen Störgrößen*

DIN VDE 0100-540 — *Errichten von Niederspannungsanlagen*
(VDE 0100-540) — ***Erdungsanlagen und Schutzleiter***

DIN VDE 0100-540 — ***Errichten von Niederspannungsanlagen***
(VDE 0100-540) — *Erdungsanlagen und Schutzleiter*

Kürzel: CBN; es ist eine Erdungsanlage, die durch einen gemeinsamen Potentialausgleich (für die Starkstromtechnik und die Informations- bzw. Kommunikationstechnik) ergänzt wird; also eine Potentialausgleichsanlage, die als Schutzpotentialausgleich (DIN VDE 0100-410) und auch auch als Funktionspotentialausgleich

(DIN VDE 0100-444) wirkt. Dieser gemeinsame Potentialausgleich wird als kombinierte Potentialausgleichsanlage bezeichnet.

Folgende Leiter oder leitfähige Teile dürfen als kombinierte Funktions- und Schutzleiter angewendet werden:

- Leiter in mehradrigen Kabeln und Leitungen
- isolierte Leiter in Elektro-Installationsrohren
- fest verlegte isolierte Leiter
- leitende Körper von elektrischen Betriebsmitteln und fremde leitfähige Teile, die die nachfolgenden Anforderungen erfüllen:
  - Sicherstellen der durchgehenden elektrischen Verbindung des Strompfads durch die Art der Konstruktion
  - die Anwendung von Verbindungstechniken, die Schädigungen durch mechanische, chemische und elektrochemische Einflüsse vermeiden (Verbindungstechniken: Schweißen, Nieten und gesicherte Schraubverbindungen)

Kontaktwiderstand

→ *Übergangswiderstand*

Körper

DIN VDE 0100-200	***Errichten von Niederspannungsanlagen***
(VDE 0100-200)	*Begriffe*

Körper sind berührbare, leitfähige Teile der elektrischen Betriebsmittel, die normalerweise nicht unter Spannung stehen, die aber im Fehlerfall Spannung annehmen können. Folglich sind Körper leitfähige Teile elektrischer Betriebsmittel, die nicht zu den → *aktiven Teilen* zählen.

Bei den → *Schutzmaßnahmen* durch automatische Abschaltung werden die Körper mit dem geerdeten → *Schutzleiter* verbunden. Die Körper schutzisolierter Betriebsmittel (→ *Schutzklasse* II), die von → *aktiven Teilen* nur durch eine Basisisolierung getrennt sind, müssen von einer isolierenden Umhüllung mindestens der → *Schutzart* IP2X umschlossen sein. Sie dürfen nicht an einen Schutzleiter angeschlossen werden.

Eine durch einen Isolationsfehler entstandene leitende Verbindung zwischen → *aktiven Teilen* und dem Körper wird als → *Körperschluss* bezeichnet. Bei den Schutzmaßnahmen durch automatische Abschaltung führt der Körperschluss über den angeschlossenen Schutzleiter zum Kurzschluss (TN-System) oder Erdschluss (TT- oder IT-System), die eine Abschaltung des fehlerhaften Stromkreises bzw. eine Meldung (IT-System) bewirken.

Das Wort Körper wird unabhängig von der Definition als Teil elektrischer Betriebsmittel entsprechend der allgemeinen Umgangssprache für den menschlichen oder tierischen Körper angewendet.
Aus diesem Zusammenhang ergeben sich nachstehende Begriffe:

- Körperstrom (→ *gefährlicher Körperstrom*)
  - das ist der Strom, der durch den Körper des Menschen oder des Tiers fließt
  - → *Schutz gegen gefährliche Körperströme*
- → *Körperwiderstand* bzw. Körperimpedanz
  - das ist der Quotient aus Berührungsspannung und Körperstrom

Körperschluss

DIN EN 60909-0	***Kurzschlussströme in Drehstromnetzen***
(VDE 0102)	*Berechnung der Ströme*

Der Körperschluss ist eine durch einen Fehler entstandene leitende Verbindung eines → *aktiven Teils* mit dem → *Körper* eines elektrischen Betriebsmittels.

Der Kurz-, Erd- und Körperschluss wird als vollkommen bezeichnet, wenn die leitende Verbindung an der Fehlerstelle nahezu widerstandslos ist. Mit einem Widerstand an der Fehlerstelle (Lichtbogen, Kriechweg) entsteht ein unvollkommener Kurz-, Erd- oder Körperschluss.

Körperwiderstand

DIN VDE 0100-410	***Errichten von Niederspannungsanlagen***
(VDE 0100-410)	*Schutz gegen elektrischen Schlag*

Der Widerstand des menschlichen Körpers ist von verschiedenen Einflussgrößen abhängig, wie:

- von der Berührungsspannung
- vom Stromweg
- vom Körperbau
- von der Hautbeschaffenheit
- von der Berührungsfläche
- vom Kontaktdruck
- von der Feuchtigkeit
- von der Stromflussdauer
- von der Umgebungstemperatur

Die Impedanz des menschlichen Körpers zwischen der Ein- und der Austrittsstelle des Körperstroms ist überwiegend ohmsch. Der kapazitive Anteil (Einfluss der Haut an Ein- und Austrittsstelle) ist klein. Ein konstanter Wert lässt sich für die Kapazität nicht angeben, da sie abhängig ist von der Berührungsspannung und der Feuchtigkeit.

Da der Körperwiderstand von mehreren Einflüssen abhängig ist, schwankt er in weiten Bereichen. Um dennoch Werte für den Körperwiderstand zu erhalten, sind Messungen an Untersuchungspersonen durchgeführt worden. Bild 44 enthält Angaben über die Größenordnung von Körperwiderständen in Abhängigkeit der Berührungsspannung unter folgenden Voraussetzungen:

- Stromweg von der linken zur rechten Hand oder zu einem Fuß, wobei die Kontaktfläche mindestens 50 cm^2 beträgt
- Wechselstrom bis 1 kHz
- Angabe der Werte, die von 5 %, 50 % bzw. 95 % aller Menschen nicht überschritten werden

Wird der menschliche Körper nicht von der linken zur rechten Hand durchflossen, sondern stellt sich ein Stromdurchfluss z. B. von der linken Hand zu anderen Körperteilen ein, so können die Werte von **Bild 44** nach der **Tabelle 41** korrigiert werden.

Bei einer Berührungsspannung von 230 V und bei einer Annahme der 5-%-Grenzkurve nach **Bild 44** lassen sich für verschiedene Stromwege die Körperwiderstände nach **Tabelle 42** ermitteln.

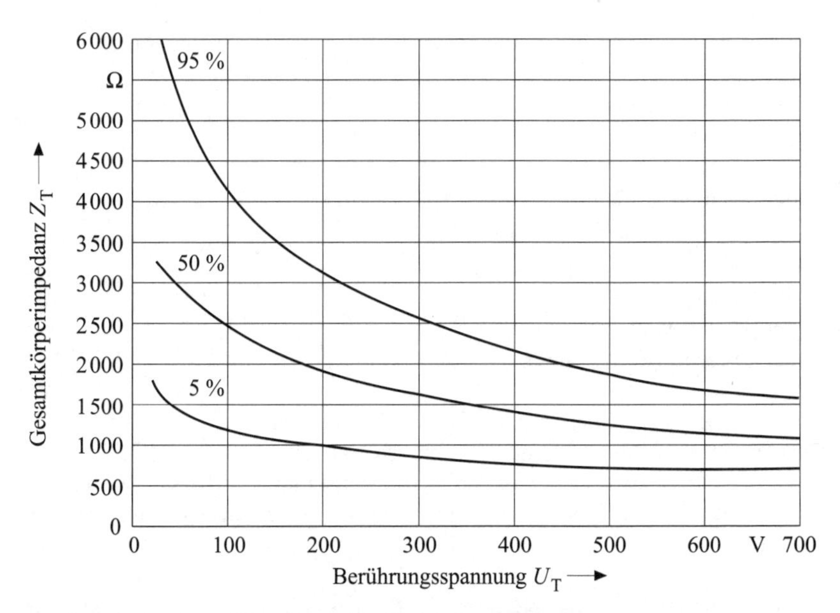

Bild 44 Körperwiderstand in Abhängigkeit der Berührungsspannung

Stromdurchfluss von der linken Hand:	**Korrekturwert in %**
zum Kopf	50
zum Hals	40
zur Brust	45
zum Oberarm der rechten Hand	60
zum Unterarm der rechten Hand	75
zum Gesäß	55
zum Oberschenkel	60
zum Knie	70
zum Unterschenkel	75

Tabelle 41 Korrekturwerte für Körperwiderstände bei verschiedenen Stromwegen

Stromweg	**Körperwiderstand**
Hand → Hand oder Hand → Fuß	1 000 Ω
Hand → Füße	750 Ω
Hand → Füße	500 Ω
Hand → Brust	500 Ω
Hand → Brust	250 Ω
Hand → Gesäß	550 Ω
Hand → Gesäß	300 Ω

Tabelle 42 Körperwiderstände

Korrosion, Korrosionsschutz

Technisch-wissenschaftlich handelt es sich bei dem Vorgang „Rosten" um Korrosion. Die Folge ist die Zerstörung von Werkstoffen durch unbeabsichtigte chemische oder elektrochemische Einflüsse. Während Sauerstoff allein an Eisen und Stahl keine merkliche Veränderung hervorruft, bewirkt die Verbindung Sauerstoff mit kondensierter Feuchtigkeit chemische Reaktionen, die zur Rostbildung führen. Schutz vor Korrosion ist möglich durch metallische Überzüge, wie Verzinkung, oder durch organische Beschichtungsstoffe und durch korrosionsschutzgerechtes Konstruieren von Bauteilen. In der elektrischen Installation sind besonders Erdungsanlagen korrosionsgefährdet. Erder bestehen aus Materialien, die unmittelbar im Erdreich eingebettet sind oder mit diesen über mehr oder weniger fest leitende Stoffe, wie Beton, großflächig in Verbindung stehen.

Maßnahmen gegen Korrosion:
- richtige Auswahl von Erderwerkstoffen
- bei der Planung der Erdungsanlage das mögliche Ansteigen des Erdungswiderstands der Erder bereits berücksichtigen
- Erdungseinführungen sollten im Übergangsbereich Erdboden–Luft (nach unten mindestens 0,3 m) durch → *Schrumpfschlauch* geschützt werden
- Verbindungen im Erdreich: korrosionsbeständige Umhüllung
- Ein- und Austrittsstellen: sogenannte Tropfnasen vorsehen
- Verbindungen in Beton:
  - Verbindungen/Anschlüsse bei schwarzem/verzinktem Stahl: keinerlei Maßnahmen
  - Verbindungen/Anschlüsse bei Kupfer mit (verzinktem) Stahl: Umhüllungen
- Vermeidung aggressiver Umgebung:
  - Atmosphäre: Rauch, Abgase, Stallluft
  - Baustoffe/Bauschutt: Schlacke- und Kohleteile

Kragensteckvorrichtungen

DIN VDE 0620-1 *(VDE 0620-1)*	***Stecker und Steckdosen für den Hausgebrauch und ähnliche Zwecke*** *Allgemeine Anforderungen*
DIN EN 60309-1 *(VDE 0623-1)*	***Stecker, Steckdosen und Kupplungen für industrielle Anwendungen*** *Allgemeine Anforderungen*

Die Normen für die (metallenen) Kragensteckvorrichtungen sind in den 1970-Jahren zurückgezogen worden. In bestehenden Anlagen mussten bis Ende 1980 alle Kragensteckvorrichtungen durch andere Steckvorrichtungen ausgetauscht sein.

Es dürfen in Neuanlagen nur noch Drehstromsteckvorrichtungen eingebaut werden, wenn sie DIN VDE 0623 entsprechen (→ *CEE-Steckvorrichtungen*).

→ *Steckvorrichtungen*

Krananlagen

DIN VDE 0100-200 *(VDE 0100-200)*	***Errichten von Niederspannungsanlagen*** *Begriffe*
DIN IEC 60204-32 *(VDE 0113-32)*	***Sicherheit von Maschinen – Elektrische Ausrüstung von Maschinen*** *Anforderungen für Hebezeuge*

Krananlagen sind Winden zum Heben von Lasten, d. h., Lasten werden mit einem Tragemittel gehoben und können zusätzlich in einer oder mehreren Richtungen bewegt werden. Für diese Anlagen sind zusätzliche Anforderungen zu berücksichtigen.

→ *Hebezeuge*

Krankenhausinstallationen

Elektrische Anlagen in Räumen, die der Human- und Dentalmedizin zur Untersuchung oder Behandlung von Menschen dienen. Bei der Errichtung elektrischer Anlagen sind mögliche Gefahren von Personen, insbesondere Patienten, zu berücksichtigen:

- durch gefährliche Körperströme
- bei Brand
- bei Ausfall der Stromversorgung

→ *Medizinisch genutzte Räume*

Kreuzungen und Näherungen

DIN VDE 0100-520 *(VDE 0100-520)*	***Errichten von Niederspannungsanlagen*** *Kabel- und Leitungsanlagen*
DIN EN 60728-11 *(VDE 0855-1)*	***Kabelnetze für Fernsehsignale, Tonsignale und interaktive Dienste*** *Sicherheitsanforderungen*
DIN EN 41003 *(VDE 0804-100)*	***Besondere Sicherheitsanforderungen an Geräte zum Anschluss an Telekommunikationsnetze und/oder Kabelverteilsysteme***

Bei Kreuzungen und Näherungen zwischen Starkstromleitungen und Fernmeldeleitungen sind in Abhängigkeit vom Verlegeort bzw. der Verlegeart Mindestabstände nach **Tabelle 43** einzuhalten.

Verlegeort bzw. Verlegeart	Mindestabstand oder Alternativ-Maßnahmen
in oder *an* Gebäuden	10 mm oder Trennsteg
kombinierte Abschluss- und Verteileinrichtung	Abdeckung getrennt oder gemeinsam, dann jedoch muss nach Entfernen der Abdeckung der Starkstromteil gegen direktes Berühren geschützt bleiben
unterirdische Verlegung im selben Graben	100 mm oder bei *Näherung*: feuerhemmende Zwischenlage z. B. Mauerziegel, Formsteine bei Kreuzung: mechanischer Schutz, z. B. Kabelschutzhauben, Formsteine
Starkstromkabel neben Rohren mit Fernmeldekabel	300 mm oder Verringerung bis auf 100 mm, wenn Maßnahmen gegen Ausrieseln des Sandes getroffen werden
Näherungen von unterirdischen Starkstromanlagen zu unterirdischen Bauteilen von oberirdischen Fernmeldeleitungen	800 mm oder 500 mm mit zusätzlichem mechanischen Schutz
Näherungen von Starkstromanlagen an Blitzschutzanlagen	alternative Möglichkeiten in DIN EN 62305-*x* (VDE 0185-305-*x*)
Näherungen von Antennenanlagen und Starkstromanlagen	DIN VDE 0855-1
Kombination Fernmelde- und Starkstromsteckdosen	DIN VDE 0804

Tabelle 43 Mindestabstände bei Kreuzungen und Näherungen

Kriechstrecken

DIN EN 60695-6-1 *(VDE 0471-6-1)*	***Prüfungen zur Beurteilung der Brandgefahr*** *Sichtminderung durch Rauch*
DIN EN 50178 *(VDE 0160)*	***Ausrüstung von Starkstromanlagen mit elektronischen Betriebsmitteln***
DIN EN 60664-1 *(VDE 0110-1)*	***Isolationskoordination für elektrische Betriebsmittel in Niederspannungsanlagen*** *Grundsätze, Anforderungen und Prüfungen*

Eine Kriechstrecke ist die kürzeste Entfernung entlang der Oberfläche eines Isolierstoffs zwischen zwei leitenden Teilen. Kriechstrecken können auftreten zwischen:

- aktiven Teilen untereinander
- aktiven und geerdeten Teilen
- aktiven Teilen und der Befestigungsfläche

Die Bemessungsspannung für Kriechstrecken ist der Spannungswert, nach dem die Kriechstrecken bemessen werden.

Grundlage zur Bemessung einer Kriechstrecke ist normalerweise die Netz-Normspannung. Neben der Verschmutzung, die in sogenannten Verschmutzungsgraden 1 bis 4 kategorisiert wird, ist die Art und Formgebung der Isolierstoffe von großem Einfluss. Die Isolierstoffe werden entsprechend der Kriechwegbildung in Vergleichszahlen zu vier Gruppen unterteilt (VDE 0303-11).

Die Mindestkriechstrecken für Betriebsmittel mit langzeitiger Spannungsbeanspruchung können DIN VDE 0110-1 entnommen werden.

Die Bemessung der Kriechstrecken erfolgt nach dem Effektivwert der Wechsel- oder Gleichspannung. Spannungsspitzen, die den Effektivwert um weniger als 5 % erhöhen, dürfen vernachlässigt werden.

Es werden unterschieden:

- Bemessungsspannung Stromkreis gegen Körper
  - bei nicht geerdetem Stromkreis:
    - höchste zwischen zwei beliebigen Punkten des Stromkreises auftretende Spannung

  - Stromkreis, der gegen Erde eine höhere Spannung aufweist als innerhalb des Stromkreises:
    - die höchste gegen Erde auftretende Spannung
  - stets unmittelbar mit ausreichendem Querschnitt geerdeter Stromkreis:
    - die höchste gegen Erde auftretende Spannung

- Bemessungsspannung Stromkreis gegen Stromkreis
  - die höchste in den Stromkreisen auftretende Spannung

- Bemessungsspannung innerhalb eines Stromkreises
  - die jeweils auftretende Spannung

→ *Kriechstromfestigkeit*
→ *Mindestkriechstrecken*
→ *Mindestluftstrecken*
→ *Isolationskoordination*

Kriechströme

DIN EN 60695-6-1 *(VDE 0471-6-1)*	***Prüfungen zur Beurteilung der Brandgefahr*** *Sichtminderung durch Rauch*
DIN EN 50178 *(VDE 0160)*	***Ausrüstung von Starkstromanlagen mit elektronischen Betriebsmitteln***

Der Strom an der Oberfläche eines Isolierstoffs wird als Kriechstrom verstanden. Leitfähige Verunreinigungen an dieser Oberfläche bilden dem Strom den Weg. Durch den Kriechstrom kann der Isolierstoff beschädigt werden. Es können sog. Kriechspuren auftreten.

→ *Kriechstromfestigkeit*
→ *Mindestkriechstrecken*
→ *Mindestluftstrecken*

Kriechstromfestigkeit

DIN EN 50178 *(VDE 0160)*	***Ausrüstung von Starkstromanlagen mit elektronischen Betriebsmitteln***

Die Kriechstromfestigkeit ist die Widerstandsfähigkeit des Isolierstoffs gegen das Entstehen von Kriechspuren durch Ströme auf der Oberfläche der Betriebsmittel und kennzeichnet damit die Eigenschaften von Isolierstoffen. Zur Ermittlung der Kriechstromfestigkeit wird zwischen zwei auf das Prüfstück aufgesetzten Elektroden eine elektrisch leitende Flüssigkeit aufgetropft und bei konstanter Spannung die Anzahl der Tropfen bis zum Kurzschluss festgestellt. Die Kriechstromfestigkeit ist von Bedeutung bei Hochspannungsisolatoren in Schaltanlagen und für die Isolation in elektronischen Betriebsmitteln.

→ *Mindestkriechstrecken*
→ *Mindestluftstrecken*
→*Kriechströme*

Kühlmittelarten

Neben der Größe der Belastung hängt die Betriebstemperatur einer Maschine von der Kühlung ab. Flüssigkeiten haben im Gegensatz zu Gasen hohe spezifische Wärmekapazitäten. Durch Strömung in den jeweiligen Betriebsmitteln können beträchtliche Verlustwärmemengen abgeführt werden. Gelingt es durch eine gute Kühlung, Verlustwärme abzuführen, darf die Maschine höher belastet werden.

Kühlarten:
- Selbstkühlung:
  Maschine wird nur durch Strahlung gekühlt, ohne Verwendung eines Lüfters.
- Eigenkühlung:
  Kühlluft wird durch einen am Läufer angebrachten oder von ihm angetriebenen Lüfter bewegt.
- Fremdkühlung:
  Maschine wird durch einen Lüfter gekühlt, der nicht von der Welle angetrieben wird – oder anstelle von Luft wird Wasser oder Gas verwendet.

Wirkungsweisen:

- Innenkühlung:
  Wärme wird an das die Maschine durchströmende, sich ständig erneuernde Kühlmittel abgegeben.
- Oberflächenkühlung:
  Wärme wird von der Oberfläche der geschlossenen Maschine abgestrahlt.
- Kreislaufkühlung/Flüssigkeitskühlung/direkte Kühlung:
  Anstelle von Luft werden andere Kühlmittel (Wasser/Gas) verwendet.

Kunststoffe in der Elektrotechnik

Die Kunststoffe werden durch chemische Synthesen hergestellt. Diese Werkstoffe sind verhältnismäßig leicht, wasserbeständig, wenig wärmeleitend, elektrisch isolierend, korrosionsbeständig und widerstandsfähig gegen pflanzliche und tierische Schädlinge.

Thermoplaste	Erweichen bei Erwärmung
Polyvinyl-Chlorid (PVC)	zur Isolation von Kabeln und Leitungen, Isolierschläuche
Polyethylen – PE	Spritzguss- und Pressteile, Folien für Isolierung und Verpackung, Mantelisolation für Kabel
Polyamid – PA	elektrische Steckvorrichtungen, Elektrohandwerkzeuge
Duroplaste	sind nicht plastisch verformbar, schwer brennbar
Phenolharz	
Polyesterharz	
Epoxidharz	
Silikonharz	in der Elektrotechnik vielfältige Einsatzmöglichkeiten
Elastomere	Plaste mit gummiähnlichem Verhalten
Anwendung	
Elektrotechnik	Leitungsisolierungen im Niederspannungsbereich und Stecker

Kunststoffkabel, NYY

DIN VDE 0271	***Starkstromkabel***
(VDE 0271)	*Festlegungen für Starkstromkabel ab 0,6/1 kV für besondere Anwendungen*

Diese Leitungen sind bestimmt zur Verlegung:
- im Erdreich
- im Wasser
- in Innenräumen

Im Erdreich verlegt:
- mindestens 0,6 m unter der Erdoberfläche
- gegen zu erwartende mechanische Einwirkungen schützen (Kabelabdeckung)

→ *Verlegen von Kabeln, Leitungen und Stromschienen*

Kupfer als Leiterwerkstoff

Kupfer (lat. *Cuprum)* ist ein chemisches Element mit dem Symbol **Cu** und der Ordnungszahl 29. Es ist ein Metall der 4. Periode in der 11. Gruppe des Periodensystems. Der lateinische Name *cuprum* ist abgeleitet von *aes cyprium* „Erz von der Insel Zypern“, wo im Altertum Kupfer gewonnen wurde.

Als blankes Metall hat es eine helle, lachsrosa Farbe, die Strichfarbe ist rosarot. An der Luft läuft Kupfer an und wird rötlich braun. Durch weitere Verwitterung und Korrosion bildet sich sehr langsam (oft über Jahrhunderte) oberflächlich Patina. Dabei geht der Metallglanz verloren, und die Farbe ändert sich von rotbräunlich bis hin zu einem bläulichen Grün.

Kupfer ist als relativ weiches Metall formbar und zäh. Als hervorragender Wärme- und Stromleiter findet Kupfer vielseitige Verwendung, es gehört auch zu den Münzmetallen.

Als schwach reaktives Schwermetall gehört Kupfer zu den Edelmetallen.

Eigenschaften:
- Schwermetall, hat nach Silber die größte elektrische Leitfähigkeit
- wird von trockener Luft nicht angegriffen
- in feuchter Luft bildet sich Patina (Kupfercarbonat), als undurchlässige Schicht
- leitet Wärme (nach Silber) am besten
- leicht zu verformen

Dichte	8,9	kg/dm^3
spezifischer Widerstand	0,0178	$\Omega \cdot mm^2/m$
Leitfähigkeit	56	$m/(\Omega \cdot mm^2)$
Schmelzpunkt	1085	°C
Zugfestigkeit	(200 ... 360)	N/mm^2
Dehnung	(50 ... 35)	%

Reinstkupfer (99,9 %) wird auf elektrolytischem Wege hergestellt.
Als Leiterwerkstoff kommt nur Reinstkupfer zur Anwendung.

Verwendung in der Elektrotechnik:
- Leiterwerkstoff für Leitungen und Wicklungen in Motoren und Generatoren
- Leiterbahnen in gedruckten Schaltungen
- Kontaktwerkstoff in Hochspannungsschaltern
- Wärmeleiter bei z. B. Lötkolben, Kühlrohren, Kühlflächen

Kupplungssteckvorrichtungen

Kupplungssteckvorrichtungen dienen zur Verbindung von flexiblen Leitungen. Diese Verbindung erfolgt über eine Kupplungssteckdose und einen kompatiblen Stecker. Steckvorrichtungen dienen im Allgemeinen zur Herstellung oder Trennung von lösbaren elektrischen Verbindungen mittels einer oder mehrerer Kontaktstücke.

→ *Steckvorrichtungen*

Kurzschließen

DIN VDE 0105-100	***Betrieb von elektrischen Anlagen***
(VDE 0105-100)	*Allgemeine Festlegungen*

Vor allem in Hochspannungsanlagen, aber auch in bestimmten Niederspannungsanlagen müssen alle Teile, an denen gearbeitet werden soll, an der Arbeitsstelle geerdet und kurzgeschlossen werden.

Die Erdungs- und Kurzschließvorrichtungen müssen:

- zuerst mit der Erdungsanlage verbunden und dann an die zu erdenden Teile angeschlossen werden
- von der Arbeitsstelle aus möglichst sichtbar sein
- für die Kurzschlussbeanspruchung am Einbauort geeignet und ausgelegt sein
- während der gesamten Dauer der Arbeit wirksam bleiben

Das Erden und Kurzschließen erfolgt durch:

- fest eingebaute Erdungsschaltgeräte
- zwangsgeführte Staberdungs- und Kurzschließgeräte
- freigeführte ortsveränderliche Erdungs- und Kurzschließgeräte

In Kleinspannungs- und Niederspannungsanlagen darf vom Erden und Kurzschließen abgesehen werden, außer wenn das Risiko besteht, dass die Anlage unter Spannung gesetzt wird, z. B.:

- bei Freileitungen, die von anderen Leitungen gekreuzt oder elektrisch beeinflusst werden
- durch eine Ersatzstromversorgungsanlage

Kurzschluss

DIN EN 60909-0	***Kurzschlussströme in Drehstromnetzen***
(VDE 0102)	*Berechnung der Ströme*

Der Kurzschluss ist eine durch einen Fehler entstandene leitende Verbindung zwischen → *aktiven Teilen*, die betriebsmäßig gegeneinander unter Spannung stehen. In Abhängigkeit von der Zahl der beteiligten Außenleiter wird nach drei-, zwei- oder einpoligen Kurzschlüssen unterschieden sowie solche mit Erdberührung. Letztere werden in geerdeten Netzen → *Erdkurzschlussstrom* genannt.

Kurzschluss- und erdschlusssicheres Verlegen von Kabeln und Leitungen

DIN VDE 0100-520	***Errichten von Niederspannungsanlagen***
(VDE 0100-520)	*Kabel- und Leitungsanlagen*
DIN EN 60865-1	***Kurzschlussströme – Berechnung der Wirkung***
(VDE 0103)	*Begriffe und Berechnungsverfahren*

Als kurzschluss- und erdschlusssichere Verlegearten von Kabeln und Leitungen gelten:

- starre Leiter, bei denen eine gegenseitige Berührung und eine Berührung geerdeter Teile durch Abstand oder Abstandhalter verhindert ist
- Aderleitungen, bei denen eine gegenseitige Berührung und eine Berührung geerdeter Teile verhindert ist durch:
  - genügend große Abstände
  - Abstandhalter
  - getrennte Elektro-Installationskanäle
  - getrennte Elektro-Installationsrohre
- Kabel und Mantelleitungen, wenn:
  - sie zugänglich sind
  - nicht in der Nähe brennbarer Stoffe verlegt sind
  - gegen mechanische Beschädigungen geschützt sind
  - sie ohne Gefahr für ihre Umgebung ausbrennen können
- Leiteranordnungen nach den gültigen DIN-VDE-Normen

Kurzschlussfest

DIN VDE 0100-200	***Errichten von Niederspannungsanlagen***
(VDE 0100-200)	*Begriffe*
DIN EN 60865-1	***Kurzschlussströme – Berechnung der Wirkung***
(VDE 0103)	*Begriffe und Berechnungsverfahren*

Ein Betriebsmittel gilt als kurzschlussfest, wenn es den thermischen und dynamischen Wirkungen des an seinem Einbauort zu erwartenden Kurzschlussstroms standhält, ohne dass seine Funktionsfähigkeit beeinträchtigt wird.

Die dynamische Kurzschlussfestigkeit kennzeichnet die mechanische Festigkeit eines Betriebsmittels gegen Beanspruchungen, die durch die Kräfte des vom Stoßkurzschlussstrom erzeugten Magnetfelds hervorgerufen werden.

Der Stoßkurzschlussstrom ist der größtmögliche Kurzschlussstrom am Einbauort, bei strombegrenzenden Schaltgeräten der Durchlaufstrom. Er wird durch Rechnung oder durch Prüfen ermittelt.

Die thermische Kurzschlussfestigkeit kennzeichnet die Beständigkeit eines Betriebsmittels gegen thermische Beanspruchungen, die als Folge des wirksamen Kurzzeitstroms durch erhöhte Temperaturen auftreten.

Der thermisch wirksame Kurzzeitstrom ist der Wechselstrom (Effektivwert) konstanter Amplitude, der während der Kurzschlussdauer dieselbe Wärmemenge erzeugt wie der in seinen Gleich- und Wechselstromanteilen veränderliche Kurzschlussstrom. Der Kurzschlussstrom und die Kurzschlussdauer dürfen nicht größer werden als der Nennkurzzeitstrom und die dazugehörige Nennkurzschlussdauer des ausgewählten Betriebsmittels.

Kurzschlussimpedanz

Der Widerstand einer leitenden Verbindung zwischen betriebsmäßig gegeneinander unter Spannung stehenden Teilen im Falle des Kurzschlusses.

Kurzschlussschutz

DIN VDE 0100-430 *(VDE 0100-430)*	***Errichten von Niederspannungsanlagen*** *Schutz bei Überstrom*
DIN EN 60909-0 *(VDE 0102)*	***Kurzschlussströme in Drehstromnetzen*** *Berechnung der Ströme*

Ein Kurzschluss kann zu Stromstärken führen, die die Dauerbelastbarkeit von Kabeln und Leitungen um ein Vielfaches der „Normalwerte" überschreiten. Wird die zulässige Grenztemperatur der Leiterisolation überschritten, so ist die Isolation zerstört. Bei einem Kurzschluss wird im Gegensatz zur Überlastung die Wärme sehr schnell zugeführt. Daher muss die Schutzeinrichtung den Stromkreis abschalten, bevor eine schädigende Erwärmung der Leiterisolation bzw. der Anschluss-

und Verbindungsstellen eintritt. Das Ausschaltvermögen muss mindestens dem größten Strom bei vollkommenem Kurzschluss entsprechen (Kurzschluss ohne Widerstand an der Fehlerstelle).

Der Strom, der zum Fließen kommt, kann auf verschiedene Weise ermittelt werden:
- Rechenverfahren (nach DIN EN 60909-0 (VDE 0102))
- Netznachbildung: Netzmodell
- Messung der Schleifenimpedanz
- Auskünfte der Elektrizitätsversorgungsunternehmen/Netzbetreiber

Der Ausschaltstrom muss mindestens dem größten Strom bei vollkommenem Kurzschluss am Einbauort entsprechen. Die Ausschaltzeit darf nicht länger sein als die Zeit, in der der Ausschaltstrom den Leiter auf die zulässige Kurzschlusstemperatur erwärmt.

Kurzschluss-Schutzeinrichtungen müssen am Anfang jedes Stromkreises eingebaut werden sowie an den Stellen, an denen die Kurzschlussstrombelastbarkeit gemindert wird.

→ *Schutz bei Kurzschluss*

Kurzschlussschutzeinrichtung

→ *Kurzschlussschutz*

Kurzschlusssicher

DIN VDE 0100-200 *(VDE 0100-200)*	***Errichten von Niederspannungsanlagen*** *Begriffe*
DIN VDE 0100-520 *(VDE 0100-520)*	***Errichten von Niederspannungsanlagen*** *Kabel- und Leitungsanlagen*

Strombahnen und Betriebsmittel sind kurzschlusssicher, wenn unter bestimmungsgemäßen Betriebsbedingungen kein Kurzschluss auftreten kann. Dies wird durch geeignete Maßnahmen und Mittel erreicht, z. B. durch:
- Leiteranordnung aus starren Leitern mit ausreichenden Abständen
- Aderleitungen in getrennten Installationskanälen oder -rohren
- einadrige Kabel

Kurzschlusssichere Verlegung von Kabeln und Leitungen wird verlangt, wenn kein Kurzschlussschutz vorgesehen ist.

Schutzeinrichtungen für den Schutz bei Kurzschluss dürfen entfallen, wenn die Kabel bzw. Leitungen kurzschlusssicher und nicht in der Nähe brennbarer Materialien verlegt sind.

Kabel und Leitungen, die ohne Gefährdung für die Umgebung ausbrennen können (z. B. Kabel in Erde), gelten im Hinblick auf die Sicherheit als gleichwertig zum kurzschlusssicheren Verlegen.

→ *Verlegen von Kabeln und Leitungen*
→ *Kurzschluss- und erdschlusssicheres Verlegen von Kabeln und Leitungen*

Kurzschlussstrom

DIN EN 60909-0 *(VDE 0102)*	***Kurzschlussströme in Drehstromnetzen*** *Berechnung der Ströme*

In elektrischen Anlagen können im Fehlerfall sehr hohe Kurzschlussströme auftreten. Der Kurzschlussstrom – nach DIN VDE 0100-430 spezifizierter genannt → *unbeeinflusster*, → *vollkommener Kurzschlussstrom* – ist ein Überstrom, der infolge eines Fehlers zwischen zwei aktiven Leitern zum Fließen kommt. Der Überstrom ist der Oberbegriff des Kurzschlussstroms. Er ist per Definition der Strom, der die zulässige Strombelastbarkeit überschreitet.

Die Grundlagen für die Berechnung der Kurzschlussströme in Anlagen bis 1 000 V sind in DIN EN 60909-0 (VDE 0102) festgelegt.

Kurzzeichen

DIN VDE 0100-100 *(VDE 0100-100)*	***Errichten von Niederspannungsanlagen*** *Allgemeine Grundsätze, Bestimmungen allgemeiner Merkmale, Begriffe*
DIN VDE 0292 *(VDE 0292)*	***System für Typkurzzeichen von isolierten Leitungen***

Kurzzeichen erleichtern in der Installations-Praxis die Verständigung unter den Fachleuten. Kurzzeichen für kombinierten Einfluss von Temperatur und Luftfeuchte:

- Das Kurzzeichen besteht aus zwei Buchstaben, gefolgt von einer Ziffer.
- Der erste Buchstabe bezieht sich auf die Gruppe der äußeren Einflüsse:
  - A Umgebungsbedingungen
  - B Benutzung
  - C Gebäudekonstruktion.
- Der zweite Buchstabe beschreibt in den einzelnen Gruppen der äußeren Einflüsse jeweils die Art der Einflussgröße.
- Die Ziffer gibt die Klasse innerhalb der Einflussgröße an.

Kurzzeichen für Leitungen nach nationalen Normen – DIN VDE 0250:
Die Kenn- und Kurzzeichen für Leitungen sind im Umbruch, bedingt durch die Harmonisierung verschiedener Leitungstypen. Wichtige Kenn- und Kurzzeichen für Leitungen nach nationalen Normen sind nachfolgend dargestellt:

A	Aderleitung
M	Mantelleitung
Al	Leiter aus Aluminium
B	Bleimantel
C	Abschirmung
F	Flachleitung
G	Gummiisolierung
2G	Silikon-Kautschuk
3G	Butyl-Kautschuk
4G	Ethylen-Vinylacetat
I	Imputz-Leitung
H	Handgeräteleitung
L	leichte Leitung
M	mittlere Leitung
P	Pendelschnüre
R	Rohrdraht
S	schwere Leitung

T	Leitungstrosse
W	wetterfest
Y	Kunststoff PVC
2X	Kunststoff VPE
7Y	Kunststoff Ethylen-Tetrafluorethylen
Z	Ziffernaufdruck
e	eindrähtige Leiter
fl (FL)	flache Leitung
k	Kältebeständigkeit
m	mehrdrähtige Leiter
ö (Ö)	ölbeständig
rd	runder Leiter
u (U)	unbrennbar
vers	verseilte Leitung
w (W)	wärmebeständig

Auch für Leitungen wird dem Kurzzeichen noch angefügt:

- J Leitung mit grün-gelb gekennzeichneter Ader
- O Leitung ohne grün-gelb gekennzeichnete Ader

Kurzzeichen für harmonisierte Leitungen – DIN VDE 0281/DIN VDE 0282:
Dabei bedeuten:
H – harmonisierter Leitungstyp
A – national anerkannter Leitungstyp (aktuell: zurückgezogen; weitere Verwendung wird international beraten)
N – nicht harmonisierter, aber genormter nationaler Leitungstyp
Das neue Typenkurzzeichen, das aus drei Abschnitten zusammengesetzt ist, enthält im ersten Teil die Harmonisierungsart und die Spannung, im zweiten Teil Angaben über die Leiterisolierung, Mantel, Leiterart und Besonderheiten im Aufbau. Im dritten Teil werden Leiterzahl und Querschnitt hinzugefügt.
Beispiel zur Verdeutlichung: *H07RN-F 3 G2,5 bedeutet: harmonisierte Leitung (H);Nennspannung: 750 V (07); Aderisolierung: Natur Kautschuk (R); Mantelisolierung: Chloroprenkautschuk (N); feindrähtiger Leiter (F); dreiadrig: (3); grün-gelb gekennzeichnete Ader (G); 2,5 mm² Querschnitt (2,5)*

Kurzzeichen für Kabel – DIN VDE 0298:
Kabel werden bezeichnet durch folgende Angaben:

- Bauartkurzzeichen, z. B. NYY
- Aderzahl × Nennquerschnitt in mm, z. B.: 4 × 95
- Kurzzeichen für Leiterform und Leiterart, z. B. SM
- Nennquerschnitt des Schirms oder konzentrischen Leiters
- Nennspannungen U_0/U in kV, z. B. 0,6/1 kV,

wobei folgende Spannungsangaben gelten:
U_0 Effektivwert der Spannung zwischen Außenleiter und Erde
U Effektivwert der Spannung zwischen zwei Außenleitern

Das Baukurzzeichen ergibt sich durch Anfügen weiterer Buchstaben an den Anfangsbuchstaben „N“, und zwar in der Reihenfolge des Kabelaufbaus von innen, also ausgehend vom Leiter. Der Anfangsbuchstabe „N“ in der Beziehung bedeutet, dass das Kabel „genormt = Norm“ und nach den entsprechenden VDE-Bestimmungen gebaut ist.

A	Leiter aus Aluminium
H	Schirm bei Höchstädter-Kabel
K	Bleimantel
KL	glatter Aluminiummantel
G	Isolierung bzw. Mantel aus Gummi
Y	Isolierung bzw. Mantel aus Kunststoff PVC
2Y	Isolierung bzw. Mantel aus Kunststoff PE
2X	Isolierung bzw. Mantel aus Kunststoff VPE
C	konzentrischer Leiter – CW wellenförmig
B	Stahldrahtbewehrung
F	Stahlflachdrahtbewehrung
R	Stahlrunddrahtbewehrung
A	Schutzhülle aus Faserstoffen

Nach der Querschnittsangabe folgen die Kurzzeichen für den Leiteraufbau:

RE	eindrähtiger Rundleiter
RM	mehrdrähtiger Rundleiter
SE	eindrähtiger Sektorleiter
SM	mehrdrähtiger Sektorleiter
EF	feindrähtiger Rundleiter

Kurzzeichen für Farben:

Farbe	Kurzzeichen alt (nach DIN 47002)	Kurzzeichen neu (nach DIN IEC 60757)
schwarz	sw	BK
braun	br	BN
rot	rt	RD
orange	or	OG
gelb	ge	YE
grün	gn	GN
blau	bl	BU
violett	vi	VT
grau	gr	GY
weiß	ws	WH
rosa	rs	PK
türkis	tk	TQ

Kurzzeichen sind aus der englischen Sprache entstanden, z. B. RD von „red“ oder YE von „yellow“.

Laboratorium

→ *Experimentierstände*

Laie

Ein Laie ist im elektrotechnischen Sinne eine Person, die weder → *Elektrofachkraft* noch → *elektrotechnisch unterwiesene Person* ist. Diese elektrotechnischen Laien dürfen weder zum Errichten, Ändern, Instandhalten noch für das Betreiben elektrischer Anlagen und Betriebsmittel eingesetzt werden.

Nach BGV A3 dürfen sie nur folgende Tätigkeiten im Zusammenhang mit elektrischen Anlagen und Betriebsmitteln durchführen:
- bestimmungsgemäßes Verwenden elektrischer Anlagen und Betriebsmitteln mit vollständigem Berührungsschutz (z. B. Bohrmaschinen)
- Mitwirken beim Errichten, Ändern und Instandhalten elektrischer Anlagen und Betriebsmittel unter Leitung und Aufsicht einer Elektrofachkraft

Lampen

Eine Lampe ist der technische Hauptbestandteil einer Leuchte und stellt eine künstliche Lichtquelle dar. Sie verwandelt elektrische oder chemische Energie in sichtbare Strahlen, in Licht. Sie werden in Abhängigkeit von den Anforderungen an die Beleuchtung und den entsprechenden Leuchten ausgewählt.

Die Lampen sind neben Fassungen und Anschlussklemmen Bestandteile der → *Leuchten*. Es werden Glühlampen oder Halogenlampen, Entladungslampen und LED unterschieden.
Glühlampen: sind Temperaturstrahler, d. h. der elektrische Strom erhitzt die Glühwendel, sodass sie Licht ausstrahlt. Glühlampen können erhebliche Wärmequellen sein, da ein großer Teil der zugeführten elektrischen Leistung in Wärme umgewandelt wird (etwa 80 % bis 90 %). Daher darf die Höchsttemperatur von Lampenfassungen die folgenden Werte nicht überschreiten:
- bis üblichen Betrieb 90 °C
- im Fehlerfall 115 °C

Die Energieeffizienz ist bei den Glühlampen sehr gering, daher ist eine stufenweise Abschaffung (in Abhängigkeit der Leistung in Watt) beschlossen.

Halogenlampen: sind wie Glühlampen Temperaturstrahler (für Betrieb an Netzspannung oder an Kleinspannung geeignet). Sie haben gegenüber den Glühlampen ein brillianteres Licht und damit eine bessere Farbwiedergabe durch ihre sehr hohe Betriebstemperatur. Nachteil: durch die hohe Oberflächentemperatur Brand- und Verbrennungsgefahr. Vorteil: höhere Lebensdauer und bessere Lichtausbeute.
Auch sie gehören zum Stufenplan des Glühlampenverbots.

Leuchtstofflampen: gehören zu den Entladungslampen. Das Licht entsteht durch eine Entladung innerhalb eines Glasrohrs, d. h. einfach ausgedrückt, aus aufgenommener Energie eines Elektrons wird bei einem Stoß dieses Elektrons die Energie als Strahlungsenergie wieder abgegeben. So entsteht Licht, aber auch UV-Strahlung, die das menschliche Auge nicht wahrnimmt. Vorteil: lange Lebensdauer, etwa 20 000 h. und eine hohe Lichtausbeute. Nachteil: enthalten nicht ungefährliche Chemikalien (daher Sondermüll). Energiesparlampen gehören zur Gruppe der Leuchtstofflampen, aber unterscheiden sich durch eine meist geringere und kompaktere Baugröße.

LED: **L**icht **e**mittierende **D**ioden: haben einen geringen Energieverbrauch und können in allen Lichtfarben hergestellt werden. Für viele Beleuchtungszwecke einsetzbar. LED-Retrofit-Lampen werden als Glühlampenersatz immer häufiger eingesetzt. LEDs werden die Lampen der Zukunft.

Lampen von Leuchten müssen gegen die zu erwartenden mechanischen Beanspruchungen geschützt sein.
Lampen und → *Leuchten* werden fälschlicherweise häufig synonym verwendet. Daher klare Abgrenzung:

- Lampe:
  ist technischer Hauptbestandteil einer Leuchte, also beinhaltet die Bestandteile, die zur Umwandlung der elektrischen Energie in sichtbare Strahlen (Licht) erforderlich sind
- Leuchte:
  beinhaltet neben der Lampe und den Leuchtmitteln weitere Bauteile, wie Leuchtenleitungen, Leuchtenklammern und Leuchtenrahmen

Landwirtschaftliche und gartenbauliche Betriebsstätten

DIN VDE 0100-705 *(VDE 0100-705)*	***Errichten von Niederspannungsanlagen*** *Elektrische Anlagen von landwirtschaftlichen und gartenbaulichen Betriebsstätten*
DIN VDE 0100-420 *(VDE 0100-420)*	***Errichten von Niederspannungsanlagen*** *Schutz gegen thermische Auswirkungen*
DIN VDE 0100-737 *(VDE 0100-737)*	***Errichten von Niederspannungsanlagen*** *Feuchte und nasse Bereiche und Räume und Anlagen im Freien*

Für die Errichtung der elektrischen Anlagen in landwirtschaftlichen Betriebsstätten sind „→ *zusätzliche Anforderungen*" zu beachten. Diese besonderen Betriebsstätten sind Räume, Orte und Bereiche, die vorrangig der Landwirtschaft dienen. Aber auch ähnliche Zwecke der Nutzung können darunter verstanden werden, z. B. Gartenbau, Betriebe der Intensiv-Tierhaltung. Die Anforderungen gelten auch dann für Wohnungen und andere Räumlichkeiten von landwirtschaftlichen und gartenbaulichen Betriebsstätten, wenn eine leitfähige Verbindung zu diesen Räumlichkeiten durch Schutzleiter oder durch fremde leitfähige Teile besteht.

Schutz gegen elektrischen Schlag

- Bei Anwendung von SELV oder PELV ist immer der Schutz gegen direktes Berühren (Basisisolierung), durch Isolierung (Prüfspannung 500 V für 1 min) oder durch Abdeckung IPXXP (fingersicher) herzustellen.
- Bei der Schutzmaßnahme TN-System ist hinter dem Speisepunkt für die gesamte Installationsanlage das TN-S-System anzuwenden.
  Wird in TT-Systemen eine dauernde Aufrechterhaltung der Versorgung verlangt, müssen RCDs der Bauart S entsprechen oder zeitverzögert abschalten.
- Für den Schutz bei indirektem Berühren durch automatische Abschaltung sind unabhängig von der Art der Erdverbindung für alle Stromkreise mit Steckdosen Fehlerstromschutzeinrichtungen (RCDs) mit einem Bemessungsdifferenstrom $\leq$ 30 mA vorzusehen. Für alle anderen Stromkreise sind RCDs mit einem Bemessungsdifferenzstrom $\leq$ 300 mA zu verwenden.
- Als Schutzmaßnahmen gegen elektrischen Schlag sind nicht erlaubt:
  - Schutz durch Hindernisse
  - Schutz durch Anordnung außerhalb des Handbereichs
  - Schutz durch nicht leitende Räume
  - Schutz durch erdfreien örtlichen Potentialausgleich.

- Im Standbereich der Tiere müssen unter Einbeziehung der Metallgitter im Fußboden alle durch Tiere berührbaren Körper der elektrischen Betriebsmittel (z. B. Melkmaschinen) und alle fremden leitfähigen Teile (z. B. Baustahlmatten, Gitter, Bewehrungen) durch einen zusätzlichen Schutzpotentialausgleich untereinander und mit Schutzleiter und Fundamenterder der Anlage verbunden werden.
- Der Schutzpotentialausgleichleiter besteht aus:
  - feuerverzinktem Bandstahl, mindestens 30 mm × 3,5 mm oder
  - feuerverzinktem Rundstahl, mindestens 8 mm Durchmesser

  Lösbare Verbindungen des Schutzpotentialausgleichleiters müssen zugänglich bleiben. Die Anordnung des Potentialausgleichssystems ist zu dokumentieren.
- Für die elektrischen Anlagen sind Übersichtspläne und eine geeignete Dokumentation anzufertigen und dem Betreiber auszuhändigen.

Schutz gegen thermische Einflüsse, Brandschutz

- Der Brandschutz muss durch Fehlerstromschutzeinrichtungen mit einem Bemessungsdifferenzstrom ≤ 300 mA sichergestellt werden.
- Heizgeräte für die Tieraufzucht müssen sicher befestigt und mit ausreichendem Abstand zu den Tieren (Verbrennungsgefahr) und zu brennbaren Materialien (Brandgefahr) montiert werden.
- Heizstrahler müssen zur bestrahlten Fläche einen Mindestabstand von 50 cm haben, sofern der Hersteller nicht größere Abstände vorschreibt.
- Für den Brandschutz gelten nachstehende Festlegungen:
  - Es dürfen nur solche Betriebsmittel eingebaut werden, die für den Betrieb in den feuergefährdeten Räumen erforderlich sind, ausgenommen sind Kabel- und Leitungsanlagen.
  - Es muss verhindert werden, dass Gehäuse durch Staubablagerung unzulässig hohe Temperaturen annehmen oder dadurch eine Brandgefahr entsteht.
  - In Räumen mit Brandrisiko müssen Leiter für Stromkreise mit Kleinspannung mit einer zusätzlichen Abdeckung oder Umhüllung (IPXXD oder IP4X) versehen werden oder eine geeignete Umhüllung aus Isolierstoff haben, z. B. Kabel oder Leitungen der Bauart H07RNF.
- Bei allen Betriebsmitteln sind die Gebrauchanweisungen der Hersteller zu beachten.
- Schutzeinrichtungen für den Schutz bei Überlast sind immer am Anfang der Kabel- und Leitungssysteme anzuordnen.
- Steckvorrichtungen dürfen nur an solchen Stellen eingebaut werden, die eine Berührung mit brennbaren Materialien ausschließen. Sie müssen gegen mechanische Beschädigungen geschützt werden, z. B. durch Abdeckungen, Einbau in Gebäudenischen.

- Leuchten sind entsprechend den Umgebungsbedingungen, dem Anbringungsort, ihrer Schutzart und Oberflächentemperatur auszuwählen, z. B. mit der Kennzeichnung ▽F oder „D“ dann nur in Verbindung mit der Schutzart IP54 für Leuchten einschließlich Lampe.
- Leuchten sind mit ausreichend großem Sicherheitsabstand zu brennbaren Materialien anzubringen.
- Die Auswahl der Betriebsmittel muss so erfolgen, dass ihr voraussehbarer Temperaturanstieg im normalen Betrieb und im Fehlerfall keinen Brand verursachen kann.
- Schaltgeräte mit Schutzmaßnahmen, für Steuerung und Trennung müssen außerhalb von feuergefährlichen Betriebsstätten eingebaut werden, oder es müssen Umhüllungen vorgesehen werden mindestens mit der Schutzart IP4X, wenn kein Staub auftritt, oder IP5X, wenn Staub anfällt.
- Kabel und Leitungen, die frei verlegt sind, also nicht eingebettet sind in nicht brennbare Materialien, dürfen keinen Brand übertragen können. Dies wird erreicht durch z. B. Kabel und Leitungen mit PVC-Mantel.
- Kabel und Leitungen, die feuergefährdete Räume durchqueren, für den Betrieb dort aber nicht notwendig sind, müssen vor Überlast und Kurschluss geschützt sein und in den Räumen keine Klemmen und Verbinder haben, es sei denn, dass diese in schwer entflammbarer Umhüllung eingebaut sind.
- Motoren, die nicht dauernd überwacht werden, müssen durch eine von Hand rückstellbare Schutzeinrichtung (z. B. Motorstarter) gegen zu hohen Temperaturanstieg geschützt werden.
- Kabel- und Leitungsanlagen, die feuergefährdete Räume oder Orte versorgen, müssen bei Überlast und Kurzschluss durch Schutzeinrichtungen geschützt sein, die außerhalb dieser Räume oder Orte vorgesehen sind.
- PEN-Leiter dürfen für Stromkreise, die feuergefährdete Räume versorgen, nicht verwendet werden.

Auswahl der Betriebsmittel

- Elektrische Betriebsmittel müssen der Schutzart IP44 entsprechen.
- Leitungen für feste Verlegungen NYM oder gleichwertige Leitungen oder Kabel mit Kunststoffmantel.
- Kabel und Leitungen in Ställen müssen so verlegt werden, dass Tiere sie nicht erreichen oder beschädigen können.
- Kabel und Leitungen innerhalb befahrbarer Bereiche: Kabel in Erde mechanisch geschützt in einer Tiefe von mindestens 0,6 m oder Mantelleitungen für selbsttragende Aufhängung, Verlegungshöhe mindestens 6 m.

- Installationsrohre und -kanäle müssen einen verstärkten Schutz gegen mechanische Beanspruchung haben.
- Not-Schaltgeräte (z. B. Not-Halt) dürfen nicht in Reichweite von Tieren angebracht werden. Sie müssen leicht zugänglich sein. Ihr Zugang darf nicht durch Tiere behindert werden.
- Für elektrische Trennanlagen muss in jedem Gebäude oder in Teilen des Gebäudes eine einzige Trenneinrichtung vorgegeben werden, die alle aktiven Leiter abschaltet. Das gilt auch für zeitweise genutzte Stromkreise, z. B. während der Erntezeit. Die Trenneinrichtung muss für den jeweiligen Teil der Anlage gekennzeichnet werden. RCDs dürfen als Trenneinrichtung verwendet werden.
- Elektrozäune brauchen einen ausreichenden Abstand von Freileitungen, um mögliche Induktionströme zu vermeiden.
- Bei Intensivtierhaltung sind zusätzliche Einrichtungen erforderlich bei Ausfall von elektrischer Energie, z. B. für ausreichende Belüftung, separate Stromversorgung, Ersatzstromquelle, Überwachungseinrichtungen.

Lastschalter

Lastschalter sind mechanische Schaltgeräte, die unter normalen Bedingungen im Netz auftretende Ströme ein- und ausschalten und zeitlich unbegrenzt führen können, aber auch betriebsbedingte Überlastströme können geschaltet werden.

Lastschalter eignen sich zum Schalten bis zum doppelten Nennstrom, d. h. nur dort, wo normale Lastströme ein- und ausgeschaltet werden.

Für den Kurzschlussschutz sind sie weniger geeignet.

→ *Leerschalter*

Lastschaltvermögen

Der Wert einer entsprechenden Leistung, die ein Lasttrennschalter bzw. ein Leistungsschalter in der Lage ist ein- bzw. auszuschalten.

→ *Lasttrennschalter*
→ *Leistungsschalter*

Lasttrenner/Lasttrennschalter

Lasttrennschalter sind Geräte zum Ein- und Ausschalten von Betriebsströmen des Normalbetriebs. Sie sind Trenner mit einer Lichtbogen-Löscheinrichtung an den Stützern des Einschlagekontakts.

Lasttrennschalter, kurz auch Lasttrenner genannt, haben nach dem Ausschalten eine Trennstrecke, die den festgelegten Sicherheitsanforderungen für → *Trennschalter* genügt.

Neben den Betriebs- und Leerlaufströmen müssen Lasttrenner auch Kurzschlussströme einschalten und diese eine bestimmte Zeit lang führen können. Lasttrenner haben damit ein festgelegtes Bemessungs-Kurzschluss-Einschaltvermögen, jedoch kein Kurzschluss-Ausschaltvermögen. Das Ausschalten der Kurzschlussströme übernehmen meistens entsprechende Niederspannungssicherungen.

Im Gegensatz zum → *Trenner* können Lasttrennschalter unter Last geschaltet werden. Ihr Schaltvermögen ist kleiner als das von → *Leistungsschaltern.*

Konstruktion:
In der Löschkammer befindet sich ein Löschrohr aus Hartglas, ein Kunststoff, der unter Einwirkung des Lichtbogens das Löschgas freisetzt.

Wegen der Nachteile eines Trenners (Schalten nur im stromlosen Zustand der Anlage) werden in elektrischen Anlagen zunehmend Lasttrenner eingesetzt.

→ *Trennen*
→ *Trennschalter*

Leerlaufspannung

Es ist eine Spannung an einem Zwei- oder Vierpol, wenn über dessen Klemmen kein elektrischer Strom fließt, z. B. ist die Leerlaufspannung die Ausgangsspannung im unbelastetem Zustand, d. h. bei offenem Stromkreis.

Leerschalter

Es sind Schalter ohne definiertes Schaltvermögen, d. h., sie eignen sich nur zum annähernd stromlosen Öffnen und Schließen eines Strompfads.

→ *Lastschalter*

Leicht entzündliche Stoffe

DIN VDE 0100-420	***Errichten von Niederspannungsanlagen***
(VDE 0100-420)	*Schutz gegen thermische Auswirkungen*

Brennbare feste Stoffe, die der Flamme eines Zündholzes 10 s ausgesetzt sind und nach Entfernen dieser Zündquelle von selbst weiterbrennen oder weiterglimmen. Beispiele:

- Heu, Stroh, Strohstaub, Hobelspäne, lose Holzwolle, Magnesiumspäne, Reisig, loses Papier, Baum- und Zellwollfasern

Die leicht entzündlichen Stoffe stellen eine Brandgefahr dar. Sie sind von elektrischen Anlagen fernzuhalten.

Elektrische Betriebsmittel müssen unter Berücksichtigung äußerer Einflüsse so ausgewählt und errichtet werden, dass ihre Erwärmung bei üblichem Betrieb und der vorhersehbaren Temperaturerhöhungen im Fehlerfall kein Feuer verursachen können.

→ *Feuergefährdete Betriebsstätten*

Leistungsbedarf

DIN VDE 0100-100	***Errichten von Niederspannungsanlagen***
(VDE 0100-100)	*Allgemeine Grundsätze, Bestimmungen allgemeiner Merkmale, Begriffe*
DIN 18015-1	***Elektrische Anlagen in Wohngebäuden***
	Planungsgrundlagen

Der Leistungsbedarf einer → *Verbraucheranlage* ist die Summe der gleichzeitig in Anspruch genommenen elektrischen Leistung. Er wird ermittelt aus der Summe der installierten Leistung (Anschlusswerte) und einem → *Gleichzeitigkeitsfaktor*, der berücksichtigt, dass nicht alle Verbrauchsmittel gleichzeitig eingeschaltet oder mit Volllast betrieben werden.

$$P_{max} = g \cdot P_{inst}$$

P_{max} gleichzeitig in Anspruch genommene maximale Leistung, Leistungsbedarf

P_{inst} installierte Leistung (Summe der Anschlusswerte)

g Gleichzeitigkeitsfaktor ($0 < g \leq 1$)

Wenn der Gleichzeitigkeitsfaktor für die gesamte Verbraucheranlage nicht bekannt ist, sollte versucht werden, entsprechend den Verfahrensabläufen, Betriebsweisen oder Gewohnheiten, gleiche, ähnliche oder voneinander abhängige Verbrauchsmittel zu solchen Gruppen zusammenzufassen, deren Gleichzeitigkeitsfaktor ermittelt, zumindest aber geschätzt werden kann, z. B. Gleichzeitigkeitsfaktoren für

- Beleuchtungsanlagen
- elektromotorische Antriebe
- Produktionsautomaten
- Prozesswärme
- Heizung und Lüftung
- elektrische Speicherheizung
- elektrische Direktheizung
- Warmwasserbereitung

Für die Ermittlung des gesamten Leistungsbedarfs ist schließlich die Gleichzeitigkeit der für die einzelnen Gruppen notwendigen Leistung zu analysieren.

In gewerblichen und industriellen Bereichen kann mit den in **Tabelle 44** dargestellten Gleichzeitigkeitsfaktoren gerechnet werden, wenn keine genaueren Angaben vorliegen bzw. ermittelt werden können.

Der Leistungsbedarf von Wohnungen und von Gebäuden mit vergleichbaren Anforderungen ist in Abhängigkeit vom Elektrifizierungsgrad und von der Zahl der Wohnungen in DIN 18015-1 festgelegt. Die Angaben nach **Bild 45** lassen sich als Grundlage für die Projektierung von Versorgungsnetzen, → *Hausanschlüssen* und Hauptstromversorgungssystemen verwenden (→ *Leiterquerschnitte*).

Art der elektrischen Versorgung	Gleichzeitigkeitsfaktor *g*
Öffentliche Gebäude	
• Hotels	0,6 bis 0,8
• kleine Büros	0,5 bis 0,7
• große Büros	0,7 bis 0,8
• Ladengeschäfte	0,5 bis 0,7
• Kaufhäuser	0,7 bis 0,9
• Schulen	0,6 bis 0,7
• Krankenhäuser	0,5 bis 0,75
• Versammlungsräume	0,6 bis 0,8
Maschinenbau	0,25
Papier- und Zellstofffabriken	0,5 bis 0,7
Chemische Industrie	0,5 bis 0,7
Zementwerke	0,8 bis 0,9
Nahrungsmittel-Industrie	0,7 bis 0,9
Bergbau	
• Aufbereitung	0,8 bis 1
• Untertage	1
Hütten- und Stahlindustrie	0,8 bis 0,9
Hilfsantriebe	bis 0,8
Verkehrsanlagen (z. B.: Rolltreppen, Tunnelbelüftung)	1
Beleuchtung Straßentunnel	1
Sicherheitsstromversorgung	1
g ist in industriellen Bereichen abhängig von der Anzahl der Reservebetriebe	

Tabelle 44 Gleichzeitigkeitsfaktor *g*

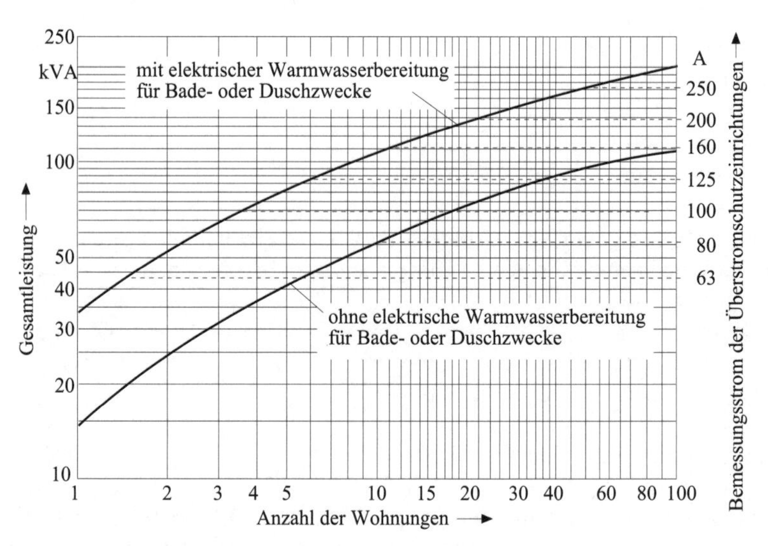

Bild 45 Bemessungsgrundlage von Hauptleitungen in Wohngebäuden ohne elektrische Heizung, Nennspannung 230/400 V (Quelle: DIN 18015-1:2007-09)

Leistungsschalter

DIN EN 60947-2	***Niederspannungsschaltgeräte***
(VDE 0660-101)	*Leistungsschalter*

Leistungsschalter haben die Aufgabe, Stromkreise mit dem im Normalbetrieb und im Störungsfall (Kurzschluss, Erdschluss) vorkommenden Strömen beliebiger Phasenlage willkürlich (Bedienungspersonal) oder selbsttätig (automatische Steuereinrichtung) ein- und auszuschalten. Das bedeutet, dass diese Schalter allen auftretenden Beanspruchungen, Ein- und Ausschalten von Betriebsmitteln im ungestörten und gestörten Zustand und unter Kurzschlussbedingungen, genügen müssen. Sie können für Bemessungsdauerströme von wenigen A bis zu einigen tausend A eingesetzt werden. Der mit einem Kurzschlussschnellauslöser bestückte Schalter wird Leistungsselbstschalter genannt. Diese Schalter können zusätzlich mit einem thermischen Überstromauslöser oder anderen Auslöseorganen versehen sein.

Grundkomponenten:
- Schaltglieder mit Lichtbogenkammern
- Schaltschloss und Antrieb
- zeitlich verzögerter Thermo-Bimetallauslöser
- zeitlich unverzögerter Elektromagnet-Auslöser

Einteilung der Leistungsschalter nach:
- Bauart:
  offene und kompakte Bauweise
- Antriebsart:
  Hand-, Magnet, Motor- oder Druckluftantrieb
- Anzahl der Pole:
  ein-, zwei-, drei- oder vierpolige Schalter
- Bemessungsspannung:
  Nieder- oder Hochspannung
- Lichtbogenlöschung:
  Luft, Vakuum oder Gas
- Einbauart:
  fest einbaubar/ausfahrbar oder steckbar

Auslösestrom: mit stromabhängiger Auslösung:
- Nichtauslösestrom vom 1,05-fachen Stromeinstellwert
- Auslösestrom vom 1,3-fachen Stromeinstellwert

Das Ausschaltvermögen (Bemessungs-Kurzschlussausschaltvermögen) der Leistungsschalter: von etwa 10 kA bis etwa 150 kA

Selektivität:
- Gebrauchskategorie A:
  nicht besonders ausgelegt für Selektivität unter Kurzschlussbedingungen
- Gebrauchskategorie B:
  besonders ausgelegt für Selektivität unter Kurzschlussbedingungen

Vorteil Leistungsschalter: Einstellbarkeit der Auslöser

→ *Lasttrenner*
→ *Lastschalter*
→ *Leerschalter*

Leistungsschild

Auf einem Leistungsschild sind die Höhe und die Zeitdauer der elektrischen und mechanischen Größen beim Nennbetrieb des jeweiligen Betriebsmittels angegeben. Auszug aus DIN 42961:

Leistungsschild-Angaben:

Feld	Erklärung
1	Hersteller
2	Typ, Modellbezeichnung
3	Stromart
4	Arbeitsweise
5	Fertigungs-Nr.
6	Schaltart der Ständerwicklung
7	Nennspannung
8	Nennstrom
9, 10	Nennleistung
11	Nennbetriebsart
12	Nennleistungsfaktor
13	Drehrichtung
14	Nenndrehzahl
15	Nennfrequenz
...	usw.

Leiter

DIN VDE 0100-200 ***Errichten von Niederspannungsanlagen***
(VDE 0100-200) *Begriffe*

Ist ein leitfähiges Teil, das dazu vorgesehen ist, einen bestimmten elektrischen Strom zu führen.

Bezeichnung	Kurzzeichen	Definition	Farbkennzeichnung
→ *Außenleiter*	L1, L2, L3	Leiter, der die Stromquelle mit den Verbrauchern verbindet, aber nicht vom Mittel- oder Sternpunkt ausgeht	jede Farbe außer grün-gelb, grün, gelb oder mehrfarbig
→ *Neutralleiter*	N	Leiter, der Mittel- oder Sternpunkt der Stromquelle mit den Verbrauchern verbindet	blau, auch andere Farbkennzeichnungen möglich
→ *Schutzleiter*	PE	Leiter, der entsprechend den Bedingungen der Schutzleiter-Schutzmaßnahmen mehrere der nachstehenden Teile untereinander verbindet • → *Körper elektrischer Betriebsmittel* • → *fremde leitfähige Teile* • → *Potentialausgleichsschiene* • Haupterdungsklemme oder • Haupterdungsschiene • → *Erder* • geerdeter Punkt der Stromquelle oder künstlicher Sternpunkt	grün-gelb
→ *PEN-Leiter*	PEN	Leiter, der zugleich die Funktion des Neutralleiters und des Schutzleiters erfüllt	grün-gelb
→ *Erdungsleiter*		Schutzleiter, der einen zu erdenden Anlageteil (Potentialausgleichsschiene, Haupterdungsklemme oder -schiene) mit dem Erder verbindet	grün-gelb, auch andere Kennzeichnung ist möglich
→ *Potentialausgleichs leiter*	PA	Schutzleiter, der den Potentialausgleich herstellt	grün-gelb, auch andere Kennzeichnung ist möglich

Tabelle 45 Übersicht über Kennzeichnungen und Definitionen der in elektrischen Anlagen verwendeten Leiter

Bezeichnung	Kurzzeichen	Definition	Farbkennzeichnung
PEM-Leiter	PEM	Leiter, der zugleich die Funktion eines Schutzerdungsleiters und eines Mittelleiters erfüllt	
PEL-Leiter	PEL	Leiter, der zugleich die Funktion eines Schutzerdungsleiters und eines Außenleiters erfüllt	
Schutzpotentialausgleichsleiter	PB	Schutzleiter zur Herstellung des Schutzpotentialausgleichs	
Mittelleiter	M	Leiter, der mit dem Mittelpunkt elektrisch verbunden und in der Lage ist, zur Verteilung der elektrischen Energie beizutragen	

Tabelle 45 Übersicht über Kennzeichnungen und Definitionen der in elektrischen Anlagen verwendeten Leiter (Fortsetzung)

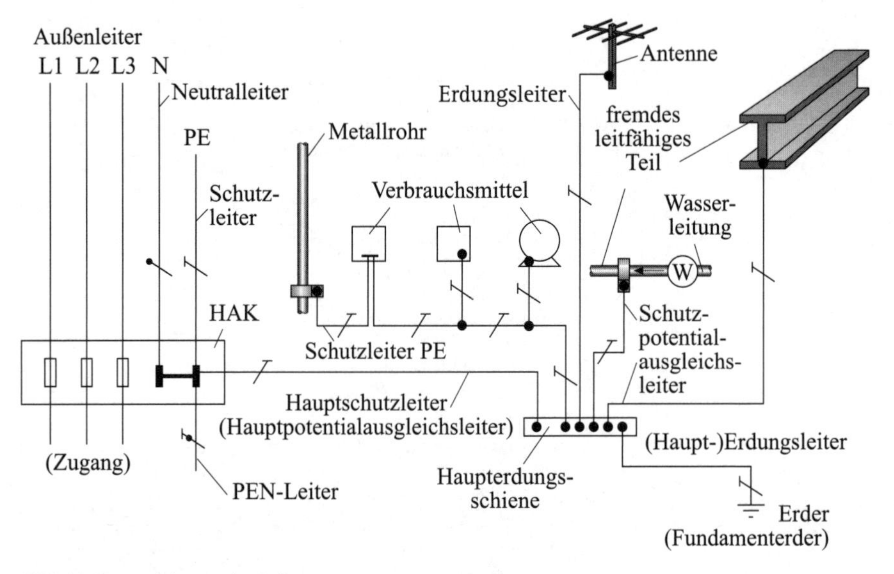

Bild 46 Kennzeichnung der Leiter

→ *Mechanische Festigkeit*

Leiteranschlüsse

DIN VDE 0100-520	***Errichten von Niederspannungsanlagen***
(VDE 0100-520)	*Kabel- und Leitungsanlagen*

Vor der Errichtung von Leiteranschlüssen, Leiterverbindungen und Leitungseinführungen müssen die zu erwartenden Beanspruchungen (z. B. Kurzschlussstrom, Dauerbelastungen) geplant und bei der Ausführung berücksichtigt werden, unabhängig davon, ob es sich um eine dauerhafte Installation oder um einen vorübergehenden Anschluss handelt.

Verbinden durch:
- Schraubklemmen
- schraubenlose Klemmen
- Press- und Steckverbinder
- Löt- und Schweißverbindung

Zugänglichkeit der Verbindung:
- muss gewährleistet sein

Anschluss- und Verbindungsmittel:
- Anzahl und Querschnitt muss den Leitern entsprechen
- nur in geeigneten Verbindungsräumen
- vor mechanischer Beanspruchung schützen

Unzulässig:
- Verknoten der Leitung in sich und Festbinden der Leitung an Betriebsmitteln anstelle der Zugentlastung
- Verwenden von Kabelverteilerverschraubungen und Leitungseinführungen als Zugentlastungsmittel, wenn sie nicht dafür vorgesehen sind

Anforderung:
- → *Schutzleiter* von Anschlussleitungen: müssen so lang sein, dass sie beim Versagen der Zugentlastung erst nach den Strom führenden Leitern belastet werden
- Anschlussstellen, die im → *Handbereich* liegen und die dem Anschluss von Betriebsmitteln dienen, die häufig wechselnde Standorte erhalten (z. B. durch Möblierung: Leuchten, Heizstrahler), müssen gesondert Dosen enthalten
- Unterputz-Installation: Wandauslassdose

- → *Aufputz-Installation*: Verbindungsdose (DIN VDE 0606-1)
- Anschluss von mehr-, fein- und feinstdrähtigen Leitern:
  - Verwendung geeigneter Klemmen
  - Verlöten nicht zulässig bei Verwenden von Schraubklemmen
  - Lötverbindungen sollten in Leistungsstromkreisen vermieden werden

Leiterenden

DIN VDE 0100-520 ***Errichten von Niederspannungsanlagen***
(VDE 0100-520) *Kabel- und Leitungsanlagen*

Vor der Herstellung einer Klemmverbindung müssen die Leiterenden der zu verbindenden Leiter ordnungsgemäß abisoliert werden. Leiterenden von flexiblen Leitungen dürfen zum Schutz gegen Abspleißen verzinnt werden. Werden sie jedoch Schwingungen bzw. Rüttelungen ausgesetzt, so ist das Verzinnen der Leiterenden nicht zulässig.

→ *Leiterkennzeichnung*

Leiterkennzeichnung

DIN VDE 0100-510 ***Errichten von Niederspannungsanlagen***
(VDE 0100-510) *Allgemeine Bestimmungen*

Außenleiter	vorzugsweise: L1, L2, L3 zulässig: R, S, T zulässig: 1, 2, 3 (wenn Verwechslung ausgeschlossen)
Außenleiter bei Betriebsmitteln	U, V, W
Neutralleiter, Sternpunkt, Sternpunktleiter	N
Bezugserde	E
Schutzleiter geerdet	PE
PEN-Leiter	PEN

Farbliche Kennzeichnung:

Schutzleiter, Erdungsleiter, Schutzpotentialausgleichsleiter:

- isolierte Leiter im gesamten Verlauf: grün-gelb
- einadrige Leitungen mit Mantel:
  auf grün-gelb darf verzichtet werden im gesamten Verlauf, aber es muss eine dauerhafte grün-gelbe Kennzeichnung an den Enden angebracht sein
- für andere Leiter ist die grün-gelbe Kennzeichnung nicht zulässig (Ausnahme: PEN-Leiter)
- auf die grün-gelbe Kennzeichnung darf verzichtet werden:
  - Freileitungen
  - konzentrische Leiter
  - Schutzleiter aus leitfähigen Konstruktionsteilen/fremden leitfähigen Teilen

Neutralleiter:

- im gesamten Verlauf durchgehend blau
- Ausnahmen:
  - einadrige Leitungen mit Mantel: an den Enden blaue Kennzeichnung
  - bei vieladrigen Kabeln darf eine beliebige Ader mit Zahlenaufdruck als N verwendet werden, sie müssen dann aber an den Leiterenden mit blau gekennzeichnet werden

PEN-Leiter:

- im gesamten Verlauf grün-gelb, zusätzlich mit blauer Markierung an den Leiterenden (Festlegung national in Deutschland). Die zusätzlich blaue Markierung an den Enden durchgehend grün-gelb gekennzeichneter PEN-Leiter darf in öffentlichen und vergleichbaren Industieverteilungsnetzen entfallen
- blau über die gesamte Länge, zusätzlich grün-gelb an den Leiterenden (in Deutschland nicht zulässig, es sei denn, öffentliche und vergleichbare Verteilungsnetze werden von TT-Systemen in TN-Systemen geändert)

Sonstige Leiter:

- Farben Grün und Gelb sind nicht erlaubt
- bei Verwendung einer Leitung mit blauer Ader, in der kein Neutralleiter erforderlich ist, darf die blaue Ader eine andere Funktion erhalten, nicht aber: Schutzleiter, PEN-Leiter oder Schutzpotentialausgleichsleiter
- bei Verwendung einer Leitung mit grün-gelber Ader, in der kein Schutzleiter, PEN-Leiter oder Schutzpotentialausgleichsleiter erforderlich ist, darf die grün-gelbe Ader für keine andere Funktion verwendet werden
- Außenleiter müssen über die gesamte Länge durch die Farben braun, schwarz oder grau gekennzeichnet werden, eine Verwendung einer dieser Farben für alle Außenleiter eines Stromkreises ist zulässig.

- Ausnahmen von der Kennzeichnungspflicht: konzentrische Leiter von Kabeln und Leitungen; metallene Konstruktionsteile von Gebäuden, die als Schutzleiter verwendet werden; Metallmäntel oder Bewehrungen von Kabeln und Leitungen, die als Schutzleiter verwendet werden; Körper eines elektrischen Betriebsmittels, der als Schutzleiter verwendet wird; blanke Leiter von Freileitungen; nicht isolierte Leiter, wenn eine dauerhafte Kennzeichnung aus Umgebungsbedingungen nicht möglich ist.

Achtung: Zu beachten ist, dass die aktuelle Kennzeichnung „blau" früher als „hellblau" genormt war.

Leiteröse

Dies ist ein Leiterende zur Herstellung lösbarer elektrischer Verbindungen an Schraubklammern. Das charakteristische an der Leiteröse ist das kreisförmig gebogene Leiterende. Der blanke Leiter am Ende der Isolierhülle wird etwas seitlich gebogen und dann so herumgedreht, bis das Leiterende zu einer kreisförmigen Öse geschlossen ist.

Leiterquerschnitte

DIN VDE 0100-520	***Errichten von Niederspannungsanlagen***
(VDE 0100-520)	*Kabel- und Leitungsanlagen*

Bei der Auswahl der Querschnitte von Leitern muss berücksichtigt werden:

- die zulässige maximale Temperatur
- der zulässige Spannungsfall
- die elektromechanischen Beanspruchungen, die erwartungsgemäß bei Kurzschlussströmen entstehen
- die mechanischen Beanspruchungen, denen die Leiter ausgesetzt werden können
- die maximale Impedanz in Bezug auf die Funktion des Schutzes bei Kurzschluss
- Neutralleiter dürfen keinen kleineren Querschnitt als Außenleiter haben (Details: → *Mindestquerschnitt*)

→ *Mindestquerschnitt*

Leiterschluss

Durch einen Fehler entstandene leitende Verbindungen zwischen Leitern, die betriebsmäßig gegeneinander unter Spannung stehen, wenn im Fehlerstromkreis ein Widerstand eines Verbrauchsgeräts liegt.

→ *Fehlerart*

Leiterseil

Ein Leiterseil ist ein nicht isolierter seilförmiger Leiter, der im Freileitungsbau Verwendung findet. Freileitungsseile bestehen aus Kupfer, Aluminium, Aldrey oder aus Werkstoffverbindungen, wie Aluminium/Stahl.

Literatur:

- *Niemeyer, P.; Grohs, A.: Freileitung; Reihe Anlagentechnik für elektrische Verteilungsnetze; Cichowski, R. R. (Hrsg.) Berlin · Offenbach: VDE VERLAG, 2008*

Leitertemperatur

→ *Erwärmung von Kabeln und Leitungen*

Leiterverbindungen

DIN VDE 0100-520 *(VDE 0100-520)*	***Errichten von Niederspannungsanlagen*** *Kabel- und Leitungsanlagen*
DIN VDE 0620-1 *(VDE 0620-1)*	***Stecker und Steckdosen für den Hausgebrauch und ähnliche Zwecke*** *Allgemeine Anforderungen*
DIN VDE 0606-1 *(VDE 0606-1)*	***Verbindungsmaterial bis 690 V*** *Installationsdosen zur Aufnahme von Geräten und/oder Verbindungsklemmen*

Die Verbindung der Leiter ist für eine dauerhafte Stromübertragung und mechanische Festigkeit herzustellen. Dabei ist auf den Werkstoff des Leiters und seiner Isolierung zu achten, auf die Anzahl der Leiter, die verbunden werden sollen, und die Querschnitte des Leiters. Die Verbindung ist mit Klemmen eines geeigneten Querschnitts herzustellen. Verboten sind das Verdrillen der Leiter und das anschließende Isolieren mit Isolierband. Grundsätzlich darf die Verbindung mit Schraubklemmen, schraubbaren Klemmen, Press- und Steckverbinder oder durch Löten bzw. Schweißen erfolgen. Lösbare Verbindungsstellen (Klemmen) müssen zugänglich bleiben zur Besichtigung, Prüfung und Wartung (Ausnahmen: Muffen von erdverlegten Kabeln, Anschlussleitungen von Heizsystemen).

Grundsätze für Leitungsverbindungen:

- nur in Dosen, Kästen und Muffen
- Einzelklemmen in Abzweigdosen für Leiterquerschnitte 1,5 mm^2 und 2,5 mm^2
- ab Leiterquerschnitt 4 mm^2 nur mit fest fixierten Klemmen (Lage in der Dose)
- ausreichenden Klemmraum in der Dose vorsehen:
  Das Volumen in cm^3, das für die Durchführung einer einwandfreien Leiterverbindung zur Verfügung stehen muss, setzt sich zusammen aus dem Raum für die Verbindungsklemme selbst, dem Raum für die Leiter, der den Raum für die Bewegung der Leiter einschließt, um sie in die Verbindungsklemme einführen zu können.
- Für das „Weiterschleifen" von Steckdosenleitungen dürfen nur Steckdosen mit Verbindungsklemmen benutzt werden.

Leiterwerkstoffe

Leiterwerkstoffe haben eine wichtige Funktion im Bereich der Elektrotechnik, sie dienen dem möglichst verlustarmen Transport von elektrischer Energie zwischen den Erzeugern und den Verbrauchern und innerhalb von elektrischen Anlagen und Betriebsmitteln. Sie haben einen kleinen spezifischen Widerstand und eine große Leitfähigkeit.

Nach Silber hat → *Kupfer* die größte elektrische Leitfähigkeit (56 $m/(\Omega \cdot mm^2)$) und wird wegen seiner weiteren positiven Eigenschaften im Sinne der Elektrotechnik somit häufig in der Elektrotechnik eingesetzt.

Wichtige Anforderungen an die Leiterwerkstoffe:
Elektrisch: hohe elektrische Leitfähigkeit/kleiner Temperaturkoeffizient
Mechanisch: hohe Zugfestigkeit/gute Biegbarkeit/Formbeständigkeit

Thermisch: hohe Temperaturbeständigkeit/gute Löt- und Schweißbarkeit
Chemisch: Korrosionsfestigkeit/geringe chemische Reaktionsfähigkeit mit Umgebungsstoffen

Aluminium:
Die Leitfähigkeit von Aluminium ist nicht so gut, wie die des Kupfers, nur (35 m/(Ωmm^2), also etwa 60 % der Leitfähigkeit des Kupfers. Da jedoch das spezifische Gewicht des Aluminiums erheblich geringer ist als das spezifische Gewicht des Kupfers, wird Aluminium ebenfalls häufig in der Elektrotechnik verwendet. Außerdem spielen die Rohstoffpreise für einen wirtschaftlichen Einsatz eine wichtige Rolle bei dem Einsatz der Werkstoffe, denn trotz erheblicher Schwankungen der Preise ist für Aluminium nur etwa ein Drittel des Kupferpreises aufzubringen. Aluminium wird z. B. für Freileitungen oder Kabel bzw. auch für Stromschienen verwendet, nicht aber für Installationsleitungen. Wegen der elektrochemischen Korrosion ist eine direkte Verbindung von Kupfer und Aluminium zu vermeiden.

Zinn:
- Eigenschaften:
  - gegen Luft und Wasser beständig, nicht jedoch gegen Säuren und Laugen – gut gießbar
- Verwendung:
  - wegen guter Korrosionsbeständigkeit als Überzugsmetall
  - zum Verzinnen von Kupferdrähten – als Legierungsbestandteil für Weichlote

Nickel:
- Eigenschaften:
  - hart, zäh, lässt sich spanlos gut verformen – korrosionsbeständig
- Verwendung:
  - Legierungsbestandteil in Elektroblechen und Kontaktwerkstoffen

Beryllium:
- hartes Metall, vor allem für Legierungen verwendet – sehr korrosionsbeständig

Quecksilber:
- bei Raumtemperatur flüssig
- Verwendung:
  - als Kontaktmetall in Quecksilberschaltern und als Quecksilberdampf in Leuchtstofflampen sowie in Quecksilberdampf-Hochdrucklampen
  - Achtung: Quecksilber und seine Verbindungen sind hochgiftig

Leiterwiderstand

Die Kenntnis des Werts des Leiterwiderstands ist für verschiedene sicherheitsrelevante Berechnungen notwendig. Der Wirkwiderstand eines Leiters ist abhängig von der Länge des Leiters, seiner Temperatur, dem spezifischen Widerstand des Leitermaterials, dem Leitwert des Leitermaterials und dem Leiterquerschnitt. Normalerweise wird eine Temperatur von 20 °C angenommen.

Leiterquerschnitt *S* in mm²	**Leiterwiderstandsbeläge *R'* bei 30 °C in mΩ/m**
1,5	12,5755
2,5	7,5661
4	4,7392
6	3,1491
10	1,8811
16	1,1858
25	0,7525
35	0,5467
50	0,4043
70	0,2817
95	0,2047
120	0,1632
150	0,1341
185	0,1091

Tabelle 46 Leiterwiderstandsbeläge *R'* für Kupferleitungen bei 30 °C in Abhängigkeit vom Leiterquerschnitt *S* zur überschlägigen Berechnung von Leiterwiderständen

Leitfähige Bereiche mit begrenzter Bewegungsfreiheit

DIN VDE 0100-706 ***Errichten von Niederspannungsanlagen***
(VDE 0100-706) *Leitfähige Bereiche mit begrenzter Bewegungsfreiheit*

Elektrische Anlagen in leitfähigen Bereichen mit begrenzter Bewegungsfreiheit sind ortfeste elektrische Betriebsmittel und Stromquellen für bewegliche Betriebsmittel in Bereichen:

- deren Begrenzungen im Wesentlichen aus Metallteilen bestehen
- in denen Personen mit ihrem Körper großflächig mit den leitfähigen Teilen in Berührung stehen und eine Unterbrechung der Berührung nur eingeschränkt möglich ist

Die elektrischen Anlagen und Betriebsmittel sind so auszuwählen, dass von ihnen in solchen Bereichen für Personen keine Gefahren ausgehen. Die Anforderungen der Norm gelten nur für fest errichtete elektrische Anlagen.

Schutz gegen elektrischen Schlag

- Bei Anwendung von SELV und PELV ist immer der Schutz gegen direktes Berühren (Basisisolierung) durch Isolierung (Prüfspannung 500 V für 1 min) oder durch Abdeckung IPXXB (fingersicher) herzustellen.
- Zum Schutz gegen elektrischen Schlag dürfen nur folgende Schutzmaßnahmen angewendet werden:
  bei der Stromversorgung handgeführter Elektrowerkzeuge oder ortsveränderlicher Messgeräte:
  - SELV oder
  - Schutztrennung mit nur einem einzigen Verbrauchsmittel hinter dem Trenntransformator

  bei der Stromversorgung von Handleuchten
  - SELV oder
  - Leuchtstofflampen mit eingebautem Transformator sind zugelassen.
- Bei der Versorgung fest angebrachter Anlagen und Betriebsmittel:
  - SELV oder
  - PELV mit zusätzlicher Schutzpotentialausgleichsverbindung zwischen Körpern, allen leitfähigen Teilen innerhalb des leitfähigen Bereichs mit begrenzter Bewegungsfreiheit und der Verbindung des PELV-Systems mit Erde
  - Schutz durch automatische Abschaltung, wobei die Körper der ortsfesten Betriebsmittel über einen zusätzlichen Potentialausgleich mit der leitfähigen Umgebung verbunden werden müssen
  - Schutz durch Betriebsmittel der Schutzklasse II; der Stromkreis wird mit einer Fehlerstromschutzeinrichtung (RCDs) mit einem Bemessungsdifferenzstrom $I_{\Delta N} \leq 30$ mA zusätzlich geschützt; die Schutzart der Betriebsmittel muss der Umgebung angepasst sein
  - Schutztrennung gilt nur einem einzigen Verbrauchsmittel hinter dem Trenntransformator.
- Sicherheitsstromquellen und Transformatoren müssen außerhalb der leitfähigen Bereiche angeordnet werden, es sei denn, sie sind Teil der fest angebrachten Anlagen.
- Wenn eine Betriebserdung für bestimmte Betriebsmittel erforderlich ist, müssen alle Körper und fremden leitfähigen Teile innerhalb des leitfähigen Bereichs mit begrenzter Bewegungsfreiheit und die Erdung für Funktionszwecke (Betriebserdung) in einen Schutzpotentialausgleich einbezogen werden.
- Schutz durch Hindernisse und Schutz durch Anordnung außerhalb des Handbereichs sind nicht erlaubt.

Leitfähige Teile

DIN VDE 0100-200	***Errichten von Niederspannungsanlagen***
(VDE 0100-200)	*Begriffe*
DIN VDE 0100-410	***Errichten von Niederspannungsanlagen***
(VDE 0100-410)	*Schutz gegen elektrischen Schlag*

Leitfähige Teile können → *aktive Teile*, Körper oder Konstruktionsteile sein. Diese dürfen nur dann die Isolierumhüllung durchdringen, wenn sie innerhalb oder außerhalb mit einer Isolierung versehen sind, die gleichwertig der Isolierung von Betriebsmitteln der Schutzklasse II ist.

→ *Fremdes leitfähiges Teil*

Leitungen

Kabel und Leitungen dienen zur Übertragung elektrischer Energie oder als Steuerkabel oder -leitungen für Mess-, Steuer-, Regel- und Überwachungsaufgaben in elektrischen Anlagen. Es wird zwischen Kabeln und Leitungen unterschieden. Während Kabel vor allem zur Stromverteilung in Netzen der Energieversorgungsunternehmen, der Industrie und im Bergbau eingesetzt werden, finden Leitungen im Allgemeinen für Verdrahtungen in Geräten, für Installationszwecke oder zum Anschluss beweglicher und ortsveränderlicher Geräte und Betriebsmittel Verwendung. In vielen Fällen sind durch die Verwendung moderner Isolier- und Mantelwerkstoffe konstruktive Unterscheidungsmerkmale nicht mehr erkennbar. Als grobes Unterscheidungsmerkmal dient der Verwendungszweck. Leitungen dürfen nicht in Erde verlegt werden, und flexible Bauarten zählen stets zu den Leitungen. Darüber hinaus sind die Gerätebestimmungen (z. B. DIN VDE 0700), die Errichtungsbestimmungen (z. B. DIN VDE 0100) oder die zu erwartenden Betriebsbeanspruchungen maßgebend, ob Kabel oder Leitungen zu verwenden sind.

→ *Verlegen von Kabeln, Leitungen und Stromschienen*

Leitungsanlagen

DIN VDE 0100-718	***Errichten von Niederspannungsanlagen***
(VDE 0100-718)	*Bauliche Anlagen für Menschenansammlungen*

DIN VDE 0298-300 ***Verwendung von Kabeln und isolierten Leitungen für***
(VDE 0298-300) ***Starkstromanlagen***

Leitungsanlagen müssen so angeordnet und bezeichnet werden, dass sie bei Inspektion, Prüfung, Reparatur oder Änderung der Anlage zugeordnet werden können (Kennzeichnung der Leiterenden). Blanke aktive Leiter (ausgenommen Schienenverteiler) sind außerhalb abgeschlossener elektrischer Betriebsstätten nicht zulässig, dieses Verbot gilt nicht in baulichen Anlagen für Menschenansammlungen, die ausschließlich Arbeitsstätten sind.

Leitungen sollten so ausgewählt werden, dass
- sie den auftretenden Spannungen und Strömen in den Betriebsmitteln in allen Betriebszuständen genügen
- sie für die Betriebsbedingungen und entsprechende Geräteschutzklasse geeignet sind
- sie für alle äußeren Einflüsse, denen sie ausgesetzt sein können, geeignet sind

Für Leitungsanlagen müssen allgemein die Anforderungen der DIN-VDE-Normen Berücksichtigung finden. Zusätzlich sind brandschutztechnische Anforderungen an Leitungsanlagen einzuhalten.

Leitungseinführungen

Das Beschädigen von Leitungen muss verhindert sein, daher sind bei der Einführung von Leitungen in Betriebsmittel hinein entsprechende Maßnahmen vorzusehen, wie die Verwendung von Einführungstüllen oder das „Abrunden“ der Einführungsstellen. Zu explosionsgefährdeten und explosivstoffgefährdeten Bereichen sind zusätzliche Anforderungen aus DIN VDE 0165 bzw. DIN V VDE V 0166 zu berücksichtigen.

Leitungsenden

→ *Leiterenden*
→ *Leiterkennzeichnung*

Leitungsführung

Für unsichtbar verlegte Leitungen und Kabel sind Installationszonen in DIN 18015-3 festgelegt und die Vorzugsmaße für die Installation in Wohnzwecken dienenden Räumen angegeben. Die Zonen gelten für die Anordnung von unsichtbar verlegten Kabeln und Leitungen sowie von Auslässen, Schaltern und Steckdosen. Es gehören dazu Leitungen und Kabel in Putz, unter Putz, in Wänden, hinter Wandbekleidungen.

Schornsteine: Die Verlegung von Leitungen in Schornsteinen sollte vermieden werden – auch in stillgelegten Schornsteinen wird von einer Leitungsführung abgeraten.

Abluftschacht: Aus zwei Gründen keine Leitungsführung durch Abluftschächte:

- baubehördliche Bestimmungen legen bestimmte Querschnitte fest, die durch andere Maßnahmen nicht verringert werden dürfen.
- eine ordnungsgemäße Installation mit ausreichender Befestigung ist nicht möglich.

Stillgelegte Gasrohre: zulässig – aber nur mit NYM, NYY oder NYMZ.

Leitungslängenbegrenzung

→ *Begrenzung der Kabel, Leitungen und Stromschienen*

Leitungsroller

DIN VDE 0100-704 ***Errichten von Niederspannungsanlagen***
(VDE 0100-704) *Baustellen*

DIN EN 61316 ***Leitungsroller für industrielle Anwendung***
(VDE 0623-100)

DIN EN 61242 ***Elektrisches Installationsmaterial***
(VDE 0620-300) *Leitungsroller für den Hausgebrauch und ähnliche Zwecke*

Leitungsroller dienen dem Auf- und Abrollen einer angeschlossenen Leitung mit Steckvorrichtungen zum Anschluss mehrerer Geräte. Sie werden auch gelegentlich mit den Begriffen Kabeltrommel oder Kabelroller bezeichnet. Nach den VDE-Bestimmungen muss der Leitungsroller eine Überhitzungschutzeinrichtung haben. Durch diese Festlegung soll eine übermäßig hohe Temperatur im Leitungsroller und insbesondere der Leitung verhütet werden. Eine solche Überlastschutzeinrichtung muss, je nach Art der verwendeten Leitung, mindestens einpolig, bei Drehstrom mindestens dreipolig schalten. Bei der Prüfung geht man von einer Temperatur von 60 °C (Gummileitungen) und 70 °C (PVC-Leitungen) an der wärmsten Stelle des Wicklers bei Gummileitungen aus. Leitungsroller, die eine solche Überhitzungsschutzeinrichtung eingebaut haben, entsprechen den elektrotechnischen Regeln.

Leitungsroller für den Hausgebrauch und ähnliche Zwecke: DIN VDE 0620-300;

- Gummischlauchleitung mit EPR-Isolierhülle und EPR-Mantel, H05RR-F oder H03VV-F oder H03VVH2-F

Leitungsroller für industrielle Anwendungen: DIN VDE 0623-100;

- Schlauchleitung mit Mantel aus Polychloropren oder gleichwertigem Gummi, H05RN-F oder H07RN-F

Leitungsroller sind wie folgt eingeteilt:

- nach der Ausführungsart
  - ortsveränderliche Leitungsroller
  - ortsfeste Leitungsroller
- nach der Art des Aufrollens der flexiblen Leitung
  - handbetätigte Leitungsroller
  - federbetätigte Leitungsroller
  - motorbetriebene Leitungsroller
- mit normalem und erhöhtem Berührungsschutz
- ohne Schutz gegen Eindringen von Wasser und spritzwassergeschützte (IPX4) bzw. strahlwassergeschützte (IPX5) Ausführung
- Querschnitte der Leitungen sind abhängig von Bemessungsdaten der Stecker oder der Schutzeinrichtung im Leitungsroller
  $6\ \text{A} < 0{,}75\ \text{mm}^2$
  $10\ \text{A} < 1{,}0\ \text{mm}^2$
  $16\ \text{A} < 1{,}5\ \text{mm}^2$
- nach dem Schutz gegen übermäßige Erwärmung
  - Leitungsroller, die Thermoauslöser enthalten
  - Leitungsroller, die Überstromauslöser enthalten
  - Leitungsroller, die beides enthalten, also Thermo- und Überstromauslöser

- nach der Art des Leitungsanschlusses
  - wiederanschließbare Leitungsroller
  - nicht wiederanschließbare Leitungsroller
- nach dem Werkstoff der Trommel
  - Leitungsroller aus Isolierstoff
  - Leitungsroller aus anderen Werkstoffen

Leitungsroller müssen gekennzeichnet sein:
- Betriebsbemessungsspannung
- Symbol für Stromart
- entweder Name, Handelsname oder Identifikation des Herstellers
- Typzeichen
- Symbol für den Schutzgrad, wenn er höher als IP20 ist
- müssen mit der Anweisung versehen sein, die deutlich angibt, wie die Auslöser zurückzustellen sind
- höchste Belastung, die an die Steckdosen angeschlossen werden darf in Watt für vollständig aufgewickelte und vollständig abgewickelte Leitung, mit Spannungsangaben
- die Kennzeichnung muss dauerhaft und eindeutig sichtbar sein

Leitungsroller mit eingebauter Fehlerstromschutzeinrichtung (RCD, Bemessungsdiffernzstrom ≤ 30 mA) sollte für den Hausgebrauch vorrangig eingesetzt werden.
Maximale Leitungslängen:

Leitungslänge	**Leiterquerschnitt bei Leitungsroller für Hausgebrauch**
30 m	0,75 mm^2
40 m	1,0 mm^2
60 m	1,5 mm^2
80 m	
100 m	2,5 mm^2

Leitungsschutzschalter

DIN EN 60898-1 ***Elektrisches Installationsmaterial***
(VDE 0641-11) *Leitungsschutzschalter für Wechselstrom (AC)*

LS-Schalter (umgangssprachlich: Automaten genannt): für den Schutz von Leitungen bei Überlast und Kurzschluss; getrennt wirkende Auslöser für den Überlast- (Thermobimetall) und Kurzschlussschutz (magnetischer Auslöser). Sie sind nicht zum betriebsmäßigen Schalten geeignet, sondern zum Trennen einzelner Stromkreise vom Netz. Sie sind auch nicht zum Schutz von Motoren ausgelegt.

Bezugsumgebungstemperatur: etwa 30 °C

Wichtige Kenngrößen:
- Bemessungsstrom – Bemessungsspannung
- Charakteristik – Prüfströme – Bemessungsschaltleistung
- Strombegrenzungsklasse – Verlustleistung

Die Charakteristik des LS-Schalters ergibt sich durch das Zusammenwirken von thermischen und elektromagnetischen Auslösegliedern. Die Auslösewerte liegen innerhalb eines Toleranzbands (untere Kennlinie: Haltekennlinie/obere Kennlinie: Auslösekennlinie).
- Leitungsschutzschalter haben also zwei Auslöseorgane, einen thermischen Auslöser (Bimetall) für den Bereich Überströme (Überlast) und einen magnetischen Auslöser für den Bereich der Kurzschlussströme. Die Charakteristik eines Leitungsschutzschalters ergibt sich durch das Zusammenwirken von thermischen und elektromagnetischen Auslösegliedern.
- Der elektromagnetische Auslöser löst aus beim Leitungsschutzschalter mit:
  - B-Charakteristik beim drei- bis fünffachen Bemessungsstrom
  - C-Charakteristik beim fünf- bis zehnfachen Bemessungsstrom
  - D-Charakteristik beim zehn- bis 20-fachen Bemessungsstrom (Anwendung bei Anlagen und Geräten mit hohen Einschaltspitzen, wie Transformatoren, Mikrowellengeräten, Halogenlampen)

Folgende Auslösecharakteristiken in den Installationsanlagen von Wohngebäuden:

- B Leitungsschutz-Charakteristik
- C Leitungsschutz-Charakteristik
- D Leitungsschutz-Charakteristik (in Deutschland nicht stark verbreitet; eignet sich für Stromkreise mit Magnetspulen mit hohen Einschaltströmen; anstelle von D wird oft die K-Charakteristik eingesetzt)
- H Haushalt-Leitungsschutz-Charakteristik
- K Kraft-Charakteristik (gehört zu den Leistungsschaltern nach DIN VDE 0660-101)
- L Licht-Leitungsschutz-Charakteristik (darf aktuell in Neuanlagen nicht mehr verwendet werden, kann jedoch, eingebaut in bestehenden Anlagen, weiter verwendet werden)

In neuen Anlagen dürfen nur noch Schalter mit der Charakteristik B, C oder D eingesetzt werden. Die H- und L-Charakteristik, die in alten Anlagen häufig eingesetzt sind, können weiter betrieben werden.

Leitungsschutzsicherungen

DIN EN 60269-1
(VDE 0636-1)
Niederspannungssicherungen
Allgemeine Anforderungen

DIN 57635
(VDE 0635)
Niederspannungssicherungen
D-Sicherungen E 16 bis 25 A, 500 V
D-Sicherungen bis 100 A, 750 V
D-Sicherungen bis 100 A, 500 V

DIN EN 60947-1
(VDE 0660-100)
Niederspannungsschaltgeräte
Allgemeine Festlegungen

DIN VDE 0636-2
(VDE 0636-2)
Niederspannungssicherungen
Zusätzliche Anforderungen an Sicherungen zum Gebrauch durch Elektrofachkräfte

DIN VDE 0636-3
(VDE 0636-3)
Niederspannungssicherungen
Zusätzliche Anforderungen an Sicherungen zum Gebrauch durch Laien

Diese Schmelzsicherungen unterbrechen jeden Überstrom bis hin zum größten Strom bei vollkommenem Kurzschluss.

Unterteilung nach zwei Kriterien:

- Bauart:
  - NH-System (Sicherungen mit Messerkontaktstücken)
  - D-System (Schraubsicherungen-Diazed)
  - D0-System (Schraubsicherungen-Neozed)

D/DO-System-Voraussetzungen:

- Schutz gegen direktes Berühren beim Bedienen
- Nennstrom-Unverwechselbarkeit, daher dürfen die Systeme nach DIN EN 50110-1 (VDE 0105-1) von Laien unter Last bis Nennstromstärke 63 A gewechselt werden

NH-System-Voraussetzungen:

- Bedienung nur durch Fachleute
- Betriebsklasse: durch zwei Buchstaben gekennzeichnet
  - 1. Buchstabe: Funktionsklasse
  - 2. Buchstabe: das zu schützende Objekt

Die Funktionsklasse eines Sicherungseinsatzes resultiert aus seiner Fähigkeit, bestimmte Ströme ohne Beschädigung zu führen und Überströme innerhalb eines bestimmten Bereichs ausschalten zu können. Um den Schutz bei Überlast zu sicher, kann bei der Verwendung von Leitungsschutzsicherungen der Bemessungsstrom der Strombelastbarkeit der Leitung zugeordnet werden.

Funktionsklasse wird unterschieden in g und a:

- Funktionsklasse g: Ganzbereichssicherungen, Sicherungseinsätze, die Ströme bis wenigstens zu ihrem Bemessungsstrom dauernd führen und Ströme vom kleinsten Schmelzstrom bis zum Nennausschaltstrom ausschalten können (Überlast- und Kurzschlussschutz).
- Funktionsklasse a: Teilbereichssicherungen, Sicherungseinsätze, die Ströme bis wenigstens zu ihren Bemessungsstrom dauernd führen und Ströme oberhalb eines bestimmten Vielfachen ihres Bemessungsstroms bis zum Bemessungsausschaltstrom ausschalten können (Kurzschlussschutz).

Zu schützende Objekte (zweiter Buchstabe der Betriebsklasse):

L Kabel und Leitungen
G Schutz für allgemeine Zwecke

M Schaltgeräte, Motorenschutzkreise
R Halbleiterschutz
B Bergbau-Anlagenschutz
Tr Transformatorenschutz

Aus den Funktionsklassen und den zu schützenden Objekten ergeben sich für die Betriebsklassen folgende Kombinationsmöglichkeiten:
gL Ganzbereichs-Kabel- und Leitungschutz
gG Ganzbereichsschutz für allgemeine Zwecke
aM Teilbereichs-Schaltgeräteschutz
aR Teilbereichs-Halbleiterschutz
gR Ganzbereichs-Halbleiterschutz
gB Ganzbereichs-Bergbau-Anlageschutz
gTr Ganzbereichs-Transformatorenschutz

Im Bereich der Elektro-Installation in Wohngebäuden werden Sicherungen der Betriebsklasse gG (harmonisierte Bezeichnung; fast identisch mit der in Deutschland früher verwendeten gL-Sicherung, die zwar nicht mehr hergestellt aber noch verwendet werden darf) gewählt.

Nachfolgend einige wichtige Begriffsdefinitionen:
- Der Zeit-Strom-Bereich gibt das zeitliche Verhalten von Sicherungen an. Der kleinste und auch größte Stromwert wird dabei in Abhängigkeit der Zeit festgelegt.
- Die Stromtore markieren im Zeit-Strom-Diagramm bestimmte Punkte, die den Kennlinienverlauf bestimmen.
- Die Zeit-Strom-Kennlinie gibt für bestimmte Betriebsbedingungen die Schmelzzeit oder die Ausschaltzeit als Funktion des unbeeinflussten Ausschaltstroms an.
- Der kleine Prüfstrom (frühere Bezeichnung: Nichtauslösestrom) ist ein festgelegter Strom, unter dessen Wirkung die Sicherung innerhalb einer festgelegten Zeit nicht schmelzen darf.
- Der große Prüfstrom (frühere Bezeichnung: Auslösestrom) ist ein festgelegter Strom, unter dessen Wirkung die Sicherung innerhalb eines festgelegten Zeitraums abschmelzen muss.
- Der kleinste Schmelzstrom ist der kleinste dem Schmelzleiter zum Abschmelzen bringende Strom, der sich aus der Zeit-Strom-Kennlinie ergibt.

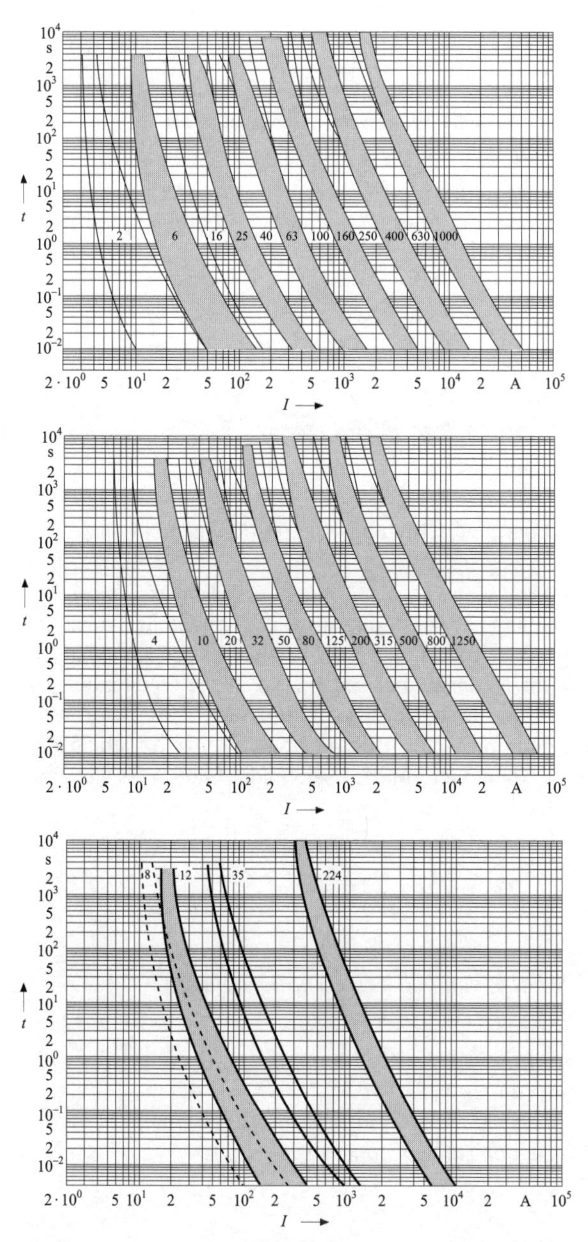

Bild 47 Zeit-Strom-Bereiche für Sicherungseinsätze der Betriebsklasse gG (Quelle DIN VDE 0636-2:2011-09)

Leitungssystem

DIN VDE 0100-200	***Errichten von Niederspannungsanlagen***
(VDE 0100-200)	*Begriffe*

Das Leitungssystem ist die Gesamtheit einer oder mehrere Leitungen und deren Befestigungsmittel sowie deren mechanischer Schutz.

Leitungstrossen

DIN VDE 0250-813	***Isolierte Starkstromleitungen***
(VDE 0250-813)	*Leitungstrosse*

Leitungen zum Zwecke der Energieübertragung, die vorübergehend nicht fest verlegt sind.

Dabei handelt es sich um flexible Starkstromleitungen, die sehr hohen mechanischen Beanspruchungen ausgesetzt sind. Sie werden meist als ortsveränderliche elektrische Verbrauchsmittel mit Nennspannungen bis zu 30 kV verwendet. Sie sind mechanisch sehr robust, wärme- und ölbeständig und auch flammwidrig und haben einen oder sogar zwei Gummimäntel. Leitungstrossen dürfen nicht fest in Erde verlegt werden. Teilweise Abdeckung mit Erdreich oder Sand, z. B. auf Baustellen, gelten nicht als Erdverlegung.

Leitungsverlegung

DIN VDE 0100-520	***Errichten von Niederspannungsanlagen***
(VDE 0100-520)	*Kabel- und Leitungsanlagen*
DIN 57100-724	***Errichten von Starkstromanlagen mit Nennspannungen bis 1 000 V***
(VDE 0100-724)	*Elektrische Anlagen in Möbeln und ähnlichen Einrichtungsgegenständen*

Grundsätzlich sind bei der Auswahl der Verfahren zum Verlegen der Kabel und Leitungen zu berücksichtigen:

- Art der Räume, Orte oder Plätze
- Art der Wände oder anderer Teile des Gebäudes, an denen die Leitungen befestigt werden sollen
- Zugänglichkeit der Leitungen für Personen und Nutztiere
- Spannung
- elektromechanische Beanspruchung
- andere Beanspruchungen, die während der Errichtung bzw. des Betriebs entstehen können
- wechselseitige schädliche Einflüsse zwischen elektrischen und nicht elektrischen Anlagen
- die Leitungen müssen für die höchste und niedrigste örtliche Umgebungstemperatur geeignet sein

Insbesondere müssen Maßnahmen ergriffen werden gegen schädigende Wirkungen durch:

- äußere Wärmequellen
- Auftreten von Wasser
- Auftreten von festen Fremdkörpern
- Auftreten von korrosiven oder verschmutzenden Stoffen
- mechanische Beanspruchung
- Schwingungen
- Sonneneinstrahlung
- Vorhandensein von Pflanzen und/oder Schimmelgewächs
- Auswirkungen von Erdbeben
- Wind

Kabel und Leitungen dürfen durch Befestigungsmaterial nicht beschädigt werden. Abstände der Befestigungen siehe DIN VDE 0100-520.
Mantelleitungen zur Verlegung über, auf, im und unter Putz, im Mauerwerk, im Beton, in trockenen, feuchten und nassen Räumen.
Ortsveränderliche Betriebsmittel müssen mit flexiblen Leitungen angeschlossen werden. Für → *Stegleitungen* gelten besondere Bedingungen.

Für die Leitungsverlegung in Möbeln und sonstigen Einrichtungsgegenständen gelten zusätzliche Anforderungen:
- fest verlegt oder durch geeignete Hohlräume geführt
- bei der Einführungsstelle einer fest verlegten Leitung ist die Leitung von Zug zu entlasten
- bei der Einführungsstelle und am Betriebsmittel einer in Hohlräumen verlegten Leitung ist von Zug und Schub zu entlasten
- eine Quetschung oder Beschädigung durch scharfe Kanten oder andere bewegliche Teile muss verhindert sein

Leuchten und Beleuchtungsanlagen

DIN VDE 0100-559 *(VDE 0100-559)*	***Errichten von Niederspannungsanlagen*** *Leuchten und Beleuchtungsanlagen*
DIN EN 60598-1 *(VDE 0711-1)*	***Leuchten*** *Allgemeine Anforderungen und Prüfungen*

Leuchten und Beleuchtungsanlagen sind so auszuwählen und zu errichten, dass
- Personen und Nutztiere durch gefährliche Körperströme
- Sachen durch zu hohe Temperaturen

nicht gefährdet werden.

Daraus ergeben sich Anforderungen an:
- die zulässige Gebrauchslage (**Tabelle 47**)
- das Brandverhalten des Materials, bezogen auf die Montagefläche und die thermisch beeinflusste (bestrahlte) Fläche
- Mindestabstände bei Strahlerleuchten
- Leuchten mit Kondensatoren
- Speziallleuchten mit der Schutzmaßnahme
- Schutzkleinspannung oder Schutztrennung

Beispiele für die Aufschriften oder zeichnerische Darstellungen

Text Nur für … / Nicht für …	Zeichnerische Darstellung Nur für …	 Nicht für …
1 … Montage an der Decke		
2 … Montage an der Wand	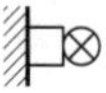 	 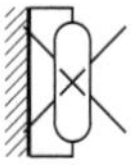
3 … waagrechte Montage an der Wand	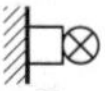	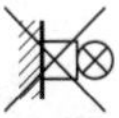
4 … senkrechte Montage an der Wand		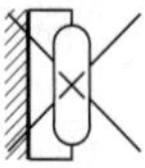
5 … Montage an der Decke und waagrechte Montage an der Wand	 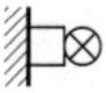	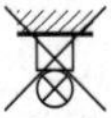 
6 … Montage an der Decke und senkrechte Montage an der Wand	 	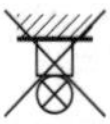 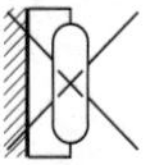
7 … Montage in der waagrechten Ecke, Lampe seitlich	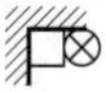	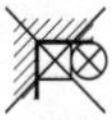
8 … Montage in der waagrechten Ecke, Lampe unterhalb		
9 … Montage in der waagrechten Ecke		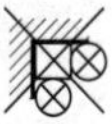
10 … Montage im U-Profil		
11 … Montage am Pendel	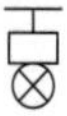	

Tabelle 47 Montageanweisung für Leuchten

Baustoff/Werkstoff	Leuchten für Entladungslampen	Leuchten für Glühlampen
Montage auf Gebäudeteilen		
nicht brennbar	alle Leuchten	alle Leuchten
schwer oder normal entflammbar	F, F F M, M M	
Montage in und an Einrichtungsgegenständen		
nicht brennbar (z. B. Metall)	M oder M M	M M
schwer oder normal entflammbar (z. B. Holz)		
Brandverhalten nicht bekannt	M M	

Tabelle 48 Leuchtenauswahl

Kennzeichen auf der Leuchte	**Einsatzort**	**Anforderungen an Leuchten**					
		mit Entladungslampen			**mit Glühlampen**		
VDE-Zeichen	Gebäudeteile aus nicht brennbaren Baustoffen nach DIN 4102-1	nach DIN EN 60598-1 (VDE 0711-1)			nach DIN EN 60598-1 (VDE 0711-1)		
VDE-Zeichen F	Gebäudeteile aus schwer oder normal entflammbaren Baustoffen nach DIN 4102-1	nach DIN EN 60598-1 (VDE 0711-1) an der Befestigungsfläche bei anormalem Betrieb < 130 °C, bei Fehler im Vorschaltgerät < 180 °C			nach DIN EN 60598-1 (VDE 0711-1)		
IP5X VDE-Zeichen F F	Gebäudeteile aus schwer oder normal entflammbaren Baustoffen nach DIN 4102-1	nach DIN EN 60598-2-24 (VDE 0711-2-24) Flächen an der Leuchte			nach DIN EN 60598-2-24 (VDE 0711-2-24) Flächen an der Leuchte		
		waagrecht	lotrecht	Betrieb	waagrecht	lotrecht	Betrieb
		< 95 °C < 115 °C < 115 °C	< 220 °C < 260 °C < 260 °C	normal anormal VG-Fehler	< 95 °C	< 220 °C	normal
IP54 VDE-Zeichen Kennzeichen der Montageart F F	feuergefährdete Betriebsstätte DIN VDE 0100-420	< 95 °C < 115 °C < 115 °C	< 220 °C < 220 °C < 220 °C	normal anormal VG-Fehler	< 95 °C	< 220 °C	normal
VDE-Zeichen M	Einrichtungsgegenstände, die in ihrem Brandverhalten schwer oder normal entflammbaren Baustoffen nach DIN 4102-1 entsprechen	nach DIN VDE 0710-14 an der Befestigungsfläche und benachbarten Flächen bei anormalem Betrieb < 130 °C bei Fehler im Vorschaltgerät < 180 °C			für Glühlampen nicht möglich		
VDE-Zeichen Kennzeichnung der Ein- oder Anbaumöglichkeit M M	Einrichtungsgegenstände, die in ihrem Brandverhalten nicht bekannt sind	nach DIN VDE 0710-14 an der Befestigungsfläche und benachbarten Flächen im normalen Betrieb < 95 °C, bei anormalem Betrieb < 115 °C bei Fehler im Vorschaltgerät < 180 °C			nach DIN VDE 0710-14 an der Befestigungsfläche und benachbarten Flächen im normalen Betrieb < 95 °C		

Tabelle 49 Kennzeichnung der Leuchten

Anforderungen an die Errichtung:

- Aufhängevorrichtung (z. B. Deckenhaken), fünffache Masse, mindestens 10 kg
- Wanddosen bei Unterputzinstallation für den Anschluss von Wandleuchten
- Durchgangsverdrahtung
  - nur für dafür vorgesehene Leuchten verwenden
  - auch mit mehreren Leuchtenstromkreisen möglich
  - wärmebeständige Leitungen (z. B.: H05SJ-K nach DIN VDE 0285-525-2-41)
  - Klemmen (DIN VDE 0606)
  - evtl. Steckverbinder
- Leuchten mit Entladungslampen
  - keine Brandgefahr bei einem Fehler im Vorschaltgerät
  - Leuchten ohne ▽M auf schwer oder normal entflammbaren Baustoffen, Abstand 35 mm
  - offene Leuchten sind gegenüber der Befestigungsfläche mit 1 mm dickem Blech abzudecken
  - Vorschaltgeräte auf brennbarer Unterlage
  - Mindestabstand 35 mm oder ausreichender Abstand zu anderen thermisch beeinflussbaren Flächen
  - Vorschaltgeräte in Gehäusen
  - für ausreichende Wärmeabfuhr sorgen
- Leuchten in Drehstromkreisen mit gemeinsamem Neutralleiter
  - Leuchten wie Drehstromverbrauchsmittel behandeln
  - Drehstromkreis mit einem Schalter freischaltbar
  - gemeinsame Verlegung der Zuleitung, z. B. mehradrige Leitung, Verlegung in einem Rohr oder in Hohlräumen von Lichtbändern
- Beleuchtung von Maschinen mit sich bewegenden Teilen; stroboskopische Effekte nach Möglichkeit vermeiden oder vermindern

Vorführstände für Leuchten

- Anschluss der Leuchten über
  - Steckdosen nach DIN 49440
  - Stromschienensysteme nach DIN VDE 0711-300
  - Anschluss von Wandleuchten auch über Klemmen zulässig, wenn die Klemmen erst nach zwangsläufiger Freischaltung zugänglich sind

Schutz gegen gefährliche Körperströme

- Stromkreise mit Fehlerstromschutzeinrichtungen (RCDs) mit einem Bemessungsdifferenzstrom $I_{\Delta N} \leq 30$ mA

Diese Anforderungen gelten nicht für Vorführstände mit Schutzkleinspannung.

Raumart	DIN VDE 0100	Anforderungen an Leuchten und Beleuchtungsanlagen
Sauna	Teil 703	• Auswahl der Leuchten nach Angaben der Hersteller • die Beleuchtung des Saunaraums sollte getrennt geschaltet werden können
Baustellen	Teil 704	• Leuchten mindestens Schutzart IPX3 • Handleuchten mindestens Schutzart IPX5
Landwirtschaft	Teil 705	• Leuchten mindestens Schutzart IP54 • Betriebszustand der Leuchten muss an Einschaltstelle erkennbar sein • Leuchten müssen so installiert sein (räumlich), dass sie unter keinen Umständen abgedeckt werden können
begrenzte leitfähige Räume	Teile 706	• Leuchten müssen mit den Schutzmaßnahmen Schutzkleinspannung oder Schutztrennung betrieben werden • bei der Stromversorgung von Handleuchten: – SELV oder – Leuchtstofflampen mit eingebautem Transformator
Campingplätze und in Caravans	Teile 708/721	• Leuchten sollten mit der Konstruktion bzw. Auskleidung des Caravans fest verbunden sein • Hängeleuchten so installieren, dass durch die Fahrbewegung keine Beschädigung auftritt • besondere Forderungen für Leuchten, die für den Betrieb von Lampen mit unterschiedlichen Spannungen vorgesehen sind (unverwechselbare Fassungen) – besondere unverwechselbare Lampenfassungen für jede Spannung, Kennzeichnung der Lampenspannung und -leistung – bei gleichzeitigem Betrieb der Lampen darf kein Schaden eintreten – sichere Trennung der Stromkreise und Anschlussklemmen
Ausstellungen, Shows, Stände	Teile 711/722/740	• maximale Betriebsspannungen für Beleuchtungsanlagen 250 V; Ausnahme: Leuchtröhrenanlagen • Leuchten mit Leuchtstofflampe Schutzart IP54 bei Überdachung: IP53 • Lampen mit Schutz gegen Bruch durch mechanische Beanspruchung versehen • Fassungen in Lichtleisten und Lichtketten aus Isolierstoff
Möbel	Teil 724	• Leuchten in Möbeln müssen mit einem zusätzlichen Schalter versehen werden, damit nach dem Schließen des Möbelstücks die Leuchte zwangsläufig ausgeschaltet wird

Tabelle 50 Besondere Anforderungen bzw. Empfehlungen an Leuchten und Beleuchtungsanlagen aus DIN VDE 0100 der Gruppe 700

Leuchtenklemme

Dies ist eine Klemme zum Anschluss von Decken- und Wandleuchten an die ortsfeste Installationsanlage. Sie können ein- oder mehrpolig sein. Die Leiter in den Leuchtenklemmen sind entweder durch Schrauben geklemmt oder mit Steckklemmanschluss versehen.

Leuchtenstromkreis

DIN VDE 0100-559 *(VDE 0100-559)*	***Errichten von Niederspannungsanlagen*** *Leuchten und Beleuchtungsanlagen*

Im Drehstromkreis können Leuchtengruppen jeweils auf die drei Außenleiter aufgeteilt werden. Ein gemeinsamer Neutralleiter ist zulässig. Die frühere Forderung, diese Drehstromkreise durch einen Schalter freischalten zu können, der alle nicht geerdeten Leiter gleichzeitig schaltet, ist fallen gelassen worden. Das Freischalten soll mit einem Schalter durch einen Schaltvorgang (Stufenschalter: durch eine Stufe) erfolgen.

Die zugehörigen Leitungen des jeweiligen Drehstromkreises müssen in einer mehradrigen Leitung, einem Rohr oder in denselben Hohlräumen verlegt werden. Zu den Leuchten dürfen diese Leitungen der Drehstrom-Leuchtenstromkreise dann gemeinsam verlegt werden, wenn die Leuchten dafür geeignet sind.

Leuchtröhrenanlagen

DIN EN 50107-1 *(VDE 0128-1)*	***Leuchtröhrengeräte und Leuchtröhrenanlagen mit einer Leerlaufspannung über 1 kV, aber nicht über 10 kV*** *Allgemeine Anforderungen*
DIN 57250-1 *(VDE 0250-1)*	***Isolierte Starkstromleitungen*** *Allgemeine Festlegungen*

Aufbau:
- bei den Leuchtröhren handelt es sich um gasgefüllte Glasröhren mit unbeheizten Elektroden an den Enden – für Zündung und Betrieb ist Hochspannung (1 000 V bis 7 500 V) erforderlich.

Verwendung:
- Lichtwerbung

Anforderungen:
- Streufeldtransformatoren liefern die hohe Zündspannung und begrenzen im Betrieb den Strom
- an jeden Transformator nur ein Leuchtröhrenstromkreis
- gesamte Anlage muss durch einen Hauptschalter abschaltbar sein
- als Überstromschutzeinrichtungen dürfen nur Schmelzsicherungen oder LS-Schalter verwendet werden
- alle der Berührung zugänglichen leitfähigen Teile sind an eine gemeinsame Schutzleitung anzuschließen
- hochspannungsseitig nur Leuchtröhrenleitungen, wie NYL, NYLC, NYLRZY
- Nennspannung von 7,5 kV darf nicht überschritten werden
- Dokumentation: der Errichter muss dem Betreiber Schaltpläne, Datenblätter zur Verfügung stellen
- Prüfungen: an der gesamten Anlage müssen elektrische Prüfungen, z. B. Erdschlussschutz- und Leerlaufschutzeinrichtungen durchgeführt werden.
- Inspektion nach der Montage muss die Einhaltung der Norm nachweisen für:
  - Bauart der Hochspannungsleitung und deren Verlegung
  - Kriech- und Luftstrecken
  - Erdungsverbindungen
  - Hochspannungsanschlüsse
  - mechanische Bauelemente
- Instandhaltung: regelmäßige Instandhaltung und Sicherheitskontrolle durch den Errichter/Fachmann. Der Betreiber sollte darauf hingewiesen werden.

Leuchtstofflampen

Es sind Entladungslampen, die aus einem zylinderförmigen oder auch kreis- bzw. U-förmig gebogenen Glasrohr bestehen, in dem die ultraviolette Strahlung von Quecksilberdampf durch Leuchtstoffe in Licht umgesetzt wird.

Aufbau:
- Glasrohr der Leuchtstofflampe
- auf der Innenwand eine Schicht aus Leuchtstoffen (Silikate, Phosphate); diese wandeln die entstehende Ultraviolett-Strahlung in sichtbares Licht um

Wirkungsweise:
- Zum Zünden der Lampe ist eine größere Spannung als die Netzspannung erforderlich – Zündspannung durch den Starter –; nach dem Einschalten fließt ein Strom über beide Lampenelektroden und den Starter. Bei etwa 160 V kommt eine Glimmentladung zustande, die den Bimetallstreifen erwärmt, der sich durchbiegt und den Stromkreis schließt.

Lichtfarbe:
- abhängig von der Zusammensetzung der Leuchtstoffe sind verschiedene Lichtfarben möglich

Betriebsverhalten:
- gegen Spannungsschwankungen unempfindlich
- niedrige Lampentemperatur
- Lichtausbeute etwa das Drei- bis Siebenfache von Glühlampen
- mittlere bis hohe Lebensdauer unter normalen Betriebsbedingungen etwa 7 500 h bis 20 000 h (Glühlampen etwa 1 000 h.)
- häufiges Schalten setzt die Lebensdauer herab

Schaltungen:
- Drosselspulenschaltung
- kapazitive Schaltung
- Tandemschaltung
- Duo-Schaltung
- Dreiphasenschaltung

Besonders kleine Leuchtstofflampen werden als Kompaktleuchtstofflampen oder als Energiesparlampen bezeichnet.
Vorteil: hohe Lichausbeute etwa 60 lm/W im Gegensatz zu Glühlampen mit bis zu 15 lm/W
Nachteil: temperaturabhängige Helligkeit, d. h., erst nach etwa zwei Minuten volle Helligkeit; daher für kurzzeitige Nutzung nur schlecht geeignet

Lichtbogenfestigkeit

Lichtbogenfestigkeit – ein Maß für die Einwirkung eines Lichtbogens auf die Isolierstoffe.

Durch die Prüfung auf Lichtbogenfestigkeit kann festgestellt werden, inwieweit sich ein Isolierstoff unter Einwirkung eines Lichtbogens in seinen Eigenschaften verändert.

Die Isolierstoffe sind nach ihrer jeweiligen Lichtbogenfestigkeit in Stufen unterteilt.

Lichtbogenschutz

Lichtbogen entsteht durch:
- Isolationsfehler
- unmittelbare atmosphärische Überspannung
- Überbrückung unter Spannung stehender Teile aus Metall

Lichtbogen:
- Gasentladung zwischen Fußpunkten (Elektroden) mit großen Strömen und verhältnismäßig kleinen Spannungen bei sehr hohen Temperaturen (mehrere 1 000 °C möglich).

Lichtbogenschutz:
- Entstehung der Lichtbögen möglichst vermeiden
- Maßnahmen gegen Isolationsfehler
- Einsatz von Überspannungsschutzeinrichtungen
- Bau von lichtbogenfesten Trennwänden in Innenraum-Schaltanlagen
- Einengung des möglichen Einwirkungsbereichs der Lichtbögen durch entsprechende Konstruktion und Errichtung der Anlagen
- gewollte Lichtbögen (z. B. thermische Lichtbögen) in Schaltgeräte kontrolliert halten

Lichtketten

DIN EN 60432-2	***Glühlampen – Sicherheitsanforderungen***
(VDE 0715-2)	*Halogen-Glühlampen für den Hausgebrauch und ähnliche allgemeine Beleuchtungszwecke*

Lichtketten bestehen aus mehreren, an einer beweglichen Leitung aufgereihten Fassungen mit Lampen. Die Leitung ist meist eine Illuminationsflachleitung. Die Fassungen können in Reihe oder parallel geschaltet sein. Unterteilt man die elektrischen Leuchten nach dem Verwendungszweck, so gibt es Leuchten für Beleuchtungszwecke und Leuchten für Leuchtzwecke. Die Lichtketten gehören zu den Leuchten für Leuchtzwecke, wie → *Christbaumketten.*

Lichtwellenleiter

DIN EN 60794-1-1	***Lichtwellenleiterkabel***
(VDE 0888-100-1)	*Allgemeines*

Lichtwellenleiter (Kurzbezeichnung: LWL) sind transparente dielektrische Wellenleiter zur optischen Übertragung elektromagnetischer Schwingungen.
Glasfaser- oder Lichtwellenleiter werden seit den 1980er-Jahren zur Nachrichtenübertragung eingesetzt. Sie bestehen aus hochreinem Quarzglas und sind mit einer Acrylatbeschichtung geschützt. Vor allem wegen der um ein Vielfaches höheren Bandbreite im Übertragungsspektrum und der um ein Vielfaches höheren Verstärkerabstände (Repeaterabstand) haben sich die Glasfaserkabel gegenüber den Kupferkabeln durchgesetzt.

LWL können anstelle von Glasfasern auch aus hochwertigen, wesentlich lichtdurchlässigeren Kunststoffen bestehen.

Vorteile gegenüber Kupferkabel:
- sind vollkommen unempfindlich gegenüber elektromagnetischen Störimpulsen und Blitzüberspannungen
- hohe Datenübertragungsraten von mehreren Gbit/s
- 30 % niedrigeres Gewicht der LWL gegenüber Kupferleiter

Liegeplätze

DIN VDE 0100-721 *(VDE 0100-721)*	***Errichten von Niederspannungsanlagen*** *Elektrische Anlagen von Caravans und Motorcaravans*
DIN VDE 0100-708 *(VDE 0100-708)*	***Errichten von Niederspannungsanlagen*** *Caravanplätze, Campingplätze und ähnliche Bereiche*
DIN VDE 0100-709 *(VDE 0100-709)*	***Errichten von Niederspannungsanlagen*** *Marinas und ähnliche Bereiche*

Unter Liegeplätzen werden die Anlegestellen von Booten und Jachten verstanden. Für die Stromversorgung der Boote und Jachten gelten zusätzliche Anforderungen.

→ *Boote*
→ *Caravans*
→ *Jachten*

Loggia

DIN VDE 0100-737 *(VDE 0100-737)*	***Errichten von Niederspannungsanlagen*** *Feuchte und nasse Bereiche und Räume und Anlagen im Freien*

Unter Loggia ist ein Freisitz zu verstehen, für den ein Auslass für die Beleuchtung und zwei Steckdosen als elektrotechnische Ausstattung empfohlen werden.

Geschützte Anlagen im Freien (überdacht):
- Schutzart: IPX1
- mindestens tropfwassergeschützt

Ungeschützte Anlage im Freien:
- Schutzart: IPX3
- mindestens sprühwassergeschützt

Zuleitung:
- Mantelleitungen

Zuleitung durchs Erdreich:
- Kabel, z. B. NYY

Wechselstrom-Steckdosen:
- Nennstrom bis 16 A
- mit RCDs mit einem Bemessungsdifferenzstrom nicht größer 30 mA

Empfehlungen:
- Steckdosen im Freien gegen unbefugte Benutzung sichern
- für ein Heizgerät, z. B. Infrarotstrahler, eigenen Stromkreis vorsehen

LS/DI-Schalter

DIN EN 61008-1 *(VDE 0664-10)*	***Fehlerstrom-/Differenzstrom-Schutzschalter ohne eingebauten Überstromschutz (RCCBs) für Hausinstallationen und für ähnliche Anwendungen*** *Allgemeine Anforderungen*

Der LS/DI-Schalter (frühere Bezeichnung; aktuell: netzspannungsabhängiger Fehlerstromschutzschalter mit eingebauter Überstromschutzeinrichtung) ist ein Fehlerstromschutzschalter Typ B zur Auslösung bei Wechselfehlerströmen, eingebaut für Hausinstallationen und ähnliche Anwendungen. Diese Schutzschalter dienen dazu, einen Stromkreis durch Handbetätigung mit dem Netz zu verbinden oder von diesem zu trennen. Wenn ein Überlaststrom, ein Kurzschlussstrom oder ein Differenzstrom einen voreingestellten Wert überschreitet, schaltet der Schutzschalter auch selbsttätig. Diese Differenzstromschutzschalter (DI-Schutzschalter) sind nicht genormt.

→ *Leitungsschutzschalter*

LS-Schalter

→ *Leitungsschutzschalter*

Luftfeuchtigkeit

→ *Äußere Einflüsse*

Luftstrecken

DIN EN 60664-1	***Isolationskoordination für elektrische Betriebsmittel in Niederspannungsanlagen***
(VDE 0110-1)	*Grundsätze, Anforderungen und Prüfungen*

Eine Luftstrecke ist die kürzeste Entfernung in Luft zwischen zwei leitenden Teilen. Luftstrecken können auftreten zwischen:
- aktiven Teilen untereinander
- aktiven und geerdeten Teilen
- aktiven Teilen und der Befestigungsfläche

Die Bemessungs-Stoßspannung für Luftstrecken ist der Spannungswert, nach dem die Luftstrecken bemessen werden.

Unter Berücksichtigung von → *Überspannungskategorie* und → *Verschmutzungsgrad* kann die Isolierstrecke in Luft für die verschiedenen Bemessungsspannungen DIN VDE 0110-1 entnommen werden.

→ *Isolationskoordination*

Mangel

DIN VDE 0105-100	***Betrieb von elektrischen Anlagen***
(VDE 0105-100)	*Allgemeine Festlegungen*
BGV A3	***Unfallverhütungsvorschrift***
	Elektrische Anlagen und Betriebsmittel

Ein Mangel liegt vor, wenn elektrische Anlagen und Betriebsmittel vom ordnungsgemäßen Zustand abweichen.

Jeder die → *Sicherheit* bzw. die → *Zuverlässigkeit* beeinträchtigende Zustand wird als Mangel bezeichnet, d. h., elektrische Anlagen und Betriebsmittel entsprechen nicht oder nicht mehr den → *anerkannten Regeln der Technik.*

Mängel entstehen häufig durch Alterung, Verschleiß, Abnutzung, aber auch durch schädigende äußere Einflüsse.

Ein Mangel liegt im Allgemeinen nicht vor, wenn bestehende Anlagen den Anforderungen der später in Kraft gesetzten Normen nicht entsprechen und eine → *Anpassung* nicht ausdrücklich gefordert wird.

Werden Mängel beobachtet, die Gefahren für Personen und Sachen verursachen können, sind sofort Maßnahmen zu ihrer Beseitigung, zumindest aber zu ihrer Einschränkung (Absperren, Anbringen von Warnschildern, ggf. auch Außerbetriebnahme) zu treffen.

Vorgesetzte bzw. verantwortliche Stellen sind zu benachrichtigen.

Wird ein Mangel festgestellt, so hat der Unternehmer dafür zu sorgen, dass der Mangel unverzüglich behoben wird und, falls bis dahin eine dringende Gefahr besteht, dafür zu sorgen, dass die elektrische Anlage oder das elektrische Betriebsmittel im mangelhaften Zustand nicht verwendet werden.

→ *Betrieb elektrischer Anlagen*

Mantelleitungen, NYM

DIN VDE 0250-204	***Isolierte Starkstromleitungen***
(VDE 0250-204)	*PVC-Installationsleitung NYM*

Mantelleitungen haben in der Elektroinstallation ein großes Einsatzgebiet.

Verwendung:
- in trockenen, feuchten und nassen Räumen
- Verlegung über, auf und unter Putz
- im Mauerwerk
- in Beton (Einbettung in Schüttel-, Rüttel- oder Stampfbeton durch Rohre schützen)
- im Freien ohne direkte Sonneneinstrahlung

Die Befestigung mit krumm geschlagenen Nägeln, Hakennägeln oder ähnliche Befestigungsmitteln ist nicht zulässig.

→ *Verlegen von Kabeln, Leitungen und Stromschienen*

Marinas

DIN VDE 0100-721	***Errichten von Niederspannungsanlagen***
(VDE 0100-721)	*Elektrische Anlagen von Caravans und Motorcaravans*
DIN VDE 0100-709	***Errichten von Niederspannungsanlagen***
(VDE 0100-709)	*Marinas und ähnliche Bereiche*
DIN VDE 0100-737	***Errichten von Niederspannungsanlagen***
(VDE 0100-737)	*Feuchte und nasse Bereiche und Räume und Anlagen im Freien*
DIN VDE 0100-701	***Errichten von Niederspannungsanlagen***
(VDE 0100-701)	*Räume mit Badewanne oder Dusche*
DIN VDE 0100-702	***Errichten von Niederspannungsanlagen***
(VDE 0100-702)	*Becken von Schwimmbädern, begehbare Wasserbecken und Springbrunnen*

Unter Marinas versteht man Einrichtungen zum Ankern und Versorgen von Wasserfahrzeugen für Sport und Freizeit, mit festen Landeplätzen, Anlegestellen, Piers oder Pontonanordnungen zum Anlegen von mehr als einem Wasserfahrzeug für Sport und Freizeit.

Anforderungen an elektrische Anlagen für Marinas:

- Elektrotechnische Starkstromanlagen an Liegeplätzen müssen so errichtet und Betriebsmittel so ausgewählt werden, dass Personen nicht gefährdet werden und Explosions- und Brandgefahr nicht entstehen.
- Besonders zu beachten ist in diesem Bereich das Risiko von Korrosion, Bewegung der Aufbauten, mechanische Beschädigung, Vorhandensein von leicht entzündlichem Treibstoff und Dämpfen und dem Schutz gegen elektrischen Schlag, hervorgerufen durch:
  - Auftreten von Wasser
  - Reduzierung des Körperwiderstands
  - Kontakt des Körpers mit Erdpotential.
- Schutz gegen elektrischen Schlag
  - Schutz durch Hindernisse, Anordnung außerhalb des Handbereichs, Abstand, nicht leitende Umgebung und Schutz durch erdfreien örtlichen Schutzpotentialausgleich dürfen nicht angewendet werden.
  - Schutz durch automatisches Abschalten der Stromversorgung:
    - in TN-Systemen dürfen Endstromkreise für die Versorgung von Wassersportfahrzeugen keinen PEN-Leiter enthalten.
    - Einrichtungen für den Schutz bei indirektem Berühren durch automatische Abschaltung der Stromversorgung durch Fehlerstromschutzeinrichtungen (RCDs): Es muss jede einzelne Steckdose durch eine eigene Fehlerstromschutzeinrichtung (RCD) mit einem Bemessungsdifferenzstrom von nicht größer als 30 mA geschützt sein; alle aktiven Leiter und auch der Neutralleiter müssen abschalten.
    - Schutzmaßnahme Schutztrennung: ist dann möglich, wenn alle Anforderungen aus DIN VDE 0100-410 eingehalten werden und der Stromkreis von einem fest errichteten Trenntransformator, nach Anforderungen DIN EN 61558-2-4 (VDE 0570-2-4) versorgt wird. Der Schutzleiter zum Trenntransformator darf nicht mit dem Schutzleiteranschluss für das Wassersportfahrzeug verbunden werden.
    - Der Schutzpotentialausgleich des Wassersportfahrzeugs darf nicht mit dem Schutzleiter der Landstromversorgung verbunden werden.
- Kabel- und Leitungsanlagen, Verlegearten:
  - Kabel oder Leitungen mit Kupferleiter (Aluminiumleiter nicht erlaubt) und thermoplastischer oder elastomerer Isolierung

- mineralisolierte Leitung mit PVC-Schutzhülle
- Kabel und Leitungen mit Bewehrung
- an schwimmenden Anlagen oder Moleteilen dürfen keine Freileitungen oder frei gespannte Kabel und Leitungen verwendet werden
- Kabel und Leitungen müssen so ausgewählt und errichtet werden, dass mechanische Beanspruchung während der Gezeiten und während anderer Bewegungen der schwimmenden Aufbauten verhindert wird. Elektroinstallationsrohre müssen so errichtet werden, dass das Wasser durch ein Gefälle und/oder über Drainageöffnungen herauslaufen kann
- oberirdisch verlegte Leiter müssen mindestens 6 m über dem Boden jedes Bereichs, in dem Fahrzeuge bewegt werden, und mindestens 3,5 m über dem Boden in allen anderen Bereichen angeordnet werden.

• Schaltanlagen, Verteilungstafeln, Steckdosen:
  - so nahe wie möglich am zu versorgenden Anlegeplatz
  - Betriebsmittel im Freien mindestens Schutzart IP44
  - falls Strahlwasser oder Wellen zu erwarten sind, muss die Schutzart mindestens IPX5 oder IPX6 sein
  - sind die elektrischen Anlagen auf schwimmenden Teilen oder Molen montiert, mindestens 1 m oberhalb der Standfläche
  - für jeden Anlegeplatz eine Steckdose
  - in einer Umhüllung bis zu maximal vier Steckdosen
  - Steckdosen für denselben Laufsteg oder Anlegeplatz: Anschluss an demselben Außenleiter – es sei denn über einen Trenntransformator
  - jede Steckdose: eigene Überstromschutzeinrichtung mit maximal 16 A Bemessungsstrom
  - jede Steckdose: unabhängig von der Schutzmaßnahme mit dem Schutzleiter verbinden
  - jede Steckdose:
    - ▪ 250 V Bemessungsspannung
    - ▪ 16 A Bemessungsstrom
    - ▪ 6 h Uhrzeigerstellung
    - ▪ zwei Pole und ein Schutzleiter
    - ▪ Schutzart IP44

Maschenerder

DIN VDE 0100-200	***Errichten von Niederspannungsanlagen***
(VDE 0100-200)	*Begriffe*

DIN VDE 0100-410 *(VDE 0100-410)*	***Errichten von Niederspannungsanlagen*** *Schutz gegen elektrischen Schlag*
DIN VDE 0100-540 *(VDE 0100-540)*	***Errichten von Niederspannungsanlagen*** *Erdungsanlagen und Schutzleiter*
DIN EN 50522 *(VDE 0101-2)*	***Erdung von Starkstromanlagen mit Nennwechselspannungen über 1 kV***
DIN EN 60909-0 *(VDE 0102)*	***Kurzschlussströme in Drehstromnetzen*** *Berechnung der Ströme*
DIN VDE 0141 *(VDE 0141)*	***Erdungen für spezielle Starkstromanlagen mit*** *Nennspannungen über 1 kV*

Die verschiedensten → *Erder* können auch kombiniert werden. Eine Sonderform des zusammengesetzten Erders stellt der Maschenerder dar. Er besteht aus einem Netz mit mehr oder weniger gleichmäßigen, rechteckigen Maschen. Der Ausbreitungswiderstand kann mit der speziellen Näherungsgleichung errechnet werden:

$$R_{\mathrm{AM}} \approx 1{,}5\, R_{\mathrm{AP}} = 1{,}5\, \frac{\delta_{\mathrm{E}}}{2D} \qquad R_{\mathrm{AM}} \approx \frac{\delta_{\mathrm{E}}}{2D} + \frac{\delta_{\mathrm{E}}}{\sum L} \qquad R_{\mathrm{AM}} \approx \frac{0{,}5\, \delta_{\mathrm{E}}}{\sqrt{A}}$$

R_{A}	Ausbreitungswiderstand in Ω
L	Länge des Erders in m
D	Durchmesser bei Kreisflächen (bzw. auf Kreisfläche umgerechnete Fläche in m)
δ_{E}	spezifischer Erdwiderstand in Ω m
A	Fläche des Erdermaschennetzes in m²

einfache Näherungsgleichung:

$$R_{\mathrm{AM}} \approx \frac{\delta_{\mathrm{E}}}{2D}$$

Bezug zu anderen Erderarten:

$$R'_{\mathrm{AM}} \approx R_{\mathrm{AP}}\ \mathrm{A}\ 0{,}8\, R'_{\mathrm{AR}}$$

R_{AM}	Ausbreitungswiderstand des Maschenerders
R_{AP}	Ausbreitungswiderstand des Plattenerders
R_{AR}	Ausbreitungswiderstand des Ringerders

Maschinen

DIN EN 60034-1 *(VDE 0530-1)*	***Drehende elektrische Maschinen*** *Bemessung und Betriebsverhalten*
DIN EN 60745-1 *(VDE 0740-1)*	***Handgeführte motorbetriebene Elektrowerkzeuge – Sicherheit*** *Allgemeine Anforderungen*
DIN EN 60085 *(VDE 0301-1)*	***Elektrische Isolierung*** *Thermische Bewertung und Bezeichnung*
DIN VDE 0100-430 *(VDE 0100-430)*	***Errichten von Niederspannungsanlagen*** *Schutz bei Überstrom*
DIN VDE 0100-740 *(VDE 0100-740)*	***Errichten von Niederspannungsanlagen*** *Vorübergehend errichtete elektrische Anlagen für Aufbauten, Vergnügungseinrichtungen und Buden auf Kirmesplätzen, Vergnügungsparks und für Zirkusse*

Bei der Auswahl und Aufstellung elektrischer Maschinen ist zu beachten:

- Schutzart der Maschine:
  Erweiterung der → *IP-Schutzart* (IPXX) um zwei weitere Kennbuchstaben
  1. Kennbuchstabe
     W wettergeschützte Maschine
  2. Kennbuchstabe
     S Maschine wird im Stillstand mit Wasserschutz geprüft
     M Maschine wird im Betrieb auf Wasserschutz geprüft
- Brandgefahr durch Überlastung:
  - getrennte Aufstellung von leicht entzündlichen Stoffen
  - Schutz gegen zu hohe thermische Belastung
  - als Schutzeinrichtung möglich: Motorstarter, Überstromschutzeinrichtung, Differential-Schutz, Temperaturfühler in der Wicklung und ähnliche Einrichtungen
- Wahl der Anschlussleitung:
  - Maschinen mit Schwingungsbeanspruchung, fein- oder feinstdrähtige Anschlussleitungen
  - Maschinen, die betriebsmäßig bewegt werden – Anschlussleitungen nicht in Metallschläuchen

- höhere Raumtemperaturen:
  - maximale Umgebungsbestimmungen zwischen 30 °C und 40 °C – ansonsten Korrektur, damit die Grenztemperatur nicht überschritten wird
- besondere geografische Höhenlage:
  - normal für Höhenlagen bis 1 000 m NN
- eine weitere Forderung aus DIN VDE 0100:
  - Schutzeinrichtungen zum Schutz bei Überlast sollten nicht eingebaut werden, wenn die Unterbrechung des Stromkreises eine Gefahr darstellen kann
  - bei nicht regengeschützter Aufstellung müssen elektrische Maschinen mindestens in Schutzart IP23 ausgeführt sein.

Masse

DIN EN 50178 *(VDE 0160)*	***Ausrüstung von Starkstromanlagen mit elektronischen*** *Betriebsmitteln*

Masse – die Gesamtheit aller untereinander leitend verbundenen inaktiven Teile eines elektronischen Betriebsmittels. Diese Teile können auch im Fehlerfall keine gefährliche Berührungsspannung annehmen.

Masse: ist nicht gleichzusetzen mit dem physikalischen Begriff „Masse“.

Ist die Masse in Schutzmaßnahmen mit Schutzleiter einbezogen, so ist diese Masse gleichbedeutend mit dem Begriff „Körper“.

Massekabel

Ein Kabel, dessen Leiter mit masse- und ölimprägniertem Papier zur Isolierung umgeben sind. Massekabel fanden ihre Anwendung in der Vergangenheit im Niederspannungs- und Mittelspannungsbereich. Die Kabelbauart Massekabel ist im Niederspannungsbereich schon vor etwa zwei Jahrzehnten von den Kunststoffkabeln verdrängt worden. Auch bei den Mittelspannungskabeln ist der Anteil der masse- und ölimprägnierten Papier- und Bleikabeln gegenüber den Kunststoffkabeln weit zurückgegangen.

Maßnahmen gegen Brände und Brandfolgen

→ *Brandschutz*

Maßnahmen gegen unbeabsichtigtes Einschalten

DIN VDE 0100-460 ***Errichten von Niederspannungsanlagen***
(VDE 0100-460) *Trennen und Schalten*

Damit unbeabsichtigtes Einschalten von Betriebsmitteln unmöglich ist, sind Vorsichtsmaßnahmen vorzusehen:
- Verschließeinrichtung
- Warnhinweise
- Unterbringung in einer Umhüllung oder in einem anderen abschließbaren Raum

Zusätzlich zu einer oder mehreren dieser Maßnahmen darf geerdet oder kurzgeschlossen werden. Sollte ein Betriebsmittel mit mehr als einer Versorgung verbunden sein, so muss:
- eine Verriegelungsvorrichtung die Trennung aller betreffenden Stromkreise sicherstellen oder
- ein Warnhinweis auf die Notwendigkeit der Trennung von den verschiedenen Versorgungen bestehen

Maßnahmen gegen zufälliges oder unbefugtes Öffnen

DIN VDE 0100-537 ***Elektrische Anlagen von Gebäuden***
(VDE 0100-537) *Geräte zum Trennen und Schalten*

An Geräten zum Trennen ohne Lastschaltvermögen müssen Maßnahmen vorgesehen werden gegen zufälliges und/oder unbefugtes Öffnen:
- Einbau der Geräte unter Verschluss in einer Umhüllung
  oder durch
- ein Vorhängeschloss
  oder
- das Gerät zum Trennen ist mit einem Lastschalter zu verriegeln

Material für die feuersichere Trennung

Damit schädigende Beeinflussungen zwischen einer elektrischen Anlage und nicht elektrischen Einrichtungen ausgeschlossen werden, dürfen Betriebsmittel ohne Rückplatte nur dann auf einer Gebäudeoberfläche angebracht werden, wenn:

- eine Spannungsverschleppung über die Gebäudeoberfläche verhindert wird
- eine feuersichere Trennung zwischen Betriebsmittel und einer brennbaren Gebäudeoberfläche besteht.

Durch folgende Maßnahmen können die Anforderungen erfüllt werden:

- eine metallene Gebäudeoberfläche muss mit dem Schutzleiter (PE) oder dem Potentialausgleichsleiter der Anlage verbunden werden
- eine brennbare Gebäudeoberfläche muss durch eine geeignete Zwischenlage aus Isolierstoff mit einem Bemessungswert der Entflammbarkeit FH1 von dem Betriebsmittel getrennt werden.

Ist die Gebäudeoberfläche nicht metallen oder brennbar, werden keine zusätzlichen Maßnahmen gefordert.

Materialbeiwert

DIN VDE 0100-540	***Errichten von Niederspannungsanlagen***
(VDE 0100-540)	*Erdungsanlagen und Schutzleiter*

Für die Schutzleiter-Querschnittsbestimmung nach DIN VDE 0100-540 können verschiedene Tabellen (A.54.2–A.54.6) dieser Norm genutzt werden, oder es lässt sich auch der Querschnitt des Schutzleiters nach dem im Fehlerfall fließenden Kurzschlussstrom und der Fehlerdauer berechnen.

Der Materialbeiwert k ist der Wert in $\mathrm{A}\sqrt{\mathrm{s}}/\mathrm{mm}^2$, der abhängig ist vom Leiterwerkstoff, von der Verlegeart, von den zulässigen Anfangs- und Endtemperaturen sowie vom Isolationsmaterial.

Verfahren zur Ermittlung des Materialbeiwerts k:

Der Materialwert wird durch folgende Gleichung bestimmt:

$$\sqrt{\frac{Q_\mathrm{C}\,(B+20\,°\mathrm{C})}{\rho_{20}}\,\ln\left(1+\frac{\vartheta_\mathrm{f}-\vartheta_\mathrm{i}}{B-\vartheta_\mathrm{i}}\right)}$$

Bedeutung der einzelnen Größen:

Q_C ist die volumetrische Wärmekapazität des Leiterwerkstoffs in J/(°C mm^3)

B ist der Reziprokwert des Temperaturkoeffizienten des spezifischen Widerstands bei 0 °C für den Leiterwerkstoff in °C

ρ_{20} ist der spezifische Widerstand des Leiterwerkstoffs bei 20 °C in Ω mm

ϑ_i ist die Anfangstemperatur des Leiters in °C

ϑ_f ist die Endtemperatur des Leiters in °C (zulässige Höchsttemperatur)

Bei der Berechnung des k-Faktors (Materialbeiwert) kann sich ein nicht genormter Querschnitt ergeben, das bedeutet für die Praxis, es ist der nächstgrößere Normquerschnitt zu wählen.

Materialbeiwerte *k* für Schutzleiter als Mantel oder Bewehrung eines Kabels oder einer Leitung:

	Werkstoff der Isolierung			
	G	**PVC**	**PE-X, EPR**	**IIK**
Anfangstemperatur der Leiter	50 °C	60 °C	80 °C	75 °C
Endtemperatur	200 °C	160 °C	250 °C	220 °C
	k in $\mathrm{A}\sqrt{\mathrm{s}}/\mathrm{mm}^2$			
Fe und Fe, kupferplattiert	53	44	54	51
Al	97	81	98	93
Pb	27	22	27	26

In der Tabelle bedeuten:
G Gummiisolierung
PVC Isolierung aus Polyvinylchlorid
PE-X Isolierung aus vernetztem Polyethylen
EPR Isolierung aus Ethylen-Propylen-Kautschuk
IIK Isolierung aus Butyl-Kautschuk
Die Endtemperatur ist die zulässige Höchsttemperatur am Leiter

Tabelle 51 Materialbeiwerte *k* für Schutzleiter als Mantel oder Bewehrung eines Kabels oder einer Leitung

→ *Schutz gegen zu hohe Erwärmung*
→ *Mindestquerschnitte von Leitern*

Mechanische Festigkeit

DIN VDE 0100-520 ***Errichten von Niederspannungsanlagen***
(VDE 0100-520) *Kabel- und Leitungsanlagen*

Für die Dimensionierung von Kabeln, Leitungen, Stromschienen und blanken Leitern ist neben den elektrischen Größen auch die mechanische Festigkeit zu berücksichtigen.

So sind in Abhängigkeit von der Verlegeart und dem verwendeten Leitermaterial Mindestquerschnitte festgelegt.

<table>
<tr><th colspan="2" rowspan="2">Arten von Kabel- und Leitungsanlagen</th><th rowspan="2">Stromkreisarten</th><th colspan="2">Leiter</th></tr>
<tr><th>Werkstoff</th><th>Mindest-querschnitt in mm²</th></tr>
<tr><td rowspan="4">feste Verlegung</td><td rowspan="2">Kabel, Mantel-leitungen und Aderleitungen</td><td>Leistungs- und Lichtstromkreise</td><td>Cu
Al</td><td>1,5
16[1]</td></tr>
<tr><td>Melde- und Steuerstromkreise</td><td>Cu</td><td>0,5[2]</td></tr>
<tr><td rowspan="2">blanke Leiter</td><td>Leitungsstromkreise</td><td>Cu
Al</td><td>10
16[3]</td></tr>
<tr><td>Melde- und Steuerstromkreise</td><td>Cu</td><td>4[3]</td></tr>
<tr><td rowspan="3">bewegliche Verbindungen mit isolierten Leitern und Kabeln</td><td colspan="2">für ein besonderes Betriebsmittel</td><td rowspan="3">Cu</td><td>wie in der entsprechen den IEC-Publikation angegeben</td></tr>
<tr><td colspan="2">für andere Anwendungen</td><td>0,75[4]</td></tr>
<tr><td colspan="2">Schutz- und Funktionskleinspannung für besondere Anwendung</td><td>0,75</td></tr>
<tr><td colspan="5">[1] Die Verbinder zum Anschluss von Aluminiumleitern sollten für diesen Werkstoff geprüft und zugelassen werden.
[2] In Melde- und Steuerstromkreisen für elektronische Betriebsmittel ist ein Mindestquerschnitt von 0,1 mm² zulässig.
[3] Besondere Anforderungen an Lichtstromkreise mit Kleinspannung sind noch in Beratung.
[4] Für mehradrige flexible Leitungen mit sieben oder mehr Adern gilt Fußnote [2].</td></tr>
</table>

Tabelle 52 Mindestquerschnitte von Leitern (Quelle: DIN VDE 0100-520)

→ *Mindestquerschnitte von Leitern*

Mechanische Kurzschlussfestigkeit

DIN EN 60865-1	***Kurzschlussströme – Berechnung der Wirkung***
(VDE 0103)	*Begriffe und Berechnungsverfahren*

Die elektromechanischen und elektrothermischen Auswirkungen im Kurzschlussfall sind bei der Planung und Errichtung zu berücksichtigen.

Durch den Bau leistungsstärkerer Netze und durch zunehmende Vermaschung der Netze steigen die Kurzschlussströme an, insbesondere bei Hauptstromversorgungssystemen ist die ausreichende mechanische und thermische Kurzschlussfestigkeit von großer Bedeutung.

Mechanischer Schutz

Kabel und Leitungen müssen durch ihre Lage oder durch Verkleidung vor mechanischer Beschädigung geschützt sein.

Als ausreichend mechanisch geschützt gelten allgemein:
- Mantelleitungen
- Kabel
- Verlegung in und unter Putz
- Verlegung in Hohlräumen
- Verlegung in Elektroinstallationskanalsystemen nach DIN VDE 0604
- Aderleitungen in Elektroinstallationsrohrsystemen nach DIN VDE 0605

Besonders ist darauf zu achten, dass:
- eine Zugentlastung der Leitung an der Einführungsstelle fachgerecht ausgeführt ist
- alle Leitungen nicht gequetscht und durch scharfe Kanten oder bewegliche Teile beschädigt werden können

Medizinisch genutzte Bereiche

DIN VDE 0100-560	***Errichten von Starkstromanlagen mit Nennspannungen bis 1 000 V***
(VDE 0100-560)	*Einrichtungen für Sicherheitszwecke*

DIN VDE 0100-710 *(VDE 0100-710)*	***Errichten von Niederspannungsanlagen*** *Medizinisch genutzte Bereiche*
DIN VDE 0558-507 *(VDE 0558-507)*	***Batteriegestützte zentrale Stromversorgungssysteme (BSV) für Sicherheitszwecke zur Versorgung medizinisch genutzter Bereiche***

Die zusätzlichen Anforderungen an elektrische Anlagen in medizinisch genutzten Bereichen (Räumen und Raumgruppen) gelten u. a. für Krankenhäuser, Kliniken, Ärztehäuser, Polikliniken, Ambulatorien, Arzt- oder Dentalpraxen, Sanatorien, Senioren- und Pflegeheime und sonstige ambulante Einrichtungen in Betrieben und Sportstätten. Diese zusätzlichen Anforderungen gelten auch für elektrische Anlagen, die unmittelbar für den sicheren Betrieb der medizinisch genutzten Bereiche erforderlich sind. Sie können für veterinärmedizinische Bereiche angewendet werden.

Für elektrische Anlagen über AC 1 000 V oder DC 1 500 V in medizinisch genutzten Bereichen sollten neben den Anforderungen nach DIN EN 61936-1 (VDE 0101-1) „Starkstromanlagen mit Nennwechselspannungen über 1 kV" sinngemäß auch die Festlegungen für medizinisch genutzte Bereiche erfüllt werden, um gleiche Sicherheit zu erreichen. Darüber hinaus sind bau- und arbeitsrechtliche Vorschriften zu beachten, z. B. die Krankenhaus-Bauverordnung (KhBauVO), die Verordnungen über den Bau von Betriebsräumen für elektrische Anlagen (EltBauVO), die Arbeitsstättenrichtlinien.

Die medizinisch genutzten Bereiche werden in drei Gruppen unterteilt und wie folgt definiert:

- **Gruppe 0:**
  Medizinisch genutzten Bereiche, in dem die elektrische Anlage bei Auftreten eines Fehlers (erster Körper- oder Erdschluss, Ausfall des Netzes) abgeschaltet werden kann. Untersuchungen und Behandlungen können abgebrochen oder wiederholt werden. Anwendungsteile der medizinischen elektrischen Geräte kommen nicht in Kontakt mit den Patienten.
- **Gruppe 1:**
  Wie Gruppe 0, jedoch mit Anwendungsteilen, die äußerlich oder (siehe Gruppe 2) invasiv am Patienten eingesetzt werden.
- **Gruppe 2:**
  Im Fehlerfall oder bei Ausfall des Netzes darf die elektrische Anlage nicht abschalten. Die Untersuchung oder Behandlung ist für den Patienten gefährlich, eine Wiederholung unzumutbar oder die Beschaffung von Untersuchungsergebnissen nicht erneut möglich. Unregelmäßigkeiten in der Stromversorgung können Lebensgefahr verursachen.

Die Zuordnung der medizinisch genutzten Bereiche, Räume oder Raumgruppen zu den Gruppen 0 bis 2 ist unter Berücksichtigung geltender Vorschriften sowie gesetzlicher Regelungen mit dem medizinischen Personal, der zuständigen Gesundheitsorganisation, den Verantwortlichen der Arbeitssicherheit und der zuständigen Bauleitung abzustimmen. Die Elektrofachkraft wird dabei beratend tätig.

Stromversorgung

Die Stromversorgung für Sicherheitszwecke muss bei Ausfall des allgemeinen Netzes die für den Weiterbetrieb notwendigen Einrichtungen innerhalb einer vorher festgelegten Umschaltzeit für einen definierten Zeitabschnitt mit elektrischer Energie versorgen.

Als Sicherheitsquellen dürfen verwendet werden:

- Hubkolben-Verbrennungsmotoren (DIN 6280-13)
- Blockheizkraftwerke und Hubkolben-Verbrennungsmotoren (DIN 6280-14)
- batteriegestützte zentrale Sicherheits-Stromversorgungs-Systeme (DIN VDE 0558-507)

Die Betriebsbereitschaft der Sicherheitsstromquellen ist zu überwachen und an geeigneter, ständig besetzter Stelle anzuzeigen.

Stromquellen, die ausschließlich Verbrauchsmittel in einem Brandabschnitt versorgen, dürfen im selben Brandabschnitt wie das Verbrauchsmittel aufgestellt werden. Das gilt insbesondere für zusätzliche Sicherheitsstromquellen, die Bestandteil von Baugruppen oder Geräten sind, wie z. B. Geräte mit Batterien (USV-Anlage), OP-Lichtgeräte, Pufferbatterien für elektrische Steuerungen und rechnergestützte Überwachungsanlagen. Solche Stromquellen dürfen keine Beeinflussung oder Gefahr für die Umgebung verursachen. Als Einzelgeräte sollten sie in einem Gehäuse untergebracht werden. Ein Herstellernachweis für die Aufstellungsbedingungen ist zu fordern.

Die Versorgungsdauer der Sicherheitsstromquellen beträgt mindestens 24 h. Sie kann auf 3 h verringert werden, wenn die medizinischen Anforderungen dies zulassen und eine evtl. notwendige Evakuierung des Gebäudes innerhalb dieser Zeit realisiert werden kann.

Während der Wartung der Sicherheitsstromquelle muss die Sicherheitsstromversorgung aufrechterhalten bleiben (z. B. durch den Einsatz von mobilen Stromversorgungsgeräten).

Für die Bereiche der Gruppen 1 und 2 muss die Sicherheitsstromquelle den Weiterbetrieb automatisch übernehmen, wenn die Spannung am Messpunkt des Hauptverteilers um mehr als 10 % der Nennspannung abfällt. Die Umschaltzeit sollte mögliche Kurzzeit-Unterbrechungen der allgemeinen Versorgung berücksichtigen.

Schutz gegen elektrischen Schlag

- Das TN-C-System ist in medizinisch genutzen Bereichen ab dem Hauptverteiler nicht zulässig. Gefordert wird hinter dem Hauptverteiler eines Gebäudes bzw. für medizinisch genutzte Gebäude hinter dem Hauptverteiler, der der Stromquelle für Sicherheitszwecke folgt, ein TN-S-System.
- Der Schutz durch Hindernisse, der Schutz durch Anordnung des Handbereichs, der Schutz durch nicht leitende Umgebung, der Schutz durch erdfreien örtlichen Schutzpotentialausgleich und die Schutztrennung mit mehr als einem Verbrachsmittel nach DIN VDE 0100-410 dürfen nicht angewendet werden.

Bei der Anwendung von SELV oder PELV in Bereichen der Gruppe 1 oder 2 darf die Nennspannung nicht größer sein als AC 25 V und DC 60 V (oberschwingungsfrei). Aktive Teile müssen gegen direktes Berühren geschützt sein (Isolierung, Abdeckung oder Umhüllung).

In der Gruppe 2 müssen berührbare, leitfähige Teile von elektrischen Verbrauchsmitteln für den zusätzlichen Schutzpotentialausgleich mit der Schutzpotentialausgleichsschiene verbunden werden.

Die Funktionskleinspannung (FELV) darf in medizinisch genutzten Bereichen nicht angewendet werden.

Die Anforderungen an den **Schutz bei indirektem Berühren**, automatische Abschaltung der Versorgung, gelten für Endstromkreise, die Verbrauchsmittel in den medizinischen Bereichen versorgen, nicht aber für das vorgelagerte Verteilungsnetz außerhalb der Bereiche der Gruppen 1 und 2 (Anforderungen für die Gruppe 0 sowie für das Verteilungsnetz nach DIN VDE 0100-410). Bei gleichzeitigem Anschluss mehrerer elektrischer Verbrauchsmittel an demselben Stromkreis ist darauf zu achten, dass keine unerwünschte Auslösung der Fehlerstromschutzeinrichtung (RCDs) möglich ist. Dort, wo RCDs in der Gruppe 1 und Gruppe 2 gefordert werden, müssen ausschließlich RCDs vom Typ A oder Typ B eingesetzt werden.

In IT-, TN- und TT-Systemen bei der Gruppe 1 und der Gruppe 2 darf die dauernd zulässige Berührungsspannung 25 V Wechselspannung und 60 V Gleichspannung nicht überschreiten. Für jeden Stromkreis wird ein eigener Schutzleiter gefordert.

Anforderungen bei Anwendung des TN-Systems an Endstromkreise in den Bereichen der Gruppen 1 und 2:
Um die Berührungsspannung von ≤ 25 V einzuhalten, kann ein zusätzlicher Schutzpotentialausgleich vorgesehen werden.

Im Bereich der Gruppe 1 ist ein zusätzlicher Schutz durch Fehlerstromschutzeinrichtungen (RCDs) mit $I_{\Delta N} \leq 30$ mA in den Endstromkreisen für:

- Steckdosen mit einem Bemessungsstrom bis 32 A
- Beleuchtung innerhalb der Patientenumgebung: horizontal 2,5 m / vertikal 1,5 m

vorzuzusehen.
In Bereichen der Gruppe 2 dürfen Fehlerstromschutzeinrichtungen (RCDs) mit $I_{\Delta N} \leq 30$ mA als zusätzlicher Schutz bei direktem Berühren eingesetzt werden für

- die elektrische Versorgung von OP-Tischen
- Stromkreise für Verbrauchsmittel, deren Ausfall für den Patienten keine Gefahr bedeutet
- Stromkreis für Beleuchtung in der Patientenumgebung, jedoch ohne OP-Leuchten und andere unentbehrliche Leuchten

In Bereichen der Gruppe 2 dürfen Fehlerstromschutzeinrichtungen (RCDs) mit $I_{\Delta N} \leq 300$ mA als Sach- bzw. Brandschutz eingesetzt werden für

- Stromkreise für medizinische elektrische Geräte
- Stromkreise für Verbrauchsmittel mit einer Nennleistung über 5 kVA
- Beleuchtungsstromkreise außerhalb der Patientenumgebung

Es wird empfohlen, in TN-S-Systemen Überwachungsgeräte zur Kontrolle des Isolationswiderstands der aktiven Teile einzusetzen.

Aus TN-S-Systemen sollten im Bereich der Gruppe 2 fest angeschlossene Verbrauchsmittel versorgt werden. Solche Stromkreise und das daran angeschlossene Stecksystem sind deutlich zu kennzeichnen oder mit einem unterschiedlichen Stecksystem auszurüsten, um Verwechselungen zu vermeiden.

In medizinischen Einrichtungen der Gruppe 2 sind **TT-Systeme** unzulässig. In anderen Bereichen kann das TT-System eingesetzt werden. Ist nur ein TT-System vorhanden, muss zur Bildung eines TN- oder IT-Systems ein Transformator eingesetzt werden.

In medizinischen Bereichen der Gruppe 2 wird das **IT-System** bevorzugt eingesetzt, weil die Stromversorgung beim ersten Körper- oder Erdschluss fortgesetzt werden kann. Für Steckdosenstromkreise im Bereich der Gruppe 2, an die medizinische Geräte angeschlossen werden, und für Stromkreise für die OP-Beleuchtung oder vergleichbare Leuchten muss das IT-System angewendet werden. Als Ausnahme gelten über das TN-System versorgte Stromkreise, die, wie in den vorangegangenen Abschnitten beschrieben, besondere Bedingungen erfüllen müssen.

In jedem Bereich der Gruppen 1 und 2 ist ein zusätzlicher Potentialausgleich vorzusehen und mit einer Potentialausgleichsschiene zu verbinden.
Um Potentialdifferenzen auszugleichen, sind nachstehende Teile in der Patientenumgebung, soweit vorhanden, untereinander zu verbinden:

- Schutzleiter
- fremde leitfähige Teile
- Abschirmung gegen elektrische Störfelder
- Verbindungen zu ableitfähigen Fußböden
- Metallschirm des Transformators für das IT-System
- ortsfeste, nicht elektrisch betriebene OP-Tische, soweit sie nicht gegen Erde isoliert sind

Um ortsveränderliche medizinische elektrische Geräte und ortsveränderliche OP-Leuchten in den Schutzpotentialausgleich einbeziehen zu können, sind im Bereich der Gruppe 2 in der Nähe der Patientenposition Anschlussbolzen für Schutzpotentialausgleichsleitungen anzubringen. Der Anschluss erfolgt nach der Gebrauchsanleitung der Geräte.

Die Schutzpotentialausgleichsschiene ist in dem medizinisch genutzten Bereich (Raum oder Raumgruppe) oder in dessen Nähe anzuordnen und mit den unterschiedlich gekennzeichneten Schutzleitern und Schutzpotentialausgleichsleitern zu verbinden.

Schutz gegen elektromagnetische Störungen

Um Störungen durch netzfrequente magnetische Felder in medizinisch genutzten Bereichen zu vermeiden, sollen folgende Werte der magnetischen Induktion (Richtwerte in B) nicht überschritten werden:

- $B = 1 \cdot 10^{-7}$ Tesla für EMG – Elektromyogramm
- $B = 2 \cdot 10^{-7}$ Tesla für EEG – Elektroenzephalogramm
- $B = 4 \cdot 10^{-7}$ Tesla für EKG – Elektrokardiogramm

Diese Werte werden normalerweise eingehalten, wenn der Abstand zwischen Patientenplatz mit vorwiegend induktiven Betriebsmitteln großer Leistung (Transformatoren, Motoren mit einer Nennleistung über 3 kW) 6 m beträgt. Als Mindestabstand zu mehradrigen Kabeln und Leitungen gilt

Leiternenn-Querschnitt in mm²	Mindestabstand in m
10 bis 70	3
95 bis 185	6
> 185	9

Größere Abstände werden bei einadrigen Kabeln oder Leitungen und bei Stromschienensystemen erforderlich. In Zweifelsfällen wird vor Ort eine Messung durch Sachverständige oder Prüfinstitute empfohlen.

Brandschutz
Als Brandschutz gelten Mindestanforderungen nach DIN VDE 0100-420 und DIN VDE 0100-420. Zusätzlich können in vielen Fällen Vorschriften und gesetzliche Regelungen bestehen, die zu beachten sind.

Auswahl und Errichten elektrischer Betriebsmittel:

Elektrische Betriebsstätten
In der abgeschlossenen elektrischen Betriebsstätte sind nachstehende Anlagen und Betriebsmittel, soweit vorhanden, unterzubringen:

- Schaltanlagen mit Nennspannung über 1 kV
- Netztransformatoren
- Hauptverteiler für die allgemeine Stromversorgung
- Hauptverteiler für die Sicherheitsstromversorgung
- ortsfeste Stromerzeugungsaggregate für die Sicherheitsstromversorgung
- Zentralbatterien für die Sicherheitsstromversorgung einschließlich Umrichter- und Steuerschränke
- Einrichtungen der zusätzlichen Sicherheitsstromversorgung

Gesetzliche Regelungen und Richtlinien der Stromversorgungsunternehmen sind zusätzlich zu beachten.

Netztransformatoren

Netztransformatoren sind durch selbsttätige Schutzeinrichtungen gegen Überlast und gegen innere und äußere Fehler zu schützen.

Verteiler

Verteiler müssen DIN VDE 0660 entsprechen. Ihre Gehäuse oder Verkleidungen müssen aus Stahlblech gefertigt sein. Sie sind vorzugsweise außerhalb medizinisch genutzter Bereiche aufzustellen. Vorschriften und gesetzliche Regelungen sind zu beachten.

Betriebsbedingungen:

Spannung

Auf der Sekundärseite von Transformatoren für IT-Systeme in medizinisch genutzten Bereichen darf die Leerlaufspannung AC 250 V (einphasig oder mehrphasig) nicht überschreiten.

Stromversorgung

Jeder Verteiler in medizinisch genutzten Bereichen der Gruppe 2 muss über zwei voneinander unabhängige Zuleitungen verfügen. Bei Ausfall der Spannung von einem oder mehreren Außenleitern muss die Versorgung selbsttätig auf die zweite Zuleitung umschalten. Die Umschaltzeit ist nach den zu versorgenden Verbrauchsmitteln festzulegen.

Die Einspeisung der Verteiler oder Verteilerabschnitte aus der allgemeinen Stromversorgung, aus der Sicherheitsstromversorgung oder aus der zusätzlichen Sicherheitsstromversorgung muss direkt vom Hauptverteiler des Gebäudes der Sicherheitsstromversorgung erfolgen. Bei der unterbrechungsfreien Stromversorgung müssen die Verteiler oder Verteilerabschnitte vom Hauptverteiler der zusätzlichen Sicherheitsstromversorgung eingespeist werden. In allen Fällen erfolgt die Stromversorgung über zwei voneinander unabhängige Zuleitungen, die getrennt voneinander (mindestens auf getrennte Kabeltragsysteme) verlegt werden müssen.

Mehrere Verteiler innerhalb eines Brandabschnitts dürfen über zwei Zuleitungen auch im IT-System versorgt werden. Allerdings sollten bei mehreren IT-Systemen in einem Gebäude auch mehrere Umschalteinrichtungen vorgesehen werden. Bei mehr als einem IT-System hinter einer Umschalteinrichtung ist in jeder Transformatorzuleitung eine Schutzeinrichtung vorzusehen, die nur bei Kurzschluss im oder am Transformator oder im Verteiler vor den Schutzeinrichtungen der Endstromkreise auslöst. Dadurch kann der Ausfall aller IT-Systeme verhindert werden.

Betriebs- und Verbrauchsmittel:

Transformatoren

Transformatoren für IT-Systeme müssen mit DIN VDE 0570-2-15 übereinstimmen und als Einphasen-Transformatoren für den Aufbau von IT-Systemen geeignet sein:

- Ableitstrom der Sekundärwicklung zur Erde ≤ 0,5 mA, Ableitstrom Gehäuse zur Erde ≤ 0,5 mA jeweils unbelastet bei Nennspannung und Nennfrequenz
- 3,15 kVA ≤ Nennausgangsleistung ≤ 8 kVA

Verwendet werden vorzugsweise Einphasen-Transformatoren. Bei Dreiphasen-Transformatoren darf die Ausgangsspannung nicht größer als 250 V sein.

Bei Drehstromtransformatoren muss durch Bauart oder Schaltungsart sichergestellt sein, dass bei Schieflast oder Fehler auf der Primärseite keine Spannungserhöhung auf der Sekundärseite auftritt.
Auf der Primär- und Sekundärseite sind Schutzeinrichtungen nur gegen Kurzschluss zulässig. Gegen Überlast sind Überwachungseinrichtungen vorzusehen, die eine zu hohe Temperatur melden.

Transformatoren, Verteiler und dazugehörige Kabel und Leitungen müssen sich im selben Geschoss und Brandabschnitt wie die versorgten medizinisch genutzten Bereiche der Gruppe 2 befinden oder in einem eigenen, direkt angrenzenden Brandabschnitt.

Transformatoren-Zuleitungen sind von der Umschalteinrichtung bis zu den nachfolgenden Verteilerabschnitten kurzschluss- und erdschlusssicher zu verlegen. Dies wird erreicht durch Leiteranordnung aus starren Leitern oder Aderleitungen mit ausreichendem Abstand, der eine gegenseitige Berührung und Berührung mit geerdeten Teilen sicher verhindert.

Als Schutz bei indirektem Berühren für den Transformator kann unter folgenden Maßnahmen gewählt werden:

- Schutzisolierung (Transformator der Schutzklasse II)
- Schutz durch nicht leitende Räume
- Schutz durch erdfreien, örtlichen Potentialausgleich
- isolierte Aufstellung des Schutzklassen-I-Transformators ohne Schutzleiteranschluss hinter einer nur mit Werkzeug oder Schlüssel zu entfernenden Abdeckung mit entsprechenden Warnhinweisen auf mögliche Gefahren durch Fehlerspannungen und der Notwendigkeit einer Spannungsprüfung vor Berührung

Es wird empfohlen, für die medizinisch genutzten Bereiche wegen ihrer Größe, des Leistungsbedarfs und der Bedeutung der Stromversorgung mindestens zwei IT-Systeme vorzusehen. Die größte Nennausgangsleistung eines Transformators ist auf 8 kVA begrenzt.

Kabel- und Leitungsanlagen
Das Verteilungsnetz der Sicherheitsstromversorgung ist ab dem Hauptverteiler getrennt von der allgemeinen Stromversorgung aufzubauen. Bei Kabelanlagen in Erde ist ein Mindestabstand von 2 m erforderlich. Wird dieser Abstand unterschritten, z. B. im Einführungsbereich von Gebäuden, ist ein besonderer mechanischer Schutz vorzusehen.

In medizinisch genutzten Bereichen der Gruppe 2 dürfen Kabel- und Leitungsanlagen vorhanden sein, die für die Versorgung der Geräte und des Zubehörs in diesem Bereich genutzt werden.

Für die Errichtung der Kabel- und Leitungsanlagen können Vorschriften oder gesetzliche Regelungen bestehen, die zu beachten sind, z. B. die Muster-Richtlinie über brandschutztechnische Anforderungen an Leitungsanlagen – MLAR.

Ein einziger Fehler im Steuerstromkreis, der die Umschaltung zwischen zwei Einspeisungen bewirkt, darf nicht zum Ausfall der Versorgung am Ausgang der selbsttätigen Umschalteinrichtung führen.

Bei mehradrigen Kabeln oder Leitungen der Sicherheitsstromversorgung darf nur ein Stromkreis mit dem dazugehörigen Steuerstromkreis zusammengefasst werden.

Mehrere Hauptstromkreise dürfen nicht in einem Kabel oder einer Leitung zusammengefasst werden. Das gilt auch für Beleuchtungsstromkreise mit nur einem Neutralleiter.

Schutzpotentialausgleichsleiter müssen isoliert und mindestens an den Anschlussstellen grün-gelb gekennzeichnet sein.

Schalt- und Steuergeräte
Kabel und Leitungen müssen gegen zu hohe Erwärmung geschützt werden. Als Schutzeinrichtung dürfen nur Leitungsschutzsicherungen, Leitungsschutzschalter oder Leistungsschalter verwendet werden. Sie müssen selektiv gegenüber der jeweils vorgeschalteten Schutzeinrichtung wirken.

Zum Schutz des Kabel- und Leitungssystems in medizinisch genutzten Bereichen der Gruppe 2 muss jeder an beliebiger Stelle auftretende Kurzschluss innerhalb von 5 s oder in kürzerer Zeit abschalten, wenn der Schutz bei indirektem Berühren oder der Kurzschlussschutz von Kabeln und Gruppen dies verlangt.

In medizinisch genutzten Bereichen der Gruppe 2 dürfen zum Schutz gegen Überstrom in Endstromkreisen nur Leitungsschutzschalter verwendet werden, die allpolig abschalten.
Allgemein wird empfohlen, in Endstromkreisen Leitungsschutzschalter einzusetzen.

In IT-Systemen sind Isolations-Überwachungsgeräte vorzusehen, die nachstehende zusätzliche Anforderungen zu erfüllen haben:

- Wechselstromwiderstand ≤ 100 kΩ
- Messspannung ≤ DC 25 V
- Messstrom im Fehlerfall ≤ 1 mA
- Anzeige bei einem Isolationswiderstand ≤ 50 kΩ
- Testeinrichtung für den Isolationswiderstand
- Anzeige der Unterbrechung des Schutzleiters oder des Netzanschlusses der Isolations-Überwachungseinrichtung.

Ständige Überwachung des IT-Systems und der dazugehörigen Umschalteinrichtung durch das medizinische Personal, ggf. durch das technische Betriebspersonal oder auch Weiterleitung der Meldung durch die Gebäudeautomatisierungsanlage. Folgende Meldungen müssen unverzögert erfolgen:

- akustische und visuelle Signale
- grüne Leuchte zur Anzeige des Normalbetriebs
- gelbe Leuchte beim ersten Fehler in der Umschalteinrichtung oder wenn der Minimalwert des Isolationswiderstands oder der Maximalwert der Transformatorenbelastung erreicht wird; es darf nicht möglich sein, dieses Signal zu löschen oder auszuschalten
- akustische Signale dürfen ausschaltbar sein; visuelle Signale müssen nach Beseitigung des Fehlers auf Grün zurückgestellt werden.

Für selbsttätige Umschalteinrichtungen sind Geräte zum Trennen und Schalten zu verwenden, die eine sichere Trennung zwischen den Systemen der allgemeinen Versorgung und der Sicherheitsstromversorgung gewährleisten. Die selbsttätigen Umschalteinrichtungen sind im Hauptverteiler der Sicherheitsstromquelle und im Verteiler für medizinisch genutzte Bereiche der Gruppe 2 unterzubringen. Dazu gehören die für die automatische Umschaltung erforderliche Messdatenerfassung, Steuerungs- und Meldeeinrichtungen und Einrichtungen für die Funktionsprüfung. Die Leitungen zwischen den Umschalteinrichtungen und den nachgeordneten Überstromschutzeinrichtungen müssen kurzschluss- und erdschlusssicher verlegt werden.

Die maximal zulässige Umschaltzeit (Unterbrechungszeit) ist abhängig vom medizinischen Einsatzort (Raumart) und von der Gruppe des medizinisch genutzten Bereichs. Unterbrechungszeiten sind in **Tabelle 53** angegeben.

Steckdosenstromkreise und Steckdosen

Steckdosen, geschützt durch Fehlerstromschutzeinrichtungen (RCDs): Es besteht die Forderung nach der Festlegung der maximalen Anzahl von Steckdosen für jeden Stromkreis, der mit der Fehlerstromschutzeinrichtung (RCD) mit einem Auslösestrom nicht größer als 30 mA geschützt wird.

Steckdosen am Patientenplatz (z. B. Bettenversorgungsschiene) im IT-System müssen auf mindestens zwei Stromkreise aufgeteilt werden, oder jede Steckdose ist einzeln gegen Überstrom geschützt, oder beim Anschluss von medizinisch elektrischen Systemen über Mehrfachsteckdosen müssen diese aus einzeln abgesicherten Stromkreisen versorgt werden.
Steckdosen im medizinisch genutzten Bereich der Gruppe 2, die nicht von einem IT-System versorgt werden, sondern z. B. von einem TN-S-System oder einem TT-System, müssen deutlich und dauerhaft gekennzeichnet sein oder sich durch andere Stecksysteme unterscheiden.

Steckdosen für medizinische elektrische Geräte müssen mit einer Spannungsanzeige versehen werden, deren Lampen von langer Lebensdauer sein müssen (z. B. Glimmlampen oder LED).

Steckdosen oder andere Betriebsmittel, die von verschiedenen Stromquellen im selben Raum gespeist werden, müssen hinsichtlich ihrer Stromquelle zu unterscheiden sein.

Beleuchtungsstromkreise, Sicherheitsbeleuchtung

In medizinisch genutzten Bereichen der Gruppen 1 und 2 und in Rettungswegen sind Leuchten mindestens auf zwei Stromkreise aufzuteilen (eine auf die Sicherheitsstromversorgung und mindestens eine auf die allgemeine Versorgung).

Medizinischer Bereich	Gruppe			Unterbrechungszeit	
	0	1	2	≤ 0,5 s	> 0,5 s, aber ≤ 15 s
1. Massageraum	×	×			
2. Bettenraum		×		×[a]	
3. Entbindungsraum		×			×
4. ECG-, EEG-, EHG-Raum		×			×
5. Endoskopieraum		×[b]			×[b]
6. Untersuchungs- und Behandlungsraum		×			×
7. Urologieraum		×[b]			×[b]
8. radiologischer Diagnostik- und Behandlungsraum, außer unter 21		×			×
9. Hydrotherapie-Raum		×			×
10. Physiotherapie-Raum		×		×[a]	×
11. Anästhesieraum			×	×[a]	×
12. Operationsraum			×	×[a]	×
13. Operations-Vorbereitungsraum		×	×	×[a]	×
14. Operations-Gipsraum		×	×	×[a]	×
15. Operations-Aufwachraum		×	×	×[a]	×
16. Herzkathederraum			×	×[a]	×
17. Intensivpflegeraum			×	×[a]	×
18. Angiografieraum			×		×
19. Hämodialyseraum		×			×
20. Magnetfeld-Behandlungsraum (MRT)		×			×
21. Nuklearmedizin-Raum		×		×[a]	×
22. Frühgeborenen-Raum			×	×[a]	×
23. Zwischenpflegestation (IMCU)			x	x	x

[a] Beleuchtung und lebenswichtige medizinische elektrische Einrichtungen, die eine Stromversorgung innerhalb von 0,5 s oder schneller benötigen.
[b] Wenn es kein Operationsraum ist.

Tabelle 53 Patientenumgebung – Zuordnung von medizinischen Bereichen/Raumarten zu Gruppen und zur Sicherheitsversorgung nach zulässigen Unterbrechnungszeiten (Beispiele)

Bei Ausfall der allgemeinen Stromversorgung muss in medizinisch genutzten Gebäuden die Sicherheitsbeleuchtung mit einer Mindestbeleuchtungsstärke zur Verfügung stehen:

- Rettungswege
- Ausgangswegweiser
- Schaltanlagen mit Nennspannung über 1 kV
- Standorte für Hauptverteiler und deren Zugänge
- Standorte für Schalt- und Steuergeräte für Sicherheitsstromquellen
- medizinisch genutzte Bereiche der Gruppen 0 und 1 mit mindestens einer Leuchte pro Raum, die von der Sicherheitsstromquelle versorgt wird
- medizinisch genutzte Bereiche der Gruppen 2

Leuchten in den Rettungswegen sind den Stromkreisen abwechselnd zuzuordnen.

Die Umschaltzeit auf die Sicherheitsstromversorgung darf 15 s nicht überschreiten. Für OP-Leuchten und medizinisch elektrische Geräte (ME-Geräte), die Lichtquellen enthalten, die wiederum für die Anwendung des Geräts unbedingt erforderlich sind und für lebenserhaltende ME-Geräte gelten 0,5 s.

Bei der Sicherheitsstromversorgung sind Vorschriften und gesetzliche Regelungen, z. B. die Arbeitsstättenverordnung (ArbStättV), zu beachten.

Verbrauchsmittel

Verbrauchsmittel, die beim Ausfall der allgemeinen Versorgung innerhalb von 15 s auf die Sicherheitsstromversorgung umgeschaltet werden müssen:

- Feuerwehr- und Bettenaufzüge
- notwendige Lüftungsanlagen (z. B. zur Entrauchung)
- Alarm- und Warnanlagen
- Anlagen der Personenruftechnik
- Feuerlöscheinrichtungen
- medizinisch-technische Einrichtungen, die lebenswichtig sind (z. B. medizinische Gasversorgung, Druckluft, Vakuumversorgung, Geräte für operative Eingriffe)

Verbrauchsmittel, die bei Ausfall der allgemeinen Versorgung unterbrechungsfrei weiterversorgt werden müssen:

- die für den Weiterbetrieb notwendige Stromquelle ist vorzugsweise dem Verbrauchsmittel zuzuordnen

Verbrauchsmittel mit längerer Umschaltzeit können automatisch oder auch manuell umgeschaltet werden. Beispiele solcher Geräte und Anlagen sind:
- haustechnische Anlagen (Heizung, Lüftung, Klima, Entsorgungsanlagen)
- Kühlanlagen
- Laboreinrichtungen für Akkumulatoren
- Kocheinrichtungen
- Aufzüge
- Sterilisationseinrichtungen

Prüfungen

Die Erst- und wiederkehrenden Prüfungen sind nach DIN VDE 0100-600 und DIN VDE 0100-610 durchzuführen. Daten und Ergebnisse sind zu dokumentieren.

Zusätzlich sind die in **Tabelle 54** (Erstprüfung) und **Tabelle 55** (wiederkehrende Prüfungen) vorgesehenen Prüfungen nachzuweisen.

Erstprüfung	
Die ergänzenden Prüfungen für elektrische Anlagen in medizinisch genutzten Bereichen müssen vor der Inbetriebnahme der Anlagen, nach Änderungen und Reparaturen und vor Wiederinbetriebnahme zum Nachweis der Anforderungen durchgeführt werden.	
Lfd. Nr.	**Durchzuführende Prüfung**
1	Funktion der Isolationsüberwachungsgeräte des medizinischen IT-Systems und der akustischen und optischen Alarmsysteme
2	Funktion des zusätzlichen Schutzpotentialausgleichs, Einbeziehung aller notwendigen Einrichtungen in den Potentialausgleich
3	Anforderungen für die sichere Versorgung
4	Messung des Ableitstroms der Ausgangswicklung und des Gehäuses der Transformatoren für das medizinische IT-System im unbelasteten Zustand
5	richtige Auswahl der Betriebsmittel zur Einhaltung der Anforderungen der Sicherheitsstromversorgung entsprechend den Planungsunterlagen
6	gleichmäßige Belastung der Netze
7	Schutzmaßnahmen auf Übereinstimmungen mit den Anforderungen für die medizinisch genutzten Bereiche der Gruppen 1 und 2
8	lichttechnische Überprüfung nach DIN 5035-6

Tabelle 54 Ergänzende Erstprüfungen in medizinisch genutzten Bereichen

Wiederkehrende Prüfungen		
Die wiederkehrenden Prüfungen als Ergänzung zu den nach DIN VDE 0100-600 und DIN VDE 0100-610 zu ermittelnden Nachweisen sind nach Angaben der Hersteller bzw. Errichter durchzuführen. Dabei sind Anforderungen in Vorschriften und gesetzlichen Regelungen vorrangig zu beachten. Wenn es keine Vorschriften gibt, werden die aufgeführten Prüfungsintervalle empfohlen.		
Lfd. Nr.	**Durchzuführende Prüfung**	**Intervalle** [1)]
1	Funktion der Umschalteinrichtung	12 Monate
2	Funktion des Isolationsüberwachsungssystems	12 Monate
3	Einstellwerte der Schutzgeräte durch visuelle Untersuchung	12 Monate
4	Wirksamkeit der zusätzlichen Schutzpotentialausgleiche	36 Monate
5	Wirksamkeit der Schutzmaßnahmen gegen elektrischen Schlag durch Messung	36 Monate
6	Auslösen der Fehlerstromschutzeinrichtung (RCDs) bei Bemessungsdifferenzstrom	12 Monate mindestens
7	sichere Versorgung mit Batterien über 15 s[2)]	1 Monat
8	sichere Versorgung mit Batterien als Kapazitätstest (Dauerbetrieb)[2)]	12 Monate
9	sichere Versorgung mit Verbrennungsmaschinen bis zum Erreichen der Nennbetriebstemperatur[2)]	1 Monat
10	sichere Versorgung mit Verbrennungsmaschinen über 60 min[2)]	12 Monate
11	lichttechnische Erfordernisse nach DIN 5035-6	
12	Sichtprüfung, Funktionstest und Messung der Installationsanlage; Einstellungen der Schutzeinrichtungen	36 Monate
13	Funktionstest der Sicherheitsstromversorgung	nach Herstelleranweisungen
[1)] Angegebene Intervalle nach UVV BGV A3 bzw. DIN VDE 0100-710:2012-10, soweit vorhanden. [2)] Belastung der Stromquelle zwischen 50 % und 100 % der Nennleistung der Sicherheitsstromquelle.		

Tabelle 55 Ergänzende wiederkehrende Prüfungen in medizinisch genutzten Bereichen

Mehrdrähtiger Leiter

Beim Anschluss mehrdrähtiger Leiter ist besondere Sorgfalt notwendig. Das Abspleißen und Abquetschen einzelner Drähte von mehr-, fein- und feinstdrähtigen Leitern ist nicht erlaubt.

Daher müssen Leiterenden besonders hergerichtet werden:

- das Verlöten bzw. Verzinnen des gesamten Leiterendes ist nicht zulässig, sondern nur das ausschließliche Verlöten des vorderen Leiterendes als Abpleißschutz
- das Verwenden von Aderhülsen
- bei Anschluss- und Verbindungsstellen, die zusätzlich betrieblichen Erschütterungen ausgesetzt sind, dürfen die Leiterenden grundsätzlich nicht verlötet bzw. verzinnt werden – auch nicht das Verlöten des vorderen Leiterendes –, da dadurch die Flexibilität des Leiterendes gefährdet ist

Meldeleuchten

Meldeleuchten dienen zur Anzeige des Schaltzustands am Bedienungsstand. Sie sind kein Einsatz für Signalleuchten.

→ *Signalleuchten*

Meldungen

DIN VDE 0105-100 ***Betrieb von elektrischen Anlagen***
(VDE 0105-100) *Allgemeine Festlegungen*

Meldungen sind Nachrichten oder Anweisungen, die mündlich oder schriftlich im Zusammenhang mit dem Betrieb von elektrischen Anlagen abgegeben werden.

Messen

DIN VDE 0100-600 ***Errichten von Niederspannungsanlagen***
(VDE 0100-600) *Prüfungen*

DIN VDE 0105-100 ***Betrieb von elektrischen Anlagen***
(VDE 0105-100) *Allgemeine Festlegungen*

Messen ist das Feststellen von Werten mit geeigneten Messgeräten, die für die Beurteilung der Wirksamkeit einer Schutz- und Meldeeinrichtung erforderlich und die durch Besichtigen und/oder Erproben nicht feststellbar sind.
Zu jeder Messung gehört eine Abschätzung der möglichen Messabweichungen, die durch das Messgerät oder durch das Messverfahren verursacht wird.

→ *Prüfung elektrischer Anlagen*

Messspannung

DIN VDE 0100-600 *(VDE 0100-600)*	***Errichten von Niederspannungsanlagen*** *Prüfungen*
DIN EN 61557-2 *(VDE 0413-2)*	***Geräte zum Prüfen, Messen oder Überwachen von Schutzmaßnahmen*** *Isolationswiderstand*

Zum Nachweis des Isolationswiderstands sind die Messungen mit Gleichspannung durchzuführen. Das Prüfgerät muss bei einem Messstrom von 1 mA die Messgleichspannung nach der **Tabelle 56** abgeben können.

Nennspannung des Stromkreises	Messgleichspannung in V	Isolationswiderstand in MΩ
Spannungen bei SELV und PELV bis:		
einschließlich 500 V,	250	≥ 0,25
außer SELV und PELV	500	≥ 0,5
über 500 V	1 000	≥ 1,0

Tabelle 56 Messgleichspannungen und Mindestwerte des Isolationswiderstands

Der mit der Messgleichspannung nach der **Tabelle 56** gemessene Isolationswiderstand ist ausreichend, wenn jeder Stromkreis ohne angeschlossene Verbrauchsmittel einen Isolationswiderstand aufweist, der nicht kleiner ist als der in der **Tabelle 56** angegebene zugehörige Wert.

Enthält der Stromkreis elektronische Einrichtungen, so müssen Außen- und Neutralleiter während der Messung miteinander verbunden sein.

Messung des Erdungswiderstands

DIN VDE 0100-600 *(VDE 0100-600)*	***Errichten von Niederspannungsanlagen*** *Prüfungen*
DIN EN 61557-1 *(VDE 0413-1)*	***Elektrische Sicherheit in Niederspannungsnetzen bis AC 1 000 V und DC 1 500 V – Geräte zum Prüfen, Messen oder Überwachen von Schutzmaßnahmen*** *Allgemeine Anforderungen*

Bei der Messung des Ausbreitungswiderstands bzw. der Erdungsimpedanz einzelner Erder und Erdungsanlagen soll hier zwischen Erdungsmessungen in kleineren und mittleren sowie in großen ausgedehnten Anlagen unterschieden werden.

Für die Erdungsmessungen in kleineren und mittleren Anlagen bieten sich zwei Messverfahren an, das Strom-Spannungs-Messverfahren und das Kompensations-Messverfahren (Erdungsmessbrücke). Dagegen können die Erdungsmessungen in ausgedehnten Anlagen ausschließlich über das Strom-Spannungs-Messverfahren unter der Anwendung der Schwebungs- und Umpolmethode erfolgen.

Messung des Erdungswiderstands kleiner und mittlerer Anlagen:
Bei den Erdungsspannungen muss unabhängig von dem Messverfahren ein Strom bekannter Größe und Frequenz über den Erder bzw. die Erdungsanlage eingeleitet werden. Damit ergibt sich ein Spannungsfall zwischen dem Erder und der Bezugserde (Erdungsspannung U_E), sodass sich ein Erdungswiderstand unmittelbar ermitteln lässt. Durch den Einsatz von zusätzlichen Hilfserden lässt sich ein geschlossener Messstromkreis herstellen. Auch dieser Hilfserder weist in seiner Umgebung einen Potentialverlauf auf (**Bild 48**).

Bild 48 zeigt die geometrische Anordnung Erder/Hilfserder mit dem zugehörigen Potentialverlauf. Abhängig von Abstand a stellt sich zwischen Erder und Hilfserder eine Zone konstanten Potentials ein, die als neutrale Zone bzw. als Bezugserde bekannt ist. Über diese drei Bezugsstellen werden die Erdungsmessungen durchgeführt.

Strom-Spannungs-Messverfahren:
Dieses Verfahren stellt ein übersichtliches Messverfahren dar (**Bild 49**).

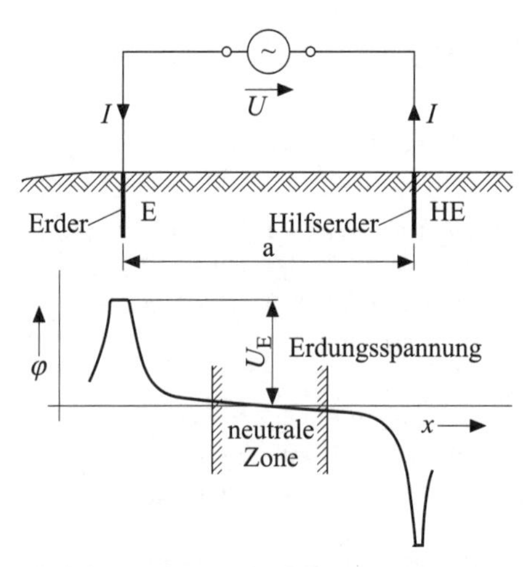

Bild 48 Potentialverlauf auf der Erdoberfläche zwischen Erder und Hilfserder

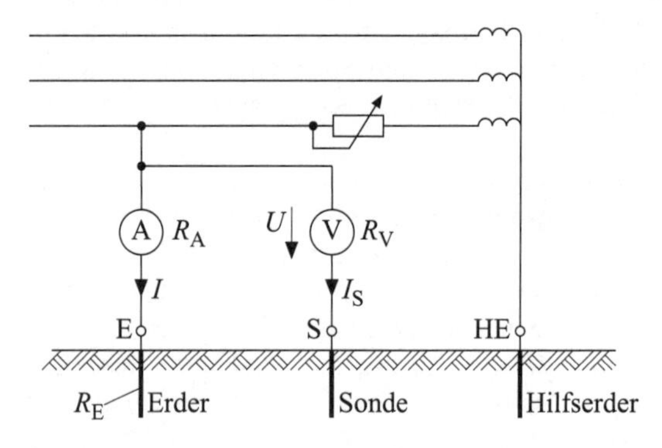

Bild 49 Schaltung zur Messung der Erdungswiderstände nach dem Strom-Spannungs-Verfahren

Bild 49 zeigt die Messanordnung zur Bestimmung des Erdungswiderstands. Eine Spannungsquelle, z. B. Netzspannung, wird zwischen Erder und Hilfserder angeschlossen, wobei die Strombegrenzung über einen vorgeschalteten Widerstand erfolgt. Mit der gemessenen Spannung zwischen Erder und Sonde, die in der neutralen Zone liegen muss, und mit dem in dem Erdreich fließenden Strom lässt sich der Ausbreitungswiderstand berechnen über die Bestimmungsgleichung

$$R_E \approx \frac{U}{I} + \frac{I_S}{I} R_S$$

mit
R_S Widerstand der Sonde
I_S Strom durch die Sonde

Nach o. g. Gleichung ist der Erdungswiderstand R_E eine Funktion des Sondenwiderstands R_S.

Unter der Annahme, dass der Ableitstrom I_S gegenüber dem Laststrom I verschwindend klein ist und der Innenwiderstand des Strommessers ebenfalls zu vernachlässigen ist, kann der Erdungswiderstand R_E direkt ermittelt werden über die Spannungs-Strom-Messungen

$$R_E = \frac{U}{I}$$

Damit können bei der Messung von Erder- und Anlagenerdungswiderstand infolge der Ausgleichsströme Messfehler bis zu ± 5 % auftreten. Der Einsatz einer Gleichspannungsquelle zur Erdungsmessung ist wegen des Polarisationseffekts eingeschränkt; die Messdauer darf maximal 10 s betragen.

Es gibt weitere Verfahren, die an dieser Stelle jedoch nicht weiter erläutert werden, siehe Litaratur.

Literatur:

- *Kiefer, G.; Schmolke, H.: VDE 0100 und die Praxis. Berlin · Offenbach: VDE VERLAG, 2011*

Messwandler

Messwandler sind Transformatoren, die zum Anschluss von Messgeräten sowie von Relais dienen. Die Wandler haben die Aufgabe, in Hochspannungsanlagen die gefährliche Hochspannung von den Messinstrumenten fernzuhalten.

Spannungswandler: Anschluss von Spannungsmesser

- Transformatoren mit genauem Übersetzungsverhältnis und kleiner Streuung
- Ausgangssperrung meist 100 V
- Nennleistung je nach Baugröße und Spannung 5 VA bis 300 VA
- eingeteilt in Klassen 0, 1, 2, 3
- dürfen nur mit kleiner Belastung oder im Leerlauf betrieben werden

Stromwandler: Anschluss von Strommesser

- Stromwandler in Reihe mit dem Netz oder Verbraucher geschaltet
- Nennausgangsstrom 1 A oder 5 A
- Nennleistung je nach Baugröße und Spannung 5 VA bis 120 VA
- eingeteilt in Klassen
- dürfen nur mit belasteter oder kurzgeschlossener Ausgangswicklung arbeiten

Metallischer Standort

DIN VDE 0100-410 *(VDE 0100-410)*	***Errichten von Niederspannungsanlagen*** *Schutz gegen elektrischen Schlag*
DIN VDE 0100-706 *(VDE 0100-706)*	***Errichten von Niederspannungsanlagen*** *Leitfähige Bereiche mit begrenzter Bewegungsfreiheit*

Ein Potentialausgleich bei einem metallenen leitfähigen Standort (z. B. in Kesseln, auf Gerüsten aus Metall) ist nicht gefordert.

Anmerkung:
Diese Forderung – einen vorhandenen Körper eines Verbrauchsmittels mit dem metallenen Standort über einen besonderen Leiter zu verbinden – war in der Vergangenheit in DIN VDE 0100-410 enthalten. In den zurzeit gültigen Normen ist diese Forderung nicht mehr enthalten, weder in DIN VDE 0100-410 noch in DIN VDE 0100-706.

Metallrohre

DIN VDE 0100-540 *(VDE 0100-540)*	***Errichten von Niederspannungsanlagen*** *Erdungsanlagen und Schutzleiter*

Metallrohre für elektrische Anlagen dürfen nur als Schutzleiter des entsprechenden Stromkreises verwendet werden, wenn

- ihre durchgehende elektrische Verbindung sichergestellt ist, sodass eine Verschlechterung infolge mechanischer, chemischer oder elektrochemischer Einflüsse verhindert ist
- ihre Leitfähigkeit durch den entsprechenden Mindestquerschnitt gegeben ist.

Metallschutzschläuche

Metallschutzschläuche dürfen nicht als Schutzleiter verwendet werden, sind jedoch in die Schutzmaßnahmen einzubeziehen (→ *Schutz bei indirektem Berühren*). Ein Schutzleiteranschluss muss möglich sein (fabrikationsmäßig).
Sie werden verwendet:

- zum Anschluss flexibler Anschlussleitungen für Betriebsmittel
- mit und ohne Kunststoffauskleidung

Mindestabstand

Der bei Arbeiten einzuhaltende Mindestabstand in Luft zwischen der arbeitenden Person (oder von ihrem benutzten leitfähigen Werkzeug) und Teilen mit anderem Potential, unter Spannung stehend oder geerdet.

→ *Arbeitsbereich*

Mindestausstattung

In Wohngebäuden werden Art und Umfang der Mindestausstattung elektrischer Anlagen festgelegt.

Während die Mindestausstattung nach der Verdingungsordnung für Bauleistungen (VOB) eingehalten werden muss, soll niemand gezwungen werden, mehr als diese Mindestausstattung zu installieren. Damit jedoch der Nutzer die Qualität der Ausstattung der Elektroinstallation besser beurteilen kann, hat man sogenannte Ausstattungswerte klassifiziert.

Ausstattungswert 1 – Mindestausstattung
Ausstattungswert 2 – gehobene Ausstattung, die erlaubt, die heute üblichen Verbrauchsmittel ohne zeitliche und räumliche Einschränkungen anzuschließen und zu nutzen
Ausstattungswert 3 – Komfort-Elektroinstallation

Dazu zählen:

- Hausanschluss
- Hauptstromversorgungssysteme und Hauptleitungen
- Mess- und Steuereinrichtungen
- Gebäudeinstallation
- Fernmeldeanlagen
- Empfangsanlagen für Ton- und Fernsehrundfunk
- Fundamenterder
- Potentialausgleich
- Blitzschutzanlagen
- in Abhängigkeit von der Wohnfläche, der Räume und ihrer Nutzung wird die Zahl der Stromkreise, Steckdosen, Auslässe und Anschlüsse für Verbrauchsmittel von 2 kW und mehr angegeben

→ *Elektrische Anlagen für Wohngebäude*

Mindestdurchgangsbreite/-höhe

DIN VDE 0105-100 *(VDE 0105-100)* — ***Betrieb von elektrischen Anlagen*** *Allgemeine Festlegungen*

DIN VDE 0100-729 *(VDE 0100-729)* — ***Errichten von Niederspannungsanlagen*** *Bedienungsgänge und Wartungsgänge*

Für den Aufbau von Innenanlagen müssen Mindestmaße eingehalten werden.

Mindestmaße für Bedienungs- und Wartungsgänge :

- Die Zugänglichkeit für alle Betriebsmittel, einschließlich der Kabel und Leitungen, muss nach DIN VDE 0100-510 gewährleistet sein. Die Bedienung, Instandhaltung, Inspektion, Wartung und der Zugang zu den Verbindungen muss leicht möglich sein.
- Die Mindestmaße für Breiten, Höhen und freie Duchgänge müssen das Bedienen, den Zugang in Notfällen, den Notausgang, den Transport der Betriebsmittel ermöglichen

Situation in Bedienungs- und Wartungs-gängen	Breite des Gangs (mm)	Freier Durch-gang vor Bedie-nelementen (mm)	Mindestabstand von Bedienele-menten und den aktiven Teilen auf der gegen-überliegenden Seite des Gangs (mm)	Höhe von akti-ven Teilen über dem Fußboden (mm)
ungeschützte aktive Teile auf einer Seite	900	700	–	2500
ungeschützte aktive Teile auf beiden Seiten	1300	900	1100	2500

Schutzmaß-nahmen für Bereiche mit eingeschränk-tem Zugang	Breite der Gänge	Höhe der De-ckenverklei-dung über dem Fußboden mm	Höhe der akti-ven Teile über dem Fußboden mm
zwischen Abde-ckungen oder Umhüllungen und Schaltbe-dienelementen/ und anderen Abdeckungen	600 / 700	2000	2500
zwischen Hin-dernissen und Schaltbedien-elementen	700	2000	2500

Allgemeine Anforderungen:

- Bereiche mit eingeschränktem Zugang müssen eindeutig (Warnhinweise) gekennzeichnet sein
- unberechtigte Personen dürfen in Bereichen mit eingeschränktem Zugang keinen Zutritt haben
- Türen für den Zugang zu geschlossenen elektrischen Betriebsstätten müssen eine leichte Flucht nach außen (ohne Schlüssel, also Panikschloss) ermöglichen

- Gänge, die länger als 10 m sind, müssen von beiden Seiten zugänglich sein; bereits bei Bedienungs- und Wartungsgängen von > 6 m in Bereichen mit eingeschränktem Zugang wird die Zugänglichkeit von beiden Seiten empfohlen.

→ *Zugangstüren*

Mindestkriechstrecken

DIN EN 50178	***Ausrüstung von Starkstromanlagen mit elektronischen***
(VDE 0160)	*Betriebsmitteln*

Die Mindestkriechstrecken ergeben sich aus:
- der ermittelten Bemessungsspannung für → *Kriechstrecken*
- dem festgelegten → *Verschmutzungsgrad*
- der ermittelten → *Kriechstromfähigkeit*

→ *Kriechstrom*

Mindestluftstrecken

DIN EN 50178	***Ausrüstung von Starkstromanlagen mit elektronischen***
(VDE 0160)	*Betriebsmitteln*

Die Luftstrecken werden nach der Bemessungsspannung (Steh-Stoßspannung) dimensioniert.
Diese ergibt sich für:

Luftstrecken zwischen Stromkreisen und Stromkreisen gegen Körper:
- aus der Bemessungsspannung (→ *Kriechstrecken*)
- aus der → *Überspannungskategorie* mit Berücksichtigung der Mindestanforderungen:
  - Stromkreise zum Anschluss an das Netz:
    - Überspannungskategorie III
  - alle übrigen Stromkreise:
    - Überspannungskategorie II

Luftstrecken innerhalb eines Stromkreises:
- aus der höchsten transienten Überspannung

→ *Kriechstromfestigkeit*
→ *Kriechstromstrecken*
→ *Mindestkriechstrecken*

Mindestquerschnitte von Leitern

DIN VDE 0100-520 *(VDE 0100-520)*	***Errichten von Niederspannungsanlagen*** *Kabel- und Leitungsanlagen*
DIN VDE 0100-540 *(VDE 0100-540)*	***Errichten von Niederspannungsanlagen*** *Erdungsanlagen und Schutzleiter*
DIN VDE 0141 *(VDE 0141)*	***Erdungen für spezielle Starkstromanlagen mit Nennspannungen über 1 kV***
DIN VDE 0151 *(VDE 0151)*	***Werkstoffe und Mindestmaße von Erdern bezüglich der Korrosion***

Je nach Leitungstyp und Verlegeart sind aus Gründen der mechanischen Festigkeit bestimmte Mindestquerschnitte vorgeschrieben.

Querschnitte von Außenleitern dürfen nicht kleiner sein als die in der **Tabelle 57** angegebenen Werte.

Querschnitte von Neutralleitern:
Dürfen keinen kleineren Querschnitt als die entsprechend zugehörigen Außenleiter haben in:
- Wechselstromkreisen mit zwei Leitern beliebigen Außenleiterquerschnitts
- Wechselstromkreisen mit drei Leitern und in mehrphasigen Wechselstromkreisen, wenn der Außenleiter einen Querschnitt ≤ 16 mm² für Kupfer oder 25 mm² für Aluminium ist.

Ausnahme:
Hat bei mehrphasigen Wechselstromkreisen jeder Außenleiter einen größeren Querschnitt als 16 mm² für Kupfer und 25 mm² für Aluminium, so darf der Neutralleiter einen kleineren Querschnitt als die Außenleiter haben. Es müssen jedoch dann folgende Bedingungen gleichzeitig gelten:

- der zu erwartende maximale Strom einschließlich Oberschwingungen im Neutralleiter ist während des ungestörten Betriebs nicht größer als die Strombelastbarkeit des verringerten Neutralleiterquerschnitts
  Anmerkung: Hierbei wird von einer symmetrischen Belastung der Außenleiter im ungestörten Betrieb ausgegangen.
- der Neutralleiter ist gegen Überstrom geschützt
- der Querschnitt des Neutralleiters ist $\geq 16\ \text{mm}^2$ für Kupfer oder $25\ \text{mm}^2$ für Aluminium

<table>
<tr><th colspan="2" rowspan="2">Arten von Kabel- und Leitungsanlagen</th><th rowspan="2">Stromkreisarten</th><th colspan="2">Leiter</th></tr>
<tr><th>Werkstoff</th><th>Mindest-querschnitt in mm²</th></tr>
<tr><td rowspan="4">feste Verlegung</td><td rowspan="2">Kabel, Mantelleitungen und Aderleitungen</td><td>Leistungs- und Lichtstromkreise</td><td>Cu
Al</td><td>1,5
16[1)]</td></tr>
<tr><td>Melde- und Steuerstromkreise</td><td>Cu</td><td>0,5[2)]</td></tr>
<tr><td rowspan="2">blanke Leiter</td><td>Leitungsstromkreise</td><td>Cu
Al</td><td>10
16[3)]</td></tr>
<tr><td>Melde- und Steuerstromkreise</td><td>Cu</td><td>4[3)]</td></tr>
<tr><td rowspan="3">bewegliche Verbindungen mit isolierten Leitern und Kabeln</td><td colspan="2">für ein besonderes Betriebsmittel</td><td rowspan="3">Cu</td><td>wie in der entsprechen den IEC-Publikation angegeben</td></tr>
<tr><td colspan="2">für andere Anwendungen</td><td>0,75[4)]</td></tr>
<tr><td colspan="2">Schutz- und Funktionskleinspannung für besondere Anwendung</td><td>0,75</td></tr>
<tr><td colspan="5">1) Die Verbinder zum Anschluss von Aluminiumleitern sollten für diesen Werkstoff geprüft und zugelassen werden.
2) In Melde- und Steuerstromkreisen für elektronische Betriebsmittel ist ein Mindestquerschnitt von 0,1 mm² zulässig.
3) Besondere Anforderungen an Lichtstromkreise mit Kleinspannung sind noch in Beratung.
4) Für mehradrige flexible Leitungen mit sieben oder mehr Adern gilt Fußnote 2).</td></tr>
</table>

Tabelle 57 Mindestquerschnitte von Leitern (Quelle: DIN VDE 0100-520:2003-06)

Querschnitte von Erdungsleitern:

Erdungsleiter müssen den Anforderungen für Schutzleiter nach DIN VDE 0100-540 entsprechen, der Querschnitt darf nicht kleiner als $6\ \text{mm}^2$ Kupfer oder $50\ \text{mm}^2$ Stahl sein.

Bei Verlegung in Erde sind Mindestquerschnitte nach der **Tabelle 58** einzuhalten; Details zu Mindestmaßen für gebräuchliche Erder, die in Erde oder Beton verlegt werden, unter Berücksichtigung von Korrosion und mechanischer Festigkeit, können DIN VDE 0100-540, Tabelle 54.1 entnommen werden.

	mechanisch geschützt	**mechanisch ungeschützt**
gegen Korrosion geschützt*)	nach Berechnung der Mindestquerschnitte der Schutzleiter	16 mm² Kupfer 16 mm² Eisen feuerverzinkt
ohne Korrosionsschutz	25 mm² Kupfer 50 mm² Eisen, feuerverzinkt	
*) Der Schutz gegen Korrosion kann durch eine Umhüllung erreicht werden.		

Tabelle 58 Vereinbarte Mindestquerschnitte von Erdungsleitern (bei Verlegung in Erde)

Querschnitte von Schutzleitern:

Der Querschnitt eines Schutzleiters, der nicht Bestandteil eines Kabels oder einer Leitung ist oder der sich nicht in einer gemeinsamen Umhüllung mit dem Außenleiter befindet, darf nicht kleiner sein als

- 2,5 mm² Cu oder 16 mm² Al (Schutz gegen mechanische Beschädigung ist vorhanden)
- 4 mm² Cu oder 16 mm² Al (Schutz gegen mechanische Beschädigung ist nicht vorhanden)
- Die Verwendung von Stahl für Schutzleiter ist möglich

Die Querschnitte von Schutzleitern können nach folgender Gleichung (bis 5 s Abschaltzeit) berechnet werden:

$$s = \frac{\sqrt{I^2 t}}{k}$$

Darin bedeuten:

S Querschnitt in mm²

I Wert (Wechselstrom-Effektivwert) des Fehlerstroms in A, der bei einem Fehler mit vernachlässigbarer Impedanz durch die Schutzeinrichtung fließen kann

t Ansprechzeit in s für die Abschalteinrichtung:

Anmerkung: Berücksichtigt werden sollte:

- die Strom begrenzende Wirkung der Impedanz des Stromkreises
- die Begrenzungsmöglichkeit der Schutzeinrichtung (Begrenzung des Strom-Wärme-Werts)

k Faktor (→ *Materialbeiwert*) mit der Einheit $A\sqrt{s}/mm^2$, dessen Wert abhängt vom Leiterwerkstoff des Schutzleiters, vom Werkstoff der Isolierung und anderer Teile; ferner von der Anfangs- und Endtemperatur des Schutzleiters

Wenn sich durch die Anwendung der Gleichung keine genormten Querschnitte ergeben, müssen die nächsthöheren genormten Querschnitte angewendet werden.

Mindestquerschnitte von Schutzleitern können auch der Tabelle 54.2 der DIN VDE 0100-540: 2012-06 entnommen werden.

Querschnitte von Leitern für den Hauptpotentialausgleich:
Müssen mindestens halb so groß wie der Querschnitt des größten Schutzleiters der Anlage sein, jedoch mindestens 6 mm².

Querschnitte von Schutzpotentialausgleichsleitern:
Muss bei Kupfer nicht größer sein als 25 mm², bei anderen Metallen nicht größer als der gleichwertige Querschnitt hinsichtlich der Strombelastbarkeit.

Querschnitte von Leitern für den zusätzlichen Schutzpotentialausgleich:
Jeder Leiter, der zwei Körper miteinander verbindet, muss einen Querschnitt aufweisen, der mindestens so groß ist wie der des kleineren Schutzleiters, der an die Körper angeschlossen ist.

Querschnitte von Leitern zur Überbrückung von Wasserzählern:
Querschnitte des Überbrückungsleiters müssen so ausgelegt sein, dass eine Verwendung als Schutzleiter, Schutzpotentialausgleichsleiter oder Erdungsleiter für Funktionszwecke möglich ist.

Mindestschutzabstände

→ *Arbeitsbereiche*

Mittelbare Betriebserdung

Eine Betriebserdung ist die Erdung eines PEN-Leiters oder eines anderen Teils eines Betriebsstromkreises. Sie ist dann mittelbar, wenn der Fehlerstrom über das Erdreich durch ohmsche, induktive oder kapazitive Widerstände begrenzt wird, beispielsweise liegt eine mittelbare Betriebserdung im Niederspannungsbereich bei der Anwendung des IT-Systems dann vor, wenn der Sternpunkt des Transformators über eine Impedanz hochohmig geerdet ist.

Mittelleiter

Ist ein → *Neutralleiter*, der an einem Mittelpunkt angeschlossen ist.
Die Bezeichnung Mittelleiter setzt voraus, dass alle drei Stränge (im Drehstromnetz) gleich (symmetrisch) belastet sind.

Möbel

DIN 57100-724 *(VDE 0100-724)*	***Errichten von Starkstromanlagen mit Nennspannungen bis 1 000 V*** *Elektrische Anlagen in Möbeln und ähnlichen Einrichtungsgegenständen*
DIN VDE 0100-559 *(VDE 0100-559)*	***Errichten von Niederspannungsanlagen*** *Leuchten und Beleuchtungsanlagen*

Ein Möbel ist ein Stück der Innenausrüstung von Gebäuden zur Aufbewahrung oder zum Ausstellen von Gegenständen bzw. zum Aufnehmen von Gütern, zum Sitzen, zum Liegen oder zum Verrichten von Tätigkeiten, einschließlich Einrichtungsgegenständen wie Gardinenleisten, Dekorationsverkleidungen.

Es wird für die Installation gefordert:

- für die feste Verlegung: Mantelleitungen NYM
- für die feste und bewegliche Verlegung: Gummischlauchleitungen mindestens H05RR-F oder Kunststoff-Schlauchleitungen H05VV-F
- Leiterquerschnitt: mindestens 1,5 mm² Cu
- Verringerung auf 0,75 mm² Cu möglich, wenn
  - die einfache Leitungslänge 10 m nicht überschreitet
  - keine Steckvorrichtungen für weitere Verbrauchsmittel vorhanden sind
- Leitungsverlegung: fest verlegt oder durch geeignete Hohlräume, Zugentlastung an Einführung stellen, keine Beschädigung durch Quetschen oder scharfe Kanten
- Netzanschluss: muss ohne Schwierigkeiten zugänglich sein, d. h. entweder Einrichtungsgegenstand leicht wegrückbar oder Öffnung an der Rückwand

- Installationsmaterial geeignet für Hohlwandmontage
- Höchsttemperatur von Leuchten, Lampen und anderen Betriebsmitteln:
  - im üblichen Betrieb 90 °C
  - im Fehlerfall 115 °C
- es sind Anweisungen der Hersteller hinsichtlich Einbaulage, Befestigungsplätze und Sicherheitsabstände zu beachten
- beim Einsetzen von Lampen ist ihre jeweils angegebene höchstzulässige elektrische Leistung zu beachten
- zur Vermeidung von Wärmestaus und der damit verbundenen Brandgefahr müssen elektrische Betriebsmittel beim Schließen von Türen, Klappen oder Ähnlichem automatisch abschalten

Mobilheim

DIN VDE 0100-420	***Errichten von Niederspannungsanlagen***
(VDE 0100-420)	*Schutz gegen thermische Auswirkungen*

Mobilheime, meist als Container für den Baustelleneinsatz oder die vorübergehende Unterbringung von Büro- und Wohnräumen, sind in der Regel Fertiggebäude. Für die Elektroinstallation gelten zusätzliche Anforderungen.

→ *Hohlwände*

Moderne Nullung

Seit 1973 für Leiterquerschnitte unter 10 mm^2 Cu geforderte Drei- bzw. Fünfleiterinstallation, bei der Schutzleiter und Neutralleiter getrennt geführt werden (in den aktuellen Normen nicht mehr genannt, sondern: TN-S-System).

→ *Nullung*
→ *Schutz durch Abschaltung oder Meldung*

Montagegänge

→ *Mindestdurchgangsbreite*

Motorcaravan

DIN VDE 0100-708	***Errichten von Niederspannungsanlagen***
(VDE 0100-708)	*Caravanplätze, Campingplätze und ähnliche Bereiche*
DIN VDE 0100-721	***Errichten von Niederspannungsanlagen***
(VDE 0100-721)	*Elektrische Anlagen von Caravans und Motorcaravans*

Caravan: als Anhänger hergestelltes bewohnbares Freizeitfahrzeug; als Straßenfahrzeug verwendbar.
Motorcaravan: bewohnbares Freizeitfahrzeug mit eigenem Antrieb; als Straßenfahrzeug verwendbar.
Elektrische Anlagen in Caravans und Motorcaravans sind Einschränkungen zur Versorgung bewohnbarer Freizeitfahrzeuge mit elektrischer Energie mit Nennspannungen bis 230/400 V.

Anforderungen an Anschlussvorrichtungen:

- Die Anschlussvorrichtung besteht aus einem Stecker mit Schutzkontakt nach DIN VDE 0623-2, beweglichen Leitungen, Bauart H07RN-F oder gleichwertig mit Schutzleiter, Länge 25 m, Mindestquerschnitt 2,5 mm², mit der Aderkennzeichnung PE grün-gelb, N blau und einer Kupplungssteckdose nach DIN VDE 0623-1.

Anforderungen an elektrische Anlagen von Caravans:

- Als Schutz gegen elektrischen Schlag dürfen der Schutz durch Hindernisse, Schutz durch Anordnung außerhalb des Handbereichs, oder der Schutz durch Abstand sowie der Schutz durch nicht leitende Umgebung und der Schutz durch erdfreien örtlichen Schutzpotentialausgleich nicht angewendet werden.
- Die Schutzmaßnahme Schutztrennung darf ebenfalls nicht verwendet werden; Ausnahme: Rasiersteckdosen.
- Zusätzlicher Schutz: Schutz durch automatische Abschaltung der Stromversorgung; dann muss eine Fehlerstromschutzeinrichtung (RCD) mit einem Bemessungsdifferenzstrom nicht größer als 30 mA vorgesehen werden.
- Jede Einspeisestelle für die Stromversorgung muss direkt mit der jeweils zugeordneten Fehlerstromschutzeinrichtung (RCD) verbunden sein.
- Beim Schutz durch automatische Abschaltung müssen alle Kabel- und Leitungsanlagen einen Schutzleiter enthalten, der mit dem Schutzkontakt der Anschlussdose (Gerätestecker), mit allen Körpern der elektrischen Betriebsmittel und mit den Schutzkontakten der Steckdosen im Caravan verbunden ist.

- Bei Anwendung eines TN-Systems darf kein PEN-Leiter vorgesehen werden.
- Berührbare leitfähige Teile des Caravans müssen möglichst an mehreren Stellen – damit eine eingehende Verbindung sichergestellt ist – mit dem Schutzleiter verbunden werden. Querschnitte des Potentialausgleichsleiters: 4 mm² Cu.
- Zu verwendende Leitungsbauarten für die elektrische Anlage in Caravans: Aderleitungen mit feindrähtigen Leitern (H05RN-F oder gleichwertig) in Isolierrohren, mehrdrähtige Leiter (H07V-R) in Isolierrohren, Gummischlauchleitung mit Polychloropren-Mantel (H05RN-F oder gleichwertig).

Bemessungsstrom in A	**Querschnitt in mm²**
16	2,5
25	4
32	6
63	16
100	35

Tabelle 59 Querschnitte von flexiblen Kabeln und Leitungen für die Caravanverbindung

- Querschnitt: Entsprechend der Leistung, jedoch mindestens 1,5 mm² Cu, evtl. Wärmestau berücksichtigen.
- Einadrige Schutzleiter müssen isoliert sein.
- Wegen der Erschütterungen sind Kabel- und Leitungsanlagen gegen mechanische Beschädigung zu schützen.
- Leitungen der Kleinspannungskreise sind von anderen Stromkreisen getrennt zu verlegen.
- Alle Leitungen, die nicht in Rohren oder Kanälen verlegt sind, müssen mit Isolierschellen befestigt sein: senkrechte Leitungsführung mit einem Abstand von höchstens 40 cm, waagrechte höchstens 25 cm. In unzugänglichen Bereichen müssen Leitungen aus einem Stück bestehen.
- Anschlüsse und Verbindungen in geeigneten Dosen, durch die ein mechanischer Schutz sichergestellt ist. Anschlüsse müssen isoliert sein, wenn die Abdeckung ohne Werkzeug entfernt werden kann.
- Leitungsrohre, -kanäle und Verbindungsdosen müssen aus nicht brennbaren Werkstoffen bestehen.
- In Behältern (Schrank oder abgeteilter Raum) zur Aufnahme von Gasflaschen dürfen Kabel und Leitungen weder vorhanden sein noch durch sie hindurchgeführt werden.

Caravan-Anschluss:

- Für den Anschluss wird eine Gerätesteckvorrichtung nach DIN VDE 0623-2 mit Schutzleiter verwendet. Sie muss an zugänglicher Stelle – außen in einer Nische, so hoch wie möglich, jedoch nicht höher als 1,80 m – untergebracht und mit einem Deckel verschlossen sein.
- Es sind in der Nähe folgende Daten anzugeben: Bemessungsspannung, Bemessungsstrom, Bemessungsfrequenz.
- Im Caravan – an einer leicht zugänglichen Stelle – muss ein Hauptschalter vorhanden sein, mit dem die gesamte Anlage (alle aktiven Leiter einschließlich Neutralleiter) abgeschaltet werden kann.
- Ein Hinweisschild in der Nähe des Hauptschalters muss folgende Angaben enthalten:
  - Beschreibung des Anschluss- bzw. Abtrennvorgangs
  - Maßnahmen im Fehlerfall
  - Anweisung für das Wechseln der Sicherungen
  - Empfehlung einer regelmäßigen Prüfung
- Alle Stromkreise müssen gegen Überlast geschützt sein.
- Installationsgeräte (Lampenfassungen, Schalter) dürfen keine berührbaren Metallteile enthalten.
- Steckdosen nur mit Schutzkontakt.
- Kleinspannungsdosen müssen gegenüber anderen Steckverbindungen unverwechselbar sein.
- Steckdosen und andere Installationsgeräte im Freien müssen mindestens der Schutzart IP44 entsprechen.
- Alle Verbrauchsmittel müssen mit einem Schalter am Gerät oder in der Nähe des Betriebsmittels vom Netz trennbar sein.
- Leuchten sollten vorzugsweise als Einbauleuchten mit der Konstruktion oder Auskleidung des Caravans verbunden sein.
- Besondere Anforderungen für Leuchten, die für Lampen mit unterschiedlichen Bemessungsspannungen vorgesehen sind:
  - insbesondere unverwechselbare Lampenfassungen für jede Spannung, Kennzeichnung der Lampenspannung und Lampenleistung
  - bei gleichzeitigem Betrieb der Lampen darf kein Schaden eintreten
  - sichere Trennung der Stromkreise und Anschlussklemmen

- Bemessungsspannungen für Kleinspannungs-Stromkreise (SELV oder PELV)

DC	AC
12 V	12 V
24 V	24 V
48 V	42 V
	48 V

- Für Kleinspannungs-Stromkreise sind unverwechselbare Steckvorrichtungen zu verwenden.
- In DIN VDE 0100-721, Anhang A ist eine zu empfehlende Anweisung für die elektrische Stromversorgung enthalten, die Tipps für den Anschluss, für die Verwendung flexibler Versorgungsleitungen und Aussagen zu wiederkehrenden Prüfungen enthält.

Motorgeneratoren

Sie bestehen aus einem Motor, mit dem unmittelbar ein Generator mechanisch gekoppelt ist.

Einwellenumformer:
Läufer von Motor und Generator sitzen auf derselben Welle, Blechpakete und Wicklungen der beiden Ständer sind in einem Gehäuse.

Zweimaschinen-Umformer:
Zwei getrennte Maschinen sind miteinander gekoppelt.

Motorgeneratoren haben einen kleinen Wirkungsgrad, da er von den Wirkungsgraden des Motors und des Generators abhängt.

Motorkondensatoren

DIN EN 60252-1	***Motorkondensatoren***
(VDE 0560-8)	*Leitfaden für die Installation und den Betrieb*

Nachteil beim Drehstrommotor an Einphasenwechselspannung:
An den drei gleichen Strängen liegen verschiedene Spannungen an, deshalb für Einphasenwechselspannung Kondensatormotoren mit zwei Strängen.

Der Kondensator bildet mit der Induktivität der Wicklung einen Reihenschwingkreis, deswegen ist die Kondensatorspannung größer als die Netzspannung. Die größte Kondensatorspannung tritt im Leerlauf des Motors auf.

Der Kondensator des Kondensatormotors muss für die größte auftretende Spannung bemessen sein.

Motorschalter

→ *Motorschutzeinrichtungen*

Motorschutzeinrichtungen

Schalter zum allpoligen Schalten von Motoren und deren Schutz gegen Überlastung, Zerstörung, Nichtanlauf oder Ausfall eines Außenleiters in Netzen sind Motorschutzschalter. Z. B. dürfen Motoren nicht überlastet werden, damit sie sich nicht unzulässig erwärmen (maximal 2 min mit dem 1,5-fachen Nennstrom). Ebenfalls wichtig ist der Schutz vor Kurzschlüssen. Fällt die Spannung aus oder sinkt sie, muss der Motor abgeschaltet werden. Er darf danach nicht allein anlaufen.

Schutzeinrichtungen:
- Sicherungen: nur Kurzschlussschutz
- Motorschutzschalter: thermischer Überstromauslöser (Bimetall) und magnetischer Kurzschlussauslöser
- Schütze mit Relais: Überstromrelais im Hauptstromkreis zum Motorschutz – Öffner im Steuerstromkreis – Kurzschlussschutz wird von Sicherungen gewährleistet
- Motorvollschutz: Schutzschaltungen mit Auslösegerät und Temperaturfühler – temperaturabhängige Widerstände reagieren bis zu einer vorgegebenen Grenztemperatur und schalten den Motor ab

Motorstarter

DIN EN 60947-1	***Niederspannungsschaltgeräte***
(VDE 0660-100)	*Allgemeine Festlegungen*

Ein Motorstarter ist ein mechanisches Schaltgerät, das dazu bestimmt ist, Elektromotoren zu starten und diese kontinuierlich auf eine normale Drehzahl zu beschleunigen.

Motorstarter haben die Aufgaben:

- Motoren und die entsprechende Zuleitung gegen unzulässige Erwärmung zu schützen
- Motoren zu starten und auf die normale Drehzahl zu beschleunigen
- den Betrieb sicherzustellen
- den Motor von der Stromversorgung abzuschalten, bei
  - andauernder Überlast
  - zu großem Anlaufstrom
  - zu langer Hochlaufzeit
  - blockieren des Motors
  - Ausfall eines Außenleiters

Motorstarter haben Auslöseorgane, die mit einer Strom-Zeit-Charakteristik (z. B. Bimetallauslöser) arbeiten, und einige haben zusätzlich einen Kurzschlussauslöser und gewährleisten somit einen vollständigen Schutz des Motors und der Zuleitung. Motorstarter sind, je nach Einsatz, in Gebrauchskategorien eingeteilt, die den jeweiligen typischen Anwendungsfall angibt.

Motorsteuerung

DIN VDE 0100-460	***Errichten von Niederspannungsanlagen***
(VDE 0100-460)	*Trennen und Schalten*

Motorsteuerstromkreise müssen so angelegt sein, dass sie den automatischen Wiederanlauf eines Motors nach einem Stillstand durch Einbruch oder Ausfall der Spannung verhindern, wenn dieser Wiederanlauf eine Gefahr hervorrufen kann.

Muffen

Bei Muffen handelt es sich um Garnituren, die zwei oder mehr Kabel oder Leitungen elektrisch verbinden und die Verbindungsstellen gegen Feuchtigkeit und Schmutz und auch gegen mechanische Beschädigungen schützen.
In Muffen werden also die verschiedensten Verbindungen von Kabeln aller Spannungsebenen durchgeführt.

Verbindungsmuffen:
Verbindung zweier Kabel

Abzweigmuffen:
Verbindung zweier Kabel mit einem zusätzlichen Kabel als Abzweig (z. B. Hausanschlusskabel)

Übergangsmuffen:
Verbinden Kabel unterschiedlicher Bauart, z. B. Kunststoff- und Massekabel.

Die Verbindungen innerhalb der Muffen werden durch entsprechende Garnituren-Techniken installiert.

Die Muffen befinden sich im Erdreich. Im Innern werden sie mittels Isolierharzen vergossen.

Musterbauordnung

→ *Verordnung über den Bau von Betriebsräumen für elektrische Anlagen (EltBauVO)*

Näherungen

DIN VDE 0100-520 *(VDE 0100-520)*	***Errichten von Niederspannungsanlagen*** *Kabel- und Leitungsanlagen*
DIN VDE 0800-1 *(VDE 0800-1)*	***Fernmeldetechnik*** *Anforderungen und Prüfungen für die Sicherheit der Anlagen und Geräte*
DIN 57220-3 *(VDE 0220-3)*	***Einzel- und Mehrfachkabelklemmen mit Isolierteilen in Starkstrom-Kabelanlagen bis 1 000 V***
DIN EN 62305-1 *(VDE 0185-305-1)*	***Blitzschutz*** *Allgemeine Grundsätze*
DIN EN 60728-11 *(VDE 0855-1)*	***Kabelnetze für Fernsehsignale, Tonsignale und interaktive Dienste*** *Sicherheitsanforderungen*

Unter Näherungen ist das Annähern verschiedener Kabel- bzw. Leitungsanlagen zueinander zu verstehen. Da oft Leitungssysteme verschiedener Frequenz- und Spannungsbereiche räumlich parallel geführt werden, müssen Beeinflussungen weitestgehend vermieden werden. Näherung ist also ein zu geringer Abstand zwischen verschiedenen Anlageteilen bzw. Leitungen. Zum Installationsbereich muss bei Näherungen (Parallelführung) und Kreuzungen beachtet werden:

- für blanke Leiter von Starkstrom-Freileitungen bis 1 000 V gelten folgende Abstände:
  - allseitiger Abstand von 1 m (z. B.: Starkstrom-Freileitungen zu Teilen von Antennen-Anlagen)
  - allseitiger Abstand bei ausgeschwungenem Leiter 0,2 m
- bei isolierten Freileitungsseilen ist kein Abstand vorgeschrieben
- im Installationsbereich muss beachtet werden:
  - Mantelleitungen und Kabel sind ohne Abstand zu verlegen
  - andere Leitungen so anordnen, dass
    - 10 mm Abstand gewährleistet ist
    - oder es sind Trennstege vorzusehen
  - Klemmen sind voneinander getrennt anzuordnen
  - bei zu geringem Abstand der Blitzschutzanlage von metallenen Installationen oder elektrischen Anlagen besteht die Gefahr eines Über- oder Durchschlags bei Blitzeinschlag

– zur Vermeidung gegenseitiger elektrischer Beeinflussung sind Starkstrom- und Fernmeldeanlagen elektrisch sicher voneinander zu trennen (Mindestabstand im selben Kabelgraben: 100 mm)

Nasse Bereiche und Räume

DIN VDE 0100-737	***Errichten von Niederspannungsanlagen***
(VDE 0100-737)	*Feuchte und nasse Bereiche und Räume und Anlagen im Freien*

Nasse und feuchte Bereiche sind Räume, in denen die Sicherheit der Betriebsmittel durch Feuchtigkeit, Kondenswasser, chemische oder ähnliche Einflüsse beeinträchtigt werden kann.

Zur Orientierung eine beispielhafte Auflistung, die weitere mögliche feuchte und nasse Räume nicht ausschließt:
Großküchen, Spülküchen, Kornspeicher, Düngerschuppen, Milchkammern, Futterküchen, Waschküchen, Backstuben, Kühlräume, Pumpenräume, unbeheizte oder unbelüftbare Keller, Räume, deren Fußboden, Wände und möglicherweise auch Einrichtungen zu Reinigungszwecken abgespritzt werden:
Bier- und Weinkeller, Nasswerkstätten, Wagenwaschräume, Gewächshäuser, ferner Räume oder Bereiche in Bade- und Waschanstalten, Duschecken, galvanische Betriebe.

Anforderungen:

- elektrische Betriebsmittel mindestens tropfwasser geschützt (IPX1)
- an Orten und in Räumen, in denen Strahlwasser benutzt wird, mindestens spritzwassergeschützt (IPX4)
- in nassen Räumen sollten grundsätzlich keine Hausanschlusskästen oder Hauptverteiler angebracht werden
- Küchen und Bäder in Wohnungen gelten in Bezug auf die elektrische Anlage als trockene Räume, da in ihnen nur kurzfristig Feuchtigkeit auftritt
- Metallteile, die ätzenden Dämpfen ausgesetzt sind, müssen gegen Korrosion geschützt sein, z. B. durch Schutzanstriche oder Verwendung korrosionsfester Werkstoffe

→ *Gliederung DIN VDE 0100*

Natürlicher Erder

DIN VDE 0100-540 *(VDE 0100-540)*	***Errichten von Niederspannungsanlagen*** *Erdungsanlagen, Schutzleiter und Schutzpotentialausgleichsleiter*
DIN VDE 0141 *(VDE 0141)*	***Erdungen für spezielle Starkstromanlagen mit Nennspannungen über 1 kV***
DIN VDE 0100-200 *(VDE 0100-200)*	***Errichten von Niederspannungsanlagen*** *Begriffe*
DIN EN 62305-1 *(VDE 0185-305-1)*	***Blitzschutz*** *Allgemeine Grundsätze*

Natürlicher Erder ist ein mit der Erde oder mit Wasser unmittelbar oder über Beton in Verbindung stehendes Metallteil, dessen ursprünglicher Zweck nicht die Erdung ist, das aber als Erder wirkt. Natürliche Erder haben in der Regel einen geringen Erdungswiderstand, daher kann die Einbeziehung natürlicher Erder in den Gesamterdungswiderstand sinnvoll sein.

Beispiele natürlicher Erder: Rohrleitungen, Spundwände, Betonbewehrungen, Stahlteile von Gebäuden.

Anforderungen:
- Rohrleitungen für den Transport brennbarer Stoffe (z. B. Gasleitungen dürfen nicht als Erder für Schutzzwecke verwendet werden)
- Wasserrohrnetze: dürfen in der Regel nicht als Erder benutzt werden
- Ausnahme: Überprüfung des Wasserrohrs auf Tauglichkeit und Abstimmung zwischen Energie- und Wasserversorgungsunternehmen
- ein Schutzpotentialausgleich zwischen PEN-Leiter und Wasserrohrnetz ist zulässig
- Metallmäntel von Kabeln dürfen als Erder verwendet werden, allerdings unbedingte Abstimmung mit dem Energieversorgungsunternehmen. (Dieser natürliche Erder wird zukünftig immer weniger zur Verfügung stehen, da der Anteil der Kunststoffkabel im Niederspannungs- und Mittelspannungsbereich immer größer wird.)
- Die Verwendung von Metallbewehrungen von Beton im Erdreich als natürlicher Erder ist grundsätzlich zulässig – hier ist jedoch eine Abstimmung mit den Baufachleuten notwendig.

Nennspannung

DIN VDE 0100-200 *(VDE 0100-200)*	***Errichten von Niederspannungsanlagen*** *Begriffe*
DIN EN 60038 *(VDE 0175-1)*	***CENELEC-Normspannungen***

Nennspannung ist die Spannung, nach der ein Netz oder ein Betriebsmittel gekennzeichnet (benannt) ist und auf die bestimmte Betriebseigenschaften bezogen werden, also Nennspannung eines Netzes: geeigneter, gerundeter Spannungswert zur Bezeichnung oder Identifizierung eines Netzes.

Nennspannungen sind elektrische Spannungen mit einem genormten Wert, daher werden sie oft auch als Normspannung bezeichnet.

Die tatsächlich zwischen den Leitern herrschende Spannung bei Normalbetrieb kann jedoch zeitlich und örtlich (innerhalb von Toleranzen) von der Nennspannung abweichen.
Es gilt: 230/400 V; unter normalen Betriebsbedingungen sollte die Versorgungsspannung um nicht mehr als ± 10 % von der Nennspannung des Netzes abweichen

Nennwert

Der Nennwert ist ein geeigneter gerundeter Wert einer Größe zur Bezeichnung oder Identifizierung eines Elements, einer Gruppe oder einer Einrichtung.

Beispiele: Nennstrom, Nennspannung, Nennleistung, Nennfrequenz

→ *Elektrische Größen*

Neozed-System

→ *D0-Sicherungen*

Netz

Netz ist die Gesamtheit der miteinander verbundenen Anlagen und Anlagenteile in einem Energieverteilungssystem, das von einem oder mehreren Speisepunkten verschiedene, voneinander unabhängige Verbraucher bzw. Verbrauchereinrichtungen mit elektrischer Energie versorgt.

Dem Netz kann im Rahmen der zur Verfügung stehenden Netzleistung und unter Beachtung der gleichzeitigen Verbraucherleistung elektrische Energie jederzeit entnommen werden.

→ *Verteilungsnetz*

Netz mit Erdschlusskompensation

Netz mit Erdschlusskompensation: Der Sternpunkt eines oder mehrerer Transformatoren oder Sternpunktbildner ist über Erdschlussspulen geerdet, sodass die Induktivität dieser Anordnung weitgehend auf die Erdkapazität des Netzes abgestimmt ist.

Bei exakter Abstimmung fließt über die Erdschlussstelle theoretisch nur der Erdschluss-Reststrom, ein reiner Wirkstrom. Seine Höhe hängt von den Ableitungswiderständen und dem Wirkwiderstand der Erdverbindung zwischen Fehlerstelle und Erdschlusslöschspule ab.

Der Erdschlussstrom ist wesentlich geringer als der kapazitive Erdschlussstrom im selben Netz mit isoliertem Sternpunkt.

Durch Oberschwingungsanteile ist der auftretende Erdschluss-Reststrom größer als der errechnete Wert. Das Verhalten eines Netzes mit Erdschlusskompensation weicht beim Erdschluss hinsichtlich der Leiter-Erd-Spannungen nicht vom Netz mit isoliertem Sternpunkt ab; der Unterschied liegt in der Größe und in der Verteilung des Erdfehlerstroms.

→ *Sternpunktbehandlung*

Netz mit isoliertem Sternpunkt

In Netzen mit isoliertem Sternpunkt sind die Sternpunkte der Transformatoren betriebsmäßig nicht an eine Erdungsanlage angeschlossen.

Das gilt auch dann noch, wenn über Mess- oder Schutzeinrichtungen oder über ein Überspannungsschutzgerät eine hochohmige Verbindung vorliegt.

Mit isoliertem Sternpunkt werden im Allgemeinen Netze geringer Ausdehnung (kleine Erdkapazität) und verhältnismäßig niedriger Spannung bis 10 kV betrieben. Bei einem Erdschluss in Netzen hoher Spannung und großer Erdkapazität ergeben sich erhebliche kapazitive Erdschlussströme, die bei schlechten Erdungsverhältnissen zu unzulässig hohen Berührungsspannungen an der Fehlerstelle führen können und das Löschen eines Erdschlussstroms erschweren.

Beim Erdschluss eines Leiters steigt die betriebsfrequente Leiter-Erde-Spannung der gesunden Leiter auf die verkettete Spannung an. Bei großer Erdkapazität können die gesunden Leiter sogar eine höhere als die verkettete Spannung gegen die Erde annehmen.

→ *Sternpunktbehandlung*

Netz mit niederohmiger Sternpunkterdung

In Netzen mit niederohmiger Sternpunkterdung ist der Sternpunkt eines oder mehrerer Transformatoren oder der Sternpunktbildner unmittelbar oder über strombegrenzende Wirk- oder Blindwiderstände geerdet. Der Netzschutz ist so ausgebildet, dass es beim Erdschluss zu einer selbsttätigen Abschaltung kommt.

Die betriebsfrequente Leiter-Erde-Spannung der gesunden Leiter ist abhängig von der Größe der Erdungsimpedanz. Sie ist größer als die Leiterspannung und kleiner als die verkettete Spannung.

Während in 380-kV-, 220-kV- und in Niederspannungsnetzen die unmittelbare Sternpunkterdung üblich ist, wird in Mittelspannungsnetzen die niederohmige Erdung über Impedanzen zur Begrenzung der Fehlerströme angewandt. Bei dieser Begrenzung sind in der Regel keinerlei zusätzliche Maßnahmen gegen Beeinflussung von parallel zu den Hochspannungsleitungen verlaufenden Fernmeldeleitungen nötig.

→ *Sternpunktbehandlung*

Netz mit vorübergehender niederohmiger Sternpunktbehandlung

Netze mit vorübergehender niederohmiger Sternpunktbehandlung werden auch als Netze mit kombinierter Sternpunktbehandlung bezeichnet.
Nach einer kurzen Zeitdauer schaltet man den Sternpunkt über eine Kurzschlussdrosselspule oder einen niederohmigen Widerstand an Erde, so lange, bis der Selektivschutz der defekten Leitung auslösen und die Leitung abschalten kann. Insbesondere führt bei einer solchen Sternpunktbehandlung ein Wischer bzw. ein nur kurz bestehender Erdschluss nicht zur Auslösung und damit zur Abschaltung der Leitung.

Sowohl in Netzen mit isoliertem Sternpunkt als auch in erdschlusskompensierten Netzen kann ein Erdschluss für eine Weile hingenommen werden, ohne das fehlerbehaftete Anlagenteil abzuschalten.

Bei beiden Netzen wächst aber durch deren Spannungserhöhung die Neigung zu Doppelerdschlüssen und Mehrfachfehlern. Da diese Folgefehler in der Regel sehr unangenehm sind und zu Netzausfällen führen, sollte daher der vom Erdschluss betroffene Anlagenteil so schnell wie möglich aus dem Netz herausgeschaltet werden.

Die Vorteile dieser Sternpunktbehandlung machen diese Alternative im Vergleich zu den anderen Möglichkeiten der Sternpunktbehandlung interessant.

→ *Sternpunktbehandlung*

Netzabhängige Stromversorgungsanlagen in transportablen Betriebsstätten

Hier handelt es sich nach der begrifflichen Definitionen um elektrische Anlagen in einer transportablen Betriebsstätte (Beispiele: Fahrzeug, Kabine, Container).

Die Anlagen bestehen aus einem Netzteil und einer Verbraucheranlage, die aus einem vorhandenen Verteilungsnetz versorgt werden.

Transportable Betriebsstätte:
- selbstfahrend oder
- Kabine auf einem Grundrahmen, der an wechselnden Einsatzorten aufgestellt wird

Netzanschluss zur Versorgung elektrischer Betriebsmittel

DIN 57100-724 *(VDE 0100-724)*	***Errichten von Starkstromanlagen mit Nennspannungen bis 1 000 V*** *Elektrische Anlagen in Möbeln und ähnlichen Einrichtungsgegenständen*

Der Netzanschluss zur Versorgung elektrischer Betriebsmittel in Einrichtungsgegenständen (z. B. Möbel) muss ohne Schwierigkeiten jederzeit zugänglich sein.

Nach der Norm gilt als „ohne Schwierigkeiten zugänglich“, wenn diese Anschlussstelle durch Wegrücken des davor befindlichen Einrichtungsgegenstands (durch eine Person) möglich ist oder durch eine Öffnung in der Rückwand an dem Netzanschluss gearbeitet werden kann.

Netzanschlussklemmen in Leuchten

DIN EN 60598-1 *(VDE 0711-1)*	***Leuchten*** *Allgemeine Anforderungen und Prüfungen*

Netzanschlussklemmen in Leuchten müssen nicht befestigt sein. Es gibt in den Normen keine Forderung, die verlangt, dass die Anschlussklemmen in Leuchten befestigt sein müssen. Die Klemmen dürfen auch lose, nur an den Leuchtenleitungen befestigt, in der Leuchte untergebracht sein. Selbstverständlich muss eine mögliche Spannungsverschleppung Berücksichtigung finden.

→ *Leuchten und Beleuchtungsanlagen*

Netzanschlussschalter

DIN IEC 60204-32 *(VDE 0113-32)*	***Sicherheit von Maschinen – Elektrische Ausrüstung von Maschinen*** *Anforderungen für Hebezeuge*
DIN VDE 0100-704 *(VDE 0100-704)*	***Errichten von Niederspannungsanlagen*** *Baustellen*

Netzanschlussschalter sind Geräte zum Trennen der Hauptanschlussleitungen bei Hebezeugen.

- Das Einschalten einer offenen Schleifleitung darf nur von einer Stelle aus möglich sein.
- Sie müssen das Trennen der Schleifleitungen oder Leitungen, die das Hebezeug mit der Einspeisung verbinden, für Reparaturen oder Instandhaltungsarbeiten möglich machen.
- Der Fachmann ewntscheidet, wo es erforderlich ist, ein NOT-HALT und/oder NOT-AUS vorzusehen.
- Netzanschlussschalter können sein:
  - Lasttrennschalter, mit oder ohne Sicherungen
  - Trennschalter, mit oder ohne Sicherungen
  - Leistungsschalter
  - Eine Stecker-/Steckdosen-Kombination für eine Einspeisung mit flexiblen Leitungen
  - andere Schaltgeräte, die die Trenneranforderungen und die Gebrauchskategorie erfüllen und die das Schalten unter Last von Motoren oder anderen induktiven Lasten in der Lage sind.
- Netzanschlussschalter müssen eine Einrichtung zum Sichern gegen irrtümliches oder unbefugtes Einschalten haben.
- Auf Baustellen darf als Netzanschlussschalter für Hebezeuge Ausrüstungen des Baustromverteilers verwendet werden.

Netzarten

Netze werden nach der Art der Erdverbindung, nach der Spannung und der Anzahl der aktiven Leiter unterschieden.

Beschreibung eines Stromversorgungssystems:

- Anzahl der Außenleiter

- PEN-Leiter, Schutzleiter, Neutralleiter, Mittelleiter
- Spannung und Stromart
- Frequenz

Für „nach Art der Erdverbindung“ sowie „Erdung der zu schützenden Körper“ ist auf internationaler Ebene eine einheitliche Kennzeichnung erarbeitet worden. Alle im Niederspannungsbereich vorkommenden Netzarten können in diesem System eingeordnet werden.

Das Kurzzeichen besteht aus zwei Buchstaben:
1. Buchstabe:
Erdverbindung der speisenden Stromquelle
T direkte Erdung eines Punkts (im Allgemeinen der Sternpunkt in Drehstromnetzen)
I entweder Isolierung aller aktiven Teile von der Erde oder Verbindung eines Punkts mit Erde über die Impedanz

2. Buchstabe:
Erdverbindung der Körper der elektrischen Anlage
T Körper direkt geerdet, unabhängig von der etwa bestehenden Erdung eines Punkts der Stromversorgung
N Körper direkt mit der Betriebserde verbunden

Weitere Buchstaben: Anordnung des Neutralleiters und des Schutzleiters:
S Neutralleiter und Schutzleiter sind getrennt
C Neutralleiter und Schutzleiter sind in einem kombiniert

Daraus entstehen Bezeichnungen für folgende Netzarten:
TN-Systeme (TN-S-Systeme / TN-C-Systeme / TN-C-S-Systeme)
TT-Systeme
IT-Systeme

→ *Art der Erdung*

Netzformen

Unter Netzform versteht man nicht die Bauweise oder eine eventuell regionale Zuweisung eines Netzes, sondern darunter ist die → *Netzart*, d. h. die Art der Erdverbindung sowie die Erdung der zu schützenden Körper zu verstehen. Dazu ist eine internationale Basis für eine einheitliche Kennzeichnung erarbeitet, z. B. TT-System, TN-System, IT-System und weitere Bezeichnungen. Die früher verwendete Bezeichnung „Netzform" anstelle „→ *Art der Erdverbindung*" wurde aufgegeben, weil der Begriff irreführend ist und missverstanden werden konnte.

→ *Art der Erdung*
→ *Netzarten*

Netzrückwirkungen

DIN VDE 0838-1 *(VDE 0838-1)*

Rückwirkungen in Stromversorgungsnetzen, die durch Haushaltgeräte und durch ähnliche elektrische Einrichtungen verursacht werden
Begriffe

Der immer stärkere Einsatz von Betriebsmitteln mit nicht linearer oder nicht stationärer Betriebscharakteristik in Verbraucheranlagen der Industrie, des Gewerbes, der Landwirtschaft und den Haushalten führt in zunehmendem Maße zu Rückwirkungen auf die Versorgungsnetze, wodurch unter Umständen störende Beeinflussungen anderer, am selben Netz betriebener Anlagen und Betriebsmittel entstehen können.

Solche Rückwirkungen ergeben sich für die häufigen Fälle, in denen ein Betriebsmittel mit einer nicht linearen Strom-Spannungs-Charakteristik oder mit einem nicht stationären Betriebsverhalten an einem Netz mit endlicher Kurzschlussleistung betrieben wird. Sie treten vornehmlich auf als:

- Spannungsänderungen
- Spannungsunsymmetrien im Drehstromnetz
- Oberschwingungsspannungen
- Spannungen bei Zwischenharmonischen

In Sonderfällen können auch pulsierende Frequenzschwankungen vorkommen.
In Abhängigkeit von der Amplitude, der Häufigkeit und der Dauer wirken sich diese Erscheinungen auf die verschiedenen Betriebsmittel unterschiedlich aus.

Die unmittelbar merklichen Auswirkungen zeigen sich beispielsweise als:

- Helligkeitsschwankungen (Flicker) von Glühlampen oder Leuchtstofflampen
- Beeinflussung von Fernmelde-, Fernwirk- und EDV-Anlagen, Schutz-Messeinrichtungen, elektro-akustischen Geräten und Fernsehgeräten

- Pendelmomente an Maschinen
- zusätzliche Erwärmung von Kondensatoren, Motoren, Filterkreisen, Sperrdrosselspulen, Transformatoren
- Fehlfunktion von Rundsteuerempfängern und elektronischen Steuerungen

Die Rückwirkungen auf das Netz können sich z. B. in folgender Weise äußern:
- Verschlechterung des Leistungsfaktors
- Erhöhung der Übertragungsverluste
- Beeinträchtigung der Erdschlusslöschung
- Herabsetzung der Belastbarkeit von Betriebsmitteln

Um diese Auswirkungen auf ein erträgliches Maß zu beschränken, sind bei der Entwicklung, beim Anschluss und beim Betrieb von Verbrauchseinrichtungen Grenzwerte für Netzrückwirkungen zu beachten. Dies gilt sowohl für Verbraucher mit reinem Leistungsbezug als auch in zunehmendem Maße für Kleinkraftwerke (Windkraft/Fotovoltaik). Für Betriebsmittel, die in Niederspannungsnetzen angeschlossen werden, gelten mit der NAV-Verordnung über Allgemeine Bedingungen für den Netzanschluss und dessen Nutzung für die Elektrizitätsversorgung in der Niederspannung (früher: AVBEltV) die Festlegungen der TAB. Dort werden u. a. die Geräte angeführt, für die nach DIN VDE 0838 eine generelle Zulassung erteilt ist, z. B.
- Entladungslampen: je Kundenanlage bis zu einer Gesamtleistung von 250 W je Außenleiter unkompensiert; größere Lampenleistungen: Kompensation
- Wechselstrommotoren: bis zu einer Scheinleistung von 1,7 kVA
- Drehstrommotoren: bis zu einer Scheinleistung von 5,2 kVA
- Schweißgeräte: bis zu einer Bemessungsleistung von 2 kVA

Erläuterung einiger wichtiger Fachbegriffe:

Elektromagnetische Verträglichkeit (EMV):
Fähigkeit einer elektrischen Einrichtung, in ihrer elektromagnetischen Umgebung zufriedenstellend zu funktionieren, ohne diese Umgebung, zu der auch andere Einrichtungen gehören, unzulässig zu beeinflussen.

Störgröße:
Elektromagnetische (auch elektrische oder magnetische) Größe, die in einer elektrischen Einrichtung eine unerwünschte Beeinflussung hervorrufen kann. Diese Größe wird auch dann Störgröße genannt, wenn sie nicht zu einer Störung bzw. unerwünschten Beeinflussung führt.

Verträglichkeitspegel:
Der für ein System festgelegte Wert einer Störgröße, der von der auftretenden Störgröße nur mit einer geringeren Wahrscheinlichkeit überschritten wird, dass elektromagnetische Verträglichkeit für alle Einrichtungen des jeweiligen Systems besteht. Dieser Wert ist die Basis für die Festlegungen von Grenzwerten der Störfestigkeit und der Störaussendungen der in diesem System betriebenen oder zu betreibenden Einrichtungen.

Störfestigkeit (Störempfindlichkeit):
Fähigkeit einer elektrischen Einrichtung, Störgrößen bestimmter Höhe ohne Fehlfunktion zu ertragen. Da die Störgrößen die festgelegten Verträglichkeitspegel mit einer geringen Wahrscheinlichkeit überschreiten können, erhöht es die Verfügbarkeit von Einrichtungen, wenn ihre Störfestigkeit die Verträglichkeitspegel übersteigt.
Im Einzelfall richtet sich die Festlegung des Abstands, mit dem die Störfestigkeit eines Betriebsmittels über (oder in Ausnahmefällen auch unter) dem Verträglichkeitspegel liegt, nach den Erwartungen oder Anforderungen an die Zuverlässigkeit des Betriebsmittels.

Verknüpfungspunkt „V“:
Der Verknüpfungspunkt ist die dem betrachteten Verbraucher am nächsten gelegene Stelle im öffentlichen Netz, an der weitere Kunden des öffentlichen Netzes angeschlossen sind oder angeschlossen werden können.

Oberschwingung (Harmonische):
Sinusförmige Schwingungen, deren Frequenz ein ganzzahliges Vielfaches der Grundfrequenz (50 Hz) ist.

Zwischenharmonische:
Sinusförmige Schwingung, deren Frequenz kein ganzzahliges Vielfaches der Grundfrequenz (50 Hz) ist.

Flicker:
Subjektiver Eindruck von Leuchtdichteschwankungen.

Spannungsschwankungen:
Eine Serie von Spannungsänderungsverläufen oder von einzelnen Spannungsänderungen. Laständerungen bewirken Änderungen der Spannungsfälle an der Netzimpedanz und damit Änderungen der Versorgungsspannung. Diese Spannungsänderungen verursachen in Lampen, insbesondere Glühlampen, Leuchtdichteänderungen, „Flicker“ genannt. Da das Auge sehr empfindlich auf Flicker reagiert,

müssen Spannungsänderungen in engen Grenzen gehalten werden. Bei Verbrauchseinrichtungen ist deshalb zu prüfen, ob die von diesen Geräten verursachten Laständerungen zu unzulässigen Flickerstörfaktoren führen.

Spannungsänderungen werden insbesondere hervorgerufen durch:
- größere Lasten (Ein- und Ausschaltvorgänge)
- Anlauf von Motoren größerer Leistung (Gattersägen, Steinbrecher, Aufzüge, Wärmepumpen usw.)
- Widerstandsschweißmaschinen
- Lichtbogenschweißanlagen
- gepulste Leistungen (Schwingungspaketsteuerung, Thermostatsteuerungen)
- Lichtorgeln (z. B. in Diskotheken)
- Lichtbogen-Stahlschmelzöfen

Spannungsunsymmetrien:
Ungleichmäßig auf die drei Leiter eines Drehstromnetzes verteilte Lasten haben unsymmetrische Ströme und damit Spannungsunsymmetrien im Netz zur Folge. Unsymmetrische Belastungen der Mittel- und Hochspannungsnetze werden beispielsweise hervorgerufen von:
- Netzfrequenz-Induktionsöfen
- Widerstandsschmelzöfen
- konduktive Erwärmungsanlagen
- Widerstandsöfen für die Elektrodenherstellung
- Lichtbogenerwärmungsanlagen
- Widerstandsschweißmaschinen
- Lichtbogen-Stahlschmelzöfen

Einphasenlasten mit Anschluss zwischen einem Außenleiter und dem Neutralleiter sind nur im Niederspannungsnetz möglich. Für derartige Verbraucher sind jedoch keine Überprüfungen der Unsymmetrie erforderlich, weil Spannungsunsymmetrien im Niederspannungsnetz aufgrund der dort zu erwartenden Verhältnisse von Scheinleistung der Kundenanlage/Scheinleistung Kurzschluss (meistens kleiner als 1 %) nahezu keine Bedeutung haben. Größere Unsymmetrien durch die Summenwirkung mehrerer Einphasenlasten sollten durch eine weitgehend gleichmäßige Aufteilung der Lasten auf die Außenleiter vermieden werden.

→ *Oberschwingungen*

Netzsysteme

→ *Art der Erdung*
→ *Netzarten*

Netztransformator

→ *Transformator*

Neutralleiter

DIN VDE 0100-200 *(VDE 0100-200)*	***Errichten von Niederspannungsanlagen*** *Begriffe*
DIN VDE 0100-430 *(VDE 0100-430)*	***Errichten von Niederspannungsanlagen*** *Schutz bei Überstrom*
DIN VDE 0100-520 *(VDE 0100-520)*	***Errichten von Niederspannungsanlagen*** *Kabel- und Leitungsanlagen*

Ein mit dem Mittelpunkt bzw. Sternpunkt des Netzes verbundener Leiter, der zur Übertragung elektrischer Energie beiträgt.
Im Mehrphasensystem: mit dem Sternpunkt verbunden
Im Einphasensytem: mit dem Mittelpunkt verbunden

Anforderungen, die im Zusammenhang mit dem Neutralleiter bestehen:

- Mindestquerschnitt: der Neutralleiter darf keinen kleineren Querschnitt als der Außenleiter haben:
  - in Wechselstromkreisen mit zwei Leitern mit beliebigem Außenleiterquerschnitt
  - in Wechselstromkreisen mit drei Leitern und in mehrphasigen Wechselstromkreisen, wenn der Außenleiterquerschnitt $\leq 16\ mm^2$ für Kupfer oder $25\ mm^2$ für Aluminium ist
  - bei mehrphasigen Wechselstromkreisen, in denen jeder Außenleiter einen Querschnitt größer als $16\ mm^2$ für Kupfer und $25\ mm^2$ für Aluminium hat, darf der Neutralleiter einen kleineren Querschnitt als die Außenleiter haben, wenn die folgenden Bedingungen gleichzeitig erfüllt sind:

    - der zu erwartende maximale Strom einschließlich Oberschwingungen im Neutralleiter ist während des ungestörten Betriebs nicht größer als die Strombelastbarkeit des verringerten Neutralleiterquerschnitts
    - der Neutralleiter ist gegen Überstrom geschützt
    - der Querschnitt des Neutralleiters ist $\geq$ 16 mm^2 für Kupfer oder 25 mm^2 für Aluminium
  - ist zu erwarten, dass der Strom im Neutralleiter die Dauerstrombelastbarkeit dieses Leiters übersteigt, wenn der Anteil der Oberschwingungen des Außenleiterstroms so groß ist, dann muss für den Neutralleiter in einem Drehstromkreis eine Überlasterfassung vorgesehen werden
- Hinter der Aufteilung des PEN-Leiters in Neutral- und Schutzleiter dürfen diese nicht mehr miteinander verbunden werden
- Schutz der Neutralleiter in TN- oder TT-Systemen:
  - Ist der Querschnitt des Neutralleiters mindestens gleich groß des Querschnitts der Außenleiter, ist für den Neutralleiter weder eine Überstromerfassung noch eine Abschalteinrichtung erforderlich.
  - Bei geringerem Querschnitt des Neutralleiters gegenüber dem Außenleiter muss eine Überstromeinrichtung im Neutralleiter vorgesehen sein. Auf die darf allerdings verzichtet werden, wenn:
    - der Neutralleiter durch die Schutzeinrichtung der Außenleiter des Stromkreises bei Kurzschluss geschützt wird
    - der Höchststrom bei normalem Betrieb den Wert der Strombelastbarkeit dieses Leiters nicht überschreitet.
- Schutz der Neutralleiter im IT-System:
  - Wenn das Mitführen des Neutralleiters erforderlich ist, muss im Neutralleiter jedes Stromkreises eine Überstromerfassung vorgesehen werden, die die Abschaltung aller aktiven Leiter des betreffenden Stromkreises (einschließlich des Neutralleiters) bewirkt.
  - Auf diese Überstromerfassung darf jedoch verzichtet werden, wenn
    - der betrachtete Neutralleiter durch eine vorgeschaltete Schutzeinrichtung, z. B. an der Einspeisung der Anlage, gegen Kurzschluss geschützt ist, oder
    - der betrachtete Stromkreis durch eine Fehlerstromschutzeinrichtung geschützt ist, deren Nennfehlerstrom höchstens das 0,20-Fache der Strombelastbarkeit des betreffenden Neutralleiters beträgt; diese Schutzeinrichtung muss alle aktiven Leiter des Stromkreises (einschließlich des Neutralleiters) abschalten.
    - Anmerkung: Es wird empfohlen, den Neutralleiter nicht mitzuführen.
- In TN-Systemen braucht der Neutralleiter nicht getrennt oder geschaltet zu werden, wenn die Netzverhältnisse derart sind, dass der Neutralleiter als wirksam geerdet angesehen werden kann.

- Abschalten des Neutralleiters: Wenn es gefordert ist, muss die verwendete Schutzeinrichtung so beschaffen sein, dass der Neutralleiter in keinem Fall vor den Außenleitern abgeschaltet und nach diesem wieder eingeschaltet werden kann.
- In TN-Systemen kann es wünschenswert sein, den Neutralleiter der Anlage vom Neutralleiter des öffentlichen Netzes zu trennen, um Störungen (induzierte Stoßspannungen durch Blitze) zu vermeiden.
- → *Besichtigen*: Kontrolle, ob
  - Schutzleiter und Neutralleiter nicht verwechselt sind
  - für Neutralleiter die Festlegungen über Kennzeichnung, Ausschlussstellen und Trennstellen eingehalten sind.
- In mehrphasigen Stromkreisen dürfen einpolige Geräte nicht im Neutralleiter angeschlossen werden.
- Bei der Zusammenfassung der Leiter verschiedener Stromkreise muss jeder Stromkreis seinen eigenen PEN- und Neutralleiter erhalten. Eine Zusammenfassung der Leiter ist nicht zulässig.
- Für die Farbkennzeichung des Neutralleiters ist blau (früher: hellblau) vorgesehen. Blau darf nicht zur Kennzeichnung anderer Leiter verwendet werden, wenn eine Verwechslung entstehen kann. Beim Fehlen eines Neutralleiters in einem mehradrigen Kabel darf blau auch in diesem Fall für andere Zwecke (ausgenommen als Schutzleiter) verwendet werden.

Das Symbol für den Neutralleiter ist „N“.
Früher wurde der Neutralleiter als Mittelpunktleiter (Mp) bezeichnet.

NH-Sicherungssystem

DIN EN 60269-1	***Niederspannungssicherungen***
(VDE 0636-1)	*Allgemeine Anforderungen*

Das Niederspannungs-Hochleistungs-Sicherungs-System besteht aus:
- Sicherungsunterteil
- auswechselbarem Schmelzeinsatz
- Bedienungselement zum Auswechseln des Sicherungseinsatzes

Bedienung: nicht durch Laien, sondern nur von elektrotechnischen Fachkräften

- Aufgabe: nachgeschaltete Kabel und Leitungen, Anlageteile wie Transformatoren, Motoren, Schaltanlagen gegen technische und dynamische Überbeanspruchungen schützen
- Ganzbereichssicherung: im Kurzschlussbereich und im Überstrombereich sicher abschalten
- Teilbereichssicherung: im Kurzschlussbereich sicher schalten

Aufbau und Wirkungsweise: Sicherungseinsatz besteht aus Porzellan-, Kunststoff- oder Gießharzkörper, auf den Stirnseiten befinden sich Kontaktmesser – Schmelzleiter mit hoher Leitfähigkeit aus Kupfer verzinnt oder aus Silber –, nach der Strom-Zeit-Kennlinie, die der Hersteller durch die Fertigungsgenauigkeit vorgibt, kommt die Sicherung zur Auslösung.

Nicht leitende Räume

DIN VDE 0100-410	***Errichten von Niederspannungsanlagen***
(VDE 0100-410)	*Schutz gegen elektrischen Schlag*

Die Schutzmaßnahme ist dazu vorgesehen, ein gleichzeitiges Berühren von aktiven Teilen zu verhindern, die evtl. durch Fehler der Basisisolierung an den aktiven Teilen unterschiedliches Potential verursachen.

Anforderungen:
Alle Betriebsmittel, die Verwendung finden, müssen mit dem Schutz gegen direktes Berühren (Basisschutz) ausgestattet sein.
Betriebsmittel sind so anzuordnen, dass es für Personen unter normalen Bedingungen unmöglich ist, gleichzeitig
- zwei Körper oder
- einen Körper und ein fremdes leitfähiges Teil

berühren zu können.

Erfüllung der Anforderungen:
- zwischen den Körpern und fremden leitfähigen Teilen Mindestabstand von 2,5 m; außerhalb des Handbereichs Verringerung auf 1,25 m
- zwischen den Körpern und fremden leitfähigen Teilen, Hindernisse aus Isolierstoff
- in einer nicht leitenden Umgebung darf kein Schutzleiter vorhanden sein

- fremde leitfähige Teile isoliert; Prüfspannung von midestens 2 000 V; Ableitstrom < als 1 mA
- Verwendung ortsveränderlicher Geräte ausgeschlossen
- Widerstand der isolierenden Fußböden und Wände nicht kleiner als
  - 50 kΩ bei $U_N \leq 500$ V Wechselspannung
  - 100 kΩ bei $U_N \geq 500$ V Wechselspannung
- Maßnahmen dauerhaft
- Spannungen dürfen nicht verschleppt werden, nicht aus und nicht in nicht leitende Räume

Empfehlung: Nur dann anzuwenden, wenn keine andere Schutzmaßnahme möglich oder wirtschaftlich sinnvoll ist. Notbehelf!

Nicht begehbare Springbrunnen

Als nicht begehbare Springbrunnen gelten solche, bei denen durch Bauart oder bauliche Maßnahmen ein Betreten verhindert ist.

→ *Springbrunnen*

Nicht elektrotechnische Arbeiten

DIN EN 61936-1 *(VDE 0101-1)*	***Starkstromanlagen mit Nennwechselspannungen über 1 kV***
BGV A3	***Unfallverhütungsvorschrift*** *Elektrische Anlagen und Betriebsmittel*

Nicht elektrotechnische Arbeiten werden von elektrotechnischen Laien ausgeführt. Dabei handelt es sich um Arbeiten im Bereich einer elektrischen Anlage, z. B. Bau- und Montagearbeiten, Erdarbeiten, Reinigungsarbeiten, Anstrich- und Korrosionsschutzarbeiten, Gerüstbauarbeiten, Arbeiten mit Hebezeugen, Transportarbeiten.

Dabei darf die Annährungszone von an unter Spannung stehenden Anlageteilen nicht erreicht werden, es sei denn, dass ein vollständiger Schutz gegen direktes Berühren besteht.

Die Schutzabstände sind der **Tabelle 60** zu entnehmen.

Nennspannung	Schutzabstand von unter Spannung stehenden Teilen ohne Schutz gegen direktes Berühren
bis 1 000 V	1,0 m
über 1 kV bis 110 kV	3,0 m
über 110 kV bis 220 kV	4,0 m
über 220 kV bis 380 kV	5,0 m

Tabelle 60 Schutzabstände in Abhängigkeit von der Nennspannung bei nicht elektrotechnischen Arbeiten in der Nähe unter Spannung stehender aktiven Teile (BGV A3)

Die Schutzabstände müssen auch beim Ausschwingen von Lasten, Tragmitteln und Lastaufnahmemitteln eingehalten werden. Dabei muss auch auf das mögliche Ausschwingen eines Leiterseils geachtet werden.

→ *Arbeiten unter Spannung*
→ *Arbeiten in der Nähe unter Spannung stehender Teile*

Niederspannungsanlagen

Unter Niederspannungsanlagen versteht man die Gesamtheit aller Betriebsmittel und elektrischen Anlagen zur Erzeugung und Verteilung der elektrischen Energie bis 1 000 V.

Niederspannungsrichtlinie

Die Niederspannungsrichtlinie, offizielle Bezeichnung: Richtlinie 2006/95/EG des Europäischen Parlaments zur Angleichung der Rechtsvorschriften der Mitgliedstaaten betreffend elektrische Betriebsmittel zur Verwendung innerhalb bestimmter Spannungsgrenzen ist – neben der EMV-Richtlinie – das wichtigste Regelungsinstrument für die Sicherheit elektrisch betriebener Geräte.

Die Niederspannungsrichtlinie gilt für „elektrische Betriebsmittel zur Verwendung bei einer Nennspannung zwischen 50 V und 1 000 V für Wechselstrom und zwischen 75 V und 1 500 V für Gleichstrom“.

Diese Richtlinie fordert von den Mitgliedsstaaten, alle zweckdienlichen Maßnahmen zu treffen, damit die elektrischen Betriebsmittel nur dann in den Verkehr gebracht werden können, wenn sie – entsprechend dem in der Gemeinschaft gegebenen Stand der Sicherheitstechnik – so hergestellt sind, dass sie bei einer ordnungsmäßigen Installation und Wartung sowie einer bestimmungsgemäßen Verwendung die Sicherheit der Menschen und Nutztiere sowie die Erhaltung von Sachwerten nicht gefährden. Elektrische Betriebsmittel, die diese Richtlinie erfüllen, werden mit der sog. CE-Kennzeichnung versehen.

→ *Niederspannungsanlagen*
→ *Produktsicherheitsgesetz (ProdSG)*

Niederspannungsstromkreise in Hochspannungsschaltfeldern

DIN 57100-736	***Errichten von Starkstromanlagen mit Nennspannungen bis 1 000 V***
(VDE 0100-736)	*Niederspannungsstromkreise in Hochspannungsschaltfeldern*

Schutz bei indirektem Berühren (→ *Fehlerschutz*):

- beim Auftreten von Fehlern in Niederspannungsstromkreisen: Maßnahmen nach DIN VDE 0100-410 (→ *Schutz gegen gefährliche Körperströme*)
- beim Auftreten von Fehlern im Hochspannungsteil gelten auch für den Niederspannungsteil die Spannungsgrenzen nach DIN VDE 0141 (→ *Berührungsspannung*)
- Maßnahmen sind so auszuwählen, dass sie durch gegenseitige Beeinflussung nicht unwirksam werden

Sonstige Anforderungen:

- Isolierung der Betriebsmittel nach DIN EN 61140 (VDE 0140-1) Gruppe C
- Niederspannungsbetriebsmittel in einem vom Hochspannungsteil abgetrennten Raum
- werden Niederspannungsbetriebsmittel im Hochspannungsteil eingebaut, sind sie gegen die unmittelbare Einwirkung von Störlichtbögen zu schützen

Niedervoltleuchten und -anlagen

DIN VDE 0100-410	***Errichten von Niederspannungsanlagen***
(VDE 0100-410)	*Schutz gegen elektrischen Schlag*
DIN EN 61347-1	***Geräte für Lampen***
(VDE 0712-30)	*Allgemeine und Sicherheitsanforderungen*

Die Anwendung der Niedervolt-Halogenlampen und die zugehörigen Leuchten haben in der Praxis stark zugenommen, und zwar dort, wo dekorativ besondere Aspekte gesetzt werden sollen.

Achtung:

- bei gleicher Leistung der Niedervolt-Halogenlampe im Vergleich zu 230-V-Lampen beträgt der Strom in diesen Anlagen mit einer Nennspannung von in der Regel 12 V etwa das 20-Fache
- bei Niedervolt-Halogenlampen werden etwa 85 % der zugeführten elektrischen Energie in Wärmeenergie umgesetzt
- am Lampenkolben können Temperaturen von mehr als 500 °C, am Reflektor mehr als 200 °C auftreten
- Nennspannungen: 6 V, 12 V, 24 V
- Stromquellen: kurzschlussfeste Sicherheitstransformatoren

Kabel, Leitungen, Träger- und Profilleiter:
Es dürfen verwendet werden:

- PVC-Aderleitungen in Elektroinstallationsrohren aus Kunststoff
- Mantelleitung, z. B. NYM
- Kabel, z. B. NYY
- flexible Schlauchleitungen, mindestens H05VV-F oder H05RR-F
- Trägerleiter für Niedervoltleuchten
- Profilleiter mit und ohne Isolierung
- freihängende Leitungen (starr oder flexibel)

Mindestquerschnitte:
Bei fester Verlegung sind aus mechanischen Gründen folgende Mindestquerschnitte gefordert:

- 1,5 mm^2 Cu für Kabel, Leitungen und Stromschienen
- 1 mm^2 Cu ist zulässig, wenn flexible Leitungen verwendet werden und die Leitungslänge 3 m nicht überschreitet
- 4 mm^2 Cu bei flexiblen frei hängenden Leitungen

Verlegung von Kabeln, Leitungen und Stromschienen:
Zur Minimierung von Brandgefahren durch Kurzschluss darf nur ein Leiter nicht isoliert sein, oder die nicht isolierten Leiter müssen mit Schutzeinrichtungen versehen werden, oder es sind Trägerleitungen zu verwenden. In Räumen bzw. Orten mit leicht entzündlichen Stoffen darf nur ein nicht isolierter aktiver Leiter verwendet werden. Konstruktionsteile, z. B. der Rahmen einer Vitrine, dürfen nicht als aktive Leiter verwendet werden.

Verlegung von frei hängenden Leitungen:
Bei frei hängenden Leitungen (Trägerleiter) ist zu beachten:
- die Aufhängevorrichtung muss die fünffache Masse, mindestens aber 10 kg, aufnehmen können, ohne dass eine Formänderung erfolgt
- Anschlüsse und Verbindungen müssen durch Schraubklemmen oder durch schraubenlose Klemmtechnik erfolgen; Schneideklemmen sind unzulässig
- Anschlussteile mit Kontergewichten sind nicht zulässig
- es darf nur eine Anschlussstelle nicht isoliert sein, es sei denn, dass durch Abstandhalter aus Isolierstoff ein Kurzschluss sicher verhindert wird
- Anschlussstellen sind von Zug und Schub zu entlasten

Verlegung von Träger- und Profilleitern:
- Trägerleiter und Profilleiter müssen in ihrem ganzen Verlauf zugänglich sein. Nicht isolierte Leiter müssen mit isolierenden Vorrichtungen an Decken und Wänden befestigt werden.
- Profilschienen in nicht isolierter Ausführung müssen mindestens 2,25 m über der Standfläche angeordnet werden. Bei geringen Abständen ist zur Vermeidung von Kurzschlüssen mindestens ein Leiter zu isolieren.
- Anschlussstellen sind von Zug und Schub zu entlasten.
- Strom- und Profilschienen in Zwischendecken dürfen nicht blank ausgeführt werden.

Schutzeinrichtungen zur Überwachung nicht isolierter aktiver Leiter:
Die Abschaltung der Beleuchtungsanlage durch Schutzorgane darf an beliebiger Stelle erfolgen. Die Schutzeinrichtung, die auf der Netzseite und/oder der Kleinspannungsseite eingesetzt werden darf, muss eine Abschaltung innerhalb von 4 s in die Wege leiten, wenn sich die vorbestimmte Leistung um mehr als 60 W ändert.

Schutz bei Überlast und Kurzschluss:
Kabel, Leitungen und Stromschienen sind nach DIN VDE 0100-430 bei Überlast und gegen Kurzschluss zu schützen.

- Leuchten-Systeme (Bau-Set) nach DIN EN 60598-1 (VDE 0711-1)
- Beleuchtungsanlagen nach DIN VDE 0100-559

Normspannung

→ *Nennspannung*

Normung

VDE 0022	***Satzung für das Vorschriftenwerk des VDE Verband der Elektrotechnik Elektronik Informationstechnik e. V.***
DIN 820	***Normungsarbeit***

Normung ist die planmäßig durchgeführte Vereinheitlichung von materiellen Gegenständen (z. B. Geräte, Betriebsmittel, Anlagen) und immateriellen Gegenständen (z. B. Verfahren, Dienstleistungen). Es ist eine Gemeinschaftsarbeit der jeweils interessierten Kreise aus Industrie, Handwerk, Elektrizitätswirtschaft, Handel, Anwendern, Verbrauchern, Wissenschaft, Behörden, Prüfinstituten, Berufsgenossenschaften, Versicherern, technischer Überwachung, Sachverständigen.

Vorteile der Normung:
- Verbesserung der Eignung (Zuverlässigkeit, Sicherheit, Wirtschaftlichkeit, Umweltverträglichkeit) von Erzeugnissen, Verfahren und Dienstleistungen
- Sicherheit von Menschen und Sachen
- Rationalisierung und Qualitätsmanagement in Wirtschaft, Technik, Wissenschaft und Verwaltung
- umfassende Information
- sinnvolle Ordnung
- Erleichterung der technischen Zusammenarbeit
- Nutzen der Allgemeinheit, keine wirtschaftlichen Sondervorteile einzelner
- Vermeiden von Handelshemmnissen

Organisation der nationalen, europäischen und internationalen Normung:

	Elektrotechnik	**Telekommunikation**	**alle anderen Bereiche**
Welt	International Electrotechnical Commission (Genf) *gegründet 1906*	International Telecommunication Union (Genf) *gegründet 1865*	International Organization for Standardization (Genf) *gegründet 1946*
Europa	Comité Européen de Normalisation Electrotechnique (Brüssel) *gegründet 1959* *[CENELCOM]*	European Telecommunications Standards Institute (Sophia Antipolis) *gegründet 1988*	Comité Européen de Normalisation (Brüssel) *gegründet 1961*
Deutschland	DKE Deutsche Kommission Elektrotechnik Elektronik Informationstechnik im DIN und VDE (Frankfurt am Main) *gegründet 1893 [VDE]*		Deutsches Institut für Normung e. V. (Berlin) *gegründet 1917*

Die DKE ist das deutsche Mitglied in IEC und CENELEC, das DIN ist das deutsche Mitglied in ISO und CEN.

Die DKE ist Normenausschuss des DIN für die von ihr bearbeiteten Gebiete und somit verantwortlich für die nationalen DIN-Normen, für die europäische und für die internationale deutsche Interessenvertretung in ihrem Sektor sowie für deren Umsetzung als deutsche Normen. Organisatorisch ist sie Teil des VDE.

IEC und ISO haben eine gemeinsame Geschäftsordnung. Lediglich in Ausführungsdetails bestehen Unterschiede aufgrund der unterschiedlichen internationalen Orientierung je nach Fachgebiet. Sie konkurrieren nicht, sondern ergänzen sich gegenseitig und decken zusammen mit ITU das komplette Spektrum der Internationalen Normung ab.

Entsprechendes gilt für CENELEC und CEN auf europäischer Ebene.

Ergänzende Kooperationsvereinbarungen bestehen zwischen IEC und CENELEC: z. B. die parallele Abstimmung zu IEC-Entwürfen, die bei Einbeziehung in ein paralleles Verfahren zugleich als Europäische Entwürfe (prEN) angesehen werden, ohne dass ein separates europäisches Dokument erstellt und verteilt wird. Ein ähnliches Kooperationsabkommen besteht auch zwischen ISO und CEN.

Not-Aus-Einrichtung

Die Not-Aus-Einrichtung (Ausschalten im Notfall) dient zur schnellen → *Notausschaltung* von elektrischen Betriebsmitteln.

Wenn die Gefahr eines elektrischen Schlags besteht, muss die Not-Aus-Einrichtung alle aktiven Leiter abschalten können. Die Einrichtung muss so direkt wie möglich auf die betreffenden Stromkreise der Versorgung einwirken und ist so anzuordnen, dass ein einziger Vorgang die betreffende Versorgung abtrennt.

Außerdem muss die Not-Aus-Einrichtung so angeordnet und wirksam sein, dass ihre Betätigung weder eine weitere Gefahr hervorruft noch auf den Ablauf der Gefahrenbeseitigung störend einwirkt.

Eine Einrichtung für Not-Halt (Stillsetzen im Notfall) muss dort vorgesehen werden (z. B. auf Baustellen bei Hebezeugen), wo Bewegungen, die durch elektrische Betriebsmittel verursacht werden, Gefahren hervorrufen können.

Not-Aus-Einrichtung für Experimentierstände:

- durch Betätigung sämtlicher Stromkreise an allen Experimentierständen des betreffenden Raums im Gefahrenfall mit Schaltgeräten alle nicht geerdete Leiter gleichzeitig trennen
- das Schaltgerät muss nach Betätigung der Not-Aus-Einrichtung gegen unbefugtes Wiedereinschalten gesichert sein
- für die Not-Aus-Einrichtung muss jeweils ein Betätigungselement angeordnet sein an:
  - den Ausgängen des Raums
  - jedem Experimentierstand

Not-Aus-Schaltung

DIN VDE 0100-723 *(VDE 0100-723)*	***Errichten von Niederspannungsanlagen*** *Unterrichtsräume mit Experimentiereinrichtungen*
DIN VDE 0100-460 *(VDE 0100-460)*	***Errichten von Niederspannungsanlagen*** *Trennen und Schalten*

Not-Aus-Schaltung (umbenannt nach den aktuellen Normen in „Handlungen im Notfall“): Betätigung, die dazu bestimmt ist, Gefahren, die unerwartet auftreten können, so schnell wie möglich zu beseitigen.

Für die Errichtung elektrischer Anlagen von Hebezeugen und Experimentierständen ist eine → *Not-Aus-Einrichtung* vorzusehen. Bei Hebezeugen muss ein Sicherheitsstromkreis für die → *Not-Aus-Einrichtung* wirken. Bei Experimentierständen muss eine → *Not-Aus-Einrichtung* sämtliche Stromkreise an allen Experimentierständen des betreffenden Raums bei Gefahr sofort abschalten.

Notbeleuchtung

DIN VDE 0100-560 *(VDE 0100-560)*	***Errichten von Starkstromanlagen mit Nennspannungen bis 1 000 V*** *Einrichtungen für Sicherheitszwecke*
DIN VDE 0100-718 *(VDE 0100-718)*	***Errichten von Niederspannungsanlagen*** *Bauliche Anlagen für Menschenansammlungen*
DIN EN 50172 *(VDE 0108-100)*	***Sicherheitsbeleuchtungsanlagen***
DIN V VDE V 0108-100 *(VDE V 0108-100)*	***Sicherheitsbeleuchtungsanlagen***
ASR A3. 4/3 *Technische Regel für Arbeitsstätten*	***Sicherheitsbeleuchtung, optische Sicherheitsleitsysteme***

Notbeleuchtung/Sicherheitsbeleuchtung:
Beleuchtung, die wirksam wird, wenn die Stromversorgung der Allgemeinbeleuchtung ausfällt.

Sicherheitsbeleuchtung für Rettungswege:
Der Teil der Notbeleuchtung, der die Beleuchtung für die Sicherheit von Personen sicherstellt, die einen Ort verlassen oder die versuchen, einen gefährlichen Arbeitsvorgang vor dem Verlassen des Orts zu beenden.

Ersatzbeleuchtung:
Der Teil der Notbeleuchtung, der eine im Wesentlichen unveränderte Fortsetzung der normalen Tätigkeit ermöglicht, d. h., für einen begrenzten Zeitraum kann der Betrieb mit der Ersatzbeleuchtung anstelle der „normalen“ Beleuchtung fortgeführt werden.

Beleuchtung für Arbeitsstätten mit besonderer Gefährdung:
Der Teil der Notbeleuchtung, der die Sicherheit von Personen gewährleistet, die in unter Umständen gefährliche Prozesse oder Situationen einbezogen sind, und der einen ordnungsgemäßen Abschluss der Verfahren für die Sicherheit des Bedieners und der weiteren Beschäftigten des Bereichs ermöglicht.

Notleuchten:
Als Notleuchten dürfen nur Leuchten für Sicherheitsbeleuchtung nach DIN EN 60598-2-22 (VDE 0711-2-22) eingesetzt werden. Diese sind für die direkte Befestigung auf normal entflammbaren Flächen geeignet.

<u>Unterscheidung der Leuchten nach der Betriebsart:</u>

Notleuchte in Dauerschaltung:
Leuchte, bei der die Lampen für die Notbeleuchtung immer dann ständig gespeist werden, wenn Allgemeinbeleuchtung oder Notbeleuchtung erforderlich ist.

Notleuchte in Bereitschaftsschaltung:
Leuchte, bei der die Lampen für die Notbeleuchtung nur dann eingeschaltet sind, wenn die Stromversorgung für die Allgemeinbeleuchtung ausfällt.

Kombinierte Notleuchte:
Leuchte, die zwei oder mehrere Lampen hat, von denen mindestens eine von der Notlichtversorgung und die andere(n) von dem Netz der Allgemeinbeleuchtung

gespeist wird (werden). Eine kombinierte Notleuchte ist entweder für Dauerschaltung oder für Bereitschaftschaltung ausgelegt.

Notleuchte für Mutter-/Tochterbetrieb:
Leuchte in Dauerschaltung oder Bereitschaftsschaltung für die Notbeleuchtung, die auch die Notstromversorgung für eine Tochterleuchte bereitstellt.

Tochternotleuchte:
Leuchte in Dauerschaltung oder Bereitschaftsschaltung, deren Notstromversorgung von einer zugehörigen Notleuchte mit Einzelbatterie für Mutter-/Tochterbetrieb bereitgestellt wird.

Unterscheidung der Leuchten nach der Bauart:

Notleuchte mit Einzelbatterie:
Leuchte in Dauerschaltung oder Bereitschaftsschaltung für die Notbeleuchtung, in der sämtliche Teile, wie Batterie, Lampe, Steuereinheit sowie Prüf- und Überwachungseinrichtungen, falls vorgesehen, enthalten sind und in der Leuchte oder deren unmittelbarer Umgebung (d. h. innerhalb einer Kabellänge von 1 m) angeordnet sind.

Notleuchte für zentrale Versorgung:
Leuchte in Dauerschaltung oder Bereitschaftsschaltung, die von einem zentralen Notstromversorgungssystem gespeist wird, das nicht in der Leuchte enthalten ist.

Steuereinheit:
Einheit oder Einheiten, die ein Umschaltsystem für die Stromversorgung, eine Batterieladeeinrichtung und gegebenenfalls Prüfeinrichtungen enthält bzw. enthalten.

Störung der allgemeinen Stromversorgung:
Zustand, bei dem mit der Allgemeinbeleuchtung die Mindest-Beleuchtungsstärke auf den Rettungswegen nicht mehr sichergestellt werden kann und bei dem die Notbeleuchtung in Betrieb gehen sollte.

Beleuchtungsstärke in Fluchtwegen:
Mindestens 1 Lux, nach Ausfall der Allgemeinbeleuchtung 50 % der Beleuchtungsstärke innerhalb von 5 s; bei Arbeitsstätten, in denen bei Ausfall der Allgemeinbeleuchtung Unfallgefahren entstehen können, mindestens 15 Lux, möglichst 10 % der Allgemeinbeleuchtung.

Bemessungslichtstrom der Notleuchte:
Der Lichtstrom, der nach Angaben des Herstellers innerhalb einer Dauer von 60 s (0,5 s bei Arbeitsstätten mit besonderer Gefährdung) nach einer Störung der allgemeinen Stromversorgung und von da an bis zum Ende der Bemessungsbetriebsdauer abgegeben wird (Tabelle A.1 für verschiedene bauliche Anlagen in DIN VDE V 0108-100).

Bemessungsbetriebsdauer:
Die vom Hersteller angegebene Dauer, in der der Bemessungslichtstrom abgegeben wird.

Netzbetrieb:
Zustand einer Notleuchte mit Einzelbatterie, die im Notbetrieb betriebsbereit ist, wenn die allgemeine Stromversorgung anliegt. Bei einer Störung der allgemeinen Stromversorgung schaltet die Notleuchte mit Einzelbatterie automatisch in den Batteriebetrieb um.

Spannungsüberwachung:
Im Dauerbetrieb: Überwachung der allgemeinen Stromversorgung an der Sammelschiene des Hauptverteilers (gilt nicht für Einzelbatteriesystemen).
Im Bereitschaftsbetrieb: Überwachung der Stromversorgung für die Allgemeinbeleuchtung des betreffenden Raums am zugehörigen Unterverteiler (gilt nicht, wenn der Raum auf zwei Stromkreise aufgeteilt ist).

Umschaltzeiten:
Die zulässige Umschaltzeit ist abhängig von der Panikgefahr.

- Rettungs- oder Fluchtwege mit geringer Menschenansammlung: 15 s (z. B. Hochhäuser, Arbeitsstätten, Garagen)
- Rettungs- oder Fluchtwege mit großen Menschenansammlungen: 1 s (z. B. Versammlungsstätten, Verkaufsstätten)
- Arbeitsplätze mit besonderer Gefährdung: 0,5 s

Batteriebetrieb:
Zustand einer Notleuchte mit Einzelbatterie, die die Beleuchtung durch Speisung aus ihrer eingebauten Stromquelle sicherstellt, wenn die allgemeine Stromversorgung gestört ist.

Ruhe-Zustand:
Zustand einer Notleuchte mit Einzelbatterie, die absichtlich bei ausgeschalteter allgemeiner Stromversorgung erloschen ist und die sich beim Wiedereinschalten der allgemeinen Stromversorgung automatisch in den Netzbetrieb schaltet.

→ *Elektrischen Anlagen für Sicherheitszwecke*

Not-Halt

DIN VDE 0100-460 *(VDE 0100-460)*	***Errichten von Niederspannungsanlagen*** *Trennen und Schalten*
DIN VDE 0100-537 *(VDE 0100-537)*	***Elektrische Anlagen von Gebäuden*** *Geräte zum Trennen und Schalten*
DIN EN 60204-1 *(VDE 0113-1)*	***Sicherheit von Maschinen*** *Allgemeine Anforderungen*

Not-Halt (Stillsetzen im Notfall): bewirkt das Stillsetzen im Notfall einer gefährlichen Bewegung, d. h., ein Gefahr bringender Prozess oder eine Gefahr bringende Bewegung wird angehalten.
(z. B. auf Baustellen bei Hebezeugen)

→ *Not-Aus-Schaltung*
→ *Not-Aus-Einrichtung*

Notstromversorgung

DIN VDE 0100-560 *(VDE 0100-560)*	***Errichten von Starkstromanlagen mit Nennspannungen bis 1 000 V*** *Elektrische Anlagen für Sicherheitszwecke*
DIN VDE 0100-704 *(VDE 0100-704)*	***Errichten von Niederspannungsanlagen*** *Baustellen*
DIN VDE 0100-718 *(VDE 0100-718)*	***Errichten von Niederspannungsanlagen*** *Bauliche Anlagen für Menschenansammlungen*

DIN VDE 0100-710 ***Errichten von Niederspannungsanlagen***
(VDE 0100-710) *Medizinisch genutzte Bereiche*

Die Notstromversorgung ist eine netzunabhängige Stromversorgungsanlage. Sie übernimmt die elektrische Energieversorgung von Netzen, Netzteilen, Verbraucheranlagen oder einzelnen Verbrauchsmitteln nach dem Ausfall oder der Abschaltung der normalen Stromversorgung.

Für die Errichtung und den Betrieb der Notstromversorgungsanlagen sind zusätzliche Anforderungen zu erfüllen.

→ *Ersatzstromversorgungsanlagen*

Nulleiter

→ *PEN-Leiter*

Nullung

DIN VDE 0100-100 ***Errichten von Niederspannungsanlagen***
(VDE 0100-100) ***Allgemeine Grundsätze, Bestimmungen allgemeiner***
Merkmale, Begriffe

Bis 1983 gebräuchliche Bezeichnung für eine Schutzmaßnahme bei indirektem Berühren, bei der die leitende Verbindung von Körpern mit dem Nullleiter (heute PEN-Leiter) oder mit einem damit verbundenen Schutzleiter im Falle eines Isolationsfehlers (vollkommener Körperschluss) eine Abschaltung durch Überstromschutzeinrichtungen bewirkt. Anstelle der Bezeichnung Nullung wird heute die international einheitliche Bezeichnung „Versorgungssystem nach Art der Erdverbindung TN-System“ verwendet.
Je nach Anordnung der Neutralleiter und der Schutzleiter werden drei Arten von TN-Systemen unterschieden:

- TN-S-System: frühere Bezeichnung: „moderne Nullung“; im gesamten System wird ein getrennter Schutzleiter angewendet

- TN-C-System: frühere Bezeichnung: „klassische Nullung"; im gesamten System sind die Funktionen des Neutralleiters und des Schutzleiters in einem einzigen Leiter kombiniert (PEN-Leiter)
- TN-C-S-System: in einem Teil des Systems sind die Funktionen des Neutralleiters und des Schutzleiters in einem einzigen Leiter kombiniert (PEN-Leiter) und in einem anderen Teil getrennt (PE – N)

→ *Schutz gegen gefährliche Körperströme*
→ *Schutz durch Abschaltung oder Meldung*
→ *Versorgungssystem nach Art der Erdverbindung*

Oberflächenerder

DIN VDE 0100-410 *(VDE 0100-410)*	***Errichten von Niederspannungsanlagen*** *Schutz gegen elektrischen Schlag*
DIN VDE 0100-540 *(VDE 0100-540)*	***Errichten von Niederspannungsanlagen*** *Erdungsanlagen, Schutzleiter und Schutzpotentialausgleichsleiter*
DIN VDE 0141 *(VDE 0141)*	***Erdungen für spezielle Starkstromanlagen mit Nennspannungen über 1 kV***
DIN EN 50522 *(VDE 0101-2)*	***Erdung von Starkstromanlagen mit Nennwechselspannungen über 1 kV***
DIN VDE 0105-100 *(VDE 0105-100)*	***Betrieb von elektrischen Anlagen*** *Allgemeine Festlegungen*

Der Oberflächenerder ist ein Erder, der im Allgemeinen in geringer Verlegetiefe von 0,5 m bis etwa 1 m eingebracht wird. Bei Erdungsanlagen im elektrischen Verteilungsnetz werden häufig offene Kabelgräben für das Auslegen von Oberflächenerder benutzt. Als Material für die Oberflächenerder hat sich verzinkter Bandstahl weitgehend durchgesetzt, aber auch verzinkte Rundstähle und Seile gelangen zum Einsatz. Bei Verwendung von Bandstahl kann der Ausbreitungswiderstand verbessert werden, wenn anstelle der flachen Verlegung eine Hochkant-Anordnung des Bandstahls gewährt wird. Auf diese Weise kann in der Regel eine bessere, gleichmäßig gute Verdichtung des Erdreichs in unmittelbarer Nähe des Erders erreicht werden. Voraussetzung hierfür ist jedoch, dass der Erder mit feinkörnigem, nicht mit Steinen durchsetztem Erdreich umgeben wird.

Oberflächenerder werden hinsichtlich ihrer Anordnung im Erdreich und der sich daraus ergebenden unterschiedlichen Ausbreitungswiderstände differenziert in:

- Erder in gestreckter Verlegung
- Strahlenerder
- Ringerder
- Maschenerder

Oberflächentemperatur

DIN VDE 0100-420	***Errichten von Niederspannungsanlagen***
(VDE 0100-420)	*Schutz gegen thermische Auswirkungen*

Personen, Nutztiere und Sachen sind gegen zu hohe Erwärmung, die von benachbarten elektrischen Betriebsmitteln ausgehen kann, zu schützen. Das bedeutet, elektrische Anlagen dürfen für die Umgebung keine Brandgefahr darstellen. Ist zu befürchten, dass von fest eingebauten Betriebsmitteln Oberflächentemperaturen erreicht werden, die eine Brandgefahr darstellen, müssen die Betriebsmittel:

- auf Werkstoffen oder Baustoffen mit niedriger Wärmeleitfähigkeit errichtet werden
- durch Werkstoffe oder Baustoffe mit niedriger Wärmeleitfähigkeit von Teilen der Gebäudekonstruktion abgeschirmt werden
- ausreichender Abstand zu deren Teilen, deren Beständigkeit durch Erwärmung gefährdet ist
- eine sichere Ableitung der Wärme ermöglichen

Oberschwingungen

Abweichungen der Netzspannung von der Sinusform werden u. a. durch Oberschwingungen charakterisiert. Sie sind auf Rückwirkungen von Betriebsmitteln mit nicht sinusförmigen Strömen zurückzuführen. Oberschwingungsströme erzeugen an den Impedanzen der Versorgungsnetze Oberschwingungsspannungen, die sich der sinusförmigen Netzspannung überlagern. Sie sind an den Anschlusspunkten aller am Netz betriebenen Geräte messbar und bewirken eine zusätzliche Beanspruchung der Betriebsmittel der Kunden und der Betriebsmittel des Netzes.

Verursacher von Oberschwingungen:

- Typischer Verursacher in elektrischen Anlagen sind:
  - Gleichrichter (z. B. für Elektrolysestromversorgung für Bahnstromversorgung, für Gleichstromantriebe, für Fernmeldegleichstromnetze)
  - der häufige Einsatz von informationstechnischen Anlagen
  - Stromrichter allgemein
  - Frequenzumrichter (z. B.: Zwischenkreisumrichter, Direktumrichter, untersychrone Stromrichterkaskaden)
  - Gasentladungslampen (größere Anzahl)
  - Lichtbogenöfen – Stahlschmelzöfen

  - Mittelfrequenz-Induktionsöfen
  - Dimmer (größere Anlagen)
  - Eigenerzeugungsanlagen (z. B. Windkraftanlagen, Fotovoltaikanlagen)
  - USV-Anlagen
- Die Rückwirkungen auf das Netz selbst können sich in folgender Weise äußern:
  - Erhöhung der Übertragungsverluste
  - Herabsetzung der Belastbarkeit von Betriebsmitteln
  - Beeinträchtigung der Erdschlusslöschung
  - Verschlechterung des Leistungsfaktors
- Die unmittelbar merklichen Auswirkungen zeigen sich beispielsweise als
  - Pendelmomente an Maschinen
  - zusätzliche Erwärmung von Kondensatoren, Motoren, Filterkreisen, Sperrdrosselspulen, Transformatoren
  - Beeinflussung von Fernmelde-, Fernwirk- und EDV-Anlagen, Schutz- und Messeinrichtungen, elektro-akustischen Geräten und Fernsehgeräten
  - Fehlfunktionen von Rundsteuerempfängern und elektronischen Steuerungen

Abhilfemaßnahmen:
- Bei unzulässig hohen Oberschwingungsströmen sind folgende Abhilfemaßnahmen **beim Verursacher** möglich:
  - höhere Pulszahl des Stromrichters
  - Transformatoren unterschiedlicher Schaltgruppen
  - Filterkreise für Oberschwingungen
  - in Ausnahmen ist die Verwendung von Schwingungspaketsteuerung anstelle der Zündsatzsteuerung möglich
  - bei Resonanzproblemen sind die Blindstrom-Kompensationskondensatoren zu verdrosseln.
- Bei unzulässig hohen Oberschwingungsströmen sind folgende Abhilfemaßnahmen im Netz möglich:
  - Erhöhung der Kurzschlussleistung
  - bei Resonanzproblemen: Verschiebung der Resonanzfrequenz durch Änderung der Netzschaltung
  - Netzauftrennung

Auswirkungen der Oberschwingungen auf die Installationsanlage:
- durch die Erhöhung der Oberschwingungsströme der Außenleiter besteht die Gefahr, dass die Dauerstrombelastung des Neutralleiters überschritten wird

- die Oberschwingungen der 3. und 9. Ordnung heben sich im Neutralpunkt der Anlage nicht auf, sondern addieren sich, sodass die Summe der Ströme im Neutralleiter zu hoch werden kann
- es wird evt. eine Abschaltung wegen Überlastung des Neutralleiters notwendig, die Abschaltung kann jedoch auch im Außenleiter erfolgen

Öffentliche Verteilungsnetze

Unter öffentlichen → *Verteilungsnetzen* versteht man die Netze der Elektrizitätsversorgungsunternehmen bzw. nach den neueren Strukturen durch die Liberalisierung und den damit veränderten Begrifflichkeiten die „Netze der Netzbetreiber“.

Organisation beim Betrieb von elektrischen Anlagen

Beim Betrieb elektrischer Anlagen sind organisatorische Maßnahmen durchzuführen:

- Jede elektrische Anlage muss unter der Verantwortung einer Person, des Anlagenverantwortlichen, betrieben werden.
- Bei zwei oder mehr Anlagen, die in Verbindung stehen, müssen Absprachen der jeweiligen Anlagenverantwortlichen durchgeführt werden.
- Für die Durchführung der jeweiligen Arbeit ist ein Arbeitsverantwortlicher festzulegen. Der Anlagenverantwortliche erteilt die Durchführungserlaubnis und weist den Arbeitsverantwortlichen an der Arbeitsstelle in die durchzuführenden Sicherheitsmaßnahmen ein.
- Der Arbeitsverantwortliche nimmt die Durchführungserlaubnis entgegen, übernimmt die Kontrolle und plant eventuell die Durchführung zusätzlicher Sicherheitsmaßnahmen an der Arbeitsstelle. Danach weist er die Arbeitskräfte an der Arbeitsstelle an und erteilt die Freigabe zur Arbeit.
- Der Anlagenverantwortliche mit Weisungsbefugnis für den Betrieb der elektrischen Anlage muss → *Elektrofachkraft* sein.
- Abgeschlossene elektrische Betriebsstätten müssen verschlossen gehalten werden. Die Schlüssel müssen so verwahrt werden, dass sie unbefugten Personen nicht zugänglich sind. Abgeschlossene elektrische Betriebsstätten dürfen nur von beauftragten Personen geöffnet werden. Der Zutritt ist Elektrofachkräften und → *elektrotechnisch unterwiesenen Personen* sowie → *Laien* jedoch nur in Begleitung von Elektrofachkräften oder elektrotechnisch unterwiesenen Personen gestattet.

Orte mit Badewanne oder Dusche

→ *Räume mit Badewanne oder Dusche*

Örtlicher Potentialausgleich

Örtlicher Potentialausgleich ist der Potentialausgleich in der jeweiligen Anlage „vor Ort", → *zusätzlicher Schutzpotentialausgleich.*

Ortsfeste Betriebsmittel

Ortsfeste Betriebsmittel sind Betriebsmittel, die während ihres Betriebs an ihren Aufstellungsort gebunden sind.

Dazu zählen auch Betriebsmittel, die beispielsweise zum Herstellen des Anschlusses oder zum Reinigen begrenzt bewegbar sind. Sie haben keine Tragevorrichtung, und ihre Masse ist so groß, dass sie nicht ohne Weiteres bewegt werden können.

Für Haushaltsgeräte wird eine Masse von 18 kg festgelegt.

Ortsfeste Leitung

Eine ortsfeste Leitung wird so auf ihrer Unterlage angebracht, dass sich ihre Lage nicht verändern kann.

Dies entspricht der üblichen Verlegetechnik: auf, in oder unter Putz.

→ *Verlegearten*
→ *Belastbarkeit*

Sie hat an beiden Enden einen festen Anschluss.

Ortsveränderliche Betriebsmittel

Ortsveränderliche Betriebsmittel sind Betriebsmittel, die während des Betriebs bewegt werden oder von einem Platz zu einem anderen gebracht werden können und die dabei an einen Versorgungsstromkreis angeschlossen sind.

Panzerrohr

Rohr aus PVC – dient elektrischen Kabeln und Leitungen als Schutz gegen mechanische Beschädigungen.

Papier-Massekabel

→ *Massekabel*

Parallelbetrieb

DIN VDE 0100-560 *(VDE 0100-560)*	***Errichten von Starkstromanlagen mit Nennspannungen bis 1 000 V*** *Elektrische Anlagen für Sicherheitszwecke*
DIN EN 61936-1 *(VDE 0101-1)*	***Starkstromanlagen mit Nennwechselspannungen über 1 kV***

Bei der Auswahl und beim Parallelbetrieb einer Stromersatzanlage mit einem öffentlichen Netz sind das jeweilige Energieversorgungsunternehmen (Netzbetreiber) in jedem Fall zu befragen und besondere Anforderungen abzustimmen.

Eigenerzeugungsanlagen, die parallel mit dem öffentlichen Netz betrieben werden, sind nur zulässig, wenn sie zur Nutzung regenerativer Energiequellen dienen.

Negative Auswirkungen auf das öffentliche Netz und deren Anlagen durch den Parallelbetrieb einer Stromersatzanlage müssen vermieden werden, vor allem in Bezug auf:

- Leistungsfaktor
- Spannungsschwankungen
- Sperrungsänderungen
- Lastsymmetrie bzw. Unsymmetrien
- nicht lineare Verzerrungen
- Anlauf-, Synchronisier- und Flickereffekte

Außerdem:
- sind Schutzeinrichtungen zu installieren, die die Stromerzeugungsanlage vom öffentlichen Netz trennen, wenn Abweichungen der festgelegten Werte (Spannung, Frequenz) auftreten
- weitere Schutzeinrichtungen für den Kurzschlussschutz, den Überlastschutz und den Schutz gegen elektrischen Schlag
- müssen die Trenneinrichtungen dem Netzbetreiber jederzeit zugänglich sein
- ist beim Parallelbetrieb mit dem öffentlichen Netz zur Berechnung der Abschaltströme die parallele Einspeisung zu berücksichtigen

PE-Leiter

DIN VDE 0100-430 *(VDE 0100-430)*	***Errichten von Niederspannungsanlagen*** *Schutz bei Überstrom*
DIN VDE 0100-540 *(VDE 0100-540)*	***Errichten von Niederspannungsanlagen*** *Erdungsanlagen und Schutzleiter*

Der Schutzleiter (PE-Leiter) ist ein Leiter, der der Sicherheit dient. Er übernimmt die Schutzfunktion bei der Schutzvorkehrung „Schutz durch automatische Abschaltung im Fehlerfall".

Arten von Schutzleitern:
- Leiter in mehradrigen Kabeln oder Leitungen
- isolierte oder blanke Leiter in gemeinsamer Umhüllung mit aktiven Leitern
- festverlegte blanke oder isolierte Leiter
- metallene Kabelmäntel, Kabelschirme, Kabelbewehrungen, Aderbündel oder konzentrische Leiter

Der Schutzleiter hat die Aufgabe, die elektrische Verbindung folgender Teile sicherzustellen:
- Körper der elektrischen Betriebsmittel
- fremde leitfähige Teile
- Haupterdungsklemme, Haupterdungsschiene, Potentialausgleichsschiene
- Erder
- geerdeter Punkt der Stromquelle oder künstlicher Sternpunkt

→ *Leiter*
→ *Schutzleiter*

PEL-Leiter

Ist ein geerdeter Leiter, der zugleich die Funktion eines Schutzleiters (PE-Leiter) und die eines Außenleiters (L) in einem Gleichstromsystem erfüllt.

PEM-Leiter

Ist ein geerdeter Leiter, der zugleich die Funktion eines Schutzleiters (PE-Leiter) und die eines Mittelleiters (M) in einem Gleichstromsystem erfüllt.

PELV

PELV (Kleinspannung) – Protection Extra-Low Voltage –
– Schutz durch Funktionskleinspannung mit sicherer Trennung

Der Schutz wird durch kleine Spannungen (50 V AC/120 V DC), wie bei → *SELV,* erreicht.

Der Sekundärkreis wird entweder geerdet und/oder die Betriebsmittel werden geerdet. Ein Schutz gegen direktes Berühren kann erforderlich sein.

→ *SELV*
→ *FELV*

PEN-Leiter

DIN VDE 0100-430 *(VDE 0100-430)*	***Errichten von Niederspannungsanlagen*** *Schutz bei Überstrom*
DIN VDE 0100-540 *(VDE 0100-540)*	***Errichten von Niederspannungsanlagen*** *Erdungsanlagen und Schutzleiter*

Der PEN-Leiter ist ein geerdeter Leiter, der zugleich die Funktionen des Schutzleiters (PE) und des Neutralleiters (N) erfüllt.

Die Bezeichnung PEN ist eine Kombination der Symbole für:
- den → *Schutzleiter* mit PE
- den → *Neutralleiter* mit N

Anforderungen an PEN-Leiter:
Da die PEN-Leiter zwei Funktionen übernehmen, sind alle anwendbaren Anforderungen für die entsprechenden Funktionen zu berücksichtigen.
- Bei der Schutzmaßnahme TN-System darf der PEN-Leiter verwendet werden. Zwei Voraussetzungen:
  - feste Verlegung
  - Mindestquerschnitt 10 mm^2 Cu oder 16 mm^2 Al.
- Bei Kabeln und Leitungen mit konzentrischem Leiter als PEN-Leiter Mindestquerschnitt 4 mm^2 erlaubt bei zwei Voraussetzungen:
  - spezielle Geräte und Einrichtungen
  - an Anschlussstellen und Klemmen doppelte Verbindungen.
- Bei Anschluss von Notstromaggregaten gilt die vieradrige bewegliche Leitung ($S \geq 16$ mm^2 Cu) als festverlegt.
- Der PEN-Leiter muss für die Bemessungsspannung des Außenleiters isoliert sein.
- Bei EMV-Anforderungen sind PEN-Leiter nach dem Speisepunkt der elektrischen Anlage nicht erlaubt.
- Der PEN-Leiter darf weder getrennt noch geschaltet werden.
- In einem neu zu errichtenden Gebäude soll nach DIN VDE 0100-444 ein PEN-Leiter vermieden werden, wegen der Beeinflussung der informationstechnischen Anlagen (elektromagnetische Verträglichkeit).
- Die Verwendung von PEN-Leitern ist in explosiver Atmosphäre nicht erlaubt.
- Bei der Zusammenfassung der Leiter verschiedener Stromkreise muss jeder Stromkreis seinen eigenen PEN- und Neutralleiter erhalten. Eine Zusammenfassung der Leiter ist nicht zulässig.

Zur Vermeidung von Streuströmen:
- Der PEN-Leiter muss für die höchste zu erwartende Spannung isoliert werden. Ausnahme: PEN-Leiter in Schaltanlagen.
- Nach der Aufteilung des PEN-Leiters in PE und N dürfen Schutzleiter und Neutralleiter nicht mehr miteinander verbunden werden.

- Der Neutralleiter darf nach der Aufteilung nicht mehr direkt oder indirekt geerdet werden.
- Nach der Aufteilung getrennte Schienen oder Klemmen für Schutz- und Neutralleiter.
- Profilschienen dürfen als PEN-Leiter nur verwendet werden, wenn sie nicht aus Stahl bestehen.
- Der PEN-Leiter wird an die Schutzleiterschiene oder Schutzleiterklemme angeschlossen.
- Auswahl der PEN-Leiterquerschnitte wie beim → *Schutzleiter* unter Beachtung der Mindestquerschnitte (→ *Schutzleiter*).
- Innerhalb von Schaltanlagen muss der PEN-Leiter nicht isoliert sein.

Als PEN-Leiter dürfen nicht verwendet werden:
- fremde leitfähige Teile, wie Installationsmetallrohre, Aufhängeseile, Spannseile, Metallschläuche u. Ä.
- metallene Umhüllungen von Kabeln und Leitungen

Kennzeichnung der PEN-Leiter
Isolierte PEN-Leiter müssen gekennzeichnet sein:
- grün-gelb über die gesamte Länge, zusätzlich mit blauer Markierung an den Leiterenden (in Deutschland ausschließlich diese Kennzeichnung erlaubt) oder
- blau über die gesamte Länge, zusätzlich mit grün-gelber Markierung an den Leiterenden

→ *Kennzeichnung von Schutzleitern*
→ *Erdungsleiter*
→ *Potentialausgleichsleitung*

PEN-Leiter-Schiene

Profilschienen dürfen als PEN-Leiter verwendet werden, wenn sie die erforderliche Stromtragfähigkeit und Kurzschlussfestigkeit aufweisen, dem PEN-Querschnitt der Anlage entsprechen und keine Geräte tragen. Klemmen sind zulässig. Die PEN-Leiter-Schiene darf nicht aus Stahl bestehen.

Schienenprofil Normbezeichnung	**Werkstoff**	**Entsprechender Querschnitt eines Kupferleiters in mm²**	**Maximaler Kurzschlussstrom für 1 s in kA**	**Strombelastbarkeit bei Verwendung als PEN-Leiter in A**
Tragschiene DIN EN 60715 15 mm × 5 mm	Kupfer Aluminium	25 16	3,0 1,92	108 82
G-Schiene DIN EN 60715 G 32	Kupfer Aluminium	120 70	14,2 8,4	292 207
Tragschiene DIN EN 60715 35 mm × 7,5	Kupfer Aluminium	50 35	6,0 4,2	168 135
Tragschiene DIN EN 60715 35 mm × 15 mm	Kupfer Aluminium	150 95	18,0 11,4	335 250

Tabelle 61 Verwendung von Profilschienen als PEN-Leiter

Perilex-Steckvorrichtung

DIN VDE 0620-1 *(VDE 0620-1)* — ***Stecker und Steckdosen für den Hausgebrauch und ähnliche Anwendungen***
Allgemeine Anforderungen

Perilex-Steckvorrichtungen sind keine Industriesteckvorrichtungen. Perilex ist der Handelsname für ein zugelassenes und genormtes Drehstrom-Stecksystem, dabei handelt es sich um Steckvorrichtungen für den Hausgebrauch und ähnliche Anwendungen. Der Begriff Perilex ist ein eingetragenes Warenzeichen. Dieses System hat in den 1960er-Jahren in Deutschland Verbreitung gefunden, wird jedoch zurzeit nur noch in Kleingewerbebetrieben und Privathaushalten eingesetzt. Die Steckverbinder haben einen Schutzleiter, einen Neutralleiter und die drei Außenleiter. Bereits ab 1975 dürfen Perilex-Steckverbinder nicht mehr in der Industrie neu installiert werden, sie sind durch CEE-Drehstromsteckverbinder ersetzt.

Das Perilex-System ist nur für zwei Nennstromstärken genormt: 16 A und 25 A. (DIN VDE 49445: Steckdosen 16 A; DIN 49446: Stecker 25 A)

Praxis der Anwendung des Perilex-Systems:
Hausinstallation, Geschäftshäuser, Hotels, Laboratorien, Großküchen und ähnliche Anlagen
Vorteile des Perilex-Systems:
Die kompaktere Bauweise und die leichtere Reinigung

→ *Steckvorrichtungen*
→ *Drehstrom-Steckvorrichtung*

Personengefährdung

Personengefährdung ist die Möglichkeit der Schädigung von Personen durch Wirkungen, die von elektrischen Anlagen und Betriebsmitteln ausgehen können. Unmittelbare Gefährdungen können durch zu hohe Berührungsspannungen, mittelbare Gefährdungen durch Folgewirkungen der elektrischen Energie (z. B. Erwärmung, mechanische Einwirkungen, Lärm) oder in Verbindung mit äußeren Einflüssen (z. B. Feuchtigkeit, Fremdkörper, mechanische Beanspruchungen) auftreten. Um beim ordnungsgemäßen Bedienen, bestimmungsgemäßen Verwenden elektrischer Betriebsmittel und sicherem Arbeiten in oder an elektrischen Anlagen einen sicheren Zustand zu gewährleisten, sind geeignete Maßnahmen anzuwenden, die eine Personengefährdung ausschließen.

→ *Gefahr*
→ *Sicherheitstechnik*

Personengruppen

DIN VDE 0105-100 *(VDE 0105-100)*	***Betrieb von elektrischen Anlagen*** *Allgemeine Festlegungen*
BGV A3	***Unfallverhütungsvorschrift*** *Elektrische Anlagen und Betriebsmittel*

Arbeitskräfte und Benutzer elektrischer Anlagen und Betriebsmittel lassen sich in drei Personengruppen gliedern, die sich durch ihre Ausbildung, Kenntnisse und Erfahrungen in der Elektrotechnik unterscheiden:

- **Elektrofachkraft:**
  Elektrofachkraft ist, wer die fachliche Qualifikation für das Errichten und den Betrieb elektrischer Anlagen und Betriebsmittel besitzt. Grundlagen der Qualifikation sind die fachliche Ausbildung, Kenntnisse und Erfahrungen. Für die ihr übertragenen Arbeiten muss sie über die Kenntnisse der einschlägigen Normen verfügen und aufgrund ihrer Erfahrungen mögliche Gefahren erkennen können.

- **Elektrotechnisch unterwiesene Person:**
  Die elektrotechnisch unterwiesene Person gilt als ausreichend qualifiziert, wenn sie über die ihr übertragenen Aufgaben und die möglichen Gefahren bei unsachgemäßem Handeln sowie über die notwendigen Schutzeinrichtungen und Schutzmaßnahmen unterwiesen, eingewiesen bzw. angelernt worden ist.

- **Elektrotechnischer Laie:**
  Der elektrotechnische Laie ist eine Person, die weder als Elektrofachkraft noch als elektrotechnisch unterwiesene Person qualifiziert ist.

→ *Arbeitskräfte*

Personenschutz

DIN VDE 0100-410	***Errichten von Niederspannungsanlagen***
(VDE 0100-410)	*Schutz gegen elektrischen Schlag*

Personen sind gefährdet bei unmittelbarem Stromfluss durch den Körper. Auch ein mittelbarer Einfluss ist möglich, und zwar dann, wenn elektrische Anlagen und Betriebsmittel geschädigt sind und z. B. durch Lichtbögen Schäden und Personen übertragen werden.

Damit beim Betrieb von elektrischen Anlagen keine Personen zu Schäden kommen, sind „Schutzmaßnahmen“ vorzusehen. Die Festlegungen, die dazu notwendigerweise einzuhalten sind, werden in der Normenreihe DIN VDE 0100 beschrieben. Sie gilt als Grundnorm für alle Sicherheitsaspekte und dient anderen Normen daher als Basis.

Als Schutz gegen gefährliche Körperströme sind unterschiedliche Maßnahmen möglich:

- → *Basisschutz* – Schutz gegen direktes Berühren:
  Alle Maßnahmen zum Schutz von Personen und Nutztieren vor Gefahren, die sich aus der Berührung von aktiven Teilen elektrischer Betriebsmittel ergeben. Es kann sich hierbei um einen vollständigen oder teilweisen Schutz handeln. Bei teilweisem Schutz besteht nur ein Schutz gegen zufälliges Berühren und ist nur in elektrischen bzw. abgeschlossenen elektrischen Betriebsstätten erlaubt.
- → *Fehlerschutz* – Schutz bei indirektem Berühren:
  Der Schutz von Personen und Nutztieren vor Gefahren, die sich im Fehlerfall aus einer Berührung von Körpern oder fremden, leitfähigen Teilen ergeben können.
- → *Zusätzlicher Schutz* – Schutz bei direktem Berühren:
  Alle Maßnahmen zum Schutz von Personen und Nutztieren vor Gefahren, die sich aus der Berührung mit aktiven Teilen elektrischer Betriebsmittel ergeben, wenn Schutzmaßnahmen gegen direktes Berühren (Basisschutz) versagen und Schutzmaßnahmen bei indirektem Berühren (Fehlerschutz) nicht wirksam werden können. (Gruppe 700 der Reihe DIN VDE 0100)

Persönliche Schutzausrüstung (PSA)

BGV A1	***Unfallverhütungsvorschrift*** *Grundsätze der Prävention*

Die persönliche Schutzausrüstung ist für die Schutzmaßnahme „Körperschutz" einzusetzen. Nach der Unfallverhütungsvorschrift muss jeder Unternehmer den Mitarbeitern geeignete persönliche Schutzausrüstungen zur Verfügung stellen und diese in ordnungsgemäßem Zustand halten. Dazu zählen insbesondere:

- **Kopfschutz:**
  Wenn mit Kopfverletzungen durch Anstoßen, durch pendelnde, herabfallende, umfallende oder wegfliegende Gegenstände oder durch lose hängende Haare zu rechnen ist.
- **Fußschutz:**
  Wenn mit Fußverletzungen durch Stoßen, Einklemmen, umfallende, herabfallende oder abstehende Gegenstände, durch Hineintreten in spitze und scharfe Gegenstände oder durch heiße Stoffe, heiße oder ätzende Flüssigkeiten zu rechnen ist.

- **Augen- oder Gesichtsschutz:**
  Wenn mit Augen- oder Gesichtsverletzungen durch wegfliegende Teile, Verspritzen von Flüssigkeiten oder durch gefährliche Strahlung zu rechnen ist.
- **Atemschutz:**
  Wenn Mitarbeiter gesundheitsschädlichen, insbesondere giftigen, ätzenden oder reizenden Gasen, Dämpfen, Nebeln oder Stäuben ausgesetzt sein können oder wenn Sauerstoffmangel auftreten kann.
- **Körperschutz:**
  Wenn mit oder in der Nähe von Stoffen gearbeitet wird, die zu Hautverletzungen führen oder durch die Haut in den menschlichen Körper eindringen können, sowie bei Gefahr von Verbrennungen, Verätzungen, Verbrühungen, Unterkühlungen, elektrischen Durchströmungen, Stich- und Schnittverletzungen.

Bei → „Arbeiten unter Spannung“ ist von der jeweiligen Person die persönliche Schutzausrüstung dringend zu verwenden.

Phasenfolge

Phasenfolge: die Anordnung bzw. Reihenfolge der Außenleiter in einer Drehstrom-Steckdose. Für einige motorische Antriebe ist eine bestimmte Drehrichtung erforderlich, daher müssen die Kontaktbuchsen jeder Drehstromsteckdose ein Rechtsdrehfeld aufweisen (bei Betrachtung von vorn im Uhrzeigersinn). Für andere Betriebsmittel ist ein Rechtsfeld nicht gefordert (nach DIN VDE 100-600 muss die Phasenfolge geprüft werden).

Phasenverschiebungswinkel

DIN VDE 0100 *(VDE 0100)*	***Errichten von Starkstromanlagen mit Nennspannungen bis 1 000 V*** *Maximal zulässige Längen von Kabeln und Leitungen unter Berücksichtigung des Schutzes bei indirektem Berühren, des Schutzes bei Kurzschluss und des Spannungsfalls*

Erreichen zwei periodische Vorgänge gleicher Frequenz zu verschiedenen Zeiten ihre Nullwerte und zu verschiedenen Zeiten ihre Scheitelwerte, so sind die periodischen Vorgänge phasenverschoben (zeitlich). Die Größe der zeitlichen Verschiebung nennt man Phasenverschiebung. Von besonderer Bedeutung ist die zwischen Spannung und Strom bestehende Phasenverschiebung. Sie wird durch den Phasenverschiebungswinkel angegeben. Geht die Spannung z. B. früher durch Null als der Strom, so spricht man davon, dass die Spannung dem Strom voreilt, der Phasenverschiebungswinkel ist dann positiv, hingegen wird er negativ, wenn die Spannung dem Strom nacheilt.

Bei der Ermittlung der zulässigen Kabel- und Leitungslängen bei vorgegebenem Spannungsfall ist berücksichtigt, dass der Phasenverschiebungswinkel des Bemessungsstroms und der Impedanzwinkel des Kabels bzw. der Leitung gleich sind. Bei hiervon abweichenden Phasenverschiebungswinkeln ergeben sich größere zulässige Leitungslängen. Bei Einhaltung der oben genannten Werte liegt der Errichter immer auf der sicheren Seite.

Photovoltaik

DIN VDE 0100-712 ***Errichten von Niederspannungsanlagen***
(VDE 0100-712) *Solar-Photovoltaik-(PV-)Stromversorgungssysteme*

Die Anforderungen gelten für elektrische Anlagen von Photovoltaik-Versorgungssystemen (PV-Systemen), die ausschließlich für den Parallelbetrieb mit einer aus dem öffentlichen Versorgungsnetz gespeisten Installationsanlage vorgesehen sind.

Erdverbindungen

- PV-Systeme ohne einfache oder sichere Trennung mit einem TN- oder TT-System:
  Es dürfen auf der Gleichspannungsseite aktive Leiter nicht geerdet werden.
- Einfache und sichere Trennung zwischen Wechsel- und Gleichspannungsseite:
  Es darf auf der Gleichspannungsseite des PV-Wechselrichters ein aktiver Leiter geerdet werden.

Schutz gegen elektrischen Schlag

- Schutz durch SELV oder PELV
  SELV ist nicht anwendbar, wenn wegen des Schutzes der Überspannung eine Erdung der leitfähigen Konstruktionsteile erforderlich ist.
- Die Leerlaufgleichspannung des PV-Generators unter Standard-Bezugsbedingungen (SRC – Standard Reference Conditions) darf 120 V bei SELV oder PELV nicht übersteigen.
- Auf den Schutz bei indirektem Berühren kann beim PV-Generator unabhängig von der Höhe des Spannung verzichtet werden, wenn er in einer abgeschlossenen elektrischen Betriebsstätte errichtet oder mindestens 2,50 m über der Zugangsebene angeordnet ist.
  In der Umgebung des PV-Generators sind Warnschilder anzubringen.
- Der Schutz der automatischen Abschaltung der Stromversorgung auf der Gleichspannungsseite des PV-Wechselrichters ist normalerweise nicht möglich, da die geforderte Abschaltzeit nicht eingehalten werden kann.
- Anforderungen auf der Wechselspannungsseite des PV-Wechselrichters:
  Der PV-Wechselrichter muss mit der Versorgungsseite der Schutzeinrichtungen der Verbraucheranlage verbunden sein.
  Die Spannung auf der Wechselspannungsseite wird im Fehlerfall in 5 s auf 50 V begrenzt.
- Für die Gleichspannungsseite der PV-Anlage sollte vorzugsweiser Schutz durch Schutzklasse II oder gleichwertige Isolierung angewendet werden.
- Falls das Gehäuse des PV-Wechselrichters nicht der Schutzklasse II entspricht, ist zusätzlich ein örtlicher Potentialausgleich wegen eines möglichen Fehlers auf der Gleichspannungsseite des Wechselrichters erforderlich, der die berührbaren, fremden leitfähigen Teile mit dem Gehäuse des PV-Wechselrichters verbindet.
- Schutz durch nicht leitende Räume auf der Gleichspannungsseite des PV-Wechselrichters und Schutz durch erdfreien örtlichen Potentialausgleich ist nicht anwendbar.

Weitere Anforderung:

- Die PV-Strangkabel oder -leitungen müssen in einem Strang den 1,25-fachen Wert des Kurzschlussstroms unter Standardprüfbedingungen ($I_{\mathrm{SC\ STC}}$) dauernd führen können, den zweifachen Wert bei zwei oder mehr Strängen.
  Für PV-Array-Kabel oder -leitungen gilt der zweifache Wert, für PV-Gleichstrom-Hauptkabel oder -leitungen der 1,25-fache Wert des betreffenden Generators. Bei parallelen Kabeln oder Leitungen für den Anschluss einzelner PV-Module kann der Schutz bei Überlast entfallen, wenn sie den Kurzschlussstrom der parallel geschalteten Module dauernd führen können.

- Zwischen PV-Generator und PV-Wechselrichter ist eine leicht erreichbare Trenneinrichtung (Strom- und Spannungsangaben nach Angaben des Herstellers) vorzusehen. Liegen keine Herstellerangaben vor, gilt, dass die Schalteinrichtung für den 1,25-fachen Wert des Kurzschlussstroms unter Standardprüfbedingungen und den 1,15-fachen Wert der Spannung des unbelasteten Stromkreises und Standardprüfbedingungen ($U_{OC\ STC}$) ausgelegt sein muss.
- Wenn die Gleichspannung der unbelasteten Stromkreise 120 V übersteigt, sollten PV-Module mit der Schutzklasse II oder mit einer gleichwertigen Isolierung eingesetzt werden.
- Werden Sperrdioden eingesetzt, muss ihre Sperrspannung für $2 \cdot U_{OC\ STC}$ bemessen sein.
- Fehlerstromschutzeinrichtungen (RCDs) dürfen nicht durch DC-Fehlerströme beeinflusst werden.
- Leitungen oder Kabel auf der Gleichstromseite müssen so ausgelegt werden, dass das Risiko eines Erdschlusses oder Kurzschlusses minimiert wird (Verstärkung durch Verlegen von Einleiterkabeln oder -leitungen).
- Die Anzahl der Verbindungen auf der Gleichstromseite sollte so gering wie möglich sein.
- Beim Fehlen eines Blitzschutzes für die Betriebsmittel sollten die Außenleiter L+ und L– des PV-Gleichstrom-Hauptkabels oder der -leitung durch Überspannungs-Schutzeinrichtungen, vorzugsweise vom Typ Metalloxid, in der Nähe des PV-Wechselrichters geschützt werden.
- Bei der Auswahl der Trenneinrichtung zwischen PV-Anlage und öffentlicher Stromversorgung müssen das Netz als Stromquelle und die PV-Anlage als Last betrachtet werden.
- Folgende Hinweise sind am Schaltschrank mit den PV-Versorgungskabeln oder -leitungen vorzusehen:
  - „Sicherungen dürfen nicht entfernt und Trenneinrichtungen dürfen nicht unter Lastbedingungen geschaltet werden“, wenn solche Einrichtungen im Gleichspannungsbereich des PV-Wechselrichters angeordnet sind.
  - „Eine aktive Stromquelle ist angeschlossen.“
  - Am PV-Generator-Anschlusskasten:
    „Aktive Teile im PV-Generator-Anschlusskasten können nach dem Trennen von PV-Wechselrichter unter Spannung stehen.“

Einige Begriffe:

- Standardprüfbedingen (STC):
  Prüfbedingen, die in der DIN EN 60904-3 für PV-Zellen und PV-Module festgelegt sind.

- Spannung des unbelasteten Stromkreises unter Standardprüfbedingungen ($U_{\text{OC STC}}$):
  Spannungen unter Standardprüfbedingungen an einem unbelasteten PV-Modul, PV-Strang, PV-Teilgenerator oder auf der Gleichspannungsseite des PV-Wechselrichters.
- Kurzschlussstrom unter Standardprüfbedingungen ($U_{\text{OC STC}}$):
  Kurzschlussstrom eines PV-Moduls, PV-Strangs, PV-Teilgenerators oder PV-Generators unter Standardprüfbedingungen.

Literatur:

- *Schlabbach, J.: Netzgekoppelte Photovoltaikanlagen. Reihe Anlagentechnik für elektrische Verteilungsnetze; Cichowski, R. R. (Hrsg.). Berlin · Offenbach: VDE VERLAG, 2011*

Planung elektrischer Anlagen

DIN VDE 0100-100 *(VDE 0100-100)*	***Errichten von Starkstromanlagen mit Nennspannungen bis 1 000 V*** *Bestimmungen allgemeiner Merkmale*
DIN VDE 0100-510 *(VDE 0100-510)*	***Errichten von Niederspannungsanlagen*** *Allgemeine Bestimmungen*

Die Planung bzw. Projektierung einer elektrischen Anlage ist ein wichtiger Abschnitt innerhalb der Gesamtaufgabe der Errichtung elektrischer Anlagen. Bei der Planung werden aus technischer und ökonomischer Sicht die „Weichen“ gestellt. Früher war die Planung der elektrischen Anlagen weitestgehend in einem eigenen Teil 300 der DIN VDE 0100 geregelt. Die Anforderungen aus dem Teil 300 sind nun in DIN VDE 0100-100 und DIN VDE 0100-510 übernommen.

Der elektrotechnische Fachmann muss bei der Planung über Kenntnisse verfügen der

- Grundlagen der Elektrotechnik
- örtlichen Gegebenheiten
- wirtschaftlichen Gegebenheiten

DIN VDE 0100 kann mit seinen verschiedenen Teilen bei der Planung als guter Leitfaden genutzt werden, da die Gliederung der Teile so aufgebaut ist, wie der Planer bei seiner Arbeit systematisch vorgehen sollte. Zunächst muss selbstverständlich geprüft werden, welche Normen zur Anwendung gelangen, ob z. B. die zu planende Anlage in den Geltungsbereich von DIN VDE 0100 fällt und/oder andere Normen berücksichtigt werden müssen (DIN VDE 0100-100).
Zur weiteren Bearbeitung und Verständigung müssen die Begriffe geklärt werden (DIN VDE 0100-200).

Allgemeine Angaben bzw. Randbedingungen (neu in DIN VDE 0100-100 und DIN VDE 0100-510) für die zu projektierende Anlage sind weitere Voraussetzungen für die Planung, wie:

- → *Leistungsbedarf*
- → *Gleichzeitigkeitsfaktor*
- → *Stromversorgung*
- → *Eigenversorgung*
- → *Netzform*
- Spannung
- Frequenz
- → *Erdung*
- → *äußere Einflüsse*
- → *Verträglichkeit* (Rückwirkungen)
- → *Wartbarkeit*

Die Schutzmaßnahmen für den:

- → *Basisschutz*
- → *Fehlerschutz*
- → *zusätzlichen Schutz*

sind nach der Gruppe 400 auszuwählen. Eine weitere wichtige Aufgabe der Projektierung ist dann die Auswahl der Betriebsmittel (Gruppe 500).

Nach der durchgeführten Errichtung muss in Anlehnung an DIN VDE 0100-600 vor der Inbetriebnahme eine Prüfung der Anlage vorgenommen werden.

In **Bild 50** ist zusammenfassend der empfohlene theoretische „Gang“ durch DIN VDE 0100 bei der Planung elektrischer Anlagen dargestellt.

	DIN VDE 0100
	↓
Gruppe 100	Anwendungsbereich; Allgemeine Anforderungen
	↓
Gruppe 200	Allgemeingültige Begriffe
	↓
Gruppe 100 und 500	Allgemeine Angaben zur Planung elektrischer Anlagen
	↓
Gruppe 400	Schutzmaßnahmen
	↓
Gruppe 500	Auswahl und Errichtung elektrischer Anlagen
	↓
Gruppe 700	Überprüfung, inwieweit ein Teil der Gruppe 700 zu berücksichtigen ist
	↓
Gruppe 600	Prüfungen

Bild 50 Planung elektrischer Anlagen in Anlehnung an DIN VDE 0100

Plattenerder

Plattenerder: Platten von z. B. 1 m^2 Größe aus verzinkten Stahlblech, die als Erder wirken.

Früher wurden Plattenerder im großen Umfang eingesetzt. Diese Erderart findet heute praktisch keine Anwendung mehr, da sowohl die Anschaffung als auch die Verlegung mit einem erheblichen Aufwand verbunden ist und z. B. Fundamenterder, Erdteile, Rohrerder und Staberder einen viel niedrigeren Ausbreitungswiderstand haben als Plattenerder gleicher Oberfläche.

Potentialausgleich

DIN VDE 0100-540	***Errichten von Niederspannungsanlagen***
(VDE 0100-540)	*Erdungsanlagen und Schutzleiter*

Der Potentialausgleich ist eine elektrische Verbindung, die die → *Körper* elektrischer Betriebsmittel und → *fremde leitfähige Teile* auf gleiches oder annähernd gleiches Potential bringt.
Die zum Herstellen des Potentialausgleichs notwendige elektrisch leitende Verbindung wird als Potentialausgleichsleiter bezeichnet. Er ist ein Schutzleiter zum Sicherstellen des Potentialausgleichs.
Die Potentialausgleichsschiene ist eine Klemmverbindung oder eine Schiene, die → *Schutzleiter*, → *Potentialausgleichsleiter*, → *Erdungsleiter* und ggf. die Leiter der Funktionserdungen mit Erde verbindet.
Der Potentialausgleich verbindet alle leitfähigen Teile eines Gebäudes oder baulicher Anlagen.

Dies sind:

- → *Schutzleiter*, → *PEN-Leiter*
- → *Erdungsleiter*
- Wasserverbrauchsleitung (hinter der ersten Absperrarmatur)
- Abwasserleitung
- Rohre für Heizung und Klima (Vor- und Rücklauf)
- Gasinnenleitung (hinter der ersten Absperrarmatur)
- Metallteile der Gebäudekonstruktion (soweit erreichbar)
- Erdungsleiter für Antennen- und Fernmeldeanlage
- Verbindung zum Blitzschutzerder
- die Verbindung zwischen dem ankommenden PEN-Leiter des Netzes und der Potentialausgleichsschiene ist nur beim TN-System erforderlich.

Der Potentialausgleich (**Bild 51**) ist an jedem Hausanschluss oder gleichwertigen Versorgungseinrichtungen herzustellen, um Potentialunterschiede innerhalb des Gebäudes auch im Fehlerfall oder bei Spannungsverschleppung zu vermeiden.

→ *Schutzpotentialausgleich*
→ *Funktionspotentialausgleich*

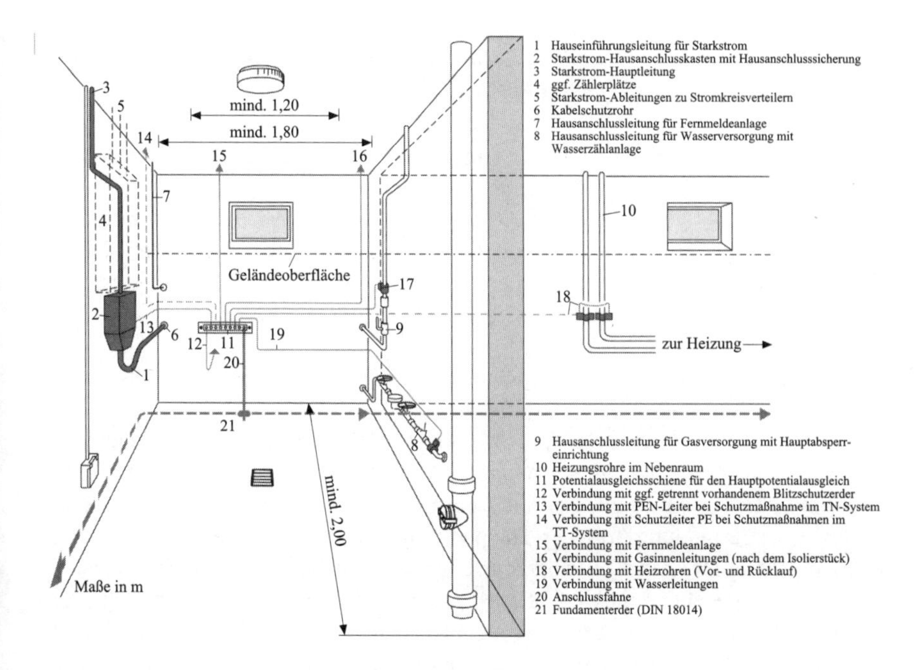

Bild 51 Potentialausgleich innerhalb eines Gebäudes

→ *Hauptpotentialausgleich*

Potentialausgleichsanlage

Gesamtheit der Verbindungen zwischen leitfähigen Teilen, die den Potentialausgleich zwischen diesen Teilen herstellen.

Potentialausgleichsleiter

DIN VDE 0100-540 *(VDE 0100-540)*	***Errichten von Niederspannungsanlagen*** *Erdungsanlagen und Schutzleiter*
DIN EN 50522 *(VDE 0101-2)*	***Erdung von Starkstromanlagen mit Nennwechselspannungen über 1 kV***

DIN VDE 0141 ***Erdungen für spezielle Starkstromanlagen mit Nennspannungen über 1 kV***
(VDE 0141)

Hinweis: in den aktuellen Normen sind die Anforderungen dieses Stichwortes unter „Schutzpotentialausgleichsleiter" zu finden.
Die Aufgabe des → *Potentialausgleichs* ist es, die → *Körper elektrischer Betriebsmittel* und → *fremde leitfähige Teile* auf gleiches oder annähernd gleiches Potential zu bringen. Der Potentialausgleichsleiter ist ein → *Schutzleiter* zum Sicherstellen des Potentialausgleichs/Schutzpotentialausgleichs.

Anforderungen an Potentialausgleichsleiter/Schutzpotentialausgleichsleiter:

- Die Querschnitte des Schutzpotentialausgleichsleiters für die Verbindung **zur** Haupterdungsschiene: nicht weniger als 6 mm^2 Kupfer oder 16 mm^2 Aluminium oder 50 mm^2 Stahl. Der Querschnitt von Schutzpotentialausgleichsleitern **für die** Verbindung mit der Haupterdungsschiene braucht nicht größer als 25 mm^2 Kupfer oder als vergleichbare Querschnitte anderer Materialien sein.
- In jedem Gebäude müssen alle Erdungsleiter über den Schutzpotentialausgleichsleiter mit dem Schutzpotentialausgleich verbunden sein, d. h. an die Haupterdungsschiene angeschlossen werden
- Alle leitfähigen Teile, die von außen in das Gebäude eingeführt werden, müssen mit der Haupterdungsschiene verbunden werden
- Anschluss an die Haupterdungsschiene:
  - Fundamenterder (in Erde oder Beton verlegt)
  - Schutzleiter oder PEN-Leiter der elektrischen Anlage
  - metallene Wasserverbrauchsleitung
  - metallene Abwasserleitung
  - Metallteile der Gebäudekonstruktion, wie Aufzugsschienen oder Stahlskelette
  - metallene Schirme von elektrischen Leitungen
  - Leiter der Blitzschutzanlage
  - Erdungsleiter der informationstechnischen Anlagen
  - Zentralheizung (Vor- und Rücklauf)
  - Gasinnenleitung (Isolierstück)
  - Erdungsleiter der Antennenanlage
- Schutzpotentialausgleichsleiter für den zusätzlichen Schutzpotentialausgleich:
  - Verbindung: Zwischen zwei Körpern elektrischer Betriebsmittel darf die Leitfähigkeit nicht kleiner sein, als die des kleineren Schutzleiters, der an die Körper angechlossen ist

- Verbindung: Zwischen einem Körper eines elektrischen Betriebsmittels mit einem fremden leitfähigen Teil muss die Leitfähigkeit mindestens halb so groß sein, wie die des Querschnitts des entsprechenden Schutzleiters
- Mindestquerschnitt für den Schutzpotentialausgleichsleiter für den zusätzlichen Schutzpotentialausgleich und von Potentialausgleichsleitern zwischen fremden leitfähigen Teilen darf nicht kleiner sein als:

Schutz* gegen mechanische Beanspruchung ist vorgesehen	2,5 mm^2 Cu oder 16 mm^2 Al
Schutz* gegen mechanische Beanspruchung ist **nicht** vorgesehen	4 mm^2 Cu oder 16 mm^2 Al
*Als mechanisch geschützt gilt ein Schutzleiter entweder als ein Teil eines Kabels oder einer Leitung oder in einem Installationsrohr bzw. in vergleichbarer Weise geschützt verlegt.	

→ *Kennzeichnung von Schutzleitern*
→ *PEN-Leiter*
→ *Erdungsleitung*
→ *Schutzpotentialausgleichsleitung*
→ *zusätzlicher Schutzpotentialausgleich*

Potentialausgleichsschiene (Haupterdungsschiene)

Anmerkung: Die frühere Bezeichnung Potentialausgleichsschiene ist in den aktuellen Normen umbenannt in Haupterdungsschiene.

→ *Haupterdungsschiene*

Potentialsteuerung

DIN VDE 0100-200 *(VDE 0100-200)*	***Errichten von Niederspannungsanlagen*** *Begriffe*
DIN VDE 0100-410 *(VDE 0100-410)*	***Errichten von Niederspannungsanlagen*** *Schutz gegen elektrischen Schlag*
DIN VDE 0100-540 *(VDE 0100-540)*	***Errichten von Niederspannungsanlagen*** *Erdungsanlagen und Schutzleiter*
DIN VDE 0100-702 *(VDE 0100-702)*	***Errichten von Niederspannungsanlagen*** *Becken von Schwimmbädern, begehbare Wasserbecken und Springbrunnen*
DIN VDE 0100-705 *(VDE 0100-705)*	***Errichten von Niederspannungsanlagen*** *Elektrische Anlagen von landwirtschaftlichen und gartenbaulichen Betriebsstätten*
DIN VDE 0100-737 *(VDE 0100-737)*	***Errichten von Niederspannungsanlagen*** *Feuchte und nasse Bereiche und Räume und Anlagen im Freien*
DIN VDE 0141 *(VDE 0141)*	***Erdungen für spezielle Starkstromanlagen mit Nennspannungen über 1 kV***
DIN EN 50522 *(VDE 0101-2)*	***Erdung von Starkstromanlagen mit Nennwechselspannungen über 1 kV***
DIN VDE 0105-115 *(VDE 0105-115)*	***Betrieb von elektrischen Anlagen*** *Besondere Festlegungen für landwirtschaftliche Betriebsstätten*

Potentialsteuerung ist eine bauliche Maßnahme, um das Potential der Erdoberfläche zu verändern mit dem Ziel, gefährliche Schrittspannungen zu verringern oder sogar auf null zu bringen.

Die dafür verwendeten Erder werden als Steuererder bezeichnet. Sie werden ringförmig um die mit der Erdungsanlage verbundenen Körper in unterschiedlicher Höhe angeordnet, wobei die äußeren Ringe tiefer gelegt werden (**Bild 52**).

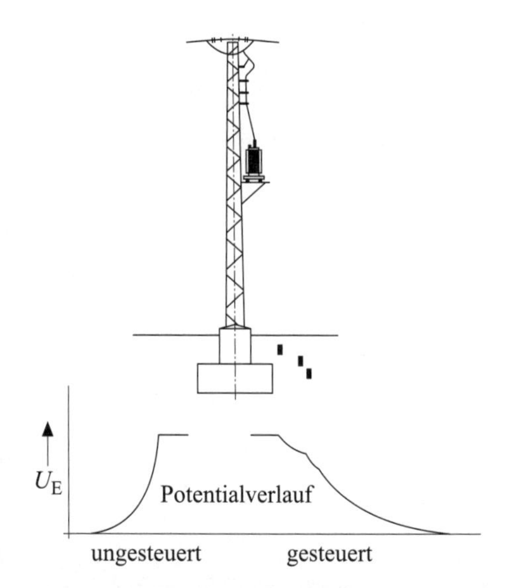

Bild 52 Maststation und Potentialverlauf

Potentialsteuerung bei elektrischen Anlagen im Freien: in der Nähe von Betriebserdern bildet sich durch eingeleitete Ströme um den Erder ein Spannungstrichter. Bewegt sich ein Mensch auf dieser Erdoberfläche, kann er mit seinen Füßen eine Schrittspannung abgreifen. Um diese Schrittspannung möglichst gegen null werden zu lassen und die Menschen nicht zu gefährden, werden um den Haupterder zusätzliche Ringerder oder Maschenerder als Steuererder im Erdreich vergraben.

Auch der Bereich um Mittel- und Hochspannungsmaste wird mit Steuererdern versehen.

In Niederspannungsanlagen wird bei besonderer Gefährdung eine Potentialsteuerung im Fußboden gefordert.

Potentialsteuerung in landwirtschaftlichen Betriebsstätten:
In Bereichen der Stand- und Liegeflächen von Nutztieren ist eine Potentialsteuerung mittels Baustahlmatten (Maschenweite: 50 mm bis 150 mm) vorzusehen. Dabei werden Leiter möglichst dicht unter der Oberfläche in gegenseitigem Abstand von mindestens 0,6 mm verlegt. Ihre Querschnitte müssen den Mindestquerschnitten für Erder (Fundamenterder) entsprechen. Die Matten müssen untereinander dauerhaft elektrisch leitend verbunden sein. Zusätzlich sind sie mit dem örtlichen Potentialausgleich zu verbinden.

Potentialsteuerung in Schwimmbädern:

- eine Potentialsteuerung ist in den Normen nicht vorgeschrieben, sie wird aber für die Schutzbereiche 1 und 2 empfohlen
- die Wirksamkeit des zusätzlichen örtlichen Potentialausgleichs kann durch die Potentialsteuerung verbessert werden

Die Potentialsteuerung ist mit dem Schutzpotentialausgleich und dem Schutzleiter zu verbinden. Die Erdungs- und Schutzpotentialausgleichsleitungen sind nach DIN VDE 0100-540 zu dimensionieren.

→ *Schutzpotentialausgleichsleiter*
→ *Erdungsspannung*

Potentialverschleppung

DIN VDE 0141 *(VDE 0141)*	***Erdungen für spezielle Starkstromanlagen mit Nennspannungen über 1 kV***
DIN EN 50522 *(VDE 0101-2)*	***Erdung von Starkstromanlagen mit Nennwechselspannungen über 1 kV***

Wenn Hochspannungs- und Niederspannungs-Erdungsanlagen dicht nebeneinander liegen und nicht ein gesamtes Erdungssystem bilden, dann kann ein Teil der Erdungsspannung vom Hochspannungsnetz ins Niederspannungsnetz übertragen werden, und zwar über leitende Verbindungen mit einer stromdurchflossenen Erdungsanlage (z. B. Kabelmantel, PEN-Leiter, Rohrleitung, Fahrschienen) kann das durch einen Erdungsstrom angehobene Potential in Gebiete mit geringerer oder keiner Potentialanhebung (in Gebiete der Bezugserde) verschleppt werden. Dabei wird ein Potentialunterschied zwischen den leitenden Verbindungen und der Umgebung abgreifbar.

Eine Spannungsverschleppung kann auch auftreten, wenn eine leitende Verbindung aus einem Gebiet der Bezugserde in einen Bereich mit Potentialanhebung (mit einer stromdurchflossenen Erdungsanlage) führt.

Zwei Methoden werden verwendet:
- Zusammenschluss aller Hochspannungs-Erdungsanlagen mit den Niederspannungs-Erdungsanlagen
- Trennung der Hochspannungs- und Niederspannungs-Erdungsanlagen.

Auf jeden Fall sind die Anforderungen an Berührungsspannungen, Schrittspannungen und Potentialverschleppung in der Hochspannungsanlage und in der von ihr versorgten Niederspannungsanlage zu berücksichtigen.

In der Praxis kann eine Potentialverschleppung zu einer unzulässig hohen Berührungsspannung führen, wenn z. B. in einer Umspannanlage die im Erdschlussfall auftretende Erdungsspannung über den PEN-Leiter eines Niederspannungskabels mit Kunststoffmantel bis in die Verbraucheranlagen übertragen wird. Ein Teil dieser Erdungsspannung ist dann außerhalb des Potentialausgleichs des Gebäudes z. B. im Garten abgreifbar.

Möglichkeiten zur Beeinflussung unzulässig hoher Berührungsspannungen als Folge der Potentialverschleppung:
- Begrenzung des Erdungsstroms oder der Fehlerdauer
- Verbesserung der Erdungsverhältnisse (Herabsetzung der Erdungsimpedanz)
- Auswahl der Schutzmaßnahme gegen gefährliche Körperströme (TT-System)

→ *Erdungsspannung*
→ *Berührungsspannung*
→ *Fehlerstrom*

Pressverbinder

DIN VDE 0100-540 *(VDE 0100-540)*	***Errichten von Niederspannungsanlagen*** *Erdungsanlagen und Schutzleiter*
DIN 46267-1	***Pressverbinder, nicht zugfest, für Kupferleiter***
DIN 48083	***Einsätze in Pressen für Pressverbindungen***

Die Pressverbindung ist eine der verschiedenen Möglichkeiten von Leiterverbindungen, die gemäß den zu erwartenden Beanspruchungen im Hinblick auf Dauerbelastung und Kurzschlussstrom ausgeführt werden muss. Die Pressverbindung gilt als lösbare Verbindungsstelle im Gegensatz zu gelöteten und geschweißten Verbindungen. Es müssen alle Verbindungen zur Besichtigung, Prüfung und Wartung zugänglich sein.

Davon ausgenommen sind nur:
- Verbindungen von Anschlussleitungen mit Heizelementen von Decken-, Fußboden- und Rohrheizsystemen
- Muffen von erdverlegten Kabeln
- gekapselte oder mit Isoliermasse gefüllte Muffen

Bei der Pressverbindung ist die richtige Montage wichtig, Leiter, Presshülse, Werkzeugeinsatz und Presswerkzeug müssen entsprechend zugeordnet werden. Daher sind Presshülsen und Werkzeugeinsätze mit einer Kennzahl versehen (Außendurchmesser der Presshülse).

Beim Pressen werden Presshülse und Leiter gemeinsam verformt. Es werden unterschieden:
- Rund-, Nut-, Kerb- und Sechskantpressung

Die Verformung erfolgt mit Handpresszangen oder Hydraulikwerkzeugen.

Produktsicherheitsgesetz, ProdSG

Das Gesetz regelt die Sicherheitsanforderungen an Geräte und Produkte. Die Produkte, die dem Markt bereitgestellt werden, dürfen die Sicherheit und Gesundheit von Personen nicht gefährden. Dies gilt bei der bestimmungsgemäßen Verwendung, aber auch bei einer vorhersehbaren Verwendung. Produkte sind per Definition alle Waren, Stoffe oder Zubereitungen, die durch einen Fertigungsprozess hergestellt worden sind. Die Produkte können neue, gebrauchte oder wiederaufgearbeitete Produkte sein. Für die Bereitstellung elektrischer Betriebsmittel zur Verwendung innerhalb bestimmter Spannungsgrenzen auf dem Markt gilt nach § 8 ProdSG die erste Produktsicherheitsverordnung. Die achte Verordnung zum ProdSG regelt die Bereitstellung von persönlichen Schutzausrüstungen.

Profilschienen

Profilschienen dürfen als PEN-Leiter verwendet werden, wenn sie nicht aus Stahl bestehen und wenn sie nur Klemmen, aber keine Geräte tragen. Es dürfen PEN-Leiter, Neutralleiter und Schutzleiter angeschlossen werden.

→ *PEN-Leiter-Schiene*

Prüffinger

→ *Tastfinger*
→ *IP-Schutzart*

Prüfung elektrischer Anlagen

DIN VDE 0100-600 *(VDE 0100-600)*	***Errichten von Niederspannungsanlagen*** *Prüfungen*
DIN VDE 0105-100 *(VDE 0105-100)*	***Betrieb von elektrischen Anlagen*** *Allgemeine Festlegungen*
DIN VDE 0701-0702 *(VDE 0701-0702)*	***Prüfung nach Instandsetzung, Änderung elektrischer Geräte*** *Allgemeine Anforderungen*

Die Prüfung ist ein wichtiger Bestandteil bei der Errichtung und vor der Inbetriebnahme elektrischer Anlagen (Erstprüfung).

Die Erstprüfung begleitet alle Arbeiten der Errichtung, und Teile dieser Prüfungen schließen die Arbeiten der Errichtung ab.

Auch bei einer Erweiterung bestehender Anlagen ist bei dem neuen Teil eine Erstprüfung durchzuführen. Die Forderungen an die Prüfungen sind in DIN VDE 0100-600 enthalten.

Bei älteren Anlagen gelten jeweils die Bestimmungen, die zum Zeitpunkt der Errichtung der elektrischen Anlage gültig waren.

Zu den Prüfungen gehören alle Maßnahmen, mit denen festgestellt werden kann, inwieweit die Ausführung der elektrischen Anlage mit den Errichtungsnormen übereinstimmt.

Prüfungen umfassen:
- Besichtigen
- Erproben
- Messen
- Dokumentieren in einem Prüfbericht

In **Tabelle 62** sind die Bestandteile der Prüfungen definiert.

Besichtigen	Erproben	Messen
Besichtigen ist das bewusste Ansehen einer elektrischen Anlage, um den ordnungsgemäßen Zustand festzustellen. Es ist Voraussetzung für das Erproben und Messen und muss vor dem Erproben und Messen durchgeführt werden	Erproben umfasst die Durchführung von Maßnahmen in elektrischen Anlagen, durch welche die Wirksamkeit von Schutz- und Meldeeinrichtungen nachgewiesen werden soll	Messen ist das Feststellen von Werten mit geeigneten Messgeräten, die für die Beurteilung der Wirksamkeit einer Schutz- und Meldeeinrichtung erforderlich und die durch Besichtigen und/oder Erproben nicht feststellbar sind
Inaugenscheinnahme und Vergleich des Zustands mit den Anforderungen aus den Normen; äußerlich erkennbare Mängel und Schäden an Betriebsmitteln und Isolalationsfehler feststellen	Überprüfen, z. B. Betätigen von Prüftasten, Probelauf	Feststellen der Messwerte und Vergleich mit Grenzwerten

Tabelle 62 Bestandteile der Prüfungen

Tabelle 63 enthält dazu einige praktische Beispiele von Prüfungen.

Prüfungen nach DIN VDE 0100-600:
- Durchgängigkeit der Leiter: Es muss überprüft werden, der Außenleiter, der Schutzleiter, der Schutzpotentialausgleichsleiter und der Leiter für den zusätzlichen Potentialausgleich, ein zulässiger Höchstwert für den Widerstand ist nicht verlangt, aber der gemessene Wert sollte sich an der Werten der Tabelle NA. 4 der DIN VDE 0100-600 orientieren
- Isolationswiderstand der elektrischen Anlage: Messung zwischen den aktiven Leitern und dem mit Erde verbundenem Schutzleiter

Stromkreis	Mess-Gleichspannung in V	Isolationswiderstand in kΩ
Kleinspannung SELV und PELV	250	gleich / größer 500
bis 500 V sowie FELV	500	gleich / größer 1 000
über 500 V	1000	gleich / größer 1 000

Mindestwerte des Isolationswiderstands; gemessen gilt er dann als ausreichend, wenn er nicht kleiner als der entsprechende Wert in der Tabelle ist.

Anforderungen an die Messungen des Isolationswiderstands:

- Messung des Isolationswiderstands zwischen aktiven Leitern und Erde
- zur Messung muss der Neutralleiter von der Erde getrennt werden
- elektronische Betriebsmittel und solche Geräte, die geschädigt werden könnten, sind vor der Messung vom Netz zu trennen
- bei Wiederholungsprüfungen dürfen die Mindestwerte in Ω/V Nennspannung nicht unterschritten werden: 300 Ω/V bei Messungen mit angeschlossenen und eingeschalteten Verbrauchsmitteln und 1000 Ω/V bei Messungen ohne eingeschaltete Verbrauchsmittel, aber geschlossenen Schalteinrichtungen; bei Anlagen im Freien oder in Räumen, deren Fußböden und Wände zur Reinigung abgespritzt werden, folgende Werte nicht unterschreiten: 150 Ω/V bei angeschlossenen und eingeschalteten Verbrauchmitteln und 500 Ω/V ohne angeschlossene Verbrauchsmittel
- Schutz durch SELV, PELV oder durch Schutztrennung: die Trennung aktiver Teile von Erde und Teilen anderer Stromkriese durch Messung des Isolationswiderstands nachgewiesen werden
- Widerstände isolierender Fußböden und Wände: Isolationswiderstände von Wänden und Fußböden müssen durch drei Messungen nachgewiesen werden; Anlagen deren Nennspannung 500 V nicht überschreitet: 50 kΩ; Anlagen deren Nennspannung 500 V überschreitet: 100 kΩ
- Schutz durch automatische Abschaltung der Stromversorgung:
- Prüfung von TN-Systemen: Messung oder Berechnung der Schleifenimpedanz, Prüfung von RCDs, Überprüfung der Schutzeinrichtung
  - Prüfung von TT-Systemen: Messung des Erdungswiderstands, Prüfung von Überstromschutzeinrichtungen, Prüfung der Schutzeinrichtungen, Prüfung von RCDs
  - Prüfung von IT-Systemen: Besichtigen: überprüfen, ob kein aktiver Leiter direkt geerdet oder mit einem Schutzleiter verbunden ist/Erproben: durch Betätigen der Isolationsüberwachungseinrichtungen muss die Funktion geprüft werden/Fehlerstrom beim ersten Fehler berechnen oder messen/Bedingungen beim zweiten Fehler, Vorgehensweise wie beim TN- bzw. TT-System
  - Messung von Erdwiderständen: → *Messung des Erdungswiderstands*
  - Messung des Erdschleifenwiderstands: → *Messung des Erdungswiderstands*

  - Messung von Kurzschlussströmen bzw. Schleifenimpedanzen: zwei mögliche Messmethoden; 1. Direkter Kurzschluss zwischen Außenleiter und PEN- bzw. Schutzleiter, nach kurzer Zeit Abschaltung und Messung nach Abklingen des Einschwingvorgangs; 2. Prüfwiderstand wird eingeschaltet, Spannungsfall wird gemessen und der Kurzschlussstrom daraus berechnet.
  - Messung des Auslösestroms bei RCDs: überprüfen, ob Auslösestrom tatsächlich auslöst (Norm: Bemessungsdifferenzstrom); im TT-System prüfen: maximal zulässige Berührungsspannung (DIN VDE 0100-410) darf nicht überschritten werden; im TN-System ist die Prüfung des Berührungsstroms nicht erforderlich; überprüfen, ob die maximale Abschaltzeit (DIN VDE 0100-410) eingehalten wird.
- Zusätzlicher Schutz: Prüfung der Schutzmaßnahmen durch Besichtigen und Messen; wenn für Fehlerschutz und zusätzlicher Schutz RCDs gemeinsam eingesetzt, dann ist die Prüfung zum Fehlerschutz ausreichend.
- Prüfung Spannungspolarität: bei Verbot des Einbaus von einpoligen Schalteinrichtungen in Neutralleiter, muss durch Prüfung der Spannungspolarität festgestellt werden, ob Schalteinrichtungen nur in Außenleitern eingebaut sind.
- Prüfung Phasenfolge: Reihenfolge der Phasen muss in mehrphasigen Stromkreisen geprüft werden; Drehstrom-Steckdosen: Rechtsdrehfeld.
- Funktionsprüfungen an elektrischen Betriebsmitteln und Anlagen, wie Funktionsfähigkeit von Melde- und Anzeigevorrichtungen, Wirksamtkeit von Sicherheitseinrichtungen und Funktion von RCDs.
- Spannungsfall: wenn die Einhaltung eines bestimmten Werts für den Spannungsfall in Normen gefordert, dann kann der Spannungsfall entweder durch Messung der Impedanz danach berechnet oder durch entsprechende Diagramme geschätzt werden (Anhang D von DIN VDE 0100-600).

Dokumentation der Prüfungen:

Die Ergebnisse der Prüfungen sind in einem Prüfbericht zu dokumentieren. Dies ist nach der Norm gefordert, also in der Praxis anzuwenden. Das Protokoll soll so ausführlich angefertigt sein, dass auch noch nach Jahren die Prüfungen nachzuvollziehen sind, d. h., die Prüfungen müssen nicht nur in den Zahlenwerten dokumentiert werden, sondern auch entsprechend bewertet sein. Für die Prüfprotokolle gibt es beim ZVEH entsprechende Vordrucke.

Besichtigen	Erproben	Messen
• Begutachten (Inaugenscheinnahme) des einzusetzenden Materials • feststellen, ob das Material für den Verwendungsort geeignet ist (DIN VDE 0100 Gruppe 700) • nach erkennbaren Schäden, vor allem bei Anlageteilen, die dem Schutzzweck dienen, Inaugenscheinnahme • Isolierungen, Abdeckungen, Umhüllungen • Schutz gegen elektrischen Schlag • Auswahl der Leiter hinsichtlich der Strombelastbarkeit • Brandabschottungen • richtige Anordnung von Schalt- und Trenngeräten • Schutzmaßnahmen nach DIN VDE 0100 – Geräteeinstellungen überprüfen • Montage-, Aufstellungs- oder Betriebsanleitung beachten • Dokumentation in den schriftlichen Unterlagen • Kennzeichnung der Stromkreise, der Neutralleiter, Schutzleiter, PEN-Leiter in der Anlage • zusätzlicher Schutz	• Betätigen der Prüftaste bei Schutzeinrichtungen • Verriegelungen • Not-Aus-Einrichtungen • Fernsteuerungen, Rückmeldungen • Melde- und Anzeigeeinrichtungen • Schalterstellungsanzeigen • Funktionsfähigkeit von Meldeleuchten	• Spannungsmessung • Isolationswiderstandsmessung • Ableitstrommessung • Messung des Kurzschlussstroms • Schleifwiderstandsmessung • Phasenprüfung • Funktionsprüfung • Spannungsfall • Schutz durch SELV und PELV oder Schutztrennung • zusätzlicher Schutz • Erdungswiderstandsmessung

Tabelle 63 Praktische Beispiele zu Prüfungen (Quelle: in Anlehnung an DIN VDE 0100-600 und BGV A3)

Bei bestehenden elektrischen Anlagen sind wiederkehrende Prüfungen nach DIN VDE 0105-100 „Betrieb elektrischer Anlagen“ durchzuführen. Sie werden verlangt für die gewerblichen Betreiber und im Energieversorgungsbereich. Diese Starkstromanlagen müssen von Elektrofachkräften bzw. von elektrotechnisch unterwiesenen Personen gewartet und auch geprüft werden.

DIN VDE 0105-100 ist in seinem Anwendungsbereich eng mit der Unfallverhütungsvorschrift „Elektrische Anlagen und Betriebsmittel“, BGV A3, verknüpft.

Diese BGV A3 verlangt von dem Unternehmer, dass er für einen ordnungsgemäßen Zustand der elektrischen Anlagen und Betriebsmittel sorgt:

- vor der ersten Inbetriebnahme – nach einer Änderung oder Instandsetzung vor der Wiederinbetriebnahme
- in bestimmen Zeitabständen

Die Zeitabstände sind jedoch nicht genau festgelegt. Unternehmer, Vorgesetzte und Elektrofachkräfte haben die Möglichkeit, in eigener Verantwortung die Prüfintervalle zu bestimmen, es sei denn, Prüffristen sind durch Gesetze, Verordnungen, Unfallverhütungsvorschriften oder andere Sicherheitsvorschriften, z. B. vom Gesamtverband der Deutschen Versicherungswirtschaft (GDV) vorgegeben. Dann müssen sie eingehalten werden.

Die Verantwortlichen sollten die Zeitabstände für die Prüfungen in Abhängigkeit der Inanspruchnahme der Betriebsmittel vornehmen. So sind z. B. Elektrohandwerkzeuge, die auf Baustellen eingesetzt werden, sicher häufiger zu überprüfen als solche, die in stationären Betrieben gelegentlich verwendet werden.

Die Durchführungsanweisung der BGV A3 gibt Vorschläge und Beispiele für den Prüfungsumfang und die Prüffristen (**Tabelle 64**).

Zusätzlich zu den Anforderungen an Erstprüfungen und den wiederkehrenden Prüfungen sind für Elektrogeräte in DIN VDE 0701/0702 Anforderungen an die Prüfungen nach ihrer Instandsetzung festgelegt.

Das bedeutet, nach einer Änderung oder Instandsetzung eines Betriebsmittels (Elektrogeräts) sind Prüfungen nach DIN VDE 0701-0702 notwendig.

Auch ein gebrauchtes Gerät kann auf seine Sicherheit hin, mithilfe der Anforderungen aus DIN VDE 0701-0702, überprüft werden.

Die o. g. Prüfungen nach DIN VDE 0105-100 sind in ihren Forderungen nicht so streng wie die nach DIN VDE 0701-0702, sodass nach dieser Norm geprüfte Geräte gleichzeitig auch die DIN VDE 0105-100 erfüllen.

Anlage/Betriebsmittel	Prüffrist	Art der Prüfung	Prüfer
elektrische Anlagen und Betriebsmittel allgemein	vor der ersten Inbetriebnahme	auf ordnungsgemäßen Zustand, falls keine entsprechende Bescheinigung des Errichters vorliegt	Elektrofachkraft oder unter Leitung und Aufsicht einer Elektrofachkraft
	nach einer Änderung oder Instandsetzung	auf ordnungsgemäßen Zustand, falls keine entsprechende Bestätigung des Reparaturunternehmens vorliegt	
elektrische Anlagen und ortsfeste Betriebsmittel	mindestens alle vier Jahre	auf ordungsgemäßen Zustand	Elektrofachkraft
nicht ortsfeste elektrische Betriebsmittel; Anschlussleitungen mit Steckern; Verlängerungs- und Geräteanschlussleitungen mit ihren Steckvorrichtungen	mindestens alle sechs Monate (soweit benutzt)	auf ordnungsgemäßen Zustand	Elektrofachkraft; bei Verwendung geeigneter Prüfgeräte auch elektrotechnisch unterwiesene Person
Schutzmaßnahmen mit Fehlerstromschutzeinrichtungen bei nicht stationären Anlagen	mindestens einmal im Monat	auf Wirksamkeit	
Fehlerstrom- und Fehlerspannungs-Schutzeinrichtungen			
– bei stationären Anlagen	mindestens alle sechs Monate	auf einwandfreie Funktion durch Betätigen der Prüfeinrichtungen	Benutzer
– bei nicht stationären Anlagen	arbeitstäglich		
isolierende Schutzkleidung	vor jeder Benutzung	auf augenfällige Mängel	Benutzer
	mindestens alle sechs Monate (soweit benutzt)	auf sicherheitstechnisch einwandfreie Funktion	Elektrofachkraft
Spannungsprüfer; isolierte Werkzeuge; isolierende Schutzeinrichtung und Erdungen	vor jeder Benutzung	auf augenfällige Mängel und einwandfreie Funktion	Benutzer
Spannungsprüfer für Nennspannungen über 1 kV	mindestens alle sechs Jahre	auf Einhaltung der in den elektrotechnischen Regeln vorgegebenen Grenzwerte	Elektrofachkraft

Tabelle 64 Prüfungen elektrischer Anlagen und Betriebsmittel und Beispiele für die Prüflisten (nach § 5 der Durchführungsanweisung zu BGV A3

Literatur:

- *Karnofsky, J.; Kionka; U.; Vogt, D.: Prüfung der Schutzmaßnahmen. VDE-Schriftenreihe Band 36. Berlin · Offenbach: VDE VERLAG, 1988*
- *Hotopp, R.; Nienhaus, H.: Erläuterungen zu DIN VDE 0100 Teil 600 Erstprüfungen. RWE-Broschüre*
- *Kiefer, G.; Schmolke, H.: VDE 0100 und die Praxis. Berlin · Offenbach: VDE VERLAG, 2011*
- *Hennig, W.: VDE-Prüfung nach BGV A3 und BetrSichV. VDE-Schriftenreihe Band 43. Berlin · Offenbach: VDE VERLAG, 2012*

Prüfzeichen

Das VDE Prüf- und Zertifizierungsinstitut, Prüfstelle des VDE, hat die Aufgabe, auf Antrag der Hersteller oder anderer Institutionen Erzeugnisse des elektrotechnischen und elektronischen Bereichs, wie Betriebsmittel und elektrische Anlagen bzw. Teile davon, zu prüfen.

Sind die Anforderungen erfüllt:

- Erzeugnis entspricht den VDE-Bestimmungen, wird vom VDE-Institut geprüft
- gleich bleibende Qualität ist in den Fertigungsstätten gewährleistet
- laufende Überwachung auf Einhaltung der VDE-Bestimmungen

vergibt die Prüfstelle das Prüfzeichen.

Zeichen	Benennung	Anwendung
	VDE-Zeichen	Installationsmaterial, Einzelteile und Geräte als Ware im Sinne des Produktsicherheitsgesetzes (ProdSG) und Medizinprodukte im Sinne des Medizinproduktegesetzes (MPG)
a) b)	VDE-GS-Zeichen (bis 20 mm Höhe) VDE-GS-Zeichen (über 20 mm Höhe)	wahlweise nur für Geräte als Ware und verwendungsfertige Gebrauchsgegenstände im Sinne des Produktsicherheitsgesetzes
◁VDE▷	VDE-Kabelkennzeichen (als Aufdruck oder Prägung)	Kabel und isolierte Leitungen nach nicht harmonisierten VDE-Bestimmungen sowie Installationsrohre und -kanäle
◁VDE▷ ◁HAR▷	VDE-Harmonisierungskennzeichen (als Aufdruck oder Prägung)	Kabel und isolierte Leitungen nach harmonisierten VDE-Bestimmungen
schwarz rot	VDE-Kennzeichen	Kabel und isolierte Leitungen nach nicht harmonisierten VDE-Bestimmungen
schwarz rot gelb (3 cm) (1 cm) (1 cm)	VDE-Harmonisierungskennzeichnung als Kennfaden: „VDE-Harmonisierungs-Kennfaden“	Kabel und isolierte Leitungen nach harmonisierten VDE-Bestimmungen
VDE EMV	VDE-EMV-Zeichen	Geräte, die den VDE-Bestimmungen für elektromagnetische Verträglichkeit entsprechen, also Produkte im Sinne des EMV-Gesetzes (EMVG)
	IECQ-CECC-Zeichen	Bauelemente der Elektronik nach IECQ-CECC-Spezifikationen
10	ENEC-Zeichen des VDE	Bauelemente der Elektronik nach harmonisierten Zertifizierungsverfahren
VDE	VDE-Gutachten mit Fertigungsüberwachung	Geräte, Installationsmaterial und Einzelteile sowie Kabel und isolierte Leitungen
CE	CE-Konformitätszeichen	das Erzeugnis, das dieses Zeichen trägt, entspricht den gemeinsamen Vorschriften der EG-Länder (europäische Norm oder Harmonisierungsdokument)

Bild 53 Prüfzeichen (Quelle: Kiefer, G.; Schmolke, H.: VDE 0100 und die Praxis)

PVC-Aderleitung, H07V-K

Bedeutung des Kurzzeichens:

- H entspricht: harmonisierter Leitungstyp
- 07 entspricht: 450/750 V
- V entspricht: Leiterisolierung und Mantelisolierung aus PVC
- K entspricht: Leiterart, feindrähtiger Leiter für feste Verlegung

Diese Leitungen sind bestimmt für die Verlegung in Rohren, in und unter Putz und in → *Installationskanälen*.

Verwenden:

- als Schutzleiter und Schutzpotentialausgleichsleiter auch direkt auf, in und unter Putz
- innere Verdrahtung von Geräten, Schaltanlagen und Verteilern
- geschützte Verlegung in und an Leuchten (bis 1 000 V Wechselspannung)

Nicht verwenden:

- für die direkte Verlegung auf Pritschen, in Rinnen und Wannen

→ *Verlegen von Kabeln, Leitungen und Stromschienen*
→ *Kurzzeichen*

Qualifikation der im Bereich der Elektrotechnik tätigen Personen

DIN VDE 0100-100 *(VDE 0100-100)*	***Errichten von Niederspannungsanlagen*** *Allgemeine Grundsätze, Bestimmungen allgemeiner Merkmale, Begriffe*
BGV A3	***Unfallverhütungsvorschrift*** *Elektrische Anlagen und Betriebsmittel*

Die Qualifikation im Bereich der Elektrotechnik wird in einer dreiteiligen Stufung differenziert:
- Elektrofachkraft
- Elektrotechnisch unterwiesene Personen
- Elektrotechnische Laien

Elektrofachkraft:
ist, wer fachliche Qualifikationen für das Errichten, Ändern und Instandsetzen elektrischer Anlagen und Betriebsmittel hat:
- in der Regel: Fachausbildung, z. B. Elektroingenieur, Elektromeister, Elektrogeselle
- mehrjährige Tätigkeit (betriebliche Ausbildung) auf einem bestimmten Gebiet der Elektrotechnik
- Fachkraft für festgelegte Tätigkeiten (gleichartige sich wiederholdene Arbeiten an Betriebsmitteln, die vom Unternehmer in einer Arbeitsanweisung beschrieben sind) innerhalb eines begrenzten Arbeitsgebiets

Verlangt wird: mögliche Gefahren erkennen, übertragene Arbeiten eigenverantwortlich beurteilen, Fachverantwortung tragen

Elektrotechnisch unterwiesene Person ist, wer:
- über die ihr übertragenen Aufgaben und die möglichen Gefahren bei unsachgemäßem Handeln
- über die notwendigen Schutzeinrichtungen und Schutzmaßnahmen unterwiesen, eingewiesen und angelernt worden ist

Verlangt wird: fachgerechtes Verhalten und Ausführen von Maßnahmen im vorgegebenen Rahmen.

Für folgende Tätigkeiten muss ein Mitarbeiter mindestens die Qualifikation einer unterwiesenen Person haben:

- Reinigen elektrischer Anlagen bzw. elektrischer Betriebsstätten und abgeschlossener elektrischer Betriebsstätten
- Arbeiten in der Nähe unter Spannung stehender aktiver Teile
- Feststellen der Spannungsfreiheit
- Betätigen von Stellgliedern, die für die Sicherheit oder Funktion einer elektrischen Anlage oder eines elektrischen Betriebsmittels erforderlich sind.

Elektrotechnischer Laie:
ist, wer weder Elektrofachkraft noch elektrotechnisch unterwiesene Person ist.

Verlangt wird: Im Sinne der Unfallverhütungsvorschrift (BGV A3) nicht verantwortlich, daher dürfen diese Personen weder für das Errichten, Ändern, Instandhalten noch für das Betreiben elektrischer Anlagen und Betriebsmittel eingesetzt werden.

Elektrotechnische Laien dürfen nach der BGV A3 nur folgende Tätigkeiten im Zusammenhang mit elektrischen Anlagen und Betriebsmitteln durchführen:

- bestimmungsgemäßes Verwenden elektrischer Anlagen und Betriebsmittel mit vollständigem Berührungsschutz (z. B. Verwenden von Bohrmaschinen, Elektrowärmegeräten, Beleuchtungseinrichtungen usw.
- Mitwirken beim Errichten, Ändern und Instandhalten elektrischer Anlagen und Betriebsmitteln unter Leitung und Aufsicht einer Elektrofachkraft
- Durchführen von Tätigkeiten in der Nähe unter Spannung stehender aktiver Teile, z. B. Freileitungen, unter ständiger Leitung und Aufsicht einer Elektrofachkraft

Qualitätssicherung der elektrischen Anlagen und Betriebsmittel/Qualitätsmanagement

Definition der Qualität nach DIN 55350-11: „Gesamtheit von Eigenschaften und Merkmalen eines Produkts oder einer Tätigkeit (z. B. Dienstleistung), die sich auf deren Eignung zum Erfüllen gegebener Erfordernisse beziehen.“

Qualitätsmerkmale, wie Gebrauchstauglichkeit, Funktionstüchtigkeit, Zuverlässigkeit, Ausstattung, Haltbarkeit, Sicherheit, Umweltfreundlichkeit, Güte, Design, Bedienungskomfort, moderne Technologie und Preis-Leistungs-Verhältnis werden, bezogen auf ein bestimmtes elektrisches Betriebsmittel, in technische Spezifikationen bzw. Anforderungen umgesetzt. Wenn diese Anforderungen erfüllt sind, handelt es sich um ein qualitativ gutes Produkt.

Die Qualitätssicherung (Qualitätsmanagement) umfasst alle organisatorischen und technischen Maßnahmen zur Sicherung der Qualität. Das QS-System ist die festgelegte Aufbau- und Ablauforganisation zur Durchführung der Qualitätssicherung.

Die Qualitätssicherung ist seit vielen Jahren ein wichtiger Bestandteil im Produktionsprozess von Massenartikeln. Im Bereich der Elektrotechnik war die Qualitätssicherung bei der Herstellung, der Errichtung und der Anwendung der Betriebsmittel und elektrischen Anlagen bisher nicht überall eine selbstverständlich eingesetzte Disziplin. In Deutschland ist jedoch in letzter Zeit die Anwendung der Qualitätssicherung für elektrische Anlagen in den Vordergrund gerückt, und dies nicht nur bei der Herstellung, sondern auch bei der Errichtung bzw. Montage der elektrischen Anlagen und bei dem Betrieb und der Instandhaltung durch den Betreiber.

Qualitätssicherung beginnt bereits in der Entwicklungsphase der Produkte. Sie überdeckt den eigentlichen Produktionsprozess bis hin zur Überprüfung der Anlagen bzw. Anlagenteile beim Hersteller, Anwender oder in unabhängigen Prüffeldern und muss schließlich auch die Errichtung, den Dienstleistungsbereich und den Betrieb mit einbeziehen.

Qualitätssicherung bedeutet aber auch, das Anforderungsprofil elektrischer Anlagen und ihrer Komponenten laufend dem Stand der Technik anzupassen. Die Aufgabe der Qualitätssicherung ist es also, die Zuverlässigkeit der elektrischen Anlagen und die Arbeitssicherheit zu erhöhen. Über den Begriff „Qualität“ existieren die unterschiedlichsten Vorstellungen und Definitionen.

Gründe für die zunehmende Bedeutung der Qualitätssicherung im Bereich der Elektrotechnik:

- internationale Erweiterung der Märkte
- zunehmender Wettbewerb
- Steigerung der Kundenerwartungen
- weltweites Verlangen nach Qualitätssicherungs-Nachweisen
- gesellschaftliche Entwicklung
- steigende Anforderungen des Gesetzgebers
- Harmonisierung der Normen
- Umweltschutz
- Komplexität der Produkte

- Erhöhung der Rentabilität
- Qualitätssicherung auch im Dienstleistungsbereich
- Interdependenzen Qualitätssicherung/Instandhaltung

Qualitätsmanagement (QM): Qualitätsmanagementsystem, z. B. die EN ISO 9001; Konzeption und Durchführung von Maßnahmen, die der Verbesserung von Arbeitsabläufen in Organisationen dienen.

Raumart

DIN VDE 0100-200	***Errichten von Niederspannungsanlagen***
(VDE 0100-200)	*Begriffe*

Die Errichtung elektrischer Anlagen und die Aufstellung elektrischer Betriebsmittel sind in ihrer Ausführungsform abhängig von den entsprechenden Betriebs- und Umgebungsbedingungen und den Beanspruchungen, die auf diese Anlage einwirken. Daher werden an die Errichtung dieser Anlagen und an ihre Ausführung besondere Anforderungen gestellt. Sie sind abgestimmt auf die entsprechenden Verhältnisse, die dort vorherrschen und die somit der Errichter berücksichtigen muss. Die unterschiedlichen Möglichkeiten der Anwendung/Verwendung eines Raums oder einer Betriebsstätte, die man in der Praxis vorfindet, sind in DIN VDE 0100 Gruppe 700 geregelt.

Grundsätzlich gelten für besondere Räume und Betriebstätten ebenfalls die Teile 100 bis 600 von DIN VDE 0100. Zusätzlich sind die Anforderungen der Gruppe 700 zu berücksichtigen (z. B. Baderäume: DIN VDE 0100-701).

Die wichtigsten Raumarten und Betriebsstätten:

- → *abgeschlossene elektrische Betriebsstätte*
- → *Anlagen im Freien*
- → *Antriebe*
- → *Baderäume*
- → *Baustellen*
- → *begrenzte leitfähige Räume*
- → *elektrische Betriebsstätten*
- → *Ersatzstromversorgungsanlagen*
- → *feuchte und nasse Räume*
- → *feuergefährdete Betriebsstätten*
- → *fliegende Bauten*

- → *Hohlwände*
- → *landwirtschaftliche Betriebsstätten*
- → *Möbel*
- → *nicht leitende Räume*
- → *Sauna-Anlagen*
- → *Schaltanlagen und Verteiler*
- → *Schwimmhallen*
- → *Springbrunnen*
- → *trockene Räume*
- → *Unterrichtsräume*

Raumart:	gelten als:
• Küchen und Baderäume in Wohnungen	• trockene Räume
• normale Kellerräume	• feuchte und nasse Räume
• beheizte Räume	• trockene Räume
• Garagen	• in Abhängigkeit der Länderverordnung: feuergefährdete Betriebsstätten
• Ölfeuerräume	• feuergefährdete Betriebsstätten
• Tankstellen	• in einigen Bereichen: explosionsgeschützt
• Gewächshäuser	• feuchte und nasse Räume
• Hausschutzräume (Bevölkerungsschutz)	• feuchte und nasse Räume

Tabelle 65 Beispiele für Raumarten

Tritt in einem Raum an einer bestimmten Stelle hohe Feuchtigkeit auf, so ist es ausreichend, wenn diese Stelle innerhalb des Raums als feuchter Raum verstanden wird und die Betriebsmittel entsprechend dimensioniert bzw. ausgewählt werden.

Der übrige Raum kann ohne Weiteres als trockener Raum (Erleichterung bei der Auswahl der Betriebsmittel und Geräte) angesehen werden.

Räume mit Badewanne oder Dusche

DIN VDE 0100-701	***Errichten von Niederspannungsanlagen***
(VDE 0100-701)	*Räume mit Badewanne oder Dusche*

Anwendungsbereich
Die Festlegungen gelten für elektrische Anlagen an Orten mit einer fest eingebauten Badewanne oder Dusche und für die angrenzenden Bereiche. Sie gelten nicht für Einrichtungen, die für den Notfall vorgesehen sind, z. B. Notduschen in Laboratorien.

Für medizinische Zwecke oder für behinderte Personen können spezielle Anforderungen zusätzlich erforderlich sein.

Einteilungen in Bereiche mit unterschiedlichen Anforderungen:
Bereich 0:

- das Innere der Bade- oder Duschwanne
- bei Duschen ohne Wanne entfällt der Bereich 0

Bereich 1:

- Begrenzung durch den Fertigfußboden und die waagrechte Fläche in 225 cm Höhe über dem Fertigfußboden, evtl. auch höher, wenn der fest eingebaute Wasserlauf höher als 225 cm ist. Als senkrechte Begrenzung gilt die äußere Umrandung der Bade- oder Duschwanne. Bei Duschen ohne Wanne wird ein Abstand von 120 cm vom Mittelpunkt der festen Wasseraustrittsstelle an der Wand oder Decke festgelegt.
- Der Raum unterhalb der Bade- oder Duschwanne liegt außerhalb der definierten Bereiche (hier gelten also die grundsätzlichen Anforderungen der DIN VDE 0100), wenn er nur mit Werkzeug zugänglich ist. Er gehört zum Bereich 1, wenn er offen, also ohne Werkzeug erreichbar ist.

Bereich 2:

- Waagrechte Begrenzung im Bereich 1, die senkrechte Begrenzung liegt 60 cm parallel von der äußeren Grenze des Bereichs 1 entfernt.

Fest angebrachte Abtrennungen können Bereiche einschränken.

Schutz gegen direktes Berühren
In den Bereichen 0, 1 und 2 muss für alle elektrischen Betriebsmittel der Schutz gegen direktes Berühren unabhängig von der Höhe der Nennspannung durch Isolierung, Abdeckung oder Umhüllung sichergestellt werden.
Anwendung von SELV mit der Schutzart IP2X oder IPXXB oder einer Isolierung, die einer effektiven Prüfwechselspannung von 500 V mindestens 1 min standhält.

Schutz bei indirektem Berühren
Fremde leitfähige Teile in Räumen mit Badewannen oder Duschen sind in einen zusätzlichen Schutzpotentialausgleich einzubeziehen, z. B.:

- Teile der Frischwasserversorgung und Abwassersysteme
- Heizungs- und Klimaanlagen
- Teile der Gasversorgung

Außerdem sind alle Teile über einen Schutzpotentialausgleichsleiter (Mindestquerschnitt 4 mm^2 Cu) mit der Schutzleiterschiene oder mit der Hauptpotentialausgleichsschiene/Haupterdungsschiene zu verbinden. Ein zusätzlicher Schutzpotentialausgleich wird zukünftig nicht mehr gefordert, wenn in dem jeweiligen Gebäude der Schutzpotentialausgleich über die Haupterdungsschiene für die Verbraucheranlage vorhanden ist.

Zusätzlicher Schutz durch Fehlerstromschutzeinrichtungen (RCDs)
In Räumen mit Badewannen oder Duschen müssen alle Stromkreise mit einer oder mehreren Fehlerstromschutzeinrichtungen (RCDs) mit einem Bemessungsdifferenzstrom $I_{\Delta N} \leq 30$ mA geschützt sein.
Ausnahme: Stromkreise für Wassererwärmer.
RCDs werden nicht gefordert beim Schutz durch SELV oder PELV.

Nicht erlaubt sind:
- Schutz durch leitende Räume
- Schutz durch erdfreien örtlichen Potentialausgleich
- Schutz durch Schutztrennung mit mehr als einem Stromverbraucher

Äußere Einflüsse
Schutzart elektrischer Betriebsmittel:
- Bereich 0: IPX7
- Bereich 1: IPX4 für Duschen ohne Wanne bis 10 cm über dem Fußboden IPX7
- Bereich 2: IPX4 bei Strahlwasser, z. B. für Reinigungszwecke IPX5

Kabel- und Leitungsanlagen
Kabel- und Leitungsanlagen dürfen in Räumen mit Badewannen und Duschen am gesamten Ort und in Wänden oder Abtrennungen, die Bereiche 0, 1 oder 2 begrenzen, nur dann errichtet werden, wenn sie elektrische Betriebsmittel in diesen Bereichen versorgen, einen Schutzleiter enthalten und in einer Tiefe von 6 cm verlegt werden.

Elektrische Verbrauchsmittel (z. B. Wassererwärmer) im Bereich 1 müssen immer senkrecht von oben oder waagrecht durch die Wand von der Rückseite angeschlossen werden.

Für Kabel- oder Leitungsanlagen, die andere Stromkreise außerhalb der Räume für Badewannen und Duschen versorgen, wird ebenfalls bis zur Oberfläche von Wänden und Abtrennungen der Bereiche 0, 1 und 2 eine Restwanddicke von mindestens 6 cm gefordert. Kann diese Forderung nicht erfüllt werden, ist eine der nachstehenden Maßnahmen vorzusehen:

- Stromkreise mit der Schutzmaßnahme SELV oder PELV
- zusätzlicher Schutz mit Fehlerstromschutzeinrichtung mit einem Bemessungsdifferenzstrom $I_{\Delta N} \geq 30$ mA
- Schutz der Kabel und Leitungen durch metallene und geerdete Abdeckung, Schutzrohr oder -kanal
- auf Stegleitungen sollte man im Badezimmer grundsätzlich verzichten
- Kennzeichnung des Schutzpotentialausgleichsleiters auf der gesamten Länge: grün-gelb

Schalt- und Steuergeräte, Zubehör

Bereich 0:

- Einsatz nicht erlaubt

Bereich 1:

- Geeignete Anschlussdosen für Verbrauchsmittel, die im Bereich 1 erlaubt sind.
- Zubehör zu SELV- oder PELV-Stromkreisen mit einer Bemessungsspannung von AC 25 V und DC 60 V (z. B. für Signal- und Kommunikationseinrichtungen). Die Stromquelle muss außerhalb der Bereiche 0, 1 und 2 angeordnet werden.

Bereich 2:

- Zubehör zu Verbrauchsmitteln, die im Bereich 2 erlaubt sind, jedoch keine Steckdosen; alle Installationsgeräte sind zulässig
- Zubehör zu SELV- und PELV-Stromkreisen; die Stromquelle muss außerhalb der Bereiche 0, 1 und 2 angeordnet werden
- Rasiersteckdoseneinheiten
- Zubehör zu Signal- und Kommunikationseinrichtungen, die durch SELV oder PELV geschützt sind

Elektrische Verbrauchsmittel

Bereich 0:

- Fest und dauerhaft verbundene Betriebsmittel, die nach den entsprechenden Normen und Herstellerangaben im Bereich 0 eingesetzt werden dürfen und die durch SELV oder PELV mit einer Bemessungsspannung, die AC 12 V oder DC 30 V nicht überschreitet, geschützt sind.

Bereich 1:

- Fest angeschlossene, nach den Normen und der Herstellerangaben für den Bereich 1 geeignete Verbrauchsmittel, z. B.:
  - Whirlpooleinrichtungen
  - Duschpumpen
  - Ventilatoren

- Handtuchtrockner
- Wassererwärmer
- Betriebsmittel, geschützt durch SELV oder PELV, mit einer Bemessungsspannung AC 25 V oder DC 60 V

Elektrische Fußbodenheizsysteme
Es dürfen nur Heizkabel oder -leitungen mit metallener Umhüllung oder mit feinmaschigem Metallgitter verwendet werden. Metallene Umhüllung oder Metallgitter müssen mit dem Schutzleiter des versorgenden Stromkreises verbunden werden. Es können auch Heizsysteme mit der Schutzmaßnahme SELV eingesetzt werden. Nicht erlaubt ist für Fußbodenheizsysteme der Schutz durch Schutztrennung.

Fernseher: nur im Bereich 1 und 2, wenn die von einer SELV- oder PELV-Stromquelle versorgt werden.

Waschmaschine im Badezimmer: Der elektrische Anschluss darf in den Bereichen 0, 1 und 2 nicht vorgesehen werden. Eine Steckdose für eine Waschmaschine muss durch eine Fehlerstromschutzeinrichtung (RCD) geschützt sein; auch dann, wenn die Steckdose für das Gerät außerhalb des Badezimmers angebracht ist.

Raumheizgeräte

DIN EN 60335-2-30	***Sicherheit elektrischer Geräte für den Hausgebrauch und ähnliche Zwecke***
(VDE 0700-30)	*Besondere Anforderungen für Raumheizgeräte*

Die Raumheizung mit elektrischer Energie kann dann wirtschaftlich sein, wenn die Wärmedämmung optimiert durchgeführt wurde.

Wärmeübertragung:
- durch Konvektion oder Strahlung

Konvektionsheizung:
- Luft des Raums dient als Übertragungsmittel

Strahlungsheizung:
- der zu erwärmenden Fläche muss ausreichend Wärme zugeführt werden

Speicheröfen:
- Heizkörper bestehen aus Heizrohren bzw. Masseheizkörpern (die Wärme wird in einer mineralischen oder keramischen Masse gespeichert)

Speicheröfen können in Schwachlastzeiten der Energieversorgungsunternehmen preiswerter mit Energie gespeist werden, die zu anderen Tageszeiten durch ein Gebläse aus der Speichermasse in den zu heizenden Raum abgegeben wird.

Anmerkung:
Es sei an dieser Stelle bewusst nochmals darauf hingewiesen, dass der optimalen Ausführung der Wärmedämmung eine wesentliche Bedeutung bei der Raumheizung zufällt – und dies ist unabhängig davon, mit welcher Technik und welchen Geräten die Wärme in den Räumen erzeugt wird. Seit der zunehmenden Verteuerung der Energie in den letzten Jahren spielen regenerative Energieerzeugungsalternativen eine verstärkte Rolle auch bei der Raumwärmeheizung, wie Wärmepumpen oder Solarenergie.

RCD

RCD – Internationale Bezeichnung: **R**esidual **C**urrent protective **D**evice (Differenzstromschutzeinrichtung)
RCD-Oberbegriff für Fehlerstromschutzeinrichtungen
Vorteile der Schutzmaßnahme mit Fehlerstromschutzeinrichtung (RCD):

- niedriger Bemessungsauslösestrom
- extrem kurze Abschaltzeiten
- Körperströme für den Menschen im Grundsatz ungefährlich, weil die Strom-Zeit-Werte sehr niedrig liegen
- Erdschlüsse werden unverzüglich abgeschaltet, damit guter Brandschutz
- Schutz bei Schutzleiterunterbrechung/bei Schutzleiterverwechselungen/bei Isolationsfehlern in Betriebsmitteln

Es wird unterteilt:

- RCDs mit Hilfsspannungsquelle, die als Differenzstromschutzeinrichtungen bezeichnet werden (aktuelle Bezeichnung: netzspannungsabhängige Fehlerstromschutzeinrichtung (RCD))
- RCDs ohne Hilfsspannungsquelle, die als Fehlerstromschutzeinrichtung bezeichnet wirden (aktuelle Bezeichnung: netzspannungsunabhängige Fehlerstromschutzeinrichtung (RCD))
- Die Hilfsspannungsquelle ist üblicherweise das Versorgungsnetz. Dort wo in den VDE-Bestimmungen RCDs ohne weitere Angaben zwingend gefordert sind, dürfen zunächst bis zur Veröffentlichung der entsprechenden gültigen Norm für RCDs mit Hilfsspannungsquelle auch RCDs ohne Hilfsspannungsquelle verwendet werden.

Begriffe nach den Normen:

- Differenzstromschutzeinrichtung (RCD = Residual Current protective Device): Ein mechanisches Schaltgerät oder eine Zusammenschaltung von Geräten, deren Aufgabe es ist, die Öffnung der Kontakte zu veranlassen, wenn der Differenzstrom unter festgelegten Bedingungen einen vorgegebenen Wert erreicht.
- FI-Schutzschalter (Kurzbezeichnung darf weiter benutzt werden): sind Schutzschalter, die ausschalten, wenn der Fehlerstrom einen bestimmten Wert überschreitet. Für den Auslösefehlerstrom gilt nach den Normen der Begriff *Bemessungsdifferenzstrom.*
- FI/LS-Schalter: ist ein mechanisches Schaltgerät, das dazu dient, einen Stromkreis durch Handbetätigung mit dem Netz zu verbinden oder von diesem zu trennen bzw. selbsttätig, netz- oder hilfsspannungsunabhängig den Stromkreis vom Netz zu trennen, wenn ein Fehlerstrom oder ein Strom bei Überlast oder Kurzschluss einen vorbestimmten Wert überschreitet.
- Selektive FI-Schutzschalter: sind Schutzschalter, die zeitlich verzögert sind und die durch Stromgröße bestimmter Höhe nicht auslösen.
- LS/DI-Schalter: sind Schutzschalter, die dazu dienen, einen Stromkreis durch Handbetätigung mit dem Netz zu verbinden oder von diesem zu trennen bzw. selbsttätig vom Netz zu trennen, wenn Überlastung, Kurzschlussstrom oder Differenzstrom einen vorbestimmten Wert überschreitet. Die Funktion des Differenzstromauslösers ist netzspannungsabhängig.

Fehlerstromschutzeinrichtung (RCD) Typ A: dient dem Schutz bei sinusförmigen Wechselfehlerströmen und bei pulsierenden Gleichfehlerströmen.
Fehlerstromschutzeinrichtung (RCD) Typ B: dient dem Schutz bei sinusförmigen Wechselfehlerströmen, pulsierenden Gleichfehlerströmen und glatten Gleichfehlerströmen in Wechselspannungsnetzen.
Fehlerstromschutzeinrichtung (RCD) Typ AC: dient dem Schutz nur bei sinusförmigen Wechselfehlerströmen; daher nur zum Einsatz als Fehlerstromschutzeinrichtung (RCD) zum Schutz gegen elektrischen Schlag einsetzbar, nicht zum Brandschutz zulässig.
Im Anhang B der Norm DIN VDE 0100-530 sind Kurvenverläufe von Fehlerströmen bei verschiedenen Schaltungen mit Halbleiterbauelementen dargestellt.
Anwendung der Fehlerstromschutzeinrichtungen (RCD) zum Schutz gegen elektrischen Schlag und den Brandschutz:

- netzspannungsunabhängige Fehlerstromschutzschalter Typ A; RCCBs ohne eingebaute Überstromschutzeinrichtung nach DIN VDE 0664-10 oder

- RCBOs mit eingebauter Überstromschutzeinrichtung nach DIN VDE 0664-20
- Fehlerstromschutzschalter Typ B; RCCBs ohne eingebaute Überstromeinrichtung nach DIN VDE 0664-100 oder RCBOs mit eingebauter Überstromeinrichtung nach DIN VDE 0664-200 oder Typ B; RCCBs und RCBOs mit oder ohne eingebautem Überstromschutz nach DIN VDE 0664-40, für Hausinstallationen oder ähnliche Zwecke
- nicht zugelassen sind: netzspannungsabhängige Fehlerstromschutzschalter (DI-Schalter), weil sie noch nicht genormt sind.

Rechtliche Bedeutung der DIN-VDE-Normen

Die Notwendigkeit, für die Sicherheit elektrischer Anlagen und Betriebsmittel zu sorgen, ergibt sich aus zwingenden gesetzlichen Vorschriften. Insbesondere sind hier von Bedeutung:

- das Energiewirtschaftsgesetz
- Gesetz über die Bereitstellung von Produkten auf dem Markt (ProdSG, Produktsicherheitsgesetz)
- Unfallverhütungsvorschriften der Berufsgenossenschaften (z. B. BGV A3)

Wenn auch die Normen keine Rechtsgrundsätze darstellen, die kraft öffentlichen Rechts oder zwingenden Privatrechts in die vertragliche Gestaltungsfreiheit der einzelnen Unternehmen einwirken, ist die Verbindung der aufgrund von DIN 820 entwickelten DIN-VDE-Norm doch erheblich. Bei Normen handelt es sich um mehr als nur um Empfehlungen.

Für die beteiligten Wirtschaftskreise begründet die Norm faktisch die Verpflichtung, hiernach zu verfahren, wenn Wettbewerbsnachteile vermieden und Haftungskonsequenzen bei Schadensfolgen und Nichtbeachtung der vereinbarten Norm vermieden werden sollen. Die Bedeutung, die den Normen zukommt, wird durch den Vertrag zwischen Deutschland und dem DIN unterstrichen, der eine Beteiligung der Vertreter der Bundesregierung in den entsprechenden Normungsausschüssen sicherstellt.

Dem Praktiker kann empfohlen werden, die DIN-VDE-Normen quasi als Rechtsnorm anzusehen. Ein Handeln auf der Basis dieser Normen wird im Haftungsfall zunächst gegen ein Verschulden sprechen. Das bedeutet, der Fachmann kann auf die Einhaltung der Forderungen aus der Norm verzichten, wenn er z. B. die Sicherheit, die in der Sicherheitsnorm gefordert wird, auf andere Art und Weise erfüllt.

Im „Ernstfall“ kehrt sich dann jedoch die Beweispflicht um, d. h., der Praktiker muss beweisen, dass seine Vorkehrungen sicherheitstechnisch genauso „gut“ wie die der Normen sind. Dies ist sicher in vielen Fällen weitaus schwieriger, als sich auf dem Polster der Anforderungen aus den Normen auszuruhen.

Für den Bereich der Elektrotechnik gilt das Energiewirtschaftsgesetz (EnWG). Es bildet die gesetzliche Grundlage unter anderem für die Errichtung und Unterhaltung von Starkstromanlagen:

„Bei der Errichtung und Unterhaltung von Anlagen zur Erzeugung, Fortleitung und Abgabe von Elektrizität sind die allgemein anerkannten Regeln der Technik zu beachten …“

Über die allgemein anerkannten Regeln der Technik gilt: „Die Einhaltung der allgemein anerkannten Regeln der Technik ... wird vermutet, wenn die technischen Regeln des Verbands der Elektrotechnik Elektronik Inormationstechnik beachtet worden sind …“

Zu dem Begriff „anerkannte Regeln der Technik“ und weiteren Begriffen hat das Bundesverfassungsgericht klärende Aussagen getroffen:

Allgemein anerkannte Regeln der Technik: Auffassungen, die unter den Praktikern allgemein festzustellen sind.

Es genügt nicht die Feststellung der Regeln durch besonders qualifizierte Repräsentanten des technischen Fachs.

Stand der Technik: Maßgeblich ist das Fachwissen des technischen Fortschritts und der technischen Entwicklung; allgemeine Anerkennung der Regeln wird nicht verlangt. Stand der Technik ist der Entwicklungsstand fortschrittlicher Verfahren, Einrichtungen und Betriebsweisen.

Stand von Wissenschaft und Technik sind die neuesten wissenschaftlichen Ergebnisse. Vorausgesetzt wird die Übereinstimmung von wissenschaftlicher und technischer Entwicklung.

Auszüge und Erläuterungen zu Gesetzestexten zur Veranschaulichung der rechtlichen Bedeutung.

Einzelne, für die Sicherheit in der Elektrotechnik wichtige Bestimmungen:
- Durchführungsverordnung zum Energiewirtschaftsgesetz
- Gewerbeordnung
- Gesetz über die Bereitstellung von Produkten auf dem Markt
- Erste Verordnung zum Produktsicherheitsgesetz
- Gesetz über Betriebsärzte, Sicherheitsingenieure und andere Fachkräfte für Arbeitssicherheit
- Verordnung über Arbeitsstätten
- Unfallverhütungsvorschriften für Elektrische Anlagen und Betriebsmittel (BGV A3) mit den Durchführungsanweisungen zur Unfallverhütungsvorschrift „Elektrische Anlagen und Betriebsmittel"
- Verordnung über Allgemeine Bedingungen für den Netzanschluss und dessen Nutzung für die Elektrizitätsversorgung in Niederspannung
- Verordnung zur Gründung der Europäischen Wirtschaftsgemeinschaft
- Niederspannungsrichtlinie
- Richtlinie des Rates zur Angleichung der Rechts- und Verwaltungsvorschriften der Mitgliedstaaten über die Haftung für fehlerhafte Produkte

Speziell für die Elektrotechnik ist die Unfallverhütungsvorschrift „Elektrische Anlagen und Betriebsmittel" → *BGV A3* von grundlegender Bedeutung. Sie übernimmt teilweise Festlegungen aus DIN-VDE-Normen und wertet sie dadurch rechtlich auf; außerdem wird auf DIN-VDE-Normen als allgemein anerkannte Regeln der Technik Bezug genommen.

Rechtsdrehfeld

Drehstromsteckvorrichtungen müssen so angeschlossen werden, dass sich ein Rechtsdrehfeld ergibt, wenn man die Steckbuchsen von vorn im Uhrzeigersinn betrachtet. Zur Überprüfung des Rechtsdrehfelds kann ein Drehfeldrichtungsanzeiger verwendet werden.

→ *Phasenfolge*

Regeln der Technik

- Allgemein anerkannte Regeln der Technik:
  Kenntnisse über und Auffassungen zu bestimmten Techniken
- Stand der Technik:
  das grundsätzliche Wissen des jeweiligen Fachgebiets
- Stand der Wissenschaft und Technik:
  die neuesten wissenschaftlichen Ergebnisse des jeweiligen Fachgebiets

→ *Rechtliche Bedeutung der DIN-VDE-Normen*

Reihenklemmen

DIN EN 60947-7-1	***Niederspannungsschaltgeräte***
(VDE 0611-1)	*Reihenklemmen für Kupferleiter*

Reihenklemmen:

- Isolierende Teile, die eine oder mehrere gegeneinander isolierte Klemmanordnungen tragen und für die Befestigung an einer Befestigungsauflage vorgesehen sind;
- sind zum Aufreihen auf genormte Tragschienen geeignet, vorrangig mit Schraub- und Federklemmanschluss;
- sie werden vorzugsweise in Schalt- und Steuerungsanlagen, in Installationsverteilern, Verteilerkästen und Verteilerschränken verwendet.
- Die Farbkombination Grün-Gelb ist für Reihenklemmen nicht zulässig.

Normalerweise müssen Klemmen für verschiedene Stromkreise bei Verbindungen in einem gemeinsamen Kasten durch isolierende Zwischenwände getrennt werden. Für Reihenklemmen nach DIN VDE 0611 gilt dies nicht, d. h., auf die Trennung mit isolierenden Zwischenwänden kann verzichtet werden.

Bei der Zusammenfassung mehrerer Stromkreise in einem Kasten muss jedoch auch bei Reihenklemmen die Übersichtlichkeit gewahrt werden.

Relais

DIN EN 61810-2 *(VDE 0435-120)*	***Elektromechanische Elementarrelais*** *Funktionsfähigkeit (Zuverlässigkeit)*
DIN EN 60255-5 *(VDE 0435-130)*	***Elektrische Relais*** *Anforderungen und Prüfungen*
DIN EN 61810-1 *(VDE 0435-201)*	***Elektromechanische Elementarrelais*** *Allgemeine Anforderungen*

Relais:
- ein Schaltgerät für betriebsmäßiges Schalten, muss für die härtesten zu erwartenden Bedingungen ausgelegt sein
- gegenüber Schützen meist geringere Schaltleistung
- können, abhängig von Kontaktausführung und Kontaktwerkstoff, bei Spannungen bis 250 V bis etwa 10 A schalten
- für Gleich- und Wechselspannung von 1,5 V bis 230 V einsetzbar.

Durch Veränderung der elektrischen Größe, z. B. Strom, Spannung oder anderer elektrischer Größen im Eingangskreis, werden Änderungen in einem oder mehreren elektrischen Ausgangskreisen bewirkt.

Man unterscheidet hinsichtlich des Wirkprinzips:
- elektromechanische Relais
- elektrothermische Relais
- statische Relais

Nach der Aufgabenstellung unterscheidet man:
- Schaltrelais
- Messrelais

Relaisarten als Beispiele:
- Überstromrelais ($I >$)
- Unterstromrelais ($I <$)
- Unterimpedanzrelais ($Z <$)
- Überspannungsrelais ($U >$)
- Unterspannungsrelais ($U <$)

Elektrische Relais betätigen bei Einwirkung einer elektrischen Größe mit Kontakten über Hilfsstromkreise weitere Einrichtungen. Sie bestehen aus einem elektrisch beeinflussten Teil mit einer oder mehreren Spulen und einer Kontakteinrichtung. Die erregende Wirkungsgröße ist bei z. B. Schutzrelais vielfach für die Bezeichnung der Relais maßgebend.

Wichtige Relaiskontakte:
- Schließer – werden bei Erregung des Relaissystems geschlossen
- Öffner – sind unerregt geschlossen und öffnen bei Erregung
- Wechsler – bestehen aus Öffner und Schließer
- Wischer – werden nur kurzzeitig (bis etwa 200 ms) betätigt

Rettungswege

Rettungswege:
- schnelles und sicheres Verlassen von Arbeitsplätzen und Räumen muss gewährleistet sein
- gekennzeichnet als Rettungswege, dürfen nicht eingeengt sein
- Türen müssen in Fluchtrichtung aufschlagen und als solche gekennzeichnet sein

Für elektrische Betriebsstätten gilt:
- Ausgänge sind so anzuordnen, dass der Rettungsweg innerhalb des Raums nicht mehr als 40 m beträgt.
- Die Zugangstüren müssen nach außen aufschlagen.
- Türschlösser müssen so beschaffen sein, dass der Zutritt unbefugter Personen verhindert ist, in der Anlage befindliche Personen diese aber ungehindert verlassen können (Panikschloss).
- Türen zwischen verschiedenen Räumen einer abgeschlossenen elektrischen Betriebsstätte müssen kein Schloss haben.

Ringerder

DIN EN 62305-1	***Blitzschutz***
(VDE 0185-305-1)	*Allgemeine Grundsätze*

DIN VDE 0141 *(VDE 0141)*	***Erdungen für spezielle Starkstromanlagen mit Nennspannungen über 1 kV***

Der Ringerder ist ein ringförmig angeordneter → *Oberflächenerder*. Auch Erder, die nur annähernd die Form eines Rings haben, fallen unter diesen Begriff. Die Ringe können offen oder geschlossen verlegt sein. Ringerder werden insbesondere zur Potentialsteuerung bei einzelnen Betriebsmitteln oder bei Freileitungsmasten eingesetzt und in besonderen Fällen zusätzlich mit Strahlenerdern kombiniert.

Risiko

Das Risiko wird beschrieben durch eine Wahrscheinlichkeitsaussage, die

- die bei einem bestimmten technischen Vorgang oder Zustand (z. B. während des Betriebs) zu erwartende Häufigkeit des Eintritts eines unerwünschten Ereignisses (Störung) und
- den bei Ereigniseintritt zu erwartenden Schadensumfang zusammenfasst.

Das Risiko ist die Zusammenfassung aus Schadenshäufigkeit und Schadenshöhe:

Risiko = Schadenshäufigkeit × Schadenshöhe

→ *Sicherheitstechnik*

Rohrerder

DIN VDE 0141 *(VDE 0141)*	***Erdungen für spezielle Starkstromanlagen mit Nennspannungen über 1 kV***

Rohrerder sind → *Tiefenerder*, die aus Rohren bestehen.

Rollladenantriebe für Räume mit Badewanne oder Dusche

DIN EN 60335-2-97 *(VDE 0700-97)*	***Sicherheit elektrischer Geräte für den Hausgebrauch und ähnliche Zwecke*** *Besondere Anforderungen für Rollläden, Markisen, Jalousien und ähnliche Einrichtungen*
DIN VDE 0100-701 *(VDE 0100-701)*	***Errichten von Niederspannungsanlagen*** *Räume mit Badewanne oder Dusche*

Wichtige Regelung für Räume mit Badewanne oder Dusche:
Rollladenantriebe, sofern sie im Rollladenkasten integriert sind, der allseits geschlossen ist und nur mit Werkzeug geöffnet werden kann, dürfen angebracht werden, und zwar unabhängig davon, ob das Fenster im Bereich 1 oder 2 angeordnet ist. Hierbei ist zu beachten, dass die Taster/Schalter für die Auf-/Abbewegung außerhalb von Bereich 0, 1 und 2 errichtet sein müssen.

Bei sogenannten Gurtbandantrieben ergeben sich dagegen Probleme, da hierbei das elektrische Betriebsmittel „Motor mit Steuerung" im Gurtbandaufroller untergebracht ist. Unter Umständen muss die Anordnungsseite gewechselt werden, damit sich dieser Antrieb außerhalb der Bereiche 1 und 2 befindet. Bei neu zu errichtenden Bädern ist das sicher problemloser möglich als in bestehenden Bädern, in denen ein Rollladenantrieb nachgerüstet werden soll.

Eine problemlose Anordnung wäre in den Bereichen 1 und 2 möglich, wenn die Versorgung über Schutzkleinspannung erfolgen würde. Jedoch sind die Mindestschutzart und der Schutz durch Fehlerstromschutzeinrichtungen (RCD) mit einem Bemessungsdifferenzstrom $I_{\Delta N} \leq 30$ mA zu beachten.

Rückwirkungen

→ *Netzrückwirkungen*

Rundsteueranlagen

Verschiedene am Wechselstromnetz angeschlossene Schaltgeräte können durch Tonfrequenz-Rundsteueranlagen vom Netzbetreiber aus gesteuert werden.

Es wird ein Wechselstromsignal, dessen Frequenz im Bereich 175 Hz bis 2 kHz liegt, in das Mittelspannungsnetz eingespeist und über Transformatoren auf die Niedergangsseite übertragen. Das Signal schaltet die sich im Verteilungsnetz befindlichen Empfangsrelais (Rundsteuerempfänger) der zu steuernden Schaltgeräte.

Sachkundiger

DIN VDE 0105-100	***Betrieb von elektrischen Anlagen***
(VDE 0105-100)	*Allgemeine Festlegungen*

Ein Sachkundiger hat aufgrund seiner fachlichen Ausbildung und Erfahrung ausreichende Spezialkenntnisse. Er ist mit den staatlichen Arbeitsschutzvorschriften, Unfallverhütungsmaßnahmen, Richtlinien und den allgemein anerkannten Regeln der Technik (DIN-VDE-Bestimmungen) soweit vertraut, dass er den arbeitssicheren Zustand in seinem Spezialgebiet beurteilen kann.

→ *Sachverständiger*

Sachverständiger

DIN VDE 0105-100	***Betrieb von elektrischen Anlagen***
(VDE 0105-100)	*Allgemeine Festlegungen*

Ein Sachverständiger hat aufgrund seiner fachlichen Ausbildung und Erfahrung besondere Spezialkenntnisse. Er ist mit den staatlichen Arbeitsschutzvorschriften, Unfallverhütungsvorschriften, Richtlinien und den allgemein anerkannten Regeln der Technik (DIN-VDE-Normen) vertraut. Er soll in seinem Spezialgebiet prüfen und sich gutachterlich äußern können.

→ *Sachkundiger*

Sauna

DIN VDE 0100-703	***Errichten von Niederspannungsanlagen***
(VDE 0100-703)	*Räume und Kabinen mit Saunaheizungen*

Saunen sind *besondere* Räume nach DIN VDE 0100, d. h., an die Errichtung der elektrischen Anlagen werden zusätzliche Anforderungen gestellt. Für Saunen gelten spezielle Anforderungen der DIN VDE 100-703. Diese sind anzuwenden:

- für vor Ort errichtete Saunakabinen
- für Räume, in denen Saunaheizungen vorhanden oder in die Sauna-Heizgeräte zu errichten sind (in diesem Fall wird der gesamte Raum als Sauna betrachtet)
- die zusätzlichen Anforderungen sind nicht für fabrikfertige Saunakabinen anzuwenden (da diese mit entsprechenden Produktstandards übereinstimmen)
- bei Kaltwasserbecken und/oder Duschen müssen Anforderungen aus DIN VDE 0100-701 zusätzlich Berücksichtigung finden

Für die Anforderung sind festgelegte Bereiche zu berücksichtigen:

Bereich 1:
Der Bereich 1 ist das Volumen um die Saunaheizung, begrenzt durch den Fußboden und die kalte Seite der Wärmeisolierung der Decke und eine senkrechte Fläche um die Saunaheizung im Abstand von 0,5 m um die Oberfläche der Saunaheizung. Wenn die Saunaheizung näher an der Wand errichtet ist, wird der Bereich 1 durch die kalte Seite der Wärmeisolierung der Wand begrenzt.

Bereich 2:
Der Bereich 2 ist das Volumen außerhalb von Bereich 1, begrenzt durch den Fußboden, die kalte Seite der Wärmeisolierung der Wände und durch eine waagrechte Fläche 1 m über dem Fußboden.

Bereich 3:
Der Bereich 3 ist das Volumen außerhalb von Bereich 1, begrenzt durch die kalte Seite der Wärmeisolierung der Decke und der Wände und durch eine waagrechte Fläche 1 m über dem Fußboden.

Anforderungen:
- Schutz durch direktes Berühren muss für alle elektrischen Betriebsmittel vorgesehen werden:
  - Abdeckungen oder Umhüllungen mit Mindestschutzart IPXXB oder IP2X oder
  - eine Isolierung, die einer effektiven Prüfwechselspannung von mindestens 500 V für eine Minute standhält.
- Schutz gegen direktes Berühren:
  - durch Hindernisse
  - durch Anordnen außerhalb des Handbereichs

  sind nicht erlaubt.

- Zusätzlicher Schutz durch RCDs:
  - Der zusätzliche Schutz muss für Stromkreise der Sauna durch einen oder mehrere Fehlerstromschutzeinrichtungen (RCDs) mit einem Bemessungsdifferenzstrom nicht größer als 30 mA vorgesehen werden, ausgenommen hiervon sind Saunaheizungen.
- Schutz gegen indirektes Berühren:
  - durch nicht leitende Räume
  - durch erdfreien örtlichen Potentialausgleich

  sind nicht erlaubt.
- Auswahl und Errichtung von Betriebsmitteln:
  - Die Betriebsmittel müssen mindestens der Schutzart IP24 entsprechen.
  - Wenn bei der Reinigung die Verwendung eines Wasserstrahls zu erwarten ist, müssen elektrische Betriebsmittel mindestens in IPX5 ausgeführt sein.
  - Berücksichtigung der Bereiche:
    - im Bereich 1 dürfen nur Betriebsmittel errichtet werden, die zur Saunaheizung gehören;
    - im Bereich 2 bestehen keine besonderen Anforderungen hinsichtlich der Wärmefestigkeit der dort verwendeten Betriebsmittel;
    - im Bereich 3 müssen Betriebsmittel einer Umgebungstemperatur von 125 °C unbeschadet standhalten. Die Isolierung von Kabeln und Leitungen muss einer Temperatur von mindestens 170 °C standhalten.
- Kabel- und Leitungsanlagen:
  - vorzugsweise außerhalb der drei Bereiche errichten, sollten sie zwingend in den Bereichen 1 und 3 errichtet werden müssen, dann müssen sie wärmebeständig sein
  - metallene Umhüllungen dürfen im üblichen Betrieb nicht berührbar sein.
- Schaltgeräte und Steuergeräte, die Teil des Sauna-Heizgeräts oder von anderen fest errichteten Betriebsmitteln im Bereich 2 sind, dürfen im Saunaraum oder in der Saunakabine nach den Vorgaben der Hersteller errichtet werden. Andere Schaltgeräte und Steuergeräte, z. B. für Beleuchtung, müssen außerhalb des Saunaraums oder der Saunakabine errichtet werden. Steckdosen dürfen nicht innerhalb von Räumen, die eine Saunaheizung enthalten, errichtet werden.

Schaltanlage

DIN EN 61439-3	***Niederspannungs-Schaltgerätekombinationen***
(VDE 0660-600-3)	*Installationsverteiler für die Bedienung durch Laien (DBO)*

DIN VDE 0603-1 ***Installationskleinverteiler und Zählerplätze AC 400 V***
(VDE 0603-1) *Installationskleinverteiler und Zählerplätze*

Die Schaltanlage ist eine Kombination von Schaltgeräten mit Mess-, Steuer-, Regel-, Melde- und Schutzeinrichtungen und den dazugehörenden elektrischen und mechanischen Verbindungen, Zubehör, Kapselungen und tragenden Gerüsten. Sie können elektromechanische sowie elektronische Betriebsmittel enthalten. Schaltanlagen sind nach den für sie geltenden Normen herzustellen.

Dabei handelt es sich um fabrikfertige, typgeprüfte Schaltanlagen und Verteiler oder um Schaltanlagen, die aus typgeprüften und/oder nicht typgeprüften, fabrikfertigen Bau-Gruppen zusammengesetzt werden und deren Anforderungen nach den Normen nachzuweisen sind.

Als fabrikfertige Schaltanlagen gelten Anlagen, die im Werk als Transporteinheit unter der Verantwortung des Herstellers häufig in großen Stückzahlen gefertigt und geprüft werden. Kennzeichnend sind gleiche elektrische und mechanische Bestandteile in gleicher Anordnung und mit gleichen Typbezeichnungen. Sie werden üblicherweise typgeprüft und tragen die Bezeichnung TSK (typgeprüfte Schaltgerätekombination). Soweit neben den typgeprüften auch nicht typgeprüfte Baugruppen verwendet und für die fertiggestellte Anlage die in den Normen enthaltenen Anforderungen erfüllt werden, handelt es sich um partiell typgeprüfte Schaltgerätekombinationen (PTSK).

Angaben für die Auswahl und Aufstellung von Schaltanlagen:

• offene Bauform	→ *aktive Teile* sind zugänglich, kein → *Schutz gegen direktes Berühren*
• Tafelbauform	offene Bauform mit Bedienungsfront, Schutz gegen direktes Berühren nur von vorn
• geschlossene Bauform	allseitig geschlossene Gehäusebauform, mindestens → *Schutzart* IP2X
• Schrankbauform	geschlossene Bauform zur Aufstellung auf dem Boden
• Pultbauform	geschlossene Bauform mit waagrechter oder geneigter Bedienungsfläche
• Kastenbauform	geschlossene Bauform zum Anbau an einer senkrechten Fläche
• Schienenverteiler	Sammelschieneneinheiten mit und ohne Abgänge und zugehörigen Betriebsmitteln in Kanälen, Schienenkästen oder ähnlichen Umhüllungen

Tabelle 66 Äußere Bauformen von Schaltgerätekombinationen

• Innenraum	Verwendung in Innenräumen mit den üblichen Betriebs- und Umgebungsbedingungen
• Freiluft	Verwendung in Freiluft
• ortsfest	dauerhaft auf dem Fußboden oder an der Wand befestigt
• ortsveränderbar	Transport auf einfache Weise von einem Aufstellungsort zum anderen möglich

Tabelle 67 Aufstellungsart von Schaltgerätekombinationen

Kenndaten, Merkmaleigenschaften und Informationen zur Schaltanlage, Angaben für Planung und Aufstellung:

- Hersteller und Ursprungszeichen
- Typbezeichnung
- Normen, nach denen die Anlage errichtet wurde
- elektrotechnische Kenndaten und Grenzwerte:
  - Stromart
  - Leistung
  - Nennbetriebsspannung
  - Nennisolationsspannung
  - Nennspannungen der Hilfsstromkreise
  - Nennstrom jedes Stromkreises
  - Kurzschlussfestigkeit
- äußere Bauform
- Aufstellungsart und -ort
- Aufstellungsbedingungen bezüglich der Beweglichkeit
- → *IP-Schutzarten*
- Art des Gehäuses/der Umhüllung, Abmessungen, Gewicht
- Art des Einbaus (Einsätze, austauschbare Bauelemente, Einschübe)
- Stromkreise und ihre Schutzeinrichtungen
- → *Schutzmaßnahmen* (Netzformen/Netzsysteme)
- Betriebs- und Umgebungsbedingungen
- Kennzeichnung und Schaltungsunterlagen
- Herstellerangaben zur Instandhaltung
- Erklärung des Herstellers bzw. Errichters, dass die elektrische Anlage mit den Normen übereinstimmt und die Prüfung vor der ersten Inbetriebnahme erfolgreich abgeschlossen wurde.

Schalten

DIN VDE 0100-460 *(VDE 0100-460)*	***Errichten von Niederspannungsanlagen*** *Trennen und Schalten*
DIN VDE 0100-559 *(VDE 0100-559)*	***Errichten von Niederspannungsanlagen*** *Leuchten und Beleuchtungsanlagen*
DIN VDE 0100-200 *(VDE 0100-200)*	***Errichten von Niederspannungsanlagen*** *Begriffe*
DIN VDE 0100-537 *(VDE 0100-537)*	***Elektrische Anlagen von Gebäuden*** *Geräte zum Trennen und Schalten*

Schalthandlungen werden durchgeführt, um dadurch den Schaltzustand von elektrischen Anlagen zu ändern.

Zwei Arten:
- betriebsmäßiges Ein- und Ausschalten von Anlagen
- Ausschalten und Wiedereinschalten von Anlagen im Zusammenhang mit der Durchführung von Arbeiten

Ausschaltung für mechanische Wartung:
Zweck der Schaltung: Betriebsmittel abzuschalten, um Gefahren zu verhüten, die während nicht elektrischer Arbeiten an ihnen auftreten können

Not-Ausschaltung:
Zweck der Schaltung: Gefahren, die unerwartet auftreten können, so schnell wie möglich zu beseitigen

Not-Halt:
Zweck der Schaltung: eine Bewegung anzuhalten, die gefährlich geworden ist

Betriebsmäßiges Schalten:
Zweck der Schaltung: die Stromversorgung für eine elektrische Anlage im normalen Betrieb einzuschalten oder zu verändern

→ *Schalter*

Schaltfelder

DIN EN 61936-1 *(VDE 0101-1)*	***Starkstromanlagen mit Nennwechselspannungen*** ***über 1 kV***

Schaltfeld – jeder Abzweig von einer Sammelschiene der entsprechenden Anlage.

Schaltfeldtüren, die als Schutzvorrichtungen dienen, dürfen nur mit Schlüsseln (Steckschlüssel möglich) zu öffnen sein.

Schaltgeräte

Gemeinsame Eigenschaften der Schaltgeräte sind durch Anforderungen in den DIN-VDE-Normen festgeschrieben, und deren Erfüllung wird durch ebenfalls genormte Prüfungen festgestellt (**Tabelle 68**).

elektrische Eigenschaften	Schaltvermögen
	elektrische Lebensdauer
	Berührungsschutz
	Isolationswiderstand
	Spannungsfestigkeit
	Isolation durch Luft- und Kriechstrecken
	Kiechstromfestigkeit

mechanische Eigenschaften	Passsicherheit
	Anschlusssicherheit
	Schraubenfestigkeit
	Gehäusefestigkeit

thermische Eigenschaften	Erwärmung
	Wärmebeständigkeit
	Feuerbeständigkeit

sonstige Eigenschaften	Wasserschutz
	Rostschutz
	Schutz durch sachgerechte Ausstattung
	Betriebssicherheit durch Beachten von Aufschriften
	Ausstattung
	Betriebssicherheit durch Beachten von Aufschriften

Tabelle 68 Gemeinsame Merkmale

Schaltgruppe Transformatoren

Die Schaltgruppe bezeichnet die Schaltungsart der Wicklungen von Transformatoren:

1. großer Kennbuchstabe:
Schaltungsart der Oberspannungswicklung (**Y** für Sternschaltung, **D** für Dreiecksschaltung)

2. kleiner Kennbuchstabe:
Schaltungsart der Unterspannungswicklung (**y** für Sternschaltung, **d** für Dreiecksschaltung, **z** für Zick-Zack-Schaltung)

→ *Transformatoren*

Schaltpläne und Unterlagen für den Betrieb von elektrischen Anlagen

DIN VDE 0100-100 *(VDE 0100-100)*	***Errichten von Niederspannungsanlagen*** *Allgemeine Grundsätze, Bestimmungen allgemeiner Merkmale, Begriffe*
DIN VDE 0100-510 *(VDE 0100-510)*	***Errichten von Niederspannungsanlagen*** *Allgemeine Bestimmungen*

Für die Errichtung, den Betrieb und die Instandhaltung elektrischer Anlagen und Betriebsmittel sind für die Dokumentation Elektroinstallationspläne, → *Übersichtsschaltpläne*, → *Stromlaufpläne* und → *Anschlusspläne* anzufertigen. In der „normalen“ Wohngebäude-Elektroinstallation werden üblicherweise nur Elektro-Installationspläne erstellt.

Sie beinhalten:
- Hausanschlusskasten
- lagerichtig eingetragene Betriebsmittel durch entsprechende Schaltzeichen
- Art der Verlegung von Leitungen
- Schutzart/Schutzmaßnahme

- besondere Betriebsstätten
- Angabe der Höhe von Schaltern, Steckdosen, anderen Betriebsmitteln
- Leitungs- und Kabelwege werden üblicherweise nicht eingetragen
- Schaltpläne und Unterlagen müssen aktuell sein, d. h., Veränderungen sind unmittelbar zu dokumentieren
- Verfügbarkeit der Schaltpläne vor Ort muss sichergestellt sein
- Prüfungen an den Anlagen sind unter Bezugnahme auf die Schaltpläne durchzuführen

Schaltüberspannungen

DIN VDE 0100-510	***Errichten von Niederspannungsanlagen***
(VDE 0100-510)	*Allgemeine Bestimmungen*

Diese Schaltüberspannungen, die durch Schalthandlungen auftreten können, entstehen z. B. bei der Ausschaltung von Stromkreisen, die Induktivitäten und Kapazitäten enthalten. Schaltüberspannungen sind meist unerheblich, wenn Last- und Kurzschlussströme abgeschaltet werden. Sie können jedoch gefährliche Werte annehmen, wenn kapazitive Ströme oder kleine induktive Ströme abgeschaltet werden müssen.

→ *Atmosphärische Überspannungen*
→ *Überspannungen*
→ *Überspannungsschutz*
→ *Überspannungskategorien*

Schaltuhren

Mit einer Schaltuhr kann eine elektrische Anlage oder ein Betriebsmittel in Abhängigkeit der Tageszeit ein- und abgeschaltet werden.

Schaltuhren sind selbsttätige Zeitschalter, die zu beliebig einstellbaren Zeiten Stromkreise ein-, um- oder ausschalten.

Schaltungsunterlagen

DIN VDE 0100-510 ***Errichten von Niederspannungsanlagen***
(VDE 0100-510) *Allgemeine Bestimmungen*

Aus den Schaltungsunterlagen müssen erkennbar sein:

- Art und Aufbau der Stromkreise
- Anzahl und Querschnitt der Leiter
- Art der Kabel- und Leitungsverlegung
- Schutz-, Trenn- und Schalteinrichtungen
- Nennstromstärken

Schaltvermögen

Das Schaltvermögen definiert die jeweiligen Werte oder Ströme, die das Betriebsmittel in der Lage ist zu schalten. Bei Nichtbeachtung der vorgegebenen Werte für das jeweilige Schaltvermögen des Betriebsmittels ist die Gefahr der Zerstörung groß. Leitungsschutzschalter in Stromkreisverteilern müssen ein Schaltvermögen von mindestens 6 kA haben.

Leitungsschutzschalter mit einem Schaltvermögen von 10 kA werden dann erforderlich, wenn die Kurzschlussleistung im Netz hoch ist, z. B. in der Nähe einer Transformatorenstation.

Leitungsschutzschalter stehen in Baureihen mit 6 kA, 10 kA, 25 kA, 30 kA Schaltvermögen zur Verfügung.

Schmelzsicherungen müssen ein Schaltvermögen von mindestens 50 kA aufweisen, Kurzschlussströme von mindestens 50 kA sicher abschalten.

Schaltzeichen

DIN EN 61082-1 ***Dokumente der Elektrotechnik***
(VDE 0040-1) *Regeln*

DIN EN 60617 ***Grafische Symbole für Schaltpläne***

Ein Schaltzeichen stellt ein grafisches Symbol dar, das genormt ist und eindeutig ein elektrisches Betriebsmittel repräsentiert. Dieses Schaltzeichen lässt sich in Schaltplänen, Diagrammen, Tabellen und technischen Erläuterungen darstellen, und der Fachmann identifiziert damit eindeutig das entsprechende Betriebsmittel.

Schaltzeichen geben Aufschluss über die Art, die Schaltung und die Arbeitsweise elektrischer Betriebsmittel, nicht aber über ihre Konstruktion.

Für die Eintragung der elektrischen Betriebsmittel in Elektroinstallationspläne sind entsprechend genormte Schaltzeichen zu verwenden.

Schaustellereinrichtungen

DIN VDE 0100-711 *(VDE 0100-711)*	***Errichten von Niederspannungsanlagen*** *Ausstellungen, Shows und Stände*
DIN VDE 0100-740 *(VDE 0100-740)*	***Errichten von Niederspannungsanlagen*** *Vorübergehend errichtete elektrische Anlagen für Aufbauten, Vergnügungseinrichtungen und Buden auf Kirmesplätzen, Vergnügungsparks und für Zirkusse*

Es sind besondere Anforderungen an vorübergehend zu errichtende Anlagen für Gebäude, Vergnügungseinrichtungen und Buden auf Messegeländen, für Vergnügungsparks, Zirkusse, fliegende Bauten, Wagen und Wohnwagen nach Schaustellerart zur Sicherheit der Benutzer zu beachten. Die Betriebsmittel müssen so ausgewählt und die Anlagen so errichtet werden, dass Personen, Nutztiere und Sachen nicht gefährdet werden.

Wagen und Wohnwagen nach Schaustellerart gelten auch als →*fliegende Bauten*. Detaillierte Anfordeungen unter →*fliegende Bauten.*

Schienenverteiler

DIN EN 60439-1 *(VDE 0660-500) Beiblatt 2*	***Niederspannungs-Schaltgerätekombinationen*** *Typgeprüfte und partiell typgeprüfte Kombinationen*

Schienenverteiler bestehen aus durchgehenden Stromschienen, die in langgestreckten Schienenkästen allseitig umschlossen sind und
- mit fest vorgesehenen Abgangskästen oder
- variabel anzuordnenden Abgangskästen

versehen werden können.
Schienenverteiler gehören zu den fabrikfertigen Schaltgerätekombinationen.

Schilder

Schilder dienen dem Gesundheits- und Sicherheitsschutz am Arbeitsplatz und werden nach den Unfallverhütungsvorschriften gefordert.

→ *Schilder für den Betrieb von elektrischen Anlagen*

Schilder für den Betrieb von elektrischen Anlagen

Beim Betrieb von und bei Arbeiten an elektrischen Anlagen müssen entsprechend geeignete Sicherheitsschilder angebracht werden, damit die Personen auf mögliche Gefährdungen aufmerksam gemacht werden.

Hinweise:
- Werden Mängel beobachtet und ist eine unverzügliche Behebung nicht möglich, so ist die Gefahr einzuschränken durch Anbringen von Schildern.
- Dürfen Anlagen nicht betrieben werden, so sind sie auszuschalten und mindestens durch Verbotsschilder an den Stellen, an denen sie in Betrieb gesetzt werden können, gegen Einschalten zu sichern.

→ *Schilder*

Schimmel

→ *Äußere Einflüsse*

Schleifenimpedanz

DIN VDE 0100-200	***Errichten von Niederspannungsanlagen***
(VDE 0100-200)	*Begriffe*
DIN VDE 0100-600	***Errichten von Niederspannungsanlagen***
(VDE 0100-600)	*Prüfungen*

Die Schleifenimpedanz ist die Impedanz einer Fehlerschleife in einem Stromkreis. Sie besteht aus den Scheinwiderständen (Impedanz) der Stromquelle, des Außenleiters von einem Pol der Stromquelle bis zur Messstelle und der Rückleitung (z. B. Schutzleiter, Erder und Erde) von der Messstelle bis zum anderen Pol der Stromquelle.

Im Falle eines Kurzschlusses begrenzt die Schleifenimpedanz den Kurzschlussstrom.
Der Kurzschlussstrom kann nach folgender Faustformel ermittelt werden:

$$I_k = \frac{U_n}{Z_S}$$

I_k Kurzschlussstrom
U_n Netzspannung
Z_S Schleifenimpedanz

Die Kennwerte der Schutzeinrichtungen und die Schleifenimpedanz müssen so sein, dass beim Auftreten eines Fehlers mit vernachlässigbarer Impedanz zwischen dem Außen- und einem Schutzleiter die automatische Abschaltung der Stromversorgung innerhalb der festgelegten Zeit erfolgt.

$$Z_S \cdot I_a \leq U_0$$

Z_S Impedanz der Fehlerschleife
(Schutzleiter zwischen Fehlerort und der Stromquelle)
I_a Strom, der das automatische Abschalten unter festgelegten Bedingungen bewirkt
U_0 Nennwechselspannung gegen Erde

Prüfung der Schleifenimpedanz:
Abschaltbedingung im TN-System mit Überstromschutz sicherstellen durch Prüfung der Schleifenimpedanz. Dabei ist sie zu ermitteln zwischen:
- Außenleiter und Schutzleiter
- Außenleiter und PEN-Leiter

Die Werte können ermittelt werden durch:
- Messung (möglichst mehrere, da Spannungsschwankungen/Messunsicherheiten auftreten können)
- Rechnung (für den Praktiker einfacher: Widerstandswerte bis zum HAK vom VNB geben lassen und dann für Neuanlagen die Werte der Hausinstallation errechnen)
- Nachbildung des Netzes durch Netzmodell

Schleifleitung

DIN IEC 60204-32 *(VDE 0113-32)*	***Sicherheit von Maschinen – Elektrische Ausrüstung von Maschinen*** *Anforderungen für Hebezeuge*
DIN EN 60664-1 *(VDE 0110-1)*	***Isolationskoordination für elektrische Betriebsmittel in Niederspannungsanlagen*** *Grundsätze, Anforderungen und Prüfungen*

Schleifleitungen werden für das Errichten und den Betrieb elektrischer Anlagen von Hebezeugen verwendet. Erfolgt die Energiezufuhr über Schleifleitungen, so muss sich die Schleifleitung für den Schutzleiter deutlich unterscheiden von den Schutzleitern der anderen Strom führenden Leitungen.

Schleifleitungen:
- Stützabstand muss so ausgeführt sein, dass sie den mechanischen und elektrischen Kräften standhalten.
- So verlegt oder verkleidet sein, dass beim Besteigen oder Begehen (der z. B. Fahrbahnlaufstege) der Schutz gegen direktes Berühren sichergestellt ist, durch
  - teilweise Isolierung der aktiven Teile oder
  - durch Umhüllungen oder Abdeckungen mit dem Schutzgrad mindestens IPXXB oder IP2X (bei leichter Zugänglichkeit muss sich der Schutzgrad erhöhen auf IPXXD oder IP4X)
  - einer Beschädigung durch schwingende Lasten muss vorgebeugt werden.
- Mindestwerte der Luftstrecken unter Spannung stehender Teile voneinander und von Körpern müssen mindestens der Bemessungs-Stoßspannung der Überspannungskategirie III nach DIN VDE 0110-1 entsprechen.
- Kriechstrecke der Isolation aktiver Teile gegeneinander und aktiver Teile gegen Körper müssen Verschmutzungsgrad 3 (DIN VDE 0110-1) entsprechen.

- Kriechstrecke mindestens 60 mm – bei offenen Schleifleitungen und Umwelteinflüssen, wie Staub und Feuchtigkeit.
- Kriechstrecke mindestens 30 mm – bei gekapselten Schleifleitungen.
- Konstruktion und Errichtung: Schleifleitungen
  - in getrennten Gruppen für Hauptstromkreise und für Steuerstromkreise
  - im Kurzschlussfall den mechanischen Kräften und thermischen Auswirkungen ohne Beschädigungen widerstehen
  - die unterirdisch oder unter Flur verlegt sind, müssen so ausgelegt sein, dass ein Öffnen durch eine Person ohne Hilfe von Werkzeug nicht möglich ist.

Schmelzsicherung

DIN EN 60269-1	***Niederspannungssicherungen***
(VDE 0636-1)	*Allgemeine Anforderungen*

In Schmelzsicherungen ist in den Sicherungseinsätzen jeweils ein Schmelzleiter enthalten. Es ist ein Strom führender Leiter, der bestimmungsgemäß beim Ausschalten der Sicherung (z. B. beim Kurzschluss) abschmilzt.

Schmelzsicherungen werden klassifiziert nach:

- Betriebsklasse zur Beschreibung der Abschaltkennlinie
  Die Betriebsklasse wird gekennzeichnet durch zwei Buchstaben
  1. Buchstabe – Funktionsklasse
  2. Buchstabe – das zu schützende Objekt
  - Zwei Funktionsklassen werden unterschieden:
    - **Funktionsklasse g:** Ganzbereichssicherungen, Sicherungseinsätze, die Ströme bis wenigstens zu ihrem Bemessungsstrom dauernd führen und Ströme vom kleinsten Schmelzstrom bis zum Bemessungsausschaltstrom ausschalten können (Überlast- und Kurzschlussschutz)
    - **Funktionsklasse a:** Teilbereichssicherungen, Sicherungseinsätze, die Ströme bis wenigstens zu ihrem Bemessungsstrom dauernd führen und Ströme oberhalb eines bestimmten Vielfachen ihres Bemessungsstroms bis zum Bemessungsausschaltstrom ausschalten können (Kurzschlussschutz)
  - Schutzobjekte (2. Buchstabe)
    - **L** Kabel- und Leitungsschutz
    - **G** Schutz für allgemeine Zwecke

- **M** Schaltgeräte
- **R** Halbleiter
- **B** Bergbau-Anlagen
- **Tr** Transformatoren

Aus der Funktionsklasse und den entsprechenden Schutzobjekten ergeben sich Betriebsklassen für Schmelzsicherungen:
gL Ganzbereichs-Kabel- und Leitungsschutz
gG Ganzbereichsschutz für allgemeine Zwecke
aM Teilbereichs-Schaltgeräteschutz
gM Ganzbereichsschutz für Motoren
aR Teilbereichs-Halbleiterschutz
gR Ganzbereichs-Halbleiterschutz
gB Ganzbereichs-Bergbau-Anlagenschutz
gTr Ganzbereichs-Transformatorenschutz

Bauart:
- NH-System:
  Sicherungen mit Messerkontaktstücken – Bedienung durch Fachleute ist Voraussetzung
- D-System (Diazed):
  Schraubsicherungen – Bedienung durch Laien (bis 63 A); Bemessungsstrom-Unverwechselbarkeit und der Schutz gegen direktes Berühren sind gegeben
- D0-System (Neazed):
  Schraubsicherungen – wie beim D-System

→ *Schraubsicherung*
→ *Sicherung*

Schnelle Nullung

TN-System mit Fehlerstromschutzeinrichtung (RCD).

→ *Nullung*
→ *Schutz durch Abschaltung oder Meldung*

Schraubsicherung

Schraubsicherungen sind Schmelzsicherungen der Bauarten D-System und D0-System. Schraubsicherungssysteme bestehen aus Sicherungssockel, Passeinsatz, Schmelzeinsatz und Schraubkappe. Sie dürfen von → *elektrotechnischen Laien* bedient werden. In den Sicherungssockel wird ein Passeinsatz (Passschraube, Passhülse oder Passring) eingesetzt (mit Werkzeug). Um eine irrtümliche Verwendung von Schmelzeinsätzen mit zu hoher Stromstärke zu verhindern, haben die Schmelzeinsätze, je nach Bemessungstrom, verschiedene Fußkontaktdurchmesser. Daher passen passen Schmelzeinsätze für höhere Bemessungsströme nicht in Passeinsätze für niedrige Bemessungsströme. Beim Auswechseln der Sicherungen entstehen zwar vorübergehend Öffnungen, die die für den Schutz gegen direktes Berühren erforderliche Schutzart reduzieren; jahrzehntelange Erfahrungen haben jedoch gezeigt, dass hierbei keine zusätzlichen Gefährdungen auftreten.

Typ	Gewinde	Nennströme	Nennspannungen	Schaltvermögen	Norm
D01	E14	2 A bis 16 A	AC 400 V DC 250 V	AC 50 kA DC 8 kA	DIN EN 60269-1 (VDE 0636-1)
D02	E18	20 A bis 63 A	AC 400 V DC 250 V	AC 50 kA DC 8 kA	DIN EN 60269-1 (VDE 0636-1)
D03	M30x2	80 A bis 100 A	AC 400 V DC 250 V	AC 50 kA DC 8 kA	DIN EN 60269-1 (VDE 0636-1)
DII	E27	2 A bis 25 A	AC 500 V DC 500 V	AC 50 kA DC 8 kA	DIN EN 60269-1 (VDE 0636-1)
DIII	E33	35 A bis 63 A	AC 500 V DC 500 V	AC 50 kA DC 8 kA	DIN EN 60269-1 (VDE 0636-1)
DIV	G1 1/4	80 A und 100 A	AC 500 V DC 500 V	AC 50 kA DC 8 kA	DIN EN 60269-1 (VDE 0636-1)
NDz	E16	2 A bis 25 A	AC 500 V DC 500 V	AC 4 kA DC 1,6 kA	DIN VDE 0635
DL	E16	2 A bis 20 A	AC 380 V	AC 20 kA	WN

Tabelle 69 Übersicht über Schraubsicherungen

Schrittspannung

DIN VDE 0141 (*VDE 0141*)	***Erdungen für spezielle Starkstromanlagen mit Nennspannungen über 1 kV***

Im Einflussbereich von Strom durchflossenen → *Erdungsanlagen* entsteht zwischen zwei Punkten der Erdoberfläche eine Potentialdifferenz. Die Spannung, die vom Menschen mit einem Schritt von 1 m Länge überbrückt werden kann, wird als Schrittspannung bezeichnet. Der Stromweg über den menschlichen Körper verläuft dabei von Fuß zu Fuß. Die Schrittspannung ist immer ein Teil der → *Erdungsspannung*. Die Spannung zwischen einem Punkt der Erdoberfläche und der Bezugserde (→ *Erde*) wird als Erdoberflächenpotential φ bezeichnet.

Eine Begrenzung der Schrittspannung wird nicht ausdrücklich gefordert. Allerdings ist darauf zu achten, dass keine Werte auftreten, die Menschen oder Tiere gefährden können. Die Höhe der Schrittspannung kann unmittelbar durch die Erdungsspannung oder mittelbar durch eine → *Potentialsteuerung* beeinflusst werden.

Schrumpfschlauch

Der Schrumpfschlauch ist ein thermisch aufschrumpfbarer Schlauch oder eine Manschette aus Kunststoff und wird als Korrosionsschutz verwendet, z. B. für Potentialausgleichsleiter an Rohrleitungen in Erde, in feuchten und nassen Räumen sowie bei starker korrosiver Beanspruchung.

Schutz

Schutz ist die Verringerung des Risikos durch geeignete Vorkehrungen, die entweder die Eintrittshäufigkeit oder den Umfang des Schadens oder beides verringern.

→ *Sicherheitstechnik*
→ *Schutz bei indirektem Berühren*
→ *Schutz gegen direktes Berühren*
→ *Schutz gegen gefährliche Körperströme*

→ *Schutz gegen thermische Einflüsse*
→ *Schutz gegen Überspannungen*
→ *Schutz gegen Unterspannungen*
→ *Schutz gegen zu hohe Erwärmung*
→ *Schutz durch Abdeckung oder Abschrankung*
→ *Schutz durch Abdeckung oder Umhüllungen*
→ *Schutz durch Kleinspannung mittels SELV oder PELV*
→ *Schutz durch Abschaltung oder Meldung*
→ *Schutz durch Hindernisse und Anordnung außerhalb des Handbereichs*
→ *Schutz durch Trennen und Schalten*
→ *Schutz: doppelte oder verstärkte Isolierung*
→ *Schutz durch automatische Abschaltung der Stromversorgung*
→ *Schutz durch nicht leitende Umgebung*
→ *Schutz durch erdfreien örtlichen Potentialausgleich*
→ *Schutztrennung mit mehr als einem Verbrauchsmittel*
→ *Zusätzlicher Schutz: Fehlerstromschutzeinrichtungen (RCDs)*
→ *Zusätzlicher Schutz: zusätzlicher Potentialausgleich*

Schutz bei Arbeiten

→ *Arbeiten an elektrischen Anlagen*

Schutz bei indirektem Berühren

DIN VDE 0100-410	***Errichten von Niederspannungsanlagen***
(VDE 0100-410)	*Schutz gegen elektrischen Schlag*

Fehlerschutz: Schutz vor Gefahren, die sich im Fehlerfall aus einer Berührung mit dem Körper oder fremden leitfähigen Teilen ergeben.

→ *Schutz gegen elektrischen Schlag*

Schutz bei Fehlerströmen

In elektrischen Anlagen und Betriebsmitteln können Fehlerströme auftreten. Daher müssen alle Leiter (auch nicht aktive Leiter) und alle weiteren Teile einer Anlage so dimensioniert sein, dass keine zu hohen Temperaturen entstehen. Auch gegen die elektromechanischen Beanspruchungen durch Fehlerströme muss ein mechanischer Schutz vorgesehen sein.

Schutz bei Isolationsfehlern

→ *Schutz gegen thermische Einflüsse*

Schutz bei Kurzschluss

DIN VDE 0100-430 ***Errichten von Niederspannungsanlagen***
(VDE 0100-430) *Schutz bei Überstrom*

Die Schutzmaßnahme Schutz bei Kurzschluss schützt elektrische Betriebsmittel und Anlagen, insbesondere Leitungen und Kabel, deren Anschluss- und Verbindungsstellen sowie ihre Umgebung gegen zu hohe Erwärmung, hervorgerufen z. B. von Kurzschlussströmen (→ *Überstrom*) in den Leitern eines Stromkreises. Der Schutz bei Kurzschluss besteht darin, Schutzeinrichtungen vorzusehen, die Kurzschlussströme in den Leitern eines Stromkreises bei Erreichen der maximal zulässigen Kurzschlusstemperatur spätestens nach 5 s unterbrechen. Als Schutzeinrichtungen werden am häufigsten Leitungsschutzsicherungen und Leitungsschutzschalter, aber auch Leistungsschalter oder Teilbereichssicherungen der Betriebsklasse aM verwendet. Ihre Zuordnung zu den Querschnitten von Leitungen und Kabeln: → *Schutz gegen zu hohe Erwärmung*.

Schutz bei Überlast

DIN VDE 0100-430 ***Errichten von Niederspannungsanlagen***
(VDE 0100-430) *Schutz bei Überstrom*

Die Schutzmaßnahme Schutz bei Überlast schützt elektrische Betriebsmittel und Anlagen, insbesondere Leitungen und Kabel, deren Anschluss- und Verbindungsstellen sowie ihre Umgebung gegen zu hohe Erwärmung, hervorgerufen z. B. von Überlastströmen (→ *Überstrom*) in den Leitern eines Stromkreises. Der Schutz bei Überlast besteht darin, Schutzeinrichtungen vorzusehen, die Überlastströme in den Leitern eines Stromkreises unterbrechen. Als Schutzeinrichtungen werden am häufigsten Leitungsschutzsicherungen und Leitungsschutzschalter verwendet. Ihre Zuordnung zu den Querschnitten von Leitungen und Kabeln → *Schutz gegen zu hohe Erwärmung*.

Schutz bei Überspannungen

→ *Schutz gegen Überspannungen*

Schutz bei Überstrom

→ *Schutz gegen zu hohe Erwärmung*
→ *Überstrom*

Schutz bei Unterbrechung der Stromversorgung

Damit keine weiteren Schäden durch eine Unterbrechung der Stromversorgung an elektrischen Anlagen und Betriebsmitteln auftreten können, müssen geeignete Vorkehrungen bereits bei der Planung der Anlagen getroffen werden.

Schutz beim Bedienen

DIN EN 61936-1 *(VDE 0101-1)*	***Starkstromanlagen mit Nennwechselspannungen über 1 kV***

Anlagen sind so zu errichten, dass Personen beim Bedienen, so weit möglich, gegen Störlichtbogen geschützt sind.

Dies wird u. a. erreicht durch:
- Lasttrennschalter anstelle von Trennschaltern
- Verriegelungen
- PEHLA-geprüfte Kapselung der Anlagen
- Bedienung aus sicherer Entfernung (Nah- und Fernschaltung)
- Einbau von Schutzvorrichtungen (z. B. Lichtbogenleitbleche, Ablenkung der Lichtbogengase)

Schutz der Außenleiter und des Neutralleiters

DIN VDE 0100-430	***Errichten von Niederspannungsanlagen***
(VDE 0100-430)	*Schutz bei Überstrom*

Schutz der Außenleiter:
In den Außenleitern sind Überstromschutzeinrichtungen einzubauen. Diese müssen den Leiter abschalten, in dem ein Überstrom auftritt. Weitere aktive Leiter dürfen dabei weiterhin eingeschaltet bleiben. Allerdings müssen in den Fällen, in denen die Abschaltung eines einzelnen Außenleiters eine Gefahr verursachen kann, z. B. bei Drehstrommotoren, Vorkehrungen getroffen werden, die alle Außenleiter zur Abschaltung bringen.
Es kann auf die Überstromerfassung in einem Außenleiter in TT- und TN-Systemen verzichtet werden, wenn dieser Stromkreis nur aus Außenleitern besteht und der Neutralleiter nicht mitgeführt ist. Dann müssen jedoch folgende Bedingungen erfüllt sein:
- es ist ein Schutz zur Erkennung von ungleichmäßiger Last vorgesehen, der die Abschaltung der Außenleiter bewirkt
- von einem künstlichen Neutralpunkt der Stromkreise auf der Lastseite der o. g. Schutzeinrichtung wird ein Neutralleiter nicht verteilt

Schutz des Neutralleiters:

Netzform	Bedingungen	Schutz des Neutralleiters
im TN- und TT-System	Querschnitt Neutralleiter > Querschnitt Außenleiter	keine Überstromerfassung; keine Abschalteinrichtung im Neutralleiter
	Querschnitt Neutralleiter < Querschnitt Außenleiter	Überstromerfassung im Neutralleiter
	Schutz des Neutralleiters durch die Schutzeinrichtung der Außenleiter	keine Überstromerfassung
	Belastbarkeit des Neutralleiters wird nicht überschritten	keine Überstromerfassung
im IT-System	Neutralleiter wird mitgeführt	Überstromerfassung und Abschaltung
	Schutz des Neutralleiters bei Kurzschluss durch vorgeschaltete Schutzeinrichtung	keine Überstromerfasung
Wird die Abschaltung des Neutralleiters gefordert, darf er in keinem Fall vor den Außenleitern abgeschaltet werden. **Abschalten:** erst Außenleiter, dann Neutralleiter **Einschalten:** erst Neutralleiter, dann Außenleiter		

Tabelle 70 Schutz des Neutralleiters

Schutz durch Abdeckung oder Umhüllung, Abschrankung oder Hindernisse

DIN VDE 0100-200 ***Errichten von Niederspannungsanlagen***
(VDE 0100-200) *Begriffe*

DIN VDE 0100-410 ***Errichten von Niederspannungsanlagen***
(VDE 0100-410) *Schutz gegen elektrischen Schlag*

DIN VDE 0105-100 ***Betrieb von elektrischen Anlagen***
(VDE 0105-100) *Allgemeine Festlegungen*

DIN VDE 0680-1 ***Persönliche Schutzausrüstungen, Schutzvorrichtungen und Geräte zum Arbeiten an unter Spannung stehenden Teilen bis 1 000 V***
(VDE 0680-1) *Teil 1: Isolierende Schutzvorrichtungen*

Eine Abdeckung ist ein Teil, durch das Schutz gegen direktes Berühren in allen üblichen Zugangs- oder Zugriffsrichtungen gewährt wird.

Umhüllung (Gehäuse) ist ein Teil, das ein Betriebsmittel gegen bestimmte → *äußere Einflüsse* schützt und durch das Schutz gegen direktes Berühren in allen Richtungen gewährt wird.

Nach DIN VDE 0100-410 müssen Abdeckungen oder Umhüllungen einen vollständigen Schutz gegen direktes Berühren → *aktiver Teile* sicherstellen.

Anforderungen an Abdeckungen und Umhüllungen:

- aktive Teile von Umhüllungen umgeben oder hinter Abdeckungen mindestens Schutzart IPXXB oder IP2X
- obere horizontale Oberflächen von Abdeckungen mindestens die Schutzart IP4X
- sichere Befestigung der Abdeckung/Umhüllung, ausreichende Festigkeit und Haltbarkeit
- wenn Abdeckungen entfernt/Umhüllungen geöffnet werden, darf dies nur möglich sein:
  - mit Schlüssel oder Werkzeug
  - nach Ausschalten der Spannung an allen → *aktiven Teilen*
  - bei vorhandener Zwischenabdeckung, mindestens der → *Schutzart* IP2X
  - verbleiben hinter der Abdeckung oder Umhüllung nach dem Abschalten an den Betriebsmitteln gefährliche elektrische Ladungen, ist ein Warnhinweis erforderlich, sofern die Spannung statischer Ladungen nicht innerhalb von 5 s auf DC 120 V nach dem Abschalten absinkt.
- Befindet sich hinter der Abdeckung ein → *Betätigungselement* in der Nähe berührungsgefährlicher Teile, so ist DIN EN 61140 (VDE 0140-1) zu beachten.

Ein Hindernis ist ein Teil, das ein unbeabsichtigtes direktes Berühren verhindert, nicht aber eine beabsichtigte Handlung.

Anforderungen an Hindernisse (Abschrankungen):

- sie bieten eine teilweisen Schutz gegen direktes Berühren, müssen aber nicht das absichtliche Berühren durch bewusstes Umgehen des Hindernisses ausschließen

- sie müssen verhindern:
  - zufällige Annäherung an → *aktive Teile*
  - das zufällige Berühren → *aktiver Teile* bei bestimmungsgemäßem Gebrauch von Betriebsmitteln
- sie dürfen ohne Werkzeug oder Schlüssel abnehmbar sein, jedoch muss die Befestigung ein unbeabsichtigtes Entfernen verhindern

Bei Anwendung des Schutzes durch Abdeckung oder Abschrankung als Sicherheitsmaßnahme gegen direktes Berühren sind die unter Spannung stehenden Teile mit Nennspannungen bis 1 000 V mindestens durch teilweisen Schutz gegen direktes Berühren zu sichern. Die Abdeckungen müssen hinreichend fest und zuverlässig angebracht, die Abschrankungen müssen geeignet sein. Der Schutz ist nach Art, Umfang und Dauer der Arbeiten sowie nach der Qualifikation der Arbeitskräfte auszuführen.

Bei → *Arbeiten an unter Spannung stehenden Teilen* und bei Nennspannungen bis 1 000 V ist das Heranführen von geeigneten Werkzeugen und Hilfsmitteln zum Reinigen sowie das Anbringen von geeigneten Abdeckungen und Abschrankungen erlaubt.

Geeignete Abdeckungen nach DIN VDE 0682-100; Arbeiten unter Spannung:
- Abdecktücher
- starre Abdeckungen
- flexible Abdeckungen

Schutz durch Abstand

DIN VDE 0100-410 *(VDE 0100-410)*	***Errichten von Niederspannungsanlagen*** *Schutz gegen elektrischen Schlag*
DIN VDE 0100-731 *(VDE 0100-731)*	***Errichten von Starkstromanlagen mit Nennspannungen bis 1 000 V*** *Elektrische Betriebsstätten und abgeschlossene elektrische Betriebsstätten*
DIN VDE 0105-100 *(VDE 0105-100)*	***Betrieb von elektrischen Anlagen*** *Allgemeine Festlegungen*

Durch Abstand wird ein teilweiser Schutz gegen direktes Berühren aktiver Teile sichergestellt. Der Schutz durch Abstand (früherer Begriff) ist in DIN VDE 0100-410:2007-06 ersetzt als Basisschutz (Schutz gegen direktes Berühren) durch Schutz durch Hindernisse und Schutz durch Anordnung außerhalb des Handbereichs. Diese Schutzmaßnahmen dürfen jedoch nach DIN VDE0100-410 nur unter besonderen Bedingungen, und zwar nur in elektrischen Betriebsstätten und in Anlagen angewendet werden, zu denen nur Elektrofachkräfte oder elektrotechnisch unterwiesene Personen bzw. Personen, die von Fachkräften beaufsichtigt werden, Zugang haben.

Im → *Handbereich* dürfen sich keine gleichzeitig berührbaren Teile unterschiedlichen Potentials befinden (als gleichzeitig berührbar gilt ein Abstand von weniger als 2,5 m).

Der Schutzabstand ist definiert als die kürzeste Entfernung zu unter Spannung stehenden Teilen ohne Schutz gegen direktes Berühren, die beim Arbeiten nicht unterschritten werden darf. Dabei sind unmittelbar Personen oder von Personen gehandhabte Werkzeuge, Geräte, Hilfsmittel und Materialien zu berücksichtigen. Die Maße sind in Abhängigkeit der Spannung, der Tätigkeit und dem Personenkreis im **Bild 54** enthalten.

Die Gefahrenzone ist im Allgemeinen der durch bestimmte Maße begrenzte Bereich um unter Spannung stehende Teile herum, gegen deren direktes Berühren kein vollständiger Schutz besteht. In DIN VDE 0105-100 sind in Abhängigkeit der Nennspannungen unterschiedliche Maße der Begrenzung angegeben.

Für Nennspannungen bis 1 000 V ist die Oberfläche des unter Spannung stehenden Teils gleichzeitig die Grenze der Gefahrenzone.

Nr.	Unterscheidung nach	Schutzabstände bei Arbeiten in der Nähe unter Spannung stehender Teile
1	Gefahrenzone	Die Oberfläche des unter Spannung stehenden Teils gilt als Grenze der Gefahrenzone. Das Berühren des Teils ist Gefahr bringend.
2	Arbeiten in der Nähe von Freileitungen bzw. Arbeiten unter Aufsicht von Elektrofachkräften	0,5 m
3	Bauarbeiten und sonstige nicht elektrotechnische Arbeiten	1,0 m

Tabelle 71 Schutzabstände bei Nennspannung bis 1 000 V

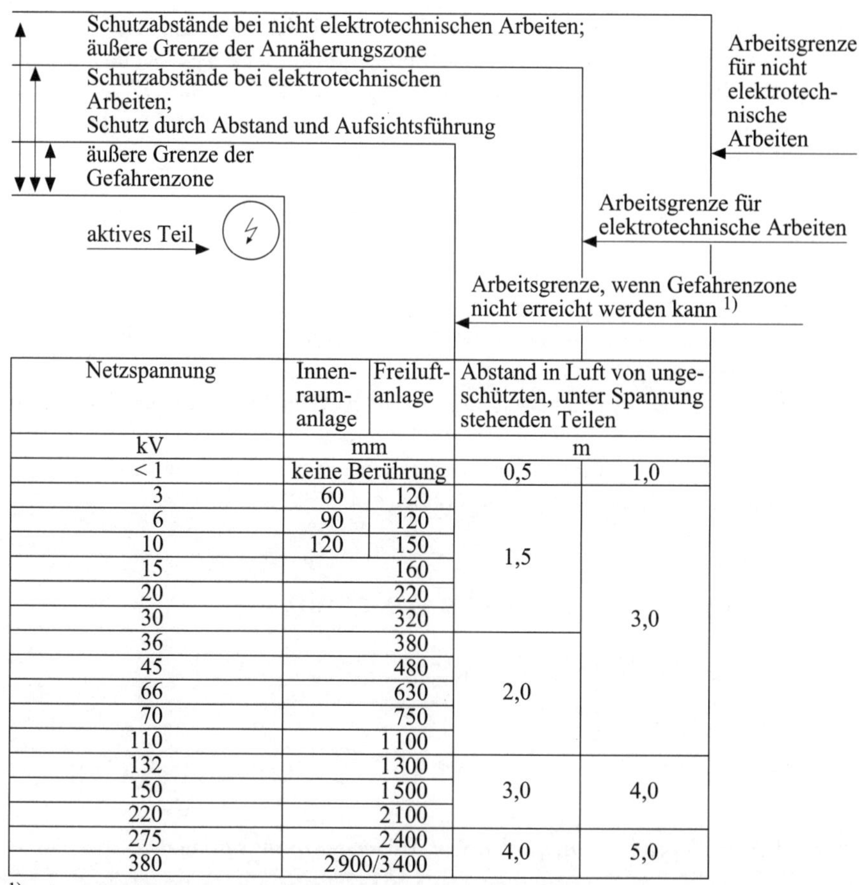

Netzspannung	Innenraumanlage	Freiluftanlage	Abstand in Luft von ungeschützten, unter Spannung stehenden Teilen	
kV	mm		m	
< 1	keine Berührung		0,5	1,0
3	60	120	1,5	3,0
6	90	120		
10	120	150		
15	160			
20	220			
30	320			
36	380		2,0	
45	480			
66	630			
70	750			
110	1 100			
132	1 300		3,0	4,0
150	1 500			
220	2 100			
275	2 400		4,0	5,0
380	2 900/3 400			

[1] durch Schutzvorrichtungen und Isolierung kann die Gefahrenzone weiter eingeengt werden

Bild 54 Abstand beim Arbeiten an elektrischen Anlagen

Bei dem Schutz durch Abstand sind zu berücksichtigen:

- unbeabsichtigte und bewusste Bewegungen der Arbeitenden
- unkontrollierte Bewegungen mit Werkzeugen, Hilfsmitteln und Materialien, um das Berühren unter Spannung stehender Teile oder das Eindringen in die Gefahrenzone zu vermeiden.

In elektrischen Betriebsstätten und abgeschlossenen elektrischen Betriebsstätten sind im Gegensatz zu den Anforderungen der Norm DIN VDE 0100-410 die

Schutzmaßnahmen gegen direktes Berühren gemindert worden, und zwar in DIN VDE 0100-731. Diese Norm der Gruppe 700 sagt aus, dass Schutzmaßnahmen gegen direktes Berühren durch Isolierung, Abdeckungen oder Umhüllungen aktiver Teile entbehrlich sind. Der Schutz durch → *Hindernisse* oder Abstand ist ausreichend.

Allerdings sind hier Anforderungen an Hindernisse bzw. an den Schutz durch Abstand gestellt:

- Hindernisse zuverlässig befestigen
- Hindernisse müssen gegen Verformung widerstandsfähig sein
- Hindernisse aus nicht leitfähigen Werkstoffen dürfen ohne Schlüssel/Werkzeug nicht entfernbar sein
- Abstand zwischen Hindernissen und → *aktiven Teilen* muss mindestens 20 mm betragen
- Im → *Handbereich* dürfen sich keine gleichzeitig berührbaren Teile gefährlichen unterschiedlichen Potentials befinden

Schutz durch automatische Abschaltung

→ *Schutz durch Abschaltung oder Meldung*

Schutz durch erdfreien örtlichen Potentialausgleich

DIN VDE 0100-410	***Errichten von Niederspannungsanlagen***
(VDE 0100-410)	*Schutz gegen elektrischen Schlag*

Durch den erdfreien örtlichen Potentialausgleich wird das Auftreten einer gefährlichen Berührungsspannung verhindert. Für alle Betriebsmittel muss der Basisschutz (Schutz gegen direktes Berühren) durch eine Schutzvorkehrung nach DIN VDE 0100-410, Anhang A ausgestattet sein.

In den Potentialausgleich sind alle gleichzeitig berührbaren Körper und fremden leitfähigen Teile einzubeziehen. Eine Verbindung zur Erde oder zu geerdeten Teilen oder Körper muss ausgeschlossen werden. Ist dies nicht möglich, kann der Schutz durch erdfreien Potentialausgleich nicht angewendet werden. Deshalb wird diese Schutzmaßnahme selten angewendet. Stattdessen ist z. B. der Schutz durch automatische Abschaltung zu wählen.

Schutz durch Hindernisse

→ *Schutz durch Abdeckung oder Umhüllung, Abschrankung oder Hindernisse*

Schutz durch Isolierung

DIN VDE 0100-410	***Errichten von Niederspannungsanlagen***
(VDE 0100-410)	*Schutz gegen elektrischen Schlag*

Schutz durch Isolierung ist der → *Schutz gegen direktes Berühren* aktiver Teile.

Schutz durch doppelte oder verstärkte Isolierung

Aktuelle Bezeichnung für → *Schutzisolierung*

Schutz durch Kleinspannung

DIN VDE 0100-410	***Errichten von Niederspannungsanlagen***
(VDE 0100-410)	*Schutz gegen elektrischen Schlag*

Schutz durch Kleinspannung → *SELV* und/oder → *PELV*:
Der Schutz durch Kleinspannung ist sowohl ein → Schutz gegen direktes Berühren als auch → *Schutz bei indirektem Berühren.*

Voraussetzungen:
- Begrenzung der Spannung bis zur oberen Grenze des Spannungsbereiches I ≤ 50 V AC, 120 V DC
- sichere Trennung (DIN VDE 0106-1) von Stromkreisen höherer Spannung
- SELV-Stromkreis und Körper sind ungeerdet
- PELV-Stromkreis und Körper dürfen geerdet werden

→ *SELV*
→ *PELV*

Schutz durch Meldung

→ *Schutz durch Abschaltung oder Meldung*

Schutz durch nicht leitende Räume/Umgebung

DIN VDE 0100-410	***Errichten von Niederspannungsanlagen***
(VDE 0100-410)	*Schutz gegen elektrischen Schlag*

Für alle Betriebsmittel muss der Basisschutz (Schutz gegen direktes Berühren) durch eine Schutzvorkehrung nach DIN VDE 0100-410, Anhang A ausgestattet sein. Die Schutzmaßnahme nicht leitende Umgebung ist dafür vorgesehen, dass ein gleichzeitiges Berühren von Teilen, die durch Fehler der Basisisolierung aktiver Teile unterschiedliches Potential haben, auszuschließen.
Die isolierende Umgebung nicht leitender Räume kann beim Versagen der → *Basisisolierung* gefährliche Berührungsströme verhindern, wenn folgende Voraussetzungen erfüllt werden:

- Kein gleichzeitiges Berühren der Körper unterschiedlicher Betriebsmittel oder Betriebsmittel mit fremden leitfähigen Teilen (Abstand > 2,5 m im → *Handbereich*).
- Es darf kein Schutzleiter vorhanden sein.
- Isolierender Fußboden und isolierende Wände, 50 kΩ bei Nennspannungen bis 500 V; 100 kΩ bei Nennspannungen über 500 V.
- Alle Vorkehrungen müssen dauerhaft sichergestellt werden.

Da die letzte Forderung im Allgemeinen nicht sichergestellt werden kann, ist es besser, eine andere Schutzmaßnahme, z. B. → *Schutz durch automatische Abschaltung der Stromversorgung oder Meldung*, zu wählen.

Schutz durch Schutzisolierung

→ *Schutzisolierung*

Schutz durch Schutztrennung mit mehr als einem Verbrauchsmittel

Die Schutztrennung eines einzelnen Stromkreises ist geeignet, Ströme zu verhindern, die bei Berühren von Körpern einen elektrischen Schlag verursachen können. Für alle Betriebsmittel muss der Basisschutz (Schutz gegen direktes Berühren) durch eine Schutzvorkehrung nach DIN VDE 0100-410, Anhang A ausgestattet sein.
Schutztrennung mit mehr als einem Verbrauchsmittel:

- Vorsichtsmaßnahmen treffen, damit der getrennte Stromkreis vor Isolationsfehler und weiteren Beschädigungen geschützt wird
- Körper des getrennten Stromkreises miteinander verbinden durch isolierte, nicht geerdete Schutzpotentialausgleichsleiter; diese Leiter nicht mit den Schutzleitern oder Körpern anderer Stromkreise verbinden
- Steckdosen: mit Schutzkontakten ausgestattet sein; mit dem Schutzpotentialausgleichssystem verbunden
- Abschaltung
- flexible Anschlussleitungen
- Länge der Kabel- und Leitungen

→ *Schutztrennung*

Schutz durch Trennen und Schalten

DIN VDE 0100-460 *(VDE 0100-460)*	***Errichten von Niederspannungsanlagen*** *Trennen und Schalten*
DIN VDE 0100-537 *(VDE 0100-537)*	***Elektrische Anlagen von Gebäuden*** *Geräte zum Trennen und Schalten*

Die Schutzmaßnahmen durch Trennen und Schalten sollen Gefahren an elektrischen Betriebsmitteln und elektrisch betriebenen Maschinen durch Ausschalten, Trennen oder Freischalten von Hand verhindern. Dabei handelt es sich um nicht automatische Vorgänge vor Ort oder durch Fern- und Nahbetätigung. Die Schutzmaßnahmen durch Trennen und Schalten ersetzen nicht den Schutz gegen gefährliche Berührungsströme, den Schutz gegen zu hohe Erwärmung oder andere in DIN VDE 0100 geforderte Maßnahmen.

Trennen:
Unterbrechen der Einspeisung, um Sicherheit zu erreichen (Freischalten)
- es muss die Möglichkeit bestehen, jeden Stromkreis von den → *aktiven Leitern* der Stromversorgung zu trennen (Ausnahme: PEN-Leiter bzw. N-Leiter in TN-Systemen)
- es können auch Stromkreisgruppen durch ein gemeinsames Gerät getrennt werden, wenn dies ohne Einschränkung der Betriebsbedingungen möglich ist
- unbeabsichtigtes Einschalten muss verhindert werden, z. B. durch Sperren der Antriebe, Warnhinweise
- bei Mehrfacheinspeisungen (Parallelbetrieb) ist auf die Trennung aller aktiven Leiter zu achten; geeignete Ausweise oder Verriegelungsvorrichtungen sind notwendig
- bei gespeicherter elektrischer Energie sind geeignete Mittel der Entladung vorzusehen

Ausschalten bei mechanischen Arbeiten:
- Spannungs- und Stromlosmachen zum Schutz bei mechanischen Arbeiten erfüllt nicht die Bedingungen des Freischaltens
- wenn eine Verletzungsgefahr bei mechanischen Arbeiten besteht, sind Maßnahmen zum Ausschalten der elektrischen Energie erforderlich; Beispiele: Hebezeuge, Aufzüge, Fahrtreppen, Förderbänder, Pumpen
- Schutz gegen unbeabsichtigtes Einschalten

Not-Ausschaltung, Not-Halt:
- Abschaltung bei unerwarteten Gefahren, Anhalten einer gefährlichen Bewegung
- Einrichtungen, die eine unvorhersehbare Gefährdung abwenden
- Abschaltung aller aktiven Leiter (Ausnahme: PEN-Leiter bzw. N-Leiter im TN-System), wenn mit gefährlichen Körperströmen zu rechnen ist
- direkt betroffene Stromkreise müssen durch einen einzigen Vorgang abgeschaltet werden
- die Not-Aus-Einrichtung darf selbst keine Gefahr hervorrufen bzw. störend auf die Gefahrenbeseitigung einwirken

- Beispiele für Not-Aus-Einrichtungen (Abschaltung):
  - elektrische Prüf- und Forschungseinrichtungen
  - Laboratorien für Lehrzwecke
  - Großküchen
  - Heizungs- und Kesselanlagen

- Warenhäuser (große Gebäude)
- große Rechenanlagen
- Lüftungsanlagen

- Beispiele für Not-Halt-Einrichtungen (Unterbrechung der Bewegung):
  - Fahrtreppen
  - Aufzüge
  - Hebezeuge
  - Förderbänder
  - Türantriebe
  - Autowaschanlagen

Betriebsmäßiges Schalten (Steuern):
Ein-, Aus- oder Umschaltung der Einspeisung elektrischer Energie für normale Betriebsfunktionen:
- Schalter für jeden Stromkreis, der unabhängig von anderen Anlagenteilen geschaltet werden soll
- nicht alle aktiven Leiter müssen geschaltet werden; das Schalten des Neutralleiters allein ist nicht zulässig
- bei gleichzeitigem Betrieb können mehrere Betriebsmittel mit einem Schalter geschaltet werden
- Steckvorrichtungen bis 16 A können zum betriebsmäßigen Schalten benutzt werden
- das betriebsmäßige Schalten von Ersatzstromversorgungsanlagen muss die jeweiligen Betriebsverhältnisse berücksichtigen (Parallelbetrieb, kein Trennen des PEN- bzw. Schutzleiters)
- Steuerstromkreise dürfen keine Fehlfunktionen der gesteuerten Geräte verursachen
- keine Motorsteuerstromkreise mit automatischem Wiederanlauf, wenn dies Gefahren verursachen kann
- bei Motorstromkreisen keine Drehrichtungsumkehr, wenn dadurch Gefahren entstehen können (Phasenvertauschung, Phasenausfall, Gegenstrombremsung)

Auswahl der Geräte zum Trennen und Schalten:
Die Geräte müssen den Funktionen, für die sie eingesetzt werden, entsprechen. Anforderungen an die Geräte zum Trennen:

- Einhaltung der Trennerbedingungen in neuem, sauberem und trockenem Zustand
- Steh-Stoß-Spannung zwischen den Anschlussstellen jedes Pols 5 kV (Überspannungskategorie III) bzw. 8 kV (Überspannungskategorie IV) → *Schutz gegen Überspannung*
- Ableitstrom zwischen den geöffneten Polen bei 110 % Nennspannung gegen Erde
- 0,5 mA je Pol im Neuzustand
- 6 mA je Pol am Ende der Lebensdauer
- sichtbare Trennstrecke oder eindeutige Schalterstellungsanzeige
- keine selbsttätige Einschaltung, z. B. durch Erschütterungen
- Maßnahmen zum Schutz gegen zufälliges oder unbeaufsichtigtes Ausschalten bei Trennschaltern ohne Lastschaltvermögen (z. B. Verschluss, Verriegelung)
- eindeutige Zuordnung zu den Stromkreisen durch Kennzeichnung
- vorzugsweise mehrpolige, aber auch einpolige Geräte zum Trennen
- Trenn- oder Lasttrennschalter
- Steckvorrichtungen
- Sicherungen
- Trennlaschen
- Spezialklemmen
- keine Halbleiter als Geräte zum Trennen

Anforderungen an die Geräte zum Ausschalten bei mechanischen Arbeiten:

- Schalter, die den vollen Betriebsstrom und alle aktiven Leiter abschalten
- Abschaltung über Steuerstromkreise ist nur erlaubt, wenn ein gleichwertig sicherer Zustand wie bei der Unterbrechung des Hauptstromkreises erreicht wird, z. B. durch mechanische Verriegelung
- Handbetätigung
- sichtbare Trennstrecke oder eindeutige Schalterstellungsanzeige
- keine selbsttätige Einschaltung, z. B. durch Erschütterungen
- deutliche Kennzeichnung, leicht zu erreichen

Anforderungen an die Geräte für Not-Aus-Schaltung, Not-Halt:

- Schalteinrichtungen müssen den vollen Betriebsstrom schalten können
- Unterbrechung von Hand am Hauptschalter oder über Betätigungseinrichtungen im Steuerstromkreis
- Betätigungseinrichtungen
  - deutliche Kennzeichnung, vorzugsweise rot mit gelbem Untergrund
  - leicht zugänglich an der Gefahrenstelle und an entfernten Stellen

- Wiedereinschaltsperre (z. B. Verriegelung mit Schlüssel)
- Loslassen der Betätigungseinrichtung darf nicht zum Wiedereinschalten führen

- die Not-Halt-Einrichtung muss die Versorgung nicht vollständig unterbrechen (Energie für Bremsvorgang)

Anforderungen an Geräte für betriebsmäßiges Schalten:

- Auslegung der Schaltgeräte für alle zu erwartenden Betriebsbedingungen
- es müssen keine Trennerbedingungen erfüllt werden
- geeignete Geräte: Schalter, Halbleitergeräte, Leistungsschalter
- Schütze, Relais, Steckvorrichtungen bis 16 A
- Trenner, Sicherungen und Trennlaschen sind für betriebsmäßiges Schalten ungeeignet

Schutz durch Umhüllung

→ *Schutz durch Abdeckung oder Umhüllung, Abschrankung oder Hindernisse*

Schutz gegen Brand

→ *Brandschutz*

Schutz gegen direktes Berühren

DIN VDE 0100-410	***Errichten von Niederspannungsanlagen***
(VDE 0100-410)	*Schutz gegen elektrischen Schlag*

Basisschutz:
Schutz vor Gefahren, die sich aus einer Berührung mit aktiven Teilen ergeben.

→ *Schutz gegen elektrischen Schlag*

Schutz gegen elektrischen Schlag

DIN VDE 0100-410	***Errichten von Niederspannungsanlagen***
(VDE 0100-410)	*Schutz gegen elektrischen Schlag*

Als Schutz gegen elektrischen Schlag werden alle Mittel und Maßnahmen bezeichnet, die verhindern, dass ein gefährlicher Strom den Körper eines Menschen oder Tiers durchfließt. Er wird dann als gefährlich bezeichnet, wenn dabei ein schädigender (pathophysiologischer) Effekt (elektrischer Schlag) auftritt.

Bei ordnungsgemäßer Herstellung, Errichtung bzw. Aufstellung und bei bestimmungsgemäßer Verwendung dürfen elektrotechnische Erzeugnisse keine Gefahren für Personen und Tiere verursachen. Um dieses Ziel zu erreichen, sind geeignete Schutzmaßnahmen vorzusehen.

Das Konzept der Schutzmaßnahmen gegen elektrischen Schlag beruht auf dem Prinzip der zweifachen Sicherheit und ist bei besonderer Gefährdung durch eine dritte Schutzebene zu ergänzen.

Zu unterscheiden ist der:
- Schutz gegen direktes Berühren (Basisschutz)
- Schutz bei indirektem Berühren (Fehlerschutz)
- Schutz bei direktem Berühren (Zusatzschutz)

Schutz gegen direktes Berühren – Basisschutz:
Als Schutz gegen direktes Berühren, der auch als Basisschutz bezeichnet wird, gelten alle Maßnahmen zum Schutz von Personen und Nutztieren vor Gefahren, die sich aus einer Berührung mit → *aktiven Teilen*, also mit den während des Betriebs dauernd unter Spannung stehenden Teilen elektrischer Betriebsmittel, ergeben. Dabei handelt es sich um einen vollständigen Schutz, wenn absichtliches oder unabsichtliches Berühren spannungsführender Teile ausgeschlossen ist. Ein teilweiser Schutz ist lediglich ein Schutz gegen unabsichtliches und damit zufälliges Berühren aktiver Teile. Er ist nur da zulässig, wo → *elektrotechnische Laien* keinen Zugang haben, wie z. B. in abgeschlossenen elektrischen → *Betriebsstätten.*

Schutz gegen gefährliche Körperströme

⇓

1. Schutzebene: Schutz gegen direktes Berühren – Basisschutz	Schutz vor Gefahren, die sich aus einer Berührung mit aktiven Teilen ergeben	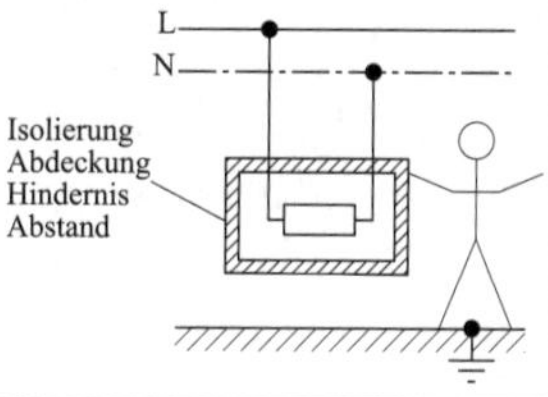 L N Isolierung Abdeckung Hindernis Abstand
⇓		
2. Schutzebene: Schutz bei indirektem Berühren – Fehlerschutz	Schutz vor Gefahren, die sich im Fehlerfall aus einer Berührung mit dem Körper oder fremden leitfähigen Teilen ergeben	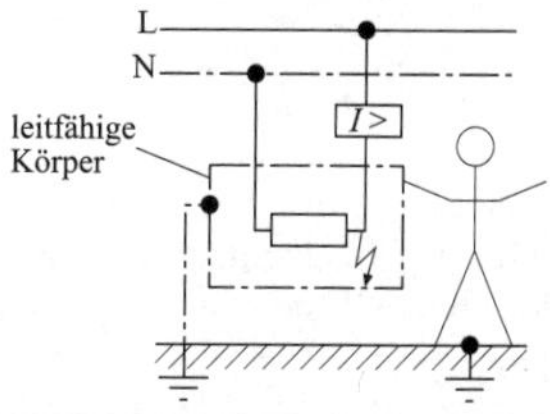 L N $I>$ leitfähige Körper
⇓		
3. Schutzebene: Schutz bei direktem Berühren – Zusatzschutz	Ergänzung der Schutzmaßnahmen gegen direktes Berühren, z. B. wenn diese unwirksam werden	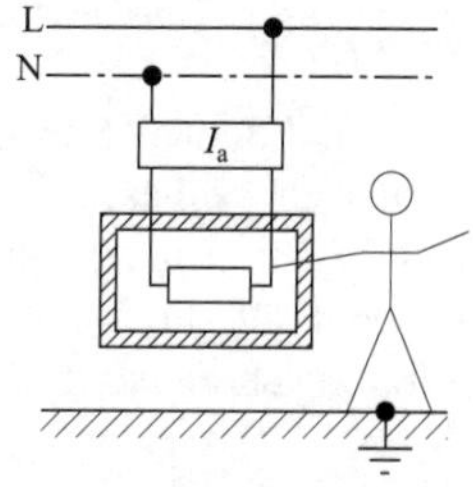 L N I_a

Bild 55 Definition des Schutzes gegen elektrischen Schlag in drei Schutzebenen

1. Schutzebene:

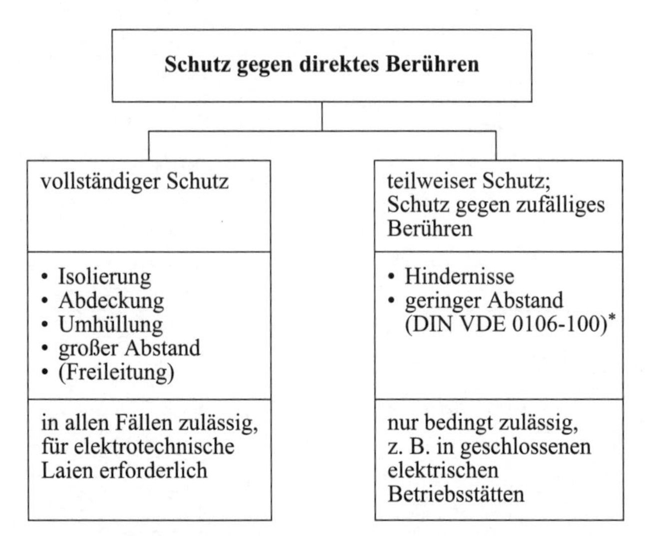

* → *Betätigungselemente* in der Nähe berührungsgefährlicher Teile

Bild 56 Schutz gegen direktes Berühren

Der gebräuchlichste Schutz gegen direktes Berühren ist die Isolierung. Aktive Teile müssen vollständig mit einer Isolierung umgeben werden, die nur durch Zerstörung entfernt werden kann und die den thermischen Beanspruchungen dauerhaft standhält. Lackisolierungen und andere Farbanstriche sind nicht geeignet, den Schutz sicherzustellen.

Durch Abdeckungen oder Umhüllungen wird ebenfalls ein vollständiger Schutz erreicht. Aktive Teile müssen von Umhüllungen umgeben oder hinter Abdeckungen angeordnet sein, die mindestens der → *Schutzart* IP2X (fingersicher) und bei horizontalen Flächen IP4X (drahtsicher) entsprechen und den Betriebs- und Umgebungsbedingungen angepasst ausreichende Festigkeit aufweisen.

Es muss sichergestellt sein, dass Abdeckungen oder Umhüllungen nur mit Werkzeug oder Schlüssel entfernt werden können.

Wenn hinter den Abdeckungen oder Umhüllungen Betriebsmittel so angeordnet sind, dass sich → *Betätigungselemente* in der Nähe berührungsgefährlicher Teile befinden, ist DIN EN 50274 (VDE 0660-514) zu beachten.

Dabei handelt es sich um eine Norm, die dem Errichter elektrischer Anlagen Hinweise gibt, Betätigungselemente, wie Drucktaster, Schalter, Signallampen, Sicherungen, in der Nähe berührungsgefährlicher Teile sicher anzuordnen. Vorausgesetzt wird dabei, dass die Betätigungselemente nur Elektrofachkräften oder elektrotechnisch unterwiesenen Personen zugänglich sind.

Als Hindernisse gelten Schutzleisten, Gitter, Teilabdeckungen und ähnliche Bauteile. Sie bieten nur einen teilweisen Schutz und dürfen nur dort verwendet werden, wo → *elektrotechnische Laien* normalerweise keinen Zugang haben. Hindernisse müssen die zufällige Annäherung an spannungsführende Teile verhindern. Sie müssen ausreichend fest sein, sodass ein unbeabsichtigtes Entfernen ausgeschlossen werden kann.

Beim Schutz durch Abstand können aktive Teile aufgrund der Entfernung nicht berührt werden. Als Beispiel sind zu nennen die Freileitung, die Fahrleitung oder die Kranschleifleitung. Im → *Handbereich*, das heißt in einem Abstand von mindestens 2,50 m, dürfen sich keine gleichzeitig berührbaren Teile unterschiedlichen Potentials befinden. Geeignete Hindernisse können den geforderten Abstand eingrenzen.

Schutz bei indirektem Berühren – Fehlerschutz:
Der Schutz bei indirektem Berühren ist der Schutz von Personen und Nutztieren vor Gefahren, die sich im Fehlerfall aus einer Berührung mit Körpern der Betriebsmittel oder fremden leitfähigen Teilen ergeben können.

Alterungserscheinungen oder mechanische und thermische Beanspruchungen führen zum Versagen des Basisschutzes und verursachen → *Isolationsfehler*, die die → *Körper* elektrischer Betriebsmittel, also die leitfähigen Gehäuseteile oder andere → *fremde leitfähige Teile*, unter Spannung setzen können.

Vor den dadurch entstehenden Gefahren zu schützen, ist Aufgabe der Schutzmaßnahmen bei indirektem Berühren. Da sie im Fehlerfall wirksam werden müssen, wird der Schutz bei indirektem Berühren auch als Fehlerschutz oder nach dem Basisschutz als zweite Schutzebene bezeichnet.

2. Schutzebene:

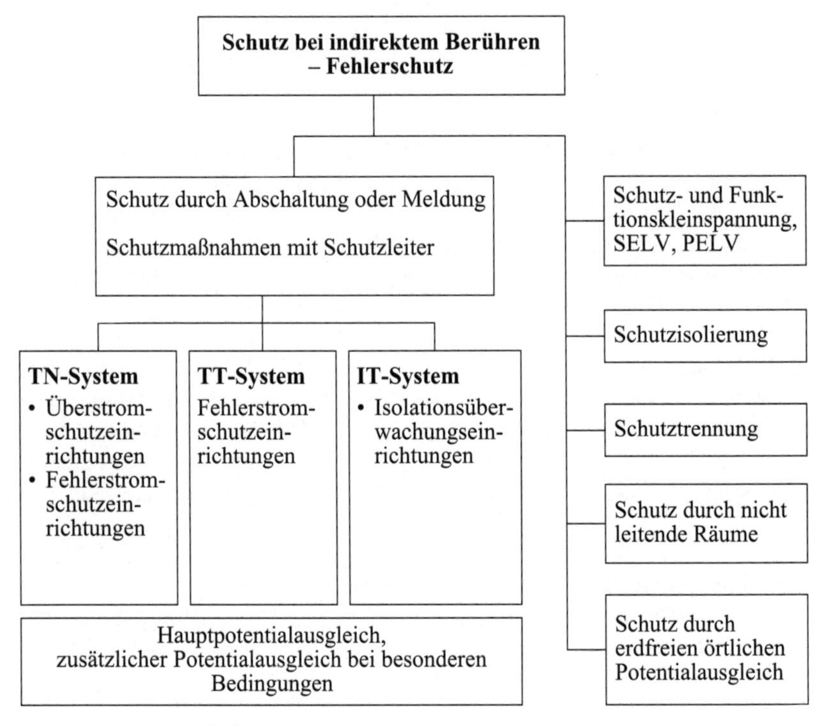

Bild 57 Schutz bei indirektem Berühren

Als Schutz bei indirektem Berühren sind in allen elektrischen Anlagen Maßnahmen vorzusehen, die nach dem Auftreten von Fehlern gefährliche Berührungsspannungen verhindern oder sie in vorgegebenen Zeiten abschalten.
Maßnahmen, die gefährliche Berührungsspannungen verhindern:

- → *Schutzkleinspannung* (SELV/PELV)
- → *Funktionskleinspannung*
- → *Schutzisolierung*
- → *Schutztrennung*
- → *Schutz durch nicht leitende Räume*

- → *Schutz durch erdfreien örtlichen Potentialausgleich*
  Der Schutz durch nicht leitende Räume bzw. durch erdfreien örtlichen Potentialausgleich sollte nur in Sonderfällen gewählt werden, wenn z. B. die Schutzmaßnahmen durch Abschaltung oder Meldung nicht angewendet werden können oder nicht zweckmäßig sind. Maßnahmen, die gefährliche Berührungsspannungen in vorgegebenen Zeiten abschalten:
- → *Schutz durch Abschaltung oder Meldung*
  Eine solche Maßnahme erfordert eine Koordination der → *Art der Erdung* mit den → *Schutzeinrichtungen*, die den fehlerbehafteten Stromkreis abschalten. Charakteristisch für diese Schutzmaßnahme ist, dass in der Installationsanlage immer ein → Schutzleiter mitgeführt werden muss, an den die Körper aller Betriebs- und Verbrauchsmittel anzuschließen sind, und in allen Fällen ein → *Potentialausgleich* herzustellen ist.

Schutz bei direktem Berühren – Zusatzschutz
Der Zusatzschutz schützt vor Gefahren, die sich aus einer einpoligen Berührung mit → *aktiven Teilen* elektrischer Betriebsmittel ergeben, wenn Schutzmaßnahmen gegen direktes Berühren (Basisschutz) versagen und Schutzmaßnahmen bei indirektem Berühren (Fehlerschutz) nicht wirksam werden können.

In der Praxis handelt es sich häufig um Gefahren beim Berühren aktiver Teile z. B. an defekten Betriebsmitteln.

Das Zusammenwirken des Schutzes gegen direktes Berühren und des Schutzes bei indirektem Berühren gewährleistet seit vielen Jahren einen sicheren Umgang mit elektrischen Anlagen und Betriebsmitteln.

Dabei hat sich die Philosophie der Gleichwertigkeit der Schutzmaßnahmen ebenso bewährt wie die durch die Praxis bestätigte Annahme, dass mit zwei Gefährdungsereignissen (z. B. Körperschluss und Versagen des Fehlerschutzes) gleichzeitig nicht gerechnet werden muss.

Erst mit der technischen Weiterentwicklung der Fehlerstromschutzeinrichtungen und der damit verbundenen erweiterten Marktchancen solcher Geräte sowie durch die internationale Normung entstand unter dem Stichwort „zusätzlicher Schutz durch Fehlerstromschutzeinrichtungen“ eine neue Form des Schutzes gegen direktes Berühren.

In DIN VDE 0100-410 wurde ein Hinweis aufgenommen, dass die Verwendung von Fehlerstromschutzeinrichtungen mit einem Nennfehlerstrom $I_{\Delta N} \leq 30$ mA zusätzlich ein gewisser Schutz bei direktem Berühren aktiver Teile sein kann.

3. Schutzebene:

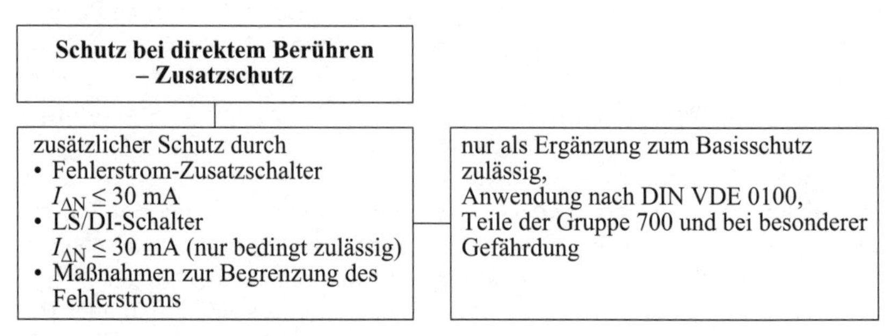

Bild 58 Schutz bei direktem Berühren

Die Schutzwirkung der hochempfindlichen Fehlerstromschutzeinrichtung (RCD) beruht einerseits auf dem kleinen Nennfehlerstrom und andererseits auf der schnellen Abschaltung.

Berührt der Mensch ein aktives Teil, so fließt in Abhängigkeit von dem Standortwiderstand, dem Stromweg, dem Körperwiderstand usw. ein Strom, der unter 30 mA normalerweise ungefährlich ist. Liegt der Strom über 30 mA, also im gefährlichen Bereich, so schaltet die FI-Schutzeinrichtung nach den Bestimmungen in 0,2 s, bei neuen Geräten in 20 ms bis 40 ms ab.

Der Zusatzschutz ist nur als Ergänzung des Basisschutzes einzusetzen und als alleiniger Schutz nicht zulässig.
Der Zusatzschutz durch Fehlerstromschutzeinrichtungen (RCD) mit $I_{\Delta N} \leq 30$ mA muss vorgesehen werden:

- für Steckdosen mit einem Bemessungsstrom bis 20 A, die durch Laien benutzt werden
- für Endstromkreise im Außenbereich, an denen tragbare Betriebsmittel mit einem Bemessungsstrom bis 32 A angeschlossen werden

Weitere Anwendungsmöglichkeiten bieten sich an:

- beim Einsatz nicht klassifizierter Betriebsmittel
- in alten Anlagen ohne Schutzmaßnahmen bei indirektem Berühren oder in bestehenden Anlagen, die nicht DIN VDE 0100-410 entsprechen
- wenn mit mangelnder Sorgfalt bei der Benutzung elektrischer Betriebsmittel zu rechnen ist
- für nicht überwachte Anlagen in besonders gefährdeter Umgebung in Verbindung mit der Möglichkeit des menschlichen Fehlverhaltens beziehungsweise

unter Vernachlässigung des üblicherweise vorauszusetzenden Sicherheitsbewusstseins
- für vorhandene Stromkreise mit Steckdosen, für die bei ihrer Neuinstallation der Zusatzschutz verlangt wird

Im Bereich besonderer Gefährdung wird der Zusatzschutz verbindlich vorgeschrieben. Entsprechende Festlegungen sind in der Normenreihe DIN VDE 0100 in den Teilen der Gruppe 700 „Bestimmungen für Betriebsstätten, Räumen und Anlagen besonderer Art" enthalten (**Bild 59**).

Es werden sowohl der Zusatzschutz als auch die hochempfindliche Fehlerstromschutzeinrichtung (RCD) mit einem Bemessungsfehlerstrom $I_{\Delta N} \leq 30$ mA oder Maßnahmen zur Begrenzung des Fehlerstroms als Schutz bei indirektem Berühren verlangt. In allen Fällen müssen die Bedingungen des Zusatzschutzes erfüllt werden.

Das durch die Definition des Zusatzschutzes vorgegebene Schutzziel lässt sich neben der automatischen Abschaltung möglicherweise auch erreichen durch die Begrenzung des Fehlerstroms mit den Schutzmaßnahmen:
- Schutzkleinspannung
- Schutztrennung mit einem Verbraucher
- Schutztrennung mit mehreren Verbrauchern und begrenzter Netzausdehnung
- IT-System mit begrenzter Netzausdehnung

Bei den letzten Schutzmaßnahmen ist die Netzausdehnung zu beachten, um den Körperstrom auf $I_{\Delta N} \leq 30$ mA bei direktem Berühren abhängig von dem bei gegebenen Umgebungs- und Betriebsbedingungen anzusetzenden Körperwiderstand zu begrenzen.

DIN VDE 0100 Gruppe 700	
Teil	**Titel**
701	Orte mit Badewanne oder Dusche
702	Überdachte Schwimmbecken (Schwimmhallen) und Schwimmanlagen im Freien
703	Sauna-Anlagen
704	Baustellen
705	Landwirtschaftliche Betriebsstätten
709	Elektrische Einrichtungen für Marinas (Liegeplätze) und Wassersportflugzeuge
721	Caravans, Boote, Yachten sowie ihre Stromversorgung auf Camping- bzw. an Liegeplätzen
723	Unterrichtsräume mit Experimentierständen
737	Feuchte und nasse Bereiche und Räume, Anlagen im Freien
739	Zusätzlicher Schutz in Wohnungen (Empfehlung in VDE-Leitlinie)

Tabelle 72 Auflistung der Teile der Gruppe 700 mit Zusatzschutz

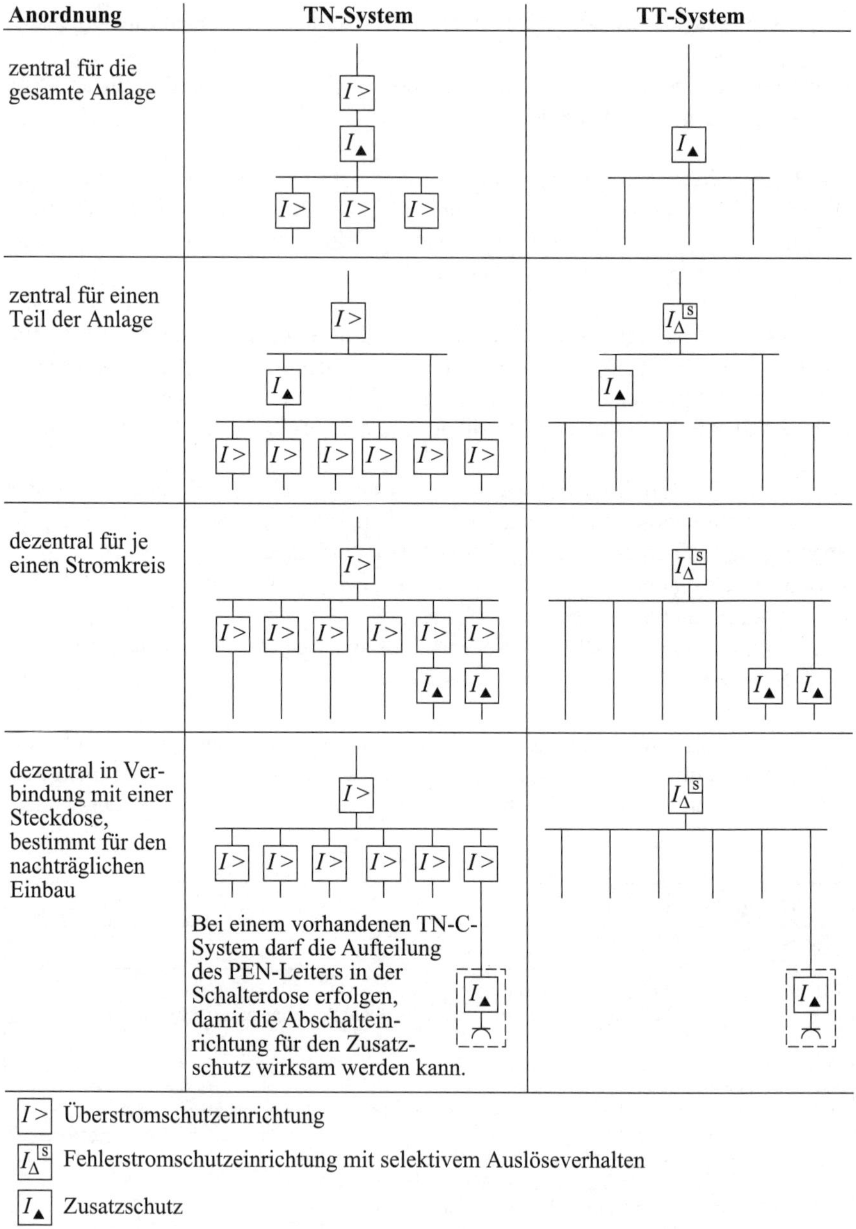

Anordnung	TN-System	TT-System
zentral für die gesamte Anlage		
zentral für einen Teil der Anlage		
dezentral für je einen Stromkreis		
dezentral in Verbindung mit einer Steckdose, bestimmt für den nachträglichen Einbau	Bei einem vorhandenen TN-C-System darf die Aufteilung des PEN-Leiters in der Schalterdose erfolgen, damit die Abschalteinrichtung für den Zusatzschutz wirksam werden kann.	

$I >$ Überstromschutzeinrichtung

I_{Δ} [S] Fehlerstromschutzeinrichtung mit selektivem Auslöseverhalten

$I_{\blacktriangle}$ Zusatzschutz

Bild 59 Anordnung des Zusatzschutzes

Der Zusatzschutz kann der gesamten Anlage bzw. Teilen der Anlage zugeordnet werden. Bei den Einsatzmöglichkeiten sind zu berücksichtigen:
- Größe der Anlage
- Art der Betriebs- und Verbrauchsmittel
- gewünschte Verfügbarkeit
- Art der Installation (z. B. Neubauinstallation oder ergänzende Installation)
- bei Erweiterungen Art und Umfang der vorhandenen Schutzmaßnahmen

Schutz gegen elektromagnetische Störungen

DIN VDE 0100-444	***Errichten von Niederspannungsanlagen***
(VDE 0100-444)	*Schutz bei Störspannungen und elektromagnetischen Störgrößen*

Elektromagnetische Störungen können in Anlagen von Gebäuden Schäden verursachen. Es können Stromkreise der Informationstechnik oder elektrische Betriebsmittel mit elektronischen Bauteilen betroffen sein.

Ursachen dieser Störungen sind:
- Blitzableitströme
- Schalthandlungen
- Kurzschlussströme

oder andere Ereignisse, z. B. Ströme mit hohen Änderungsgeschwindigkeiten in Energieleitungen (wie Anlaufströme), die in Leitungen für informationstechnische Anlagen (Signalleitungen) Überspannungen induzieren.

Maßnahmen gegen elektromagnetische Störungen:
- mögliche Störquellen außerhalb des Empfindlichkeitsbereichs von sensiblen (EMV) Betriebsmitteln anbringen
- sensible Betriebsmittel außerhalb der Einflussbereiche von Hochleistungszentralen (Transfomatorenstation, Betriebsmittel großer Leistung)
- Einbau Überspannungsableiter in Speisestromkreisen sensibler Betriebsmittel
- Potentialausgleich für metallene Umhüllungen und Schirmungen
- räumliche Trennung von Energie- und Signalkabeln
- Signalkabel, die geschirmt und/oder mit verdrillten Aderpaaren eingeführt sind
- Potentialausgleichsleiter und -verbindungen so kurz wie möglich

- einadrige Kabel und Leitungen in metallische Umhüllungen und an den Potentialausgleich anschließen
- Vermeiden von TN-C-Systemen in Anlagen mit sensiblen Betriebsmitteln
- Schutzeinrichtungen mit geeigneter Charakteristik für die Zeitverzögerung, um Auslösen bei transierten Überspannungen zu vermeiden

Sind in einem bestehenden Gebäude ausreichende EMV-Maßnahmen (Vorkehrungen) getroffen oder ist das Gebäude mit einem PEN-Leiter installiert, so dürfen die Maßnahmen zur Vermeidung von Störungen durchgeführt werden:
Verwendung von:
- faseroptischen Systemen für die Signalverbindungen
- elektrischen Betriebsmitteln der Schutzklasse II
- örtlichen Transformatoren mit getrennten Wicklungen

Schutz gegen thermische Einflüsse

DIN VDE 0100-420	***Errichten von Niederspannungsanlagen***
(VDE 0100-420)	*Schutz gegen thermische Auswirkungen*

Schutz von Personen und Sachen gegen zu hohe Erwärmung, die durch elektrische Betriebsmittel oder Anlagen verursacht werden kann.

Der Schutz gegen thermische Einflüsse soll verhindern:
- Entzündungen und Brand von Material
- Verbrennungen von Menschen und Tieren (Brandwunden)
- Beeinträchtigung der Funktion elektrischer Einrichtungen

→ *Brandschutz*
→ *Schutz gegen zu hohe Erwärmung*

Schutz gegen Überhitzung

→ *Brandschutz*

Schutz gegen Überspannungen

DIN VDE 0100-443	***Errichten von Niederspannungsanlagen***
(VDE 0100-443)	*Schutz bei Überspannungen infolge atmosphärischer Einflüsse oder von Schaltvorgängen*

Der Schutz gegen Überspannungen soll schädliche Einwirkungen durch atmosphärische Einflüsse verhindern, soweit dies unter wirtschaftlichen und betrieblichen Gesichtspunkten möglich ist.

Bei der Entscheidung, ob ein Überspannungsschutz erforderlich ist, müssen beachtet werden:

- die Höhe der möglichen Überspannungen in der elektrischen Anlage
- die Anforderungen an die Zuverlässigkeit der Versorgung
- die Sicherheit von Personen und Sachen
- der Überspannungspegel der einzusetzenden Betriebsmittel
- die Art des Versorgungsnetzes (Freileitungen oder Kabel), das Vorhandensein von Überspannungsschutzeinrichtungen auf der Einspeiseseite der elektrischen Anlage
- die Häufigkeit der Gewittertage
- der Einbauort und die Kennlinie der Überspannungsschutzeinrichtung
- Maßnahmen am Eingang elektrischer Anlagen nach **Tabelle 73**. Im Allgemeinen kann der Errichter davon ausgehen, dass die auf dem Markt befindlichen Betriebsmittel so gestaltet sind, dass sie den Überspannungsbeanspruchungen an ihrem Einsatzort genügen.

Versorgung aus	Schutzmaßnahmen
• Kabelnetz	nicht erforderlich
• Freileitungnetz mit Einspeisung über Erdkabel ausreichender Länge (z. B. 150 m)	nicht erforderlich
• Freileitungsnetz in einem Gebiet mit vernachlässigbarer Blitzeinwirkung (weniger als 25 Gewittertage pro Jahr)	nicht erforderlich
• Freiteitungsnetz in einem Gebiet mit mehr als 25 Gewittertagen pro Jahr und indirekter Blitzeinwirkung – $U \leq 4$ kV – 4 kV $< U <$ 6 kV – $U >$ 6 kV	 nicht erforderlich empfohlen erforderlich
U vorübergehender Überspannungspegel am Eingang der Anlage	

Tabelle 73 Schutzmaßnahmen gegen Überspannung am Eingang elektrischer Anlagen

Wird ein Überspannungsschutz vorgesehen, sind nachstehende Anforderungen zu erfüllen:

- Überspannungsableiter nach DIN VDE 0675-1
- Anschluss des Überspannungsableiters
  - bei TN- und TT-Systemen (geerdeter Neutralleiter) zwischen Außenleiter und Erde
  - bei IT-Systemen zwischen Außenleiter und Erde, bei mitgeführtem Neutralleiter auch zwischen Neutralleiter und Erde.
- Die Erdverbindung des Ableiters ist mit dem Erder des Gebäudes zu verbinden.

Schutz gegen Verbrennungen

→ *Brandschutz*

Schutz gegen zu hohe Berührungsspannung

→ *Schutz gegen elektrischen Schlag*

Schutz gegen zu hohe Erwärmung

DIN VDE 0100-430	***Errichten von Niederspannungsanlagen***
(VDE 0100-430)	*Schutz bei Überstrom*

→ *Überstromschutzeinrichtungen* schützen Leitungen, Kabel und Stromschienen gegen zu hohe → *Erwärmung*, die durch Überströme hervorgerufen werden kann. → *Überströme* können entstehen als Überlastströme in einem fehlerfreien Stromkreis oder als Kurzschlussströme durch einen Fehler. Entsprechend wird der Schutz gegen zu hohe Erwärmung eingeteilt in:

- Schutz bei Überlast
- Schutz bei Kurzschluss

Schutz bei Überlast:
Schutzeinrichtungen unterbrechen den Überlaststrom, bevor er eine für Leitungen, Kabel und Stromschienen schädliche Erwärmung verursacht. Dies ist sicherge-

stellt, wenn die Schutzeinrichtungen den Querschnitten der Leitungen, Kabel und Stromschienen nach folgenden Bedingungen zugeordnet werden:

$I_b < I_n < I_z$

$I_2 < 1{,}45\, I_z$

Darin bedeuten:

I_b Betriebsstrom des Stromkreises
→ *Belastung*

I_z zulässige → *Belastbarkeit der Leitung*, des Kabels bzw. der Stromschienen

I_n Nenn- oder Einstellstrom der → *Überstromschutzeinrichtung*

I_2 Auslösestrom der → *Überstromschutzeinrichtung* (großer Prüfstrom)

Die Bedingungen gelten als erfüllt, wenn der Nennstrom der Schutzeinrichtung gleich oder kleiner ist als die Belastbarkeit:

$I_n \leq I_z$

und dabei Schutzeinrichtungen verwendet werden, deren Auslösecharakteristik der Anforderung $I_z \leq 1{,}45\, I_n$ genügen.

Dies wird z. B. von allen gebräuchlichen Leitungsschutzsicherungen (Betriebsklassen gL und gG) und von allen Leitungsschutzschaltern mit den Auslösecharakteristiken B, C und K erfüllt.

Der Betriebsstrom muss gleich oder kleiner sein als die → *Belastbarkeit:*

$I_b \leq I_z$

Auch bei Stromkreisen mit Steckvorrichtungen kann davon ausgegangen werden, dass diese Bedingung eingehalten wird, wenn die Anlagen nach DIN 18015 „Elektrische Anlagen in Wohngebäuden“ ausgelegt werden.

Schutzeinrichtungen zum Schutz bei Überlast müssen am Anfang eines jeden Stromkreises und an Stellen eingebaut werden, an denen die Strombelastbarkeit so weit gemindert wird, dass die vorgeschaltete Schutzeinrichtung den Überlastschutz nicht sicherstellen kann. Andere Einbauorte setzen voraus, dass im Leitungszug weder Abzweige noch Steckvorrichtungen vorhanden sind und der Kurzschlussschutz für den gesamten Stromkreis durch eine zweite unabhängige Schutzeinrichtung gewährleistet wird.

Der Schutz bei Überlast darf entfallen:

- in Stromkreisen, in denen nicht mit Überlastströmen gerechnet werden muss
- in → *Hilfsstromkreisen*
- für Verbindungsleitungen zwischen elektrischen Maschinen, Anlassern, Transformatoren, Gleichrichtern, Akkumulatoren, Schaltanlagen und dergleichen
- in öffentlichen und anderen Verteilungsnetzen und Hauseinführungsleitungen, sofern die Anlagen nicht durch feuer- oder explosionsgefährdete → *Räume* geführt werden und nicht als → *Schutz gegen gefährliche Berührungsströme* des IT-Systems angewendet werden

Der Schutz bei Überlast darf nicht eingebaut werden, wenn durch die Unterbrechung eine Gefahr entstehen kann, wie z. B. in Stromkreisen, die der Sicherheit dienen. Sie sind dann so auszulegen, dass nicht mit Überlastströmen zu rechnen ist. Der Schutz parallel geschalteter Leiter gegen Überlast durch eine gemeinsame Schutzeinrichtung ist nur zulässig, wenn eine gleichmäßige Stromaufteilung gegeben ist. Dies setzt dieselben elektrischen Eigenschaften aller Leiter (Länge, Querschnitt, Leitungs- bzw. Kabelbauart, Verlegeart, Umgebungsbedingungen) voraus. Sind diese Bedingungen erfüllt, ist I_z die Summe der Strombelastbarkeiten aller Leiter. Bei abweichenden elektrischen Eigenschaften müssen die Leiter einzeln gegen Überlast geschützt werden.

Für die richtige Projektierung des Schutzes bei Überlast empfiehlt sich folgende Vorgehensweise:

- Für Elektroinstallationen in Wohngebäuden und in Gebäuden mit vergleichbaren Anforderungen kann die Zuordnung der Überstromschutzeinrichtungen zu den Leitungen bzw. Kabeln nach **Tabelle 74** vorgenommen werden.

In den anderen Fällen gilt:

- Ermittlung des maximalen → *Betriebsstroms* I_b
- Auswahl des Leitungs- bzw. Kabelquerschnitts
- Ermittlung der → *Strombelastbarkeit* I_z unter Berücksichtigung aller Einflussfaktoren (Leitungs- bzw. Kabelbauart, Verlegeart, Umgebungsbedingungen), eventuell Korrektur des gewählten Querschnitts
- Auswahl der Schutzeinrichtung für den Schutz bei Überlast nach der Bedingung $I_n \leq I_z$

Schutz bei Kurzschluss:

Schutzeinrichtungen unterbrechen den Kurzschlussstrom, bevor für Leitungen, Kabel und Stromschienen sowie deren Umgebung eine schädliche Erwärmung oder schädliche mechanische Wirkungen hervorgerufen werden können.

Zuordnung von Überstromschutzeinrichtungen zu Kabeln und Leitungen in Wohnungen und in Gebäuden mit vergleichbaren Anforderungen												
Leitungsschutzsicherungen der Betriebsklassen gL und gG, Leitungsschutzschalter der Auslösecharakteristiken B, C und K												
Bauart → *Belastbarkeit*	**Leitungen**										**Kabel**	
Isolierwerkstoff	PVC											
zulässige Betriebstemperatur	70 °C											
Belastungsart	Dauerbetrieb										Größtlast und Belastungsgrad 0,7	
Umgebungstemperatur	25 °C											20 °C
Verlegeart	A		B 1		B 2		C		E		in Luft	in Erde
Anzahl der belasteten Adern	2	3	2	3	2	3	2	3	2	3	3	3
Nennquerschnitt des Kupferleiters in mm²	Nennstrom der Schutzeinrichtung A											
1,5	16	10	16	16	16	10	16	16	20	20	16	25
2,5	20	16	25	20	20	20	25	25	25	25	25	25
4	25	25	25	25	25	25	35	35	35	35	35	40
6	35	25	40	35	35	35	40	40	50	40	40	50
10	40	40	50	50	50	50	63	63	63	63	63	63
16	63	50	80	63	63	63	80	80	80	80	80	80
25		63		80		80		100		100	100	100
35		80		100		100		125		125	125	125

Tabelle 74 Zuordnung der Überstromschutzeinrichtungen

Für die Auslegung des Schutzes bei Kurzschluss ist zu beachten:

- Als Kurzschlussstrom ist immer der Strom bei vollkommenem Kurzschluss zu ermitteln, d. h., die Verbindung an der Fehlerstelle ist nahezu widerstandslos.
- Der Kurzschlussstrom der zu schützenden Anlage wird bestimmt
  - durch Rechnung nach DIN EN 60909-0 (VDE 0102)
  - durch Netzmodelluntersuchungen
  - durch Messungen
  - nach Angaben des Netzbetreibers.

- Das Ausschaltvermögen der Schutzeinrichtung bei Kurzschluss muss mindestens dem größten Kurzschlussstrom an der Einbaustelle entsprechen, oder eine zweite vorgeschaltete Schutzeinrichtung muss den Kurzschlussschutz übernehmen (→ *Backup-Schutz*).
- Die → *Ausschaltzeit* (Zeit vom Auftreten des Kurzschlusses bis zur Abschaltung) darf nicht größer sein als die Zeit, in der die Leiter durch den Kurzschlussstrom auf die maximale Kurzschlusstemperatur (höchste am Leiter auftretende Temperatur bei Kurzschluss mit einer Kurzschlussdauer bis 5 s, **Tabelle 75)** erwärmt werden, jedoch 5 s (→ *Schutz gegen elektrischen Schlag*) nicht überschreiten.

Isolierwerkstoffe	Kurzzeichen	°C
Gummi	NR/SR	200
Polyvinylchlorid	PVC	160
Ethylen-Propylen-Kautschuk	EPR	250
vernetztes Polyethylen	VPE	250

Tabelle 75 Zulässige Kurzschlusstemperaturen für verschiedene Isolierstoffe

Isolierwerkstoffe	NR/SR	PVC	EPR/VPE
Cu-Leiter	141	115	143
Al-Leiter	87	76	94

Tabelle 76 Materialbeiwerte *k* für verschiedene Isolierwerkstoffe

Die zulässige Ausschaltzeit kann bei Kurzschlüssen bis zu 5 s Dauer annähernd ermittelt werden nach der Gleichung:

$$t = \left(k \frac{S}{I}\right)^2$$

t zulässige Ausschaltzeit im Kurzschlussfall in s
S Leiterquerschnitt in mm^2
I Kurzschlussstrom in A
(Effektivwert des Stroms bei vollkommenem Kurzschluss)
k Materialbeiwert in $A\sqrt{s}/mm^2$ (abhängig von Leitermaterial und Isolierwerkstoff

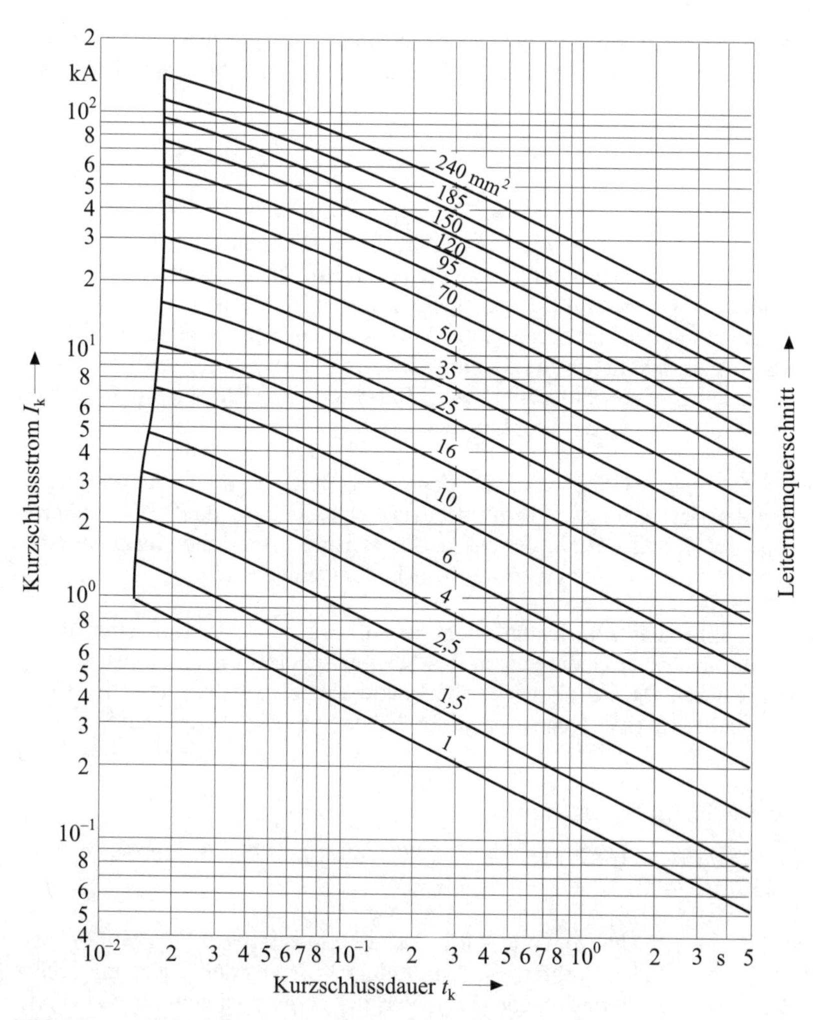

Bild 60 Kurzschlussbelastbarkeit PVC-isolierter Leitungen bzw. Kabel mit Kupferleitern

Bezogen auf die ausgewählte Leitung (Leiter- und Isoliermaterial, Querschnitt) kann mit der Gleichung

$$t = \left(k \frac{S}{I}\right)^2$$

für Kurzschlussdauern bis 5 s jeweils der maximalen Kurzschlussstrom errechnet werden, bei der die zulässige Kurzschlusstemperatur erreicht, aber nicht überschritten wird

$$I = \frac{k\,S}{\sqrt{t}}$$

Aus den Ergebnissen entsteht in einem Zeit-Strom-Diagramm die Kennlinie der zulässigen Kurzschlussbelastung einer Leitung. In **Bild 60** sind diese Grenzkurven für verschiedene Querschnitte angegeben. Durch einen Vergleich mit der Ausschaltcharakteristik der Schutzeinrichtung lässt sich aus einem Diagramm ablesen, welche Schutzeinrichtungen die Leitung schützen. Der Schutz wird von allen Schutzeinrichtungen gewährleistet, deren Zeit-Strom-Bereiche in ihrem Verlauf bis 5 s unterhalb der Leitungskennlinie liegen.

Vergleich der oberen Grenzkurve der Zeit-Strom-Bereiche für Leitungsschutzsicherungen der Betriebsklasse gL mit der Kurzschlussbelastbarkeit PVC-isolierter Leitungen bzw. Kabel mit Kupferleitern. Als Beispiel wurde die Kurzschlussbelastbarkeit einer PVC-isolierten 16-mm²-Cu-Leitung eingetragen.

Die so ermittelte Schutzeinrichtung liegt im Allgemeinen zwei Nennstromstufen höher als die nach den Bedingungen des Überlastschutzes ($I_n \leq I_z$) ausgewählte Schutzeinrichtung. Daraus lässt sich die Praktikerregel ableiten, dass der Kurzschlussschutz bis zu zwei Nennstromstufen höher sein darf als der richtig dimensionierte Überlastschutz.

Nennstromstufen der Schutzeinrichtung:

I_n in A: 2 / 4 / 6 / 10 / 12 / 16 / 20 / 25 / 32 / 40 / 50 / 63 / 80 / 100 / 125 / 160 / 200 / 250 / 315 / 400

Bei sehr kurzen Ausschaltzeiten ($t < 0{,}1$ s) und bei der Verwendung von Schutzschaltern ist zusätzlich zu prüfen, ob das Produkt $k^{2\prime}S^2$ aus der Gleichung größer ist als der vom Hersteller angegebene $I^2 t$-Wert der vorgeschalteten Strom begrenzenden Schutzeinrichtung (z. B. der Sicherung). Diese Bedingung gilt als erfüllt bei Leitungsschutzsicherungen bis 63 A Nennstrom und wenn der Querschnitt der zu schützenden Leitung nicht kleiner als 1,5 m² Cu ist.

Bei der Anordnung der Schutzeinrichtungen für den Schutz bei Kurzschluss ist zu beachten:

- Einbau am Anfang des Stromkreises
- Einbau an allen Stellen, an denen die Kurzschlussbelastbarkeit gemindert wird, z. B. durch Verringerung des Leiterquerschnitts

- Versetzung der Schutzeinrichtung bis zu 3 m unter nachstehenden Bedingungen:
  - kurzschluss- und erdschlusssichere Verlegung vor der Schutzeinrichtung
  - nicht in der Nähe brennbarer Materialien
  - keine Gefährdung von Personen

Versetzung der Schutzeinrichtung in feuer- oder explosionsgefährdeten Räumen oder Bereichen ist nicht zulässig.

Der Schutz bei Kurzschluss darf entfallen:
- in öffentlichen und anderen Verteilungsnetzen, die als in Erde verlegte Kabel und als Freileitungen ausgeführt sind
- in Messstromkreisen und für Verbindungsleitungen zwischen elektrischen Maschinen, Anlassern, Transformatoren, Gleichrichtern, Akkumulatoren, Schaltanlagen und dergleichen, wenn die Leitungen und Kabel kurzschluss- und erdschlusssicher verlegt sind

Auf den Schutz bei Kurzschluss muss verzichtet werden, wenn dies aus Sicherheitsgründen erforderlich ist (vergleiche Schutz bei Überlast).
Der Schutz parallel geschalteter Leiter bei Kurzschluss durch eine gemeinsame Schutzeinrichtung ist nur zulässig, wenn diese beim kleinsten Kurzschlussstrom in vorgegebener Zeit abschaltet.

In der Praxis werden häufig → *Überstromschutzeinrichtungen* verwendet, die sowohl bei Überlast als auch bei Kurzschluss schützen (Leitungsschutzsicherungen, Leitungsschutzschalter). Sie unterbrechen jeden → *Überstrom* vom kleinsten Überlaststrom, der bereits eine zu hohe Betriebstemperatur am Leiter hervorruft, bis zum größten Strom bei vollkommenem Kurzschluss. Wird eine solche Vollbereichs-Schutzeinrichtung für den Schutz bei Überlast ausgewählt und entspricht ihr Ausschaltvermögen mindestens dem Strom bei vollkommenem Kurzschluss, so ist der Schutz bei Kurzschluss gleichzeitig sichergestellt. Allerdings ist bei Schutzschaltern, insbesondere bei solchen ohne Kurzschlussstrombegrenzung, darauf zu achten, dass die Bedingung $k^2 S^2 > I^2 t$ erfüllt ist.

→ *Begrenzung der Leitungs- und Kabellängen*
→ *Belastung*
→ *Erwärmung von Leitungen und Kabeln*
→ *Belastbarkeit*
→ *Überstrom*
→ *Überstromschutzeinrichtung*

Schutz gegen zufälliges Berühren

Teilweiser Schutz gegen direktes Berühren.

→ *Schutz gegen elektrischen Schlag*

Schutzpotentialausgleich über die Haupterdungsschiene

Der frühere → *Hauptpotentialausgleich* wird in den aktuellen Normen als Schutzpotentialausgleich über die Haupterdungsschiene bezeichnet. Da die Anforderungen von den Lesern sicherlich weiterhin unter Hauptpotentialausgleich gesucht werden, sind sie unter diesem Stichwort auch noch zu finden.

Schutz von parallel geschalteten Leitern

Werden mehrere parallel geschaltete Leiter durch eine gemeinsame Schutzeinrichtung zum Schutz bei Überlast geschützt, so gilt als Strombelastbarkeit I_Z die Summe der Strombelastbarkeitswerte der parallel geschalteten Leiter. Eine derartige Zuordnung ist jedoch nur dann zulässig, wenn diese Leiter dieselben elektrischen Eigenschaften haben (Leiterquerschnitt, Leitermaterial) und in ihrem Verlauf die gleichen Verlegebedingungen (Länge, Verlegeart, Umgebungstemperatur) und keine Abzweige aufweisen.

Schutz von Transformatoren

→ *Transformatoren*

Schutzabdeckung

DIN VDE 0100-410 *(VDE 0100-410)*	***Errichten von Niederspannungsanlagen*** *Schutz gegen elektrischen Schlag*
DIN EN 61936-1 *(VDE 0101-1)*	***Starkstromanlagen mit Nennwechselspannungen über 1 kV***

Abdeckungen oder Umhüllungen sind so konstruiert und angebracht, dass die aktiven Teile vollständig gegen direktes Berühren geschützt sind.

Schutzabdeckung:
- Schutzart
  - Normalfall: IP2X oder IPXXB
  - bei Zugänglichkeit von Flächen: IP4X oder IPXXD
- müssen sicher befestigt sein
- ausreichende Festigkeit und Haltbarkeit
- Entfernen von Schutzabdeckungen darf nur möglich sein mittels Schlüssel oder Werkzeug, im spannungsfreien Zustand oder wenn Zwischenabdeckungen (Schutzart IP2X oder IPXXB) vorhanden sind (ebenfalls nur mit Schlüssel oder Werkzeug entfernbar).

→ *Schutz durch Abdeckung oder Umhüllung*

Schutzarten

→ *IP-Code*
→ *IP-Schutzarten*

Schutzausrüstung

DIN VDE 0680-1
(VDE 0680-1)

Persönliche Schutzausrüstungen, Schutzvorrichtungen und Geräte zum Arbeiten an unter Spannung stehenden Teilen bis 1 000 V
Teil 1: Isolierende Schutzvorrichtungen

Nach der Unfallverhütungsvorschrift (BGV A1) ist geregelt, dass der Unternehmer alle geeigneten betriebstechnischen Maßnahmen treffen muss, um die Beschäftigten vor Unfall- und Gesundheitsgefahren zu schützen. Die technischen und organisatorischen Maßnahmen haben unbedingt Vorrang. Zusätzlich muss der Unternehmer den Mitarbeitern persönliche Schutzausrüstungen zur Verfügung stellen, die der Unternehmer:
- bezahlen muss
- geeignete/zweckmäßige auswählen muss
- sie immer in ordnungsgemäßem Zustand erhalten lassen muss

Der Arbeitnehmer ist verpflichtet, die persönliche Schutzeinrichtung immer zu verwenden.

Insbesondere ist zur Verfügung zu stellen:
- Kopfschutz
- Fußschutz
- Augen- und Gesichtsschutz
- Atemschutz
- Körperschutz

Schutz bei Überspannungen und Maßnahmen gegen elektromagnetische Einflüsse

Personen und Nutztieren müssen gegen Verletzungen und Sachwerte gegen schädigende Einflüsse geschützt bei
- Fehlern zwischen aktiven Teilen von Stromkreisen unterschiedlicher Spannungen
- Schaltüberspannungen
- atmosphärischen Einwirkungen

Schutzbekleidung

DIN 57680-1 *(VDE 0680-1)*	***Körperschutzmittel, Schutzvorrichtungen und Geräte zum Arbeiten an unter Spannung stehenden Teilen bis 1 000 V*** *Isolierende Körperschutzmittel und isolierende Schutzvorrichtungen*

Die isolierende Schutzbekleidung muss in regelmäßigen Abständen überprüft werden.

Zeitraum: jeweils nach 12 Monaten
Prüfer: Elektrofachkraft
Vorschrift: BGV A3 § 5

Überwachung der Prüffrist: Der Prüfungszeitpunkt (Monat und Jahr) ist durch dauerhafte Kennzeichnung auf der Schutzkleidung anzubringen.

- Prüfen durch Besichtigen – nachzuprüfende Schutzbekleidung muss auf äußerlich feststellbare Schäden untersucht werden.
- Elektrische Spannungsprüfung:
  - 1,5 kV beim Schutzanzug
  - 2,5 kV bei Handschuhen und Fußbekleidung
- Prüfung ist bestanden, wenn kein Durchschlag erfolgt bei
  - Handschuhen nach 30 s
  - Schutzanzug/Fußbekleidung nach 1 min

Schutzbereiche

DIN VDE 0100-701 *(VDE 0100-701)*	***Errichten von Niederspannungsanlagen*** *Räume mit Badewanne oder Dusche*
DIN VDE 0100-702 *(VDE 0100-702)*	***Errichten von Niederspannungsanlagen*** *Becken von Schwimmbädern und andere Becken*

Das Festlegen von Schutzbereichen schon im Planungsstadium der elektrischen Anlagen soll weitestgehend die Unfallgefahr durch elektrischen Schlag verhindern. In dem jeweiligen Schutzbereich darf weder ein elektrisches Betriebsmittel noch eine Leitung installiert werden.

Dies gilt für besondere Räume nach DIN VDE 0100 der Gruppe 700, wie Räume mit Badewanne oder Dusche bzw. in Schwimmbädern. Dort könnten durch das Anbringen von Aufhängevorrichtungen, Trennwänden usw. die Befestigungsschrauben die nicht sichtbar verlegten Leitungen beschädigen.

Die Schutzbereiche in Räumen mit Badewanne oder Dusche:

- **Bereich 0:**
  Das Innere der Bade- oder Duschwanne.
  Bei Duschen ohne Wanne entfällt der Bereich 0.
- **Bereich 1:**
  Begrenzung durch den Fertigfußboden und die waagrechte Fläche in 225 cm Höhe über dem Fertigfußboden, evtl. auch höher, wenn der fest eingebaute Wasserauslauf höher als 225 cm ist. Als senkrechte Begrenzung gilt die äußere Umrandung der Bade- oder Duschwanne. Bei Duschen ohne Wanne wird ein Abstand von 120 cm vom Mittelpunkt der festen Wasseraustrittsstelle an der Wand oder Decke festgelegt.

Der Raum unterhalb der Bade- oder Duschwanne liegt außerhalb der definierten Bereiche, wenn er nur mit Werkzeug zugänglich ist. Er gehört zum Bereich 1, wenn er offen, also ohne Werkzeug, erreichbar ist.

- **Bereich 2:**
  Waagrechte Begrenzung im Bereich 1, die senkrechte Begrenzung liegt 60 cm parallel von der äußeren Grenze des Bereichs 1 entfernt.

Fest angebrachte Abtrennungen können die Bereiche einschränken.

Schutz gegen direktes Berühren:
In den Bereichen 0, 1 und 2 muss für alle elektrischen Betriebsmittel der Schutz gegen indirektes Berühren – unabhängig von der Höhe der Nennspannung – durch Isolierung, Abdeckung oder Umhüllung sichergestellt werden.

Anwendung von SELV mit der Schutzart IP2X oder IPXXB oder einer Isolierung, die einer effektiven Prüfwechselspannung von 500 V mindestens 1 min standhält.

Schutz bei indirektem Berühren:
Fremde leitfähige Teile in Räumen mit Badewannen und Duschen sind in einen zusätzlichen Potentialausgleich einzubeziehen, z. B.:

- Teile der Frischwasserversorgung und Abwassersysteme
- Heizungs- und Klimaanlagen
- Teil der Gasversorgung

Außerdem sind alle Teile über einen Potentialausgleich (Mindestquerschnitt 4 mm² Cu) mit der Schutzleiterschiene oder mit der Hauptpotential-Ausgleichsschiene zu verbinden.

Zusätzlicher Schutz durch Fehlerstrom-Schutzeinrichtungen (RCDs):
In Räumen mit Badewannen oder Duschen müssen alle Stromkreise mit einer oder mehreren Fehlerstrom-Schutzeinrichtungen (RCDs) mit einem Bemessungsdifferenzstrom $I_{\Delta N} \leq 30$ mA geschützt sein. Ausnahme: Stromkreise für Wassererwärmer.

RCDs werden nicht gefordert beim Schutz durch PELV oder PELV.

Nicht erlaubt sind:
- Schutz durch nicht leitende Räume
- Schutz durch erdfreien örtlichen Potentialausgleich
- Schutz durch Schutztrennung mit mehr als einem Stromverbraucher

Äußere Einflüsse:
Schutzart elektrischer Betriebsmittel
- Bereich 0:
  IPX7
- Bereich 1:
  IPX4 für Duschen und Wannen bis 10 cm über dem Fußboden IPX7
- Bereich 2:
  IPX4 bei Strahlwasser, z. B. für Reinigungszwecke, IPX5

Kabel- und Leitungsanlagen:
Kabel- und Leitungsanlagen dürfen in Räumen mit Badewannen und Duschen am gesamten Ort und in Wänden oder Abtrennungen, die die Bereiche 0, 1 oder 2 begrenzen, nur dann errichtet werden, wenn sie elektrische Betriebsmittel in diesem Bereich versorgen, einen Schutzleiter enthalten und in einer Tiefe von 6 cm verlegt werden.

Elektrische Verbrauchsmittel (z. B. Wassererwärmer) im Bereich 1 müssen senkrechte von oben oder waagrecht durch die Wand von der Rückseite angeschlossen werden.

Für Kabel- und Leitungsanlagen, die andere Stromkreise außerhalb der Räume für Badewannen und Duschen versorgen, wird ebenfalls bis zur Oberfläche von Wänden und Abtrennungen der Bereiche 0, 1 oder 2 eine Restwanddicke von mindestens 6 cm gefordert. Kann diese Forderung nicht erfüllt werden, ist eine der nachstehenden Maßnahmen vorzusehen:
- Stromkreise mit der Schutzmaßnahme SELV der PELV
- zusätzlicher Schutz mit Fehlerstromschutzeinrichtung mit einem Bemessungsdifferenzstrom $I_{\Delta N} \geq 30$ mA
- Schutz der Kabel und Leitungen durch metallene und geerdete Abdeckung, Schutzrohr oder -kanal

Schalt- und Steuergeräte, Zubehör:
- Bereich 0:
  Einsatz nicht erlaubt

- Bereich 1:
  Geeignete Anschlussdosen für Verbrauchsmittel, die im Bereich 1 erlaubt sind.
  Zubehör zu SELV- oder PELV-Stromkreisen mit einer Bemessungsspannung von AC 25 V und DC 60 V (z. B. für Signal- und Kommunikationseinrichtungen). Die Stromquelle muss außerhalb der Bereiche 0, 1 oder 2 angeordnet werden.
- Bereich 2:
  Zubehör zu Verbrauchsmitteln, die im Bereich 2 erlaubt sind, jedoch keine Steckdosen.
  Zubehör zu SELV- und PELV-Stromkreisen. Die Stromquelle muss außerhalb der Bereiche 0, 1 oder 2 angeordnet werden.
  Rasiersteckdoseneinheiten.
  Zubehör zu Signal- und Kommunikationseinrichtungen, die durch SELV oder PELV geschützt sind.

Elektrische Verbrauchsmittel:
- Bereich 0:
  Fest und dauerhaft verbundene Betriebsmittel, die nach den entsprechenden Normen und Herstellerangaben im Bereich 0 eingesetzt werden dürfen und die durch SELV oder PELV mit einer Bemessungspannung, die AC 12 V oder DV 30 V nicht überschreitet, geschützt sind.
- Bereich 1:
  Fest angeschlossene, nach den Normen der Herstellerangaben für den Bereich 1 geeignete Verbrauchsmittel.
  - z. B. Whirlpool-Einrichtungen
  - Duschpumpen
  - Ventilatoren
  - Handtuchtrockner
  - Wassererwärmer
  - Betriebsmittel, geschützt durch SELV oder PELV mit AC 25 V oder DC 60 V

Elektrische Fußbodenheizsysteme:
Es dürfen nur Heizkabel oder -leitungen mit metallener Umhüllung oder mit feinmaschigem Metallgitter verwendet werden. Metallene Umhüllungen oder Metallgitter müssen mit dem Schutzleiter des versorgenden Stromkreises verbunden werden. Es können auch Heizsysteme mit der Schutzmaßnahme SELV eingesetzt werden. Nicht erlaubt ist für Fußbodenheizsysteme der Schutz durch Schutztrennung.

Bereiche	Einsatzort und Betriebsmittel	Schutzmaßnahmen		
		SELV [1] **bei einer maximalen Nennspannung**	**automatische Abschaltung**	**Schutztrennung,** [1] **Anzahl der Verbrauchsmittel**
0	Schwimmbecken, nicht begehbare Becken Betriebsmittel in Becken, wenn keine Personen im Bereich 0 sind	AC 12 V, DC 30 V AC 50 V, DC 120 V AC 50 V, DC 120 V [2]	nicht erlaubt RCD $I_{\Delta N} \leq 30$ mA RCD $I_{\Delta N} \leq 30$ mA	nicht erlaubt 1 1 [2]
1	Schwimmbecken, nicht begehbare Becken	AC 12 V, DC 30 V AC 50 V, DC 120 V	nicht erlaubt RCD $I_{\Delta N} \leq 30$ mA	nicht erlaubt 1
	Schalter, Steckdosen, Leuchten – Schwimmbäder mit kleinem Umgebungsbereich	AC 25 V, DC 60 V AC 50 V, DC 120 V	RCD $I_{\Delta N} \leq 30$ mA RCD $I_{\Delta N} \leq 30$ mA	1 1
2		AC 50 V, DC 120 V [2]) AC 50 V, DC 120 V [2])	RCD $I_{\Delta N} \leq 30$ mA RCD $I_{\Delta N} \leq 30$ mA	1 [2] 1 [2]

[1] Stromquelle außerhalb der Bereiche 0, 1 und 2
[2] Stromquelle außerhalb der Bereiche 0, 1 und 2 zulässig, wenn der versorgende Stromkreis durch RCD $I_{\Delta N} \leq 30$ mA geschützt ist

Tabelle 77 Schutz gegen elektrischen Schlag (Daten aus: DIN VDE 0100-702:2003-11, Tabelle A 1)

Die Schutzbereiche in Räumen mit Schwimmbädern:

- Bereich 0:
  Innerhalb des Beckens einschließlich der Nischen in den Wänden, Wasserfällen oder Fontänen.
- Bereich 1:
  Vom Rand des Beckens bis zu 2 m Abstand und bis 2,5 m über dem Fußboden oder der Standfläche.
  Dazu gehören auch Startblöcke, Sprungtürme und -bretter, Rutschbahnen und andere Einrichtungen, die von Personen betreten werden, jeweils in einem Abstand von 1,5 m.
- Bereich 2:
  Von 2 m bis 3,5 m um das Becken mit einer Höhe bis zu 2,5 m über dem Fußboden bzw. der Standfläche. Der Bereich kann ebenfalls um besondere Einrichtungen wie im Bereich 1 erweitert werden.
  Für Springbrunnen und nicht begehbare Becken entfällt der Bereich 2.

Schutz gegen elektrischen Schlag:

- Bei Anwendung von SELV ist immer der Schutz gegen direktes Berühren (Basisisolierung) durch Isolierung (Prüfspannung 500 V für 1 min) oder durch Abdeckung IPXXB (fingersicher) herzustellen.
- Schutzmaßnahmen durch Hindernisse, durch Abstand, durch nicht leitende Räume und durch erdfreien örtlichen Potentialausgleich sind nicht anwendbar.
- Schutz bei indirektem Berühren nach **Tabelle 77** (Schutz gegen elektrischen Schlag).

Äußere Einflüsse:

Bereich 0:	IPX8	
Bereich 1:	IPX4	für Innenräume und Außenbereiche
	IPX5	in Fällen, in denen Strahlwasser für Reinigungszwecke eingesetzt wird
Bereich 2:	IPX2	für Innenräume
	IPX4	für Außenbereiche
	IPX5	in Fällen, in denen Strahlwasser für Reinigungszwecke eingesetzt wird

Kabel- und Leitungsanlagen:

- Vorzugsweise werden Kabel und Leitungen mit einer Isolierung ohne jegliche metallische Abdeckung (z. B. Leitungen in Rohren aus Kunststoff) verwendet.
- Metallene Umhüllung und Abdeckungen von Kabeln und Leitungen müssen in den zusätzlichen Potentialausgleich einbezogen werden.
- In den Bereichen 0 und 1 dürfen nur Kabel und Leitungen verlegt werden für die Versorgung von Betriebsmitteln, die diesen Bereichen zugeordnet sind.
- In Becken für Springbrunnen müssen Kabel auf dem kürzestmöglichen Weg zu den elektrischen Betriebsmitteln geführt werden. Im Bereich 1 ist ein mechanischer Schutz vorzusehen. Es sind Kabel oder Leitungen auszuwählen, die für dauernden Kontakt mit Wasser geeignet sind (DIN VDE 0282 und Herstellerangaben).
- In den Bereichen 0 und 1 dürfen keine Abzweig- und Verbindungsdosen vorgesehen werden, ausgenommen für SELV-Stromkreise im Bereich 1.

Schalt- und Steuergeräte:

- In den Bereichen 0 und 1 dürfen keine Schalt- und Steuergeräte und keine Steckdosen angeordnet werden.
- Wenn es in kleinen Schwimmbädern möglich ist, Schalter und Steckdosen außerhalb des Bereichs 1 anzubringen, dürfen sie im Bereich 1, aber außerhalb des Handbereichs (z. B. 1,25 m Abstand von der Grenze des Bereichs 0 und

0,3 m über dem Fußboden), angeordnet werden, vorausgesetzt sie haben keine metallische Oberfläche oder Metallabdeckung und werden geschützt durch:
- SELV ≤ 25 V AC bzw. ≤ 60 V DC (Stromquelle außerhalb der Bereiche 0 und 1) oder
- RCD, $I_{\Delta N} \leq 30$ mA oder
- Schutztrennung mit einzeln zugeordneten Transformatoren (außerhalb der Bereiche 0 und 1).

- Im Bereich 2 sind Steckdosen nur zulässig, wenn ihre Stromkreise wie folgt geschützt sind:
  - SELV ≤ 50 V AC bzw. ≤ 120 V DC (Stromquelle außerhalb der Bereiche 0 und 1) oder Stromquelle im Bereich 2 mit RCD $I_{\Delta N} \leq 30$ mA oder
  - RCD, $I_{\Delta N} \leq 30$ mA oder
  - Schutztrennung mit einzeln zugeordneten Trenntransformatoren (außerhalb der Bereiche 0, 1 und 2) oder Stromquelle im Bereich 2 mit RCD $I_{\Delta N} \leq 30$ mA

Betriebsmittel:
Festlegungen für Betriebsmittel in Schwimmbädern
- In den Bereichen 0 und 1 dürfen nur fest angebrachte Verbrauchsmittel angeordnet werden, die für die besondere Verwendung in Schwimmbädern hergestellt sind.
- Verbrauchsmittel, die nur in Betrieb sind, wenn sich keine Personen im Bereich 0 befinden, können in allen Bereichen über Stromkreise versorgt werden mit den Schutzmaßnahmen SELV, RCD mit $I_{\Delta N} \leq 30$ mA oder Schutztrennung mit nur einem Verbrauchsgerät.
- Flächenheizungen sind im Fußboden zulässig, geschützt durch SELV oder RCD mit $I_{\Delta N} \leq 30$ mA mit geerdetem Metallgitter oder metallischer Abdeckung, die mit dem zusätzlichen Potentialausgleich verbunden sind.
- Unterwasserscheinwerfer nur hinter unabhängigen Glasscheiben. Sie müssen von hinten bedienbar sein. Es darf keine leitfähige Verbindung zwischen den Körpern der Unterwasserscheinwerfer und anderen leitfähigen Teilen der Konstruktion der unabhängigen Glasscheibe (Bullauge) und deren Umgebung entstehen.
- Betriebsmittel in den Bereichen 0 und 1 von nicht begehbaren Becken müssen eine mechanische Schutzvorrichtung (z. B. Gitterabdeckung) haben, die nur mit Werkzeug entfernt werden kann. Leuchten müssen fest angebracht werden. Bei der Schutzmaßnahme durch automatische Abschaltung sollten nur Betriebsmittel der Schutzklasse I verwendet werden.

- Besondere Anforderungen für Betriebsmittel im Bereich 1 (z. B. Filteranlagen) mit SELV ≤ 12 V AC oder 30 V DC:
  Anordnung in einem Gehäuse aus Isolierstoff als mechanischer Schutz, Zugang nur mit Werkzeug oder Schlüssel, Versorgungskabel und Haupttrenneinrichtung müssen Schutzklasse II oder einem gleichwertigen Schutz entsprechen. Das Öffnen des Gehäuses muss zwangsläufig zur Abschaltung aller aktiven Leiter führen. Schutz für den Versorgungsstromkreis:
  - SELV ≤ 25 V AC, ≤ 60 V DC oder
  - RCD mit $I_{\Delta N}$ ≤ 30 mA oder
  - Schutztrennung.

Stromquellen sind außerhalb der Bereiche 0, 1 und 2 anzuordnen.

- Für kleine Schwimmbäder, bei denen es nicht möglich ist, Leuchten außerhalb der Bereichs 1 vorzusehen, dürfen Leuchten auch im Bereich 1 angebracht werden, allerdings außerhalb des Handbereichs, 1,25 m von der Grenze des Bereichs 0 entfernt. Schutz durch SELV, RCD $I_{\Delta N}$ ≤ 30 mA oder Schutztrennung. Die Leuchten müssen der Schutzklasse II entsprechen und einen mechanischen Schutz gegen mittlere mechanische Beanspruchung aufweisen.

Schutzbereiche in Räumen mit elektrischen Sauna-Heizgeräten:

- Bereich 1
  Es dürfen nur Betriebsmittel angeordnet werden, die zu dem Sauna-Heizgerät gehören.
- Bereich 2
  Es bestehen keine besonderen Anforderungen hinsichtlich der Wärmefestigkeit der dort verwendeten Betriebsmittel.
- Bereich 3
  Umgebungstemperatur von 125 °C. Kabel und Leitungen müssen einer Temperatur von 170 °C standhalten.
- Bereich 4
  Es dürfen nur verwendet werden: Leuchten und deren Anschlussleitungen sowie Steuereinrichtungen (Thermostate, thermische Auslöser) mit ihren Anschlussleitungen. Diese Materialien müssen für hohe Temperaturen geeignet sein, ohne dass Überhitzungen, z. B. bei der Leuchte, entstehen. Temperaturbeständigkeit wie im Bereich 3.

Schutz gegen elektrischen Schlag:

Bei Anwendung von SELV ist immer der Schutz gegen direktes Berühren (Basisisolierung) durch Isolierung (Prüfspannung 500 V für 1 min) oder durch Abdeckung, mindestens IP2X, herzustellen.

Nicht zulässig sind Schutzmaßnahmen durch Hindernisse oder Abstand bzw. durch nicht leitende Räume und durch örtlichen Potentialausgleich.

Betriebsmittel:
Die Betriebsmittel müssen mindestens der Schutzart IP24 entsprechen.

Für Betriebsmittel sind nachstehende Anforderungen zu erfüllen:
- Kabel und Leitungen:
  Kabel und Leitungen müssen schutzisoliert sein, ohne Metallmäntel und keine Verlegung in metallischen Rohren.
- Schaltgeräte und Steckdosen:
  Schaltgeräte, die nicht in Saunageräte integriert sind, müssen außerhalb des Saunaraums angebracht werden. Steckdosen sind nicht zulässig.
- Einbau einer Temperaturbegrenzungseinrichtung im Bereich 4 bzw. 30 cm unterhalb der Decke, die das Saunaheizgerät abschaltet, wenn die Temperatur 140 °C erreicht.

Schütze

DIN VDE 0100-537	***Elektrische Anlagen von Gebäuden***
(VDE 0100-537)	*Geräte zum Trennen und Schalten*

Mechanische Schaltgeräte mit nur einer Ruhestellung. Sie werden nicht von Hand betätigt. Sie können Ströme unter Betriebsbedingungen (einschließlich betriebsmäßiger Überlast) einschalten, führen und ausschalten. Je nach Konstruktion können Schütze auch Kurzschlussströme ein- und ausschalten.

Sie sind:
- vorzugsweise für hohe Schalthäufigkeit bestimmt
- im Allgemeinen nicht zum Trennen zu verwenden, da keine sichtbare Trennstrecke
- nach Gebrauchskategorien auszuwählen und einzusetzen

Schutzeinrichtung

Selbsttätige Einrichtungen, die Personen, elektrische Betriebsmittel und Sachen in ihrer Umgebung vor Gefahren schützen, die bei der Anwendung elektrischer Energie entstehen können.

Am häufigsten werden vorgegebene Parameter (z. B. Strom, Spannung, Temperatur), die einen sicheren Betrieb gewährleisten, überwacht.

Die Schutzeinrichtung spricht an, wenn die kontrollierten Größen Werte außerhalb der festgelegten Grenzen annehmen. Als Folge wird in den meisten Fällen die Energiezufuhr unterbrochen oder vermindert.

Gebräuchliche Schutzeinrichtungen:

- Überstromschutzeinrichtungen, die sowohl bei → *Überlast* als auch bei → *Kurzschluss* schützen:
  - Leitungsschutzsicherungen nach DIN EN 60269-1 (VDE 0636-1)
  - NH-Sicherungen, D-Sicherungen, D0-Sicherungen
  - Leitungsschutzschalter DIN VDE 0641
  - Leistungsschalter nach DIN VDE 0660-101
- Überstromschutzeinrichtungen, die nur bei Überlast schützen
  - nur mit Überstromauslöser versehenes Schütz
  - Motorstarter
- Überstromschutzeinrichtungen, die nur bei Kurzschluss schützen
  - Teilbereichssicherungen zum Geräteschutz nach DIN EN 60269-1 (VDE 0636-1)
  - Leistungsschalter nur mit Schnellauslösern nach DIN VDE 0660-101
- Fehlerstromschutzeinrichtungen (FI-Schutzschalter) nach DIN VDE 0664
- Isolationsüberwachungseinrichtungen nach DIN VDE 0413
- Überspannungsschutzeinrichtungen nach DIN VDE 0675
- Temperaturregler und Temperaturbegrenzer nach DIN VDE 0631

Schutzerdung

DIN VDE 0100-410	***Errichten von Niederspannungsanlagen***
(VDE 0100-410)	*Schutz gegen elektrischen Schlag*

Bis 1983 gebräuchliche Bezeichnung für eine Schutzmaßnahme bei indirektem Berühren, bei der die unmittelbare Verbindung von Körpern mit Erdern oder geerdeten Teilen im Falle eines Isolationsfehlers (vollkommener Körperschluss) eine Abschaltung durch Überstromschutzeinrichtungen bewirkt. Anstelle der Bezeichnung Schutzerdung wird heute die international einheitliche Bezeichnung TT-System mit Überstromschutzeinrichtung (→ *Schutz gegen elektrischen Schlag*, → *Schutz durch Abschaltung oder Meldung*) verwendet. Die Anforderungen in Verbindung mit der Schutzmaßnahme TT-System weichen allerdings von den früheren Bedingungen der Schutzerdung ab. So sind beispielsweise Schutzerdungen, bei denen das Wasserrohrnetz als Rückleiter für den Erdschlussstrom genutzt wird, nicht mehr zulässig.

In Hochspannungsanlagen wird die Schutzerdung als → *Schutz bei indirektem Berühren* verwendet.

→ *Erdung*

Schutzhüllen

Zum Schutz der Kabelkästen vor äußeren Einflüssen sowie zum Schutz von schädlichen Einflüssen des Kabels sind die Kabelkästen von Schutzhüllen umgeben.

Zu inneren Schutzhüllen gehören extrudierte Hüllen, Korrosionsschutzhüllen sind Faserstoffhüllen. Die Hüllen werden bei Kabeln mit Metallmantel eingesetzt. Sie dienen dem mechanischen Schutz sowie dem Korrosionsschutz des Metallmantels.

Schutzisolierung

DIN VDE 0100-410	***Errichten von Niederspannungsanlagen***
(VDE 0100-410)	*Schutz gegen elektrischen Schlag*

Die Schutzisolierung ist eine Schutzmaßnahme zum → Sch*utz gegen gefährliche Körperströme*, die durch eine zusätzliche Isolierung zur → *Basisisolierung* oder durch eine → *verstärkte Isolierung* das Auftreten gefährlicher Spannungen an den berührbaren Teilen elektrischer Betriebsmittel infolge eines Fehlers in der einfachen Basisisolierung verhindert.

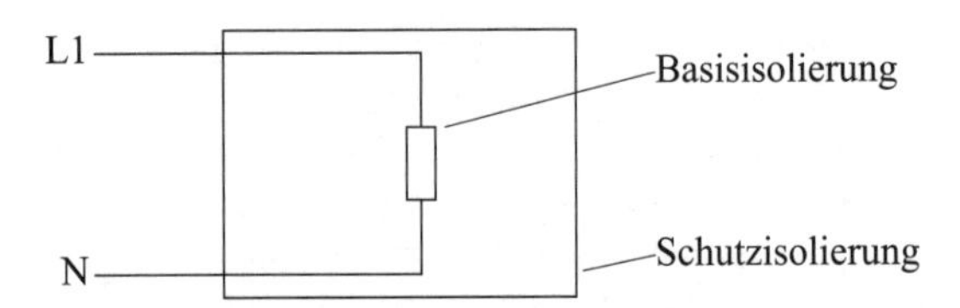

Bild 61 Prinzip der Schutzisolierung

Die Schutzisolierung wird unmittelbar und ausschließlich durch die Ausführung der Betriebsmittel sichergestellt (**Bild 61**).

Schutzisolierte Betriebsmittel werden am häufigsten im privaten Bereich eingesetzt als Werkzeuge, Haushaltsgeräte, Leuchten usw., aber auch als Installationsmaterial in Form von Leitungen, Schaltern, Verteilungen, Zählertafeln usw.

Verwirklicht wird die Schutzisolierung durch die Verwendung von Betriebsmitteln der → *Schutzklasse* II, die das Symbol der Schutzisolierung ⧈ tragen.

Kabel und Leitungen gelten als schutzisoliert, wenn sie in ihren Normen so bezeichnet sind, auch wenn für sie das Symbol ⧈ nicht verwendet wird:

- durch den Einsatz von Betriebsmitteln, die neben ihrer Basisisolierung eine zusätzliche → *Isolierung* haben, die dasselbe Maß an Sicherheit gewährleistet wie schutzisolierte Geräte und wie sie dieselben Anforderungen erfüllen
- durch Betriebsmittel mit einer → *verstärkten Isolierung* an Stellen, wo zunächst keine Isolierung vorgesehen war, wenn ein Maß an Sicherheit erreicht wird, das den schutzisolierten Betriebsmitteln gleichwertig ist und wie sie dieselben Anforderungen erfüllen.

Weitere Anforderungen:
- Körper der Betriebsmittel, die von ihren aktiven Teilen nur durch die Basisisolierung getrennt sind, müssen von einer isolierenden Umhüllung mindestens in der Schutzart IP2X umschlossen sein.
- Die Isolierstoffumhüllungen müssen den auftretenden mechanischen, elektrischen und thermischen Beanspruchungen standhalten.
- Prüfung der Isolierstoffumhüllung 1 min mit 4 000 V bei Betriebsmitteln mit Nennspannung bis 500 V.
- Durch die Isolierstoffumhüllung dürfen keine leitfähigen Teile geführt werden, die eine Spannung nach außen verschleppen können.

- Isolierstoffumhüllungen dürfen nur mit Werkzeug entfernbar sein. Dahinterliegende → *Betätigungselemente* in der Nähe berührungsgefährlicher Teile sind nach DIN EN 50274 (VDE 0660-514) anzuordnen.
- Beim Entfernen der Umhüllungen ohne Werkzeug müssen die dahinterliegenden leitfähigen Teile durch eine zweite, ausreichend feste, isolierende Verkleidung abgedeckt werden.
- Leitfähige Teile innerhalb der Umhüllung dürfen nicht an den Schutzleiter angeschlossen werden. Abweichungen sind nur zulässig, wenn sie in den jeweiligen Gerätebestimmungen festgelegt sind.
- Bei Verwendung von Betriebsmitteln der Schutzklasse II (Betriebsmittel mit doppelter oder verstärkter Isolierung) muss der Schutzleiter mitgeführt werden.

Schutzimpedanz

Impedanz von Bauteilen, die sicherstellt, dass Beharrungsberührungsstrom und Ladung auf ungefährliche Werte begrenzt werden.

Schutzklassen elektrischer Betriebsmittel

DIN EN 61140	***Schutz gegen elektrischen Schlag***
(VDE 0140-1)	*Gemeinsame Anforderungen für Anlagen und Betriebsmittel*

Die Schutzklassen machen eine Aussage, welche Maßnahmen zum → *Schutz gegen elektrischen Schlag* im Fehlerfall vorgesehen sind. Die Schutzklassen kennzeichnen den → *Schutz bei indirektem Berühren* (Fehlerschutz).

Schutzklasse 0:
→ *Schutz bei indirektem Berühren* ist nicht vorgesehen.
Die → *Körper* der Betriebsmittel werden weder an den → *Schutzleiter* der festen Installation angeschlossen noch sind sie wie bei der Schutzisolierung von außen unzugänglich.
Beim Versagen der → *Basisisolierung* muss der → *Schutz gegen gefährliche Berührungsströme* durch die Umgebung, z. B. frei von Erdpotential oder durch nicht leitende Räume, gewährleistet sein.

Betriebsmittel der Schutzklasse 0 sind in Deutschland nicht zugelassen (**Tabelle 78**). Für die Betriebsmittel der Schutzklasse 0 wird in den Normen empfohlen, sie in Zukunft aus der internationalen Normung auszuschließen. Sie sind nur deshalb z. B. in der DIN EN 61140 (VDE 0140-1) genannt, weil diese Schutzklasse noch in wenigen Betriebsmittelnormen enthalten ist.

Schutzklasse I:
Der → *Schutz bei indirektem Berühren* wird durch den Anschluss der → *Körper* an den Schutzleiter der festen Installation sichergestellt. Beim Versagen der → *Basisisolierung* wird der fehlerhafte Stromkreis abgeschaltet. Es bleibt keine gefährliche → *Berührungsspannung* bestehen. Beim Anschluss der Betriebsmittel über bewegliche Anschlussleitungen wird vorausgesetzt, dass der Schutzleiter mitgeführt und mit dem Körper des Betriebsmittels verbunden wird.

Schutzklasse II:
Der → *Schutz bei indirektem Berühren* wird durch eine zweite → *doppelte Isolierung* oder durch eine → *verstärkte Isolierung* sichergestellt, die den Bedingungen der → *Schutzisolierung* entsprechen. Es besteht keine Anschlussmöglichkeit für den Schutzleiter (Ausnahmen müssen in den Gerätebestimmungen ausdrücklich zugelassen werden).

Die Betriebsmittel der Schutzklasse II sind hinsichtlich ihres → *Schutzes bei indirektem Berühren* unabhängig von den Installationsbedingungen.

Man unterscheidet vollisolierte Betriebsmittel, bei denen auch die Körper in die Isolierung mit einbezogen werden, und metallgekapselte Betriebsmittel, bei denen die → *aktiven Teile* gegenüber der Metallkapselung doppelt oder verstärkt isoliert sind.

Schutzklasse III:
Betriebsmittel der Schutzklasse III dürfen nur mit Spannungen betrieben werden, die die Bedingungen der → *Schutzkleinspannung* (Begrenzung der Spannung auf Werte von ELV) erfüllen. Die Körper der Betriebsmittel werden weder mit dem Schutzleiter noch mit Erde verbunden (Ausnahmen nur nach den Gerätebestimmungen).

Schutz-klasse	Schutz bei indirektem Berühren	Merkmale		Erläuterungen
		Betriebsmittel	Installation	
0	kein Schutz, Umgebung frei von Erdpotential, nicht leitende Räume	kein Schutzleiteranschluss	kein Schutzleiter	in Deutschland nicht zulässig
I	Schutz durch Abschaltung, Schutzleiterschutzmaßnahmen	Anschlussstelle für Schutzleiter, Körper mit Schutzleiter verbinden	Anschluss an Schutzleiter, auch bei beweglichen Anschlussleitungen	allgemein übliche Anwendung
II	Schutzisolierung	zusätzliche oder verstärkte Isolierung, keine Anschlussstelle für Schutzleiter	unabhängig von den Installationsbedingungen	häufige Anwendung bei Haushaltsgeräten und Elektrowerkzeugen
III	Schutzkleinspannung	Betriebsspannung ≤ Schutzkleinspannung, kein Schutzleiteranschluss	Versorgung mit Schutzkleinspannung (ELV) ungeerdet und von höherer Spannung sicher getrennt	Anwendung in Sonderfällen bei besonderer Gefährdung

Tabelle 78 Schutzklassen und ihre Merkmale in der Übersicht

Schutzkleinspannung

DIN VDE 0100-410 **_Errichten von Niederspannungsanlagen_**
(VDE 0100-410) *Schutz gegen elektrischen Schlag*

Das Schutzziel der Schutzmaßnahme Schutzkleinspannung wird dadurch erreicht, dass die Stromkreise mit einer Nennspannung bis 50 V AC bzw. 120 V DC ungeerdet betrieben werden und die Speisung aus Stromkreisen höherer Spannung von diesen sicher getrennt sind. Die dabei auftretende Spannung ist begrenzt auf den Höchstwert der → *Berührungsspannung*, der dauernd bestehen bleiben darf.

Als Stromquelle dürfen nur Einrichtungen mit sicherer Trennung gegenüber anderen Stromkreisen verwendet werden.

Die sichere Trennung muss auch von allen Betriebsmitteln der Stromkreise einschließlich aller Leitungen erfüllt werden. Stecker und Steckdosen dürfen nicht für andere Spannungssysteme geeignet sein. Das gilt auch zwischen SELV- und PELV-Stromkreisen.

→ ***SELV***

- Keine Verbindung zur Erde, zu aktiven Teilen oder zu den Schutzleitern anderer Stromkreise oder zu leitfähigen Teilen.
- Lässt sich die Verbindung zu fremden leitfähigen Teilen nicht vermeiden, muss sichergestellt werden, dass solche Teile keine Spannung annehmen können, die größer ist als 50 V AC oder 120 V DC.
- Bei Kleinspannungsstromkreisen mit Nennspannung > 25 V AC oder 60 V DC muss ein Schutz gegen indirektes Berühren vorgesehen werden.

→ ***PELV***

- Die Verbindung der Stromkreise zur Erde darf mit Schutzleitern des Primärstromkreises hergestellt werden.
- Es ist ein Schutz gegen direktes Berühren vorzusehen.
- Auf den Schutz gegen direktes Berühren kann innerhalb und außerhalb eines Gebäudes verzichtet werden, wenn der Hauptpotentialausgleich vorgesehen ist, die Erdungsanlage und die Körper des PELV-Systems durch einen Schutzleiter mit der Haupterdungsschiene verbunden sind und die Nennspannung 25 V AC bzw. 60 V DC nicht überschreitet, die Betriebsmittel in trockenen Räumen betrieben werden und eine großflächige Berührung von aktiven Teilen durch Menschen oder Nutztiere nicht zu erwarten ist oder wenn die Nennspannung < 6 V AC bzw. 15 V DC ist.

Schutzkontakte

DIN VDE 0100-600 *(VDE 0100-600)*	***Errichten von Niederspannungsanlagen*** *Prüfungen*
DIN VDE 0105-100 *(VDE 0105-100)*	***Betrieb von elektrischen Anlagen*** *Allgemeine Festlegungen*
DIN VDE 0620-1 *(VDE 0620-1)*	***Stecker und Steckdosen für den Hausgebrauch und ähnliche Zwecke*** *Allgemeine Anforderungen*

DIN EN 60309-1
(VDE 0623-1)

Stecker, Steckdosen und Kupplungen für industrielle Anwendungen
Allgemeine Anforderungen

An dem Schutzkontakt von Steckvorrichtungen ist jeweils der Schutzleiter angeschlossen, daher wird in der Norm die Überprüfung der Schutzkontakte verlangt. Die Schutzkontakte müssen wirksam sein können, d. h., sie dürfen nicht verbogen, nicht verschmutzt und nicht mit Farbe überstrichen sein.
Schutzkontakte müssen nach DIN VDE 0105-100 durch Besichtigen überprüft werden, ob sie wirksam sein können.

Schutzleisten

DIN EN 61936-1
(VDE 0101-1)

Starkstromanlagen mit Nennwechselspannungen über 1 kV

- Schutzleisten, Ketten oder Seile müssen in einer Höhe von 1 100 mm bis 1 300 mm angebracht sein.
- Es genügt jeweils eine Schutzleiste, eine Kette oder ein Seil.
- Bei Ketten und Seilen ist der Schutzvorrichtungsabstand um den Durchhang zu vergrößern.

Schutzleiter

DIN VDE 0100-430
(VDE 0100-430)

Errichten von Niederspannungsanlagen
Schutz bei Überstrom

DIN VDE 0100-510
(VDE 0100-510)

Errichten von Niederspannungsanlagen
Allgemeine Bestimmungen

DIN VDE 0100-540
(VDE 0100-540)

Errichten von Niederspannungsanlagen
Erdungsanlagen und Schutzleiter

Der Schutzleiter ist ein Leiter, der zum Zweck der Sicherheit, z. B. für einige Schutzmaßnahmen gegen elektrischen Schlag, erforderlich ist, um die elektrische Verbindung zu folgenden Teilen herzustellen:
- Körper der elektrischen Betriebsmittel
- fremde leitfähige Teile

- Haupterdungsklemme
- Erder
- geerdeter Punkt der Stromquelle

Arten von Schutzleitern:
- Leiter in mehradrigen Kabeln und Leitungen
- isolierte oder blanke Leiter in gemeinsamer Umhüllung mit Außenleiter und dem Neutralleiter, z. B. in Rohren, in Installationskanälen
- fest verlegte blanke oder isolierte Leiter
- metallische Umhüllungen von Kabeln (Mäntel, Schirme und konzentrische Leiter)
- Metallrohre, Metallumhüllungen, Installationskanäle, Gehäuse von Stromschienensystemen
- Profilschienen (nicht als PEN), auch wenn sie Klemmen und/oder Geräte tragen (wenn die Schienen den notwendigen Querschnitt aufweisen)

Anforderungen an bzw. Voraussetzungen an Gehäuse von Niederspannungsschaltgerätekombinationen und metallgekapselten Stromschienensystemen, wenn sie als Schutzleiter verwendet werden:
- durchgehende elektrische Verbindung muss dauernd sichergestellt sein
- keine Verschlechterung der Verbindung durch mechanische, chemische oder elektrochemische Einflüsse
- ausreichend große Leitfähigkeit entsprechend den geforderten Querschnitten
- keine Unterbrechung der Schutzleiterbahn beim Ausbau von Konstruktionsteilen, gegebenenfalls sind Überbrückungen vorzusehen
- Anschlussmöglichkeiten für alle ankommenden und abgehenden Schutzleiter in der Nähe der dazugehörenden Außenleiter; die Zugehörigkeit muss erkennbar sein
- Verwendung von Wasserrohrnetzen bzw. Wasserverbrauchsleitungen nur mit Zustimmung des Eigentümers
- Verwendung geeigneter Verbindungen (Schweiß-, Niet- oder Schraubverbindungen)

Aufrechterhaltung der durchgehenden elektrischen Verbindung der Schutzleiter:
- Schutz gegen mechanische und chemische Einflüsse
- Schutz gegen elektrodynamische Beanspruchungen
- Verbindungen müssen zugänglich sein für Prüfung, Besichtigung

- Schutzleiter ohne Schalteinrichtung, jedoch mit Trennelementen oder Klemmstellen für Prüfzwecke
- eine Unterbrechung des Schutzleiters während des Betriebs darf nicht erfolgen, daher dürfen Schaltgeräte nicht in den Schutzleiter eingebaut werden
- es dürfen Verbindungen vorgesehen werden, die für Prüfzwecke mit Werkzeug gelöst werden können

Querschnitte der Schutzleiter:

Nennquerschnitte					
Außenleiter	**Schutzleiter oder PEN-Leiter[1)]**		**Schutzleiter[3)] getrennt verlegt**		
	isolierte Starkstromleitungen	**0,6/1-kV-Kabel mit vier Leitern**	**geschützt mm^2**		**ungeschützt[2)] mm^2**
mm^2	**mm^2**	**mm^2**	**Cu**	**Al**	**Cu**
bis 0,5	0,5	–	2,5	4,0	4,0
0,75	0,75	–	2,5	4,0	4,0
1,0	1,0	–	2,5	4,0	4,0
1,5	1,5	1,5	2,5	4,0	4,0
2,5	2,5	2,5	2,5	4,0	4,0
4,0	4,0	4,0	4,0	4,0	4,0
6,0	6,0	6,0	6,0	6,0	6,0
10,0	10,0	10,0	10,0	10,0	10,0
16,0	16,0	16,0	16,0	16,0	16,0
25,0	16,0	16,0	16,0	16,0	16,0
35,0	16,0	16,0	16,0	16,0	16,0
50,0	25,0	25,0	25,0	25,0	25,0
70,0	35,0	35,0	35,0	35,0	35,0
95,0	50,0	50,0	50,0	50,0	50,0
120,0	70,0	70,0	50,0	50,0	50,0
150,0	70,0	70,0	50,0	50,0	50,0
185,0	95,0	95,0	50,0	50,0	50,0
240,0	–	120,0	50,0	50,0	50,0
300,0	–	150,0	50,0	50,0	50,0
400,0	–	185,0	50,0	50,0	50,0

1) PEN-Leiter $\geq$ 10 mm^2 Cu oder $\geq$ 16 mm^2 Al
2) Ungeschütztes Verlegen von Leitern aus Aluminium ist nicht zulässig.
3) Ab einem Querschnitt des Außenleiters von $\geq$ 95 mm^2 vorzugsweise blanke Leiter anwenden.

Tabelle 79 Zuordnung der Mindestquerschnitte von Schutzleitern zum Querschnitt der Außenleiter (Quelle: in Anlehnung an DIN VDE 0100-540:2012-06)

- bei elektrischer Überwachung dürfen die entsprechenden Spulen nicht in die Schutzleiter eingebaut werden
- die Verwendung der Körper elektrischer Betriebsmittel als Schutzleiter für andere Betriebsmittel ist nicht zulässig (Ausnahme: Schaltgerätekombinationen)
- Schutzleiterverbindungen und -anschlüsse müssen gegen Selbstlockern geschützt sein
- Befestigungs- oder Verbindungsschrauben sind für den Schutzleiteranschluss nicht zu benutzen, sie sollten nur dann für den Schutzleiter verwendet werden, wenn sie dafür geeignet sind
- Verbindungen nicht durch Löten herstellen

Als Schutzleiter dürfen nicht verwendet werden:
- Metallrohre, die brennbare Stoffe wie Gase, Flüssigkeiten, Pulver oder Ähnliches enthalten
- Wasserleitungen aus Metall
- Konstruktionsteile, die im normalen Betrieb mechanischen Beanspruchungen ausgesetzt sind
- Flexible Metallteile
- Tragseile
- Kabelwannen und Kabelpritschen
- Spannseile, Aluminiumhängeseile, Metallschläuche

Berechnungsmöglichkeit:

Zuordnung des Schutzleiters zum Außenleiter (S Querschnitt):

Außenleiter	**Schutzleiter**
S in mm²	**S in mm²**
$S \leq 16$	S
$16 < S \leq 35$	16
$S > 35$	$\frac{S}{2}$

Berechnung des Schutzleiterquerschnitts:

$$S = \frac{\sqrt{I^2 \cdot t}}{k}$$

Darin bedeuten:
S Mindestquerschnitt in mm^2
I Abschaltstrom in A
t Ansprechzeit Schutzeinrichtung $t_{max} \leq 5$ s
k Materialbeiwert (Tabellen: DIN VDE 0100-540 (Anhang))

Unabhängig von der Ermittlung der Querschnitte sind bei getrennter Verlegung des Schutzleiters nachstehende Mindestquerschnitte zu beachten:

- 4 mm^2 Cu oder 16 mm^2 Al ohne mechanischen Schutz
- 2,5 mm^2 Cu oder 16 mm^2 Al mit mechanischem Schutz
- 50 mm^2 Fe – bei Bandstahl (mindestens 2,5 mm Dicke)
- ungeschütztes Verlegen von Aluminum-Leitern ist nicht zulässig
- wird ein gemeinsamer Schutzleiter für mehrere Stromkreise verwendet, so muss der Querschnitt des Schutzleiters entsprechend dem Querschnitt des stärksten Außenleiters bemessen werden.

→ *Hauptschutzleiter*
→ *Erder, Schutzleiter,*
→ *Potentialausgleichsleiter, Darstellung von*
→ *Kennzeichnung von Schutzleitern*
→ *PEN-Leiter*
→ *Erdungsleitung und Potentialausgleichsleitung*
→ *Leiter*

Schutzleiter-Schutzmaßnahmen

DIN VDE 0100-410	***Errichten von Niederspannungsanlagen***
(VDE 0100-410)	*Schutz gegen elektrischen Schlag*

Der → *Schutz gegen elektrischen Schlag* verlangt im Fehlerfall (→ *Fehlerart*) Maßnahmen zum → *Schutz bei indirektem Berühren* (Fehlerschutz).

Im Allgemeinen werden deshalb in jeder elektrischen Anlage Schutzmaßnahmen durch Abschaltung oder Meldung vorgesehen, die auch als Schutzleiter-Schutzmaßnahmen bezeichnet werden.

→ *Schutz durch Abschaltung oder Meldung*

Schutzleiterstrom

Der elektrische Strom, der im → *Schutzleiter* unter üblichen Betriebsbedingungen fließt oder infolge eines Isolationsfehlers im Schutzleiter auftritt.

Schutzleitungssystem

Bis 1983 gebräuchliche Bezeichnung für eine Schutzmaßnahme bei indirektem Berühren, bei der die leitende Verbindung aller Körper untereinander und mit den der Berührung zugänglichen leitenden Gebäudekonstruktionsteilen, Rohrleitungen und dergleichen sowie mit dem Erder in der Verbraucheranlage im Falle eines Isolationsfehlers das Auftreten einer zu hohen Berührungsspannung verhindert, vorausgesetzt das Netz wird ungeerdet betrieben.

Anstelle der Bezeichnung Schutzleitungssystem wird heute die international einheitliche Bezeichnung IT-System mit Isolationsüberwachungseinrichtung (→ *Schutz gegen elektrischen Schlag*, → *Schutz durch Abschaltung oder Meldung*) verwendet. Die Anforderungen in Verbindung mit der Schutzmaßnahme IT-System weichen allerdings in einigen Festlegungen von den früheren Bedingungen des Schutzleitungssystems ab.

Schutzmaßnahmen

DIN VDE 0100-410	***Errichten von Niederspannungsanlagen***
(VDE 0100-410)	*Schutz gegen elektrischen Schlag*

→ *Gefahr*, → *Risiko*, → *Schutz*, → *Sicherheit*
→ *Schutz gegen elektrischen Schlag*
→ *Schutz gegen thermische Einflüsse*
→ *Schutz bei Überstrom*
→ *Schutz gegen Überspannungen*
→ *Schutz gegen Unterspannung*

Schutzplatten, isolierende

DIN VDE 0682-552	***Arbeiten unter Spannung***
(VDE 0682-552)	*Isolierende Schutzplatten über 1 kV*

Für den Gebrauch, die Wartung und den Zusammenbau von isolierenden Schutzplatten ist zu beachten:

- isolierende Schutzplatten sind nur als Schutz gegen zufälliges Berühren und nicht als Schutz gegen Wiedereinschalten geeignet
- sie sind stets sauber und trocken zu halten
- die Einsatzzeit ist durch folgende Einflüsse begrenzt:
  - Feuchtigkeit
  - Temperatur
  - Verschmutzung
  - Spannungshöhe
  - Berührung unter Spannung stehender Teile und deren Abstand
- sie dürfen nur mit zugehörigen Isolierstangen oder geeigneten Betätigungsstangen eingebracht und herausgenommen werden
- beim Einbringen und beim Herausnehmen ist die notwendige Schutzdistanz zu unter Spannung stehenden Teilen einzuhalten
- bei feuchten oder verschmutzten isolierenden Schutzplatten besteht die Gefahr durch Ableitströme von Fremdschichten
- sie sind nur in Innenraumanlagen einzusetzen

Schutzpotentialausgleichsleiter

DIN VDE 0100-540	***Errichten von Niederspannungsanlagen***
(VDE 0100-540)	*Erdungsanlagen und Schutzleiter*

Schutzleiter zur Herstellung des Schutzpotentialausgleichs.

Schutzraum

DIN EN 50274	***Niederspannungs-Schaltgerätekombinationen***
(VDE 0660-514)	*Schutz gegen unabsichtliches direktes Berühren gefährlicher aktiver Teile*

Der Schutzraum ist der Raum einer elektrischen Anlage bzw. eines Betriebsmittels, in dem beim gelegentlichen Handhaben hineingegriffen werden muss. Der Schutzraum ist der Raum, z. B. in einer Schaltgeräte-Kombination, in dem Elektrofachkräfte und/oder elektrotechnisch unterwiesene Personen Betätigungseinrichtungen ohne Gefahr betätigen können. Er ist festgelegt durch die Basisfläche um die Betätigungseinrichtung und durch die Ausgangsfläche an der Bedienungsfront. Die Lage und die Größe des Schutzraums richten sich nach Einbautiefe, Einbauhöhe, Lage und Art der Elemente sowie der Körperhaltung des Handhabenden. In den Schutzraum dürfen keine berührungsgefährlichen Teile hineinragen, oder diese Teile dürfen nicht berührbar sein.

Schutzrohre

DIN VDE 0100-520	***Errichten von Niederspannungsanlagen***
(VDE 0100-520)	*Kabel- und Leitungsanlagen*

Die Verwendung von Schutzrohren ist eine Möglichkeit, um die Versorgung von Verbrauchsmitteln in Gärten, Vorgärten, Innenhöfen, Garageneinfahrten usw. sicherzustellen. Eine zweite Möglichkeit ist es, Kabel unmittelbar in Erde zu verlegen. In unterirdischen Schutzrohren dürfen Mantelleitungen NYM und Bleimantelleitungen NYBUY eingezogen werden.

Voraussetzungen:
- die Leitung muss auswechselbar bleiben
- das Rohr muss mechanisch fest sein
- das Rohr vor Flüssigkeiten geschützt sein
- das Rohr belüftet sein
- die Verlegung sollte sich auf kurze Strecken beschränken
- der nutzbare Querschnitt der Rohre muss die notwendige Anzahl von Kabeln und Leitungen ohne Beschädigung bei der Einbringung aufnehmen
- die Schutzrohre dürfen in ihrem gesamten Verlauf und an ihren Enden keinen scharfen Grat haben

Für die Hauseinführungskabel von Kabelanschlüssen werden ebenfalls Schutzrohre eingesetzt:
- Einsatz dient der Dichtigkeit gegen Feuchtigkeit
- Rohrart und Größe werden vom Netzbetreiber festgelegt
- der Einbau wird mit leichtem Gefälle des Schutzrohrs zum Gebäude hin vorgenommen
- verschiedene Möglichkeiten der Abdichtung des Schutzrohrs

Schutzschaltgerät

Mechanisches Schaltgerät, das dazu dient, einen Stromkreis durch Handbetätigung einzuschalten oder von der Einspeisung zu trennen, und einen Stromkreis selbsttätig auszuschalten, wenn der Strom einen vorbestimmten Wert überschreitet. Die Auslösung erfolgt durch die vom Strom hervorgerufene Erwärmung (z. B. Bimetallauslösung) oder durch seine magnetische Wirkung.

→ *Schutzeinrichtung*

Schutzschirm

DIN VDE 0276-632	***Starkstromkabel mit extrudierter Isolierung und ihre Garnituren***
(VDE 0276-632)	*Nennspannungen über 36 kV bis 150 kV*

Schutzschirm: Aufbauelemente von kunststoffisolierten Mittel- und Hochspannungskabeln. Sie bilden zusammen mit der äußeren Leitschicht die Schirmung. Schirme dienen neben dem Berührungsschutz der Aufnahme von Lade- und Fehlerströmen. Der Schutzschirm besteht aus Kupferdrähten, bei PVC-isolierten Kabeln sind auch Kupferbänder zulässig. Die Kupferschirmdrähte sind durch eine oder zwei Querleitwendeln aus Kupferdrähten fortlaufend miteinander verbunden. Der Querschnitt der Schirme wird mit Rücksicht auf die Beanspruchung durch Fehlerströme geometrisch bestimmt. Der mittlere Abstand der Drähte darf nicht größer als 4 mm, der Abstand zwischen zwei benachbarten Schirmdrähten nicht größer als 8 mm sein (Berührungsschutz bei mechanischer Beschädigung).

Schutzsystem

DIN VDE 0100-100	***Errichten von Niederspannungsanlagen***
(VDE 0100-100)	*Allgemeine Grundsätze, Bestimmungen allgemeiner Merkmale, Begriffe*

In den deutschen Normen werden das TN-, TT- und IT-System als „Netzformen“, in neueren Ausgaben als „Art der Erdung“ bezeichnet, obwohl die damit verbundenen Aussagen keinen Bezug zum Netzaufbau, allenfalls zu den Erdungsverhältnissen, herstellen. Sie kennzeichnen vielmehr den → *Schutz durch Abschaltung oder Meldung* als Schutz bei indirektem Berühren (Fehlerschutz). Insofern wird anstelle des Begriffs Netzform oder Art der Erdung häufig der sprachlich besser verständliche Begriff Schutzsystem verwendet.

→ *Art der Erdung*
→ *Schutz durch Abschaltung oder Meldung*
→ *Netzform*

Schutztrennung

DIN VDE 0100-410	***Errichten von Niederspannungsanlagen***
(VDE 0100-410)	*Schutz gegen elektrischen Schlag*

Die Schutztrennung ist eine Schutzmaßnahme gegen gefährliche Körperströme, bei der die Betriebsmittel mithilfe eines Trenntransformators oder Motorgenerators vom speisenden Netz sicher getrennt und nicht geerdet sind.

Durch die Schutztrennung sollen unzulässig hohe → *Berührungsspannungen* verhindert werden:
- beim Berühren → *aktiver Teile* des Stromkreises der Betriebsmittel (Sekundärstromkreis)
- bei → *Körperschlüssen* der Betriebsmittel

Die Schutztrennung ist nur wirksam, wenn ein Erdschluss im Sekundärstromkreis verhindert wird und aus dem speisenden Primärstromkreis keine Spannung übertragen werden kann.

Bei der Anwendung der Schutztrennung müssen nachstehende Bedingungen erfüllt werden:
- Trenntransformatoren nach DIN VDE 0550 oder DIN VDE 0551
- Motorgenerator nach DIN VDE 0530
- andere Stromversorgungseinrichtungen müssen eine gleichwertige Sicherheit bieten
- ortsveränderliche Trenntransformatoren müssen schutzisoliert sein
- ortsfeste Stromversorgungseinrichtungen müssen entweder schutzisoliert sein, oder ihr Ausgang muss vom Eingang und vom leitfähigen Gehäuse durch eine Isolierung getrennt sein, die den Bedingungen der Schutzisolierung genügt

- aktive Teile des Sekundärstromkreises dürfen weder mit Erde noch mit anderen Stromkreisen verbunden werden
- Körper der Betriebsmittel dürfen ebenfalls nicht mit Erde oder mit Schutzleitern anderer Stromkreise verbunden werden
- Leitungen sollen getrennt von den Leitungen anderer Stromkreise verlegt werden. Sie sind gegen mechanische Beanspruchungen zu schützen. Zu verwenden sind Gummischlauchleitungen mindestens vom Typ H07RN-F oder A07RN-F.
- Jeder Stromkreis muss gegen die Auswirkungen von Überströmen geschützt werden (→ *Schutz gegen zu hohe Erwärmung*).
- Die maximale Leitungslänge darf den Wert:

  $$\frac{1\,000\,000\ \text{Vm}}{\text{Betriebsspannung}}$$

  nicht überschreiten; maximal jedoch 500 m.
  Daraus errechnen sich die maximalen Leitungslängen, z. B.:
  - bei 230 V mit 435 m
  - bei 400 V mit 250 m

Wenn die Schutztrennung aus Sicherheitsgründen zwingend vorgeschrieben ist, sollte an die Stromquelle nur ein einziges Verbrauchsmittel angeschlossen werden. Der Körper wird nicht mit einem Schutzleiter verbunden.

Allerdings kann ein Potentialausgleich erforderlich werden, wenn der Standort des Benutzers metallisch leitend ist, wie z. B. in Kesseln oder auf Stahlgerüsten. In solchen Fällen ist der Körper des Verbrauchsmittels mit dem Standort durch einen besonderen Leiter zu verbinden.

Er ist außerhalb der Zuleitung sichtbar zu verlegen. Sein Querschnitt ist nach DIN VDE 0100-540 zu bemessen (→ *Potentialausgleichsleiter*, → *Begrenzte leitfähige Räume*).

In anderen Fällen kann eine für die Schutztrennung geeignete Stromquelle auch mehrere Verbrauchsmittel versorgen, deren Körper dann über einen ungeerdeten Potentialausgleichsleiter zu verbinden sind.

Deshalb sind die Steckverbindungen mit Schutzkontakten und die Anschlussleitungen mit Schutzleitern auszurüsten, die dann als Potentialausgleichsleiter genutzt werden.

Bei zwei zeitgleich auftretenden Erdschlüssen ist für eine automatische Abschaltung in der dafür vorgesehenen → *Ausschaltzeit* von 0,4 s bzw. 5 s zu sorgen.

Schutztrennung mit mehr als einem Verbrauchsmittel

Zweck: Schutztrennung eines einzelnen Stromkreises soll Ströme an Körpern verhindern, die durch einen Fehler der Basisisolierung des Stromkreises unter Spannung stehen können

Anforderungen:

- Alle Betriebsmittel müssen durch Schutzvorkehrungen für den Basisschutz ausgestattet sein.
- Alle allgemeinen Anforderungen an Schutztrennung nach DIN VDE 0100-410, ausgenommen: die Schutzmaßnahme wird auf die Versorgung eines elektrischen Verbrauchsmittels durch eine ungeerdete Stromquelle mit einfacher Trennung beschränkt.
- Vorsichtsmaßnahmen zum Schutz des getrennten Stromkreises vor Beschädigung und Isolationsfehlern müssen unternommen werden.
- Körper des getrennten Stromkreises miteinander durch isolierte, nicht geerdete Schutzpotentialausgleichleiter verbinden, diese dürfen dann nicht mit fremden leitfähigen Teilen anderer Stromkreise verbunden werden.
- Steckdosen mit Schutzkontakten ausstatten.
- Alle flexiblen Anschlussleitungen (Ausnahme: Betriebsmittel mit doppelter oder verstärkter Isolierung) müssen Schutzleiter enthalten, der als Schutzpotentialausgleichsleiter verwendet wird.
- Beim Auftreten von Fehlern in zwei verschiedenen Betriebsmitteln (unterschiedliche Außenleiter) muss eine Schutzeinrichtung in vorgegebener Zeit abschalten.

→ *Schutztrennung*

Schutzvorrichtungen

DIN VDE 0105-100	***Betrieb von elektrischen Anlagen***
(VDE 0105-100)	*Allgemeine Festlegungen*

Eine Schutzvorrichtung ist jede isolierende oder nicht isolierende Vorrichtung, die dazu dient, eine Annäherung an ein Betriebsmittel oder Anlagenteil, das eine elektrische Gefahr darstellt, zu verhindern.

Schutzvorrichtungen:

- können außerhalb/innerhalb der Gefahrenzone angebracht werden

- außerhalb der Gefahrenzone:
  keine elektrischen Anforderungen – nur Zugang zu Gefahrenzone verhindern
- innerhalb der Gefahrenzone:
  erheblich höhere Anforderungen – z. B.: großflächige, geerdete Abdeckungen aus Metall oder isolierende Abdeckungen mit ausreichender elektrischer und mechanischer Festigkeit

Elektrische Gefährdung in der Nähe unter Spannung stehender Teile kann durch Schutzvorrichtungen vermieden werden.

Schutzvorrichtungsabstand

DIN VDE 0105-100	***Betrieb von elektrischen Anlagen***
(VDE 0105-100)	*Allgemeine Festlegungen*

Schutzvorrichtungsabstand ist der Abstand zwischen Schutzvorrichtungen und → *aktiven Teilen.*

Schutz zum Erreichen der Sicherheit

Die Sicherheit von Personen, Nutztieren und Sachwerten kann durch die Anwendung des elektrischen Stroms gefährdet werden, trotz bestimmungsgemäßen Gebrauchs. Daher sind in den VDE-Bestimmungen Anforderungen enthalten, die die Risiken verringern helfen.
Risiken, die durch elektrischen Strom auftreten können:
- Überspannungen, Unterspannungen und elektromagnetische Einflüsse
- Stromversorgungsunterbrechungen
- Lichtbögen
- überhöhte Temperaturen
- gefährliche Körperströme
- Entzündung einer explosiven Atmosphäre
- mechanische Bewegung und damit Schädigung durch elektrisch angetriebene Betriebsmittel

Um die Sicherheit zu gewährleisten, sind alle Anforderungen aus den VDE-Bestimmungen einzuhalten.

Schwer entflammbare Baustoffe, Bauteile

Das Brandverhalten von Baustoffen ist abhängig von:

- der Art des Stoffs
- der Gestalt
- der spezifischen Oberfläche
- der Masse
- der Verarbeitungstechnik
- dem Verbund mit anderen Stoffen

Schwer entflammbare Baustoffe (Klasse B1) können nur durch größere Zündquellen (Wärmequellen) zum Entflammen oder zu einer thermischen Reaktion gebracht werden. Sie brennen nur bei zusätzlicher Wärmezufuhr mit geringer Geschwindigkeit weiter, wobei die Flammenausbreitung örtlich stark begrenzt ist. Nach Entfernen der Wärmequelle verlöscht der Baustoff in kurzer Zeit. Außerdem darf der Baustoff nur kurze Zeit nachglimmen.

Baustoffe (Beispiele) der Klasse B1:

- Gipskartonplatten
- Mineralfaser-Mehrschicht-Leichtbauplatten
- Holzwolle-Leichtbauplatten
- Wärmedämmputzsysteme
- Kunstharzputze
- Fußbodenbeläge:
  - Eichen-Parkett
  - Bodenbeläge aus Flex-Platten
- Gussasphaltestrich
- Walzasphalt
- Rohre und Formstücke aus PVC

Schwimmbäder

DIN VDE 0100-702 *(VDE 0100-702)*	***Errichten von Niederspannungsanlagen*** *Becken von Schwimmbädern und andere Becken*
DIN VDE 0100-737 *(VDE 0100-737)*	***Errichten von Niederspannungsanlagen*** *Feuchte und nasse Bereiche und Räume und Anlagen im Freien*

Schwimmbäder gelten als feuchte und nasse Räume. Für die Errichtung elektrischer Anlagen sind zusätzliche Anforderungen zu berücksichtigen.

Anforderungen:
Die drei Schutzbereiche in Räumen mit Schwimmbädern:

Bereich 0:

- das gesamte Innere eines Beckens:
  Öffnungen in den Wänden oder im Fußboden sind eingeschlossen (Voraussetzung: Kopf, Arme oder Füße von Personen können eindringen), auch Wasserfälle und Fontänen
- die Fußwaschrinne gehört zum Bereich 0

Bereich 1:

- Begrenzung durch:
  - die senkrechte Fläche in 2 m Abstand vom Beckenrand
  - die Standfläche oder den Boden, auf dem sich die Personen aufhalten können
  - die waagrechte Fläche in 2,5 m Höhe über der Standfläche oder dem Boden
  - die obere Grenze des Bereichs 0.
    Dazu gehören auch Startblöcke, Sprungtürme und -bretter, Rutschbahnen und andere Einrichtungen, die von Personen betreten werden, jeweils in einem Abstand von 1,5 m.

Bereich 2:
Von 2 m bis 3,5 m um das Becken mit einer Höhe bis zu 3,5 m über dem Fußboden bzw. der Standfläche. Der Bereich kann ebenfalls um besondere Einrichtungen wie im Bereich 1 erweitert werden. Für Springbrunnen und nicht begehbare Becken entfällt der Bereich 2.

Schutz gegen elektrischen Schlag

- Bei Anwendung von SELV ist immer der Schutz gegen direktes Berühren (Basisisolierung) durch Isolierung (Prüfspannung 500 V für 1 min) oder durch Abdeckung IPXXB (fingersicher) herzustellen.
- Nicht anwendbar sind Schutzmaßnahmen durch Hindernisse, durch Abstand, durch nicht leitende Räume und durch erdfreien örtlichen Potentialausgleich.
- Schutz bei indirektem Berühren nach **Tabelle 80**.

Bereiche	Einsatzort und Betriebsmittel	Schutzmaßnahmen		
		SELV [1) **bei einer maximalen Nennspannung**	**automatische Abschaltung**	**Schutztrennung,** [1) **Anzahl der Verbrauchsmittel**
0	Schwimmbecken, nicht begehbare Becken Betriebsmittel in Becken, wenn keine Personen im Bereich 0 sind	AC 12 V, DC 30 V AC 50 V, DC 120 V AC 50 V, DC 120 V [2)	nicht erlaubt RCD $I_{\Delta N} \leq 30$ mA RCD $I_{\Delta N} \leq 30$ mA	nicht erlaubt 1 1 [2)
1	Schwimmbecken, nicht begehbare Becken	AC 12 V, DC 30 V AC 50 V, DC 120 V	nicht erlaubt RCD $I_{\Delta N} \leq 30$ mA	nicht erlaubt 1
	Schalter, Steckdosen, Leuchten — Schwimmbäder mit kleinem Umgebungsbereich	AC 25 V, DC 60 V AC 50 V, DC 120 V	RCD $I_{\Delta N} \leq 30$ mA RCD $I_{\Delta N} \leq 30$ mA	1 1
2		AC 50 V, DC 120 V [2) AC 50 V, DC 120 V [2)	RCD $I_{\Delta N} \leq 30$ mA RCD $I_{\Delta N} \leq 30$ mA	1 [2) 1 [2)

[1) Stromquelle außerhalb der Bereiche 0, 1 und 2
[2) Stromquelle außerhalb der Bereiche 0, 1 und 2 zulässig, wenn der versorgende Stromkreis durch RCD $I_{\Delta N} \leq 30$ mA geschützt ist

Tabelle 80 Schutz gegen elektrischen Schlag (Daten aus: DIN VDE 0100-702:2003-11, Tabelle A 1)

Äußere Einflüsse

Bereich 0: IPX8

Bereich 1: IPX4 für Innenräume und Außenbereiche
IPX5 in Fällen, in denen Strahlwasser für Reinigungszwecke eingesetzt wird

Bereich 2: IPX2 für Innenräume
IPX4 für Außenbereiche
IPX5 in Fällen, in denen Strahlwasser für Reinigungszwecke eingesetzt wird

Kabel- und Leitungsanlagen

- Vorzugsweise werden Kabel und Leitungen mit einer Isolierung ohne jegliche metallische Abdeckung (z. B. Leitungen in Rohren aus Kunststoff) verwendet.
- Metallene Umhüllung und Abdeckungen von Kabeln und Leitungen müssen in den zusätzlichen Potentialausgleich einbezogen werden.

- In den Bereichen 0 und 1 dürfen nur Kabel und Leitungen verlegt werden für die Versorgung von Betriebsmitteln, die diesen Bereichen zugeordnet sind.
- In Becken für Springbrunnen müssen Kabel auf dem kürzestmöglichen Weg zu den elektrischen Betriebsmitteln geführt werden. Im Bereich 1 ist ein mechanischer Schutz vorzusehen. Es sind Kabel oder Leitungen auszuwählen, die für dauernden Kontakt mit Wasser geeignet sind (DIN VDE 0282 und Herstellerangaben).
- In den Bereichen 0 und 1 dürfen keine Abzweig- und Verbindungsdosen vorgesehen werden, ausgenommen für SELV-Stromkreise im Bereich 1.

Schalt- und Steuergeräte
- In den Bereichen 0 und 1 dürfen keine Schalt- und Steuergeräte und keine Steckdosen angeordnet werden.
- Wenn es in kleinen Schwimmbädern möglich ist, Schalter und Steckdosen außerhalb des Bereichs 1 anzubringen, dürfen sie im Bereich 1, aber außerhalb des Handbereichs (z. B. 1,25 m Abstand von der Grenze des Bereichs 0 und 0,3 m über dem Fußboden) angeordnet werden, vorausgesetzt sie haben keine metallische Oberfläche oder Metallabdeckung und werden geschützt durch:
  - SELV ≤ 25 V AC bzw. ≤ 60 V DC (Stromquelle außerhalb der Bereiche 0 und 1) oder
  - RCD, $I_{\Delta N} \leq 30$ mA oder
  - Schutztrennung mit einzeln zugeordneten Transformatoren (außerhalb der Bereiche 0 und 1).
- Im Bereich 2 sind Steckdosen nur zulässig, wenn ihre Stromkreise wie folgt geschützt sind:
  - SELV ≤ 50 V AC bzw. ≤ 120 V DC (Stromquelle außerhalb der Bereiche 0 und 1) oder Stromquelle im Bereich 2 mit RCD, $I_{\Delta N} \leq 30$ mA oder
  - RCD, $I_{\Delta N} \leq 30$ mA oder
  - Schutztrennung mit einzeln zugeordneten Trenntransformatoren (außerhalb der Bereiche 0, 1 und 2) oder Stromquelle im Bereich 2 mit RCD, $I_{\Delta N} \leq 30$ mA.

Betriebsmittel
Festlegungen für Betriebsmittel in Schwimmbädern:
- In den Bereichen 0 und 1 dürfen nur fest angebrachte Verbrauchsmittel angeordnet werden, die für die besondere Verwendung in Schwimmbädern hergestellt sind.

- Verbrauchsmittel, die nur in Betrieb sind, wenn sich keine Personen im Bereich 0 befinden, können in allen Bereichen über Stromkreise versorgt werden mit den Schutzmaßnahmen SELV, RCD mit $I_{\Delta N} \leq 30$ mA oder Schutztrennung mit nur einem Verbrauchsgerät.
- Flächenheizungen sind im Fußboden zulässig, geschützt durch SELV oder RCD mit $I_{\Delta N} \leq 30$ mA mit geerdetem Metallgitter oder metallischer Abdeckung, die mit dem zusätzlichen Potentialausgleich verbunden sind.
- Unterwasserscheinwerfer nur hinter unabhängigen Glasscheiben. Sie müssen von hinten bedienbar sein. Es darf keine leitfähige Verbindung zwischen den Körpern der Unterwasserscheinwerfer und anderen leitfähigen Teilen der Konstruktion der unabhängigen Glasscheibe (Bullauge) und deren Umgebung entstehen.
- Betriebsmittel in den Bereichen 0 und 1 von nicht begehbaren Becken müssen eine mechanische Schutzvorrichtung (z. B. Gitterabdeckung) haben, die nur mit Werkzeug entfernt werden kann. Leuchten müssen fest angebracht werden. Bei der Schutzmaßnahme durch automatische Abschaltung sollten nur Betriebsmittel der Schutzklasse I verwendet werden.

Besondere Anforderungen für Betriebsmittel im Bereich 1 (z. B. Filteranlagen) mit SELV ≤ 12 V AC oder 30 V DC:

- Anordnung in einem Gehäuse aus Isolierstoff als mechanischer Schutz, Zugang nur mit Werkzeug oder Schlüssel, Versorgungskabel und Haupttrenneinrichtung müssen Schutzklasse II oder einem gleichwertigen Schutz entsprechen. Das Öffnen des Gehäuses muss zwangsläufig zur Abschaltung aller aktiven Leiter führen. Schutz für den Versorgungsstromkreis:
  - SELV ≤ 25 V AC, ≤ 60 V DC oder
  - RCD mit $I_{\Delta N} \leq 30$ mA oder
  - Schutztrennung

  Stromquellen sind außerhalb der Bereiche 0, 1 und 2 anzuordnen.
- Für kleine Schwimmbäder, bei denen es nicht möglich ist, Leuchten außerhalb der Bereichs 1 vorzusehen, dürfen Leuchten auch im Bereich 1 angebracht werden, allerdings außerhalb des Handbereichs, 1,25 m von der Grenze des Bereichs 0 entfernt. Schutz durch SELV, RCD $I_{\Delta N} \leq 30$ mA oder Schutztrennung. Die Leuchten müssen der Schutzklasse II entsprechen und einen mechanischen Schutz gegen mittlere mechanische Beanspruchung aufweisen.

→ *Schutzbereiche*
→ *Schwimmbecken*
→ *Bereiche*

Schwimmbecken

DIN VDE 0100-702	***Errichten von Niederspannungsanlagen***
(VDE 0100-702)	*Becken von Schwimmbädern und andere Becken*

Unter diesem Begriff wird das Errichten elektrischer Anlagen in überdachten Schwimmbädern und Schwimmanlagen im Freien verstanden. Diese besonderen Räume gelten als feuchte und nasse Räume.

→ *Schwimmbäder*

Schwingungen

DIN VDE 0100-100	***Errichten von Niederspannungsanlagen***
(VDE 0100-100)	*Allgemeine Grundsätze, Bestimmungen allgemeiner Merkmale, Begriffe*

Kabel- und Leitungsanlagen müssen so ausgewählt und errichtet werden, dass eine Schädigung am Mantel und an der Isolierung von Kabeln und Leitungen und ihren Anschlüssen vermieden wird. Dies gilt für alle mechanischen Beanspruchungen, so auch für Schwingungen, denen evtl. Kabel- und Leitungssysteme und Konstruktionsteile bzw. Geräte ausgesetzt sein könnten. Besonders für Verbindungen zu Betriebsmitteln müssen erhöhte Anforderungen (z. B. Verbindungen durch flexible Leitungen) für die Beanspruchung durch Schwingungen berücksichtigt werden.

Im Haushalt und bei ähnlichen elektrotechnischen Bedingungen sind die Auswirkungen von Schwingungen im Allgemeinen vernachlässigbar. Bei mittlerer bzw. hoher Beanspruchung sind entsprechend eingeteilte Klassen nach IEC 60721 zu berücksichtigen.

Seilerder

DIN VDE 0100-540	***Errichten von Niederspannungsanlagen***
(VDE 0100-540)	*Erdungsanlagen und Schutzleiter*

Die Erder erfüllen die Aufgabe, den elektrischen Strom ins Erdreich einzuleiten. Der Erder ist das verbindende Glied zwischen der als Leiter mit unendlichem Querschnitt benutzten Erde und den metallischen Leitern des Stromkreises. Form,

Ausdehnung und Material des Erders bestimmen im Wesentlichen seinen Ausbreitungswiderstand.

Bei der Unterscheidung nach der Form kennt man den Seilerder, der – wie der Name sagt – aus einem Seil besteht.

→ *Erder*

Sekundärstromkreise

DIN VDE 0141	***Erdungen für spezielle Starkstromanlagen mit***
(VDE 0141)	***Nennspannungen über 1 kV***

Sekundärkreise von Messwandlern müssen geerdet werden. Diese Erdung soll an einer Sekundärklemme des Messwandlers vorgenommen werden. Ist jedoch die Erdung an dieser Stelle nicht möglich oder nicht zweckmäßig (z. B. beim Zusammenschalten mehrerer Wandler oder im Hinblick auf den Relaisschutz), so muss sie an der nächstgelegenen Klemmstelle zuverlässig durchgeführt werden.

Selektiver Leitungsschutzschalter

→ *SLS-Schalter*

Selektivität

Das selektive Verhalten von in Reihe geschalteten Schaltgeräten, Schutzeinrichtungen oder anderen automatisch arbeitenden Betriebsmitteln reduziert im Falle einer Störung die jeweils betroffenen Anlagen auf ein Minimum. Selektivität bedeutet, dass beim Eintritt vorgegebener Kriterien nur die Einrichtung anspricht, die im Rahmen des ordnungsgemäßen Betriebs ansprechen soll.

Selektivität von Überstromschutzeinrichtungen
Das selektive Verhalten von in Reihe geschalteten Überstromschutzeinrichtungen lässt sich aus dem Vergleich ihrer Auslösecharakteristiken (Zeit-Strom-Bereiche) ermitteln.

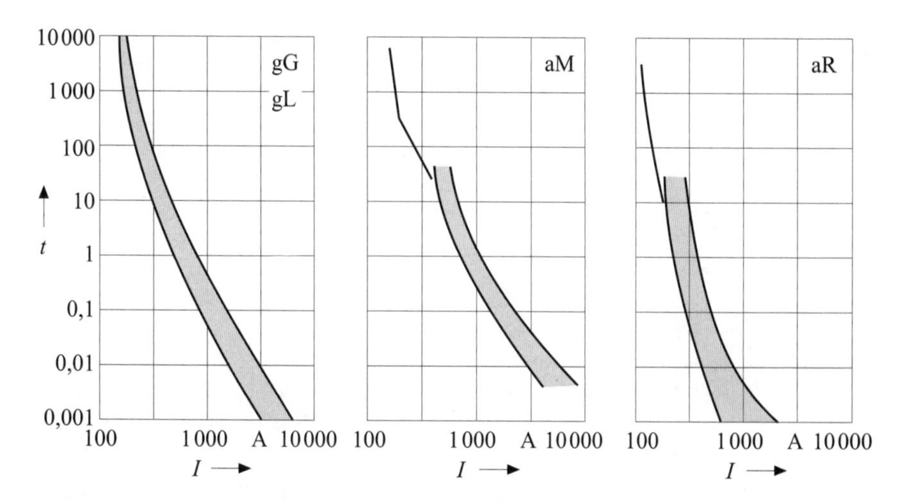

Bild 62 Zeit-Strom-Bereiche von verschiedenen 100-A-Sicherungen

Selektivität wird dann erreicht, wenn die Zeit-Strom-Bereiche sich nicht überschneiden. gL-Sicherungen arbeiten untereinander selektiv, wenn das Verhältnis ihrer Nennstromstärken ≥ 1,6 ist. Das bedeutet, dass in Reihe geschaltete Sicherungen nur dann selektiv abschalten, wenn ihre Nennstromstärken mindestens zwei Stufen auseinanderliegen.

Beispiel:

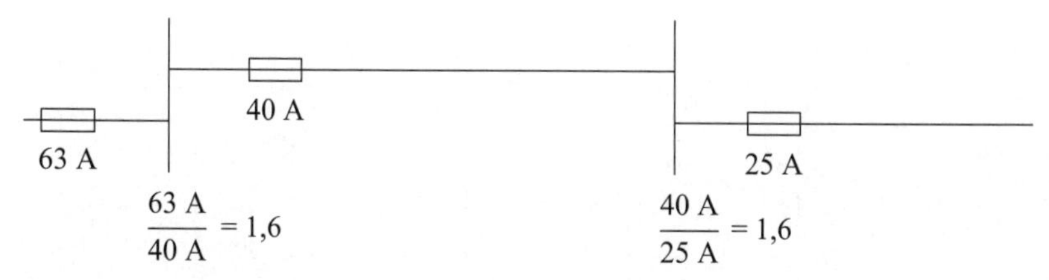

Um im Fehlerfall, z. B. bei einem Kurzschluss, möglichst nur den fehlerbehafteten Anlagenteil abschalten zu müssen, gilt der Grundsatz, dass die der Fehlerstelle am nächsten gelegene Schutzeinrichtung selektiv ansprechen soll.

Im zweiten Beispiel ist der Schutz des Transformators und die Selektivität der unterschiedlichen Überstromschutzeinrichtungen durch Vergleich der (Zeit-Strom-Bereiche) Bereiche sicherzustellen (**Bild 64**).

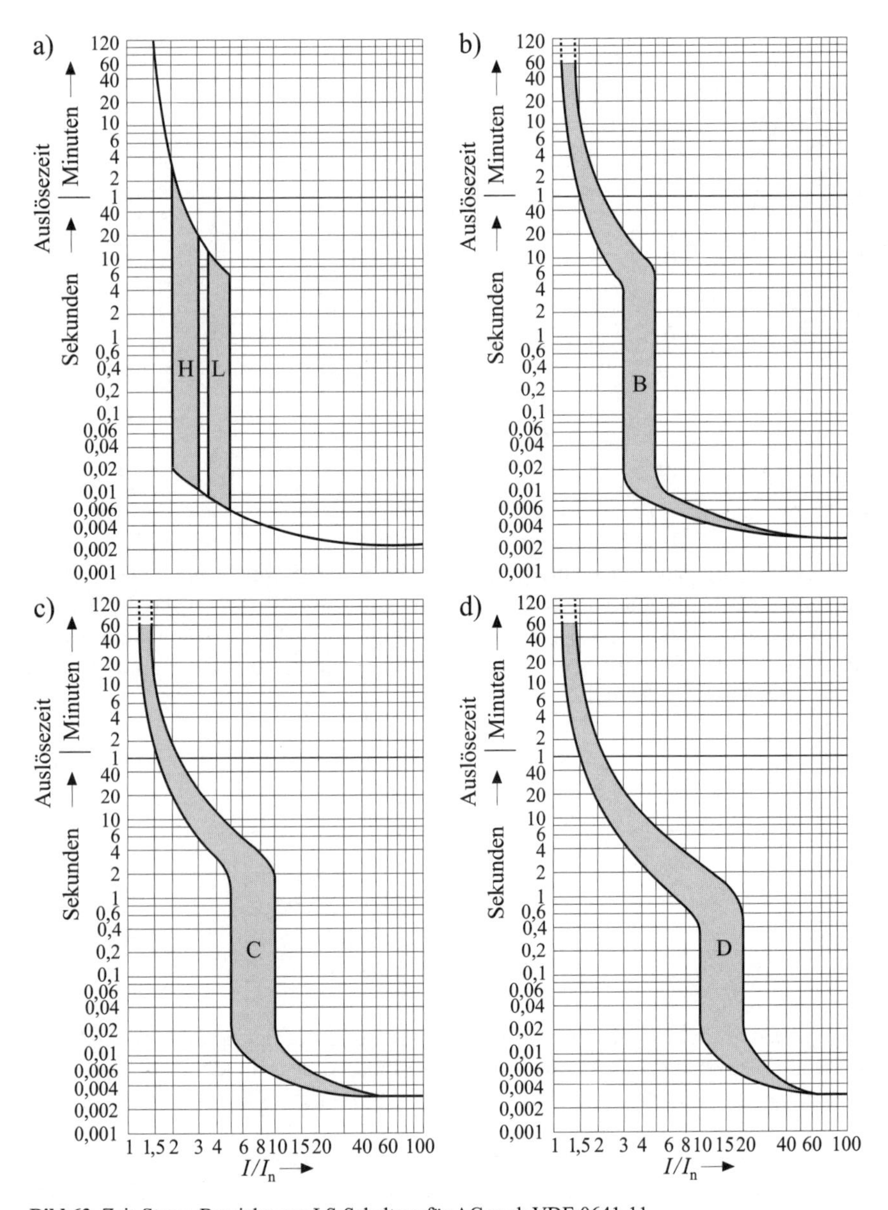

Bild 63 Zeit-Strom-Bereiche von LS-Schaltern für AC nach VDE 0641-11
a) Charakteristik H und L
b) Charakteristik B
c) Charakteristik C
c) Charakteristik D

Selektivität von Fehlerstromschutzeinrichtungen

Bei in Reihe geschalteten Fehlerstromschutzeinrichtungen (z. B. beim → *Zusatzschutz*) kann die Selektivität nur durch eine zeitliche Staffelung der FI-Schutzschalter erreicht werden. Es sind deshalb auf der Einspeiseseite zeitverzögernde Schalter (Kennzeichnung [S]) zu verwenden.

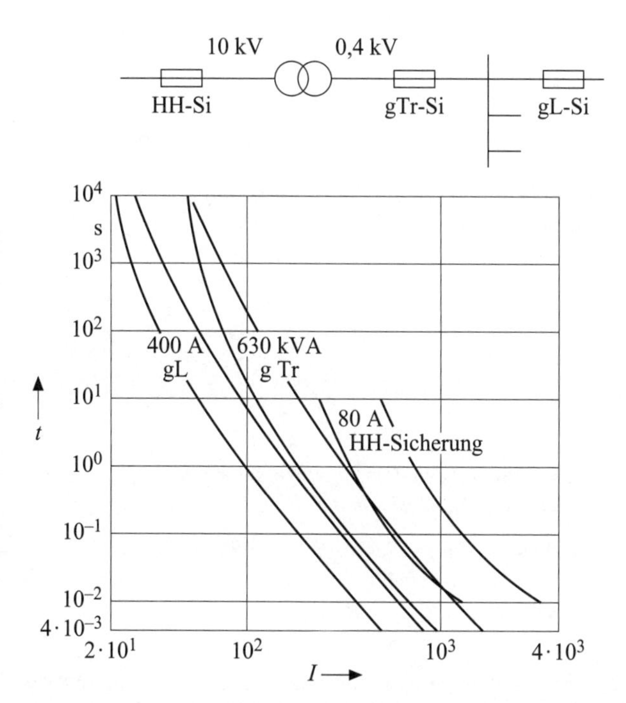

Bild 64 Selektivität unterschiedlicher, in Reihe geschalteter Schutzeinrichtungen

SELV

DIN VDE 0100-410	***Errichten von Niederspannungsanlagen***
(VDE 0100-410)	*Schutz gegen elektrischen Schlag*

SELV (Kleinspannung) – Safety Extra-Low Voltage –
Schutz durch Schutzkleinspannung

Der Schutz wird durch kleine Spannungen (50 V AC/120 V DC) und durch eine sichere Trennung vom Primärnetz erreicht. Bei so geringen Spannungen ist in der Regel der Schutz gegen direktes Berühren entbehrlich.

→ *PELV*
→ *FELV*

Shows

DIN VDE 0100-711 *(VDE 0100-711)*	***Errichten von Niederspannungsanlagen*** *Ausstellungen, Shows und Stände*

→ *Ausstellungen*

Sichere Trennung

DIN VDE 0100-410 *(VDE 0100-410)*	***Errichten von Niederspannungsanlagen*** *Schutz gegen elektrischen Schlag*
DIN EN 50274 *(VDE 0660-514)*	***Niederspannungs-Schaltgerätekombinationen*** *Schutz gegen unabsichtliches direktes Berühren gefährlicher aktiver Teile*

Trennung durch geeignete Schutzmaßnahmen, die den Übertritt der Spannung zwischen unterschiedlichen Stromkreisen mit hinreichender Sicherheit verhindern. Die sichere Trennung wird nach DIN VDE 0100-410 zwischen aktiven Teilen von Schutz- und Funktionskleinspannungs-Stromkreisen und Stromkreisen höherer Spannung verlangt. Sie muss mindestens den Anforderungen der Trennung zwischen der Primär- und Sekundärseite eines Sicherheitstransformators entsprechen.

Die sichere Trennung wird erreicht durch:

- den **Basisschutz** (Basisisolierung)
- den **ergänzenden Schutz**
  (ergänzende Isolierung oder andere konstruktive Maßnahmen), die den beim bestimmungsgemäßen Betrieb und während der zu erwartenden Lebensdauer auftretenden mechanischen, elektrischen, thermischen, klimatischen und sonstigen Beanspruchungen standhalten.

Anforderungen, die bei der sicheren Trennung zu erfüllen sind:

- Basisschutz durch:
  - Basisisolierung durch Luftstrecken, Kriechstrecken oder Isolierstrecken in festen Isolierungen
- ergänzender Schutz durch:
  - doppelte oder verstärkte Isolierung
  - leitfähigen Schirm, der mit dem Schutzleiter verbunden und von den aktiven Teilen mindestens durch Basisisolierung getrennt ist
  - Verwendung alterungsbeständiger Werkstoffe, die die sichere Trennung während der zu erwartenden Lebensdauer sicherstellen
  - konstruktive Maßnahmen, die die sichere Trennung auch bei unvorhergesehenen mechanischen Einwirkungen (verbogene oder gelöste leitfähige Teile, gebrochene Wicklungen, herausgefallene Schrauben) gewährleisten, z. B. ausreichender Abstand, Schottung, Vergießen.

Die Anforderungen werden nach DIN EN 50274 (VDE 0660-514) geprüft.

Die sichere Trennung ist anzuwenden zwischen Schnittstellen von Schutz- oder Funktionskleinspannungsstromkreisen und anderen Stromkreisen, z. B. der Niederspannungsanlagen, der Mess-, Steuer- und Regelungstechnik, der Fernmelde- und Informationstechnik. Diese Schnittstelle liegt häufig zwischen verschiedenen Teilen eines Betriebsmittels (z. B. Fernschalter, Relais, Schaltverstärker, Netzgerät usw.).

Der Hersteller hat jeweils anzugeben, welche Stromkreise sicher getrennt sind.

→ *Isolierung*

Sicherer Betrieb

DIN VDE 0105-100	***Betrieb von elektrischen Anlagen***
(VDE 0105-100)	*Allgemeine Festlegungen*

Vor jeder Tätigkeit (Bedienen, Arbeiten) am oder in der Nähe elektrischer Anlagen muss überdacht sein, wie diese Tätigkeit sicher auszuführen ist. Einige der wesentlichen Anforderungen an einen sicheren Betrieb:

- elektrische Anlagen sind den Normen entsprechend in ordnungsgemäßem Zustand zu erhalten
- Maßnahmen zur Mängelbeseitigung sind unverzüglich zu treffen

- Anlagen, die nicht betrieben werden dürfen, sind auszuschalten, gegen Wiedereinschalten zu sichern, mit Verbotsschildern zu versehen
- Schalter, die nur eingeschränkt genutzt werden können, sind zu kennzeichnen, die Funktion zu beschränken
- Sicherheitseinrichtungen dürfen weder unwirksam noch unzulässig verstellt oder geändert werden
- Schutz gegen gefährliche Körperströme muss nach den Normen wirksam bleiben, Änderungen nur durch Elektrofachkraft
- Isolationszustand erhalten
- nur → *Verlängerungsleitungen* benutzen, die die Schutzmaßnahme des anzuschließenden Betriebsmittels sicherstellen
- vor Benutzen der Verlängerungsleitungen auf erkennbare Schäden besichtigen
- keine Gegenstände lagern in der Nähe von nicht gegen direktes Berühren geschützten aktiven Anlagenteilen

Sicherheit

Sicherheit ist eine Sachlage, bei der das → *Risiko* kleiner als das → *Grenzrisiko* ist.

→ *Sicherheitstechnik*
→ *Fünf Sicherheitsregeln*

Sicherheitsgerechtes Gestalten

Ziele der Sicherheitstechnik:
Technische Erzeugnisse so herstellen, dass sie bei ordnungsgemäßer Errichtung und bei bestimmungsgemäßer Verwendung keine Gefahren verursachen.

Unmittelbare Sicherheitstechnik:
Erzeugnisse so gestalten, dass keine Gefahren vorhanden sind.

Mittelbare Sicherheitstechnik:
Ist unmittelbare Sicherheitstechnik nicht in vollem Umfang möglich, → *sicherheitstechnische Mittel* einsetzen.

Hinweisende Sicherheitstechnik:
Führen unmittelbare Sicherheitstechnik und mittelbare Sicherheitstechnik nicht vollständig zum Ziel, muss angegeben werden, unter welchen Bedingungen eine gefahrlose Verwendung möglich ist.

Zusätzliche Sicherheitsmaßnahmen:
Wenn technische Erzeugnisse besonderen Umwelt- und Betriebsbedingungen ausgesetzt sind.

Sicherheitstechnische Sondermaßnahmen:
Von der genormten Festlegung kann abgewichen werden, wenn von der Beschaffenheit und Funktion des technischen Erzeugnisses unabhängige Maßnahmen erreicht sind:
- Einschränkung des freien Zugangs zu den technischen Erzeugnissen, abgeschlossene oder besonders gesicherte Arbeitsstätten
- Beschränkung der Verwendung der technischen Erzeugnisse auf Fachkräfte

→ *Sicherheitstechnische Mittel*

Sicherheitsregeln, Fünf

Zu den **fünf Sicherheitsregeln** in Verbindung mit Arbeiten an → *aktiven Teilen* zählen:
- Freischalten
- Sichern gegen Wiedereinschalten
- Spannungsfreiheit feststellen
- Erden und Kurzschließen
- benachbarte, unter Spannung stehende Teile abdecken oder abschranken

Die Regeln sind die Grundlage für ein sicheres Arbeiten an elektrischen Betriebsmitteln und Anlagen. Die damit verbundenen Maßnahmen sind vor Beginn der Arbeiten zwingend vorgeschrieben.

Die Definition des Begriffs „Arbeiten" deutet auf vielfältige Tätigkeiten hin, die in und an elektrischen Anlagen ausgeführt werden müssen. Dies geschieht in den meisten Fällen im spannungsfreien Zustand, der vor Arbeitsbeginn und vor Freigabe zur Arbeit herzustellen und für die Dauer der Arbeiten sicherzustellen ist.

Freischalten:
Betriebsmittel, Anlagen oder Teile von Anlagen, an denen gearbeitet wird, müssen freigeschaltet werden.

Das Freischalten ist die erste der fünf Sicherheitsregeln, die vor Beginn der Arbeiten an Betriebsmitteln und Anlagen zu beachten ist.

Freischalten ist das allseitige Ausschalten oder Abtrennen einer Anlage oder eines Betriebsmittels von allen nicht geerdeten Leitern.

Das Freischalten gilt für alle Spannungsebenen.

Allseitiges Freischalten:
Allseitiges Freischalten bedeutet, dass die Anlage oder Anlageteile von allen möglichen Einspeiserichtungen ausgeschaltet wird. Dabei ist stets auf Rückspannung über Transformatoren, Wandler, aus anderen Netzteilen oder von einspeisenden Stromerzeugungsanlagen zu achten.

Sichern gegen Wiedereinschalten:
Schalter oder andere Betriebsmittel, mit denen Anlagen oder Teile von Anlagen freigeschaltet wurden, sind während der Dauer der Arbeiten gegen Wiedereinschalten zu sichern.

Sichern gegen Wiedereinschalten bedeutet, dass der freigeschaltete Zustand einer Anlage während der erforderlichen Zeitdauer erhalten bleibt. Es ist sowohl unbeabsichtigtes Wiedereinschalten als auch beabsichtigtes Zuschalten durch Unbeteiligte zu verhindern. Die zweite Sicherheitsregel will Gefahren abwenden, die durch das Wiedereinschalten der Spannung entstehen können.

Spannungsfreiheit feststellen:
Es genügt nicht, die Spannungsfreiheit an den Ausschaltstellen zu überprüfen. Es muss auch die Spannungsfreiheit an den Arbeitsstellen selbst festgestellt werden. Nur so können Missverständnisse, Versäumnisse, Verwechslungen und die sich daraus ergebende Gefahr sicher vermieden werden. Im Einzelnen lässt sich dabei feststellen, ob

- beim Freischalten Schalter bzw. Stromkreise verwechselt wurden
- Rückspannungen übersehen wurden
- Beeinflussungsspannungen parallel geführter Leitungen vorhanden sind
- Spannungen aus einer durch das Abschalten angelaufenen Ersatzstromversorgung ansteht
- der Arbeitende sich am falschen Arbeitsplatz befindet
- Neutral- und Schutzleiter durch einen gleichzeitig auftretenden Fehler (z. B. bei Unterbrechung) oder bei nicht wirksam geerdeten Neutralleiter Potentialdifferenzen aufweisen

Für die Feststellung der Spannungsfreiheit stehen unterschiedliche Prüfgeräte und Verfahren zur Verfügung, die ein sicheres Handhaben gewährleisten.

Erden und Kurzschließen
Aktive Teile elektrischer Anlagen, an denen gearbeitet werden soll, müssen nach dem Feststellen der Spannungsfreiheit geerdet und kurzgeschlossen werden. Erden und Kurzschließen ist die vierte der fünf Sicherheitsregeln, die vor Beginn der Arbeiten zu beachten ist. Die wirksame Verbindung der aktiven Teile untereinander und zum Erdpotential verhindert bei ungewollten Einschaltungen gefährliche Berührungsströme und baut mögliche Beeinflussungsspannungen ab, z. B. durch parallel geführte Leitungen. Erden und Kurzschließen an der Arbeitsstelle dienen dem Selbstschutz der arbeitenden Personen.

Benachbarte, unter Spannung stehende Teile abdecken oder abschranken:
Dies ist die letzte der fünf Sicherheitsregeln, die vor Beginn der Arbeiten zu beachten ist. Ihre Anwendung dient dem Schutz der arbeitenden Personen vor gefährlichen Körperströmen. Die Schutzmaßnahmen richten sich nach Art, Umfang und Dauer der auszuführenden Arbeiten und nach der Qualifikation der Arbeitskräfte.

Nach DIN VDE 0105 sind Arbeiten in der Nähe unter Spannung stehender Teile Tätigkeiten aller Art, bei denen Personen mit Körperteilen oder Gegenständen den Schutzabstand unter Spannung stehender Teile, für die kein vollständiger Schutz gegen direktes Berühren besteht, unterschreiten, ohne dabei aktive Teile zu berühren.

Sicherheitsstromversorgung

→ *Elektrische Anlagen für Sicherheitszwecke*

Sicherheitstechnik

Die Grundbegriffe der Sicherheitstechnik:

Risiko
Das Risiko wird beschrieben durch eine Wahrscheinlichkeitsaussage, die:
- die bei einem bestimmten technischen Vorgang oder Zustand (z. B. während des Betriebs) zu erwartende Häufigkeit des Eintritts eines unerwünschten Ereignisses (Störung) und
- den bei Ereigniseintritt zu erwartenden Schadensumfang zusammenfasst.

Das Risiko ist die Zusammenfassung aus Schadenshäufigkeit und Schadenshöhe:

Risiko = Schadenshäufigkeit × Schadenshöhe

Grenzrisiko
Grenzrisiko ist das größte noch vertretbare anlagenspezifische Risiko eines bestimmten Vorgangs oder Zustands.
Im Allgemeinen lässt sich das Grenzrisiko nicht direkt als Wahrscheinlichkeitsaussage angeben. Es wird in der Regel durch sicherheitstechnische Festlegungen abgegrenzt, die, den Schutzzielen des Gesetzgebers folgend, nach der unter Sachverständigen vorherrschenden Auffassung getroffen werden.

Sicherheit
Sicherheit ist eine Sachlage, bei der das Risiko kleiner als das Grenzrisiko ist.

Gefahr
Gefahr ist eine Sachlage, bei der das Risiko größer als das Grenzrisiko ist.

Schutz
Schutz ist die Verringerung des Risikos durch geeignete Vorkehrungen, die entweder die Eintrittshäufigkeit oder den Umfang des Schadens oder beides verringern.

Ziel der Sicherheitstechnik
ist es, dass technische Erzeugnisse möglichst keine Gefahren verursachen. Dies kann erreicht werden, wenn elektrische Anlagen und Betriebsmittel

- ordnungsgemäß errichtet bzw. aufgestellt werden
- bestimmungsgemäß verwendet werden

Die **Verwirklichung dieses Ziels**
wird in nachstehender Rangfolge erreicht. Jeweils genannte Beispiele beziehen sich auf den Schutz gegen gefährliche Körperströme:

- unmittelbare Sicherheitstechnik
- keine Gefahren vorhanden (→ *Schutzisolierung*)
- mittelbare Sicherheitstechnik
- Verwendung sicherheitstechnischer Mittel (Schutzleiter-Schutzmaßnahmen)
- hinweisende Sicherheitstechnik
- Angabe von Bedingungen für eine gefahrlose Verwendung (Anordnung von Betätigungselementen in der Nähe berührungsgefährlicher Teile, nur für Elektrofachkräfte bzw. elektrotechnisch unterwiesene Personen, also nur in abgeschlossenen elektrotechnischen Betriebstätten geeignet)

Sicherheitstechnische Mittel

Besondere sicherheitstechnische Mittel: Alle Einrichtungen in oder an technischen Erzeugnissen, die ohne zusätzliche Funktion allein den Zweck haben, deren gefahrlose Verwendung zu fördern oder zu bewirken.

→ *Sicherheitsgerechtes Gestalten*

Sichern gegen Wiedereinschalten

Eine Maßnahme der → *Fünf Sicherheitsregeln.* Sichern gegen Wiedereinschalten ist die zweite der fünf Sicherheitsregeln, die von Beginn der Arbeiten an elektrischen Betriebsmitteln und Anlagen zu beachten ist. Schalter oder andere Betriebsmittel sind während der Dauer der Arbeiten gegen Wiedereinschalten zu sichern.

Sicherstellen des spannungsfreien Zustands

DIN VDE 0105-100	***Betrieb von elektrischen Anlagen***
(VDE 0105-100)	*Allgemeine Festlegungen*

Vor Arbeitsbeginn bzw. vor der Freigabe zur Arbeit ist der spannungsfreie Zustand der entsprechenden elektrischen Anlage bzw. des Betriebsmittels sicherzustellen. Dazu sind in DIN VDE 0105-100 Maßnahmen festgelegt.

→ *Herstellen des spannungsfreien Zustands*

Sicherungen

DIN VDE 0100-537	***Elektrische Anlagen von Gebäuden***
(VDE 0100-537)	*Geräte zum Trennen und Schalten*

DIN 57635	***Niederspannungssicherungen***
(VDE 0635)	*D-Sicherungen E 16 bis 25 A, 500 V*
	D-Sicherungen bis 100 A, 750 V
	D-Sicherungen bis 100 A, 500 V

Sicherungen bestehen in der Regel aus Sicherungssockel, Sicherungseinsatz, Schraubkappe und Passeinsatz.

Aufbau eines Schmelzeinsatzes:
In einem Porzellankörper liegt, eingebettet in dichtem, körnigem Sand, ein Schmelzleiter, der meist aus Feinsilber oder auch aus Kupfer besteht. Der Schmelzleiter ist bei Sicherungseinsätzen kleiner Nennströme als dünnes Drähtchen, bei Sicherungseinsätzen mittlerer Nennströme als Bändchen und bei Sicherungseinsätzen großer Nennströme als Flachband – evtl. auch in Parallelschaltung – ausgeführt. Der Sand dient zur normalen Kühlung bei Belastung und zur Löschung des Lichtbogens beim Abschmelzen des Sicherungseinsatzes. Die Unverwechselbarkeit eines Sicherungseinsatzes gegen einen solchen mit größerer Nennstromstärke ist durch den Passeinsatz (Passschrauben, Passringe) gegeben.

Es gibt verschiedene Sicherungssysteme. Die gebräuchlichsten sind HH-/NH-Sicherungen, D-/D0-Sicherungen und Geräteschutz-Sicherungen (G-Sicherungen)
D-Sicherungen: bis 500 V/Ströme von 2 A bis 100 A.

Gewinde:
E 27 – 2 A bis 25 A – D II
E 33 – 36 A bis 63 A – D III
R 14 ¼ Zoll – 80 A bis 100 A – D IV H
D0-Sicherungen: 380 V Wechselspannung und 250 V Gleichspannung
für Nennströme von 2 A bis 100 A
Gegenüber D-System kleinere Bauweise (Raumersparnis um bis zu 60 %)
genormt:

Bezeichnung	Nennstrom	Gewinde
D0 1	2 A bis 16 A	E 14
D0 2	20 A bis 63 A	E 18
D0 3	80 A bis 100 A	M 30×2

Aufbau der G-Sicherungen:
Ein G-Sicherungseinsatz besteht aus einem Isolierrohr und zwei stirnseitigen Kontaktklappen. Als Isolierrohr wird Glas, Porzellan, Keramik oder Kunststoff verwendet.

Bei kleinem Schaltvermögen wird Glas oder Kunststoff verwendet; bei großem Schaltvermögen gelangen Porzellan oder Keramik zur Anwendung, wobei das Isolierrohr zusätzlich mit einem Löschmittel (Quarzsand, Gips, Kalk, Kieselgur) gefüllt ist.

Die Kontaktkappen sind aus einer Kupferlegierung gefertigt, die als Korrosionsschutz eine Nickel- oder Silberschicht (2 µm bis 3 µm) erhält. Die Sicherungen sind zylindrisch, haben 5 mm Durchmesser und sind 20 mm lang. Sicherungen mit den Abmessungen 6,3 mm Durchmesser und 32 mm Länge gelangen hauptsächlich in den angelsächsischen Ländern zur Anwendung.

Die charakteristischen Daten eines G-Sicherungseinsatzes werden bestimmt von den Bemessungswerten für:
- Spannung (U_n)
- Strom (I_n)
- Ausschaltvermögen
- Strom-Zeit-Charakteristik.

Eine weitere wichtige Größe ist die maximale Verlustleistung eines G-Sicherungseinsatzes.

Das Ausschaltvermögen für G-Sicherungseinsätze ist in **Tabelle 81** dargestellt.

Als Kurzzeichen für das Ausschaltvermögen gelten die Buchstaben:
- L für kleineres Schaltvermögen
- H für großeres Schaltvermögen

Für die Angabe der Strom-Zeit-Charakteristik gelangen folgende Abkürzungen zur Anwendung:
- FF superflinke Sicherung
- F flinke Sicherung
- M mittelträge Sicherung

- T träge Sicherung
- TT superträge Sicherung

Bezeichnung	Schaltvermögen	Bemerkung
kleines Schaltvermögen großes Schaltvermögen	35 A oder $10 \times I_n$*) 1 500 A	DIN IEC 60127
Gruppe C Gruppe D Gruppe E	80 A 300 A 1 000 A	DIN 41571-2
*) Der größere der beiden Werte ist zugrunde zu legen		

Tabelle 81 Ausschaltvermögen von G-Sicherungseinsätzen

Als allgemeine Anforderungen gelten:

- Sicherungsunterteile von Schraubsicherungen müssen so angeschlossen werden, dass die Zuleitung am Fußkontakt liegt.
- Sicherungsunterteile für steckbare Sicherungen müssen so angeordnet sein, dass die Möglichkeit einer Überbrückung leitfähiger Teile zweier benachbarter Sicherungsunterteile durch den Sicherungsträger ausgeschlossen ist.
- Sicherungen mit Sicherungseinsätzen, die möglicherweise von Personen ausgewechselt werden, die nicht entsprechend unterwiesen oder ausgebildet sind, müssen den Sicherheitsanforderungen entsprechen.
- Sicherungen oder Sicherungskombinationen mit Sicherungseinsätzen, die ausschließlich von unterwiesenen Personen oder ausgebildeten Personen ausgewechselt werden, müssen so aufgebaut sein, dass das Auswechseln der Sicherungseinsätze ohne unbeabsichtigtes Berühren aktiver Teile sichergestellt ist.
- Sicherungen dürfen nicht für betriebsmäßiges Schalten angewendet werden.

→ *Schraubsicherungen*

Sichtprüfung

DIN VDE 0100-600 *(VDE 0100-600)*	***Errichten von Niederspannungsanlagen*** *Prüfungen*

→ *Besichtigen*

Signalleuchten

Signalleuchten sind über die Grenzen des Gefahrenbereichs hinaus deutlich erkennbare Leuchten mit roter oder grüner Signalgebung zur Kennzeichnung des Betriebszustands im Gefahrenbereich:

- grüne Signalgebung bedeutet betriebsbereit
- rote Signalgebung bedeutet Gefahr

→ *Meldeleuchten*

SLS-Schalter (selektive Leitungsschutzschalter)

Bei neuen Zählerplätzen (durch Austausch oder Neueinbau) wird nach der TAB 2000 des VDN, Verband der Netzbetreiber, generell der Einbau von selektiven Hauptleitungsschutzschaltern in der Kundenanlage vor dem Zähler gefordert.

Grund dafür: Wenn kein selektiver Hauptleitungsschutzschalter installiert ist, muss der Austausch der Sicherung durch das Personal des Netzbetreibers kostenpflichtig für die Kundenanlage durchgeführt werden.

→ *Leitungsschutzschalter*

Spannungen

DIN VDE 0100-200	***Errichten von Niederspannungsanlagen***
(VDE 0100-200)	*Begriffe*

Betriebsspannung	jeweils örtlich zwischen den Leitern herrschende Spannung an einem Betriebsmittel
→ *Nennspannung*	nach der eine Anlage oder ein Teil einer Anlage gekennzeichnet ist und auf die sich bestimmte Betriebsgrößen beziehen
Spannung gegen Erde	in Netzen mit geerdetem Mittel- oder Sternpunkt: • Spannung eines Außenleiters gegen geerdeten Mittel- oder Sternpunkt in den übrigen Netzen: • Spannung, die bei Erdschluss eines Außenleiters an den übrigen Außenleitern gegen Erde auftritt
höchste Spannung eines Netzes	größter Spannungswert, der auftritt: • in einem beliebigen Augenblick • an einer beliebigen Stelle • unter normalen Betriebsverhältnissen Gemeint sind nicht Überspannungen, hervorgerufen durch Schalthandlungen oder andere Einflüsse.
Bemessungsspannung	Spannungswert, auf den sich Festlegungen für andere Kenngrößen beziehen, z. B. Spannungswert, nach dem die Kriechstrecken bemessen werden
Bemessungs-Stoßspannung	Spannungswert, nach dem Kriechstrecken bemessen werden
Bezugsspannung	genormte Spannung, für die die Isolation eines Betriebsmittels bemessen ist, z. B. Spannungswert für die Bemessung von Luftstrecken, Kriechstrecken und Montageabständen
→ *Berührungsspannung*	ist die zwischen gleichzeitig berührbaren Teilen während eines → *Isolationsfehlers* aufgetretene Spannung; sie wird durch die Impedanz des menschlichen Körpers beeinflusst
→ *Fehlerspannung*	ist die Spannung, die im Fehlerfall (Körperschluss) auftritt zwischen: • Körpern • Körpern und fremden leitfähigen Teilen • Körpern und Bezugserde

Tabelle 82 Art der Spannung und ihre Definition

Spannung Außenleiter – Erde

Die Spannung zwischen einem Außenleiter und der Bezugserde an einem gegebenen Punkt des Stromkreises.

Spannung Außenleiter – Neutralleiter

Die Spannung zwischen einem Außenleiter und dem Neutralleiter an einem gegebenen Punkt des Stromkreises.

Spannungsbegrenzung bei Erdschluss

DIN VDE 0100-410	***Errichten von Niederspannungsanlagen***
(VDE 0100-410)	*Schutz gegen elektrischen Schlag*

In einem Drehstromsystem mit geerdeten Sternpunkten (→ *TN-System*) kommt es beim → *Erdschluss* eines Außenleiters, in Abhängigkeit von der Höhe des Erdschluss-Stroms I, zu einer Erhöhung der Spannung U_0 zwischen Außenleiter und Neutralleiter und zu einer Potentialdifferenz (→ *Berührungsspannung* U_T) zwischen dem Betriebserder bzw. den damit verbundenen Schutzleitern und der → *Bezugserde*. Beide Spannungen sind auf zulässige Werte zu begrenzen. Die meisten Wechselstrom-Verbrauchsgeräte sind für eine Reihenspannung von 250 V ausgelegt, sodass die Spannung zwischen Außenleiter und Neutralleiter diesen Wert mit vertretbaren Toleranzen nicht überschreiten darf. Die vereinbarte Grenze der dauernd zulässigen Berührungsspannung ist mit $U_L = 50$ V angegeben. Beide Werte gelten als eingehalten, wenn der Gesamterdungswiderstand aller Betriebserder möglichst niedrig ist. $R_B \leq 2\ \Omega$ gilt als ausreichend.

Wenn ein entsprechend niedriger Gesamterdungswiderstand aufgrund schlechter Bodenverhältnisse (hohe spezifische Bodenwiderstände) nicht erreicht werden kann, muss ein definiertes Verhältnis des Erdungswiderstands R_E, über den ein Erdschluss entstehen kann, zum Betriebserder des Netzes R_B eingehalten werden.

$$\frac{R_B}{R_E} \leq \frac{U_L}{U_0 - U_L}$$

In dieser Beziehung, die auch als „Spannungswaage“ bezeichnet wird und die nur in Verbindung mit der Schutzmaßnahme des → *TN-Systems* gilt, sind

- R_B Gesamterdungswiderstand aller Betriebserder
- R_E kleinster Erdungswiderstand der nicht mit einem Schutzleiter verbundenen fremden leitfähigen Teile, über die ein Erdschluss entstehen kann (Erdungswiderstand an der Fehlerstelle)
- U_0 Spannung zwischen Außenleitern und geerdetem Sternpunkt
- U_L vereinbarte Grenze der dauernd zulässigen Berührungsspannung

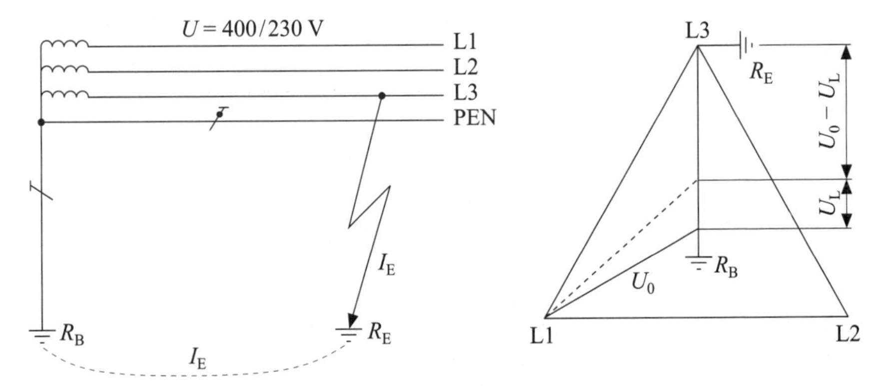

Bild 65 Spannungsverhältnisse bei Erdschluss eines Außenleiters

An dem Spannungsdreieck nach **Bild 65** lässt sich die Abhängigkeit der Spannung von den Erdungswiderständen ermitteln. Daraus folgt unter Berücksichtigung üblicher Werte:

$$\frac{R_B}{R_E} \leq \frac{50\,\text{V}}{230\,\text{V} - 50\,\text{V}} \leq \frac{1}{3,6} \rightarrow R_E \geq 3,6 \cdot R_B$$

Die im Erdschlussfall definierten Spannungsgrenzen sowohl für die Spannung zwischen Außenleiter und geerdetem Sternpunkt als auch für die Berührungsspannung gelten als eingehalten, wenn der kleinste Erdübergangswiderstand R_E der nicht mit einem Schutzleiter verbundenen fremden leitfähigen Teile, über die ein Erdschluss entstehen kann, größer ist als das 3,6-Fache des Gesamtwiderstands aller Betriebserder. In der Praxis wird dies ohnehin für die meisten Fälle zutreffen.

In Drehstromsystemen mit ungeerdetem Sternpunkt (→ *IT-System*) ist die Isolierung der Betriebsmittel gegen Erde für die Außenleiterspannung auszulegen. Mit einer zu hohen Berührungsspannung ist bei Auftreten eines Erdschlussfehlers ohnehin nicht zu rechnen.

Spannungsfall

DIN VDE 0100-520 *(VDE 0100-520)*	***Errichten von Niederspannungsanlagen*** *Kabel- und Leitungsanlagen*
DIN VDE 0100 *(VDE 0100 Beiblatt 5)*	***Errichten von Starkstromanlagen mit Nennspannungen bis 1 000 V*** *Maximal zulässige Längen von Kabeln und Leitungen unter Berücksichtigung des Schutzes bei indirektem Berühren, des Schutzes bei Kurzschluss und des Spannungsfalls*
TAB 2000	***Technische Anschlussbedingungen für den Anschluss an das Niederspannungsnetz***

Die Nennspannung sollte möglichst an allen Betriebsmitteln ohne Spannungsdifferenzen anstehen. Da dies aus physikalischen Gründen nicht immer möglich ist, wird in den Normen ein Toleranzbereich angegeben, in dessen Grenzen ein ordnungsgemäßer Betrieb elektrischer Betriebsmittel möglich ist. In den Gerätebestimmungen ist in der Regel als oberer bzw. unterer Grenzwert ± 10 % zugelassen, und dies jeweils bezogen auf die Nennspannung des Betriebsmittels. DIN VDE 0100-520 legt fest, dass der Spannungsfall vom Schnittpunkt zwischen → *Verteilungsnetz* und → *Verbraucheranlage* bis zum jeweiligen Anschlusspunkt des Verbrauchsmittels nicht größer als 4 % der Nennspannung des Netzes sein darf. In DIN 18015-1 und in den TAB sind einmal für die Hauptstromversorgungssysteme – für die Leitung zwischen der Übergabestelle des EVU/Netzbetreibers (in der Regel der Hausanschlusskasten) und den Messeinrichtungen (Zähler) – und zum anderen für einzelne Stromkreise in der Verbraucheranlage Werte für den maximalen Spannungsfall genannt.

Der maximal zulässige Spannungsfall in Verbraucheranlagen für einzelne Stromkreise ist:

- 3 % für Beleuchtungs- und/oder Steckdosenstromkreise von der Messeinrichtung (Zähler) bis zu den Steckdosen bzw. Leuchten
- 3 % für Verbrauchsmittel mit separatem Stromkreis von der Messeinrichtung bis zur Verbrauchseinrichtung

Für die individuelle Berechnung des Spannungsfalls können in Abhängigkeit der Spannungsart die Formeln in **Tabelle 83** benutzt werden.

Spannungsart	Berechnungsformel
Gleichstrom	$\Delta U = \dfrac{2 \cdot l \cdot I}{\kappa \cdot S} = \dfrac{2 \cdot l \cdot P}{\kappa \cdot S \cdot U}$
Einphasen-Wechselstrom	$\Delta U = \dfrac{2 \cdot l \cdot I}{\kappa \cdot S} \cdot \cos\varphi = I \cdot 2 \cdot l \left(R \cdot \cos\varphi + x \cdot \sin\varphi\right)$
Drehstrom	$\Delta U = \dfrac{\sqrt{3} \cdot l \cdot I}{\kappa \cdot S} \cdot \cos\varphi = \sqrt{3} \cdot l \cdot I \left(R \cdot \cos\varphi + x \cdot \sin\varphi\right)$
prozentualer Spannungsfall	$\varepsilon = \dfrac{\Delta U}{U} \cdot 100\%$

ΔU Spannungsfall in V
ε prozentualer Spannungsfall in %
l Leitungslänge in m bei Berechnung mit κ, in km bei Berechnung mit R und x
I Strom in A
S Querschnitt in mm^2
P Wirkleistung in kW
κ spezifische Leitfähigkeit in $m/(\Omega\ mm^2)$
U Nennspannung in V
R ohmscher Widerstand in Ω/km bei 20 °C
x induktiver Widerstand in Ω/km
φ Phasenverschiebung

Tabelle 83 Gleichungen für die Berechnung des Spannungsfalls

Art der Anlage oder des Betriebsmittels		Norm	Maximal zulässiger Spannungsfall
bezogen auf die Nennspannung der einzelnen Betriebsmittel		Gerätebestimmungen	±10 %
bezogen auf die Nennspannung der Anlage		DIN VDE 0100-520	4 % [1]
Hauptstrom-versorgungssysteme	Leistungsbedarf	TAB und DIN 18015-1	
	bis 100 kVA		0,5 %
	bis 250 kVA		1,0 %
	bis 400 kVA		1,25 %
	über 400 kVA		1,5 %
Verbraucheranlagen	Beleuchtungs- und Steckdosenstromkreise	DIN 18015-1	3 % [2] (früher 1,5 %)
	Verbrauchsmittel mit separatem Stromkreis		3 % [2]

[1] Richtwert für die Planung
[2] vom Zähler bis zur Verbrauchseinrichtung

Tabelle 84 Maximal zulässiger Spannungsfall

→ *Nennspannung*
→ *Begrenzung der Kabel- und Leitungslängen*

Literatur:

- *Kiefer, G.; Schmolke, H.: VDE 0100 und die Praxis. Berlin · Offenbach: VDE VERLAG, 2011*

Spannungsfreiheit feststellen

DIN VDE 0105-100	***Betrieb von elektrischen Anlagen***
(VDE 0105-100)	*Allgemeine Festlegungen*

Im Rahmen des → *Herstellens und Sicherstellens des spannungsfreien Zustands* vor Arbeitsbeginn und Freigabe zur Arbeit sind entsprechende Sicherheitsmaßnahmen zu ergreifen. Eine dieser → *fünf Sicherheitsregeln* ist die Feststellung der Spannungsfreiheit.

Anforderungen an diese Tätigkeit:

- Die Spannungsfreiheit darf nur von einer Elektrofachkraft oder einer elektrotechnisch unterwiesenen Person festgestellt werden.
- Spannungsfreiheit an der Arbeitsstelle und den Ausschaltstellen (wenn geerdet und kurzgeschlossen wird) allpolig feststellen.
- Feststellen der Spannungsfreiheit mit folgenden Hilfsmitteln:
  - Spannungsprüfer
  - ortsveränderliche Messgeräte
  - fest eingebaute Messgeräte
  - durch Einlegen fest eingebauter und einschaltfester Erdungseinrichtungen
  - ortsveränderliche Geräte zum → *Erden und Kurzschließen*, soweit sie zum Heranführen geeignet und zwangsgeführt sind.
- Wird zur Feststellung der Spannungsfreiheit geerdet, so muss dies so durchgeführt werden, dass die ausführende Person nicht gefährdet wird.
- Für das Feststellen der Spannungsfreiheit mit Spannungsprüfern und ortsveränderlichen Messgeräten muss beachtet werden:
  - vor dem Benutzen auf einwandfreie Funktion prüfen
  - die Prüfgeräte müssen so gehandhabt werden, dass der Benutzer im notwendigen Sicherheitsabstand von den Anlagenteilen bleibt, die unter Spannung stehen.

Bei Kabeln und isolierten Leitungen kann von der Feststellung der Spannungsfreiheit an der Arbeitsstelle abgesehen werden, wenn:

- die Kabel oder Leitungen von der Ausschaltstelle eindeutig verfolgt werden können
- die Kabel oder Leitungen eindeutig (z. B. Pläne) ermittelt werden können

Ist diese eindeutige Zuordnung nicht möglich, so muss z. B. das Kabel mit einem Kabelschneidgerät geschnitten werden.

→ *Spannungsprüfer*

Spannungsprüfer

DIN EN 61243-3	***Arbeiten unter Spannung – Spannungsprüfer***
(VDE 0682-401)	*Zweipolige Spannungsprüfer für Niederspannungsnetze*

Mit Spannungsprüfern ist die Feststellung auf Spannungsfreiheit durchzuführen:

- einpolige Spannungsprüfer:
  haben eine Berührungselektrode – muss während des Prüfungsvorgangs vom Prüfenden berührt werden – geringer Stromfluss (unter Wahrnehmbarkeitsschwelle von 0,5 mA) über den Körper des Prüfenden. Zur Sicherheit sollte vor Überprüfung der Schutzleiter an jedem Prüfort zunächst die Spannungsprüfung an einem Außenleiter durchgeführt werden;
- zweipolige Spannungsprüfer:
  erfordert keinen Stromfluss über den Prüfenden – Strom durch den Spannungsprüfer fließt über seine beiden Pole und damit über einen Außenleiter und ein gut geerdetes Teil bzw. einen Schutzleiter – es wird immer der Vergleich von Potentialen zweier Punkte durchgeführt.

→ *Spannungsfreiheit feststellen*

Spannungsprüfung

DIN VDE 0100-600	***Errichten von Niederspannungsanlagen***
(VDE 0100-600)	*Prüfungen*
DIN VDE 0100-410	***Errichten von Niederspannungsanlagen***
(VDE 0100-410)	*Schutz gegen elektrischen Schlag*

DIN EN 50178 *(VDE 0160)*	***Ausrüstung von Starkstromanlagen mit elektronischen Betriebsmitteln***

Die Spannungsprüfung ist das Feststellen auf Spannungsfreiheit. Sie muss so nahe wie möglich der Arbeitsstelle allpolig festgestellt werden, damit erkannt wird, ob:

- beim Freischalten evtl. Schalter verwechselt wurden
- weitere mögliche Einspeisungen übersehen wurden
- der Arbeitende seine Arbeitsstelle verwechselt hat
- Spannungsverschleppung vorliegt, z. B. in Verbindung mit unterbrochenem PEN-Leiter

Die Spannungsprüfung darf nur durch eine → *Elektrofachkraft* oder durch eine elektrotechnisch unterwiesene Person festgestellt werden, da die Spannungsprüfung als Arbeiten unter Spannung gilt.

Spannungsverschleppung

DIN VDE 0100-410 *(VDE 0100-410)*	***Errichten von Niederspannungsanlagen*** *Schutz gegen elektrischen Schlag*
DIN VDE 0100-540 *(VDE 0100-540)*	***Errichten von Niederspannungsanlagen*** *Erdungsanlagen und Schutzleiter*

In einem verzweigten Netz metallisch leitender Systeme besteht die Möglichkeit, dass Spannungen verschiedener Potentiale auf andere Systeme „verschleppt" werden, da diese Systeme teils voneinander getrennt oder auch teilweise unmittelbar oder mittelbar miteinander in Verbindung stehen. Durch Spannungsverschleppungen können gefährliche Berührungsspannungen in an sich fehlerfreien Anlageteilen auftreten.

Um diese Gefahr der Spannungsverschleppungen auszuschließen, ist der Potentialausgleich durchzuführen, der alle zur Anwendung kommenden metallenen Systeme miteinander verbindet.

Die Betriebsmittel müssen so ausgewählt und errichtet werden, dass jede schädigende Beeinflussung zwischen der elektrischen Anlage und den nicht elektrischen Einrichtungen ausgeschlossen ist.

Spannungswaage

DIN VDE 0100-410 ***Errichten von Niederspannungsanlagen***
(VDE 0100-410) *Schutz gegen elektrischen Schlag*

Um die Spannung bei einem Erdschluss eines Außenleiters zu begrenzen, sollte im TN- und TT-System der Gesamterdungswiderstand aller Betriebserder möglichst niedrig sein, um den Spannungsanstieg der anderen Leiter (insbesondere Schutz- bzw. PEN-Leiter) gegen Erde zu begrenzen. Für den Gesamterdungswiderstand gilt ein Wert von 2 Ω als ausreichend. Dieser Wert muss allerdings nicht unter allen Umständen erreicht werden, d. h., bei Böden mit niedrigem Leitwert kann durch weitere Maßnahmen verhindert werden, dass zwischen einem Außenleiter und der Erdung eine höhere Spannung bestehen bleibt. Dazu ist die folgende Bedingung (auch Spannungswaage bezeichnet) einzuhalten:

$$\frac{R_B}{R_E} \leq \frac{U_L}{U_0 \cdot U_L}$$

R_B Gesamterdungswiderstand aller Betriebserder
R_E angenommener kleinster Erdübergangswiderstand der nicht mit einem Schutzleiter verbundenen fremden leitfähigen Teile, über die ein Erdschluss entstehen kann
U_0 Nennspannung gegen geerdete Leiter
U_L vereinbarte Grenze der dauernd zulässigen Berührungsspannung (bei Wechselspannung 50 V)

→ *Spannungsbegrenzung bei Erdschluss*

Spannungswandler

→ *Wandler*

Spartransformatoren

Sie dienen als Kleintransformatoren, z. B. zur Anpassung an die Gerätenennspannung, wenn die Netzspannung zu niedrig oder zu hoch ist. Die höchstzulässige Nennspannung für Spartransformatoren im Haushalt beträgt 250 V. Spartransformatoren müssen so konstruiert und gebaut sein, dass ein eingangsseitig angeschlossener Schutzleiter auch ausgangsseitig wirksam bleibt.

Mit einem Spartransformator lassen sich Spannungen herunter- und herauftransformieren.

Aufbau: zwei Wicklungsteile; die Reihen- und die Parallelwicklung sind hintereinander geschaltet.

Anwendungen: Da die Ausgangsspannung weniger belastungsabhängig ist, geringe Verluste, häufige Anwendung z. B. als Vorschaltgeräte, Anlasstransformatoren, Regeltransformatoren.

Speicherheizung

Die Speicherheizung erzeugt Wärme aus elektrischer Energie, die mit zeitlicher Verzögerung (meist um einige Stunden) an den zu beheizenden Raum abgegeben wird.

Technische Möglichkeiten sind → *Raumheizgeräte* bzw. Fußboden- oder Deckenheizungen.

→ *Raumheizgeräte*

Speisepunkt

DIN VDE 0100-200	***Errichten von Niederspannungsanlagen***
(VDE 0100-200)	*Begriffe*

Der Speisepunkt einer elektrischen Anlage ist die Stelle, an der die elektrische Energie in eine Anlage eingespeist wird.Er ist zugleich Trennstelle, an der das einspeisende Netz bzw.der einspeisende Stromkreis von der zu versorgenden Anlage getrennt (→ *freigeschaltet*) werden kann.Der Speisepunkt wird auch als Übergabestelle bezeichnet, wenn die elektrische Energie an dieser Stelle vom Energieversorgungsunternehmen an den Verbraucher übergeben wird.

→ *Hausanschluss*
→ *Hausanschlusskasten*

Bei besonderer Gefährdung (z. B. auf → *Baustellen*) wird die Versorgung mit elektrischer Energie über einen besonderen Speisepunkt verlangt, der alle erforderlichen → *Schutzmaßnahmen* unabhängig von dem einspeisenden Stromkreis sicherstellen muss (z. B. Baustromverteiler oder andere steckbare Verteilereinrichtungen). Solche Speisepunkte, häufig in ortsveränderlicher Ausführung, sollten immer dann empfohlen werden, wenn aus einer unbekannten elektrischen Anlage vorübergehend elektrische Betriebsmittel (z. B. für gewerbliche Zwecke) versorgt werden müssen.

Spezifischer Erdwiderstand

DIN VDE 0100-200 *(VDE 0100-200)*	***Errichten von Niederspannungsanlagen*** *Begriffe*
DIN VDE 0141 *(VDE 0141)*	***Erdungen für spezielle Starkstromanlagen mit Nennspannungen über 1 kV***

Der spezifische Erdwiderstand ρ_E ist der spezifische elektrische Widerstand der Erde, der als Widerstand zwischen zwei gegenüberliegenden Würfelflächen eines Erdwürfels mit einer Kantenlänge von 1 m definiert wird. Er wird angegeben (**Bild 66**) in:

$\Omega m^2/m = \Omega m$

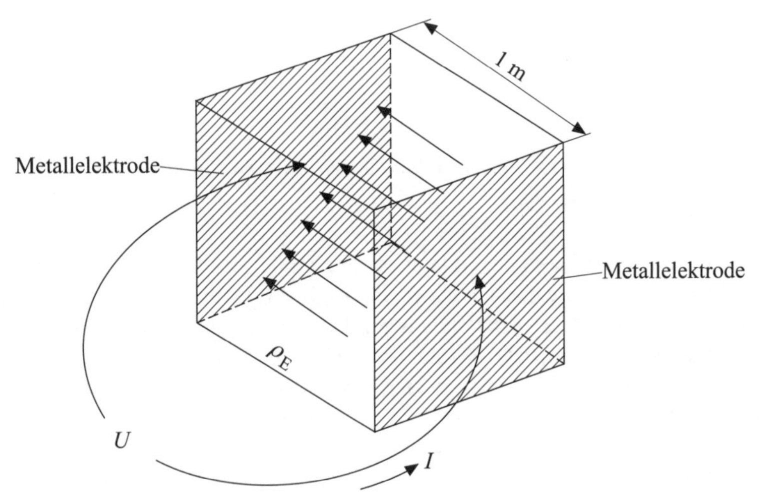

Bild 66 Ackerboden ρ_E = 100 Ωm; bei U = 100 V fließt ein Strom I = 1 A

Der spezifische Erdwiderstand ρ_E ist starken Schwankungen unterworfen. Er ist abhängig von:

- Bodenart (siehe **Tabelle 85**) und Körnung
- Bodendruck
- Feuchtigkeit, zeitlichen Schwankungen durch Niederschläge bis zu einigen Metern Tiefe, in tieferen Bereichen durch Grundwasser
- Temperatur
- Schichtung des Erdreichs mit zunehmender Tiefe

Der Praktiker wird die hier gegebenen Hinweise durch eigene, gewonnenen Erfahrungen (→ *Messung von Erdungswiderständen*) oder durch Messung ergänzen müssen.

Bodenart	Spezifischer Widerstand $\frac{\rho_E}{\Omega m}$
Moorboden	5 bis 50
Lehm, Ton	20 bis 100
Humus, Ackerboden	50 bis 200
Sand	50 bis 2000
Kies	300 bis 2000
verwittertes Gestein	600 bis 1000
felsiges Gestein	2000 bis 5000
Granit, Grauwacke	2000 bis 3000
Regenwasser, Quellwasser	< 1000
Bach-, Fluss-, Seewasser (Süßwasser)	< 100
Salzwasser	< 1

Tabelle 85 Beispiele für spezifische Erdwiderstände ρ_E für Frequenzen technischer Wechselströme

Springbrunnen

DIN VDE 0100-702	***Errichten von Niederspannungsanlagen***
(VDE 0100-702)	*Becken von Schwimmbädern und andere Becken*

Anforderungen wurden in der Vergangenheit in der Norm DIN VDE 0100-738 geregelt. Diese Norm ist zurückgezogen.

Die Anforderungen zu Springbrunnen sind mit denen für Becken von Schwimmbädern in DIN VDE 0100-702 zusammengefasst und angeglichen worden.

→ *Schwimmbäder*

Staberder

DIN VDE 0100-540 *(VDE 0100-540)*	***Errichten von Niederspannungsanlagen*** *Erdungsanlagen und Schutzleiter*
DIN VDE 0141 *(VDE 0141)*	***Erdungen für spezielle Starkstromanlagen mit Nennspannungen über 1 kV***

Der Staberder zählt zur Gruppe der Tiefenerder. Die Tiefenerder sollten dann eingesetzt werden, wenn zunehmend mit der Tiefe des Bodens der → *spezifische Erdwiderstand* sinkt.

Wird ein → *Ausbreitungswiderstand* in einer bestimmten Größenordnung gefordert und sind zum Erreichen dieses Werts mehrere Tiefenerder erforderlich, so ist ein gegenseitiger Mindestabstand von der doppelten wirksamen Länge des einzelnen Erders anzustreben.

Materialien für Staberder:
- Ø 10 mm Rundstahl verzinkt
- 100 mm Profilstahl verzinkt
- Ø 20 mm Cu-Rohr

→ *Erder*

Stand von Wissenschaft und Technik

Stand von Wissenschaft und Technik: Maßgeblich sind die neuesten wissenschaftlichen Ergebnisse. Vorausgesetzt wird die Übereinstimmung von wissenschaftlicher und technischer Entwicklung.

→ *Allgemein anerkannte Regeln der Technik*
→ *Stand der Technik*
→ *Rechtliche Bedeutung der DIN-VDE-Normen*

Stände

DIN VDE 0100-711	***Errichten von Niederspannungsanlagen***
(VDE 0100-711)	*Ausstellungen, Shows und Stände*

→ *Ausstellungen*

Standorte für fliegende Bauten, Wagen und Wohnwagen nach Schaustellerarten

An Standorten, die für das Aufstellen von fliegenden Bauten, Wagen und Wohnwagen nach Schaustellerart vorgesehen sind, müssen Speisepunkte eigens zu deren Versorgung als ständige Einrichtung errichtet sein.

→ *Fliegende Bauten, Wagen und Wohnwagen nach Schaustellerart*

Standortisolierung

DIN VDE 0141	***Erdungen für spezielle Starkstromanlagen mit Nennspannungen über 1 kV***
(VDE 0141)	

Erhöhung des Widerstands zwischen dem Standort z. B. des Bedienenden und Erde, um durch Herabsetzung des Körperschutzstroms unzulässige Berührungsspannungen zu vermeiden.

Praktische Anwendung:
Isoliermatten, Asphalt- oder Schotterschicht, isolierte Arbeitsbühne

Starkstromanlagen

Per Definition handelt es sich dann um eine Starkstromanlage, wenn elektrische Arbeit verrichtet wird.

Starkstromanlagen können gegen elektrische Anlagen anderer Art nicht immer eindeutig abgegrenzt werden. Die Werte von Spannung, Strom und Leistung sind dabei keine ausreichenden Unterscheidungsmerkmale.

→ *Elektrische Anlagen*

Stationäre Anlagen

Stationäre Anlagen: Anlagen, die mit ihrer Umgebung fest verbunden sind (z. B. Installationen in Gebäuden, Containern, Fahrzeugen, Baustellenwagen).

→ *Transportable Betriebsstätten*

Staub

DIN VDE 0100-520	***Errichten von Niederspannungsanlagen***
(VDE 0100-520)	*Kabel- und Leitungsanlagen*

Staub gehört zu den äußeren Einflussfaktoren, die sich negativ auf elektrische Anlagen und Betriebsmittel auswirken können.

An Orten, an denen sich Staub oder ähnliche Stoffe in solch großen Mengen ansammeln können, die die Wärmeableitung der Kabel- und Leitungsanlagen verringert, müssen Maßnahmen gegen das Ansammeln von Staub getroffen werden, z. B. eine Verlegeart, die die Entfernung von Staub erleichtert. Dies gilt ebenso für Umhüllungen von elektrischen Betriebsmitteln.

Steckdosen

Steckdosen dürfen Stecker anderer Spannungen oder Spannungssysteme (z. B. SELV und PELV) nicht zulassen.

Anordnung der Steckdosen im Regelfall innerhalb der unteren waagrechten Installationszone in etwa 30 cm Höhe über der fertigen Fußbodenfläche. Über Arbeitsflächen an Wänden – Vorzugshöhe von 115 cm über der fertigen Fußbodenfläche.

Nicht mit Krallen befestigen!

→ *Verlegen von Kabeln und Leitungen*
→ *Verlängerungsleitungen*
→ *Steckvorrichtungen*
→ *Steckdosenstromkreise*

Steckdosenstromkreise

DIN VDE 0100-430 *(VDE 0100-430)*	***Errichten von Niederspannungsanlagen*** *Schutz bei Überstrom*
DIN VDE 0100-550 *(VDE 0100-550)*	***Errichten von Starkstromanlagen mit Nennspannungen bis 1 000 V*** *Steckvorrichtungen, Schalter und Installationsgeräte*
DIN VDE 0100-410 *(VDE 0100-410)*	***Errichten von Niederspannungsanlagen*** *Schutz gegen elektrischen Schlag*

Steckdosenstromkreise verbinden eine oder mehrere Steckdosen mit den Schutzeinrichtungen im Stromkreisverteiler.

Anforderungen:

- Die Überstromschutzeinrichtungen müssen nicht nur mit den Leitungen, sondern auch mit dem Nennstrom der angeschlossenen Steckdosen, und zwar jeweils mit dem niedrigeren Wert, abgestimmt werden. Das gilt sowohl für Wechselstrom- als auch für Drehstrom-Steckdosen.
- Zum Schutz gegen gefährliche Körperströme müssen Stromkreise bis 35 A Nennstrom mit Steckdosen bei den Schutzmaßnahmen TN- und TT-System in Fehlerfall innerhalb von 0,2 s abschalten.
- Steckdosenstromkreise auf → *Baustellen.*
- Für Stromkreise zur Versorgung von Steckdosen mit Bemessungsströmen über 32 A müssen RCDs mit $I_{\Delta N} \leq 500$ mA verwendet werden.
- Zusätzliche Schutzmaßnahmen für Stromkreise mit Steckdosen und fest angeschlossene, in der Hand gehaltene elektrische Verbrauchsmittel mit jeweils einem Bemessungsstrom ≤ 32 A:

- RCD mit $I_{\Delta N} \leq 30$ mA oder
- SELV oder
- Schutztrennung mit separatem Trenntransformator für jede Steckdose oder für jedes Verbrauchsmittel.

- Für Stromkreise mit den Schutzmaßnahmen SELV oder PELV ist unabhängig von der Höhe der Nennspannung Schutz gegen indirektes Berühren vorzusehen.

Bei der **Schutzmaßnahme IT-System mit Isolationsüberwachung** sind für Steckdosenstromkreise keine FI-Schutzeinrichtungen erforderlich.

Die Speisung der Steckdosen ist auch zulässig:

- mit → *Schutzkleinspannung*
- mit Trenntransformatoren (→ *Schutztrennung*)
- aus → *Ersatzstromversorgungsanlagen*

Die Steckvorrichtung muss der Schutzart IPX4 entsprechen, ihr Gehäuse muss aus Isolierstoff bestehen.

Steckdosenstromkreise in landwirtschaftlichen Betriebsstätten

- Bei Anwendung von SELV oder PELV ist immer der Schutz gegen direktes Berühren (Basisisolierung) durch Isolierung (Prüfspannung 500 V für 1 min) oder durch Abdeckung IPXXP (fingersicher) herzustellen.
- Bei der Schutzmaßnahme TN-System ist hinter dem Speisepunkt für die gesamte Installationsanlage das TN-S-System anzuwenden.
  Wird in TT-Systemen eine dauernde Aufrechterhaltung der Versorgung verlangt, müssen RCDs der Bauart S entsprechen oder zeitverzögert abschalten.
- Für den Schutz bei indirektem Berühren durch automatische Abschaltung ist, unabhängig von der Art der Erdverbindung und für alle Stromkreise mit Steckdosen, eine Fehlerstromschutzeinrichtung (RCDs) mit einem Bemessungsdifferenzstrom $I_{\Delta N} \leq 30$ mA vorzusehen. Für alle anderen Stromkreise sind RCDs mit $I_{\Delta N} \leq 300$ mA zu verwenden.

Zusätzliche Forderungen an Steckdosenstromkreise:

→ *Medizinisch genutzte Räume*

Steckvorrichtungen

Bestimmungen bezüglich der Errichtung von Steckvorrichtungen sind in DIN VDE 0100-550 aufgeführt. Da diese Errichtungsbestimmungen an der Steckdose enden, sind weitere Bestimmungen zu Stecksystemen in DIN VDE 0620, DIN VDE 0623, DIN VDE 0625 (Gerätesteckvorrichtungen für den Hausgebrauch) zu finden.

Diese Bestimmungen sind nicht anzuwenden bei:
- Steckvorrichtungen, die über den in den Normen angegebenen Stromstärkebereichen liegen
- überflutbaren Ausführungen
- explosionsgeschützten Ausführungen (DIN VDE 0165)
- explosivstoffgefährdete Ausführungen (DIN VDE 0166)
- Bühnensteckvorrichtungen
- Sondernetzen zur Sicherstellung der Unverwechselbarkeit

Für Gewerbe- und Industriebetriebe gilt die Einschränkung, dass bei Drehstromsteckvorrichtungen nur solche nach DIN 49462 oder DIN 49463 verwendet werden dürfen.

Auch für → *Baustellen* gelten, bedingt durch die harten Einsatzbedingungen, Einschränkungen.

Verboten sind schon seit längerer Zeit Mehrfachsteckdosen mit starr angebauten Steckern und Steckdosen in Verbindung mit Lampenfassungen.

Stegleitungen

Stegleitungen bestehen aus einzelnen Aderleitungen, die zu drei-, vier- oder fünfadrigen Leitungen mittels einer zusätzlichen Kunststoffisolierung zusammengefasst sind. Sie dürfen nur in trockenen Räumen in und unter Putz verlegt werden.

Befestigung von Stegleitungen:
Stegleitungen dürfen nur mit solchen Mitteln befestigt werden, dass eine Beschädigung oder auch nur eine Formveränderung der Isolierung ausgeschlossen ist.

Die häufigsten Befestigungsverfahren sind:
- Gipspflaster kleben
- Nageln mit geeigneten Nägeln mit Isolierstoff-Unterlegscheiben

Stegleitungen (NYIF, NYIFY) dürfen nur verwendet werden:
- in trockenen Räumen
- in oder unter Putz
- in ihrem gesamten Verlauf mit Putz überdeckt sein
- in Hohlräumen von Decken oder Wänden, die aus Beton, Stein oder ähnlichen nicht brennbaren Baustoffen bestehen
- nicht auf brennbaren Baustoffen verlegen
- nicht bündeln, Ausnahme: an Einführungsstellen von Betriebsmitteln oder Verteilern
- Befestigungen dürfen keine Formänderung bzw. Beschädigung der Isolierung aufweisen
- nicht unter Gipskartonplatten verlegen
- nicht unmittelbar unter Drahtgeweben, Steckmetallen
- Verbindungen der Stegleitung nur in Installationsdosen aus Isolierstoff

→ *Verlegen von Kabeln, Leitungen und Stromschienen*

Stern-Dreieck-Schaltung

Für viele Antriebsfälle reicht die durch Stromverdrängung erzielte Verkleinerung des Anlaufstroms nicht aus. Dann empfiehlt es sich, durch Herabsetzen der Ständerstrangspannungen den wirksamen Fluss zu verkleinern. Wenn der Drehstrommotor für eine betriebsmäßige Dreieckschaltung vorgesehen ist, kann man ihn für den Anlauf in Stern schalten und so jede Strangwicklung mit dem $1/\sqrt{3}$ -Fachen der normalen Strangspannung betreiben. Dadurch sinken der Strangstrom auf $1/\sqrt{3}$ und der Außenleiterstrom auf ein Drittel des Anlaufstroms in Dreieckschaltung. Da das Drehmoment quadratisch von der Strangspannung abhängt, geht das Anzugsmoment auf ein Drittel zurück.

Zusammenfassend: Der Stern-Dreieck-Schalter schaltet den Motor zum Anlauf in Stern und verbindet ihn mit dem Netz. Nach dem Hochlaufen wird in Dreieck umgeschaltet. Da die Strangspannung geändert wird durch die Schaltung, ist der Einschaltstrom des Motors nur ein Drittel des Einschaltstroms bei direktem Einschalten in der Dreieckschaltung.

Sternpunkt

→ *Sternpunktbehandlung*
→ *Sternpunkterder*

Sternpunktbehandlung

Die Sternpunktbehandlung bestimmt die Betriebsweise eines Drehstromnetzes.

Für den Normalbetrieb hat die Art der Sternpunktbehandlung von Drehstromnetzen fast keine Bedeutung. Sie bestimmt jedoch wesentlich das Betriebsverhalten beim Auftreten unsymmetrischer Fehler, besonders einpoliger Erdfelder. Die Spannungsbeanspruchung der Isolation der nicht fehlerbetroffenen Leiter und die Höhe des Fehlerstroms sind abhängig von der Impedanz der Verbindung zwischen Netzsternpunkt und Erde.

Neben der Beherrschung von Spannungsbeanspruchungen der Isolation, von Berührungsspannungen, von Strombeanspruchungen der Erdungsanlage und Beeinflussungen von benachbarten Anlagen müssen Fehlerortung und Fehlerabschaltung sicher gewährleistet sein. Die Suche nach dem technisch-wirtschaftlichen Optimum führt zwangsläufig zu unterschiedlichen Arten der Sternpunktbehandlung in den einzelnen Netzen. Spannungsebene, Netzaufbau, Netzbetriebsweise und Netzgröße, Zuverlässigkeit der Versorgung, Aufwand für Erdungsanlagen, Netzschutz und das Störungsgeschehen sind wichtige Randbedingungen für die richtige Wahl der Sternpunktbehandlung.

Vor- und Nachteile verschiedener Arten der Sternpunktbehandlung:

Sternpunkt	Vorteile	Nachteile
isolierter Sternpunkt	• Fortführung des Netzbetriebs • Netzschutz nur zweipolig erforderlich • geringe Beeinflussung benachbarter Leitungen bei kleinem Erdschlussstrom • geringe Zerstörung bei kleinem Erdschlussstrom	• Erdschlusssuche erforderlich, schwierige Ortung der Fehlerstelle • lang anhaltende Spannungserhöhung bei Erdfehlern und damit Gefahr von Mehrfacherdschluss
Erdschlusskompensation	• Fortführung des Netzbetriebs bei Erdschluss • Netzschutz nur zweipolig erforderlich • kleiner Erdfehlerstrom, da nur Erdschlussreststrom • geringe Beeinflussung benachbarter Leitungen bei Erdschluss • geringe Zerstörung durch Erdschlussstrom • selbstständiges Löschen des Erdschlusslichtbogens im Freileitungsnetz	• Erdschlusssuche erforderlich, schwierige Ortung der Fehlerstelle • lang anhaltende Spannungserhöhung bei Erdfehlern und damit Gefahr von Mehrfacherdschluss • Investitionen für E-Spule • höhere transiente Erdschlussüberspannung bei ungenauer Abstimmung
niederohmige Sternpunkterdung	• Reduzierung transienter Überspannungen • geringe kurzzeitige Verlagerungsspannung • geringe Einwirkdauer des Erdfehlerstroms • erdschlussbehafteter Netzteil durch Schutzauslösung bekannt; weitere Fehlereingrenzung durch Kurzschlussanzeiger möglich	• keine Fortführung des Netzbetriebs, erdschlussbehaftete Strecke wird automatisch abgeschaltet • Netzschutz dreipolig erforderlich • Probleme der Nullimpedanz bei Distanzschutz • hohe Erdkurzschlussströme • Investitionen für Erdungsanlage

→ *Netz mit isolierten Sternpunkt*
→ *Netz mit Erdschlusskompensation*
→ *Netz mit niederohmigen Sternpunkt*
→ *Netz mit vorübergehender niederohmiger Sternpunktbehandlung*

Sternpunkterder

Es gibt verschiedene Möglichkeiten, den Sternpunkt der Transformatoren zu erden oder auch isoliert zu lassen.

→ *Sternpunktbehandlung*
→ *Netz mit isoliertem Sternpunkt*
→ *Netz mit Erdschlusskompensation*
→ *Netz mit niederohmiger Sternpunktbehandlung*
→ *Netz mit vorübergehender niederohmiger Sternpunktbehandlung*

Sternschaltung

Zu einem Dreiphasen-Wechselstromsystem werden drei Kondensatoren, Widerstände und Wicklungen oder andere Bauteile an einem gemeinsamen Punkt sternförmig zusammengeschlossen. Die Leiterspannung teilt sich bei der Sternschaltung mit $1/\sqrt{3}$ auf die einzelnen Wicklungsstränge auf.

Vorteil bei dieser Schaltung: bei Lösung isolationstechnischer Probleme.

→ *Dreiecksschaltung*

Steuererder

DIN VDE 0100-200	***Errichten von Niederspannungsanlagen***
(VDE 0100-200)	*Begriffe*

Steuererder ist ein Erder, der nach Form und Anordnung mehr zur Potentialsteuerung als zur Einhaltung eines bestimmten Ausbreitungswiderstands dient.

Steuergeräte

DIN VDE 0100-200	***Errichten von Niederspannungsanlagen***
(VDE 0100-200)	*Begriffe*

Betriebsmittel, die in einem elektrischen Stromkreis eingesetzt sind, um Vorgänge zu steuern. Schilder oder andere geeignete Kennzeichnungen müssen den Zweck des Steuergeräts angeben, es sei denn, dass es keine Möglichkeit zur Verwechslung gibt. Sollte das Funktionieren von Steuergeräten vom Bedienenden nicht beobachtet werden können, muss eine Anzeige für den Bedienenden sichtbar angebracht werden.

Steuerstromkreis

DIN VDE 0100-460 *(VDE 0100-460)* — ***Errichten von Niederspannungsanlagen*** *Trennen und Schalten*

DIN VDE 0100-520 *(VDE 0100-520)* — ***Errichten von Niederspannungsanlagen*** *Kabel- und Leitungsanlagen*

DIN VDE 0100-711 *(VDE 0100-711)* — ***Errichten von Niederspannungsanlagen*** *Ausstellungen, Shows und Stände*

Steuerstromkreise müssen so ausgeführt, angeordnet und geschützt sein, dass sie Gefahren begrenzen, die auf einen Fehler zwischen dem Steuerstromkreis und anderen leitfähigen Teilen zurückzuführen sind und die imstande sein können, Fehlfunktionen der gesteuerten Geräte zu verursachen.

Mindestquerschnitte von Leitern in Steuerstromkreisen:

Arten von Kabel- und Leitungssystemen (feste Verlegung)	**Leiter**	
	Werkstoff	**Mindestquerschnitt in mm²**
Kabel, Mantelleitungen, Aderleitungen	Cu	0,5 *)
blanke Leiter	Cu	4,0

*) für elektronische Betriebsmittel ist ein Mindestquerschnitt von 0,1 mm² zulässig

Steuerstromkreise in TN-S-Systemen müssen zwischen einem Außenleiter und dem Neutralleiter installiert sein. Steuerstromkreise in IT-Systemen müssen zwischen zwei Außenleitern installiert sein. Ein zweipoliger Schalter muss in beiden Fällen eingebaut werden.

Störlichtbogen

DIN EN 61936-1 (VDE 0101-1)	***Starkstromanlagen mit Nennwechselspannungen über 1 kV***

Der unerwünschte Störlichtbogen bzw. Lichtbogenkurzschluss ist ein Kurzschluss, bei dem der Stromkreis durch einen elektrischen Bogen am Ort des Fehlers geschlossen wird. Die Entstehung eines Störlichtbogens beruht auf einem Fehler, der grundsätzlich auf einen Zusammenbruch der Isolation zurückzuführen ist.

Isolationsdurchbrüche sind die häufigste Voraussetzung für die Entstehung von Störlichtbögen. Die eigentlichen Anlässe sind meist Überspannungen infolge von Wanderwellen, indem an Stellen unsachgemäßer Konstruktion, starker Verschmutzung oder auch durch einen Materialfehler der Isolationsdurchbruch eingeleitet wird. Eine weitere Ursache der Störlichtbögen sind Fehlschaltungen an Trennern. Durch den Lichtbogen des Kurzschlusses werden erhebliche Druck- und Wärmewirkungen verursacht, deren Auswirkungen in erster Linie von der Lichtbogenleistung bzw. von der Lichtbogenarbeit abhängen.

Die Normen fordern, Schaltanlagen so zu errichten, dass Personen beim Bedienen gegen Störlichtbögen weitgehend geschützt sind. Diese Bedingung ist erfüllt, wenn eine der nachstehenden oder andere gleichwertige Maßnahmen getroffen sind:

- Lasttrennschalter anstelle von Trennschaltern; die Lasttrennschalter müssen den am Einbauort maximal auftretenden Betriebsstrom ausschalten können und für das Einschalten auf Kurzschluss geeignet sein
- Schaltfehlerschutz für Trennschalter und Erdungsschalter, z. B. Verriegelung, einschaltfeste Erdungsschalter, unverwechselbare Schlüsselsperren
- Bedienung der Anlage aus sicherer Entfernung
- Einbau geeigneter Schutzvorrichtungen, z. B. Lichtbogenleitbleche, Lichtbogenfenster, Vollwandtüren, Trennwände

Störung

Eine Unterbrechung des elektrischen Stromflusses an einem Betriebsmittel oder in einer elektrischen Anlage bzw. an einem Teil der elektrischen Anlage. Der Fehler kann verschiedenste Ursachen haben.

Stoßspannung

Einzelne Schwingungen mit einheitlicher Polarität, bei der die Spannung steil ohne nennenswerte hochfrequente Teilschwingungen auf einen Höchstwert ansteigt und danach schnell wieder gegen null abklingt.

→ *Trennfunkenstrecke*

Stoßspannungsfestigkeit

Überspannungen durch atmosphärische Einflüsse oder durch Schaltvorgänge in elektrischen Versorgungsnetzen können zu einer spannungsmäßigen Überbeanspruchung der Betriebsmittel führen und somit zu Durch- und Überschlägen. Die Stoßspannungsfestigkeit aller verwendeten Geräte und Anlagenteile muss daher überprüft werden. Zu diesem Zweck werden Stoßspannungen während der → *Typprüfungen* in Stoßgeneratoren künstlich erzeugt.

Strahlenerder

DIN VDE 0141 *(VDE 0141)*	***Erdungen für spezielle Starkstromanlagen mit Nennspannungen über 1 kV***
DIN VDE 0105-100 *(VDE 0105-100)*	***Betrieb von elektrischen Anlagen*** *Allgemeine Festlegungen*

Ein Strahlenerder ist ein Oberflächenerder, der im Allgemeinen in geringer Tiefe bis etwa 1 m eingebracht wird. Er ist meist eine Kombination von Banderdern, die sternförmig angeordnet ins Erdreich verlegt werden. Um die gegenseitige Beeinflussung der einzelnen Banderder gering zu halten, soll der Winkel zwischen den Strahlen nicht kleiner als 60° gewählt werden.

Ist die Länge der einzelnen Strahlen bei gleichzeitiger Einhaltung der Mindestwinkel größer als 3 m, so kann der Ausbreitungswiderstand näherungsweise wie bei einem langen Banderder berechnet werden. Für die Länge ist dabei die Gesamtlänge aller Strahlen einzusetzen.

$$R_{\mathrm{A}} = \frac{3\rho_{\mathrm{E}}}{L}$$

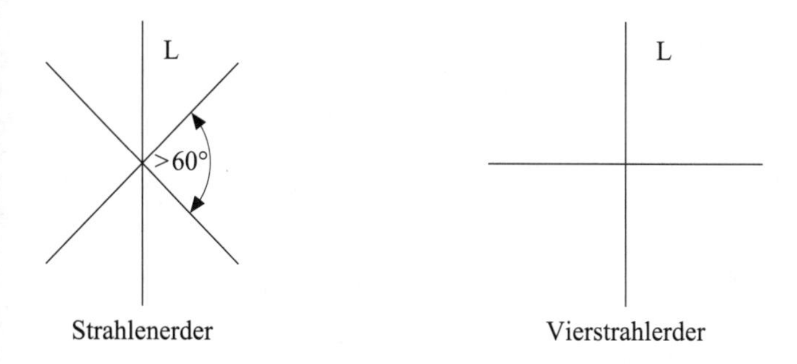

Straßenleuchte

An eine Straßenleuchte werden Anforderungen in drei Funktionsbereichen gestellt:

- lichttechnische Funktionen
- elektrotechnische Funktion
- bautechnische Funktion

Form und Aussehen der Leuchten sind ebenfalls von Bedeutung. Es wird unterschieden zwischen:

- Zweckleuchten: Fahrstraßen
- gestalterische Leuchten: für Fußgängerzonen und Wohnstraßen
- Anbringungsart am Leuchtenträger: Ansatz- oder Aufsatzleuchte/Seilleuchte

Auswahlkriterien für Straßenleuchten:

- hoher Leuchtenwirkungsgrad
- optimale Lichtverteilungskurve
- zulässige Blendungsbegrenzung
- Begrenzung der Lichtemission
- Lampenbestückung
- Korrosionsbeständigkeit
- Design

Straßenleuchten nach Schutzklasse I:
Alle berührbar metallisch leitenden Teile, die im Fehlerfall Spannung annehmen können, müssen mit dem Schutzleiter verbunden werden.

Straßenleuchten nach Schutzklasse II:
Der Berührungsschutz wird durch Schutzisolierung (Basisisolierung plus Zusatzisolierung) erzielt.

Grundsätzlich sind beide Arten bei bestimmungsgemäßer Anwendung als gleichwertig anzusehen.

Leuchten unter oder in der Nähe von spannungsführenden, nicht isolierten Leitungen müssen in jedem Fall der Schutzklasse II entsprechen, da bei einem Leitungsbruch mit Berührung der Beleuchtungsanlage eine Schutzleiterunterbrechung durch hohe Fehlströme auftreten kann, die unbemerkt bleibt.

Stroboskopischer Effekt

DIN VDE 0100-559 *(VDE 0100-559)*	***Errichten von Niederspannungsanlagen*** *Leuchten und Beleuchtungsanlagen*

Bei der Beleuchtung von Maschinen mit sich bewegenden Teilen ist der stroboskopische Effekt zu berücksichtigen, der den Stillstand dieser bewegten Teile vortäuscht. Dieser Effekt ist durch die Wahl geeigneter Lampenschaltungen zu verhindern.

Strombelastbarkeit

DIN VDE 0100-430 *(VDE 0100-430)*	***Errichten von Niederspannungsanlagen*** *Schutz bei Überstrom*
DIN VDE 0298-4 *(VDE 0298-4)*	***Verwendung von Kabeln und isolierten Leitungen für Starkstromanlagen*** *Empfohlene Werte für die Strombelastbarkeit von Kabeln und Leitungen für feste Verlegung in und an Gebäuden und von flexiblen Leitungen*

Mit der zulässigen Strombelastbarkeit (aktuell: Dauerstrombelastbarkeit, nach DIN VDE 0100-430) von Kabeln, Leitungen und Stromschienensystemen werden die höchsten zulässigen Ströme bezeichnet, die unter festgelegten Bedingungen übertragen werden können.

Die Strombelastbarkeit ist abhängig von:

- Nennquerschnitt und Leitermaterial
- Leitungs- und Kabelbauart
- Verlegeart
- Umgebungsbedingungen
- Betriebsart

→ *Belastbarkeit*
→*Dauerstrombelastbarkeit*
→*Zulässige Strombelastbarkeit*

Ströme

Nennstrom	durch den eine Anlage oder ein Teil einer Anlage gekennzeichnet ist
Bemessungsstrom	der dem Betriebsmittel durch den Hersteller zugeordnet ist
→*Betriebsstrom*	den der Stromkreis im ungestörten Zustand führen soll
→*Fehlerstrom*	der über eine gegebene Fehlerstelle aufgrund eines Isolationsfehlers fließt
→*Berührungsstrom*	der durch den Körper eines Menschen oder Tiers fließt, wenn dieser Körper ein oder mehrere Tele einer elektrischen Anlage oder eines Betriebsmittels berührt
Überstrom	der den Bemessungswert des Stroms übersteigt
Überlaststrom	der in einem Stromkreis entsteht und nicht durch einen Kurzschluss oder Erdschluss hervorgerufen wird
→*Kurzschlussstrom*	im Kurzschlussfall
→*Differenzstrom*	Summe der Augenblickswerte der Ströme, die zur selben Zeit in allen aktiven Leitern an einem gegebenen Punkt des Stromkreises in der elektrischen Anlage fließen
→*Ableitstrom*	in einem unerwünschten Strompfad unter üblichen Betriebsbedingungen
Schutzleiterstrom	Der als Ableitstrom oder elektrischer Strom infolge eines Isolationsfehlers im Schutzleiter auftritt

Tabelle 86 Art der Ströme und ihre Definition

Stromkreis

DIN VDE 0100-200	*Errichten von Niederspannungsanlagen*
(VDE 0100-200)	*Begriffe*

Der Stromkreis ist eine geschlossene Strombahn zwischen Stromquelle (Speisepunkt) und Verbrauchsmittel. Als Stromquelle oder Speisepunkt werden üblicherweise die Abgangsklemmen einer Verteilung (Stromkreisverteiler, → *elektrische Anlagen für Wohngebäude*) verstanden, sodass als Stromkreis auch alle Betriebsmittel einer Anlage bezeichnet werden, die von einem Speisepunkt versorgt und durch gemeinsame Überstromschutzeinrichtungen geschützt werden. Die Strombahn kann aus mehreren Außenleitern (L1, L2, L3) mit und ohne Neutralleiter (N) oder aus einem Außenleiter und dem Neutralleiter bestehen. Je nach Art des Anschlusses der Verbrauchsmittel werden die Bezeichnungen Drehstromkreis bzw. Wechselstromkreis gebraucht. Drei einpolige Verbrauchsmittel allerdings, die zwischen L1–N, L2–N und L3–N angeschlossen und einzeln abgesichert sind, gelten als drei verschiedene Stromkreise.

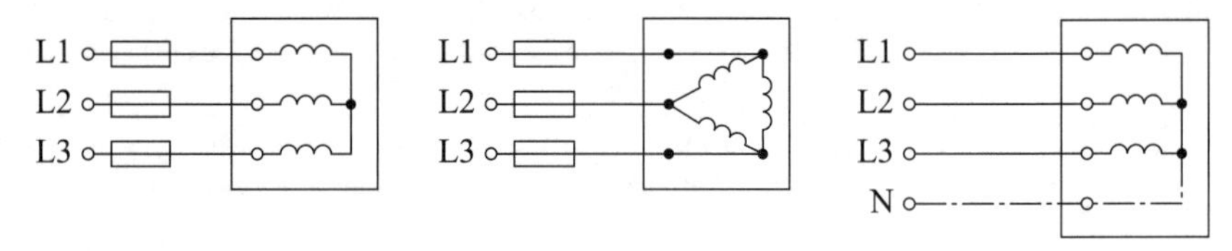

Bild 67 Drehstromkreise (dreipolige Verbrauchsmittel)

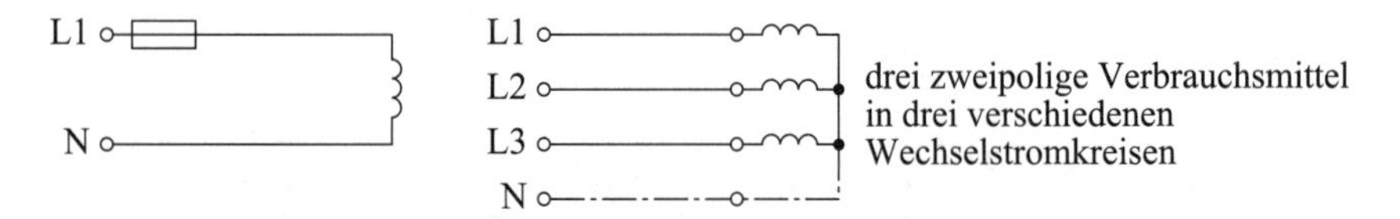

Bild 68 Wechselstromkreis (einpolige Verbrauchsmittel)

In der Praxis werden weitere Begriffe verwendet, die häufig die Funktionen der Stromkreise erläutern:

- Hauptstromkreis:
  Stromkreise, die Betriebsmittel zum Erzeugen, Umformen, Schalten und Verbrauchen elektrischer Energie enthalten
- Verteilungsstromkreis:
  Einspeisung für einen Stromkreisverteiler

- Hilfsstromkreis:
  Stromkreise für zusätzliche Funktionen (Schaltbefehl, Verriegelung, Meldung, Messung)
  - Steuerstromkreis
  - Meldestromkreis
  - Messstromkreis
  - Ruhestromkreis
- Kleinspannungsstromkreis:
  Stromkreis mit einer maximalen Betriebsspannung von AC $U < 50$ V bzw. DC $U < 120$ V (→ *Schutzkleinspannung*)
- Steckdosenstromkreis:
  Stromkreis mit Steckdosen zum Anschluss von ortsveränderlichen Betriebsmitteln und Handgeräten (→ *Elektrische Betriebsmittel*)
- Lichtstromkreis/Heizstromkreis:
  Stromkreise zum Anschluss bestimmter Verbrauchsmittel

→ *Zusammenfassung der Leiter von Stromkreisen*

Stromkreisaufteilung

Eine elektrische Anlage sollte in mehrere Stromkreise aufgeteilt werden in Abhängigkeit von:

- der Größe der Anlage
- der Ausstattung mit elektrischen Geräten
- der Benutzungshäufigkeit und -dauer der Geräte

Mindestforderungen der Stromkreise für Beleuchtung und Steckdosen in Wohnungen:

Wohnfläche in m^2	**Anzahl der Stromkreise**
bis 50	3
über 50 bis 75	4
über 75 bis 100	5
über 100 bis 125	6
über 125	7

Zusätzlich separate Stromkreise für:

- Geräte mit einer Leistung von 2 kW oder höher:
  - Elektroherd
  - Grillgerät
  - Geschirrspüler
  - Waschmaschine
  - Wäschetrockner
  - Bügelmaschine
  - Warmwassergeräte
  - Raumheizungsgeräte, Klimageräte
- Räume oder Verbrauchsgeräte mit besonderer Nutzung:
  - Hobbyräume
  - Schwimmbäder
  - Fitnessräume
  - Außenbeleuchtung
  - Garagenbeleuchtung
- Keller- und Bodenräume, gemeinschaftlich genutzte elektrische Anlagen:
  - Beleuchtung von Fluren, Treppen, Vorhallen und dgl.
  - Verstärker für Antennenanlagen
  - Klingel- und Sprechanlage
  - Pumpen, z. B. für Druckerhöhung oder Abwasserhebeanlage
  - Zentralheizung
  - Müllverbrennung
  - Aufzugsanlage

Stromkreisverteiler

Stromkreisverteiler dienen zum Verteilen der zugeführten gemessenen Energie auf mehrere Stromkreise. Sie können Betriebsmittel zum Schutz bei Kurzschluss und Überlast, zum Schutz bei indirektem Berühren und zum Trennen, Steuern, Regeln und Messen aufnehmen.

Bemessung und Ausführung:

- für Mehrraumwohnungen mindestens eine zweireihige Ausführung (24 Teilungseinheiten)
- für Einraumwohnungen als Ausnahme einreihige Ausführung (zwölf Teilungseinheiten)

- weiterer Raumbedarf in Abhängigkeit der einzubauenden Betriebsmittel
- Reserveplätze vorsehen

Empfehlungen:
- nicht in Wände einbauen, die an Schlafräume grenzen (Schaltgeräusche)
- Stromkreise für verschiedene Tarife in getrennten Stromkreisverteilern oder mindestens durch Stege trennen
- die einzelnen Stromkreise gleichmäßig auf die Außenleiter verteilen

Anordnung:
- grundsätzlich in der Nähe des Belastungsschwerpunkts (nahe der leistungsintensiven Verbrauchsmittel)
- maximal zulässigen Spannungsfall für Stromkreise berücksichtigen
- es ist nicht zulässig, Stromkreisverteiler an solchen Stellen anzubringen, die erst mit besonderen Hilfsmitteln, z. B. Leiter, erreichbar sind
- der Abstand vom Fußboden bis zur Mitte des Stromkreisverteilers soll nicht weniger als 1,1 m und nicht mehr als 1,85 m betragen

Badezimmer:
- Stromkreisverteiler gehören generell nicht ins Badezimmer, auch wenn Stromkreisverteiler in den Normen für Badezimmer nicht gesondert erwähnt sind. Sie stellen in Badezimmern ein Gefahrenrisiko dar und sind deshalb dort abzulehnen.

Freischalten:
- Empfehlung:
  Eine am Eingang befindliche Trennvorrichtung muss alle nachgeschalteten Einrichtungen abschalten können.

Schaltvermögen von Betriebsmitteln:
- in der Regel Schaltvermögen von 6 kA ausreichend
- in Abhängigkeit vom Aufbau des Netzes sind unter Umständen 10 kA erforderlich

Stromlaufplan

Der Stromlaufplan ist die nach Stromwegen aufgelöste Darstellung einer Schaltung mit allen Einzelteilen und Leitungen. Die Stromwege sind dabei möglichst geradlinig und ohne Kreuzungen dargestellt. Auf die räumliche Lage und den mechanischen Zusammenhang der einzelnen Teile braucht keine Rücksicht genommen werden. Klemmen und Lötstellen können in den Stromlaufplan eingetragen werden. Die Erstellung von Stromlaufplänen für die normale Wohngebäude-Elektroinstallation ist nicht üblich. In der Regel wird nur ein Elektroinstallationsplan (nach DIN 40719-5) gefertigt.

Stromquellen

DIN VDE 0100-100 *(VDE 0100-100)*	***Errichten von Niederspannungsanlagen*** *Allgemeine Grundsätze, Bestimmungen allgemeiner Merkmale, Begriffe*
DIN VDE 0100-560 *(VDE 0100-560)*	***Errichten von Starkstromanlagen mit Nennspannungen bis 1 000 V*** *Elektrische Anlagen für Sicherheitszwecke*

Stromquellen für Sicherheitszwecke:
- Akkumulatoren – Batterien
- Primärelemente
- Generatoren mit netzunabhängiger Antriebsmaschine (z. B. Dieselmotor)
- zusätzliche Netzeinspeisung, unabhängig von der normalen Versorgung, es muss sichergestellt sein, dass nicht beide Einspeisungen gleichzeitig ausfallen können

Eine **Stromquelle für Sicherheitszwecke** ist entweder
- nicht selbsttätig anlaufend bzw. einschaltend; Starten bzw. Einschalten erfolgt durch eine Bedienungsperson oder
- selbsttätig anlaufend bzw. einschaltend

Selbsttätig anlaufende bzw. einschaltende Stromquellen werden entsprechend der Einschaltverzögerung wie folgt unterteilt:
- unterbrechungslos:
  Fortlaufende Stromversorgung unter angegebenen Bedingungen während der Übergangszeit, z. B. hinsichtlich Änderungen von Spannungen und Frequenz;
- sehr kurze Unterbrechung:
  die selbsttätige Stromversorgung ist innerhalb von 0,15 s verfügbar;
- kurze Unterbrechung:
  die selbsttätige Stromversorgung ist innerhalb von 0,5 s verfügbar;
- mittlere Unterbrechung:
  die selbsttätige Stromversorgung ist innerhalb von 15 s verfügbar;
- lange Unterbrechung:
  die selbsttätige Stromversorgung ist nach mehr als 15 s verfügbar.

Stromquelle mit begrenztem Strom

Stromquelle mit einem Beharrungsstrom und einer elektrischen Ladung, die auf ungefährliche Werte begrenzt sind und mit einer sicheren Trennung zwischen dem Ausgang der Stromquelle und gefährlichen aktiven Teilen.

→ *Stromquellen*

Stromschienensysteme

DIN VDE 0100-520	***Errichten von Niederspannungsanlagen***
(VDE 0100-520)	*Kabel- und Leitungsanlagen*

Stromschienensysteme sind alle blanken Leiter, außer Freileitungen, einschließlich der erforderlichen Isolier- und Befestigungsteile, Abdeckungen oder Umhüllungen außerhalb von Schaltanlagen und Verteilern. Sie dienen zum Fortleiten und/oder Verteilen elektrischer Energie.

→ *Verlegen von Kabeln, Leitungen und Stromschienen*

Stromumrichter/Stromrichter

Stromumrichter:
Geräte zur Umwandlung elektrischer Energie unter Beibehaltung der Stromart (Wechsel- oder Gleichstrom). Bei der Umrichtung von Wechselströmen können geändert werden die:
- Spannung
- Frequenz
- Phasenzahl
- Phasenfolge

Wechselstromumrichter wandeln einen gegebenen Wechselstrom in einen anderen um.

Wechselrichter:
Wandeln Gleichstrom in Wechselstrom um.
Anwendung:
Zur Drehzahlsteuerung von Drehstromasynchronmotoren ist ein Ständerstrom erforderlich, dessen Frequenz und Stärke verstellbar ist. Das kann durch einen Wechselrichter erreicht werden, der über einen Zwischenkreis an einen Netzstromrichter angeschlossen wird. Der Netzstromrichter kann im Gleichrichterbetrieb und im Wechselrichterbetrieb arbeiten. Er wird im Anschnittverfahren mit Netzfrequenz angesteuert.

Stromversorgung

DIN VDE 0100-100 *(VDE 0100-100)*	***Errichten von Niederspannungsanlagen*** *Allgemeine Grundsätze, Bestimmungen allgemeiner Merkmale, Begriffe*
DIN VDE 0100-460 *(VDE 0100-460)*	***Errichten von Niederspannungsanlagen*** *Trennen und Schalten*
DIN VDE 0100-706 *(VDE 0100-706)*	***Errichten von Niederspannungsanlagen*** *Leitfähige Bereiche mit begrenzter Bewegungsfreiheit*
DIN VDE 0100-721 *(VDE 0100-721)*	***Errichten von Niederspannungsanlagen*** *Elektrische Anlagen von Caravans und Motorcaravans*

Charakteristische Merkmale:
- Stromart und Frequenz
- Nennspannung
- unbeeinflusster Kurzschlussstrom am Speisepunkt der elektrischen Anlage
- Eignung im Hinblick auf die Anforderungen der Anlage, einschließlich des maximalen Leistungsbedarfs

Diese Merkmale bei:
- der Fremdversorgung der Anlage feststellen
- Versorgung durch eigene Stromquelle festlegen
- sie gelten gleichermaßen bei Versorgungseinrichtungen für Sicherheitszwecke und Ersatzstromversorgungsanlagen

Stromversorgung bei elektrischen Anlagen in leitfähigen Bereichen mit begrenzter Bewegungsfreiheit:

- Bei der Stromversorgung handgeführter Elektrowerkzeuge oder ortsveränderlicher Messgeräte:
  - SELV oder
  - Schutztrennung mit nur einem einzigen Verbrauchsmittel hinter dem Trenntransformator.
- Bei der Stromversorgung von Handleuchten:
  - SELV oder
  - Leuchtstofflampen mit eingebautem Transformator zugelassen.
- Bei der Versorgung fest angebrachter Anlagen und Betriebsmittel:
  - SELV oder
  - PELV mit zusätzlicher Potentialausgleichsverbindung zwischen Körpern, allen leitfähigen Teilen innerhalb des leitfähigen Bereichs mit begrenzter Bewegungsfreiheit und der Verbindung des PELV-Systems mit Erde.
  - Schutz durch automatische Abschaltung, wobei die Körper der ortsfesten Betriebsmittel über einen zusätzlichen Potentialausgleich mit der leitfähigen Umgebung verbunden werden müssen.
  - Schutz der Betriebsmittel der Schutzklasse II; der Stromkreis wird mit einer RCD mit $I_{\Delta N} \leq 30$ mA zusätzlich geschützt; die Schutzart der Betriebsmittel muss der Umgebung angepasst sein.
  - Schutztrennung mit nur einem Verbrauchsmittel hinter dem Trenntransformator.
- Sicherheitsstromquellen und Transformatoren müssen außerhalb der leitfähigen Bereiche angeordnet werden, es sei denn, sie sind Teil der fest angebrachten Anlagen.

Stromversorgung bei Caravans, Boote, Jachten, Camping- und Liegeplätzen:

- Jede Steckdose muss durch eine eigene Überstromschutzeinrichtung geschützt werden. Ihr Bemessungsstrom darf nicht größer sein als der Bemessungsstrom der Steckdose.
- Endstromkreise für die Versorgung von Mobilheimen müssen einzeln durch eine Überstromschutz-Einrichtung geschützt sein.
- Steckdosen müssen so nah wie möglich am Stellplatz bzw. Anlegeplatz angeordnet werden, um lange Verbindungsleitungen zu vermeiden.
- Maximal vier Steckdosen in einem Gehäuse.
- Jede Steckdose darf nur eine Einheit (Freizeitfahrzeug, Zelt, Wassersportfahrzeug) versorgen.
- Steckdosen auf Caravanplätzen müssen in einer Höhe zwischen 0,5 m und 1,5 m vom Boden errichtet werden.

Stromversorgung für Sicherheitszwecke

DIN VDE 0100-100 *(VDE 0100-100)*	***Errichten von Niederspannungsanlagen*** *Allgemeine Grundsätze, Bestimmungen allgemeiner Merkmale, Begriffe*
DIN VDE 0100-560 *(VDE 0100-560)*	***Errichten von Starkstromanlagen mit Nennspannungen bis 1 000 V*** *Einrichtungen für Sicherheitszwecke*

Stromquellen für die Sicherheitsversorgung sind Akkumulatoren, Batterien, Generatoren (unabhängig von der normalen Stromversorgung) und getrennte Einspeisungen aus dem Stromversorgungsnetz.
Diese Stromversorgungen speisen z. B. Sicherheitsbeleuchtungen für Fluchtwege, Betriebsmittel für Rauchentlüftung, brandschutzsichere Aufzugsanlagen, Brandmeldeanlagen und Anlagen für Löschwasserpumpen. Die Notwendigkeit und die entsprechende Errichtung und Dimensionierung wird auch von den Behörden geregelt, deren Anforderungen zusätzlich zu den VDE-Bestimmungen zu berücksichtigen sind. Eine Klassifizierung ist bezüglich der Umschaltzeit von „keine Unterbrechung“ bis hin zu „lange Unterbrechung“ in den Normen geregelt.

Stromverteilungsnetz

Das Netz ist die Gesamtheit aller Leitungen und Kabel vom Stromerzeuger bis hin zur Verbraucheranlage.

Strom-Zeit-Bereiche

Der Strom-Zeit-Bereich stellt das zeitliche Verhalten von Sicherungen dar. Es wird der kleinste und auch der größte Stromwert in Abhängigkeit von der Zeit festgelegt, bei der die Abschaltung einer Sicherung frühestens beginnen darf bzw. erfolgen muss, wenn der bestimmte Strom fließt.

Der Strom-Zeit-Bereich und damit auch der Verlauf einer Kennlinie werden durch sogenannte „Stromtore“ vorgegeben. Diese Stromtore markieren im Strom-Zeit-Diagramm bestimmte Punkte, die den Kennlinienverlauf bestimmen.

Stückprüfung

Im Rahmen von Qualitätsmanagement-Maßnahmen werden auch elektrische Betriebsmittel und Geräte geprüft. Zwei wesentliche Prüfarten sind die Typprüfung und die Stückprüfung.

Stückprüfungen sind an jedem gefertigten Betriebsmittel und, soweit praktisch durchführbar, im Werk des Herstellers als Endprüfung vorzunehmen, um sicherzustellen, dass das Produkt mit dem Betriebsmittel übereinstimmt, an dem die Typprüfung durchgeführt wurde. Stückprüfungen dürfen die Eigenschaften und die Qualität, mit den Qualitätsmerkmalen Sicherheit und Zuverlässigkeit, nicht beeinträchtigen. Sie dienen dazu, nach der Fertigung Material- und Fertigungsfehler aufzudecken.

Systeme nach Art der Erdverbindung

DIN VDE 0100-100 *(VDE 0100-100)*	***Errichten von Niederspannungsanlagen*** *Allgemeine Grundsätze, Bestimmungen allgemeiner Merkmale, Begriffe*
DIN VDE 0100-410 *(VDE 0100-410)*	***Errichten von Niederspannungsanlagen*** *Schutz gegen elektrischen Schlag*

Im Zuge der Harmonisierung der Normenwerke sind die früher nationalen Bezeichnungen für die „Schutzleiter-Schutzmaßnahmen“ wie Schutzerdung, Fehlerstromschutzschaltung und Nullung durch international anerkannte Begriffe ersetzt worden.
Das neue Gliederungsschema unterscheidet die Systeme nach Art der Erdverbindung und den Erdungsverhältnissen:
- Stromquelle bzw. Niederspannungs-Verteilungsnetz
- Körper in elektrischen Verbraucheranlagen

Daraus sind drei unterschiedliche Systeme abgeleitet:
- → TN-System
- → TT-System
- → IT-System

Tastfinger

DIN EN 60529 ***Schutzarten durch Gehäuse (IP-Code)***
(VDE 0470-1)

Der Tastfinger oder Prüffinger ist ein technisches Hilfsmittel, um den ausreichenden Schutz gegen eine Berührung von spannungsführenden Teilen mit einem Finger der menschlichen Hand zu bieten, d. h., der Tastfinger ist eine Prüfsonde, die in vereinbarter Weise einen Körperteil oder ein Werkzeug o. Ä., das durch eine Person gehalten wird, nachahmt, um ausreichenden Abstand von gefährlichen Teilen nachzuweisen. Die Bezeichnung mit der ersten Kennziffer 2 (Schutzgrad IP2X) setzt die Einhaltung der Prüfung mit dem Prüffinger und mit einer Kugel von 12,5 mm Durchmesser voraus. Öffnungsweiten größer als 12,5 mm sind also bei diesem Schutzgrad nicht zulässig.

Prüfbedingungen:
Die Zugangssonde wird gegen jede Öffnung des Gehäuses mit z. B. einer festgelegten Kraft von 50 N ± 10 % gedrückt oder wird wie bei der Prüfung für die erste Kennziffer 2 durch diese Öffnungen eingeführt.
Bei Prüfungen von Niederspannungs-Betriebsmitteln sollte eine Niederspannungsstromquelle (nicht unter 40 V und nicht über 50 V) in Reihe mit einer geeigneten Lampe zwischen Sonde und die gefährlichen Teile innerhalb des Gehäuses geschaltet werden.

Annahmebedingungen:
Der Schutz ist zufriedenstellend, wenn ausreichender Abstand zwischen der Zugangssonde und gefährlichen Teilen eingehalten ist.
Bei der Prüfung der ersten Kennziffer 2 darf der gegliederte Prüffinger bis 80 mm Länge eindringen, aber die Anschlagfläche (Ø 50 mm × 20 mm) darf nicht durch die Öffnung hindurchgehen.

Technische Anschlussbedingungen (TAB)

Die technischen Anschlussbedingungen werden von dem Verteilnetzbetreiber (VNB) herausgegeben. Sie gelten für den Anschluss und den Betrieb elektrischer Anlagen, die an das Niederspannungsnetz des EVU angeschlossen werden.

Für eine leistungsgerechte Auslegung des Versorgungsnetzes, des Hausanschlusses sowie der notwendigen Messeinrichtungen sind mit der Anmeldung Angaben über die anzuschließenden Verbrauchsgeräte zu machen, aus denen die vorzuhaltende Leistung ermittelt werden kann.

Der Anschluss nachstehender Anlagen und Verbrauchsgeräte ist mit dem → *VNB* abzustimmen:

- Neuanlagen
- vorübergehend angeschlossene Anlagen z. B. für Baustellen, Schaustellerbetriebe
- Erweiterungen von Anlagen, wenn die festgelegte Leistung überschritten wird
- Geräte zur Heizung und Klimatisierung
- Wechselstrommotoren mit einer Nennleistung > 1,4 kW, Drehstrommotoren mit einem Anlaufstrom > 60 A
- Röntgengeräte
- Geräte mit Phasenanschnitt- oder Schwingungspaketsteuerung in Abhängigkeit von der Anschluss- und Belastungsart, der Leistung und der Schalthäufigkeit
- Verbrauchsgeräte im Haushalt mit einer Nennleistung > 4,4 kW mit Ausnahme von Elektroherden bis zu 12 kW Anschlussleistung
- Eigenerzeugungsanlagen

Die Technischen Anschlussbedingungen legen unter Hinweis auf die anerkannten Regeln der Technik die Anforderungen für eine sichere und zuverlässige Versorgung fest und beschreiben die Vorgehensweise von der Anmeldung bis zum Betrieb. Sie ergänzen die „Allgemeinen Bedingungen für den Netzanschluss und dessen Nutzung für die Elektrizitätsversorgung in Niederspannung“ (NAV), nach denen die VNB gesetzlich verpflichtet sind, ihre Tarifkunden an das Versorgungsnetz anzuschließen und mit elektrischer Energie zu versorgen. Die TAB werden von den VNB auf Anforderung im Allgemeinen kostenlos zur Verfügung gestellt.

Technische Arbeitsmittel

Das Gesetz über technische Arbeitsmittel, Gerätesicherheitsgesetz vom 24. Juni 1968, galt für technische Arbeitsmittel, die der Hersteller oder Einführer gewerbsmäßig oder selbstständig im Rahmen einer wirtschaftlichen Unternehmung in den Verkehr bringt oder ausstellt.

Beschaffenheit technischer Arbeitsmittel

Der Hersteller oder Einführer von technischen Arbeitsmitteln darf diese nur in den Verkehr bringen oder ausstellen, wenn sie nach den „anerkannten Regeln der Technik“ sowie den Arbeitsschutz- und Unfallverhütungsvorschriften so beschaffen sind, dass Benutzer oder Dritte bei ihrer bestimmungsmäßigen Verwendung gegen Gefahren aller Art für Leben oder Gesundheit so weit geschützt sind, wie es die Art der bestimmungsgemäßen Verwendung gestattet. Von den allgemein „anerkannten Regeln der Technik“ sowie den Arbeitsschutz- und Unfallverhütungsvorschriften darf abgewichen werden, soweit die gleiche Sicherheit auf andere Weise gewährleistet ist.

So die Definition des Geräte- und Produktsicherungsgesetzes (GPSG) vom 1. Mai 2004. Das GPSG ist zwischenzeitlich vom Produktsicherheitsgesetz (ProdSG) abgelöst worden. Das ProdSG verzichtet auf den Begriff des „technischen Arbeitsmittels“, um Verwechslungen mit Begriffen anderer rechtsstaatlichen Verordnungen (z. B. der BetrSichV) zu vermeiden und damit mehr Rechtsklarheit zu schaffen. In § 3 „Allgemeine Anforderungen an die Bereitstellung von Produkten auf dem Markt“ ProdSG heißt es nun in Abs. 2 sinngemäß, dass ein Produkt nur auf dem Markt bereitgestellt werden darf, wenn es bei bestimmungsgemäßer oder vorhersehbarer Verwendung die Sicherheit und Gesundheit von Personen nicht gefährdet. In § 2 Nr. 22 führt das ProdSG an: In Sinne dieses Gesetzes sind Produkte Waren, Stoffe oder Zubereitungen, die durch einen Fertigungsprozess hergestellt worden sind. Mit dieser Definition werden unter „Waren“ alle Produkte erfasst, die im GPSG bisher als technische Arbeitsmittel oder Verbraucherprodukte erfasst wurden.

Produkte im Sinne des Gesetzes sind verwendungsfertige Arbeitseinrichtungen, vor allem:

- Werkzeuge
- Arbeitsgeräte
- Arbeits- und Kraftmaschinen
- Hebe- und Fördereinrichtungen sowie Beförderungsmittel
- Schutzausrüstungen, die nicht Teil eines technischen Arbeitsmittels sind
- Einrichtungen, die zum Beleuchten, Beheizen, Kühlen sowie zum Be- und Entlüften bestimmt sind
- Haushaltsgeräte
- Sport-, Freizeit- und Bastelgeräte sowie Spielzeug

Überwachungsbedürftige Anlagen in Sinne dieses Gesetzes sind:

- Dampfkesselanlagen
- Druckbehälteranlagen außer Dampfkessel

- Anlagen zur Abfüllung von verdichteten, verflüssigten oder unter Druck gelösten Gasen
- Leitungen unter innerem Überdruck für brennbare, ätzende oder giftige Gase, Dämpfe oder Flüssigkeiten
- Aufzugsanlagen
- Anlagen in explosionsgefährdeten Bereichen
- Getränkeschankanlagen und Anlagen zur Herstellung kohlensaurer Getränke
- Acetylenanlagen und Calciumcarbidlager
- Anlagen zur Lagerung, Abfüllung und Beförderung von brennbaren Flüssigkeiten

Zu den Anlagen gehören auch Mess-, Steuer- und Regeleinrichtungen, die dem sicheren Betrieb der Anlage dienen. Zu den bezeichneten überwachungsbedürftigen Anlagen gehören nicht die Energieanlagen in Sinne des Energiewirtschaftsgesetzes.

Die Prüfpflicht der verschiedenen Anlagen ist in den verschiedensten Verordnungen, Vorschriften und Richtlinien definiert.

Der Hersteller oder Einführer von elektrischen Betriebsmitteln, die technische Arbeitsmittel oder Teile von solchen sind, darf diese gewerbemäßig oder selbstständig im Rahmen einer wirtschaftlichen Unternehmung nur in den Verkehr bringen oder ausstellen, wenn:

- die elektrischen Betriebsmittel entsprechend dem in der Europäischen Gemeinschaft gegebenen Stand der Sicherheitstechnik hergestellt sind
- die elektrischen Betriebsmittel bei ordnungsgemäßer Installation und Wartung sowie bestimmungsgemäßer Verwendung die Sicherheit von Menschen, Nutztieren und die Erhaltung von Sachwerten nicht gefährden

Der für elektrische Betriebsmittel maßgebende Stand der Sicherheitstechnik ist unter Berücksichtigung des Netzversorgungssystems zu bestimmen, für das sie vorgesehen sind.

→ *VDE-Prüfstelle*
→ *GS-Zeichen*

Teilweiser Schutz gegen direktes Berühren

→ *Schutz gegen elektrischen Schlag*

Temperatur

DIN VDE 0100-420	***Errichten von Niederspannungsanlagen***
(VDE 0100-420)	*Schutz gegen thermische Auswirkungen*
DIN VDE 0100-520	***Errichten von Niederspannungsanlagen***
(VDE 0100-520)	*Kabel- und Leitungsanlagen*

Erhöhte Temperaturen in und an elektrischen Betriebsmitteln müssen verhindert sein.

Temperaturgrenzen für berührbare Teile von Oberflächen elektrischer Betriebsmittel im Handbereich bei bestimmungsgemäßem Betrieb:

Zugängliche Teile	Material der zugänglichen Oberflächen	Maximale Temperatur in °C
beim Betrieb in der Hand gehaltene Teile	metallisch nicht metallisch	55 65
Teile, die berührt werden müssen, aber nicht in der Hand gehalten werden	metallisch nicht metallisch	70 80
Teile, die bei normalem Betrieb nicht berührt zu werden brauchen	metallisch nicht metallisch	80 90

Es müssen Vorkehrungen getroffen werden, dass auftretende Temperaturen (im ungestörten Betrieb) an den Klemmen nicht die Wirksamkeit der Isolierung der angeschlossenen Leiter oder der Befestigungsmittel mindern.

Temperatur und Luftfeuchtigkeit

→ *Äußere Einflüsse*

Terrasse

DIN VDE 0100-737	***Errichten von Niederspannungsanlagen***
(VDE 0100-737)	*Feuchte und nasse Bereiche und Räume und Anlagen im Freien*

Steckdosen, die sich im Freien, wie Balkone und Terrassen, befinden, müssen mit Fehlerstromschutzeinrichtungen (RCDs) $I_{\Delta N} \leq 30$ mA geschützt werden. Die Begründung dieser Forderung liegt in der Häufung von Stromunfällen im Freien von Wohnungen (z. B. Unfälle mit Rasenmähern).

Daher ist diese zusätzliche Anforderung an Einphasen-Wechselstromkreise auf Gebäude beschränkt, die vorwiegend für Wohnzwecke oder ähnlichen Anwendungsfälle genutzt werden.

Zusammenfassung der Anforderung:

- Für Betriebsmittel und Anlagen gelten mindestens nachstehende Schutzarten:
  - feuchte und nasse Räume und Bereiche IPX1
    Bereiche und Räume mit Strahlwasser IPX4 (Betriebsmittel werden nicht direkt angestrahlt).

  Wenn die Betriebsmittel direkt dem Wasserstrahl ausgesetzt sind, ist eine der Beanspruchung durch den Wasserstrahl entsprechende Schutzart zu wählen. Beim Abspritzen mit dem Wasserschlauch oder Hochdruckreiniger reicht die Schutzart IPX5 nicht aus.
- Geschützte Anlagen im Freien müssen mindestens tropfwassergeschützt sein, Schutzart IPX1.
- Ungeschützte Anlagen im Freien müssen mindestens sprühwassergeschützt sein, Schutzart IPX3.
- Metallteile, die ätzenden Dämpfen ausgesetzt sind, müssen gegen Korrosion geschützt sein, z. B. durch Schutzanstriche oder Verwendung korrosionsfreier Werkstoffe.
- Steckdosen im Freien mit einem Bemessungsstrom ≤ 20 A und Steckdosen, an die gelegentlich tragbare Betriebsmittel (Verlängerungsleitungen) für den Gebrauch im Freien angeschlossen werden, sind zusätzlich mit Fehlerstromschutzeinrichtungen (RCDs mit $I_{\Delta N} \leq 30$ mA) zu schützen.
- Wenn Betriebsmittel häufiger im Freien angewendet werden, sollten eine oder mehrere Steckdosen den Erfordernissen entsprechend im Freien angeordnet werden.

Thermische Einflüsse

DIN VDE 0100-420 ***Errichten von Niederspannungsanlagen***
(VDE 0100-420) *Schutz gegen thermische Auswirkungen*

DIN VDE 0100-600 *(VDE 0100-600)*	***Errichten von Niederspannungsanlagen*** *Prüfungen*
DIN VDE 0100-705 *(VDE 0100-705)*	***Errichten von Niederspannungsanlagen*** *Elektrische Anlagen von landwirtschaftlichen und gartenbaulichen Betriebsstätten*

Personen, Nutztiere und Sachen sind gegen thermische Einflüsse benachbarter elektrischer Betriebsmittel zu schützen.

Zu verhindern sind:

- Entzündungen, Verbrennungen oder sonstige Schädigung von Werk- und Baustoffen
- Gefahr von Verbrennungen
- Beeinträchtigung der sicheren Funktion
- Brandgefahr

Besteht die Gefahr für fest eingebaute Betriebsmittel, dass sie zu hohe Oberflächentemperaturen erreichen und dadurch für benachbarte Betriebsmittel Brandgefahr entstehen könnte, so müssen Betriebsmittel mit Werk- und Baustoffen niedriger Wärmeleitfähigkeit mit ausreichendem Abstand errichtet werden.

Brandschutz für elektrische Anlagen in landwirtschaftlichen Anwesen:

- Der Brandschutz muss durch Fehlerstromschutzeinrichtungen (RCDs) mit einem Bemessungsdifferenzstrom $I_{\Delta N} \leq 300$ mA sichergestellt werden.
- Heizgeräte für die Tieraufzucht müssen sicher befestigt und mit ausreichendem Abstand zu den Tieren (Verbrennungsgefahr) und zu brennbaren Materialien (Brandgefahr) montiert werden.
- Heizstrahler müssen zur bestrahlten Fläche einen Mindestabstand von 50 cm haben, sofern der Hersteller nicht größere Abstände vorschreibt.
- Es dürfen nur solche Betriebsmittel eingebaut werden, die für den Betrieb in den feuergefährdeten Räumen erforderlich sind, ausgenommen dabei sind Kabel- und Leitungsanlagen.
- Es muss verhindert werden, dass Gehäuse durch Staubablagerung unzulässig hohe Temperaturen annehmen oder dadurch eine Brandgefahr entsteht.
- In Räumen mit Brandrisiko müssen Leiter für Stromkreise mit Kleinspannung mit einer zusätzlichen Abdeckung oder Umhüllung (IPXXD oder IP4X) versehen werden oder eine geeignete Umhüllung aus Isolierstoff haben, z. B. Kabel und Leitungen der Bauart H07RNF.

- Bei allen Betriebsmitteln sind die Gebrauchsanweisungen der Hersteller zu beachten.
- Schutzeinrichtungen für den Schutz bei Überlast sind immer am Anfang der Kabel- und Leitungssysteme anzuordnen.
- Steckvorrichtungen dürfen nur an solchen Stellen eingebaut werden, die eine Berührung mit brennbaren Materialien ausschließen. Sie müssen gegen mechanische Beschädigung geschützt werden, z. B. durch Abdeckungen, Einbau in Gebäudenischen.
- Leuchten sind entsprechend den Umgebungsbedingungen, dem Anbringungsort, ihrer Schutzart und Oberflächentemperatur auszuwählen, z. B. mit der Kennzeichnung ▽F oder ▽D, dann nur in Verbindung mit der Schutzart IP54 für Leuchten einschließlich Lampe.
- Leuchten sind mit ausreichend großem Abstand zu brennbaren Materialien anzubringen.
- Die Auswahl der Betriebsmittel muss so erfolgen, dass ihr vorgesehener Temperaturanstieg im normalen Betrieb und im Fehlerfall keinen Brand verursachen kann.
- Schaltgeräte für Schutzmaßnahmen, für Steuerung und für Trennung müssen außerhalb von feuergefährdeten Betriebsstätten eingebaut werden, oder es müssen Umhüllungen vorgesehen werden – mindestens mit der Schutzart IP4X –, wenn kein Staub auftritt, oder IP5X, wenn Staub anfällt.
- Kabel und Leitungen, die frei verlegt sind, also nicht fest eingebettet sind in nicht brennbaren Materialien, dürfen keinen Brand übertragen können. Dies wird erreicht z. B. durch Kabel und Leitungen mit PVC-Mantel.
- Kabel und Leitungen, die feuergefährdete Räume durchqueren, für den Betrieb dort aber nicht notwendig sind, müssen vor Überlast und Kurzschluss geschützt sein und in den Räumen keine Klemmen und Verbinder haben, es sei denn, dass diese in schwer entflammbarer Umhüllung eingebaut sind.
- Motoren, die nicht dauernd überwacht werden, müssen durch eine von Hand rückstellbare Schutzeinrichtung (z. B. Motorstarter) gegen zu hohen Temperaturanstieg geschützt werden.
- Kabel- und Leitungsanlagen, die feuergefährdete Räume und Orte versorgen, müssen bei Überlast und Kurzschluss durch Schutzeinrichtungen geschützt sein, die außerhalb dieser Räume oder Orte vorgesehen sind.
- PEN-Leiter dürfen für Stromkreise, die feuergefährdeten Raum versorgen, nicht verwendet werden.

Thermische Kurzschlussfestigkeit

DIN EN 60909-0	***Kurzschlussströme in Drehstromnetzen***
(VDE 0102)	*Berechnung der Ströme*
DIN EN 60865-1	***Kurzschlussströme – Berechnung der Wirkung***
(VDE 0103)	*Begriffe und Berechnungsverfahren*

Die thermische Beanspruchung der vom Kurzschlussstrom durchflossenen Übertragungsmittel muss stets kleiner sein als die thermische Festigkeit dieser Betriebsmittel. Maßgebend für die Erwärmung ist der Mittelwert des Stroms während der Fehlerdauer.

Der thermisch wirksame Mittelwert des Kurzschlussstroms ist der Effektivwert des Stroms, der in einer Sekunde die gleiche Wärmemenge erzeugt, wie der während der Fehlerdauer sich ändernde Kurzschlussstrom. Dieser Mittelwert des Kurzschlussstroms muss stets kleiner sein als der vom Hersteller für die jeweiligen Betriebsmittel angegebene Nenn-Kurzzeitstrom. Dies ist der Effektivwert des Stroms, dessen thermische Wirkungen das Betriebsmittel 1 s aushält, ohne Schaden zu nehmen.

Tiefenerder

DIN VDE 0100-540	***Errichten von Niederspannungsanlagen***
(VDE 0100-540)	*Erdungsanlagen und Schutzleiter*
DIN VDE 0141	***Erdungen für spezielle Starkstromanlagen mit***
(VDE 0141)	***Nennspannungen über 1 kV***

Die Tiefenerder sollten dann eingesetzt werden, wenn zunehmend mit der Tiefe des Bodens der spezifische Erdwiderstand sinkt.

Ein Tiefenerder kann als Rohr- oder Staberder ausgeführt sein. Wird ein → *Ausbreitungswiderstand* in einer bestimmten Größenordnung gefordert und sind zur Erreichung dieses Werts mehrere Tiefenerder erforderlich, so ist ein gegenseitiger Mindestabstand von der doppelten wirksamen Länge des einzelnen Erders anzustreben.

Materialien für Tiefenerder:

- Ø 10 mm Rundstahl verzinkt
- 100 mm Profilstahl verzinkt

Die Verwendung des Tiefenerders ist günstig, wenn der Erdboden homogen, d. h. der spezifische → *Erdbodenwiderstand* an der Erdoberfläche und in der Tiefe etwa gleich und der vorhandene Platz(Raum)bedarf gering ist.

→ *Erder*

Tierhaltung

DIN VDE 0100-705 *(VDE 0100-705)*	***Errichten von Niederspannungsanlagen*** *Elektrische Anlagen von landwirtschaftlichen und gartenbaulichen Betriebsstätten*

- In Bereichen, in denen Tiere gehalten werden, ist der Spannungsgrenzwert von AC $U_L \leq 25$ V oder DC ≤ 60 V nicht zu überschreiten.
- Bei Anwendung von SELV oder PELV ist immer der Schutz gegen direktes Berühren (Basisisolierung) durch Isolierung (Prüfspannung 500 V für 1 min) oder durch Abdeckung IPXXP (fingersicher) herzustellen.
- Bei der Schutzmaßnahme TN-System ist hinter dem Speisepunkt für die gesamte Installationsanlage das TN-S-System anzuwenden.
- Bei Tierhaltungsbereichen darf das TN-C-System nicht angewendet werden.
- Wird in TT-Systemen eine dauernde Aufrechterhaltung der Versorgung verlangt, müssen RCDs der Bauart S entsprechen oder zeitverzögert abschalten.
- Für den Schutz bei indirektem Berühren durch automatische Abschaltung ist, unabhängig von der Art der Erdverbindung, für alle Stromkreise mit Steckdosen eine Fehlerstromschutzeinrichtung (RCDs) mit einem Bemessungsdifferenzstrom $I_{\Delta N} \leq 30$ mA vorzusehen. Für alle anderen Stromkreise sind RCDs mit $I_{\Delta N} \leq 300$ mA zu verwenden.
- Als Schutzmaßnahmen gegen elektrischen Schlag sind nicht erlaubt:
  - Schutz durch Hindernisse
  - Schutz durch Abstand
  - Schutz durch nicht leitende Räume
  - Schutz durch erdfreien örtlichen Schutzpotentialausgleich
- Im Standbereich der Tiere müssen unter Einbeziehung der Metallgitter im Fußboden alle durch Tiere berührbaren Körper der elektrischen Betriebsmittel

(z. B. Melkmaschinen) und alle fremden leitfähigen Teile (z. B. Baustahlmatten, Gitter, Bewehrungen) durch einen zusätzlichen Schutzpotentialausgleich untereinander und mit dem Schutzleiter und Fundamenterder der Anlage verbunden werden.

- Der Schutzpotentialausgleichsleiter besteht aus:
  - feuerverzinktem Bandstahl, mindestens 30 mm × 3,5 mm
  - feuerverzinktem Rundstahl, mindestens 8 mm Durchmesser

  Lösbare Verbindungen des Schutzpotentialausgleichsleiters müssen zugänglich bleiben. Die Anordnung des Schutzpotentialausgleichsystems ist zu dokumentieren.

→ *Landwirtschaftliche Betriebsstätte*

Transformatoren

DIN EN 61558-2-3 *(VDE 0570-2-3)*	***Sicherheit von Transformatoren, Netzgeräten und entsprechenden Kombinationen*** *Besondere Anforderungen und Prüfungen an Zündtransformatoren für Gas- und Ölbrenner*
DIN EN 60076-3 *(VDE 0532-3)*	***Leistungstransformatoren*** *Isolationspegel, Spannungsprüfungen und äußere Abstände in Luft*
DIN VDE 0550-1 *(VDE 0550-1)*	***Bestimmungen für Kleintransformatoren*** *Allgemeine Bestimmungen*
DIN EN 61558-1 *(VDE 0570-1)*	***Sicherheit von Transformatoren, Netzgeräten, Drosselspulen und dergleichen*** *Allgemeine Anforderungen und Prüfungen*

Aufgabe:
Die elektrische Energie einer Spannungsebene in die optimale Form für das jeweilige Anwendungsgebiet umzuwandeln (von einer Spannungsebene, z. B. 10 kV, in eine andere Spannungsebene, z. B. 400 V).

Schaltung:
Die Wicklungen der drei Schenkel eines Drehstromtransformators lassen sich in verschiedener Weise miteinander verbinden. Je nach gewählter Verbindung erhält man die Stern-, Dreieck- oder Zickzackschaltung.

Kennzahl:
Gibt an, um welches Vielfache von 30° der Zeiger der Unterspannung gegen den Zeiger der Oberspannung mit entsprechenden Klemmenbezeichnungen entgegen dem Uhrzeigersinn nacheilt.

Schaltgruppe:
Kennzeichnet die Schaltung zweier Wicklungen und die Phasenlage der ihnen zugeordneten Spannungszeiger. Sie beinhalten einen kleinen und einen großen Kennbuchstaben und eine Kennzahl.

Große Buchstaben:
Schaltung der Oberspannungswicklung.

Kleine Buchstaben:
Schaltung der Unterspannungswicklung.

Bei herausgeführtem Sternpunkt:
Ein „N" bzw. „n" dem Schaltungsbuchstaben anhängen.

Beispiel:
YNYn 6 bedeutet: OS-Seite in Sternschaltung, Sternpunkt herausgeführt, US-Seite in Sternschaltung, Sternpunkt herausgeführt, der US-Zeiger eilt dem OS-Zeiger um $6 \times 30° = 180°$ nach.

Kurzschlussspannung:
Die Spannung mit Nennfrequenz, die an die Primärseite eines Transformators angelegt werden muss, damit bei kurzgeschlossener Abgabeseite der Nennstrom fließt.

Arten von Transformatoren:

Leistungstransformator
Statisches Gerät mit zwei oder mehreren Wicklungen, das durch elektromagnetische Induktion ein System von Wechselspannung und Wechselstrom, gewöhnlich mit verschiedenen Werten bei derselben Frequenz, zum Zwecke der Übertragung elektrischer Energie in ein anderes Spannungs- und Stromsystem umwandelt.

Trenntransformator
Transformator mit Schutztrennung zwischen Eingangs- und Ausgangswicklung.

→ *Trenntransformator*

Sicherheitstransformator
Transformator zur Versorgung von SELV- (safety extra-low voltage) und PELV-Stromkreisen (protection extra-low voltage).

Netztransformator
Transformator mit einer oder mehreren Eingangswicklungen, die von den Ausgangswicklungen mindestens durch Basisisolierung getrennt sind.

Gerätetransformator
Transformator, der dazu vorgesehen ist, ein bestimmtes Gerät oder eine bestimmte Anlage oder eines seiner bzw. ihrer Teile zu versorgen und entweder ein **Einbautransformator** oder ein **Zubehörtransformator** ist.

Einbautransformator
Gerätetransformator, der dazu vorgesehen ist, in ein bestimmtes Gerät oder in eine bestimmte Anlage oder in es oder eines seiner bzw. ihrer Teile eingebaut zu werden und dessen Gehäuse Schutz gegen elektrischen Schlag bietet.

Zubehörtransformator
Gerätetransformator, der mit dem Gerät oder der Anlage verbunden oder mit diesem bzw. dieser mitgeliefert wird, ohne in das Gerät oder die Anlage eingebaut zu sein, und der ein eigenes Gehäuse hat, das Schutz gegen elektrischen Schlag bietet.

Unabhängiger Transformator
Transformator, der für die Versorgung beliebiger Geräte ausgelegt und zur Verwendung ohne ein zusätzliches Gehäuse, das Schutz gegen elektrischen Schlag bietet, vorgesehen ist.

Ortsveränderlicher Transformator
Transformator, der entweder während des Betriebs bewegt wird oder der leicht von einer Stelle zur anderen gebracht werden kann, während er an die Stromversorgung angeschlossen ist oder weil es sich um einen steckbaren Transformator handelt.

Transformator für Unterputzmontage
Transformator, der zum Einbau in eine Unterputzdose vorgesehen ist.

Fest montierter Transformator
Transformator, der dazu bestimmt ist, während des Betriebs an eine Halterung in einer Stellung befestigt zu sein, die vom Hersteller festgelegt werden darf.

Ortfester Transformator
ist entweder ein fest montierter Transformator oder ein Transformator, der eine Masse von über 18 kg aufweist und nicht mit einem oder mehreren Tragegriff(en) bestückt ist.

Handtransformator
ist ein ortsveränderlicher Transformator, der dazu bestimmt ist, bei bestimmgemäßem Gebrauch in der Hand gehalten zu werden.

Trockentransformator
Transformator, der ein nicht flüssiges Dielektrikum enthält und dessen Wicklungen imprägniert oder vergossen sein können.

Stelltransformatoren
Sind Transformatoren zur Anpassung der Ausgangsspannung an wechselnde Lastverhältnisse; die Wicklungen der Transformatoren können Anzapfungen zur Änderung der Übersetzung haben – in der Regel auf der stromschwächeren Oberspannungsseite, die stromlos (bei Umsteller), aber auch unter Last (bei Stufenschaltern) geschaltet werden können.

Parallelbetrieb:
Um gefährliche Ausgleichsströme zu vermeiden, müssen parallel laufende Transformatoren Schaltgruppe gleicher Kennzahl aufweisen (bis auf Ausnahmen).

Verluste:
Für den Transformationsprozess wird elektrische Arbeit verbraucht, die in Form von Wärme über geeignete Kühlsysteme an die Umgebung abgegeben wird. Die Verluste im Transformator hängen von der Scheinleistung des angeschlossenen Verbrauchers ab und nicht von seiner Wirkleistung.

Aufstellung von Leistungstransformatoren – zu beachten:
- Schutzart
- ausreichende Kühlung
- Gefahr von Bränden und deren Ausdehnung
- besondere geografische Höhenlage
- Wahl der Schutzeinrichtung
- Belastbarkeit des Untergrunds am Aufstellungsort

Schutzart:

• Trockentransformatoren	IP00/IP20/IP23/IP54
• Öltransformatoren	IP54/IP65
• Kleintransformatoren und Sicherheitstransformatoren	IP00/IP20/IP23/IP44/IP55
• Spielzeugtransformatoren	IP40/IP67

Schutzeinrichtungen:

- Primärseitig:
  HH-Sicherungen, Trennschalter, Last- oder Leistungsschalter
- Sekundärseitig:
  Leitungsschutzsicherungen, Transformatorenschutzsicherungen, Last- oder Leistungsschalter

Weitere Überwachungseinrichtungen:

- Temperaturmessinstrumente, wie Buchholz-Schutz oder Differenzialschutz
- Buchholzschutz: Schutzeinrichtung für flüssigkeitsgefüllte Transformatoren mit Ausdehnungsgefäß. Das Buchholz-Relais spricht auf Fehler an, die im Innern des zu schützenden Transformators auftreten.
- Differenzialschutz: Durch Wandler werden die Eingangsströme und Ausgangsströme gemessen und verglichen.

Arbeiten an Transformatoren:

Die Ober- und Unterspannungsseite sind zu erden und kurzzuschließen.
Transformatoren mit getrennten Wicklungen: Beim Anschluss eines Betriebsmittels sollte der Sekundärstromkreis vorzugsweise als TN-System ausgelegt sein (TT-System für besondere Anwendungsfälle).

Hilfsstromkreise:

- Transformatoren zur Versorgung von Hilfsstromkreisen sollten zwischen Außenleitern angeschlossen werden. Bei mehreren Transformatoren müssen diese so angeschlossen werden, dass auf der Sekundärseite Phasengleichheit besteht.
- Hilfsstromkreise, die überwiegend aus elektronischen Betriebsmitteln oder Systemen bestehen, nicht direkt, sondern potentialgetrennt aus dem Hauptstromkreis speisen.

Transportable Betriebsstätten

Transportable Betriebsstätten – gekennzeichnet dadurch, dass sie entsprechend ihrem bestimmungsgemäßen Gebrauch nach dem Einsatz wieder abgebaut (zerlegt) und am neuen Einsatzort wieder aufgebaut (zusammengeschaltet) werden (z. B. Anlagen auf Bau- und Montagestellen, fliegende Bauten).
Für diese Anlagen wird auch der Begriff „nicht stationäre Anlagen“ benutzt.

→ *Stationäre Anlagen*

Trennen

DIN VDE 0100-200	***Errichten von Niederspannungsanlagen***
(VDE 0100-200)	*Begriffe*

Der englische Begriff „Isolation“ wird in der deutschen Fassung mit „Trennen“ übersetzt. Gemeint ist das allseitige Ausschalten oder Abtrennen einer Anlage, eines Anlagenteils oder eines Betriebsmittels von allen nicht geerdeten Leitern, um die Sicherheit von Personen beim Arbeiten (Instandhaltung, Fehlersuche, Auswechseln von Betriebsmitteln) zu gewährleisten. Trennen ist eine Tätigkeit, die mithilfe dafür vorgesehener Geräte ausgeführt wird. Sie schaffen die Voraussetzung für das betriebliche → *Freischalten.* Insoweit ist das Trennen identisch mit dem Freischalten als Teil der → *fünf Sicherheitsregeln.* Als Geräte zum Trennen können nach DIN VDE 0105-1 eingesetzt werden:

- Trennschalter, Lasttrennschalter
- Sicherungstrennschalter, Sicherungsunterteile
- Steckvorrichtungen
- Trennlaschen, Seilschlaufen
- ausziehbare Schalteinrichtungen, die die Trennerbedingungen erfüllen

→ *Freischalten*

Trennfunkenstrecke

Die Trennfunkenstrecke ist eine offene Erdung. Zwei Metallelektroden stehen sich in einem Porzellankörper – meist in einem definierten Abstand von 3 mm – bei annäherndem Vakuum gegenüber. Die Isolierstrecke wird beim Auftreten einer hohen Spannung durchschlagen. Die entsprechende Stoßansprechspannung wird durch den Abstand der Elektroden und die sie umhüllende Atmosphäre (Gas oder Druck) bestimmt.

→ *Stoßspannung*

Trennschalter

DIN VDE 0100-460 *(VDE 0100-460)*	***Errichten von Niederspannungsanlagen*** *Trennen und Schalten*
DIN VDE 0100-537 *(VDE 0100-537)*	***Elektrische Anlagen von Gebäuden*** *Geräte zum Trennen und Schalten*
DIN EN 61936-1 *(VDE 0101-1)*	***Starkstromanlagen mit Nennwechselspannungen über 1 kV*** *Allgemeine Bestimmungen*

Trennschalter: zum Herstellen einer sichtbaren → *Trennstrecke* zwischen ausgeschalteten und unter Spannung stehenden Anlageteilen. Trenner sollen leistungslos schalten, sie weisen daher keine Einrichtungen zum Löschen des Lichtbogens auf. Schaltstücke werden sichtbar in einer Luftstrecke getrennt.
Trennschalter müssen gleichzeitig allpolig unterbrechen können.

Trennstellen

Eine Trennstelle bietet die Möglichkeit, an einer örtlich vorgegebenen Stelle einen Stromkreis aufzutrennen. Bei Anlagen im Freien müssen alle Verteilerstromkreise ausreichend viele Trennstellen haben. Bei elektrischen Anlagen auf Wandermessen und Wanderzirkussen müssen diese Trennstellen örtlich befestigt und klar erkennbar angebracht sein.

Trennstrecken

DIN VDE 0100-537 *(VDE 0100-537)*	***Elektrische Anlagen von Gebäuden*** *Geräte zum Trennen und Schalten*

Eine Trennstrecke ist der Abstand zwischen den unter Spannung stehenden Anlageteilen und den ausgeschalteten Teilen. Die Trennstrecken zwischen den Kontakten müssen in geöffneter Stellung den Werten der Stehstoßspannung (nachfolgender Tabelle) standhalten:

Nennspannung der Anlage in V	Steh-Stoß-Spannung in kV für Trenngeräte *)	
	Überspannungskategorie III	Überspannungskategorie IV
120–240	3	5
230/400, 277/480	5	8
400/690, 577/1000	8	10

*) Im neuen, sauberen und trockenen Zustand und in geöffneter Stellung müssen die Anschlussstellen jedes Pols dem Wert der Tabelle entsprechen.

Außerdem darf der Ableitstrom zwischen den geöffneten Polen die folgenden Werte nicht überschreiten:

- 0,5 mA je Pol (sauber, neu, trockener Zustand)
- 6 mA je Pol (am Ende der üblichen Lebensdauer)

Die Trennstrecke zwischen den geöffneten Gerätekontakten muss sichtbar oder es muss eine eindeutige Schaltstellungsanzeige durch eine Kennzeichnung „AUS" oder „OFFEN" vorhanden sein. Die Geräte zum Trennen müssen so ausgeführt oder montiert werden, dass eine selbsttätige Einschaltung auf jeden Fall verhindert wird.

Trenntransformator

DIN EN 61558-1 *(VDE 0570-1)*	***Sicherheit von Transformatoren, Netzgeräten, Drosselspulen und dergleichen*** *Allgemeine Anforderungen und Prüfungen*

Arten:
- Trenntransformatoren für die allgemeine Anwendung
- Rasiersteckdosentransformatoren
- Sicherheitstransformatoren
- Spielzeugtransformatoren
- Klingeltransformatoren
- Transformatoren für Handleuchten der Schutzklasse III

Nenn-Eingangsspannung: maximal 1 000 V Wechselspannung
Nennfrequenz: maximale 500 Hz
Nennleistung maximal:
- Trenntransformatoren (einphasig) – 25 kVA
- Trenntransformatoren (mehrphasig) – 40 kVA
- Sicherheitstransformatoren (einphasig) – 10 kVA
- Sicherheitstransformatoren (mehrphasig) – 16 kVA

Leerlauf- und Nennausgangsspannung dürfen folgende Werte nicht überschreiten:
- Trenntransformatoren: 1 000 V AC
- Sicherheitstransformatoren: 50 V AC effektiv

Abweichend von diesen Werten gilt:
- bei ortsveränderlichen Einphasen-Transformatoren, Rasiersteckdosentransformatoren und Rasiersteckdosen-Einheiten: 250 V AC
  Nennleistung: zwischen 20 VA und 50 VA
- bei Spielzeugtransformatoren: 250 V AC
  Nennleistung: maximale 200 VA
- bei Klingeltransformatoren: 250 V AC
  Nennleistung: maximale 100 VA

Trockener Raum

Ein Raum bzw. ein Bereich eines Raums, in dem die Luft nicht mit Feuchtigkeit gesättigt ist, also kein Kondenswasser auftreten kann, wie Wohnräume, Büros, Geschäftsräume, Treppenhäuser, beheizte Kellerräume, aber auch Badezimmer, da dort nur zeitweise Feuchtigkeit auftritt.

Tropfwasserschutz

DIN VDE 0100-510 *(VDE 0100-510)*	***Errichten von Niederspannungsanlagen*** *Allgemeine Bestimmungen*
DIN EN 60529 *(VDE 0470-1)*	***Schutzarten durch Gehäuse (IP-Code)***

Tropfwasserschutz wird angegeben durch zweite Kennziffer im → *IP-Code:*

Schutzgrad	Schutzwirkung	Kurzangabe des Schutzes
IPX0	keine	nicht geschützt
IPX1	senkrecht fallende Tropfen dürfen zu keiner schädigenden Wirkung führen	Tropfwasserschutz (senkrecht)
IPX2	senkrecht fallende Tropfen dürfen zu keiner schädigenden Wirkung führen, wenn das Gehäuse um einen Winkel bis zu 15° beiderseits der Senkrechten geneigt ist	Tropfwasserschutz (bis 15° Neigung)

→ *IP-Code*
→ *IP-Schutzarten*

Türen

DIN VDE 0100-410 *(VDE 0100-410)*	***Errichten von Niederspannungsanlagen*** *Schutz gegen elektrischen Schlag*
DIN VDE 0100-731 *(VDE 0100-731)*	***Errichten von Starkstromanlagen mit Nennspannungen bis 1 000 V*** *Elektrische Betriebsstätten und abgeschlossene elektrische Betriebsstätten*

Türen haben in elektrischen Betriebsstätten eine wichtige Sicherheitsfunktion zu erfüllen. Der Zugang zu abgeschlossenen elektrischen Betriebsstätten darf nur durch verschließbare Türen oder verschließbare Abdeckungen möglich sein. Sie müssen:

- nach außen aufschlagen
- Türschließungen haben, die
  - Zutritt unbefugter Personen von außen verhindern
  - in der Anlage befindliche Personen jederzeit ungehindert verlassen können (Panikschloss)

Türen zwischen verschiedenen Räumen einer abgeschlossenen elektrischen Betriebsstätte müssen kein Schloss haben.
Können Deckel oder Türen in einer isolierenden Umhüllung ohne Schlüssel oder Werkzeug geöffnet werden, so müssen alle leitfähigen Teile, die für Personen bei geöffneter Tür berührbar sind, hinter einer isolierenden Abdeckung mindestens in Schutzart IP2X oder IPXXB angeordnet sein. Horizontale Oberflächen von Abdeckungen oder Umhüllungen müssen mindestens der Schutzart IPXXD oder IP4X entsprechen, wenn sie leicht zugänglich sind.

Typprüfung

Im Rahmen von Qualitätsmanagement-Maßnahmen werden auch elektrische Betriebsmittel und Geräte geprüft. Zwei wesentliche Prüfarten sind die → *Stückprüfung* und die Typprüfung.

Typprüfungen eines Betriebsmittels werden unmittelbar vor der Einführung des betreffenden Produkts in die Produktion an normal gefertigte, vollständige Betriebsmittel vorgenommen, um dessen Eigenschaften und Qualitätsmerkmale nachzuweisen.

Sie decken Projektierungs-, Entwicklungs- und Konstruktionsfehler auf. Dabei ist zu beachten, dass die Betriebsmittel nach einer Typprüfung nicht mehr den Qualitätsforderungen genügen können (im Gegensatz zur → *Stückprüfung*). Die Ergebnisse der Prüfungen werden in Prüfberichten festgeschrieben. Diese Berichte müssen ausreichende Angaben enthalten, um die Erfüllung der Anforderungen an die Normen nachzuweisen. Diese Prüfungen brauchen nicht wiederholt zu werden, solange Änderungen der Werkstoffe, Konstruktion (Aufbau) oder des Fertigungsverfahrens nicht die nachgewiesenen Eigenschaften und Qualitätsmerkmale des Betriebsmittels beeinflussen.

Überbrückung

DIN VDE 0100-540	***Errichten von Niederspannungsanlagen***
(VDE 0100-540)	*Erdungsanlagen und Schutzleiter*

Die Überbrückung von Wasserzählern sollte dann durchgeführt werden, wenn Wasserverbrauchsleitungen eines Gebäudes für Erdungszwecke oder Schutzleiter verwendet werden. Der Querschnitt des Überbrückungsleiters (Schutzpotentialausgleichsleiter) muss so dimensioniert sein, dass eine Verwendung als Schutzleiter, Schutzpotentialausgleichsleiter oder Erdungsleiter für Funktionszwecke möglich ist.

Übereinstimmung mit Normen

Elektrische Betriebsmittel und Anlagen müssen in ihrer Ausführung den IEC-, EN- und DIN-VDE-Normen und evtl. den ISO-Normen entsprechen. Sind keine Normen anwendbar, sollten die Auswahl und Errichtung entsprechender Betriebsmittel zwischen dem Auftraggeber und Errichter/Hersteller abgestimmt werden.

Übergabebericht

Der Übergabebericht und ein Prüfprotokoll sind zum Zwecke der Dokumentation und der Beweispflicht nach Fertigstellung einer elektrischen Anlage dringend zu empfehlen. Als Formular für den Übergabebericht können entsprechende Vordrucke (z. B. ZVEH) verwendet werden. Wichtig ist, dass auch noch in einem längeren Zeitraum nach der Fertigstellung Auskünfte über die durchgeführten Messungen und Prüfungen gegeben werden können.

Mindestangaben im Übergabebericht:
- Räumlichkeit der Anlage
- Auftraggeber/Auftragnehmer
- EVU/Verteilnetzbetreiber
- Netz-System, Spannung, Stromkreise, Schutzmaßnahmen und -einrichtungen
- Messergebnisse/Messverfahren/Messgeräte
- Hinweise auf Mängel und deren Beseitigung
- Prüfer, Errichter, Betreiber, Eigentümer
- Datum/Unterschriften

Übergangswiderstand

Elektrischer Widerstand zwischen den Kontaktflächen einer lösbaren oder unlösbaren Verbindung (Schweiß-, Klemm-, Schraub-, Steck-, Niet- oder Lötverbindung). Der Übergangswiderstand wird in seinen Werten im Wesentlichen beeinflusst durch:

- Verbindungs- und Kontaktmaterial
- Kontaktkraft
- Art und Sauberkeit der Kontaktflächen
- Grad der Korrosion

→ *Kontaktwiderstand*

Überhitzung

DIN VDE 0100-420	***Errichten von Niederspannungsanlagen***
(VDE 0100-420)	*Schutz gegen thermische Auswirkungen*

Schutz gegen Überhitzung bei:

- Gebläse-Heizsystemen:
  - Heizelemente dürfen erst in Betrieb gesetzt werden können, wenn der vorgesehene Luftdurchsatz erreicht ist (Ausnahme: elektrische Speicherheizgeräte)
  - Heizelemente müssen sich außer Betrieb setzen, wenn die Gebläseleistung sich unzulässig reduziert oder abschaltet
  - es sind zwei voneinander unabhängige, temperaturbegrenzende Einrichtungen vorzusehen
  - Tragekonstruktionen und Verkleidungen von Heizelementen müssen aus nicht brennbaren Werk- oder Baustoffen bestehen
- Heißwasser oder Dampferzeuger:
  - Betriebsmittel müssen gegen Überhitzung unter allen Betriebsbedingungen geschützt sein
  - eine freie Auslassöffnung muss vorhanden sein, um eine unzulässige Erhöhung des Wasserdrucks zu vermeiden

Überlaststrom

Der → *Überstrom*, der in einem fehlerfreien Stromkreis auftritt.

Übersichtsschaltplan

Der Übersichtsschaltplan einer elektrischen Anlage ermöglicht einen umfassenden Überblick zum Ausstattungsumfang an Betriebsmitteln, der jeweiligen Stromkreisaufteilung und der entsprechenden Schutzeinrichtungen.
Er ist mit → *Schaltzeichen* und Angabe der Räume (z. B. elektrische Anlage in Wohnungen) versehen und stellt eine wichtige Informationsquelle innerhalb der → *Schaltpläne* für die Dokumentation dar.

Überspannungen

DIN VDE 0100-100	***Errichten von Niederspannungsanlagen***
(VDE 0100-100)	*Allgemeine Grundsätze, Bestimmungen allgemeiner Merkmale, Begriffe*
DIN VDE 0100-410	***Errichten von Niederspannungsanlagen***
(VDE 0100-410)	*Schutz gegen elektrischen Schlag*

Überspannungen entstehen durch:
- atmosphärische Entladungen
- Schaltüberspannungen
- elektrostatische Entladungen
- Nuklearexplosionen

Elektrische Bauteile werden stark beansprucht. Es können Spannungen von einigen hundert Volt bis zu mehreren 100 kV aufgetreten. Die Spannungsimpulse (in der Zeit von 10 µs bis mehreren 100 µs) können galvanisch, induktiv oder kapazitiv in eine elektrische Anlage eingekoppelt werden – sie werden transiente Überspannungen genannt.

Nach DIN VDE 0100-100 ist es erforderlich:
- Personen und Nutztiere müssen gegen Verletzungen und gegen schädigende Einwirkungen geschützt werden, die eintreten könnten, wenn Fehler zwischen aktiven Teilen von Stromkreisen unterschiedlicher Spannungen entstehen
- ebenso müssen Personen und Nutztiere gegen Schäden durch Überspannungen geschützt werden, die eintreten könnten, wenn atmosphärische Einwirkungen (Schutz gegen Blitzeinschläge → *Blitzschutz*) oder Schaltüberspannungen entstehen.

→ *Überspannungsschutzeinrichtungen*

Überspannungskategorie

Überspannungskategorie – ein Zahlenwert, der eine Steh-Stoßspannung festlegt. Der Begriff Überspannungskategorie (nach DIN EN 60664-1) und der Begriff Stehstoßspannungskategorie (nach IEC 60364-4-44) sind gleichbedeutend.

- **Überspannungskategorie I**
  - gilt für besonders bemessene Geräte – 1,5 kV *)
  - Die Betriebsmittel sind nur bestimmt zur Anwendung in Geräten oder Teilen von Anlagen, in denen keine Überspannungen auftreten können oder die besonders durch Überspannungsableiter, Filter oder Kapazitäten gegen Überspannungen geschützt sind.
  - Beispiel: Geräte mit Kleinspannung
- **Überspannungskategorie II**
  - gilt für Betriebsmittel, die zum Anschluss an das Stromversorgungsnetz vorgegeben sind – 2,5 kV *)
  - Die Betriebsmittel sind bestimmt zur Anwendung in Anlagen oder Anlageteilen, in denen Blitzüberspannungen nicht berücksichtigt werden müssen.
    Beispiel: elektrische Haushaltsgeräte
- **Überspannungskategorie III**
  - gilt für Installationsmaterial – 4 kV*)
  - Die Betriebsmittel sind bestimmt zur Anwendung in Anlagen oder Anlageteilen, in denen Blitzüberspannungen nicht berücksichtigt werden müssen, wobei aber im Hinblick auf die Sicherheit und Verfügbarkeit des Betriebsmittels besondere Anforderungen gestellt werden.
    Beispiele: Betriebsmittel der festen Installation wie Schutzeinrichtungen, Schalter, Steckdosen, Schütze u. Ä.
- **Überspannungskategorie IV**
  - gilt für die Stromversorgungsunternehmen und für die Projektierung des Einzelfalls – 6 kV. *)
  - Die Betriebsmittel sind bestimmt zur Anwendung in Anlagen oder Anlagenteilen, bei denen Blitzüberspannungen zu berücksichtigen sind.
    Beispiele: Betriebsmittel zum Anschluss an Freileitungsnetze wie Zähler, Hausanschlusskästen u. Ä.

Überspannungsschutz

→ *Schutz gegen Überspannungen*

*) bei Nennspannung des Stromversorgungssystems von 230/400 V bzw. 277/480 V und dreiphasigen Systemen

Überspannungs-Schutzeinrichtungen (ÜSE)

DIN VDE 0100-534 *(VDE 0100-534)*	***Errichten von Niederspannungsanlagen*** *Überspannungs-Schutzeinrichtungen*
DIN VDE 0100-443 *(VDE 0100-443)*	***Errichten von Niederspannungsanlagen*** *Schutz bei Überspannungen infolge atmosphärischer Einflüsse oder von Schaltvorgängen*
DIN EN 60664-1 *(VDE 0110-1)*	***Isolationskoordination für elektrische Betriebsmittel in Niederspannungsanlagen*** *Grundsätze, Anforderungen und Prüfungen*
DIN EN 62305-1 *(VDE 0185-305-1)*	***Blitzschutz*** *Allgemeine Grundsätze*
DIN EN 62305-3 *(VDE 0185-305-3)*	***Blitzschutz*** *Schutz von baulichen Anlagen und Personen*
DIN EN 62305-4 *(VDE 0185-305-4)*	***Blitzschutz*** *Elektrische und elektronische Systeme in baulichen Anlagen*
DIN EN 61643-11 *(VDE 0675-6-11)*	***Überspannungsschutzgeräte für Niederspannung*** *Anforderungen und Prüfungen*

Planer und Einrichter von elektrischen Anlagen müssen die Möglichkeit des Auftretens von Überspannungen am Speisepunkt berücksichtigen.
In der DIN VDE 0100-534 sind aktuell die Bestimmungen für die Auswahl und die Errichtung von Überspannungs-Schutzeinrichtungen (ÜSE) und deren Kompatibilität mit den angewendeten Schutzmaßnahmen gegen elektrischen Schlag enthalten. Die Anforderungen für die Anwendung bzw. Ausführung der Schutzmaßnahmen sind in den Normen DIN VDE 0100-443 und DIN EN 62305-*x* (VDE 0185-305-*x*) festgelegt.

Zu berücksichtigen sind:
- die zu erwartende Gewitterhäufigkeit (Gewittertage pro Jahr)
- der Einbauort
- die Kennlinien der Überspannungs-Schutzeinrichtungen
- die Art der Einspeisung aus einem Kabel- oder Freileitungsnetz

Überspannungen sollten möglichst vermieden bzw. auf ein annehmbares/vertretbares Maß reduziert werden. Die transienten Überspannungen können zur Gefährdung von Menschen und Nutztieren führen. Auch in der Isolation von Betriebsmitteln können sie schwere Schäden verursachen. Außerdem werden Bauteile durch das Auftreten zu hoher dynamischer Kräfte zerstört. Besonders elektronische Bauteile sind sehr anfällig gegen transiente Überspannungen und können schon bei geringen Spannungserhöhungen ausfallen.
Diese negativen Auswirkungen der Überspannungen können durch den Einsatz von Überspannungs-Schutzeinrichtungen (ÜSE) herabgesetzt werden, sodass gar keine bzw. nur geringe Schäden zu erwarten sind.

Die Auswahl der Überspannungs-Schutzeinrichtungen erfolgt grundsätzlich nach der → *Überspannungskategorie*, die für die elektrischen Anlagen festgelegt sind.

Überspannungs-Schutzeinrichtungen (steht auch für den Begriff „Überspannungsschutzgerät“ und der internationalen Kurzbezeichnung SPD – **S**urge **P**rotective **D**evice) sind für die unterschiedlichen Prüfklassen und Typklassen eingeteilt (bisher in den Normen SPD in Anforderungsklassen A, B, C und D eingeteilt; in den aktuellen Normen sind die Anforderungsklassen durch Prüfklassen und Typ-Klassen ersetzt).

- ÜSE – Typ 1, Prüfklasse I, (Anforderungsklasse B)
  zum Blitzschutzpotentialausgleich, sogenannter „Blitzstromableiter“.
  Der Schutzpegel entspricht der Überspannungskategorie IV.
- ÜSE – Typ 2, Prüfklasse II, (Anforderungsklasse C)
  zum Überspannungsschutz von Überspannungen aus dem öffentlichen Versorgungsnetz, hervorgerufen durch Blitzeinschläge oder Schalthandlungen, sogenannter „Mittelschutz“.
  Der Schutzpegel entspricht der Überspannungskategorie III.
- ÜSE – Typ 3, Prüfklasse III, (Anforderungsklasse D)
  zum Überspannungschutz ortsveränderlicher Verbrauchsgeräte an Steckdosen, sogenannter „Feinschutz“.
  Der Schutzpegel entspricht der Überspannungskategorie II.

Die Entscheidungkriterien für die Verwendung der ÜSE sind in der aktuellen Norm DIN VDE 0100-543 neu gefasst worden. Außerdem hat man die Anforderungen für den Anschluss von ÜSE nach der Art der Erdverbindung (TN-; TT-; IT-Systeme) neu formuliert (Anschlussschemata A, B, C).

Anschlussschema A:

- es gilt für die Errichtung ÜSE in Anlagen mit einer direkten Verbindung zwischen dem Neutralleiter und dem PE-Leiter oder wenn kein Neutralleiter vorhanden ist
- ist die ÜSE innerhalb eines Gebäudes gefordert, so müssen die ÜSE entweder in der Nähe das Speisepunkts oder in der Hauptverteilungsanlage, die dem Speisepunkt folgt, errichtet werden: für ÜSE Typ1 (Blitzschutzpotentialausgleich)
- ÜSE müssen zwischen jedem Außenleiter und der Haupterdungsschiene/Haupterdungsklemme oder dem Hauptschutzleiter angeschlossen werden. Der Alternativanschluss ist davon abhängig, welche Leitungsführung die kürzere ist.

Anschlussschema B:
ist in Deutschland nicht erlaubt.

Anschlussschema C:

- die Errichtung von ÜSE auf der Eingangsseite einer Fehlerstromschutzeinrichtung (RCD)
- ÜSE in Anlagen ohne eine direkte Verbindung zwischen dem Neutralleiter und dem PE-Leiter am oder in der Nähe des Einbauorts
- ÜSE müssen zwischen jedem Außenleiter und dem Neutralleiter und zwischen dem Neutralleiter und entweder der Haupterdungsschiene/Haupterdungsklemme oder dem Hauptschutzleiter angeschlossen werden. Der Alternativanschluss ist davon abhängig, welche Leitungsführung die kürzere ist.

Die Anschlussschemata können im Detail den Anlagen der DIN VDE 0100-534 entnommen werden.

Weitere Anforderungen:

- ÜSE müssen DIN EN 61643-11 (VDE 0675-6-11) entsprechen
- wenn Einsatz von ÜSE, dann Schutzpegel in Übereinstimmung mit Bemessungsstehstoßspannung der Überspannungskategorie II auswählen (z. B. bei 230/400-V-Anlagen: Schutzpegel nicht größer als 2,5 kV)
- der Fehlerschutz (Schutz bei indirektem Berühren) muss auch im Falle eines Fehlers der ÜSE wirksam bleiben
- Statusanzeige: sollte ÜSE einen Schutz bei Überspannungen nicht mehr bieten, so muss dies angezeigt werden
- Anschlussleitungen: von Außenleiter und/oder Neutralleiter zu den ÜSE und von der ÜSE zu der Haupterdungsschiene oder zum Schutzleiter (PEN-Leiter oder PE-Leiter) so kurz wie möglich; auf keinen Fall 1,0 m überschreiten. Mindeststens einen Querschnitt 4 mm^2 Cu.

Überspannungsschutzeinrichtungen in Verbraucheranlagen:

Geforderte Mindestwerte der maximal zulässigen Betriebsspannung U_C von ÜSE			
ÜSE zwischen	TN-System	TT-System	IT-System
Außenleiter und Neutralleiter	1,1 U_0	1,1 U_0	1,1 U_0
Außenleiter und PE-Leiter	1,1 U_0	1,1 U_0	U
Neutralleiter und PE-Leiter	U_0	U_0	U_0
Außenleiter und PEN-Leiter	1,1 U_0	*)	*)
ÜSE zwischen Außenleitern	1,1 U	1,1 U	1,1 U
*) nicht anwendbar *Anmerkung: U_0 entspricht der Spannung Außenleiter zu Neutralleiter des Niederspannungsnetzes; U entspricht der Spannung Außenleiter zu Außenleiter des Niederspannungsnetzes*			

Empfehlungen: Überspannungsschutzeinrichtungen im Niederspannungsnetz:

- in Kabelnetzen sind Überspannungsschutzeinrichtungen in der Regel nicht notwendig
- in Freileitungsnetzen mit weniger als 25 Gewittertagen/Jahr sind Überspannungsschutzeinrichtungen in der Regel nicht notwenig
- in Freileitungsnetzen mit mehr als 25 Gewittertagen/Jahr:

Transiente Überspannung (U) am Hausanschlusskasten (Anhaltswerte)	**Überspannungsschutzeinrichtungen**
$U \leq 4$ kV	nicht erforderlich
$U > 4$ kV bis 6 kV	empfehlenswert
$U > 6$ kV	erforderlich

→ *Überspannungen*
→ *Überspannungskategorien*

Überstrom

Der Strom, der den Bemessungswert überschreitet. Für Leiter ist der Bemessungswert die zulässige Strombelastbarkeit.

Überstromschutzeinrichtungen

Die Einrichtung zum Schutz der Leiter oder anderer Betriebsmittel eines Stromkreises gegen zu hohe Erwärmung, wenn vorher festgelegte Stromwerte für eine bestimmte Zeit überschritten werden.

Überwachung von Erdungsanlagen

DIN VDE 0100-540 *(VDE 0100-540)*	***Errichten von Niederspannungsanlagen*** *Erdungsanlagen und Schutzleiter*
DIN VDE 0141 *(VDE 0141)*	***Erdungen für spezielle Starkstromanlagen mit Nennspannungen über 1 kV***
DIN VDE 0151 *(VDE 0151)*	***Werkstoffe und Mindestmaße von Erdern bezüglich der Korrosion***

Die Erdung ist eine der wichtigsten Maßnahmen zum Schutz bei indirektem Berühren. Nur durch eine korrekt ausgeführte und in ihrer Funktion überwachte Erdungsanlage können im Fehlerfall entstehende Potentialunterschiede abgebaut und so Personengefährdungen vermieden werden.

Aufgaben der Erdungsanlagen:
- Vermeidung unzulässiger Berührungsspannung (Personensicherheit)
- Ableiten von Blitz- und Überspannungen (Anlagensicherheit)
- Verminderung der Isolationsbeanspruchung (Betriebsführung)
- Ansprechen des Schutzes (Betriebsführung)
- Erdschlusslöschung und Messaufgaben (Betriebsführung)

In Anlagen bis 1 000 V:
Zur Überwachung von Erdungsanlagen in Netzen bis 1 000 V werden in den Normen keine Anforderungen gestellt, d. h. keine Aussagen bzgl. Kontrolle und Überwachung getroffen.
Grund:
- gute Betriebserfahrungen
- Vielzahl der im Niederspannungsnetz vorhandenen Erder

In Anlagen über 1 000 V:
Das stichprobenartige Besichtigen sollte umfassen:
- Kontrolle der Verbindungsstellen (Erdungsleitung – Erder), Erder – natürlicher Erder)
- Kontrolle des Übergangsbereichs „Erdboden – Luft“
- Kontrolle des Zustands der sichtbar verlegten Erdungsleitungen

Messtechnischer Nachweis der Funktionstüchtigkeit einer Erdungsanlage:
- Messung des Ausbreitungswiderstands (Erdungsmessbrücke)
- Messung der Erdungsspannung
- Messung der Berührungsspannung

Grundsätze für die Überwachung und Messung von Erdungsanlagen:
- Turnus etwa alle fünf Jahre und nach Umbaumaßnahmen
- Messung des Gesamterdungswiderstands, ggf. Einzelerder; je nach Netzform (Netzsystem; System nach Art der Erdverbindung) können auch Hochspannungsschutz- und Niederspannungsbetriebserder getrennt gemessen werden
- Ausgrabung von Erdungsanlagen stichprobenartig
- Verbesserung der Erdungsanlage bei Überschreitung der Grenzwerte, bei Korrosionserscheinungen und bei Umbaumaßnahmen je nach Zustand durch Erneuerung, Instandsetzung (z. B. Korrosionsschutzbinde) oder Erweiterung (Anmerkung: Zur Vermeidung von Korrosion sollten der pH-Wert des Erdreichs, Widerstand und Feuchtigkeit des Erdreichs, Streuströme, und evtl. chemische Belastung des Bodens berücksichtigt werden)
- Einsatz eines Formblatts, das systematisch in einer regional oder organisatorisch abgegrenzten Anlagen-Akte geführt wird
- Messung an Freileitungsmasten mindestens für besondere Standorte (z. B. Freibäder, Campingplätze)
- vor Inbetriebnahme neuer Anlagen Erstellung eines Erdungsprotokolls

Umgebungsbedingungen

DIN VDE 0298-4 *(VDE 0298-4)*	***Verwendung von Kabeln und isolierten Leitungen für Starkstromanlagen*** *Empfohlene Werte für die Strombelastbarkeit von Kabeln und Leitungen für feste Verlegung in und an Gebäuden und von flexiblen Leitungen*

Für die Auswahl elektrischer Betriebsmittel ist die Kenntnis über die Umgebungsbedingungen der jeweiligen Standorte von großer Bedeutung, weil alle verwendeten Betriebsmittel neben den zu erwartenden Beanspruchungen auch den äußeren Einflüssen am Verwendungsort gewachsen sein müssen.

„Normale" Umgebungsbedingungen:

- Umwelteinflüsse:
  - die Umgebungstemperaturen liegen zwischen –5 °C und +40 °C
  - die Luftfeuchtigkeit liegt zwischen 30 % und 60 %
  - die Luft enthält den normalen Staubanteil
  - die Unterlagen, auf denen elektrische Betriebsmittel montiert werden, sind schwer entflammbar
  - die mechanische Beanspruchung auf Schlag und Stoß entspricht der, der üblicherweise die Betriebsmittel ausgesetzt sind
  - eine Beeinträchtigung durch Chemikalien liegt nicht vor
- elektrische Betriebsverhältnisse:
  - es liegen nur Netzspannungsschwankungen von +6 % bis –10 % vor
  - die Kurzschlussleistung ist am Einbauort ausreichend, aber nicht zu hoch
  - die Energieversorgung ist dauernd gewährleistet
- Betriebsarten:
  - die Betriebsmittel werden höchstens dauernd mit ihrem Nennstrom belastet
  - die Schalthäufigkeit ist nicht ungewöhnlich für das Betriebsmittel
  - die Verlustwärme wird durch die Umgebung aufgenommen und abgeführt
- Betriebsweise:
  - die Betriebsmittel werden nach dem bestimmungsgemäßen Gebrauch verwendet

Umgebungstemperatur

DIN VDE 0100-200 *(VDE 0100-200)*	***Errichten von Niederspannungsanlagen*** *Begriffe*
DIN VDE 0100-520 *(VDE 0100-520)*	***Errichten von Niederspannungsanlagen*** *Kabel- und Leitungsanlagen*
DIN VDE 0298-4 *(VDE 0298-4)*	***Verwendung von Kabeln und isolierten Leitungen für Starkstromanlagen*** *Empfohlene Werte für die Strombelastbarkeit von Kabeln und Leitungen für feste Verlegung in und an Gebäuden und von flexiblen Leitungen*

Umgebungstemperatur ist die Temperatur der Luft oder eines anderen Mediums, in dem das Betriebsmittel verwendet wird.

Es ist vorausgesetzt, dass die Umgebungstemperatur den Einfluss anderer Betriebsmittel, die an demselben Ort/Platz angebracht sind, einschließt.

- Kabel- und Leitungsanlagen müssen so ausgewählt und errichtet werden, dass sie für die höchste oder niedrigste örtliche Umgebungstemperatur geeignet sind und sichergestellt ist, dass die höchstzulässige Betriebstemperatur nicht überschritten wird.
- Kabel- und Leitungsanlagen (einschließlich Zubehör) dürfen nur bei Umgebungstemperaturen installiert oder bewegt werden, die innerhalb der in der maßgeblichen Kabelnorm angegebenen Grenzwerte liegen.
- Bei Umgebungstemperaturen, die von 30 °C abweichen, ist die zulässige Strombelastbarkeit zu korrigieren, damit die höchstzulässigen Leitertemperaturen nicht überschritten werden.

Umhüllung

Eine Umhüllung bzw. ein Gehäuse ist ein Teil, das Betriebsmittel gegen bestimmte äußere Einflüsse schützt. Durch die Umhüllung wird der Schutz gegen direktes Berühren in allen Richtungen gewährt. Die elektrische Umhüllung bietet Schutz gegen vorhersehbare Gefahren durch Elektrizität, sie umgibt die inneren Teile eines Betriebsmittels, damit der Zugriff auf gefährliche Teile verhindert wird.

→ *Schutz durch Abdeckung oder Umhüllung, Abschrankung oder Hindernisse*
→ *Abdeckung*

Umspannanlage

Eine Anlage in der Elektrizität von einer höheren Spannungsebene (z. B. 110 kV) auf eine niedrige Spannungsebene (z. B. 10 kV) transformiert wird.

Die Umspannanlage kann als Freiluftanlage oder Innenraumanlage erstellt werden. Zur Anlage gehören für die entsprechenden Leitungsabgänge die zugehörigen Schaltanlagen, einschließlich aller notwendigen Steuer- und Schutzeinrichtungen. Beachtet man die Gesamtheit aus der Umspannanlage und den dazugehörigen und zur Transformation nötigen Transformatoren (je nach Aufbau der Anlage einer oder zwei), so spricht man von einer „Station“, mit dem Zusatz (je nach Spannungsebene), z. B. 110/10-kV-Station, 10/0,4-kV-Station.

Die frühere Bezeichnung Umspannwerk sollte nicht mehr verwendet werden.

Umweltbedingungen

Die Umweltbedingung ist eine physikalische, chemische oder biologische Bedingung außerhalb eines Erzeugnisses, der das Erzeugnis zu einer bestimmten Zeit ausgesetzt ist.

Im Allgemeinen werden die Umweltbedingungen von der Natur, dem Erzeugnis selbst oder von anderen äußeren Einflüssen verursacht.

Unabhängiger Erder

Ein Erder, der sich in einem solchen Abstand von anderen Erdern befindet, dass sein elektrisches Potential nicht nennenswert von Strömen zwischen Erde und den anderen Erdern beeinflusst wird.

Unbeeinflusste Berührungsspannung

DIN VDE 0100-200	***Errichten von Niederspannungsanlagen***
(VDE 0100-200)	*Begriffe*

Die unbeeinflusste (oder: zu erwartende) Berührungsspannung (prospective touch-voltage) ist der Teil der Fehlerspannung, der zwischen zwei gleichzeitig berührbaren leitfähigen Teilen von einem Menschen oder von einem Nutztier überbrückt werden kann. Die Höhe der zu erwartenden Berührungsspannung kann abhängen von:

- der Spannung des Versorgungssystems
- dem Impedanzverhältnis zwischen Außenleiter und Schutzleiter/PEN-Leiter
- der Fehlerstelle im Stromkreis

→ *Fehlerspannung*
→ *Berührungsspannung*
→ *Berührungsstrom*

Unbeeinflusster, vollkommener Kurzschlussstrom

DIN VDE 0100-200	***Errichten von Niederspannungsanlagen***
(VDE 0100-200)	*Begriffe*

Ein Überstrom, verursacht durch einen Fehler vernachlässigbarer Impedanz zwischen aktiven Leitern, die im ungestörten Betrieb unterschiedliches Potential haben.

Unfallhilfe

Unterbrechen des Stroms	• Abschalten des Stromkreises • Herausnehmen der Sicherung • Einleiten eines Kurzschlusses • Wegstoßen des Verunfallten mit einem Isolierstück (bei Spannungen bis 1 000 V)
Bergung des Verunfallten	• Verunfallten aus dem Gefahrenbereich bringen
Arzt verständigen	• ein Arzt ist zur weiteren Hilfe unbedingt erforderlich
Atmung und Puls prüfen	• Atmung fehlt: Atemspende (Mund zu Mund) • Puls fehlt: Herzdruckmassage

Tabelle 87 Wichtige Regeln für die Erste Hilfe bei Unfällen

Unfallverhütungsvorschriften

Unfallverhütungsvorschriften (früher: UVV) sind sicherheitstechnische Rechtsnormen, die für alle Gewerbezweige verbindlich sind. Aktuell: Berufsgenossenschaftliche Vorschriften für Arbeitssicherheit und Gesundheitsschutz (BGV).

Sie enthalten wirksame Aussagen und Mindestnormen für die Arbeitssicherheit und den Gesundheitsschutz:
- Schutzzielangaben
- Grundsätze für die Gefahrenabwehr

Die Durchführungsanweisungen nennen beispielhafte Lösungen zur Erreichung des Schutzziels. Sie dienen als Entscheidungshilfen für Unternehmer, Vorgesetzte, Mitarbeiter und Überwachungsbehörden.

Die im Anhang der Durchführungsanweisungen bezeichneten → *allgemein anerkannten Regeln der Technik* (VDE-Bestimmungen) gelten als → *elektrotechnische Regeln*, die Bestandteil der Unfallverhütungsvorschriften sind und damit rechtlich aufgewertet wurden.

Die Unfallverhütungsvorschriften lassen Abweichungen von den allgemeinen Regeln der Technik sowie von den beispielhaften Lösungen in den Durchführungsanweisungen dann zu, wenn die gleiche Sicherheit auf andere Weise gewährleistet ist.

Eine wichtige Unfallverhütungsvorschrift ist die → *BGV A3*.

→ *Rechtliche Bedeutung der DIN-VDE-Normen*
→ *Elektrotechnische Regeln*

Ungeschützte Anlagen im Freien

DIN VDE 0100-200 *(VDE 0100-200)*	***Errichten von Niederspannungsanlagen*** *Begriffe*
DIN VDE 0100-737 *(VDE 0100-737)*	***Errichten von Niederspannungsanlagen*** *Feuchte und nasse Bereiche und Räume und Anlagen im Freien*
DIN VDE 0100-714 *(VDE 0100-714)*	***Errichten von Niederspannungsanlagen*** *Beleuchtungsanlagen im Freien*

Anlagen im Freien sind elektrotechnische Anlagen und Betriebsmittel, die sich außerhalb von Gebäuden befinden, wie auf Straßen, Wegen und Plätzen, in Höfen, Durchfahrten und Gärten, auf Bauplätzen, Bahnsteigen, Rampen und Dächern, an Kranen, Baumaschinen, Tankstellen und Gebäudeaußenwänden sowie auf Überdachungen. Man unterscheidet die Anlagen im Freien weiterhin in → *geschützte Anlagen im Freien* und ungeschützte Anlagen im Freien, z. B. Anlagen auf Rampen und auf nicht überdachten Bahnsteigen.

→ *Geschützte Anlagen im Freien*
→ *Beleuchtungsanlagen im Freien*
→ *Räume*
→ *Anlagen im Freien*

Unter Spannung setzen der elektrischen Anlagen

DIN VDE 0105-100 ***Betrieb von elektrischen Anlagen***
(VDE 0105-100) *Allgemeine Festlegungen*

Nachdem eine Arbeit an elektrischen Anlagen durchgeführt ist, muss die Anlage oder Teile dieser Anlage wieder unter Spannung gesetzt werden.

Folgende Vorgehensweise ist vorgegeben:
- Entfernen von Sachen und Personen
- Aufheben der Sicherheitsmaßnahmen an der Arbeitsstelle
- Zustand nach Aufheben der Sicherheitsmaßnahmen
- Wiederherstellen des Betriebszustands
- Verständigung
- Einsatzbereitschaft an der Arbeitsstelle
- Aufheben der Sicherheitsmaßnahmen an der Ausschaltstelle

Unterbrechungsfreie Stromversorgung

Fällt das Netz aus, übernimmt eine Notstromanlage (z. B. eine Batterie) über einen Wechselrichter unterbrechungsfrei die Stromversorgung des Verbrauchers für einen vorher geplanten Zeitraum.

Unterflur-Installation

DIN VDE 0100-520 ***Errichten von Niederspannungsanlagen***
(VDE 0100-520) *Kabel- und Leitungsanlagen*

Unterflur-Installation: Installationen, die unterhalb von Fußböden (z. B. aufgeständerter Fußboden) oder in Elektro-Installationskanäle eingebracht sind.

Elektro-Installationskanäle innerhalb von Konstruktionsteilen müssen vollständig für jeden Stromkreis verlegt sein, bevor Leitungen und Kabel eingezogen werden.

Unterputz-Installation

DIN VDE 0100-520	***Errichten von Niederspannungsanlagen***
(VDE 0100-520)	*Kabel- und Leitungsanlagen*
DIN 18015-1	***Elektrische Anlagen in Wohngebäuden***
	Planungsgrundlagen

Bei der Unterputz-Installation werden → *Kabel,* → *Leitungen* und die zugehörigen Installationsgeräte und -bauteile entweder in Schlitze oder in Aussparungen des Baukörpers eingebracht und durch feste Baustoffe, z. B. Putz, überdeckt. Eine unter Putz verlegte Leitung gilt als außerhalb des → *Handbereichs* angeordnet und als mechanisch geschützt.

Der Leitungsweg ist beim Verlegen unter Putz (bei allen Leitungsarten) so zu wählen, dass die Leitungen senkrecht oder waagrecht, jedoch nicht schräg über die Wand gelegt werden. Sie sollten bei senkrechter Leitungsführung möglichst in der Nähe von Zimmerdecken oder etwa 15 cm von der Türkante und bei waagrechter Leitungsführung unterhalb der Decke im Abstand von etwa 30 cm verlegt werden.

Oberhalb von Fenstern ist das spätere Anbringen der Gardinenleiste zu berücksichtigen. Die Leitungen von Steckdose zu Steckdose sollten etwa 30 cm über der Oberkante des fertigen Fußbodens verlegt werden.

→ *Aufputz-Installation*

Unterrichtsräume mit Experimentierständen

DIN VDE 0100-723	***Errichten von Niederspannungsanlagen***
(VDE 0100-723)	*Unterrichtsräume mit Experimentiereinrichtungen*
DIN 57789-100	***Unterrichtsräume und Laboratorien***
(VDE 0789-100)	*Sicherheitsbestimmungen für energieversorgte Baueinheiten*

Elektrische Anlagen in Unterrichtsräumen zum Experimentieren sind Einrichtungen in Ausbildungsstätten, Schulen, in Vorlesungs- und Praktikumsräumen von Hochschulen, die der Wissensvermittlung durch Vorführen und Üben dienen. Die nachfolgenden Anforderungen gelten nicht für Einrichtungen, die nur mit vollständigem Schutz gegen direktes Berühren und Schutz bei indirektem Berühren über Steckvorrichtungen oder fest angeschlossen versorgt werden.

Die elektrischen Anlagen müssen so errichtet werden, dass die von ihnen ausgehenden Gefahren für den Experimentierenden weitgehend vermieden werden.

Speisepunkte

- An der Einspeisung müssen Schaltgeräte zum Trennen und Einrichtungen für Not-Aus-Schaltung vorgesehenen werden.

Schaltgeräte

- Schaltgeräte müssen gegen unbefugtes Schalten gesichert werden können.
- Experimentiereinrichtungen dürfen einzeln, in Gruppen oder zentral geschaltet werden, wenn ihre Einrichtungen jeweils übersichtlich angeordnet sind.
- Es muss eine Not-Aus-Schaltung für jede Experimentiereinrichtung vorgesehen werden, die im Gefahrenfall alle Stromkreise der Experimentierstände eines Raums unterbricht.
- Nach Betätigung der Not-Aus-Schaltung muss das Schaltgerät gegen unbefugtes Wiedereinschalten gesichert werden.
- Die Not-Aus-Schaltung muss mindestens an allen Ausgängen angeordnet werden.

Schutz gegen elektrischen Schlag

- Vorzugsweise SELV oder PELV, soweit der beabsichtigte Zweck dies zulässt.
- Bei Wechselspannung > 50 V ist der Schutz durch automatische Abschaltung im TN- oder TT-System mit RCDs mit $I_{\Delta N} \leq 30$ mA (Typ B nach DIN VDE 0664-100 – Typ A, wenn nicht mit glatten Gleichfehlerströmen zu rechnen ist) erforderlich.
- Bei Anwendung eines IT-Systems muss die Isolationsüberwachungseinrichtung bei Unterschreitung des zulässigen Isolationswerts (mindestens 50 Ω/V) abschalten, und es darf auf Fehlerstromschutzeinrichtungen (RCDs) verzichtet werden. Je nach Art der durchzuführenden Experimente kann es wegen der Summe der Ableitströme sinnvoll sein, RCDs in Endstromkreisen oder für Gruppen von Experimentiereinrichtungen vorzusehen.
- Für einpolige Anschlussstellen sind berührungssichere Steckbuchsen zu verwenden.
- Außerhalb von Experimentierständen sind Anschlussstellen (Steckdosen) mit dem Hinweis „Für Experimentierzwecke geeignet" zu versehen.
- Es ist darauf zu achten, dass die allgemeine Versorgung und Betriebsmittel, durch deren Ausschaltung eine Gefahr entstehen kann (z. B. Beleuchtung, Lüftung, Absaugeinrichtungen, Kühlung), bzw. Betriebsmittel, deren kontinuierlicher Betrieb nicht unterbrochen werden sollte (z. B. registrierende Messungen, PCs, Programmiergeräte), nicht in die Not-Aus-Schaltung einbezogen werden.

- Steckdosen außerhalb der Not-Aus-Schaltung müssen mit „Not-Aus – nicht wirksam“ gekennzeichnet werden.
- Fremde leitfähige Teile im Handbereich der Experimentiereinrichtungen sind über Potentialausgleichsleiter miteinander und mit dem Schutzleiter an zentraler Stelle, z. B. in der Verteilung, zu verbinden.

Unterschiedliche Stromkreise in Abzweigdosen

DIN VDE 0100-520 *(VDE 0100-520)*	***Errichten von Niederspannungsanlagen*** *Kabel- und Leitungsanlagen*
DIN VDE 0100-460 *(VDE 0100-460)*	***Errichten von Niederspannungsanlagen*** *Trennen und Schalten*

Unter Beachtung der Anforderungen aus den oben genannten Normen dürfen in Abzweigdosen von elektrischen Anlagen mehrere Stromkreise vorgesehen werden.

Kurz gefasste Anforderungen:

- Ungeschnittene Leiter mehrerer Stromkreise dürfen durch gemeinsame Durchgangskästen geführt werden.
- Wenn eine Abzweigdose aktive Teile enthält, die mit mehr als einer Versorgung verbunden sind, muss ein Warnhinweis so angebracht sein, dass jede Person, die Zugang zu den aktiven Teilen hat, auf die Notwendigkeit der Trennung dieser Teile von den verschiedenen Versorgungen hingewiesen wird.

→ *Abzweigungen*

Unterschied Schutzerdung zu Funktionserdung

Schutzerdung: Die Erdung eines oder mehrerer Punkte eines Netzes/einer elektrischen Anlage/eines Betriebsmittels zum Zweck der elektrischen Sicherheit.
Funktionserdung: Die Erdung eines oder mehrerer Punkte eines Netzes/einer elektrischen Anlage/eines Betriebsmittels zu anderen Zwecken als der Sicherheit.

Unterspannungen

DIN VDE 0100-450 *(VDE 0100-450)*	***Errichten von Starkstromanlagen mit Nennspannungen bis 1 000 V*** *Schutz gegen Unterspannung*

Bei Spannungseinbruch oder Spannungsausfall müssen Gefahren für Personen und Sachen vermieden werden. Es müssen auch Maßnahmen ergriffen werden, wenn Teile der elektrischen Anlage oder einzelne Betriebsmittel beschädigt werden können.

- Zeitverzögerte Unterspannungs-Schutzeinrichtungen dürfen nur dann eingesetzt werden, wenn das zu schützende Betriebsmittel eine kurze Unterbrechung gefahrlos gestattet.
- Bei Verwendung von Schützen:
  Die Abfall- oder Anzugverzögerung darf nicht die sofortige Abschaltung durch Steuer- oder Schutzeinrichtung verhindern.
- Die Wiedereinschaltung darf nicht automatisch erfolgen, wenn dadurch eine Gefahr verursacht wird.
- Gefahren für Personen müssen in jedem Fall verhindert werden.
- Es kann auf Unterspannungs-Schutzeinrichtungen verzichtet werden, wenn das Risiko einer Beschädigung für Betriebsmittel als tragbar angesehen werden kann.

Unterverteilung

DIN VDE 0100-200	***Errichten von Niederspannungsanlagen***
(VDE 0100-200)	*Begriffe*

Unterverteilung – ein Teil der Gesamtheit einer Verbraucheranlage.

Praktische Tipps:

- Anordnung sollte so erfolgen, dass die betriebsmäßige Bedienung, ihre Inspektion, ihre Wartung und der Zugang leicht möglich sind.
- Das Bedienen (Wiedereinschalten der Schalter, Betätigen der Prüftaste der Fehlerstromschutzeinrichtung (RCD) usw.) muss durch den Elektrolaien möglich sein.
- Anordnung an schwer zugänglichen Orten (z. B. Unterverteilung in einer Zwischendecke) ist nicht zu empfehlen.

Unterwasserleuchten

DIN VDE 0100-702	***Errichten von Niederspannungsanlagen***
(VDE 0100-702)	*Becken von Schwimmbädern, begehbare Wasserbecken und Springbrunnen*

DIN EN 60598-2-18	***Leuchten***
(VDE 0711-2-18)	*Besondere Anforderungen – Leuchten für Schwimmbecken und ähnliche Anwendungen*

Unterwasserleuchten, die von hinten bedienbar sind und hinter unabhängigen Glasscheiben angebracht sind, müssen so errichtet werden, dass eine zufällige oder absichtliche Verbindung zwischen Körpern der Unterwasserscheinwerfer und jedem anderen leitfähigen Teil der Bullaugen ausgeschlossen werden kann.

Unterwiesene Personen

Elektrotechnisch unterwiesene Person ist, wer durch eine Elektrofachkraft über die ihr übertragenen Aufgaben und die möglichen Gefahren bei unsachgemäßem Verhalten unterrichtet und erforderlichenfalls angelernt sowie über die notwendigen Schutzeinrichtungen und Schutzmaßnahmen belehrt wurde.

Voraussetzungen für unterwiesene Personen:
- Unterrichtung durch eine Elektrofachkraft
- Unterrichtung für die übertragenen Aufgaben
- Unterrichtung über mögliche Gefahren bei unsachgemäßem Verhalten
- Information über notwendige Schutzeinrichtungen und Schutzmaßnahmen
- Anlernen, soweit erforderlich

Es werden nur Kenntnisse für die ihnen übertragenen Aufgaben vorausgesetzt.

USV

DIN VDE 0100-710	***Errichten von Niederspannungsanlagen***
(VDE 0100-710)	*Medizinisch genutzte Räume*
DIN VDE 0100-560	***Errichten von Starkstromanlagen mit Nennspannungen bis 1 000 V***
(VDE 0100-560)	*Einrichtungen für Sicherheitszwecke*

Die USV – die unterbrechungsfreie Stromversorgung – kommt dann zum Einsatz, wenn eine Weiterversorgung der angeschlossenen Verbraucher in jedem Fall gewährleistet sein muss, auch im Falle eines Versagens der normalen Stromversorgung. Unterbrechungsfrei bedeutet: tatsächlich keine Unterbrechung der Verbrauchsgeräte mit elektrischer Energie. Einsatzgebiete der USV-Anlagen sind vor allem Rechneranlagen oder rechnergestützte Geräte und medizinisch elektrische Geräte.

Unterschieden wird in:

- USV-Anlagen, die integrativer Bestandteil eines Geräts sind und nur dieses Gerät unmittelbar versorgen.
- USV-Anlagen, die in Elektroinstallationsanlagen eines Hauses oder Raums fest eingebunden sind.

Praktische Tipps:

- der Betrieb einer USV-Anlage in einem TT-System ist möglich
- bei mehreren Steckdosen in einem Raum mit unterschiedlicher Versorgungsart sollte auf eine deutliche Kennzeichnung geachtet werden, um Verwechslungen auszuschließen
- beim Einsatz von Fehlerstromschutzeinrichtungen (RCDs) ist bei der Versorgung von Sicherheitsstromversorgungsanlagen DIN VDE 0100-560 zu beachten
- ist die USV-Anlage Bestandteil einer Sicherheitsstromversorgungsanlage, so ist die Anlage getrennt aufzubauen – auch eine separate Verteilung ist erforderlich

→ *Unterbrechungsfreie Stromversorgung*
→ *Medizinisch genutzte Räume*

VBG

VBG früher die Abkürzung von „Vorschriften der Berufsgenossenschaften“

VBG 1Unfallverhütungsvorschriften – Allgemeine Vorschriften
Festlegungen von grundlegender Bedeutung

Die wichtigste Vorschrift für die Elektrotechnik:
VBG 4Elektrische Anlagen und Betriebsmittel

Die VBG 1 enthielt als Basis-Unfallverhütungsvorschrift allgemeine Regelungen für Unternehmer, Vorgesetzte und Mitarbeiter. Was in dieser allgemeinen Vorschrift geregelt war, wurde in den speziellen Vorschriften (z. B. VBG 4) nicht mehr wiederholt.

Die VBG 4 war eine Basis-Vorschrift mit speziellen elektrotechnischen Anforderungen. Sie schrieb den von den Berufsgenossenschaften für erforderlich gehaltenen sicherheitstechnischen Stand im Bereich der Elektrotechnik fest und nahm zugleich Bezug auf die → *anerkannten Regeln der Technik*, die DIN-VDE-Normen.

Die VGB ist umbenannt. Aktuell spricht man von der → *BGV* (z. B. → *BGV A3*; Unfallverhütungsvorschrift, Elektrische Anlagen und Betriebsmittel).

VDE

VDE Verband der Elektrotechnik Elektronik Informationstechnik e. V.

- Der VDE ist im Jahre 1893 gegründet worden.
- Sitz des VDE ist Frankfurt am Main.
- Zweck des VDE ist es, die auf dem Gebiet der Elektrotechnik, Elektronik, Informationstechnik oder verwandter Berufszweige tätigen Menschen und Organisationen zusammenzuschließen
  - zur Pflege und Förderung der technischen Wissenschaften und ihrer Anwendungen
  - zur Förderung der Unfallverhütung im Interesse der Sicherheit der Allgemeinheit, insbesondere der Anwender elektrotechnischer Erzeugnisse, zum Schutz vor Gefahren für Leib und Leben, Sachwerte, Umwelt und sonstige Werte

  - zur Förderung des Verantwortungsbewusstseins der Mitglieder gegenüber der Allgemeinheit bei der Fortentwicklung und Anwendung der technischen Wissenschaften
  - zur Unterrichtung der Öffentlichkeit über Bedeutung und Aufgaben der Elektrotechnik, Elektronik, Informationstechnik.
- Der VDE verfolgt ausschließlich und unmittelbar gemeinnützige Zwecke.
- Die Aufgaben des VDE sind insbesondere:
  - Ausarbeitung, Herausgabe und Auslegung des VDE-Vorschriftenwerks
  - Durchführung des VDE Prüf- und Zertifizierungswesens
  - Herausgabe und Förderung von technisch-wissenschaftlichem Schrifttum
  - Mitarbeit an der Aufstellung, Herausgabe und Auslegung von Normen für Elektrotechnik
  - Mitwirkung bei der Ausgestaltung des einschlägigen Bildungswesens
  - Anregung und Förderung von ausschließlich gemeinnützigen Zwecken dienenden Forschungsarbeiten
  - Unterstützung der Arbeiten der Mitglieder für die gemeinnützigen Aufgaben des VDE
  - Förderung und Durchführung technisch-wissenschaftlicher Veranstaltungen
  - Zusammenarbeit mit anderen wissenschaftlichen Vereinigungen im In- und Ausland
  - sonstige, die Zwecke des VDE fördernde Maßnahmen.

→ *DKE*

VDE Prüf- und Zertifizierungsinstitut

Das VDE Prüf- und Zertifizierungsinstitut (frühere Bezeichnung: VDE-Prüfstelle) ist eine Einrichtung des Verbands der Elektrotechnik Elektronik Informationstechnik e. V. (→ *VDE*). Es wurde 1920 gegründet und prüft als neutrale und unabhängige Institution in seinen Laboratorien auf Antrag elektrotechnische Erzeugnisse nach den VDE-Bestimmungen oder anderen allgemein anerkannten Regeln der Technik.
Damit dient es dem Schutz der Allgemeinheit durch Abwendung von Gefahren und von Funkstörungen beim Umgang mit Elektrogeräten.
Das VDE Prüf- und Zertifizierungs-Institut prüft insbesondere Hausgeräte, Leuchten, Elektrowerkzeuge, Geräte der Unterhaltungselektronik, elektromedizinische Geräte, Geräte der Informations- und Kommunikationstechnik, Installationsmaterial, Kabel und Leitungen sowie Bauelemente der Elektrotechnik und Elektronik.

Das VDE Prüf- und Zertifizierungs-Institut vertritt als neutrale und unabhängige Institution die Belange des VDE-Prüfwesens (Prüfungen und Prüfzeichen) bei Behörden sowie in nationalen und internationalen Organisationen.

Das VDE Prüf- und Zertifizierungs-Institut ist nach den Regeln des europäischen Prüf- und Zertifizierungswesens akkreditiert.

→ *Akkreditiertes Prüflaboratorium*

VDE-Prüfstelle

→ *VDE Prüf- und Zertifizierungs-Institut*

VDEW

Die Vereinigung Deutscher Elektrizitätswerke – VDEW – e. V. ist im Jahre 2007 aufgegangen im → *BDEW,* Bundesverband der Energie- und Wasserwirtschaft e.V.

Ventilableiter

DIN EN 60099-1 *(VDE 0675-1)*	***Überspannungsableiter*** *Überspannungsableiter mit nicht linearen Widerständen für Wechselspannungsnetze*
DIN EN 62305-1 *(VDE 0185-305-1)*	***Blitzschutz*** *Allgemeine Grundsätze*

Ein Ventilableiter ist ein Überspannungsschutzgerät zur Verbindung von Blitzschutzanlage mit aktiven Teilen der Starkstromanlage, z. B. bei Gewitterüberspannungen. Er besteht im Wesentlichen aus in Reihe geschalteter Funkenstrecke und spannungsabhängigem Widerstand.

Verantwortliche Elektrofachkraft

Elektrofachkraft, die Fach- und Aufsichtsverantwortung übernimmt und damit vom Unternehmer beauftragt ist.

Verbindungen

DIN EN 60947-7-1 *(VDE 0611-1)*	***Niederspannungsschaltgeräte*** *Reihenklemmen für Kupferleiter*
DIN VDE 0100-520 *(VDE 0100-520)*	***Errichten von Niederspannungsanlagen*** *Kabel- und Leitungsanlagen*
DIN VDE 0606-1 *(VDE 0606-1)*	***Verbindungsmaterial bis 690 V*** *Installationsdosen zur Aufnahme von Geräten und/oder Verbindungsklemmen*

Verbindungen zwischen Leitern sowie zwischen Leitern und Anschlussstellen an Betriebsmitteln müssen für eine dauerhafte Stromübertragung, eine gute mechanische Festigkeit und angemessenen Schutz bemessen sein.

- Bei der Auswahl von Verbindungsmittel sind zu berücksichtigen:
  - Werkstoff des Leiters und seiner Isolierung
  - Anzahl und Form der Drähte des Leiters
  - Querschnitt des Leiters
- Lötverbindungen in Leistungsstromkreisen möglichst vermeiden
- Verbindungsdosen und -kästen ausreichend groß dimensionieren
- Verwendung für die Verbindung von Schraubklemmen, schraublose Klemmen, Pressverbinder, Steckverbinder
- Verbindungen von Stegleitungen nur in Installationsdosen aus Isolierstoff (DIN VDE 0606-1)
- Verbindungen verschiedener Stromkreise in einem Kasten/einer Dose müssen durch isolierende Zwischenwände getrennt werden
- Verbindungen immer nur auf isolierender Unterlage oder mit isolierender Umhüllung
- lösbare Verbindungen müssen zugänglich bleiben; die Verbindungen müssen besichtigt, geprüft und gewartet werden können
- Ausnahmen für die Zugänglichkeit:
  - Verbindungen von Anschlussleitungen mit Heizelementen von Decken-, Fußboden- und Rohrheizsystemen

  - Mitten von erdverlegten Kabeln
  - gekapselte oder mit Isoliermasse gefüllte Muffen
- vergossene Verbindungsstellen (z. B. Muffen von erdverlegten Kabeln) gelten als nicht lösbar
- Installationsdose für Wand- und Deckenauslässe
- Verbindungsstellen von mechanischen Beanspruchungen entlasten (Zugentlastungsvorrichtungen)

Verbotsschilder

Beim Betrieb von und bei Arbeiten an elektrischen Anlagen müssen entsprechend geeignete Sicherheitsschilder angebracht werden, damit die Personen auf mögliche Gefährdungen aufmerksam gemacht werden.

Verbotsschilder sollen unbefugte Eingriffe von Personen verhindern. Um z. B. gegen Wiedereinschalten einer elektrischen Anlage zu sichern, wird neben technischen Forderungen zusätzlich ein Verbotsschild gefordert.

Das Verbotsschild ist nicht nur an den Ausschaltstellen anzubringen, an denen die Freischaltung erfolgte, sondern auch an den Betätigungselementen aller Schaltgeräte, mit denen das Wiedereinschalten möglich wäre.

Form der Verbotsschilder:
- Rundes, schwarzes Symbol auf weißem Grund mit roter Umrandung und rotem Querbalken

Verbotsschilder mit Texten auf dem Schild sind nicht mehr zulässig. Texte müssen durch grafische Symbole ersetzt werden.

→ *Warnschilder*

Verbotszone

DIN EN 50191   ***Errichten und Betreiben elektrischer Prüfanlagen***
(VDE 0104)

Die Verbotszone ist der begrenzte Bereich um unter Spannung stehender Teile herum, der nicht erreicht werden darf, wenn gegen deren direktes Berühren kein vollständiger Schutz besteht.

Verbraucheranlage

DIN VDE 0100-200 ***Errichten von Niederspannungsanlagen***
(VDE 0100-200) *Begriffe*

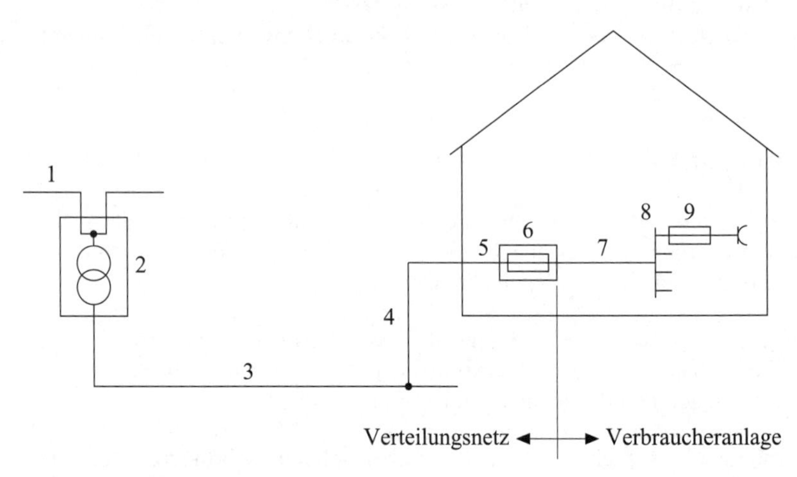

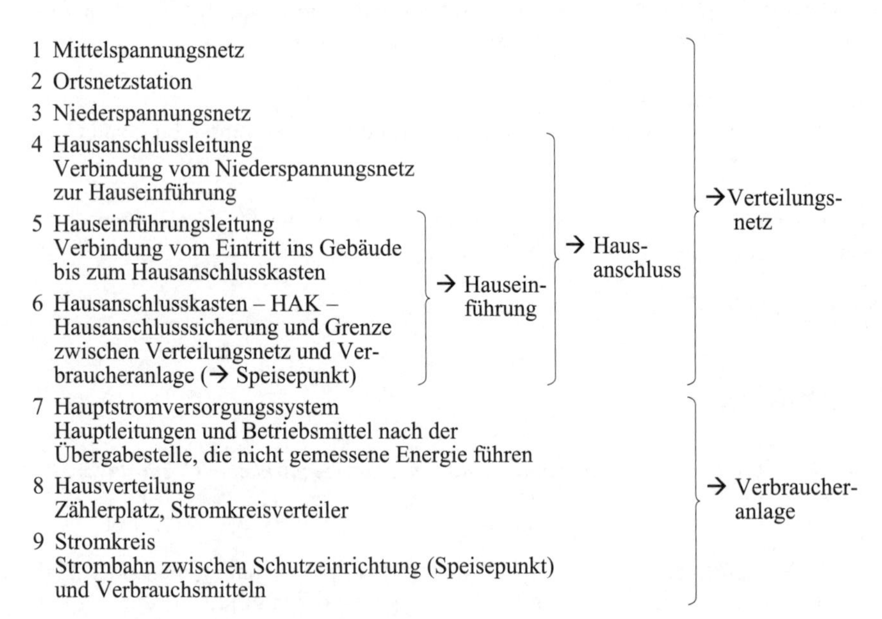

1 Mittelspannungsnetz
2 Ortsnetzstation
3 Niederspannungsnetz
4 Hausanschlussleitung
Verbindung vom Niederspannungsnetz zur Hauseinführung
5 Hauseinführungsleitung
Verbindung vom Eintritt ins Gebäude bis zum Hausanschlusskasten
6 Hausanschlusskasten – HAK –
Hausanschlusssicherung und Grenze zwischen Verteilungsnetz und Verbraucheranlage (→ Speisepunkt)
7 Hauptstromversorgungssystem
Hauptleitungen und Betriebsmittel nach der Übergabestelle, die nicht gemessene Energie führen
8 Hausverteilung
Zählerplatz, Stromkreisverteiler
9 Stromkreis
Strombahn zwischen Schutzeinrichtung (Speisepunkt) und Verbrauchsmitteln

(5–6) → Hauseinführung
(4–6) → Hausanschluss
(1–6) → Verteilungsnetz
(7–9) → Verbraucheranlage

Bild 69 Verteilungsnetz und Verbraucheranlage

Merkmale/Anforderungen	Stichworte zum Nachschlagen im Lexikon
1. Leistungsbedarf	Leistungsbedarf
2. Stromversorgung; • Einspeisestelle (Speisepunkt) • zur Verfügung stehende Leistung • Kurzschlussleistung (größter und kleinster Kurzschlussstrom) • Sicherheitsstromversorgung	 Speisepunkt Leistungsbedarf Begrenzung der Kabel- und Leitungslängen elektrische Anlagen für Sicherheitszwecke
3. Aufteilung der Stromkreise	elektrische Anlagen in Wohngebäuden
4. Umgebungsbedingungen	Umgebungsbedingungen
5. Auswahl der Betriebsmittel • Strombelastbarkeit • Kabel und Leitungen • Trenn-, Schalt- und Steuergeräte • Erdung • Potentialausgleich • Schutzleiter • Leuchten- und Beleuchtungsanlagen • Anlagen für Sicherheitszwecke	 Strombelastbarkeit Verlegen von Kabeln und Leitungen Erdung Potentialausgleich Leiter Leuchten- und Beleuchtungsanlagen elektrische Anlagen für Sicherheitszwecke
6. Schutzmaßnahmen • Schutz gegen gefährliche Körperströme • Schutz gegen thermische Einflüsse • Schutz vor Kabeln und Leitungen gegen zu hohe Erwärmung • Schutz gegen Überspannungen • Schutz gegen Unterspannungen • Schutz durch Trennen und Schalten • Blitzschutz	 Schutz durch Abschaltung oder Meldung Brandschutz Schutz gegen zu hohe Erwärmung Schutz gegen Überspannungen Schutz gegen Unterspannungen Schutz durch Trennen und Schalten Blitzschutz
7. Verträglichkeit • störende Rückwirkungen auf Betriebsmittel, andere Einrichtungen und Umgebung	 störende Rückwirkung
8. Instandhaltung	Instandhaltung
9. Anforderungen an Betriebsstätten, Räume und Anlagen besonderer Art	Anforderungen an Betriebsstätten, Räume und Anlagen besonderer Art
10. Prüfungen	Prüfungen

Tabelle 88 Merkmale/Anforderungen an eine Verbraucheranlage

Eine Verbraucheranlage ist die Gesamtheit aller Betriebsmittel hinter dem Hausanschlusskasten bzw. hinter den Ausgangsklemmen der letzten Verteilung vor den Verbrauchsmitteln. Die Grenze zwischen Verteilungsnetz und der Verbraucheranlage kann entnommen werden (→ *Verteilungsnetz*). Eine Verbraucheranlage wird auch als Hausinstallation bezeichnet, wenn ihre Betriebsspannung auf 250 V gegen Erde beschränkt bleibt und ihr Umfang und ihre Ausführung elektronischen Anlagen für Wohnungen oder vergleichbaren Anwendungsfällen entsprechen. Der Planer und Errichter muss davon ausgehen, dass Verbraucheranlagen bzw. Hausinstallationen von → *elektrotechnischen Laien* genutzt und bedient werden und dass solche Anlagen in vielen Fällen keiner regelmäßigen Überwachung unterzogen werden. Dies erfordert eine sorgfältige Auswahl der elektrischen Betriebsmittel und die Errichtung zuverlässiger Anlagen nach den anerkannten Regeln der Technik und des handwerklichen Könnens. Für eine sorgfältige Planung und sachgemäße Errichtung der Verbraucheranlage sind charakteristische Anforderungen zu erfüllen (**Tabelle 88**).

Verbrauchsgeräte

DIN VDE 0100-510 *(VDE 0100-510)*	***Errichten von Niederspannungsanlagen*** *Allgemeine Bestimmungen*
DIN VDE 0100-701 *(VDE 0100-701)*	***Errichten von Niederspannungsanlagen*** *Räume mit Badewanne oder Dusche*
DIN VDE 0100-704 *(VDE 0100-704)*	***Errichten von Niederspannungsanlagen*** *Baustellen*

Gemeinsame Eigenschaften der Verbrauchsgeräte sind durch Anforderungen in den DIN-VDE-Normen festgeschrieben, und deren Erfüllung wird durch ebenfalls genormte Prüfungen festgestellt.

Eigenschaften	Merkmal
elektrische Eigenschaften	Berührungsschutz
	Schutzleiterwirksamkeit
	Ableitstrom
	Isolationswiderstand
	Spannungsfestigkeit
	Isolation durch Luft und Kriechstrecken
	Kriechstromfestigkeit
	Anschlusssicherheit
	Strahlenschutz
mechanische Eigenschaften	Anschlussfestigkeit
	Schraubenfestigkeit
	Gehäusefestigkeit
	Standfestigkeit
	Verletzungsschutz
thermische Eigenschaften	Erwärmung bei normalem Betrieb
	Erwärmung im Störungsfall
	Erwärmung bei unsachgemäßem Betrieb
	Wärmebeständigkeit
	Überhitzungsschutz
chemische Eigenschaften	Ozonkonzentration
	Kohlenmonoxid-Konzentration
	Rostschutz
sonstige Eigenschaften	Wasserschutz
	Schutz durch sachgerechte Ausstattung
	Schutz durch sachgerechte Einzelteile
	Betriebssicherheit durch Beachten der Aufschriften

Tabelle 89 Gemeinsame Merkmale von Verbrauchsgeräten

Vereinbarte Grenze der Berührungsspannung

→ *Berührungsspannung*

Vereinbarter Auslösestrom

→ *Ansprechstrom*

Vergleich von IP-Code und Kennzeichnung durch Symbole

DIN EN 60529 ***Schutzarten durch Gehäuse (IP-Code)***
(VDE 0470-1)

IP-Code:
ist ein Bezeichnungssystem, das den Umfang und die Anforderungen des Schutzes an ein Gehäuse eines elektrischen Betriebsmittels klassifiziert, oder anders ausgedrückt, der IP-Code ist ein Bezeichnungssystem, um die Schutzgrade durch ein Gehäuse gegen den Zugang zu gefährlichen Teilen, Eindringen von festen Fremdkörpern und Eindringen von Wasser anzuzeigen und zusätzlich Informationen in Verbindung mit einem solchen Schutz anzugeben.
Nach dem IP-Code werden alle elektrischen Betriebsmittel einheitlich klassifiziert.

Kennzeichnung durch Symbole:
Aus der Vergangenheit und auch noch zurzeit sind Betriebsmittel in der Praxis oft durch Symbole gekennzeichnet. Eine genormte Vergleichstabelle gibt es nicht, aber die Tabelle „Vergleich von IP-Code und Kennzeichnung durch Symbole“ kann dem Praktiker eine Orientierung bieten.

Symbol-Kennzeichnung	**IP-Code (Schutzart)**	**Berührungsschutz**	**Fremdkörperschutz**	**Wasserschutz**
ohne Symbol	IPXO	freigestellt	freigestellt	kein Schutz
	IPX1 und IPX2	freigestellt	freigestellt	gegen Tropfwasser
	IPX3	freigestellt	freigestellt	gegen Sprühwasser
	IPX4	freigestellt	freigestellt	gegen Spritzwasser
	IPX5	freigestellt	freigestellt	gegen Strahlwasser
	IPX6 und IPX7	freigestellt	freigestellt	gegen starkes Strahlwasser und zeitweiliges Eintauchen
… bar … m	IPX8	freigestellt	freigestellt	gegen dauerndes Untertauchen
	IP5X	gegen Zugang mit einem Draht	staubgeschützt	freigestellt
	IP6X	gegen Zugang mit Draht	staubdicht	freigestellt

Tabelle 90 Vergleich von IP-Code und Kennzeichnung durch Symbole

Verkleidungen

DIN VDE 0100-420	***Errichten von Niederspannungsanlagen***
(VDE 0100-420)	*Schutz gegen thermische Auswirkungen*

Elektrische Betriebsmittel sollten durch ihre Lage vor mechanischer, thermischer und chemischer Beschädigung oder durch den Einsatz von Verkleidungen geschützt sein.
Die Werk- oder Baustoffe dieser Verkleidungen müssen den höchsten zu erwartenden Temperaturen standhalten. Sie sollten aus nicht brennbaren Werk- oder Baustoffen bestehen, müssen jedoch mindestens schwer entflammbar sein und eine geringe Wärmeleitfähigkeit haben.

Anforderungen an Verkleidungen von elektrischen Einrichtungen:
- Werk- und Baustoffe müssen den zu erwartenden höchsten Temperaturen standhalten
- Werk- und Baustoffe sollten aus nicht brennbaren Materialien bestehen – zumindest müssen sie schwer entflammbar sein
- geringe Wärmeleitfähigkeit

Verlängerungsleitungen

DIN VDE 0105-100	***Betrieb von elektrischen Anlagen***
(VDE 0105-100)	*Allgemeine Festlegungen*
DIN VDE 0100-550	***Errichten von Starkstromanlagen mit Nennspannungen bis 1 000 V***
(VDE 0100-550)	*Steckvorrichtungen, Schalter und Installationsgeräte*

Bei der Verwendung von Verlängerungsleitungen muss dringend darauf geachtet werden, dass der Schutzleiter nicht unterbrochen ist, d. h., es dürfen nur Verlängerungsleitungen verwendet werden, die die Schutzmaßnahme des anzuschließenden Betriebsmittels sicherstellen.

Empfehlung:
- nur Verlängerungsleitungen mit Schutzleiter verwenden, da sie für Betriebsmittel der Schutzklassen I und II geeignet sind
- keine Hintereinanderschaltung von Mehrfachsteckdosenleisten

- bei Leitungsrollern darauf achten, dass die Verlängerungsleitung aufgrund eingeschränkter Wärmeabfuhr thermisch unzulässig hoch belastet wird
- vor dem Benutzen die Verlängerungsleitung auf erkennbare Schäden besichtigen

→ *Leitungsroller*

Verlegearten

DIN VDE 0100-430 *(VDE 0100-430)*	***Errichten von Niederspannungsanlagen*** *Schutz bei Überstrom*
DIN VDE 0298-4 *(VDE 0298-4)*	***Verwendung von Kabeln und isolierten Leitungen für Starkstromanlagen*** *Empfohlene Werte für die Strombelastbarkeit von Kabeln und Leitungen für feste Verlegung in und an Gebäuden und von flexiblen Leitungen*
DIN VDE 0100-520 *(VDE 0100-520)*	***Errichten von Niederspannungsanlagen*** *Kabel- und Leitungsanlagen*

Die Strombelastbarkeit von Kabeln und Leitungen wird unter anderem bestimmt durch die Verlegeart, d. h. durch die unterschiedlichen Wärmewiderstände der Umgebung. Die entsprechenden Werte für die Strombelastbarkeit von Kabeln und Leitungen in Abhängigkeit der Verlegeart können Tabellen aus DIN VDE 0298-4 entnommen werden. Die Verlegearten sind ebenfalls durch die Bauarten der Kabel und Leitungen beeinflusst. Es gibt viele Möglichkeiten für die Verlegung von Kabeln und Leitungen. Um die Strombelastbarkeit in Abhängigkeit vom Leiterquerschnitt, von der Anzahl der belasteten Leiter und von der Verlegeart ermitteln zu können, sind sog. Referenzverlegearten festgelegt worden, von denen einige beispielhaft in der **Tabelle 91** dargestellt sind. Mit dieser Information über die Verlegearten ist es möglich, den gesuchten Wert der Strombelastbarkeit den Tabellen aus DIN VDE 0298-4 zu entnehmen.

- Blanke Leiter sind nur für Verlegung auf Isolatoren erlaubt.
- Isolierte Leiter (Aderleitungen) dürfen grundsätzlich auf Isolatoren, in Elektro-Installationsrohren und Elektro-Installationskanälen verlegt werden, wobei für zu öffnende Elektro-Installationskanäle bestimmte Anforderungen gelten. Eine Ausnahme bilden isolierte Leiter (Aderleitungen), die als Schutz- oder Potentialausgleichsleiter verwendet werden. Diese Leiter brauchen nicht in Elektro-Installationsrohren oder Elektro-Installationskanälen verlegt zu werden.

- Kabel und Mantelleitungen dürfen für alle Verlegearten verwendet werden, wobei eine Verlegung auf Isolatoren in der Praxis nicht anwendbar bzw. nicht üblich ist.
- **Verlegeart A**
  Verlegung von Leitungen in wärmegedämmten Wänden, z. B.:
  - Aderleitungen in Elektroinstallationsräumen oder Elektroinstallationskanälen
  - ein- oder mehradrige Mantelleitungen in Elektroinstallationsrohren oder Elektroinstallationskanälen
  - Mehraderleitungen direkt in der Wand verlegt
- **Verlegeart B1**
  Verlegung von Leitungen auf oder in Wänden in Elektroinstallationsrohren oder Elektroinstallationskanälen, z. B.:
  - Aderleitungen in Elektroinstallationsrohren auf der Wand
  - Aderleitungen in Elektroinstallationskanälen auf der Wand
  - Aderleitungen, einadrige Mantelleitungen und mehradrige Leitungen in Elektroinstallationsrohren im Mauerwerk
- **Verlegeart B2**
  Verlegung von Leitungen auf oder in Wänden in Elektroinstallationsrohren oder Elektroinstallationskanälen, z. B.:
  - mehradrige Leitungen in Elektroinstallationsrohren auf der Wand oder auf dem Fußboden
  - mehradrige Leitungen in Elektroinstallationskanälen auf der Wand oder auf dem Fußboden
- **Verlegeart C**
  Verlegung von Leitungen direkt auf der Wand oder in der Wand (unter Putz), z. B.:
  - mehradrige Leitungen auf der Wand oder auf dem Fußboden
  - einadrige Mantelleitungen auf der Wand oder auf dem Fußboden
  - mehradrige Leitungen, Stegleitungen in der Wand oder unter Putz
- **Verlegeart D** steht für die Verlegung im Erdreich
- **Verlegeart E**
  Verlegung von mehradrigen Mantelleitungen frei in Luft mit einem Abstand von $\geq 0{,}3\ d$ von der Wand, z. B.:
  - NYM, NYMZ, NYMT, NYBUY, NHYRUZY
- **Verlegeart F**
  Verlegung von einadrigen Mantelleitungen frei in Luft mit einem Abstand von $\geq d$ von der Wand, z. B.: NYM, NYMZ, NYMT, NYBUY, NHYRUZY.

Beispiele der Verlegearten können der **Tabelle 91** entnommen werden.

Anmerkung: Die Bilder sollen nicht tatsächliche Erzeugnisse oder Verlegepraktiken darstellen, sondern die beschriebene Verlegeart verdeutlichen.

Beispiel	Beschreibung	Referenz-Nr.
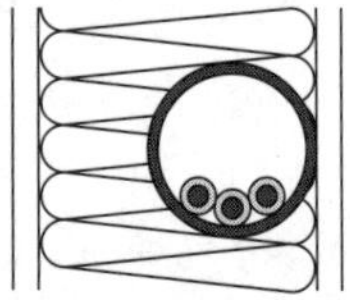	isolierte Leiter (Aderleitungen) in Elektro-Installationsrohren in wärmegedämmten Wänden	1
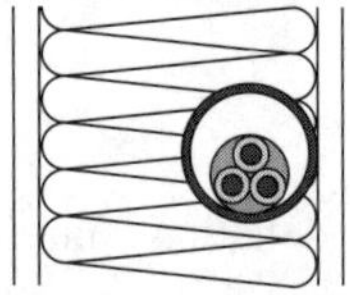	mehradrige Kabel oder Mantelleitungen in Elektro-Installationsrohren in wärmegedämmten Wänden	2
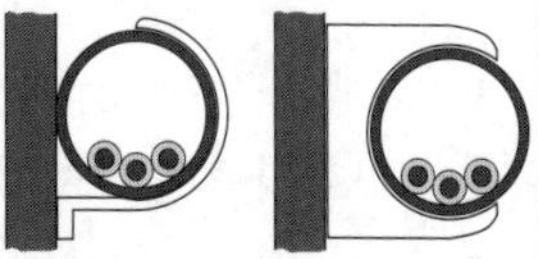	isolierte Leiter (Aderleitungen) in Elektro-Installationsrohren auf Wänden	3
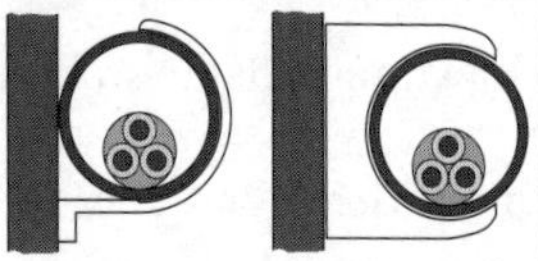	ein- oder mehradrige Kabel oder Mantelleitungen in Elektro-Installationsrohren auf Wänden	3A
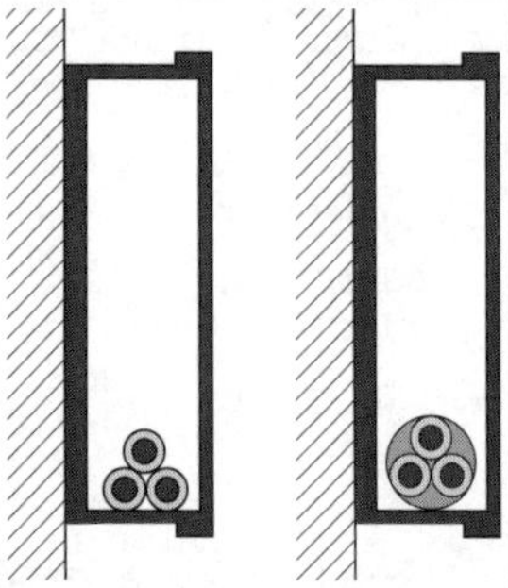 4	isolierte Leiter (Aderleitungen) in geschlossenen Elektro-Installationskanälen auf Wänden	4
4A	ein- oder mehradrige Kabel oder Mantelleitungen in geschlossenen Elektro-Installationskanälen auf Wänden	4A
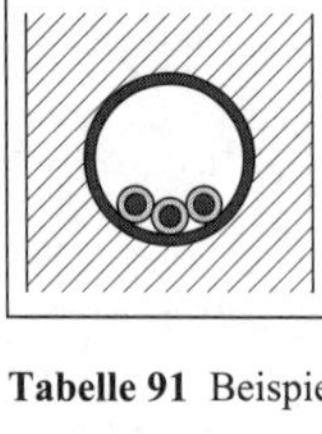	isolierte Leiter (Aderleitungen) in Elektro-Installationsrohren in Mauerwerk	5

Tabelle 91 Beispiele für Verlegearten

Beispiel	Beschreibung	Referenz-Nr.
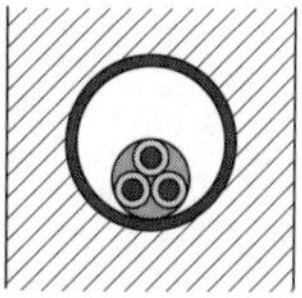	ein- oder mehradrige Kabel oder Mantelleitungen in Elektro-Installationsrohren in Mauerwerk	5A
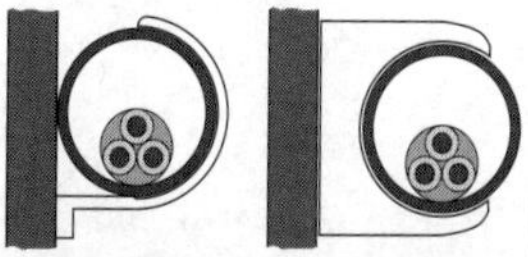	ein- und/oder mehradrige Kabel oder Mantelleitungen • an Wänden befestigt	11
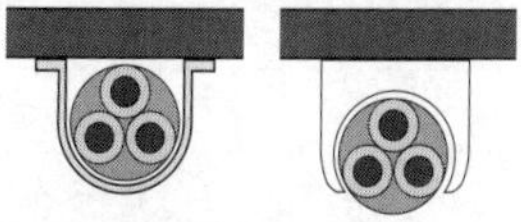	• an Decken befestigt	11A
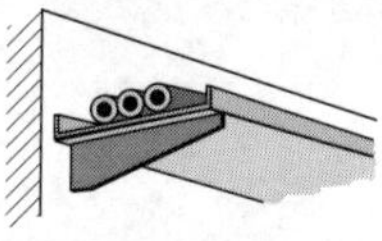	• auf geschlossenen Kabelwannen	12
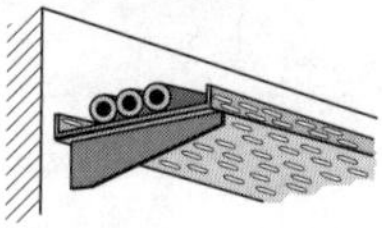	• auf durchbrochenen Kabelwannen, horizontal oder vertikal	13
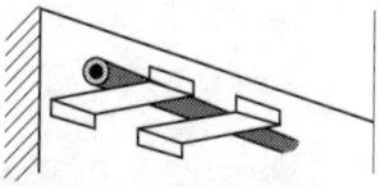	• auf Auslegern, horizontal oder vertikal	14
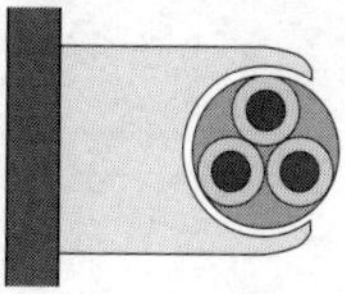	• auf Schellen mit Abstand zur Wand oder zur Decke	15

Tabelle 91 Beispiele für Verlegearten (Fortsetzung)

Beispiel	Beschreibung	Referenz-Nr.
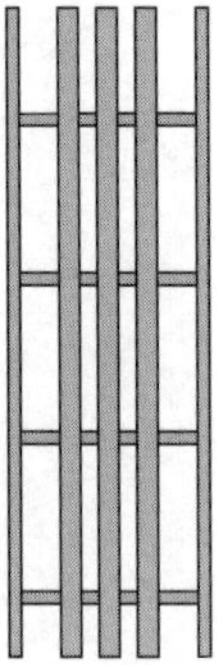	• auf Kabelpritschen	16
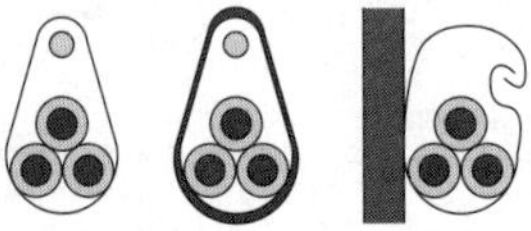	ein- oder mehradrige Kabel oder Mantelleitungen, befestigt an einem Tragseil oder mit integriertem Tragseil	17
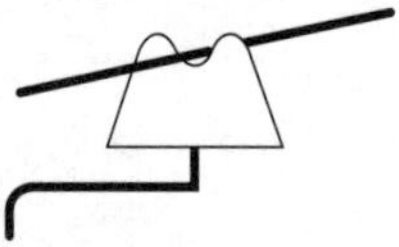	blanke oder isolierte Leiter auf Isolatoren	18
	ein- oder mehradrige Kabel oder Mantelleitungen in baulichen Hohlräumen	21
	isolierte Leiter (Aderleitungen) in Elektro-Installationsrohren in baulichen Hohlräumen	22
	ein- oder mehradrige Kabel oder Mantelleitungen in Elektro-Installationsrohren in baulichen Hohlräumen	22A
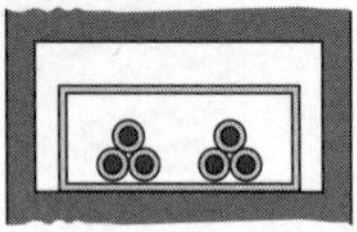	isolierte Leiter (Aderleitungen) in geschlossenen Elektro-Installationskanälen in baulichen Hohlräumen	23

Tabelle 91 Beispiele für Verlegearten (Fortsetzung)

Beispiel	Beschreibung	Referenz-Nr.
	ein- oder mehradrige Kabel oder Mantelleitungen in geschlossenen Elektro-Installationskanälen in baulichen Hohlräumen	23A
	isolierte Leiter (Aderleitungen) in geschlossenen Elektro-Installationskanälen in Mauerwerk	24
	ein- oder mehradrige Kabel oder Mantelleitungen in geschlossenen Elektro-Installationskanälen in Mauerwerk	24A
	ein- oder mehradrige Kabel oder Mantelleitungen • in Hohldecken • in Hohlraumböden	25
	isolierte Leiter (Aderleitungen) oder ein- oder mehradrige Kabel oder Mantelleitungen in zu öffnenden Elektro-Installationskanälen auf Wänden • waagrecht	31, 32A
	• senkrecht	32, 32A
	isolierte Leiter (Aderleitungen) in zu öffnenden Fußbodenkanälen	33
	ein- oder mehradrige Kabel oder Mantelleitungen in zu öffnenden Fußbodenkanälen	33A

Tabelle 91 Beispiele für Verlegearten (Fortsetzung)

Beispiel	Beschreibung	Referenz-Nr.
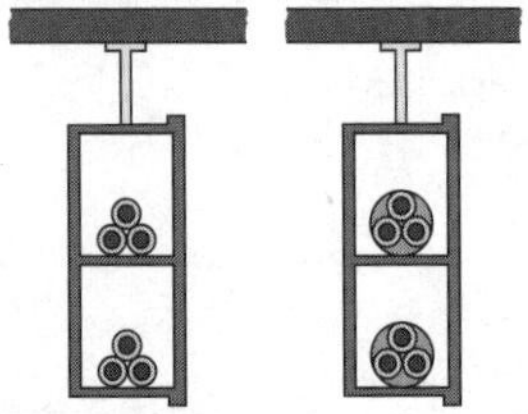	isolierte Leiter (Aderleitungen) in abgehängten zu öffnenden Elekro-Installationskanälen	34
	ein- oder mehradrige Kabel oder Mantelleitungen in abgehängten zu öffnenden Elektro-Installationskanälen	34A
	isolierte Leiter (Aderleitungen) oder ein- und/oder mehradrige Kabel und Mantelleitungen in Elektro-Istallationsrohren in waagrecht oder senkrecht verlegten geschlossenen Kabelkanälen	41
	isolierte Leiter (Aderleitungen) in Elektro-Installationsrohren in belüfteten Kabelkanälen im Fußboden[1)]	42
	ein- oder mehradrige Kabel oder Mantelleitungen in waagrecht oder senkrecht verlegten offenen oder belüfteten Kabelkanälen[1)]	43
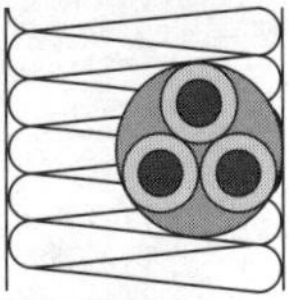 Raum	mehradrige Kabel oder Mantelleitungen, in wärmegedämmten Wänden verlegt	51
	ein- oder mehradrige Kabel oder Mantelleitungen, in Mauerwerk verlegt • ohne zusätzlichen mechanischen Schutz	52
	• mit zusätzlichem mechanischen Schutz	53
	isolierte Leiter (Aderleitungen) in Elektro-Installationsrohren oder ein- oder mehradrige Kabel oder Mantelleitungen in Türrahmen	73

1) Diese Verlegearten sollten nur in Bereichen angewendet werden,
- zu denen ausschließlich befugte Personen Zugang haben
- wo keine Verringerung der Strombelastbarkeit, z. B. durch Schmutzablagerung, und damit keine Brandgefahr zu erwarten ist

Tabelle 91 Beispiele für Verlegearten (Fortsetzung)

Beispiel	Beschreibung	Referenz-Nr.
	isolierter Leiter (Aderleitungen) in Elektro-Installationsrohren oder ein- oder mehradrige Kabel oder Mantelleitungen in Fensterrahmen	74
* *	isolierte Leiter (Aderleitungen) oder ein- oder mehradrige Kabel oder Mantelleitungen in eingebetteten Elektro-Installationskanälen	75
	Kabel in Wasser	81

* Raum für Daten- und Kommunkationskabel und -leitungen

Tabelle 91 Beispiele für Verlegearten (Fortsetzung)

Verlegen von Kabeln und Leitungen

DIN VDE 0100-200 *(VDE 0100-200)*
Errichten von Niederspannungsanlagen
Begriffe

DIN VDE 0100-520 *(VDE 0100-520)*
Errichten von Niederspannungsanlagen
Kabel- und Leitungsanlagen

DIN 57100-724 *(VDE 0100-724)*
Errichten von Starkstromanlagen mit Nennspannungen bis 1 000 V
Elektrische Anlagen in Möbeln und ähnlichen Einrichtungsgegenständen

Kabel- und Leitungsanlagen sind die Gesamtheit eines und/oder mehrerer Kabel oder Leitungen und deren Befestigungsmittel einschließlich der Schutzmittel für den mechanischen Schutz.
Diese international festgelegte Definition schließt sowohl Kabel- und Leitungsnetze allgemein als auch Kabel und Leitungen der Stromverteilung in Gebäuden ein.

Anforderungen an das Verlegen der Kabel und Leitungen:

- Einsatz von Kabeln und Leitungen nur nach der Normenreihe DIN VDE 0298.
- Das Installations- und Befestigungsmaterial darf die Eigenschaften der Kabel und Leitungen (DIN VDE 0298) nicht mindern und muss während des Betriebs (auch im Überlastungs- und Kurzschlussfall) den Personenschutz gewährleisten. Leitungen müssen in und unter Putz senkrecht oder waagrecht bzw. parallel zu den Raumkanten geführt werden.
- In oder unter Decken dürfen Leitungen auf dem kürzesten Wege geführt werden.
- Über Dehnungsfugen sind Leitungen so zu verlegen, dass die zu erwartenden Bewegungen keine Beschädigungen der elektrischen Betriebsmittel verursachen.
- Elektro-Installationsrohre, Installationskanäle, Träger und bauliche Hohlräume dürfen keine scharfen Kanten und müssen so viel Platz haben, dass die Leitungen ohne Beschädigungen eingebracht werden können.
- Die kleinsten zulässigen Biegeradien nach
  - DIN VDE 0298-3 Leitfaden für nicht harmonisierte Starkstromleitungen

<table>
<tr><th rowspan="2">Verlegeart</th><th colspan="5">Nennspannung</th></tr>
<tr><th colspan="5">Außendurchmesser d der Leitung oder Dicke d der Flachleitung</th></tr>
<tr><td rowspan="2">Leitungen für feste Verlegung</td><td colspan="2">bis 10 mm</td><td colspan="2">über 10 mm bis 25 mm</td><td>über 25 mm</td></tr>
<tr><td colspan="2">4 d</td><td colspan="2">4 d</td><td>4 d</td></tr>
<tr><td>flexible Leitungen</td><td>bis
8 mm</td><td colspan="2">über
8 mm bis 12 mm</td><td>über
12 mm bis 20 mm</td><td>über
20 mm</td></tr>
<tr><td>bei fester Verlegung</td><td>3 d</td><td colspan="2">3 d</td><td>4 d</td><td>4 d</td></tr>
<tr><td>bei freier Bewegung</td><td>3 d</td><td colspan="2">4 d</td><td>5 d</td><td>5 d</td></tr>
<tr><td>bei Einführung</td><td>3 d</td><td colspan="2">4 d</td><td>5 d</td><td>5 d</td></tr>
</table>

Tabelle 92 Beispiele für Biegeradien bei verschiedenen Verlegearten

- → *Äußere Einflüsse* am Verlegungsort sind zu berücksichtigen:
  - an besonders gefährdeten Stellen: Zusätzlicher Schutz durch Schutzrohre bzw. Verkleidungen
  - besteht durch Vibration Gefährdung des Leiterbruchs: Einsatz flexibler Leitungen
  - Verhinderung des Eindringens von Feuchtigkeit
- Als mechanisch geschützt gelten unter Berücksichtigung der jeweiligen Umgebungseinflüsse:
  - Aderleitungen in Elektro-Installationsrohren (DIN VDE 0605)
  - Mantelleitungen
  - Kabel
  - Verlegung in und unter Putz
  - Verlegung in Hohlräumen
  - Verlegung in Installationskanälen (DIN VDE 0604)
- Verlegen von Aderleitungen:
  - Aderleitungen nur
    - in Elektro-Installationen (DIN VDE 0605)
    - in Elektro-Installationskanälen (DIN VDE 0634-1)
      (Ausnahme: Aderleitungen als Schutz- oder Schutzpotentialausgleichsleiter)
  - keine gemeinsame Verlegung mit anderen Kabeln und Leitungen in Rohr bzw. Kanälen
- Verlegen von Stegleitungen:
  - Stegleitungen nach DIN VDE 0250-201 (NYIF)
  - Stegleitungen nur in trockenen Räumen, in und unter Putz und im gesamten Verlauf von Putz bedeckt (Ausnahme: Hohlräume umgeben von nicht brennbaren Baustoffen)
  - keine Verwendung auf brennbaren Baustoffen
  - keine Bündelung (Ausnahme: Einführung im Verteiler)
- Befestigung nur mit Gipspflaster, Schellen aus Isolierstoff, Klebestoff und Nägel mit Isolierstoffunterlegscheibe
- Verlegung nicht unter Gipskartonplatten (Ausnahme: die Platten sind ausschließlich mit Gipspflaster befestigt) und nicht auf oder unter Drahtgeweben, Streckmetallen
- Verbindung nur in Installationsdosen nach DIN VDE 0606-1 aus Isolierstoff
- Anwendung flexibler Leitungen für den Anschluss → *ortsveränderlicher Betriebsmittel*

  Die flexiblen Leitungen müssen über Steckvorrichtungen oder über Klemmen in ortsfesten Gehäusen (Geräteanschlussdosen) angeschlossen werden. Einzelfestlegungen siehe → *Betriebsstätten, Räume und Anlagen besonderer Art.* Der Schutz flexibler Leitungen erfolgt durch Kunststoffschutzschläuche oder Metallschutzschläuche, die in die Schutzmaßnahme zum Schutz bei indirektem Berühren einbezogen werden. Sie dürfen allerdings nicht als Schutzleiter verwendet werden.

- Anwendung von Elektro-Installationsrohren
  - DIN VDE 0605
  - Verwendung in Stampf- und Schnittbeton mit der Kennzeichnung der Rohre:
  - AS, auf Putz; Kennzeichnung der Rohre: A oder AS, Rohre aus flammwidrigen Kunststoffen, zusätzliche Kennzeichnung: CF, wenn nicht flammwidriger Kunststoff, dann Rohre im ganzen Verlauf mit Putz/Beton oder Ähnliches bedecken, unter oder im Putz; Kennzeichnung der Rohre: B, A oder AS
  - DIN VDE 0604 bzw. DIN VDE 0634-1
  - Installationskanäle für Wände und Decken dürfen nicht in, unter Putz oder im Beton verlegt werden
  - Schutz gegen direktes Berühren muss auch bei geöffneten Kanälen sichergestellt sein
- Verlegen in Erde
  - nur Kabel; keine Leitungen!
  - mindestens 0,6 m unter der Erdoberfläche
  - auf fester, glatter steinfreier Oberfläche, eingebettet in Sand oder steinfreier Erde
- Verlegen frei gespannter Leitungen
  - DIN VDE 0211
  - Durchhängen oder Bewegen darf nicht zu Beschädigungen führen
  - Höhe der frei gespannten Leitungen nach DIN VDE 0211:
    - Abstand bei der Überspannung von Straßen 6 m
    - Abstand bei der Überspannung von Wegen 5 m
    - Abstand bei der Überspannung von Dächern (Dachneigung ≤ 15 °) 2,5 m
    - Abstand bei der Überspannung von Dächern (Dachneigung > 15 °) 0,4 m
- Verlegen in Beton

  Zulässig sind:
  - Aderleitungen in Rohren
  - Mantelleitungen, z. B. NYM in Rohren oder Aussparungen
  - Mantelleitungen dürfen nicht direkt in Beton verlegt werden, wenn dieser einem Rüttel-, Schüttel- oder Stampfprozess unterzogen wird; also dann nur in Rohren
  - Kabel, z. B. NYY, ohne zusätzlichen mechanischen Schutz, also z. B. auch ohne Rohre

Verlöten

DIN VDE 0100-520	***Errichten von Niederspannungsanlagen***
(VDE 0100-520)	*Kabel- und Leitungsanlagen*

Das Abspleißen und Abquetschen einzelner Drähte von mehr-, fein- und feinstdrähtigen Leitern muss verhindert werden.
Zulässig ist daher das ausschließliche Verlöten des vorderen Leiterendes als Abspleißschutz. Die Verwendung von Aderendhülsen ist noch einfacher und daher zu empfehlen.

Verlöten ist dann nicht zulässig, wenn:
- zum Anschluss Schraubklemmen benutzt werden (Kaltfluss)
- Anschluss- und Verbindungsstellen betrieblichen Erschütterungen ausgesetzt sind, da das Verlöten der Enden die notwendige Flexibilität der Leiterenden aufhebt

Verluste

Bei der Übertragung bzw. der Verteilung elektrischer Energie entstehen Verluste. Es wird dabei Wirkleistung in Joule'sche Wärme umgewandelt und an die Umgebung abgegeben. Die stromabhängigen Verluste vermindern die Nutzleistung. Sie entstehen im Kabel, in Leitungen und in Wicklungen, z. B. in Transformatoren, aber auch in Verbindungs- und Anschlussstellen. Diese für Nebenwirkungen verbrauchte Leistungen, also die Verluste, sind technisch und wirtschaftlich nicht gewünscht, aber lassen sich nicht ganz vermeiden.

→ *Wirkungsgrad*

Vermeidung gegenseitiger nachteiliger Beeinflussung

DIN VDE 0100-510	***Errichten von Niederspannungsanlagen***
(VDE 0100-510)	*Allgemeine Bestimmungen*

Die elektrischen Betriebsmittel müssen so ausgewählt (→ *Auswahl elektrischer Betriebsmittel*) werden, dass gegenseitige Beeinflussungen der elektrischen Anlagen untereinander, aber auch Beeinflussungen nicht elektrischer Anlagen ausgeschlossen sind.

Werden elektrische Betriebsmittel zusammen angeordnet, z. B. in einer Verteilung, einem Schaltschrank, und werden sie mit unterschiedlichen Stromarten und Spannungen betrieben, so müssen die jeweils einer Stromart oder einer Spannung zuzuordnenden Betriebsmittel von den übrigen wirksam getrennt installiert werden, damit gegenseitige nachteilige Beeinflussungen vermieden werden.

Elektrische Betriebsmittel in Wechsel- und Drehstromnetzen müssen bezüglich des Gleichstromanteils im Fehlerstrom nachstehende Bedingungen erfüllen:
- innerhalb von Hausinstallationen dürfen nur solche Betriebsmittel verwendet werden, die im Falle des Körperschlusses keinen unzulässigen Gleichstromanteil im Fehlerstrom verursachen
- außerhalb von Hausinstallationen keine Begrenzung des Gleichstromanteils, wenn Betriebsmittel fest angeschlossen und nicht durch Fehlerstromschutzeinrichtungen geschützt sind
- Betriebsmittel, die dennoch einen unzulässigen Gleichstromanteil im Fehlerstrom verursachen, müssen entsprechend vom Hersteller gekennzeichnet sein

Der Gleichstromanteil im Fehlerstrom gilt als zulässig:
- wenn der Fehlerstrom derart pulsiert, dass er während einer Periode der Netzfrequenz null oder nahezu null wird
- wenn der reine Fehlergleichstrom 6 mA nicht überschreitet

Verordnung über den Bau von Betriebsräumen für elektrische Anlagen (EltBauVO)

Die Musterverordnung enthält baurechtliche Regelungen, die von den Bundesländern erlassen werden. Betriebsräume für elektrische Anlagen (elektrische Betriebsräume) sind Räume, die ausschließlich zur Unterbringung von Einrichtungen zur Erzeugung oder Verteilung elektrischer Energie oder zur Aufstellung von Batterien dienen.
Dies sind:
- Transformatoren und Schaltanlagen für Nennspannungen über 1 kV
- ortsfeste Stromerzeugungsaggregate
- Batterieanlagen für die Sicherheitsstromversorgung

Die Verordnung ist anzuwenden in Verbindung mit Starkstromanlagen und Einrichtungen der Sicherheitsstromversorgung in baulichen Anlagen für Menschenansammlungen (bzw. → *Versammlungsstätten*).

Die Anforderungen gelten nicht, wenn Betriebsräume als frei stehende Gebäude errichtet werden oder durch Brandwände von anderen Gebäudeteilen abgetrennt werden.

Anforderungen:

- freier Zugang
- leicht, sicher und ungehindert erreichbar
- Rettungswege bis zum Ausgang < 40 m
- Be- und Entlüftung
- keine Einrichtungen, die nicht für die elektrischen Anlagen erforderlich sind

Für Betriebsräume mit Schaltanlagen und Transformatoren über 1 kV gelten zusätzliche Anforderungen:

- feuerbeständige Wände
- bei Verwendung von Isolierflüssigkeiten mit einem Brennpunkt < 300 °C sind Brandwände erforderlich
- Kabeldurchführungen mit nicht brennbaren Baustoffen verschließen Türen mit Sicherheitsschloss mindestens feuerhemmend aus nicht brennbaren Baustoffen, selbstschließend und außen mit Hochspannungswarnschild; sie müssen nach außen aufschlagen und das ungehinderte Verlassen des Betriebsraums ermöglichen
- Räume für Transformatoren mit Isolierflüssigkeiten mit einem Brennpunkt
- ≤ 300 °C dürfen nicht in Geschossen liegen, deren Fußboden mehr als 4 m unter der Gebäudeoberfläche liegt oder in Geschossen über dem Erdgeschoss
- Zuluft von außen, Abluft nach außen, Fußboden aus nicht brennbaren Baustoffen (das gilt nicht für den Fußbodenbelag)
- auslaufende Isolierflüssigkeiten müssen aufgefangen werden; bei bis zu drei Transformatoren mit jeweils höchstens 1 000 l Isolierflüssigkeit genügen undurchlässige Fußböden und Schwellen
- kein Eindringen durch erreichbare Fenster
- Zugang von Transformatorenräumen nur von Fluren oder über Schleusen
- bei Isolierflüssigkeiten mit einem Brennpunkt < 3000 °C muss mindestens ein Ausgang ins Freie führen; Sicherheitsschleusen mit mehr als 20 m² Luftraum müssen einen Rauchabzug haben

Zusätzliche Anforderungen an Betriebsräume für ortsfeste Stromerzeugungsaggregate:

- die Bedingungen für Räume mit Schaltanlagen und Transformatoren über 1 kV gelten sinngemäß

- Abgase von Verbrennungsmaschinen sind ins Freie zu führen; Abgasrohre müssen einen ausreichend großen Abstand (10 m) von brennbaren Baustoffen haben
- Räume müssen frostfrei sein und beheizt werden können

Zusätzliche Anforderungen an Batterieräume:
- feuerbeständige Abtrennung von Räumen mit erhöhter Brandgefahr, von anderen Räumen feuerhemmende Abtrennung; das gilt auch für Batterieschränke
- Zuluft, von außen, Abluft nach außen
- Räume frostfrei und beheizbar
- Kabeldurchführungen mit nicht brennbaren Baustoffen verschließen
- Türen müssen nach außen aufschlagen und selbsttätig schließen; in feuerbeständigen Wänden müssen sie mindestens feuerhemmend sein, sonst aus nicht brennbaren Baustoffen bestehen
- Fußboden muss elektrostatische Ladungen einheitlich und ausreichend ableiten
- Fußboden, Sockel, Lüftungsanlagen müssen gegen Einwirkungen der Elektrolyten widerstandsfähig sein
- Hinweis an der Außenseite der Türen: „Rauchen und offenes Feuer verboten"

Bauvorlagen, z. B. für Bauanträge, müssen Angaben über die Lage der Betriebsräume, über die Art der elektrischen Anlage sowie über notwendige Schallschutzmaßnahmen enthalten.

Verriegelung

DIN EN 61936-1 *(VDE 0101-1)*	***Starkstromanlagen mit Nennwechselspannungen über 1 kV***
DIN EN 60079-14 *(VDE 0165-1)*	***Explosionsfähige Atmosphäre*** *Projektierung, Auswahl und Errichtung elektrischer Anlagen*
DIN EN 60950-1 *(VDE 0805-1)*	***Einrichtungen der Informationstechnik – Sicherheit*** *Allgemeine Anforderungen*
DIN VDE 0100-600 *(VDE 0100-600)*	***Errichten von Niederspannungsanlagen*** *Prüfungen*

Um Fehlschaltungen zu verhindern (z. B. Trenner ziehen unter Last) werden Verriegelungs-Schaltungen verwendet. Bei handbetätigten Trennern ist die mechanische Verriegelung angebracht. Möglich ist jedoch auch eine elektrische Verriegelung der Ein- und Aus-Spulen von Betriebsmitteln.

Schaltanlagen müssen so errichtet sein, dass Personen beim Bedienen gegen Störlichtbögen weitgehend geschützt sind. Zur Erfüllung dieser Maßnahme sind mehrere Maßnahmen geeignet, eine davon ist die Verriegelung. Nach DIN VDE 0100-600 müssen Verriegelungen einer → *Funktionsprüfung* unterzogen werden.

Versammlungsstätten

DIN VDE 0100-718 *(VDE 0100-718)*	***Errichten von Niederspannungsanlagen*** *Bauliche Anlagen für Menschenansammlungen*
DIN EN 50172 *(VDE 0108-100)*	***Sicherheitsbeleuchtungsanlagen***

Versammlungsstätten – bauliche Anlagen oder Teile baulicher Anlagen, die für die gleichzeitige Anwesenheit vieler Menschen bei Veranstaltungen erzieherischer, geselliger, kultureller, künstlerischer, politischer, sportlicher oder unterhaltender Art bestimmt sind, d. h. Ausstellungshallen, Kinos, Theater, Sportarenen, Schulen, Heime, Restaurants, Parkhäuser, Schwimmbäder, Flughäfen, Bahnhöfe, Hochhäuser und Arbeitsstätten.

Anmerkung:
Im Gegensatz zur ehemals gültigen Normenreihe DIN VDE 0108 sind bei der Internationalisierung Änderungen in den Normen für Versammlungsstätten vorgenommen worden.

- Wegfall von/der:
  - einigen grundlegenden Anforderungen, die durch die Reihe der Normen DIN VDE 0100 abgedeckt sind
  - baurechtlichen Regelungen, die in die Hoheit der Bundesländer fallen
  - Anforderungen hinsichtlich des Arbeitsschutzes, die von den Berufsgenossenschaften geregelt werden
  - lichttechnischen Anforderungen, die durch die lichttechnischen Normen geregelt werden
  - Anforderungen, die durch eine Produktnorm geregelt werden
  - Anforderungen an Einrichtungen, für Sicherheitszwecke, für die eigene Normen existieren

- Anforderungen an übergeordnete Leitsysteme (Gebäudeleittechnik) und Funktionalität bei der Kopplung mit elektrischen Anlagen für Sicherheitszwecke
- Gestaltung als Errichtungsnorm
- Hinweise auf die ggf. notwendigen wiederkehrenden Prüfungen und Tests

Zusätzlich zu den Anforderungen aus den o. g. Normen, die nachfolgend aufgelistet sind, ist es notwendig, bestimmte bauliche Anlagen mit Einrichtungen für Sicherheitszwecke auszustatten, die gesondert durch Gesetze, Vorschriften oder behördliche Verfügungen festgelegt sind.

Zusätzliche Einrichtungen für Sicherheitszwecke gelten z. B. für Sicherheitsleuchten, Brandmeldeanlagen, Alarmanlagen, Einrichtungen zum Erteilen von Anweisungen, Anlagen zur Löschwasserversorgung, Feuerwehraufzüge, Personenaufzüge, Rauch- und Wärmeabzugsanlagen, Stromquellen für Sicherheitszwecke, CO- und CO_2-Warnanlagen.

Anforderungen:
- Bei einem Kurzschluss an beliebiger Stelle der Stromkreise der elektrischen Anlage für Sicherheitszwecke muss eine Überstromschutzeinrichtung innerhalb von 5 s abschalten.
- Für den Fehlerschutz (Schutz bei indirektem Berühren) ist die Abschaltung mit Fehlerstromschutzeinrichtungen (RCDs) $I_{\Delta N} \leq 30$ mA zu empfehlen.
- In DC-Stromkreisen ist ein zweipoliger Schutz bei Überstrom erforderlich.
- In Anlagen für Sicherheitszwecke ist immer ein Brandschutz bei besonderen Risiken und Gefahren vorzusehen, unabhängig davon, ob ein besonderes Brandrisiko vorhanden ist oder ob unersetzliche Güter mit hohem Wert vorhanden sind.
- Eine einfache Messung des Isolationswiderstands aller Leiter gegen Erde muss am Verteiler möglich sein. Bei Leiterquerschnitten unter 10 mm² muss diese Messung ohne Abklemmen des Neutralleiters durch Einbau von Neutralleiter-Trennklemmen erfolgen können.
- Automatisch gesteuerte, fernbediente oder nicht dauernd beaufsichtigte Motoren müssen gegen zu hohe Erwärmung durch Einrichtungen zum Schutz bei Überlast mit mechanischer Rückstellung geschützt werden. Das gilt auch für Motoren mit Stern-Dreieck-Anlauf in der Sternstufe, Ausnahmen sind blockierungsfeste Motoren und 500 W in Arbeitsstätten.
- Die elektrischen Anlagen für Sozialräume, Kantinen, Werkstätten, Umkleideräume im Theater, Lagerräume, Verkaufs- und Ausstellungsräume müssen bereichsweise geschaltet und nur von autorisierten Personen bedient werden können. Ausgenommen davon sind die allgemeine Beleuchtung, die auch außer-

halb der Betriebszeit benötigt wird, und die Stromkreise für Sicherheitszwecke sowie bauliche Anlagen, die ausschließlich als Arbeitsstätten genutzt werden.

- Verteiler müssen gegen mechanische Beschädigung geschützt und dem Zugriff Unbefugter entzogen sein, z. B. durch Einbau in separate Räume oder durch entsprechende Schließvorrichtungen.
- Keine blanken spannungsführenden Leiter (Ausnahmen: in abgeschlossenen elektrischen Betriebsstätten).
- Verbindung Stromquelle – Niederspannungshauptverteilung: Ausführung erd- und kurzschlusssicher oder gegen Erd- und Kurzschluss geschützt.
- Separate Stromkreise von der Hauptverteilung für Feuerlöschanlagen, Druckerhöhungsanlagen zur Löschwasserversorgung, Rauch- und Wärmeabzug, Anlagen zur Rauchfreiheit von Rettungswegen, Feuerwehraufzügen und Personenaufzügen mit Brandfallsteuerung.
- Bei der Versorgung mehrerer Gebäude von einer Anlage für Sicherheitszwecke sind mindestens zwei Kabel in getrennten Trassen (Abstand mindestens 2 m) zu verlegen. Ein Kabel reicht aus, wenn folgende Bedingen erfüllt sind:
  - Die elektrische Anlage für Sicherheitszwecke wird im versorgten Gebäude von der allgemeinen Stromversorgung eingespeist.
  - Die Zuleitung für die allgemeine Versorgung der Anlage für Sicherheitszwecke ist in getrennten Trassen verlegt.
  - Bei Ausfall der allgemeinen Versorgung wird automatisch auf die Anlage für Sicherheitszwecke umgeschaltet.
- Bei mehr- oder vieladrigen Kabel- oder Leitungssystemen der Anlagen für Sicherheitszwecke dürfen Haupt- und Hilfsstromkreise in einem Kabel oder einer Leitung geführt werden. Nicht erlaubt ist das Führen von mehreren Stromkreisen in einem Kabel oder einer Leitung, z. B. von Endstromkreisen der Sicherheitsbeleuchtung in einem gemeinsamen Neutralleiter.
- Fest verlegte Kabel und Leitungen im Bühnenhaus müssen auf Putz mit mechanischem Schutz und so verlegt werden, dass ihr Betriebszustand beobachtet werden kann.
- Bei der Verlegung vieladriger Kabel oder Leitungen auf Bühnen mit brandschutztechnischer Trennung zum Zuschauerhaus sind besondere Bedingungen zu beachten:
  - ausreichende Wärmeverteilung
  - Abstand parallel geführter Kabel und Leitungen
  - Verlegung auf nicht brennbarer Oberfläche (Stein, Beton, Stahlgitter)
  - durchgehende Verbindungen
  - gemeinsamer Schalter für mehrere Stromkreise in einem Kabel oder einer Leitung.

- Es wird eine brandgeschützte Verlegung von Beleuchtungskabeln für Leuchten im Zuschauerhaus verlangt, die durch das Bühnenhaus mit brandgeschützter Trennung verlegt werden.
- Für nicht dauerhaft verlegte Kabel oder Leitungen müssen gummiisolierte Leitungen H05RNH2-F und für den Anschluss von beweglich aufgehängten Leuchten dürfen nur Gummischlauchleitungen H07RN-F oder jeweils gleichwertige Bauarten verlegt werden.
- Mindestquerschnitt für Endstromkreise für Sicherheitszwecke 1,5 mm^2.
- Die Gebäudeleittechnik muss unabhängig von Steuerungen und Bustechnik der elektrischen Anlage für Sicherheitszwecke sein. Kopplungen sind nur zulässig, wenn beide Systeme rückwirkungsfrei arbeiten, das heißt, dass im Fehlerfall der übergeordneten Gebäudeleittechnik die Anlagen für Sicherheitszwecke nicht außer Kraft gesetzt werden.
- Frei hängende Betriebsmittel in Räumen für Besucher und auf Bühnen mit über 5 kg Masse müssen durch zwei voneinander unabhängige Aufhängevorrichtungen, die jede das fünffache Gesamtgewicht tragen können muss, gesichert werden.
- Verwendete Steckvorrichtungen müssen den jeweiligen Umgebungsbedingungen entsprechen. Es dürfen nur standardisierte Betriebsmittel verwendet werden. Ihre Anzahl muss den Anforderungen der Benutzer entsprechen. Mehrfachsteckdosen dürfen nicht hintereinander geschaltet werden.
- Zweiteilige installierte Betriebsmittel müssen für ihre übliche Nutzung sicher errichtet werden.
- Stromkreise für Sicherheitszwecke dürfen nur bei Ausfall der allgemeinen Stromversorgung wirksam werden.
- Kabel und Leitungen für die Steuerung bzw. für Bussysteme müssen dieselben Anforderungen bezüglich Verlegung und Funktionserhalt wie alle Betriebsmittel der Anlagen für Sicherheitszwecke erfüllen.
- Mögliche Stromquellen für die Sicherheitsversorgung:
  - unabhängige Einspeisung aus der allgemeinen Stromversorgung (besonders gesichertes Netz)
  - zentrales Stromversorgungssystem ohne Leistungsbegrenzung (z. B. USV-Anlagen)
  - Blockheizkraftwerke, Kraftmaschinen, Generatoren, die alle Bedingungen für die Sicherheitsstromversorgung erfüllen.

Leuchten und Beleuchtungsanlagen

- Wenn die allgemeine Beleuchtung eines Raums für betriebliche Verdunkelung (wie z. B. im Kino) vorgesehen ist, ist eine besondere Beleuchtung für Hilfs-

und Ordnungsmaßnahmen erforderlich, die mindestens den lichttechnischen Anforderungen der Sicherheitsbeleuchtung entspricht und zentral ein- und ausschaltbar sein muss. Die Schaltstelle dieser Sonderbeleuchtung muss gegen unbeabsichtigtes Schalten geschützt, beleuchtet und entsprechend beschriftet sein.

- Die Sonderbeleuchtung kann Teil der allgemeinen Beleuchtung oder auch der Sicherheitsbeleuchtung sein, wenn diese nicht beeinträchtigt wird und die Stromquelle für Sicherheitszwecke nicht belastet wird.
- Leuchten im Handbereich müssen gegen mechanische Beschädigungen geschützt werden.
- Befestigungsvorrichtungen für Leuchten müssen die fünffache Masse der zu befestigenden Leuchten tragen. Frei hängende Leuchten über 5 kg Masse müssen an zwei voneinander unabhängigen Aufhängevorrichtungen gesichert werden, die jede für sich das fünffache Gesamtgewicht tragen kann (Seile und Ketten gelten als zweite Aufhängung).
- Die Zuordnung der Schalt- und Steuereinrichtungen zu den elektrischen Anlagen und ihren Funktionen muss eindeutig gekennzeichnet sein.
- Ein Übersichtsschaltplan der gesamten elektrischen Anlage einschließlich der Anlagen für Sicherheitszwecke muss am Hauptverteiler vorhanden sein.
  Der Schaltplan für Anlagen für Sicherheitszwecke muss enthalten:
  - Netzüberwachungssystem der Einspeisung (falls vorhanden)
  - Stromkreise
  - Anzahl der elektrischen Verbrauchsmittel je Stromkreis
  - Belastung der einzelnen Stromkreise und die Gesamtbelastung
- Eintragung der elektrischen Anlage für Sicherheitszwecke der genauen Lage der Betriebsmittel, der Verteiler und Stromkreise in Grundrisspläne. Die Betriebsmittel für Sicherheitszwecke müssen mit ihren Stromkreisen und den Schalt- und Überwachungseinrichtungen in den Grundrissplänen enthalten sein.
- Eine Liste der Betriebsmittel für Sicherheitszwecke einschließlich ihrer Nenn-, Einschalt- und Anlassströme, cos φ sowie der Anlasszeit muss verfügbar sein (z. B. in Form der Stromlaufpläne).
  Detaillierte Betriebsanleitung aller Anlagen für Sicherheitszwecke.

Prüfungen:
Prüfungen nach DIN VDE 0100-600

Die Ergebnisse der Erstprüfungen und der laufenden Wiederholungsprüfungen sind zu dokumentieren und dem Betreiber auszuhändigen. Ergebnisse sind mindestens vier Jahre aufzubewahren. Es wird empfohlen, elektronische Prüfbücher in Verbindung mit einem automatischen Testsystem anzulegen.

Zusätzliche Erstprüfungen durch Besichtigen entsprechen den jeweiligen Anforderungen:

- Stromquelle
- Be- und Entlüftung der Aufstellungsräume für Batterien, Verbrennungsmaschinen und zugehörigen Einrichtungen
- Abgasführung hinsichtlich Montage und Brandschutz
- Stromerzeugungsaggregate hinsichtlich Kapazität und Kraftstoffvorrat
- Selektivität der elektrischen Anlage für Sicherheitszwecke

Zusätzliche Erstprüfungen durch Erproben und Messen entsprechend den jeweiligen Anforderungen:

- Lastaufnahmeverhalten des Stromerzeugungsaggregats durch Zuschalten spezifizierter Laststufen bei Bemessungsleistungsfaktor, Entlasten der Stromquelle von 100 % Nennlast auf Leerlauf, Zuschalten des größten Einzelverbrauchs im Leerlauf der Stromquelle jeweils unter Einhaltung der Betriebsgrenzwerte
- Funktionsprüfungen des Schalt-, Steuer- und Überwachungsfunktionen
- Funktionsprüfungen der elektrischen Anlage für Sicherheitszwecke bei Unterbrechung der Netzzuleitung, Startverhalten, Umschaltzeit, Netzschutzeinrichtungen beim Parallelbetrieb von Netz und Stromquelle der Sicherheitsstromversorgung
- lichttechnische Werte der Sicherheitsbeleuchtung

Zusätzliche wiederkehrende Prüfungen:

Elektrische Anlagen müssen regelmäßig überprüft werden nach Angaben der Betriebsanleitung, die der Hersteller bzw. Errichter dem Betreiber zur Verfügung zu stellen hat.

Wiederkehrende Prüfungen durch Besichtigen:

- Einstellwerte der Schutzgeräte, jährlich
- an der Stromquelle angeschlossene Leistungen hinsichtlich der Kapazität der Stromquelle, jährlich

Wiederkehrende Prüfungen durch Erproben und Messen:

- Funktion der Sicherheitsbeleuchtung einschließlich der Sicherheitszeichen, Zuschaltung der Stromquelle für Sicherheitszwecke, mindestens wöchentlich
- Funktion der Umschalteinrichtungen, jährlich
- Funktion der Verbrennungsmaschinen bis zur Nennbetriebstemperatur, mindestens jedoch 1 h mit 50 % Leistung der Stromquelle für Sicherheitszwecke, monatlich
- Kapazität der Batterieanlagen, jährlich

- Funktion der Isolationsüberwachungssysteme, halbjährlich
- Beleuchtungsstärke der Sicherheitsbeleuchtung, alle zwei Jahre

Verschmutzungsgrad

DIN EN 60664-1 *(VDE 0110-1)*	***Isolationskoordination für elektrische Betriebsmittel in Niederspannungsanlagen*** *Grundsätze, Anforderungen und Prüfungen*

Die Betriebsmittel sind je nach Beanspruchung und Verwendungszweck gewissen Umwelteinflüssen, wie Staub, Feuchtigkeit, Alterung und aggressiver Atmosphäre, ausgesetzt.
Dies wird berücksichtigt durch eine Einteilung in den entsprechenden Verschmutzungsgrad:

- **Verschmutzungsgrad 1**
  Es tritt keine oder nur trockene, nicht leitfähige Verschmutzung auf. Die Verschmutzung hat keinen Einfluss.
  Beispiele: offene, ungeschützte Isolierungen in klimatisierten oder sauberen trockenen Räumen

- **Verschmutzungsgrad 2**
  Es tritt nur nicht leitfähige Verschmutzung auf. Gelegentlich muss mit vorübergehender Leitfähigkeit durch Betauung gerechnet werden.
  Beispiele: offene, ungeschützte Isolierungen in Wohn-, Verkaufs- und Geschäftsräumen, feinmechanischen Werkstätten, Laboratorien, Prüffeldern und medizinisch genutzten Räumen

- **Verschmutzungsgrad 3**
  Es tritt leitfähige Verschmutzung auf oder trockene, nicht leitfähige Verschmutzung, die leitfähig wird, da Betauung zu erwarten ist.
  Beispiele: offene, ungeschützte Isolierungen in Räumen von industriellen, gewerblichen und landwirtschaftlichen Betrieben, ungeheizte Lagerräume, Werkstätten und Kesselhäuser

- **Verschmutzungsgrad 4**
  Die Verunreinigung führt zu einer beständigen Leitfähigkeit, hervorgerufen durch leitfähigen Staub, Regen oder Schnee.
  Beispiele: offene, ungeschützte Isolierungen in Freiluft- oder Außenanlagen

→ *Überspannungskategorie*
→ *Isolationskoordination*
→ *Luftstrecken*

Versorgungseinrichtungen für Sicherheitszwecke

Stromversorgungsanlage, die dazu bestimmt ist, die Funktion von Betriebsmitteln aufrechtzuerhalten. Im Vordergrund steht die Sicherheit von Personen. Als Versorgungseinrichtung für Sicherheitszwecke werden die Stromquelle und die Stromkreise bis zu den Anschlussklemmen der elektrischen Verbrauchsmittel verstanden.

Verstärkte Isolierung

DIN EN 61140	***Schutz gegen elektrischen Schlag***
(VDE 0140-1)	*Gemeinsame Anforderungen für Anlagen und Betriebsmittel*

Die verstärkte Isolierung (frühere Bezeichnung: Schutzisolierung) ist eine Isolierung von gefährlichen aktiven Teilen, die im gleichen Maße Schutz gegen elektrischen Schlag bietet wie die → *doppelte Isolierung*.
Die verstärkte Isolierung muss aus mehreren Schichten bestehen und so bemessen werden, dass sie den elektrischen, thermischen und mechanischen Umgebungsbeanspruchungen standhalten kann, mit derselben Zuverlässigkeit des Schutzes, wie sie durch doppelte Isolierung gegeben ist.
Die verstärkte Isolierung ist eine einzige Isolierung aktiver Teile (an unter Spannung stehenden Teilen), die unter vorgegebenen Bedingungen denselben → *Schutz gegen gefährliche Körperströme* bietet wie eine doppelte Isolierung.

Das heißt nicht, dass sie aus einlagigem (homogenem) Material bestehen muss. Auch mehrere Lagen sind möglich, die aber nicht einzeln als zusätzliche Isolierung oder Basisisolierung geprüft werden können.

Verteiler

→ *Schaltanlagen und Verteiler*

Verteilungsnetz

DIN VDE 0100-200 **Errichten von Niederspannungsanlagen**
(VDE 0100-200) *Begriffe*

Das Verteilungsnetz ist die Gesamtheit aller → *elektrischen Betriebsmittel* und Anlagen vom Stromerzeuger bis zur → *Verbraucheranlage* ausschließlich. Die Grenze zwischen Verteilungsnetz und Verbraucheranlage wird hinter den Ausgangsklemmen des Hausanschlusses oder, wo dieser nicht vorhanden ist, hinter den Ausgangsklemmen der letzten Verteilung vor den Verbrauchsmitteln angegeben.

Für das Errichten von Niederspannungs-Verteilungsnetzen sowohl der öffentlichen Stromversorgung als auch privater Betreiber gelten die Bestimmungen der Normenreihe DIN VDE 0100. Dort, wo Abweichungen gegenüber Gebäudeinstallationen zweckmäßig bzw. notwendig sind, werden Ausnahmen bzw. Ergänzungen in den Normen angegeben (vergleiche z. B. → S*chutz durch Abschaltung oder Meldung* als Schutz bei indirektem Berühren).

Der → *Schutz gegen direktes Berühren* in den elektrischen Anlagen des Verteilungsnetzes kann vereinfacht werden, z. B. wenn es sich um abgeschlossene elektrische Betriebsstätten handelt und nur → *elektrotechnische Fachkräfte* bzw. → *elektrotechnisch unterwiesene Personen* Zugang haben (DIN VDE 0100-410, Anhang C).

→ *Verbraucheranlage*

Verträglichkeit

→ *Rückwirkungen*

Verzicht auf Schutzeinrichtungen

DIN VDE 0100-430 **Errichten von Niederspannungsanlagen**
(VDE 0100-430) *Schutz bei Überstrom*

Schutzeinrichtungen zum Schutz bei Überlast dürfen entfallen:

- in einer Leitung, die hinter einer Änderung des Querschnitts, der Verlegeweise oder des Aufbaus liegt und die durch eine vorgeschaltete Schutzeinrichtung wirksam bei Überlast geschützt ist
- in Kabeln und Leitungen, in denen mit dem Auftreten von Überlastströmen nicht gerechnet werden muss (vorausgesetzt: keine Abzweige oder Steckvorrichtungen)
- in Hilfsstromkreisen (keine Überlastströme)
- in öffentlichen Verteilungsnetzen (im Erdreich verlegte Kabel oder Freileitungen)

VNB

VNB – Verteilnetzbetreiber: das Unternehmen, das ein öffentliches Verteilungsnetz einer bestimmten Region betreibt.

Vollkommener Erd-, Körper-, Kurzschluss

DIN VDE 0100-200	***Errichten von Niederspannungsanlagen***
(VDE 0100-200)	*Begriffe*

Liegt vor, wenn die leitende Verbindung an der Fehlerstelle nahezu widerstandslos ist.

Vollständiger Berührungsschutz

Der vollständige Berührungsschutz wird durch Isolierung, Abdeckung oder Umhüllung erreicht, die aktive Teile vollständig gegen unbeabsichtigtes Berühren schützen. Er muss immer dann gewährleistet sein, wenn die elektrischen Anlagen und Betriebsmittel durch → *elektrotechnische Laien* bedient werden.

Vorführstände für Leuchten

DIN VDE 0100-559 *(VDE 0100-559)*	***Errichten von Niederspannungsanlagen*** *Leuchten und Beleuchtungsanlagen*
DIN VDE 0100-723 *(VDE 0100-723)*	***Errichten von Niederspannungsanlagen*** *Unterrichtsräume mit Experimentiereinrichtungen*

Für Vorführstände gelten besondere Forderungen, da in der Regel davon ausgegangen werden muss, dass Leuchten an Verkaufsständen von elektrotechnischen Laien angeschlossen und in Betrieb genommen werden.

Vorführstände für Leuchten sind Stände in Verkaufsräumen oder Teilen von Verkaufsräumen, die dem Vorführen von Hängeleuchten, z. B. Kronleuchtern und anderen Leuchten, die unter ähnlichen Bedingungen befestigt werden, z. B. Wandleuchten, dienen.

Zu den Vorführständen gehören nicht:

- Messestände, bei denen die Leuchten für die Dauer der Messe fest angeschlossen bleiben
- Ausstellungstafeln mit fest angeschlossenen Leuchten
- Ausstellungstafeln mit einem Leuchtensortiment, das wie ein steckerfertiges Gerät angeschlossen werden kann

Anforderungen:

- Betrieb mit Schutzkleinspannung, oder die Stromkreise müssen durch Fehlerstromschutzeinrichtungen (RCDs) $I_{\Delta N} \leq 30$ mA geschützt sein
- zweipolige Steckdosen mit Schutzkontakt (10 A bzw. 16 A/250 V)
- Stromschienensysteme für Leuchten
- Wandleuchten:
  Anschluss über Klemmen ist zulässig, wenn die Klemmen erst nach zwangsläufiger Freischaltung zugänglich sind

Vor-Ort-Steuerung

DIN VDE 0105-100 *(VDE 0105-100)*	***Betrieb von elektrischen Anlagen*** *Allgemeine Festlegungen*

Vor-Ort-Steuerung (Nahsteuerung) – die bedienende Person befindet sich in unmittelbarer Nähe des zu betätigenden Schaltgeräts.

Dies kann zu Gefährdungen führen, wenn in Anlagen, deren Aufbau keinen Schutz für Personen gegen die gefährlichen Auswirkungen von Störlichtbögen gewährt, bedient (geschaltet) werden muss.

Maßnahmen:
- es dürfen nur Personen anwesend sein, die mit den Schalthandlungen zu tun haben
- > 1 kV ist die Reihenfolge der Schalthandlungen vor der Schaltung schriftlich festzulegen
- bei Arbeiten unter Spannung gelten weitere Festlegungen

Vorschaltgeräte für Leuchten

DIN EN 50107-1 *(VDE 0128-1)*	***Leuchtröhrengeräte und Leuchtröhrenanlagen mit einer Leerlaufspannung über 1 kV, aber nicht über 10 kV*** *Allgemeine Anforderungen*

Vorschaltgeräte, die außerhalb von Leuchten angeordnet und nicht mit einer Temperatursicherung ausgerüstet sind, dürfen auf nicht brennbaren Bau- und Werkstoffen angebracht werden. Der Mindestabstand zu brennbaren Baustoffen muss 10 cm betragen, gegen die Decke eines Raums sogar mindestens 20 cm.

Vorschriften

Rechtsvorschriften und Arbeitsschutzvorschriften bestehen neben den Unfallverhütungsvorschriften der Berufsgenossenschaften. Sie sind gleichwertig. Vorrang hat die jeweils weitergehende Regelung, also die „Spezial-Vorschrift“.

Grundsätze:
- Spezielle Vorschriften gehen der allgemeinen Vorschrift vor.
- „Allgemein anerkannte Regeln der Technik“ können dann angewandt werden, wenn keine gesetzliche Vorschrift den Fall regelt.
  Wichtig: Vorschriften richten sich meist an den Unternehmer – verpflichten jedoch den zuständigen Vorgesetzten.

Beispiele zu den wichtigen Gesetzen, Verordnungen und Vorschriften:

- Strafgesetzbuch, StGB
  - § 222 Fahrlässige Tötung
  - § 229 Fahrlässige Körperverletzung
  - § 303 Sachbeschädigung
  - § 306f Herbeiführen einer Brandgefahr
  - § 319 Baugefährdung

- Bürgerliches Gesetzbuch, BGB
  - § 276 Verantwortlichkeit des Schuldners (Haftung für Vorsatz und Fahrlässigkeit)
  - § 459 Ersatz von Verwendungen (Haftung für Sachmängel und zugesicherte Eigenschaften)
  - § 633 Sach- und Rechtsmangel (Anspruch des Bestellers auf Mängelbeseitigung)
  - § 823 Schadensersatzpflicht
  - § 831 Haftung für den Verrichtungsgehilfen
  - § 832 Haftung der Aufsichtspflichtigen
  - § 842 Umfang der Ersatzpflicht bei Verletzung einer Person
  - § 843 Geldrente oder Kapitalfindung
  - § 844 Ersatzansprüche Dritter bei Tötung (Ersatz für Unterhalt bei Tötung)
  - § 845 Ersatzansprüche wegen entgangener Dienste (Ersatz für entgangene Dienste)

- Handels-Gesetzbuch, HGB
  - § 62 Fürsorgepflicht des Arbeitgebers

- Arbeitsschutzgesetz, ArbSchG

  Gesetz über die Durchführung von Maßnahmen des Arbeitsschutzes zur Verbesserung der Sicherheit und des Gesundheitsschutzes der Beschäftigten bei der Arbeit
  - § 3 Grundpflichten des Arbeitgebers
  - § 4 Allgemeine Grundsätze
  - § 9 Besondere Gefahren
  - § 12 Unterweisung
  - § 13 Verantwortliche Personen
  - § 15 Pflichten der Beschäftigten

- Gewerbeordnung, GewO
  - § 36 Öffentliche Bestellung von Sachverständigen
  - § 147 Verletzung von Arbeitsschutzvorschriften
  - § 148a Strafbare Verletzung von Prüferpflichten

- Unfallverhütungsvorschriften, UVV, der Berufsgenossenschaften
  - BGV A1 Allgemeine Vorschriften/Geltungsbereich
    Pflichten des Unternehmers
    - § 2 Grundpflichten des Unternehmers
    - § 3 Beurteilung der Arbeitsbedingungen, Dokumentation und Auskunftspflichten
    - § 7 Befähigung für Tätigkeiten

    Pflichten der Versicherten
    - § 15–§18
  - BGV A3 Elektrische Anlagen und Betriebsmittel
    - § 1 Geltungsbereich
    - § 2 Begriffe
    - § 3 Grundsätze
    - § 4 Grundsätze beim Fehlen elekrotechnischer Regeln
    - § 5 Prüfungen
    - § 6 Arbeiten an aktiven Teilen
    - § 7 Arbeiten in der Nähe aktiver Teile
    - § 8 Zulässige Abweichung
    - § 9 Ordnungswidrigkeiten
    - § 10 Inkrafttreten

- BGV A5 Erste Hilfe

- BGR A3 Arbeiten unter Spannung an elektrischen Anlagen und Betriebsmitteln

- Energiewirtschaftsgesetz, EnWG vom 07. Juli 2005; Stand: 16.01.2012

- Produktsicherheitsgesetz (ProdSG)

- Arbeitsstättenverordnung, ArbStättV
  - § 1 Ziel, Anwendungsbereich
  - § 2 Begriffsbestimmungen
  - § 3 Gefährdungsbeurteilung
  - § 3a Einrichten und Betreiben von Arbeitsstätten

- § 4 Besondere Anforderungen an das Betreiben von Arbeitsstätten
- § 5 Nichtraucherschutz
- § 6 Arbeitsräume, Sanitärräume, Pausen- und Bereitschaftsräume, Erste-Hilfe-Räume, Unterkünfte
- § 7 Ausschuss für Arbeitsstätten

- Muster-Versammlungsstättenverordnung, MVStättV
  - § 14 Sicherheitsstromversorgungsanlagen, elektrische Anlagen und Blitzschutzanlagen
  - § 15 Sicherheitsbeleuchtung
  - § 20 Brandmelde- und Alarmierungsanlagen, Brandmelder- und Alarmzentrale, Brandfallsteuerung der Aufzüge
  - § 36 Bedienung und Wartung der technischen Einrichtungen
  - § 38 Pflichten der Betreiber, Veranstalter und Beauftragten
  - § 40 Aufgaben und Pflichten der Verantwortlichen für Veranstaltungstechnik, technische Probe
  - § 43 Sicherheitskonzept, Ordnungsdienst

- Reichsversicherungsordnung, RVO

- VdS Schadenverhütung GmbH, VdS-Richtlinien

- Garagenverordnung

- Warenhausverordnung

Wagen und Wohnwagen nach Schaustellerart

DIN VDE 0100-740 *(VDE 0100-740)*	***Errichten von Niederspannungsanlagen*** *Vorübergehend errichtete elektrische Anlagen für Aufbauten, Vergnügungseinrichtungen und Buden auf Kirmesplätzen, Vergnügungsparks und für Zirkusse*

Für Wagen und Wohnwagen nach Schaustellerart sind besondere Anforderungen bei der Errichtung der elektrischen Anlage zu erfüllen, die unter dem Stichwort fliegende Bauten zusammengefasst sind.

→ *Fliegende Bauten*

Wanddosen

DIN VDE 0100-559 *(VDE 0100-559)*	***Errichten von Niederspannungsanlagen*** *Leuchten und Beleuchtungsanlagen*

Bei Unterputzinstallation müssen die entsprechenden Zuleitungen für Wandleuchten in Wanddosen (Installationsdosen nach DIN VDE 0606) enden.Wichtig, weil auch bei nicht angeschlossenen Leuchten ein Schutz gegen direktes Berühren der Leitungen gegeben sein muss.

Diese Anforderung gilt nicht nur für Wandleuchten, sondern wird allgemeingültig gefordert bei Anschlussstellen im Handbereich, z. B. Heizstrahler, Warmluftgebläse. Wanddosen müssen auch für die Installation in Beton geeignet sein.

Wanddurchführungen

Bei der Durchführung von Kabeln durch Außenwände sollten grundsätzlich Kabelschutzrohre verwendet werden. Werden diese Rohre beim Errichten der Wand mit eingemauert oder eingegossen, kann die bestmögliche Dichtung zwischen Rohr und Wand erreicht werden.

Rohre aus Kunststoff sollten zur besseren Bindung eine raue Oberfläche haben. Zur Dichtung zwischen Kabel und Rohr gibt es verschiedene Möglichkeiten, von denen ein Beispiel angeführt wird.

Bei Kabel-Hausanschlüssen kann die Dichtung zwischen Kabel und Rohr auf einfache Weise durch zwei Rollringe (aus synthetischem Kautschuk) erfolgen.

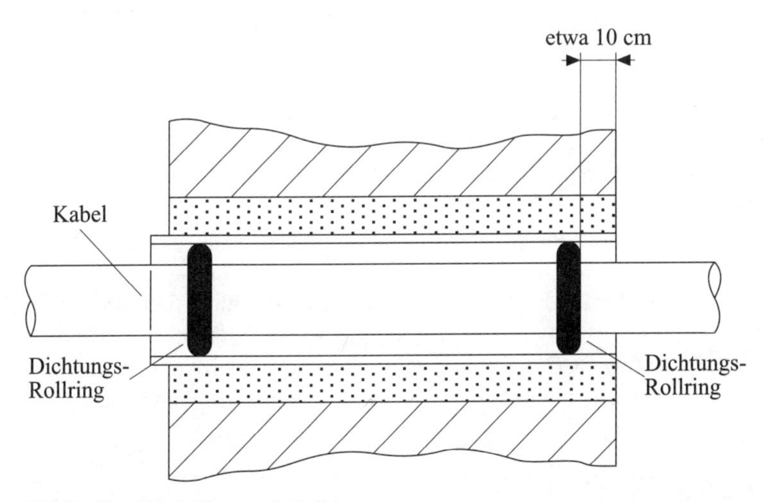

Bild 70 Wanddurchführung mit Rollringen

Bei richtiger Zuordnung von Kabel, Rohr und Rollringen ist diese Dichtung bis etwa 1 bar wasserdicht und hat eine begrenzte Beweglichkeit, ohne ihre Dichtwirkung zu verlieren. Das Rohr sollte nach außen ein leichtes Gefälle haben.

Wandler

→ *Messwandler*

Wärmegeräte

DIN VDE 0100-704 *(VDE 0100-704)*	***Errichten von Niederspannungsanlagen*** *Baustellen*
TAB 2007	***Technische Anschlussbedingungen für den Anschluss an das Niederspannungsnetz***

Von Wärmegeräten kann unter Nichtbeachtung der entsprechenden Anforderungen für die Auswahl, die Errichtung und den Betrieb eine Brandgefahr ausgehen. Elektrowärmegeräte müssen nach der TAB mit einer Bemessungsleistung von > 4,6 kW für Drehstromkreise ausgelegt sein. Sie dürfen keine störenden Spannungsänderungen im Netz verursachen. Der → *VNB* kann den Betrieb von Geräten zur Heizung und Klimatisierung von der Installation einer Steuerungs- bzw. Regelungseinrichtung abhängig machen. Anschlussleitungen: z. B. H05RR-F oder H03VV-F.

Werden Wärmegeräte auf Baustellen verwendet, so wird empfohlen (aktuell in Norm DIN VDE 0100-704 nicht gefordert) zu berücksichtigen:

- auf Baustellen nur Wärmegeräte einsetzen, die mindestens der Schutzart IPX4 entsprechen
- ausreichenden Abstand von der Standfläche der Wärmegeräte zu brennbaren Materialien einhalten
- für größere Räume werden Luftheizgeräte, für kleinere Räume Rippenheizrohre empfohlen
- Wärmegeräte mit etwa 10 mm dicke Hitzeschutzgewebe oder Ähnlichem unterlegen, wenn sie auf brennbarem Material (z. B. Holz) montiert werden müssen

Wärmepumpe

TAB 2007	***Technische Anschlussbedingungen für den Anschluss an das Niederspannungsnetz***

Die Wärmepumpe bringt Wärmeenergie von niedriger Temperatur auf eine höhere Temperatur. Mithilfe der Wärmepumpe kann man einer an sich nicht genutzten Wärmequelle, z. B. der Luft, dem Wasser oder dem Erdreich, Wärme entziehen und sie einer zu beheizenden Anlage zuführen. Die Wärmepumpe arbeitet nach dem Prinzip: An einem Wärmetauscher wird eine externe Wärmequelle abgekühlt. Kältemittel: chlorierte und fluorierte Kohlenwasserstoffe. Der Kältemitteldampf wird aus dem Verdampfer abgesaugt und im Verdichter unter Druck gesetzt. Die erhöhte Temperatur im Verflüssiger kann dann Wärme abgeben. Für diesen Vorgang muss nur für den Verdichter (Kompressor) Energie eingeführt werden. Den restlichen Anteil an Energie entzieht die Wärmepumpe der Umgebung, wie Luft, Wasser, Erdreich, Sonnenenergie.

Wärmepumpen sind vom Errichter so zu installieren, dass die Anzahl der Einschaltungen pro Stunde begrenzt wird.

Wärmepumpen mit einphasigem Anschluss:

Anlaufströme	Einschaltungen
bis 18 A	6 × pro Std.
bis 24 A	3 × pro Std.

Wärmepumpen mit Drehstromanschluss:

Anlaufströme	Einschaltungen
bis 30 A	6 × pro Std.
bis 40 A	3 × pro Std.

Warnschilder

Beim Betrieb von oder bei Arbeiten an elektrischen Anlagen müssen, sofern erforderlich, geeignete Sicherheitsschilder angebracht werden, um auf mögliche Gefährdungen aufmerksam zu machen.

Warnschilder:
- Form: dreieckig, Spitze nach oben
- schwarze Schrift auf gelbem Grund und schwarze Umrandung

→ *Verbotsschilder*

Wartbarkeit

→ *Instandhaltung*

Wartung

Maßnahmen zur Bewahrung des Sollzustands einer Betrachtungseinheit (Bauelemente, Betriebsmittel, Anlagen).
Tätigkeiten: unter anderem Schmieren, Imprägnieren, Auswechseln

→ *Instandhaltung elektrischer Anlagen und Betriebsmittel*

Wartungsgang

Räume oder Orte innerhalb elektrischer Betriebsstätten, die vorwiegend zum Warten der elektrischen Betriebsmittel betreten werden.

Wasserrohrnetz als Erder

DIN VDE 0100-540	***Errichten von Niederspannungsanlagen***
(VDE 0100-540)	*Erdungsanlagen und Schutzleiter*

Ein Wasserrohrnetz ist die Gesamtheit eines vorwiegend unterirdischen Leitungssystems verzweigter und oft auch vermaschter Haupt-, Versorgungs- und Anschlussleitungen. Wasserzähler und/oder Hauptabsperrvorrichtungen zählen zum Wasserrohrnetz. Wasserverbrauchsleitungen sind Rohrleitungen hinter Wasserzählern oder Hauptabsperrvorrichtungen, in Wasserströmungsrichtung gesehen.

In bestehenden elektrischen Verteilungsnetzen und Verbraucheranlagen dürfen die Wasserrohrnetze nicht als Erder, Erdungsleiter oder Schutzleiter verwendet werden. In Deutschland sind Wasser- und Gasrohre als Erder nicht erlaubt.

Wasserschutz

DIN VDE 0100-410	***Errichten von Niederspannungsanlagen***
(VDE 0100-410)	*Schutz gegen elektrischen Schlag*

Der Wasserschutz soll das Eindringen von Wasser in ein elektrisches Betriebsmittel verhindern. Elektrische Anlagen und Betriebsmittel sind in Abhängigkeit der Art des Wasserschutzes gekennzeichnet. Die → *Schutzart* macht den Grad der Anforderungen an den Wasserschutz deutlich. Das Kurzzeichen, das den Grad des Schutzes erkennen lässt, besteht aus den Kennbuchstaben IP (International Protection) und den daran angefügten Kennziffern (z. B. IP23). Die zweite Kennziffer stellt den Grad des Wasserschutzes dar (im Beispiel die 3).

Die Bedeutung der Schutzgrade für den Wasserschutz:
0 – kein besonderer Schutz
1 – Schutz gegen Tropfwasser, senkrecht fallende Wassertropfen

2 – Schutz gegen Tropfwasser, schräg (15°) fallende Wassertropfen
3 – Schutz gegen Sprühwasser, Wasser fällt 60° zur Senkrechten
4 – Schutz gegen Sprühwasser, Wasser aus allen Richtungen
5 – Schutz gegen Strahlwasser, Wasserstrahl aus einer Düse aus allen Richtungen
6 – Schutz gegen schwere See und starken Wasserstrahl (kein Überfluten)
7 – Schutz gegen Eintauchen unter festgelegten Druck- und Zeitbedingungen
8 – Schutz beim dauerhaften Untertauchen nach Bedingungen des Herstellers

Steht für die 2. Kennziffer entweder eine „0“, dann ist kein besonderer Schutz gefordert, oder ein „X“, dann ist der Schutzgrad für den Berührungsschutz freigestellt.

→ *IP-Code*
→ *IP-Schutzart*

Wassersportfahrzeuge

DIN VDE 0100-540	***Errichten von Niederspannungsanlagen***
(VDE 0100-540)	*Erdungsanlagen und Schutzleiter*
DIN VDE 0100-709	***Errichten von Niederspannungsanlagen***
(VDE 0100-709)	*Marinas und ähnliche Bereiche*

Wassersportfahrzeuge sind Boote, Jachten, Motor-Barkassen, Hausboote oder andere Wasserfahrzeuge, die ausschließlich für Sport und Freizeit genutzt werden.

- Im TN-System dürfen Endstromkreise für die Versorgung von Wassersportfahrzeugen keinen PEN-Leiter enthalten.
- Die Nennversorgungsspannung darf bei Einphasen-Wechselstrom 230 V oder bei Dreiphasen-Wechselstrom 400 V nicht überschreiten.
- Schutz gegen elektrischen Schlag: Es dürfen nicht angewendet werden: Schutz durch Hindernisse/Schutz durch Anordnung außerhalb des Handbereichs/ Schutz durch nicht leitende Umgebung/Schutz durch erdfreien örtlichen Schutzpotentialausgleich.
- Bei Anwendung der Schutzmaßnahme Schutztrennung für die Versorgung von Wassersportfahrzeugen müssen alle Anforderungen nach DIN VDE 0100-410, Abschnitt Schutztrennung sichergestellt sein. Außerdem muss der Stromkreis von einem fest errichteten Trenntransformator versorgt sein. Der Schutzleiter

der Stromversorgung zum Trenntransformator darf nicht mit dem Schutzleiteranschluss in der Steckdose, die das Wassersportfahrzeug versorgt, verbunden werden.

- Der Schutzpotentialausgleich des Wassersportfahrzeugs darf nicht mit dem Schutzleiter der Landversorgung verbunden sein.
- Jede einzelne Steckdose muss durch eine eigene Fehlerstromschutzeinrichtung (RCD) geschützt sein, wobei der Bemessungsdifferenzstrom nicht größer als 30 mA sein darf und alle aktiven Leiter einschließlich des Neutralleiters abschalten.

→ *Jachten*
→ *Marinas*

Wasserverbrauchsleitungen

DIN VDE 0100-540	***Errichten von Niederspannungsanlagen***
(VDE 0100-540)	*Erdungsanlagen und Schutzleiter*

Wasserverbrauchsleitungen sind Rohrleitungen hinter Wasserzählern oder Hauptabsperrvorrichtungen – in Wasserströmungsrichtung gesehen.

→ *Potentialausgleich*
→ *Potentialausgleichsleiter*
→ *Potentialausgleichsschiene*

Wasserzählerüberbrückung

Wenn Wasserverbrauchsleitungen eines Gebäudes für Erdungszwecke oder Schutzleiter verwendet werden, muss der Wasserzähler überbrückt werden, und der Querschnitt des Überbrückungsleiters (Potentialausgleichsleiter) muss so ausgelegt sein, dass eine Verwendung als Schutzleiter, Potentialausgleichsleiter oder Erdungsleiter für Funktionszwecke möglich ist.

→ *Potentialausgleich*

Wechselschaltung

DIN VDE 0100-550 *(VDE 0100-550)* — ***Errichten von Starkstromanlagen mit Nennspannungen bis 1 000 V*** *Steckvorrichtungen, Schalter und Installationsgeräte*

DIN EN 60309-1 *(VDE 0623-1)* — ***Stecker, Steckdosen und Kupplungen für industrielle Anwendungen*** *Allgemeine Anforderungen*

Einpolige Wechselschalter müssen bei einer Wechselschaltung im gleichen Außenleiter angeschlossen sein.

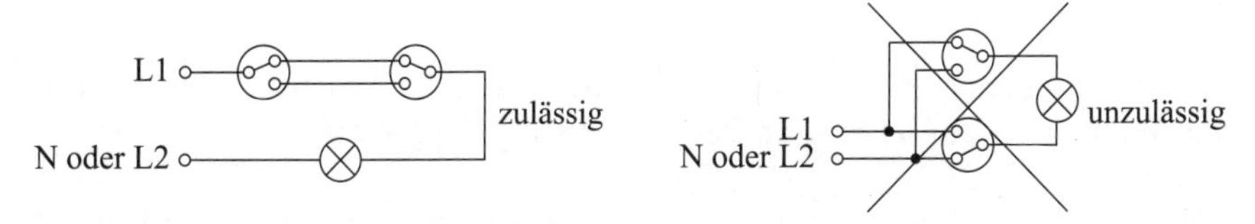

Bild 71 Zulässige und unzulässige Ausführung der Wechselschaltung

Wechselstromkreise

DIN VDE 0100-520 *(VDE 0100-520)* — ***Errichten von Niederspannungsanlagen*** *Kabel- und Leitungsanlagen*

Die Leiter und Aderleitungen von Wechselstromkreisen, die in Umhüllungen aus ferromagnetischen Werkstoffen verlegt werden, müssen so angeordnet werden, dass sich alle Leiter eines Stromkreises in derselben Umhüllung befinden.

Weidezäune

→ *Elektrozaunanlagen*

Werkzeuge

DIN VDE 0100-200 *(VDE 0100-200)*	***Errichten von Niederspannungsanlagen*** *Begriffe*
DIN VDE 0680-1 *(VDE 0680-1)*	***Persönliche Schutzausrüstungen, Schutzvorrichtungen und Geräte zum Arbeiten an unter Spannung stehenden Teilen bis 1 000 V*** *Teil 1: Isolierende Schutzvorrichtungen*
DIN EN 60900 *(VDE 0682-201)*	***Arbeiten unter Spannung*** *Handwerkzeuge zum Gebrauch bis AC 1 000 V und DC 1 500 V*

Soweit Anforderungen hinsichtlich der elektrischen Sicherheit gestellt werden, sind Werkzeuge den elektrischen Betriebsmitteln gleichgesetzt.

Isolierte Werkzeuge und isolierende Hilfsmittel zum Arbeiten an unter Spannung stehenden Teilen sind geeignet, wenn sie mit dem Symbol des Isolators oder mit einem Doppeldreieck und der zugeordneten Spannungs- oder Spannungsbereichsangabe oder der Klasse gekennzeichnet sind.

Werkzeuge müssen entsprechend der vom Hersteller oder Lieferanten mitgelieferten Betriebsanleitung verwendet werden. Diese Anleitung muss in der Sprache oder den Sprachen des Landes geschrieben sein, in dem sie verwendet wird.

Alle Werkzeuge, die für den sicheren Betrieb und das Arbeiten an, mit oder in der Nähe von elektrischen Anlagen vorgesehen sind, müssen für diesen Einsatz geeignet sein, in ordnungsgemäßem Zustand erhalten und bestimmungsgemäß angewendet werden.

Prüfung von Werkzeugen:

- Sichtprüfung vor jeder Arbeit durch den Benutzer (z. B. auf Beschädigung, Verschmutzung)
- Prüfung auf Funktionstüchtigkeit
- messtechnische Prüfung (Dokumentation)

Werkzeuge, Ausrüstungen, Schutz- und Hilfsmittel beim Betrieb von elektrischen Anlagen

→ *Werkzeuge*
→ *Schutzeinrichtungen*
→ *Ausrüstungen*

Widerstand gegen Bezugserde

Ohm'scher Anteil der Impedanz gegen Bezugserde.

Wiederholungsprüfungen

DIN VDE 0105-100	***Betrieb von elektrischen Anlagen***
(VDE 0105-100)	*Allgemeine Festlegungen*

Bei bestehenden elektrischen Anlagen für den gewerblichen Bereich sind Wiederholungsprüfungen durchzuführen. Dabei sind in festzulegenden Zeitabständen die Anlagen von → *Elektrofachkräften* bzw. von → *elektrotechnisch unterwiesenen Personen* zu prüfen und instandzuhalten.

→ *Prüfung elektrischer Anlagen*

Wirkfehlerspannung

DIN VDE 0100-200	***Errichten von Niederspannungsanlagen***
(VDE 0100-200)	*Begriffe*

Die Wirkfehlerspannung ist die Fehlerspannung, die unter gegebenen Bedingungen auftritt, bis die Stromversorgung durch eine Schutzeinrichtung ausgeschaltet worden ist. Dabei ist das bis zum Ausschalten bestehende Risiko eines schädlichen elektrischen Schlags vertretbar.

→ *Fehlerspannung*
→ *Grenzwert der Fehlerspannung*

Wirkungsbereiche des Stroms auf den Menschen

Die Gefährdung, die von der Elektrizität ausgeht, ist immer verbunden mit dem elektrischen Strom, der durch den menschlichen Körper fließt. Je nach Größe und Zeitdauer treten unterschiedliche physikalische und physiologische Wirkungen auf. Zu den physikalischen Wirkungen zählen die Strommarken an der Stromeintrittsstelle der Hautoberfläche, Verbrennungen und Flüssigkeitsverluste durch Verdampfungen und Blendungen durch Lichtbögen. Als physiologische Wirkungen können unter anderem Muskelverkrampfungen, Nervenerschütterungen, Herzkammerflimmern und schließlich auch Herzstillstand auftreten.

Schon seit vielen Jahren beschäftigen sich Mediziner und Ingenieure damit, die Wirkungen des Stroms auf den menschlichen Körper zu analysieren und gefährliche Grenzen aufzuzeigen. So befasst sich im Rahmen der Internationalen Elektrotechnischen Kommission (IEC) die Arbeitsgruppe 4 des Technischen Komitees 64 mit der Aufgabe, die Wirkungen des elektrischen Stroms so darzustellen, dass die Unterlagen von den verschiedenen technischen Komitees für ihre Normungsarbeiten verwendet werden können. Zu diesem Zweck sind viele Untersuchungen und Messungen an Tieren und am Menschen selbst durchgeführt worden, deren Ergebnisse weitestgehend allgemeinverständlich in dem IEC-Report 479 veröffentlicht worden sind. Die DKE hat die Ergebnisse dieser Untersuchung als Vornorm DIN IEC/TS 60479-1 (VDE V 0140-479-1) „Wirkungen des elektrischen Stroms auf Menschen und Nutztiere“ dargestellt.

Die Größe der Gefahr bei einer Durchströmung des menschlichen Körpers ist abhängig von der Größe des Stroms und von seiner Einwirkdauer auf den Menschen. Die Wirkungsbereiche von Wechselstrom 50/60 Hz sind im **Bild 72** wiedergegeben.

Weiterhin spielt in Bezug auf die Wirkung des elektrischen Stroms auf den Menschen die Frequenz der Berührungsspannung eine Rolle. Gleich- und hochfrequente Wechselströme sind weniger gefährlich als Wechselströme von 50 Hz. Von Bedeutung sind auch der Anteil des Stroms, der über das Herz fließt, die Konstitution des jeweiligen Körpers, der Körperbau und das Gewicht des Menschen.

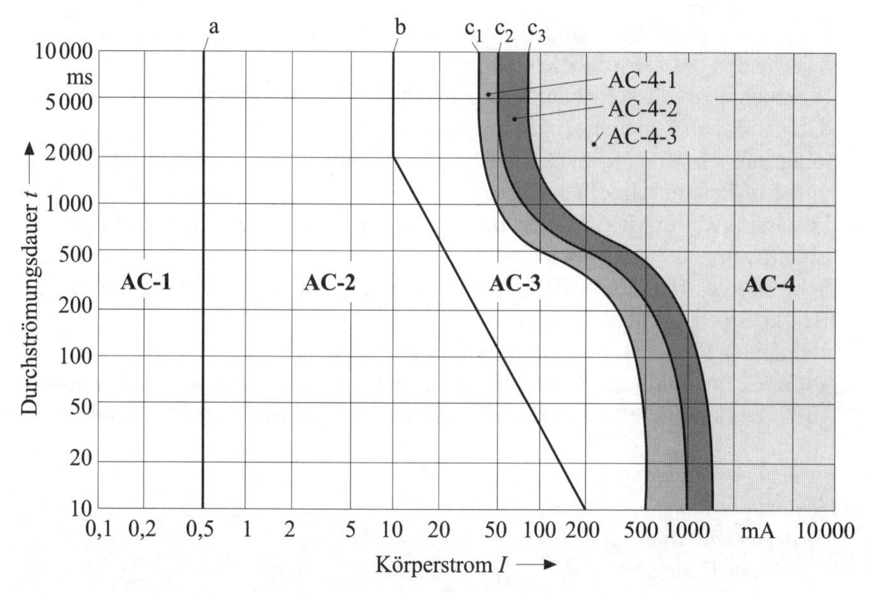

Bild 72 Wirkungsbereiche von Wechselstrom 50/60 Hz nach DIN IEC/TS 60479-1 (VDE V 0140-479-1):2007-05
Bereich AC-1: in der Regel keine Reaktion
Bereich AC-2: in der Regel keine pathophysiologisch gefährliche Wirkung
Bereich AC-3: Übergangsbereich ohne feste Grenzen; in der Regel keine organischen Schäden; keine Gefahr von Herzkammerflimmern; Muskelreaktionen, Beschwerden bei der Atmung mit steigender Stromstärke und Durchströmungsdauer
Bereich AC-4: Herzkammerflimmern mit steigender Wahrscheinlichkeit
(Kurve c_1 konventionelle Grenzkurve für Herzkammerflimmern, Kurve c_2 Wahrscheinlichkeit für Herzkammerflimmern kleiner 5 %, Kurve c_3 Wahrscheinlichkeit für Herzkammerflimmern kleiner als 50 %)
Mit steigender Stromstärke und Durchströmungsdauer starke physiologische Wirkungen, wie Herzstillstand, Atemstillstand und Verbrennungen. In Bezug auf Herzkammerflimmern beziehen sich die Kurven c_1 bis c_3 auf Längsdurchströmung linke Hand – linker Fuß. Bei Durchströmungsdauern unter 200 ms tritt Kammerflimmern nur in der vulnerablen Periode auf, wenn die Schwellenwerte überschritten werden.

Einige kurze Begriffserläuterungen zur Wirkung des elektrischen Stroms auf den Menschen:

- Längsdurchströmung: Strom der längs durch den menschlichen Körper fließt, von einer Hand zu den Füßen
- Querdurchströmung: Strom, der quer durch den Körper fließt, von Hand zu Hand
- Hautimpedanz: Impedanz zwischen einer Elektrode, die auf der Haut liegt und dem darunterliegenden leitfähigen Gewebe, abhängig von: Spannung/Durchströmungsdauer/Kontaktdruck/Feuchte der Haut/Berührungsfläche/Hauttyp

- Körperinnenimpedanz: Impedanz zwischen zwei Elektroden in Berührung mit zwei Teilen des menschlichen Körpers
- Wahrnehmbarkeitsschwelle: Minimalwert des Berührungsstroms, der von einer durchströmten Person noch wahrgenommen wird
- Reaktionsschwelle: Minimalwert des Berührungsstroms, bei dem unbeabsichtigte Muskelkontraktionen eintreten
- Loslassschwelle: Maximalwert des Berührungsstroms, bei dem eine Person die Elektroden noch loslassen kann
- Schwelle des Herzkammerflimmerns: Minimalwert des Berührungsstroms, der Herzkammerflimmern verursacht
- Vulnerable Phase: Bewegungsablauf eines Herzschlags im EKG, der Aufbau der T-Zacke, innerhalb der Systole (Zusammenziehen des Herzens); macht nur etwa 10 % des Herzzyklus aus, in der Phase kann Herzkammerflimmern auftreten.

→ *Berührungsspannung*
→ *Gefährliche Körperströme*
→ *Körperwiderstand*
→ *Zeit-Strom-Diagramme*
→ *Herzstromfaktor*

Literatur:

- *Biegelmeier, G.; Kieback, D.; Kiefer, G.; Krefter, K.-H.: Schutz in elektrischen Anlagen – Band 1: Gefahren durch den elektrischen Strom. VDE-Schriftenreihe Band 80. Berlin · Offenbach: VDE VERLAG, 2003*

Wirkungsgrad

Wirkungsgrad – das Verhältnis von Leistungsabgabe zur Leistungsaufnahme.

$$\eta = \frac{P_{\mathrm{ab}}}{P_{\mathrm{zu}}}$$

η Wirkungsgrad
P_{ab} Leistungsabgabe
P_{zu} Leistungsaufnahme

Durch die entstehenden → *Verluste* ist die Leistungsaufnahme immer größer als die Leistungsabgabe, daher ist der Wirkungsgrad immer kleiner als 1 oder als 100 %. Der Wirkungsgrad wird von der Belastung beeinflusst, daher ist er in der Nähe der Nennleistung am größten.

Die Bedeutung des Wirkungsgrads nimmt mit der Leistung eines Betriebsmittels und mit der Zeitdauer seines Einsatzes stark zu, da die Verluste nicht nur eine technische Rolle spielen, sondern auch von wirtschaftlichem Interesse sind.

Wohnungen

DIN VDE 0100-410 *(VDE 0100-410)*	***Errichten von Niederspannungsanlagen*** *Schutz gegen elektrischen Schlag*
DIN VDE 0100-701 *(VDE 0100-701)*	***Errichten von Niederspannungsanlagen*** *Räume mit Badewanne oder Dusche*
DIN VDE 0100-702 *(VDE 0100-702)*	***Errichten von Niederspannungsanlagen*** *Becken von Schwimmbädern, begehbare Wasserbecken und Springbrunnen*
DIN VDE 0100-703 *(VDE 0100-703)*	***Errichten von Niederspannungsanlagen*** *Räume und Kabinen mit Saunaheizungen*
DIN VDE 0100-737 *(VDE 0100-737)*	***Errichten von Niederspannungsanlagen*** *Feuchte und nasse Bereiche und Räume und Anlagen im Freien*
DIN VDE 0100-739 *(VDE 0100-739)*	***Errichten von Starkstromanlagen mit Nennspannungen bis 1 000 V*** *Zusätzlicher Schutz bei direktem Berühren in Wohnungen durch Schutzeinrichtungen in TN- und TT-Systemen*

Die Wohnung ist die Summe aller Räume eines Haushalts.

Zur Wohnung gehören:
- Küche oder Raum mit Kochgelegenheit
- Wasserversorgung, Ausguss, Toilette
- weitere Räume
- einzelne Räume können zu beruflichen Zwecken benutzt werden, ohne dass der Charakter einer Wohnung verloren geht

In Wohnungen gelten selbstverständlich auch alle relevanten Normen der Reihe DIN VDE 0100, z. B. alle Anforderungen aus DIN VDE 0100-410, Schutz gegen elektrischen Schlag. Außerdem gelten für bestimmte Bereiche in Wohnungen, wie

Badezimmer, Schwimmbäder, Saunen, Anlagen im Freien, zwingend der zusätzliche Schutz durch Fehlerstromschutzeinrichtungen (RCDs). Dieser zusätzliche Schutz bei direktem Berühren ist zwingend dort gefordert, wo dies wegen des Gebrauchs von elektrischen Betriebsmitteln durch Laien unter ungünstigen Umgebungs- und Betriebsbedingungen gerechtfertigt und sinnvoll ist.

Nach DIN VDE 0100-410 ist das Verwenden von Fehlerstromschutzeinrichtungen (RCDs) mit einem Bemessungsdifferenzstrom, der 30 mA nicht überschreitet, als zusätzlicher Schutz möglich, der beim evtl. Versagen des Basisschutzes (Schutz gegen direktes Berühren) und/oder für den Fehlerschutz (Schutz bei indirektem Berühren) dann wirksam werden kann.

Nach DIN VDE 0100-739 ist es den Bauherren, Eigentümern oder Mietern von Wohnungen freigestellt, die in Wohnungen üblichen TN- bzw. TT-Systeme mit zusätzlichen Fehlerstromschutzeinrichtung (RCDs) versehen zu lassen.

Diese Anwendung wird im Teil 739 nicht zwingend gefordert, aber empfohlen.

→ *Schutz gegen elektrischen Schlag*
→ *Zusätzlicher Schutz in Wohnungen*

Wohnwagen

DIN VDE 0100-740 ***Errichten von Niederspannungsanlagen***
(VDE 0100-740) *Vorübergehend errichtete elektrische Anlagen für Aufbauten, Vergnügungseinrichtungen und Buden auf Kirmesplätzen, Vergnügungsparks und für Zirkusse*

Für den Anschluss eines Wohnwagens an eine elektrische Anlage sind besondere Anforderungen zu erfüllen, die unter dem Stichwort „fliegende Bauten“ zusammengefasst sind.

→ *Fliegende Bauten*
→ *Hohlwände*

Yachten

DIN VDE 0100-709 *(VDE 0100-709)*	***Errichten von Niederspannungsanlagen*** *Marinas und ähnliche Bereiche*
DIN EN 60092-507 *(VDE 0129-507)*	***Elektrische Anlagen auf Schiffen*** *Yachten*

Für die Errichtung der elektrischen Anlagen von Yachten und ihre Stromversorgung sind besondere Anforderungen zu erfüllen, die unter dem Stichwort „Jachten“ zusammengefasst sind.

→ *Jachten*
→ *Caravans*

Zähleranlage

DIN VDE 0603-1 *(VDE 0603-1)*	***Installationskleinverteiler und Zählerplätze AC 400 V*** *Installationskleinverteiler und Zählerplätze*
DIN 18015-1	***Elektrische Anlagen in Wohngebäuden*** *Planungsgrundlagen*
TAB 2007	***Technische Anschlussbedingungen für den Anschluss an das Niederspannungsnetz***

Elektrizitätszähler sind Messgeräte im Sinne des Eichgesetzes, daher ist eine Beeinträchtigung der Messfunktion zu vermeiden. Die Zähler und Steuergeräte müssen gegen Feuchtigkeit, Verschmutzung, Erschütterung und mechanische Beschädigung geschützt sein.

Anforderungen an Zähleranlagen:

- Anbringungsort gut auswählen (z. B. Treppenräume)
- bei der Unterputzmontage entsprechende Nischen nach DIN 18013 vorsehen
- Zählerplätze in Treppenräumen auf keinen Fall über Treppenstufen installieren
- auf die Umgebungstemperatur achten (nach dem Eichgesetz muss sie zwischen 0 °C und 40 °C betragen)
- Bedienungs- und Arbeitsfläche vor dem Zählerplatz mindestens 1,2 m tief
- der Abstand vom Fußboden bis zur Mitte der Mess- und Steuergeräte darf nicht weniger als 0,80 m und nicht mehr als 1,80 m betragen
- nach TAB dürfen Messeinrichtungen und Steuergeräte nicht in folgenden Räumen und an nachstehenden Stellen angebracht sein:
  - in Wohnungen (Mehrfamilienhäuser)
  - über Treppenstufen
  - in Wohnräumen, Küchen, Toiletten, Bade- und Waschräumen
  - in Speichern
  - in feuchten Räumen, Garagen, Öllagern
  - an Stellen mit erhöhter Umgebungstemperatur
- Zählerschränke müssen nach DIN 43870 und DIN VDE 0603 ausgewählt und das VDE-Zeichen haben
- der Zählerplatz umfasst:
  - Zählerfeld
  - unterer Anschlussraum
  - oberer Anschlussraum

- Zählerplatzverdrahtung:
  - flexible Aderleitungen H07V-K, Querschnitt 10 mm² Cu
  - Verbindungsleitungen zwischen Zählerplatz und Stromkreisverteiler: mindestens 10 mm² Cu
  - Spannungsfall auf der Verbindungsleitung: maximal 1 %

Zäune

→ *Elektrozaunanlagen*

Zeitschalter

Zeitschalter (Zeitrelais)
- haben motorgetriebene oder elektronische Verzögerungseinrichtungen
- können Schutzsteuerungen zeitverzögert zuschalten, abschalten oder umschalten

Zeit-Strom-Kennlinie

→ *Sicherungen*

Zeitweilige Überspannungen

DIN VDE 0100-534	***Errichten von Niederspannungsanlagen***
(VDE 0100-534)	*Überspannungs-Schutzeinrichtungen*
DIN EN 61643-11	***Überspannungsschutzgeräte für Niederspannung***
(VDE 0675-6-11)	*Anforderungen und Prüfungen*

Zeitweilige Überspannungen sind unübliche Ereignisse, die im üblichen Betriebsablauf eines Energieversorgungsunternehmens nur sehr schwierig zu vermeiden sind. Die Wahrscheinlichkeit eines solchen Ereignisses und die Stärke der Überspannung hängen von mehreren Faktoren ab, wie der Auslegung des Energieversorgungsnetzes. Der Überspannungsschutz muss auch die Folgen der zeitweiligen Überspannung tragen.

→ *Überspannungen*
→ *Überspannungsschutz*
→ *Überspannungsschutzeinrichtungen*

Zu erwartende Berührungsspannung

→ *Berührungsspannung*

Zugänglichkeit

DIN VDE 0100-510	***Errichten von Niederspannungsanlagen***
(VDE 0100-510)	*Allgemeine Bestimmungen*

Elektrische Betriebsmittel müssen **grundsätzlich so angeordnet** sein, dass es jederzeit möglich ist:

- genügend Platz für die Erstanlage vorzusehen
- genügend Platz für das spätere Auswechseln einzelner Teile der Anlage zur Verfügung zu stellen
- betriebsmäßige Bedienung
- Inspektion
- Instandhaltung
- Prüfung
- Zugang zu lösbaren Verbindungen

Der **Einbau von Betriebsmitteln** in Gehäusen, Schränken o. Ä. darf die Zugänglichkeit nicht einschränken.

Zähler, Mess- und Steuereinrichtungen: leicht zugängliche Räume, in denen ohne besondere Hilfsmittel abgelesen werden kann.

Verbindungsstellen: lösbare und nicht lösbare müssen zur Besichtigung, Prüfung, Inspektion und Instandhaltung zugänglich sein.

Ausnahmen:
- Muffen von erdverlegten Kabeln
- gekapselte oder mit Isolierstoff gefüllte Muffen
- Verbindungen von Heizelementen (z. B. Fußbodenheizung)

Stromkreisverteiler:
Günstigste Anbringung: im Bereich zwischen 1,1 m und 1,85 m über dem fertigen Fußboden.

Schutzleiterverbindungen: zur Besichtigung und Prüfung zugänglich
Ausnahme: vergossen oder versiegelt

RCDs: so angeordnet, dass die Prüfeinrichtung leicht zugänglich ist.

Anschlüsse von Schutzpotentialausgleichsleitern: außerhalb der Erde müssen sie zugänglich sein.

Enden der Fundamenterder: müssen jederzeit kontrollierbar sein – außerhalb des Gebäudes müssen Kontrollstellen (Schächte) geschaffen werden.

Betätigungseinrichtungen: müssen leicht zugänglich sein, falls erforderlich, müssen zusätzlich an entfernten Stellen Betätigungseinrichtungen montiert sein, um Gefahren beseitigen zu können.

Zugbeanspruchung

DIN VDE 0100-520 ***Errichten von Niederspannungsanlagen***
(VDE 0100-520) *Kabel- und Leitungsanlagen*

Bei der Verlegung von Kabeln und Leitungen ist darauf zu achten, dass die maximal zulässige Zugbeanspruchung nicht überschritten wird, weil sich sonst die Lebensdauer der Betriebsmittel wesentlich verkürzen kann.
Maximale Zugspannung beim Einziehen mittels Ziehkopf:
- Kabel mit Kupferleitern σ = 50 N/mm²
- Kabel mit Aluminiumleitern σ = 30 N/mm²

Für harmonisierte Leitungen gelten folgende Zugspannungen:
- bei der Montage von Leitungen für feste Verlegung σ = 50 N/mm²
- im Betrieb bei flexiblen Leitungen für feste Verlegung und bei Leitungen für feste Verlegung σ = 15 N/mm²

Diese Werte gelten bis zu einem Höchstwert von 1 000 N für die Zugbeanspruchung aller Leiter, sofern der Leitungshersteller keine abweichenden Werte angibt.

Zugentlastung

DIN VDE 0620-1 *(VDE 0620-1)*	***Stecker und Steckdosen für den Hausgebrauch und ähnliche Zwecke*** *Allgemeine Anforderungen*

Anschluss- und Verbindungsstellen von Kabeln und Leitungen müssen von mechanischer Beanspruchung entlastet sein. Es sind Zugentlastungsvorrichtungen vorzusehen.

Auf keinen Fall darf:
- die Leitung anstelle einer ordnungsgemäß hergestellten Zugentlastung in sich verknotet werden
- die Leitung am Betriebsmittel angebunden werden
- eine Kabelverschraubung am Betriebsmittel als Zugentlastung verwendet werden (es sei denn, vom Hersteller so vorgesehen)

Besondere Behandlung der Schutzleiter:
Da mit dem Versagen einer Zugentlastung gerechnet werden muss, sind die Schutzleiter von Anschlussleitungen und -kabeln von ortsveränderlichen Betriebsmitteln in der Länge so zu bemessen, dass sie beim Versagen der Zugentlastung erst nach den Strom führenden Leitern auf Zug belastet werden.

Zulässige Arbeiten

Unterschieden wird zwischen den in den Normen beschriebenen Tätigkeiten, die als Arbeiten an unter Spannung stehenden Teilen ohne besondere Einschränkung ausgeführt werden dürfen, und Arbeiten, die aus zwingenden Gründen nach Anweisung durch eine verantwortliche Person ausgeführt werden können.

Bei Wechsel- und Gleichspannung bis 1 000 V sind nachstehende Arbeiten erlaubt, wenn sie durch Elektrofachkräfte bzw.elektrotechnisch unterwiesene Personen ausgeführt werden:

- Das Heranführen von geeigneten Prüf-, Mess- und Justiereinrichtungen, Spannungsprüfern, Betätigungsstangen und von geeigneten Werkzeugen zum Bewegen leichtgängiger Teile.
- Das Heranführen von geeigneten Werkzeugen und Hilfsmitteln zum Reinigen sowie das Anbringen von geeigneten Abdeckungen und Abschrankungen.
- Das Herausnehmen oder Einsetzen von nicht gegen direktes Berühren geschützten Sicherungseinsätzen unter Beachtung besonderer Festlegungen (siehe Stichwort → *Betrieb mit NH-Sicherungen*).
- Das Anspritzen unter Spannung stehender Teile bei der Brandbekämpfung (DIN VDE 0132 beachten).
- Arbeiten an Akkumulatoren unter Beachtung geeigneter Vorsichtsmaßnahmen.
- Arbeiten in Prüffeldern und Laboratorien unter Beachten geeigneter Vorsichtsmaßnahmen, wenn es die Arbeitsbedingungen erfordern.
- Das Abklopfen von Raureif mithilfe von geeigneten isolierenden Stangen.

Ferner dürfen Arbeiten zur Fehlereingrenzung in Hilfsstromkreisen sowie zur Funktionsprüfung bei Geräten und Schaltungen ausgeführt werden, allerdings nur durch geeignete Elektrofachkräfte.
Darüber hinausgehende Arbeiten dürfen nur ausgeführt werden, wenn ein zwingender Grund vorliegt.

Als zwingende Gründe werden in der Regel beispielhaft genannt:
- wenn durch Ausfall der Spannung eine Gefährdung von Leben und Gesundheit von Personen zu befürchten ist
- wenn in Betrieben ein erheblicher wirtschaftlicher Schaden entstehen würde
- bei Arbeiten in Netzen der öffentlichen Stromversorgung, besonders beim Herstellen von Anschlüssen, beim Umschalten von Leitungen usw., oder beim Auswechseln von Zählern, Rundsteuerempfängern und Schaltuhren, was die Stromversorgung einer größeren Anzahl von Verbrauchern unterbrechen würde

Zulässige Berührungsspannung

→ *Berührungsspannung*

Zulässige Strombelastbarkeit

DIN VDE 0100-200	***Errichten von Niederspannungsanlagen***
(VDE 0100-200)	*Begriffe*

Die zulässige Strombelastbarkeit ist der höchste Strom (I_z), der von einem Leiter, einem Gerät oder einer Anlage unter festgelegten Bedingungen dauernd geführt werden kann, ohne dass die Beharrungstemperatur des Leiters oder der Anlage einen festgelegten Wert überschreitet.

Zuordnung von Schutzeinrichtungen

Zum Schutz bei Überlast von Kabeln, Leitungen und Stromschienen müssen folgende Bedingungen erfüllt sein:

$I_B \leq I_n \leq I_Z$
$I_2 \leq 1{,}45 \leq I_Z$

mit:
I_B Betriebsstrom des Stromkreises
I_Z zulässige Dauerstrombelastbarkeit des Kabels oder der Leitung
I_n Bemessungsstrom der Schutzeinrichtung
I_2 der Strom, der eine Auslösung, eine wirksame Abschaltung der Schutzeinrichtung unter den in den Gerätebestimmungen festgelegten Bedingungen bewirkt (Auslösestrom)

Der Bemessungsstrom I_n darf gleich der Dauerstrombelastbarkeit I_Z sein, wenn Überlast-Schutzeinrichtungen verwendet werden, für die $I_2 \leq 1{,}45\ I_n$ gilt, d. h., Überlastströme können bis zum 1,45-fachen der Strombelastbarkeit I_Z der Leitungen führen und nicht zur Auslösung kommen. Das könnte wiederum zu einer Erwärmung der Leitung über deren zulässige Betriebstemperatur führen, was die Lebensdauer der Leitung stark einschränken kann. Daher sollte bei der Projektierung darauf geachtet werden, dass kleine Überlastungen nicht zu oft auftreten, dann besser einen größeren Querschnitt der Leitung wählen.

Beispiele:
→ *Leitungsschutzschalter*
→ *Leistungsschalter*
→ *Leitungsschutzsicherungen*

Zusammenfassen der Leiter von Stromkreisen

DIN VDE 0100-520 ***Errichten von Niederspannungsanlagen***
(VDE 0100-520) *Kabel- und Leitungsanlagen*

DIN VDE 0100-410 ***Errichten von Niederspannungsanlagen***
(VDE 0100-410) *Schutz gegen elektrischen Schlag*

Betriebsmittel	Art der Zusammenfassung
Aderleitungen in Elektro-installationsrohren	nur die Leiter eines Hauptstromkreises einschließlich der zugehörigen Hilfsstromkreise Ausnahme: elektrische Betriebsstätten
Kabel und Leitungen	mehrere Hauptstromkreise einschließlich der zugehörigen Hilfsstromkreise
Verbindungen oder Abzweige in einem gemeinsamen Kasten	Anforderungen: • isolierte Zwischenwände für die einzelnen Stromkreise • Reihenklemmen nach DIN VDE 0611

Tabelle 93 Zusammenfassen der Haupt- und Hilfsstromkreise

- Trennung der Hilfsstromkreise von Hauptstromkreisen:
  mehrere Hilfsstromkreise dürfen in einer Leitung, einem Kabel oder in einem Elektroinstallationsrohr vereinigt sein
- einzelne Leiter eines Hauptstromkreises:
  nicht auf verschiedene Kabel, Leitungen oder Rohre verteilen, wenn diese auch Leiter anderer Stromkreise enthalten
- ein Neutralleiter für mehrere Hauptstromkreise:
  nicht zulässig; Ausnahme: Aus einem Drehstromkreis dürfen mit einem Neutralleiter mehrere Einphasen-Wechselstromkreise gebildet werden
- ein Schutzleiter für mehrere Stromkreise:
  der Querschnitt des Schutzleiters muss dem Querschnitt des stärksten Außenleiters entsprechen
- Leiter von Stromkreisen unterschiedlicher Spannung:
  Zusammenfassen erlaubt, wenn die Kabel oder Leitungen den höchsten vorkommenden Betriebsspannungen entsprechen
- Schutzkleinspannungs-Stromkreise:
  Verbindung untereinander nur, wenn die Spannungswerte AC 50 V Wechselspannung oder DC 120 V Gleichspannung nicht überschritten werden

→ *Stromkreis*

Zusammenschluss von Erdungsanlagen

DIN VDE 0141 *(VDE 0141)*	***Erdungen für spezielle Starkstromanlagen mit Nennspannungen über 1 kV***

Bedingungen zum Zusammenschluss der Schutzerdung der Hochspannungsanlagen ($U_N > 1\,000$ V) und der Betriebserdung des Niederspannungsnetzes ($U_N \leq 1\,000$ V) bzw. zu ihrem Anschluss an eine gemeinsame Erdungsanlage:

- Der Zusammenschluss wird gefordert, wenn die Niederspannungsanlagen innerhalb einer Hochspannungs-Erdungsanlage liegen (z. B. die Niederspannungseigenversorgung in einer Umspannstation). In solchen Fällen sind zum → *Schutz gegen gefährliche Körperströme* die Körper der Niederspannungs-Betriebsmittel über den Schutzleiter an die gemeinsame Erdungsanlage anzuschließen.
- Bei einer Versorgung von Niederspannungsanlagen außerhalb der Hochspannungs-Erdungsanlage wird empfohlen, die Schutzerdung von Metallteilen in einer Station und die Betriebserdung des Niederspannungssternpunkts an eine gemeinsame Erdungsanlage (Stationserdung) anzuschließen. Bei mehreren Spannungsebenen in einer Anlage ist der ungünstigste Fall (höchstmögliche Erdungsspannung) zugrunde zu legen.

→ *Erder*
→ *Auswahl der Schutzleiter-Schutzmaßnahmen*

Zusätzliche Anforderungen bei Betriebsstätten, Räumen und Anlagen

DIN VDE 0100-701 *(VDE 0100-701)*	***Errichten von Niederspannungsanlagen*** *Räume mit Badewanne oder Dusche*
DIN VDE 0100-702 *(VDE 0100-702)*	***Errichten von Niederspannungsanlagen*** *Becken von Schwimmbädern, begehbare Wasserbecken und Springbrunnen*
DIN VDE 0100-703 *(VDE 0100-703)*	***Errichten von Niederspannungsanlagen*** *Räume und Kabinen mit Saunaheizungen*
DIN VDE 0100-704 *(VDE 0100-704)*	***Errichten von Niederspannungsanlagen*** *Baustellen*

DIN VDE 0100-706 *(VDE 0100-706)* — ***Errichten von Niederspannungsanlagen*** *Leitfähige Bereiche mit begrenzter Bewegungsfreiheit*

DIN VDE 0100-737 *(VDE 0100-737)* — ***Errichten von Niederspannungsanlagen*** *Feuchte und nasse Bereiche und Räume und Anlagen im Freien*

DIN VDE 0100-739 *(VDE 0100-739)* — ***Errichten von Starkstromanlagen mit Nennspannungen bis 1 000 V*** *Zusätzlicher Schutz bei direktem Berühren in Wohnungen durch Schutzeinrichtungen in TN- und TT-Systemen*

Zusätzlich bedeutet: Anforderungen, die über die normalen Forderungen von DIN VDE 0100 hinausgehen. Dies können einerseits verschärfte oder erweiterte, aber auch verringerte bzw. aufgehobene Anforderungen sein. Immer wenn von den normalen Verhältnissen abgewichen wird, gelten zusätzliche Anforderungen. Normale Verhältnisse liegen vor, wenn die Grenzwerte bzw. die Festlegungen bei den Einflussfaktoren, wie Umwelteinflüsse, Betriebsverhältnisse, Betriebsarten und Betriebsweise, eingehalten sind.

Zusätzliche Isolierung

Die zusätzliche Isolierung ist eine unabhängige Isolierung zusätzlich zur Basisisolierung, die den → *Schutz bei indirektem Berühren* (Fehlerschutz) im Falle eines Versagens der Basisisolierung sicherstellt. Für sie gelten dieselben Anforderungen wie für die Basisisolierung.

→ *Isolierung*

Zusätzlicher Schutzpotentialausgleich

DIN VDE 0100-410 *(VDE 0100-410)* — ***Errichten von Niederspannungsanlagen*** *Schutz gegen elektrischen Schlag*

Der zusätzliche Schutzpotentialausgleich ist neben dem → *Hauptpotentialausgleich (aktuell: Schutzpotentialausgleich über die Haupterdungsschiene)* in einem örtlich abgegrenzten Bereich anzuwenden, wenn die:

- Abschaltbedingungen bei den → *Schutzleiter-Schutzmaßnahmen* nicht erfüllt werden können
- in Verbindung mit dem IT-System als Schutzeinrichtung die → *Isolationsüberwachungseinrichtung* eingesetzt wird
- bei besonderer Gefährdung aufgrund der Umgebungsbedingungen der zusätzliche Potentialausgleich in einem Teil der Gruppe 700 von DIN VDE 0100 gefordert wird

Bedingungen:

- Der zusätzliche Schutzpotentialausgleich verbindet alle gleichzeitig berührbaren → *Körper* → *ortsfester Betriebsmittel*, Schutzleiteranschlüsse, alle → *fremden leitfähigen Teile* und, soweit erreichbar, auch Metallkonstruktionen der Gebäude.
- Die Verbindungen sind mit dem → *Schutzpotentialausgleichsleiter* oder durch fremde leitfähige Teile mit ausreichendem Querschnitt herzustellen.

Für die Verbindungen zwischen gleichzeitig berührbaren Körpern oder fremden leitfähigen Teilen ist die Bedingung einzuhalten:

$$R \leq \frac{U_L}{I_a}$$

Darin bedeuten:

R Widerstand zwischen Körpern oder fremden leitfähigen Teilen, die gleichzeitig berührbar sind

U_L vereinbarte Grenze der dauernd zulässigen Berührungsspannung AC U_L 50 V bzw. DC U_L 120 V

I_a Strom in A, der die automatische Abschaltung der Schutzeinrichtung innerhalb der vorgegebenen Zeit, z. B. 5 s, bewirkt

Anwendungsbeispiele:

→ *Räume mit Badewanne oder Dusche*

→ *Schwimmbäder*

Zusätzlicher Schutz in Wohnungen

DIN VDE 0100-739 *(VDE 0100-739)*	***Errichten von Starkstromanlagen mit Nennspannungen bis 1 000 V*** *Zusätzlicher Schutz bei direktem Berühren in Wohnungen durch Schutzeinrichtungen in TN- und TT-Systemen*

Der zusätzliche Schutz in Wohnungen bezieht sich auf die Anwendung von Fehlerstromschutzeinrichtungen (RCDs) mit einem Bemessungsdifferenzstrom $I_{\Delta N} \leq 30$ mA. Er kann im TN-System und im TT-System eingesetzt werden. Dieser zusätzliche Schutz bei direktem Berühren darf nur als Ergänzung der Schutzmaßnahmen gegen direktes Berühren angewendet werden.

Wichtig ist die Feststellung, dass es sich bei der Norm DIN VDE 0100-739 um eine DIN-VDE-Leitlinie im Sinne von DIN VDE 0022 handelt, d. h. – die Installation der Fehlerstromschutzeinrichtung (RCDs) mit einem Bemessungsdifferenzstrom $I_{\Delta N} \leq 30$ mA in Wohnungen wird empfohlen, aber nicht zwingend gefordert, so wie dies z. B. gilt für:

- Räume mit Badewanne oder Dusche
- Schwimmbecken
- Sauna-Anlagen
- feuchte und nasse Bereiche und Räume
- Anlagen im Freien

Es wird dem Sicherheitsbedürfnis des Bauherrn, Eigentümers oder Mieters und der Beratung der Elektroinstallateure überlassen, ob der zusätzliche Schutz eingebaut wird.

In DIN VDE 0100-739 wird zunächst ein nicht elektrotechnischer Begriff definiert, und zwar der Begriff „Wohnungen“. Da die nachfolgenden Empfehlungen für Wohnungen gelten, muss geklärt sein, was darunter zu verstehen ist.

Wohnung ist demnach eine Summe von Räumen mit weiteren Anforderungen an diese Räume. Vorhanden sein müssen:

- eine Küche bzw. Kochgelegenheit
- eine Wasserversorgung
- ein Ausguss und eine Toilette

Außerdem geht die Eigenschaft als Wohnung nicht dadurch verloren, dass einzelne Räume beruflichen bzw. gewerblichen Zwecken dienen.

Der Grund der Empfehlung, in Wohnungen Fehlerstromschutzeinrichtungen mit einem Bemessungsdifferenzstrom $I_{\Delta N} \leq 30$ mA zu verwenden, ist darin begründet, dass die Unfallstatistik in bestimmten Anwendungsbereichen ein Unfallrisiko erkannt hat und die elektrischen Anlagen nicht durch regelmäßige Wiederholungsprüfungen überwacht werden.

In nachstehenden Bereichen wird daher der zusätzliche Schutz empfohlen:

- Stromkreise mit Steckdosen für handgeführte elektrische Betriebsmittel Räume wie Küchen, Hobbyräume, Hausarbeitsräume, Werkstatträume
- alte Anlagen – z. B. ohne Schutz durch Abschaltung bei indirektem Berühren
  - Altbau
- Stromkreise mit Steckdosen in bestehenden Anlagen, für die bei ihrer Neuinstallation oben genannte Schutzeinrichtungen gefordert werden
  - Räume besonderer Art:
    - Badezimmer
    - Schwimmbecken
    - Sauna-Anlagen
    - feuchte, nasse Bereiche
    - Anlagen im Freien

→ *Schutz gegen gefährliche Körperströme*
→ *Wohnungen*

Zusätzlicher Schutz für Endstromkreise

Fehlerstromschutzeinrichtungen (RCDs) mit einem Bemessungsdifferenzstrom, der nicht größer als 30 mA sein darf, sind vorzusehen:

- Steckdosen mit einem Bemessungsstrom nicht größer als 20 A, wenn sie für die Benutzung durch Laien bzw. zur allgemeinen Verwendung vorgesehen sind (Ausnahmen: Steckdosen, die durch Elektrofachkräfte bedient oder überwacht werden/Steckdosen, die für den Anschluss nur eines bestimmten Betriebsmittels vorgesehen sind)
- Endstromkreise für im Außenbereich verwendete tragbare Betriebsmittel mit einem Bemessungsstrom nicht größer als 32 A

Empfehlung: Einsatz einer netzspannungsunabhängigen Fehlerstromschutzeinrichtung (RCD) mit eingebautem Überstromschutz (FI/LS-Schalter)

Zusatzschutz

Der Zusatzschutz schützt vor Gefahren, die sich aus einer einpoligen Berührung mit → *aktiven Teilen* elektrischer Betriebsmittel ergeben, wenn Schutzmaßnahmen bei indirektem Berühren (Fehlerschutz) nicht wirksam werden können. In der

Praxis handelt es sich häufig um Gefahren beim Berühren aktiver Teile z. B. an defekten Betriebsmitteln.

Zuverlässigkeit

Beschaffenheit einer Einheit bezüglich ihrer Eignung, während oder nach vorgegebenen Zeitspannen bei vorgegebenen Anwendungsbedingungen die Zuverlässigkeitsforderung zu erfüllen.

Die in der Definition verwendeten Begriffe können wie folgt erläutert werden:

- Einheit
  - Betriebsmittel
  - Anlagen
  - DV-Programm
  - Konstruktionsentwurf
  - Schaltpläne
  - Arbeitsprozess
  - Dienstleistung
- Beschaffenheit
  - Zuverlässigkeitsmerkmale
  - Qualitätsmerkmale
- vorgegebene Zeitspanne
  - Betriebsdauer, in der die geforderte Funktion, z. B. des Betriebsmittels, erfüllt wird.
- vorgegebene Anwendungsbedingungen
  - bestimmungsgemäße Verwendung (DIN 31009)
- Zuverlässigkeitsforderungen
  - Forderungen an die Beschaffenheit einer Einheit, die ihr Verhalten betreffen.

Literatur

[1] *Biegelmeier, G.*; *Kiefer, G.*; *Krefter, K.-H.*: Schutz in elektrischen Anlagen. VDE-Schriftenreihe Band 83. Berlin · Offenbach: VDE VERLAG, 2001

[2] *Bödeker, K.*; *Kammerhoff, U.*; *Kindermann, R.*; *Matz, F.*: Prüfung elektrischer Geräte in der betrieblichen Praxis. VDE-Schriftenreihe Band 62. Berlin · Offenbach: VDE VERLAG, 2010

[3] *Heyder, P.*; *Lenzkes, D.*; *Rudnik, S.*: Elektrische Ausrüstung von Maschinen und maschinellen Anlagen VDE-Schriftenreihe Band 26. Berlin · Offenbach: VDE VERLAG, 2009

[4] *Cichowski, R. R.*; *Hörmann, W.*: Elektrische Anlagen auf Baustellen. VDE-Schriftenreihe Band 42. Berlin · Offenbach: VDE VERLAG, 2002

[5] *Cichowski, R. R.* (Hrsg.): Reihe Anlagentechnik für elektrische Verteilungsnetze, mehr als 20 Einzelbände, erschienen in Kooperation in der Verlagen ew-Medien, Frankfurt am Main und VDE VERLAG, Berlin · Offenbach, 1991–2013

[6] *Cichowski, R. R.* (Hrsg.): Reihe Jahrbücher der Anlagentechnik 2008–2013. Frankfurt am Main: ew-Medien, 2007–2013

[7] *Hoffmann, R.*; *Bergmann, A.*: Betrieb von elektrischen Anlagen. Berlin · Offenbach: VDE VERLAG, 2010

[8] *Flügel, T.*; *Linke, W.*; *Möller, E.*; *Slischka, H.-J.*; *Tillmanns, K.*: Starkstromanlagen in Krankenhäusern und in anderen medizinischen Einrichtungen. VDE-Schriftenreihe Band 17. Berlin · Offenbach: VDE VERLAG, 2004

[9] *Gerber, G.*: Brandmeldeanlagen. München: Hüthig & Pflaum, 2007

[10] *Hennig, W.*: VDE-Prüfung nach BetrSichV, TRBS und BGV A3. VDE-Schriftenreihe Band 43. Berlin · Offenbach: VDE VERLAG, 2012

[11] *Hasse, P.*; *Kathrein, W.*; *Kehne, H.*: Arbeitsschutz in elektrischen Anlagen. VDE-Schriftenreihe Band 48. Berlin · Offenbach: VDE VERLAG, 2003

[12] Häberle, H. O.: Einführung in die Elektroinstallation. München: Hüthig & Pflaum, 2012

[13] *Heinold, L.*; *Stubbe, R.* (Hrsg.): Kabel und Leitungen für Starkstrom. Erlangen: Publicis-Verlag, 1999

[14] *Hofheinz, W.*: Fehlerstrom-Überwachung in elektrischen Anlagen. VDE-Schriftenreihe Band 113. Berlin · Offenbach: VDE VERLAG, 2008

[15] *Hofheinz, W.*: Schutztechnik mit Isolationsüberwachung. VDE-Schriftenreihe Band 114. Berlin · Offenbach: VDE VERLAG, 2011

[16] *Hörmann, W.*; *Schröder, B.*: Schutz gegen elektrischen Schlag in Niederspannungsanlagen, VDE-Schriftenreihe Band 140. Berlin · Offenbach: VDE VERLAG, 2010

[17] *Hörmann, W.*; *Schröder, B.*: Errichten von Niederspannungsanlagen in Räumen mit Badewanne oder Dusche. VDE-Schriftenreihe 67a. Berlin · Offenbach: VDE VERLAG, 2010

[18] *Hösl, A.*; *Ayx, R.*; *Busch, H. W.*: Die vorschriftsmäßige Elektroinstallation. Berlin · Offenbach: VDE VERLAG, 2012

[19] *Just, W.*; *Hofmann, W.*: Blindstromkompensation in der Betriebspraxis. Berlin · Offenbach: VDE VERLAG, 2003

[20] *Kiefer, G.*; *Schmolke, H.*: VDE 0100 und die Praxis. Berlin · Offenbach: VDE VERLAG, 2011

[21] *Kiefer, G.*; *Schmolke, H.*: DIN VDE 0100 richtig angewandt. VDE-Schriftenreihe Band 106. Berlin · Offenbach: VDE VERLAG, 2011

[22] *Krefter, K.-H.*; *Schmolke, H.*: DIN VDE 0100. VDE-Schriftenreihe Band 105. Berlin · Offenbach: VDE VERLAG, 2012

[23] *Lenzkes, D.*; *Kunze, H.-J.*: Elektrische Ausrüstung von Hebezeugen. VDE-Schriftenreihe Band 60. Berlin · Offenbach: VDE VERLAG, 2006

[24] *Neumann, Th.*: Betriebssicherheitsverordnung in der Elektrotechnik. VDE-Schriftenreihe Band 121. Berlin · Offenbach: VDE VERLAG, 2010

[25] *Niemand, Th.*; *Sieper, P.*; *Dürschner, R. M.*: Errichten von Starkstromanlagen mit Nennspannungen über 1 kV. VDE-Schriftenreihe Band 11. Berlin · Offenbach: VDE VERLAG, 2012

[26] *Spindler, U.*: Schutz bei Überlast und Kurzschluss in elektrischen Anlagen. VDE-Schriftenreihe Band 143. Berlin · Offenbach: VDE VERLAG, 2010

[27] *Pusch, P.*: Schaltberechtigung für Elektrofachkräfte und befähigte Personen. VDE-Schriftenreihe Band 79. Berlin · Offenbach: VDE VERLAG, 2011

[28] *Rudnik, S.*: EMV-Fibel für Elektroinstallateure und Planer. VDE-Schriftenreihe Band 55. Berlin · Offenbach: VDE VERLAG, 2011

[29] *Schmolke, H.*: Potentialausgleich, Fundamenterder, Korrosionsgefährdung. VDE-Schriftenreihe Band 35. Berlin · Offenbach: VDE VERLAG, 2009

[30] *Schmolke, H.*: Auswahl und Bemessung von Kabel und Leitungen. München: Hüthig & Pflaum, 2007

[31] *Schröder, B.*: Wo steht was in DIN VDE 0100. VDE-Schriftenreihe, Band 100. Berlin · Offenbach: VDE VERLAG, 2000

[32] *Schultke, H.*; *Fuchs, W.*: ABC der Elektroinstallation. Frankfurt am Main: ew-Medien, 2012

[33] *Stimper, K.*: Isolationskoordination in Niederspannungsanlagen. VDE-Schriftenreihe Band 56. Berlin · Offenbach: VDE VERLAG, 2006

[34] *Schmolke, H.*: Elektro-Installation in Wohngebäuden. VDE-Schriftenreihe Band 45. Berlin · Offenbach: VDE VERLAG, 2010

[35] *Warner, A.*; *Kloska, S.*: Kurzzeichen an elektrischen Betriebsmitteln. VDE-Schriftenreihe Band 15. Berlin · Offenbach: VDE VERLAG, 2006

[36] RWE-Bau-Handbuch, Frankfurt am Main: ew-Medien, 2010

[37] *Luber, G.*; *Rudnik, S.*: Badezimmer-Fibel – Elektrische Anlagen für Räume mit Badewanne oder Dusche. Berlin · Offenbach: VDE VERLAG, 2012

Normenverzeichnis

VDE 0022: 2008-08	**Satzung für das Vorschriftenwerk des VDE Verband der Elektrotechnik Elektronik Informationstechnik e.V.**
ASR A3.4/3	**Sicherheitsbeleuchtung, optische Sicherheitsleitsysteme**
Technische Regel für Arbeitsstätten	
BGBl. I S. 2179: August 2004; zuletzt geändert 2010	**Verordnung über Arbeitsstätten** Arbeitsstättenverordnung – ArbStättV
BGI/GUV-I 608: 2012-05	**Auswahl und Betrieb elektrischer Anlagen und Betriebsmittel auf Bau- und Montagestellen**
BGV A1: 2004-01	**Unfallverhütungsvorschrift** Grundsätze der Prävention
BGV A3: 2007	**Unfallverhütungsvorschrift** Elektrische Anlagen und Betriebsmittel
BGV B3: Januar 2005	**Unfallverhütungsvorschrift** Lärm
BGV C22: 2002	**Unfallverhütungsvorschrift** Bauarbeiten
BGV D1: 01.04.2001	**Unfallverhütungsvorschrift** Schweißen, Schneiden und verwandte Verfahren
DIN 18014: 2007-09	**Fundamenterder – Allgemeine Planungsgrundlagen**
DIN 18015-1: 2007-09	**Elektrische Anlagen in Wohngebäuden** Teil 1: Planungsgrundlagen

DIN 18015-2: 2010-11	**Elektrische Anlagen in Wohngebäuden** Teil 2: Art und Umfang der Mindestausstattung
DIN 31000 (VDE 1000): 2011-05	**Allgemeine Leitsätze für das sicherheitsgerechte Gestalten von Produkten**
DIN 40200: 1981-10	**Nennwert, Grenzwert, Bemessungswert, Bemessungsdaten** Begriffe
DIN 4102-9: 1990-05	**Brandverhalten von Baustoffen und Bauteilen** Kabelabschottungen; Begriffe, Anforderungen und Prüfungen
DIN 43627: 1992-07	**Kabel-Hausanschlusskästen für NH-Sicherungen Größe 00 bis 100 A, 500 V und Größe 1 bis 250 A, 500 V**
DIN 4420-2: 1990-12	**Arbeits- und Schutzgerüste** Leitergerüste – Sicherheitstechnische Anforderungen
DIN 46267-1: 1985-10	**Pressverbinder, nicht zugfest, für Kupferleiter**
DIN 46267-2: 1985-10	**Pressverbinder, nicht zugfest, für Aluminiumleiter**
DIN 46276-1: 1991-02	**Elastische Bänder für Stromschienen und Flachanschlüsse** Lamelliert-Flexibel
DIN 46276-2: 1991-02	**Elastische Bänder für Stromschienen und Flachanschlüsse** Lamelliert-Hochflexibel
DIN 48083-1: 1985-04	**Einsätze in Pressen für Preßverbindungen** Mechanische Pressen bis 15 und bis 60 kN Nenn-Druckkraft – Anschlußmaße

DIN 48083-3: 1985-04	**Einsätze in Pressen für Preßverbindungen** Hydraulische Pressen bis 300, bis 450 und bis 1000 kN Nenn-Druckkraft – Anschlußmaße
DIN 48083-4: 1985-04	**Einsätze in Pressen für Preßverbindungen** Maße der Sechskant-Preßform
DIN 48175-1: 1978-12	**Dachständer-Hauseinführungen, Normalausführung, Schutzart IP40, für Starkstrom-Freileitungen mit Nennspannungen bis 1 000 V**
DIN 5035-8: 2007-07	**Beleuchtung mit künstlichem Licht** **Teil 8: Arbeitsplatzleuchten – Anforderungen, Empfehlungen und Prüfung**
DIN VDE 0100-721 (VDE 0100-721): 2010-02	**Errichten von Niederspannungsanlagen** Teil 7-721: Anforderungen für Betriebsstätten, Räume und Anlagen besonderer Art – Elektrische Anlagen von Caravans und Motorcaravans (IEC 60364-7-721:2007, modifiziert); Deutsche Übernahme HD 60364-7-721:2009
DIN 57100-724 (VDE 0100-724): 1980-06	**Errichten von Starkstromanlagen mit Nennspannungen bis 1 000 V** Elektrische Anlagen in Möbeln und ähnlichen Einrichtungsgegenständen, z. B. Gardinenleisten, Dekorationsverkleidung
DIN 57100-736 (VDE 0100-736): 1983-11	**Errichten von Starkstromanlagen mit Nennspannungen bis 1 000 V** Niederspannungsstromkreise in Hochspannungsschaltfeldern
DIN 57131 (VDE 0131): 1984-04	**Errichtung und Betrieb von Elektrozaunanlagen**
DIN 57220-3 (VDE 0220-3): 1977-10	**Einzel- und Mehrfachkabelklemmen mit Isolierteilen in Starkstrom-Kabelanlagen bis 1 000 V**

DIN 57250-1 (VDE 0250-1): 1981-10	**Isolierte Starkstromleitungen** Allgemeine Festlegungen
DIN EN 50272-1 (VDE 0510-1): 2011-10	**Sicherheitsanforderungen an Batterien und Batterieanlagen** Teil 1: Allgemeine Sicherheitsinformationen; Deutsche Fassung EN 50272-1:2010
DIN 57635 (VDE 0635): 1984-02	**Niederspannungssicherungen** D-Sicherungen E 16 bis 25 A, 500 V; D-Sicherungen bis 100 A, 750 V; D-Sicherungen bis 100 A, 500 V
DIN VDE 0680-1 (VDE 0680-1): 2013-04	**Persönliche Schutzausrüstungen, Schutzvorrichtungen und Geräte zum Arbeiten an unter Spannung stehenden Teilen bis 1 000 V** Teil 1: Isolierende Schutzvorrichtungen
DIN 57710-13 (VDE 0710-13): 1981-05	**Leuchten mit Betriebsspannungen unter 1 000 V** Ballwurfsichere Leuchten
DIN 57789-100 (VDE 0789-100): 1984-05	**Unterrichtsräume und Laboratorien** Einrichtungsgegenstände – Sicherheitsbestimmungen für energieversorgte Baueinheiten
DIN 820	**Normungsarbeit**
DIN 820-120: 2012-09	**Normungsarbeit** Teil 120: Leitfaden für die Aufnahme von Sicherheitsaspekten in Normen
DIN EN 41003 Bbl. 1 (VDE 0804-100 Bbl. 1): 2006-11	**Klassifizierung der Schnittstellen für den Anschluss von Geräten an Informations- und Kommunikationsnetze** Deutsche Fassung CLC/TR 62102-2006
DIN EN 50085-1 (VDE 0604-1): 2006-03	**Elektroinstallationskanalsysteme für elektrische Installationen** Teil 1: Allgemeine Anforderungen; Deutsche Fassung EN 50085-1:2005

DIN EN 50107-1 (VDE 0128-1): 2003-06	**Leuchtröhrengeräte und Leuchtröhrenanlagen mit einer Leerlaufspannung über 1 kV, aber nicht über 10 kV** Teil 1: Allgemeine Anforderungen; Deutsche Fassung EN 50107-1:2002
DIN EN 50130-4 (VDE 0830-1-4): 2012-02	**Alarmanlagen** Teil 4: Elektromagnetische Verträglichkeit – Produktfamiliennorm: Anforderungen an die Störfestigkeit von Anlageteilen für Brandmeldeanlagen, Einbruch- und Überfallmeldeanlagen, Video-Überwachungsanlagen, Zutrittskontrollanlagen sowie Personen-Hilferufanlagen Deutsche Fassung EN 50130-4:2011
DIN EN 50131-1 (VDE 0830-2-1): 2010-02	**Alarmanlagen – Einbruch- und Überfallmeldeanlagen** Teil 1: Systemanforderungen; Deutsche Fassung EN 50131-1:2006 + A1:2009
DIN EN 50156-1 (VDE 0116-1): 2005-03	**Elektrische Ausrüstung von Feuerungsanlagen** Teil 1: Bestimmungen für die Anwendungsplanung und Errichtung; Deutsche Fassung EN 50156-1:2004
DIN EN 50172 (VDE 0108-100): 2005-01	**Sicherheitsbeleuchtungsanlagen** Deutsche Fassung EN 50172:2004
DIN V VDE V 0108-100 (VDE V 0108-100): 2010-08	**Sicherheitsbeleuchtungsanlagen**
DIN EN 50178 (VDE 0160): 1998-04	**Ausrüstung von Starkstromanlagen mit elektronischen Betriebsmitteln** Deutsche Fassung EN 50178:1997
DIN EN 50191 (VDE 0104): 2011-10	**Errichten und Betreiben elektrischer Prüfanlagen** Deutsche Fassung EN 50191:2010

DIN EN 50274 (VDE 0660-514): 2002-11	**Niederspannungs-Schaltgerätekombinationen** Schutz gegen elektrischen Schlag – Schutz gegen unabsichtliches direktes Berühren gefährlicher aktiver Teile; Deutsche Fassung EN 50274:2002
DIN EN 50341-1: (VDE 0210-1) 2010-04	**Freileitungen über AC 45 kV** Allgemeine Anforderungen – Gemeinsame Festlegungen
DIN EN 50342-1 (VDE 0510-101): 2012-10	**Blei-Akkumulatoren-Starterbatterien** Teil 1: Allgemeine Anforderungen und Prüfungen Deutsche Fassung EN 50342-1:2006 + A1:2011
DIN EN 50413 (VDE 0848-1): 2009-08	**Grundnorm zu Mess- und Berechnungsverfahren der Exposition von Personen in elektrischen, magnetischen und elektromagnetischen Feldern (0 Hz bis 300 GHz)** Deutsche Fassung EN 50413:2008
DIN EN 50423-1 (VDE 0210-10): 2005-05	**Freileitungen über AC 1 kV bis einschließlich AC 45 kV** Teil 1: Allgemeine Anforderungen – Gemeinsame Festlegungen; Deutsche Fassung EN 50423-1:2005
DIN EN 60034-1 (VDE 0530-1): 2011-02	**Drehende elektrische Maschinen** Teil 1: Bemessung und Betriebsverhalten (IEC 60034-1:2010, modifiziert); Deutsche Fassung EN 60034-1:2010 + Corrigendum:2010
DIN EN 60038 (VDE 0175-1): 2012-04	**CENELEC-Normspannungen** (IEC 60038:2009, modifiziert); Deutsche Fassung EN 60038:2011

DIN EN 60073 (VDE 0199): 2003-05	**Grund- und Sicherheitsregeln für die Mensch-Maschine-Schnittstelle, Kennzeichnung** Codierungsgrundsätze für Anzeigengeräte und Bedienteile (IEC 60073:2002); Deutsche Fassung EN 60073:2002
DIN EN 60076-3 (VDE 0532-3): 2001-11	**Leistungstransformatoren** Isolationspegel, Spannungsprüfungen und äußere Abstände in Luft (IEC 60076-3:2000 + Corrigendum:2000); Deutsche Fassung EN 60076-3:2001
DIN EN 60079-14 (VDE 0165-1): 2009-05	**Explosionsfähige Atmosphäre** Teil 14: Projektierung, Auswahl und Errichtung elektrischer Anlagen (IEC 60079-14:2007); Deutsche Fassung EN 60079-14:2008
DIN EN 60085 (VDE 0301-1): 2008-08	**Elektrische Isolierung** Thermische Bewertung und Bezeichnung (IEC 60085:2007); Deutsche Fassung EN 60085:2008
DIN EN 60092-507 (VDE 0129-507): 2001-11	**Elektrische Anlagen auf Schiffen** Yachten (IEC 60092-507:2000); Deutsche Fassung EN 60092-507:2000
DIN EN 60099-1 (VDE 0675-1): 2000-08	**Überspannungsableiter** Überspannungsableiter mit nicht linearen Widerständen für Wechselspannungsnetze (IEC 60099-1:1991 + A1:1999) Deutsche Fassung EN 60099-1:1994 + A1:1999
DIN EN 60137 (VDE 0674-5): 2009-07	**Isolierte Durchführungen für Wechselspannungen über 1 000 V** (IEC 60137:2008); Deutsche Fassung EN 60137:2008

DIN EN 60204-1 (VDE 0113-1): 2007-06	**Sicherheit von Maschinen – Elektrische Ausrüstung von Maschinen** Teil 1: Allgemeine Anforderungen (IEC 60204-1:2005, modifiziert); Deutsche Fassung EN 60204-1:2006
DIN EN 60204-32 (VDE 0113-32): 2009-03	**Sicherheit von Maschinen – Elektrische Ausrüstung von Maschinen** Teil 32: Anforderungen für Hebezeuge (IEC 60204-32:2008); Deutsche Fassung EN 60204-32:2008
DIN EN 60228 (VDE 0295): 2005-09	**Leiter für Kabel und isolierte Leitungen** (IEC 60228:2004); Deutsche Fassung EN 60228:2005 + Corrigendum:2005
DIN EN 60252-1 (VDE 0560-8): 2011-10	**Motorkondensatoren** Teil 1: Allgemeines – Leistung, Prüfung und Bemessung – Sicherheitsanforderungen – Leitfaden für die Installation und den Betrieb (IEC 60252-1:2010); Deutsche Fassung EN 60252-1:2011
DIN EN 60255-5 (VDE 0435-130): 2001-12	**Elektrische Relais** Isolationskoordination für Messrelais und Schutzeinrichtungen – Anforderungen und Prüfungen (IEC 60255-5:2000); Deutsche Fassung EN 60255-5:2001
DIN EN 60269-1 (VDE 0636-1): 2010-03	**Niederspannungssicherungen** Teil 1: Allgemeine Anforderungen (IEC 60269-1:2006 + A1:2009); Deutsche Fassung EN 60269-1:2007 + A1:2009
DIN EN 60282-1 (VDE 0670-4): 2010-08	**Hochspannungssicherungen** Teil 1: Strombegrenzende Sicherungen (IEC 60282-1:2009); Deutsche Fassung EN 60282-1:2009

DIN EN 60076-6 (VDE 0532-76-6): 2009-02	**Leistungstransformatoren** Teil 6: Drosselspulen (IEC 60076-6:2007); Deutsche Fassung EN 60076-6:2008
DIN EN 60309-1 (VDE 0623-1): 2013-02	**Stecker, Steckdosen und Kupplungen für industrielle Anwendungen** Teil 1: Allgemeine Anforderungen (IEC 60309-1:1999 + A1:2005, modifiziert + A2:2012); Deutsche Fassung EN 60309-1:1999 + A1:2007 + A2:2012
DIN EN 60309-2 (VDE 0623-2): 2013-01	**Stecker, Steckdosen und Kupplungen für industrielle Anwendungen** Teil 2: Anforderungen und Hauptmaße für die Austauschbarkeit von Stift- und Buchsensteckvorrichtungen (IEC 60309-2:1999 + A1:2005, modifiziert + A2:2012); Deutsche Fassung EN 60309-2:1999 + A1:2007 + A2:2012
DIN EN 60335-1 (VDE 0700-1): 2012-10	**Sicherheit elektrischer Geräte für den Hausgebrauch und ähnliche Zwecke** Teil 1: Allgemeine Anforderungen (IEC 60335-1:2010, modifiziert); Deutsche Fassung EN 60335-1:2012
DIN EN 60335-2-97 (VDE 0700-97): 2010-07	**Sicherheit elektrischer Geräte für den Hausgebrauch und ähnliche Zwecke** Teil 2-97: Besondere Anforderungen für Rollläden, Markisen, Jalousien und ähnliche Einrichtungen (IEC 60335-2-97:2002, modifiziert + A1:2004, modifiziert + A2:2008, modifiziert); Deutsche Fassung EN 60335-2-97:2006 + A11:2008 + A2:2010
DIN EN 60352-2: 2006-11	**Lötfreie Verbindungen** Crimpverbindungen – Allgemeine Anforderungen, Prüfverfahren und Anwendungshinweise

DIN EN 60432-2 (VDE 0715-2): 2013-01	**Glühlampen – Sicherheitsanforderungen** Teil 2: Halogen-Glühlampen für den Hausgebrauch und ähnliche allgemeine Beleuchtungszwecke (IEC 60432-2:1999, modifiziert + A1:2005, modifiziert + A2:2012); Deutsche Fassung EN 60432-2:2000 + A1:2005 + A2:2012
DIN EN 60439-1 (VDE 0660-500 Beiblatt 2): 2009-05	**Niederspannungs-Schaltgerätekombinationen** Teil 1: Typgeprüfte und partiell typgeprüfte Kombinationen – Technischer Bericht: Verfahren für die Prüfung unter Störlichtbogenbedingungen (IEC/TR 61641:2008)
DIN EN 60439-4 (VDE 0660-501): 2005-06	**Niederspannungs-Schaltgerätekombinationen** Teil 4: Besondere Anforderungen an Baustromverteiler (BV) (IEC 60439-4:2004); Deutsche Fassung EN 60439-4:2004
DIN EN 60464-1 (VDE 0360-1): 2006-10	**Elektroisolierlacke** Teil 1: Begriffe und allgemeine Anforderungen (IEC 60464-1:1998 + A1:2006); Deutsche Fassung EN 60464-1:1999 + A1:2006
DIN EN 60529 (VDE 0470-1): 2000-09	**Schutzarten durch Gehäuse (IP-Code)** (IEC 60529:1989 + A1:1999); Deutsche Fassung EN 60529:1991 + A1:2000
DIN EN 60598-1 (VDE 0711-1): 2009-09	**Leuchten** Teil 1: Allgemeine Anforderungen und Prüfungen (IEC 60598-1:2008, modifiziert); Deutsche Fassung EN 60598-1:2008 + A11:2009
DIN EN 60598-2-18 (VDE 0711-2-18): 2012-09	**Leuchten** Teil 2-18: Besondere Anforderungen – Leuchten für Schwimmbecken und ähnliche Anwendungen (IEC 60598-2-18:1993, modifiziert + A1:2011); Deutsche Fassung EN 60598-2-18:1994 + Corrigendum:1996 + A1:2012

DIN EN 60598-2-20 (VDE 0711-2-20): 2013-04	**Leuchten** Teil 2-20: Besondere Anforderungen – Lichtketten (IEC 60598-2-20:2010, modifiziert); Deutsche Fassung EN 60598-2-20:2010 + Corrigendum:2010
DIN EN 60617-11: 1997-08	**Graphische Symbole für Schaltpläne** Teil 11: Gebäudebezogene und topografische Installationspläne und Schaltpläne (IEC 617-11:1996); Deutsche Fassung EN 60617-11:1996
DIN EN 60664-1 (VDE 0110-1): 2008-01	**Isolationskoordination für elektrische Betriebsmittel in Niederspannungsanlagen** Teil 1: Grundsätze, Anforderungen und Prüfungen (IEC 60664-1:2007); Deutsche Fassung EN 60664-1:2007
DIN EN 60670-1 (VDE 0606-1): 2005-10	**Dosen und Gehäuse für Installationsgeräte für Haushalt und ähnliche ortsfeste elektrische Installationen** Teil 1: Allgemeine Anforderungen (IEC 60670-1:2002 + Corrigendum:2003, modifiziert); Deutsche Fassung EN 60670-1:2005
DIN EN 60670-22 (VDE 0606-22): 2007-07	**Dosen für Installationsgeräte für Haushalt und ähnliche ortsfeste elektrische Installationen** Teil 22: Besondere Anforderungen für Verbindungsdosen (IEC 60670-22:2003, modifiziert); Deutsche Fassung EN 60670-22:2006
DIN EN 60695-6-1 (VDE 0471-6-1): 2011-09	**Prüfungen zur Beurteilung der Brandgefahr** Teil 6-1: Sichtminderung durch Rauch – Allgemeiner Leitfaden (IEC 60695-6-1:2005 + A1:2010); Deutsche Fassung EN 60695-6-1:2005 + A1:2010

DIN EN 60728-11 (VDE 0855-1): 2011-06	**Kabelnetze für Fernsehsignale, Tonsignale und interaktive Dienste** Teil 11: Sicherheitsanforderungen (IEC 60728-11:2010); Deutsche Fassung EN 60728-11:2010
DIN EN 60745-1 (VDE 0740-1): 2010-01	**Handgeführte motorbetriebene Elektrowerkzeuge – Sicherheit** Teil 1: Allgemeine Anforderungen (IEC 60745-1:2006, modifiziert); Deutsche Fassung EN 60745-1:2009
DIN EN 60794-1-1 (VDE 0888-100-1): 2012-06	**Lichtwellenleiterkabel** Fachgrundspezifikation – Allgemeines (IEC 60794-1-1:2011); Deutsche Fassung EN 60794-1-1:2011
DIN EN 60799 (VDE 0626): 1999-06	**Geräteanschlussleitungen und Weiterverbindungs-Geräteanschlussleitungen** (IEC 60799:1998); Deutsche Fassung EN 60799:1998
DIN EN 60865-1 (VDE 0103): 2012-09	**Kurzschlussströme – Berechnung der Wirkung** Teil 1: Begriffe und Berechnungsverfahren (IEC 60865-1:2011); Deutsche Fassung EN 60865-1:2012
DIN EN 60898-1 (VDE 0641-11): 2006-03	**Elektrisches Installationsmaterial – Leitungsschutzschalter für Hausinstallationen und ähnliche Zwecke** Teil 1: Leitungsschutzschalter für Wechselstrom (AC) (IEC 60898-1:2002, modifiziert + A1:2002, modifiziert); Deutsche Fassung EN 60898-1:2003 + A1:2004 + Corrigendum:2004 + A11:2005
DIN EN 60900 (VDE 0682-201): 2013-04	**Arbeiten unter Spannung** Handwerkzeuge zum Gebrauch bis AC 1 000 V und DC 1 500 V (IEC 60900:2012); Deutsche Fassung EN 60900:2012

DIN EN 60909-0 (VDE 0102): 2002-07	**Kurzschlussströme in Drehstromnetzen** Berechnung der Ströme (IEC 60909-0:2001); Deutsche Fassung EN 60909-0:2001
DIN EN 60947-1 (VDE 0660-100): 2011-10	**Niederspannungsschaltgeräte** (IEC 60947-1:2007 + A1:2010); Deutsche Fassung EN 60947-1:2007 + A1:2011
DIN EN 60947-2 (VDE 0660-101): 2010-04	**Niederspannungsschaltgeräte** Teil 2: Leistungsschalter (IEC 60947 2:2006 + A1:2009); Deutsche Fassung EN 60947 2:2006 + A1:2009
DIN EN 60947-7-1 (VDE 0611-1): 2010-03	**Niederspannungsschaltgeräte** Teil 7-1: Hilfseinrichtungen – Reihenklemmen für Kupferleiter (IEC 60947-7-1:2009); Deutsche Fassung EN 60947-7-1:2009
DIN EN 60950-1 (VDE 0805-1): 2011-01	**Einrichtungen der Informationstechnik – Sicherheit** Teil 1: Allgemeine Anforderungen (IEC 60950-1:2005, modifiziert + Corrigendum:2006 + A1:2009, modifiziert); Deutsche Fassung EN 60950-1:2006 + A11:2009 + A1:2010
DIN EN 61000-2-10 (VDE 0839-2-10): 1999-10	**Elektromagnetische Verträglichkeit (EMV)** Umgebungsbedingungen – Beschreibung der HEMP-Umgebung – Leitungsgeführte Störgrößen (IEC 61000-2-10:1998); Deutsche Fassung EN 61000-2-10:1999

DIN EN 61000-3-11 (VDE 0838-11): 2001-04	**Elektromagnetische Verträglichkeit (EMV)** Grenzwerte – Begrenzung von Spannungsänderungen, Spannungsschwankungen und Flicker in öffentlichen Niederspannungs-Versorgungsnetzen – Geräte und Einrichtungen mit einem Bemessungsstrom ≤ 75 A, die einer Sonderanschlussbedingung unterliegen (IEC 61000-3-11:2000); Deutsche Fassung EN 61000-3-11:2000
DIN EN 61008-1 (VDE 0664-10): 2010-01	**Fehlerstrom-/Differenzstrom-Schutzschalter ohne eingebauten Überstromschutz (RCCBs) für Hausinstallationen und für ähnliche Anwendungen** Teil 1: Allgemeine Anforderungen (IEC 61008-1:1996 + A1:2002, modifiziert); Deutsche Fassung EN 61008-1:2004 + A11:2007 + A12:2009
DIN EN 61010-1 (VDE 0411-1): 2011-07	**Sicherheitsbestimmungen für elektrische Mess-, Steuer-, Regel- und Laborgeräte** Teil 1: Allgemeine Anforderungen (IEC 61010-1:2010 + Corrigendum:2011); Deutsche Fassung EN 61010-1:2010
DIN EN 61082-1 (VDE 0040-1): 2007-03	**Dokumente der Elektrotechnik** Teil 1: Regeln (IEC 61082-1:2006); Deutsche Fassung EN 61082-1:2006
DIN EN 61140 (VDE 0140-1): 2007-03	**Schutz gegen elektrischen Schlag** Gemeinsame Anforderungen für Anlagen und Betriebsmittel (IEC 61140:2001 + A1:2004, modifiziert); Deutsche Fassung EN 61140:2002 + A1:2006
DIN EN 61230 (VDE 0683-100): 2009-07	**Arbeiten unter Spannung** Ortsveränderliche Geräte zum Erden oder Erden und Kurzschließen (IEC 61230:2008); Deutsche Fassung EN 61230:2008

DIN EN 61243-3 (VDE 0682-401): 2011-02	**Arbeiten unter Spannung – Spannungsprüfer** Teil 3: Zweipoliger Spannungsprüfer für Niederspannungsnetze (IEC 61243-3:2009); Deutsche Fassung EN 61243-3:2010
DIN EN 61316 (VDE 0623-100): 2000-09	**Leitungsroller für industrielle Anwendung** (IEC 61316:1999); Deutsche Fassung EN 61316:1999
DIN EN 61347-1 (VDE 0712-30): 2011-12	**Geräte für Lampen** Teil 1: Allgemeine und Sicherheitsanforderungen (IEC 61347-1:2007, modifiziert + A1:2010); Deutsche Fassung EN 61347-1:2008 + A1:2011
DIN EN 61386-1 (VDE 0605-1): 2009-03	**Elektroinstallationsrohrsysteme für elektrische Energie und für Informationen** Teil 1: Allgemeine Anforderungen (IEC 61386-1:2008); Deutsche Fassung EN 61386-1:2008
DIN EN 61439-3 (VDE 0660-600-3): 2013-02	**Niederspannungs-Schaltgerätekombinationen** Teil 3: Installationsverteiler für die Bedienung durch Laien (DBO) (IEC 61439-3:2012); Deutsche Fassung EN 61439-3:2012
DIN EN 61549 (VDE 0715-12): 2010-12	**Sonderlampen** (IEC 61549:2003 + A1:2005 + A2:2010); Deutsche Fassung EN 61549:2003 + A1:2005 + A2:2010
DIN EN 61557-1 (VDE 0413-1): 2007-12	**Elektrische Sicherheit in Niederspannungsnetzen bis AC 1 000 V und DC 1 500 V – Geräte zum Prüfen, Messen oder Überwachen von Schutzmaßnahmen** Teil 1: Allgemeine Anforderungen (IEC 61557-1:2007); Deutsche Fassung EN 61557-1:2007

DIN EN 61557-2 (VDE 0413-2): 2008-02	**Elektrische Sicherheit in Niederspannungsnetzen bis AC 1 000 V und DC 1 500 V – Geräte zum Prüfen, Messen oder Überwachen von Schutzmaßnahmen** Teil 2: Isolationswiderstand (IEC 61557-2:2007); Deutsche Fassung EN 61557-2:2007
DIN EN 61557-7 (VDE 0413-7): 2008-02	**Elektrische Sicherheit in Niederspannungsnetzen bis AC 1 000 V und DC 1 500 V** – Geräte zum Prüfen, Messen oder Überwachen von Schutzmaßnahmen Teil 7: Drehfeld (IEC 61557-7:2007); Deutsche Fassung EN 61557-7:2007
DIN EN 61557-8 (VDE 0413-8): 2007-12	**Elektrische Sicherheit in Niederspannungsnetzen bis AC 1000 V und DC 1500 V – Geräte zum Prüfen, Messen oder Überwachen von Schutzmaßnahmen** Isolationsüberwachungsgeräte für IT-Systeme (IEC 61557-8:2007 + Corrigendum 2007-05); Deutsche Fassung EN 61557-8:2007
DIN EN 61558-1 (VDE 0570-1): 2006-07	**Sicherheit von Transformatoren, Netzgeräten, Drosselspulen und dergleichen** Teil 1: Allgemeine Anforderungen und Prüfungen (IEC 61558-1:2005); Deutsche Fassung EN 61558-1:2005
DIN EN 61558-2-3 (VDE 0570-2-3): 2011-03	**Sicherheit von Transformatoren, Drosseln, Netzgeräten und entsprechenden Kombinationen** Teil 2-3: Besondere Anforderungen und Prüfungen an Zündtransformatoren für Gas- und Ölbrenner (IEC 61558-2-3:2010); Deutsche Fassung EN 61558-2-3:2010

DIN EN 61643-11 (VDE 0675-6-11): 2013-04

Überspannungsschutzgeräte für Niederspannung
Teil 11: Überspannungsschutzgeräte für den Einsatz in Niederspannungsanlagen – Anforderungen und Prüfungen
(IEC 61643-11:2011, modifiziert);
Deutsche Fassung EN 61643-11:2012

DIN EN 61810-1 (VDE 0435-201): 2009-02

Elektromechanische Elementarrelais (elektromechanische Schaltrelais ohne festgelegtem Zeitverhalten)
Teil 1: Allgemeine und sicherheitsgerichtete Anforderungen
(IEC 61810-1:2008);
Deutsche Fassung EN 61810-1:2008

DIN EN 61810-2 (VDE 0435-120): 2012-01

Elektromechanische Elementarrelais
Teil 2: Funktionsfähigkeit (Zuverlässigkeit)
(IEC 61810-2:2011);
Deutsche Fassung EN 61810-2:2011

DIN EN 62020 (VDE 0663): 2005-11

Elektrisches Installationsmaterial
Differenzstrom-Überwachungsgeräte für Hausinstallationen und ähnliche Verwendungen (RCMs)
(IEC 62020:1998 + A1:2003, modifiziert);
Deutsche Fassung EN 62020:1998 + A1:2005

DIN EN 62305-1 (VDE 0185-305-1): 2011-10

Blitzschutz
Teil 1: Allgemeine Grundsätze
(IEC 62305-1:2010, modifiziert);
Deutsche Fassung EN 62305-1:2011

DIN EN 62305-2 (VDE 0185-305-2): 2013-02

Blitzschutz
Teil 2: Risiko-Management
(IEC 62305-2:2010, modifiziert);
Deutsche Fassung EN 62305-2:2012

DIN EN 62305-3 (VDE 0185-305-3): 2011-10

Blitzschutz
Teil 3: Schutz von baulichen Anlagen und Personen
(IEC 62305-3:2010, modifiziert);
Deutsche Fassung EN 62305-3:2011

DIN EN 62305-4 (VDE 0185-305-4): 2011-10	**Blitzschutz** Teil 4: Elektrische und elektronische Systeme in baulichen Anlagen (IEC 62305-4:2010, modifiziert); Deutsche Fassung EN 62305-4:2011
DIN EN ISO/IEC 17025: 2005-08	**Allgemeine Anforderungen an die Kompetenz von Prüf- und Kalibrierlaboratorien**
DIN IEC/TS 60479-1 (VDE V 0140-479-1): 2007-05	**Wirkungen des elektrischen Stroms auf Menschen und Nutztiere** Teil 1: Allgemeine Aspekte (IEC/TS 60479-1:2005 + Corrigendum:2006-10)
DIN V VDE V 0109-1 (VDE V 0109-1): 2008-07	**Instandhaltung von Anlagen und Betriebsmittel in elektrischen Versorgungsnetzen** Teil 1: Systemaspekte und Verfahren
DIN V VDE V 0109-2 (VDE V 0109-2): 2010-11	**Instandhaltung von Anlagen und Betriebsmitteln in elektrischen Versorgungsnetzen** Teil 2: Zustandsfeststellung von Betriebsmitteln/Anlagen
DIN VDE 0100 (VDE 0100 Beiblatt 5): 1995-11	**Errichten von Starkstromanlagen mit Nennspannungen bis 1 000 V** Maximal zulässige Längen von Kabeln und Leitungen unter Berücksichtigung des Schutzes bei indirektem Berühren, des Schutzes bei Kurzschluss und des Spannungsfalls
DIN VDE 0100-100 (VDE 0100-100): 2009-06	**Errichten von Niederspannungsanlagen** Teil 1: Allgemeine Grundsätze, Bestimmungen allgemeiner Merkmale, Begriffe (IEC 60364-1:2005, modifiziert); Deutsche Übernahme HD 60364-1:2008
DIN VDE 0100-200 (VDE 0100-200): 2006-06	**Errichten von Niederspannungsanlagen** Teil 200: Begriffe (IEC 60050-826:2004, modifiziert)

DIN VDE 0100-410 (VDE 0100-410): 2007-06	**Errichten von Niederspannungsanlagen** Teil 4-41: Schutzmaßnahmen – Schutz gegen elektrischen Schlag (IEC 60364-4-41:2005, modifiziert); Deutsche Übernahme HD 60364-4-41:
DIN VDE 0100-420 (VDE 0100-420): 2013-02	**Errichten von Niederspannungsanlagen** Teil 4-42: Schutzmaßnahmen – Schutz gegen thermische Auswirkungen (IEC 60364-4-42:2010, modifiziert); Deutsche Übernahme HD 60364-4-42:2011
DIN VDE 0100-430 (VDE 0100-430): 2010-10	**Errichten von Niederspannungsanlagen** Teil 4-43: Schutzmaßnahmen – Schutz bei Überstrom (IEC 60364-4-43:2008, modifiziert + Corrigendum:2008-10) Deutsche Übernahme HD 60364-4-43:2010
DIN VDE 0100-442 (VDE 0100-442): 1997-11	**Elektrische Anlagen von Gebäuden** Schutzmaßnahmen – Schutz bei Überspannungen – Schutz von Niederspannungsanlagen bei Erdschlüssen in Netzen mit höherer Spannung; Deutsche Fassung HD 384.4.442 S1:1997
DIN VDE 0100-443 (VDE 0100-443): 2007-06	**Errichten von Niederspannungsanlagen** Teil 4-44: Schutzmaßnahmen – Schutz bei Störspannungen und elektromagnetischen Störgrößen – Abschnitt 443: Schutz bei Überspannungen infolge atmosphärischer Einflüsse oder von Schaltvorgängen (IEC 60364-4-44:2001 + A1:2003, modifiziert); Deutsche Übernahme HD 60364-4-443:2006
DIN VDE 0100-444 (VDE 0100-444): 2010-10	**Errichten von Niederspannungsanlagen** Teil 4-444: Schutzmaßnahmen – Schutz bei Störspannungen und elektromagnetischen Störgrößen (IEC 60364-4-44:2007 (Abschnitt 444), modifiziert); Deutsche Übernahme HD 60364-4-444:2010 + Corrigendum:2010

DIN VDE 0100-450 (VDE 0100-450): 1990-03	**Errichten von Starkstromanlagen mit Nennspannungen bis 1 000 V** Schutzmaßnahmen; Schutz gegen Unterspannung
DIN VDE 0100-460 (VDE 0100-460): 2002-08	**Errichten von Niederspannungsanlagen** Schutzmaßnahmen – Trennen und Schalten (IEC 60364-4-46:1981, modifiziert); Deutsche Fassung HD 384.4.46 S2:2001
DIN VDE 0100-510 (VDE 0100-510): 2011-03	**Errichten von Niederspannungsanlagen** Teil 5-51: Auswahl und Errichtung elektrischer Betriebsmittel – Allgemeine Bestimmungen (IEC 60364-5-51:2005, modifiziert); Deutsche Übernahme HD 60364-5-51:2009
DIN VDE 0100-520 (VDE 0100-520): 2003-06	**Errichten von Niederspannungsanlagen** Teil 5: Auswahl und Errichtung von elektrischen Betriebsmitteln – Kapitel 52: Kabel- und Leitungsanlagen (IEC 60364-5-52:1993, modifiziert); Deutsche Fassung HD 384.5.52 S1:1995 + A1:1998
DIN VDE 0100-530 (VDE 0100-530): 2011-06	**Errichten von Niederspannungsanlagen** Teil 530: Auswahl und Errichtung elektrischer Betriebsmittel – Schalt- und Steuergeräte
DIN VDE 0100-534 (VDE 0100-534): 2009-02	**Errichten von Niederspannungsanlagen** Teil 5-53: Auswahl und Errichtung elektrischer Betriebsmittel – Trennen, Schalten und Steuern – Abschnitt 534: Überspannung-Schutzeinrichtungen (ÜSE) (IEC 60364-5-53:2001/A1:2002 (Hauptabschnitt 534), modifiziert); Deutsche Übernahme HD 60364-5-534:2008
DIN VDE 0100-537 (VDE 0100-537): 1999-06	**Elektrische Anlagen von Gebäuden** Auswahl und Errichtung elektrischer Betriebsmittel – Geräte zum Trennen und Schalten (IEC 60364-5-537:1981 + A1:1989, modifiziert); Deutsche Fassung HD 384.5.537 S2:1998

DIN VDE 0100-540 (VDE 0100-540): 2012-06	**Errichten von Niederspannungsanlagen** Teil 5-54: Auswahl und Errichtung elektrischer Betriebsmittel – Erdungsanlagen und Schutzleiter (IEC 60364-5-54:2011); Deutsche Übernahme HD 60364-5-54:2011
DIN VDE 0100-550 (VDE 0100-550): 1988-04	**Errichten von Starkstromanlagen mit Nennspannungen bis 1 000 V** Auswahl und Errichtung elektrischer Betriebsmittel – Steckvorrichtungen, Schalter und Installationsgeräte
DIN VDE 0100-557 (VDE 0100-557): 2007-06	**Errichten von Niederspannungsanlagen** Teil 5: Auswahl und Errichtung elektrischer Betriebsmittel – Kapitel 557: Hilfsstromkreise
DIN VDE 0100-559 (VDE 0100-559): 2009-06	**Errichten von Niederspannungsanlagen** Teil 5-55: Auswahl und Errichtung elektrischer Betriebsmittel – Andere elektrische Betriebsmittel – Abschnitt 559: Leuchten und Beleuchtungsanlagen (IEC 60364-5-55:2001 (Abschnitt 559), modifiziert); Deutsche Übernahme HD 60364-5-559:2005 + Corrigendum:2007
DIN VDE 0100-560 (VDE 0100-560): 2011-03	**Errichten von Starkstromanlagen mit Nennspannungen bis 1 000 V** Teil 5-56: Auswahl und Errichtung elektrischer Betriebsmittel – Einrichtungen für Sicherheitszwecke (IEC 60364-5-56:2009, modifiziert); Deutsche Übernahme HD 60364-5-56:2010
DIN VDE 0100-600 (VDE 0100-600): 2008-06	**Errichten von Niederspannungsanlagen** Teil 6: Prüfungen (IEC 60364-6:2006, modifiziert); Deutsche Übernahme HD 60364-6:2007
DIN VDE 0100-701 (VDE 0100-701): 2008-10	**Errichten von Niederspannungsanlagen** Teil 7-701: Anforderungen für Betriebsstätten, Räume und Anlagen besonderer Art – Räume mit Badewanne oder Dusche (IEC 60364-7-701:2006, modifiziert); Deutsche Übernahme HD 60364-7-701:2007

DIN VDE 0100-702 (VDE 0100-702): 2012-03	**Errichten von Niederspannungsanlagen** Teil 7-702: Anforderungen für Betriebsstätten, Räume und Anlagen besonderer Art – Becken von Schwimmbädern, begehbare Wasserbecken und Springbrunnen
DIN VDE 0100-703 (VDE 0100-703): 2006-02	**Errichten von Niederspannungsanlagen** Teil 7-703: Anforderungen für Betriebsstätten, Räume und Anlagen besonderer Art – Räume und Kabinen mit Saunaheizungen (IEC 60364-7-703:2004); Deutsche Übernahme HD 60364-7-703:2005
DIN VDE 0100-704 (VDE 0100-704): 2007-10	**Errichten von Niederspannungsanlagen** Teil 7-704: Anforderungen für Betriebsstätten, Räume und Anlagen besonderer Art – Baustellen (IEC 60364-7-704:2005, modifiziert); Deutsche Übernahme HD 60364-7-704:2007 + Corrigendum 1:2007
DIN VDE 0100-705 (VDE 0100-705): 2007-10	**Errichten von Niederspannungsanlagen** Teil 7-705: Anforderungen für Betriebsstätten, Räume und Anlagen besonderer Art – Elektrische Anlagen von landwirtschaftlichen und gartenbaulichen Betriebsstätten (IEC 60364-7-705:2006, modifiziert); Deutsche Übernahme HD 60364-7-705:2007 + Corrigendum 1:2007
DIN VDE 0100-706 (VDE 0100-706): 2007-10	**Errichten von Niederspannungsanlagen** Teil 7-706: Anforderungen für Betriebsstätten, Räume und Anlagen besonderer Art – Leitfähige Bereiche mit begrenzter Bewegungsfreiheit (IEC 60364-7-706:2005, modifiziert); Deutsche Übernahme HD 60364-7-706:2007
DIN VDE 0100-708 (VDE 0100-708): 2010-02	**Errichten von Niederspannungsanlagen** Teil 7-708: Anforderungen für Betriebsstätten, Räume und Anlagen besonderer Art – Caravanplätze, Campingplätze und ähnliche Bereiche (IEC 60364-7-708:2007, modifiziert); Deutsche Übernahme HD 60364-7-708:2009

DIN VDE 0100-709 (VDE 0100-709): 2010-02	**Errichten von Niederspannungsanlagen** Teil 7-709: Anforderungen für Betriebsstätten, Räume und Anlagen besonderer Art – Marinas und ähnliche Bereiche (IEC 60364-7-709:2007, modifiziert); Deutsche Übernahme HD 60364-7-709:2009
DIN VDE 0100-710 (VDE 0100-710): 2012-10	**Errichten von Niederspannungsanlagen** Teil 7-710: Anforderungen für Betriebsstätten, Räume und Anlagen besonderer Art – Medizinisch genutzte Bereiche (IEC 60364-7-710:2002, modifiziert); Deutsche Übernahme HD 60364-7-710:2012
DIN VDE 0100-711 (VDE 0100-711): 2003-11	**Errichten von Niederspannungsanlagen – Anforderungen für Betriebsstätten, Räume und Anlagen besonderer Art** Teil 711: Ausstellungen, Shows und Stände (IEC 60364-7-711:1998, modifiziert); Deutsche Fassung HD 384.7.711 S1:2003
DIN VDE 0100-712 (VDE 0100-712): 2006-06	**Errichten von Niederspannungsanlagen** Teil 7-712: Anforderungen für Betriebsstätten, Räume und Anlagen besonderer Art – Solar-Photovoltaik-(PV)-Stromversorgungssysteme (IEC 60364-7-712:2002, modifiziert); Deutsche Übernahme HD 60364-7-712:2005 + Corrigendum:2006
DIN VDE 0100-714 (VDE 0100-714): 2002-01	**Errichten von Niederspannungsanlagen** Anforderungen für Betriebsstätten, Räume und Anlagen besonderer Art – Beleuchtungsanlagen im Freien (IEC 60364-7-714:1996, modifiziert); Deutsche Fassung HD 384.7.714 S1:2000
DIN VDE 0100-717 (VDE 0100-717): 2010-10	**Errichten von Niederspannungsanlagen** Teil 7-717: Anforderungen für Betriebsstätten, Räume und Anlagen besonderer Art – Ortsveränderliche oder transportable Baueinheiten (IEC 60364-7-717:2009, modifiziert); Deutsche Übernahme HD 60364-7-717:2010

DIN VDE 0100-718 (VDE 0100-718): 2005-10	**Errichten von Niederspannungsanlagen – Anforderungen für Betriebsstätten, Räume und Anlagen besonderer Art** Teil 718: Bauliche Anlagen für Menschenansammlungen
DIN VDE 0100-721 (VDE 0100-721): 2010-02	**Errichten von Niederspannungsanlagen** Teil 7-721: Anforderungen für Betriebsstätten, Räume und Anlagen besonderer Art – Elektrische Anlagen von Caravans und Motorcaravans (IEC 60364-7-721:2007, modifiziert); Deutsche Übernahme HD 60364-7-721:2009
DIN VDE 0100-723 (VDE 0100-723): 2005-06	**Errichten von Niederspannungsanlagen – Anforderungen für Betriebsstätten, Räume und Anlagen besonderer Art** Teil 723: Unterrichtsräume mit Experimentiereinrichtungen
DIN VDE 0100-729 (VDE 0100-729): 2010-02	**Errichten von Niederspannungsanlagen** Teil 7-729: Anforderungen für Betriebsstätten, Räume und Anlagen besonderer Art – Bedienungsgänge und Wartungsgänge
DIN VDE 0100-731 (VDE 0100-731): 1986-02	**Errichten von Starkstromanlagen mit Nennspannungen bis 1 000 V** Elektrische Betriebsstätten und abgeschlossene elektrische Betriebsstätten
DIN VDE 0100-732 (VDE 0100-732): 1995-07	**Errichten von Starkstromanlagen mit Nennspannungen bis 1 000 V** Hausanschlüsse in öffentlichen Kabelnetzen
DIN VDE 0100-737 (VDE 0100-737): 2002-01	**Errichten von Niederspannungsanlagen** Feuchte und nasse Bereiche und Räume und Anlagen im Freien

DIN VDE 0100-739 (VDE 0100-739): 1989-06	**Errichten von Starkstromanlagen mit Nennspannungen bis 1 000 V** Zusätzlicher Schutz bei direktem Berühren in Wohnungen durch Schutzeinrichtungen in TN- und TT-Systemen
DIN VDE 0100-740 (VDE 0100-740): 2007-10	**Errichten von Niederspannungsanlagen** Teil 7-740: Anforderungen für Betriebsstätten, Räume und Anlagen besonderer Art – Vorübergehend errichtete elektrische Anlagen für Aufbauten, Vergnügungseinrichtungen und Buden auf Kirmesplätzen, Vergnügungsparks und für Zirkusse (IEC 60364-7-740:2000, modifiziert); Deutsche Übernahme HD 60364-7-740:2006
DIN VDE 0100-753 (VDE 0100-753): 2003-06	**Errichten von Niederspannungsanlagen – Anforderungen für Betriebsstätten, Räume und Anlagen besonderer Art** Teil 753: Fußboden- und Decken-Flächenheizungen; Deutsche Fassung HD 384.7.753 S1:2002
DIN VDE 0101 (VDE 0101): 2000-01	**Starkstromanlagen mit Nennwechselpannungen über 1 kV** Deutsche Fassung HD 637 S1:1999 Norm zurückgezogen! Ende der Übergangsfrist: 2013-11-01
DIN EN 61936-1 (VDE 0101-1): 2011-11	**Starkstromanlagen mit Nennwechselspannungen über 1 kV** Teil 1: Allgemeine Bestimmungen (IEC 61936-1:2010, modifiziert + Corrigendum:2011); Deutsche Fassung EN 61936-1:2010 + AC:2011
DIN VDE 0105-100 (VDE 0105-100): 2009-10	**Betrieb von elektrischen Anlagen** Teil 100: Allgemeine Festlegungen
DIN VDE 0105-115 (VDE 0105-115): 2006-02	**Betrieb von elektrischen Anlagen** Besondere Festlegungen für landwirtschaftliche Betriebsstätten

DIN VDE 0132 (VDE 0132): 2012-08	**Brandbekämpfung und technische Hilfeleistung im Bereich elektrischer Anlagen**
DIN VDE 0141 (VDE 0141): 2000-01	**Erdungen für spezielle Starkstromanlagen mit Nennspannungen über 1 kV**
DIN VDE 0151 (VDE 0151): 1986-06	**Werkstoffe und Mindestmaße von Erdern bezüglich der Korrosion**
DIN VDE 0211 (VDE 0211): 1985-12	**Bau von Starkstrom-Freileitungen mit Nennspannungen bis 1 000 V**
DIN VDE 0228-2 (VDE 0228-2): 1987-12	**Maßnahmen bei Beeinflussung von Fernmeldeanlagen durch Starkstromanlagen** Beeinflussung durch Drehstromanlagen
DIN VDE 0250-204 (VDE 0250-204): 2000-12	**Isolierte Starkstromleitungen** PVC-Installationsleitung NYM
DIN VDE 0250-213 (VDE 0250-213): 1986-08	**Isolierte Starkstromleitungen** Dachständer-Einführungsleitungen
DIN VDE 0250-813 (VDE 0250-813): 1985-05	**Isolierte Starkstromleitungen** Leitungstrosse
DIN VDE 0271 (VDE 0271): 2007-01	**Starkstromkabel** Festlegungen für Starkstromkabel ab 0,6/1 kV für besondere Anwendungen
DIN VDE 0276-603 (VDE 0276-603): 2010-03	**Starkstromkabel** Teil 603: Energieverteilungskabel mit Nennspannung 0,6/1 kV Deutsche Fassung HD 603 S1:1994/A3:2007, Teile 0, 1, 3-G und 5-G

DIN VDE 0276-604 (VDE 0276-604): 2008-02	**Starkstromkabel** Teil 604: Starkstromkabel mit Nennspannungen 0,6/1 kV mit verbessertem Verhalten im Brandfall für Kraftwerke Deutsche Fassung HD 604 S1:1994 + A1:1997 + A2:2002 + A3:2005, Teile 0, 1 und 5-G
DIN VDE 0276-632 (VDE 0276-632): 1999-05	**Starkstromkabel mit extrudierter Isolierung und ihre Garnituren** Nennspannungen über 36 kV bis 150 kV Deutsche Fassung HD 632 S1 Teile 1, 3D, 4D, 5D:1998
DIN VDE 0276-1000 (VDE 0276-1000): 1995-06	**Starkstromkabel** Strombelastbarkeit, Allgemeines – Umrechnungsfaktoren
DIN EN 50525-1 (VDE 0285-525-1): 2012-01	**Kabel und Leitungen – Starkstromleitungen mit Nennspannungen bis 450/750 V (U_0/U)** Teil 1: Allgemeine Anforderungen Deutsche Fassung EN 50525-1:2011
DIN VDE 0289-1 (VDE 0289-1): 1988-03	**Begriffe für Starkstromkabel und isolierte Starkstromleitungen** Allgemeine Begriffe
DIN VDE 0292 (VDE 0292): 2007-05	**System für Typkurzzeichen von isolierten Leitungen** Deutsche Fassung HD 361 S3:1999 + A1:2006
DIN VDE 0293-1 (VDE 0293-1): 2006-10	**Kennzeichnung der Adern von Starkstromkabeln und isolierten Starkstromleitungen mit Nennspannungen bis 1 000 V** Teil 1: Ergänzende nationale Festlegungen
DIN VDE 0293-308 (VDE 0293-308): 2003-01	**Kennzeichnung der Adern von Kabeln/Leitungen und flexiblen Leitungen durch Farben** Deutsche Fassung HD 308 S2:2001
DIN VDE 0298: 2006-6	**Verwendung von Kabeln und isolierten Leitungen für Starkstromanlagen**

DIN VDE 0298-3 (VDE 0298-3): 2006-06	**Verwendung von Kabeln und isolierten Leitungen für Starkstromanlagen** Teil 3: Leitfaden für die Verwendung nicht harmonisierter Starkstromleitungen
DIN VDE 0298-4 (VDE 0298-4): 2003-08	**Verwendung von Kabeln und isolierten Leitungen für Starkstromanlagen** Teil 4: Empfohlene Werte für die Strombelastbarkeit von Kabeln und Leitungen für feste Verlegung in und an Gebäuden und von flexiblen Leitungen
DIN VDE 0298-300 (VDE 0298-300): 2009-09	**Leitfaden für die Verwendung harmonisierter Niederspannungsstarkstromleitungen** Deutsche Fassung HD 516 S2:1997 + A1:2003 + A2:2008
DIN VDE 0303-13 (VDE 0303-13): 1986-10	**Prüfung von Isolierstoffen** Dielektrische Eigenschaften fester Isolierstoffe im Frequenzbereich von 8,2 GHz bis 12,5 GHz
DIN VDE 0303-5 (VDE 0303-5): 1990-07	**Prüfung von Isolierstoffen** Niederspannungs-Hochstrom-Lichtbogenprüfung
DIN VDE 0550-1 (VDE 0550-1): 1969-12	**Bestimmungen für Kleintransformatoren** Allgemeine Bestimmungen
DIN VDE 0558-507 (VDE 0558-507): 2008-12	**Batteriegestützte zentrale Stromversorgungssysteme (BSV) für Sicherheitszwecke zur Versorgung medizinisch genutzter Bereiche**
DIN VDE 0603-1 (VDE 0603-1): 1991-10	**Installationskleinverteiler und Zählerplätze AC 400 V** Installationskleinverteiler und Zählerplätze
DIN VDE 0606-1 (VDE 0606-1): 2000-10	**Verbindungsmaterial bis 690 V** Installationsdosen zur Aufnahme von Geräten und/oder Verbindungsklemmen

DIN VDE 0606-200 (VDE 0606-200): 2010-05	**Installationssteckverbinder für dauernde Verbindung in festen Installationen** (IEC 61535:2009); Deutsche Fassung EN 61535:2009
DIN VDE 0620-1 (VDE 0620-1): 2013-03	**Stecker und Steckdosen für den Hausgebrauch und ähnliche Anwendungen** Teil 1: Allgemeine Anforderungen
DIN VDE 0620-101 (VDE 0620-101): 1992-05	**Steckvorrichtungen bis 400 V 25 A** Flache, nichtwiederanschließbare zweipolige Stecker, 2,5 A 250 V, mit Leitung, für die Verbindung von Klasse-II-Geräten für Haushalt und ähnliche Zwecke Deutsche Fassung EN 50075:1990
DIN EN 61242 (VDE 0620-300): 2008-12	**Elektrisches Installationsmaterial** Leitungsroller für den Hausgebrauch und ähnliche Zwecke (IEC 61242:1995, modifiziert + A1:2008); Deutsche Fassung EN 61242:1997 + A1:2008
DIN VDE 0636-2 (VDE 0636-2): 2011-09	**Niederspannungssicherungen** Teil 2: Zusätzliche Anforderungen an Sicherungen zum Gebrauch durch Elektrofachkräfte bzw. elektrotechnisch unterwiesene Personen (Sicherungen überwiegend für den industriellen Gebrauch) – Beispiele für genormte Sicherungssysteme A bis J (IEC 60269-2:2010, modifiziert); Deutsche Fassung HD 60269-2:2010
DIN VDE 0636-3 (VDE 0636-3): 2011-09	**Niederspannungssicherungen** Teil 3: Zusätzliche Anforderungen an Sicherungen zum Gebrauch durch Laien (Sicherungen überwiegend für Hausinstallationen und ähnliche Anwendungen) – Beispiele für genormte Sicherungssysteme A bis F (IEC 60269-3:2010, modifiziert); Deutsche Fassung HD 60269-3:2010
DIN VDE 0660-505 (VDE 0660-505): 1998-10	**Niederspannung-Schaltgerätekombinationen** Bestimmung für Hausanschlusskästen und Sicherungskästen

DIN VDE 0670-803 (VDE 0670-803): 1991-05	**Wechselstromschaltgeräte für Spannungen über 1 kV** Kapselungen aus Aluminium und Aluminium-Knetlegierungen für gasgefüllte Hochspannungs-Schaltgeräte und -Schaltanlagen Deutsche Fassung EN 50064:1989
DIN VDE 0681-1 (VDE 0681-1): 1986-10	**Geräte zum Betätigen, Prüfen und Abschranken unter Spannung stehender Teile mit Nennspannungen über 1 kV** Allgemeine Festlegungen
DIN VDE 0682-552 (VDE 0682-552): 2003-10	**Arbeiten unter Spannung** Isolierende Schutzplatten über 1 kV
DIN EN 60335-2-30 (VDE 0700-30): 2013-02	**Sicherheit elektrischer Geräte für den Hausgebrauch und ähnliche Zwecke** Teil 2-30: Besondere Anforderungen für Raumheizgeräte (IEC 60335-2-30:2009); Deutsche Fassung EN 60335-2-30:2009 + Corrigendum:2010 + A11:2012
DIN VDE 0701-0702 (VDE 0701-0702): 2008-06	**Prüfung nach Instandsetzung, Änderung elektrischer Geräte – Wiederholungsprüfung elektrischer Geräte** Allgemeine Anforderungen für die elektrische Sicherheit
DIN VDE 0710-11 (VDE 0710-11): 1968-05	**Leuchten mit Betriebsspannungen unter 1 000 V** Sondervorschriften für Einbausignalleuchten
DIN VDE 0800-1 (VDE 0800-1): 1989-05	**Fernmeldetechnik** Allgemeine Begriffe, Anforderungen und Prüfungen für die Sicherheit der Anlagen und Geräte
DIN VDE 0833-1 (VDE 0833-1): 2009-09	**Gefahrenmeldeanlagen für Brand, Einbruch und Überfall** Teil 1: Allgemeine Festlegungen

DIN VDE 0838-1 (VDE 0838-1): 1987-06	**Rückwirkungen in Stromversorgungsnetzen, die durch Haushaltgeräte und durch ähnliche elektrische Einrichtungen verursacht werden** Begriffe (IEC 60555-1:1982); Deutsche Fassung EN 60555-1:1987
DIN VDE 1000-10 (VDE 1000-10): 2009-01	**Anforderungen an die im Bereich der Elektrotechnik tätigen Personen**
EMVG: 26.02.2008	**Gesetz über die elektromagnetische Verträglichkeit von Betriebsmitteln**
KhBauVO: 20.02.2000	**Krankenhausbauverordnung** Verordnung über den Bau und Betrieb von Krankenhäusern
NAV: 01.11.2006	**Niederspannungsanschlussverordnung** Verordnung über Allgemeine Bedingungen für den Netzanschluss und dessen Nutzung für die Elektrizitätsversorgung in Niederspannung
TAB 2007	**Technische Anschlussbedingungen für den Anschluss an das Niederspannungsnetz**

Zu den Autoren

Rolf Rüdiger Cichowski

Dipl.-Ing. Dipl.-Wirtsch.-Ing. MBA Rolf Rüdiger Cichowski (Jahrgang 1945) ist als Autor und Managementberater tätig. Die ersten Jahre seiner beruflichen Laufbahn war er bei den Vereinigten Elektrizitätswerken AG (VEW) in Dortmund (heute fusioniert mit RWE AG) in verschiedensten Funktionen im Bereich „Elektrische Verteilungsnetze" aktiv. Nach der politischen Wende in Deutschland unterstützte er für einen Zeitraum von fünf Jahren die Entwicklungsprozesse ostdeutscher Unternehmen, und zwar als Leiter der elektrischen Verteilungsnetze bei der Mitteldeutschen Energieversorgung AG (MEAG) in Halle/Saale und als Geschäftsführer der damals neu gegründeten Energieversorgung Industriepark Bitterfeld/Wolfen GmbH, ein Unternehmen das den Industriestandort mit Strom, Gas, Wasser und Fernwärme versorgte.
Mitte der 1990er-Jahre stiegen die Energieversorgungsunternehmen in das Geschäftsfeld Telekommunikation ein und Rolf Rüdiger Cichowski gründete und leitete als Geschäftsführer für VEW das Tochterunternehmen VEW TELNET, ein Regional-Carrier in Dortmund. Nachdem VEW dieses Tochterunternehmen 1999 an die jetzige Versatel verkaufte, schied der Autor nach 30 Jahren aus dem Konzern aus und war danach ein Jahr als leitender Consultant bei der Detecon in Bonn, einem Tochterunternehmen der Deutschen Telekom, tätig.
Von 2001 bis zum Frühjahr 2011 war er Geschäftsführer der SSS Starkstrom- und Signal-Baugesellschaft mbH in Essen, einem mittelständischen Dienstleistungsunternehmen für Strom, Daten, Gas und Wasser mit 30 Standorten und etwa 600 Mitarbeitern.
Im Rahmen des BDEW Bundesverband der Energie- und Wasserwirtschaft und der DKE Deutsche Kommission Elektrotechnik Elektronik und Informationstechnik im DIN und VDE arbeitete er in Ausschüssen und Komitees mit. Als Autor hat Rolf Rüdiger Cichowski in den letzten Jahrzehnten Fachaufsätze und Fachbücher veröffentlicht und sich als Referent in Seminaren und Kongressen betätigt. Darüber hinaus war er über mehrere Jahre Lehrbeauftragter an den Fachhochschulen Dortmund und Berlin. Rolf Rüdiger Cichowski ist Initiator und Herausgeber der Buchreihe „Anlagentechnik für elektrische Verteilungsnetze", die seit mehr als 20 Jahren in Kooperation beim Verlag ew Medien und Kongresse und dem VDE VERLAG erscheint.

Anjo Cichowski

Anjo Cichowski (Jahrgang 1970) ist ausgebildeter Elektrotechnikermeister. Vor der Ablegung der Meisterprüfung an der Handwerkskammer zu Dortmund arbeitete er als Elektroinstallateur und lernte die Praxis der Elektroinstallation ausführlich kennen. 1997 wurde er Mitarbeiter im Prüfinstitut der RWE Eurotest GmbH in Dortmund. Das Prüflaboratorium der RWE Eurotest ist ein nach europäischen Maßstäben anerkanntes, unabhängiges Prüflaboratorium und steht Herstellern und Anwendern gleichermaßen zur Prüfung von Normenkonformität und Gebrauchstauglichkeit elektrotechnischer Produkte zur Verfügung. Anjo Cichowski ist heute Meister im Hochstromprüffeld und geht dort seinen Aufgaben als Fachprüfer und Ausbilder nach.